Thieme

Operationsatlas Chirurgie

Volker Schumpelick

Unter Mitarbeit von Reinhard Kasperk
und Michael Stumpf

Zeichnungen von Gisela Tambour,
Adrian Cornford und Rose Baumann

2., überarbeitete Auflage
1223 Abbildungen

Georg Thieme Verlag
Stuttgart · New York

Prof. Dr. med. Dr. h. c. Volker Schumpelick
Direktor der Chirurgischen Universitätsklinik
der RWTH Aachen
Pauwelsstr. 30, 52074 Aachen

Prof. Dr. med. Reinhard Kasperk
Chefarzt der Chirurgischen Klinik
St. Johannes-Hospital
An der Abtei 7 – 11, 47166 Duisburg

Priv.-Doz. Dr. med. Michael Stumpf
Oberarzt an der Chirurgischen
Universitätsklinik der RWTH Aachen
Pauwelsstr. 30, 52074 Aachen

Bibliografische Information Der Deutschen Bibliothek

Die Deutsche Bibliothek verzeichnet diese Publikation in der Deutschen Nationalbibliografie; detaillierte bibliografische Daten sind im Internet über http://dnb.ddb.de abrufbar.

Die 1. Auflage ist erschienen im
Ferdinand Enke Verlag, Stuttgart.

1. Auflage 1997

Rüdigerstraße 14
D-70469 Stuttgart
Telefon: +49 / 07 11 / 89 31-0
Unsere Homepage: http://www.thieme.de

Printed in Germany

Zeichnungen: Gisela Tambour, Göttingen
Adrian Cornford, Reinheim-Zeilhard
Rose Baumann, Schriesheim
Umschlaggestaltung: Thieme Verlagsgruppe
Satz: Druckhaus Götz, Ludwigsburg
Druck: Offsetdruckerei Karl Grammlich GmbH, Pliezhausen

ISBN 3 - 13 - 140632 - 1
ISBN 978 - 3 - 13 - 140632 - 3

1 2 3 4 5 6

Vorwort

Chirurgie kann man ebenso wenig aus Büchern lernen wie etwa Radfahren oder Schwimmen. Kaum eine andere Disziplin ist in analoger Weise Lern- und Lehrberuf mit einem derart engen Lehrer-Schüler-Verhältnis wie die Chirurgie. Dass der junge Chirurg die Chance der permanenten Übung unter Kontrolle bis hin zur subkortikalen Implementierung der Standardeingriffe erlebt, ist heute eher selten. Angesichts verkürzter Arbeitszeiten, fehlender Möglichkeit zu tierexperimentellen Übungstechniken und bereits früher Spezialisierung in den Teilgebieten hat der verbindliche Ausbildungskodex für die Basiseingriffe der Chirurgie sein Gesicht verändert. Dies bringt es mit sich, dass der junge Chirurg manche Eingriffe eher selten sieht und daher nur geringe eigene Erfahrungen in größerem Ausmaß sammeln kann. Auch die zunehmend verfügbaren Operationssimulatoren, die vor allem im Bereich der laparoskopischen Chirurgie hervorragende Trainingsmöglichkeiten bieten, können nicht das gesamte Spektrum der Basischirurgie vermitteln. Sie lassen Handfertigkeit und taktile Koordination in einigen bestimmten Bereichen üben, vermitteln aber nicht die breite chirurgische Erfahrung mit Verstehen und Beherrschen der Standardeingriffe. Neben den Videofilmen sind damit heute die Operationsatlanten die wichtigsten Informationsquellen für den jungen Chirurgen bei der praktischen Einübung bestimmter Operation in all ihren Schritten.

Das Konzept dieses Operationsatlas zielt auf die Vermittlung der häufigsten 16 allgemeinen und 150 speziellen Operationen des chirurgischen Alltags für Fachärzte in der Weiterbildung, junge Assistenten und auch Studenten. Er stellt das Leistungsspektrum des Allgemeinchirurgen dar, d. h. die achte Säule des Hauses der Chirurgie neben den 7 anderen Spezialgebieten. Hierbei möchte dieser einbändige Atlas weder mit den ausführlicheren, mehrbändigen Operationslehren konkurrieren noch das notwendige Prinzip der Spezialisierung konterkarieren. Allgemeinchirurgie ist sein Inhalt, nicht als das, was übrig bleibt nach Abtrennung der Spezialdisziplinen, sondern als das, was ein allgemein tätiger Chirurg aus den jeweiligen Spezialdisziplinen lernen muss, um sich als Chirurg zu behaupten.

Wir sind froh, dass sich dieses Konzept so bewährt hat, dass wir jetzt wegen der großen Nachfrage gefordert sind, eine 2. Auflage vorzulegen. Hierbei haben wir uns bemüht, das Layout noch übersichtlicher zu machen, den Text zu aktualisieren und dennoch das Text-/Abbildungsverhältnis unverändert zu lassen. Wir ergänzten die bisherigen Operationen um jene Eingriffe, die in den letzten Jahren Standard wurden und aus unserer Sicht unverzichtbar für die aktuelle chirurgische Praxis sind. Das Ziel dieses Operationsatlas ist unverändert der Wunsch, lernenden Chirurgen als Nachschlagewerk zu dienen, um Neues zu lernen und sie neugierig auf Weiteres zu machen. Aber auch ausgebildete Chirurgen sollten die Gelegenheit nutzen, Erlerntes zu erneuern und Standards zu vergleichen. Zur leichten Memorierung und mentalen Vorbereitung auf die jeweilige Operation haben wir das Prinzip der Gliederung in Operationsschritte noch weiter schematisiert, um das Kontinuum der Operation in distinkte, etikettierte und abfragbare Einzelschritte aufzugliedern. Wie ein Rennfahrer vor jedem Rennen sich mental durch Vorstellung der einzelnen Schikanen der Rennstrecke auf sein Rennen vorbereitet, sollte der Chirurg vor jeder Operation die einzelnen Operationsschritte schrittweise sich mental vorstellen, um dann in vivo nur noch bekannte Wege zu gehen.

Der geneigte Leser möge sein Urteil darüber fällen, wie weit es uns gelungen ist, an die Qualität der 1. Auflage anzuknüpfen und ihren Erfolg fortzusetzen. Wir danken Frau Antje-Karen Richter aus der Programmplanung des Thieme Verlags und Herrn Albrecht Hauff für die Unterstützung bei der Erstellung dieser Neuauflage und hoffen auf eine unverändert wohlwollende Leserschaft unseres Operationsatlas Chirurgie.

Aachen, im Frühjahr 2006 — Volker Schumpelick

Inhaltsverzeichnis

Allgemeiner Teil 1

Operationen 39

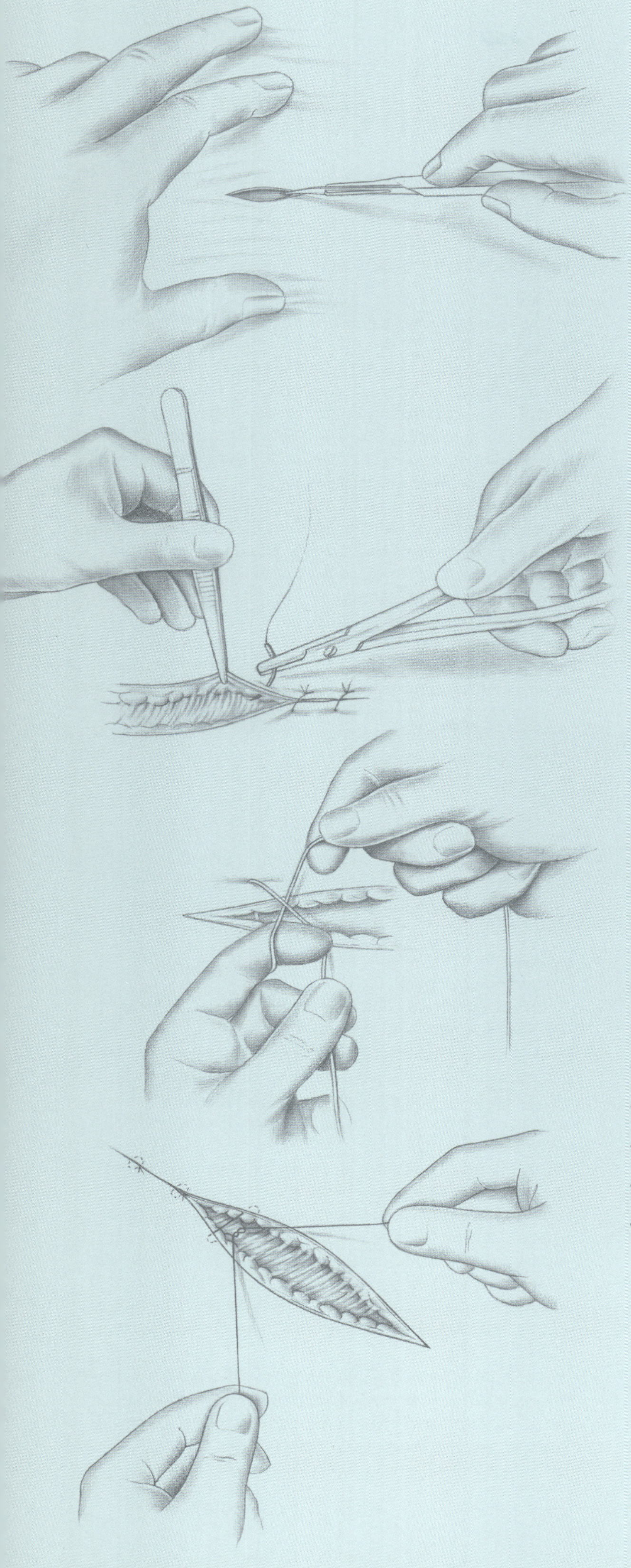

Allgemeiner Teil

1. Vorbemerkungen zum operativen Eingriff

1 Allgemeine präoperative Diagnostik

Als Minimalanforderung vor einem operativen Eingriff müssen vorliegen:

- Basislabor: Blutbild, Elektrolyte, Gerinnung, HIV-Status bei Elektivoperationen.
- Röntgen-Thorax und EKG bei Patienten über 40 Jahren.

In Abhängigkeit von Lebensalter, Vorerkrankungen und aktuellem Zustand ist dies zu ergänzen.

2 Absolute Kontraindikationen

- Allgemeine Inoperabilität.
- Nicht vorliegende Einverständniserklärung (mindestens vom Vortag!) bei Elektiveingriffen.

3 Relative Kontraindikationen

Relative Kontraindikationen ergeben sich aus einem Missverhältnis zwischen Bedrohung durch den vorliegenden Krankheitszustand, Ausmaß des geplanten operativen Eingriffs und Risiken der Nichtintervention. Dieses Missverhältnis ist erheblich von örtlichen und zeitlichen Faktoren abhängig.

Insbesondere die Kontraindikationen zu video-endoskopischen Operationen unterliegen derzeit noch erheblichen Veränderungen. Zurückhaltung ist bislang vor allem bei onkologischen und septischen Eingriffen geboten.

4 Allgemeine Aufklärung des Patienten

- Informationen zum Ablauf: stationäre Aufenthaltsdauer, ggf. Intensivstationaufenthalt, Drainagen, Notwendigkeit der aktiven Mitarbeit bei Krankengymnastik, Atemgymnastik etc.
- Unterlassung besonderer Belastungen, speziell des Rauchens, während des stationären Aufenthalts (ggf. in der Kurve oder im Aufklärungsbogen notieren!).
- Allgemeine Punkte für die Operationseinverständniserklärung:
  - Wundheilungsstörung.
  - Blutung/Nachblutung.
  - Fremdblutgabe, Möglichkeit der Eigenblutspende.
  - Adhäsionen mit Ileus.
  - Narbe/Narbenbruch.
  - Thrombose, Embolie.
  - Bei laparoskopischen Eingriffen: Ein intraoperatives „Umsteigen" kann erforderlich werden und stellt keine Komplikation dar.

Die in den nachfolgenden Kapiteln genannten Häufigkeitsangaben zu postoperativen Komplikationen sind als Orientierung zu verstehen und beziehen sich auf durchschnittliche Angaben in der Literatur.

5 Perioperative Standards

Präoperativ:

- Thromboseprophylaxe: Kompressionsstrümpfe, Frühmobilisation, Heparingabe.
- Perioperative Antibiotikaprophylaxe/-therapie bedenken und ggf. einleiten.
- Nach Traumen: ggf. Tetanusprophylaxe durchführen.
- Präoperativ mindestens 6 Stunden Nüchternheit einhalten, ggf. länger bei Magenausgangsstenose oder Paralyse, alternativ oder im Zweifel Magensonde einlegen.
- Bei Malignomeingriffen ggf präoperativ in der Pathologie einen „Schnellschnitt" anmelden und z. B. bei Lymphom- oder Sarkomverdacht klären, ob Nativmaterial erforderlich.
- Sofern indiziert und verfügbar: IORT planen.
- Bereits präoperativ die postoperativ wichtige Kranken-/Atemgymnastik üben.
- Zentralvenösen Zugang vor der Operation legen. Vorteil: röntgenologische Lagekontrolle möglich, ggf. präoperativer Beginn einer parenteralen Ernährung.
- Bereitstellung von Blutsubstituaten (EK, FFP, Thrombozytenkonzentrate, Eigenblut) organisieren.
- Chemische Enthaarung oder Rasur des Operationsareals.

Intraoperativ:

- Abstrichentnahme (auch bei traumatischen Wunden).
- Fotodokumentation mittels Sofortbildkamera.
- Bei jeder Eröffnung des Abdomens sollte die Gelegenheit zu einer kurzen, aber umfassenden palpatorischen Exploration genutzt werden, wenn dies ohne relevante Zusatzgefährdung möglich ist.

Postoperativ:

- Thromboseprophylaxe: s. o.
- Stressulkusprophylaxe: Antazida, H_2-Antagonisten, H-Pumpen-Blocker, frühzeitige enterale Ernährung.
- Postoperativer Kostaufbau: Indikatoren: Reflux über liegende Magensonde, auskultierbare Peristaltik, Stuhl-/Windabgang, Abdomen-Sonographie. Durchführung: Beginn mit schluckweise Wasser/Tee, dann frei trinken, Joghurt/Zwieback/Weißbrot, schließlich Normalkost.
- Postoperative Abführmaßnahmen: nach abdominellen Eingriffen ggf. ab 3. Tag propulsiv wirkende Medikamente i. v. (z. B. Metoclopramid), bei hartnäckiger postoperativer Atonie (und abgeschlossener Anastomosenheilung) Mestinon i. m. oder Erythromycin 3×250 mg (motilinartiger Effekt), Einläufe oder orale Abführmittel (Gastrografin = Diagnostik und Therapie!).
- Sonographische Verlaufskontrollen: Flüssigkeitsverhalt, freie intraabdominelle Flüssigkeit, Peristaltik, Dilatation von Hohlorganen?
- Postoperative Verhalte (Serom, Hämatom, Biliom, Abszess) können, eine stabile klinische Situation des Patienten vorausgesetzt, unter Sonographiekontrolle punktiert und ggf. perkutan drainiert werden (Sonnenberg-, Otto-Katheter o. ä.).
- Subkutane Redon-Drainagen am 2. Tag entfernen.

- Hautnahtmaterial im Gesichts-/Halsbereich nach 4 – 6 Tagen, sonst nach 10 – 12 Tagen entfernen.
- Patient auf die Möglichkeiten eines Anschlussheilverfahrens hinweisen und ggf. unter Mitarbeit des Sozialdienstes planen.
- Notwendigkeit und Ablauf von, ggf. auch langfristigen, postoperativen Kontrollen wie z. B. der Tumornachsorge erläutern.
- Hinweise auf Selbsthilfegruppen (ILCO, BDO etc.).

6 Laparoskopische Eingriffe

- Nabeldesinfektion über Nacht.
- Perioperative Platzierung von Magensonde und Urinkatheter.
- Spezielle, vom konventionellen Vorgehen abweichende Lagerung, die den besonderen endoskopischen Anforderungen gerecht wird. Zumeist ist für Eingriffe im Oberbauch eine „Fußtief“-Lagerung („Anti-Trendelenburg“) von 10 – 20° sinnvoll und umgekehrt eine „Trendelenburg“-Lagerung von 10 – 20°. „Kopftief“ für Eingriffe im Unterbauch. Entsprechendes gilt für die Exposition lateraler Regionen der Bauchhöhle. Diese oft auch mehrfachen intraoperativen Positionsänderungen erfordern eine gute Fixierung des Patienten am Operationstisch.

2. Umgang mit Skalpell, Nadelhalter, Pinzette und Schere

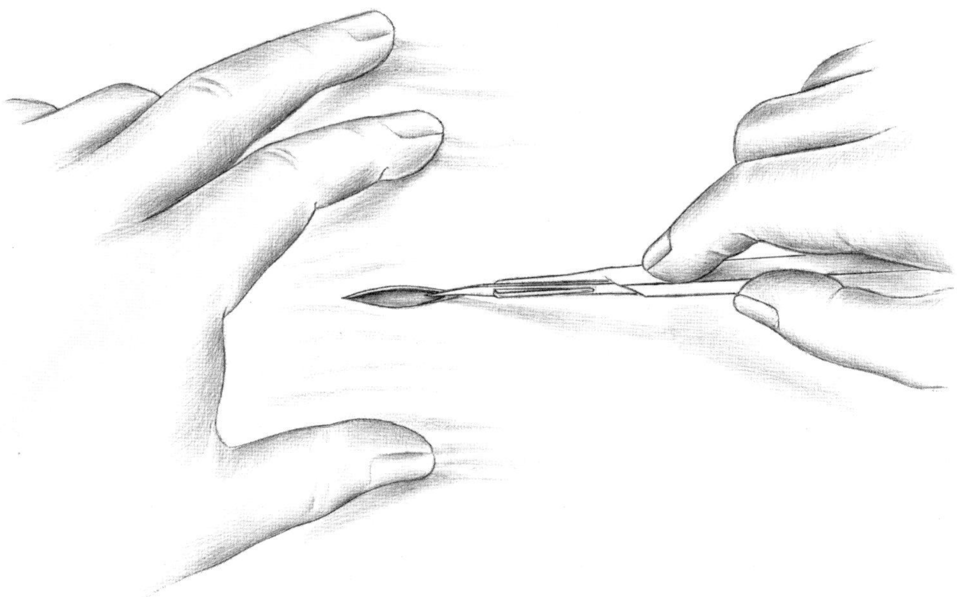

Skalpell

Das Skalpell wird mit drei Fingern gehalten, wobei Daumen und Mittelfinger das Instrument im engeren Sinne halten und der auf dem Messerrücken platzierte Zeigefinger die sensible Führung des Instruments gewährleistet. Ein Hautschnitt wird weitestgehend mit dem Bauch des Skalpells ausgeführt, wobei die Gegenhand die zu inzidierende Hautpartie strafft und stabilisiert. Die Messerbewegung sollte harmonisch und kontinuierlich sein, mehrfaches erneutes Ansetzen ist zu vermeiden. Das Messer muss für den Schnitt nur sehr gering angedrückt werden.

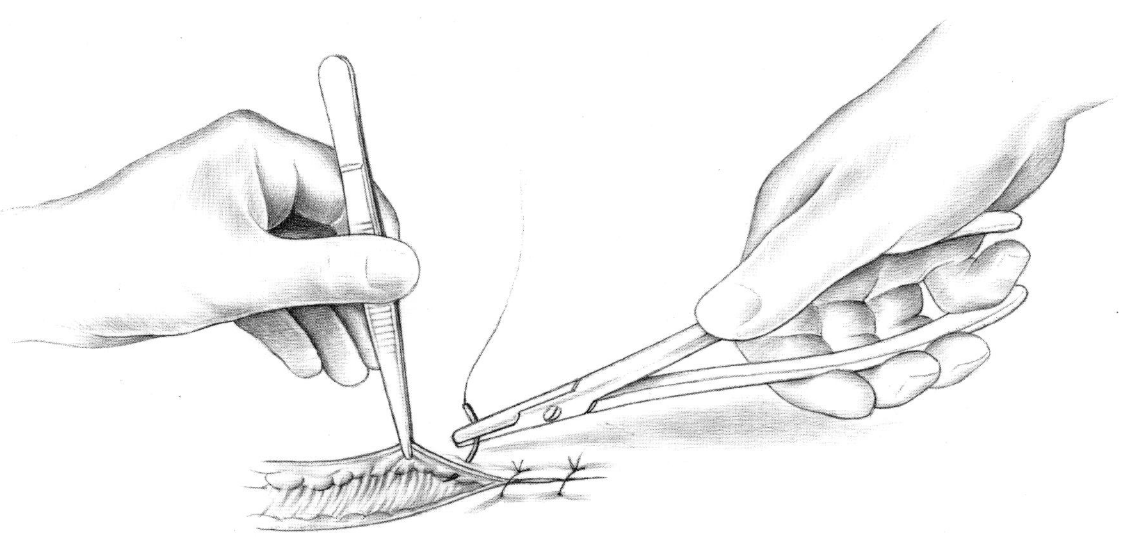

a

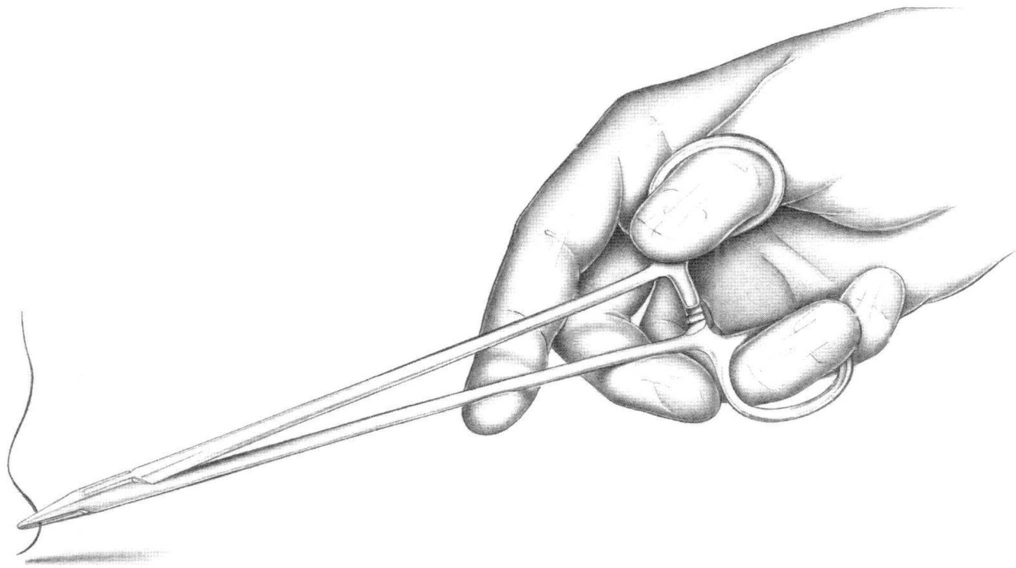

b

Pinzette und Nadelhalter

Grundsätzlich gilt, dass die Länge der Instrumente auf die Tiefe des Operationsfeldes abgestimmt sein muss. Die Stärke der Instrumente an der Spitze ist wiederum abhängig von der Festigkeit der zu handhabenden Strukturen und der dadurch bestimmten Nadel. Die chirurgischen Pinzetten finden im Allgemeinen nur bei Haut- und Fasziennähten Verwendung. Ansonsten sind anatomische Pinzetten mit gerader oder gewinkelter Spitze vorteilhafter. Pinzetten sollten stets nur so stark zusammengedrückt werden, dass die zu handhabende Gewebestruktur gerade sicher gehalten wird. Ein unnötig festes Zusammenquetschen der Branchen ist zu vermeiden.

Man unterscheidet geschlossene und offene Nadelhalter. Der von uns zumeist verwendete offene Nadelhalter stellt im Vergleich zum selbst sperrenden Nadelhalter höhere Anforderungen an die Handhabungstechnik. Zum einen ist eine sichere Nadelführung nur durch einen ständigen dosierten Verschlussdruck auf die beiden Griffteile möglich, zum anderen bedarf es einer gewissen Übung, um den Nadelhalter kontrolliert unter Gebrauch des kleinen Fingers zu öffnen. Beim Gebrauch der im Allgemeinen üblichen gebogenen Nadeln ist zu berücksichtigen, dass der Weg der Nadel durch das Gewebe ebenfalls bogenförmig sein muss, um einen punktförmigen Stich und keinen länglichen Risskanal zu erzeugen. Aufgrund der festen Koppelung von Nadel und Nadelhalter muss die Hand daher diesen Bogen mit beschreiben. Es hat sich im Übrigen bewährt, die Nadel nicht allzu weit hinten, d. h. am Fadenansatz einzuspannen. Der selbst sperrende Nadelhalter (**b**) wird ähnlich wie die Schere vom ersten und vierten Finger gehalten bzw. betätigt, während zweiter und dritter Finger die Führung des Instruments unterstützen.

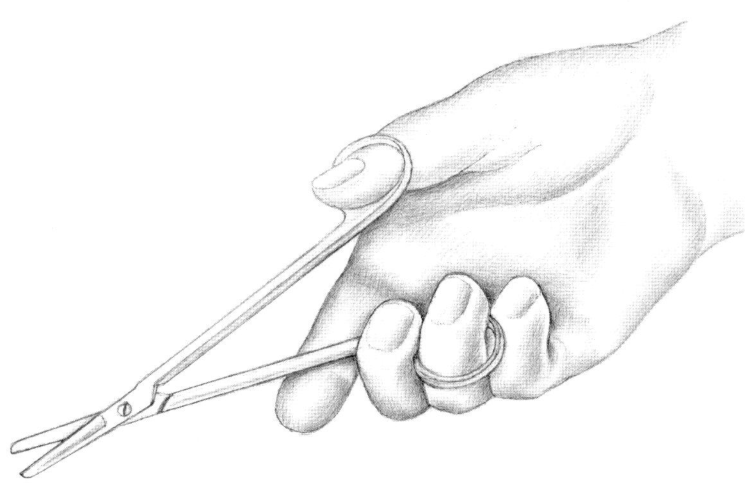

Schere

Eine optimale Handhabung der Schere ist dadurch möglich, dass erster und vierter Finger die Branchen betätigen und zweiter und dritter Finger das Instrument führen.

3. Ligatur und Umstechung

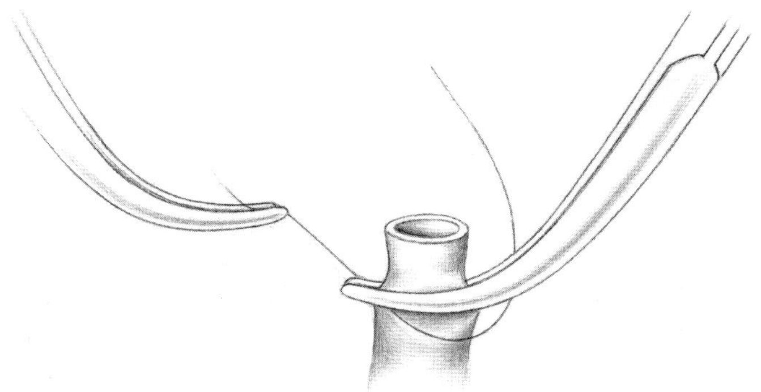

Einfache Ligatur

Bei der einfachen Ligatur kann der Faden, dessen Stärke in Relation zum Lumen des zu ligierenden Gewebes gewählt wird, in einem oberflächlich gelegenen Operationsfeld direkt von Hand und bei einem tiefer gelegenen Operationsfeld, wie gezeigt, mittels einer gebogenen Klemme um die Spitze der Overholt-Klemme geführt werden, die die zu ligierende Struktur hält. Beim Zuziehen des ersten Knotens ist darauf zu achten, diese Overholt-Klemme langsam und nicht ruckartig zu öffnen, da sich das zu ligierende Gewebe, insbesondere wenn es unter Zug steht, ansonsten leicht retrahiert.

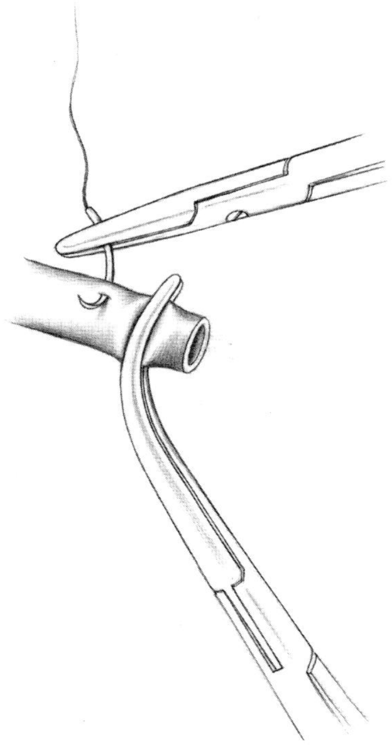

Durchstechungsligatur I

Die Durchstechungsligatur wird angewendet, wenn es gilt, etwas voluminösere Strukturen zu ligieren oder aber, wie dargestellt, größere Gefäße, insbesondere Arterien. Die Durchstechung sorgt hierbei für eine sichere Knotenfixierung. Sie sollte 1 – 2 mm unterhalb der passager verschließenden Klemme und nicht direkt an der Klemme platziert werden.

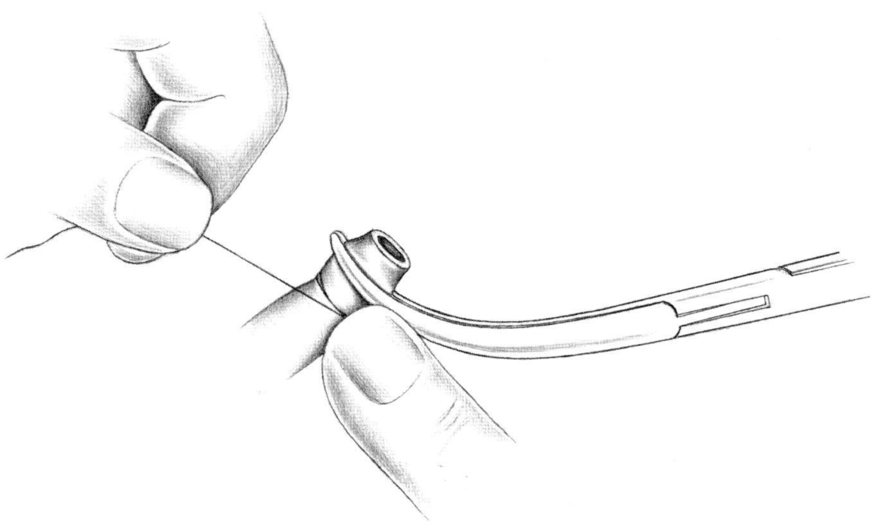

Durchstechungsligatur II

Der Faden wird nach Durchstechung einmal auf der Seite der Durchstechung und nach Herumführen auf der gegenüberliegenden Seite, wie in der Abbildung gezeigt, zugeknotet. Beim Knoten muss auf beide Fadenenden ein identischer Zug ausgeübt werden, um ein seitliches Abreißen zu vermeiden.

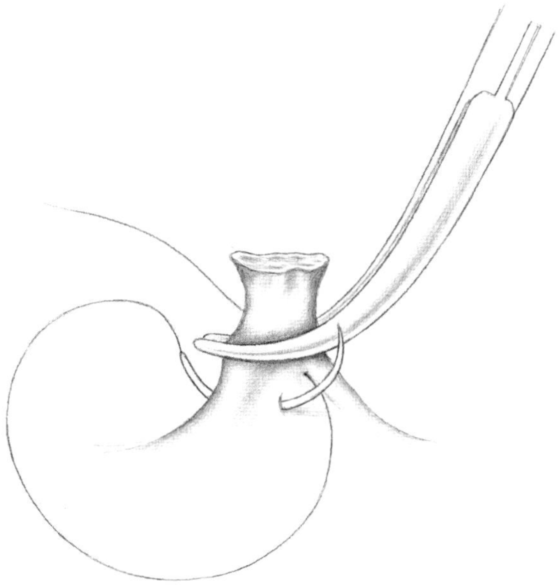

Doppelte Durchstechungsligatur I

Eine noch sicherere Gewebefixierung gestattet die doppelte Durchstechung. Es ist hierbei sehr wichtig, darauf zu achten, dass die zweite Nadelpassage eng neben der ersten erfolgt, so dass nur ein schmales Segment des zu ligierenden Gewebes nicht von der Ligatur erfasst wird. Speziell bei dieser doppelten Durchstechung sollte ein Nachziehen des Fadens nach der zweiten Nadelpassage vermieden werden. Gerade bei dem heute zumeist verwendeten polyfilen resorbierbaren Nahtmaterial kann es sonst zu einem ungewollten „Sägeeffekt“ kommen.

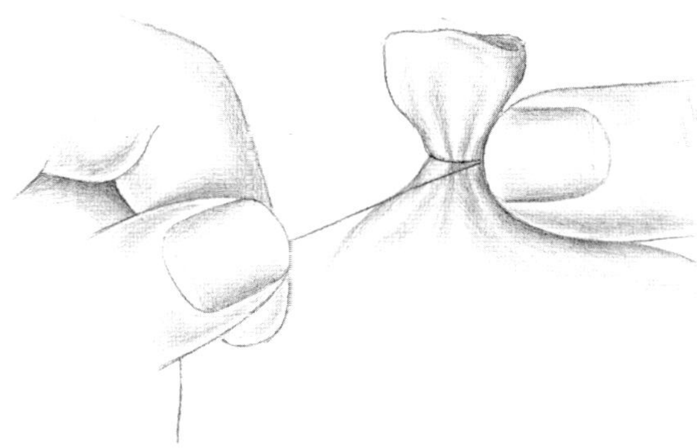

Doppelte Durchstechungsligatur II

Das Zuziehen der doppelten Durchstechungsligatur sollte nur unter sehr dosiertem Öffnen der Klemme geschehen. Gerade bei etwas voluminöseren Gewebestrukturen hat es sich dabei bewährt, den Knoten genau unterhalb der Branchen der Overholt-Klemme zu platzieren und nicht seitlich.

4. Knoten

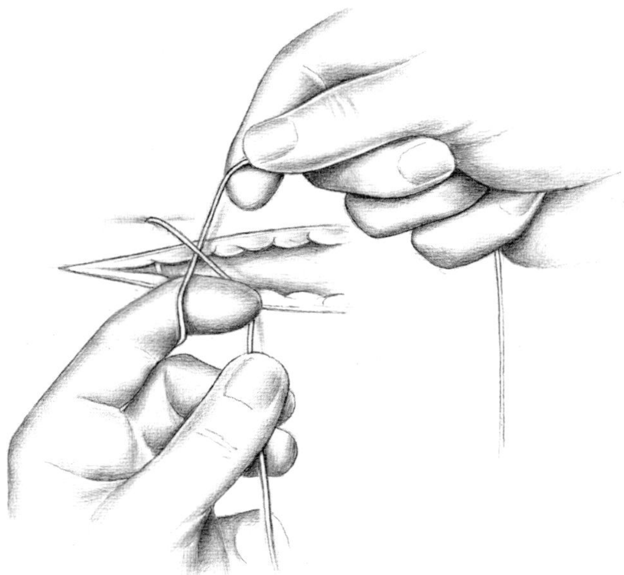

Zeigefingertechnik I

Grundsätzlich sollte der Operateur in der Lage sein, die verwendeten Knoten beidhändig auszuführen. Dies erspart umständliche und zeitaufwändige Umgreifmanöver. Die Stärke des verwendeten Fadenmaterials ist abhängig von der Dicke der zu adaptierenden Schichten. Für die Hautnaht werden zumeist die Fadenstärken 3x0 bis 5x0 verwendet, wobei es sich heutzutage fast ausschließlich um monofile Fadenmaterialien handelt.

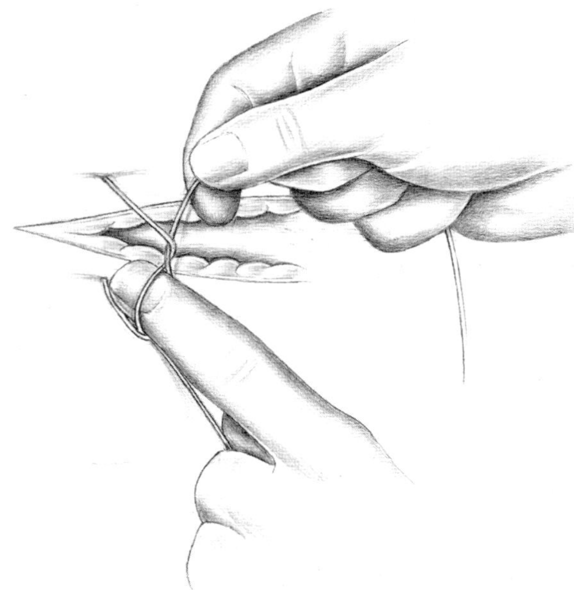

Zeigefingertechnik II

Grundsätzlich sollte man sich beim Erlernen der Knotentechnik daran gewöhnen, einen Faden als den „Zugfaden" und den anderen als „Knotfaden" zu betrachten. Der „Knotfaden" ist dabei derjenige, der von der den Knoten ausführenden Hand gehalten wird. Dies ist in der gezeigten Abbildung die linke Hand.

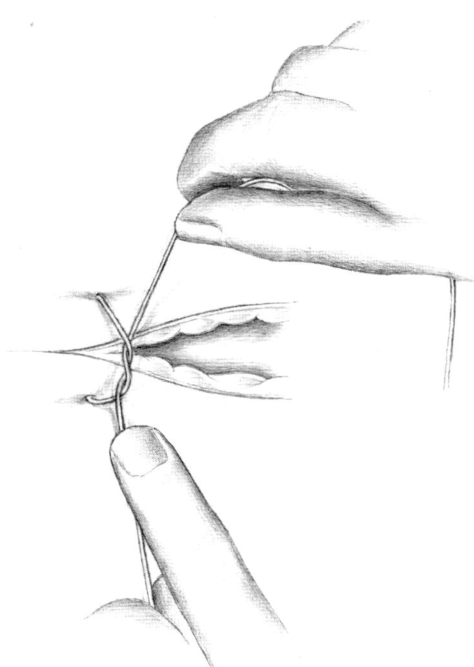

Zeigefingertechnik III

Nach dem Werfen des Knotens sollten die Fadenenden dosiert angezogen und nicht „angeknallt" werden. Ein Abblassen der unter der Naht liegenden Gewebebereiche ist Zeichen einer Ischämie und damit einer unkomplizierten Wundheilung abträglich. Im Moment des Zuziehens eines Knotens müssen die beiden die Fadenenden fixierenden Finger und der Knoten auf einer geraden Linie liegen. Ist dem nicht so, wird im Moment des Zuziehens ein seitlicher Zug auf den Knoten ausgeübt, der bei feinen Gewebestrukturen leicht zum Ausreißen der Naht führt.

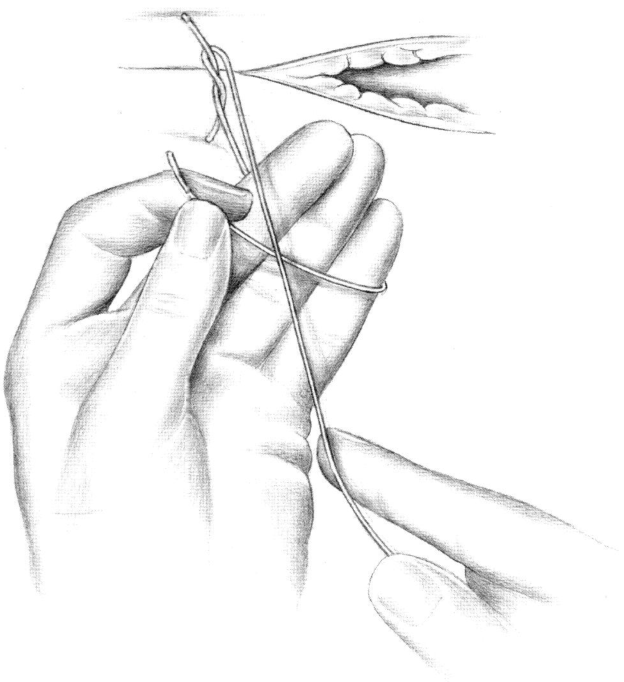

Mittelfingertechnik I

Eine sichere Fadenarretierung ist nur mit mehreren aufeinander folgenden Knoten möglich. Hierbei ist es wichtig, zwischen den aufeinander folgenden Knoten mindestens einmal den Zugfaden zu wechseln.

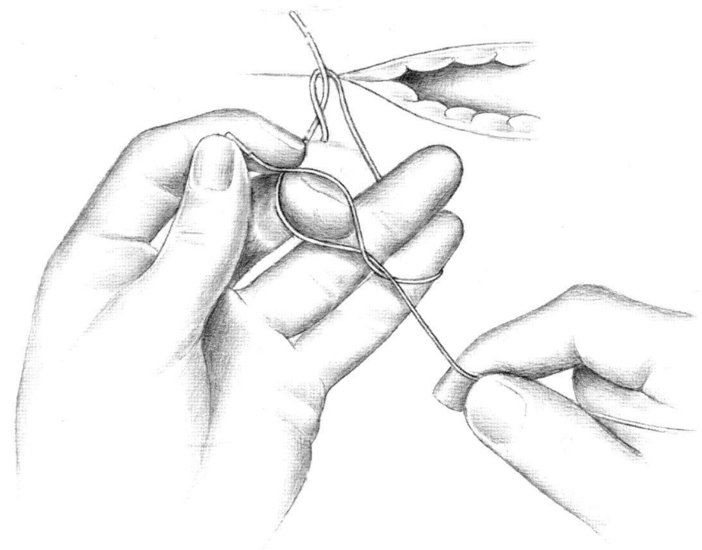

Mittelfingertechnik II

Die Mittelfingertechnik beim Knoten wird vielfach anfangs als leichter empfunden. Sie hat allerdings den Nachteil, dass sie stärkere Umwendebewegungen der knotenden Hand erfordert.

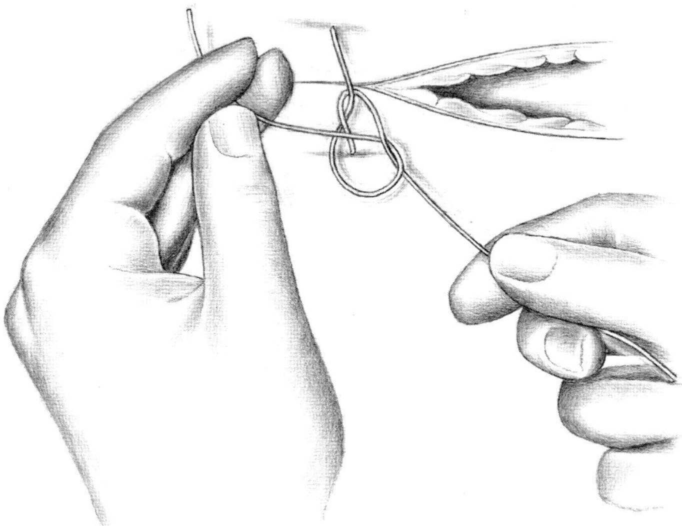

Mittelfingertechnik III

Die Zahl der insgesamt geworfenen Knoten ist abhängig vom verwendeten Fadenmaterial und der Fadenstärke. Insbesondere bei monofilen Fäden sollten als Faustregel immer 1 – 2 Knoten mehr als die Fadenstärke platziert werden.

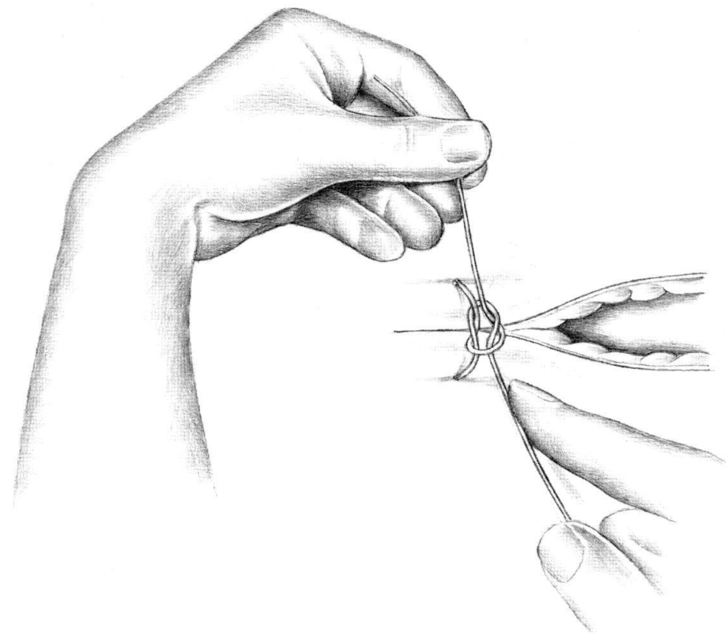

Mittelfingertechnik IV

Auch beim Zuziehen jedes weiteren Knotens ist darauf zu achten, die Fixierungspunkte an den beiden Händen mit dem Knoten auf eine gerade Linie zu bringen.

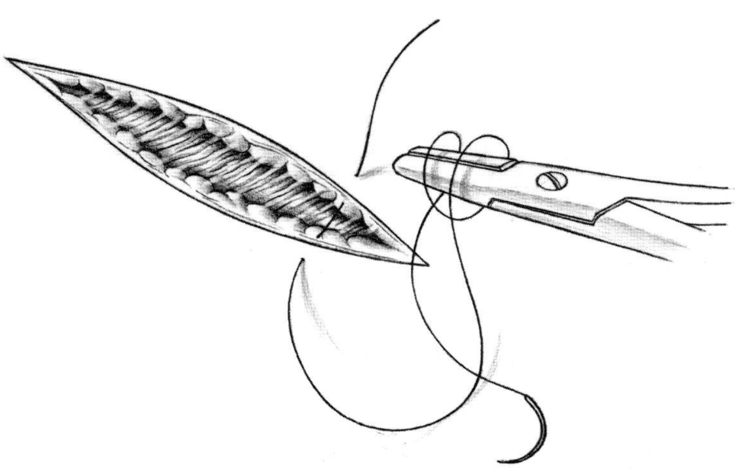

Instrumentelles Knoten

Das Knoten unter Zuhilfenahme des Nadelhalters ist fadensparend, vermittelt aber wenig Gefühl. Im Allgemeinen wird es daher nur an oberflächlichen und relativ unempfindlichen Strukturen wie z. B. der Faszien- oder Hautnaht angewendet. Für den ersten Knoten sollte der Faden gleich doppelt um die Spitze des Nadelhalters geführt werden. Ein bis zwei weitere, jeweils gegenläufig ausgeführte Knoten arretieren den Faden dann ausreichend.

5. Hautnaht

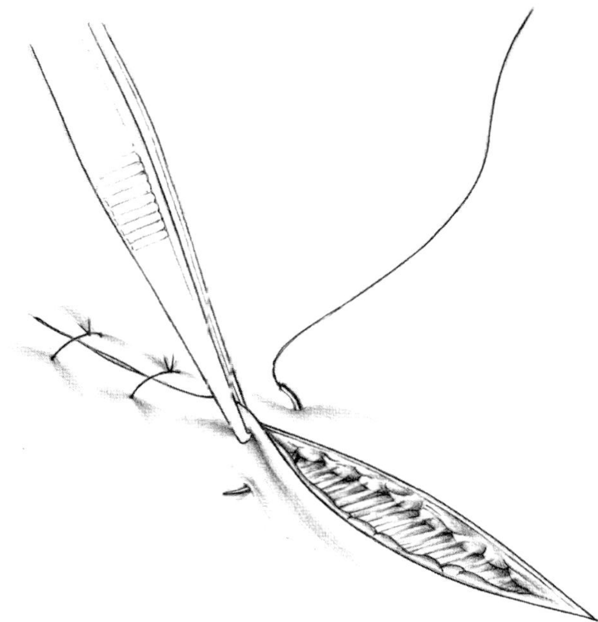

Einzelknopfnaht

Die Hautnaht gilt bei vielen Patienten als Ausweis des Chirurgen. Prinzipielles Ziel aller Hautnähte ist die primäre Wundheilung mit minimaler Narbenbildung. Bedingung hierfür ist die stufenfreie Stoß-auf-Stoß-Adaptation von Epidermis und Subkutis ohne Spannung. Die Hautränder sollten gut durchblutet sein, Hohlräume und Taschenbildung sind zu vermeiden. Generell gilt, dass die Stichabstände etwa denen der Nahtbreite entsprechen, d. h. Stichabstand und Nahtabstand bilden ein Quadrat. Die Einzelknopfnaht ist die häufigste und auch einfachste Form der Nahtvereinigung. Die Naht wird nacheinander durch die jeweils mit der Pinzette stabilisierten Wundränder geführt. Hierbei ist die Nadel senkrecht durch die Haut und schräg durch die Subkutis zu führen. Der Abstand der Naht vom Wundrand und die Stichtiefe müssen an beiden Wundrändern identisch sein. Das Knoten der Fäden sollte so spannungsarm erfolgen, dass keine Gewebeischämie, d. h. keine „Weißfärbung" unter dem Faden passiert.

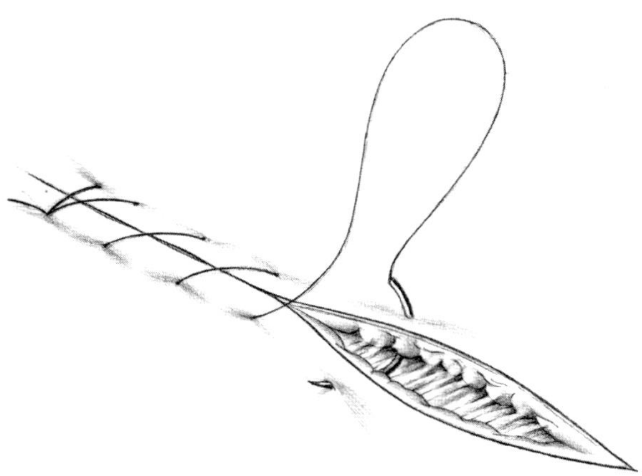

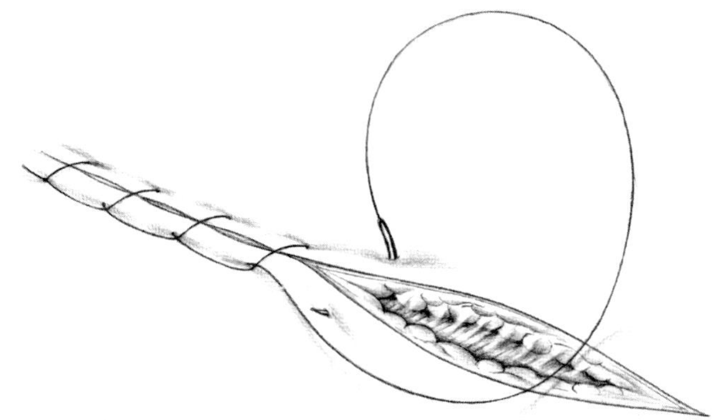

Fortlaufende Naht

Die fortlaufende Naht ist zeitsparend, aber technisch anspruchsvoller, da sie eine gute Adaptation der Wundränder und Fadenführung durch den Assistenten voraussetzt. Die fortlaufende Naht kann als einfache Kirschner-Naht (**a**) oder als überwendliche Bootsmann-Naht (**b**) erfolgen.

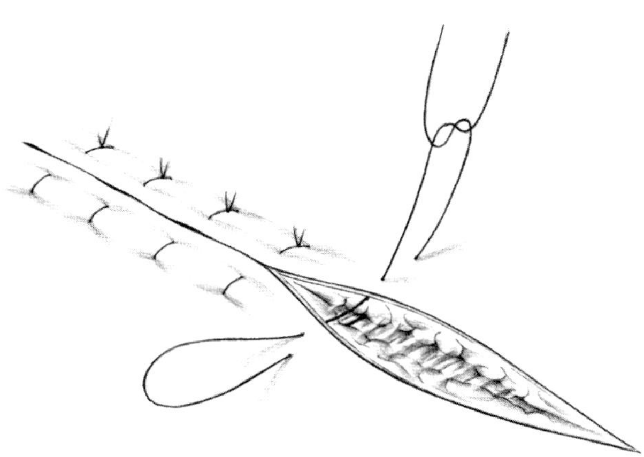

Rückstichnaht nach Donati

Eine exzellente Wundrandadaptation ermöglicht die Rückstichnaht. Im Falle der Rückstichnaht nach Donati tritt die Naht auf beiden Wundrändern zutage. Die ausgezeichnete Adaptation wird allerdings nur dann erreicht, wenn Stichweite und Stichtiefe des Hin- und Rückstichs exakt symmetrisch sind und zudem die 4 Ein- bzw. Ausstiche auf einer geraden, senkrecht zur Wunde verlaufenden Linie liegen. Je dichter der Rückstich an der Epidermis geführt wird, desto besser ist der Wundverschluss.

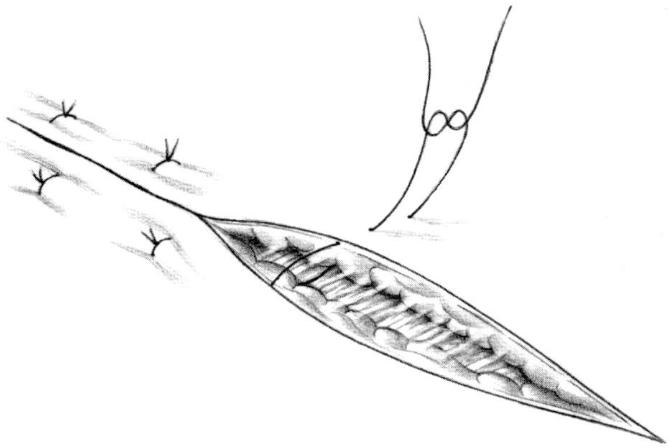

Rückstichnaht nach Allgöwer

Bei dieser Modifikation der Rückstichnaht tritt der Faden nur auf einer Wundseite zutage. Auf der Gegenseite fasst die Naht nur die Subkutis und Anteile des Koriums. Es gelten im Übrigen die gleichen Bedingungen wie bei der Donati-Naht, um ein gutes kosmetisches Ergebnis zu erzielen. Die Entfernung dieser Naht wird allerdings erschwert, wenn Ein- und Ausstich zu dicht nebeneinander erfolgen und zugleich die Naht sehr stark angezogen wird.

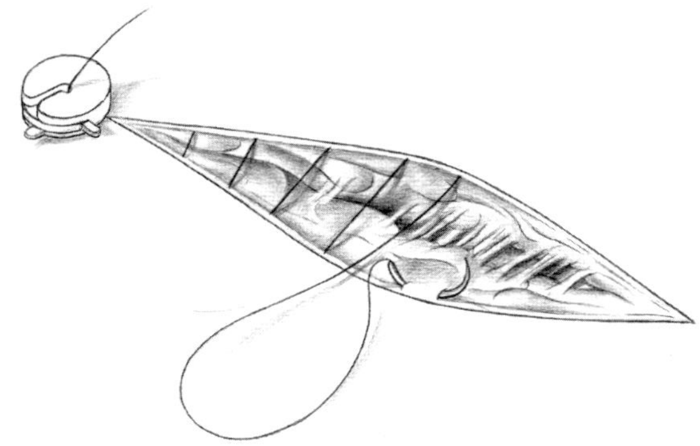

Fortlaufende Intrakutannaht

Bei der fortlaufenden Intrakutannaht tritt der Faden nur am Anfang und Ende der Wunde aus der Haut. Die Naht verläuft vollständig im Korium und erlaubt bei exakt komplementärer Fadenführung durch die beiden Wundränder eine exzellente Adaptation. Der Faden wird beidseits mit einem Kunststoffclip fixiert.

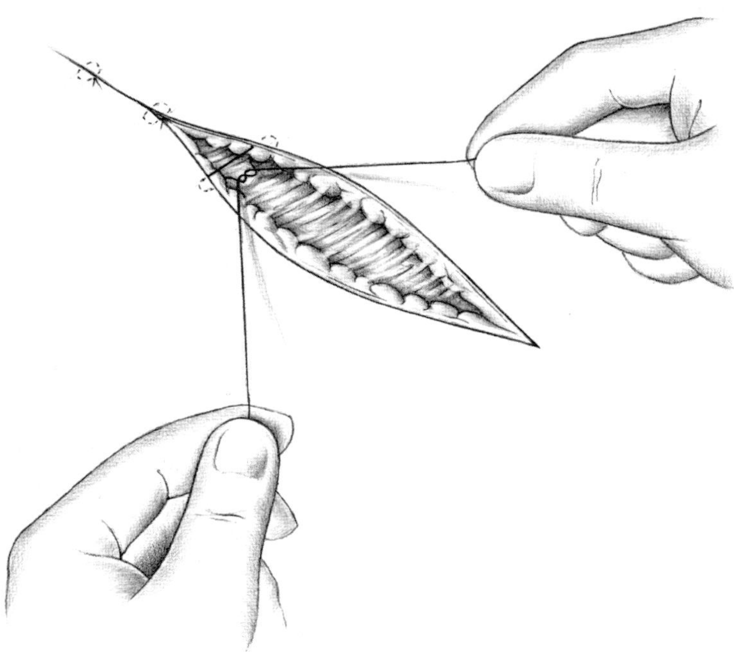

Intrakutane Einzelknopfnaht

Speziell bei Kindern lässt sich die Haut durch intrakutane Einzelknopfnähte aus resorbierbarem 5x0 oder 6x0 PGS adaptieren. Eine Fadenentfernung erübrigt sich damit. Es empfiehlt sich allerdings, diese Nähte zusätzlich mit Klebestreifen von jeder Wundspannung zu entlasten.

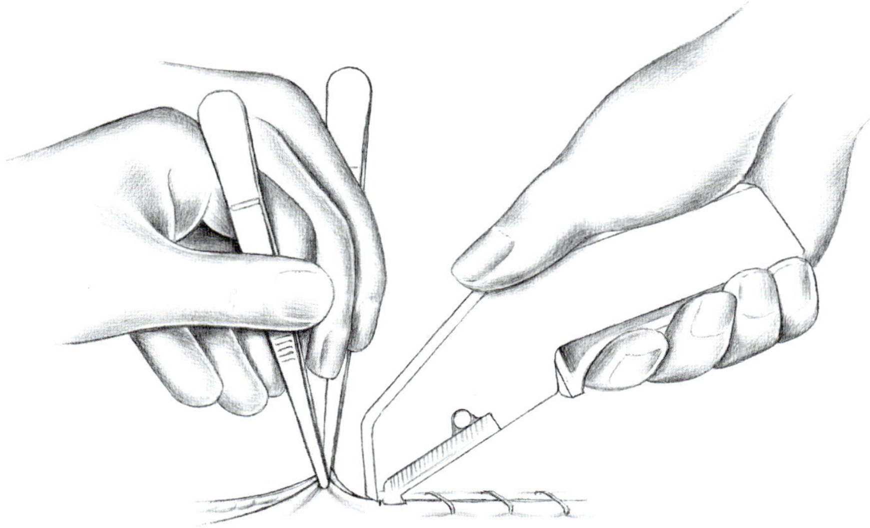

Hautklammern

Die schnellste Form des Wundverschlusses erfolgt mit Klammerautomaten, die rechteckige Metallklammern unter Zusammenbiegen in die Wundränder applizieren. Besonders wichtig ist hier ein symmetrisches Fassen der Wundränder mit chirurgischen Pinzetten unter leichtem „Auskrempeln" im Moment der Klammerplatzierung. Die Naht erfordert ein gutes Zusammenspiel zwischen Operateur und Assistent.

Wundklebestreifen

Moderne Pflasterklebestreifen können die Wundränder spannungsfrei adaptieren und zusammenhalten. Als alleinige Maßnahme sind sie nur selten indiziert, da sie sich bei Durchfeuchtung ablösen können. Sie werden häufig als unterstützende Maßnahme oder aber bei sehr oberflächlichen Wunden verwendet.

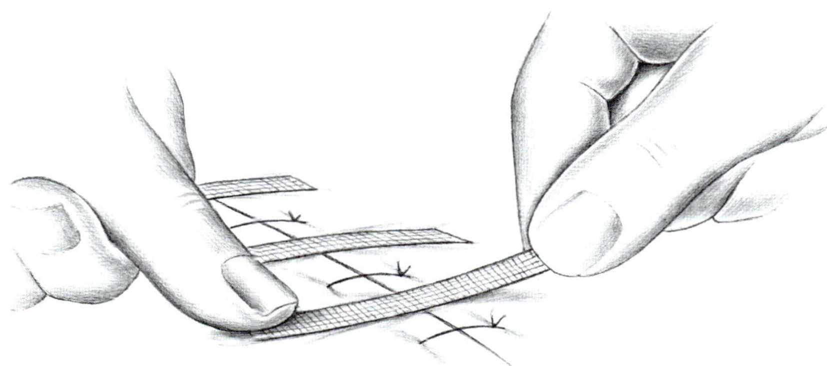

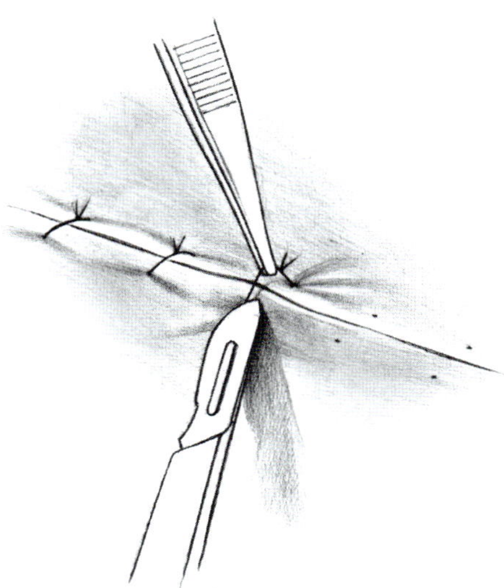

Fadenentfernung

Zur Fadenentfernung wird die Naht mit der Pinzette leicht angehoben, auf einer Seite der Faden hautnah durchtrennt und sodann extrahiert. Hierdurch wird vermieden, dass kontaminierte äußere Fadenanteile durch den Stichkanal gezogen werden. Der Zeitpunkt des Entfernens von Hautnähten richtet sich nach den lokalen Wundverhältnissen wie auch nach der Lokalisation der Naht. Hautnähte im Gesichts- und Halsbereich können am 5. Tag entfernt werden, Hautnähte in anderen Regionen bleiben je nach Lokalisation 6 – 14 Tage liegen.

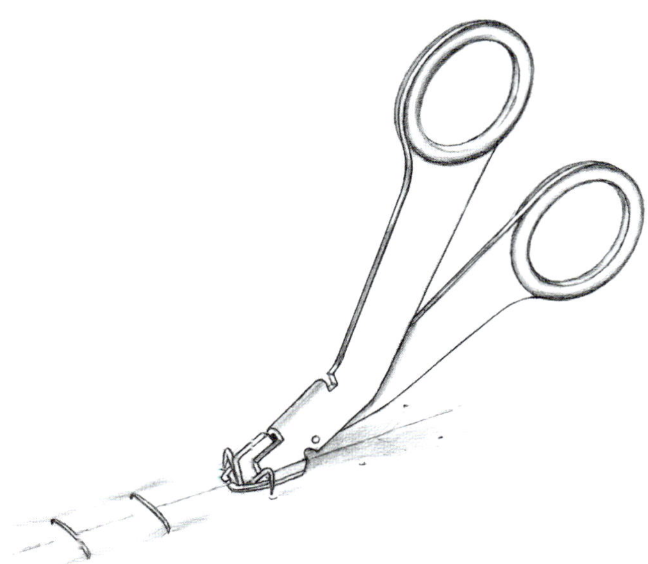

Klammerentfernung

Die Entfernung von Hautklammern erfolgt mit entsprechenden Spezialzangen. Diese biegen die Hautklammern M-förmig auf, so dass die intrakutanen Anteile auseinander klappen und die Narbe freigeben.

6. Drainagen

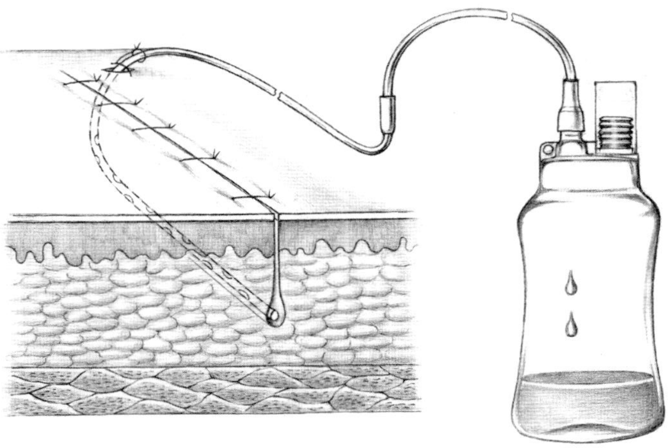

Redon-Drainage

Diese kontinuierlichen Sog ausübende Drainage wird vorwiegend im Bereich der Subkutis und von Muskellogen eingesetzt. Die mit dem Drainageschlauch in einem geschlossenen System verbundene Flasche weist als Indikator des vorhandenen Unterdrucks einen ziehharmonikaartigen Kunststoffbalg auf, der bei Unterdruckverlust sichtbar expandiert. Da das Kunststoffmaterial der Redon-Drainage relativ starr ist, sollte sie in der Nachbarschaft von vulnerablen Geweben keine Anwendung finden. Eine Redon-Drainage bleibt üblicherweise für 48 Stunden in situ.

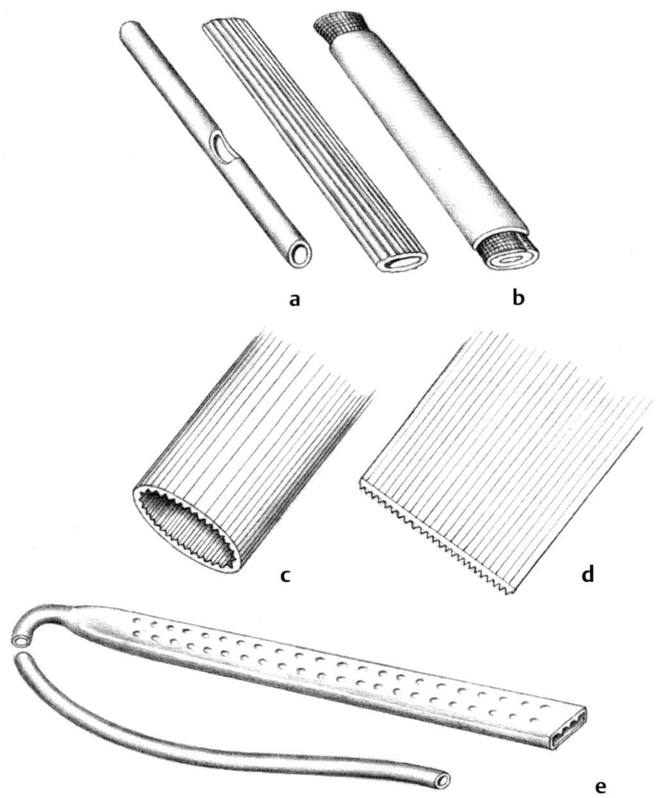

Abdominelle Drainagen

Abdominelle Drainagen werden entweder in einer Indikatorfunktion oder aber zur Evakuierung von Flüssigkeiten platziert. Das heißt, sie dienen der frühzeitigen Erkennung von Komplikationen (Nachblutungen, Anastomosenlecks, Infektionen) oder der Ableitung von Blut und Wundsekret. Prinzipiell sind diese Drainagen stets Überlaufdrainagen, wobei bestimmte Konstruktionsformen die Sekretförderung durch auftretende Kapillarkräfte unterstützen. Als Materialien finden heute zumeist sehr flexible Kunststoffe wie Silikon, Latex und Polyurethan Verwendung. Starre Materialien, wie z. B. Gummi, bedeuten auch bei relativ kurzer Liegedauer bereits eine erhebliche Arrosionsgefahr. Gängige Drainformen sind das Rohrdrain mit seitlichen Öffnungen (**a**), das Penrose-Drain mit und ohne eingelegtem Gazestreifen (**b**), die Easy-flow-Drainage (**c**), der Easy-flow-Drainage-Streifen (**d**), die Jackson-Pratt-Drainage (**e**) in verschiedenen Modifikationen.

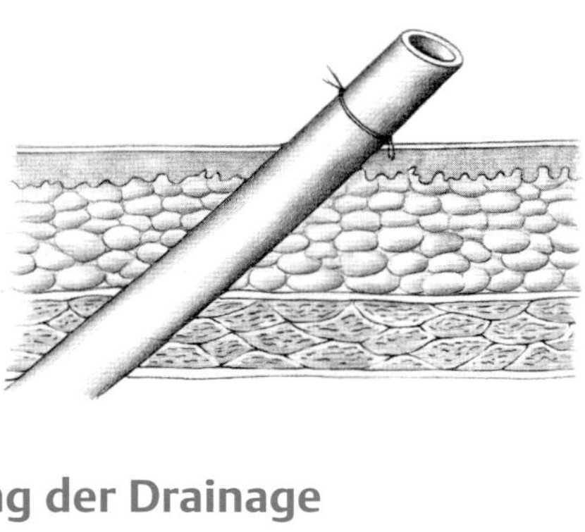

Fixierung der Drainage

Jede Drainage sollte an der Haut fixiert werden, um eine akzidentelle Dislokation zu vermeiden und ein ständiges kurzstreckiges Heraus- und Hineingleiten der Drainage zu verhindern. Aus diesem Grunde ist es wichtig, dass die Fixierungsnaht keinen längeren Steg zwischen Haut und Drain lässt.

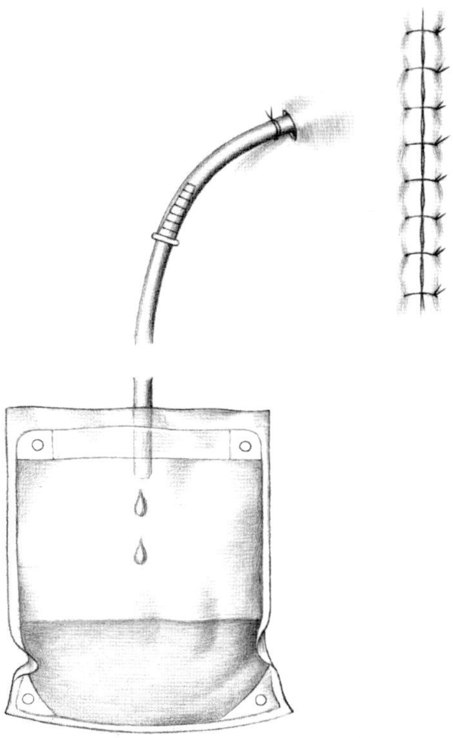

Halb offene Drainage

Bei halb offenen Drainagesystemen gibt es eine Konnexionsstelle zwischen in situ liegendem Drainageschlauch und außen angebrachtem Sammelsystem. Vorteil ist die rasche Wechselmöglichkeit, Nachteil ist die Kontaminationsgefahr.

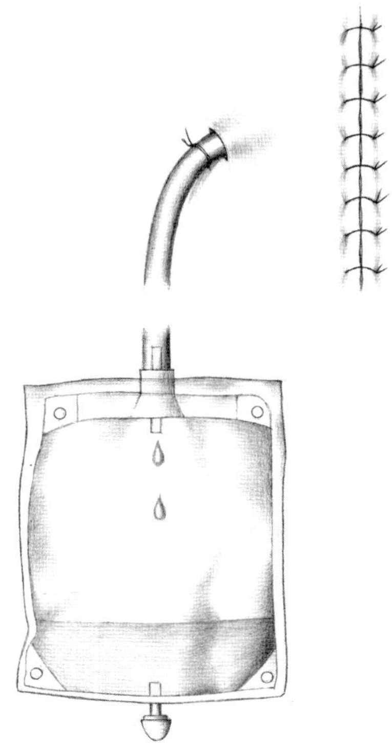

Geschlossene Drainagen

Geschlossene Drainagesysteme eliminieren die Kontaminationsgefahr durch akzidentelle Diskonnexion. Ein Nachteil besteht allerdings in der Notwendigkeit, das Drainagesystem von außen nach innen einzubringen.

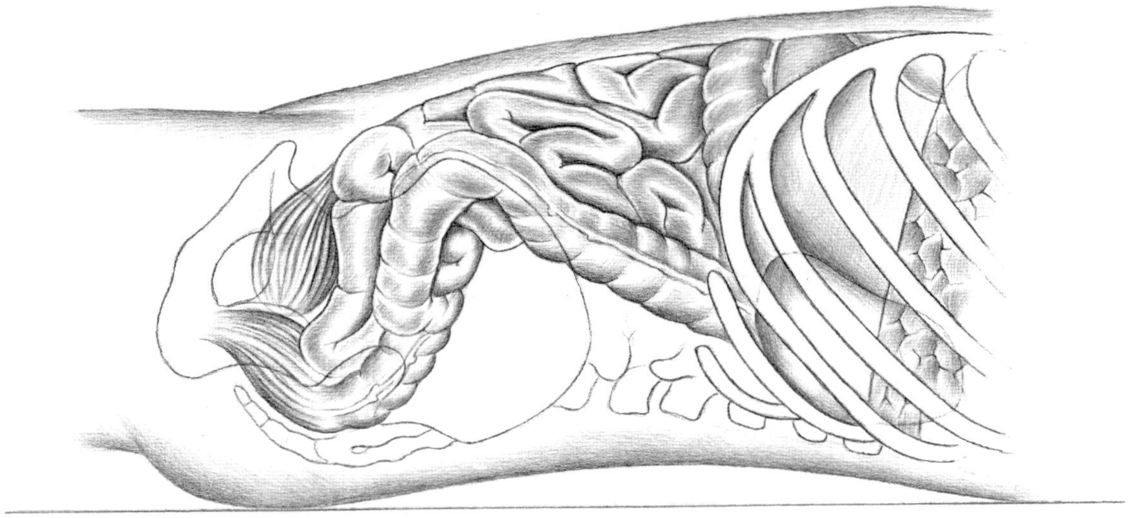

a

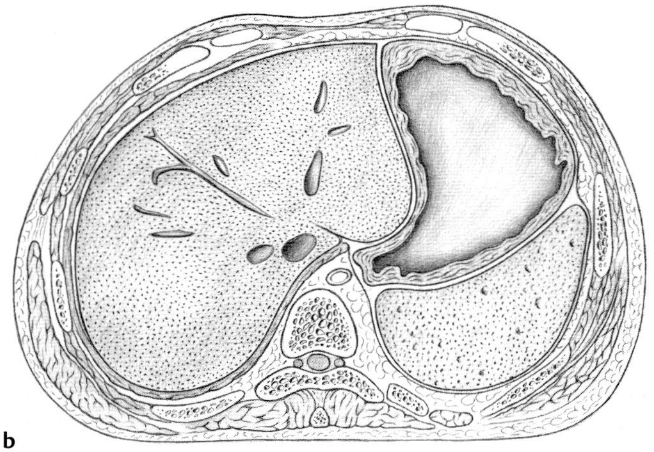

b

Drainageräume des Bauchraums

Jede Flüssigkeit sammelt sich beim liegenden Patienten an den tiefstgelegenen Punkten der Bauchhöhle (**a**). Diese sind vor allem der Douglas-Raum, beide subphrenischen Räume, die subhepatische Region und die parakolischen Logen rechts und links. Ein weiterer retentionsgefährdeter Hohlraum ist die Bursa omentalis (**b**).

Bülau-Drainage

Die Bülau-Drainage ist eine Drainage mit Ventilfunktion, die zwar erlaubt, Sekret, Blut oder Luft aus der Pleurahöhle abzuleiten, aber andererseits verhindert, dass zusätzliche Luft in den Pleuraspalt gelangt. Im Gegensatz zu anderen Drainagen müssen Thoraxdrainagen starrwandig sein, um unter den auftretenden Druckunterschieden nicht zu kollabieren. Die Drainage muss an der Thoraxwand gut fixiert werden. Bei liegender Thoraxdrainage sollen für den Fall akzidenteller Diskonnexionen stets geeignete Klemmen zum notfallmäßigen Verschluss greifbar sein. Zur Unterstützung der Evakuierungsfunktion der Drainagen kann ein äußerer Sog von 15 – 20 cm Wassersäule angelegt werden. Der Öffnungsdruck der Pleuradrainage definiert sich im Übrigen durch den Abstand zwischen Wasserspiegel in der Bülau-Flasche und Öffnung des in die Flüssigkeit eintauchenden Rohres.

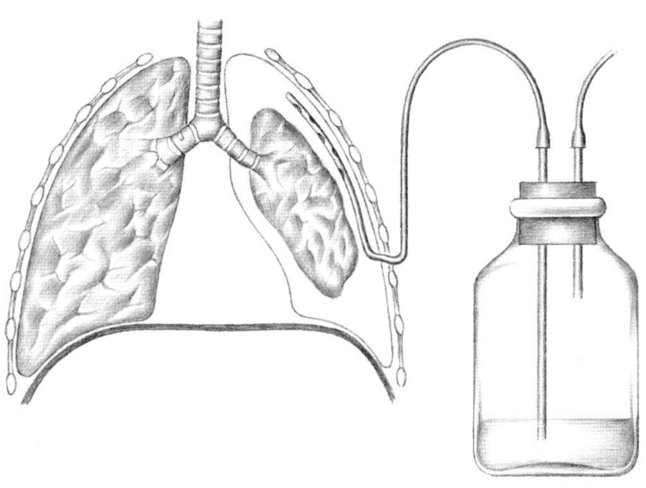

7. Blasenkatheter

Transurethraler Katheter

Übliche Kathetertypen: Nélaton, Tiemann, Mercier für die Einmalkatheterisierung, Foley als häufigste Form der Verweilkatheter. Material: Gummi oder Kunststoff, Silikon, weich bis halbstarr.

Katheterstärke: 14 – 18 Charrière (1 Ch = 1/3 mm).
Katheterlänge: Frauen 8 – 25 cm, Männer 40 cm.

1 Indikation

Für die Anlage eines Harnblasenkatheters gibt es verschiedene Indikationen. Hierzu zählen:

- akute Harnverhaltung (z. B. bei Prostatadenom),
- intra- und postoperative Bilanzierung der Ausscheidung,
- Diagnostik von Sediment, Urinkultur und Zystogramm,
- retrograde Füllung zum Ausschluss eines Defekts,
- pflegerische Gesichtspunkte (z. B. Inkontinenz).

Wir unterscheiden den **transurethralen** Katheter als häufigste Form und den **suprapubischen** Katheter.

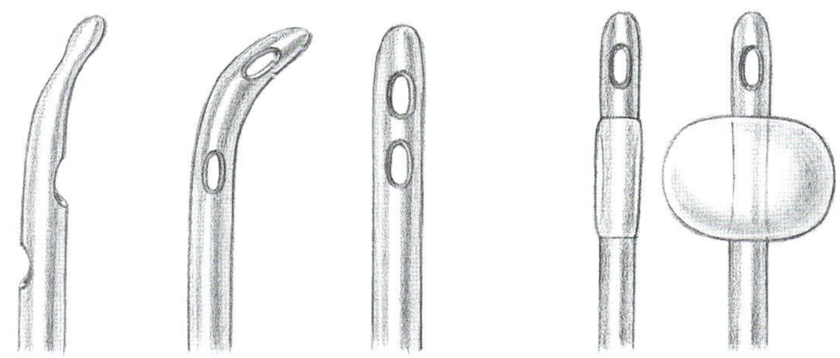

Unterschiedliche Formen der Spitzen von Blasenkathetern: Tiemann (**a**), Mercier (**b**), Nélaton (**c**), Foley entblockt (**d**), Foley geblockt (**e**).

2 Technik

Das Einführen des Katheters ist bei Frauen meist unproblematisch, beim Mann erschwert durch die S-förmige Krümmung der Harnröhre und den Bulbus urethrae.
Kathetereinlage: Unter sterilen Bedingungen am liegenden Patienten Säuberung des Orificium urethrae. Einbringen des Gleitmittels in die Urethra und auf die Katheterspitze.

Bei der Frau direktes Einführen unter Sicht nach Auffaltung der Labien. Beim Mann Einführen des Katheters unter Streckung und Anhebung des Glieds (**a**). Beim Passieren des Sphinkter externus Senkung des gestreckten Glieds. Bei regelrechter Katheterlage entleert sich nach 25 – 30 cm bereits Urin. Dann Blockung des Ballonkatheters mit 5 – 10 ml Aqua ad injectabilia. Ableitung über ein geschlossenes steriles System (**b**).

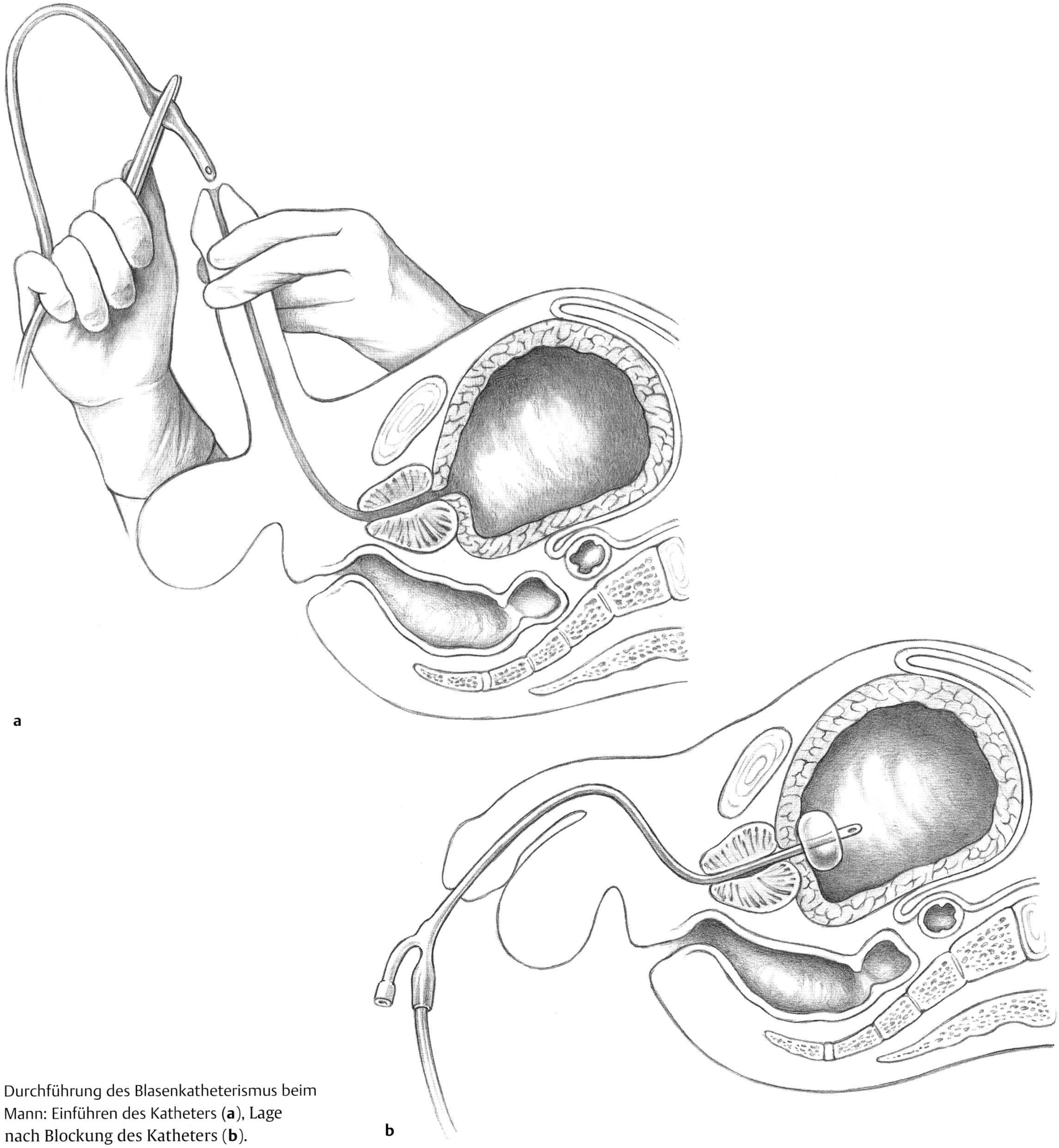

Durchführung des Blasenkatheterismus beim Mann: Einführen des Katheters (**a**), Lage nach Blockung des Katheters (**b**).

3 Komplikationen

Aszendierende Infektion bei Dauerlage, Verletzung der Urethra bei Einführung (Via falsa!), Unwegsamkeit bei großer Prostata, dann ggf. zystoskopische Kontrolle, Druckulzera bei langfristiger Kathetereinlage.

Suprapubischer Katheter

1 Indikation

Länger liegende Blasenverweilkatheter sollten suprapubisch und nicht transurethral platziert werden, um eine chronisch-aszendierende Infektion zu vermeiden. Vorteile sind die bessere subjektive Toleranz, geringere Schmerzhaftigkeit und die Möglichkeit zur Blasentrainierung durch Katheterkontrolle und -abstöpselung durch den Patienten und nicht zuletzt das geringere Infektionsrisiko durch größere Weichteilabdeckung.

2 Technik

Blasenpunktion nach Füllen der Blase über einen transurethralen Katheter mit 300 – 500 ml steriler Lösung. Eventuell unter sonographischer Kontrolle Nachweis der Blasenfüllung und des besten Punktionsortes. Der Einstichort ist 3 – 4 cm oberhalb der Symphyse bei gefüllter Blase (**a**).

Cave: Veränderte Anatomie durch Voroperationen und Narbenbildung.

Nach sicherer Punktion der Blase Aspiration von Urin und Einschleusen eines Plastikkatheters über die Punktionskanüle (Cystofix), bis er sicher in der Blase gelegen ist. Sicherung des Katheters durch Pflaster und Blockerballon entsprechend der Ballonspitze (**b**). Danach Entfernung der Cystofix-Kanüle, die durch Auseinanderbrechen der beiden Hälften vom Katheter gelöst werden kann.

Cave: Verletzung des Katheters durch scharfe Kanten und Spitze der Kanüle.

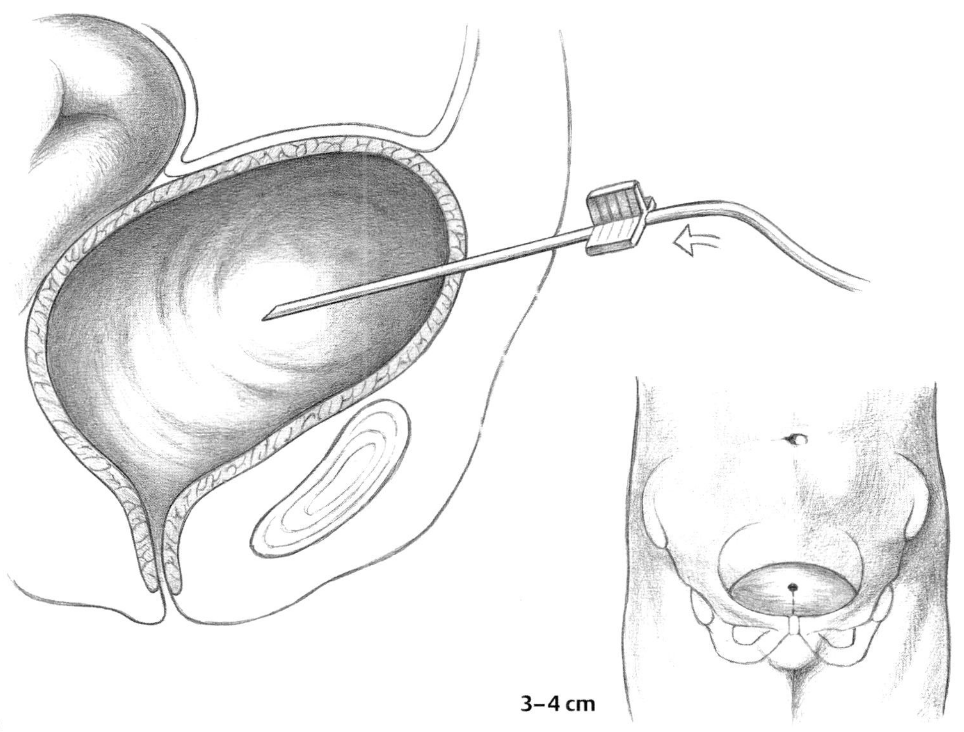

Blasenpunktion durch Hohlkanüle (**a**).

a

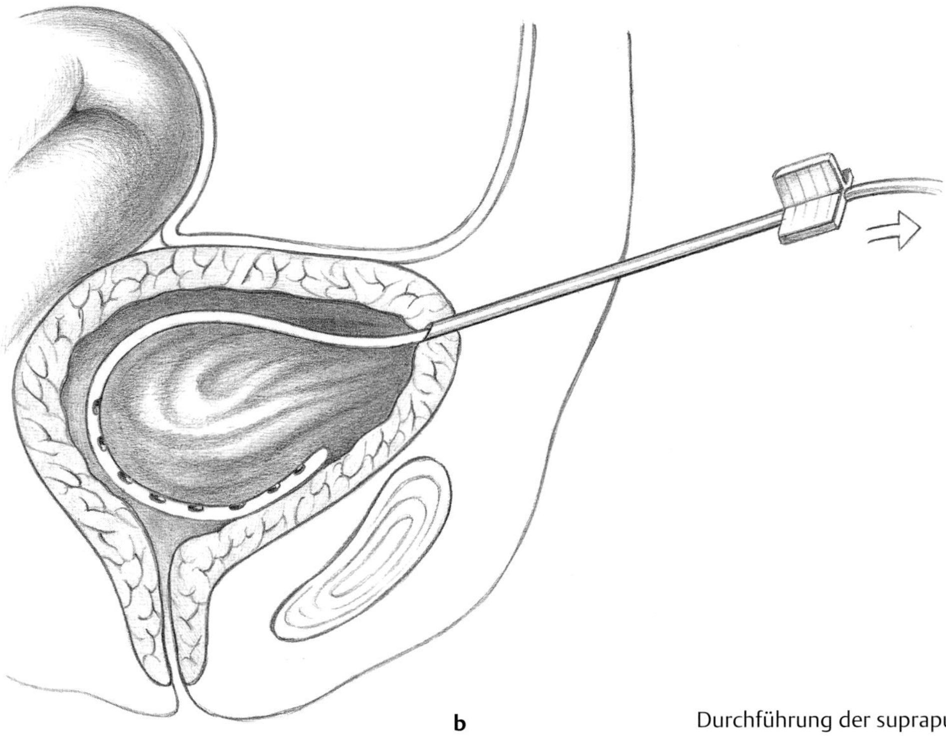

b

Durchführung der suprapubischen Blasenpunktion (**b**).

3 Komplikationen

Verletzung der Blasenschleimhaut, Fehlpunktion bei veränderter Anatomie (Sonographie!), Katheterverletzung durch scharfkantige Kanüle, Fehlpunktion intramural oder ggf. intestinal bei schlechter Übersicht – Sicherung der Katheterlage durch Abflusskontrolle.

8. Venöse Zugänge

Venenverweilkanüle

1 Indikation

Applikation intravenöser Infusionslösungen, kurzfristige Infusionstherapien. **Keine** nachkalorische Ernährung!

2 Zugang

Der kurzzeitige **peripher venöse** Zugang ist in der Regel die **Venenverweilkanüle**. Punktionsorte sind die Armvenen. Eine Venenverweilkanüle (z. B. Braunüle) ist ungeeignet zur Applikation hyperosmolarer Lösungen (z. B. parenterale Ernährung) oder länger dauernder (> 3 Tage) Infusionen. Sie dient ausschließlich der kurzzeitigen perioperativen Flüssigkeitszufuhr oder dem akuten venösen Zugang. Für längere Infusionsnotwendigkeit sollte ein zentralvenöser Zugang (s. u.) gewählt werden, der zudem den Vorteil der Messung des zentralen Venendrucks bietet. In allen übrigen Fällen ist die Venenkanüle die häufigste Form des venösen Zugangs.

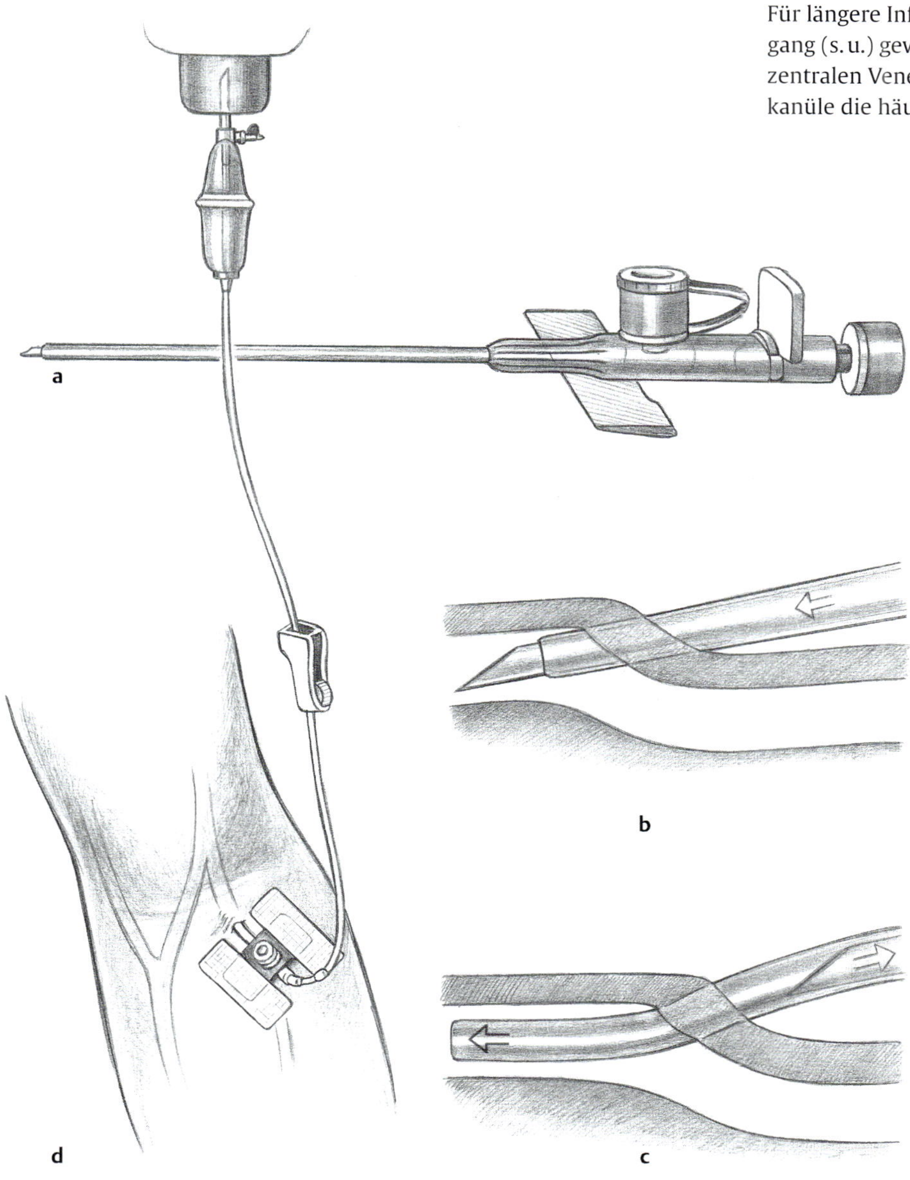

Venenverweilkanüle, Technik der Einführung: Kanüle (**a**), Punktion der Vene (**b**), Zurückführen des Mandrins (**c**), Fixation der Kanüle, Anschluss der Infusion (**d**).

3 Technik

Nach venösem Stau am Oberarm Aufsuchen einer gestauten Vene durch Palpation und Inspektion und tangentiales Einschieben der Venenverweilkanüle im stumpfen Winkel. Vorschieben der Kanüle und Entfernen des innen liegenden Mandrins. Anschluss des Infusionssystems und Pflasterfixation.

4 Komplikationen

Perforation der Vene an der Rückseite mit Zerreißung, Fehlpunktion, Dislokation durch Armbewegung (Ruhigstellung auf Schiene!), Infektion. In diesen Fällen unverzügliche Entfernung und lokale Wundpflege (z. B. Alkoholverband).

Zentralvenöser Zugang (V.-cava-Katheter)

1 Indikation

Indikationen für zentralvenösen Zugang:

- parenterale Ernährung mit hochkalorischen Lösungen,
- Messung des zentralvenösen Drucks,
- Notfallzugang bei kollabierten peripheren Venen,
- lang dauernde Infusionstherapie.

Typische Zugänge sind V. subclavia, V. jugularis interna, V. jugularis externa, V. femoralis, V. cubitalis.

2 Technik

Sorgfältige Indikation und aseptische Technik. Einführung eines feinen Führungsdrahtes nach Seldinger über eine lumenstarke Kanüle nach Venenpunktion. Nach Entfernen der Kanüle Vorschieben des Katheters über den Draht bis zur Einmündung in die V. cava. Eine Venae sectio (s. u.) ist hierfür nur selten erforderlich. Die Technik sei am Beispiel der beiden häufigsten Zugänge zur V. cava superior beschrieben, dem Subklavia-Katheter und dem V.-jugularis-interna-Katheter.

V.-subclavia-Katheter

Punktion der Vene am Übergang vom mittleren zum äußeren Drittel unter der Klavikula im Winkel von 45° in Richtung auf die Wirbelsäule (Übergang HWS/BWS). Die Aspiration von venösem Blut zeigt die richtige Lage.

Cave: Pleurapunktion.

- Einführen eines flexiblen Führungsdrahtes (Seldinger-Draht) über die Kanüle.
- Nach Entfernen der Einführungskanüle Vorschieben des Katheters über den Führungsdraht, ggf. nach vorheriger Aufbougierung.
- Entfernen des Drahtes unter Fixierung des Katheters in der korrekten Lage im Gefäß.
- Röntgen- oder Bildwandlerkontrolle (die Spitze des Katheters sollte in Höhe der V. cava superior liegen).
- Sicherung des Katheters durch Naht und sterilen Verband.

3 Tipps und Tricks

Vor Infusion Röntgenkontrolle obligat (Pneumothorax, Fehllage, aufgerollter Katheter).

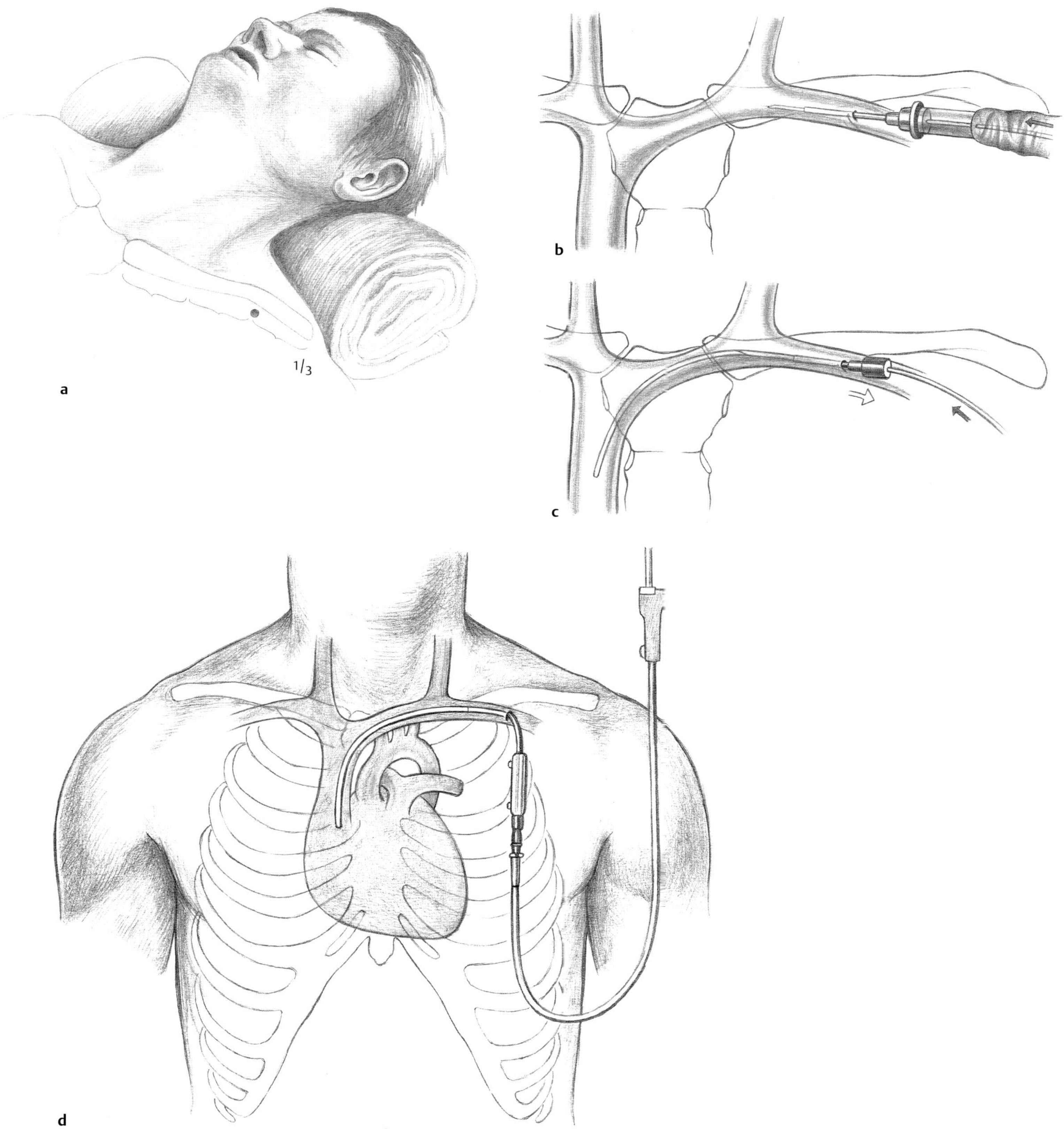

V.-subclavia-Katheter:

a Punktionsort am Übergang vom mittleren zum lateralen Drittel.
b Gefäßpunktion mit lumenstarker Kanüle.
c Einführen eines flexiblen Führungsdrahtes (Seldinger-Draht) über die Kanüle.
d Nach Entfernen der Einführungskanüle Vorschieben des Katheters über den Führungsdraht.

V.-jugularis-interna-Katheter

Punktion unter sterilen Bedingungen in Lokalanästhesie am liegenden Patienten in leichter Kopftieflage, vereinfacht nach vorheriger sonographischer Festlegung des Gefäßverlaufs. Palpation der A. carotis communis mit Zeige- und Mittelfinger der linken Hand. Infiltration mit Lokalanästhetikum in der Mitte des M. sternocleidomastoideus von der Kreuzung der V. jugularis externa beginnend auf die unmittelbar lateral der A. carotis communis liegende V. jugularis interna zu. Aspirationskontrolle! Einstechen der Punktionskanüle im Winkel von 45° zur Körperachse lateral der palpierten Arterie. Die Aspiration venösen Blutes zeigt die richtige Lage an. Weiteres Vorgehen wie bei V.-subclavia-Katheter.

Cava-Katheter: Auskultation, Röntgen-Thorax (Katheterlage? Pneumothorax?)

Infusion hyperosmolarer Lösungen erst nach Röntgenkontrolle.

Katheterpflege: Verbandswechsel täglich unter aseptischen Bedingungen, keine Kontamination der Anschlüsse, bei unklaren Fieberzuständen oder Infektion der Hauteinstichstelle Katheterneuanlage. Beim Entfernen des Katheters stets auf Vollständigkeit prüfen und die Katheterspitze bakteriologisch untersuchen.

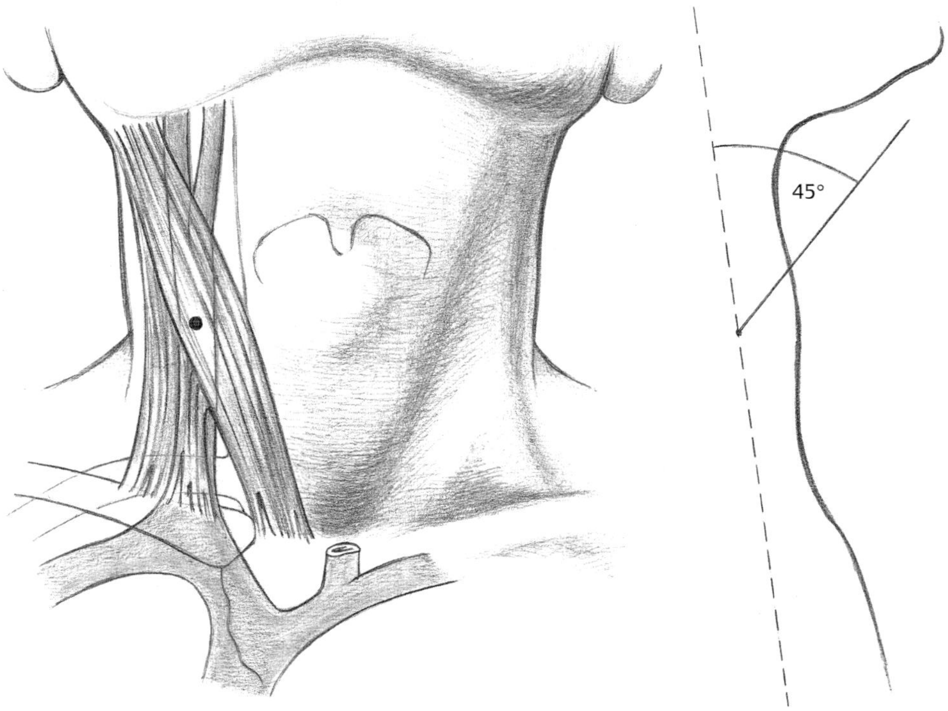

Punktionsort der V. jugularis interna.

4 Komplikationen

Cava-Thrombose, Embolie, Phlebitis, Sepsis, Pneumothorax, Hämatothorax, Arterienpunktion, Hämatome, Gefäßperforation, Herzperforation, Luftembolie, Katheterembolie, Plexus-, N.-recurrens-Schädigung, Arrhythmien bei zu tiefer Lage im rechten Vorhof.

Cava-Katheter und unklares Fieber: Katheterwechsel!

9. Venöse Portanlage

1 Indikation

Notwendigkeit eines zentralvenösen Langzeitzugangs (z. B. Kurzdarmsyndrom, prekäre Venenverhältnisse (z. B. Chemotherapie).

2 Operationsvorbereitung

Gegebenenfalls Duplexsonographie der Halsgefäße.

3 Spezielle Risiken, Aufklärung

Portinfektion, Blutungskomplikation, Pneumothorax, Dislokation des Katheters.

4 Anästhesie

In der Regel Lokalanästhesie.

5 Lagerung

Rückenlage, BV, Röntgentisch.

6 Zugang

Punktion V. subclavia oder V. jugularis interna, alternativ offenes Einführen über die V. cephalica im Sulcus deltoideopectoralis (Mohrenheim-Grube).

7 Operationsschritte

1. Lokalanästhesie.
2. Punktion der V. subclavia und Einbringen des Führungsdrahtes. Alternativ offenes Darstellen der V. cephalica im Sulcus deltoideopectoralis mit direktem Einführen des Schlauchs nach Venotomie.
3. Lagekontrolle unter BV.
4. Dilatation in Seldinger-Technik und Einbringen des Portschlauchs.
5. Infraklavikulärer Hautschnitt und Präparation einer epifaszialen Tasche für die Portkammer.
6. Konnektieren und knickfreies Platzieren des Schlauchs.
7. Fixation der Kammer mit nichtresorbierbaren Nähten auf der Faszie.
8. Erneute BV-Kontrolle.
9. Wundverschluss.
10. Röntgenkontrolle!

8 Relevante Anatomie, Gefahren, Tricks

- Eventuell V. jugularis zur Punktion oder offenes Einbringen über V. cephalica.
- Suffiziente Fixierung der Kammer auf der Faszie.

Cave: Dislokation!

- Auf harmonische Lage des Portschlauchs achten (Abknickung führt zum Leck).

9 Maßnahmen bei speziellen Komplikationen

- Pneumothorax: eventuell Bülau-Drainage.
- Bei Infekt Portexplantation.

10 Nachsorge

- Dokumentierte radiologische Kontrolle.
- Wundkontrolle.
- Sofortige Nutzung des Ports möglich.

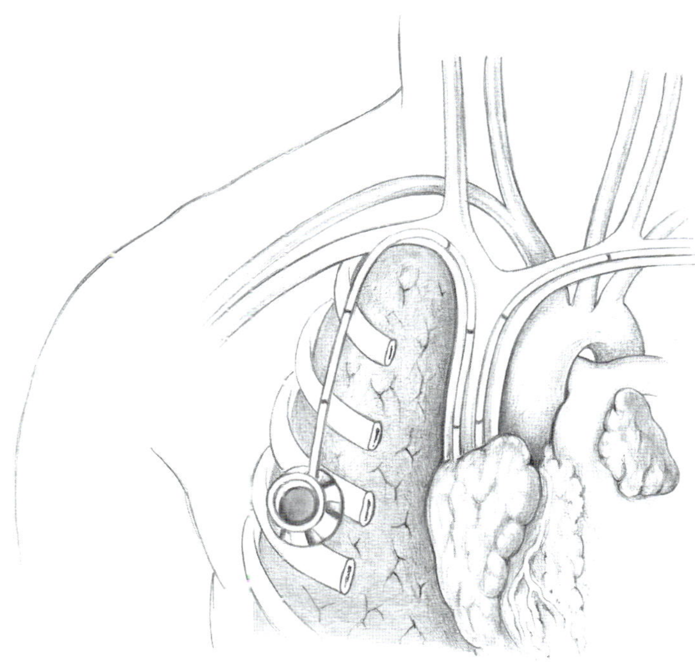

Korrekte Lage des Portsystems nach Einbringen des Schlauches in die rechte V. subclavia.

10. Venae sectio

Die Venae sectio hat durch die perkutan zu platzierenden Cava-Katheter an Bedeutung verloren, doch gibt es auch heute noch Einsatzgebiete.

1 Indikation

Erfolglose Suche nach peripherem oder zentralvenösem Zugang durch Punktion, Anlage eines Portsystems.

2 Zugang

Periphere Venen, die rasch in großlumige Venen übergehen.

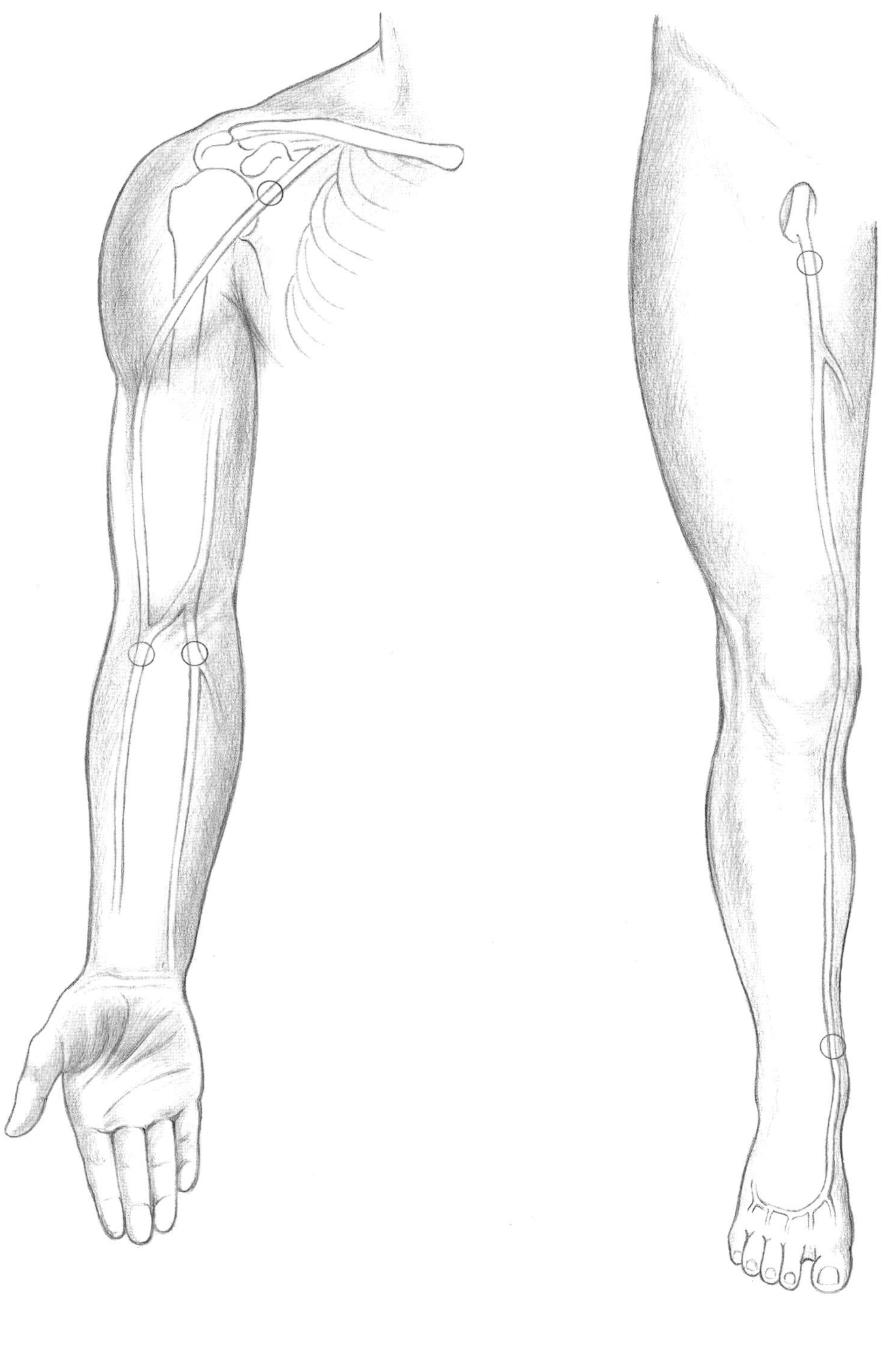

Übliche Regionen zur Venae sectio.

3 Technik

Hautschnitt am liegenden Patienten nach sterilem Abdecken und Lokalanästhesie. Aufsuchen der Vene und doppeltes Anschlingen. Einbringung des Katheters über einen Hauttunnel, der ca. 3 – 5 cm distal der endgültigen Einmündungsstelle liegt. Punktion der Vene zwischen den beiden Umschlingungen und Einführen des Katheters durch die Punktionsstelle. Gelingt die Punktion nicht, distale Ligatur der Vene, Einführen des Katheters über einen Froschmaulschnitt. Nach Positionierung des Katheters lockere proximale Ligatur der Vene über dem Katheter zur Fixation. Wundverschluss und steriler Verband.

Vorteil der Punktion ist, dass der Katheter weiter von Blut umspült werden kann, während bei Froschmaulschnitt durch die Ligatur eine Thrombosierung der Vene obligat ist.

Bei Katheterfehllage Korrektur unter Bildwandlerkontrolle oder Neuanlage.

4 Komplikationen

Thrombophlebitis, Sepsis, Wundinfektion, Fehllage des Katheters.

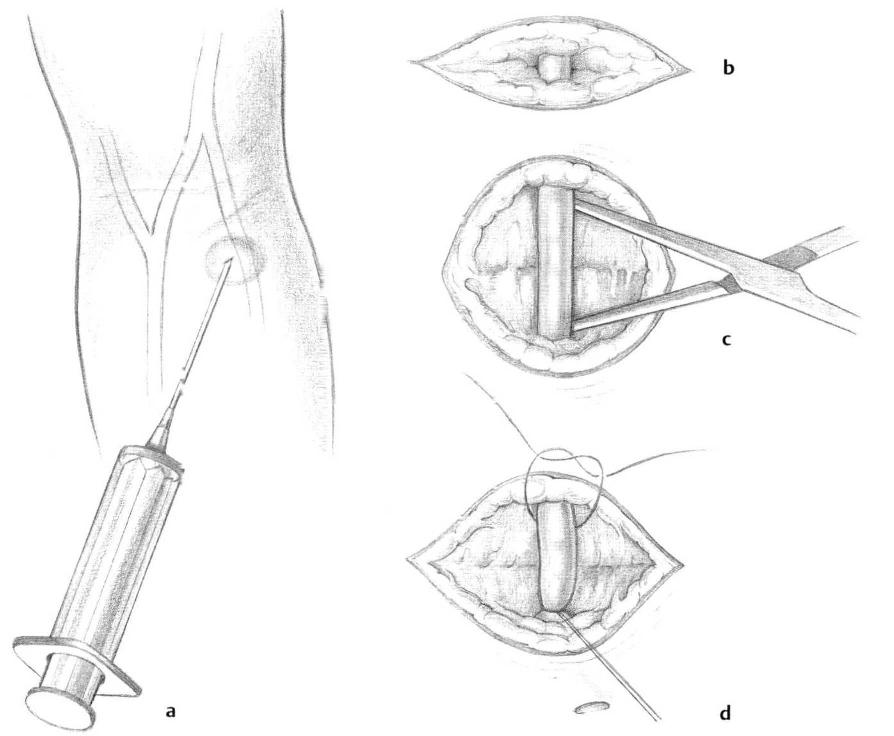

Durchführung der Venae sectio:
- **a** Infiltrationsanästhesie,
- **b** Aufsuchen der Vene,
- **c** Freilegen der Vene,
- **d** Anschlingen der Vene nach proximal und Ligatur nach distal,
- **e** Inzision der Vene,
- **f** Einbringen eines Katheters nach subkutaner Tunnelierung,
- **g** Fixation des Katheters durch lockere Ligatur der kranialen Anschlingung, Hautnähte.

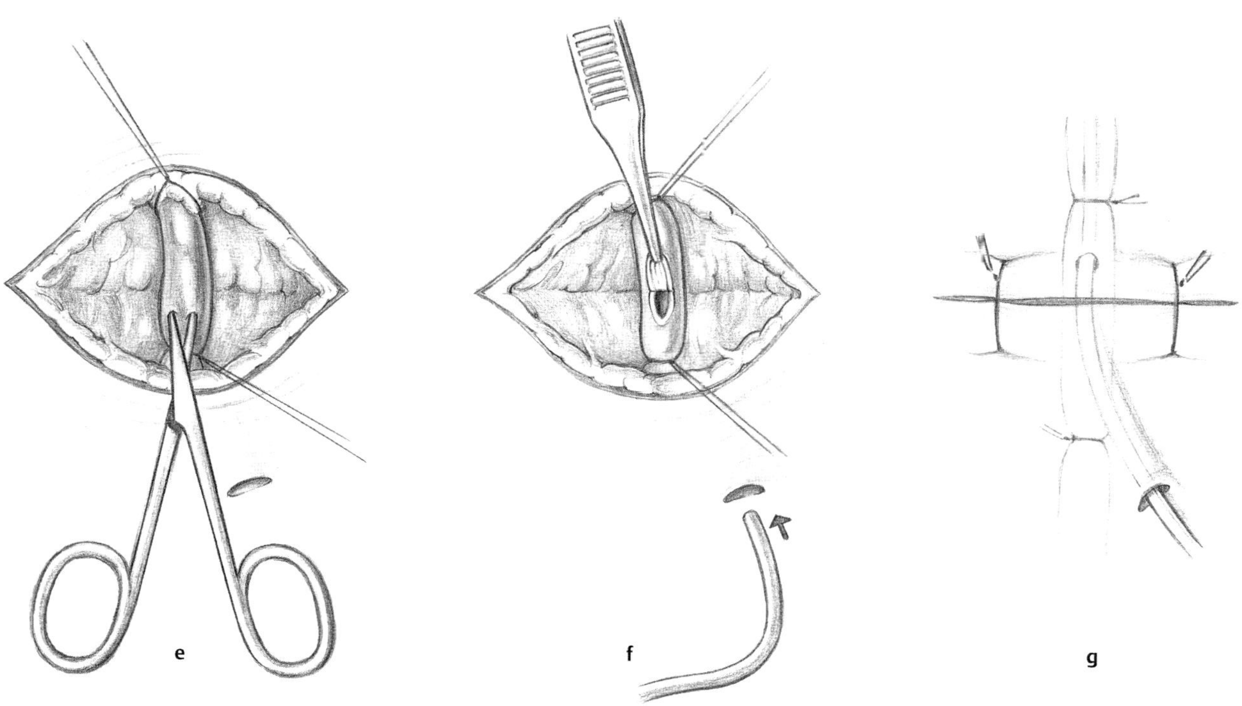

11. Gelenkpunktionen

1 Indikation

Diagnostik und Therapie von Gelenkergüssen, Applikation von Medikamenten.

2 Technik

Immer unter sterilen Bedingungen, bei Bedarf in Lokalanästhesie mit adäquater Kanülenstärke und -länge. Bei dicken Kanülen zuvor Stichinzision zur Vermeidung der Epithelverschleppung. Gegebenenfalls Bildwandlerkontrolle.

Schultergelenk

Punktion möglichst am sitzenden Patienten mit um 10° abduziertem Arm.

3 Zugang

Von hinten durch den M. deltoideus unterhalb des Akromions in Richtung auf den Processus coracoideus.

Von vorne senkrecht auf den Humeruskopf zu.

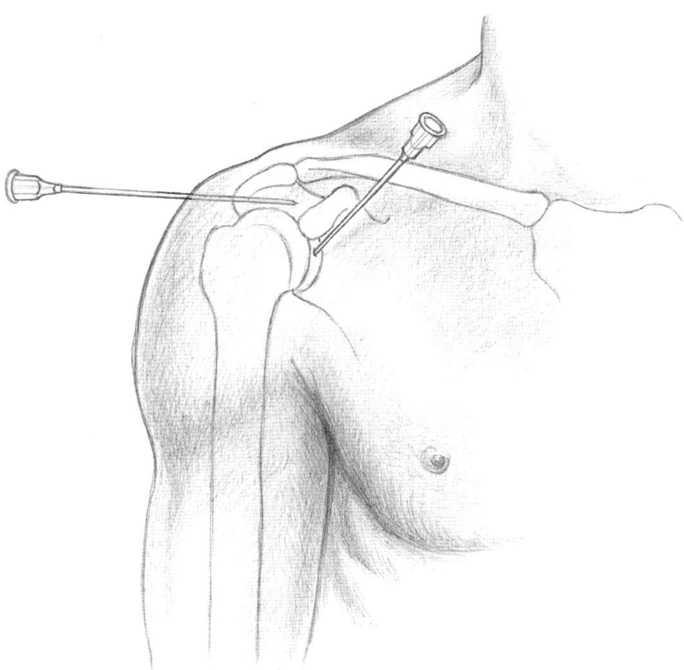

Ellenbogengelenk

Punktion am liegenden oder sitzenden Patienten mit rechtwinklig gebeugtem Ellenbogengelenk.

3 Zugang

Seitlich hinter dem Epicondylus radialis oberhalb des Radiusköpfchens.

Direkt von hinten durch die Trizepssehne knapp oberhalb der Olekranonspitze.

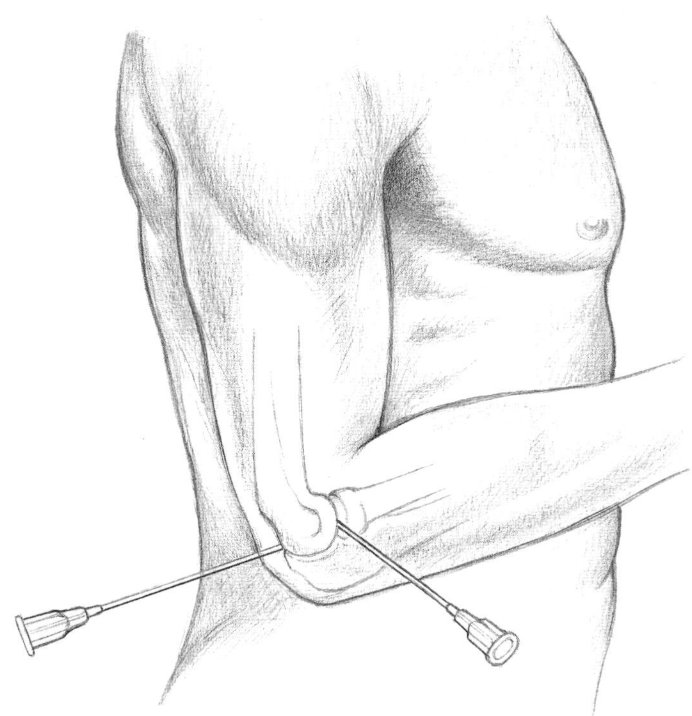

Handgelenk

Unterarm auf fester Unterlage in Pronationsstellung.

3 Zugang

Streckseitig distal des Processus styloideus radii zwischen der Sehne des M. extensor indicis und des M. extensor pollicis longus.

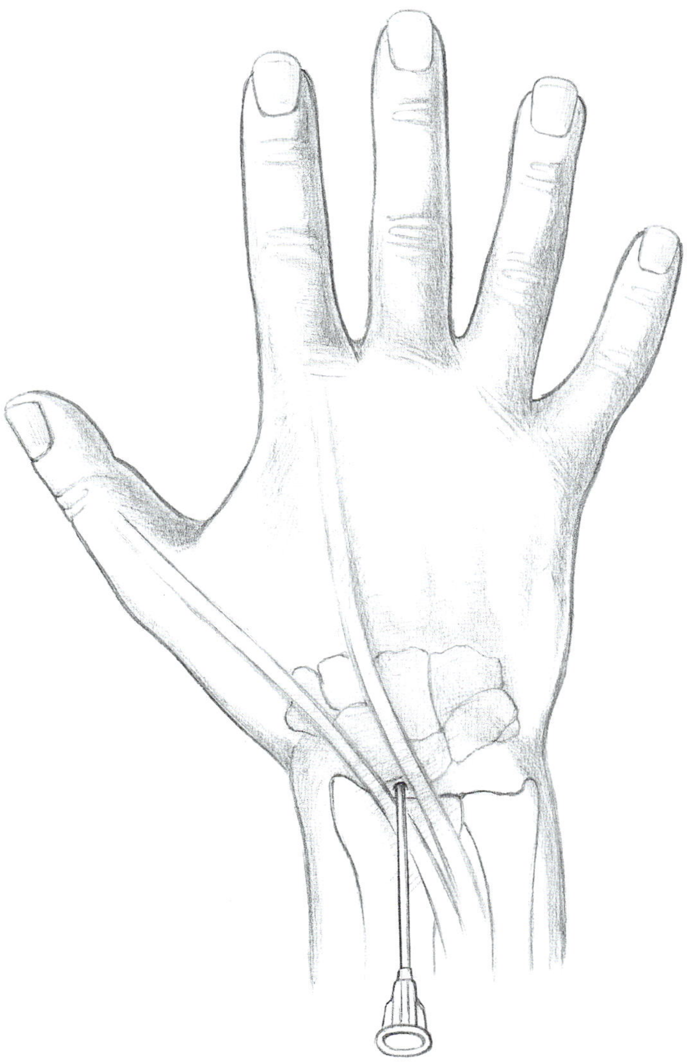

Hüftgelenk

Punktion am liegenden Patienten mit gestrecktem Hüftgelenk.

3 Zugang

Von der Seite distal des Trochantermassivs, ventral des Femurs, parallel zum Schenkelhals.

Von vorn unterhalb des Leistenbandes, 2 QF lateral der A. femoralis senkrecht nach dorsal.

Cave: Femorale Nerven und Gefäße.

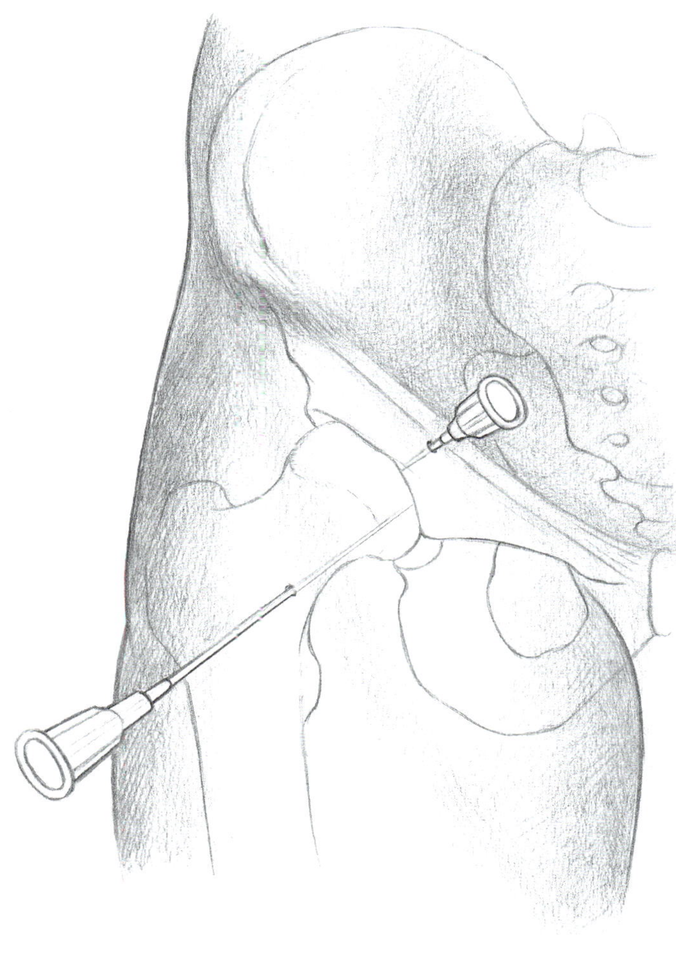

Kniegelenk

Punktion am liegenden Patienten mit fast gestrecktem Knie (160°).

3 Zugang

Oberer Rezessus. Eingehen im medialen oder lateralen oberen Quadranten, 1 QF oberhalb des Patellarrandes. Die Stichrichtung ist schräg nach dorsal und distal parallel zur hinteren Patellarfläche. Bei dicker Kanüle vorherige Stichinzision der Haut.
Punktion am liegenden Patienten mit Unterschenkel auf fester Auflage.

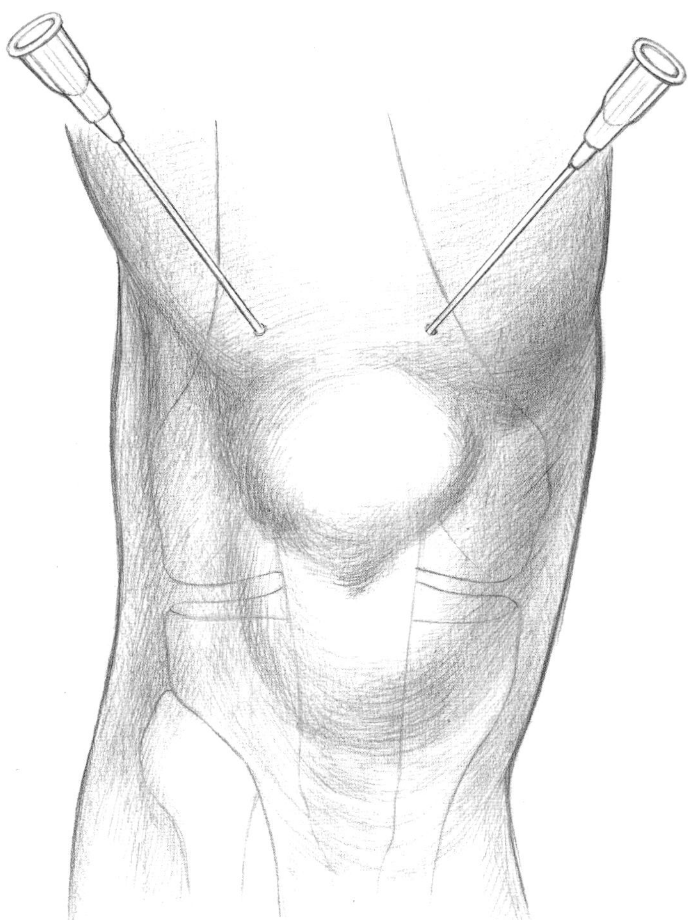

Oberes Sprunggelenk

3 Zugang

❷ QF oberhalb der Außenknöchelspitze in Höhe des Gelenkspalts zwischen dem Außenknöchel und der Sehne des M. extensor digitorum longus. Stichrichtung auf den medialen Fußrand.

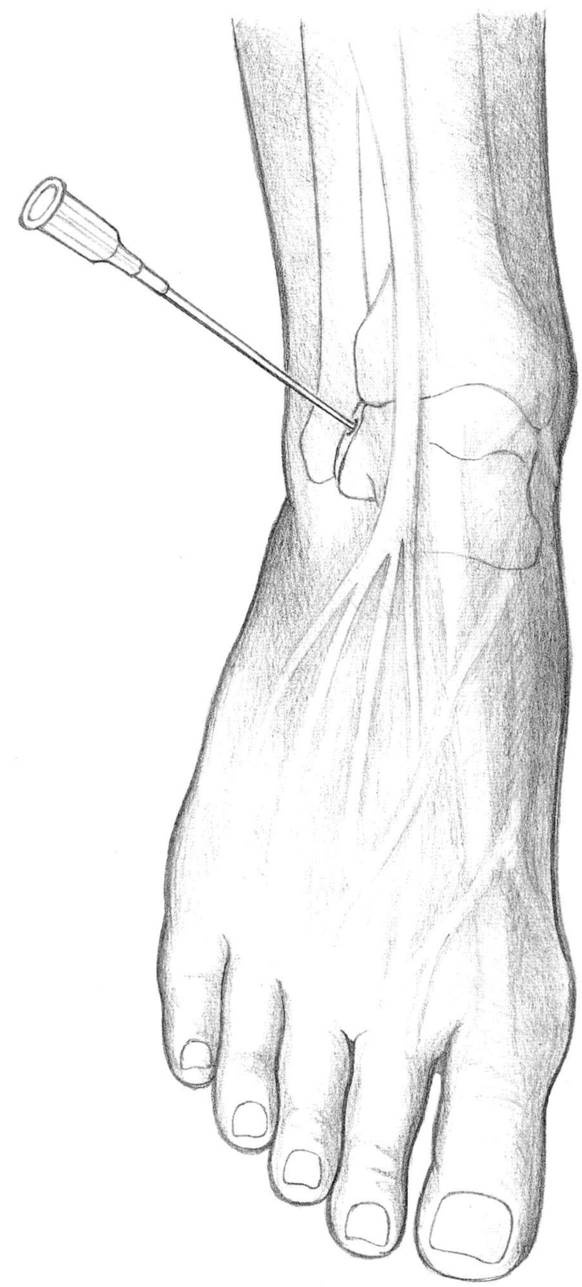

4 Komplikationen

Infektion (Empyem)!

Jede Gelenkpunktion unter sterilen Bedingungen

12. Pleurapunktionen

Die Pleurapunktion dient der Entlastung des Pleuraraums von Flüssigkeiten oder Luft, also der Behandlung des Pneumothorax, des Seropneumothorax, des Hämatothorax, aber auch des Pleuraempyems. Für die kurzzeitige Punktion von Flüssigkeit (Pleuraerguss) und seltener auch kleinen Pneumothoraces reicht die einfache Pleurapunktion ohne Anlage eines Katheters. Bei größeren Befunden und lang dauernder Notwendigkeit zur anhaltenden Pleuradrainage ist die Einführung eines Katheters erforderlich, meist in Form einer Bülau-Drainage.

1 Indikation

- Diagnostik und Therapie von Pleuraergüssen (Hämato-, Sero-, Chylothorax),
- Drainage eines Pneumothorax im Notfall,
- Medikamentenapplikation.

2 Zugang

Punktion in der Regel am sitzenden, bei schlechtem Allgemeinzustand auch am liegenden Patienten.
Zugang bei Pleuraerguss: Hintere oder mittlere Axillarlinie, je nach Lokalisation (Perkussion, Auskultation, Sonographie, Röntgen-Thorax, CT-Thorax; Punktionsstelle markieren!). Typische Punktionsstelle ist der 7.–8. ICR in der hinteren Axillarlinie.
Zugang bei Pneumothorax: 2. ICR Medioklavikularlinie.

Pleurapunktion: Zu hoch → Punctio sicca, zu tief → intraabdominelle Verletzung. Einstich am Oberrand der Rippe!

3 Technik

Technik bei Pleuraerguss: Unter sterilen Kautelen örtliche Betäubung von Haut, Subkutis, Periost und Pleura bei gleichzeitiger Probeaspiration. Einstechen einer lumenstarken Punktionskanüle am Oberrand der Rippe zur Schonung der am Unterrand gelegenen Interkostalgefäße und -nerven, eventuell mit Einschleusen eines Plastikkatheters (Cava-Katheter-Set; geringere Verletzungsgefahr der Lunge). Das Nadel- oder Katheterende ist mit einem Dreiwegesystem (Rotandaspritze, Dreiwegehahn) verbunden, an das eine 50-ml-Spritze und eine Ableitung angeschlossen sind. Das Abziehen der Flüssigkeit oder Luft erfolgt in diesem Fall per Hand. Vielerorts finden Einmalbestecke mit Unterdruckflaschen (Blutentnahmebesteck) Verwendung.

Bakteriologische und zytologische Untersuchung des Punktats und Bestimmung der Bronchialkarzinom-Tumormarker.

Das System muss in sich geschlossen sein, denn jedes Eindringen von Luft führt zu einem Pneumothorax. Nach Beendigung der Punktion steriler Verband sowie Röntgenaufnahme.
Technik bei Pneumothorax: zur Druckentlastung im Notfall.

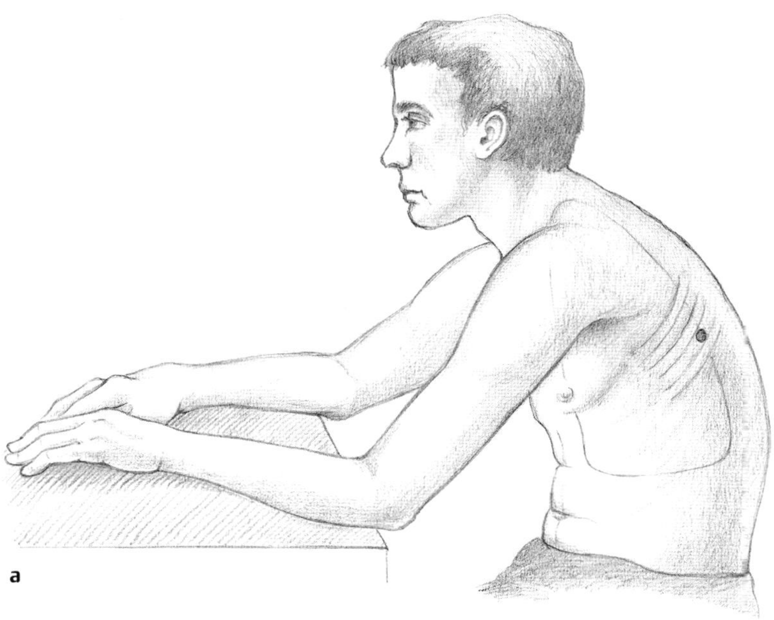
a

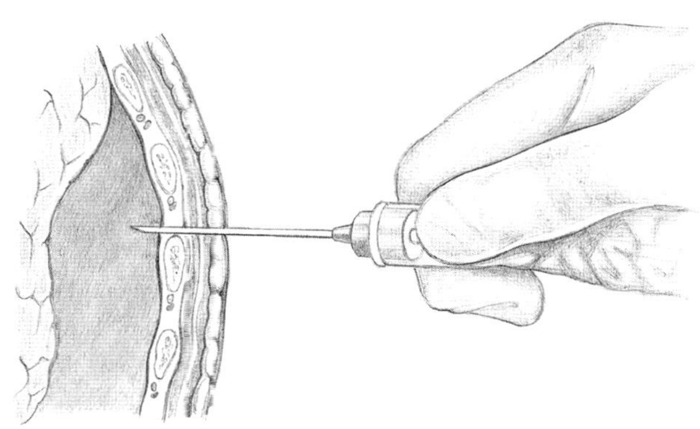
b

Technik der Pleurapunktion:
a Punktionsort am sitzenden Patienten.
b Schonung der Interkostalgefäße durch Eingehen am Oberrand der Rippe.

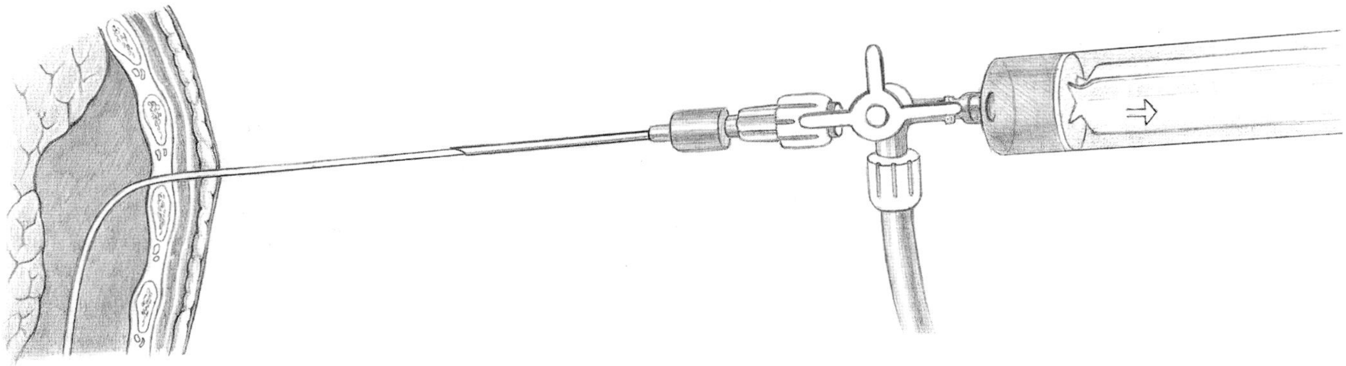

c

c Ableitung über ein Drainagesystem mit Dreiwegehahn, Aspiration mit Spritze in dieser Stellung. Entleerung der Spritze nach Umschaltung des Dreiwegehahns in die angeschlossene Ableitung.

4 Komplikationen

Pneumothorax, Hämatothorax, Pleuraempyem, Thoraxwandhämatom.

Pleurapunktion: Luftdichtes System.

Cave: Pneumothorax!

Pleuradrainage (Bülau-Drainage)

Siehe S. 112.

13. Harnblasenpunktion

1 Indikation

- Akute Harnverhaltung, falls Katheter nicht möglich (z. B. bei Striktur).
- Urinkultur.
- Dauerableitung durch suprapubischen Katheter (siehe S. 19 f).

2 Zugang

QF oberhalb der Symphyse in der Medianlinie bei sicher tastbarer oder perkutierbarer Harnblase (eventuell vorher reichlich trinken lassen und/oder Diuretika verabreichen), ggf. unter sonographischer Kontrolle.

3 Technik

Unter sterilen Bedingungen in örtlicher Betäubung mit ca. 5 cm langer 1er-Kanüle und aufgesetzter Spritze 2 QF über der Symphyse ca. 4 cm senkrecht zur Bauchdecke eingehen. Stichrichtung schräg nach kranial, Vorschieben unter Aspiration, bis klarer Urin erscheint.

4 Komplikationen

Blutung, Verletzung intraabdomineller Organe, Infektion, Urinphlegmone.

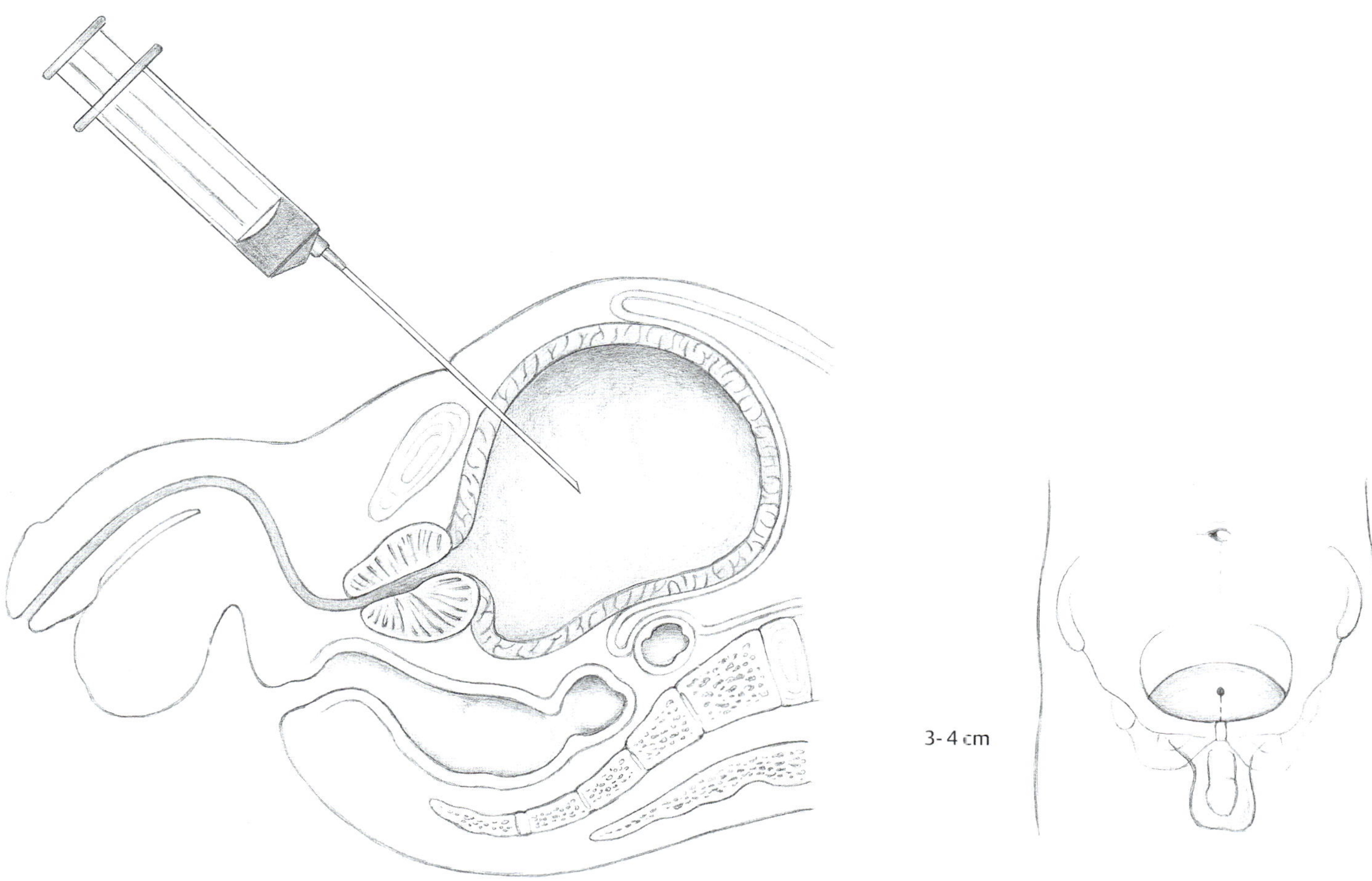

Punktionsort bei suprapubischer Blasenpunktion. Voraussetzung ist eine gefüllte Blase.

14. Aszitespunktion

1 Indikation

- Diagnostisch zur Bestimmung von Tumorzellen.
- Therapeutisch zur Druckentlastung des Bauchraums (Parazentese).
- Medikamenteninstillation (z. B. Chemotherapeutika bei Peritonealkarzinose).

2 Zugang

Am Übergang vom mittleren zum äußeren Drittel der Linie zwischen linker Spina iliaca anterior superior und dem Nabel, wenn möglich sonographische Kontrolle, insbesondere bei Voroperationen.

3 Technik

Unter sterilen Bedingungen in örtlicher Betäubung zuerst Vorpunktion mit einer 1er-Kanüle; falls klarer Aszites, Eingehen mit einer lumenstarken Drainagekanüle, ggf. unter Einschleusung eines Katheters. Der Ablauf erfolgt aufgrund des erhöhten intraabdominellen Drucks passiv über ein Infusionssystem, ein Absaugen ist nicht erforderlich.

Cave: Kreislaufdepression durch veränderten Bauchinnendruck, Aszites langsam abfließen lassen, nicht mehr als 1,5 l in 24 Stunden.

Bakteriologische, zytologische und biochemische Untersuchung des Punktats auf spezifisches Gewicht, laborchemisch auf Glukose, Protein, Cholesterin, LDH, Leukozyten, Erythrozyten, Hämoglobin und ggf. Fibrinspaltprodukte bei Planung einer peritovenösen Shunt-Anlage.

4 Komplikationen

Blutung, Darmverletzung, Peritonitis.

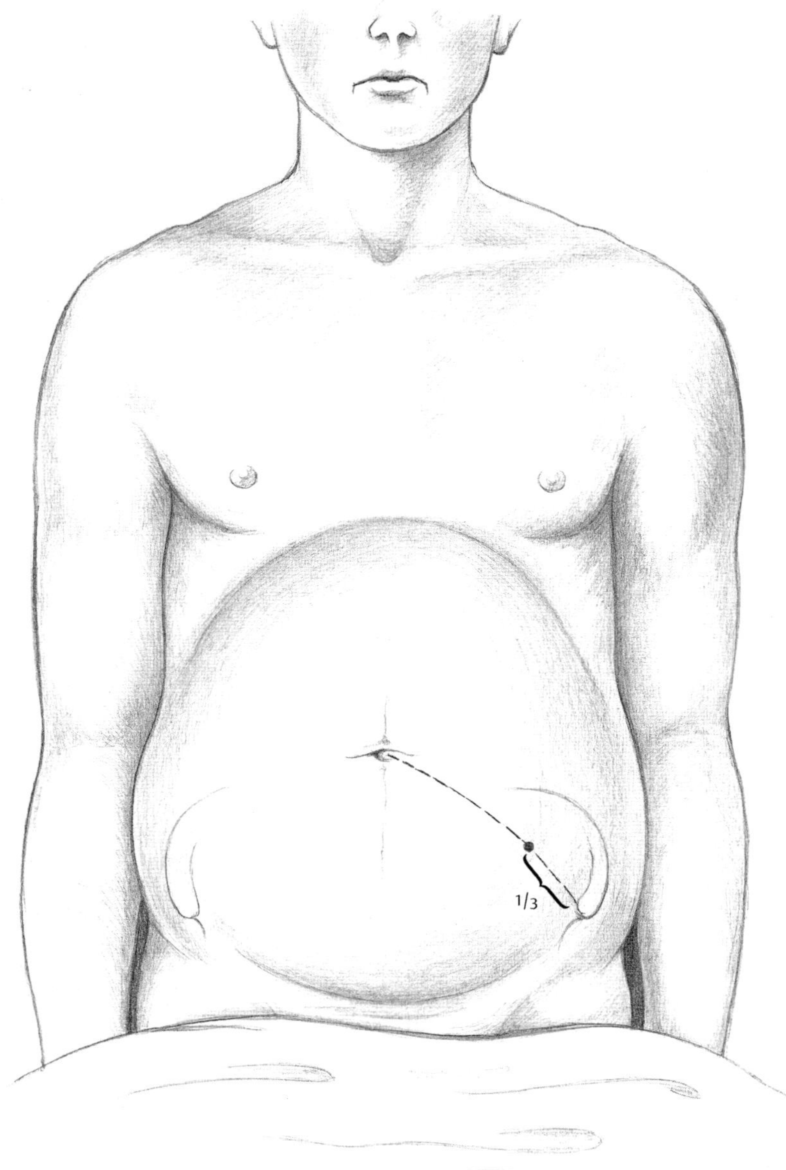

Punktionsort bei Aszitespunktion.

15. Feinnadelpunktion

1 Indikation

Zytologische und bakteriologische Diagnostik von Schilddrüse, Lymphknoten, Prostata, Lunge, Leber, Pankreas, Niere etc.

2 Zugang

Die Punktion kann perkutan unter sonographischer oder computertomographischer Steuerung erfolgen. Alternativ intraoperativ, ggf. ebenfalls unter sonographischer Kontrolle.

3 Technik

Punktion des fraglichen Bezirks (z. B. Pankreas, Lebermetastase) mit sehr dünner Kanüle, wenn möglich in mehreren Ebenen unter Sicht oder Palpation (intraoperativ), alternativ perkutan unter sonographischer oder computertomographischer Kontrolle. Anfertigung von Ausstrichen für die zytologische Auswertung. Verwendung spezieller Punktionsnadeln zur Probengewinnung (z. B. Trucat am Pankreas zur Gewinnung repräsentativer Gewebsproben im Punktionszylinder).

4 Komplikationen

Sehr selten (Organverletzung, Blutung).

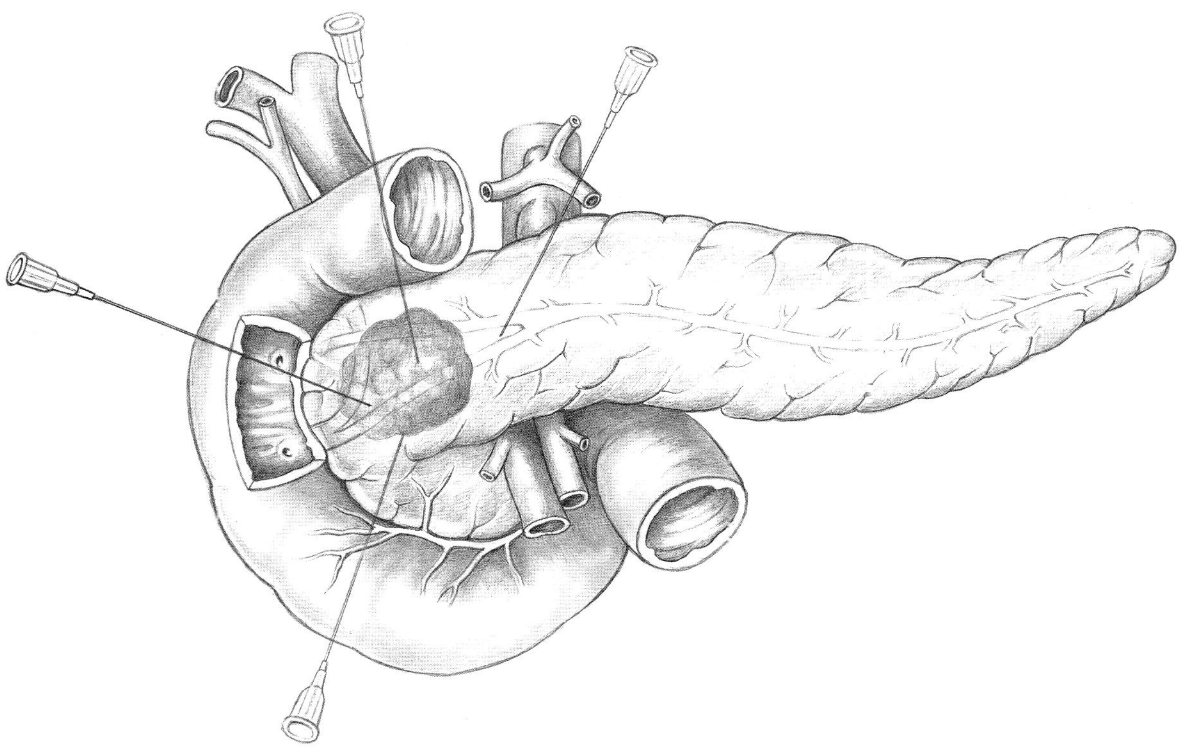

Feinnadelpunktion des Pankreaskopfes bei Verdacht auf Tumor, perkutan unter sonographischer bzw. computertomographischer Kontrolle oder intraoperativ.

16. Arterienpunktion und arterielle Katheter

Arterienpunktion

1 Indikation

- Blutgasanalyse.
- Einbringen von Kathetern zur Angiographie, Herzkatheterisierung, Dialyse, Druckmessung.
- Intraarterielle Injektion von Medikamenten.

2 Zugang

Punktion der A. radialis oder A. femoralis.

3 Technik

Gerinnungskontrolle, sichere anatomische Lokalisation.
Unter sterilen Bedingungen Einstechen der Punktionskanüle senkrecht zur Körperachse zwischen den die A. femoralis palpierenden Fingern. Bei richtig liegender Kanüle pulssynchrones Austreten von hellrotem Blut. Nach Entfernung der Kanüle manuelle Kompression der Punktionsstelle für 5 – 10 Minuten, ggf. Sandsack oder Druckverband.

4 Komplikationen

Leistenhämatom, Aneurysma spurium, arteriovenöse Fistel, retroperitoneales Hämatom durch verkannte Verletzung der Hinterwand (ggf. operative Revision).

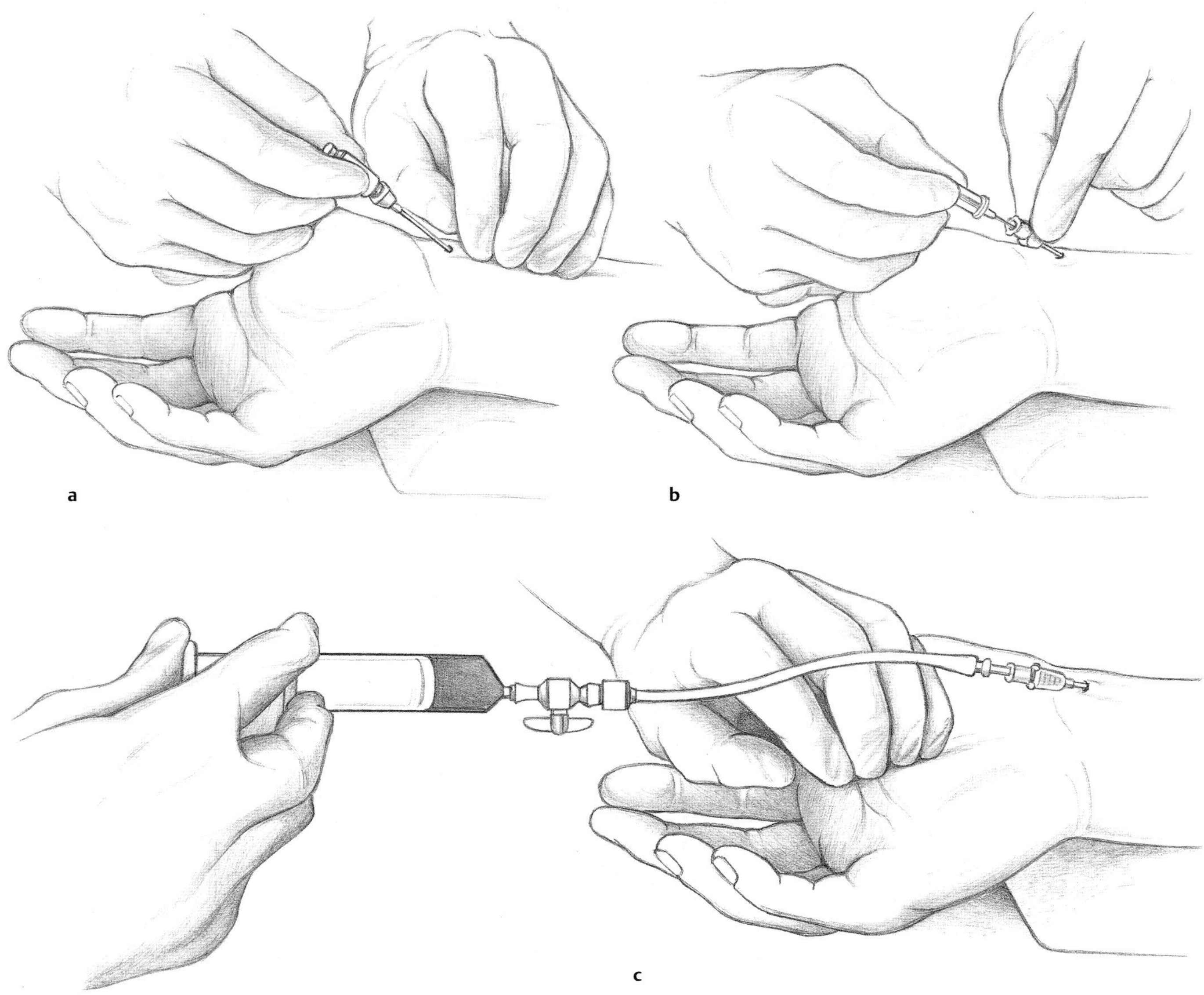

a b c

Kanülierung der A. radialis. Punktion der Arterie (**a**), Vorschieben der Kunststoffkanüle und anschließendes Entfernen der Stahlkanüle (**b**), Anschluss einer kurzen Verlängerung mit Dreiwegehahn (**c**).

Arterielle Katheter

1 Indikation

Blutige Blutdruckmessung bei Risikopatienten auf Intensivstation, Blutgasanalyse (BGA), chronische Medikamenteninstillation.

2 Zugang

A. radialis, A. femoralis, A. brachialis, A. dorsalis pedis.

3 Technik

Am liegenden Patienten unter sterilen Bedingungen Palpation der Arterie und Punktion im 45°-Winkel mit einer dünnen Kanüle. Weiteres Vorgehen in Seldinger-Technik (s. Venenkatheter). Extremitätendurchblutung kontrollieren!

Die Anlage eines A.-radialis-Katheters ist verboten ohne vorherige Durchführung eines Allen-Tests. Der Allen-Test orientiert über die Durchblutung des Hohlhandbogens bei abwechselnder Kompression der A. ulnaris und A. radialis. Kommt es durch vollständige Kompression und Verschluss der A. radialis zu einer Minderdurchblutung der Finger und zu einem Verlust der Pulsationen der A. ulnaris, darf ein A.-radialis-Katheter nicht angelegt werden. Die technische Durchführung des A.-radialis-Katheters entspricht der der Gefäßkanülierung nach Seldinger-Technik (siehe S. 23).

Katheterpflege: Siehe Venenkatheter.

4 Komplikationen

Siehe Venae sectio.

Bei arteriosklerotisch veränderten Gefäßen Gefahr der Gangrän, die zur Amputation führen kann.

Arterieller Katheter: Deutlich kennzeichnen! Keine Medikamentenapplikation!

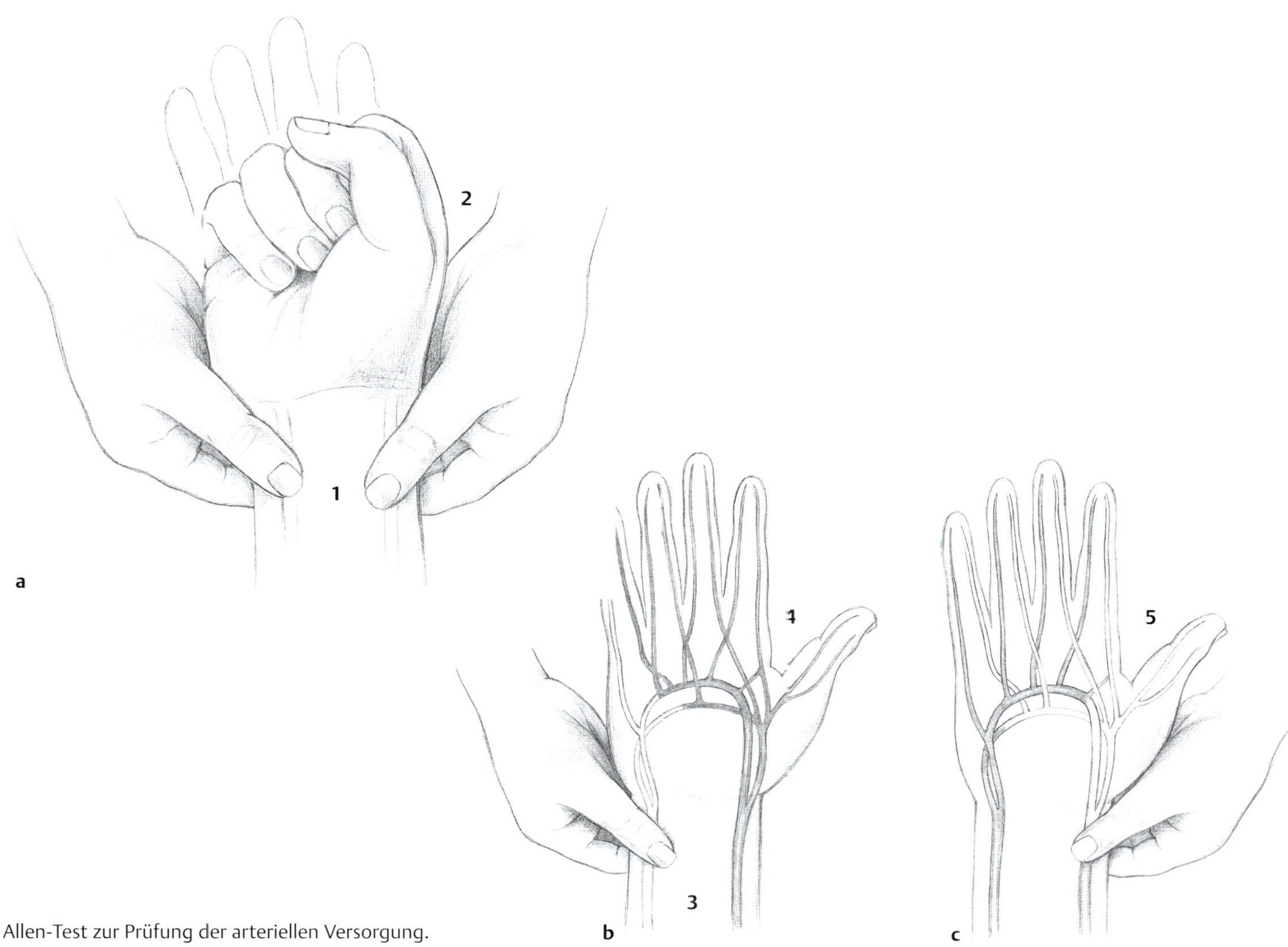

Allen-Test zur Prüfung der arteriellen Versorgung.

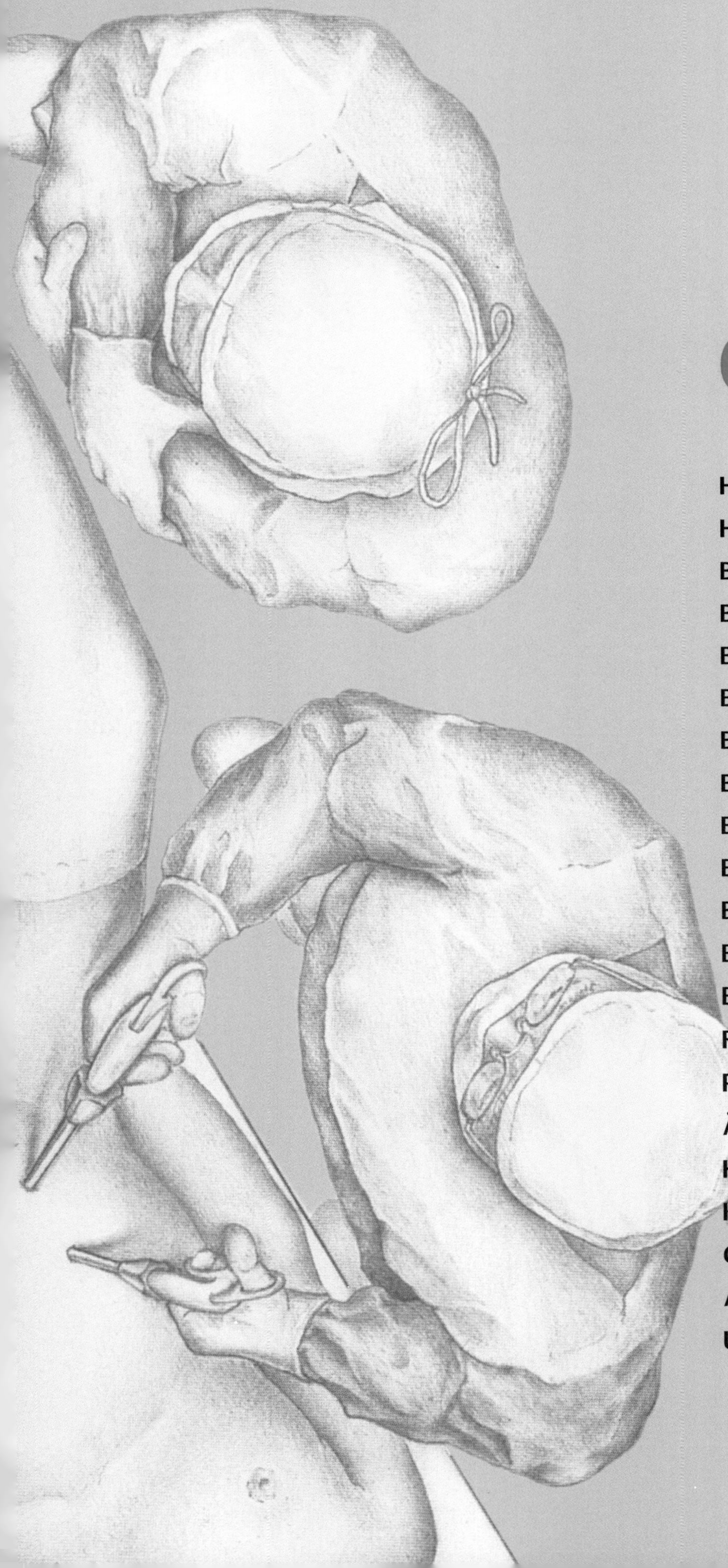

Operationen

1. Hauttumorentfernung

1 Indikation

Elektiv: Jede umschriebene Hautveränderung unklarer Dignität und Genese, auch im Sinne einer Biopsie bei diffusen oder multiplen Veränderungen.

2 Operationsvorbereitung

Präoperative Diagnostik: Abhängig von vermuteter Grundkrankheit, Sonographie.

3 Spezielle Risiken, Aufklärung

- Gegebenenfalls Notwendigkeit der plastischen Deckung des Entnahmeareals durch Verschiebelappen oder Hauttransplantation.
- Nachexzision.
- Konsekutive Lymphknotendissektion bei Malignomen.
- Wundheilungsstörung.
- Nachblutung.
- Verletzung tiefer liegender Strukturen, z. B. Nerven.

4 Anästhesie

Lokalanästhesie, bei Notwendigkeit großer Lappenplastiken Intubationsnarkose.

5 Lagerung

Abhängig von Befundlokalisation.

6 Zugang

Spitzovaläre Umschneidung unter Berücksichtigung von Hautspaltlinien, Nachbarstrukturen, Sicherheitsabständen, kosmetischen Aspekten und potenzieller Eingriffserweiterung.

7 Operationsschritte

1. Schnittführung.
2. Hautspaltlinien.
3. Exzision.
4. Mobilisation der Hautränder.
5. Subkutannaht.
6. Hautverschluss.

8 Relevante Anatomie, Gefahren, Tricks

- Perfekte Narbenbildung ist nur bei absolut spannungsfreiem Wundverschluss möglich: Hautränder ausreichend mobilisieren!
- Wenn Deckung trotz maximaler Hautrandmobilisation und ggf. Entlastungsinzision nicht möglich: Meshgraft oder Vollhauttransplantate verwenden.

9 Maßnahmen bei speziellen Komplikationen

Bei Wundheilungsstörung ggf. zunächst offene Wundbehandlung mit Sekundärnaht nach einigen Tagen oder auch spätere Narbenkorrektur nach frühestens 3 Monaten.

10 Nachsorge

Medizinische Nachbehandlung: Drainage nur bei größeren Wunden notwendig (ggf. Miniredon), Drainage ex 2. Tag.
Mobilisation: Gegebenenfalls passagere Schonung/Bewegungseinschränkung, insbesondere bei plastischer Deckung.
Krankengymnastik: Nur selten erforderlich.
Arbeitsunfähigkeit: 3 – 7 Tage, länger nach größeren Exzisionen.

7 Operationstechnik

1. Schnittführung.
2. Hautspaltlinien.
3. Exzision.
4. Mobilisation der Hautränder.
5. Subkutannaht.
6. Hautverschluss.

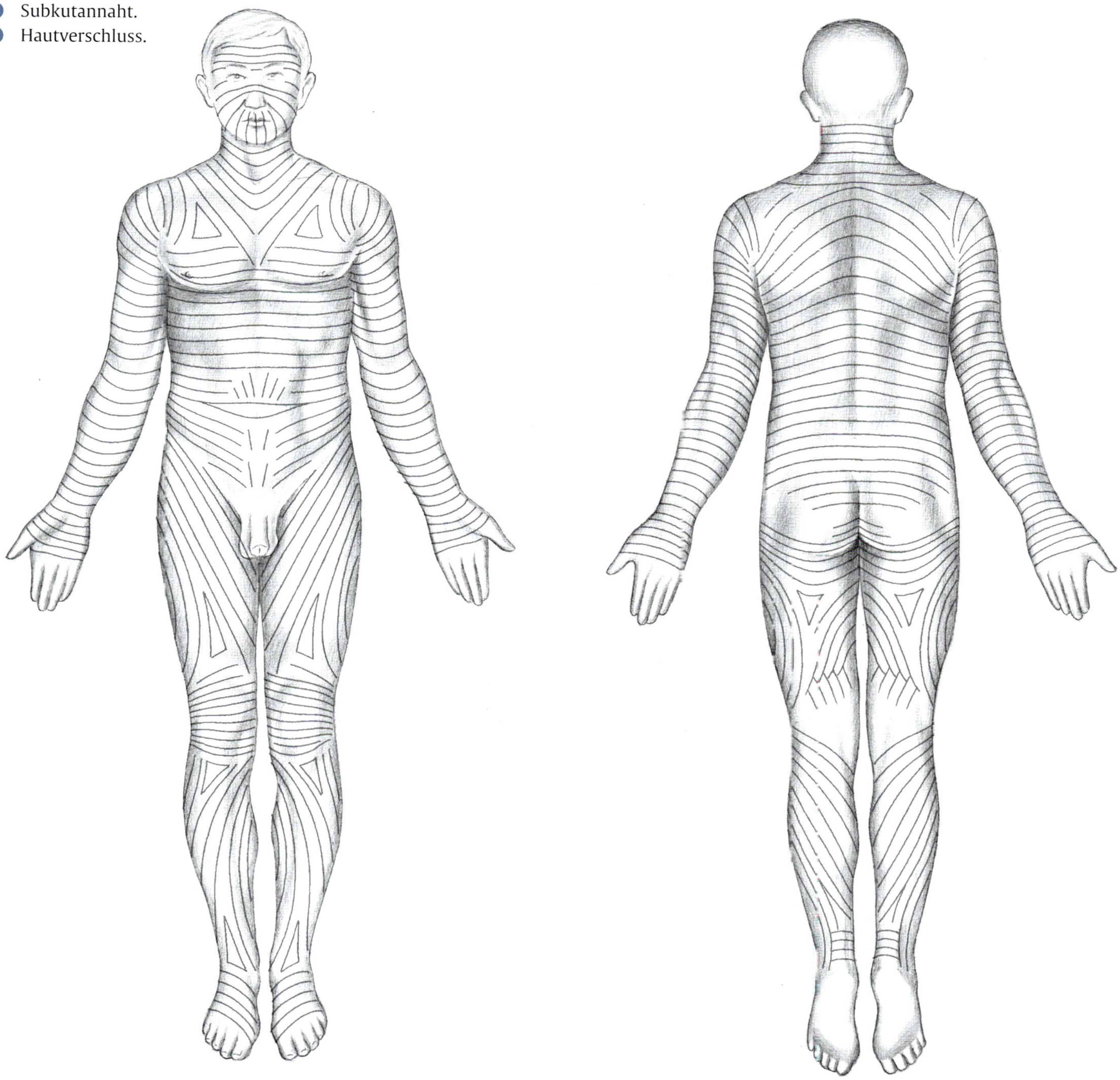

1 Schnittführung

Hauttumoren, vor allem in ihrer pigmentierten Form, sind eine häufige Indikation ambulanter Chirurgie. Ihre Entfernung sollte komplikationsarm, schmerzfrei und kosmetisch einwandfrei sein. Hierzu sind korrekte Schnittführung, aseptisches Vorgehen und atraumatischer Hautverschluss Bedingung. Im Falle der Malignität sind ausgedehntere Exzisionen notwendig, die meist durch Verschiebelappenplastik oder freie Lappentransplantation gedeckt werden müssen. Hier soll nur die einfache Hauttumorentfernung dargestellt werden. Die Schnittrichtung der Exzision richtet sich nach den Langer-Spaltlinien, d. h. sie sollte weitgehend parallel zu ihnen verlaufen.

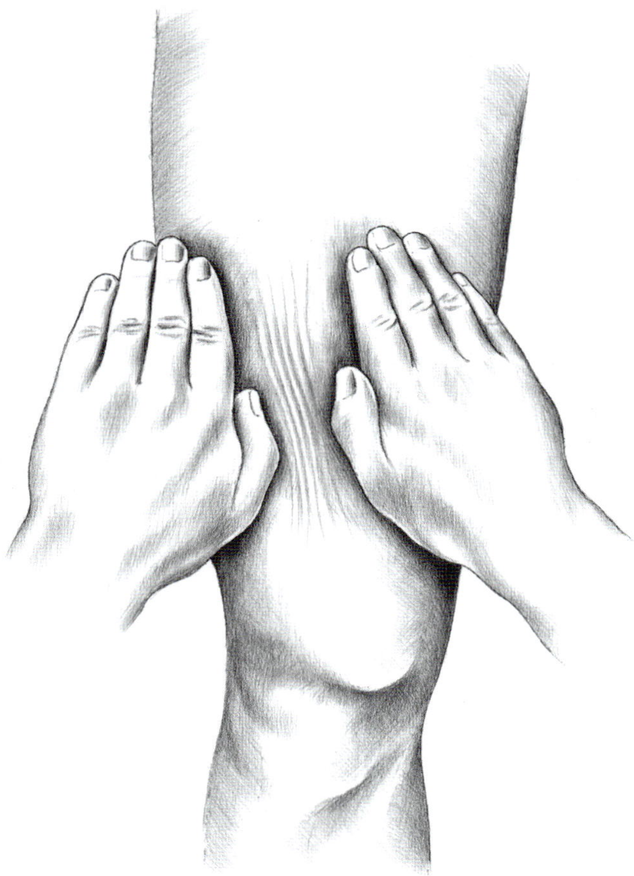

❷ Hautspaltlinien

Zur Festlegung des Verlaufs der Hautspaltlinien kann die Haut bimanuell in beiden Achsen zusammen geschoben werden, so dass sich die entsprechenden Falten darstellen.

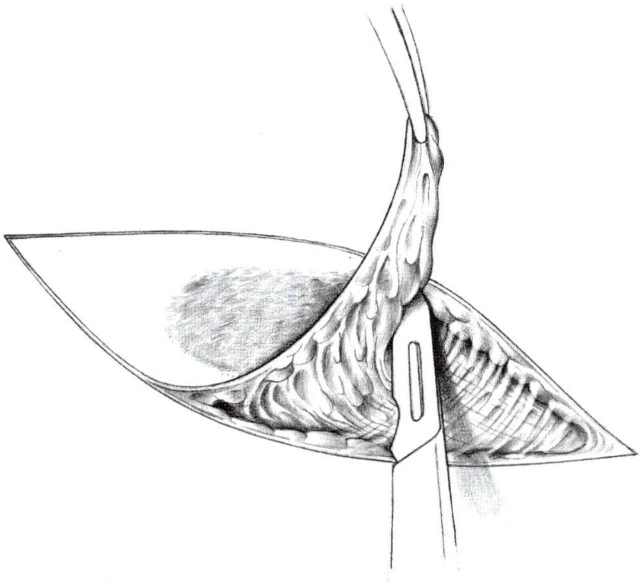

❸ Exzision

Die Exzision des Hauttumors erfolgt durch wetzsteinförmige Umschneidung. Die Haut und die Subkutis werden bis auf das Faszienniveau abpräpariert. Der Sicherheitsabstand beträgt je nach Dignität zwischen 0,2 und 2 cm.

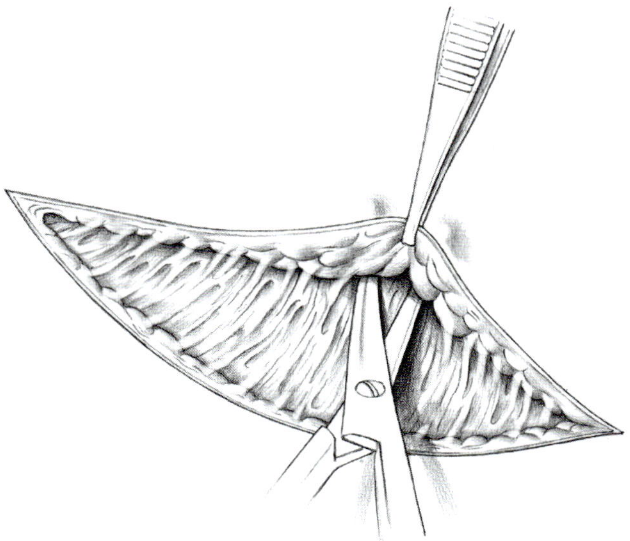

❹ Mobilisation der Hautränder

Zur Adaptation der Haut ist eine Mobilisation beider Wundränder erforderlich. Diese erfolgt unterminierend teils stumpf, teils scharf mit der Schere.

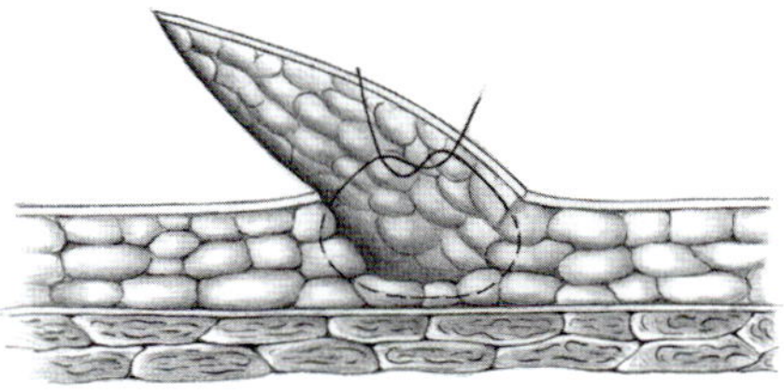

❺ Subkutannaht

Sind die Hautränder ausreichend mobilisiert, wird ggf. eine Drainage eingelegt und die Subkutis mit adaptierenden resorbierbaren 3 x0 PGS-Nähten verschlossen.

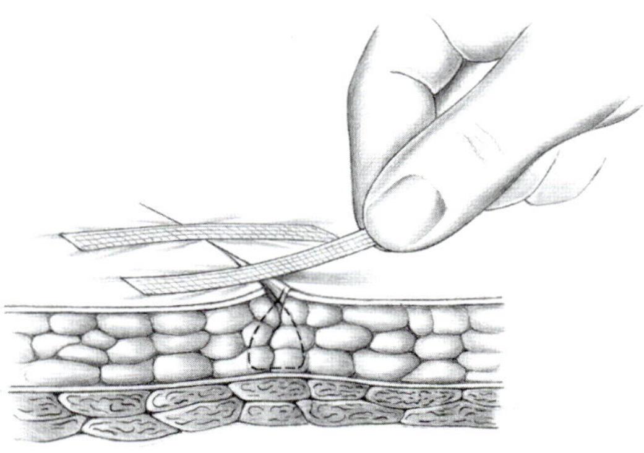

❻ Hautverschluss

Die Epidermis kann mit Heftpflasterstreifen, Einzelknopfnähten, Intrakutannähten oder Klammern verschlossen werden.

2. Weichteiltumorentfernung

1 Indikation

Elektiv: Jede Raumforderung unklarer Dignität.

Bei Verdacht auf Weichteilsarkom (derber, schnell wachsender Tumor, vor allem an den Extremitäten) Sicherung der Diagnose durch Inzisionsbiopsie (Paraffinschnitt!), später Kompartmentresektion.

Hautschnitt so planen, dass er später ggf. in die Kompartmentresektion einbezogen werden kann.
Alternativverfahren: Sonographie- oder computertomographiegesteuerte Biopsie. Inzisionsbiopsie bei größeren Raumforderungen.

2 Operationsvorbereitung

Präoperative Diagnostik: Sonographie, Computertomographie, ggf. Magnetresonanztomographie (MRT), weitere Diagnostik abhängig von vermuteter Grunderkrankung.

3 Spezielle Risiken, Aufklärung

- Gegebenenfalls Notwendigkeit zur Revision bei Malignität.
- Verletzung von Nachbarstrukturen, speziell Gefäßen und Nerven.

4 Anästhesie

Lokalanästhesie, bei tiefer gelegenen Tumoren Masken- oder Intubationsnarkose bzw. Spinal- oder Periduralanästhesie.

5 Lagerung

Abhängig von Befundlokalisation.

6 Zugang

Direkt über dem tastbaren Befund unter Berücksichtigung von Spaltlinien, Nachbarstrukturen, Sicherheitsabständen, kosmetischen Aspekten und potenzieller Eingriffserweiterung.

7 Operationsschritte

1. Zugang.
2. Präparation auf Faszienniveau.
3. Wundverschluss.

8 Relevante Anatomie, Gefahren, Tricks

- Mitentfernung der bedeckenden Haut, wenn der Befund dicht unter der Haut liegt.
- Eine eventuell vorhandene Tumorkapsel nicht eröffnen (Ausnahme Inzisionsbiopsie).

9 Maßnahmen bei speziellen Komplikationen

Kommt es im Rahmen der Präparation eines Tumors an den Extremitäten zur erheblichen Blutung, sollte diese zunächst durch Kompression provisorisch gestillt und dann die proximale und distale Gefäßkontrolle hergestellt werden.

10 Nachsorge

Medizinische Nachbehandlung: Redon ex 2. Tag.
Mobilisation: Sofort, Ausmaß abhängig vom Befund.
Krankengymnastik: Meist nicht erforderlich.
Arbeitsunfähigkeit: 1 – 2 Wochen.

7 Operationstechnik

❶ Zugang.
❷ Präparation auf Faszienniveau.
❸ Wundverschluss.

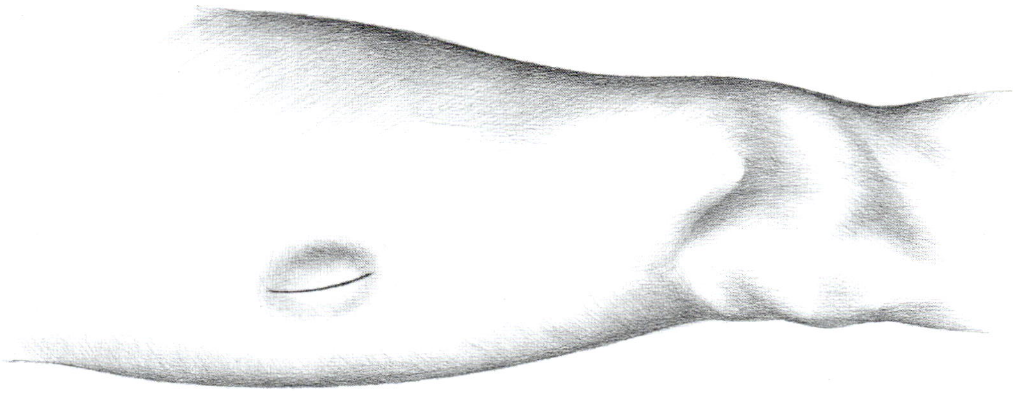

❶ Zugang

Der Hautschnitt ist über dem Punctum maximum der Schwellung entsprechend den Langer-Spaltlinien anzulegen.

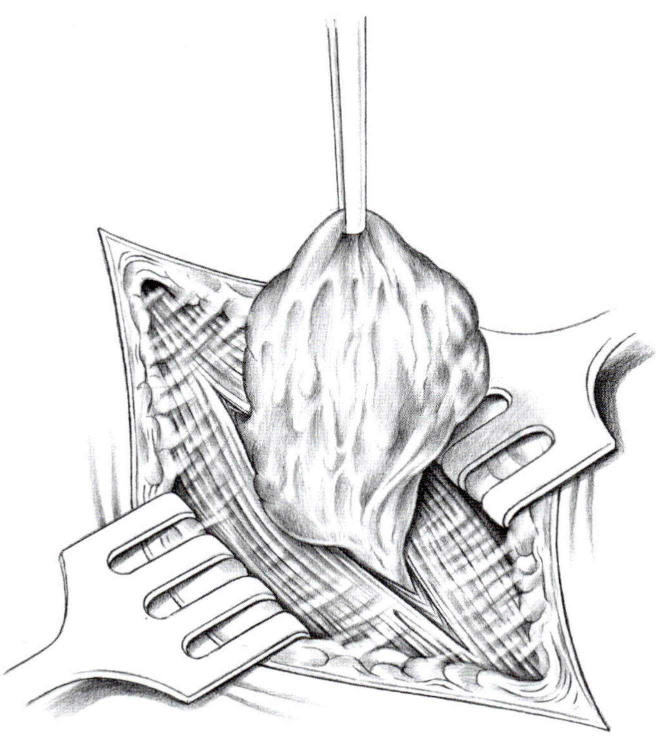

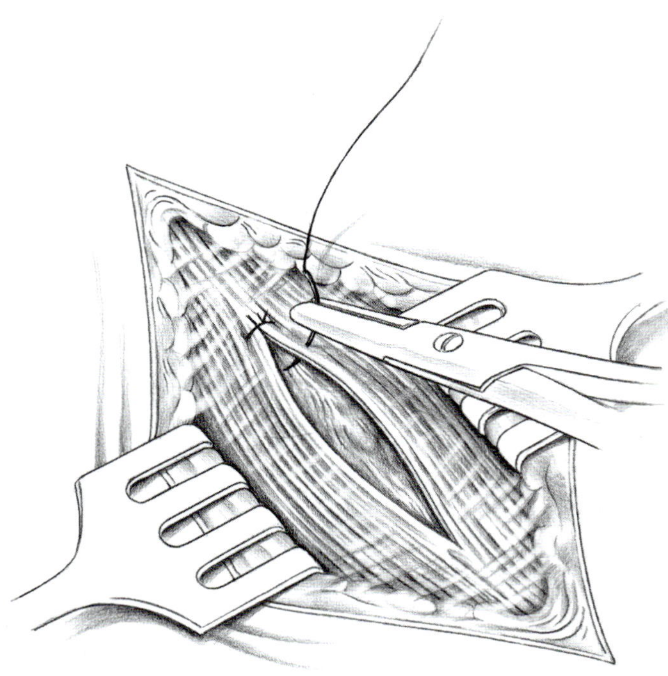

❷ Präparation auf Faszienniveau

Nach Durchtrennung der Subkutis Einsetzen von scharfen Haken und Darstellung des Tumors. In diesem Fall liegt eine Faszienlücke vor, durch die sich ein subfasziales Lipom entwickelt hat. Der Tumor wird mit einer Klemme gefasst und an seiner Basis unter Ligatur einstrahlender Gefäße abgetragen.

❸ Wundverschluss

Die Faszienlücke wird mit Einzelknopfnähten verschlossen. Subkutan- und Hautnähte beenden den Eingriff, fakultativ kann eine Redon-Drainage eingelegt werden.

3. Lymphknotenentfernung inguinal

1 Indikation

Elektiv: Schwellung unklarer Genese, Verdacht auf lymphatische Systemerkrankung, distal gelegene Malignome.
Alternativverfahren: Biopsie an anderer Lokalisation, ggf. auch sonographie- oder computertomographiegesteuert.

2 Operationsvorbereitung

Präoperative Diagnostik: Abhängig von vermuteter Grundkrankheit, Sonographie.

3 Spezielle Risiken, Aufklärung

- Lymphfistel.
- Gefäßverletzung (Venenstern!).
- Nervenverletzung.

4 Anästhesie

Meist Lokalanästhesie, selten Masken- oder Intubationsnarkose.

5 Lagerung

Rücken, Bein auf betroffener Seite leicht abduziert und außenrotiert.

6 Zugang

Längs oder schräg unterhalb Beugefalte über dem tastbaren Tumor.

7 Operationsschritte

1. Zugang.
2. Eingriffsausdehnung.
3. Unterbindung einstrahlender Gefäße.

8 Relevante Anatomie, Gefahren, Tricks

- Unterhalb des Leistenbandes verlaufen von medial nach lateral V. und A. femoralis (Lacuna vasorum), N. femoralis (Lacuna musculorum).
- Medial der Vene liegt die Schenkelbruchpforte.
- Die Anlage einer Lokalanästhesie kann einen undeutlich palpablen Lymphknoten vollständig maskieren.
- Zur Vermeidung einer Lymphfistel ist die sorgfältige Ligatur aller in die Lymphknoten einstrahlenden Gefäße entscheidend.

***Cave:** „Eisberg-Effekt", d. h. bei der Präparation eines vermeintlich solitären Lymphknotens stößt man auf ein kontinuierlich tiefer reichendes Lymphknotenpaket. Rechtzeitig den Eingriff auf eine Biopsie beschränken!*

9 Maßnahmen bei speziellen Komplikationen

Bei persistierender Lymphfistel konsequente Wundrevision.

10 Nachsorge

Medizinische Nachbehandlung: Redon ex 2. Tag.
Mobilisation: Sofort, anfangs keine länger dauernden Belastungen.
Krankengymnastik: Nicht erforderlich.
Arbeitsunfähigkeit: 3 – 5 Tage, bei hoher körperlicher Belastung länger.

7 Operationstechnik

❶ Zugang.
❷ Eingriffsausdehnung.
❸ Unterbindung einstrahlender Gefäße.

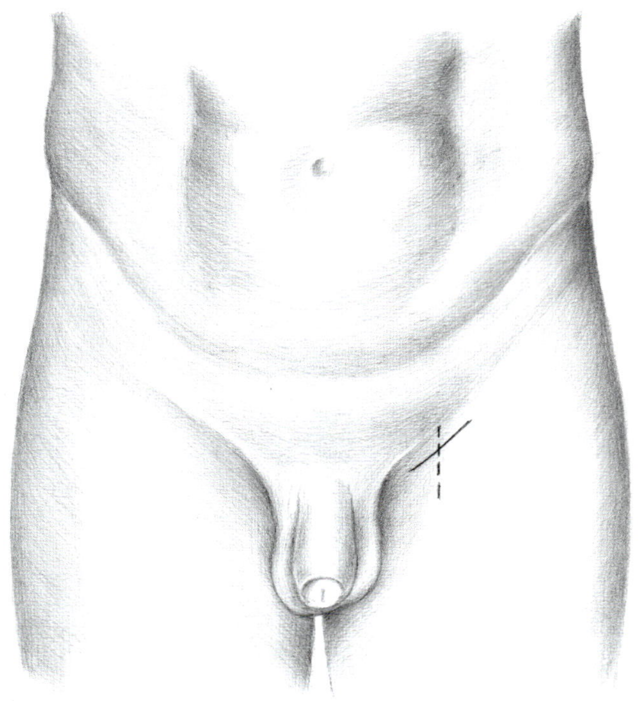

❶ Zugang

Der inguinale Zugang erfolgt über einen medialen paravaskulären senkrechten oder einen schrägen Schnitt in der Leiste. Nach Spaltung der Subkutis stellt sich die Anatomie dar.

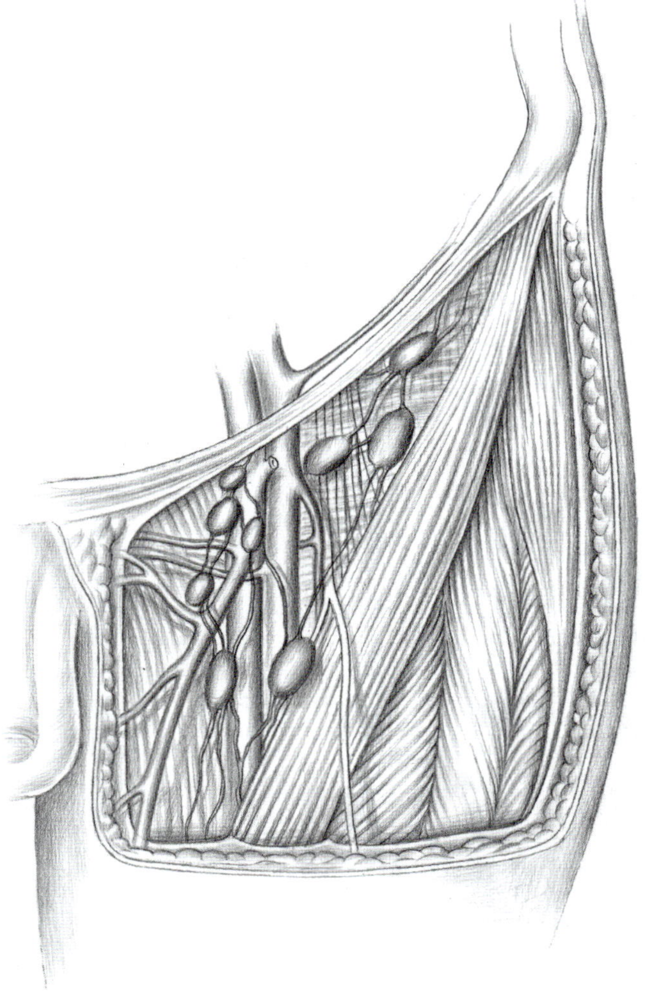

❷ Eingriffsausdehnung

Die Lymphstraßen laufen überwiegend im Bereich der Lacuna vasorum, nur wenige lateral. Insbesondere finden sich medial regelhaft große Lymphknoten. Im Rahmen einer Biopsie reicht die Entfernung eines Lymphknotens zur Histologie. Bei der Leistenausräumung müssen sämtliche lymphatischen Strukturen entfernt werden. Bei Präparation der lateral der Gefäße gelegenen Lymphknotenstationen ist der N. femoralis darzustellen und zu schonen. Sämtliche Lymphstränge sind sorgsam nach distal zu unterbinden, um eine Lymphfistel zu verhindern. Bei lateral gelegenen Befunden ist neben dem N. femoralis vor allem der N. cutaneus femoris lateralis zu identifizieren und zu schonen.

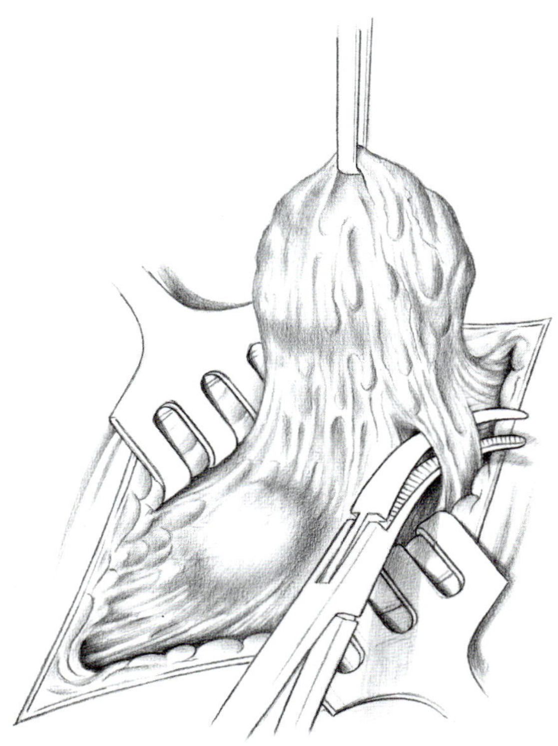

❸ Unterbindung einstrahlender Gefäße

Nach Freilegung des Lymphknotens wird er z. B. mit einer Kocher-Klemme gefasst und schrittweise mobilisiert. Die versorgenden Gefäße werden einzeln ligiert. Redon-Drainage, Subkutannähte, Hautklammern beenden den Eingriff.

4. Wundversorgung

1 Indikation

Elektiv: Primärer Wundverschluss innerhalb von 6 – 8 Stunden.
Kontra: Erheblich verschmutzte Wunden, Bisswunden von Mensch und Tier, Stich- und Schusswunden, chemische und Brandwunden.
Alternativverfahren: Per secundam Heilung.

2 Operationsvorbereitung

Präoperative Diagnostik: Situationsabhängig: Überprüfung von peripherer Motorik, Sensibilität und Durchblutung. Bei Verdacht auf Fremdkörpereinsprengung Röntgen-Weichteilaufnahme. Überprüfung des Tetanus-Impfschutzes. Gegebenenfalls Rasur (nicht im Bereich der Augenbraue!).

3 Spezielle Risiken, Aufklärung

Wundheilungsstörungen. Gegebenenfalls auf Notwendigkeit von engmaschigen Verlaufskontrollen hinweisen.

4 Anästhesie

Lokalanästhesie, bei Kindern ggf. Allgemeinnarkose.

5 Lagerung

Abhängig von Lokalisation.

6 Zugang

Vorgegeben durch Wunde, ggf. notwendige Erweiterungsinzisionen berücksichtigen den Verlauf der Hautspaltlinien.

Keine rechtwinklige Überkreuzung der Bewegungsachse von Gelenken!

7 Operationsschritte

1. Wundreinigung.
2. Lokalanästhesie.
3. Wundexzision oder -débridement.
4. Primärer Wundverschluss.

8 Relevante Anatomie, Gefahren, Tricks

- Stets gründliche Wundinspektion: Fremdkörper? Gegebenenfalls Operation unter Röntgendurchleuchtung.
- Zum Ausschluss einer Sehnen-, Gefäß- oder Nervenbeteiligung den Patienten zum Bewegen auffordern.
- Avitales Gewebe soll gründlich débridiert werden.

Cave allerdings an den Händen und im Gesicht.

- Bei fraglich oder sicher verschmutzten Wunden (Mini-)Redon oder Laschen-Drainage einlegen oder sogar offene Wundbehandlung.

9 Maßnahmen bei speziellen Komplikationen

Bei Wundinfekt nach primärem Verschluss sofortige gründliche Revision und offene Wundbehandlung.

10 Nachsorge

Medizinische Nachbehandlung: Drainage ex am 2. Tag.
Mobilisation: Meist Frühmobilisation sinnvoll.
Krankengymnastik: Gelegentlich notwendig.
Arbeitsunfähigkeit: Abhängig vom Verletzungsausmaß.

7 Operationstechnik

❶ Wundreinigung.
❷ Lokalanästhesie.
❸ Wundexzision oder -débridement.
❹ Primärer Wundverschluss.

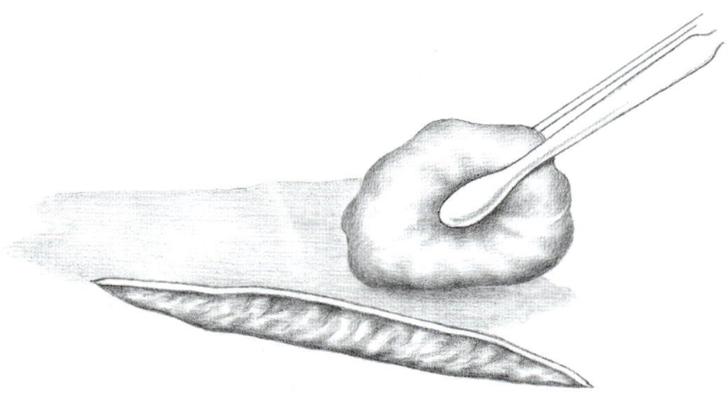

❶ Wundreinigung

Die chirurgische Wundversorgung ist der häufigste Eingriff in der chirurgischen Praxis. Sie kann durchaus anspruchsvoll sein. Das Prinzip aller Wundversorgungen ist aber gleich: Mit einem Minimum an zusätzlichem Trauma ein Maximum an Sicherheit und kosmetischem Ergebnis zu erzielen. Allgemeine Gesichtspunkte jeder Wundversorgung sind die Infektionsprophylaxe und die Identifikation tieferer, nicht sofort ins Auge springender Verletzungen funktionswichtiger Strukturen. Aus diesem Grunde beinhaltet die Wundversorgung immer die subtile Wundreinigung und Inspektion. Der Eingriff beginnt stets mit der gründlichen Desinfektion der Wundränder und der Wunde.

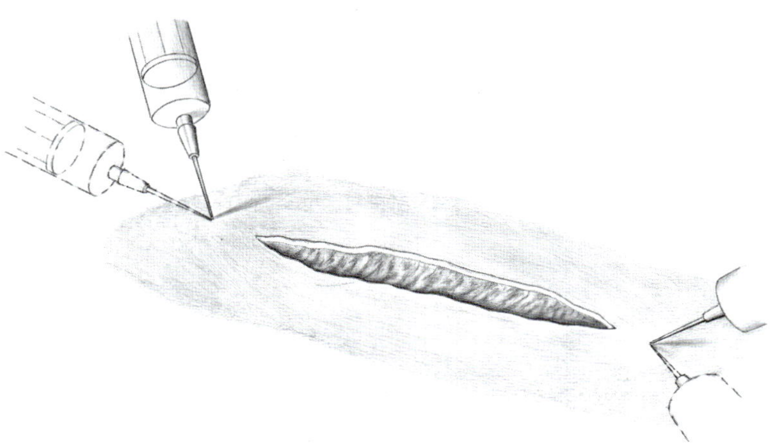

❷ Lokalanästhesie

Nach vollständiger Desinfektion wird die Wundregion im Sinne einer Infiltrationsanästhesie betäubt. Entfernt von den Wundrändern wird von möglichst wenigen Injektionsorten aus der Wundrand mit 1 %igem Lokalanästhetikum umspritzt. Bei Wunden an den distalen Phalangen empfiehlt sich die Oberst-Leitungsanästhesie.

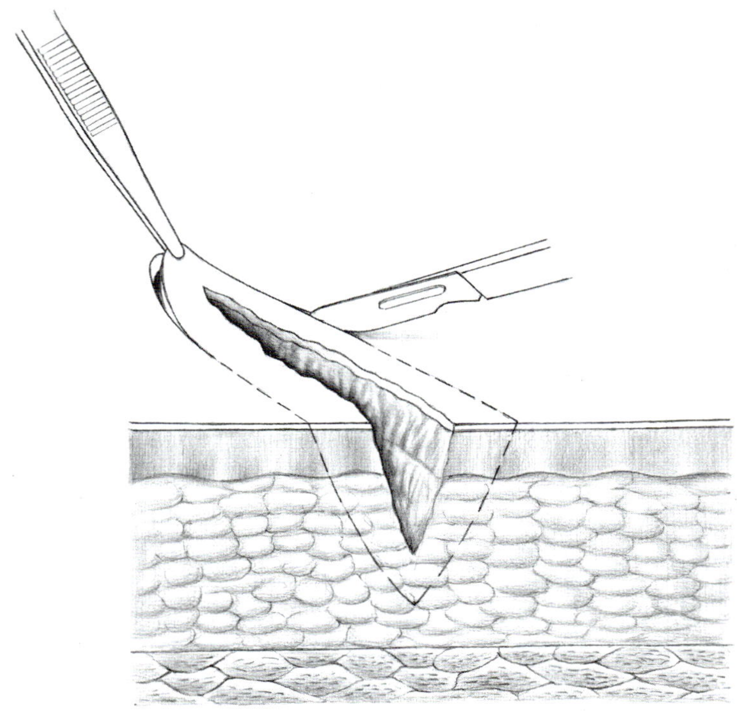

❸ Wundexzision oder -débridement

Devitalisiertes Gewebe des Wundrandes sollte scharf abgetragen werden. Bei Wunden im Bereich des Gesichts und der Finger sowie bei glattrandigen, sauberen Wunden kann auf eine ausgedehnte Wundausschneidung verzichtet werden.

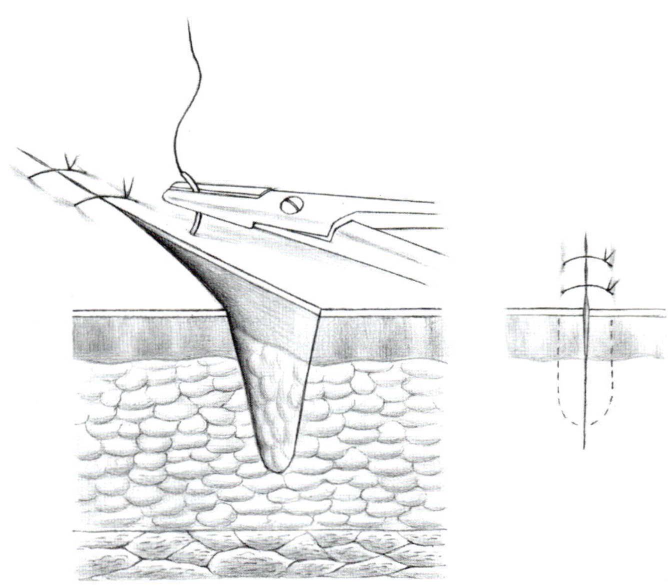

❹ Primärer Wundverschluss

Nach der Wundausschneidung erfolgt die subtile Blutstillung im Wundgrund. Danach wird die Wunde mit tief greifenden Einzelknopfnähten adaptiert. Ist eine Taschenbildung unvermeidbar, so ist die Einlage einer Drainage für 48 Stunden zu empfehlen. Erneute Hautdesinfektion und Verband beenden den Eingriff.

5. Sekundärnaht

1 Indikation

Relativ: Stets bei sauber granulierender Sekundärheilung.
Kontra: Wundgrund nicht ausreichend sauber bzw. vital.
Alternativverfahren: Deckung mit Spalthaut und Narbenkorrektur nach abgeschlossener Sekundärheilung.

2 Operationsvorbereitung

Präoperative Diagnostik: Der klinische Eindruck ist entscheidend und bestimmt den Eingriffszeitpunkt.

3 Spezielle Risiken, Aufklärung

Wundheilungsstörung.

4 Anästhesie

Lokalanästhesie.

5 Lagerung

Befundabhängig.

6 Zugang

Vorgegeben.

7 Operationsschritte

1. Anfrischen der Wunde.
2. Wundverschluss.

8 Relevante Anatomie, Gefahren, Tricks

- Wundgrund muss gut durchblutet sein.
- Zurückbleiben von Wundtaschen vermeiden.
- Hautnahtmaterial ggf. etwas länger belassen.

9 Maßnahmen bei speziellen Komplikationen

Bei Zeichen des Wundinfekts sofortige vollständige Eröffnung und offene Wundbehandlung bis zur Abheilung. Später eventuell Narbenkorrektur.

10 Nachsorge

Medizinische Nachbehandlung: Engmaschige postoperative Wundkontrolle.
Mobilisation: Sofort.
Arbeitsunfähigkeit: Befundabhängig.

7 Operationstechnik

❶ Anfrischen der Wunde.
❷ Wundverschluss.

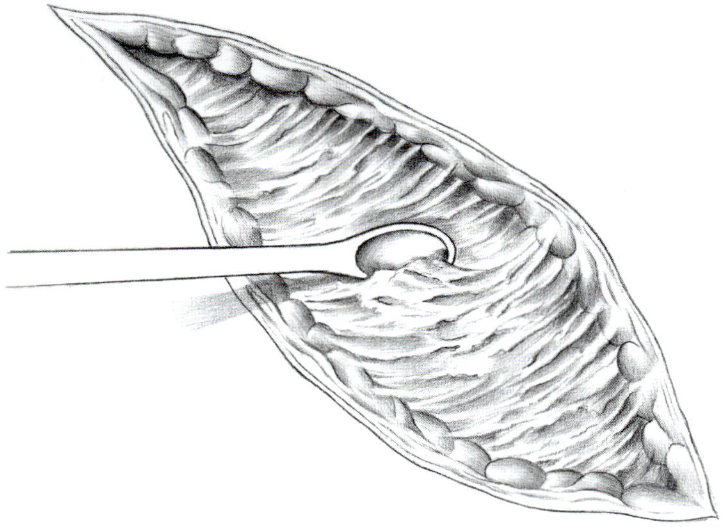

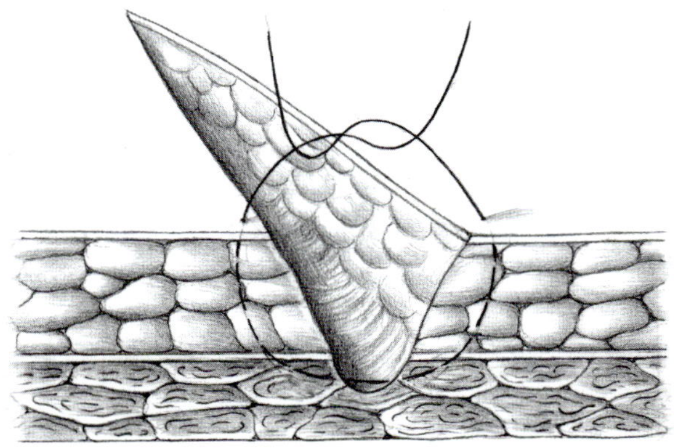

❶ Anfrischen der Wunde

Sekundär heilende Wunden schließen sich durch Granulationsgewebe und Narbenkontraktur. Um den Prozess der Wundheilung abzukürzen und das kosmetische Ergebnis zu verbessern, empfiehlt sich häufig die Sekundärnaht. Die Sekundärnaht beginnt mit einem ausführlichen Débridement der Wundränder und des Wundgrundes. Das Gewebe muss allseits gut durchblutet sein, damit eine Sekundärnaht erfolgreich ist. Häufig ist die Unterminierung der Wundränder für eine spannungsfreie Adaptation erforderlich.

❷ Wundverschluss

Der Wundverschluss erfolgt mit durchgreifenden Einzelknopfnähten. Bei unvermeidbarer Taschenbildung ist eine Redon-Drainage zu empfehlen.

6. Nackenkarbunkel

1 Indikation

Elektiv: Bei Diagnosestellung.

2 Operationsvorbereitung

Präoperative Diagnostik: Ausschluss Diabetes; bei systemischen Entzündungszeichen perioperative Antibiotikatherapie.

3 Spezielle Risiken, Aufklärung

- Wundheilungsstörung.
- Rezidiv.
- Nervenverletzung.

4 Anästhesie

Lokal- oder Allgemeinanästhesie.

5 Lagerung

Bauch-, selten Seitenlage.

6 Zugang

Direkt über dem Befund.

7 Operationsschritte

1. Hautschnitt.
2. Exstirpation.
3. Offene Wundbehandlung.

8 Relevante Anatomie, Gefahren, Tricks

- Karbunkel = konfluierende eitrige Entzündung von Haarbalg- und Talgdrüsen, zumeist durch Staphylococcus aureus.
- Operationsprinzip ist die großzügige Exzision des Entzündungsherdes bis in das Faszienniveau.

Cave: Bei Lokalisation im Gesicht Erregerausbreitung über V. angularis in Sinus cavernosus!

9 Maßnahmen bei speziellen Komplikationen

keine speziellen Maßnahmen.

10 Nachsorge

Medizinische Nachbehandlung: Anfangs tägliche Wundkontrolle, ggf. Sekundärnaht nach Abklingen der Entzündung.
Arbeitsunfähigkeit: 1 Woche.

7 Operationstechnik

❶ Hautschnitt.
❷ Exstirpation.
❸ Offene Wundbehandlung.

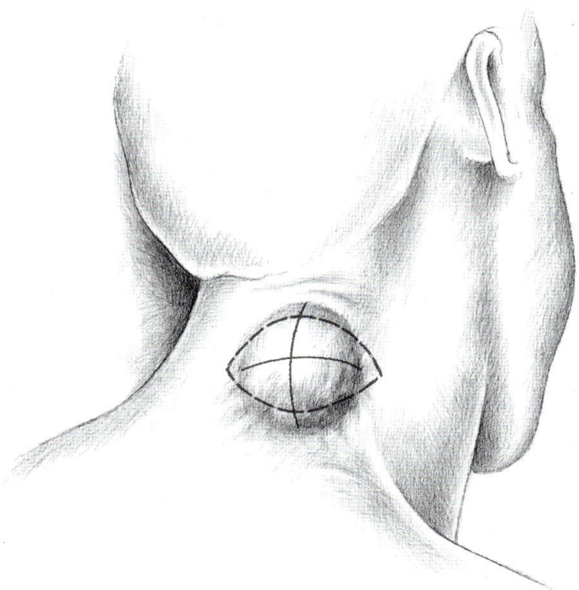

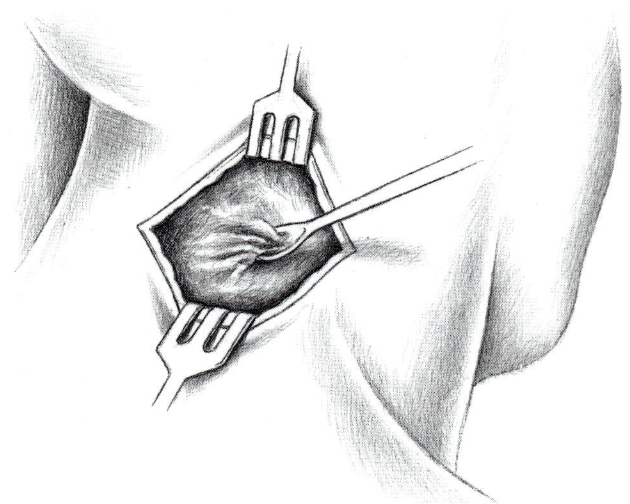

❶ Hautschnitt

Karbunkel finden sich nur im Bereich der behaarten Haut, häufig wie hier gezeigt im Nacken. Die Inzision beinhaltet eine breite Hautexzision und orientiert sich an der Ausdehnung des Befundes, den Hautverhältnissen darüber (Spontanperforation?) und den Hautspaltlinien.

❷ Exstirpation

Alles entzündlich veränderte Gewebe muss bis auf die Faszie entfernt werden, stets ist ein Abstrich zu entnehmen. Der Wundgrund ist nach Exzision der Nekrosen mit einem scharfen Löffel zu kürettieren.

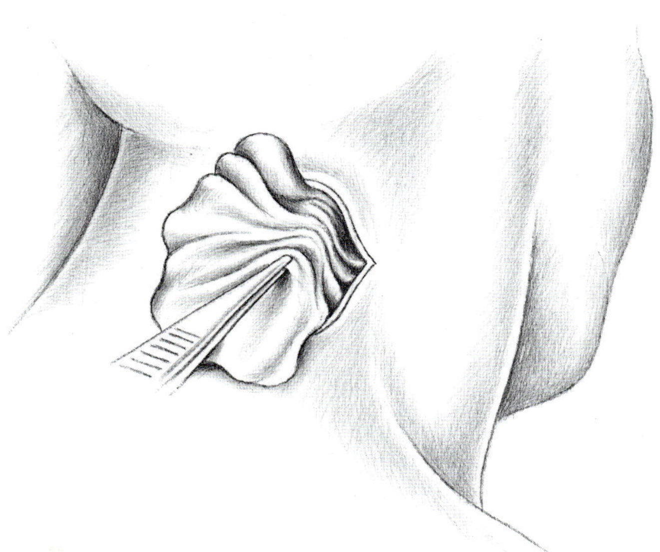

❸ Offene Wundbehandlung

Nach gründlicher Blutstillung wird die Wunde mit z. B. Jodoform-Gaze locker tamponiert. Entsprechend den Regeln der septischen Chirurgie muss sich eine offene Wundbehandlung anschließen. Später, nach Abklingen der Entzündung, kann eine Sekundärnaht (s. S. 49) oder eine plastische Deckung (s. S. 57) erfolgen.

7. Bursektomie (Ellenbogen)

1 Indikation

Elektiv: Rezidivierende Bursitis; Wundheilungsstörung nach traumatischer Bursaeröffnung.
Notfall: Akute Bursitis, frisches Trauma mit Bursazerreißung.

2 Operationsvorbereitung

Präoperative Diagnostik: Nach Trauma ggf. Weichteilröntgenaufnahme zum Ausschluss eines Fremdkörpers.
Patientenvorbereitung: Bei systemischen Entzündungszeichen (Fieber, Leukozytose, Lymphangitis/-adenitis) perioperative Antibiotikatherapie.

3 Spezielle Risiken, Aufklärung

- Fistelbildung bei unvollständiger Entfernung der Bursa.
- Wundheilungsstörung.
- Nervenverletzung (N. ulnaris).
- Gelenkeröffnung.

4 Anästhesie

Lokal-, Regionalanästhesie (Plexus).

5 Lagerung

Rücken oder Bauch; ggf. Armtisch und Blutsperre durch Druckmanschette.

6 Zugang

Streckseitig längs verlaufend radial der Olekranonspitze.

7 Operationsschritte

1. Hautschnitt.
2. Bursektomie.
3. Hautverschluss und Drainage.

8 Relevante Anatomie, Gefahren, Tricks

- N. ulnaris verläuft im Sulcus ulnaris.
- Eine glatte Eröffnung der Bursa ohne nennenswerte Kontamination erfordert nicht zwangsläufig die Bursektomie.

9 Maßnahmen bei speziellen Komplikationen

Wundinfekt: Wundrevision und offene Behandlung.

10 Nachsorge

Medizinische Nachbehandlung: Bei erheblichen Entzündungszeichen ggf. passagere Ruhigstellung auf Oberarmschiene und Kühlung; Drainage ex nach 2 Tagen, Hautnähte 10 Tage belassen.
Mobilisation: Sofort, Bewegungsausmaß des Arms abhängig vom Lokalbefund.
Krankengymnastik: Selten erforderlich: nur bei ausgedehntem Befund mit längerer Ruhigstellung.
Arbeitsunfähigkeit: 1 – 3 Wochen.

7 Operationstechnik

❶ Hautschnitt.
❷ Bursektomie.
❸ Hautverschluss und Drainage.

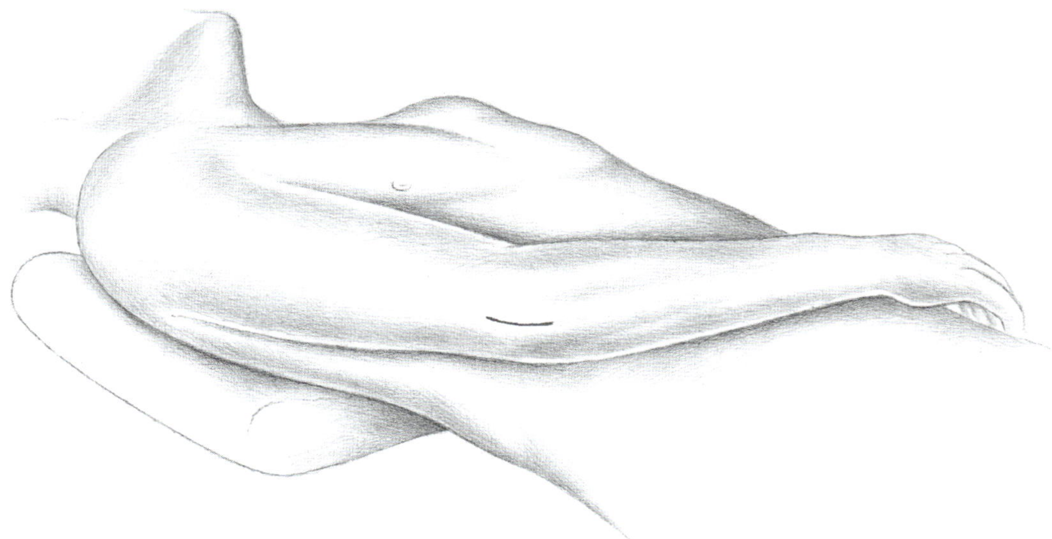

❶ Hautschnitt

Der Hautschnitt liegt leicht radial des Punctum maximum der Schwellung in Projektion auf das Olekranon.

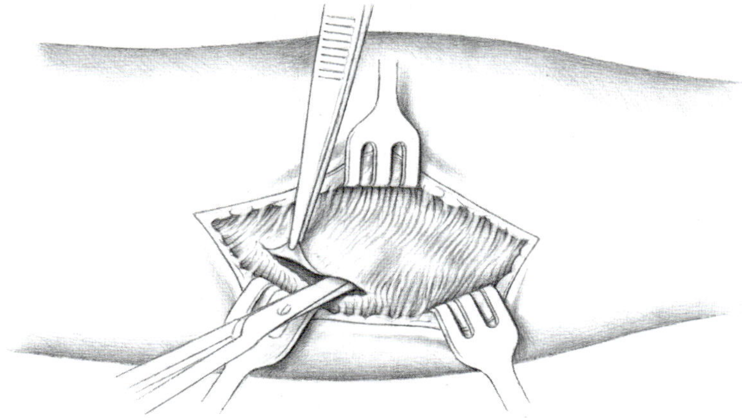

❷ Bursektomie

Nach Freilegung der Subkutis wird die Bursa über dem Olekranon aufgesucht und vollständig von ihrer Umgebung abgelöst. Es ist darauf zu achten, dass sie komplett und ohne Eröffnung entfernt wird, d. h. sämtliche Anteile reseziert werden. Das Olekranon ist ggf. daraufhin zu untersuchen, ob ein Olekranonsporn vorliegt. Im positiven Fall ist dieser durch Abmeißelung abzutragen.

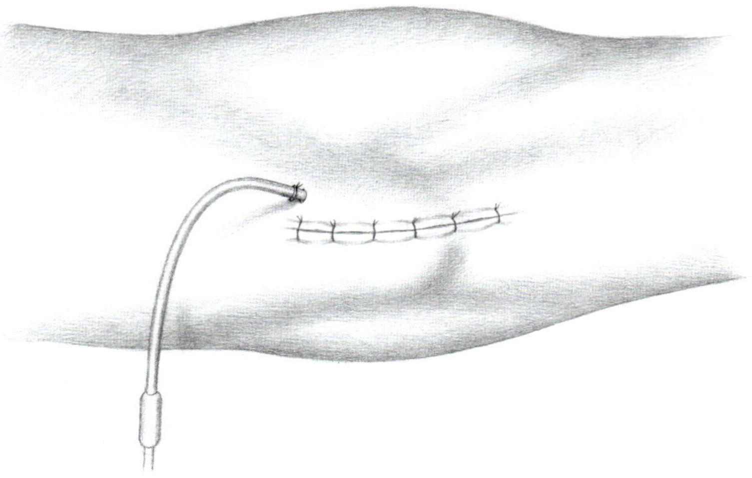

❸ Hautverschluss und Drainage

Nach Aufhebung der Blutsperre wird ausführliche Blutstillung betrieben, ein kleines Redon platziert und die Haut mit Einzelknopfnähten verschlossen. Bei stärkerer Entzündung empfiehlt sich eine Oberarmschiene zur Ruhigstellung des Ellenbogengelenks für einige Tage.

8. VY-Plastik

1 Indikation

Relativ: Bei größerem Defekt (z. B. freiliegender Endphalanx) nach Fingerkuppenamputation.
Alternativverfahren: Freies Vollhauttransplantat von der abgetrennten Fingerkuppe oder vom unbehaarten Ober-/Unterarm, beidseitige VY-Plastik nach **Kutler**, Visierlappenplastik nach **Klapp**.

2 Operationsvorbereitung

Präoperative Diagnostik: Röntgenaufnahme der Phalangen.
Patientenvorbereitung: Tetanusschutzimpfung.

3 Spezielle Risiken, Aufklärung

- Wundheilungsstörung.
- Nachamputation.
- Mangelnde Sensibilität des Transplantats.

4 Anästhesie

Oberst-Leitungsanästhesie.

5 Lagerung

Rücken, Armtisch.

6 Zugang

Volar V-förmig.

7 Operationsschritte

1. Zustand nach Amputation.
2. V-förmige Lappenhebung.
3. VY-Plastik.

8 Relevante Anatomie, Gefahren, Tricks

- Die Anwendung der VY-Plastik ist auf das distale Endglied beschränkt.
- Lappentransfer muss spannungsfrei bei gut durchbluteter Basis erfolgen; keine ischämisierenden Nähte!

9 Maßnahmen bei speziellen Komplikationen

Wundheilungsstörung: Nachamputation und erneute Deckung, alternativ zunächst offene Wundbehandlung mit Sekundärnaht; Narbenkorrekturen frühestens nach 3 Monaten.

10 Nachsorge

Medizinische Nachbehandlung: Ruhigstellung auf Fingerschiene oder dorsaler Unterarmgipsschiene für ca. 1 Woche. Hautnähte ex nach 7 – 10 Tagen.
Mobilisation: Ab 1. Tag frühfunktionelle Übungen nach Abwickeln der Schiene.
Krankengymnastik: Nicht erforderlich.
Arbeitsunfähigkeit: 1 – 3 Wochen, abhängig von Beruf und betroffener Hand.

7 Operationstechnik

❶ Zustand nach Amputation.
❷ V-förmige Lappenhebung.
❸ VY-Plastik.

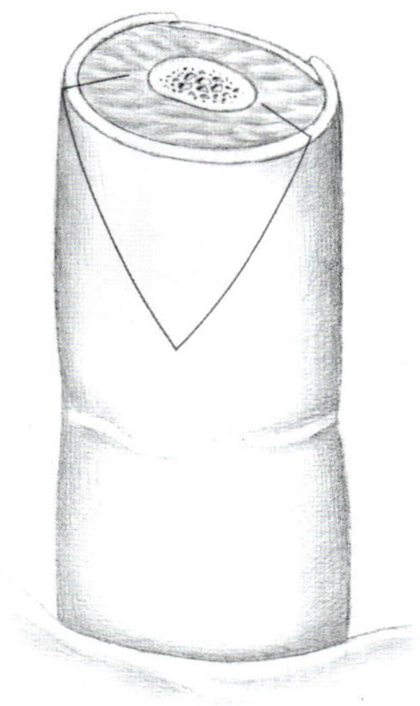

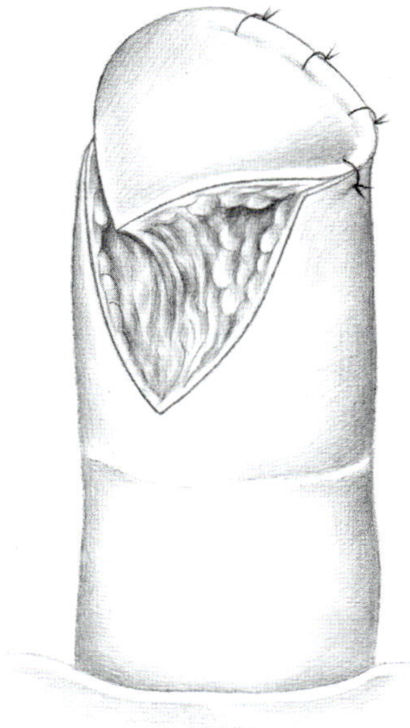

❶ Zustand nach Amputation

Säuberung des Stumpfes, Entfernung von nekrotischem Material, ggf. Nachresektion der Endphalanx und des Fingernagels. V-förmige volare Schnittlinie.

❷ V-förmige Lappenhebung

V-förmige Inzision an der Volarfläche und Mobilisation des gehobenen Lappens. Hierbei Beachtung der vaskulären Versorgung aus der Tiefe, so dass der Lappen nicht ischämisch wird. Die Mobilisation muss so erfolgen, dass sich der Lappen spannungsfrei bis an den Nagelrest und den Fingerkuppendefekt verschieben lässt, ohne gleichzeitig seine vaskuläre Versorgung einzubüßen.

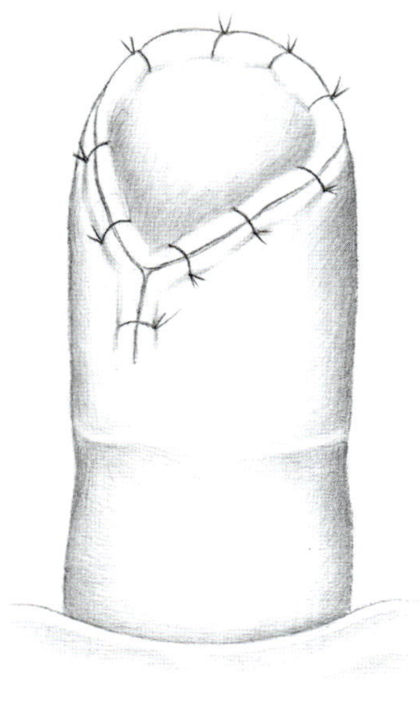

❸ VY-Plastik

Adaptation des verschobenen Hautlappens mit Einzelknopfnähten, lockere Adaptation des Entnahmedefekts. Verband. Ruhigstellung.

9. Z-Plastik

1 Indikation

Relativ: Narbenkontrakturen, Dupuytren-Kontraktur, Vertiefung von Zwischenfingerfalten.

2 Operationsvorbereitung

Patientenvorbereitung: Gegebenenfalls Markierung geplanter Inzisionen mit nicht alkohollöslichem Stift.

3 Spezielle Risiken, Aufklärung

- Wundheilungsstörung.
- Erneute Kontraktur.
- Keloidbildung.

4 Anästhesie

Lokalanästhesie.

5 Lagerung

Abhängig von Lokalisation.

6 Zugang

Längsinzision in der Hautrichtung, in der eine Verlängerung erzielt werden soll; seitliche Inzisionen im Winkel von 30–60°.

7 Operationsschritte

1. Z-förmige Inzision.
2. Lappenverschiebung.
3. Lappenfixation.

8 Relevante Anatomie, Gefahren, Tricks

- Prinzip: Zugentlastung in der Längsachse auf Kosten der Breite, d. h. seitlich müssen ausreichende Gewebsreserven vorhanden sein.
- Mehrere hintereinander geschaltete Z-Plastiken verteilen den seitlichen Substanzverlust auf eine größere Fläche.
- Je größer der Winkel der seitlichen Inzisionen, desto größer die Verlängerung (bei 60° ca. 75%).
- Der Wundverschluss muss spannungsfrei erfolgen. Auf ausreichende Mobilisation der Hautränder achten.

9 Maßnahmen bei speziellen Komplikationen

Bei Wundheilungsstörung Eröffnung der Wunde, offene Behandlung, spätere Sekundärnaht.

10 Nachsorge

Medizinische Nachbehandlung: Mäßiger Druckverband, Redon ex am 1.–2. Tag, Hautnähte ex am 10.-12. Tag.
Mobilisation: Abhängig von Lokalisation.
Arbeitsunfähigkeit: Abhängig von Gesamtsituation.

7 Operationstechnik

❶ Z-förmige Inzision.
❷ Lappenverschiebung.
❸ Lappenfixation.

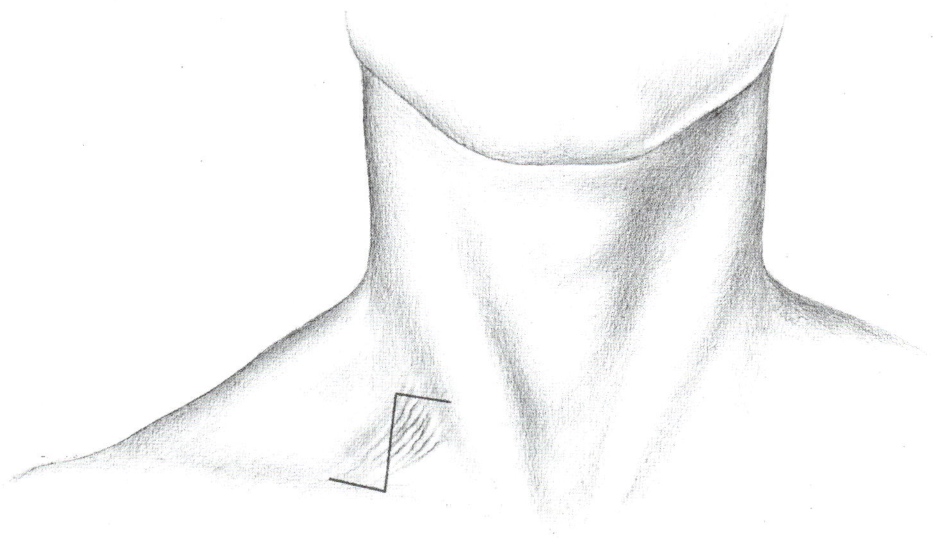

❶ Z-förmige Inzision

Die Schnittführung erfolgt in der Weise, dass das Z in die Längsrichtung der Kontraktur gelegt wird. Die Hautränder werden unter Einschluss des Subkutangewebes an der Grenze zur Muskulatur mobilisiert. Nach vollständiger Mobilisation der Hautränder lassen sich diese verschieben.

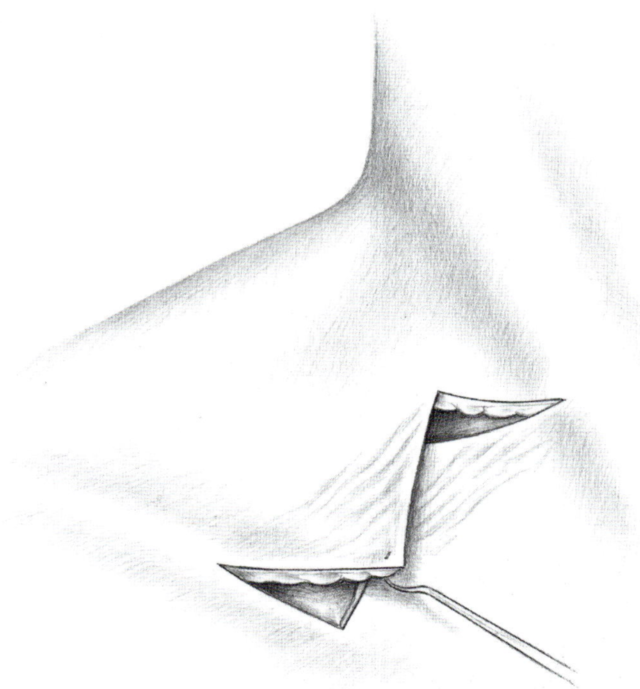

❷ Lappenverschiebung

Die Hautränder werden so verschoben, dass der untere Winkel des Z nach oben und der obere Winkel des Z nach unten verschoben werden. Hierdurch ergibt sich eine deutliche Längenzunahme.

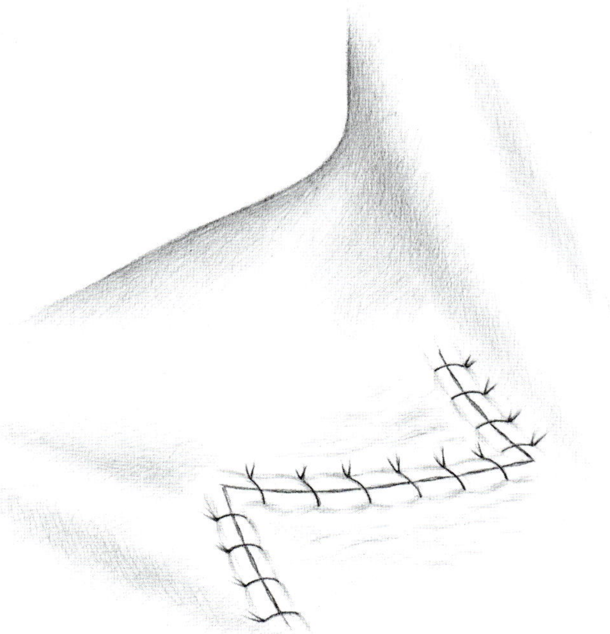

❸ Lappenfixation

Nach vollzogener Z-Plastik ergibt sich eine Umkehr der Z-Richtung im Sinne einer spiegelbildlichen Lokalisation im Vergleich zur Ausgangsposition. Fixation der Hautränder durch Einzelknopfnähte. Bei größeren Defekten Drainage.

10. Spalthaut-Deckung

1 Indikation

Relativ: Granulierende Wundfläche ohne relevante Infektion.
Kontra: Lokaler Infekt. Schmierig belegte Wundfläche. Freiliegende Sehnen, Faszien oder Knochen.
Alternativverfahren: Vollhautlappen, Verschiebelappen, gestielte oder freie vaskularisierte Transplantate.

2 Operationsvorbereitung

Patientenvorbereitung: Rasur des Entnahmeareals (z. B. Ventromedialseite der Oberschenkel).

3 Spezielle Risiken, Aufklärung

- Nichtanwachsen des Transplantats.
- Wundheilungsstörung an der Entnahmestelle.

4 Anästhesie

Lokalanästhesie, selten Regional- oder Allgemeinanästhesie.

5 Lagerung

Abhängig von Wundlokalisation, meist Rücken.

6 Zugang

Abhängig von Wundlokalisation.

7 Operationsschritte

1. Entnahmeort.
2. Entnahmeverfahren.
3. Meshgraft.

8 Relevante Anatomie, Gefahren, Tricks

- Meshgraft-Transplantate umfassen nur die Epidermis mit Anteilen des Stratum germinativum.
- Bei korrekter Tiefeneinstellung des Dermatoms (ca. 0,5 – 0,7 mm) kommt es an der Entnahmestelle zu zahlreichen punktförmigen Blutungen (= eröffnete Dermis-Zapfen).
- Entnahmeareal sofort mit einer in Kochsalz und Lokalanästhetikum getränkten Kompresse bedecken (ggf. Maximaldosierung des Anästhetikums beachten!).
- Transplantat muss durch Verband leicht angedrückt werden, um eine Hämatom- oder Serombildung mit Abhebung der Spalthaut zu vermeiden.

9 Maßnahmen bei speziellen Komplikationen

Nichtanwachsen meist durch unzureichende lokale Wundverhältnisse bedingt (Ischämie, Infektion, Abhebung des Transplantats durch Hämatom oder Serom): ggf. plastisch-chirurgische Deckung.

10 Nachsorge

Medizinische Nachbehandlung: Kontrolle des Transplantats nach 1 – 3 Tagen, dann nur noch in mehrtägigen Abständen. Erster Verbandswechsel am Entnahmeareal nach 3 Tagen: Verband vorsichtig unter Anfeuchten ablösen.
Mobilisation: Zügig, abhängig von Wundlokalisation.
Krankengymnastik: Nicht erforderlich.
Arbeitsunfähigkeit: Abhängig von Gesamtsituation.

7 Operationstechnik

❶ Entnahmeort.
❷ Entnahmeverfahren.
❸ Meshgraft.

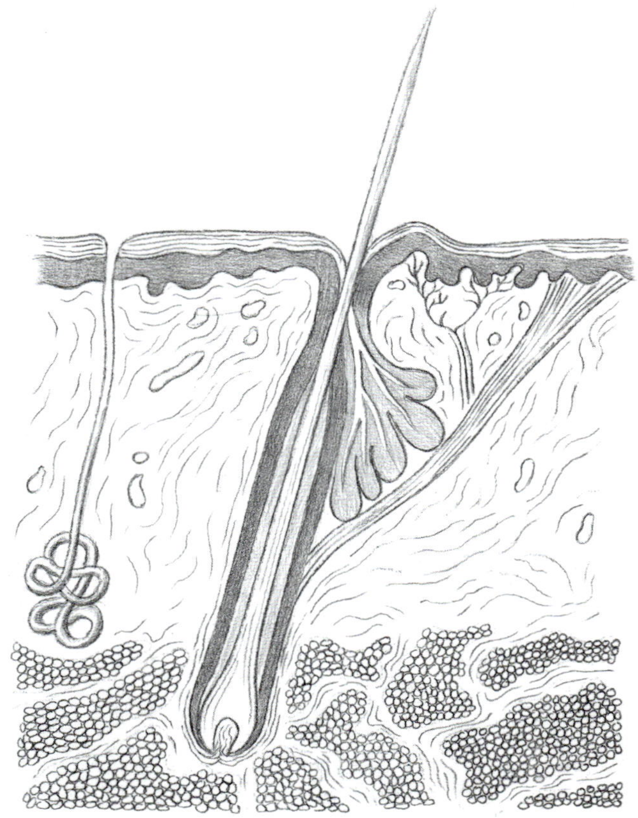

❶ Entnahmeort

Der Entnahmeort der Spalthaut reicht von der Oberfläche der Haut bis zum Papillarkörper, d. h. entsprechend der Ausdehnung der Haarpapillen. Die Spalthaut kann in verschiedenen Dicken entnommen werden, wobei sich die Dimension zwischen 0,5 und 1 mm bewegt.

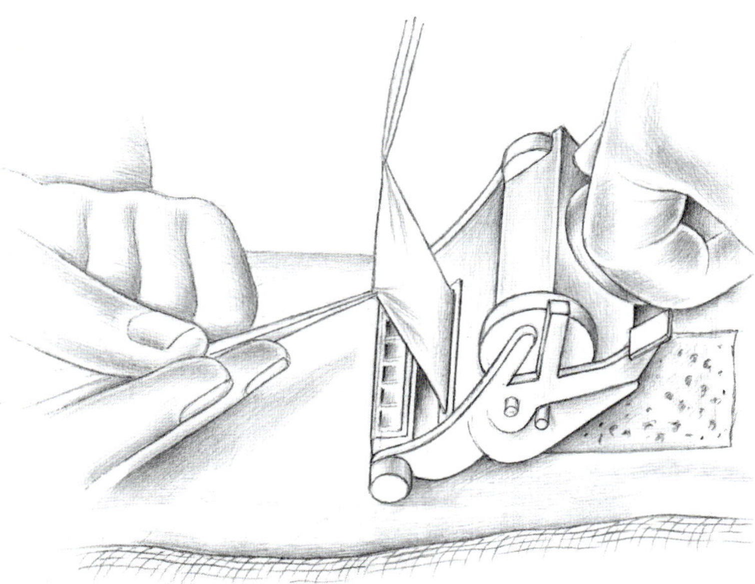

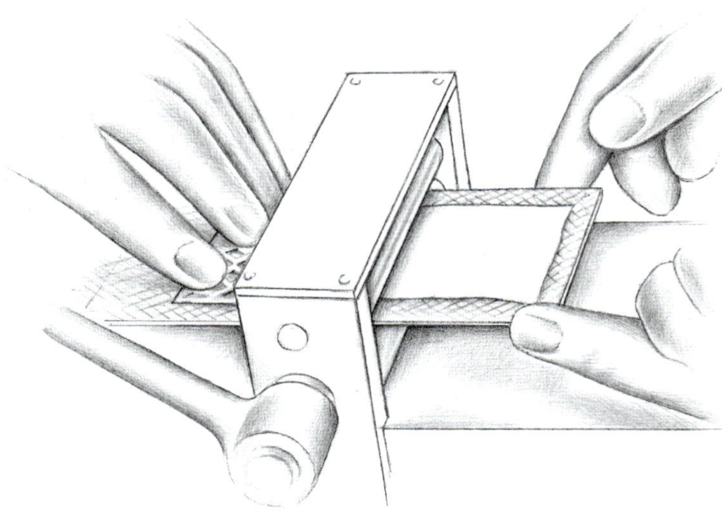

❷ Entnahmeverfahren

Die Spalthautentnahme erfolgt heute zeitgemäß mit einem elektrischen Dermatom. Das Elektrodermatom sollte auf eine Schnitttiefe von 0,4 – 0,6 mm eingestellt sein. Die Haut muss vorgefettet und mit flachen Händen oder Metallplättchen gespannt werden. Das Dermatom wird vom Operateur im vorgesehenen Bereich angesetzt (am besten Innenseite des Oberschenkels) und die entnommene Haut vom Assistenten mit 2 Pinzetten sorgfältig angespannt.

❸ Meshgraft

Im Meshgraftsystem wird der Spalthautlappen in verschiedene Maßverhältnisse netzförmig umgestaltet und vergrößert, wobei sich in der Regel das Verhältnis 1 : 1,5 oder 1 : 2 am besten bewährt hat. Bei größeren Defekten (ausgedehnte Verbrennungen) ist ein höheres Verhältnis angezeigt, hier ist allerdings die Epithelisierung deutlich verzögert. Die gewonnene Haut wird mit Einzelknopfnähten oder Hautklammern in dem Defekt fixiert und mit entsprechenden Druckverbänden dem Wundlager angedrückt. Nichthaftende Wundverbände, sanfte Kompression und Ruhigstellung sind die weitere Vorgehensweise. Der erste Verbandswechsel sollte nach ca. 3 Tagen erfolgen.

11. Ganglion (Handgelenk)

1 Indikation

Elektiv: Bei Beschwerden.

2 Operationsvorbereitung

Präoperative Diagnostik: Sonographie, ggf. Röntgen zum Ausschluss knöcherner Veränderungen.

3 Spezielle Risiken, Aufklärung

- Rezidiv.
- Verletzung von Gefäßen, Nerven oder Sehnen.

4 Anästhesie

Lokal- oder Plexusanästhesie.

5 Lagerung

Rücken, Armtisch, ggf. Blutsperre.

6 Zugang

Direkt über dem tastbaren Ganglion unter Beachtung der Hautspaltlinien.

7 Operationsschritte

1. Lokalisation und Hautschnitt.
2. Freilegung des Ganglions.
3. Hautnaht und Drainage.

8 Relevante Anatomie, Gefahren, Tricks

- Enge Lagebeziehung zu Gefäßen und Nerven erfordert sorgfältige Schonung derselben.
- Immer nach Verbindung zu Sehnenscheide oder Gelenkkapsel suchen und diese gezielt unterbinden.

9 Maßnahmen bei speziellen Komplikationen

Bei akzidenteller Eröffnung während der Präparation gewissenhaft den „Stiel" zum Gelenk aufsuchen und umstechen.

10 Nachsorge

Medizinische Nachbehandlung: Drain ex 2. Tag. Gegebenenfalls Ruhigstellung auf Schiene für wenige Tage.
Krankengymnastik: Nicht erforderlich.
Arbeitsunfähigkeit: 1 Woche.

7 Operationstechnik

1. Lokalisation und Hautschnitt.
2. Freilegung des Ganglions.
3. Hautnaht und Drainage.

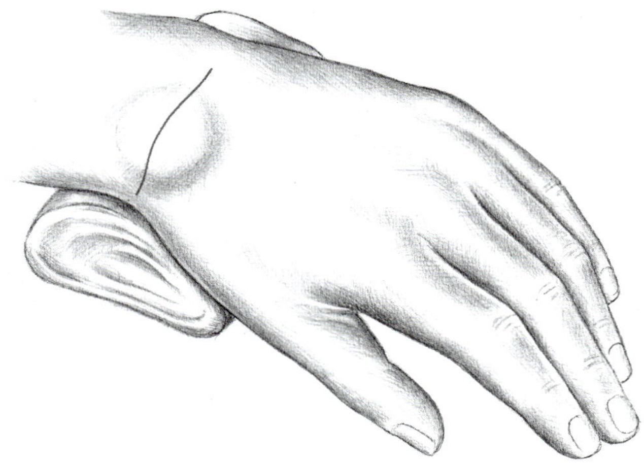

❶ Lokalisation und Hautschnitt

Die häufigste Lokalisation eines Ganglions ist an der Dorsalseite der Handgelenksbasis über dem Radiokarpalgelenk. Der Hautschnitt verläuft im Bereich der Hautfalten quer zur Unterarmachse. Hierzu wird der Unterarm leicht proniert auf einem Handtisch gelagert und mit einem beugeseitig platzierten zusammengerollten Tuch nach palmar flektiert. Zur Steigerung der Übersichtlichkeit ist eine Oberarmblutsperre obligat, anderenfalls ist die vollständige Ausräumung des Ganglions aus Gründen schlechter Übersicht nicht zu garantieren.

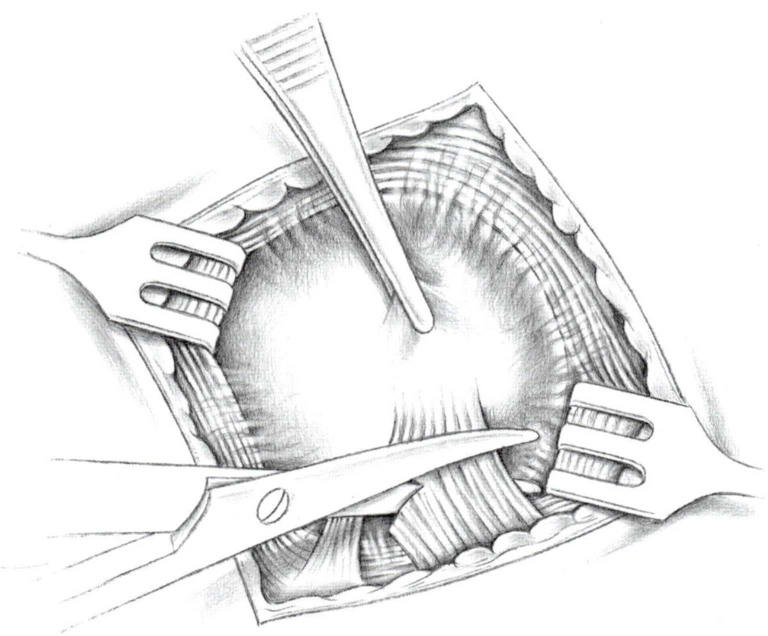

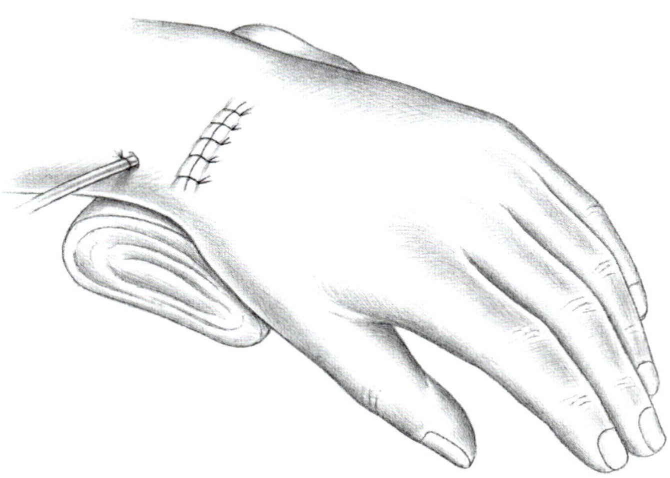

❷ Freilegung des Ganglions

Nach Eröffnung der Subkutis lässt sich die helle durchscheinende, glasige Oberfläche des Ganglions unschwer identifizieren. Jetzt beginnt die zirkuläre Präparation, wobei anhaftendes Bindegewebe stumpf zu lösen oder zu durchtrennen ist. Es ist unbedingt zu vermeiden, dass das Ganglion eröffnet wird, bis man den Stiel des Ganglions an der Basis des Handgelenks identifiziert hat. Gegebenenfalls muss das Retinaculum tendinosum an der Streckseite durchtrennt werden, um den Stiel weiter zu verfolgen. Unmittelbar an der Kapsel wird der Stiel abgetragen und mit einer feinen Naht handgelenksseitig verschlossen.

❸ Hautnaht und Drainage

Nach Freigabe der Blutsperre wird sorgfältige Blutstillung betrieben. In die Tiefe wird ein Redon-Drain platziert, das proximalseitig ausgeleitet wird. Naht der Subkutis und der Haut beenden den Eingriff. Postoperativ sollte die Hand auf einer volaren Gipsschiene für einige Tage ruhig gestellt bleiben.

12. Panaritium

1 Indikation

Absolut: Bei Diagnosestellung.
Alternativverfahren: Keine.

2 Operationsvorbereitung

Patientenvorbereitung: Bei systemischen Entzündungszeichen perioperative Antibiotikatherapie.

3 Spezielle Risiken, Aufklärung

- Beteiligung von Sehnenscheiden und Gelenken.
- Bewegungseinschränkungen.

4 Anästhesie

Plexus- oder Allgemeinanästhesie.

5 Lagerung

Rücken, mit Armtisch, Blutsperre.

6 Zugang

Abhängig von Lokalisation unter Berücksichtigung der Spaltlinien und Vermeidung des rechtwinkligen Kreuzens von Gelenkachsen.

7 Operationsschritte

1. Lokalisation.
2. Inzision.
3. Drainage.
4. Eröffnung der Sehnenscheide.
5. V-Phlegmone.

8 Relevante Anatomie, Gefahren, Tricks

- Die Anatomie des palmaren Subkutangewebes begünstigt eine Infektionsausbreitung in die Tiefe und entlang der Sehnenscheiden, frühzeitige chirurgische Revision ist daher essenziell!
- Ursächlich oft Bagatellverletzungen, Eintrittspforte zum Teil nicht erkennbar.
- Beim kutanen Panaritium immer subkutane Ausdehnung im Sinne eines Kragenknopfpanaritiums ausschließen.
- Panaritium tendineum: Druckschmerz im Sehnenscheidenverlauf, bereits bei Verdacht sofortige proximale und distale Freilegung und ggf. Spülung.
- Schwielenabszess: subkutane Eiterung im Bereich von Hohlhandschwielen, bei erheblicher Druckschmerzhaftigkeit im Bereich einer Schwiele auch ohne sichtbare Entzündungszeichen daran denken.

9 Maßnahmen bei speziellen Komplikationen

Entzündungszeichen klingen nicht ab: keine ausreichende Drainage, daher Revision, ggf. mit Gegeninzision.

10 Nachsorge

Medizinische Nachbehandlung: Ruhigstellung auf Oberarmschiene, bei eindeutiger Rückbildung der Entzündungszeichen zunehmendes Bewegungsausmaß in Abhängigkeit von Beschwerden.
Krankengymnastik: Bei schweren Verläufen indiziert.
Arbeitsunfähigkeit: 2 Wochen, ggf. erheblich länger.

7 Operationstechnik

❶ Lokalisation.
❷ Inzision.
❸ Drainage.
❹ Eröffnung der Sehnenscheide.
❺ V-Phlegmone.

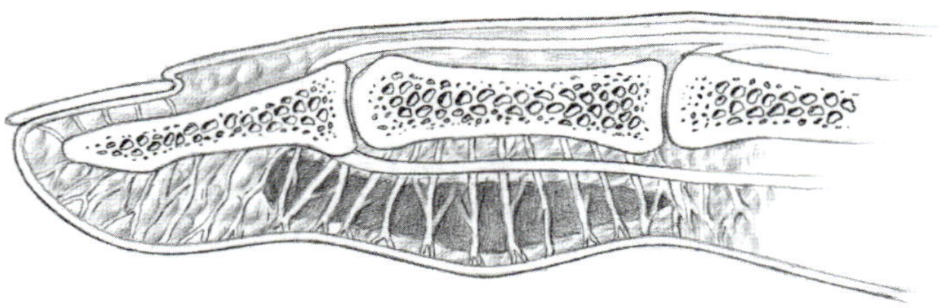

❶ Lokalisation

Das Panaritium subcutaneum ist eine Fingereiterung an der Volarfläche der Hand. Es gefährdet alle benachbarten Strukturen wie die Gelenke (P. articulare), die Sehnenscheiden (P. tendineum), den Knochen (P. ossale) und die Durchblutung des Fingers durch Bildung eines Kompartmentsyndroms. Die Therapie besteht in der raschen und vollständigen Eröffnung zur Entleerung der gestauten Eiterung.

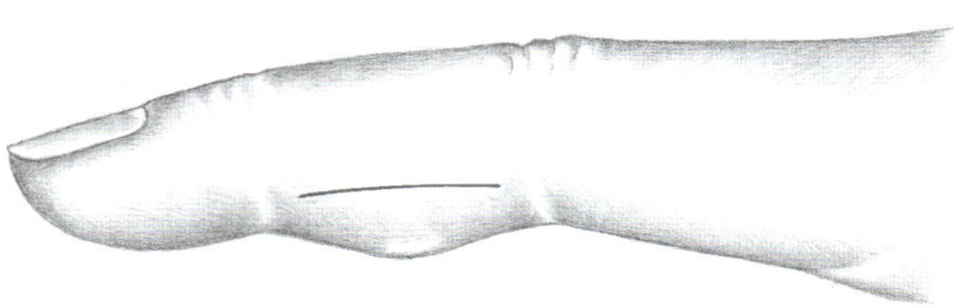

❷ Inzision

In Blutsperre und Plexusanästhesie, ggf. Intubationsnarkose, seitliche Inzision über der Radial- und Ulnaseite des Fingers und Sondierung bis in die Tiefe. Entlastung des Eiterherdes und Entfernung von Nekrosen.

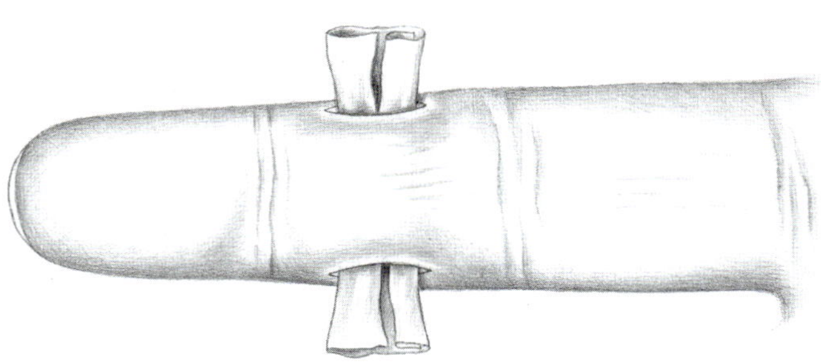

❸ Drainage

Nach Entleerung des Eiters sorgfältige Drainage der Eiterhöhle durch eine eingezogene Gummilasche, die den Finger beidseits drainiert. Es muss darauf geachtet werden, dass die Drainagekanäle offen bleiben, um ein Rezidiv oder eine Retention zu vermeiden.

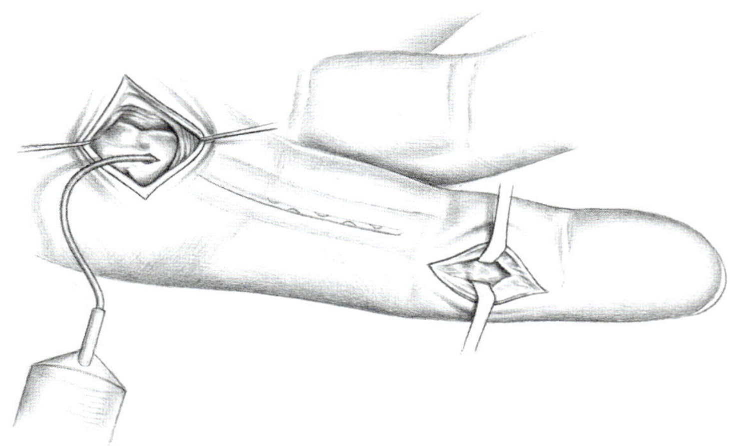

❹ Eröffnung der Sehnenscheide

Bei Beteiligung der Sehnenscheide ist die Sehnenscheide zu eröffnen und mit einem Spülkatheter auszuspülen. Dies sollte bei liegen gelassenem Katheter so lange wiederholt erfolgen, bis sich klares Effluat findet. Die Sehnenscheide wird mit Drainagen offen gehalten, um eine Ausbreitung innerhalb der Sehnenscheiden und eine Retention zu vermeiden.

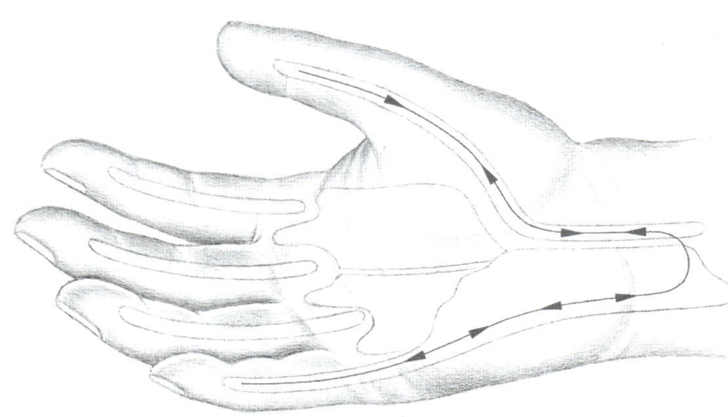

❺ V-Phlegmone

Die Kommunikation der Sehnenscheiden von Daumen und Langfingern über die V-förmige Verbindung macht es erforderlich, bei Beteiligung der Sehnenscheide auch die Sehnenscheiden der gesamten Hand zu untersuchen, ggf. zu behandeln und mit Spülkathetern zu versorgen.

13. Paronychie

1 Indikation

Absolut: Abszedierung unter proximalem bzw. seitlichem Nagelfalz.
Alternativverfahren: Keilexzision.

2 Operationsvorbereitung

Patientenvorbereitung: Bei systemischen Entzündungszeichen perioperative Antibiotikatherapie.

3 Spezielle Risiken, Aufklärung

- Nagelteilentfernung.
- Nagelschäden.
- Wiederauftreten.

4 Anästhesie

Oberst-Leitungsanästhesie (kein Adrenalinzusatz!).

5 Lagerung

Rücken, ggf. Armtisch.

6 Zugang

Durch Befund vorgegeben.

7 Operationsschritte

1. Lokalisation.
2. Inzision.
3. Drainage.

8 Relevante Anatomie, Gefahren, Tricks

Cave: Verletzung der Nagelmatrix.

9 Maßnahmen bei speziellen Komplikationen

- Wundheilungsstörung: Keilexzision.
- Bei volarer Ausbreitung: eventuell volare Entlastung des Panaritiums durch Gegeninzision.

10 Nachsorge

Medizinische Nachbehandlung: Wundspülung, bis saubere Wundverhältnisse vorliegen. Finger ggf. auf Schiene ruhig stellen. Patienten ggf. auf korrekte Nagelpflege hinweisen.
Arbeitsunfähigkeit: 1 – 2 Wochen, abhängig von betroffenem Finger und Beruf.

7 Operationstechnik

❶ Lokalisation.
❷ Inzision.
❸ Drainage.

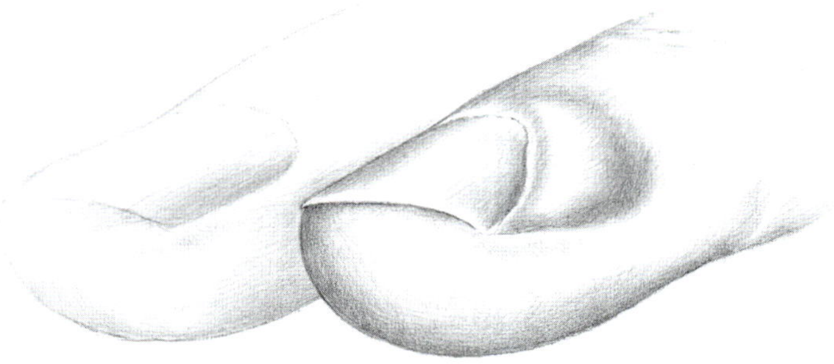

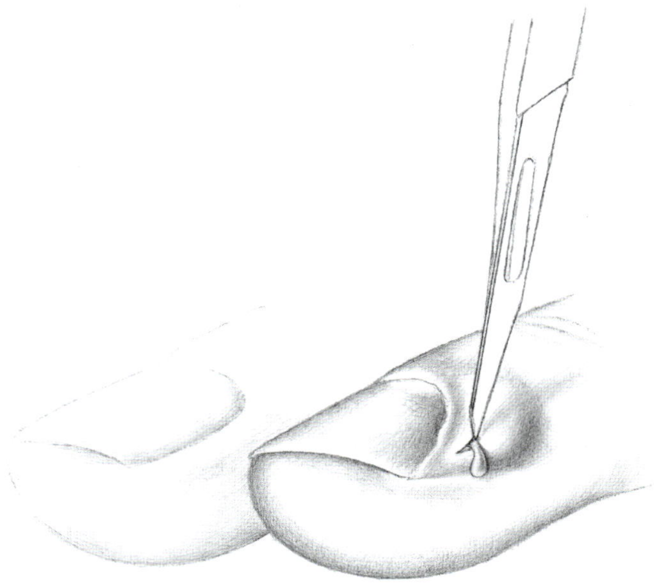

❶ Lokalisation

Die Paronychie ist am lateralen oder medialen Nagelfalz lokalisiert. Im Gegensatz zum Panaritium ist sie nie an der Volarseite des Fingers gelegen. Als Nagelumlauf ist sie eine Erkrankung des Nagelfalzes und nicht der Fingerkuppe. Dennoch kann die Fingerkuppe sekundär durch Schwellung beteiligt sein.

❷ Inzision

Die Inzision beginnt über dem Punctum maximum der Paronychie parallel zum Nagelfalz. Hierbei sind die Nekrosen zu entfernen, der Eiter ist zu drainieren, ein Abstrich ist zu entnehmen.

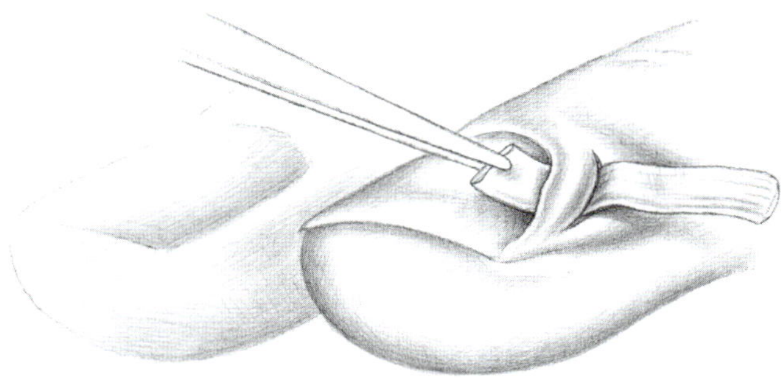

❸ Drainage

Die Abszesshöhle wird über eine Öffnung am Nagelfalz als Gegeninzision mit einem kleinen Gummistreifen drainiert, so dass sie nicht verkleben kann. Ruhigstellung auf einer Fingerschiene und antiseptischer Verband sind die weiteren Maßnahmen.

14. Unguis incarnatus (Drittelresektion)

1 Indikation

Relativ: Rezidivierende Infekte trotz konservativer Maßnahmen (nicht einengende Schuhe, Vermeidung des seitlichen Kurzschneidens des Nagels).
Alternativverfahren: Eradikation der gesamten Nagelmatrix, speziell bei groben Nageldeformitäten.

2 Operationsvorbereitung

Präoperative Diagnostik: Ausschluss einer arteriellen Verschlusskrankheit und eines Diabetes.

3 Spezielle Risiken, Aufklärung

- Wundheilungsstörung.
- Verletzung der Sehne des M. extensor hallucis longus.

4 Anästhesie

Oberst-Leitungsanästhesie, kein Adrenalinzusatz!

5 Lagerung

Rücken, Ventil-Gummi-Torniquet an Zehenbasis.

6 Zugang

Keilexzision.

7 Operationsschritte

1. Inzisionslinie.
2. Haut-Nagel-Exzision.
3. Haut-Nagel-Nähte.

8 Relevante Anatomie, Gefahren, Tricks

- Die Nagelmatrix reicht ca. 5 mm weiter nach proximal als die sichtbare Nagelbasis, vollständige Entfernung essenziell!
- Sehne des M. extensor hallucis longus inseriert an der dorsalen Endphalanxbasis.
- Gleichzeitige Keilexzision am medialen und lateralen Nagelrand möglich.
- Bei ausgeprägter lokaler Entzündung kein primärer Wundverschluss, sondern offene Behandlung oder ggf. nur eine adaptierende Naht.

9 Maßnahmen bei speziellen Komplikationen

Rezidiv: Wiederholung, ggf. vollständige Nagel- und Nagelbettentfernung.

10 Nachsorge

Medizinische Nachbehandlung: Hautnähte ex nach 10 Tagen.
Mobilisation: Zügig in Abhängigkeit vom Wundschmerz.
Arbeitsunfähigkeit: 2 Wochen (abhängig vom Beruf).

7 Operationstechnik

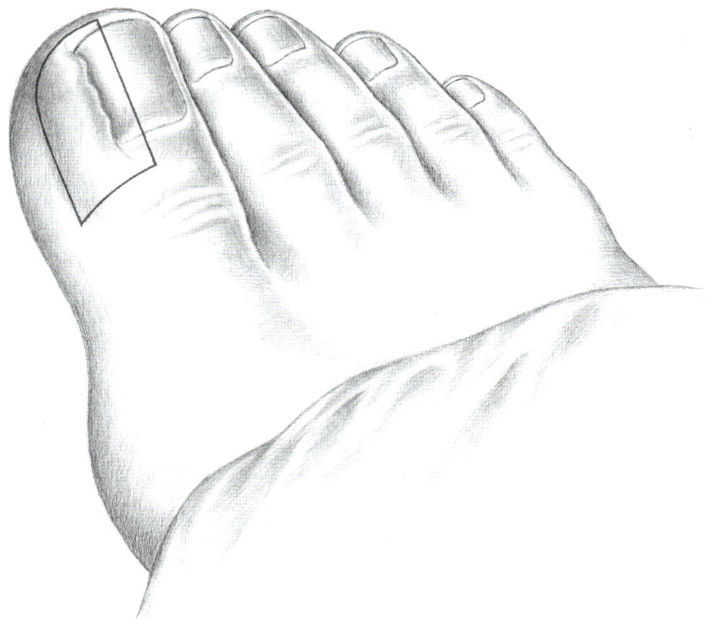

❶ Inzisionslinie.
❷ Haut-Nagel-Exzision.
❸ Haut-Nagel-Nähte.

❶ Inzisionslinie

Der eingewachsene Großzehennagel ist eine häufige Erkrankung, die meist im Rahmen von Fußpflege und insuffizienter Pediküre entsteht. Das Prinzip ist der für das Nagelbett zu breite Nagel, der sich unter die Haut schiebt. Die Therapie besteht in der Exzision nach Emmert, d. h. der Entfernung des äußeren Drittels des Nagels und des Nagelfalzes medial- und/oder lateralseitig.

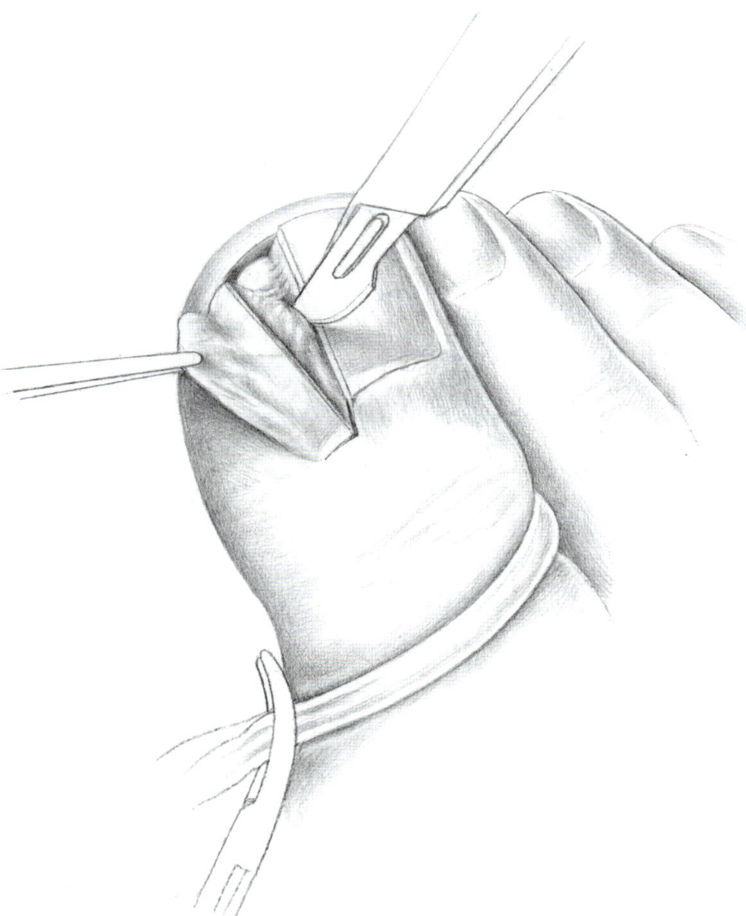

❷ Haut-Nagel-Exzision

Die Exzision bezieht das jeweilige Drittel bis Viertel des Nagels, den Nagelfalz und das umgebende Nagelbett ein. Sie erfolgt in Blutsperre und Oberst-Leitungsanästhesie und reicht dorsal bis auf das Endglied. Nach Längsspaltung des Nagels wird der Schnitt bis in die Matrix des Nagels nach proximal durchgeführt, so dass Nagelfalz und Nagelbett vollständig entfernt werden.

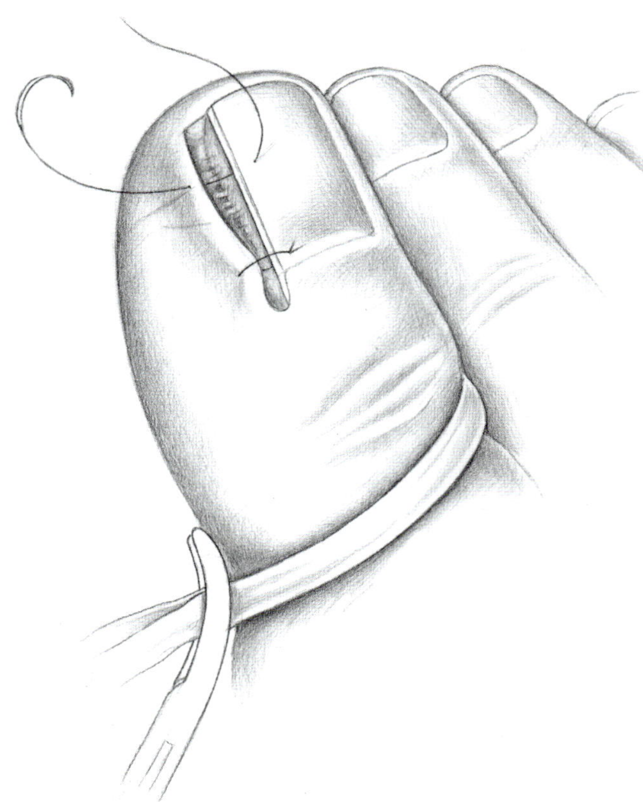

❸ Haut-Nagel-Nähte

Nach Entfernung von Nagelfalz, Nagelbett und Nagelmatrix bis auf den Knochen wird der Defekt ausgekratzt und Blutstillung vorgenommen. Es schließt sich die Adaptation der verbliebenen Anteile von Nagelbett und Haut mit lockeren Einzelknopfnähten (2 – 0 Polypropylen) an. Zur Vermeidung einer Nachblutung wird ein leichter Kompressionsverband angelegt, Hochlagerung und Analgetika sind obligat.

15. Zervikale Lymphknotenentfernung

1 Indikation

Elektiv: Schwellung unklarer Genese. Malignome des Kopf-/Halsbereichs. Verdacht auf lymphatische Systemerkrankung.
Alternativverfahren: Biopsie an anderer Lokalisation, ggf. auch sonographie- oder computertomographiegesteuert.

2 Operationsvorbereitung

Präoperative Diagnostik: Abhängig von Grundkrankheit, Sonographie.

3 Spezielle Risiken, Aufklärung

- Lymphfistel (Ductus thoracicus).
- Gefäßläsion.
- Nervenläsion (N. accessorius, N. laryngeus recurrens, N. phrenicus).

4 Anästhesie

Masken- oder Intubationsnarkose als Regel, Lokalanästhesie nur bei sehr oberflächlicher Lage.

Cave: N. accessorius.

5 Lagerung

Rücken, Kopf rekliniert und zur Gegenseite gewendet.

6 Zugang

Parallel zur Klavikula oder parallel zum M. sternocleidomastoideus.

7 Operationsschritte

1. Zugang.
2. Darstellung laterales Halsdreieck.
3. Präparationstechnik.

8 Relevante Anatomie, Gefahren, Tricks

- V. jugularis externa überkreuzt den M. sternocleidomastoideus.
- Am Vorderrand des M. trapezius zieht der N. accessorius und innerviert diesen.
- Auf der linken Seite überkreuzt der Ductus thoracicus von dorsal kommend die A. subclavia und mündet im Angulus venosis sinister, der von V. jugularis und V. subclavia gebildet wird.
- Die Anlage einer Lokalanästhesie kann einen schlecht palpablen Lymphknoten vollständig maskieren.
- Die sorgfältige Ligatur aller in den Lymphknoten einstrahlenden Gefäße verhindert die Ausbildung einer Lymphfistel.

Cave: „Eisberg-Effekt", d. h. bei der Präparation eines vermeintlich solitären Lymphknotens stößt man auf ein kontinuierlich tiefer reichendes Lymphknotenpaket. Rechtzeitig den Eingriff auf eine Biopsie beschränken!

9 Maßnahmen bei speziellen Komplikationen

Bei persistierender Lymphfistel konsequente Wundrevision.

10 Nachsorge

Medizinische Nachbehandlung: Redon ex 2. Tag.
Krankengymnastik: Nicht erforderlich.
Arbeitsunfähigkeit: 3 – 5 Tage.

7 Operationstechnik

❶ Zugang.
❷ Darstellung laterales Halsdreieck.
❸ Präparationstechnik.

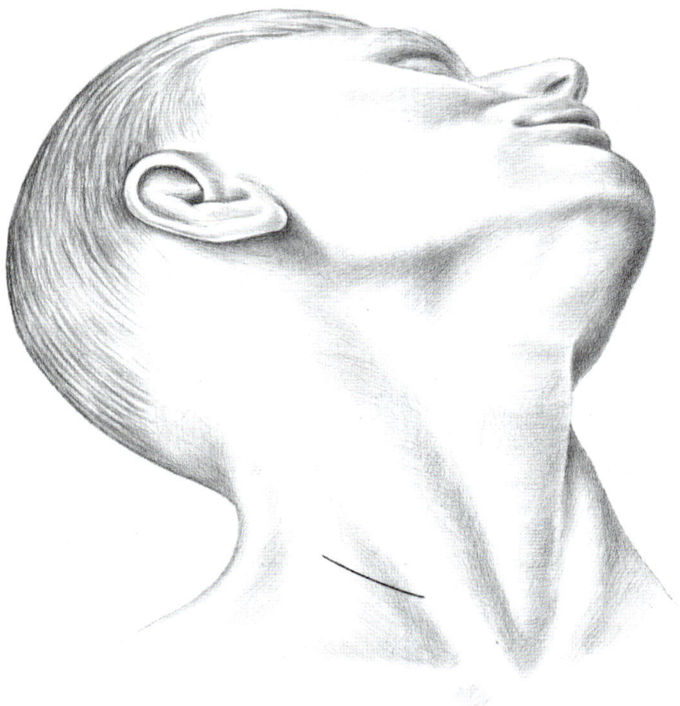

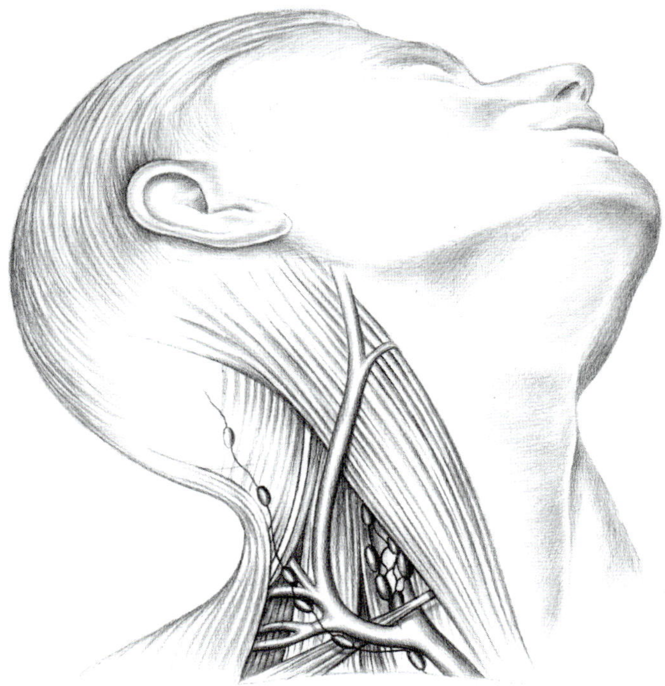

❶ Zugang

Halslymphknotenvergrößerungen sind häufige Befunde wegen ihrer guten Sicht- und Tastbarkeit. Generell gilt, dass Lymphknotenbiopsien am Hals nicht ohne Risiko sind. Besonders gefährdet sind Biopsien im lateralen Halsdreieck wegen der Verletzungsgefahr des N. accessorius. Aus diesem Grund gilt die generelle Empfehlung, Lymphknotenbiopsien am Hals wegen der besseren Übersicht möglichst in Narkose durchzuführen. Die Schnittführung bei der kollaren Lymphknotenbiopsie ist entsprechend den Halsfalten quer und über dem punctum maximum der Schwellung.

❷ Darstellung laterales Halsdreieck

Im lateralen Halsdreieck ist insbesondere der Verlauf der V. jugularis externa sowie des dorsal auf dem Trapezius gelegenen N. accessorius zu beachten. Beide Strukturen sind sorgfältig zu identifizieren und zu schonen. Lymphknotenbiopsien beschränken sich auf das Entfernen einzelner Lymphknoten, sie sollten nicht zur „neck dissection" geraten.

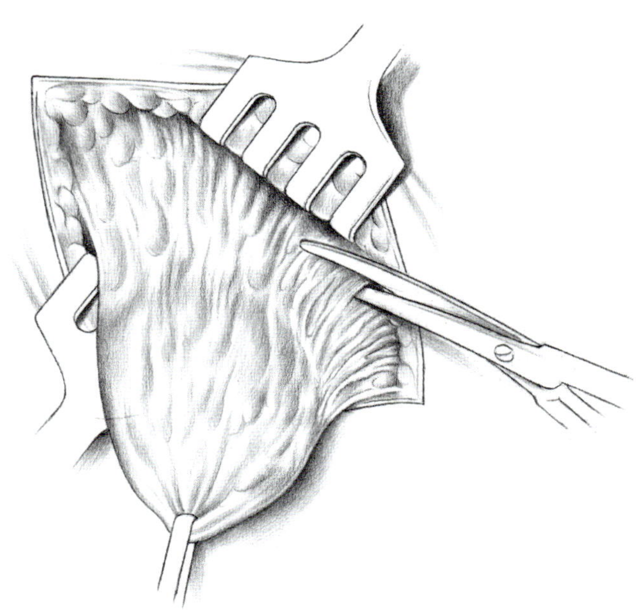

❸ Präparationstechnik

Nach Identifikation des Lymphknotens wird er z. B. mit einer Ellisklemme gefasst und scharf aus der Umgebung ausgelöst. Nervale und vaskuläre Strukturen in der Nachbarschaft werden geschont, einstrahlende Gefäße zwischen Ligaturen durchtrennt. Redon-Drainage, Subkutannähte, Hautklammern beenden den Eingriff.

16. Tracheotomie (offen und Punktionstracheostoma)

1 Indikation

Absolut: Verlegung der Atemwege.
Relativ: Langzeitbeatmung.
Alternativverfahren: Orale/nasale Intubation, Punktionstracheostomie nach Ciaglia.

2 Operationsvorbereitung

Präoperative Diagnostik: Gegebenenfalls Sonographie, Röntgen des Halses/Thorax.

3 Spezielle Risiken, Aufklärung

- Schilddrüsenverletzung.
- Tracheahinterwandverletzung.
- Gefäßverletzung.

4 Anästhesie

Intubationsnarkose.

5 Lagerung

Rücken, Kopf rekliniert.

6 Zugang

Querverlaufend suprajugulär.

7 Operationsschritte

1. Eingriffsprinzip.
2. Lagerung.
3. Zugang
4. Spaltung der kurzen Halsmuskeln.
5. Exposition und Inzision der Trachea.
6. Fixation des Trachealfensters.
7. Einführen der Trachealkanüle.
8. Hautnaht.
9. Punktionstracheotomie.

8 Relevante Anatomie, Gefahren, Tricks

- Die Tracheotomie kann, je nach anatomischen Verhältnissen, ober- oder unterhalb des Schilddrüsenisthmus angelegt werden. Gelegentlich ist es notwendig, den Isthmus zu durchtrennen oder zu resezieren.
- Größere Venen in direkter Nähe zum anzulegenden Tracheostoma sollten gezielt ligiert werden, um späteren Arrosionsblutungen vorzubeugen.

9 Maßnahmen bei speziellen Komplikationen

keine speziellen Maßnahmen

10 Nachsorge

Medizinische Nachbehandlung: Erster Kanülenwechsel unter Intubationsbereitschaft in „Seldinger-Technik", d. h. Wechsel über z. B. eine in die Trachea eingeführte Magensonde.

7 Operationstechnik

❶ Eingriffsprinzip.
❷ Lagerung.
❸ Zugang.
❹ Spaltung der kurzen Halsmuskeln.
❺ Exposition und Inzision der Trachea.
❻ Fixation des Trachealfensters.
❼ Einführen der Trachealkanüle.
❽ Hautnaht.
❾ Punktionstracheotomie.

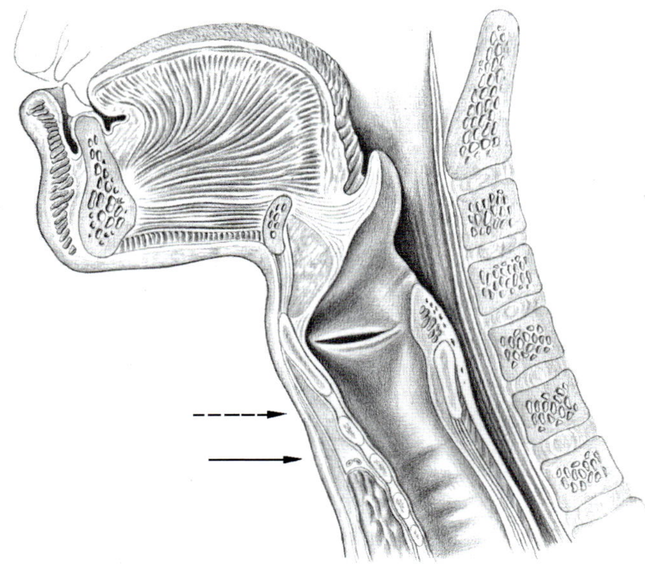

❶ Eingriffsprinzip

Physiologisch ist die obere Tracheotomie unterhalb des 1. Ringknorpels, da hier Verletzungen des Kehlkopfs sicher zu vermeiden sind (durchgezogener Pfeil). Im Notfall kann die Koniotomie sich bewähren, die unterhalb des gut tastbaren Schildknorpels durch das Lig. conicum (gestrichelter Pfeil) verläuft. Alternativ zur Inzisionstracheotomie bietet sich die Punktionstracheotomie an in der gleichen Ebene wie die obere Tracheotomie, nur nicht durch Schnitt, sondern durch Punktion und stumpfes Aufdehnen (siehe **9a**, **b** u. **c**, S. 75).

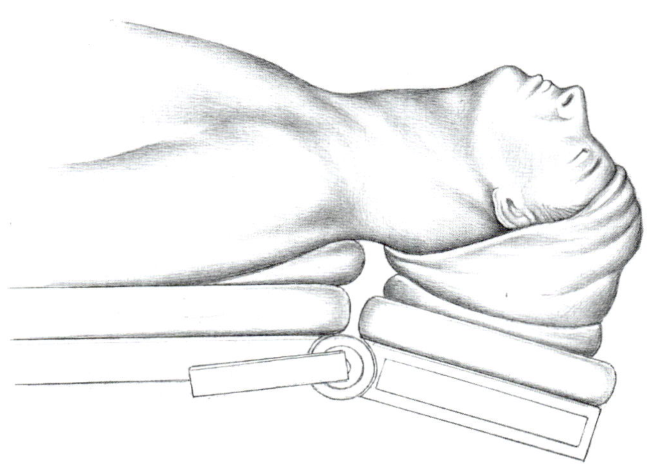

❷ Lagerung

Die Lagerung entspricht weitgehend derjenigen zu Schilddrüseneingriffen mit weiter Reklination des Kopfes und Positionierung eines flachen Kissens unter die Schultern.

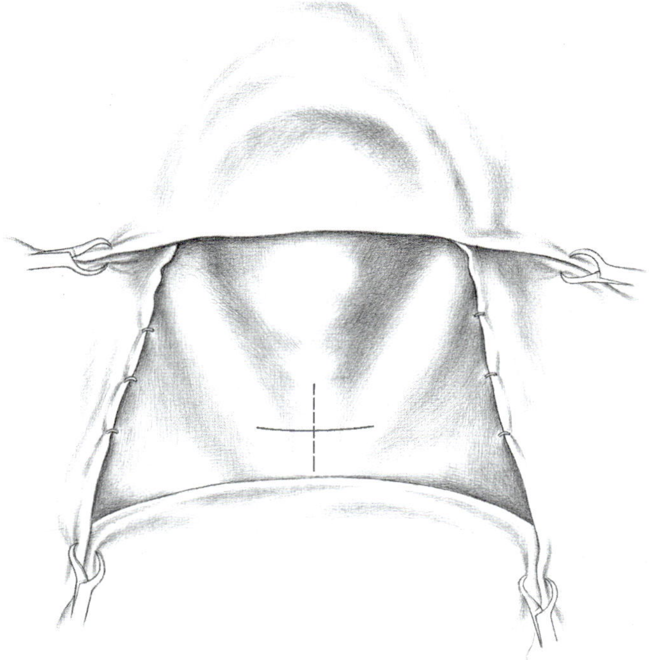

❸ Zugang

Der Zugang erfolgt über einen 3 – 4 cm langen waagerechten Hautschnitt über dem 1. Ringknorpel. Die senkrechte Inzision sollte dem Notfalleingriff vorbehalten sein.

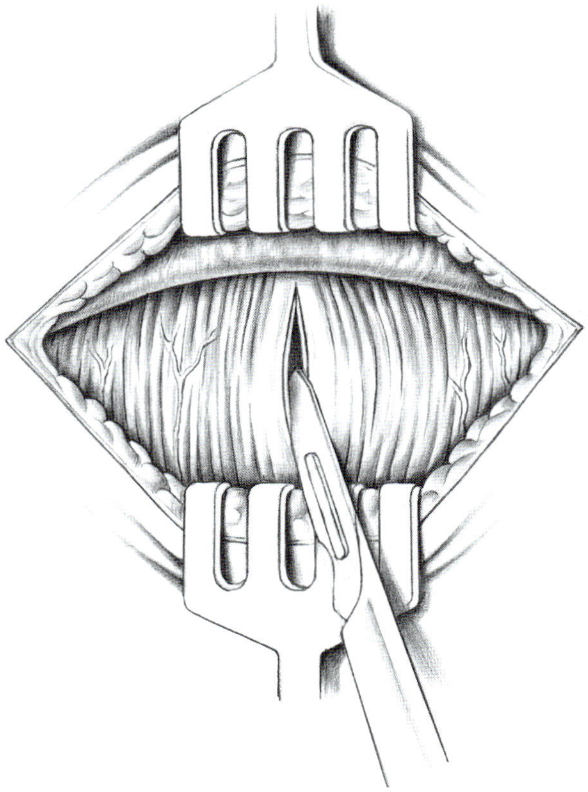

❹ Spaltung der kurzen Halsmuskeln

Nach Eröffnung der Subkutis wird der obere Haut-Platysma-Lappen nach kranial von der Muskulatur abgeschoben. In der Mittellinie wird zwischen den beiden Mm. sternothyreoidei in Richtung auf die Trachea eingegangen.

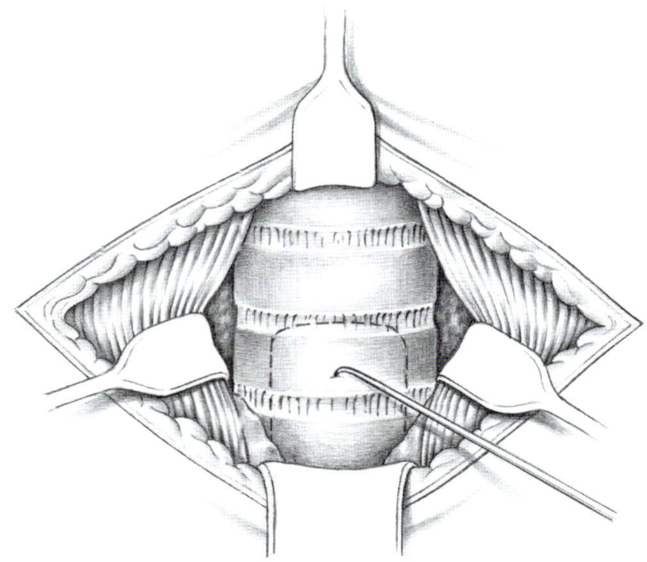

❺ Exposition und Inzision der Trachea

Die gespaltene Muskulatur und die Fascia colli media werden mit Langenbeck-Haken auseinander gehalten, nach kaudal stellt sich der Isthmus der Schilddrüse dar. Die obere Tracheotomie ist supraisthmisch. Nur bei sehr ausgeprägtem Lobus pyramidalis und breitem Schilddrüsenisthmus muss dieser durchtrennt oder die Tracheotomie unterhalb angelegt werden. Es ist wichtig, sich am Schildknorpel anatomisch zu orientieren, um die Tracheotomie nicht zu tief anzulegen. Im Bereich der Trachealvorderfläche wird eine umgekehrt U-förmige, über 2 Ringknorpel laufende Inzision angelegt. Hierzu haben sich Stichskalpell und Pott-Schere bewährt.

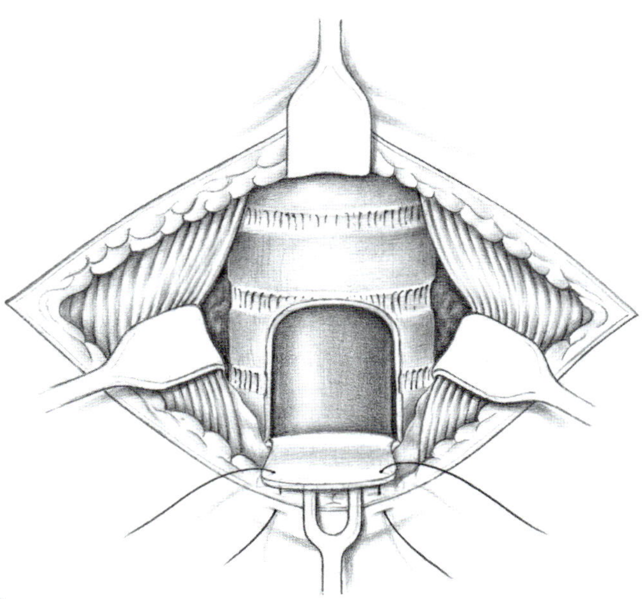

a

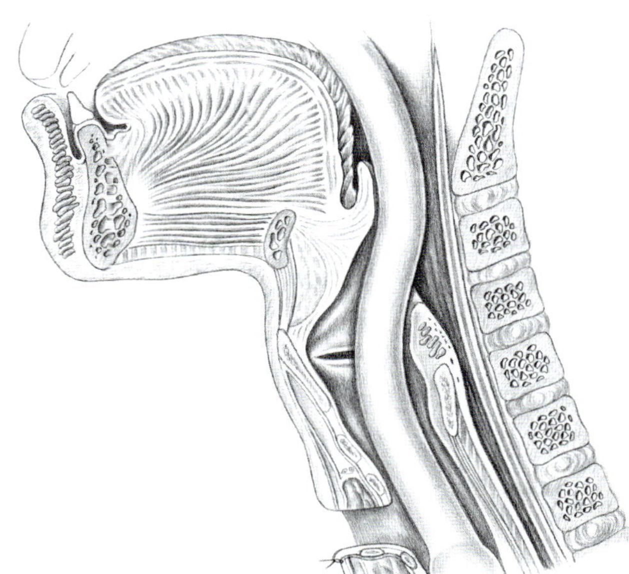

b

❻ Fixation des Trachealfensters

Der resultierende Trachealwandlappen wird mit zwei Einzelknopfnähten (Polypropylen 2 × 0) an der Haut fixiert (**a**). Er dient als Schiene für die spätere Intubation (**b**) und erleichtert eventuell eine spätere plastische Rekonstruktion der Trachea.

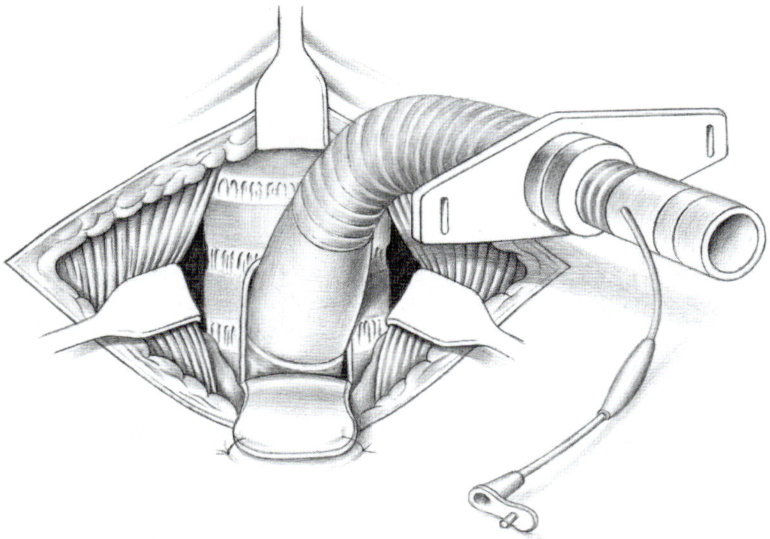

❼ Einführen der Trachealkanüle

Nach Funktionstestung des Cuffs der Trachealkanüle und Benetzung derselben mit einem Gleitgel wird diese, unter dosiertem Zurückziehen des orotrachealen Tubus durch den Anästhesisten, in situ platziert. Das Kaliber der Trachealkanüle muss so gewählt sein, dass nach Blocken des Cuffs keine Luft durch die Tracheotomie entweicht.

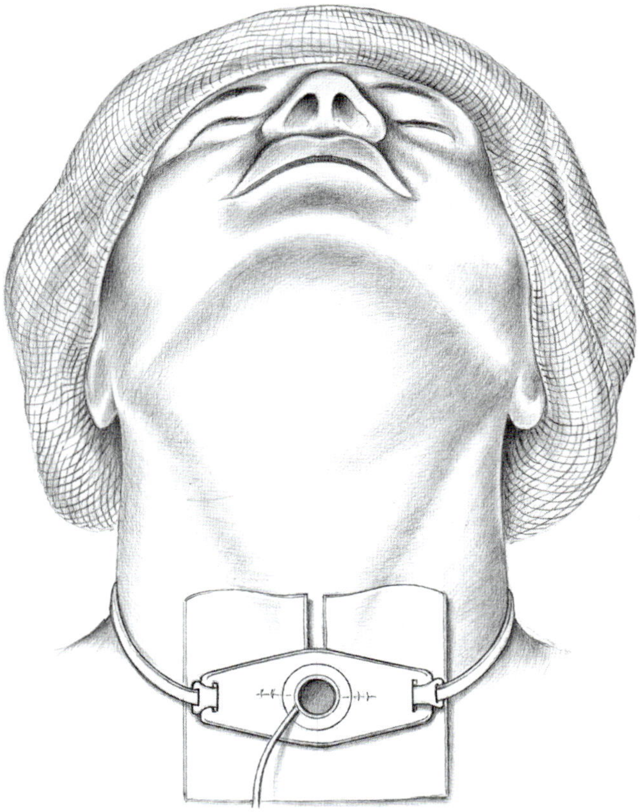

❽ Hautnaht

Nach Entfernung der Haken legen sich Muskel und prätracheale Faszie wieder vor die Luftröhre, so dass sich eine Naht erübrigt. Die Hautränder werden mit Einzelknopfnähten adaptiert und die Wunde mit einer geschlitzten Mullkompresse oder einer Metallfolie abgedeckt. Die Kanüle wird mit einem um den Hals gelegten Bändchen gesichert.

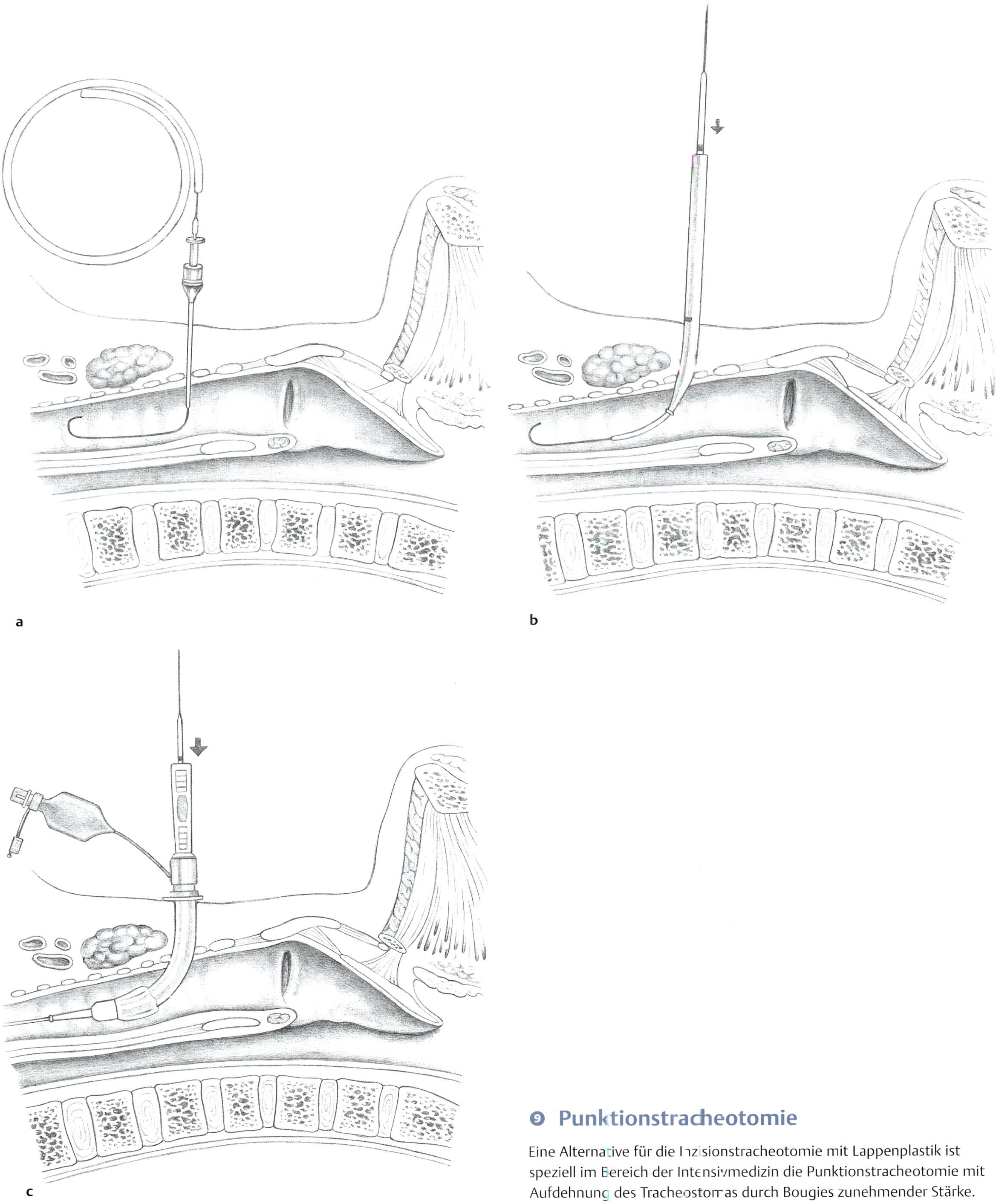

❾ Punktionstracheotomie

Eine Alternative für die Inzisionstracheotomie mit Lappenplastik ist speziell im Bereich der Intensivmedizin die Punktionstracheotomie mit Aufdehnung des Tracheostomas durch Bougies zunehmender Stärke.

17. Freilegung der Vena jugularis

1 Indikation

Relativ: Schaffung eines venösen Langzeitzugangs (Chemotherapie, parenterale Ernährung, Anlage eines venösen Ports).
Alternativverfahren: Alternativer Zugangsweg: V. cephalica in der Mohrenheim-Grube; V. subclavia (Punktionstechnik).

2 Operationsvorbereitung

Präoperative Diagnostik: Gegebenenfalls Sonographie.

3 Spezielle Risiken, Aufklärung

- Blutung.
- Pneumothorax.
- Leckbildung.
- Katheterdislokation.
- Katheterinfekt mit Notwendigkeit der Entfernung.
- Venenthrombose.

4 Anästhesie

Lokale, Maske, Intubationsnarkose (insbesondere bei Kindern).

5 Lagerung

Rücken, Kopf rekliniert und zur Gegenseite gewendet, Röntgentisch!

6 Zugang

Abhängig von gewählter Lokalisation.

7 Operationsschritte

1. Zugang.
2. Katheterplatzierung in Vene.
3. Subkutane Tunnelung.
4. Röntgendokumentation.
5. Freilegung der V. cephalica.

8 Relevante Anatomie, Gefahren, Tricks

- Aufsuchen der V. cephalica in der Mohrenheim-Grube: zieht von der lateralen Bizepsfurche kommend in das Trigonum deltoideopectorale und mündet in der Tiefe in die V. axillaris.
- Lagekontrolle (und wenn möglich sofortige Dokumentation) auf dem Operationstisch mit Kontrastmittel unter Durchleuchtung.

9 Maßnahmen bei speziellen Komplikationen

Ein Infekt bedingt stets die Entfernung des gesamten Kathetersystems mit Neuanlage, zumeist auf der Gegenseite, nach Abklingen des Infekts.

10 Nachsorge

Medizinische Nachbehandlung: Röntgen-Thorax, wenn nicht bereits intraoperativ. Kathetersystem muss nach jeder Nutzung mit heparinisierter Kochsalzlösung aufgefüllt werden; nach Nutzungspausen ggf. erst Röntgendarstellung mit Kontrastmittel.
Mobilisation: Sofort.
Arbeitsunfähigkeit: Abhängig von Gesamtsituation.

7 Operationstechnik

1. Zugang.
2. Katheterplatzierung in Vene.
3. Subkutane Tunnelung.
4. Röntgendokumentation.
5. Freilegung der V. cephalica.

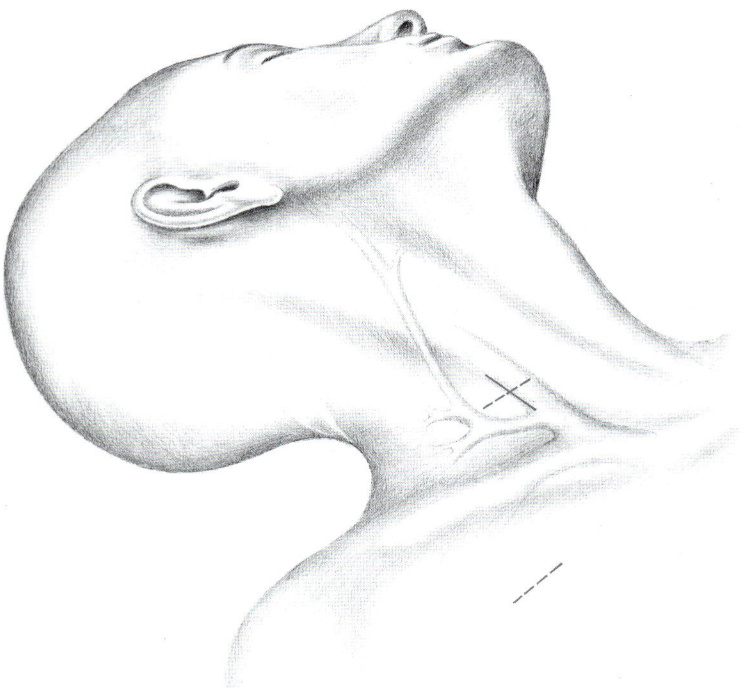

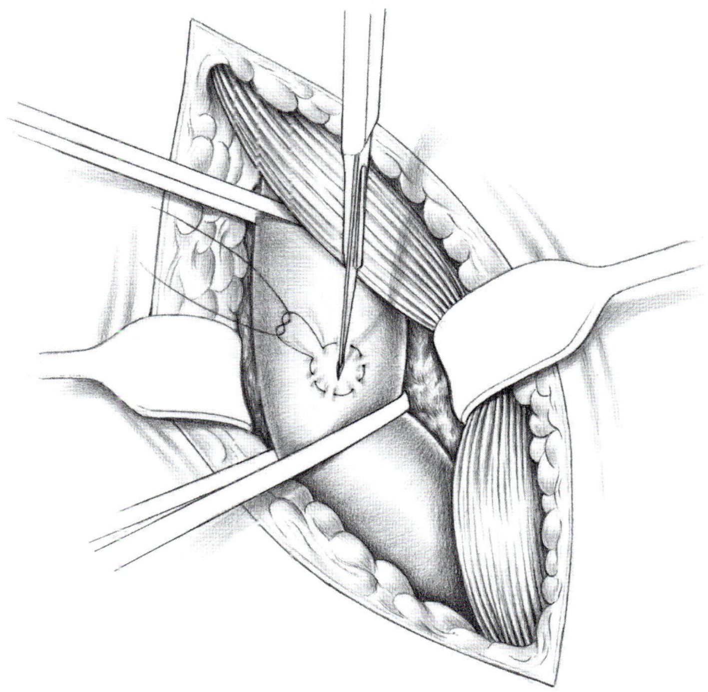

1 Zugang

Die offene Kanülierung der V. jugularis interna dient der sicheren Applikation von venösen Kathetersystemen, die zur Langzeitbehandlung appliziert werden. Diese Systeme können transkutan (z. B. Hickman-Katheter) oder subkutan (venöser Portkatheter) sein. Häufig lässt sich ein entsprechendes System auch ohne Freilegung der V. jugularis über eine Punktion mit anschließender Katheterplatzierung in Seldinger-Technik einbringen, was zunehmend Standard ist. Dennoch muss die offene Freilegung auch beherrscht werden, da sie das sichere Rückzugsverfahren darstellt, falls die Punktionskanülierung nicht gelingt oder durch Blutungen Komplikationen auslöst.

2 Katheterplatzierung in Vene

Der M. sternocleidomastoideus wird nach medial verzogen. Dorsal stellt sich die V. jugularis interna dar. Sie wird vorsichtig über ca. 2 cm mobilisiert, umfahren und mit 2 Gummizügeln angeschlungen. Zwischen den beiden Gummizügeln wird eine monofile Tabaksbeutelnaht (Stärke 5 x 0) durch die Venenvorderwand gelegt und nach Okklusion des proximalen Zügels die Vene mit dem Stichskalpell eröffnet. Vor Eröffnung der Vene muss Klarheit über das gewählte Kathetersystem bestehen. Ist ein Katheter mit einem fest verbundenen externen Konnektierungsansatz vorgesehen, muss zuerst die subkutane Tunnelierung erfolgen, so dass der Katheter subkutan die V. jugularis erreicht. Andere Katheter können primär in die V. jugularis eingelegt und dann subkutan geführt werden. Nach Eröffnung der V. jugularis wird der Katheter in die Vorhofebene vorgeschoben. Es empfiehlt sich die vorherige grobe Abmessung auf der Thoraxvorderfläche und die intraoperative Röntgenkontrolle, ggf. unter Injektion von Kontrastmittel. Bei regelrechter Lage des Katheters kann er z. B. am M. sternocleidomastoideus sowie am Hautdurchtritt fixiert werden.

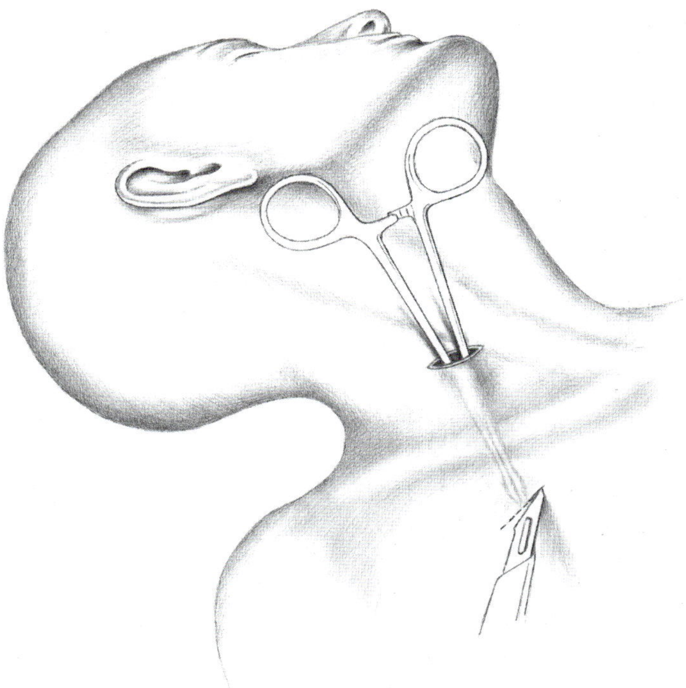

❸ Subkutane Tunnelung

Der Katheter wird über einen subkutanen Tunnel in die suprapektorale Region verbracht. In diesem Bereich kann der Katheter transkutan austreten oder ein Portsystem konnektiert werden. Hierzu sind eine subkutane Tasche anzulegen und der Port mit einigen Nähten auf der Faszie zu fixieren. Der Katheteraustritt, respektive der Port, kann bei weiblichen Patienten auch lateral der Mamma positioniert werden.

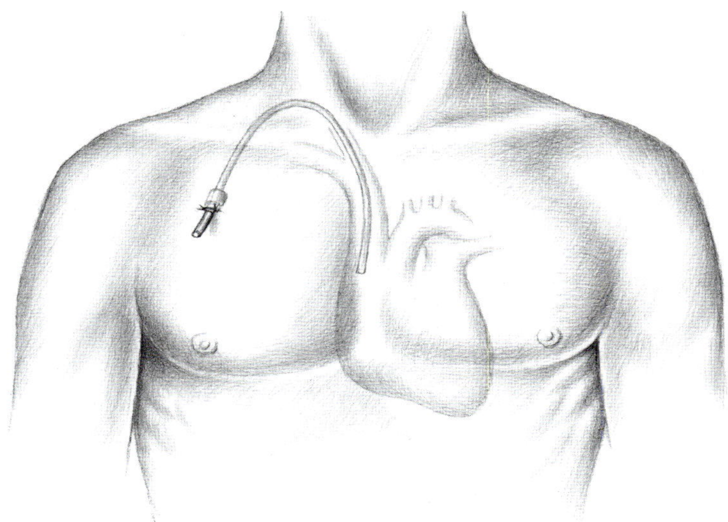

❹ Röntgendokumentation

Durch eine abschließende Röntgenkontrolle ist die regelrechte Katheterlage im Bereich der Vorhofeingangsebene zu dokumentieren. Ein transkutanes Kathetersystem kann sofort, ein subkutanes Portsystem sollte erst nach 2–3 Tagen benutzt werden.

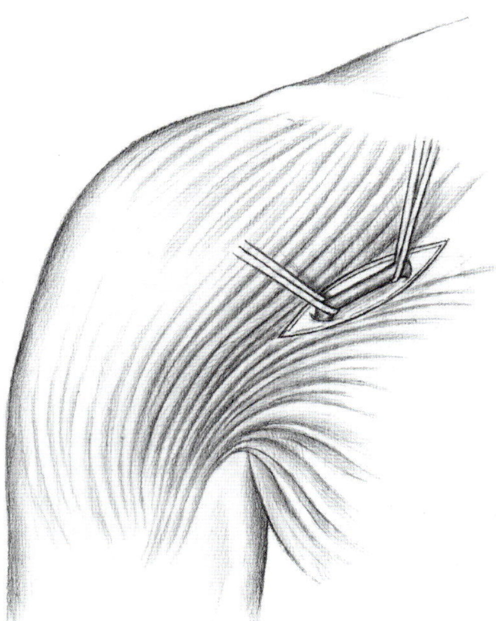

❺ Freilegung der V. cephalica

Auch die V. cephalica im Bereich der Mohrenheim-Grube eignet sich gut zur Katheterplatzierung. Der Eingriff ist problemlos in Lokalanästhesie durchführbar. Gelegentlich ist die Vene allerdings sehr kleinkalibrig, so dass Katheter von wünschenswertem Durchmesser hier keinen Platz finden.

18. Subtotale Thyreoidektomie

1 Indikation

Elektiv: Knotenstruma mit umschriebenen und diffusen Schilddrüsenveränderungen, insbesondere bei Malignitätsverdacht oder medikamentös nicht beherrschbarer Überfunktion.
Kontra: Gesicherte (z. B. im Schnellschnitt) Malignität.
Alternativverfahren: Enukleationsresektion, (Hemi-)Thyreoidektomie, Radiojodtherapie.

2 Operationsvorbereitung

Präoperative Diagnostik: Schilddrüsen-Funktionsparameter und -Antikörper, Szintigraphie, Sonographie (ggf. Punktionszytologie), selten Computertomographie. Ausschluss einer multiplen endokrinen Neoplasie.
Patientenvorbereitung: Euthyreote Funktionslage erforderlich: bei Hyperthyreose Gabe von Thyreostatika, β-Blocker, Jod („Plummerung“).

3 Spezielle Risiken, Aufklärung

- Rezidivstruma (5%, speziell bei Hyperthyreose).
- Gefäßverletzung.
- Nervenverletzung, speziell N. laryngeus recurrens (0,5% bei Primäreingriff) mit Heiserkeit, Tracheostoma bei beidseitiger Läsion (0,1%).
- Kalziummangel infolge Hypoparathyreoidismus (< 2%).
- Eingriffserweiterung/Nachbehandlung bei Malignität.
- Gegebenenfalls Sternotomie.

4 Anästhesie

Intubationsnarkose.

5 Lagerung

Rücken, reklinierter Kopf, Kissen zwischen den Schulterblättern, Oberkörper leicht aufgerichtet.

6 Zugang

Kocher-Kragenschnitt, seitlich bis gerade auf den M. sternocleidomastoideus reichend, ggf. (partielle) Sternotomie bei intrathorakaler Struma.

7 Operationsschritte

1. Lagerung.
2. Abdeckung.
3. Hautschnitt und Durchtrennung des Platysmas.
4. Durchtrennung oberflächlicher Halsvenen.
5. Mobilisation der Wundränder.
6. Spaltung der kurzen Halsmuskeln.
7. Darstellung der oberen Polgefäße.
8. Durchtrennung der oberen Polgefäße.
9. Ligatur der oberen Polgefäße.
10. Ligatur A. thyreoidea inferior.
11. Durchtrennung der unteren Polgefäße.
12. Isthmusdurchtrennung.
13. Ablösung von der Trachealvorderfläche.
14. Inzision der Schilddrüsenkapsel.
15. Kapselnaht.
16. Wundverschluss.

8 Relevante Anatomie, Gefahren, Tricks

- A. thyreoidea superior aus A. carotis externa zum oberen Pol; A. thyreoidea inferior aus Truncus thyrocervicalis zieht mehr von lateral als kaudal zur Schilddrüse, enge Beziehung zu N. laryngeus recurrens und unterer Nebenschilddrüse.
- N. laryngeus recurrens verläuft in der Rinne zwischen Trachea und Ösophagus. Zartes und subtiles Darstellen des Nervs ist der beste Schutz vor Verletzungen.
- Bei potenzieller Malignität primär als Hemithyreoidektomie auf der betroffenen Seite anlegen, um eine notwendige Revision zu vermeiden.

9 Maßnahmen bei speziellen Komplikationen

- Selbst bei retrosternalen und sog. intrathorakalen Strumen ist eine Sternotomie nur selten notwendig.
- Bei dem intraoperativen Überraschungsbefund eines diffus in die Umgebung eingebrochenen anaplastischen Karzinoms sollte keine formale Resektion erzwungen werden. Wichtig sind lediglich die eventuelle Isthmusresektion zur Dekompression der Trachea und natürlich die histologische Sicherung.

10 Nachsorge

Medizinische Nachbehandlung: Redon ex 2. Tag. Hormontherapie in Abhängigkeit von der Grunderkrankung, erst nach Vorliegen der gutartigen Histologie beginnend.
Kostaufbau: Sofort.
Mobilisation: Sofort.
Krankengymnastik: Bei Rekurrensparese logopädische Behandlung.
Arbeitsunfähigkeit: 1 – 2 Wochen.

7 Operationstechnik

1. Lagerung.
2. Abdeckung.
3. Hautschnitt und Durchtrennung des Platysmas.
4. Durchtrennung oberflächlicher Halsvenen.
5. Mobilisation der Wundränder.
6. Spaltung der kurzen Halsmuskeln.
7. Darstellung der oberen Polgefäße.
8. Durchtrennung der oberen Polgefäße.
9. Ligatur der oberen Polgefäße.
10. Ligatur A. thyreoidea inferior.
11. Durchtrennung der unteren Polgefäße.
12. Isthmusdurchtrennung.
13. Ablösung von der Trachealvorderfläche.
14. Inzision der Schilddrüsenkapsel.
15. Kapselnaht.
16. Wundverschluss.

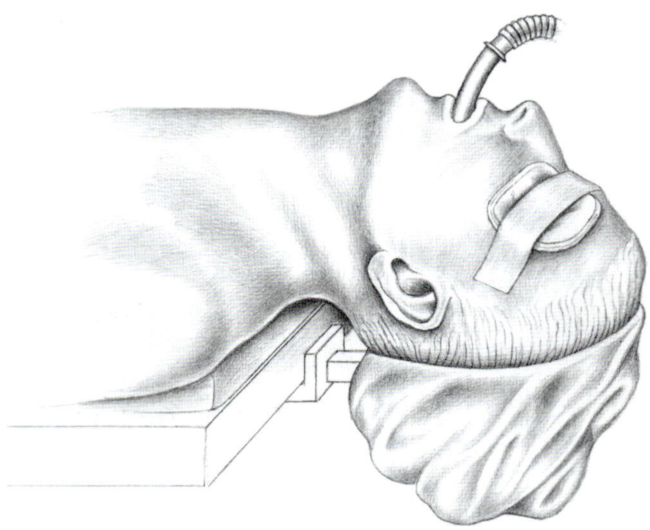

1 Lagerung

Die Lagerung erfolgt in maximaler Reklination des Kopfes in einer Kopfschale. Unter die Schulterblätter wird ein Kissen platziert. Der Kopf wird mit einer Tubusverlängerung vollständig abgedeckt, ggf. schützen Mullkompressen die Augen vor akzidentellen Druckschäden.

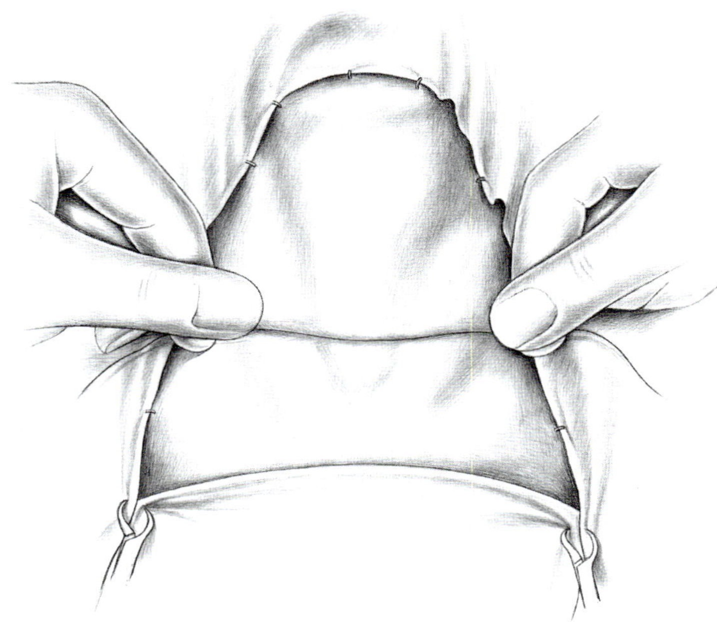

2 Abdeckung

Das Operationsfeld wird so abgedeckt, dass nach kranial der Unterkiefer, nach kaudal das Jugulum und beiderseits lateral die Sternocleidomastoideus-Muskulatur freiliegen. Zur Markierung des Hautschnitts empfiehlt es sich, einen Faden der Stärke 2×0 zu nehmen, der 2–3 cm oberhalb des Jugulums symmetrisch gegen den Hals gepresst wird. Die resultierende Schnürfurche lässt sich gut als Schnittlinie verwenden. Aus kosmetischen Gründen ist die Symmetrie der Narbe unbedingt anzustreben. Eine Orientierung bieten die Hautfalten.

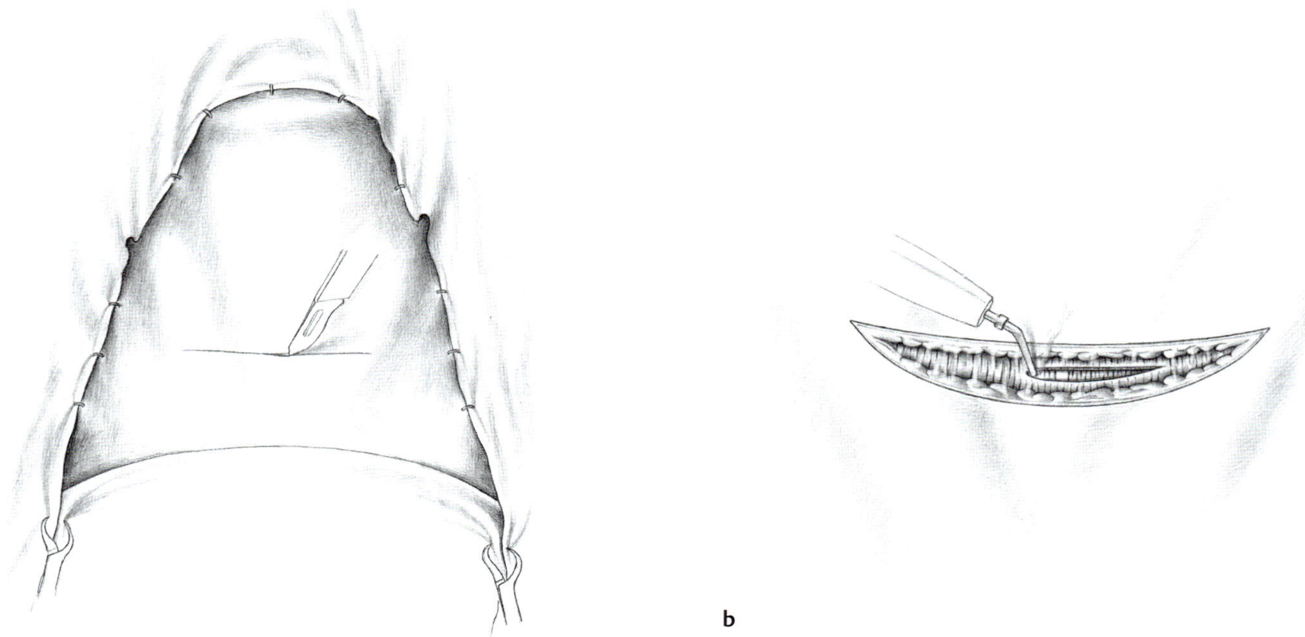

a

b

❸ Hautschnitt und Durchtrennung des Platysmas

Der Hautschnitt erfolgt als Kocher-Kragenschnitt zwischen den Muskelbäuchen des M. sternocleidomastoideus beidseits. Nach Durchtrennung der Haut wird das Platysma mit der Diathermie durchschnitten. Kleine Gefäße werden separat koaguliert.

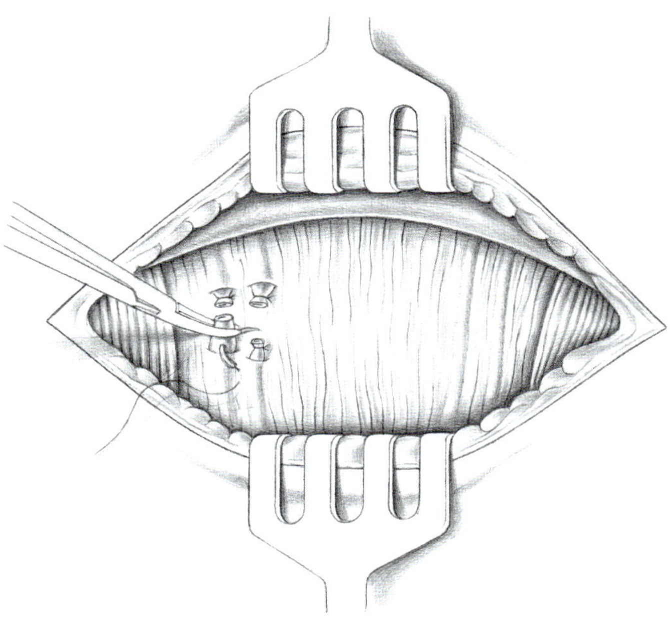

❹ Durchtrennung oberflächlicher Halsvenen

Beide Hautränder werden kranial und kaudal mobilisiert. Die oberflächlichen Halsvenen werden zwischen Klemmen durchtrennt und mit Umstechungsligaturen (3 × 0 PGS) verschlossen, da einfache Ligaturen intraoperativ häufig abrutschen.

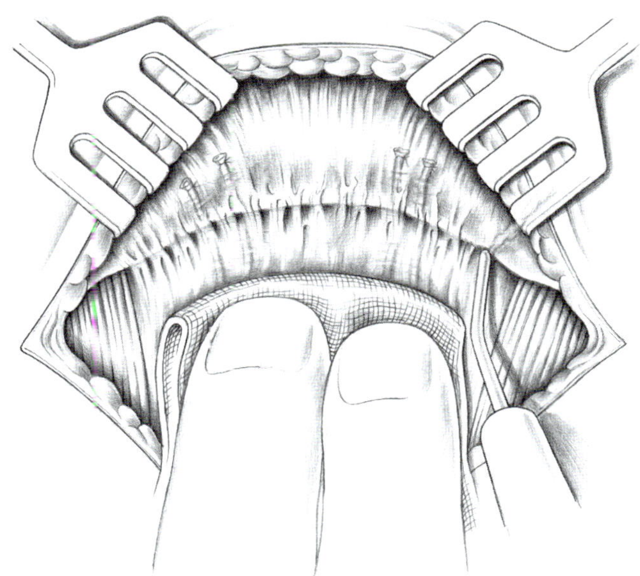

❺ Mobilisation der Wundränder

Die Mobilisation des kranialen und kaudalen Wundrandes wird dorsal der durchtrennten Venen unter ständiger Anspannung nach ventral mittels scharfer Haken so weit geführt, dass kranial gerade der Schildknorpel und kaudal das Jugulum freiliegen. Lateral sollte beidseits die mediale Kante des M. sternocleidomastoideus dargestellt sein. Diese Präparation erfolgt in einer praktisch gefäßfreien Schicht.

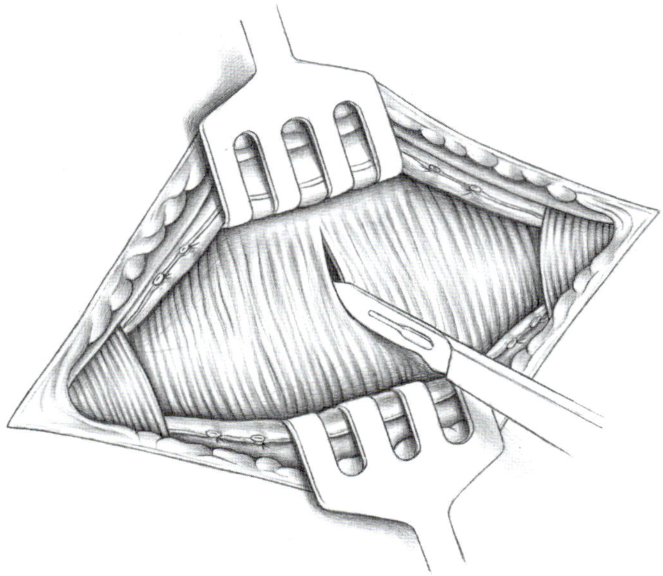

❻ Spaltung der kurzen Halsmuskeln

Nach Mobilisation der Wundränder wird die gerade Halsmuskulatur in der Mittellinie längs gespalten. Nach Präparation bis auf die Schilddrüsenkapsel wird die Längsmuskulatur mit gebogenen Kocher-Haken auseinandergedrängt, um die Schilddrüsenlappen darzustellen.

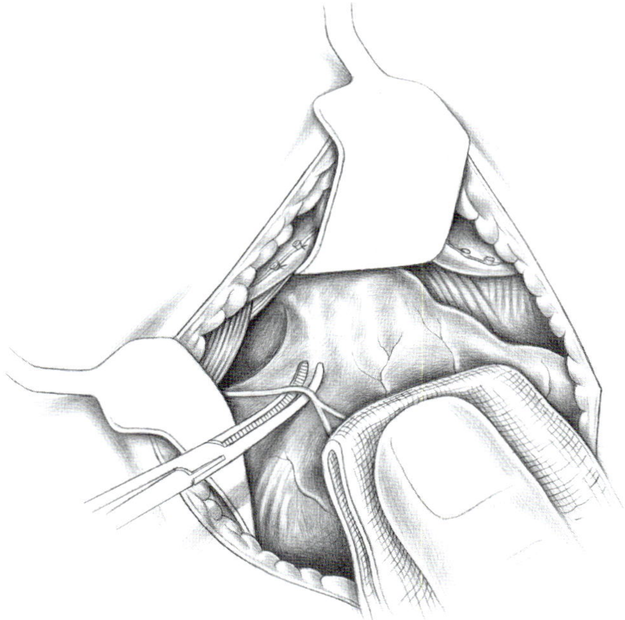

❼ Darstellung der oberen Polgefäße

Die Präparation des rechten Schilddrüsenlappens beginnt mit Durchtrennung der seitlichen Kapselvenen. Sie werden zwischen Overholt-Klemmen gefasst, durchtrennt und mit Ligaturen versorgt (3 × 0 PGS). Der rechte Schilddrüsenlappen wird mit einer feuchten Kompresse oder einer Kocher-Klemme gefasst und nach kaudal gezogen, so dass sich die oberen Polgefäße anspannen. Durch adäquaten Hakenzug lassen sich die oberen Polgefäße gut darstellen.

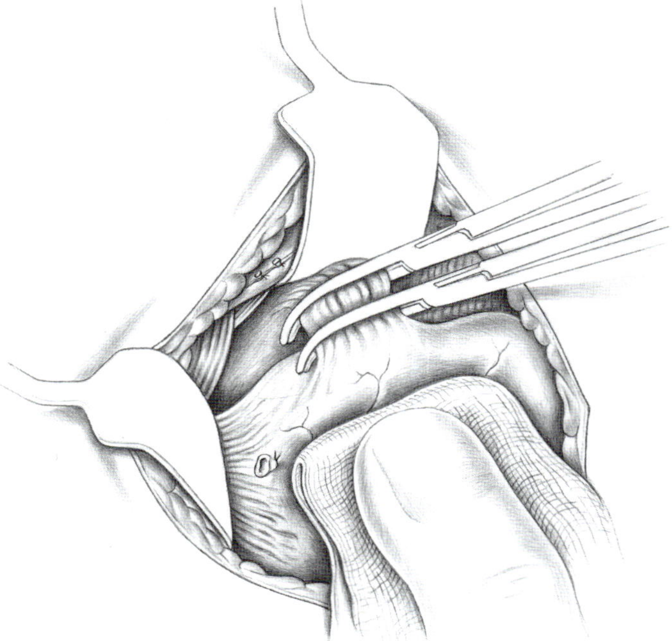

❽ Durchtrennung der oberen Polgefäße

Die Gefäße werden mit Klemmen unterfahren und unter Sicht durchtrennt. Bei dieser Aktion ist der N. laryngeus superior zu schonen, der kranial entlang des Kehlkopfes nahe der Schilddrüse liegt.

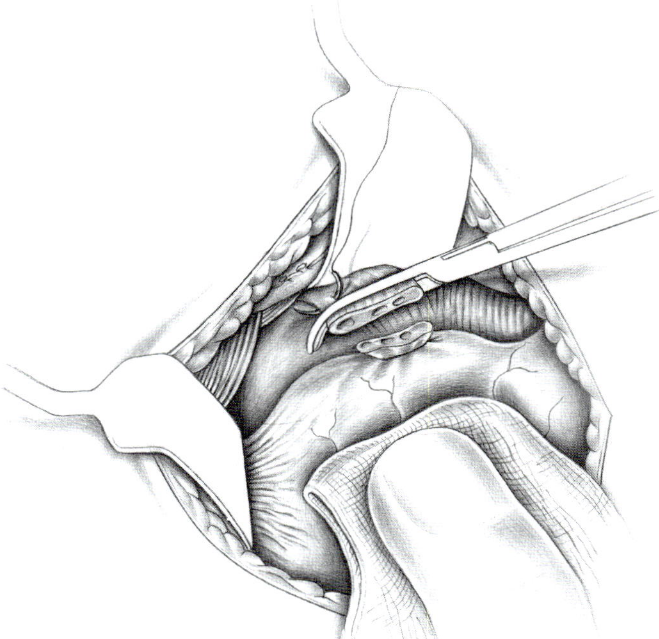

❾ Ligatur der oberen Polgefäße

Nach Durchtrennung der oberen Polgefäße werden sie mit Durchstechungsligaturen versorgt (2 × 0 PGS). Eine einfache Ligatur ist eher durch Abrutschen gefährdet. Bei entsprechender Anatomie kann es auch sinnvoll sein, die oberen Polgefäße in mehreren Schritten zu durchtrennen.

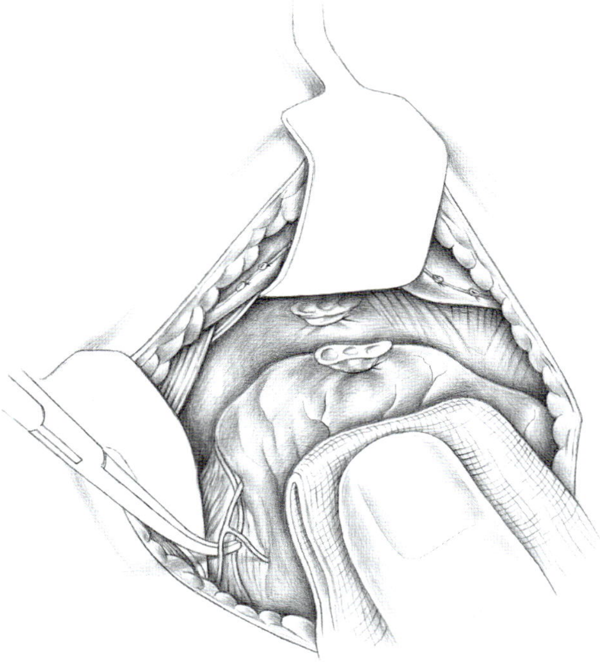

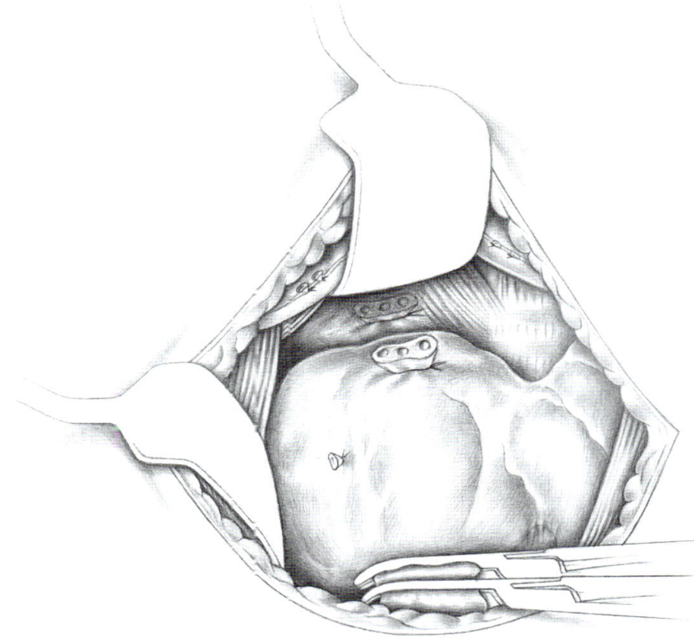

⑩ Ligatur A. thyreoidea inferior

Der nächste Schritt ist die Darstellung der A. thyreoidea inferior. Meist überkreuzt sie den N. laryngeus recurrens, der stets frei präpariert werden sollte. Auch ist das untere Nebenschilddrüsenkörperchen darzustellen und zu schonen. Die untere Arterie wird lediglich unterbunden, wobei sich aus Sicherheitsgründen eine Unterbindung am De-Quervain-Punkt, d. h. nahe der A. carotis lateral der Schilddrüse anbietet. Die Ligatur erfolgt mit 3 × 0 PGS.

⑪ Durchtrennung der unteren Polgefäße

Nach ausreichender lateraler Mobilisation mit eindeutiger Identifikation des N. recurrens können die unteren Polgefäße zwischen Overholt-Klemmen durchtrennt und mit Durchstechungsligaturen versorgt werden.

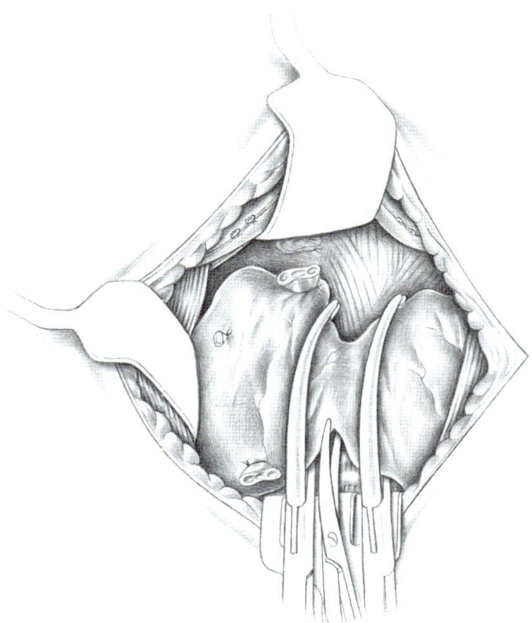

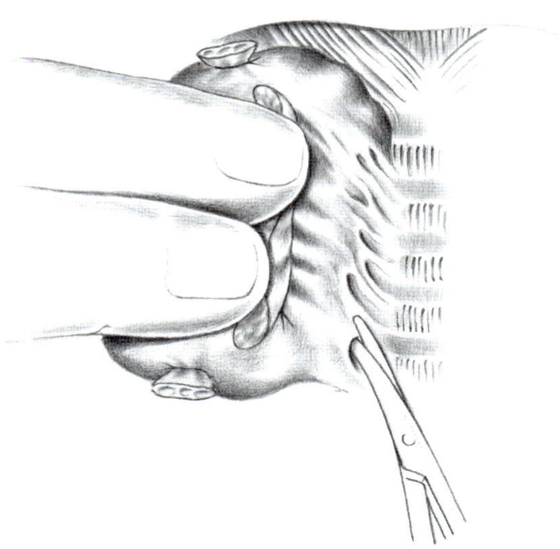

⑫ Isthmusdurchtrennung

Als letzter Schritt der Skelettierung wird der Isthmus durchtrennt. Hierzu ist der Isthmus vor der Trachea stumpf zu mobilisieren und mit Overholt-Klemmen zu unterfahren. Keinesfalls darf hierbei die Trachea verletzt werden. Die durchtrennten Isthmusanteile werden mit Durchstechungsligaturen versorgt.

⑬ Ablösung von der Trachealvorderfläche

Adhäsionen zur Trachea werden unter punktueller Koagulation gelöst, so dass der Schilddrüsenlappen subtotal mobilisiert ist. Bei der totalen Thyreoidektomie wird diese Präparation weiter vervollständigt, bis der N. recurrens und die Epithelkörperchen völlig freiliegen und die Schilddrüse komplett abgelöst ist.

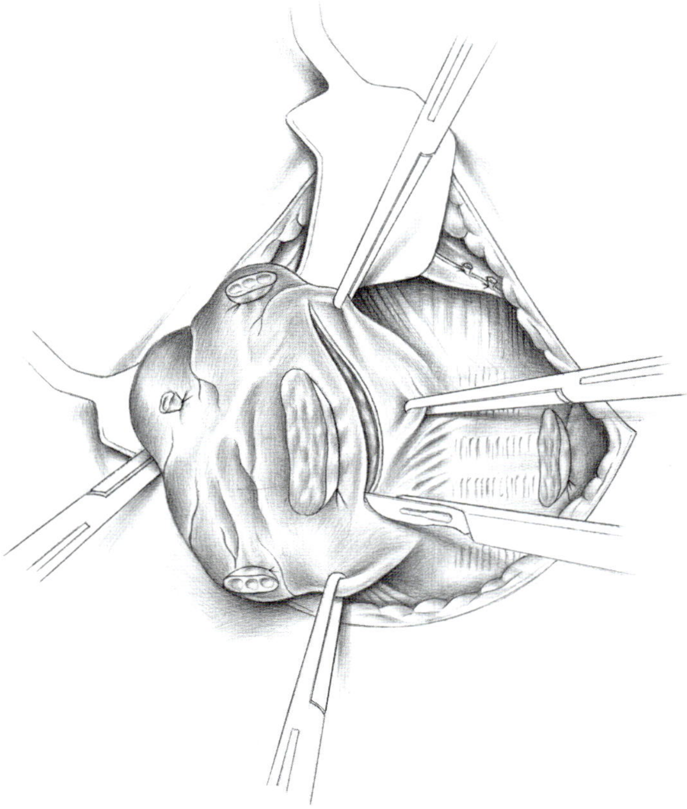

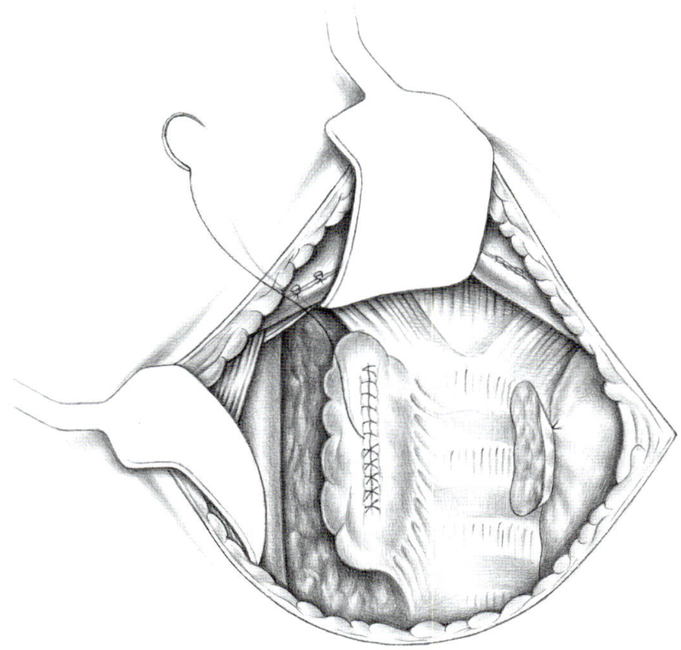

⑭ Inzision der Schilddrüsenkapsel

Nach allseitiger Mobilisation des Schilddrüsenlappens wird die Resektionslinie mit Kocher-Klemmen markiert, die Schilddrüsenkapsel mit dem Skalpell inzidiert und die Drüse unter partieller „Aushöhlung" des verbleibenden dorsalen Lappenrestes reseziert.

⑮ Kapselnaht

Der verbleibende Kapselrest wird mit zweireihiger fortlaufender Naht (3 × 0 PGS), die nach jedem Stich fest angezogen werden muss, bluttrocken verschlossen.

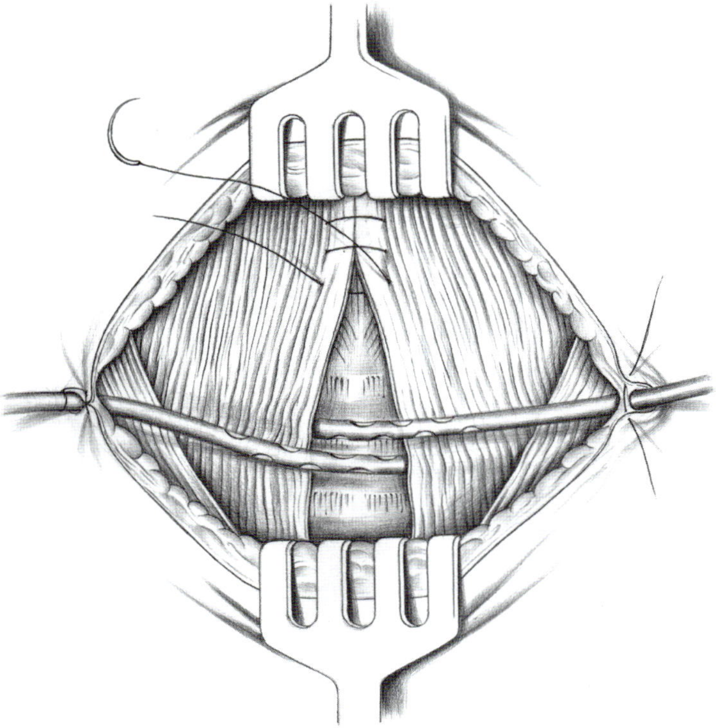

⑯ Wundverschluss

Zwei Redon-Drainagen drainieren das Wundgebiet. Sie werden im kontralateralen Wundwinkel ausgeleitet, um ein gutes kosmetisches Ergebnis zu erzielen. Die gerade Halsmuskulatur wird mit Einzelknopfnähten verschlossen. Subkutannähte und Hautklammern beenden den Eingriff.

19. Totale Thyreoidektomie

1 Indikation

Absolut: Bei differenzierten Malignomen: immer beim follikulären und medullären Karzinom; beim papillären, wenn Durchmesser > 1 cm oder multifokales Wachstum. Beim undifferenzierten Malignom, sofern kein organüberschreitendes Wachstum.
Alternativverfahren: Hemithyreoidektomie beim papillären Karzinom, wenn Durchmesser < 1 cm oder wenn < 2 cm, gekapselt und Patient unter 50 Jahren; Radiojodtherapie.

2 Operationsvorbereitung

Präoperative Diagnostik: Schilddrüsen-Funktionsparameter inklusive Tumormarker und Antikörper, Szintigraphie, Sonographie (ggf. Feinnadelbiopsie), Knochenszintigramm, Ausschluss einer multiplen endokrinen Neoplasie.
Patientenvorbereitung: Bei gleichzeitiger Hyperthyreose mittels Thyreostatika oder β-Blocker Euthyreose herbeiführen. Keine Anwendung jodhaltiger Röntgenkontrastmittel!

3 Spezielle Risiken, Aufklärung

- Rekurrensparese (bis 2% bei Primäreingriff).
- Tracheotomie/Heiserkeit.
- Gefäßverletzung.
- Lymphfistel.
- Kalziummangel infolge Hypoparathyreoidismus (0,5 – 15%).
- Postoperative Radiojod-/Chemotherapie.
- Gegebenenfalls Lymphadenektomie.

4 Anästhesie

Intubationsnarkose.

5 Lagerung

Rücken, Kopf rekliniert, ggf. Kissen zwischen die Schulterblätter, Oberkörper leicht aufgerichtet.

6 Zugang

Kocher-Kragenschnitt.

7 Operationsschritte

1. Lagerung.
2. Abdeckung.
3. Hautschnitt und Durchtrennung des Platysmas.
4. Durchtrennung oberflächlicher Halsvenen.
5. Mobilisation der Wundränder.
6. Spaltung der kurzen Halsmuskeln.
7. Darstellung der oberen Polgefäße.
8. Durchtrennung der oberen Polgefäße.
9. Ligatur der oberen Polgefäße.
10. Durchtrennung A. thyreoidea inferior.
11. Durchtrennung der unteren Polgefäße.
12. Isthmusdurchtrennung.
13. Ablösung von der Trachea.
14. Wundverschluss.

8 Relevante Anatomie, Gefahren, Tricks

- Lymphknotendissektion: stets paratracheale und parathyreoidale sowie vergrößerte, makroskopisch suspekte Lymphknoten entfernen; bei sicher positiven Lymphknoten: Entfernung des gesamten Lymphfettgewebes von der Schädelbasis bis zur oberen Thoraxapertur unter Erhalt der V. jugularis interna.
- Jedes Epithelkörperchen prinzipiell als das „letzte" behandeln; auf jeder Seite mindestens eines darstellen; bei geringstem Zweifel an Vitalität Autotransplantation in den M. sternocleidomastoideus.

9 Maßnahmen bei speziellen Komplikationen

Beim anaplastischen Karzinom mit breitem Einbruch in die Umgebung keine Thyreoidektomie erzwingen: Beschränkung auf Isthmusresektion zur Dekompression der Trachea.

10 Nachsorge

Medizinische Nachbehandlung: Redon ex 2. Tag. Nach Thyreoidektomie wegen differenziertem Karzinom grundsätzlich Radiojodtherapie mit anschließender Hormonsubstitution.
Mobilisation: Sofort.
Arbeitsunfähigkeit: 1 – 2 Wochen, länger bei Anschlussbehandlung.

7 Operationstechnik

1. Lagerung.
2. Abdeckung.
3. Hautschnitt und Durchtrennung des Platysmas.
4. Durchtrennung oberflächlicher Halsvenen.
5. Mobilisation der Wundränder.
6. Spaltung der kurzen Halsmuskeln.
7. Darstellung der oberen Polgefäße.
8. Durchtrennung der oberen Polgefäße.
9. Ligatur der oberen Polgefäße.
10. Durchtrennung A. thyreoidea inferior.
11. Durchtrennung der unteren Polgefäße.
12. Isthmusdurchtrennung.
13. Ablösung von der Trachea.
14. Wundverschluss.

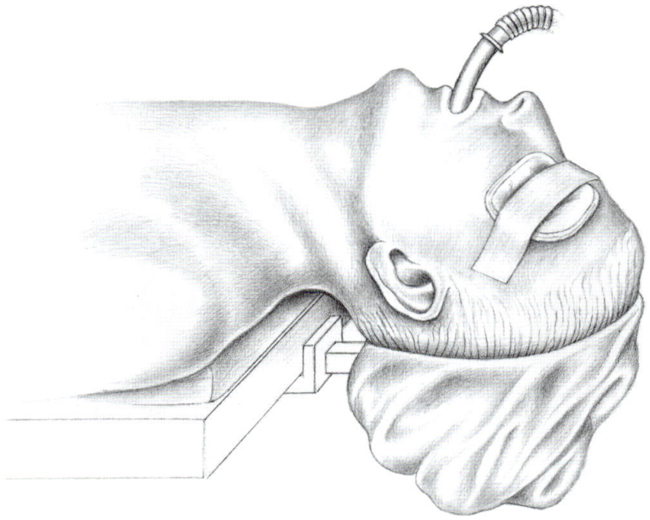

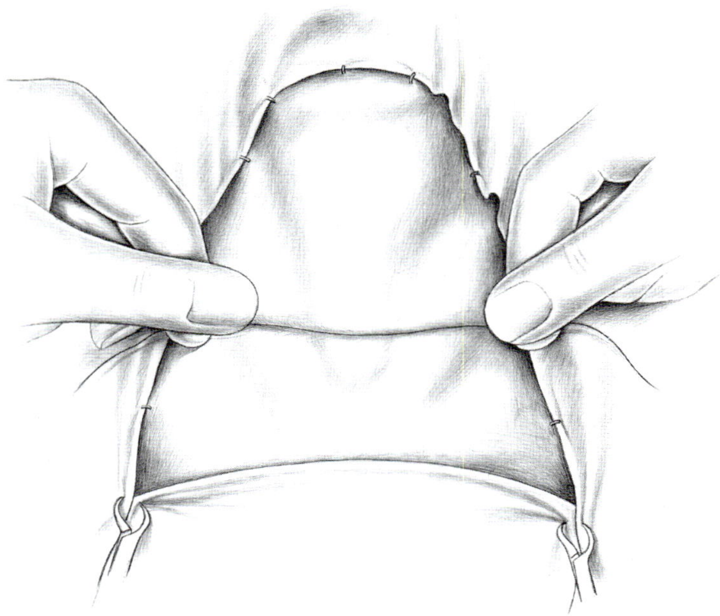

1 Lagerung

Die Lagerung erfolgt in maximaler Reklination des Kopfes in einer Kopfschale. Unter die Schulterblätter wird ein Kissen platziert. Der Kopf wird mit einer Tubusverlängerung vollständig abgedeckt, ggf. schützen Mullkompressen die Augen vor akzidentellen Druckschäden.

2 Abdeckung

Das Operationsfeld wird so abgedeckt, dass nach kranial der Unterkiefer, nach kaudal das Jugulum und beiderseits lateral die Sternocleidomastoideus-Muskulatur freiliegen. Zur Markierung des Hautschnitts empfiehlt es sich, einen 2×0-Faden zu nehmen, der 2 – 3 cm oberhalb des Jugulums symmetrisch gegen den Hals gepresst wird. Die resultierende Schnürfurche lässt sich gut als Schnittlinie verwenden. Aus kosmetischen Gründen ist die Symmetrie der Narbe unbedingt anzustreben. Eine Orientierung bieten die Hautfalten.

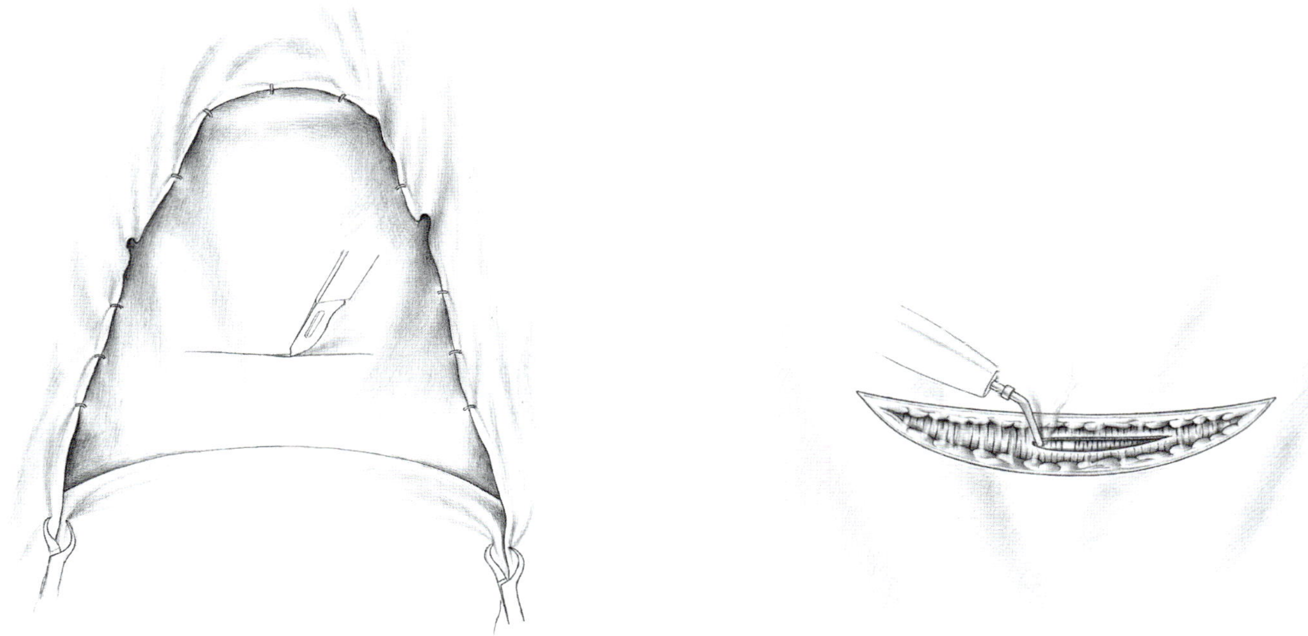

❸ Hautschnitt und Durchtrennung des Platysmas

Der Hautschnitt erfolgt als Kocher-Kragenschnitt zwischen den Muskelbäuchen des M. sternocleidomastoideus beidseits. Nach Durchtrennung der Haut wird das Platysma mit der Diathermie durchschnitten. Kleine Gefäße werden separat koaguliert.

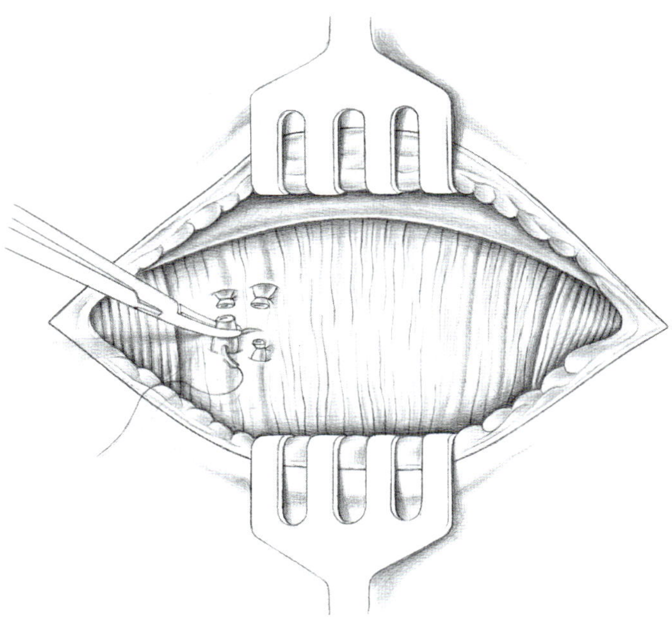

❹ Durchtrennung oberflächlicher Halsvenen

Beide Hautränder werden kranial und kaudal mobilisiert. Die oberflächlichen Halsvenen werden zwischen Klemmen durchtrennt und mit Umstechungsligaturen (3 × 0 PGS) verschlossen, da einfache Ligaturen intraoperativ häufig abrutschen.

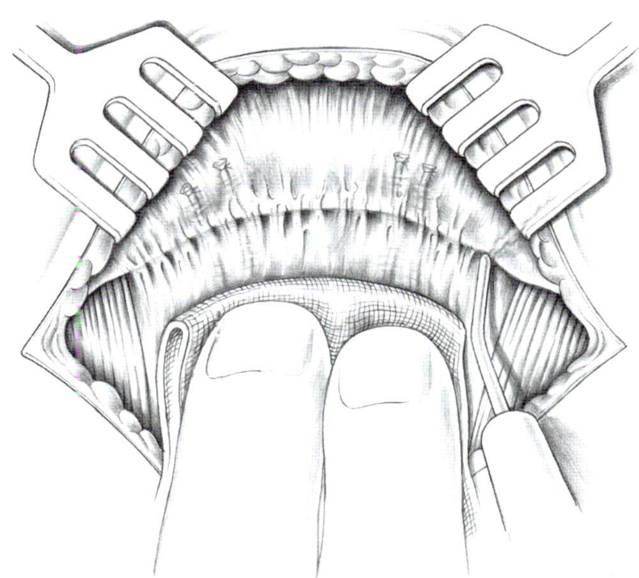

❺ Mobilisation der Wundränder

Die Mobilisation des kranialen und kaudalen Wundrandes wird dorsal der durchtrennten Venen unter ständiger Anspannung nach ventral mittels scharfer Haken so weit geführt, dass kranial gerade der Schildknorpel und kaudal das Jugulum freiliegen. Lateral sollte beidseits die mediale Kante des M. sternocleidomastoideus dargestellt sein. Diese Präparation erfolgt in einer praktisch gefäßfreien Schicht.

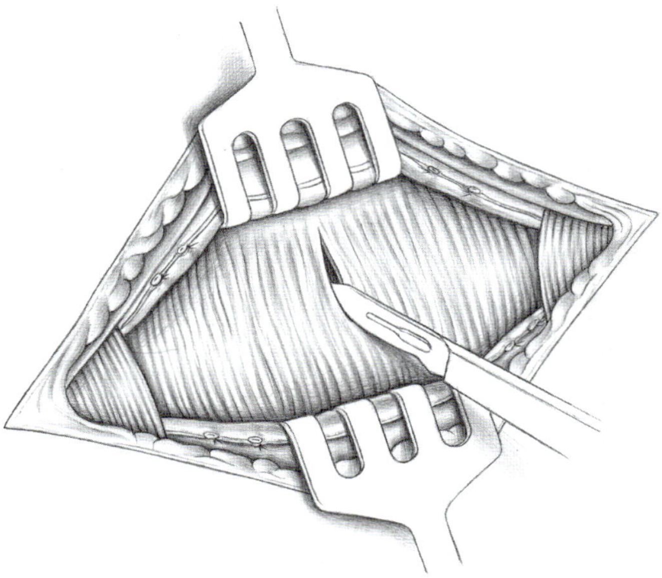

❻ Spaltung der kurzen Halsmuskeln

Nach Mobilisation der Wundränder wird die gerade Halsmuskulatur in der Mittellinie längs gespalten. Nach Präparation bis auf die Schilddrüsenkapsel wird die Längsmuskulatur mit gebogenen Kocher-Haken auseinandergedrängt, um die Schilddrüsenlappen darzustellen.

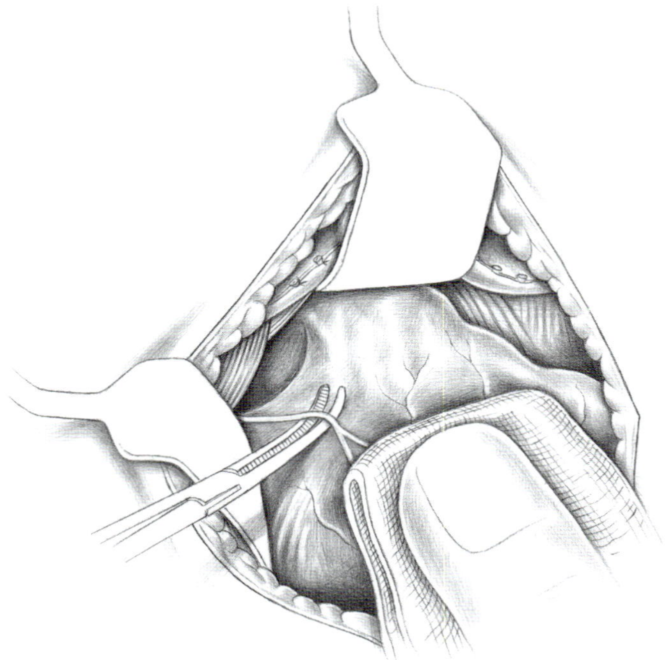

❼ Darstellung der oberen Polgefäße

Die Präparation des rechten Schilddrüsenlappens beginnt mit Durchtrennung der seitlichen Kapselvenen. Sie werden zwischen Overholt-Klemmen gefasst, durchtrennt und mit Ligaturen versorgt (3 × 0 PGS). Der rechte Schilddrüsenlappen wird mit einer feuchten Kompresse gefasst und nach kaudal gezogen, so dass sich die oberen Polgefäße anspannen. Durch adäquaten Hakenzug lassen sich die oberen Polgefäße gut darstellen.

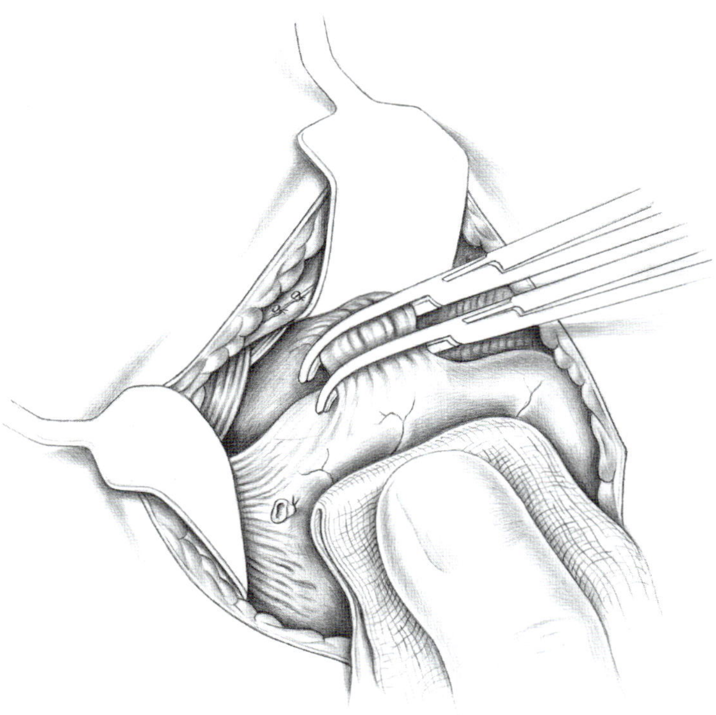

❽ Durchtrennung der oberen Polgefäße

Die Gefäße werden mit Klemmen unterfahren und unter Sicht durchtrennt. Bei dieser Aktion ist der N. laryngeus superior zu schonen, der häufig nahe der Schilddrüse liegt.

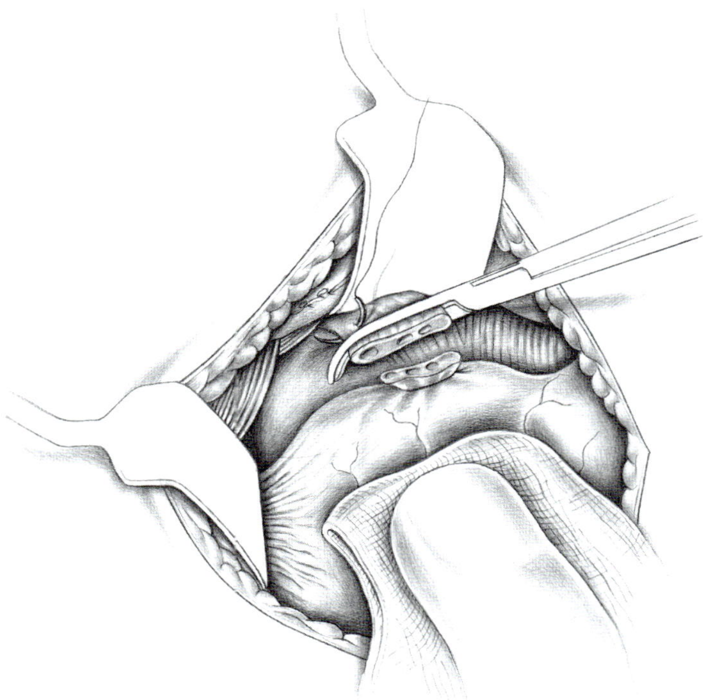

⑨ Ligatur der oberen Polgefäße

Nach Durchtrennung der oberen Polgefäße werden sie mit Durchstechungsligaturen versorgt (2 × 0 PGS). Eine einfache Ligatur ist eher durch Abrutschen gefährdet. Bei entsprechender Anatomie kann es auch sinnvoll sein, die oberen Polgefäße in mehreren Schritten zu durchtrennen.

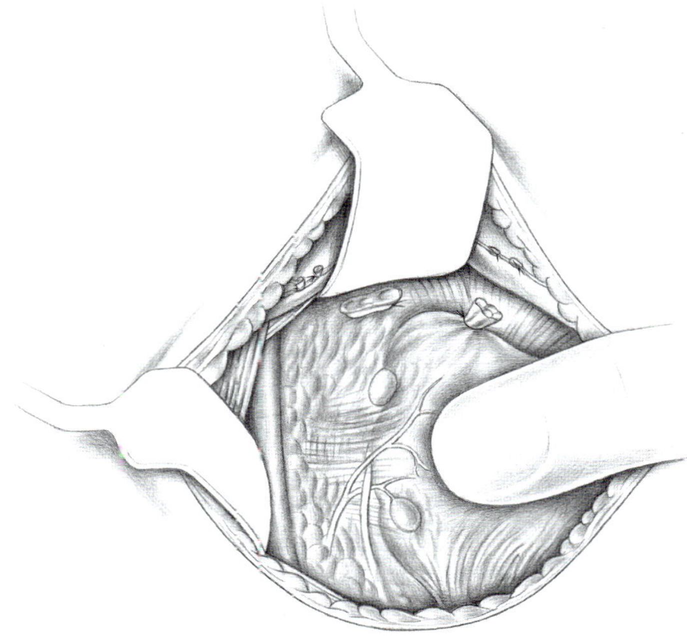

⑩ Durchtrennung A. thyreoidea inferior

Die laterale Mobilisation der Schilddrüse bei der totalen Thyreoidektomie erfordert neben der Darstellung und dem weitgehenden Erhalt der Nebenschilddrüsen vor allem die Durchtrennung der A. thyreoidea inferior. Gleichzeitig ist der mitunter in einer Arterienverzweigung verlaufende N. laryngeus recurrens sicher zu erhalten. Die Präparation führt so teils stumpf, teils scharf dorsal um den Schilddrüsenlappen herum bis zur Trachea.

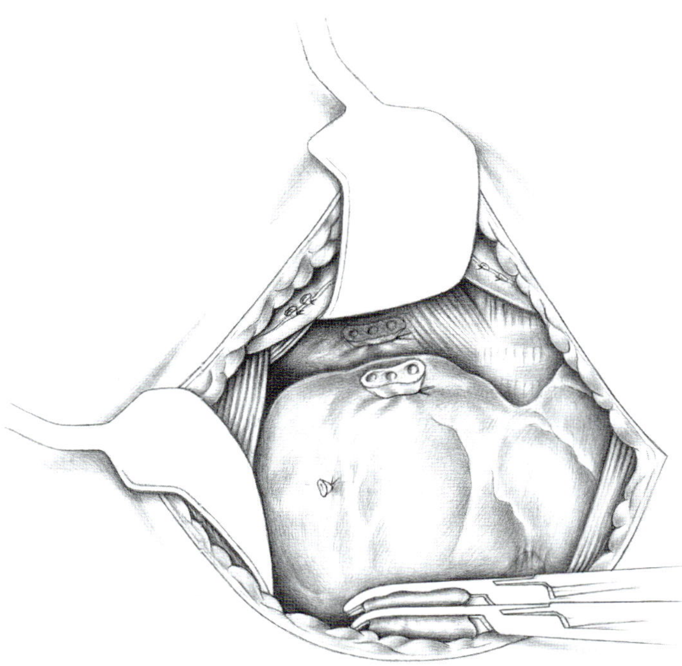

⑪ Durchtrennung der unteren Polgefäße

Nach ausreichender lateraler Mobilisation mit eindeutiger Identifikation des N. recurrens können die unteren Polgefäße zwischen Overholt-Klemmen durchtrennt und mit Durchstechungsligaturen versorgt werden.

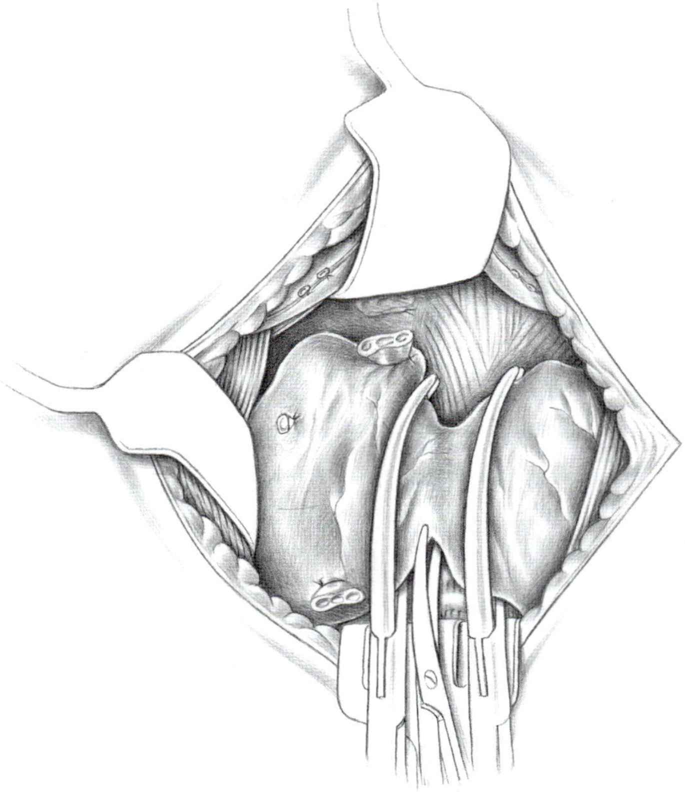

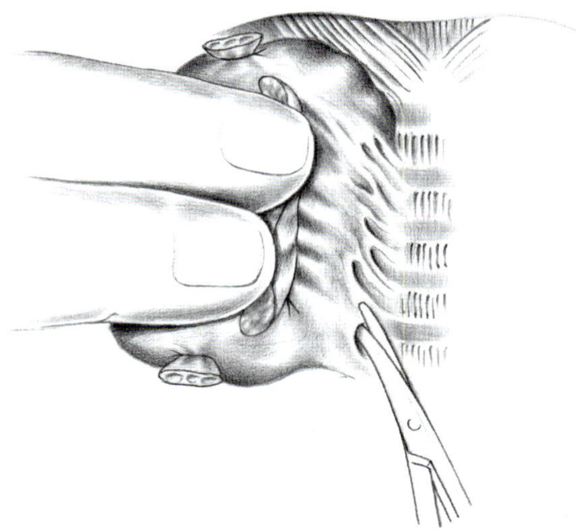

⑫ Isthmusdurchtrennung

Als letzter Schritt der Skelettierung wird der Isthmus durchtrennt. Hierzu ist der Isthmus vor der Trachea stumpf zu mobilisieren und mit Overholt-Klemmen zu unterfahren. Keinesfalls darf hierbei die Trachea verletzt werden. Die durchtrennten Isthmusanteile werden mit Durchstechungsligaturen versorgt.

⑬ Ablösung von der Trachea

Unter Koagulation kleinerer Gefäße kann man die Schilddrüse scharf von der Trachea als dem letzten verbliebenen Fixierungsbereich ablösen und entfernen. Es schließt sich eine erneute sorgfältige Blutstillung an.

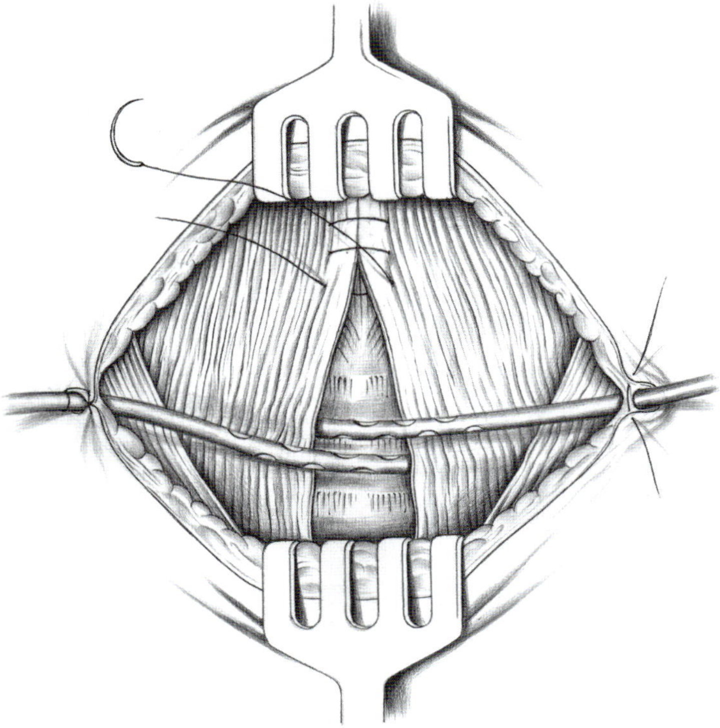

⑭ Wundverschluss

Zwei Redon-Drainagen drainieren das Wundgebiet. Sie werden im kontralateralen Wundwinkel ausgeleitet, um ein gutes kosmetisches Ergebnis zu erzielen. Die gerade Halsmuskulatur wird mit Einzelknopfnähten verschlossen. Subkutannähte, Hautklammern und ggf. ein elastischer Kompressionsverband beenden den Eingriff.

20. Parathyreoidektomie

1 Indikation

Absolut: Manifester Hyperparathyreoidismus.

2 Operationsvorbereitung

Präoperative Diagnostik: Hormonanalytik inklusive Schilddrüsen- und multipler endokriner Neoplasieabklärung. Lokalisationsdiagnostik: Sonographie, Computertomographie, MRT, Szintigraphie.
Patientenvorbereitung: Bei sekundärem Hyperparathyreoidismus ggf. Abstimmung der Dialysetermine.

3 Spezielle Risiken, Aufklärung

- Nichtauffindbarkeit und Revisionseingriff (< 10%).
- Persistierender Hyperparathyreoidismus (3 – 8%).
- Postoperativer Hypoparathyreoidismus (1 – 3%).
- Rekurrensparese (bis 2%).
- Autotransplantation in M. sternocleidomastoideus oder Unterarmmuskulatur.
- Simultaner Schilddrüseneingriff.
- Pneumothorax.
- Gegebenenfalls Sternotomie.
- Postoperative Medikation.

4 Anästhesie

Intubationsnarkose.

5 Lagerung

Rücken, reklinierter Kopf, Kissen zwischen den Schulterblättern, Oberkörper leicht aufgerichtet.

6 Zugang

Kocher-Kragenschnitt.

7 Operationsschritte

1. Zugang.
2. Durchtrennung oberflächlicher Halsvenen.
3. Spaltung der kurzen Halsmuskulatur.
4. Durchtrennung lateraler Kapselvenen.
5. Prinzip des Eingriffs.
6. Exposition der Nebenschilddrüsen.

8 Relevante Anatomie, Gefahren, Tricks

Grundsätzlich systematisches Aufsuchen aller Nebenschilddrüsen („der Finger und das Auge des Chirurgen sind die wichtigsten Lokalisationsinstrumente").

9 Maßnahmen bei speziellen Komplikationen

Findet sich kein pathologisch verändertes Nebenschilddrüsengewebe, muss der Eingriff abgebrochen und die Diagnostik unter Ausschöpfung aller Verfahren komplettiert werden.

10 Nachsorge

Medizinische Nachbehandlung: Redon ex 2. Tag. Kontrolle der Elektrolytwerte. Orale Hormonsubstitution.
Mobilisation: Sofort.
Arbeitsunfähigkeit: 1 – 2 Wochen.

7 Operationstechnik

❶ Zugang.
❷ Durchtrennung oberflächlicher Halsvenen.
❸ Spaltung der kurzen Halsmuskulatur.
❹ Durchtrennung lateraler Kapselvenen.
❺ Prinzip des Eingriffs.
❻ Exposition der Nebenschilddrüsen.

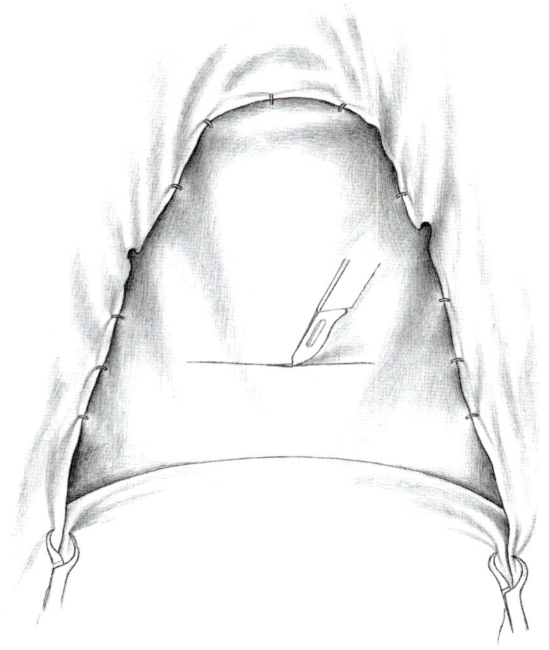

❶ Zugang

Der Zugang besteht wie bei der Schilddrüsenoperation im Kocher-Kragenschnitt.

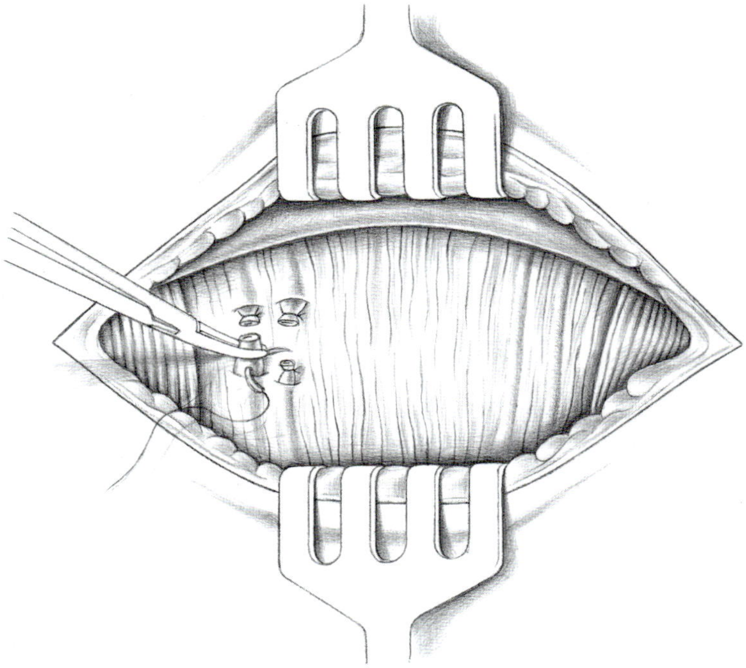

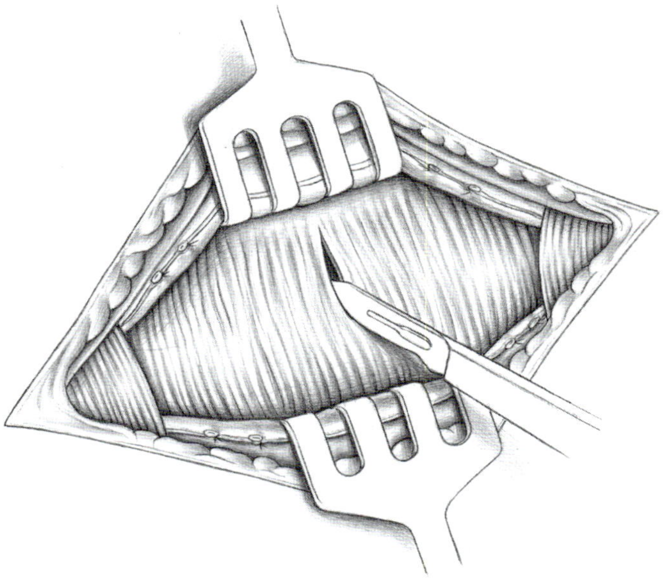

❷ Durchtrennung oberflächlicher Halsvenen

Die oberflächlichen Halsvenen werden zwischen Klemmen durchtrennt und umstochen.

❸ Spaltung der kurzen Halsmuskulatur

Die kurze Halsmuskulatur wird längs gespalten und durch Hakenzug auseinandergedrängt. Nacheinander werden der linke und rechte Schilddrüsenlappen vollständig dargestellt.

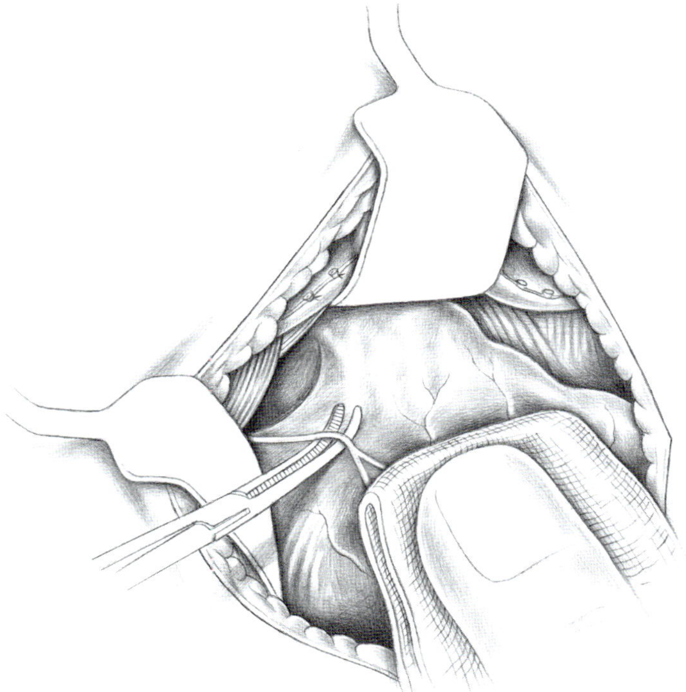

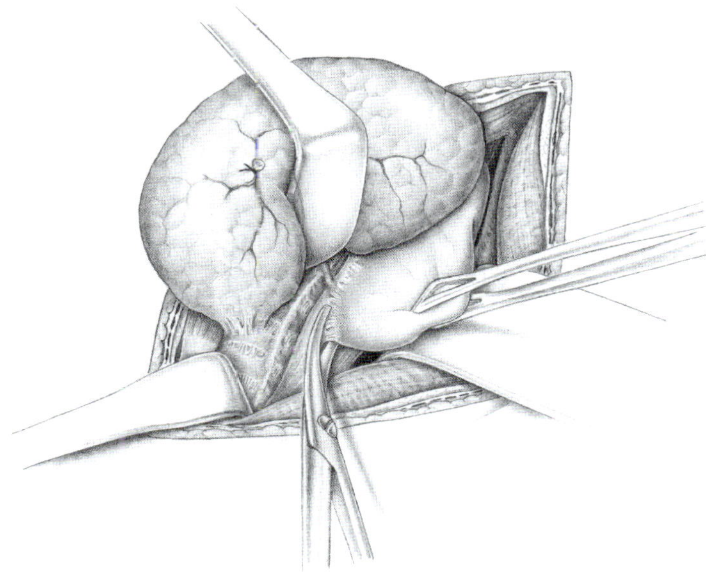

❹ Durchtrennung lateraler Kapselvenen

Die seitliche Halsvene wird zwischen Overholt-Klemmen durchtrennt und ligiert. Nun wird die Schilddrüse nach medial verlagert. Eine Durchtrennung der oberen und unteren Polgefäße ist nicht notwendig, die Übersicht durch entsprechendes Medialverziehen der Schilddrüse ausreichend. Die Mobilisation erfolgt stumpf mit Kompressen und Präpariertupfern, um Blutungen zu vermeiden. Kleine Blutungen werden sofort durch Koagulation gestillt.

❺ Prinzip des Eingriffs

Die reguläre Position der Nebenschilddrüsen muss der Chirurg kennen. Die obere liegt retrothyreoidal im Fettgewebe deutlich oberhalb der unteren Schilddrüsenarterie. Die untere Nebenschilddrüse befindet sich in der Kreuzungsregion von N. recurrens und unterer Schilddrüsenarterie, d. h. mehr dorsal als kaudal der Schilddrüse. Die typische rehbraune Farbe der normalen Nebenschilddrüsen ist ein wichtiges Indiz zur Unterscheidung von Fett, Lymphknoten oder Schilddrüse. Der Nebenschilddrüsenchirurg muss sich Zeit nehmen. Alle 4 Nebenschilddrüsen sind darzustellen. Von allen Nebenschilddrüsen sollten Biopsien entnommen werden, um die Histologie zu sichern.

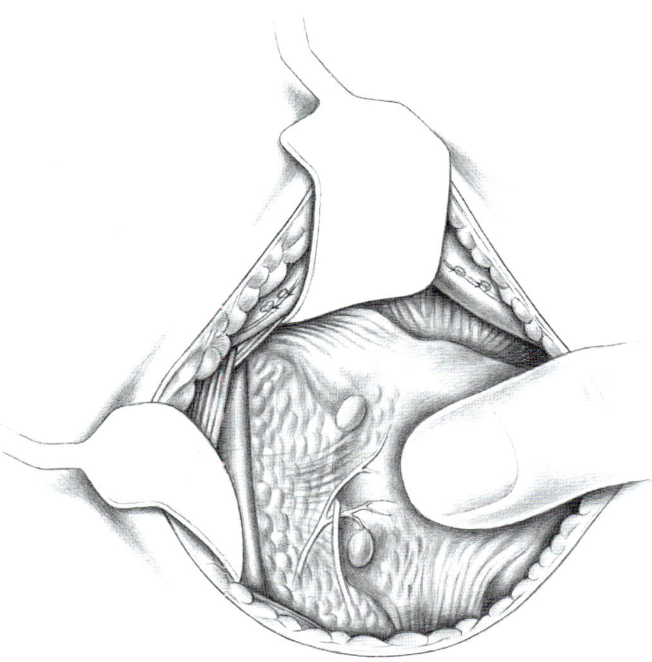

❻ Exposition der Nebenschilddrüsen

Die obere Nebenschilddrüse liegt kranial des oberen Arterienastes, die untere distal des distalen Astes der unteren Schilddrüsenarterie. Der N. recurrens ist gut zu identifizieren und muss sicher geschont werden. Ist nur eine der Nebenschilddrüsen vergrößert, so wird sie entfernt, von den anderen werden Proben entnommen. Sind alle 4 Drüsen vergrößert, so empfehlen sich die Entfernung aller vier und die Replantation einer halben Nebenschilddrüse in die Unterarmmuskulatur des M. brachioradialis des nicht dominanten Arms. Alternativ kann auch ein M. sternocleidomastoideus gewählt werden. Findet sich bei der Exploration keine vergrößerte Nebenschilddrüse trotz eindeutiger Labordiagnostik, muss ggf. im Mediastinum nach dystopem Nebenschilddrüsengewebe gesucht werden.

21. Zenker-Divertikel

1 Indikation

Elektiv: Offene Operation bei Diagnosestellung und Beschwerden.
Alternativverfahren: Laryngoskopische Durchtrennung des divertikulo-ösophagealen Septums durch Endo-GIA, vor allem bei kleinen Divertikeln.

2 Operationsvorbereitung

Präoperative Diagnostik: Kontrastmittel-Schluck, bei differenzialdiagnostischen Unklarheiten ggf. Manometrie.

Cave bei Endoskopie.

3 Spezielle Risiken, Aufklärung

- Ösophagusverletzung, Fistelbildung.
- Verletzung des N. laryngeus recurrens.
- Verletzung von Schilddrüse, Trachea.
- Rezidiv.

4 Anästhesie

Intubationsnarkose, ggf. Lokalanästhesie.

5 Lagerung

Rücken, Kopf leicht rekliniert und seitlich (meist rechts) geneigt.

6 Zugang

Vorderrand des M. sternocleidomastoideus.

7 Operationsschritte

1. Lokalisation.
2. Hautschnitt.
3. Präparation der Halsmuskulatur.
4. Mobilisation der Schilddrüse.
5. Freilegung des Divertikels.
6. Ablösung des Divertikels.
7. Abtragung mit Stapler.
8. Myotomie.
9. Offene Abtragung.

8 Relevante Anatomie, Gefahren, Tricks

- Enge Lagebeziehung zu linkem Schilddrüsenlappen, A. thyreoidea inferior und N. laryngeus recurrens.
- Palpable Magensonde erleichtert Auffinden des Ösophagus.

Cave beim Legen!

- Kleine Divertikel < 2 cm können belassen werden, dann nur Myotomie.
- Myotomie mindestens 4 cm lang.

9 Maßnahmen bei speziellen Komplikationen

- Intraoperative Eröffnung des Ösophaguslumens: sofortiger, wenn möglich zweireihiger Nahtverschluss.
- Ösophagusfistel: wenn gut drainiert, konservative Therapie (nüchtern, parenterale Ernährung, Kostaufbau nach Sistieren der Fistel).
- Rekurrensparese: meist passager, ggf. logopädische Therapie.
- Persistierende Dysphagie: meist inadäquate Myotomie, ggf. Reoperation, Dilatation.

10 Nachsorge

Medizinische Nachbehandlung: Magensonde ex sofort nach Operation, Drain ex 4. Tag, perioperative Antibiotikatherapie für 24 Stunden.
Kostaufbau: Schluckweise trinken ab 2. postoperativem Tag, Vollkost nach 3 – 4 Tagen.
Mobilisation: Sofort.
Arbeitsunfähigkeit: 2 Wochen.

7 Operationstechnik

1. Lokalisation.
2. Hautschnitt.
3. Präparation der Halsmuskulatur.
4. Mobilisation der Schilddrüse.
5. Freilegung des Divertikels.
6. Ablösung des Divertikels.
7. Abtragung mit Stapler.
8. Myotomie.
9. Offene Abtragung.

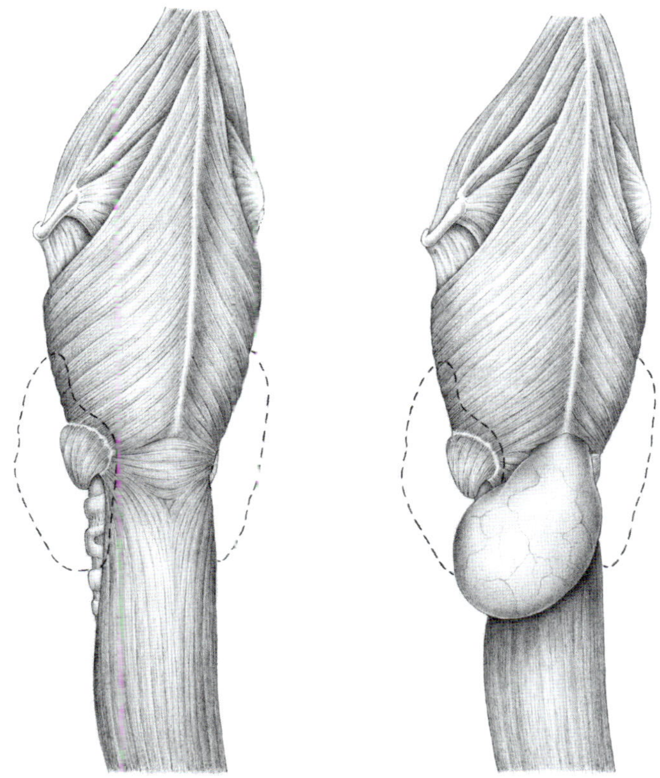

❶ Lokalisation

Das Zenker-Divertikel tritt oberhalb der Pars transversa des M. cricopharyngeus aus, d. h. im Kilian-Dreieck. Es ist überwiegend links, selten auch rechts oder ausschließlich retropharyngeal gelegen.

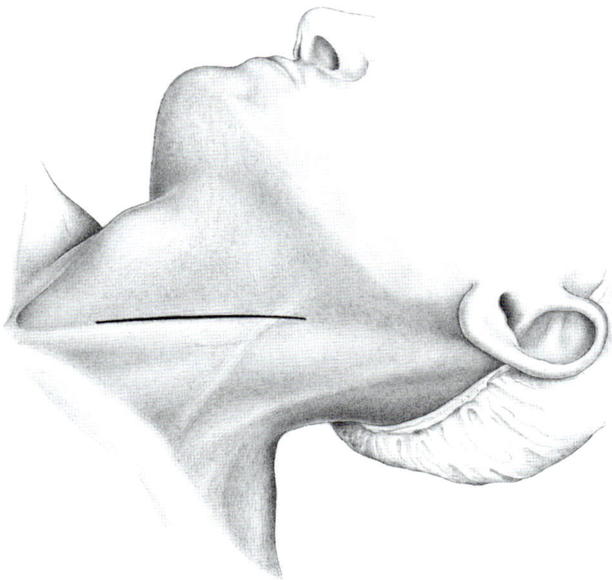

❷ Hautschnitt

In Rückenlagerung bei leicht rekliniertem, nach rechts gewendetem Kopf liegt der Hautschnitt an der Vorderkante des linken M. sternocleidomastoideus. Die kreuzende V. jugularis externa wird beiseite geschoben bzw. nach Ligaturen durchtrennt.

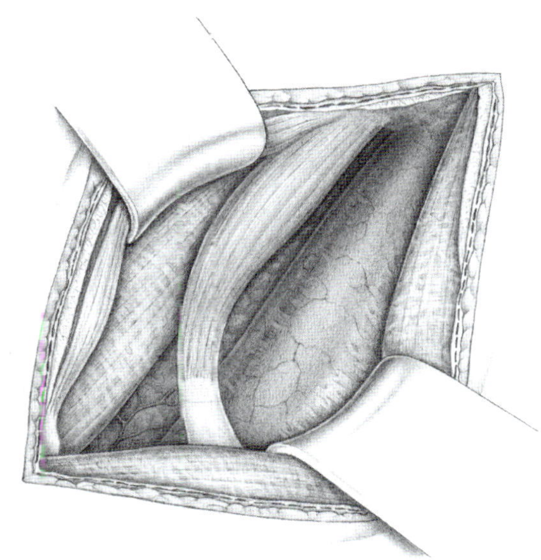

❸ Präparation der Halsmuskulatur

Nach Freilegung des M. sternocleidomastoideus wird er mit einem stumpfen Haken nach lateral verzogen. Das Gefäßbündel der V. jugularis und A. carotis wird dargestellt, ggf. mit einem Kocher-Haken nach lateral verzogen. In der Mitte der Wunde erscheint der M. omohyoideus, der mit einem Kocher-Haken aufgeladen und zusammen mit der geraden Halsmuskulatur nach medial verzogen wird.

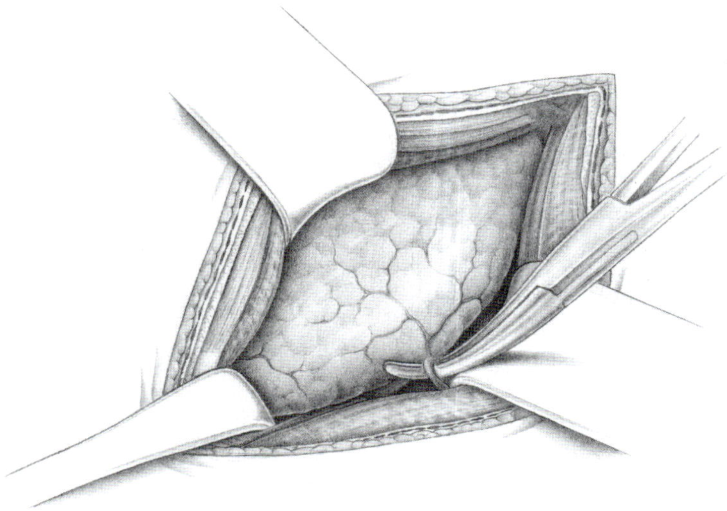

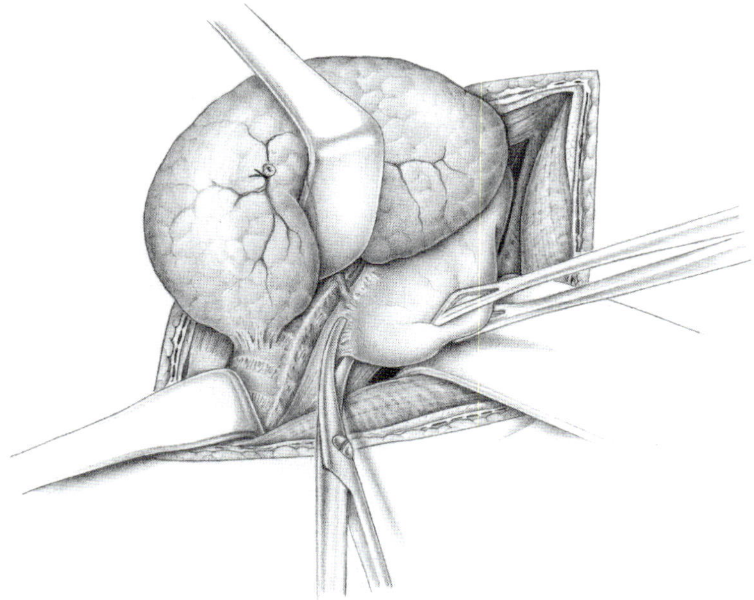

❹ Mobilisation der Schilddrüse

Die Schilddrüse wird nach medial gezogen, die sich anspannenden seitlichen Venen werden zwischen Ligaturen durchtrennt. Die A. thyreoidea inferior kann mit dem Haken aufgeladen oder besser zwischen Ligaturen durchtrennt werden. Hierbei sind der N. recurrens und die Nebenschilddrüsen sicher zu identifizieren und zu schonen.

❺ Freilegung des Divertikels

Nach Medialverziehung der Schilddrüse und der Trachea liegt dorsal die Speiseröhre. Kleine Divertikel lassen sich häufig nicht sofort identifizieren, da sie direkt der Speiseröhrenwand anliegen. Zur Identifikation müssen erst bindegewebige Verwachsungen durchtrennt werden, um das Divertikel schrittweise abzupräparieren. Hierzu wird das Divertikel mit einer Duval-Klemme gefasst.

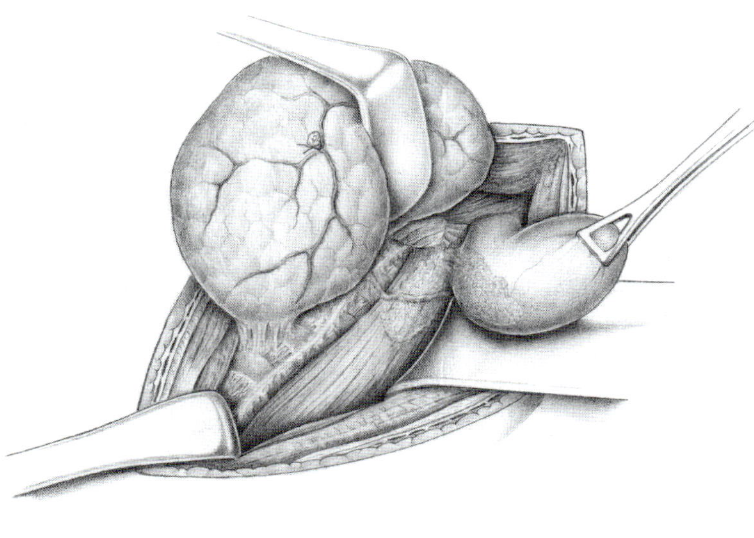

❻ Ablösung des Divertikels

Unter schrittweiser Präparation wird die Basis des Divertikels dargestellt. Hierbei wird das Kilian-Dreieck aufgesucht, das von der Pars transversa des M. cricopharyngeus nach kaudal begrenzt wird. Das Divertikel ist soweit zu präparieren, dass der Hals allseitig im muskulären Dreieck liegt.

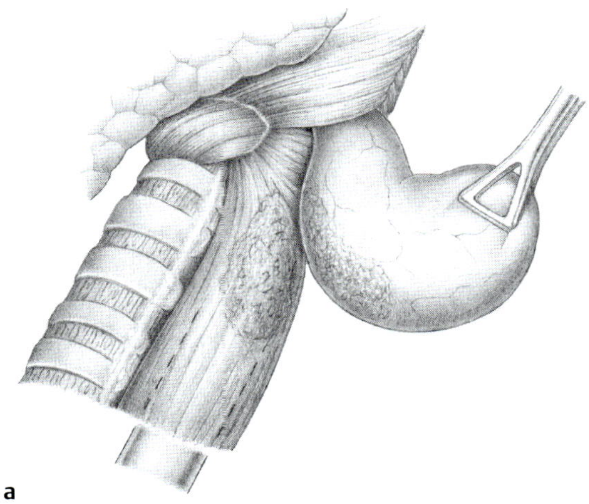

a

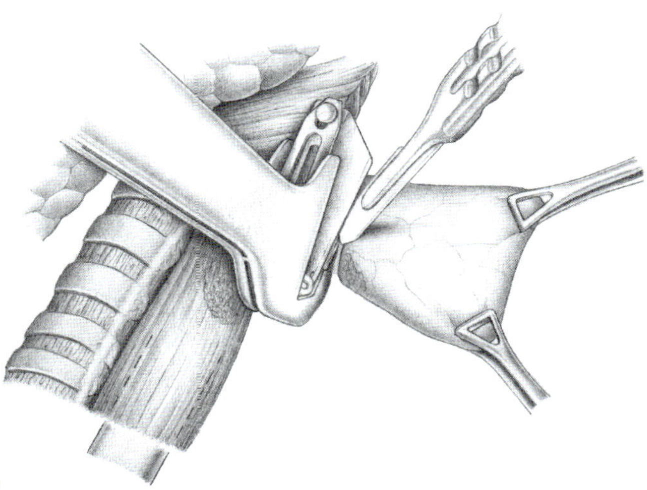

b

❼ Abtragung mit Stapler

Nach vollständiger Mobilisation und Auslösung aus dem Kilian-Dreieck wird das Divertikel nach lateral gezogen und mit einem Stapler (TA 30) abgesetzt. Hierbei sollte der Stumpf möglichst kurz bleiben, ohne aber die Speiseröhre einzuengen.

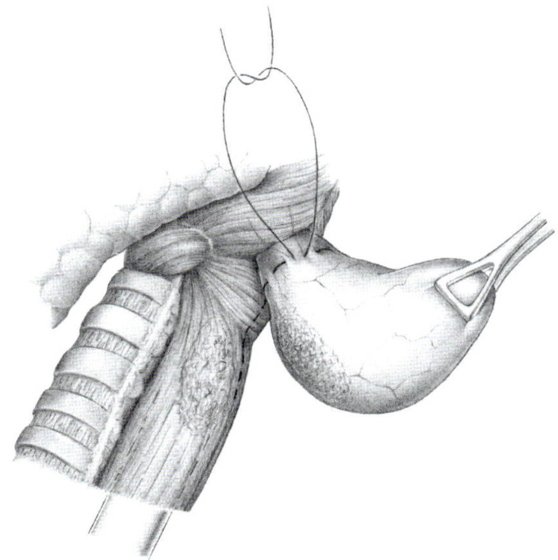

a

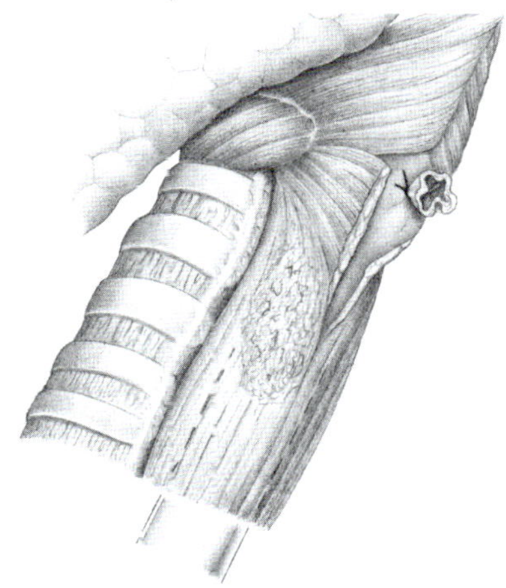

b

❾ Offene Abtragung

Als Alternative zur Abtragung mit dem Klammernahtgerät bietet sich die Möglichkeit der offenen Abtragung zwischen Nähten an. Diese kann durch Tabaksbeutelnaht oder Einzelknopfnähte erfolgen, muss aber einen sicheren Schleimhautverschluss erzielen. Über der Schleimhaut wird die Muskulatur in einer zweiten Reihe mit Einzelknopfnähten (3 × 0 PGS) verschlossen, in die die Myotomie partiell einbezogen werden kann. Bei sicherer zweireihiger Naht ist eine Drainage nicht erforderlich; Adaptation der Halsmuskulatur, Hautnähte und steriler Verband beenden den Eingriff.

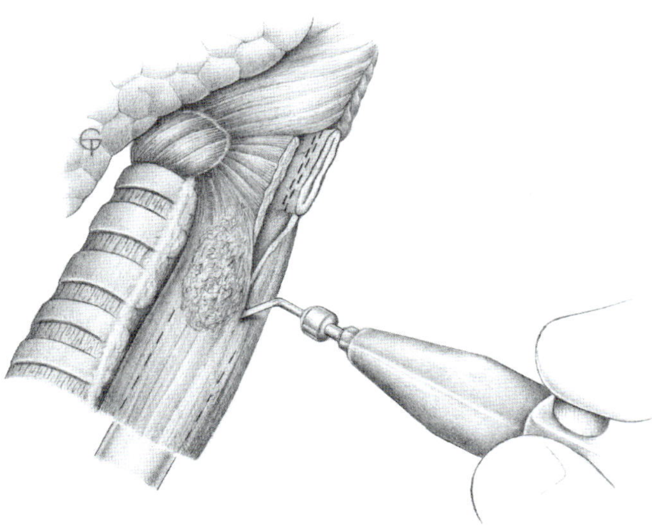

❽ Myotomie

Wichtig ist die Myotomie der Pars transversa des M. cricopharyngeus sowie der ersten Anteile der Ösophagusmuskulatur. Nur so wird die Ursache der Divertikelbildung, d. h. die Achalasie des oberen Ösophagussphinkters, kausal behandelt. Hierzu wird unter Sicht mit der Diathermie die Muskulatur durchtrennt, ohne den Schleimhautzylinder zu eröffnen.

22. Axilläre Lymphknotenentfernung

1 Indikation

Elektiv: Schwellung unklarer Genese. Verdacht auf lymphatische Systemerkrankung. Malignome der Mamma, der Thoraxwand oder des Arms.
Alternativverfahren: Biopsie an anderer Lokalisation, ggf. auch sonographisch oder computertomographiegesteuert auf transkutanem Weg.

2 Operationsvorbereitung

Präoperative Diagnostik: Abhängig von Grundkrankheit, Sonographie.

3 Spezielle Risiken, Aufklärung

- Lymphfistel.
- Gefäßläsion.
- Nervenläsion.

4 Anästhesie

Lokalanästhesie (bei sehr oberflächlicher Lage), Masken- oder Intubationsnarkose.

5 Lagerung

Rücken, Arm nach lateral abduziert oder „über Kopf" in Halterung, ggf. flaches Kissen unter das Schulterblatt.

6 Zugang

Vorderrand der Axilla oder quer verlaufend.

7 Operationsschritte

1. Zugang.
2. Präparationsgrenzen.
3. Gefäß-/Nervendarstellung.
4. Erhalt kranialer Lymphbahnen.

8 Relevante Anatomie, Gefahren, Tricks

- A./V. axillaris sowie der Nervenplexus durchziehen den kranialen Anteil der Axilla.
- Der Thoraxwand liegt der N. thoracicus longus an: innerviert den M. serratus anterior; weiter dorsal verläuft der N. thoracodorsalis, der den M. latissimus dorsi innerviert.
- Die Anlage einer Lokalanästhesie kann einen schlecht palpablen Lymphknoten vollständig maskieren.
- Die sorgfältige Ligatur aller in den Lymphknoten einstrahlenden Gefäße verhindert die Ausbildung einer Lymphfistel.

Cave: „Eisberg-Phänomen": perkutan ist zunächst nur ein gut umschriebener Lymphknoten palpabel, bei der Präparation stößt man auf ein sich kontinuierlich in die Tiefe erstreckendes Lymphknotenpaket. In diesem Fall auf Entnahme eines repräsentativen Gewebeareals beschränken!

9 Maßnahmen bei speziellen Komplikationen

Bei persistierender Lymphfistel konsequente Wundrevision.

10 Nachsorge

Medizinische Nachbehandlung: Redon ex 2. Tag.
Mobilisation: Schultergelenk sofort bis zur Schmerzgrenze bewegen.
Krankengymnastik: Selten erforderlich.
Arbeitsunfähigkeit: Bei körperlicher Tätigkeit 10 Tage, sonst weniger.

7 Operationstechnik

❶ Zugang.
❷ Präparationsgrenzen.
❸ Gefäß-/Nervendarstellung.
❹ Erhalt kranialer Lymphbahnen.

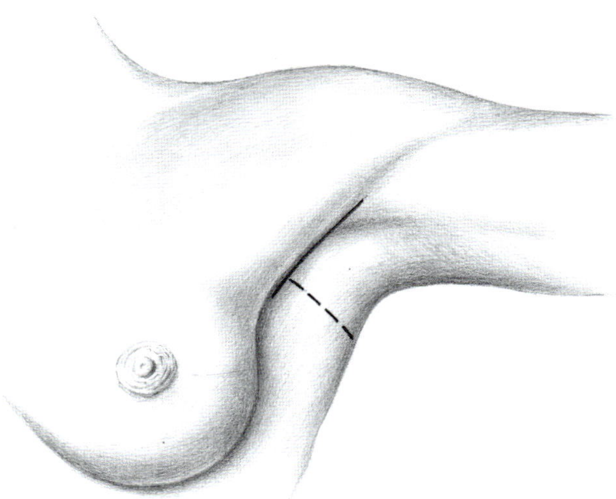

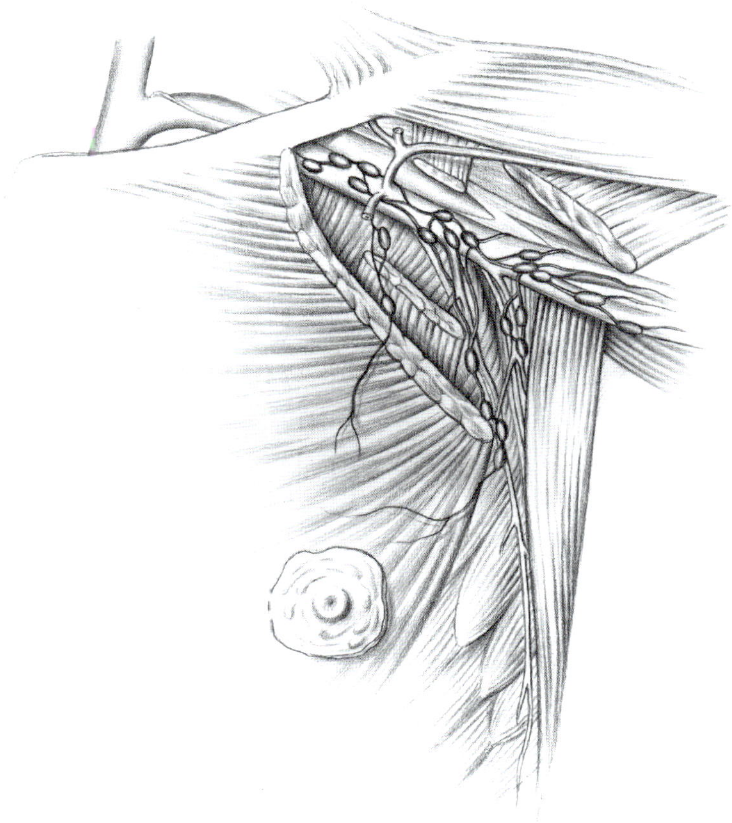

❶ Zugang

Die axilläre Lymphknotenentfernung kann der Ausräumung der Achselhöhle oder der Biopsie dienen. Im Rahmen der Karzinomchirurgie der Mamma ist eine komplette Achselhöhlenausräumung obligat. Die Schnittführung ist entweder subpektoral in der hinteren Pektoraliskulisse oder ein Querschnitt vom M. pectoralis major bis zum Rand des M. latissimus dorsi.

❷ Präparationsgrenzen

Die anatomiegerechte Ausräumung muss die Anatomie von Achselhöhle und Lymphstationen berücksichtigen. Während die leicht zugänglichen Lymphknoten im dorsalen Anteil der Achselhöhle gelegen sind, finden sich ventral unter dem M. pectoralis und entlang der großen Gefäße weitere wichtige, ggf. auszuräumende Stationen. Dennoch dürfen, um ein Lymphödem zu vermeiden, die Lymphbahnen kranial der Gefäße nicht angetastet werden. Die Hauptpräparationsrichtung ist daher infraaxillär entlang des thorakodorsalen Gefäß-Nerven-Bündels, des N. thoracicus longus und unterhalb des M. pectoralis.

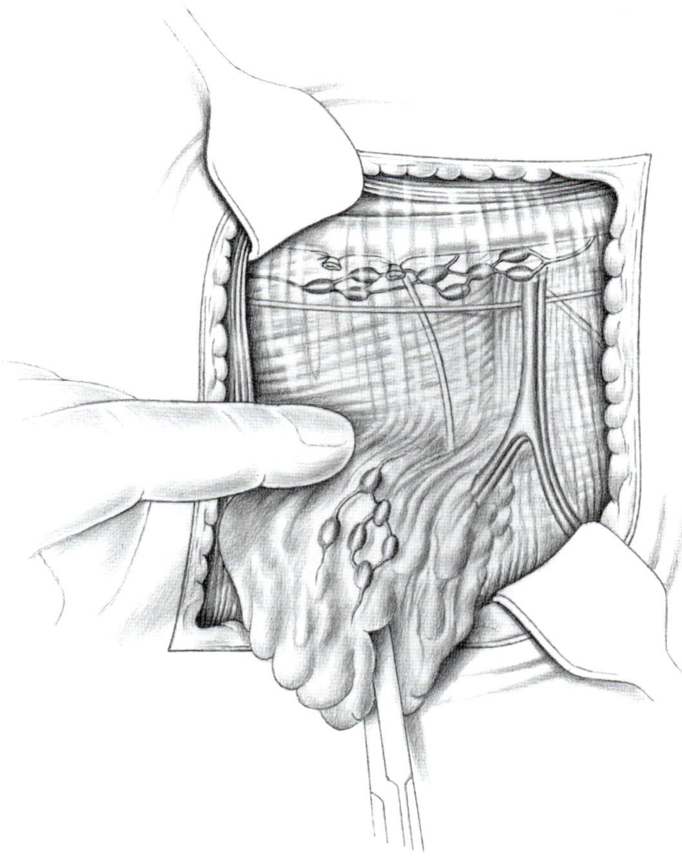

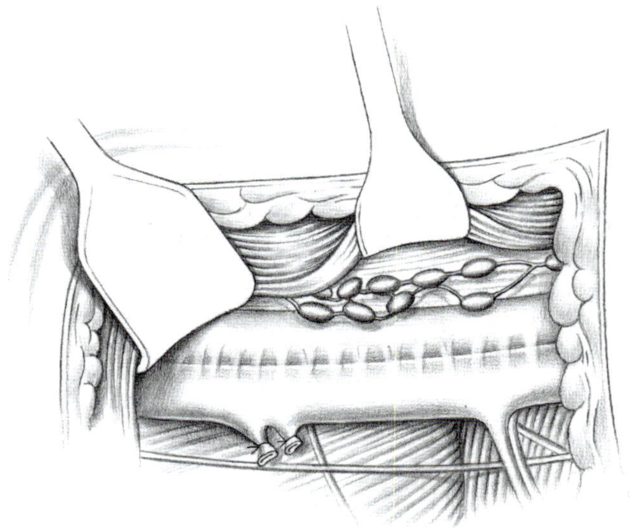

❸ Gefäß-/Nervendarstellung

Die axilläre Ausräumung beginnt mit der Absetzung des axillären Fettkörpers an der Unterkante der Gefäße. Kleinere Gefäße werden zwischen Ligaturen durchtrennt. Der N. thoracicus longus wird dargestellt und sorgsam geschont. Das thorakodorsale Gefäß-Nerven-Bündel muss in gleicher Weise aufgesucht und isoliert werden. Gefäßäste, die in den axillären Drüsenkörper ziehen, werden durchtrennt. Die infrapektoralen Lymphknoten sollten mit dem Präparat verbunden bleiben. Hierzu wird der M. pectoralis ventral abgehoben. Dadurch ergibt sich der Zugang zu den kranialen Anteilen der Axilla. Die Axillarvene wird scharf freigelegt, indem die Gefäßscheide eröffnet wird. Kleine Gefäße werden koaguliert oder ligiert. Auf diese Weise gelangt man in die Spitze der Axillargrube. Die Präparation erfolgt auf der Vorderfläche des M. serratus anterior und wird nach dorsal durch den M. latissimus dorsi begrenzt, der mit einem Haken beiseite gehalten wird. Das gesamte Fettgewebe wird en bloc reseziert. Nach Auslösung des Drüsenkörpers stellt sich die Anatomie exakt dar. Dorsal verbleiben die thorakodorsalen Gefäße und der N. thoracodorsalis, kranial die axillären Gefäße und medial der N. thoracicus longus. Bei entsprechendem Befall ist es sinnvoll, auch die lateralen Lymphknoten im Verlauf des axillären Gefäßstranges zu entfernen.

❹ Erhalt kranialer Lymphbahnen

Bei vollständiger Lymphknotenausräumung der Achsel müssen die Lymphbahnen kranial der axillären Gefäße intakt bleiben. Ansonsten ist ein Lymphödem des Arms unvermeidlich. Redon-Drainage, Subkutannähte und Hautverschluss beenden den Eingriff.

23. Mammabiopsie

1 Indikation

Elektiv: Jede tastbare Raumforderung der Mamma.
Alternativverfahren: Bei größeren Raumforderungen ggf. Quadrantenresektion.

2 Operationsvorbereitung

Präoperative Diagnostik: Mammographie (ggf. mit Markierung), Sonographie, Gegenseite untersuchen! Lymphknoten?

3 Spezielle Risiken, Aufklärung

- Ablatio bei Malignität.
- Gefäßverletzung.
- Nervenverletzung.
- Nachbehandlung bei Malignität.

4 Anästhesie

Intubationsnarkose, selten Maske.

5 Lagerung

Rücken, Arm abduziert, Axilla muss zugänglich sein.

6 Zugang

Direkt über der tastbaren Raumforderung eher zirkulär verlaufend.

Mamillenrandschnitte nur bei Befunden direkt unter der Mamille; bei der Schnittführung an eine eventuelle Eingriffserweiterung denken!

Gegebenenfalls separate Inzision für eine Lymphknotenbiopsie entlang der Pektoralishinterkante oder quer in der Axilla.

7 Operationsschritte

1. Zugang.
2. Tumorexzision.
3. Wundverschluss.

8 Relevante Anatomie, Gefahren, Tricks

- Tastbefund komplett mit schmalem Saum unauffälligen Gewebes entfernen.
- Je näher der Befund an der Haut liegt, desto mehr Haut mit entfernen (ellipsenförmig).

Cave: Devaskularisation der Mamille.

9 Maßnahmen bei speziellen Komplikationen

Zur sicheren Befundlokalisation präoperative mammographische oder sonographische Markierung.

10 Nachsorge

Medizinische Nachbehandlung: Drainage (Mini-Redon) ex 1.–2. Tag.
Arbeitsunfähigkeit: 5–7 Tage.

7 Operationstechnik

❶ Zugang.
❷ Tumorexzision.
❸ Wundverschluss.

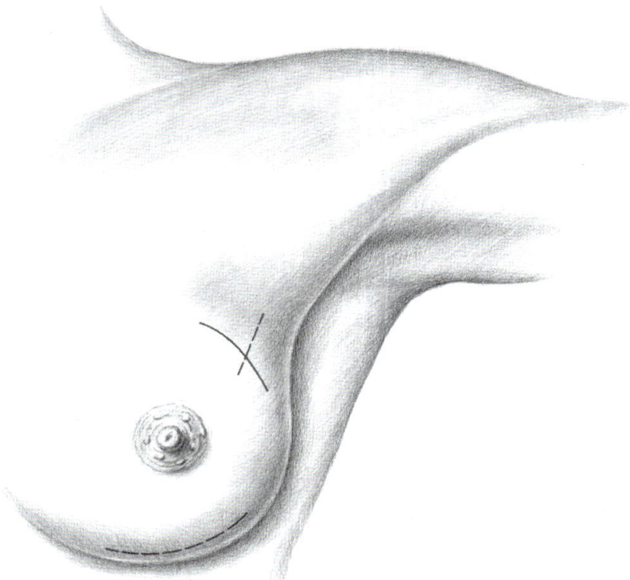

❶ Zugang

Die Biopsie muss bis zum Beweis des Gegenteils von Malignität ausgehen, d. h. sie hat in einer Totalentfernung des tastbaren Befundes zu bestehen. Mammographisch identifizierte Befunde können durch dünne Nadeln oder durch Blaufärbung markiert werden, dies erleichtert die intraoperative Suche. Hautschnitte an der Brustdrüse sollten konzentrisch bogenförmig verlaufen. Kosmetisch günstig ist ein Zugang periareolär oder in der Submammärfalte. Bei multiplen Befunden sind isolierte Hautschnitte über dem Punctum maximum vorzuziehen. Große radiäre Inzisionen sind abzulehnen wegen schlechter kosmetischer Ergebnisse.

❷ Tumorexzision

Nach Durchtrennung der Subkutis Einsatz von Haken und Darstellung der tastbaren Resistenz. Die Wahl des Instrumentariums hängt von der Gewebebeschaffenheit ab. Bei sehr festen Brustdrüsen empfiehlt sich das Skalpell oder die Diathermie, weiches Gewebe lässt sich mit der Schere trennen. Ist der Tumor gefunden, so kann er mit einer scharfen Klemme oder einer Naht fixiert und von seiner Unterlage abgehoben werden. Verbindungen zur restlichen Brustdrüse und zur Pektoralisfaszie sind mit der Schere scharf zu durchtrennen, etwaige Gefäße werden elektrokoaguliert oder zwischen Ligaturen durchtrennt.

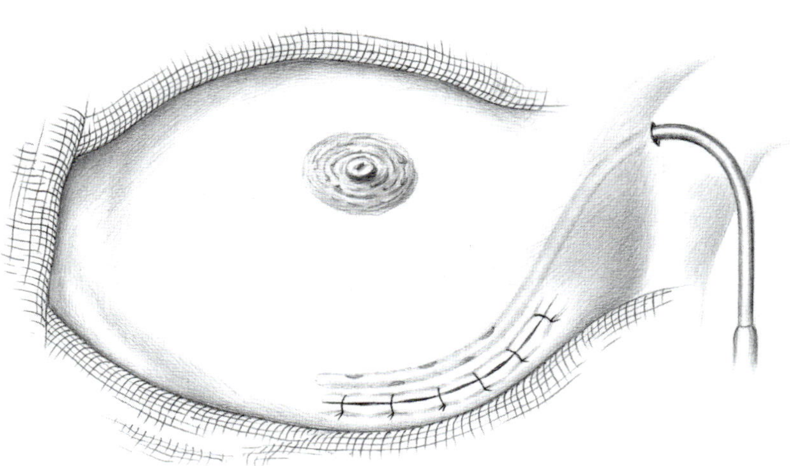

❸ Wundverschluss

Nach Entfernung des Tumors wird eine Drainage eingelegt und an kosmetisch günstiger Stelle ausgeleitet. Die Subkutis wird mit Einzelknopfnähten verschlossen und die Haut intrakutan oder mit Einzelnähten genäht.

24. Subkutane Mastektomie

1 Indikation

Relativ: Gynäkomastie, ausgeprägte Mastopathia fibrosa cystica.
Kontra: Malignom.
Alternativverfahren: Mastektomie, ggf. mit plastischem Wiederaufbau.

2 Operationsvorbereitung

Präoperative Diagnostik: Ausschluss endokriner Erkrankungen und Nebenwirkungen von Medikamenten, Mammographie, Leberfunktionsdiagnostik.

3 Spezielle Risiken, Aufklärung

- Mamillennekrose (< 1 %).
- Erweiterung des Eingriffs bei Malignität.

4 Anästhesie

Intubationsnarkose.

5 Lagerung

Rücken, bei Malignomverdacht Arm abduziert und Axilla zugänglich.

6 Zugang

Mamillenrand.

7 Operationsschritte

1. Zugang.
2. Submamilläre Präparation.
3. Wundverschluss.

8 Relevante Anatomie, Gefahren, Tricks

Cave: Mamillennekrose durch eine zu radikale submamilläre Präparation mit Devaskularisation des Gewebes (Subkutis erhalten!).

9 Maßnahmen bei speziellen Komplikationen

Eine Mamillennekrose erfordert die Exzision mit plastischem Ersatz.

10 Nachsorge

Medizinische Nachbehandlung: Drainage (Mini-Redon) ex 1.–2. Tag.
Mobilisation: Sofort.
Arbeitsunfähigkeit: 1 Woche.

7 Operationstechnik

❶ Zugang.
❷ Submamilläre Präparation.
❸ Wundverschluss.

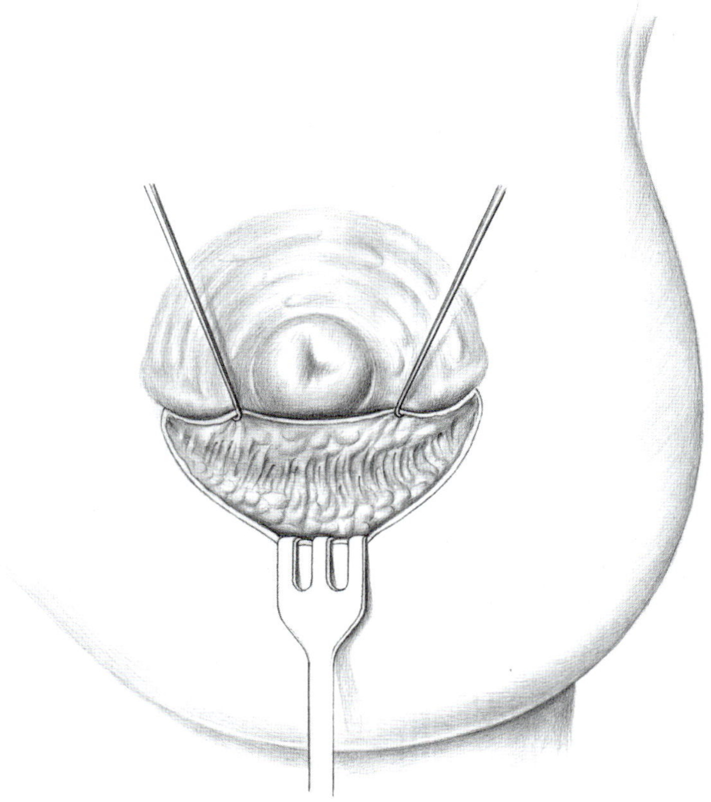

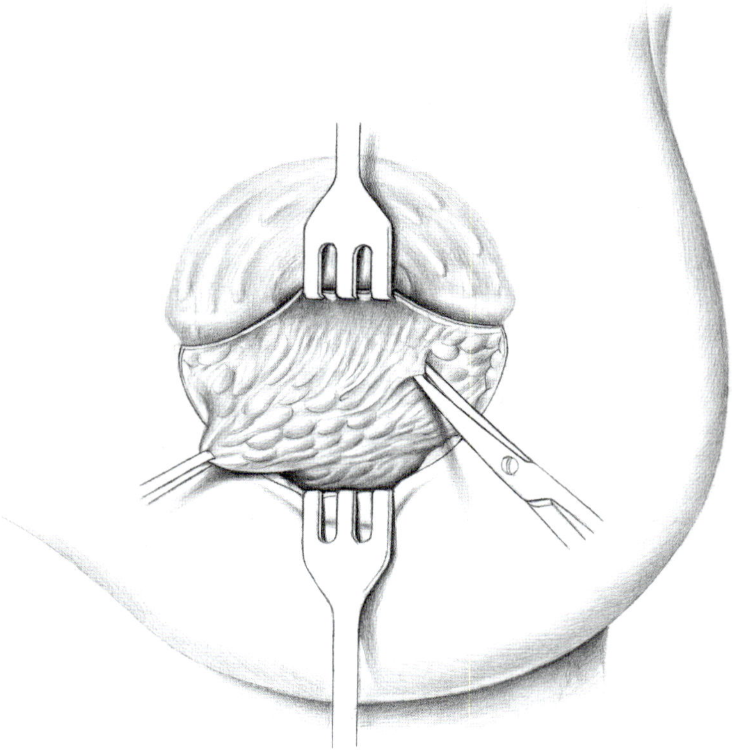

❷ Submamilläre Präparation

Nach ausreichender Mobilisation des kranialen Wundrandes wird ein scharfer Haken eingesetzt und der Drüsenkörper schrittweise von der Mamille abgelöst. Hierbei ist sorgfältig darauf zu achten, kein „Knopfloch“ zu erzeugen. Die Mamille sollte scharf vom Drüsenkörper abgelöst werden und dennoch gut durchblutet bleiben. Kritisch ist die Vollständigkeit der Mastektomie im oberen äußeren Quadranten: hier reicht die Brustdrüse zapfenförmig nach lateral oben und muss vollständig mit reseziert werden. Einstrahlende Gefäße sind zu koagulieren oder zu ligieren.

❶ Zugang

Als Zugang bietet sich die periareoläre semizirkuläre Inzision an der kaudalen Zirkumferenz an. Die Areola wird mit feinen Häkchen gefasst und nach kranial verzogen. Nach distal wird ein scharfer Haken eingesetzt.

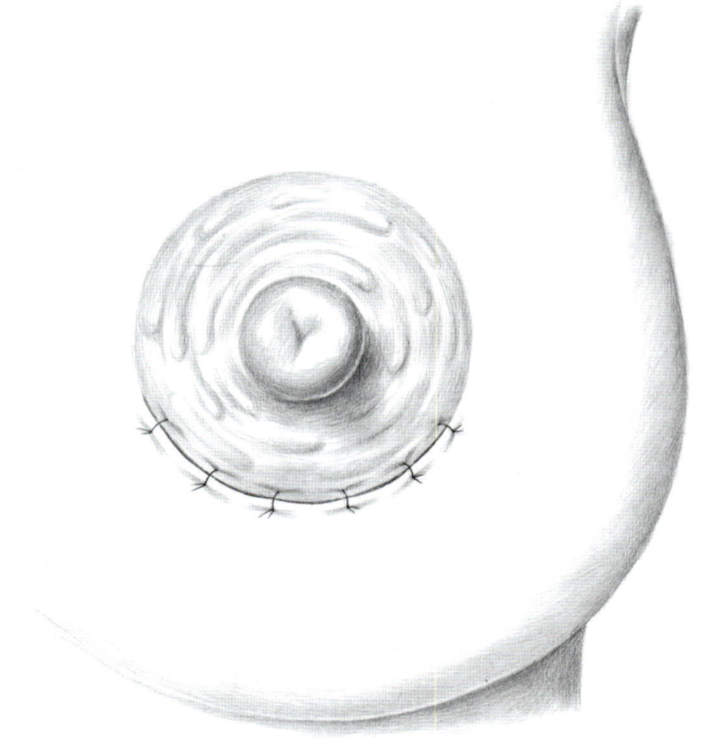

❸ Wundverschluss

Nach vollständiger Entfernung der Brustdrüse kann bei völliger Bluttrockenheit auf die Einlage einer Redon-Drainage auch verzichtet werden. Es schließen sich Subkutannähte, Hauteinzelknopfnähte oder Klammern und ein elastischer Kompressionsverband an.

25. Mastektomie (Auchinclos-Patey)

1 Indikation

Absolut: Malignom mit einem Durchmesser > 2 cm, die Kombination mit axillärer Lymphadenektomie ist obligat.
Alternativverfahren: Bei kleineren Malignomen oder bei sehr schlechtem Allgemeinzustand ggf. Quadrantenresektion.

2 Operationsvorbereitung

Präoperative Diagnostik: Mammographie, Röntgen-Thorax, Sonographie (Axilla, Abdomen), Knochenszintigraphie.

3 Spezielle Risiken, Aufklärung

Lymphödem des Arms (10%).

4 Anästhesie

Intubationsnarkose.

5 Lagerung

Rücken, Arm abduziert, Axilla muss zugänglich sein.

6 Zugang

Querovaläre Brustumschneidung mit Verlängerung in Richtung Axilla.

7 Operationsschritte

1. Lagerung.
2. Schnittführung.
3. Kaudale Ablösung der Mamma.
4. Kraniale Ablösung der Mamma.
5. Eingriffausdehnung.
6. Absetzen an der V. axillaris.
7. Resektion M. pectoralis minor.
8. Wundverschluss.

8 Relevante Anatomie, Gefahren, Tricks

- N. thoracicus longus verläuft an der lateralen Thoraxwand (M. serratus anterior), dorsal davon der N. thoracodorsalis (M. latissimus dorsi).
- Keine zirkuläre Lymphknotendissektion um V. axillaris (der N. intercostobrachialis ist die kraniale Grenze der Axillardissektion).
- Postoperativ elastisches Wickeln des Arms.
- Zum Rezeptornachweis muss das Präparat unfixiert und schnell in die Pathologie gelangen oder im Operationssaal eingefroren werden.

9 Maßnahmen bei speziellen Komplikationen

Keine speziellen Maßnahmen.

10 Nachsorge

Medizinische Nachbehandlung: Redon ex 2. Tag.
Mobilisation: Sofort, Bewegung des Arms bis zur Schmerzgrenze.
Krankengymnastik: Gegebenenfalls Lymphdrainage.
Arbeitsunfähigkeit: 2 Wochen, abhängig von Tätigkeit und Nachbehandlung.

7 Operationstechnik

❶ Lagerung.
❷ Schnittführung.
❸ Kaudale Ablösung der Mamma.
❹ Kraniale Ablösung der Mamma.
❺ Eingriffausdehnung.
❻ Absetzen an der V. axillaris.
❼ Resektion M. pectoralis minor.
❽ Wundverschluss.

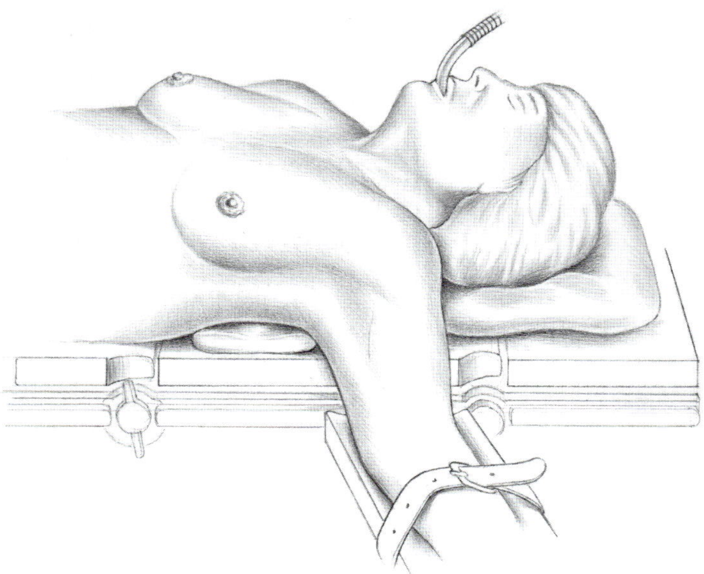

❶ Lagerung

Die Patientin ist mit abduziertem Arm und rasierter Axilla auf dem Operationstisch gelagert. Die betroffene Schulter kann durch ein dorsal platziertes flaches Kissen leicht angehoben werden.

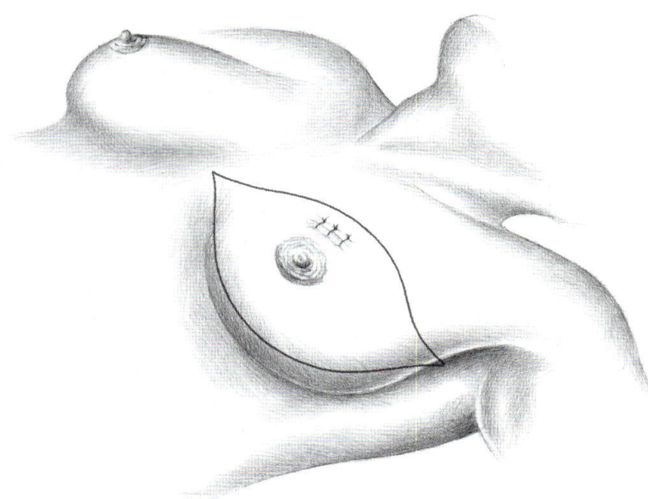

❷ Schnittführung

Die Schnittführung verläuft quer und bezieht die Narbe einer vorhergegangenen Biopsie mit ein. Lateral kann die Inzision zur Lymphadenektomie in die Axilla verlängert werden.

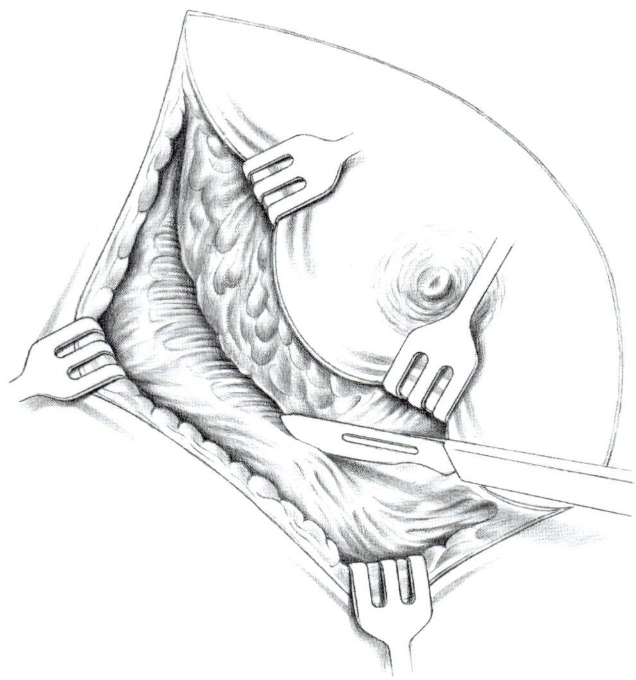

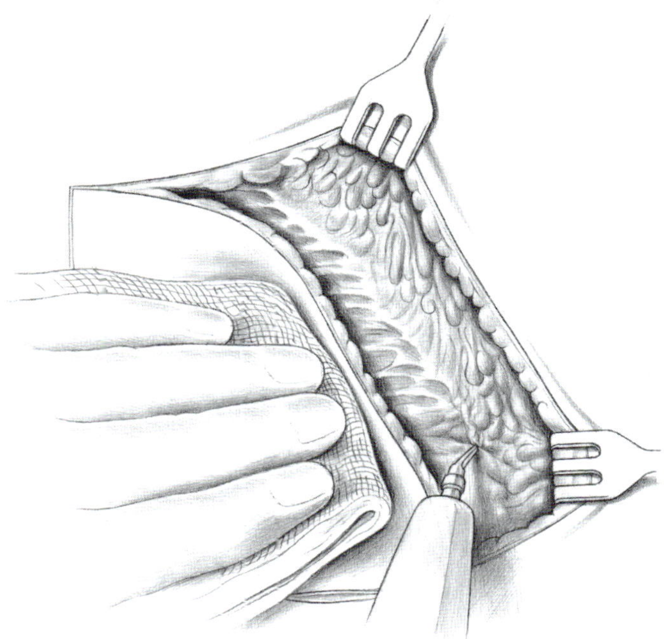

❸ Kaudale Ablösung der Mamma

Die Inzision reicht bis zur Faszie der Pektoralismuskulatur. Die Faszie wird von der Muskulatur abgelöst und nach kranial frei präpariert. Ventrale Arterien oder Interkostalgefäße werden koaguliert oder umstochen. Die Brustdrüse wird zusammen mit der Pektoralisfaszie bis in die Axilla präpariert. Die Präparation erfolgt scharf mit dem Messer oder der Diathermie.

❹ Kraniale Ablösung der Mamma

Die Präparation von kranial erfolgt in identischer Weise, wobei darauf zu achten ist, dass die gesamte Faszie bis zur Axilla frei präpariert wird.

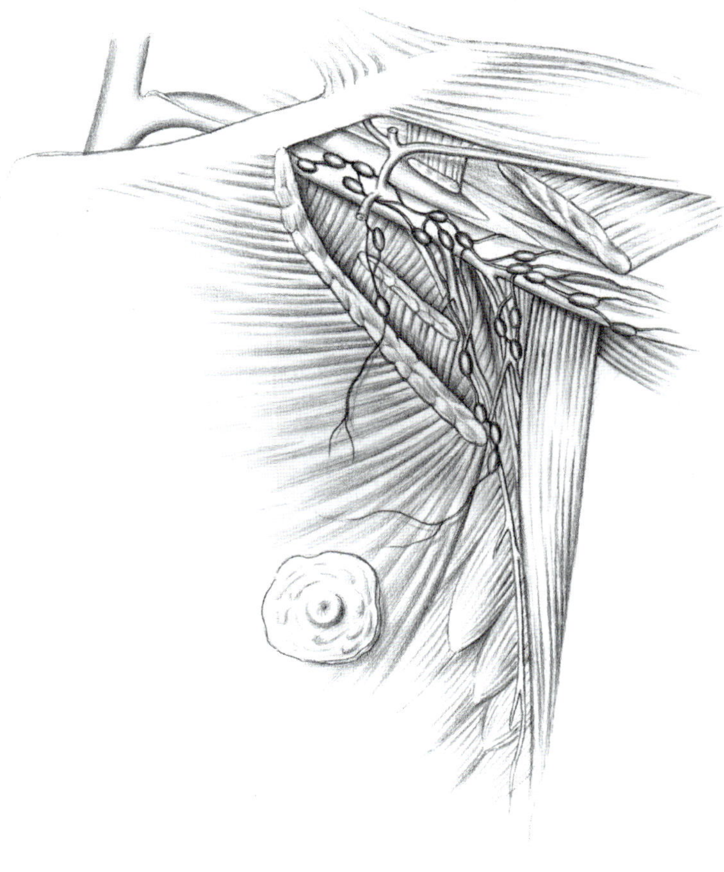

❺ Eingriffausdehnung

Die Präparation muss entlang des Lymphknotenstranges bis in die Axilla erfolgen. Oberster Punkt ist die Spitze der Axillarhöhle. Nach Erreichen der Axillarhöhle wird die Muskulatur des M. pectoralis major nach medial verzogen, darunter stellt sich der M. pectoralis minor dar. Interpektoral gelegene Lymphknoten werden mit entfernt. Die Faszie des M. pectoralis minor wird mit entfernt. Es muss Sorge dafür getragen werden, hierbei nicht die Innervation des M. pectoralis major zu verletzen. Deshalb ist der interpektorale Raum nicht zu ausführlich zu dissezieren. Nach Erreichen der Axillarhöhle wird der axilläre Drüsenkörper vom M. serratus anterior schrittweise abpräpariert. Der N. thoracicus longus und der N. thoracodorsalis werden im Rahmen der Präparation auf der Thoraxwand dargestellt und geschont.

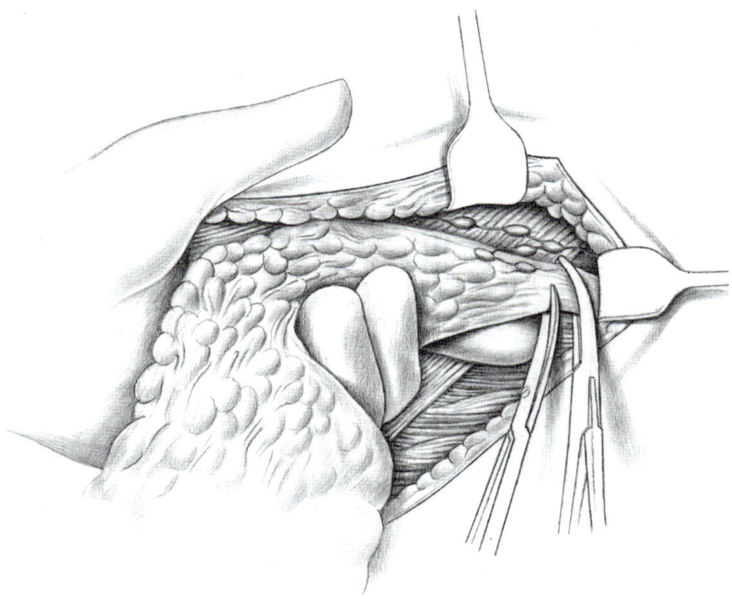

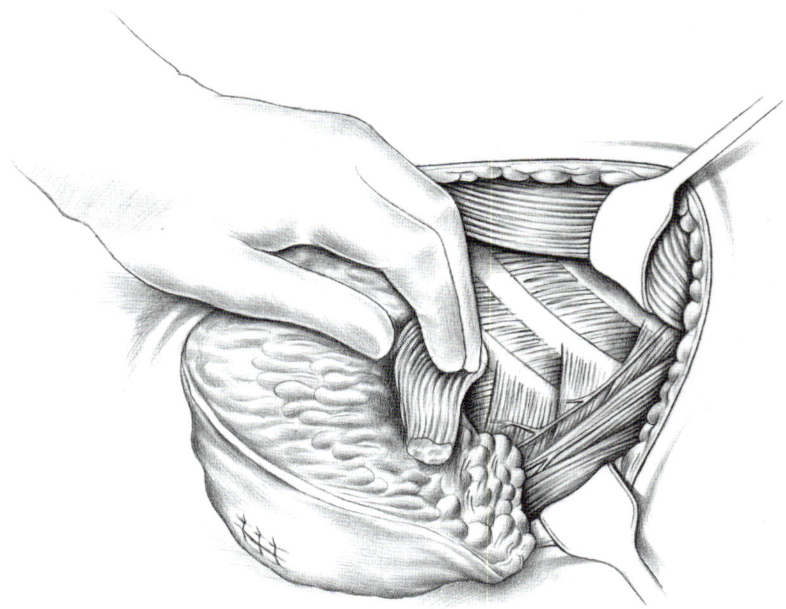

❻ Absetzen an der V. axillaris

Der axillare Fettkörper samt Brustdrüse wird an seinem obersten Punkt zwischen Overholt-Klemmen in der Nähe der V. axillaris durchtrennt. Die Präparation sollte nicht kranial der Vene verlaufen, um eine Störung des Lymphabflusses des Arms zu vermeiden.

❼ Resektion M. pectoralis minor

Liegt der Tumor in Nachbarschaft des M. pectoralis minor, kann der Ansatz des M. pectoralis minor mit reseziert werden. Er wird zu diesem Zweck unter der Muskulatur des M. pectoralis major ausgelöst und mit der Diathermie reseziert. Die routinemäßige Resektion dieses Muskels führen wir nicht mehr durch.

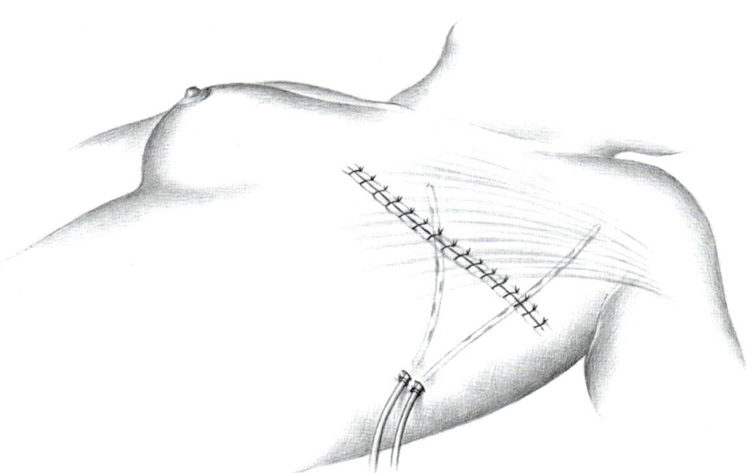

❽ Wundverschluss

Zweifache Redon-Drainage, Subkutannähte und Hautverschluss beenden den Eingriff. Es ist unter Umständen auch möglich, in gleicher Sitzung einen prothetischen Wiederaufbau vorzunehmen.

26. Pleuradrainage (Bülau)

1 Indikation

Absolut: Jeder Hämato-/Pneumothorax, ggf. prophylaktisch bei intubierten Patienten nach Thoraxtrauma.
Relativ: Spitzen-/Mantelpneumothorax bis ca. 1 cm Breite unter stationärer Beobachtung, nachlaufender Pleuraerguss.

2 Operationsvorbereitung

Präoperative Diagnostik: Röntgen-Thorax, Sonographie, selten CT.

3 Spezielle Risiken, Aufklärung

- Lungenverletzung.
- Verletzung von interkostalen Nerven/Gefäßen.
- Verletzung intraabdomineller Organe.
- Gegebenenfalls Thorakotomie.

4 Anästhesie

Lokalanästhesie.

5 Lagerung

Rücken, Arm über Kopf gelagert.

6 Zugang

Notfall: 5. Interkostalraum/vordere Axillarlinie.
Reiner Pneumothorax: 2. Interkostalraum/Medioklavikularlinie.

Gegebenenfalls Platzierung unter Sonographiekontrolle.

7 Operationsschritte

1. Zugang.
2. Pleuraspalteröffnung.
3. Einführen der Drainage.
4. Wasserventil.

8 Relevante Anatomie, Gefahren, Tricks

- Stets am Oberrand der Rippe eingehen.
- Platzierung unter digitaler Kontrolle („Mini-Thorakotomie").
- Bei mangelnder Ausdehnung der Lunge ggf. mehr als eine Drainage platzieren und Sog von 15 – 25 cm H_2O anlegen.
- Eine Pleuradrainage, die fistelt, darf nicht abgeklemmt werden: Gefahr des iatrogenen Spannungspneumothorax.
- Spätestens beim 1. Rezidiv eines Spontanpneumothorax sollte dem Patienten die thorakoskopische Exploration empfohlen werden.

9 Maßnahmen bei speziellen Komplikationen

Bei weiter bestehendem Pneumothorax Thorakoskopie oder Thorakotomie.

10 Nachsorge

Medizinische Nachbehandlung: Drainagenentfernung nach probatorischer Abklemmung und Röntgenkontrolle.

7 Operationstechnik

1. Zugang.
2. Pleuraspalteröffnung
3. Einführen der Drainage.
4. Wasserventil.

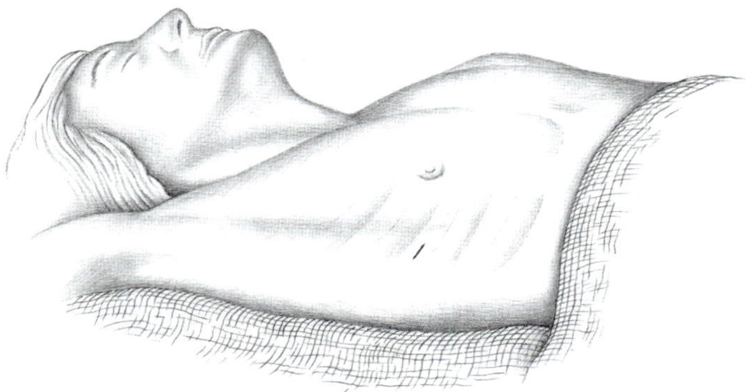

1 Zugang

Die Anlage einer Bülau-Drainage kann beim Pneumothorax ventral im 2. Interkostalraum, bei rezidivierenden Pleuraergüssen oder Pleuraempyem in der vorderen oder mittleren Axillarlinie im 5.–7. Interkostalraum erfolgen. Nach Lokalanästhesie mit 10–20 ml 1%igem Lokalanästhetikum kurzer waagerechter Hautschnitt etwas kaudal der beabsichtigten Punktionsstelle.

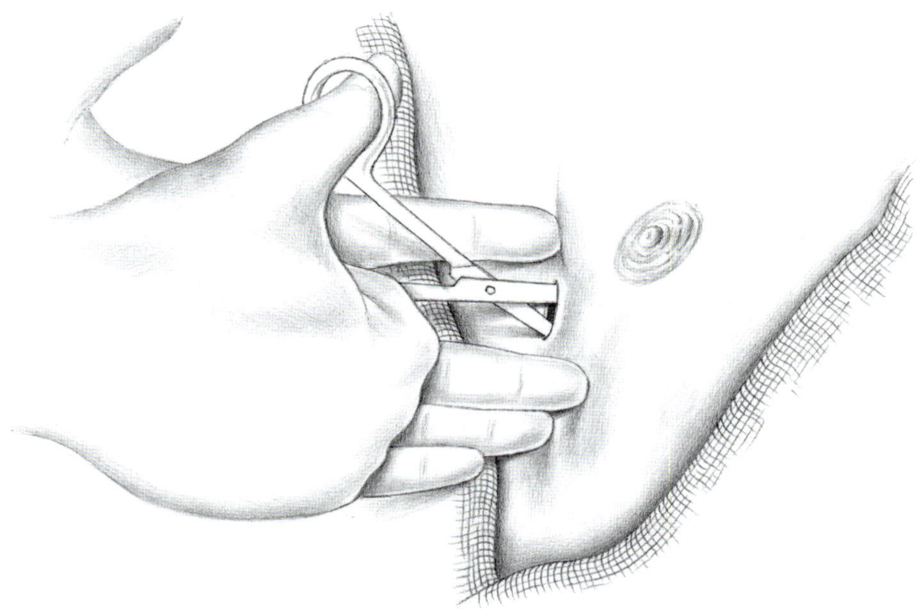

2 Pleuraspalteröffnung

Stumpfe Dissektion des Gewebes mit der Schere bis in den Pleuraraum. Es empfiehlt sich, auch das innere Blatt der parietalen Pleura zu durchstechen, um den Widerstand beim Einführen des Trokars zu verringern. Hierzu muss die Pleura sicher anästhesiert sein. Am sichersten ist es, die Öffnung gerade so groß zu machen, dass das Zeigefingerendglied in den Pleuraspalt vorgeschoben und damit die korrekte Position verifiziert werden kann („Mini-Thorakotomie“).

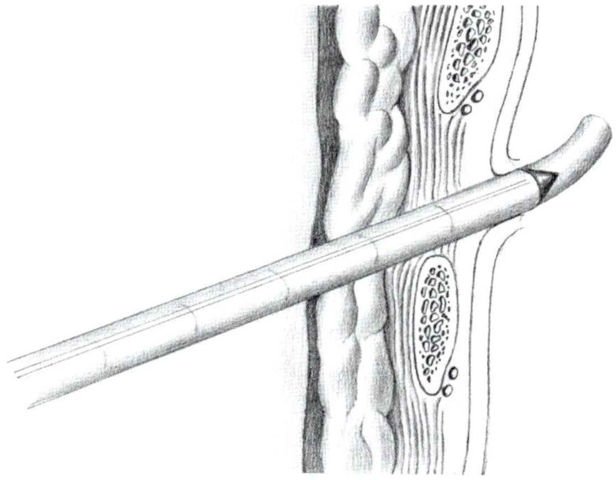

❸ Einführen der Drainage

Nach Eröffnung der Pleura mit der Schere wird im gleichen Stichkanal die mit einem Mandrin versehene Bülau-Drainage vorgeschoben. Sie wird über den nur knapp in den Thorax vorgeschobenen Mandrin bis weit intrapleural eingebracht und der Mandrin entfernt. Die Drainage darf hierbei nicht abknicken und sollte mit der Spitze dorsal zu liegen kommen. Zur Vermeidung einer Blutung ist am Oberrand der Rippe einzugehen, um eine Verletzung der Interkostalgefäße und -nerven zu vermeiden. Vorsichtiges Vorschieben des Mandrins, um eine Perforation der Lunge mit nachfolgender Fistel zu verhindern. Flüssigkeitsaustritt oder das Beschlagen der Bülau-Drainage signalisieren die korrekte Lage.

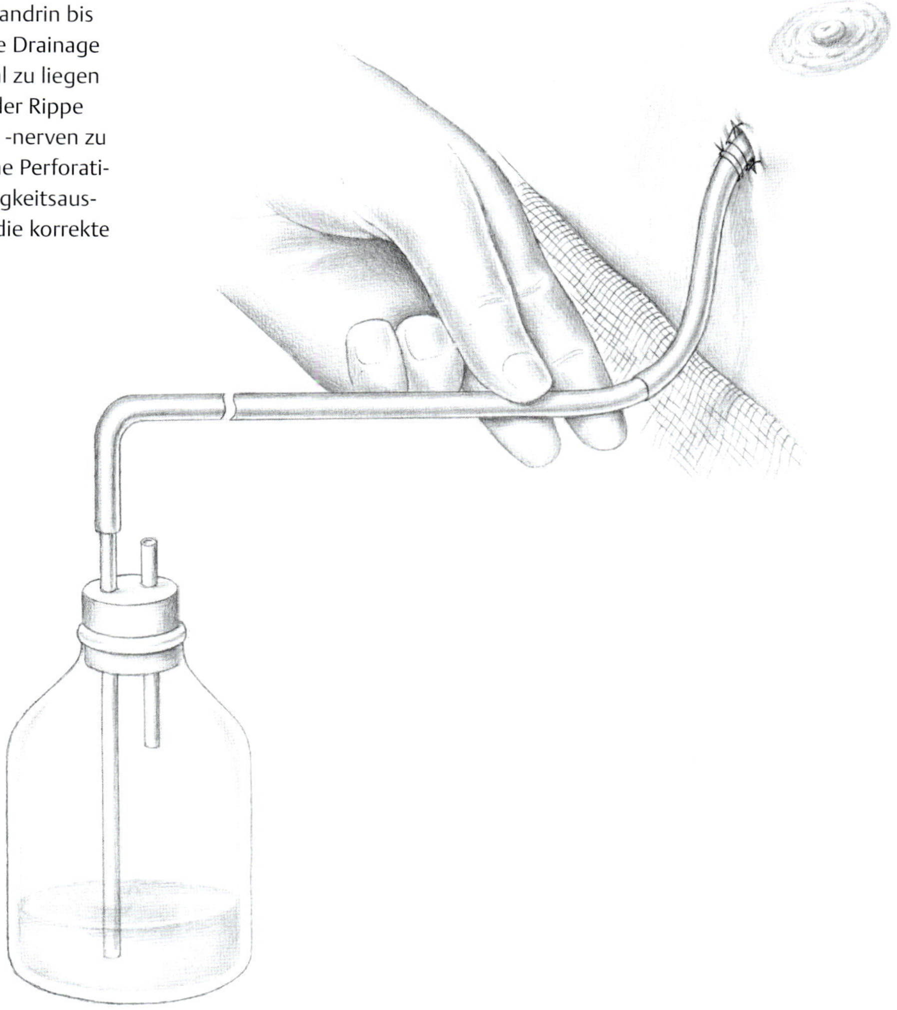

❹ Wasserventil

Wichtig ist die unmittelbare Konnektierung der Drainage mit einem Wasserschloss, an das ggf. 15 – 20 cm Wassersäule Sog angelegt werden kann. An der Hautdurchtrittsstelle ist die Drainage mit 1 – 2 kräftigen, nicht resorbierbaren Nähten zu befestigen, diese dienen gleichzeitig dem Verschluss der Inzisionswunde.

27. Mediane Sternotomie

1 Indikation

Elektiv: Zugang für alle Strukturen des vorderen Mediastinums und ggf. bilaterale Lungeneingriffe.
Alternativverfahren: Laterale Thorakotomie.

2 Operationsvorbereitung

Präoperative Diagnostik: Abhängig von Grunderkrankung.

3 Spezielle Risiken, Aufklärung

- Wundheilungsstörung.
- Drahtnähte verbleiben in situ, Drahtbruch.

4 Anästhesie

Intubationsnarkose.

5 Lagerung

Rücken.

6 Zugang

Inzision Jugulum bis Xiphoid.

7 Operationsschritte

1. Lagerung und Zugang.
2. Freilegen der Sternumvorderfläche.
3. Aufsägen des Sternums.
4. Aufbringen von Knochenwachs.
5. Sternum-Drahtnähte.

8 Relevante Anatomie, Gefahren, Tricks

Direkt hinter dem Sternum befindet sich kranial der Thymus (bei Erwachsenen meist atroph) und die V. anonyma, kaudal das Perikard und seitlich überlappen die Pleurae das Perikard.

9 Maßnahmen bei speziellen Komplikationen

Postoperativ instabiles Sternum: Ursache Drahtbruch oder Wundinfekt.

Cave: Mediastinitis!

Erneute Verdrahtung notwendig, bei Infekt ggf. Spüldrainagen einlegen und Muskelplastik durchführen.

10 Nachsorge

Medizinische Nachbehandlung: Abhängig von Gesamtsituation.

7 Operationstechnik

1. Lagerung und Zugang.
2. Freilegen der Sternumvorderfläche.
3. Aufsägen des Sternums.
4. Aufbringen von Knochenwachs.
5. Sternum-Drahtnähte.

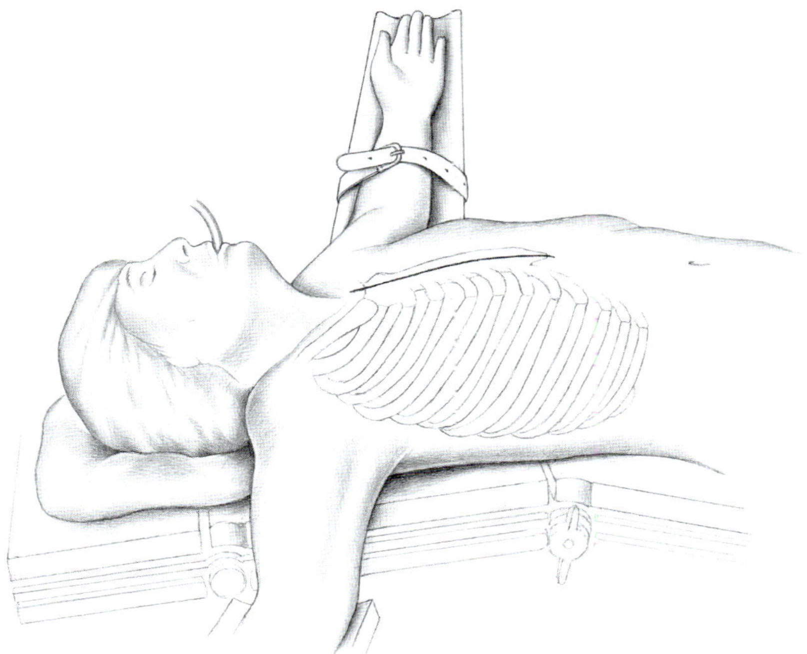

1 Lagerung und Zugang

Die Inzision erfolgt in der Medianlinie vom Jugulum bis knapp kaudal des Xiphoids.

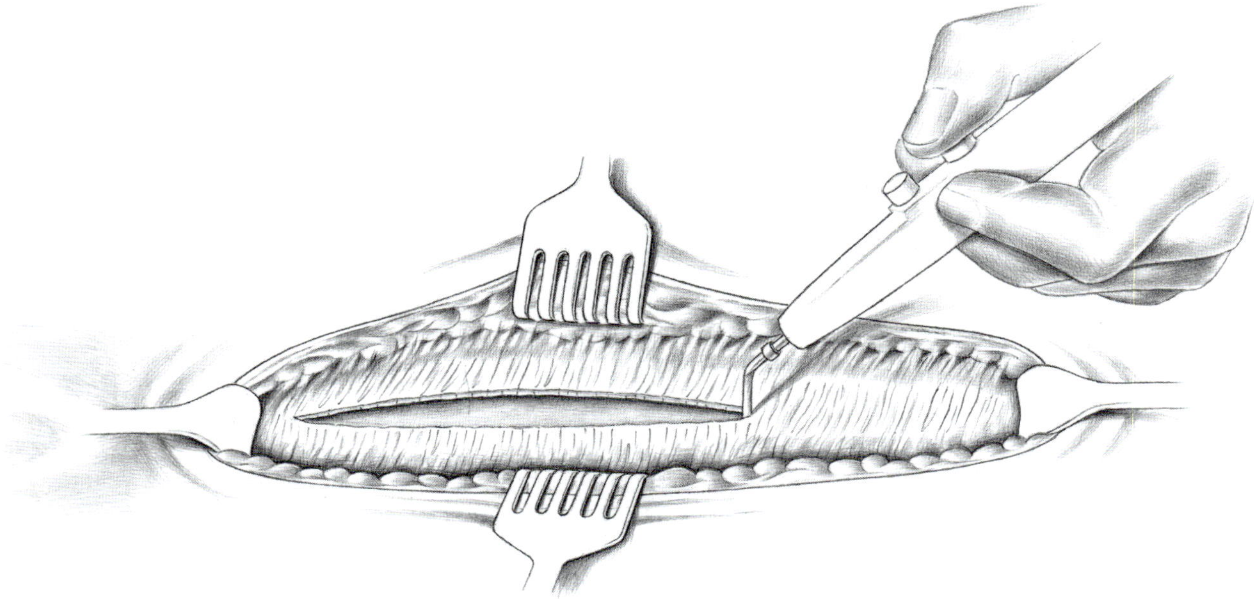

❷ Freilegen der Sternumvorderfläche

Nach Eröffnung der Haut wird das Subkutangewebe bis auf das Sternum mit der Diathermie durchtrennt. Im Bereich des Sternumperiosts treten zahlreiche kleine Blutungen auf, die unmittelbar koaguliert werden sollten. Nach vollständiger Freilegung des Sternums wird kranial des Manubriums ein Kocher-Haken eingesetzt und schrittweise das Jugulum freigelegt. Es wird mit dem Zeigfinger und einem Präpariertupfer stumpf umfahren, so dass man nach retrosternal gelangt. Dem tastenden Finger gelingt es, die Weichteilstrukturen bis weit nach retrosternal abzuschieben. In identischer Weise wird das Sternum von kaudal unterfahren, wobei das Xiphoid reseziert werden kann.

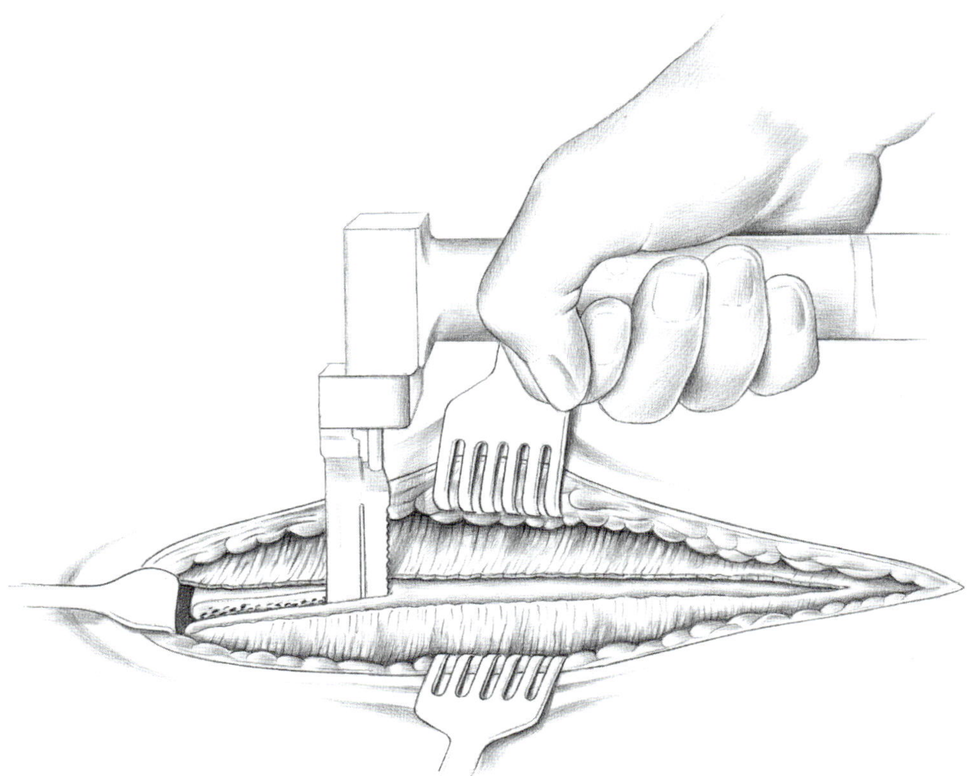

❸ Aufsägen des Sternums

Nach weitgehender dorsaler Freilegung des Sternums wird die oszillierende Säge von kranial unter das Sternum gehakt und schrittweise unter Kochsalzspülung das Sternum nach kaudal durchtrennt. Hierbei ist die Säge stark nach ventral zu ziehen, um den Sägefuß unmittelbar auf der Rückseite des Sternums gleiten zu lassen.

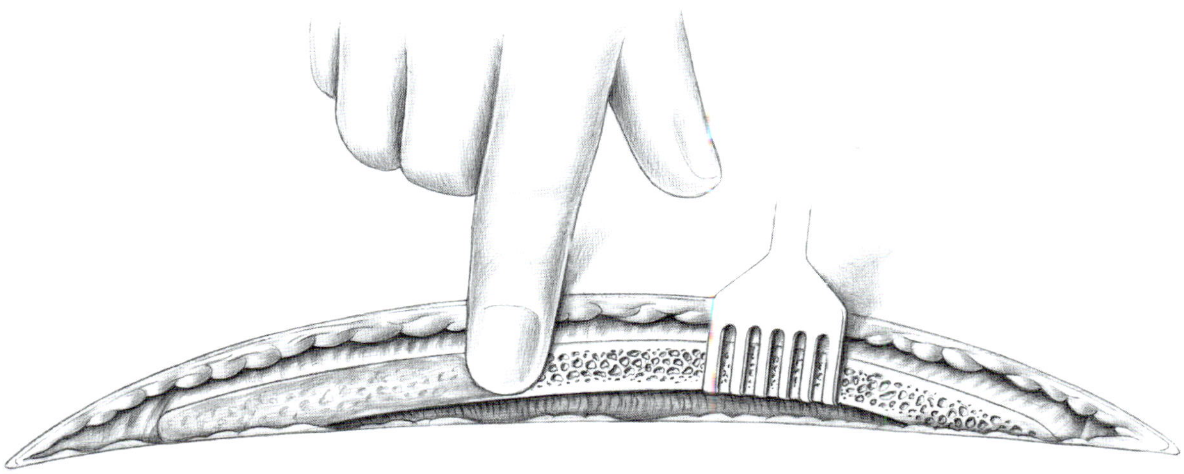

❹ Aufbringen von Knochenwachs

Die beidseitigen Schnittflächen des Sternums werden mit Knochenwachs versiegelt, um die Blutung aus dem spongiösen Knochen zu unterbinden. Nach Einsatz eines Thoraxsperrers liegt das vordere Mediastinum nunmehr frei.

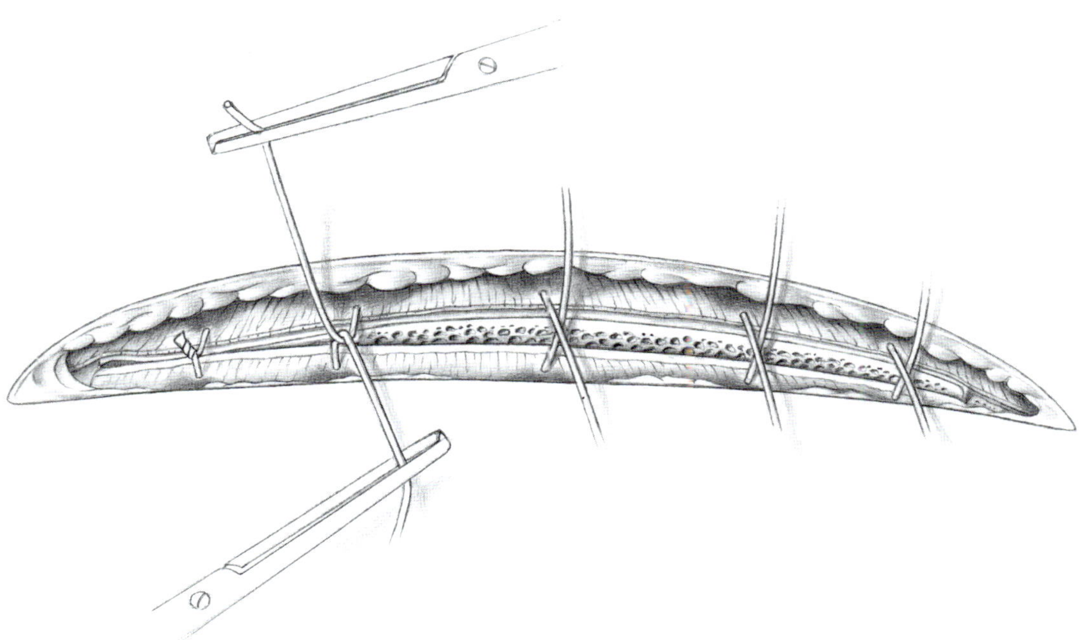

❺ Sternum-Drahtnähte

Nach Abschluss der mediastinalen Operation wird das Sternum durch meist 4–5 Drahtnähte verschlossen. Diese Nähte werden zunächst zwischen den Rippenansätzen um die Sternumhälften gelegt und beidseits mit Kocher-Klemmen armiert. Unter gekreuztem Zug am jeweils benachbarten Draht werden die Drahtnähte dann, von kranial beginnend, miteinander verzwirbelt. Die überstehenden Reste werden ca. 1 cm über dem Sternum abgeschnitten, die Zwirbel umgebogen und im Sternum versenkt. Eine fortlaufende Subkutannaht und Hautklammern beenden den Eingriff. Zumeist sind zuvor substernale Drainagen eingebracht worden, die über eine Bülau-Flasche abgeleitet werden sollten.

28. Posterolaterale Thorakotomie

1 Indikation

Elektiv: Eingriffe an Lunge, Herz, Aorta und Ösophagus (rechts).
Alternativverfahren: Axilläre Thorakotomie: geringere Übersicht, z. B. für Oberlappenresektion, atypische Resektion, Ösophagusdissektion geeignet; Sternotomie.

2 Operationsvorbereitung

Präoperative Diagnostik: Abhängig von Grunderkrankung.

3 Spezielle Risiken, Aufklärung

- Rippenfrakturen.
- Interkostalneuralgie.
- Pneumothorax.

4 Anästhesie

Intubationsnarkose: ggf. Doppellumentubus.

5 Lagerung

Seite, Arm über Kopf gelagert.

Cave: Plexusschaden.

6 Zugang

Hautinzision ca. 2 – 3 cm unter Skapulaspitze herumführen.

7 Operationsschritte

1. Lagerung.
2. Durchtrennung M. latissimus dorsi.
3. Durchtrennung M. serratus anterior.
4. Durchtrennung der Interkostalmuskulatur.
5. Einsetzen des Rippensperrers.
6. Thoraxwandverschluss.
7. Fortlaufende Serratusnaht.
8. Naht des M. latissimus dorsi.
9. Hautnaht.

8 Relevante Anatomie, Gefahren, Tricks

- Auf ausreichende Mobilisation und Retraktion des M. latissimus dorsi achten (Schonung des N. thoracodorsalis).

Cave: Verletzung des N. thoracicus longus bei der Durchtrennung des M. serratus anterior (Flügelskapula).

- Für Oberlappeneingriffe am Oberrand der 5. Rippe eingehen, für Aortenbogeneingriffe am Oberrand der 4. Rippe, sonst Oberrand 6. Rippe.

9 Maßnahmen bei speziellen Komplikationen

Eröffnung von Interkostalgefäßen bei der Durchtrennung der Interkostalmuskulatur: ggf. perikostale Umstechung zur Blutstillung.

10 Nachsorge

Medizinische Nachbehandlung: Abhängig von Grunderkrankung.

7 Operationstechnik

❶ Lagerung.
❷ Durchtrennung M. latissimus dorsi.
❸ Durchtrennung M. serratus anterior.
❹ Durchtrennung der Interkostalmuskulatur.
❺ Einsetzen des Rippensperrers.
❻ Thoraxwandverschluss.
❼ Fortlaufende Serratusnaht.
❽ Naht des M. latissimus dorsi.
❾ Hautnaht.

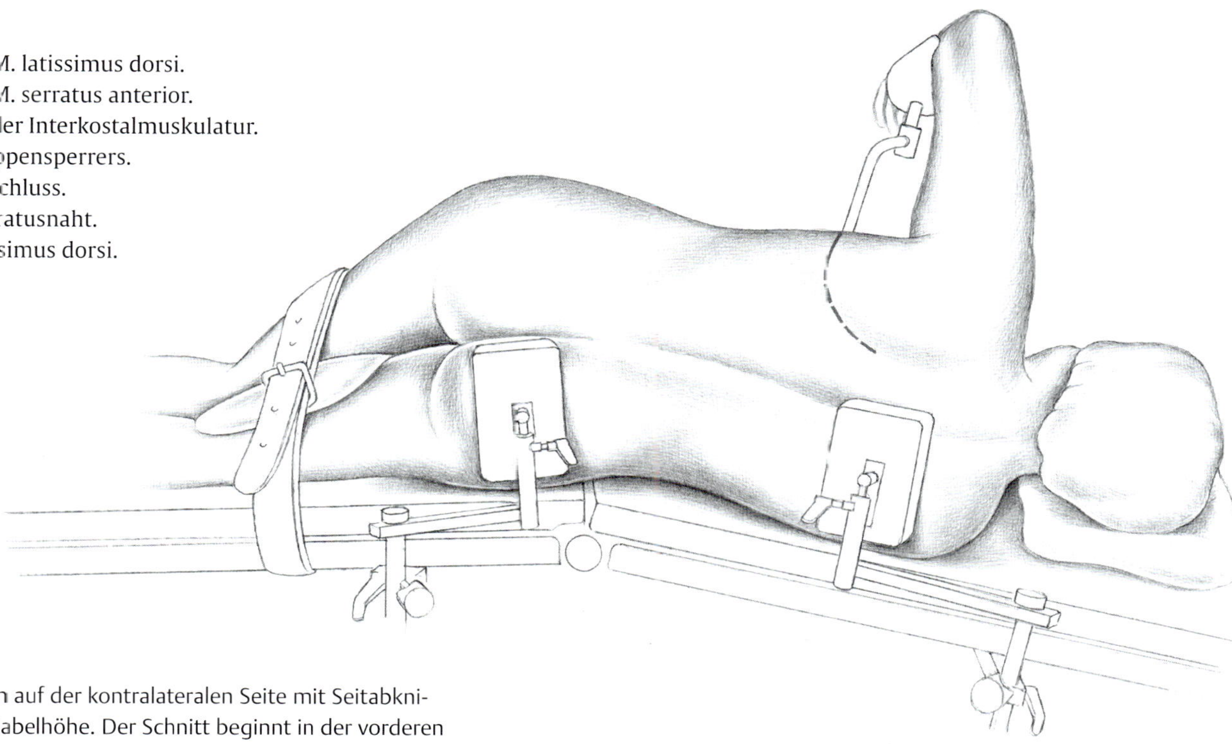

❶ Lagerung

Lagerung des Patienten auf der kontralateralen Seite mit Seitabknickung des Tisches in Nabelhöhe. Der Schnitt beginnt in der vorderen Axillarlinie und umkreist die Schulterblattspitze, um dann schräg nach oben bis zur Mitte zwischen Wirbelsäule und Schulterblatt zu ziehen.

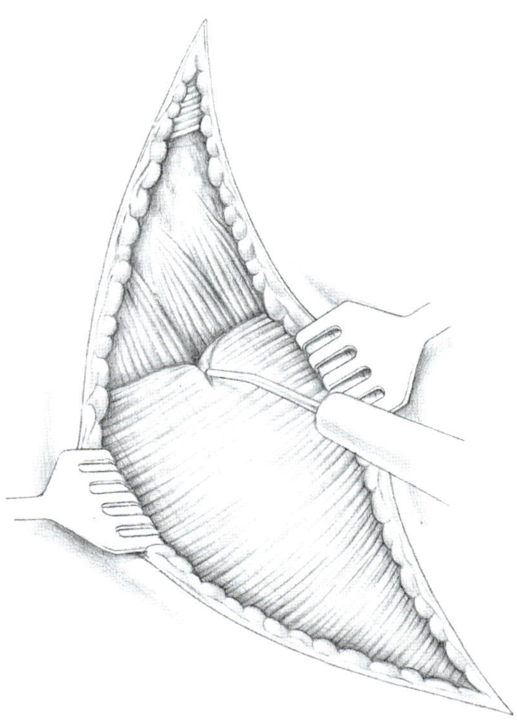

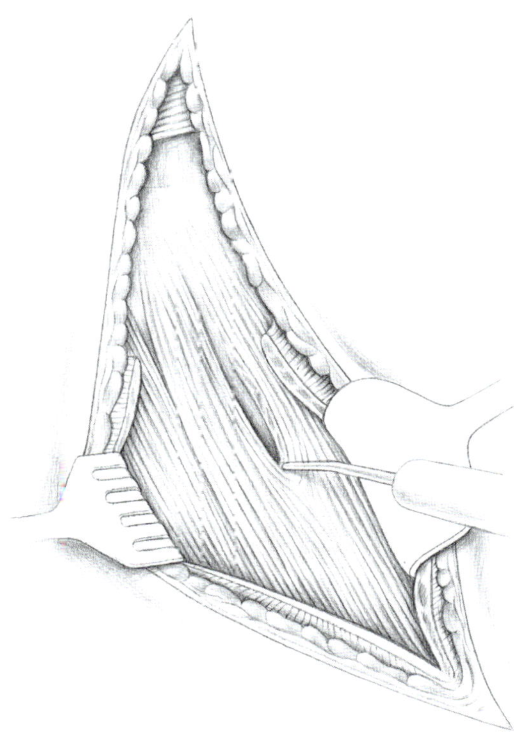

❷ Durchtrennung M. latissimus dorsi

Nach vollständiger Durchtrennung der Haut Aufladen des M. latissimus dorsi und partielle Durchtrennung mit der Diathermie bis auf den darunter gelegenen M. serratus anterior.

❸ Durchtrennung M. serratus anterior

Nach Durchtrennung des M. latissimus dorsi Durchtrennung des darunter gelegenen M. serratus anterior bis auf den knöchernen Thorax. Hierzu muss man die Muskelfasern bis auf die Thoraxwand spreizen und von dort aus den Muskel nach dorsal abheben.

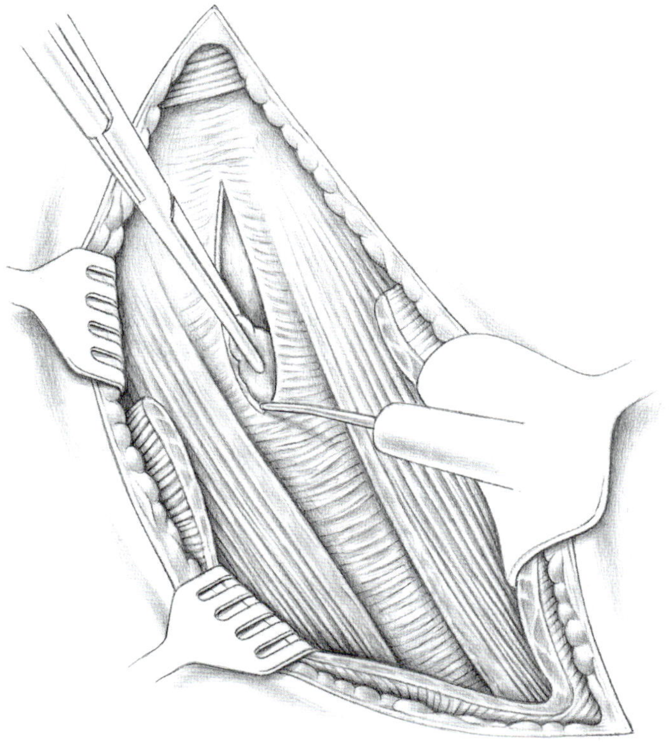

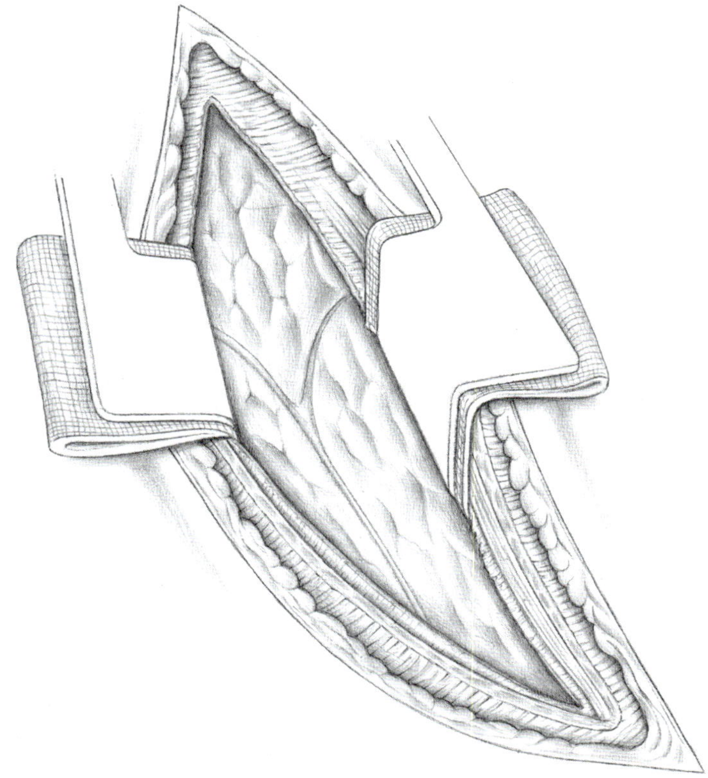

❹ Durchtrennung der Interkostalmuskulatur

Nach Freilegung der Rippen Durchtrennung der Interkostalmuskulatur mit der Diathermie. (**Cave**: Eröffnung von Interkostalgefäßen.) Zur Schonung der darunter gelegenen Lunge empfiehlt es sich, einen Präpariertupfer einzuführen.

❺ Einsetzen des Rippensperrers

Nach vollständiger Eröffnung der Interkostalmuskulatur und der Pleura Einsetzen eines Rippensperrers zur Eröffnung des Operationsfeldes. Sperrer nur schrittweise öffnen (**Cave**: Rippenfraktur!).

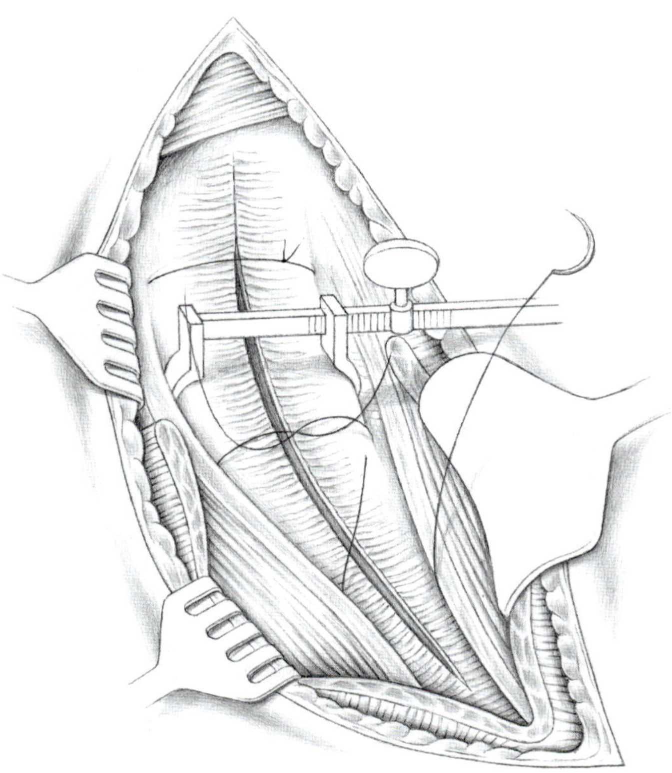

❻ Thoraxwandverschluss

Verschluss der Thoraxwand, Einsetzen des Bailey-Approximators, der durch Zusammenschrauben die Rippen annähert. Durch perikostale Nähte (2er PGS) werden die Rippen in dieser Position fixiert.

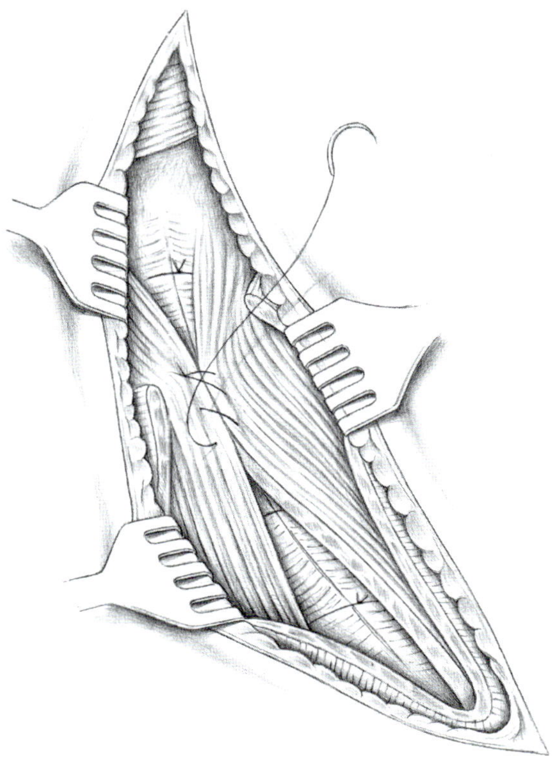

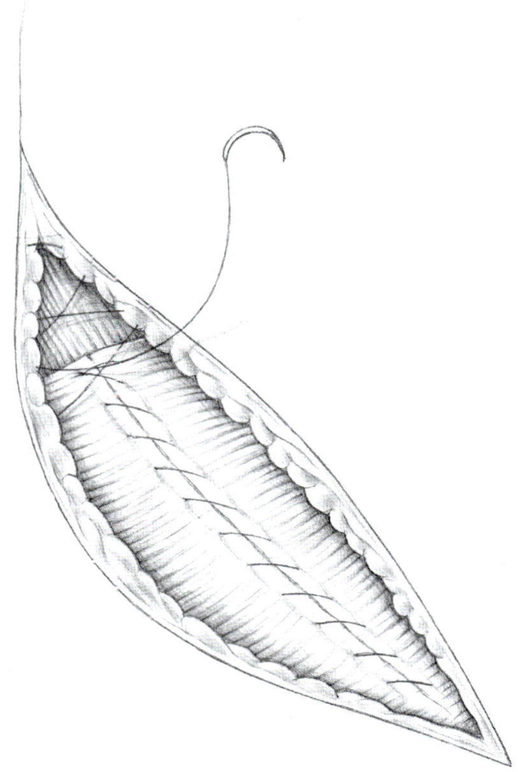

❼ Fortlaufende Serratusnaht

Die Muskulatur des M. serratus anterior wird mit fortlaufender Naht (1er PGS) als unterste Schicht der Muskelnähte adaptiert.

❽ Naht des M. latissimus dorsi

Über der Serratusmuskulatur wird die Muskulatur des M. latissimus dorsi durch fortlaufende Naht (1er PGS) adaptiert und damit die muskuläre Bedeckung der Thoraxwand vervollständigt. Eine fortlaufende Subkutannaht nähert die Hautränder einander an.

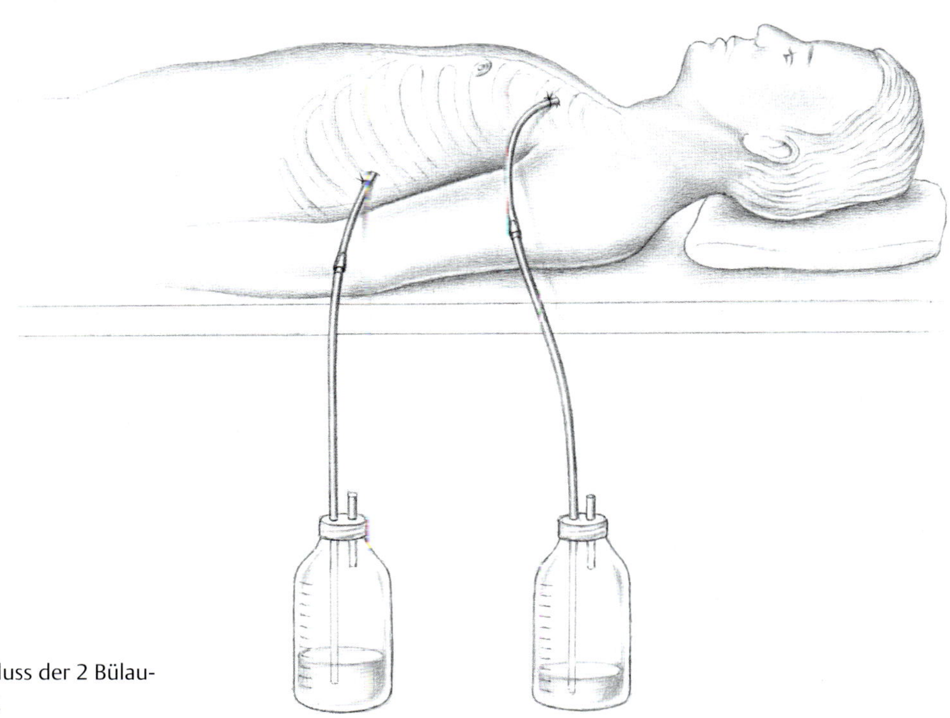

❾ Hautnaht

Hautnahtverschluss durch Klammern und der Anschluss der 2 Bülau-Drainagen an das Wasserventil beenden den Eingriff.

29. Axilläre Thorakotomie

1 Indikation

Elektiv: Kosmetischer Zugang z. B. für Oberlappenresektion, Ösophagusdissektion (rechts!) und andere thorakale Eingriffe.
Alternativverfahren: Antero-/posterolaterale Thorakotomie, Sternotomie.

2 Operationsvorbereitung

Präoperative Diagnostik: Abhängig von Grunderkrankung.

3 Spezielle Risiken, Aufklärung

- Rippenfrakturen.
- Interkostalneuralgie.

4 Anästhesie

Intubationsnarkose, ggf. Doppellumentubus.

5 Lagerung

Seite, Arm über Kopf gelagert.

Cave: Plexusschaden.

6 Zugang

Hautinzision L-förmig in der hinteren Axillarlinie bis unterhalb Mamille im Bereich zwischen M. latissimus dorsi und M. pectoralis major (meist 4. Interkostalraum).

7 Operationsschritte

1. Lagerung und Hautschnitt.
2. Verlagerung M. latissimus dorsi.
3. Spaltung des M. serratus anterior.
4. Eröffnung des Thorax.

8 Relevante Anatomie, Gefahren, Tricks

Auf ausreichende Mobilisation und Retraktion des M. latissimus dorsi achten (Schonung des N. thoracodorsalis).

Cave: Verletzung des N. thoracicus longus bei der Durchtrennung des M. serratus anterior (Flügelskapula).

9 Maßnahmen bei speziellen Komplikationen

Eröffnung von Interkostalgefäßen bei der Durchtrennung der Interkostalmuskulatur: ggf. perikostale Umstechung zur Blutstillung.

10 Nachsorge

Medizinische Nachbehandlung: Abhängig von Grunderkrankung.

7 Operationstechnik

1. Lagerung und Hautschnitt.
2. Verlagerung M. latissimus dorsi.
3. Spaltung des M. serratus anterior.
4. Eröffnung des Thorax.

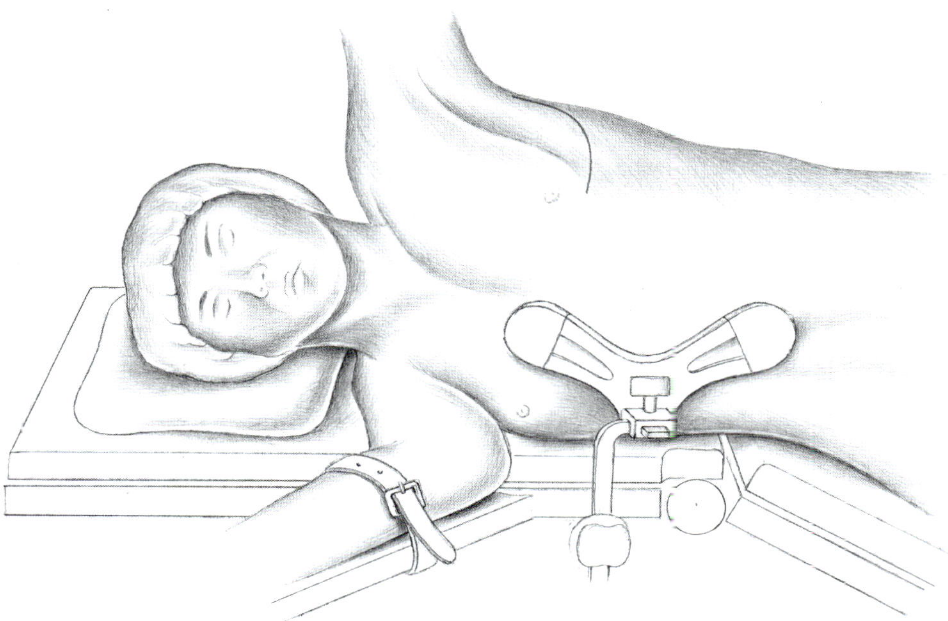

1 Lagerung und Hautschnitt

Die Lagerung des Patienten erfolgt auf der kontralateralen Seite. Der Thorax wird in Nabelhöhe durch eine Abknickung des Tisches leicht aufgeklappt. Der Arm der betreffenden Seite wird in 90°-Abduktion in einer Schale über dem Kopf des Patienten fixiert. Der Hautschnitt beginnt in der Axillargrube und folgt zunächst dem Vorderrand des M. latissimus dorsi, um dann in Richtung auf die Submammärfalte abzubiegen, ohne diese jedoch ganz zu erreichen.

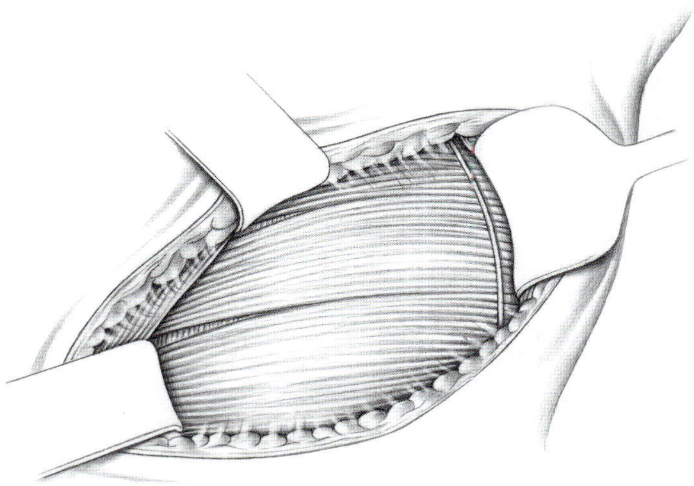

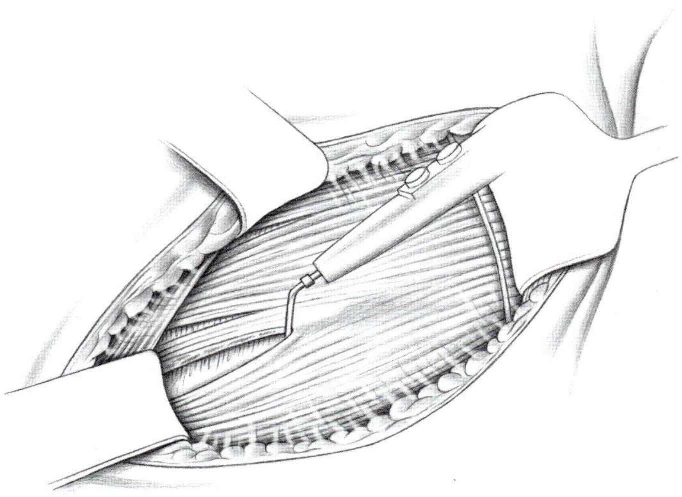

❷ Verlagerung M. latissimus dorsi

Nach Durchtrennung der Subkutis werden der M. latissimus dorsi und der M. pectoralis major mit stumpfen Haken nach lateral bzw. medial verzogen. Nun kann man mühelos in den 4. und 5. Interkostalraum eindringen.

❸ Spaltung des M. serratus anterior

Nach Freilegung der Muskulatur des M. serratus anterior wird er mit der Diathermie gespalten bzw. stumpf auseinander gedrängt. Häufig verlaufen hier kräftige quere Gefäße, die zwischen Overholt-Klemmen durchtrennt und ligiert werden müssen.

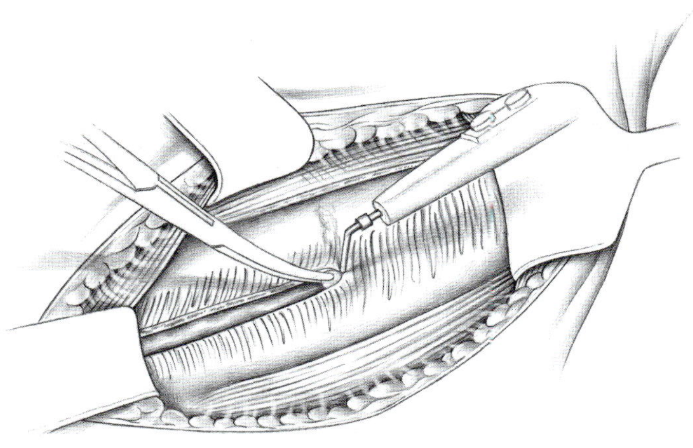

❹ Eröffnung des Thorax

Nach Freilegung der Interkostalmuskulatur wird die Muskulatur dargestellt und interkostal gespalten. Nach Eröffnung der Pleura wird ein Präpariertupfer eingebracht, der eine Beschädigung der Lunge durch die Diathermie verhindert. Nach Beendigung des Eingriffs wird die Thorakotomie in gleicher Weise wie bei der posterolateralen Thorakotomie verschlossen, wobei die Rippen durch perikostale Einzelknopfnähte einander angenähert und die Muskulatur fortlaufend in zwei Schichten vereint wird.

30. Atypische Lungenresektion offen

1 Indikation

Elektiv: Metastasen; umschriebene benigne Veränderung, z. B. Bulla bei Spontanpneumothorax ab erstem Rezidiv.
Relativ: Bronchialmalignom bei extrapulmonaler Metastasierung oder stark eingeschränkter Lungenfunktion.
Alternativverfahren: Thorakoskopisches Vorgehen.

2 Operationsvorbereitung

Präoperative Diagnostik: Röntgen-Thorax. Lungenfunktionsanalyse. Computertomographie (ggf. mit Biopsie). Bronchoskopie, Mediastinoskopie.

3 Spezielle Risiken, Aufklärung

- Persistierende Fistelung.
- Blutung.
- Infektion (Pleuraempyem).
- Rippenfrakturen.

4 Anästhesie

Intubationsnarkose, ggf. Doppellumentubus.

5 Lagerung

Seite, Arm über Kopf gelagert.

Cave: Plexusschaden.

6 Zugang

Axilläre Thorakotomie.

7 Operationsschritte

1. Keilexzision.
2. Übernähung der Exzisionsstelle.
3. Spitzenresektion.
4. Übernähung der Resektionsstelle.

8 Relevante Anatomie, Gefahren, Tricks

- Bullae finden sich meist im Bereich der Lungenspitze oder entlang der Ränder der Interlobärspalten.
- Klammernahtgeräte mit Klammern von 3,5 mm verwenden.

9 Maßnahmen bei speziellen Komplikationen

Persistierende Luftfistelung über Pleuradrainagen: Drainagen an Sog 15 – 20 cm Wassersäule.

10 Nachsorge

Medizinische Nachbehandlung: Wenn nach Röntgenkontrolle Lunge ausgedehnt, Pleuradrainage abklemmen und nach weiterem Röntgen ex (meist nach 2 – 4 Tagen).
Mobilisation: Sofort.
Arbeitsunfähigkeit: 1 – 2 Wochen.

7 Operationstechnik

❶ Keilexzision.
❷ Übernähung der Exzisionsstelle.
❸ Spitzenresektion.
❹ Übernähung der Resektionsstelle.

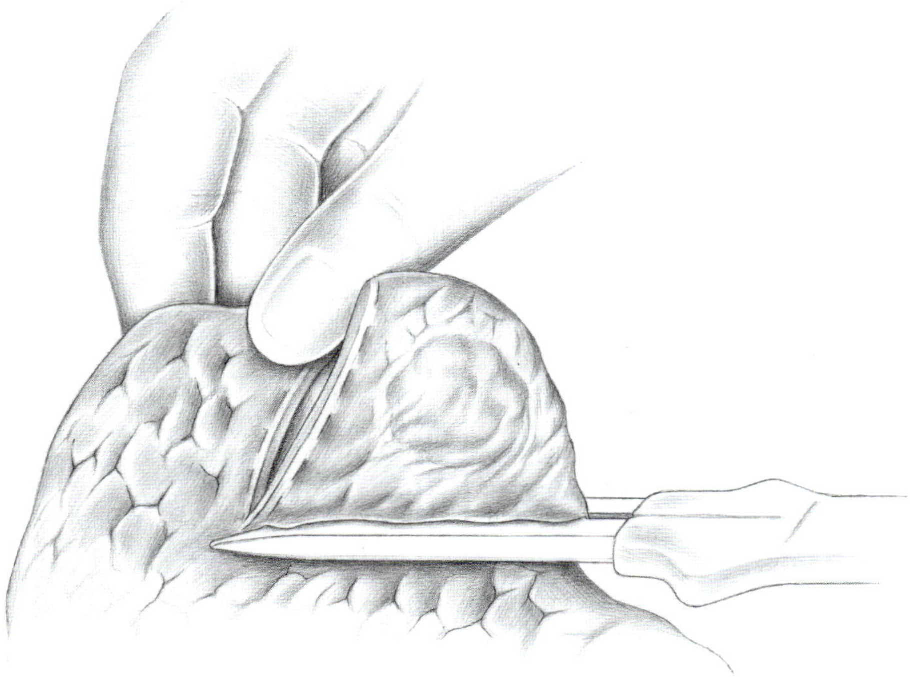

❶ Keilexzision

Isolierte periphere Herde im Bereich der Lungen können durch atypische Resektion entfernt werden. Hierzu hat es sich bewährt, mit einem GIA-Nahtgerät keilförmig Lungenareale auszuklemmen und durch Nahtverschluss abzutrennen.

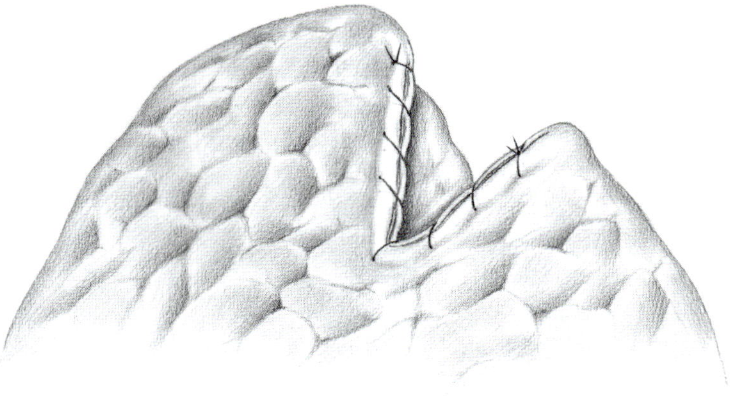

❷ Übernähung der Exzisionsstelle

Nach Fertigstellung der Klammernahtreihe kann diese durch fortlaufende Nähte versorgt werden. Alternativ ist bei Verzicht auf Nähapparate auch der direkte fortlaufende Nahtverschluss (2 – 0 PGS) zwischen Klemmen mit luftdichtem Abschluss des Lungenparenchyms möglich.

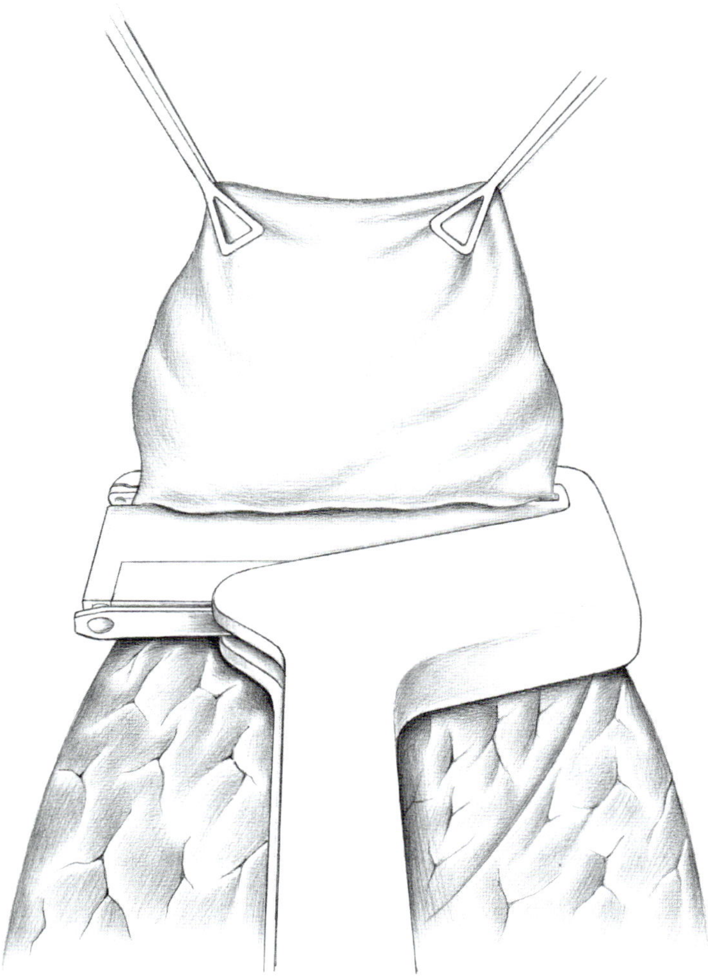

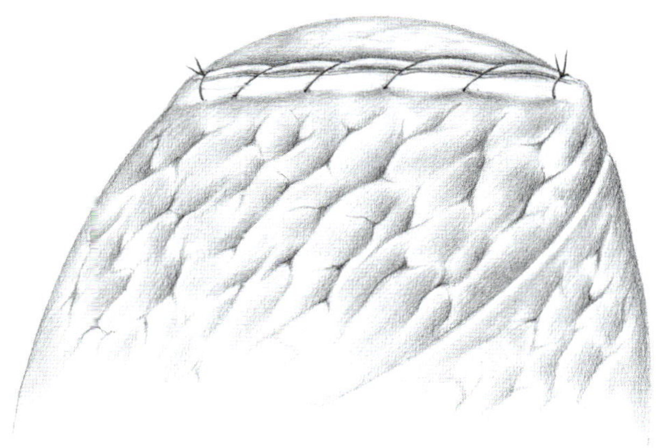

❸ Spitzenresektion

Isolierte Bezirke im Unterlappen oder in apikalen Segmenten (z. B. Bullae) können mit einem TA 30-, 55- oder 90-Nahtgerät angeklemmt und durch Klammernahtreihen reseziert und verschlossen werden.

❹ Übernähung der Resektionsstelle

Die Klammernähte können durch fortlaufende Nahttechnik übernäht werden. Andererseits ist die Lungenresektion auch ohne Verwendung von Klammernähten möglich. Dabei wird zwischen Klemmen der entsprechende Abschnitt ausgeklemmt, reseziert und durch fortlaufende Naht verschlossen.

31. Atypische Lungenresektion thorakoskopisch

1 Indikation

Elektiv: Entfernung einer an der Lappenoberfläche gelegenen umschriebenen pathologischen Veränderung. Ab erstem Rezidiv eines Spontanpneumothorax.
Kontra: Thorakale Voroperationen. Diffuse, die gesamte Lunge betreffende Erkrankung.
Alternativverfahren: Thorakotomie mit atypischer Resektion/Lobektomie/Pneumonektomie.

2 Operationsvorbereitung

Präoperative Diagnostik: Röntgen-Thorax, Thorax-Computertomographie, ggf. Lungenfunktionsdiagnostik.
Patientenvorbereitung: Primärbehandlung mit Bülau-Drainage.

3 Spezielle Risiken, Aufklärung

- Rezidiv nach Bulla-Abtragung (< 10%).
- Blutung.
- Hautemphysem.
- Infekt (lokal, Empyem, Pneumonie).
- Nervenverletzung (interkostal, Horner-Syndrom).
- Gegebenenfalls Notwendigkeit des Umsteigens auf Thorakotomie.

4 Anästhesie

Intubationsnarkose.

5 Lagerung

Seitenlage, Oberarm flach auf Schulterniveau lagern.

6 Zugang

Im muskelarmen axillären Dreieck: Vorderrand des M. latissimus dorsi im 5. Interkostalraum, unter endoskopischer Kontrolle im 7. Interkostalraum in der mittleren Axillarlinie und im 5. Interkostalraum am Hinterrand des M. pectoralis major.

7 Operationsschritte

1. Lagerung, OP-Team, Zugänge.
2. Keilexzision.
3. Dichtigkeitsprobe.
4. Drainage.

8 Relevante Anatomie, Gefahren, Tricks

- Kleine Bullae können mit der Schlinge an der Basis ligiert und abgetragen werden.
- Pleurodese: Pleura parietalis im Bereich der oberen Thoraxapertur mit dem Tupfer aufrauen oder mit dem Argon-Beamer irritieren. Alternativ Pleurektomie (siehe S. 135).

9 Maßnahmen bei speziellen Komplikationen

Bei Verschwartung, Unübersichtlichkeit oder Blutung Umsteigen auf offenes Vorgehen.

10 Nachsorge

Medizinische Nachbehandlung: Thoraxdrainagen abklemmen und entfernen ab 2. Tag (Voraussetzung: keine Fistelung mehr!).
Mobilisation: Sofort.
Krankengymnastik: Atemgymnastik.
Arbeitsunfähigkeit: 2 Wochen.

7 Operationstechnik

❶ Lagerung, OP-Team, Zugänge.
❷ Keilexzision.
❸ Dichtigkeitsprobe.
❹ Drainage.

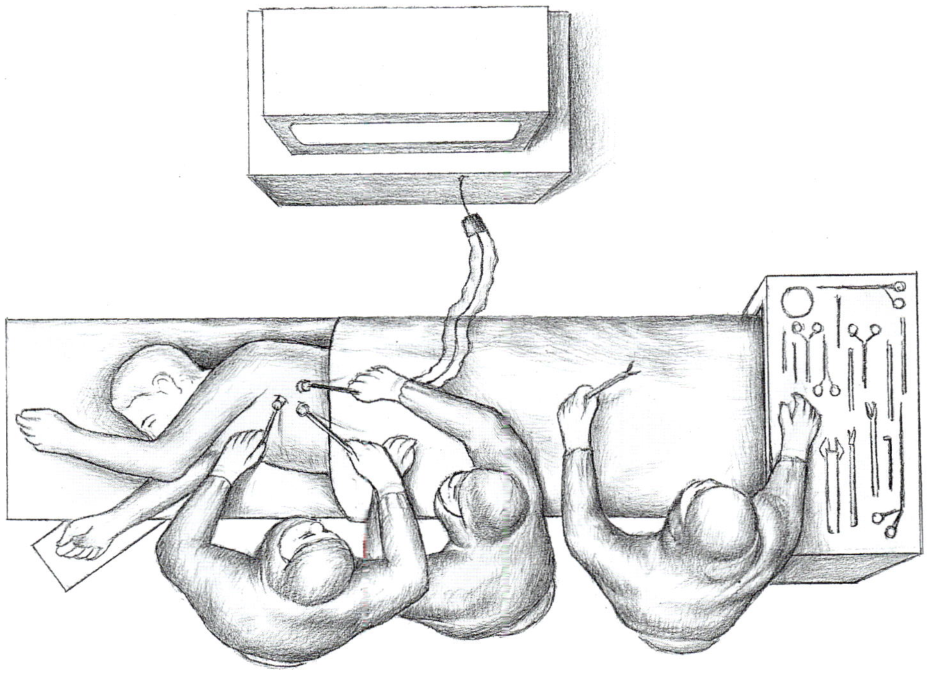

❶ Lagerung, OP-Team, Zugänge

Bei linksseitiger atypischer Lungenresektion liegt der Patient auf der rechten Seite. Bei rechtsseitiger atypischer Lungenresektion liegt der Patient auf der linken Seite. Er wird mit einem doppellumigen Tubus versehen, so dass die Lunge der zu operierenden Seite ausgeklemmt werden kann. Der Operateur steht auf der Ventralseite des Patienten, die OP-Schwester am Fußende, der Monitor vis-à-vis des Operateurs. Die Trokareintrittsstellen sind an der vorderen und hinteren Axillarlinie in Höhe der Brustwarze sowie zwischen diesen beiden Punkten ca. 4 cm kaudaler.

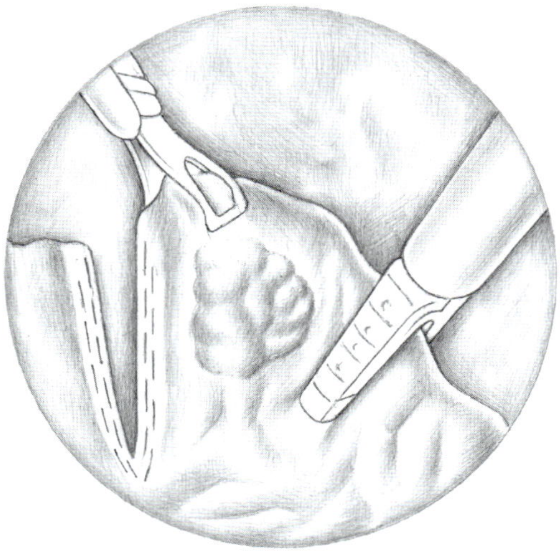

❷ Keilexzision

Oberflächliche Herde werden mit einer Klammernahtreihe des Endo-GIA abgetragen. Bei tiefer gelegenen Herden empfiehlt sich eine Keilexzision mit zwei oder mehr Endo-GIA-Nahtgeräten. Hierbei sollte die Keilexzision so gelegt sein, dass das gesamte Parenchym erfasst und verschlossen wird. Das Resektat wird in einem Bergebeutel aufgefangen und über eine Trokareintrittsstelle extrahiert.

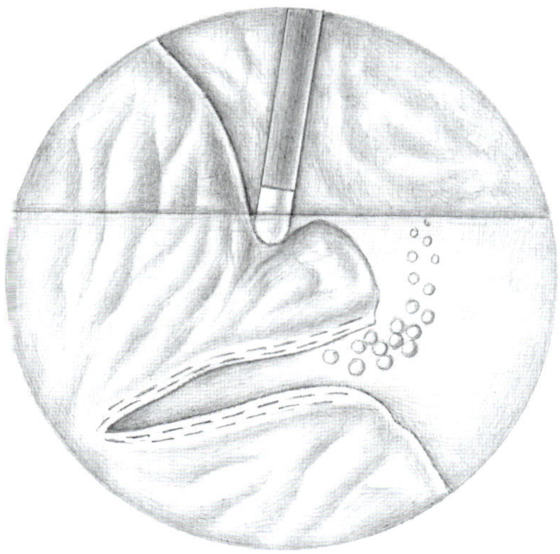

❸ Dichtigkeitsprobe

Es empfiehlt sich, nach Beendigung der Klammernaht eine Dichtigkeitsprobe durchzuführen, die durch Instillation von Wasser den Luftaustritt aus der Resektionsstelle beurteilen lässt. Zu diesem Zweck muss die bis dahin ausgeklemmte Lunge wieder in die Ventilation einbezogen werden.

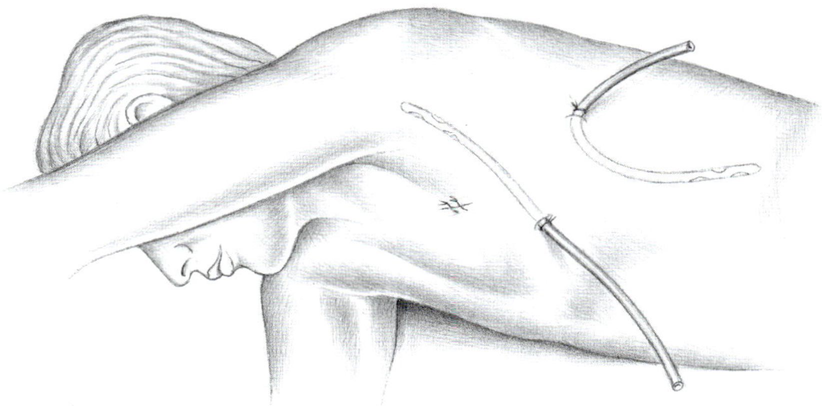

❹ Drainage

Nach voller Entfaltung der Lunge werden über die Trokarstellen ein oder zwei Bülau-Drainagen eingelegt.

32. Lobektomie rechter Oberlappen

1 Indikation

Elektiv: Auf den Oberlappen beschränkte pathologische Veränderungen.
Alternativverfahren: Bilobektomie, Pneumonektomie, atypische Lungenresektion.

2 Operationsvorbereitung

Präoperative Diagnostik: Röntgen-Thorax, Computertomographie, ggf. mit Biopsie, Bronchoskopie, Perfusionsszintigraphie, Lungenfunktionsdiagnostik.
Patientenvorbereitung: Gegebenenfalls antiobstruktive Medikation und Physiotherapie.

3 Spezielle Risiken, Aufklärung

- Gegebenenfalls Erweiterung des Eingriffs bis zur Pneumonektomie.
- Bronchustumpfinsuffizienz.
- Pleuraempyem.
- Pneumothorax.
- Rippenfraktur.

4 Anästhesie

Intubationsnarkose, Doppellumentubus.

5 Lagerung

Seitlagerung mit über dem Kopf positioniertem Arm.

6 Zugang

Axilläre Thorakotomie, seltener antero- oder posterolaterale Thorakotomie.

7 Operationsschritte

1. Lagerung und Zugang.
2. Gefäßpräparation ventral.
3. Gefäßpräparation dorsal.
4. Durchtrennung des Oberlappenbronchus.

8 Relevante Anatomie, Gefahren, Tricks

- Die arterielle Versorgung des Oberlappens besteht zumeist aus dem Truncus anterior und einer posterior aszendierenden Arterie, die venöse aus den drei Oberlappensegmentvenen. Diese stehen in enger Beziehung zu den Mittellappensegmentvenen.
- Die Pulmonalarterien und -venen sind extrem dünnwandig und bedürfen daher einer besonders vorsichtigen Präparationstechnik.

9 Maßnahmen bei speziellen Komplikationen

Bei Blutung aus Pulmonalgefäßen Ruhe bewahren: gezieltes Ausklemmen und Gefäßnaht

10 Nachsorge

- **Medizinische Nachbehandlung**: Thoraxdrainage abklemmen, wenn keine Fistelung mehr besteht (meist 2.–4. Tag), nach Röntgenkontrolle entfernen.
- **Kostaufbau**: Sobald Narkose abgeklungen, trinken, normale Kost ab 1. Tag.
- **Mobilisation**: Sofort.
- **Krankengymnastik**: Atemtherapie.
- **Arbeitsunfähigkeit**: 1 – 2 Wochen.

7 Operationstechnik

❶ Lagerung und Zugang.
❷ Gefäßpräparation ventral.
❸ Gefäßpräparation dorsal.
❹ Durchtrennung des Oberlappenbronchus.

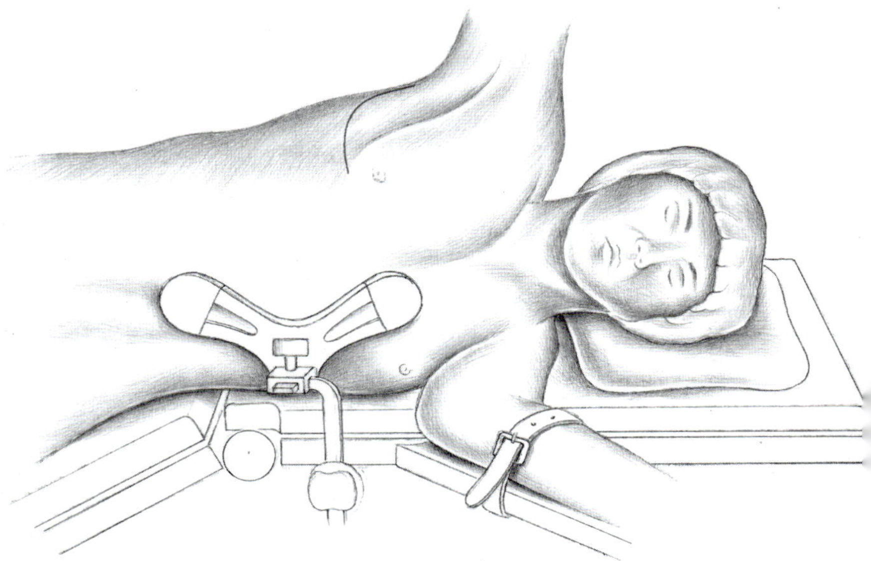

❶ Lagerung und Zugang

Der Patient muss in der seitlichen Position so stabil gelagert sein, dass intraoperative Lageänderungen des Operationstisches problemlos möglich sind. Die betroffene Thoraxhälfte muss ventral und dorsal bis über die Medianlinie hinaus frei zugänglich sein. Bei der Fixierung des über dem Kopf gelagerten Arms ist ein sicherer Schutz vor einem Plexusschaden zu gewährleisten.

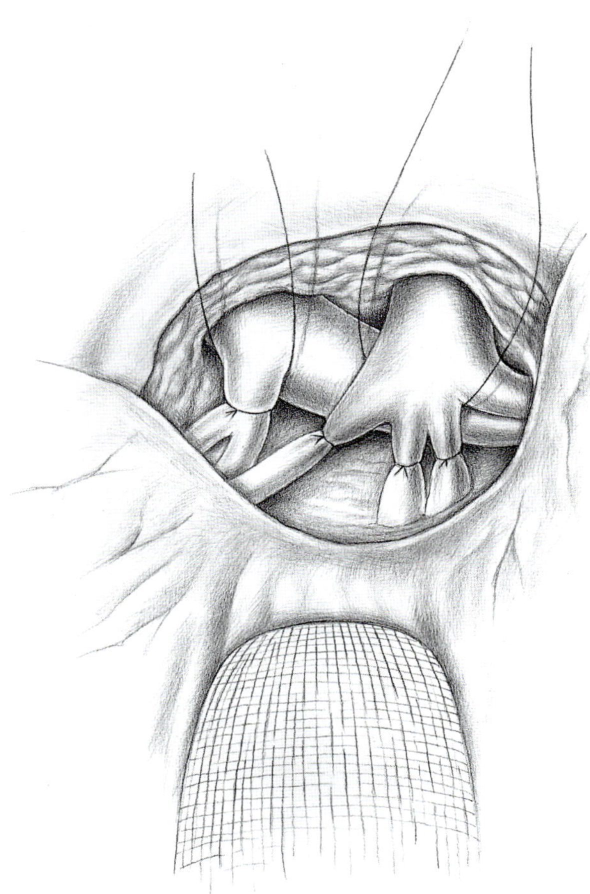

❷ Gefäßpräparation ventral

Unter Ausklemmen der rechtsseitigen Lunge durch den Anästhesisten Abdrängen des Oberlappens nach dorsal und zirkumferenzielle Inzision der Pleura an der Umschlagsfalte im Bereich des oberen Hilus. Nach Abschieben der V. azygos lassen sich am weitesten ventral die V. pulmonalis superior, dahinter die A. pulmonalis mit dem Truncus anterior und dorsokranial davon der Oberlappenbronchus darstellen. Schrittweise werden die Venen der apikalen, anterioren und posterioren Oberlappensegmente sowie der Truncus anterior der A. pulmonalis präpariert, angeschlungen und ligiert. Zentral empfiehlt sich dabei aus Sicherheitsgründen die Kombination aus Ligatur und Durchstechungsligatur. Nach der Gefäßdurchtrennung stellt sich dann bereits der Oberlappenbronchus dar.

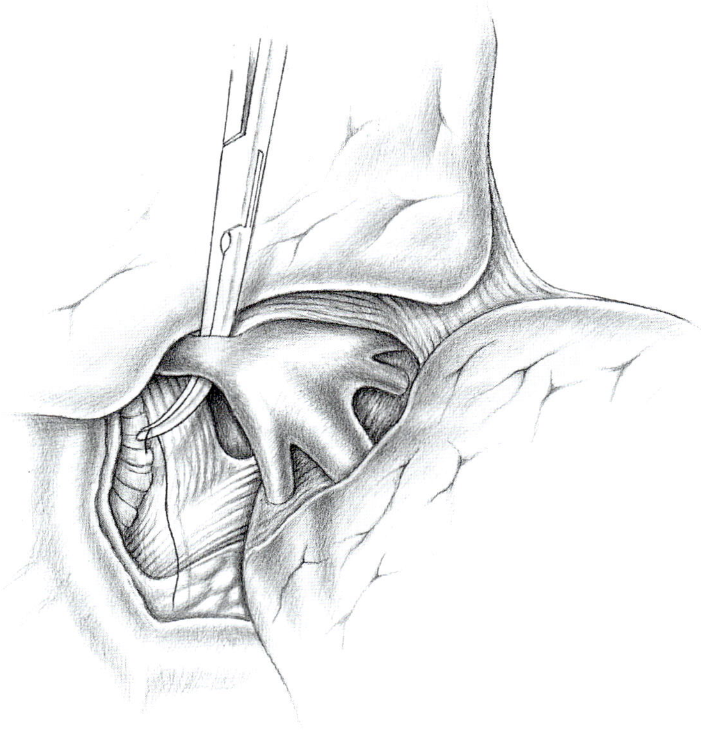

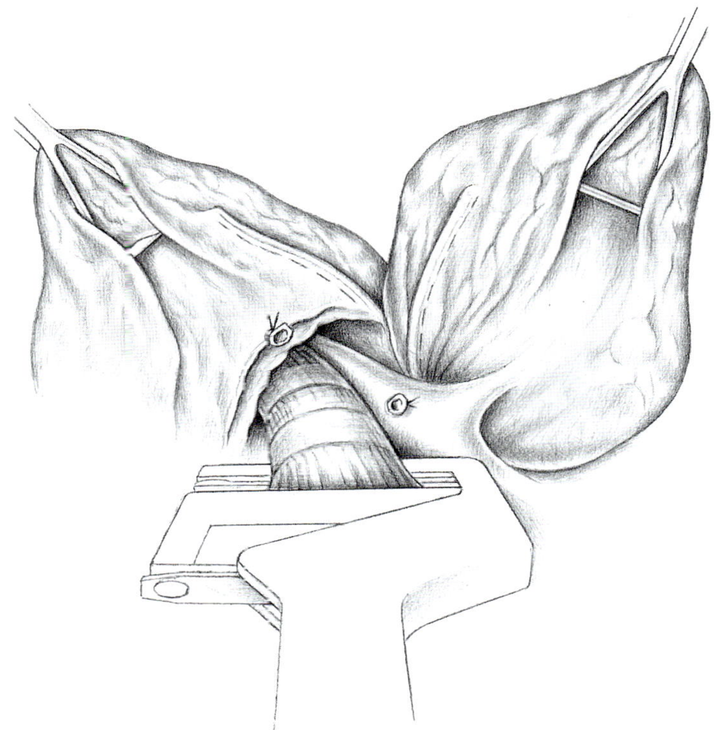

❸ Gefäßpräparation dorsal

Unter Ventralverlagerung des Oberlappens Eingehen, teils stumpf, teils scharf, zwischen Ober- und Mittellappen und Darstellung der posterioren Oberlappensegmentarterie. Diese wird nach Entfernung eines meist vorhandenen Lymphknotens zwischen Ligaturen durchtrennt. Anschließend kann der Oberlappenbronchus stumpf umfahren werden.

❹ Durchtrennung des Oberlappenbronchus

Das Absetzen des Oberlappenbronchus erfolgt mit einem linearen Klammernahtgerät. Hierbei ist eine Einengung des Hauptbronchus bzw. des Bronchus intermedius strikt zu vermeiden. Je nach den anatomischen Gegebenheiten kann die Durchtrennung von Parenchymbrücken zwischen Ober- und Mittellappen vor oder nach dem Absetzen des Bronchus erfolgen. Ein sehr mobiler Mittellappen sollte zur Vermeidung einer späteren Torquierung mit Einzelknopfnähten am Unterlappen fixiert werden.

33. Pneumonektomie

1 Indikation

Absolut: Zentrales, nichtmetastasiertes Malignom. Destruktive Lungenerkrankung.
Kontra: Mangelnde Funktionsreserve der Lunge.
Alternativverfahren: Palliativ ggf. Lobektomie/atypische Resektion.

2 Operationsvorbereitung

Präoperative Diagnostik: Sputumzytologie, Bronchoskopie, Computertomographie (Feinnadelbiopsie), Lungenfunktionsanalyse, Perfusionsszintigramm, ggf. Knochenszintigramm, Abdomensonographie.
Patientenvorbereitung: Gegebenenfalls präoperative Atemgymnastik und medikamentöse Bronchospasmolyse.

3 Spezielle Risiken, Aufklärung

- Postoperativ geminderte Belastungsfähigkeit.
- Phrenikusparese.
- Bronchusstumpfinsuffizienz.
- Pleuraempyem.
- Nachblutung.
- Luftfistel.
- Rippenfraktur.

4 Anästhesie

Intubationsnarkose, Doppellumentubus.

5 Lagerung

Seite, Arm über Kopf lagern.

6 Zugang

Antero-/posterolaterale Thorakotomie.

7 Operationsschritte

1. Linksthorakale Anatomie.
2. Lagerung und Hautschnitt.
3. Durchtrennung A. pulmonalis.
4. Durchtrennung der Lungenvenen.
5. Durchtrennung des Hauptbronchus.

8 Relevante Anatomie, Gefahren, Tricks

- Hilusanatomie beidseits: Bronchus posterior im oberen Anteil, Pulmonalarterie anterior zum Bronchus, obere (links nur Oberlappen versorgend, rechts Ober- und Mittellappen) und untere Pulmonalvene mehr kaudal.
- N. phrenicus verläuft beidseits unter der mediastinalen Pleura anterior zum Hilus, der N. vagus posterior.
- Rechts zieht die V. azygos bogenförmig über den Hilus.
- Pulmonalarterien und -venen sind sehr fragil, bei Durchtrennung besonders herznah langen Stumpf belassen, um Abrutschen der Ligatur zu vermeiden. Zentral möglichst doppelte Ligatur.
- Bei Malignomeingriffen, wenn möglich, zuerst Venen unterbinden.
- Einen längeren Bronchusstumpf (Blindsack!) vermeiden.

9 Maßnahmen bei speziellen Komplikationen

Bei sehr zentral liegenden Malignomen kann es notwendig sein, die Gefäße intraperikardial zu unterbinden und zu durchtrennen.

10 Nachsorge

Medizinische Nachbehandlung: Pleuradrainage keinesfalls an Sog; abgeklemmt lassen und nur anfangs stündlich kurz öffnen, nach 24 Stunden entfernen. Gegebenenfalls Anschlussheilbehandlung einleiten.
Mobilisation: Sofort.
Krankengymnastik: Intensive Atemtherapie.
Arbeitsunfähigkeit: 2 – 4 Wochen.

7 Operationstechnik

1. Linksthorakale Anatomie.
2. Lagerung und Hautschnitt.
3. Durchtrennung A. pulmonalis.
4. Durchtrennung der Lungenvenen.
5. Durchtrennung des Hauptbronchus.

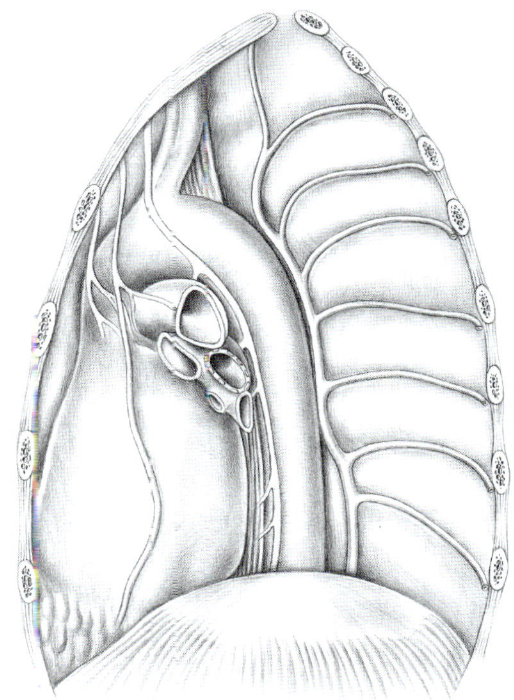

1 Linksthorakale Anatomie

Die Anatomie des linken Thorax ist gekennzeichnet durch die Aorta (dorsal), die Lungenarterie (kranialer Hilus), die Lungenvenen (kaudaler Hilus), den Hauptbronchus, den dorsal gelegenen N. vagus sowie den N. phrenicus im ventralen Anteil. Dorsal liegt die V. hemiazygos mit ihren Seitenästen.

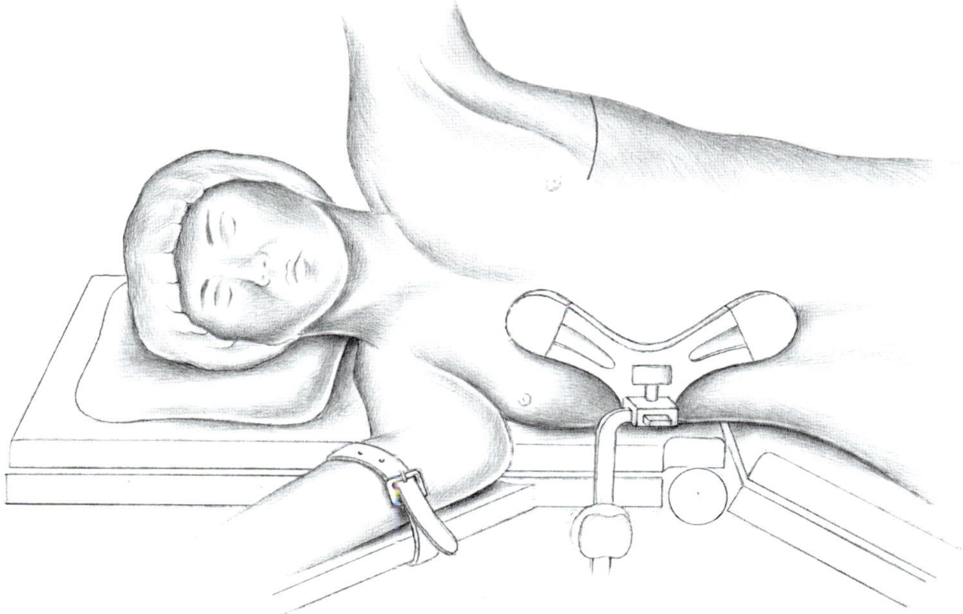

2 Lagerung und Hautschnitt

Der Hautschnitt kann über eine axilläre oder anterolaterale Thorakotomie erfolgen. Der Patient liegt in Seitenlage auf der anderen Seite und ist mit einem doppellumigen Tubus versorgt. Wichtig ist die gute Abpolsterung des Patienten, um Lagerungsschäden zu vermeiden.

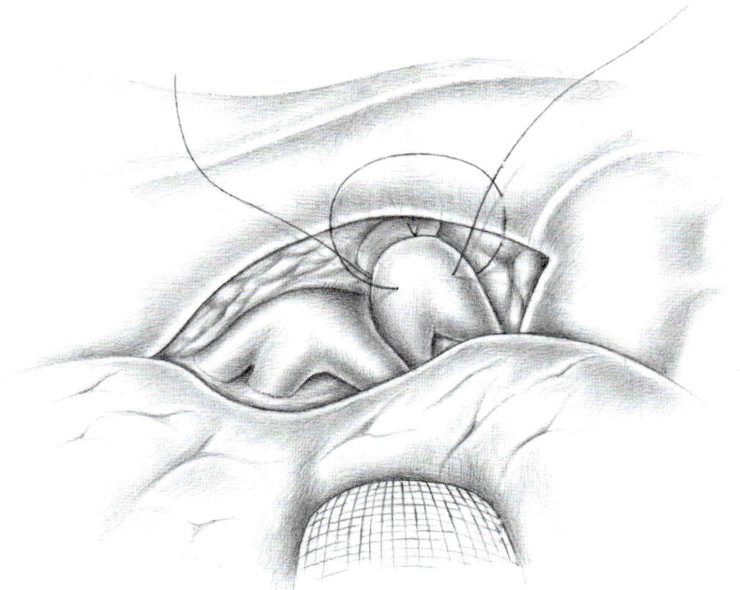

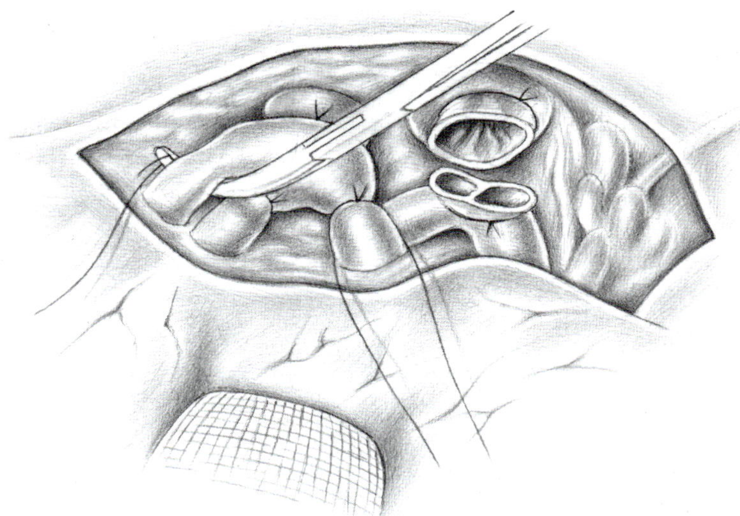

❸ Durchtrennung A. pulmonalis

Nach Freilegung des Lungenhilus wird als erstes die A. pulmonalis aufgesucht. Hierzu wird die Lunge nach latero-kaudal verzogen, so dass sich die A. pulmonalis anspannt. Sie wird vorsichtig stumpf präpariert und mit einer stumpfen Klemme umfahren. Anschließend wird sie mit einer proximalseitig doppelten Umstechungsligatur (1er Seide) verschlossen. Es empfiehlt sich, vor Anbringen der Ligatur die Pulmonalarterie mit einer zentralen Gefäßklemme zu sichern, um die Durchstechungsligatur sicher platzieren zu können und ein Abrutschen der Ligatur zu verhindern. In keinem Fall darf es zu einer unkontrollierten Blutung aus der A. pulmonalis kommen. Bei einem Karzinom beginnt man mit der Ligatur der Venen.

❹ Durchtrennung der Lungenvenen

Die Lungenvenen werden zentral mit Umstechungsligaturen versorgt (1er Seide). Nach distal empfiehlt es sich, die einzelnen Äste isoliert zu umstechen, da eine Massenligatur unsicher ist. Die Unterlappenvene spannt sich am besten durch Anhebung des Lungenflügels und Medialverziehung an.

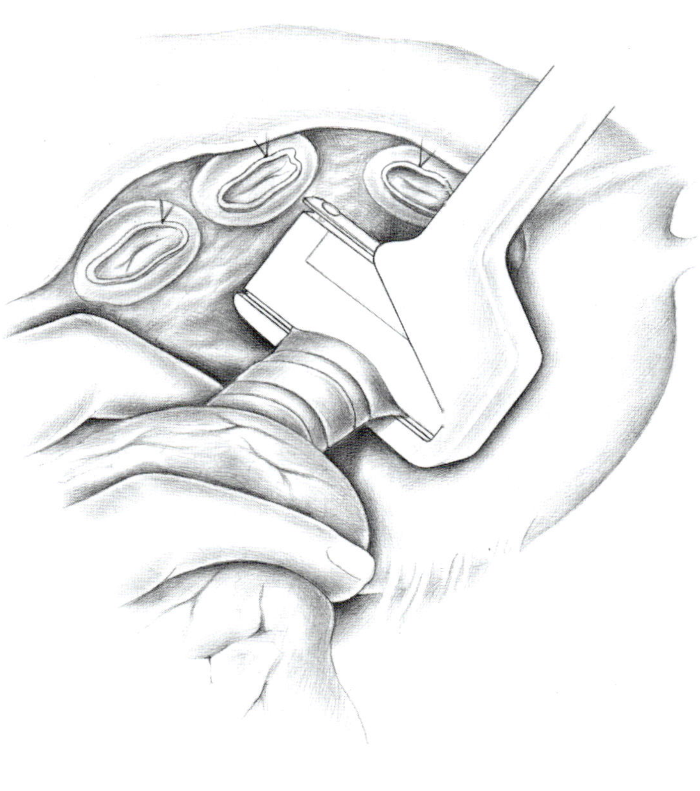

❺ Durchtrennung des Hauptbronchus

Nach vollständiger Durchtrennung der Gefäße lässt sich der Hauptbronchus gut isolieren und abpräparieren. Regionäre Lymphknoten (N1) werden mit entfernt. Der Bronchus wird möglichst zentral dargestellt und 1 – 1,5 cm distal der Karina mit einem TA-30-Nahtgerät durchtrennt. Der distale Bronchus wird zur Verhinderung eines Sekretaustritts mit einer gewinkelten Klemme verschlossen. Eine Bülau-Drainage für 24 Stunden als Blutungsdrainage und der schichtweise Verschluss der Thoraxwand beenden die Pneumonektomie.

34. Thorakoskopische Pleurektomie

1 Indikation

Elektiv: Rezidivpneumothorax oder persistierende Fistel beim Erstereignis.
Alternativ: Pleurodese durch Abrasio (Tupfer) oder Koagulation (Argon-Beamer).

2 Operationsvorbereitung

Präoperative Diagnostik: Röntgen-Thorax, Thorax-CT, ggf. Lungenfunktionsprüfung.

3 Spezielle Risiken, Aufklärung

- Rezidiv.
- Blutung.
- Infekt.
- Nervenverletzung (Horner-Syndrom).
- Gegebenenfalls offenes Vorgehen.

4 Anästhesie

Intubationsnarkose.

5 Lagerung

Seitenlage.

6 Zugang

Im Bereich des muskelarmen axillären Dreiecks.

7 Operationsschritte

1. Lagerung, Zugänge.
2. Exploration, ggf. Bullaresektion.
3. Pleurektomie.
4. Drainage.

8 Relevante Anatomie, Gefahren, Tricks

5. Rippe als kaudale Begrenzung der Pleurektomie, longitudinal verläuft die Resektionslinie 1 cm lateral des Grenzstrangs nach apikal bis auf Höhe der A. subclavia bzw. dem Truncus brachiocephalicus rechts

9 Maßnahmen bei speziellen Komplikationen

Umsteigen auf offenes Vorgehen bei Unübersichtlichkeit wegen Verschwartungen, Adhäsionen.

10 Nachsorge

Medizinische Nachbehandlung: Thoraxdrainage abklemmen und Entfernen ab 2. Tag (wenn keine Fistelung).
Mobilisation: Sofort

7 Operationstechnik

❶ Lagerung, Zugänge.
❷ Exploration, ggf. Bullaresektion.
❸ Pleurektomie.
❹ Drainage.

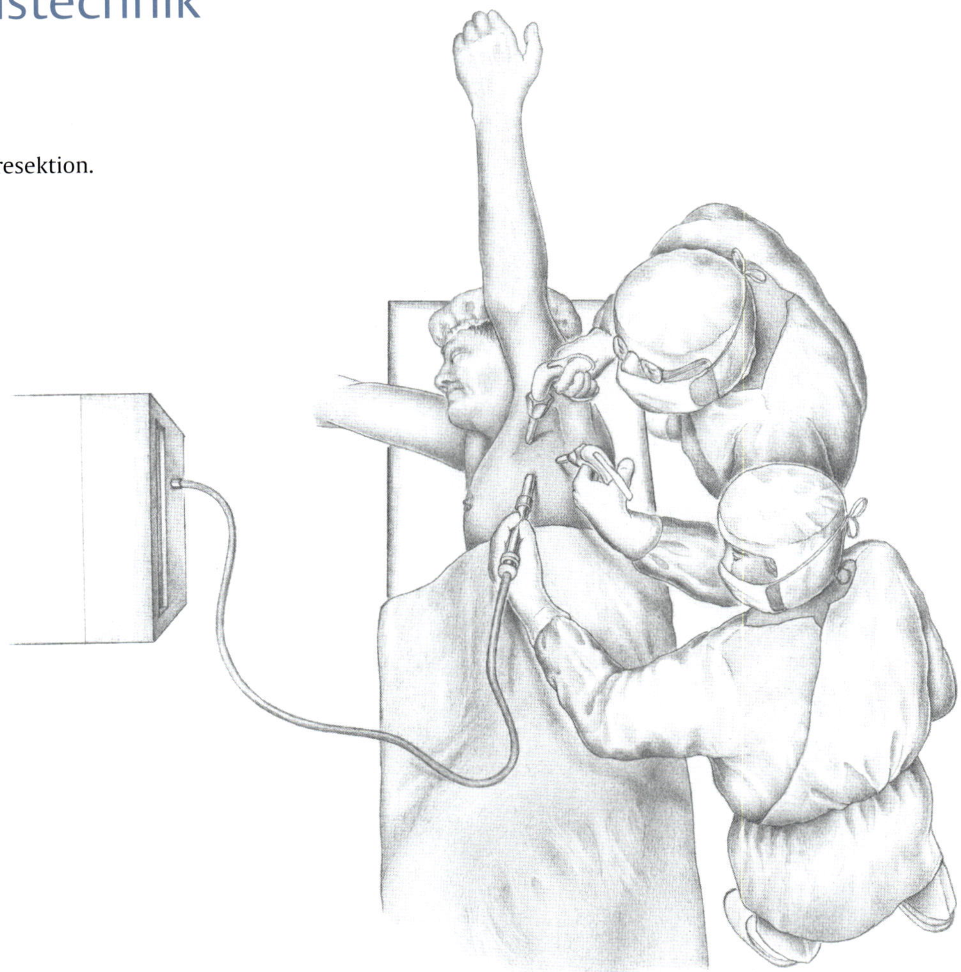

❶ Lagerung, Zugänge

Lagerung.

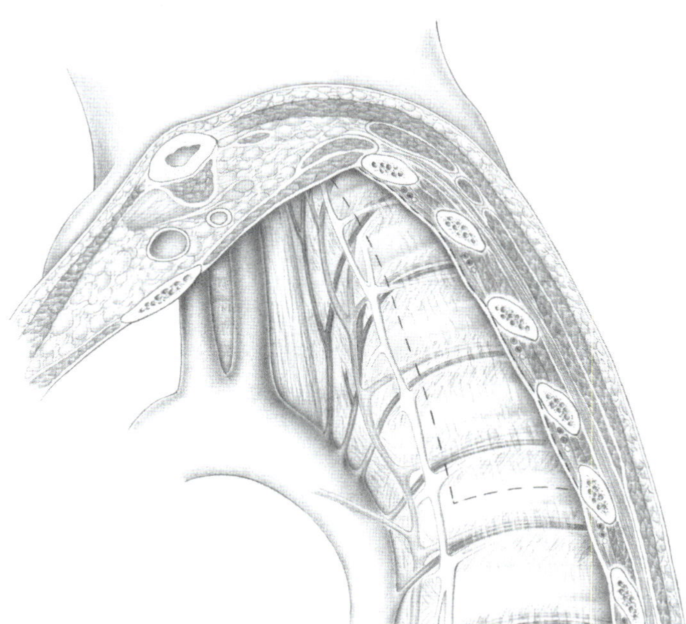

❷ Exploration, ggf. Bullaresektion

Resektionsausmaß: kaudale Begrenzung 5. Rippe. Kuppelförmige Pleurektomie.

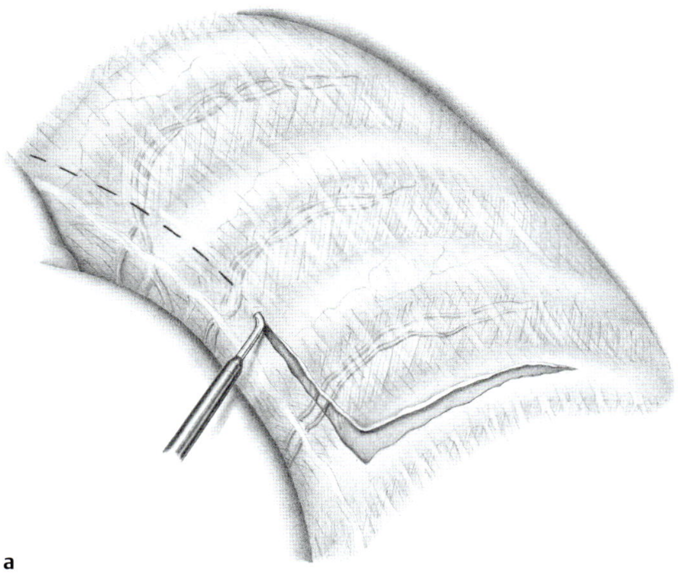

a

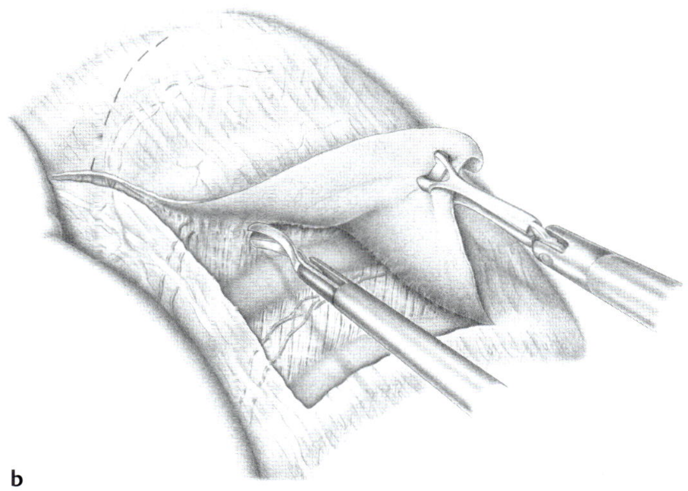

b

❸ Pleurektomie

Resektion: T-förmige Inzision der Pleura auf Höhe der 5. Rippe und entlang des Grenzstrangs. Hier ist ein Abstand von 1 – 2 cm einzuhalten, um Hitzeschäden zu vermeiden (**a**).

Resektion: Fassen der Pleura mittels Zange und flügelartige Präparation in der avaskulären Schicht unter Schonung der vorhandenen Gefäß- und Nervenstrukturen (**b**).

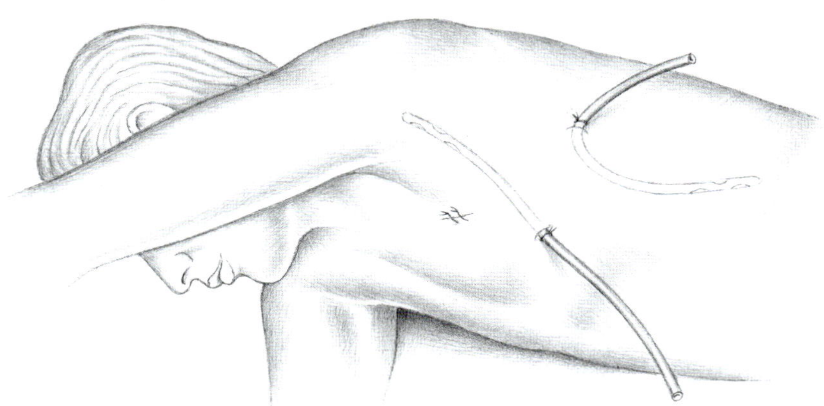

❹ Drainage

Nach voller Entfaltung der Lunge werden über die Trokarstellen ein oder zwei Bülau-Drainagen eingelegt.

35. Zwerchfellruptur

1 Indikation

Absolut: Jede nachgewiesene Ruptur, auch ältere, da kardiopulmonale Beeinträchtigung, Behinderung der Intestinalpassage und Inkarzerationsgefahr nicht auszuschließen sind.

2 Operationsvorbereitung

Präoperative Diagnostik: Röntgen-Thorax (vermeintlicher „Zwerchfellhochstand" nach Stammtrauma!), Sonographie, Kontrastmittelpassage, Computertomographie (Begleitverletzungen).
Patientenvorbereitung: Magensonde.

3 Spezielle Risiken, Aufklärung

- Verletzung von Lunge, Milz, Magen und Darm.
- Versorgung von eventuellen Begleitverletzungen.
- Einbringen alloplastischen Materials.

4 Anästhesie

Intubationsnarkose.

5 Lagerung

Rücken.

6 Zugang

Meist abdominell (median, ggf. Rippenbogenrand).

Thorakal nur bei erheblichen intrathorakalen Begleitverletzungen oder bei älteren Rupturen.

7 Operationsschritte

1. Zwerchfellruptur mit Kolonprolaps.
2. Abdominelle Reposition des Bruchinhalts.
3. Fassen der Rupturränder.
4. Nahtverschluss.

8 Relevante Anatomie, Gefahren, Tricks

- Nach stumpfem Abdominal-/Thoraxtrauma immer an Zwerchfellruptur denken, bei Laparotomie stets Zwerchfelle explorieren.
- Bei randständigem Defekt Reinsertion mit perikostalen Nähten.
- Bei alten Rupturen ggf. Plastik mit Polypropylene-Mesh.
- Immer Thoraxdrainage einlegen.

9 Maßnahmen bei speziellen Komplikationen

Bei thorakal fixierten Organen: abdominothorakales Vorgehen.

10 Nachsorge

Medizinische Nachbehandlung: Pleuradrainage abklemmen und entfernen nach 1 – 2 Tagen.
Mobilisation: Sofort.
Krankengymnastik: Atemgymnastik.
Arbeitsunfähigkeit: Abhängig von Gesamtsituation.

7 Operationstechnik

❶ Zwerchfellruptur mit Kolonprolaps.
❷ Abdominelle Reposition des Bruchinhalts.
❸ Fassen der Rupturränder.
❹ Nahtverschluss.

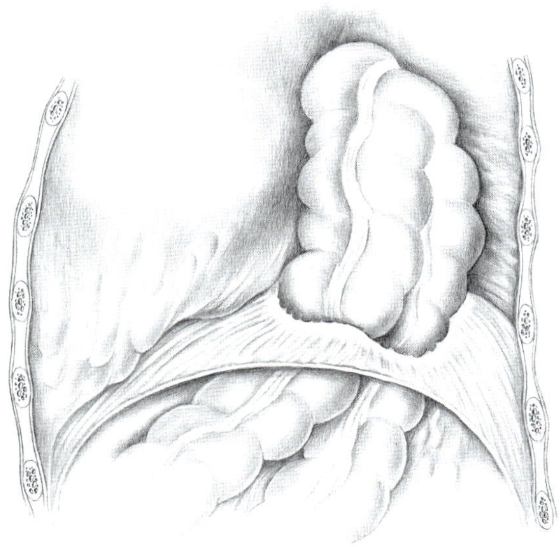

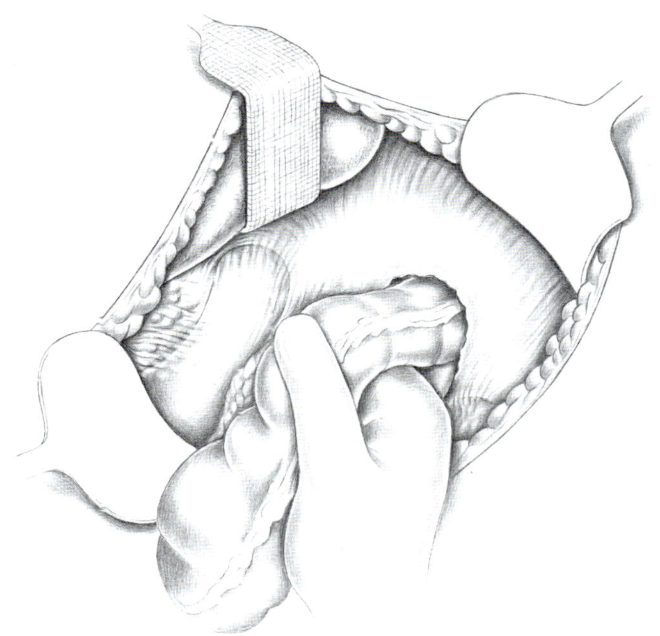

❶ Zwerchfellruptur mit Kolonprolaps

Die traumatische Zwerchfellruptur geht sehr häufig mit einem Prolaps des linken Kolons in den linken Thorax einher. Der zentrale Zwerchfelldefekt liegt fast immer im Bereich des Centrum tendineum.

❷ Abdominelle Reposition des Bruchinhalts

Über einen abdominellen Zugang werden die Eingeweide in den Bauchraum reponiert. Hierbei ist vorsichtig an den Darmschlingen zu ziehen, um zusätzliche Darmwandläsionen zu vermeiden. Eine eventuell inkarzerierte Milz sollte ohne zusätzliches Trauma schonend reponiert werden. Bei Unmöglichkeit der Reposition abdominothorakales Vorgehen.

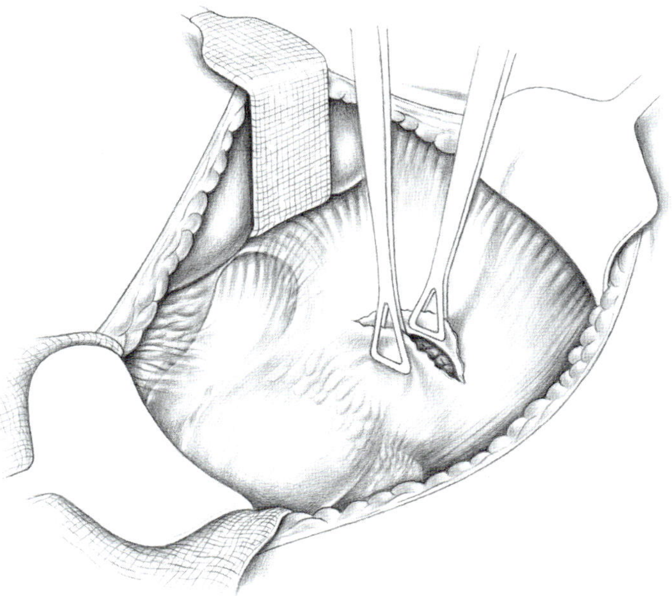

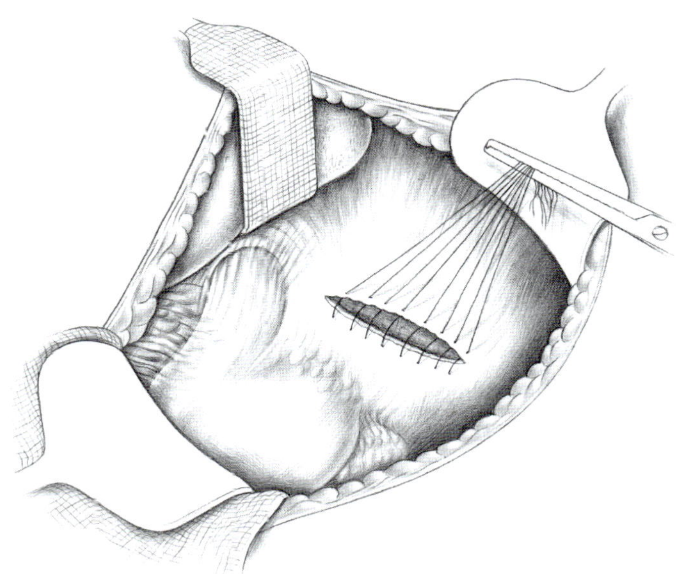

❸ Fassen der Rupturränder

Nach vollständiger Reposition der Eingeweide werden Nekrosen im Bereich der Ruptur entfernt, die Ränder exzidiert und mit Klemmen gefasst. Brüchiges Material ist großzügig zu entfernen, um feste Nahtlager zu erhalten.

❹ Nahtverschluss

Der Nahtverschluss kann als Stoß-auf-Stoß-Naht oder als Fasziendopplung erfolgen. Wir bevorzugen die Stoß-auf-Stoß-Naht mit nicht resorbierbaren Nahtmaterialien (1er Seide). Nur bei sehr großen Defekten und veralteten Befunden ist ggf. ein alloplastischer Zwerchfellersatz mit Polypropylennetzen (z. B. PROLENE oder ULTRAPRO) erforderlich.

36. Hiatoplastik (Lortat-Jacob)

1 Indikation

Elektiv: Paraösophageale Hiatushernie.
Relativ: Refluxkrankheit bei hypomotilem Ösophagus.
Alternativverfahren: Meist kombiniert mit Fundoplicatio, heute meist laparoskopisch durchzuführen.

2 Operationsvorbereitung

Präoperative Diagnostik: Endoskopie, Kontrastmittel-Schluck, Manometrie, pH-Metrie.

3 Spezielle Risiken, Aufklärung

- Verletzung von Ösophagus, Magen, Vagus, Leber und Milz.
- Passagere Dysphagie.

4 Anästhesie

Intubationsnarkose.

5 Lagerung

Rücken.

6 Zugang

Mediane Oberbauchlaparotomie, selten thorakal.

7 Operationsschritte

1. Zugang.
2. Eröffnung kleine Kurvatur.
3. Umfahren des Ösophagus.
4. Anzügelung des Ösophagus.
5. Hiatoplastik I.
6. Hiatoplastik II.
7. Fundopexie.
8. Fertige Hiatoplastik.

8 Relevante Anatomie, Gefahren, Tricks

Der Hiatus sollte nach Einengung für einen Finger noch leicht eingängig sein.

Cave: Stenosierung!

9 Maßnahmen bei speziellen Komplikationen

Verletzungen des Ösophagus oder der Kardiaregion werden nach Nahtversorgung mit der Fundoplicatio gedeckt.

10 Nachsorge

Medizinische Nachbehandlung: Magensonde und Drainagen am 1./2. Tag ex.
Kostaufbau: Trinken ab 1., feste Kost ab 2. Tag.
Mobilisation: Sofort.
Arbeitsunfähigkeit: 1 – 2 Wochen.

7 Operationstechnik

1. Zugang.
2. Eröffnung kleine Kurvatur.
3. Umfahren des Ösophagus.
4. Anzügelung des Ösophagus.
5. Hiatoplastik I.
6. Hiatoplastik II.
7. Fundopexie.
8. Fertige Hiatoplastik.

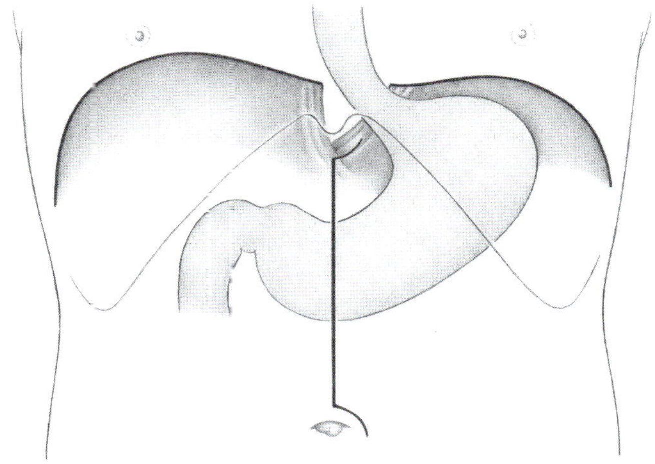

1 Zugang

Oberbauchmedianschnitt, der links um den Nabel verlängert werden kann. Bei sehr adipösen Patienten auch Rippenbogenrandschnitt rechts. Gegebenenfalls Einsatz eines Rochard-Hakens. Der Patient sollte maximal „aufgeklappt", d. h. überstreckt gelagert werden.

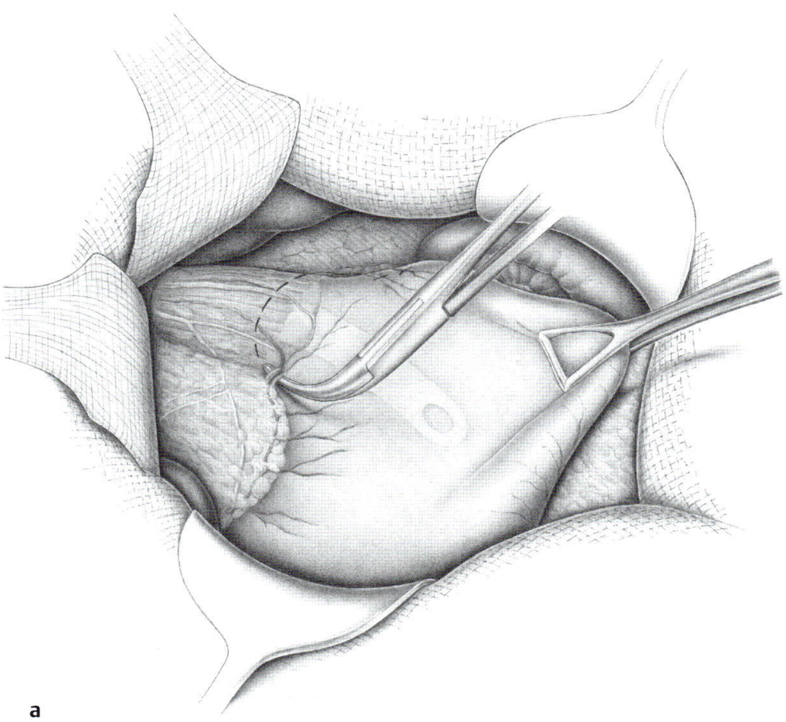

a

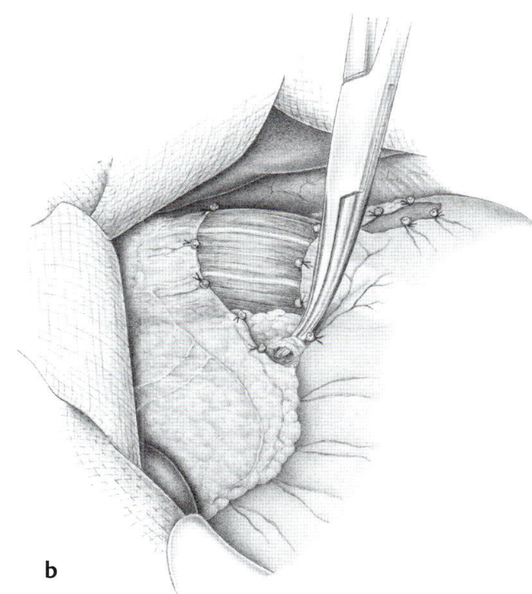

b

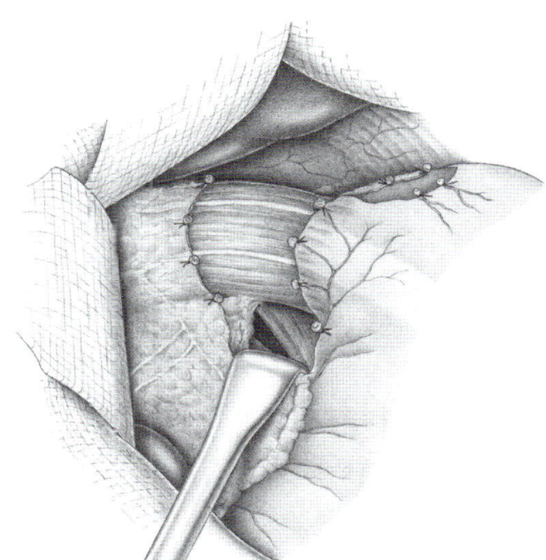

c

2 Eröffnung kleine Kurvatur

Nach Eröffnung des Bauchraums Hochdrängen des linken Leberlappens mit einem überzogenen Leberhaken. Darstellen der kleinen Magenkurvatur durch Zug am Magen nach linkskaudal und Durchtrennung des Peritoneums über dem ösophagogastralen Übergang (**a**). Schrittweise Mobilisation der terminalen Speiseröhre unter Eröffnung der proximalen kleinen Kurvatur. Gerade bei adipösen Patienten erleichtert hier ein zweischichtiges Vorgehen die sichere Schonung der Vagusäste (**b**). Schließlich ergibt sich eine adäquate Exposition des Hiatus oesophagei sowie des gesamten ösophagogastralen Übergangs (**c**).

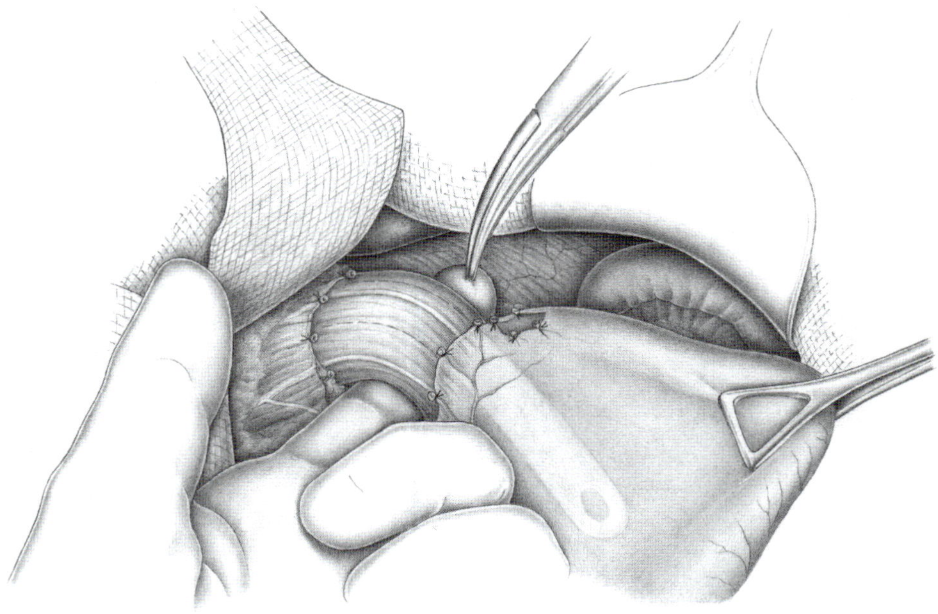

❸ Umfahren des Ösophagus

Nach vollständiger Darstellung des Ösophagus stumpfes Unterfahren mit einer Overholt- oder Semb-Klemme. Die Klemme wird dabei von links unter dem Schutz des den Ösophagus hinterfahrenden linken Zeigefingers des Operateurs eingeführt (kein Blindflug!).

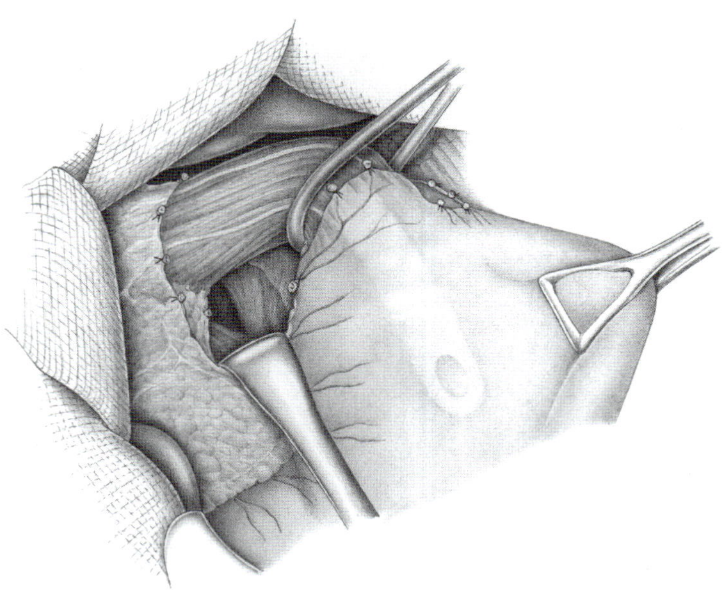

❹ Anzügelung des Ösophagus

Ist die terminale Speiseröhre angezügelt, wird der Magen auf einer Strecke von ca. 2 – 3 cm an der kleinen Kurvatur skelettiert. Die Rr. antrales (Latarjet) des N. vagus müssen sorgfältig geschont werden.

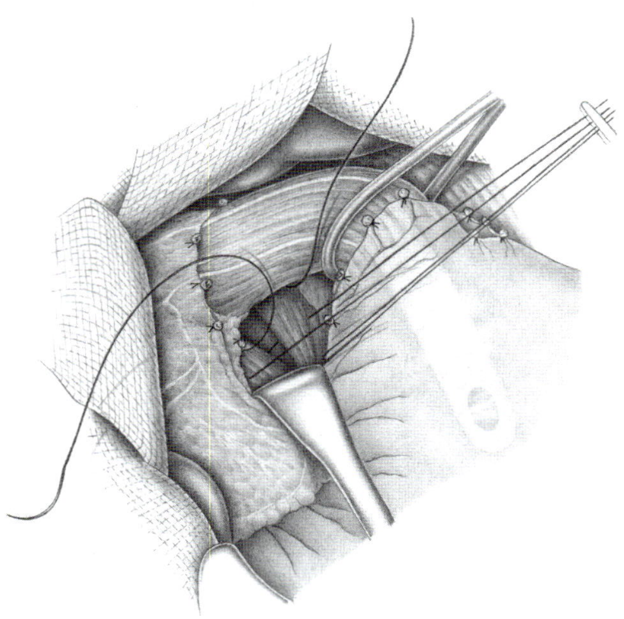

❺ Hiatoplastik I

Durch Ventralverziehung des Magens lassen sich jetzt dorsal die Zwerchfellschenkel darstellen. Sie werden unter sorgsamer Schonung des Truncus coeliacus eingeengt, d. h. mit durchgreifenden Einzelknopfnähten der Stärke 0 (Seide) vernäht. Insgesamt sind 3 – 4 Nähte erforderlich, bis der Hiatus oesophagei ausreichend eingeengt ist.

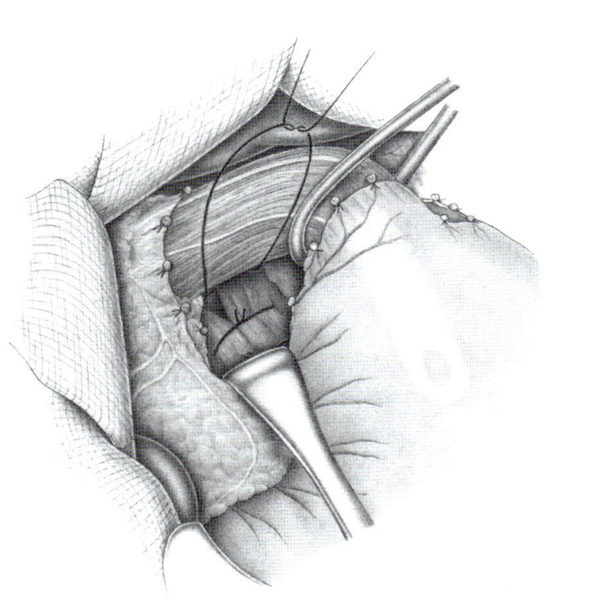

❻ Hiatoplastik II

Die lichte Weite des Hiatus oesophagei sollte für den Zeigefinger gerade gut passierbar sein. Nach Entfernung des Zügels fällt der Ösophagus in sein Bett zurück.

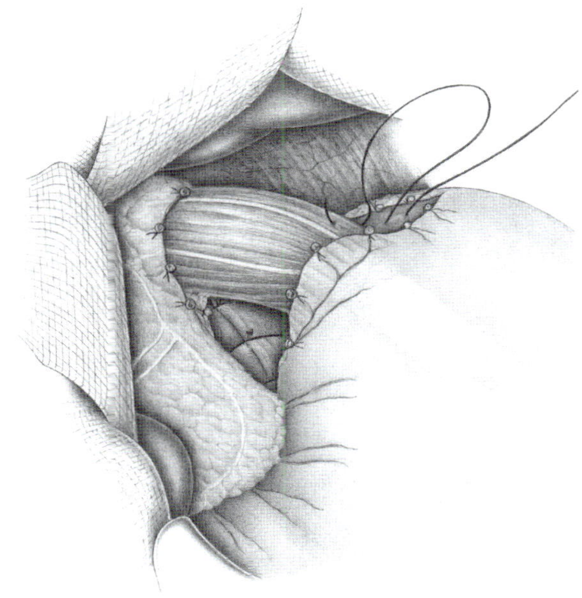

❼ Fundopexie

Nach vollständiger Raffung des hinteren Hiatusschlitzes wird der Fundus mit Einzelknopfnähten am Ösophagus und am Zwerchfell fixiert. Auch hier findet Seide der Stärke 0 Verwendung. Zur Wiederaufrichtung des ösophagogastralen Winkels sind in der Regel 3, zur Fundophrenikopexie in der Regel 4 Einzelknopfnähte erforderlich.

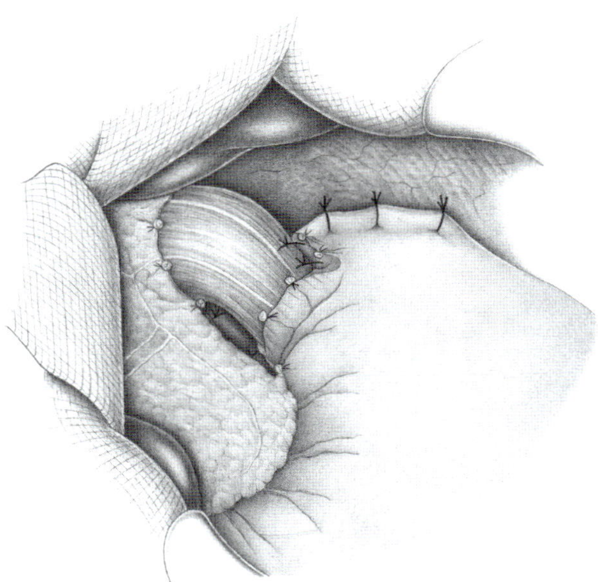

❽ Fertige Hiatoplastik

Die endgültige Rekonstruktion zeigt einen engen Hiatusschlitz, eine am Zwerchfell fixierte Magenkuppe und einen wieder aufgerichteten His-Winkel.

37. Fundoplicatio (Nissen-Rosetti und Toupet)

1 Indikation

Elektiv: Unter konservativer Therapie refraktäre Refluxkrankheit bei inkompetentem unteren Ösophagussphinkter. Heute meist laparoskopisch (siehe S. 132).
Kontra: Refluxsymptomatik bei Magenentleerungsstörung oder amotilem Ösophagus.
Alternativverfahren: Belsey Mark IV, Kombination mit Hiatoplastik, laparoskopisches Vorgehen.

2 Operationsvorbereitung

Präoperative Diagnostik: Endoskopie, Kontrastmittel-Schluck, Manometrie, pH-Metrie, Ausschluss von Gallensteinen und Ulkuskrankheit.
Patientenvorbereitung: Bei Strikturen präoperative Dilatation.

3 Spezielle Risiken, Aufklärung

- Passagere Dysphagie (5 – 10%).
- Unfähigkeit zu Erbrechen/Aufstoßen.
- Verletzung von Ösophagus, Magen, Milz (5%) und N. vagus.
- Manschettenauflösung/-luxation.
- Rezidiv < 5%.

4 Anästhesie

Intubationsnarkose.

5 Lagerung

Rücken.

6 Zugang

Bei konventionellem Vorgehen meist abdominell (mediane Oberbauchlaparotomie).

7 Operationsschritte

1. Zugang.
2. Mobilisation linker Leberlappen.
3. Darstellung distaler Ösophagus.
4. Skelettierung proximale große Kurvatur.
5. Fundusverlagerung.
6. Naht der Fundusmanschette.
7. Kontrolle der Manschettenweite.

8 Relevante Anatomie, Gefahren, Tricks

- Vor dem ösophagogastralen Übergang liegt der linke Leberlappen mit dem Lig. triangulare sinistrum.
- Auf Vorder- und Hinterfläche des Ösophagus liegen die Vagusstämme.
- Der Magenfundus liegt kranialer als die Kardia mit enger Lagebeziehung zur Milz.

Cave: Vv. gastricae breves.
Cave: Akzessorische A. hepatica sinistra aus A. gastrica sinistra.

- Nach Narkoseeinleitung Einlegen eines dicken (40 Fr.) Magenschlauchs, der am Operationsende gegen eine normale Magensonde ausgetauscht wird.
- Eine schmale Manschette von 2 – 3 cm Breite ist völlig ausreichend!
- Auf lockere Manschette achten!

9 Maßnahmen bei speziellen Komplikationen

Bei Ösophagusverletzung sofortige Naht und Deckung mit der Fundusmanschette.

10 Nachsorge

Medizinische Nachbehandlung: Drainage und Magensonde ex nach 1 – 2 Tagen.
Kostaufbau: Ab 1. – 2. Tag.
Mobilisation: Sofort.
Arbeitsunfähigkeit: 1 – 2 Wochen.

7 Operationstechnik

1. Zugang.
2. Mobilisation linker Leberlappen.
3. Darstellung distaler Ösophagus.
4. Skelettierung proximale große Kurvatur.
5. Fundusverlagerung.
6. Naht der Fundusmanschette.
7. Kontrolle der Manschettenweite.

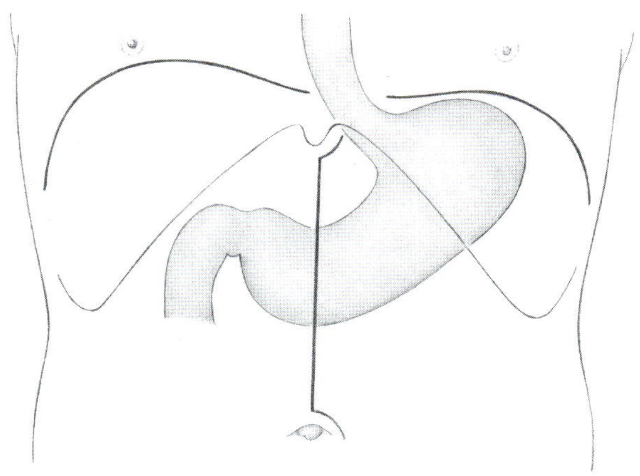

1 Zugang

Am überstreckten Oberkörper in Rückenlagerung mediane Laparotomie mit Linksumschneidung des Nabels. Besser ist heute sicherlich der laparoskopische Zugang.

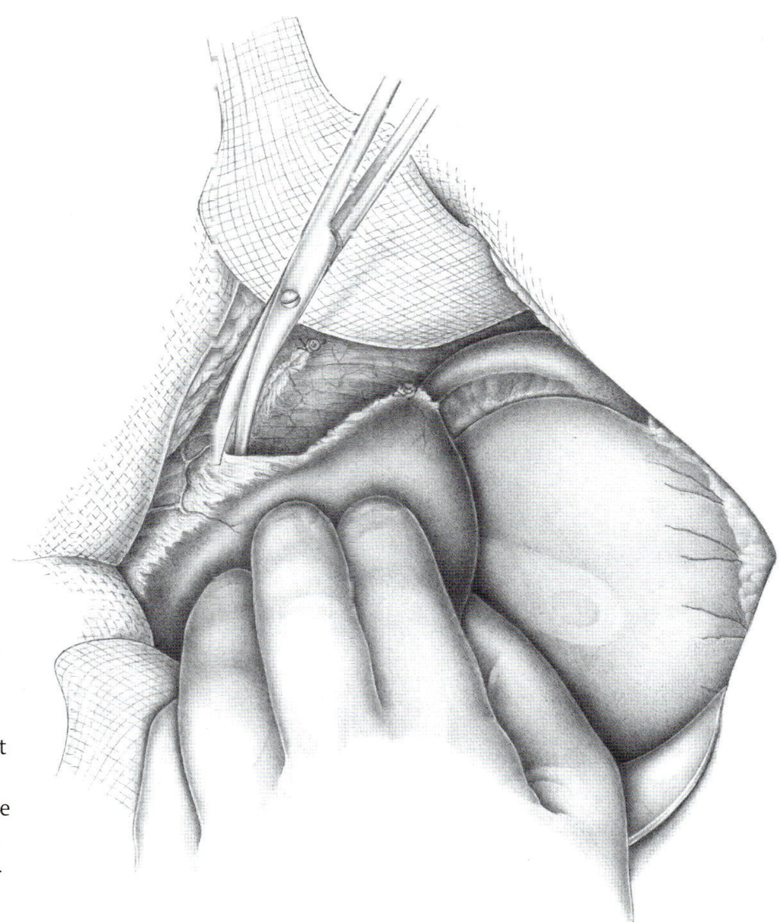

2 Mobilisation linker Leberlappen

Nach Eröffnung des Bauchraumes Einsetzen von Haken und Mobilisation des linken Leberlappens. Es empfiehlt sich, das Lig. triangulare in seinem lateralen Anteil zwischen Overholt-Klemmen zu durchtrennen und die Stümpfe mit Umstechungsligaturen zu versorgen, da hier nicht selten hartnäckige Blutungen auftreten können. Danach wird das Lig. triangulare sinistrum bis zur Einmündung der Lebervene mit der Schere bzw. mit der Diathermie durchtrennt. Der linke Leberlappen wird nach rechts lateral gedrängt, mit einem feuchten Streifen bedeckt und während der Operation in dieser Position gehalten. Hierdurch erhält man eine gute Übersicht über den Hiatus oesophagei.

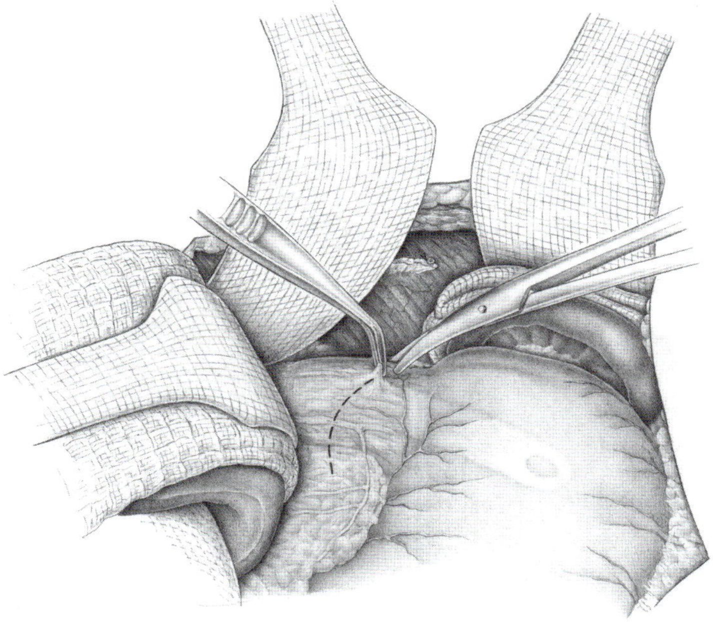

❸ Darstellung distaler Ösophagus

Ein hinter der Milz platziertes Tuch entlastet die ligamentären Verbindungen zwischen Magen und Milz. Der peritoneale Überzug wird über dem distalen Ösophagus quer inzidiert. Unter sorgfältiger Schonung der Vagusstämme wird links und rechts des Ösophagus vorsichtig präpariert, bis dieser auf einer Länge von ca. 3 cm freiliegt und vollständig umfahren werden kann. Gegebenenfalls kann der Ösophagus auch angezügelt werden (vergleiche Kapitel 36, S. 144).

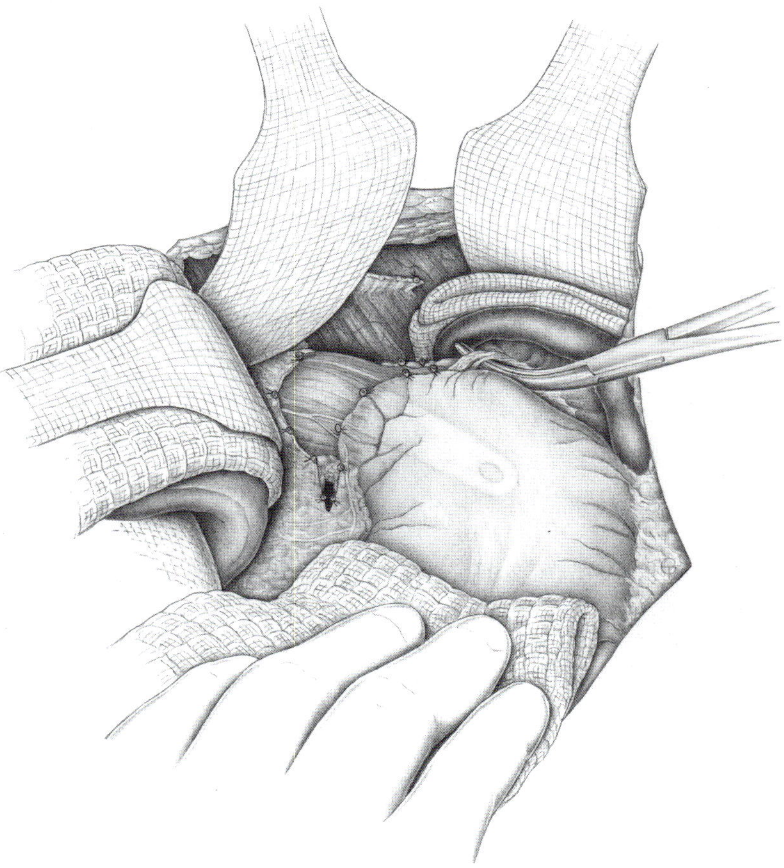

❹ Skelettierung proximale große Kurvatur

Die große Kurvatur wird unter Durchtrennung der Vasa gastrica brevia auf einer Strecke von gut 3 cm schrittweise skelettiert. Hierbei ist die Milz sorgsam zu schonen, die Gefäße sind isoliert zu ligieren und zu durchtrennen.

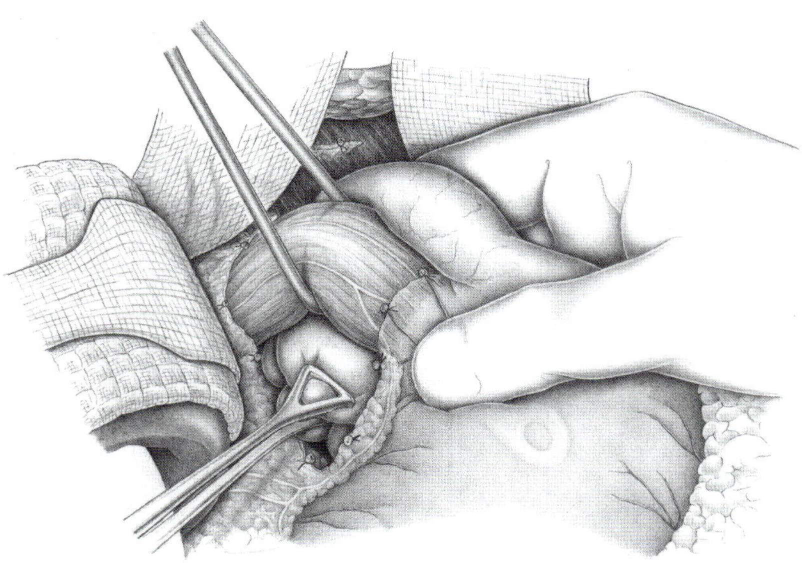

❺ Fundusverlagerung

Nach ausreichender Mobilisation lässt sich eine dorsale 2 – 3 cm schmale Fundusmanschette hinter der Speiseröhre herumführen. Von rechts wird die Fundusmanschette mit einer Duval-Klemme gefasst und nach ventral gezogen. Dieses Manöver wird u. U. durch kaudalen Zug am angezügelten Ösophagus erleichtert. Die vom Anästhesisten platzierte dicke Magensonde der Stärke 40 Fr. verhindert eine zu starke Einengung. Gleiches erreicht die intraoperative Gastroskopie.

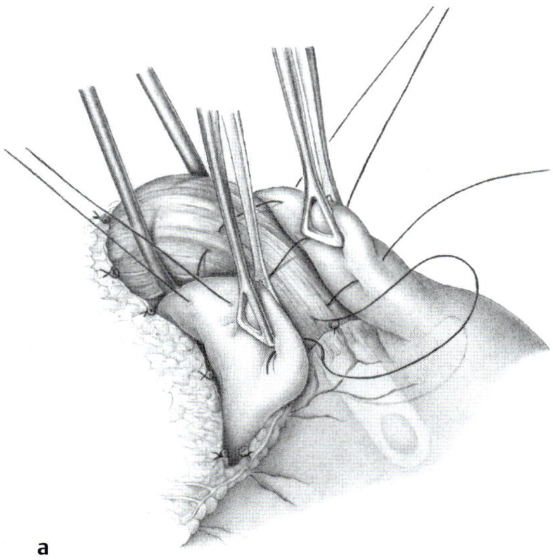

a

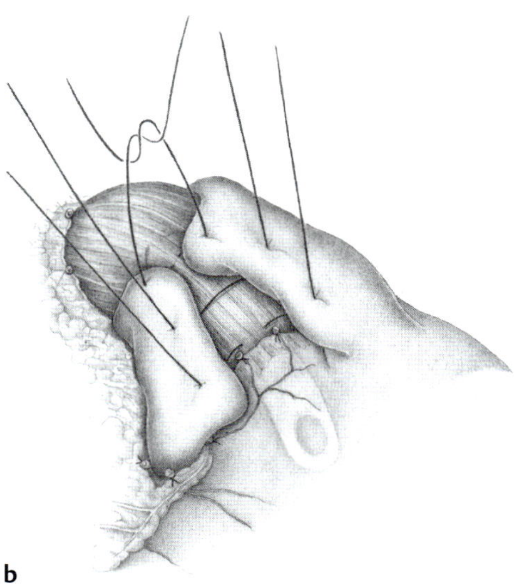

b

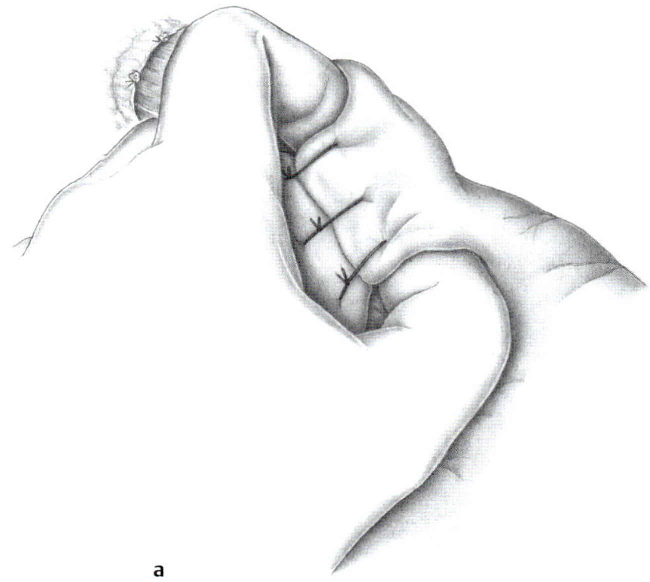

a

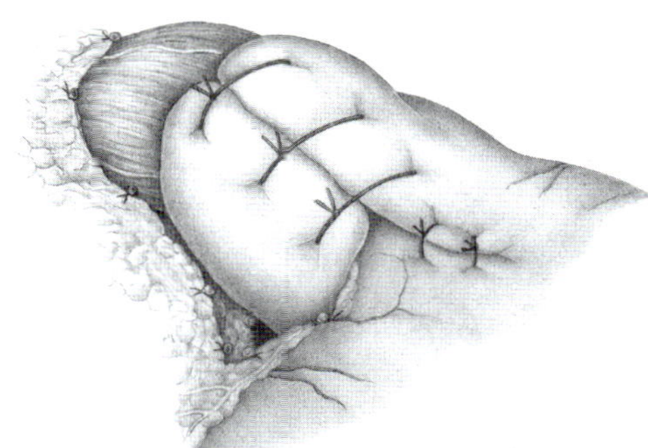

b

❻ Naht der Fundusmanschette

Die Fundusmanschette wird mit 2 – 3 Nähten vor der terminalen Speiseröhre locker verschlossen. Die erste und die letzte Naht fassen jeweils die Ösophaguswand. Die Fundusmanschette muss spannungsfrei die Speiseröhre umgreifen. Nach kaudal reitet sie auf dem Mesogastrium der kleinen Kurvatur (d. h. auf den Rr. hepatici), die deshalb möglichst nur knapp skelettiert werden sollte. Nahtmaterial ist Seide der Stärke 0.

❼ Kontrolle der Manschettenweite

Insgesamt muss die Manschette so weit sein, dass sich Zeigefinger und Daumen des Operateurs leicht zwischen Fundusmanschette und Ösophagus berühren können. Der große kurvaturseitige Anteil der Fundusmanschette kann im Sinne einer Hemifundoplicatio mit 2 weiteren Nähten fixiert werden. Vor Beendigung der Operation wird der dicke Magenschlauch durch den Anästhesisten entfernt und gegen eine normale Magensonde ausgetauscht.

38. Laparoskopische Fundoplicatio

1 Indikation

Absolut: Unter konservativer Therapie refraktäre Refluxkrankheit bei inkompetentem unteren Ösophagussphinkter.
Kontra: Voroperationen im Oberbauch.
Alternativverfahren: Konventionelles Vorgehen.

2 Operationsvorbereitung

Präoperative Diagnostik: Endoskopie, Kontrastmittel-Schluck, Manometrie, 24 h-pH-Metrie. Ausschluss von Gallensteinen und Ulkuskrankheit.
Patientenvorbereitung: Bei Strikturen präoperative Dilatation.

3 Spezielle Risiken, Aufklärung

- Passagere Dysphagie.
- Unfähigkeit zu Erbrechen/Aufstoßen (Superkontinenz).
- Verletzung von Ösophagus, Magen, Milz, N. vagus.
- Manschettenauflösung/-luxation.
- Rezidiv $< 5\%$.
- Umsteigen auf konventionelles Vorgehen.
- Intraoperative Endoskopie.

4 Anästhesie

Intubationsnarkose.

5 Lagerung

Rücken.

6 Zugang

Halbkreisförmige Trokaranordnung im Oberbauch um Xiphoid.

7 Operationsschritte

1. Trokarlokalisation.
2. Eröffnung des peritonealen Überzugs.
3. Mobilisation des terminalen Ösophagus.
4. Skelettierung der großen Magenkurvatur.
5. Anschlingen des Ösophagus und Hiatoplastik.
6. Bildung dorsaler Fundusfalte.
7. Bildung ventraler Fundusfalte.
8. Nahtverschluss der Fundoplicatio.
9. Fundoplicatio nach Toupet.

8 Relevante Anatomie, Gefahren, Tricks

- Vor dem ösophagogastralen Übergang liegt der linke Leberlappen mit dem Lig. triangulare sinistrum.
- Auf Vorder- und Hinterfläche des Ösophagus liegen die Vagusstämme.
- Der Magenfundus liegt kranialer als die Kardia mit enger Lagebeziehung zur Milz.

Cave: Vv. gastricae breves.
Cave: Akzessorische A. hepatica sinistra aus A. gastrica sinistra.

- Eine dicke Magensonde (40 Fr.) oder ein Gastroskop werden erst kurz vor der Manschettenbildung platziert.
- Die Manschettenbildung kann vollständig, d. h. zirkulär oder auch partiell (180°, 270°) erfolgen.
- Der Eingriff kann ggf. mit einer Hiatoplastik kombiniert werden.

9 Maßnahmen bei speziellen Komplikationen

Milzverletzung bei ungenügender Skelettierung der großen Kurvatur (Versuch der konservativen Blutstillung, sonst Splenektomie).

10 Nachsorge

Medizinische Nachbehandlung: Drainage ex 1.–2. Tag.
Kostaufbau: Ab 1. Tag.
Mobilisation: Sofort.
Arbeitsunfähigkeit: 1 Woche.

7 Operationstechnik

1. Trokarlokalisation.
2. Eröffnung des peritonealen Überzugs.
3. Mobilisation des terminalen Ösophagus.
4. Skelettierung der großen Magenkurvatur.
5. Anschlingen des Ösophagus und Hiatoplastik.
6. Bildung dorsaler Fundusfalte.
7. Bildung ventraler Fundusfalte.
8. Nahtverschluss der Fundoplicatio.
9. Fundoplicatio nach Toupet.

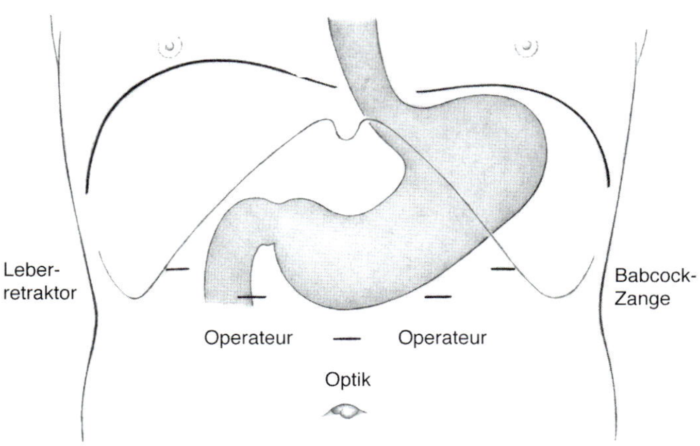

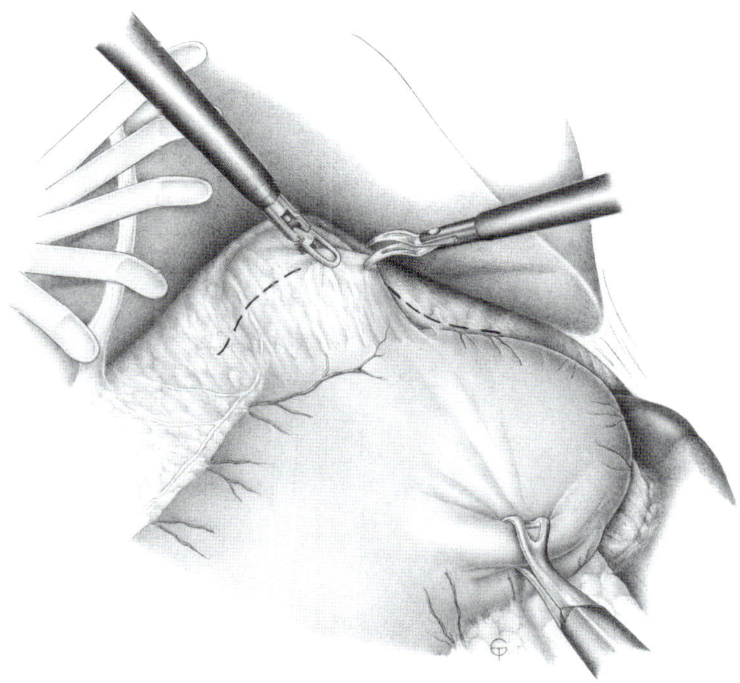

❶ Trokarlokalisation

Beste Lokalisation für die Trokare ist die halbkreisförmige Anordnung mit dem Xiphoid als Zentrum. Hier wird ganz rechts am Rippenbogen der Leberretraktor, links am Rippenbogen die Babcock-Zange zum Fassen des Magens und in der Mitte 2 Querfinger oberhalb des Nabels der Optiktrokar eingeführt. Beiderseits paramedian liegen die Arbeitskanäle für den Operateur. Verwendung finden 10er Trokare.

❷ Eröffnung des peritonealen Überzugs

Nach Einführen des Leberretraktors und kranialer Verdrängung des linken Leberlappens wird der Magen mit einer Babcock-Zange an der großen Kurvatur gefasst und vom Assistenten unter laterale Anspannung gesetzt. Über die beiden Arbeitstrokare wird links eine Schere, rechts eine stumpfe Fasszange eingeführt. Der erste Schritt ist die Spaltung des peritonealen Überzugs zur Freilegung des Ösophagus.

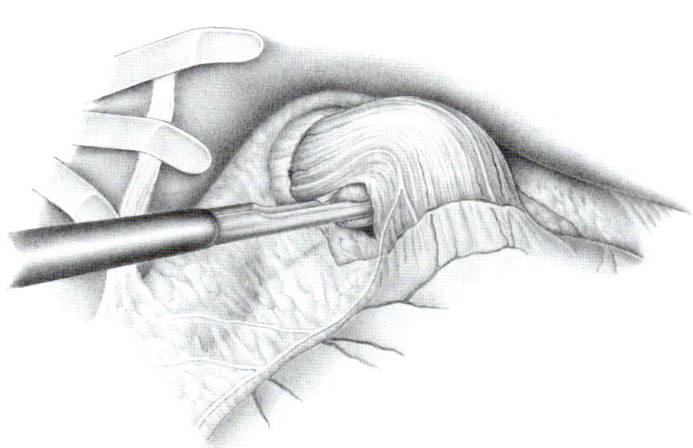

❸ Mobilisation des terminalen Ösophagus

Nach Freilegung des Ösophagus wird dieser stumpf mit Tupfern mobilisiert und mit einem Tupfer unterfahren. Hierbei sind die Trunci vagales und der R. Latarjet darzustellen und zu schonen. Die Präparationsebene liegt außerhalb der Nerven.

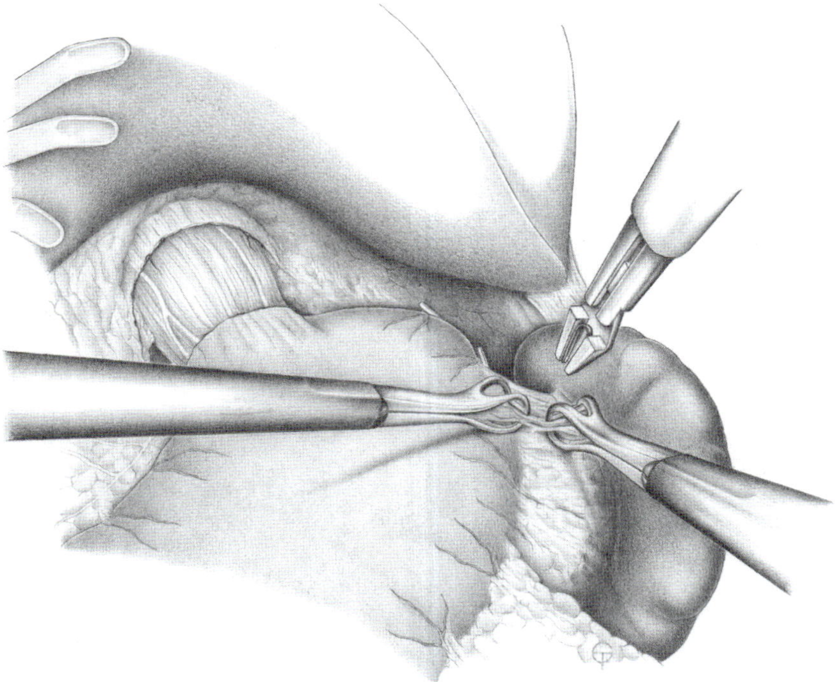

❹ Skelettierung der großen Magenkurvatur

Als nächstes erfolgt die Skelettierung der großen Magenkurvatur auf einer Länge von 6 – 8 cm. Diese wird in der Regel mit der Ultraschallschere (Ultracision) vorgenommen oder alternativ mit Endoclips. Hierbei ist sorgsam darauf zu achten, dass es zu keiner Milzläsion kommt. Bei sehr mobilem Magenfundus kann auf eine Präparation dieser Gefäße verzichtet werden, allerdings sollte die große Magenkurvatur genügend beweglich sein, um eine spannungsfreie Fundoplicatio zu ermöglichen.

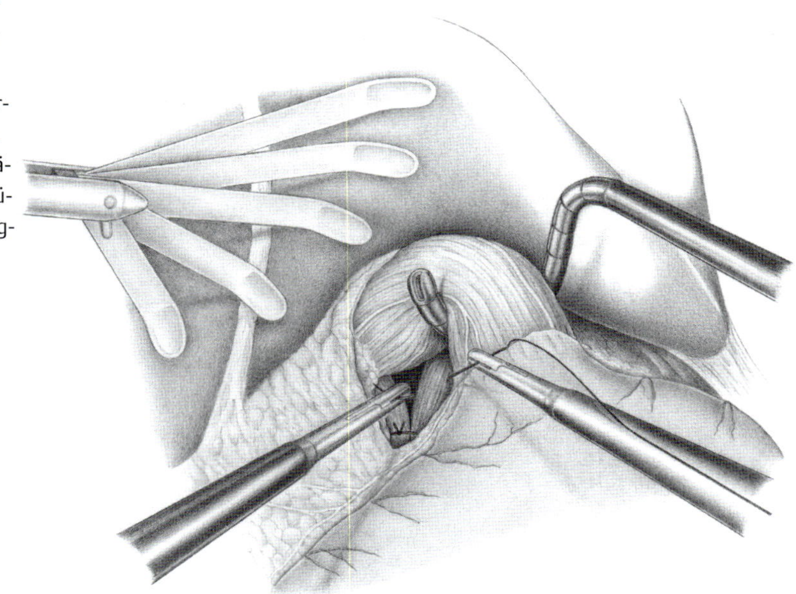

❺ Anschlingen des Ösophagus und Hiatoplastik

Ist der Ösophagus vollständig mobilisiert, wird er stumpf unterfahren und mit einem Gummizügel oder einer flexiblen Hakensonde kranial verzogen. Dorsal stellen sich jetzt die Zwerchfellschenkel dar, die sorgsam frei präpariert und zur Naht vorbereitet werden. Unter Ziehen des Ösophagus nach kranial und lateral werden die Zwerchfellschenkel schrittweise durch Nähte vereint, die die gesamte Breite des Muskelbauches fassen. Insgesamt sollten 3 Nähte ausreichen, um den Hiatus ausreichend einzuengen. Die Lumenweite kann durch intraoperative Endoskopie oder Einführen einer 40-Fr.-Sonde überprüft werden. Als Nahtmaterial verwenden wir nicht resorbierbare, geflochtene Fäden der Stärke 2×0.

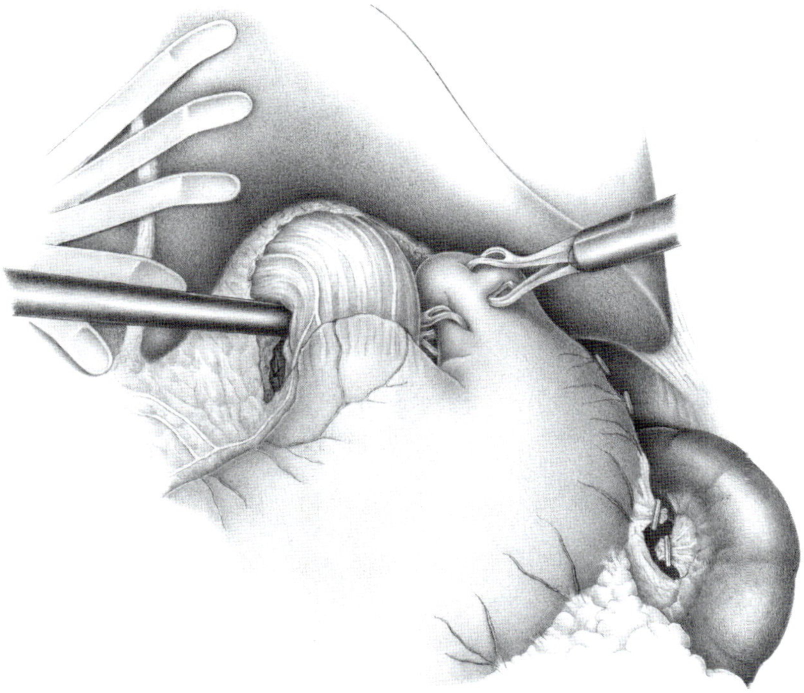

❻ Bildung dorsaler Fundusfalte

Nach vollständiger Hiatoplastik wird eine dorsale Fundusfalte hinter der mobilisierten Kardia hindurch gezogen. Diese Falte „reitet" an der kleinen Kurvatur auf den Rr. hepatici, d. h. eine Vagotomie des Magens ist nicht nur überflüssig, sondern wegen der Gefahr einer späteren Dislokation der Fundusmanschette (Teleskopphänomen) auch gefährlich.

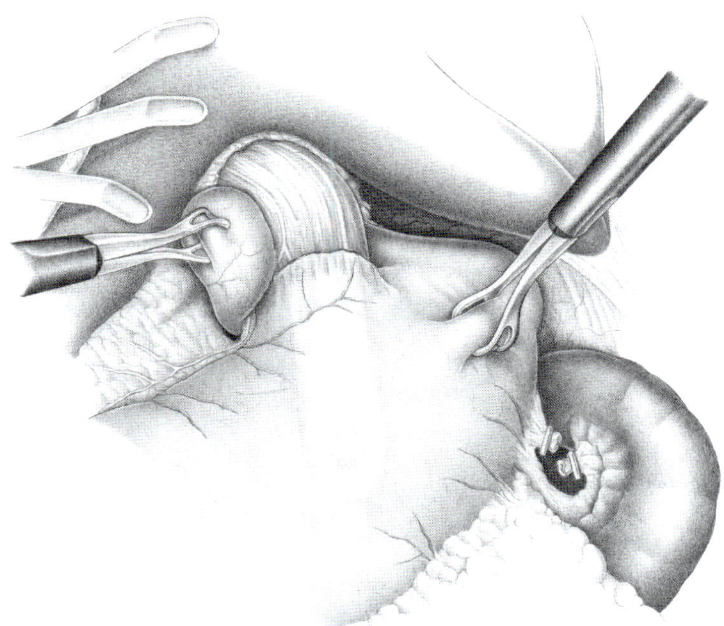

❼ Bildung ventraler Fundusfalte

Nach Fixation der dorsalen Fundusfalte mit einer Babcock-Zange wird eine ventrale Fundusfalte gebildet und vor der Kardia um die terminale Speiseröhre gelegt. Sie sollte spannungsfrei sein und die Ösophaguslichtung so weit lassen, dass eine geschlossene Babcock-Zange locker zwischen Ösophaguswand und Fundusmanschette eingeführt werden kann. Intraoperativ kann die ausreichende und nicht zu weit gehende Lumeneinengung durch flexible Endoskopie kontrolliert werden.

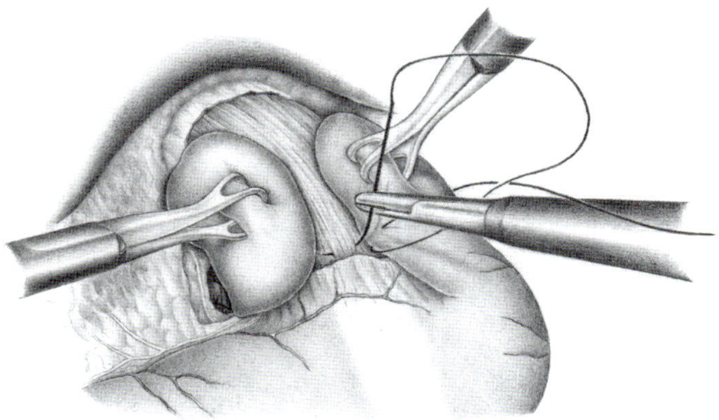

a

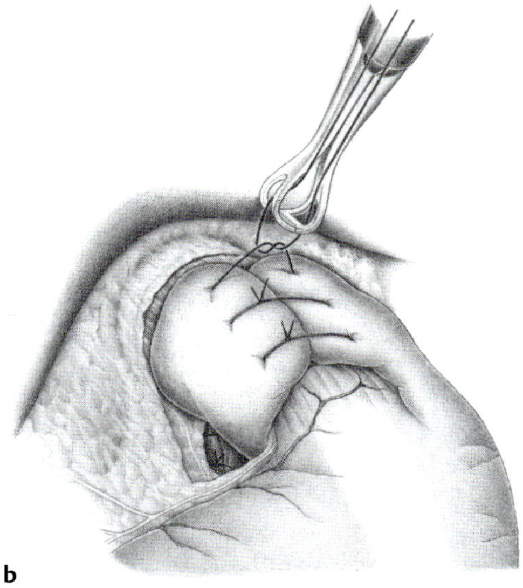

b

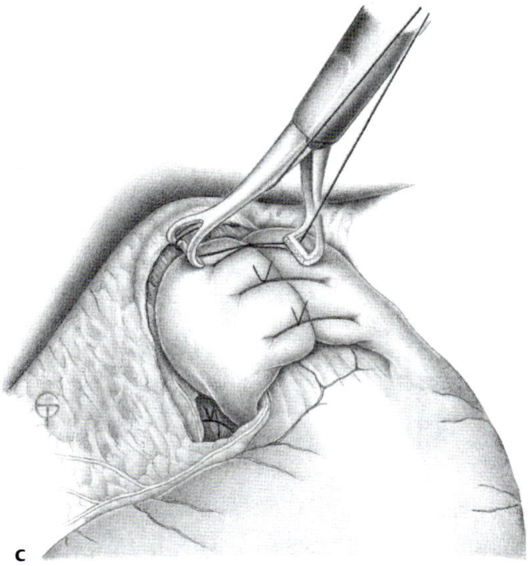

c

❽ Nahtverschluss der Fundoplicatio

a Nach sicherer Platzierung beider Manschettenanteile vor der Kardia werden sie durch 2 – 3 nicht resorbierbare Nähte (2 × 0) miteinander verbunden. Hierbei fasst die oberste und unterste Naht jeweils auch die Ösophaguswand mit, um eine Dislokation der Manschette zu vermeiden. Als Knotentechnik hat sich die extrakorporale Knotentechnik mit Herunterführen des Fadens durch eine Babcock-Zange am besten bewährt.

b Bei der extrakorporalen Knotentechnik wird der Knoten extrakorporal gelegt, die Fäden werden in die Öffnung der Babcock-Zange eingeführt und der Knoten mit der Zange bis an die Fundusmanschette herunter geschoben.

c Nun wird die geschlossene Zange über dem Knoten gespreizt, so dass die Fäden unter Zug gesetzt werden und der Knoten sich schließt. In der Regel sind 3 – 4 Knoten zur sicheren Fixierung der Nähte erforderlich.

❾ Fundoplicatio nach Toupet

Partielle hintere Fundoplicatio nach Toupet. Bei eingeschränkter Ösophagusmotilität kann alternativ eine partielle Fundoplicatio nach Toupet erfolgen. Die Fundusmanschette wird ebenfalls hinter dem Ösophagus durchgeschoben und mit nicht resorbierbaren Nähten am Zwerchfellschenkel fixiert. Die Spitze des Fundus wird an der rechten Seite des Ösophagus vernäht und der distale Fundusanteil an der linken Seite des Ösophagus.

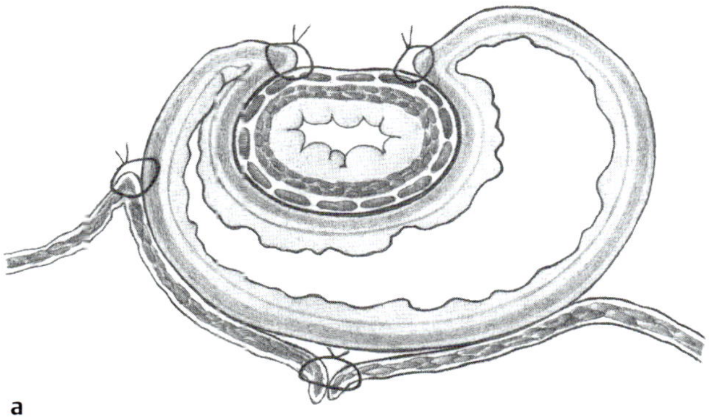

a

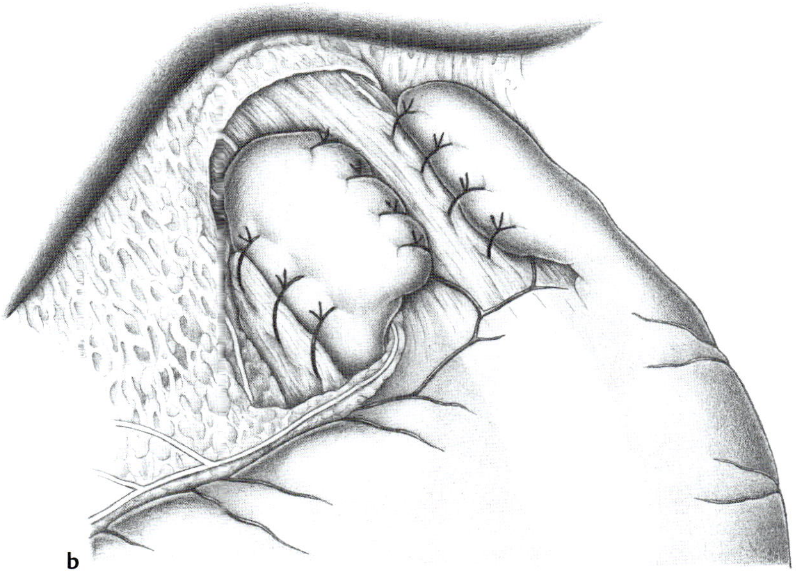

b

39. Myotomie bei Achalasie (Gottstein-Heller)

1 Indikation

Elektiv: Bei Versagen der endoskopischen Dilatation.
Kontra: Bei Verdacht auf Malignom.
Alternativverfahren: Ballondilatation. Laparoskopisches Vorgehen. Bei irreversiblem Megaösophagus oder Malignitätsverdacht ggf. Magentransposition.

2 Operationsvorbereitung

Präoperative Diagnostik: Endoskopie, Magen-Darm-Passage, Manometrie.
Patientenvorbereitung: Magensonde: Freispülen des Ösophagus.

3 Spezielle Risiken, Aufklärung

- Verletzung von Milz, Leber, N. vagus.
- Gastroösophagealer Reflux.
- Rezidiv.
- Nahtinsuffizienz.

4 Anästhesie

Intubationsnarkose.

5 Lagerung

Rücken.

6 Zugang

Mediane Oberbauchlaparotomie. **Alternative**: Laparoskopie.

7 Operationsschritte

❶ Schnittrichtung der Myotomie.
❷ Stumpfe Dilatation der Myotomie.

8 Relevante Anatomie, Gefahren, Tricks

Zur Vermeidung eines gastroösophagealen Refluxes sollte die Myotomie mit einer zumindest partiellen Fundoplicatio kombiniert werden.

9 Maßnahmen bei speziellen Komplikationen

Bei akzidenteller Lumeneröffnung: Übernähung und Fundoplicatio.

10 Nachsorge

Medizinische Nachbehandlung: Magensonde ex 2. Tag, Drainage ex 5. Tag.
Kostaufbau: Schluckweise trinken ab 6. Tag, zügige Steigerung.
Mobilisation: Sofort.
Arbeitsunfähigkeit: 1 – 2 Wochen.

7 Operationstechnik

❶ Schnittrichtung der Myotomie.
❷ Stumpfe Dilatation der Myotomie.

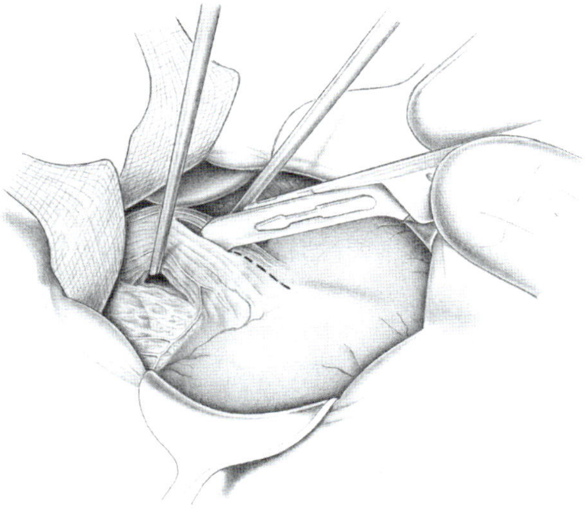

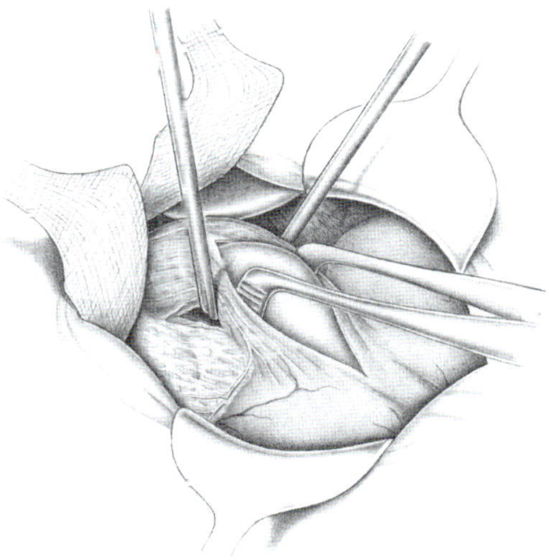

❶ Schnittrichtung der Myotomie

Die Myotomie beginnt am distalen Ösophagus und reicht bis auf den Magen. Sie ist etwa 5 – 6 cm lang und muss sämtliche verdickten Muskelfasern der Speiseröhre und des proximalen Magens bis auf die Submukosa durchtrennen. Hierbei ist sorgfältig darauf zu achten, dass es zu keiner Verletzung des Schleimhautmantels kommt, ggf. ist dies durch intraoperative Gastroskopie oder Farbstoffinstillation zu überprüfen.

❷ Stumpfe Dilatation der Myotomie

Nach vollständiger Muskeltrennung wird mit einer stumpfen Spreizklemme der Muskelmantel bis auf die letzten Fasern auseinandergedrängt. In der Tiefe des Muskelmantels wölbt sich nun die Schleimhaut konvex hervor. Zur prophylaktischen (Schutz vor Ruptur und narbiger Einengung), vor allem aber zur therapeutischen Deckung (Schleimhautläsion), empfiehlt es sich, eine Fundusfalte über die Myotomie zu ziehen und mit Einzelknopfnähten über der Muskulatur zu fixieren. Die Myotomie kann in gleicher Weise wie hier dargestellt offen oder, für den Patienten weniger belastend, auch sehr gut laparoskopisch durchgeführt werden.

40. Perkutane endoskopische Gastrostomie

1 Indikation

Elektiv: Längerfristige Unmöglichkeit des normalen Schluckakts.
Kontra: Aszites und Voroperationen im Oberbauch, Unmöglichkeit der endoskopischen Ösophaguspassage.
Alternativverfahren: Parenterale Ernährung, Jejunalkatheter, transnasale Ernährungssonde.

2 Operationsvorbereitung

Präoperative Diagnostik: Endoskopie, Kontrastmittel-Schluck, Sonographie.
Patientenvorbereitung: Gegebenenfalls Magensonde.

3 Spezielle Risiken, Aufklärung

- Katheterdislokation.
- Katheterobstruktion.
- Leckbildung und Peritonitis.
- Arrosionsblutung.

4 Anästhesie

Sedierung und Lokalanästhesie, selten Intubationsnarkose.

5 Lagerung

Rücken.

6 Zugang

Perkutane Lokalisation unter Diaphanoskopie.

7 Operationsschritte

❶ Magenpunktion.
❷ Kathetereinlage.

8 Relevante Anatomie, Gefahren, Tricks

Die Magenwand muss der ventralen Bauchwand sicher angelegt werden können!

9 Maßnahmen bei speziellen Komplikationen

- Bei Leckverdacht Kontrastmitteldarstellung über Fistel oder eingelegtem Katheter.
- Nach 1 – 2 Wochen sind Magen und Bauchwand miteinander verklebt, so dass der Katheter bei Dislokation stets leicht erneut zu platzieren ist.

10 Nachsorge

Medizinische Nachbehandlung: Lage- und Abflusskontrolle postoperativ mit Kontrastmittel über Katheter.
Kostaufbau: Bei korrekter Katheterlage beginnend am 3. Tag mit zunächst geringen und dann gesteigerten Volumina: zunächst Tee, dann Kombination mit Sondenkost.
Mobilisation: Sofort.
Arbeitsunfähigkeit: Abhängig von Grunderkrankung.

7 Operationstechnik

❶ Magenpunktion.
❷ Kathetereinlage.

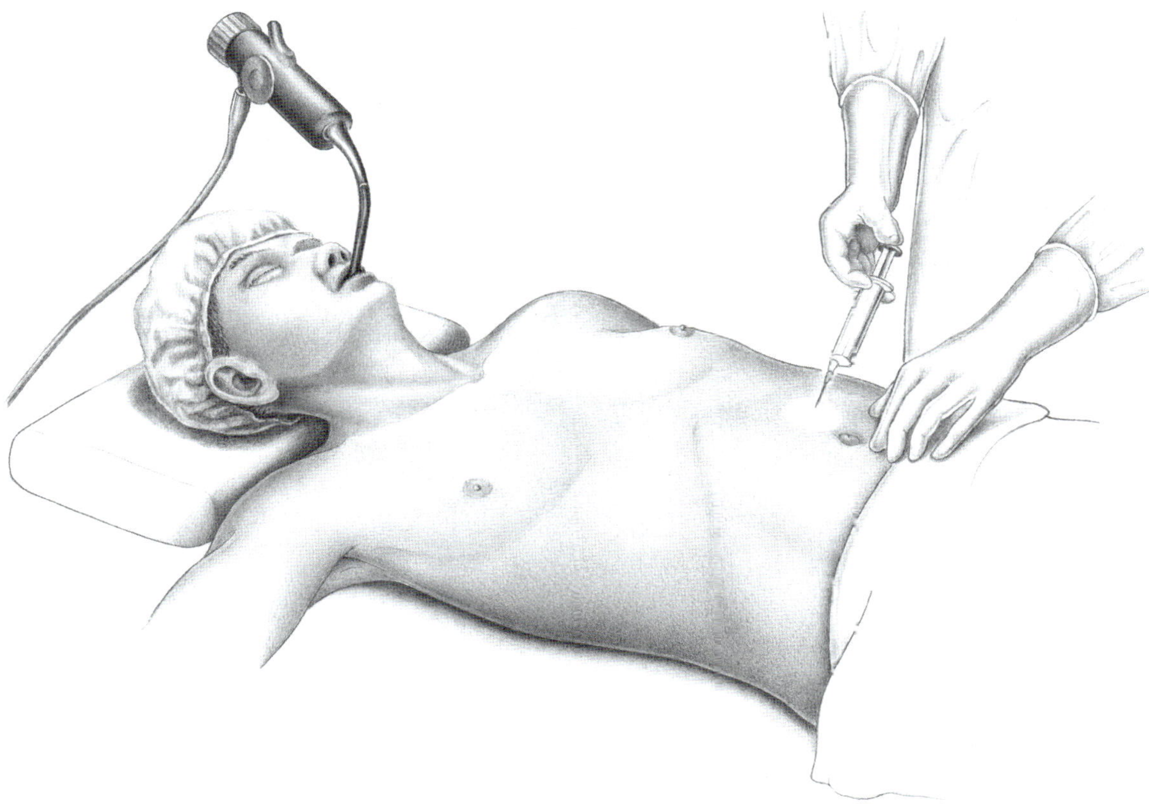

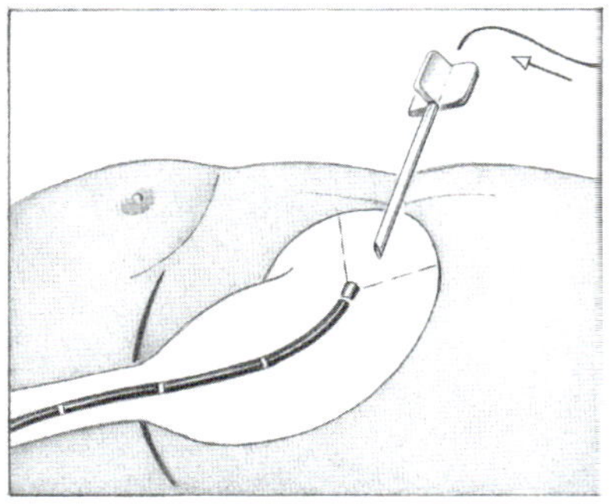

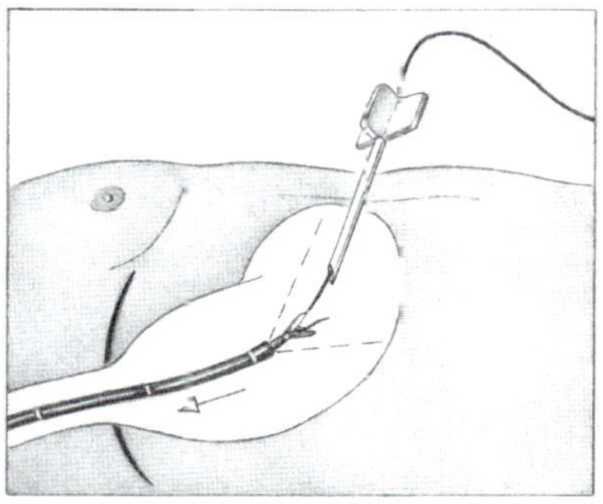

❶ Magenpunktion

Die perkutane endoskopische Gastrostomie ist heute das einfachste und risikoärmste Verfahren zur permanenten oder auch intermittierenden Fistelung des Magens. Absolute Voraussetzung für dieses Verfahren ist ein direkter Kontakt zwischen Magenwand und vorderer Bauchwand. Bei liegendem Gastroskop wird durch Diaphanoskopie der Magen lokalisiert. Durch deutliche Transillumination wird die Vorderfläche des Magens dargestellt, so dass der Magen nach Lokalanästhesie transkutan punktiert werden kann. Über die Kanüle wird der Führungsdraht eingeschoben und über das Endoskop gefasst. Der Führungsdraht wird mit dem Endoskop transoral herausgezogen.

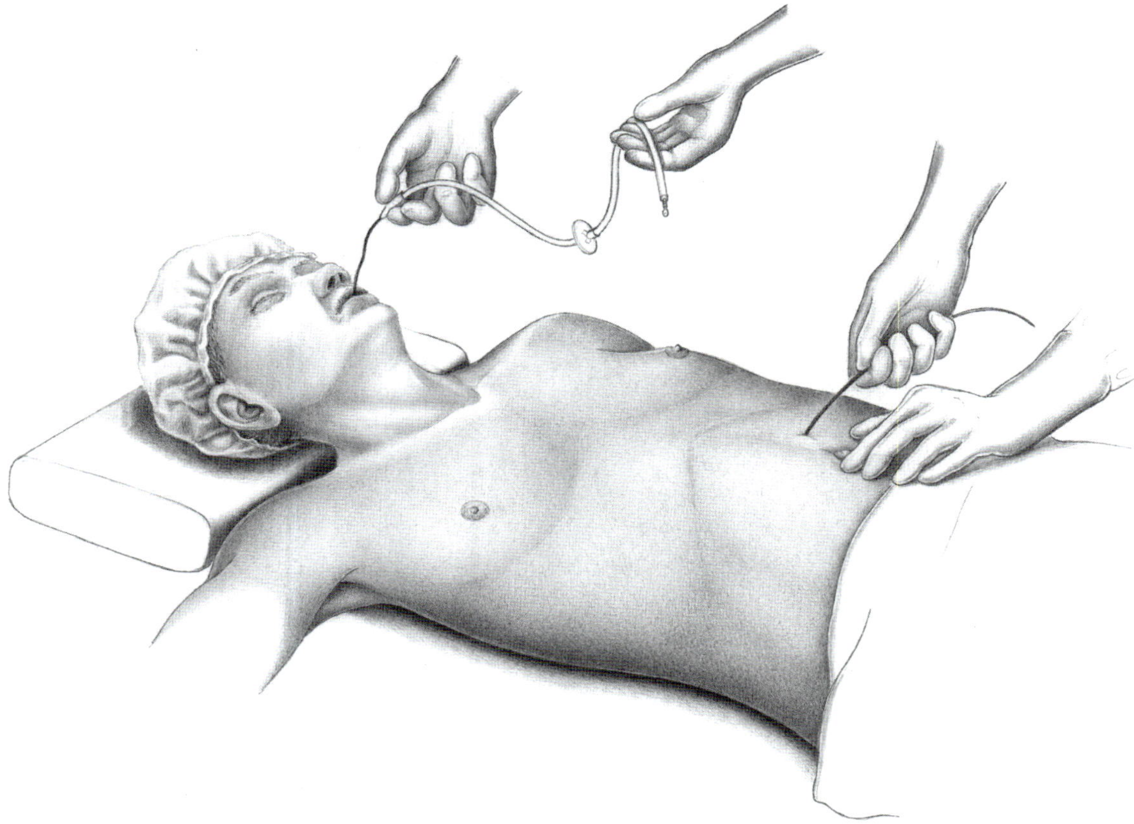

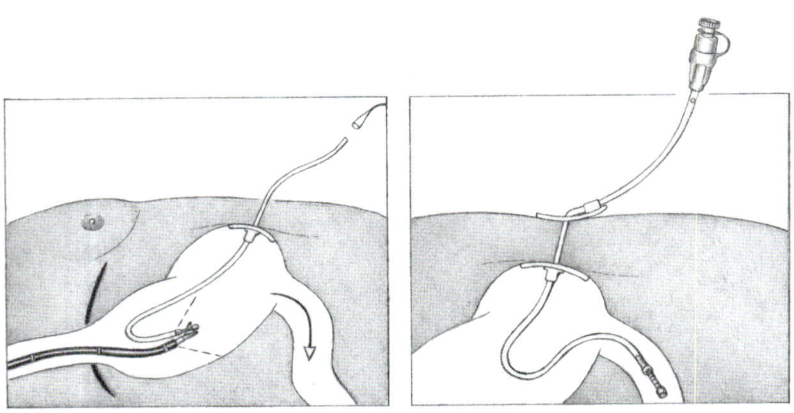

❷ Kathetereinlage

Vor dem Mund wird der Führungsdraht mit dem Katheter verbunden, der nun am Führungsdraht in den Magen zurückgezogen werden kann. Der Katheter wird so weit in den Magen gezogen, bis die abdichtende intragastrale Platte den Magen an die Bauchwand zieht und mit einer zusätzlich von außen angebrachten Gegendruckplatte dort fixiert. Endoskopisch kann das intragastrale Ende des Katheters in das Duodenum platziert werden, um ein retrogrades Hochschlagen zu vermeiden.

41. Gastrostomie (Witzel)

1 Indikation

Elektiv: Bei längerfristiger Unmöglichkeit der normalen Ösophaguspassage, wenn Endoskopie nicht möglich.
Alternativverfahren: Kurzzeitige Unmöglichkeit der Ösophaguspassage: parenterale Ernährung, Jejunalkatheter, transnasale Ernährungssonde.

2 Operationsvorbereitung

Präoperative Diagnostik: Gegebenenfalls Endoskopie, Kontrastmittel-Schluck, Sonographie.

3 Spezielle Risiken, Aufklärung

- Leckbildung und Peritonitis.
- Arrosionsblutung.
- Katheterdislokation.
- Katheterobstruktion.

4 Anästhesie

Intubationsnarkose.

5 Lagerung

Rücken.

6 Zugang

Mediane Oberbauchlaparotomie.

7 Operationsschritte

1. Hautschnitt.
2. Magenwand/Haltenähte.
3. Kathetereinlage.
4. Extraperitonealisierung.

8 Relevante Anatomie, Gefahren, Tricks

- Kathetereinlage so planen, dass Katheteraustritt aus dem Witzel-Kanal und Durchtrittsstelle an der Bauchwand nach Verschluss der Bauchdecke auch ohne Nähte zwanglos übereinander zu liegen kommen.
- Ein Ballonkatheter ist besser vor Dislokation geschützt als ein einfacher Katheter.
- Katheterdurchmesser nicht zu klein wählen, da großlumige Schläuche viel seltener verstopfen.

9 Maßnahmen bei speziellen Komplikationen

- Bei Leckverdacht Kontrastmitteldarstellung über Fistel.
- Vollständiges Herausrutschen des Katheters: in der frühpostoperativen Phase ist eine perkutane Neuplatzierung aufgrund des noch nicht stabilen Fistelkanals risikoreich bzw. unmöglich.

10 Nachsorge

Medizinische Nachbehandlung: Lage- und Abflusskontrolle postoperativ mit Kontrastmittel über Katheter.
Kostaufbau: Bei korrekter Katheterlage beginnend am 3. Tag mit zunächst geringen und dann gesteigerten Volumina: anfangs nur Tee/Wasser, zügige Steigerung bis zur vollwertigen Sondenernährung.
Mobilisation: Sofort.
Arbeitsunfähigkeit: Abhängig von Grunderkrankung.

7 Operationstechnik

❶ Hautschnitt.
❷ Magenwand/Haltenähte.
❸ Kathetereinlage.
❹ Extraperitonealisierung.

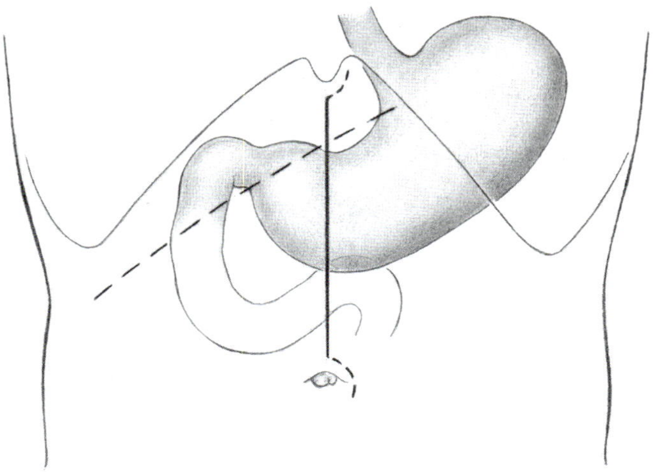

❶ Hautschnitt

In seltenen Fällen (ausgedehnte Tumoren, Diskontinuität der Speiseröhre, Verätzungen, Strikturen) ist eine endoskopische Gastrostomie nicht möglich. In diesen Fällen kann die Magenfistel laparoskopisch oder offen angelegt werden. Am bekanntesten ist die Magenfistelung nach Witzel, die hier dargestellt wird. Der Hautschnitt ist ein Oberbauchmedianschnitt, seltener ein Rippenbogenrandschnitt rechts.

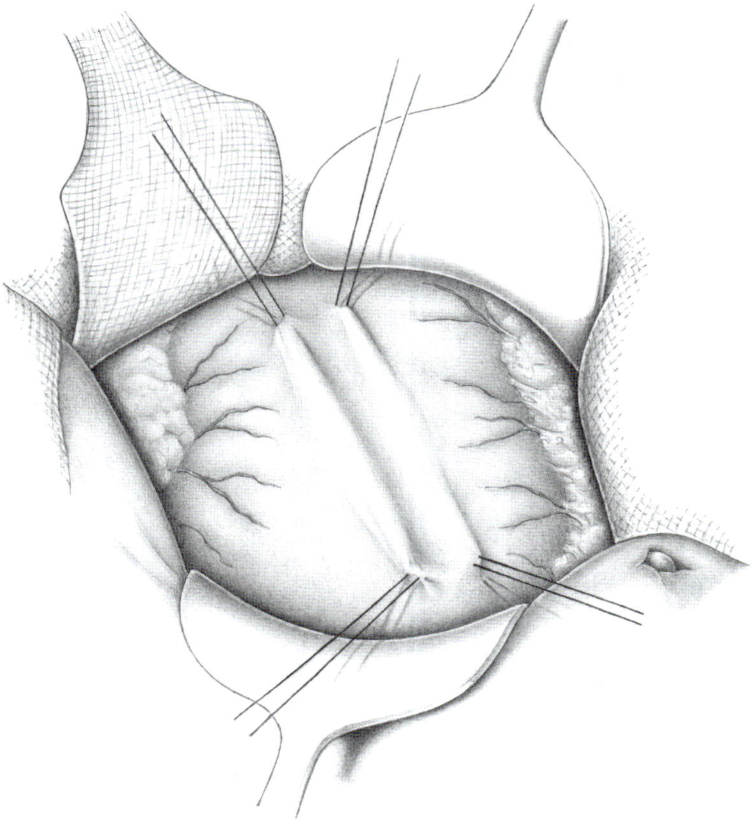

❷ Magenwand/Haltenähte

Nach Freilegung des Magens werden 4 Haltenähte an der Magenvorderwand angelegt, die den späteren Tunnel in der Magenwand markieren.

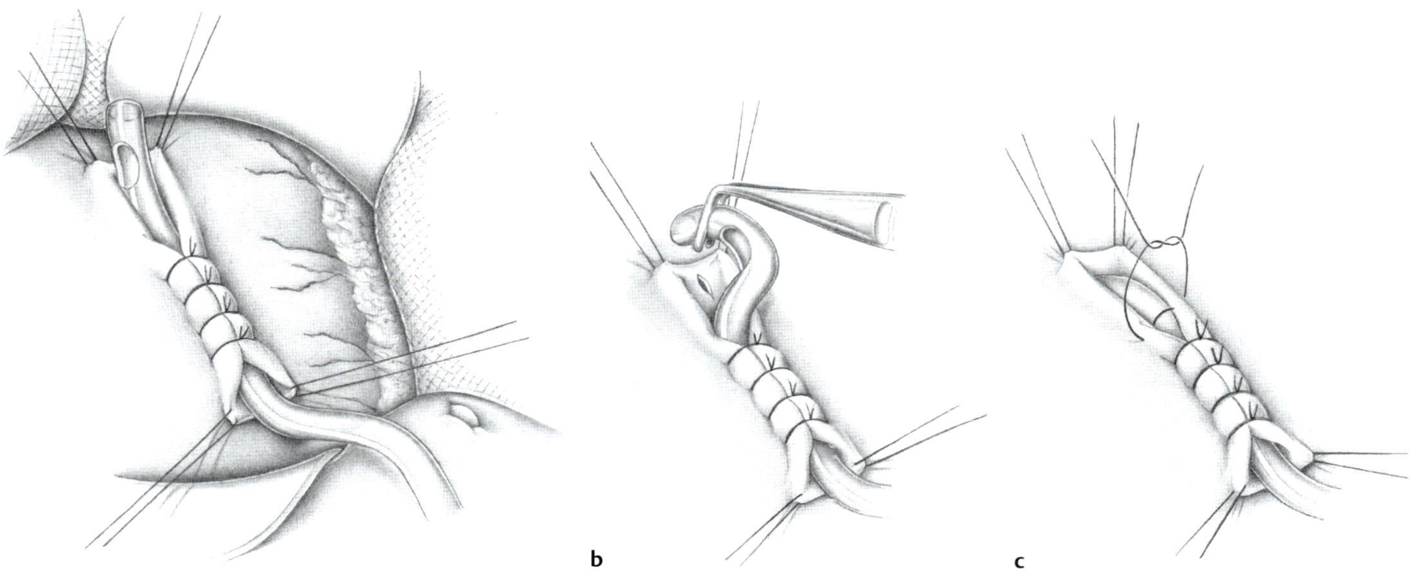

a b c

❸ Kathetereinlage

Der dickwandige Gummischlauch wird transkutan eingeführt, zwischen den Haltenähten an der Magenwand platziert und mit seromuskulären Einzelknopfnähten tunnelartig eingescheidet (**a**). An der Spitze wird eine kleine Inzision der Magenwand mit der Diathermie angelegt, durch die der Katheter in den Magen eingeführt wird (**b**). Es ist darauf zu achten, dass alle Magenwandschichten inklusive Mukosa durchbohrt werden, um eine sichere intraluminäre Lage des Katheters im Magen zu gewährleisten. Über dem Katheter wird die Magenwand mit seromuskulären Einzelknopfnähten vollständig verschlossen (**c**).

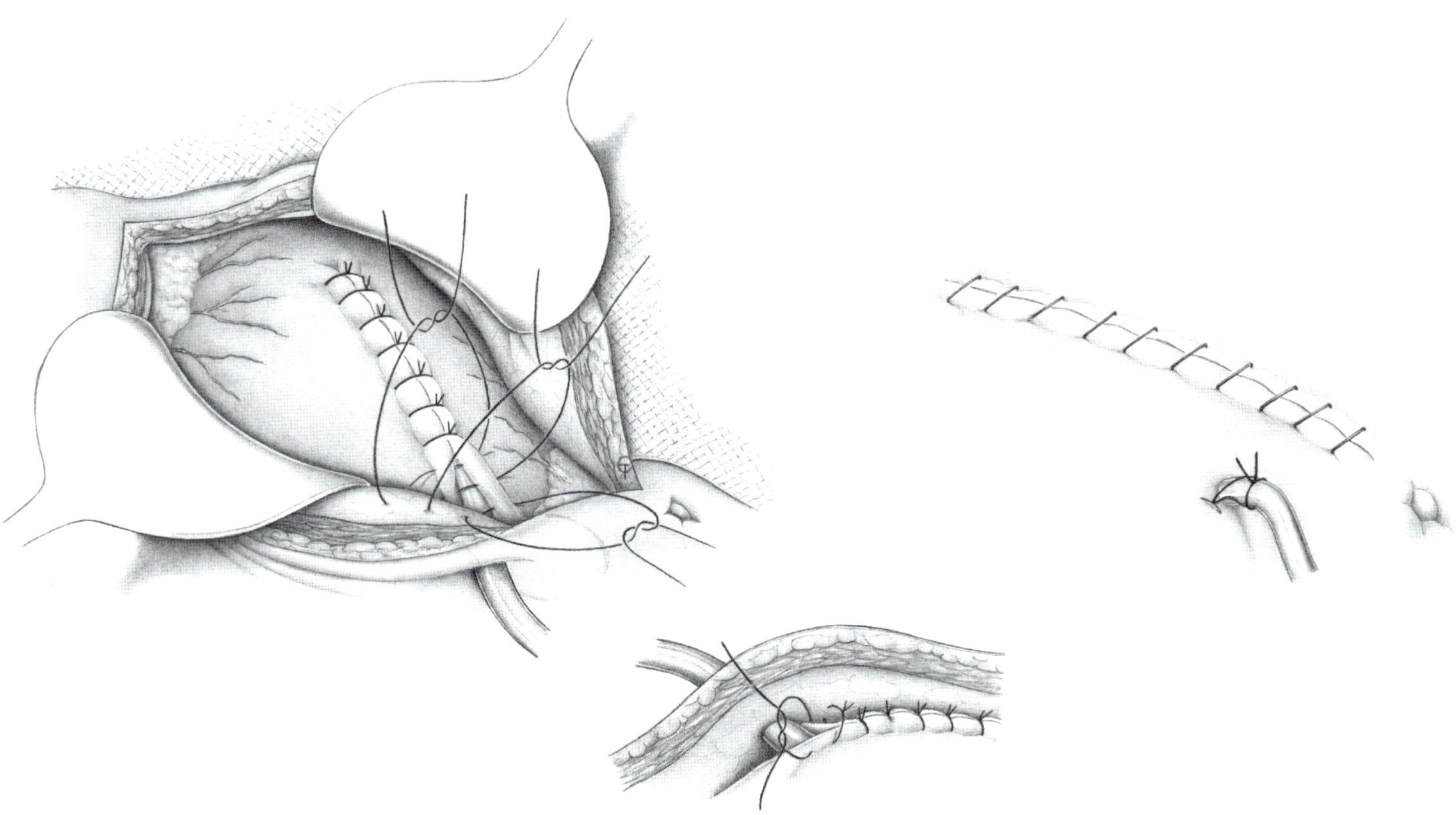

❹ Extraperitonealisierung

Die Katheteraustrittsstelle am Magen wird durch Einzelknopfnähte am parietalen Peritoneum so fixiert, dass sie allseits mit Peritoneum bedeckt ist. Dies beugt einem retrograden Austritt von Magensaft und Katheternahrung über den Witzel-Kanal in die Bauchhöhle vor. Nach Verschluss der Bauchdecke wird der Katheter mit nicht resorbierbaren Nähten an der Haut fixiert, um eine Dislokation zu vermeiden.

42. Ulkusübernähung

1 Indikation

Absolut: Jede gesicherte Ulkusperforation.
Alternativverfahren: Behandlung der Ulkuskrankheit durch Magenteilresektion, speziell beim gastralen Ulkus. Laparoskopisches Vorgehen.

2 Operationsvorbereitung

Präoperative Diagnostik: Abdomenübersicht, ggf. Endoskopie.
Patientenvorbereitung: Magensonde, Peritonitisbehandlung: Flüssigkeits- und Elektrolytsubstitution und Antibiotikatherapie.

3 Spezielle Risiken, Aufklärung

- Notwendigkeit der gleichzeitigen Behandlung der Ulkuskrankheit (sonst ggf. Rezidivgefahr bis 60%).
- Potenzielle Malignität beim gastralen Ulkus bis 8%.
- Nahtinsuffizienz.
- Gallengangverletzung.
- Intraperitonealer Abszess.
- Magenausgangsstenose.

4 Anästhesie

Intubationsnarkose.

5 Lagerung

Rücken.

6 Zugang

Mediane Oberbauchlaparotomie.

7 Operationsschritte

1. Ulkusexzision.
2. Übernähung.
3. Netzdeckung.
4. Mobilisation nach Kocher.

8 Relevante Anatomie, Gefahren, Tricks

- Pylorus als Grenze zwischen Magen und Duodenum durch palpablen Muskelwulst und gut sichtbare quer verlaufende Vene markiert.
- Häufigste Perforationsstelle: postpylorische Duodenalvorderwand.
- Bei mangelnder Zugänglichkeit des Duodenums eventuell Kocher-Manöver.

Cave: Malignität bei perforiertem gastralen Ulkus (8%): Biopsie und ggf. Schnellschnitt!

- Initial nach Laparotomie kein Ulkus auffindbar: Inspektion der Magenhinterwand.

9 Maßnahmen bei speziellen Komplikationen

Amputierende Ulzera erfordern zumeist die distale Magenteilresektion und Billroth-I-Rekonstruktion.

10 Nachsorge

Medizinische Nachbehandlung: Magensonde ex am 2.–3. Tag, wenn kein wesentlicher Reflux. Antibiotikatherapie für 5 Tage, ggf. nach intraoperativem Abstrichergebnis. H_2-Antagonisten. Endoskopische Kontrolle nach 4–6 Wochen.
Kostaufbau: Schluckweise trinken, wenn Magensonde ex, dann frei trinken; feste Kost nach erstem Stuhlgang.
Stuhlgang: Klysmen/Einläufe ab 3. Tag.
Mobilisation: Sofort.
Krankengymnastik: Atemgymnastik.
Arbeitsunfähigkeit: 2–4 Wochen.

7 Operationstechnik

1. Ulkusexzision.
2. Übernähung.
3. Netzdeckung.
4. Mobilisation nach Kocher.

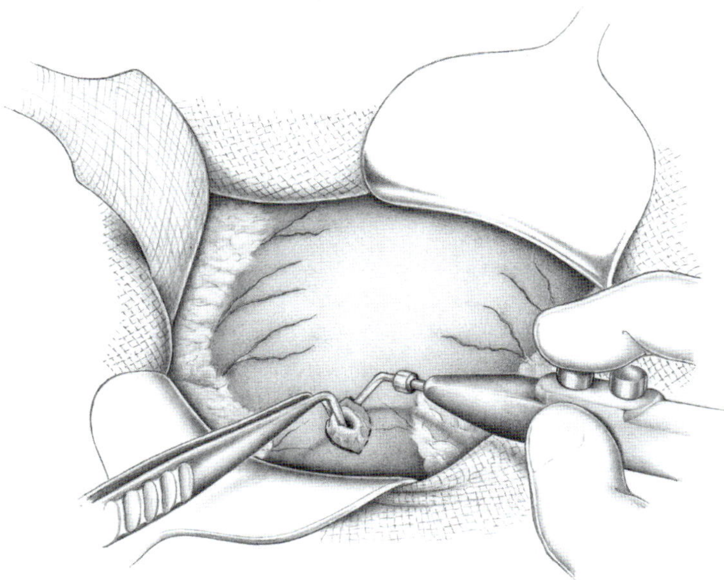

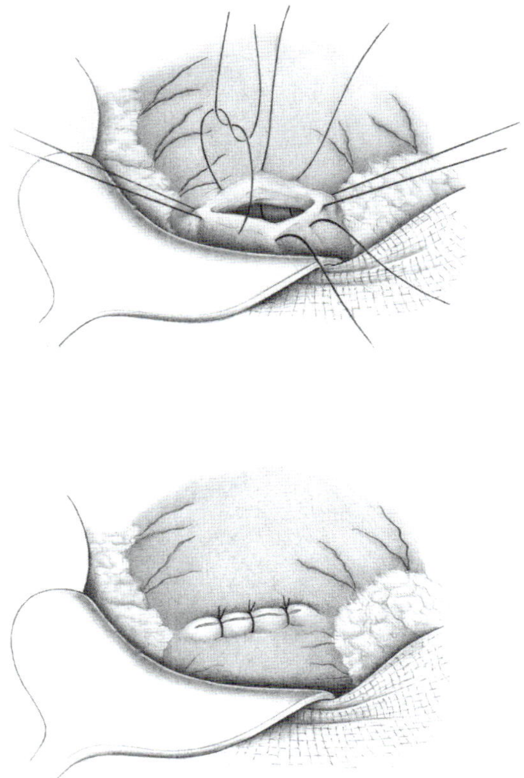

1 Ulkusexzision

Perforierte Ulcera duodeni und kleine unauffällige präpylorische Ulzera können ohne Exzision übernäht werden. Bei Ulcera ventriculi oder Verdacht auf Malignität sollte das Ulkus komplett exzidiert werden. Im Zweifelsfall reicht auch eine Keilexzision. Die Exzision dient der histologischen Sicherung und ggf. der Vorbereitung einer Pyloroplastik bei intrapylorischem Sitz. Die Exzision erfolgt mit dem Messer oder der Diathermie und sollte zugleich die Möglichkeit der Reparation einbeziehen. Intrapylorische Ulzera sollten durch Längsinzision und quere Vernähung zu einer partiellen Pyloroplastik führen.

2 Übernähung

Die Übernähung erfolgt zwischen Haltefäden und durchgreifend mit Einzelknopfnähten (2 × 0 PGS). Die Abstände betragen 0,6 – 0,8 cm zum Ulkusrand und zu den Nachbarnähten. In der Regel reichen 3 – 4 Einzelknopfnähte.

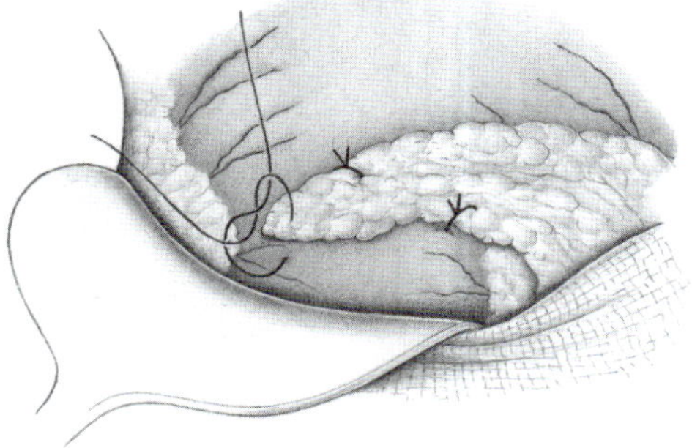

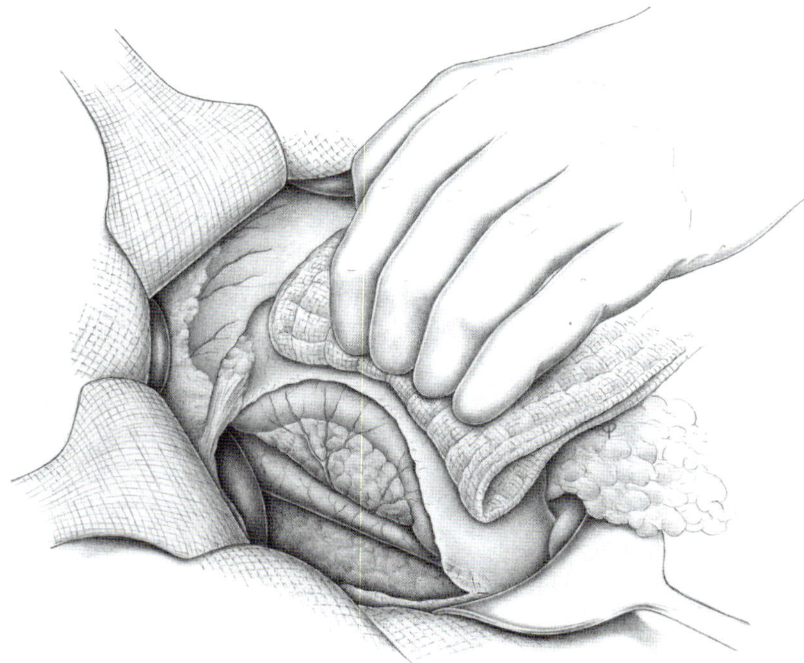

❸ Netzdeckung

Bei unsicherem Nahtlager, höherer Nahtspannung und brüchigem Gewebe empfiehlt sich, die Nahtreihe mit einem Netzzipfel zu decken. Das Netz wird mit Einzelknopfnähten (2 × 0 PGS) an der Magenvorderwand fixiert.

❹ Mobilisation nach Kocher

Bei großen Vorderwanddefekten und erheblicher Nahtspannung empfiehlt es sich, das Duodenum nach Kocher zu mobilisieren, um die Nähte spannungsfrei platzieren zu können. Überschreitet die Ulkusperforation mehr als die Hälfte der Zirkumferenz, d. h. liegt ein amputierendes Ulkus vor, so empfiehlt sich die Resektion von Antrum und Pylorus mit Wiederherstellung der Kontinuität über eine Billroth-I-Anastomose.

43. Ulkusumstechung

1 Indikation

Absolut: Trotz konservativ-endoskopischer Therapie rezidivierend oder kontinuierlich blutendes Ulkus. Erfolgreich endoskopisch behandeltes Ulkus Forrest I oder II mit sichtbarem Gefäßstumpf: früh-elektiv innerhalb von maximal 8 Stunden.
Alternativverfahren: Endoskopische Sklerotherapie heute grundsätzliche Primärmaßnahme.

2 Operationsvorbereitung

Präoperative Diagnostik: Suffiziente Endoskopie.
Patientenvorbereitung: Magensonde, Magen frei spülen, Intubation als Aspirationsschutz. ZVK, Volumensubstitution (EK, FP), Gerinnungskontrollen, prophylaktische Antibiotikatherapie.

3 Spezielle Risiken, Aufklärung

- Rezidivblutung (< 5%).
- Gallengangverletzung (1%).
- Nahtinsuffizienz (1%).
- Potenzielle Malignität beim gastralen Ulkus!

4 Anästhesie

Intubationsnarkose.

5 Lagerung

Rücken.

6 Zugang

Mediane Oberbauchlaparotomie.

7 Operationsschritte

1. Ligatur der A. gastroduodenalis.
2. Ligatur der A. pancreaticoduodenalis.
3. Gastroduodenotomie.
4. Blutungslokalisation.
5. Vierquadrantenumstechung.
6. Ulkusübernähung.
7. Pyloroplastik.

8 Relevante Anatomie, Gefahren, Tricks

- Arterielle Versorgung der peripyloralen Region über A. hepatica mit A. gastroduodenalis und A. gastrica dextra sowie A. gastroepiploica dextra und A. pancreaticoduodenalis superior.
- Retroduodenaler Verlauf des Ductus choledochus.

Cave bei Umstechung.

- Bei nicht eindeutig gesicherter Blutungsquelle: zunächst Gastrostomie längs verlaufend an Antrumvorderwand ohne Pylorusdurchtrennung und Inspektion des gesamten Magens.
- Insbesondere bei atypisch gelegenen Ulzera Biopsie entnehmen.

9 Maßnahmen bei speziellen Komplikationen

- Rezidivblutung: Revision, wenn medikamentöse oder endoskopische Therapie erfolglos.
- Postoperativer Überraschungsbefund Karzinom: Revision.

10 Nachsorge

Medizinische Nachbehandlung: Magensonde ex am 2.–3. Tag, wenn kein wesentlicher Reflux. Drainagen ex 4./5. Tag. Kontrollendoskopie nach 4–6 Wochen.
Kostaufbau: Trinken nach Magensonde ex, feste Kost nach Abführen.
Stuhlgang: Klysmen/Einläufe ab 1./2. Tag.
Mobilisation: Sofort.
Krankengymnastik: Atemgymnastik.
Arbeitsunfähigkeit: 2–4 Wochen.

7 Operationstechnik

1. Ligatur der A. gastroduodenalis.
2. Ligatur der A. pancreaticoduodenalis.
3. Gastroduodenotomie.
4. Blutungslokalisation.
5. Vierquadrantenumstechung.
6. Ulkusübernähung.
7. Pyloroplastik.

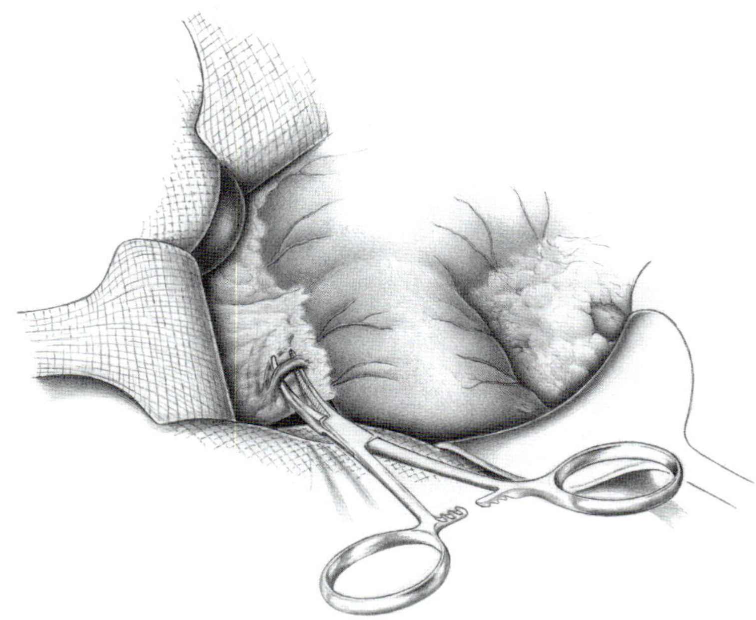

❶ Ligatur der A. gastroduodenalis

Die Ulkusumstechung beginnt mit der Freilegung der A. gastroduodenalis. Sie liegt pylorusnah in Projektion auf die gut sichtbare V. pylorica, immer tiefer als erwartet. Häufig wird sie mit der A. gastrica dextra verwechselt, die oberflächlicher verläuft. Zur Identifikation ist der Abgang der A. gastroduodenalis aus der A. hepatica communis darzustellen, die als gut pulsierender Strang an der Pankreasoberkante zu tasten ist. Nach Freilegung der A. gastroduodenalis wird sie mit einer Overholt-Klemme unterfahren und ligiert.

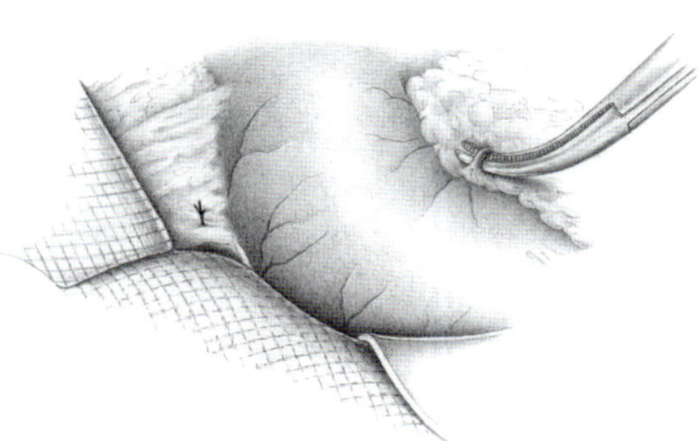

❷ Ligatur der A. pancreaticoduodenalis

An der kaudalen Zirkumferenz des Pylorus sind die A. pancreaticoduodenalis superior und die A. gastroploica dextra freizulegen. Beide Gefäße sind unter Sicht zu ligieren.

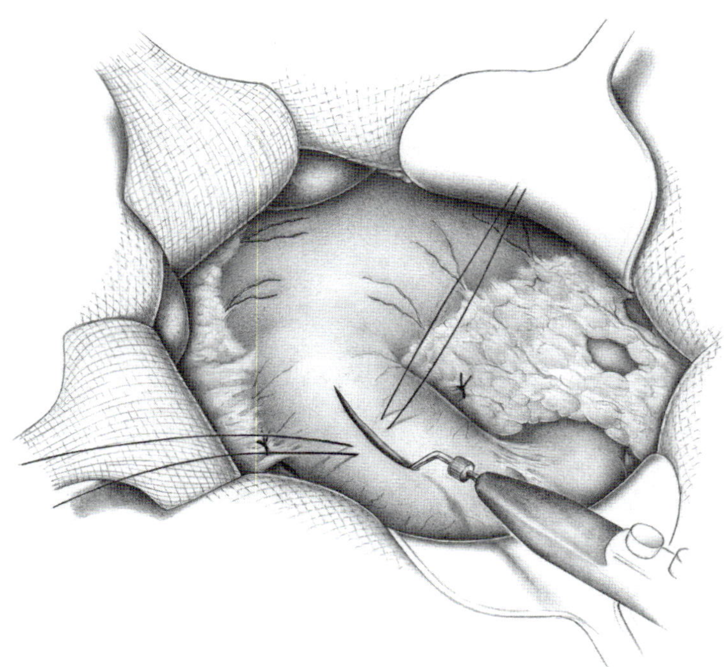

❸ Gastroduodenotomie

Je nach Lokalisation des Ulkus wird zwischen Haltefäden an der Vorderwand des Magens bzw. Duodenums eine Längsinzision angelegt. Bei der häufigsten Lokalisation im postpylorischen Duodenum liegt der Schnitt überwiegend im Bereich des proximalen Duodenums, wobei der Pylorus in den kranialen Anteil des Schnitts mit einbezogen ist.

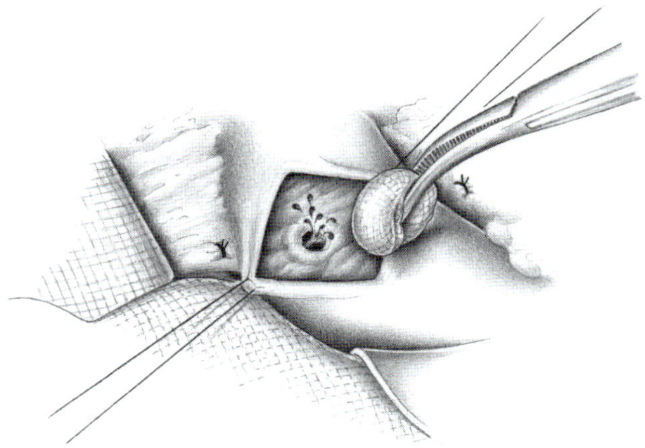

4 Blutungslokalisation

Die Blutungsquelle liegt in der Regel an der Hinterwand über dem Verlauf der A. gastroduodenalis. Sistiert die Blutung zum Zeitpunkt der Operation, so sollte durch Austupfen und Manipulation die Blutung reaktiviert werden, um eine sichere Lokalisation der Blutungsquelle zu ermöglichen.

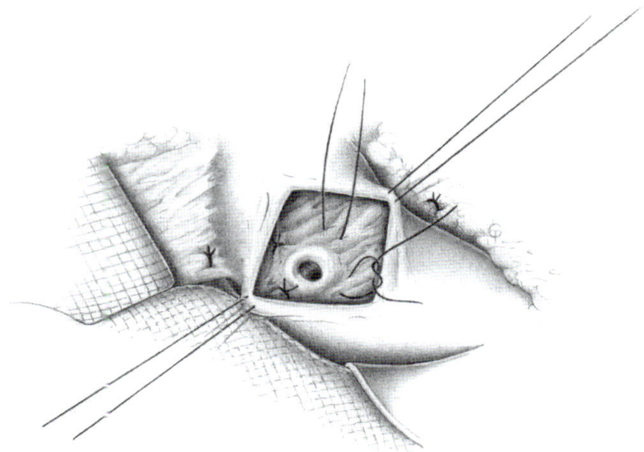

5 Vierquadrantenumstechung

Die Blutungsquelle wird entsprechend dem Verlauf der A. gastroduodenalis kranial und kaudal durch Einzelknopfnähte umstochen. Zusätzliche Äste aus Magen und Duodenum werden in den beiden anderen Quadranten ebenfalls mit Einzelknopfnähten (3 × 0 PGS) umstochen.

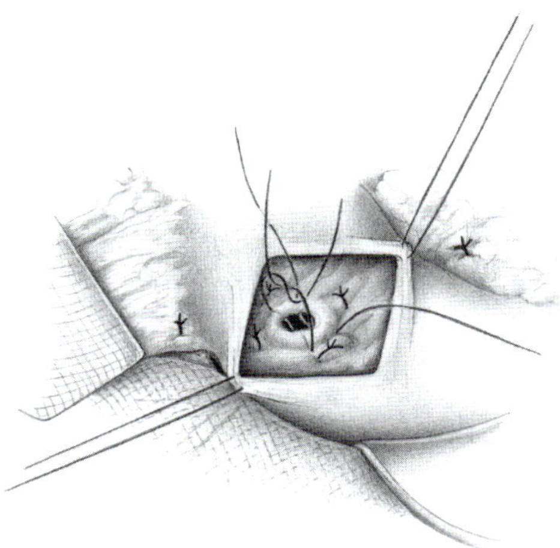

6 Ulkusübernähung

Der Ulkusgrund wird mit 2 – 3 Einzelknopfnähten verschlossen, um die peptische Exposition des Ulkusgrundes zu verringern.

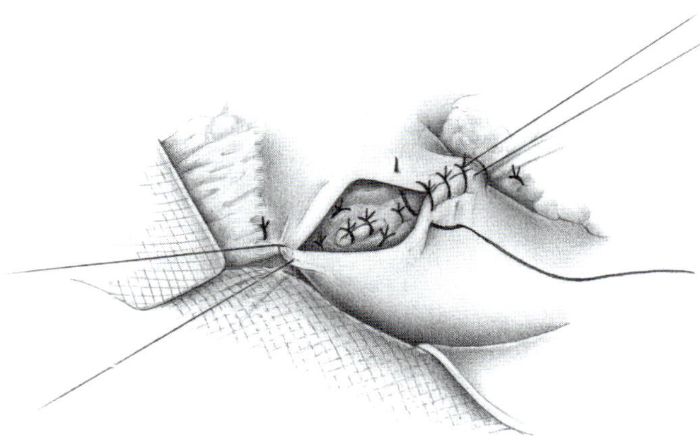

7 Pyloroplastik

Bezieht die Gastroduodenotomie den Pylorus mit ein, so sollte eine Pyloroplastik nach Heineke-Mikulicz erfolgen. Zwischen Haltefäden wird die Längsinzision quer vernäht. Bei ausschließlicher Duodenotomie bzw. Gastrotomie ist eine Längsnaht der Längsinzision vertretbar. In einzelnen Fällen ist eine spannungsfreie Naht erst nach Durchführung der Mobilisation nach Kocher möglich.

44. Gastrojejunostomie

1 Indikation

Relativ: Nicht resektable Magenausgangs- oder Duodenalstenose.
Kontra: Weiter distal gelegene Stenosen.
Alternativverfahren: Jejunalkatheter, parenterale Enährung.

2 Operationsvorbereitung

Präoperative Diagnostik: Kontrastmitteldarstellung, Endoskopie, ggf. Sonographie, Endosonographie, CT-Abdomen.
Patientenvorbereitung: Magensonde.

3 Spezielle Risiken, Aufklärung

- Anastomosenblutung (< 2%).
- Anastomoseninsuffizienz (< 1%).

4 Anästhesie

Intubationsnarkose.

5 Lagerung

Rücken.

6 Zugang

Mediane Oberbauchlaparotomie.

7 Operationsschritte

1. Zugang.
2. Skelettierung der großen Kurvatur.
3. Identifizierung der ersten Dünndarmschlinge.
4. Retrokolische Dünndarmverlagerung.
5. Hintere isoperistaltische Seit-zu-Seit-Gastrojejunostomie.
6. Naht der Gastrojejunostomie-Hinterwand.
7. Naht der Gastrojejunostomie-Vorderwand.
8. Gastrojejunostomie durch Nahtgerät (GIA).
9. Braun-Fußpunktanastomose (Hinterwand).
10. Braun-Fußpunktanastomose (Vorderwand).
11. Übernähung des Mesoschlitzes.

8 Relevante Anatomie, Gefahren, Tricks

- Im Rahmen von Malignomeingriffen ist eine zusätzliche Vagotomie nicht erforderlich.
- Gastroenteroanastomose an Magenvorder- und -hinterwand möglich.

Cave: Torquieren der anastomosierten Dünndarmschlingen.

9 Maßnahmen bei speziellen Komplikationen

Häufiges Nachbluten der GIA-Klammernahtreihe. Vermeidung: Anastomose durch „Auskrempeln" inspizieren.

10 Nachsorge

Medizinische Nachbehandlung: Magensonde belassen, bis Reflux gering. Gegebenenfalls Kontrastmitteldarstellung der Anastomose: relativ häufig länger anhaltende Anastomosenschwellung, ggf. Otriven-Instillation. Drainage ex 4./5. Tag.
Kostaufbau: Wenn Reflux über Magensonde gering, beginnend mit Wasser/Tee.
Mobilisation: Sofort.
Arbeitsunfähigkeit: Abhängig von Grunderkrankung.

7 Operationstechnik

1. Zugang.
2. Skelettierung der großen Kurvatur.
3. Identifizierung der ersten Dünndarmschlinge.
4. Retrokolische Dünndarmverlagerung.
5. Hintere isoperistaltische Seit-zu-Seit-Gastrojejunostomie.
6. Naht der Gastrojejunostomie-Hinterwand.
7. Naht der Gastrojejunostomie-Vorderwand.
8. Gastrojejunostomie durch Nahtgerät (GIA).
9. Braun-Fußpunktanastomose (Hinterwand).
10. Braun-Fußpunktanastomose (Vorderwand).
11. Übernähung des Mesoschlitzes.

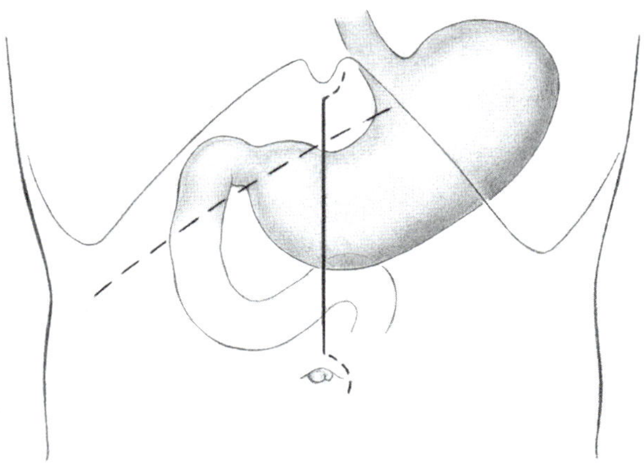

❶ Zugang

Der übliche Zugang ist die mediane Oberbauchlaparotomie. Bei anderen Indikationen, wie z. B. der Palliation beim Pankreaskarzinom, hat sich der Oberbauchschrägschnitt rechts bewährt.

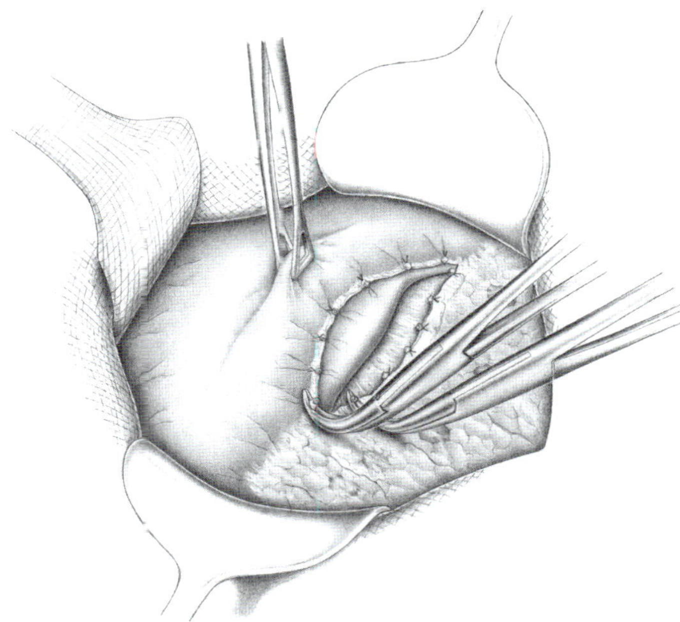

❷ Skelettierung der großen Kurvatur

Die Anlage der Gastrojejunostomie beginnt mit der Skelettierung der großen Magenkurvatur. Zwischen Overholt-Klemmen wird das Lig. gastrocolicum magennah auf ca. 8 – 10 cm skelettiert, bis die Hinterwand des Magens frei und gut beweglich ist. Jetzt kann die Ventralwand des Magens mit einer Duval-Klemme angehoben werden, um Verklebungen im Bereich der Bursa omentalis zu durchtrennen.

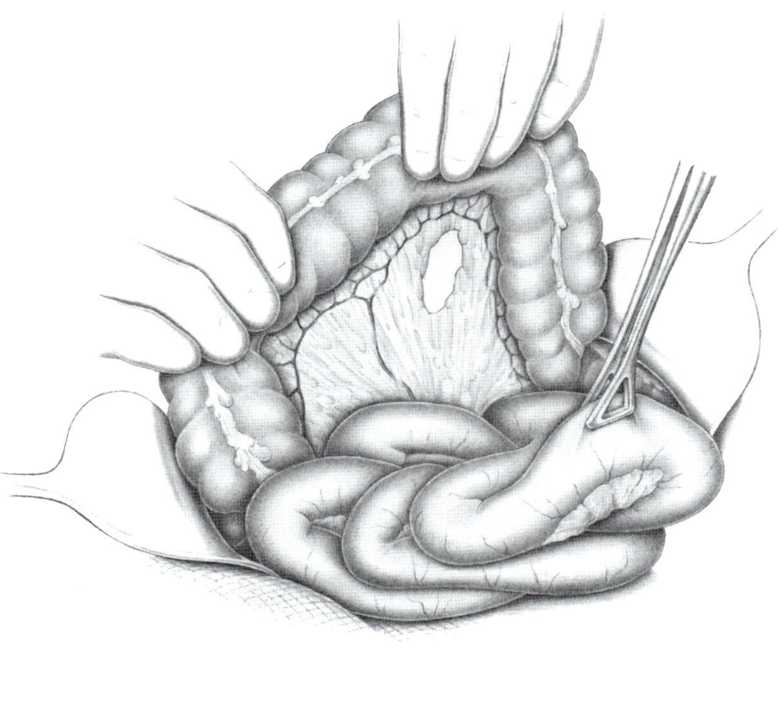

❸ Identifizierung der ersten Dünndarmschlinge

Nach Anheben des Kolons wird ein Mesokolonschlitz im gefäßfreien Areal mit der Diathermie hergestellt. Danach wird die oberste Jejunumschlinge hinter dem Treitz-Band identifiziert und mit einer Duval-Klemme markiert. Soll eine kurze Gastrojejunostomie ohne Braun-Fußpunktanastomose durchgeführt werden, so wählt man die dem Treitz-Band unmittelbar benachbarte Jejunalschlinge, bei tieferer Mobilisation der Gastrojejunostomie sollte man die 2. – 3. Jejunalschlinge wählen, um noch Platz für eine Braun-Fußpunktanastomose zu haben.

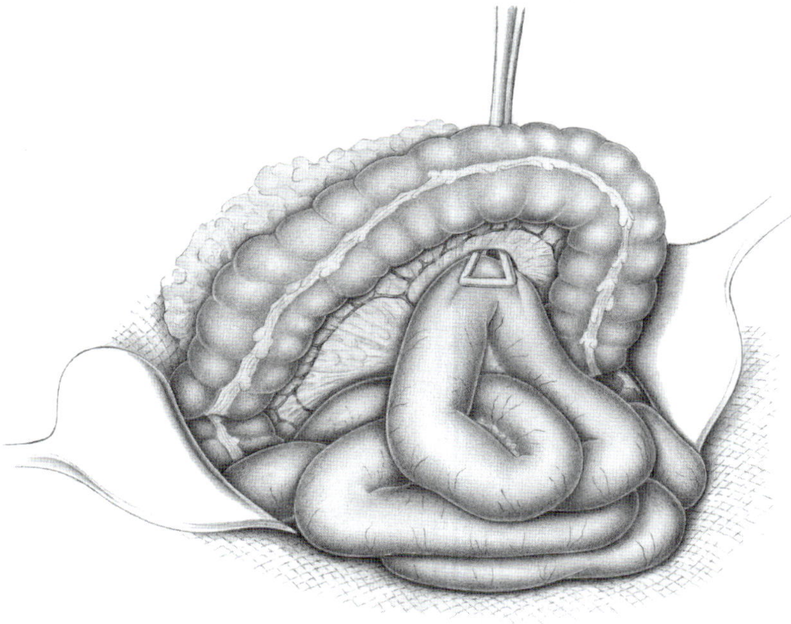

❹ Retrokolische Dünndarmverlagerung

Die Jejunumschlinge wird retrokolisch durch den Mesoschlitz in den Oberbauch verlagert. Man kann die Schlinge isoperistaltisch oder anisoperistaltisch mit dem Magen anastomosieren. Wir bevorzugen bei der retrokolischen Anlage einer Gastrojejunostomie die isoperistaltische Anastomosierung.

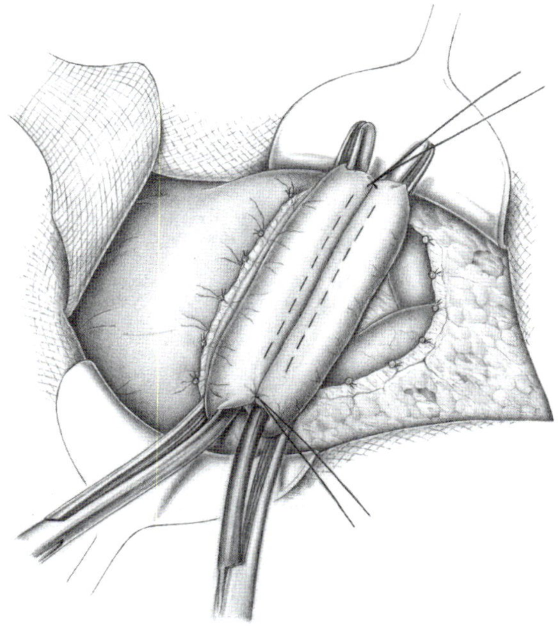

❺ Hintere isoperistaltische Seit-zu-Seit-Gastrojejunostomie

Nach Ausklemmen von Magen und Darm durch weiche Darmklemmen werden zunächst an der Hinterwand des Magens seromuskuläre Einzelknopfnähte (3 – 0 PGS) gelegt. Zwischen diesen erfolgt die Eröffnung von Magen und Jejunum in Längsrichtung auf etwa 5 – 6 cm Länge.

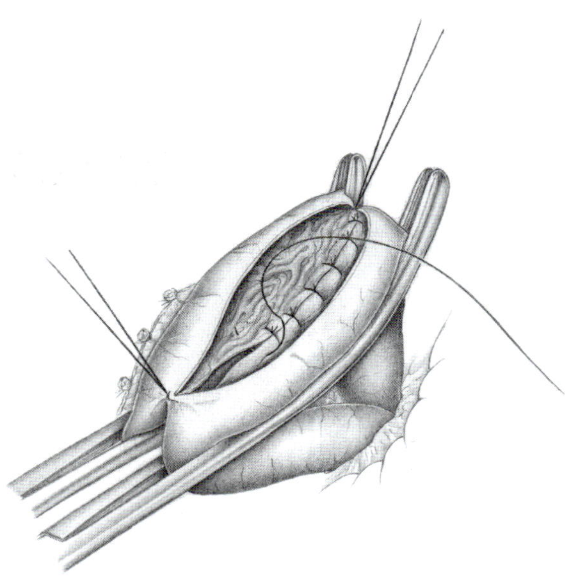

❻ Naht der Gastrojejunostomie-Hinterwand

Die Anastomosierung beginnt mit der Naht der Hinterwand von Darm und Jejunum in allschichtiger einreihiger Einzelnahtknopftechnik (3 – 0 PGS). Die Nahtabstände liegen bei 0,6 cm, die Stichrichtung durch Magen- und Darmwand ist schräg (viel Muscularis, wenig Schleimhaut).

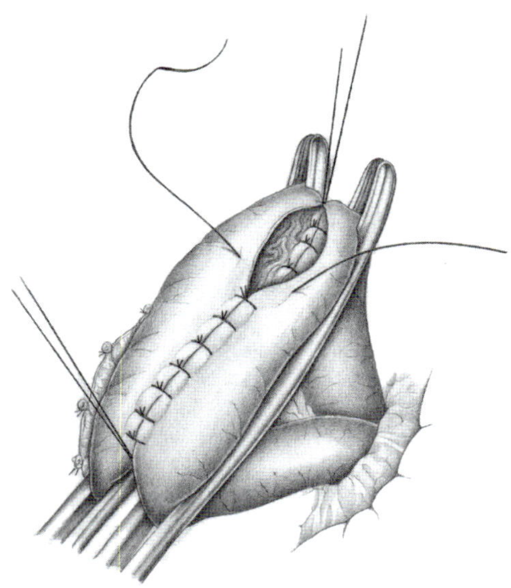

❼ Naht der Gastrojejunostomie-Vorderwand

Nach vollständiger Naht der Hinterwand wird die Vorderwand mit Einzelknopfnähten in gleicher Weise anastomosiert.

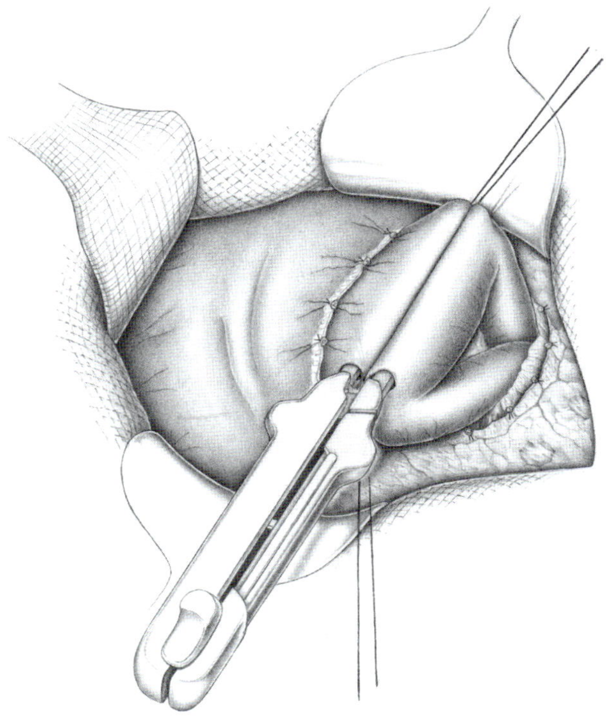

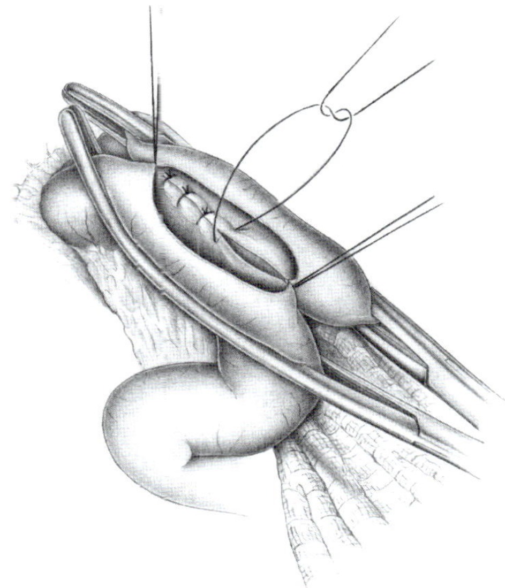

❽ Gastrojejunostomie durch Nahtgerät (GIA)

Die Gastrojejunostomie kann auch mit einem Nahtapparat erfolgen. Hierzu wird ein GIA-Nahtgerät durch 2 Inzisionen eingeführt, um die Magen-Darm-Wände automatisch miteinander zu vernähen. Die Eintrittsöffnungen des GIA sind nach Abschluss der Anastomosierung in querer Richtung durch Einzelknopfnähte (3 – 0 PGS) zu verschließen. **Cave**: Nachblutung aus Klammernahtreihe.

❾ Braun-Fußpunktanastomose (Hinterwand)

Bei einer langen retrokolischen oder vor allem antekolischen Gastrojejunostomie ist eine Braun-Fußpunktanastomose obligat. Sie wird zwischen Klemmen in typischer Nahttechnik mit einreihigen allschichtigen Einzelknopfnähten (3 – 0 PGS) hergestellt. Die Nähte beginnen in typischer Technik an der Hinterwand.

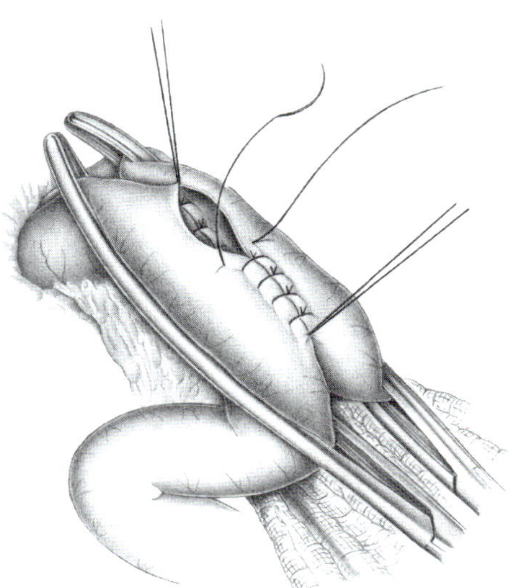

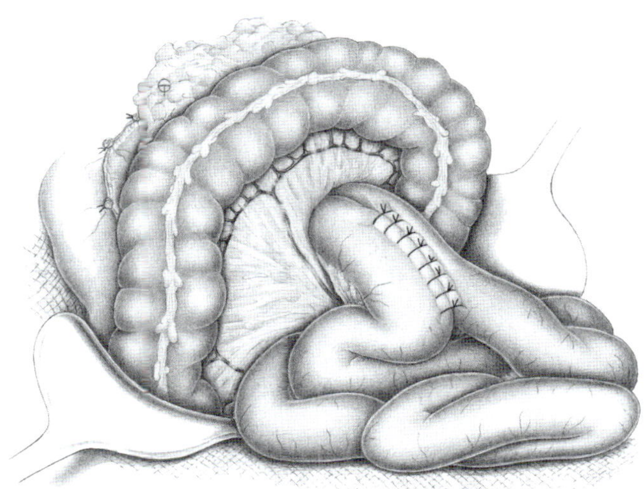

❿ Braun-Fußpunktanastomose (Vorderwand)

Nach vollständiger Naht der Hinterwand wird die Vorderwand entsprechend anastomosiert. Wichtig ist der sichere Verschluss der Ecknähte.

⓫ Übernähung des Mesoschlitzes

Nach Abschluss der Anastomosierung wird der Mesoschlitz auf die Lumenweite des Darms eingeengt, um eine innere Hernie zu vermeiden. Hierbei wird die Darmwand mitgefasst, um eine Fixierung im Mesoschlitz zu erreichen.

45. Pyloroplastik (Heineke-Mikulicz, Finney, Jaboulay)

1 Indikation

Elektiv: Narbige Magenausgangsstenose; nach Pylorotomie im Rahmen anderer Eingriffe.
Alternativverfahren: Gastroenterostomie, Dilatation.

2 Operationsvorbereitung

Präoperative Diagnostik: Kontrastmitteldarstellung, Endoskopie.
Patientenvorbereitung: Magensonde.

3 Spezielle Risiken, Aufklärung

- Magenentleerungsverzögerung/-beschleunigung.
- Nahtinsuffizienz.
- Blutung.
- Pankreasverletzung.
- Gallengangverletzung.

4 Anästhesie

Intubationsnarkose.

5 Lagerung

Rücken.

6 Zugang

Mediane Oberbauchlaparotomie, auch quere Laparotomie oder Rippenbogenrandschnitt rechts möglich.

7 Operationsschritte

1. Prinzip der Pyloroplastik nach Heineke-Mikulicz.
2. Längsinzision.
3. Eröffnung der Vorderwand.
4. Quervernähung mit Einzelknopfnaht.
5. Vollständige Nahtreihe.
6. Pyloroplastik nach Finney.
7. Prinzip nach Jaboulay.

8 Relevante Anatomie, Gefahren, Tricks

- Bei exzessiver Fibrose/Entzündung/Verdickung der Duodenalwand ist die Heineke-Mikulicz-Technik nicht möglich.
- Inzision bei Heineke-Mikulicz in der Vorderwandmitte, bei Finney/Jaboulay mehr auf Seiten der großen Kurvatur und des Pankreas.
- Ausgiebiges Kocher-Manöver.
- Bei Stapler-Gebrauch 4,8-mm-Klammern verwenden.

Cave: „Eselsohren" bei zu breiter Anastomose.

9 Maßnahmen bei speziellen Komplikationen

Cave: Papilleneinengung oder Gallengangverletzung! Im Zweifel sofortige Gallengangrevision (Röntgen, Endoskopie).

10 Nachsorge

Medizinische Nachbehandlung: Magensonde ex nach 2 – 3 Tagen, je nach Reflux. Endoskopische Kontrolle nach 3 – 6 Wochen.
Kostaufbau: Trinken ab 4. Tag (abhängig von Gesamtsituation). Feste Kost nach Stuhl-/Windabgang.
Mobilisation: Sofort.
Krankengymnastik: Gegebenenfalls Atemgymnastik.
Arbeitsunfähigkeit: 1 – 3 Wochen.

7 Operationstechnik

1 Prinzip der Pyloroplastik nach Heineke-Mikulicz.
2 Längsinzision.
3 Eröffnung der Vorderwand.
4 Quervernähung mit Einzelknopfnaht.
5 Vollständige Nahtreihe.
6 Pyloroplastik nach Finney.
7 Prinzip nach Jaboulay.

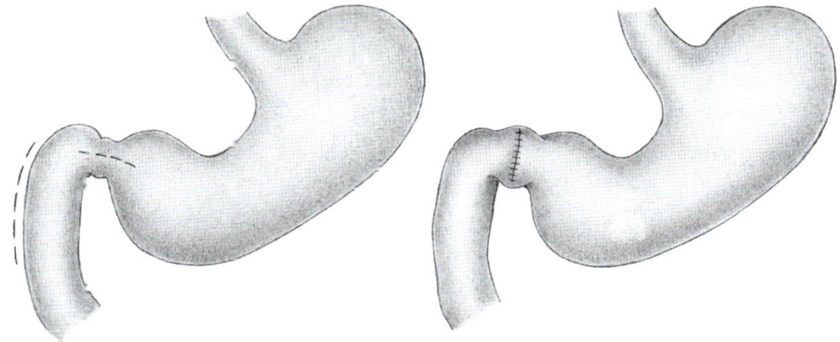

1 Prinzip der Pyloroplastik nach Heineke-Mikulicz

Durch Längsspaltung des Pylorus und Mobilisation des Duodenums nach Kocher lässt sich der Pylorus spannungsfrei mit einer queren Naht plastisch erweitern.

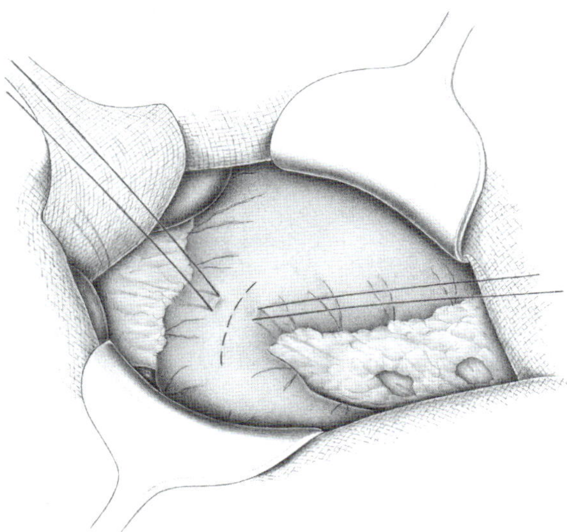

2 Längsinzision

Die Längsinzision an der Vorderwand des Pylorus erfolgt zwischen Haltenähten, wobei sich der Schnitt symmetrisch nach beiden Seiten des Pylorus in den Magen bzw. in das Duodenum erstreckt.

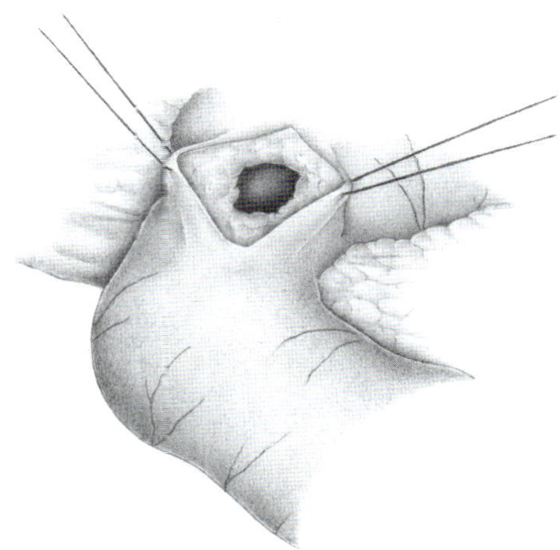

3 Eröffnung der Vorderwand

Zwischen Haltefäden wird die Vorderwand vollständig eröffnet. Ein hier gelegenes Ulkus oder alte Narben werden exzidiert. Das Lumen muss vollständig frei liegen. Zur spannungsfreien Adaptation der Nahtränder muss das Duodenum nach Kocher mobilisiert werden.

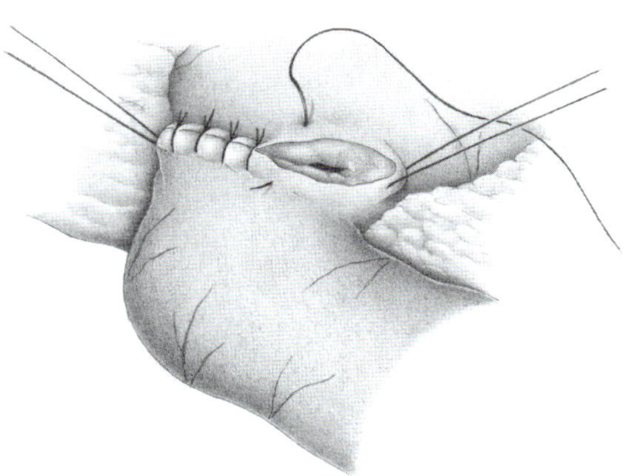

4 Quervernähung mit Einzelknopfnaht

Nach vollständiger Mobilisation des Duodenums lässt sich der Längsschnitt durch quere Einzelknopfnähte wieder vereinen. Man sollte einen zu starken Zug an den Haltefäden vermeiden, um sog. „Eselsohren“ zu verhindern.

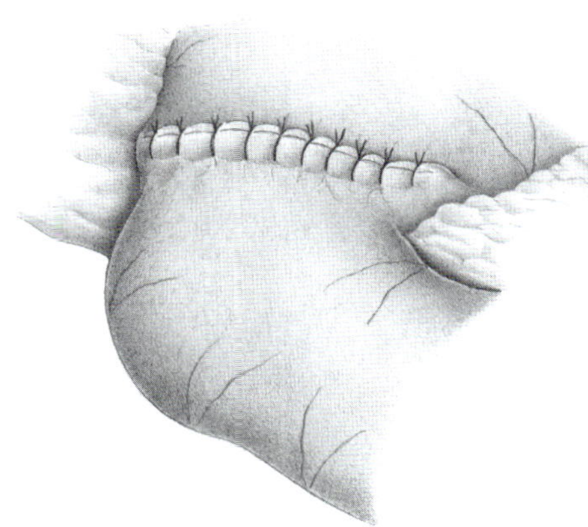

5 Vollständige Nahtreihe

Bei richtiger Dosierung der Inzision und Spannung der Haltefäden lässt sich eine Pyloroplastik mit glatter plastischer Erweiterung des Pylorus ohne „Eselsohren“ herstellen.

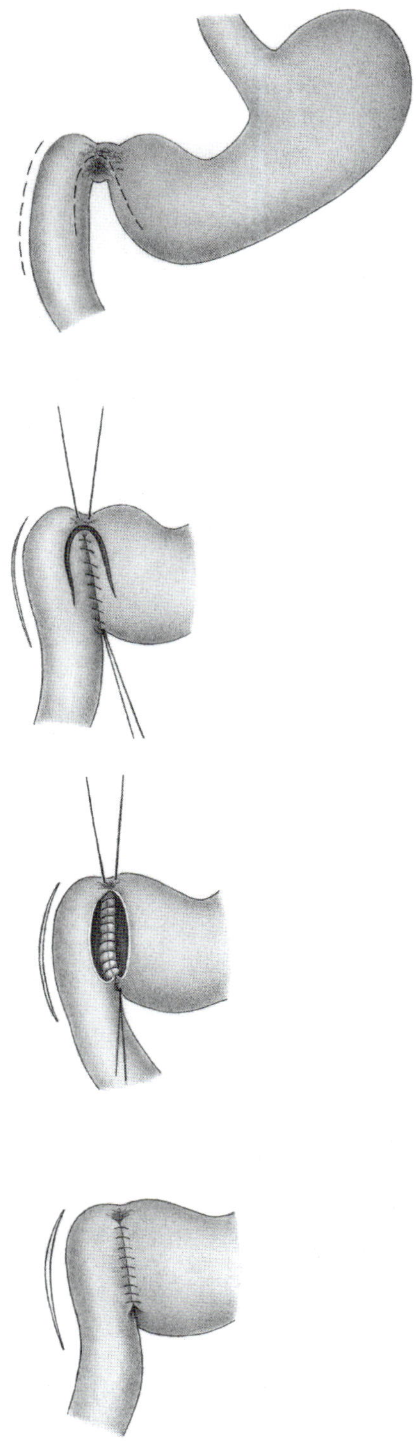

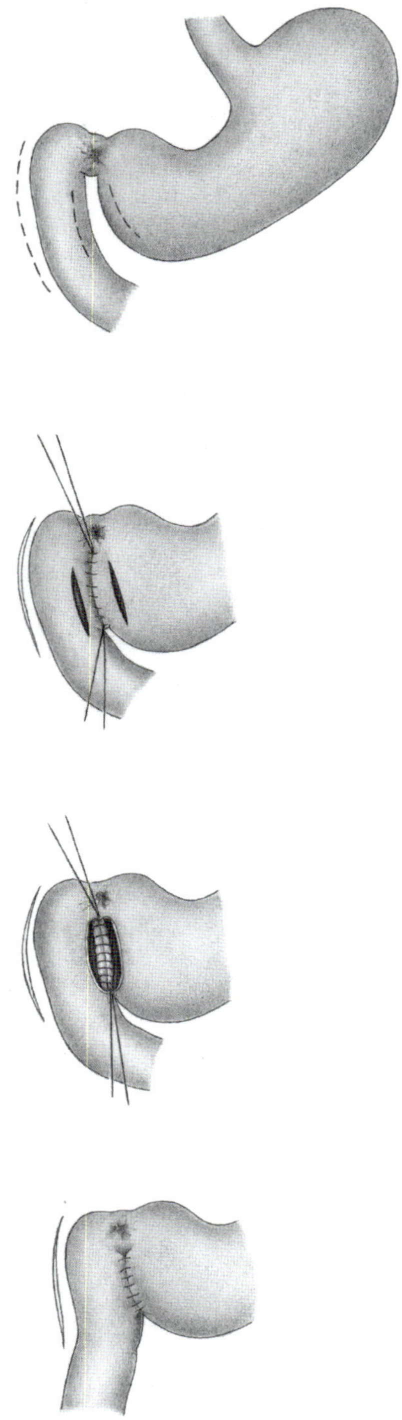

6 Pyloroplastik nach Finney

Die Pyloroplastik nach Finney besteht in der Längsspaltung der Pylorus und der Einbeziehung des distalen Magens und des proximalen Duodenums in eine U-förmige Schnittlinie. Durch entsprechende Nahtvereinigung der Lefzen lässt sich eine breite Kommunikation zwischen Magen und Duodenum erreichen.

7 Prinzip nach Jaboulay

Das Prinzip nach Jaboulay bezieht den Pylorus nicht ein. Sie ist eine Seit-zu-Seit-Gastroduodenostomie. Sie kann, wie hier angedeutet, in zweireihiger Nahttechnik oder auch bei entsprechenden Wandverhältnissen als einreihige Seit-zu-Seit-Anastomose durchgeführt werden. Der Pylorus bleibt hierbei unberührt.

46. Selektive proximale Vagotomie

1 Indikation

Elektiv: Therapieresistentes unkompliziertes Ulcus duodeni.
Relativ: Kompliziertes Ulcus duodeni.
Alternativverfahren: Laparoskopisches Vorgehen. Distale Magenresektion bei sehr ausgedehnten Ulzera (amputierendes Ulkus). Selektiv gastrale oder trunkuläre Vagotomie mit Pyloroplastik.

2 Operationsvorbereitung

Präoperative Diagnostik: Endoskopie. Röntgen-Kontrastmitteldarstellung. Bakteriologischer Status. Ph-Metrie.
Patientenvorbereitung: Magensonde.

3 Spezielle Risiken, Aufklärung

- Rezidivulkus (nach 10 Jahren 5 – 10 %).
- Magenverletzung (selten Nekrose der kleinen Kurvatur: 0,5 %).
- Milzverletzung.
- Ösophagusverletzung.
- Magenentleerungsstörung (5 %).

4 Anästhesie

Intubationsnarkose.

5 Lagerung

Rücken.

6 Zugang

Mediane Oberbauchlaparotomie.

7 Operationsschritte

1. Operationstaktik.
2. Zugang.
3. Identifikation des N. Latarjet.
4. Skelettierung kleine Kurvatur I.
5. Skelettierung kleine Kurvatur II.
6. Skelettierung des distalen Ösophagus.
7. Ösophagusmyotomie.
8. Myotomie kleine Kurvatur.
9. Präparation distale große Kurvatur.
10. Endzustand der Vagotomie.
11. Reserosierung kleine Kurvatur.

8 Relevante Anatomie, Gefahren, Tricks

- Exakte Identifikation des N. Latarjet erforderlich, Skelettierung der kleinen Kurvatur belässt lediglich die pylorusnahen Äste des N. Latarjet.
- Schichtweise vorderes und hinteres Blatt des kleinen Netzes entlang der kleinen Kurvatur skelettieren, bei sehr adipösen Patienten ggf. auch „dreischichtig“ vorgehen.
- Vermeidung von übermäßigem Zug am Magen.

Cave: Milzläsion oder Abriss der V. gastrica brevia.

9 Maßnahmen bei speziellen Komplikationen

Bei zu ausgedehnter Vagotomie Pyloroplastik durchführen.

10 Nachsorge

Medizinische Nachbehandlung: Magensonde ex am 2./3. Tag. Drainagen ex am 3./4. Tag. Gegebenenfalls Kontrollendoskopie nach 2 – 6 Wochen.
Kostaufbau: Schluckweise trinken ab 2./3. Tag, anschließend zügige Steigerung.
Mobilisation: Sofort.
Arbeitsunfähigkeit: 2 Wochen.

7 Operationstechnik

1. Operationstaktik.
2. Zugang.
3. Identifikation des N. Latarjet.
4. Skelettierung kleine Kurvatur I.
5. Skelettierung kleine Kurvatur II.
6. Skelettierung des distalen Ösophagus.
7. Ösophagusmyotomie.
8. Myotomie kleine Kurvatur.
9. Präparation distale große Kurvatur.
10. Endzustand der Vagotomie.
11. Reserosierung kleine Kurvatur.

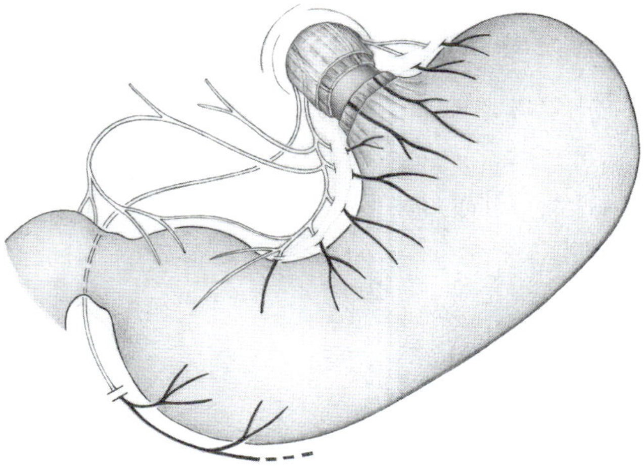

❶ Operationstaktik

Skelettierungsbeginn an der kleinen Kurvatur unmittelbar proximal des „Krähenfußes", die Skelettierung erfolgt medial von Nerven und Gefäßen direkt an der Magenwand.

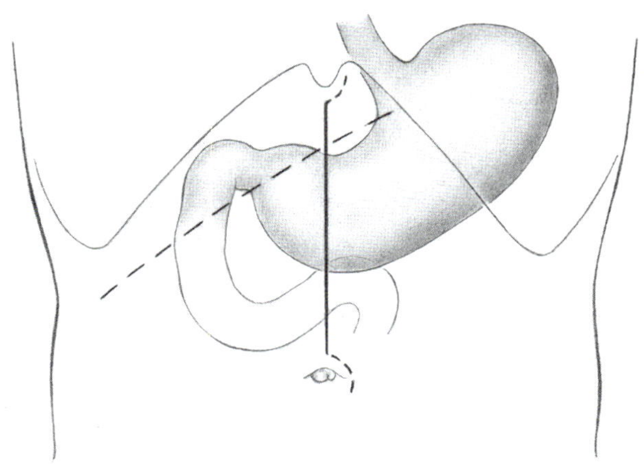

❷ Zugang

Als Zugang bietet sich ein oberer Medianschnitt an, der fakultativ um Xiphoid und Nabel herum verlängert wird. Eine Alternative bei adipösen Patienten ist der Rippenbogenrandschnitt rechts.

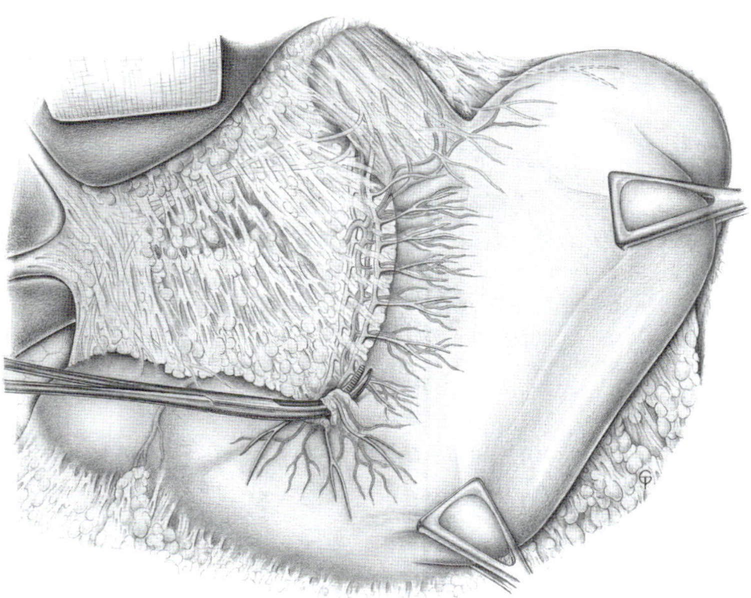

❸ Identifikation des N. Latarjet

Identifizierung des N. Latarjet (R. gastricus anterior) und seiner in der Regel dreiarmigen Endaufteilung an der Korpus-Antrum-Grenze (sog. Krähenfuß). Fassen des Magens mit zwei Lungenfasszangen am Korpus und an der Antrumgrenze und Verziehen nach kaudal. Die nicht elastischen Nervenfasern spannen sich als feste Stränge an, die gut sichtbar und leicht zu tasten sind. Der proximalste der drei Äste des „Krähenfußes" wird mit durchtrennt. Beginn der Präparation in der obersten Schicht mit einer Overholt-Klemme, die die einzelnen Gefäß-Nerven-Bündel unterfährt und zwischen Klemmen durchtrennen lässt. Bei der Präparation sind die distalen zwei „Zehen" des „Krähenfußes" ebenso zu schonen wie der Latarjet-Nerv. Das schichtgerechte Präparieren wird erleichtert durch eine vorausgehende oberflächliche Durchtrennung des Peritoneums.

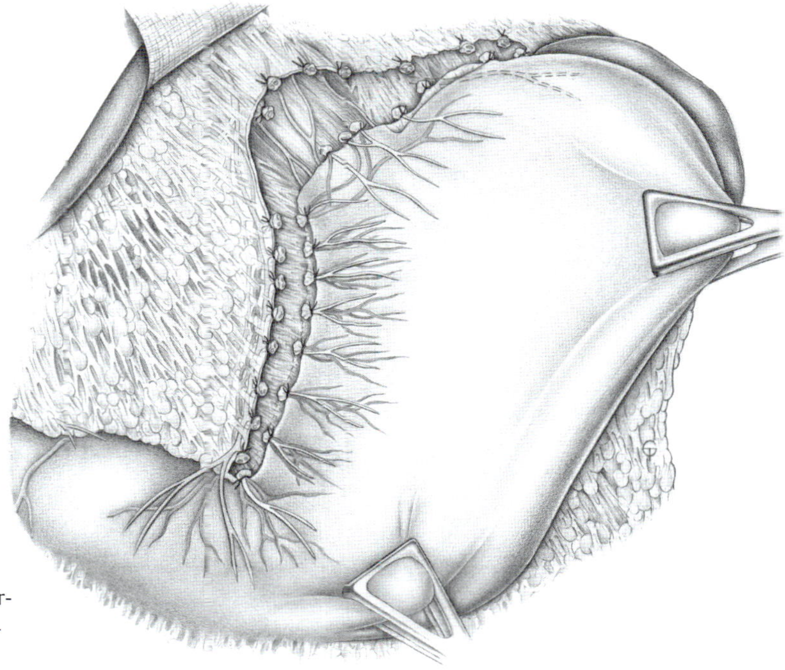

❹ Skelettierung kleine Kurvatur I

Die Skelettierung wird entlang des N. Latarjet fortgesetzt, über den Ösophagus hinausgeführt und bezieht die ersten 3 cm der großen Kurvatur ein. Sämtliche kreuzenden Gefäße und Nerven sind zwischen Ligaturen zu durchtrennen.

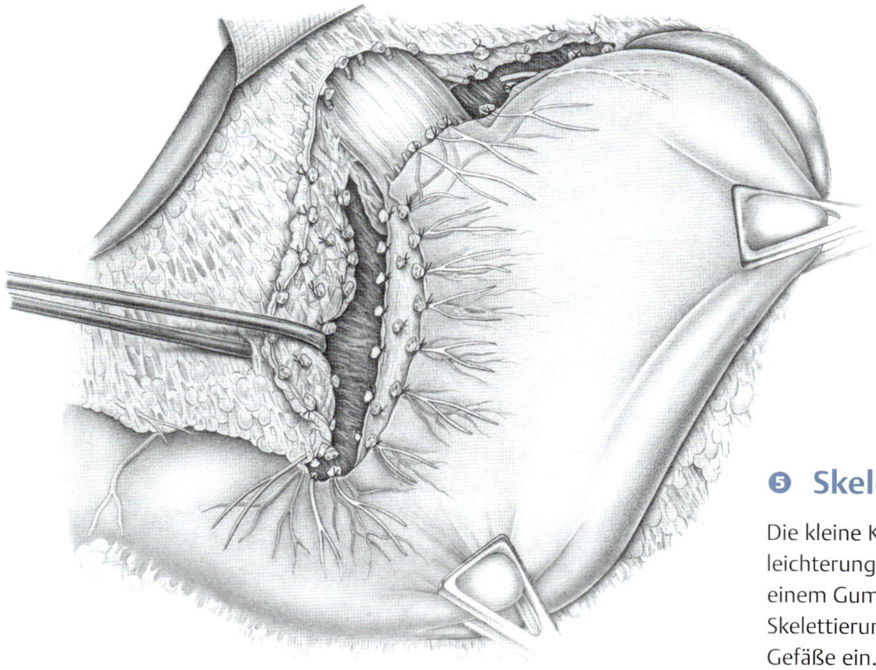

❺ Skelettierung kleine Kurvatur II

Die kleine Kurvatur wird in zwei bis drei Schichten skelettiert. Zur Erleichterung der Übersicht kann der hintere und vordere N. Latarjet mit einem Gummizügel umfahren und nach rechts verzogen werden. Die Skelettierung bezieht alle zur kleinen Kurvatur laufenden Nerven und Gefäße ein. Das Vorgehen sollte in kleinen Schritten erfolgen, um etwaige, die spätere Präparation behindernde Blutungen zu vermeiden. An der Vorderwand des Ösophagus werden sämtliche Nervenfasern zur großen Kurvatur, vor allem der „R. criminalis" (Grassi), mit den jeweiligen Gefäßen durchtrennt. Nach vollständiger Skelettierung liegt die Bursa omentalis frei. Der Ösophagus ist leicht zu umfahren.

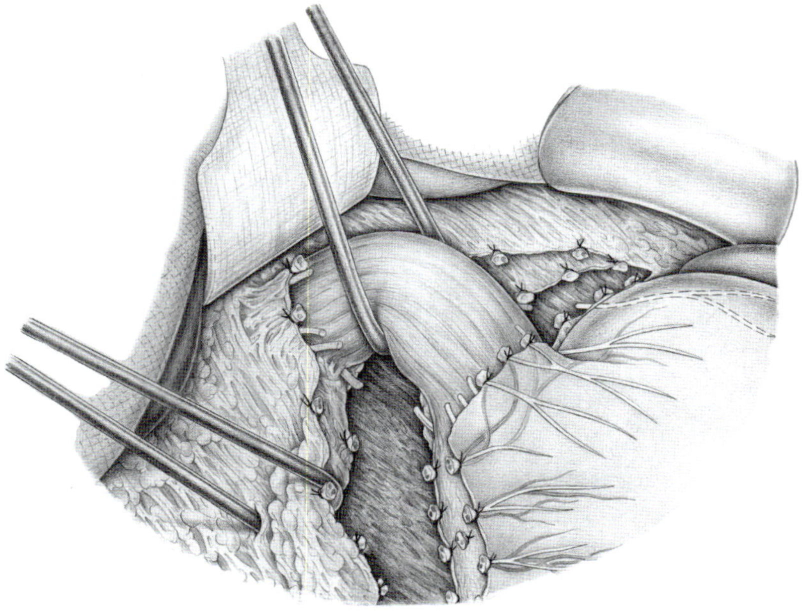

❻ Skelettierung des distalen Ösophagus

Der Ösophagus wird mit einem Gummizügel angeschlungen und auf eine Strecke von ca. 6 cm vollständig skelettiert. Hierbei ist die dorsale Zirkumferenz komplett freizulegen und die Skelettierung auf 6 cm der terminalen Speiseröhre zu vervollständigen. Durch gegenläufiges Anspannen von Ösophagus, Magen und Omentum minus lassen sich auch dorsale Stränge darstellen, die zwischen Overholt-Klemmen durchtrennt werden. Der noch dorsaler gelegene Truncus vagalis posterior wird durch schichtgerechtes Vorgehen geschont, er liegt ca. 1 cm dorsal der Speiseröhre.

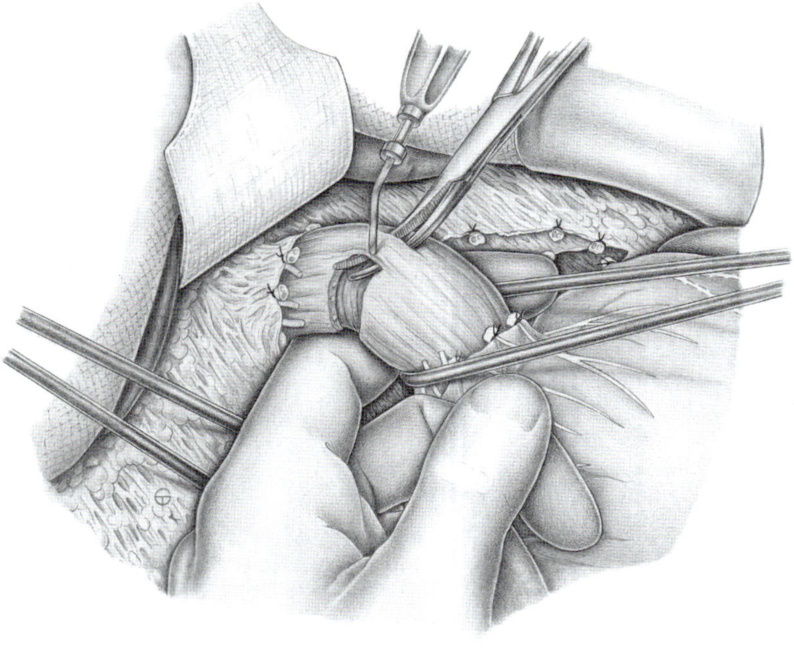

❼ Ösophagusmyotomie

Fakultativ ist die Dissektion der terminalen intramuralen Nervenfasern durch zirkuläre Myotomie. Hierzu wird die longitudinale Muskulatur mit einer Overholt-Klemme aufgeladen und mit der Diathermie durchtrennt. Es ist sorgsam darauf zu achten, dass die innere Ringmuskulatur und vor allem die Mukosa der Speiseröhre nicht verletzt werden. In der Regel lässt sich die äußere Längsmuskelschicht sehr gut ablösen und unter Sicht durchtrennen. Das Rationale dieser Maßnahme ist die Tatsache, dass ca. 20 % der Nervenfasern des Vagus intramural verlaufen. Durch Unterfahrung der Speiseröhre mit dem Zeigefinger lässt sich die Myotomie auf dem Finger subtil und sicher durchführen. Kommt es dennoch zur Verletzung, sollte die Läsion übernäht und mit einer Fundusmanschette oder Fundoplicatio gedeckt werden.

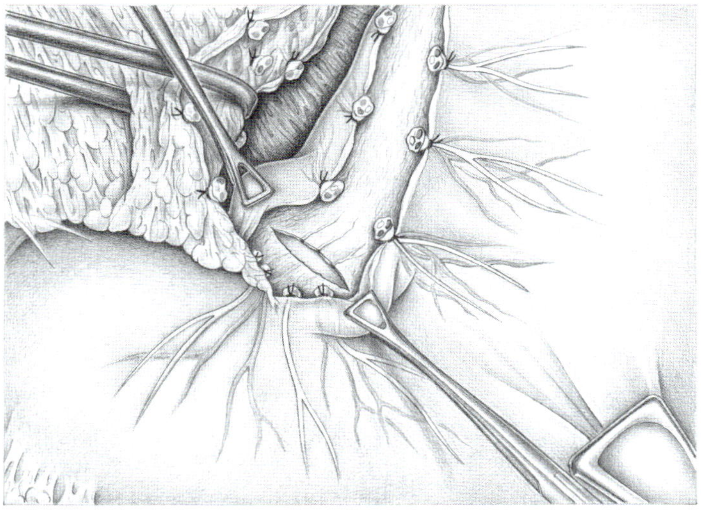

❽ Myotomie kleine Kurvatur

Die Vagotomie wird durch eine distale Myotomie der kleinen Kurvatur vervollständigt. Zwischen zwei kleinen Lungenfasszangen wird an der kleinen Kurvatur im Angulusbereich eine Quermyotomie durchgeführt, die etwaige intramurale Fasern durchtrennt.

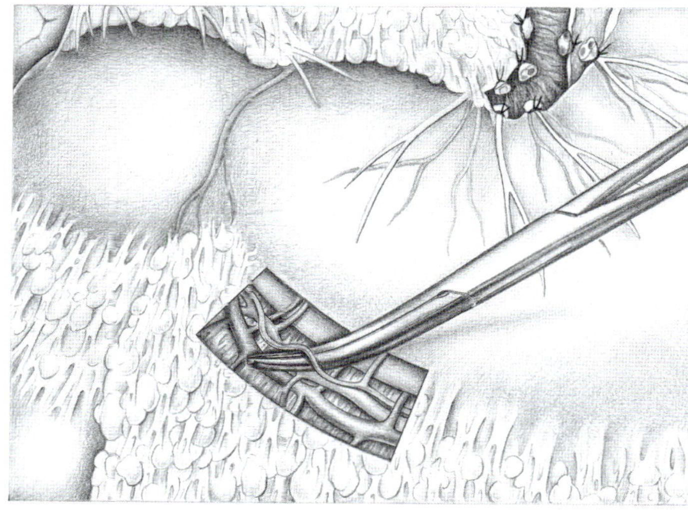

❾ Präparation distale große Kurvatur

Die Vagotomie wird komplettiert mit der Durchtrennung des R. gastroepiploicus dexter, der im Gefäßbündel der Vasa epiploica dextra verläuft. Er wird zwischen Overholt-Klemmen durchtrennt und ligiert.

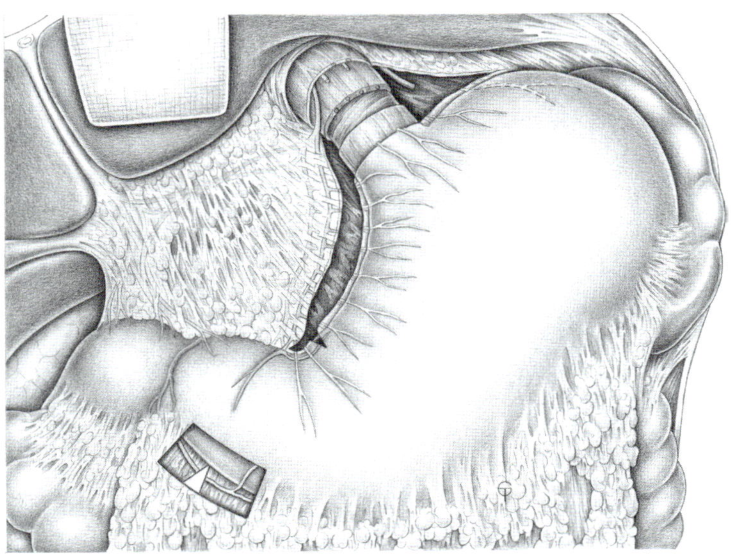

❿ Endzustand der Vagotomie

Am Ende der Vagotomie resultiert ein Zustand der Denervierung des Magens, der eine Skelettierung der kleinen Kurvatur bis zum „Krähenfuß" (hier auch zweiter Ast durchtrennt), rund um den Ösophagus (hier Myotomie), 3 cm an der großen Kurvatur mit Durchtrennung des R. criminalis, Myotomie am Angulus und Nervendurchtrennung an den gastroepiploischen Gefäßen umfasst. Dies sind die Voraussetzungen der Vollständigkeit einer selektiven proximalen Vagotomie.

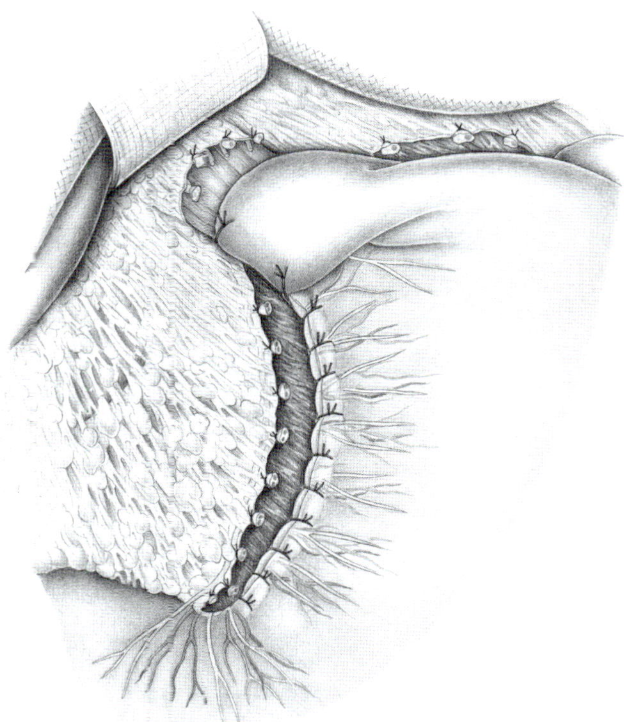

⓫ Reserosierung kleine Kurvatur

Abschließend wird die kleine Kurvatur mit Einzelknopfnähten reserosiert, um eine Nekrose und ein Wiedereinsprossen der Nervenfasern zu verhindern. Fakultativ kann eine ventrale Fundoplicatio erfolgen, die einen möglichen gastroösophagealen Reflux verhindert und gleichzeitig eine etwaige Myotomie deckt. Nahtmaterial ist 3 × 0 PGS.

47. Trunkuläre Vagotomie

1 Indikation

Relativ: Kompliziertes Ulcus duodeni oder ventriculi Johnson Typ II/III in Kombination mit Pyloroplastik; Rezidivulkus.
Alternativverfahren: Selektiv gastrale Vagotomie.

2 Operationsvorbereitung

Präoperative Diagnostik: In der Notfallsituation eines perforierten Ulkus sind Röntgen-Abdomenübersicht und Sonographie ausreichend, sonst Endoskopie erforderlich.
Patientenvorbereitung: Magensonde.

3 Spezielle Risiken, Aufklärung

- Rezidivulkus.
- Ösophagusverletzung (< 1 %).
- Magenverletzung.
- Leberverletzung.
- Passagestörungen (10 %).

4 Anästhesie

Intubationsnarkose.

5 Lagerung

Rücken.

6 Zugang

Mediane Oberbauchlaparotomie.

7 Operationsschritte

1. Prinzip.
2. Spaltung des peritonealen Überzugs.
3. Anschlingen des Ösophagus und Vagotomie.

8 Relevante Anatomie, Gefahren, Tricks

- Beide Vagusstämme lassen sich meist gut tasten: im Bereich des Hiatus liegt der linke Stamm mehr ventral und der rechte mehr dorsal.
- Der vordere Vagusstamm verläuft meist direkt auf dem Ösophagus (eventuell mehrere Äste), der hintere gelegentlich mit geringem Abstand zum Ösophagus und meist einzeln.
- Zwerchfellvenen können in unmittelbarer Nähe des Hiatus oesophagei verlaufen.

Cave bei Mobilisation des Ösophagus.

- Ösophagus ggf. mittels dicker Magensonde schienen.
- Inzision des Peritoneums im diaphragmalen Bereich direkt oberhalb des Hiatus, nicht im Bereich des Fettgewebes über dem gastroösophagealen Übergang.

9 Maßnahmen bei speziellen Komplikationen

Ösophagusverletzung: direkte Naht mit resorbierbarem Material (2 – 0 PGS) und Deckung mit einer Fundusmanschette im Sinne einer Fundoplicatio.

10 Nachsorge

Medizinische Nachbehandlung: Magensonde ex 2./3. Tag, Drainagen ex 4. Tag.
Kostaufbau: Schluckweise trinken ab 3./4. Tag.
Mobilisation: Sofort.
Krankengymnastik: Atemgymnastik.
Arbeitsunfähigkeit: 2 Wochen.

7 Operationstechnik

❶ Prinzip.
❷ Spaltung des peritonealen Überzugs.
❸ Anschlingen des Ösophagus und Vagotomie.

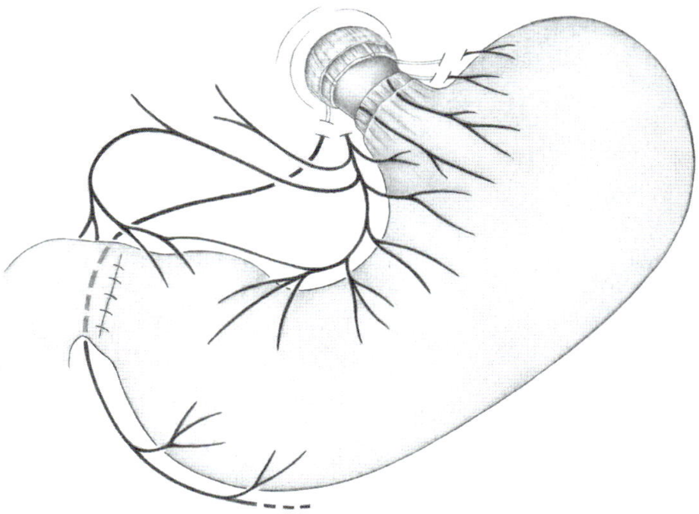

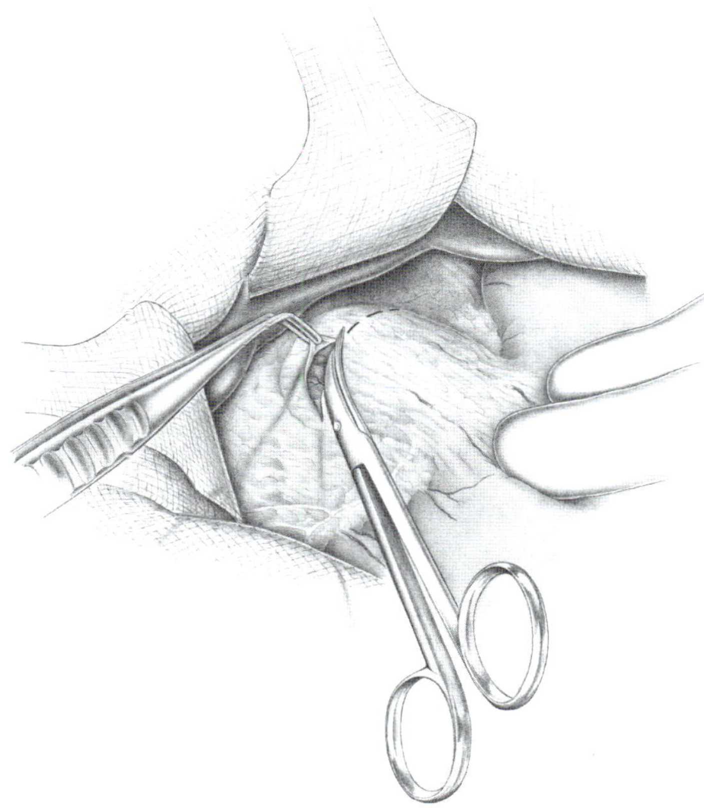

❶ Prinzip

Die trunkuläre Vagotomie beinhaltet eine Durchtrennung aller Vagusäste auf der Höhe des ösophagogastralen Übergangs. Obligat ist eine Pyloroplastik zur Kompensation der Magenentleerungsstörung nach trunkulärer Vagotomie.

❷ Spaltung des peritonealen Überzugs

Nach medianem Oberbauchschnitt wird der peritoneale Überzug der terminalen Speiseröhre mit der Schere durchtrennt, um den distalen Ösophagus freizulegen.

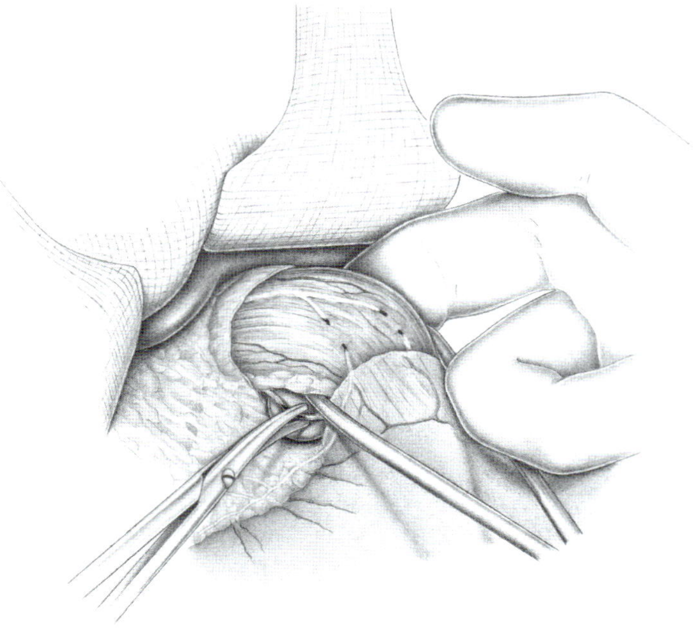

❸ Anschlingen des Ösophagus und Vagotomie

Nach vollständiger Freilegung wird die Speiseröhre stumpf mobilisiert, mit dem Zeigefinger umfahren und angezügelt. Durch Zug des Magens nach kaudal kann nun der tastende Finger die Trunci vagales an der gesamten Zirkumferenz tasten. Erfahrungsgemäß liegt der linke Hauptast an der dorsalen linken Hinterkante, der rechte Ast ventraler an der rechten Seite. Hat sich der Vagus allerdings schon in mehrere Äste aufgeteilt, so sind alle Äste des Vagus einzeln aufzusuchen und zu durchtrennen.

48. Gastroduodenostomie (Billroth I)

1 Indikation

Elektiv-Absolut: Unter konservativer Therapie refraktäres bzw. kompliziertes Ulcus ventriculi. Amputierendes Ulcus duodeni.
Relativ: Distales Magenneoplasma.
Kontra: Distales Magenkarzinom vom diffusen Typ nach Lauren.
Alternativverfahren: Kombinierte Resektion, Billroth II, Gastrektomie.

2 Operationsvorbereitung

Präoperative Diagnostik: Sonographie, Endoskopie mit Biopsie, Endosonographie, ggf. Magen-Darm-Passage, Computertomographie.
Patientenvorbereitung: Magensonde, ZVK.

3 Spezielle Risiken, Aufklärung

- Milzverletzung/-verlust.
- Blutung (2%).
- Anastomoseninsuffizienz (< 5%).
- Rezidiv-/Anastomosenulkus (2–5%).
- Passagestörung (5–15%).
- Dumping (5–25%).
- Gallengangverletzung (< 1%).
- Verletzung der A. colica media.
- Pankreatitis (1%).

4 Anästhesie

Intubationsnarkose.

5 Lagerung

Rücken.

6 Zugang

Mediane Oberbauchlaparotomie.

7 Operationsschritte

1. Zugang.
2. Resektionsausmaß.
3. Präparation großes Netz.
4. Ablösung des Netzes vom Querkolon.
5. Retrogastrale Präparation.
6. Skelettierung der kleinen Kurvatur.
7. Absetzen der A. gastrica dextra.
8. Proximale Skelettierung des kleinen Netzes.
9. Darstellung der A. gastrica sinistra.
10. Absetzen der A. gastrica sinistra.
11. Mobilisation nach Kocher.
12. Resektion des distalen Magens.
13. Übernähung der Klammernaht.
14. Gastroduodenostomie Hinterwand.
15. Gastroduodenostomie Vorderwand.
16. Terminolaterale Gastroduodenostomie.
17. Schwieriger Duodenalstumpfverschluss.

8 Relevante Anatomie, Gefahren, Tricks

- Enge Lagebeziehung zwischen Magenfundus und Milz (Vasa gastrica brevia), großer Kurvatur und Colon/Mesocolon transversum, distaler kleiner Kurvatur und Lig. hepatoduodenale sowie zwischen Magenhinterwand und Pankreas.
- 5 relevante Gefäßverbindungen: A. gastrica sinistra aus dem Truncus coeliacus und A. gastrica dextra aus der A. hepatica an der kleinen Kurvatur, A. gastroepiploica sinistra aus der A. lienalis und A. gastroepiploica dextra aus der A. gastroduodenalis an der großen Kurvatur, Aa. gastricae breves von der A. lienalis zum Magenfundus, das venöse Hauptgefäß an der kleinen Kurvatur (V. coronaria ventriculi) mündet in die V. portae.

Cave: Ausreißen des Gefäßes!

- Im kleinen Netz findet sich in ca. 15% der Fälle eine akzessorische linke Leberarterie aus der A. gastrica sinistra.

Cave: Verletzung der A. hepatica beim Absetzen der A. gastrica dextra: nach Klemmung dieses Gefäßes zunächst lebernah die Pulsation im Lig. hepatoduodenale überprüfen!

9 Maßnahmen bei speziellen Komplikationen

- Gallengangverletzung: primäre Naht mit resorbierbarem Nahtmaterial nach Einlage einer T-Drainage.
- Milzverletzung: Versuch der Erhaltung durch Blutstillung mittels Elektro-/Saphir-/Argon-Koagulation und hämostyptischen Substanzen (Tabotamp o.ä.).

10 Nachsorge

Medizinische Nachbehandlung: Magensonde ex am 3./4. Tag, Drainagen ex 5.–7. Tag.
Kostaufbau: Schluckweise trinken ab 4./5. Tag, feste Kost nach erstem Stuhlgang.
Stuhlgang: Klysma ab 2. Tag, orale Laxantien ab 7. Tag.
Mobilisation: Sofort.
Krankengymnastik: Atemtherapie.
Arbeitsunfähigkeit: 2–4 Wochen.

7 Operationstechnik

1. Zugang.
2. Resektionsausmaß.
3. Präparation großes Netz.
4. Ablösung des Netzes vom Querkolon.
5. Retrogastrale Präparation.
6. Skelettierung der kleinen Kurvatur.
7. Absetzen der A. gastrica dextra.
8. Proximale Skelettierung des kleinen Netzes.
9. Darstellung der A. gastrica sinistra.
10. Absetzen der A. gastrica sinistra.
11. Mobilisation nach Kocher.
12. Resektion des distalen Magens.
13. Übernähung der Klammernaht.
14. Gastroduodenostomie Hinterwand.
15. Gastroduodenostomie Vorderwand.
16. Terminolaterale Gastroduodenostomie.
17. Schwieriger Duodenalstumpfverschluss.

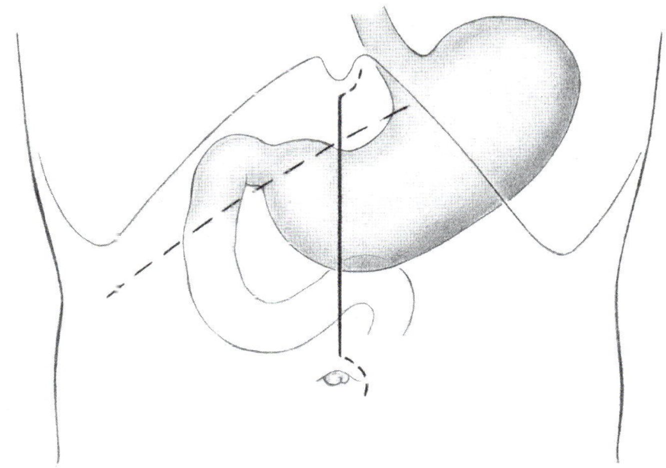

❶ Zugang

Zugangsweg ist ein Oberbauchmedianschnitt mit fakultativer proximaler und distaler Verlängerung. Als Alternative bei adipösen Patienten bietet sich der Rippenbogenrandschnitt rechts an.

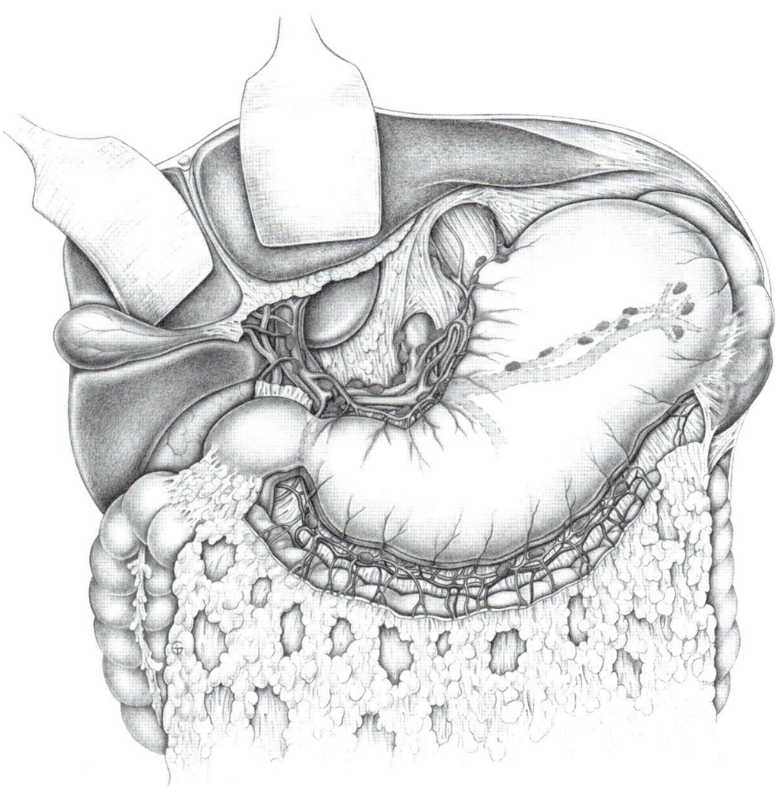

❷ Resektionsausmaß

Die distale Gastrektomie beinhaltet die Entfernung der distalen Magenhälfte unter Einschluss des Pylorus mit der Resektionsgrenze zwischen auf- und absteigendem Ast der A. gastrica sinistra an der kleinen Kurvatur und dem Gefäßumschlag zwischen linker und rechter A. gastroepiploica der großen Kurvatur. Während beim Ulkus magennah unter Belassung der Vasa gastroepiploica skelettiert werden kann, müssen beim Karzinom entsprechend der Lymphknotenstationen das große und kleine Netz komplett mit reseziert werden. Im Folgenden soll die Vorgehensweise exemplarisch beim Karzinom dargestellt werden. Hierbei geht es um die vollständige Entfernung des distalen Magens und der ihm zugeordneten Lymphknotenstraßen. Beim Ulkus wird nur der Magen ohne Adnexe entfernt.

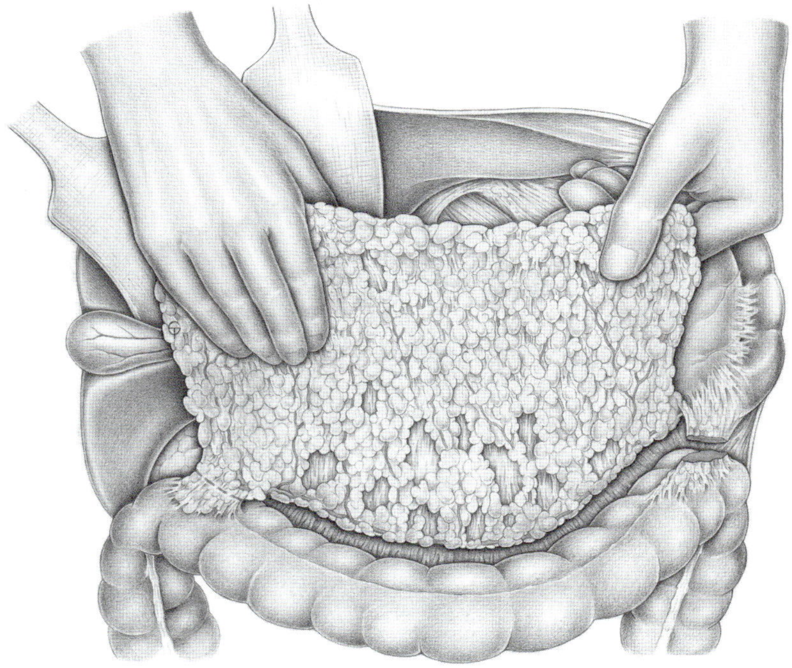

❸ Präparation großes Netz

Diese nur beim Karzinom erforderliche Präparation beginnt mit der Ablösung des großen Netzes vom Querkolon und Durchtrennung des Lig. duodenocolicum rechts und der Ligg. gastrocolica und splenocolica links. Derart lässt sich das Netz nach kranial klappen und unter dosiertem Zug vom Mesokolon ablösen.

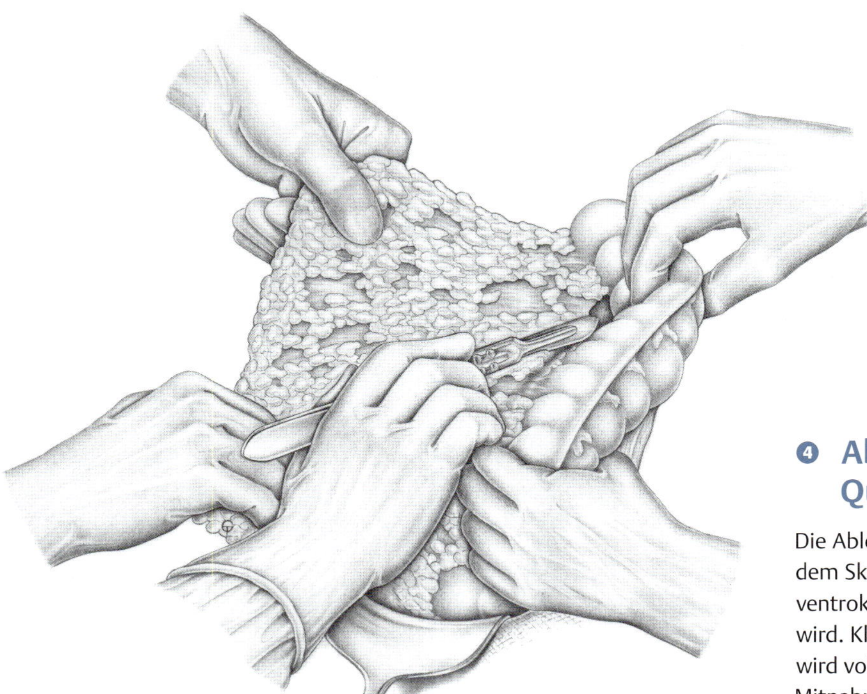

❹ Ablösung des Netzes vom Querkolon

Die Ablösung des Omentum majus vom Querkolon erfolgt scharf mit dem Skalpell oder dem Kauter, wobei das große Netz bimanuell nach ventrokranial, das Querkolon bimanuell nach ventrokaudal gezogen wird. Kleine Gefäße werden zwischen Ligaturen durchtrennt. Das Netz wird vollständig vom Querkolon abgelöst, die Präparation wird unter Mitnahme des oberen Blattes des Mesokolons bis in die Bursa omentalis fortgesetzt.

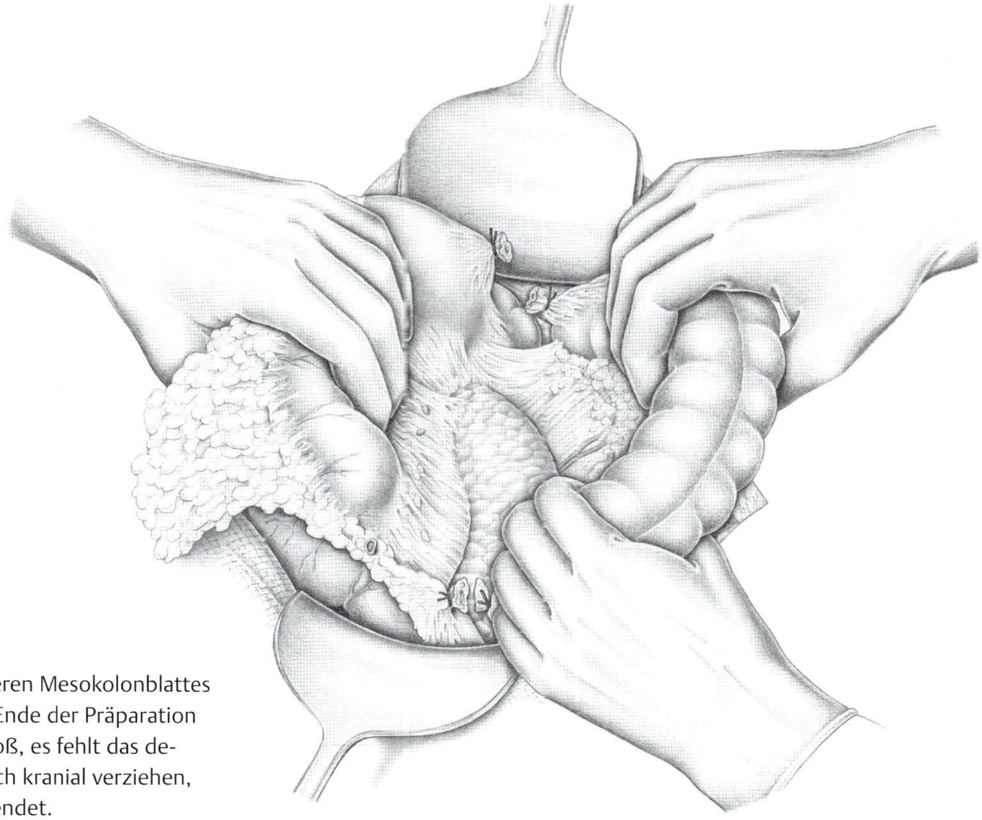

❺ Retrogastrale Präparation

Die Präparation des großen Netzes und des vorderen Mesokolonblattes verläuft stumpf auf der Pankreasoberfläche. Am Ende der Präparation liegen das Pankreas und die Mesokolongefäße bloß, es fehlt das deckende Peritoneum. Der Magen lässt sich nun nach kranial verziehen, die großkurvaturseitige Präparation ist damit beendet.

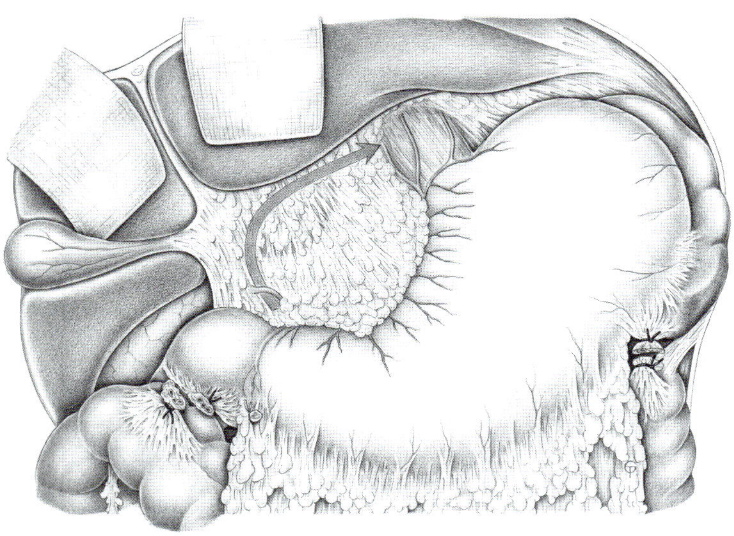

❻ Skelettierung der kleinen Kurvatur

Die Skelettierung der kleinen Kurvatur verläuft entlang der Leberunterfläche lebernah bis zum Hiatus oesophagei. Während sie beim Ulkus magennah erfolgt, beinhaltet sie beim Karzinom die vollständige Entfernung des kleinen Netzes. Es empfiehlt sich, die kleine Kurvatur von kaudal bis nach kranial zu skelettieren, wobei sich als erster Schritt die gezielte Unterfahrung des pylorusnahen Duodenums bewährt hat.

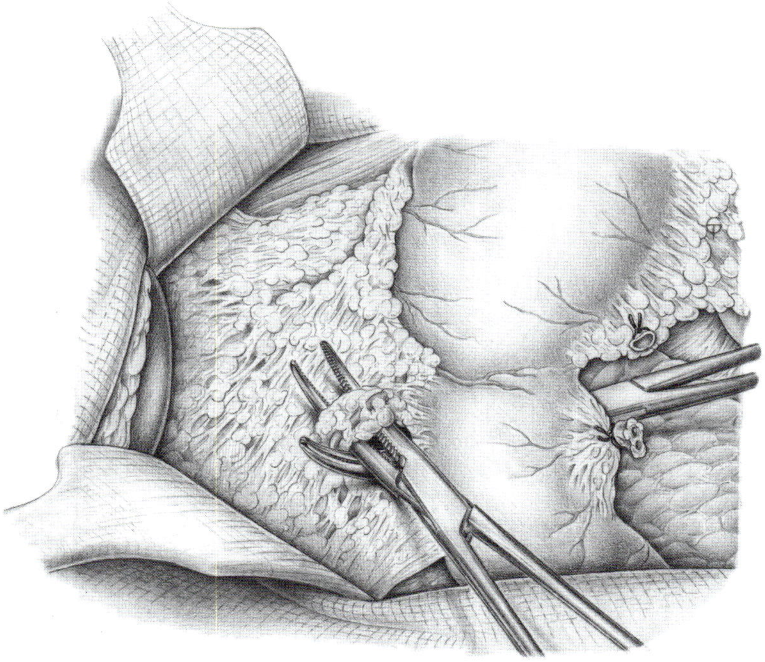

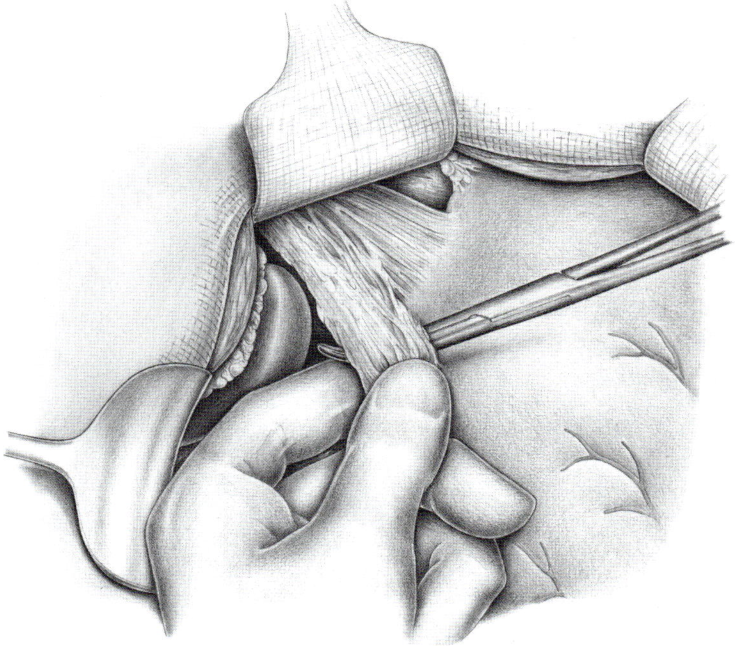

❼ Absetzen der A. gastrica dextra

Nach Durchtrennung des Lig. duodenocolicum Identifikation des Pylorus und Unterfahrung des Pylorus mit einer Overholt-Klemme. Sie sollte proximal des Lig. hepatoduodenale an der Abzweigung der A. gastrica dextra austreten. Durch entsprechenden Einsatz einer zweiten Overholt-Klemme kann dieses Gefäß unter Sicht oder Palpation zwischen Overholt-Klemmen durchtrennt werden. Hierdurch ist der Einstieg an der kleinen Kurvatur deutlich erleichtert, Verletzungen von Pfortader, A. hepatica oder Gallengang lassen sich derart vermeiden.

❽ Proximale Skelettierung des kleinen Netzes

Die Skelettierung wird bis zur terminalen Speiseröhre geführt. Häufig ist das kleine Netz in diesem Bereich so plump, dass die Grenze zum Magen nur palpatorisch auszumachen ist. Zwischen Zeigefinger und Daumen lässt sich die Magengrenze am besten lokalisieren, der Ansatz des kleinen Netzes wird unter Führung mit dem Zeigefinger mit einer Overholt-Klemme aufgeladen und zwischen Ligaturen durchtrennt. Eine Haltenaht in diesem Bereich beendet die Skelettierung der kleinen Kurvatur. Die Haltenaht liegt 1 – 2 cm distal der Speiseröhreneinmündung.

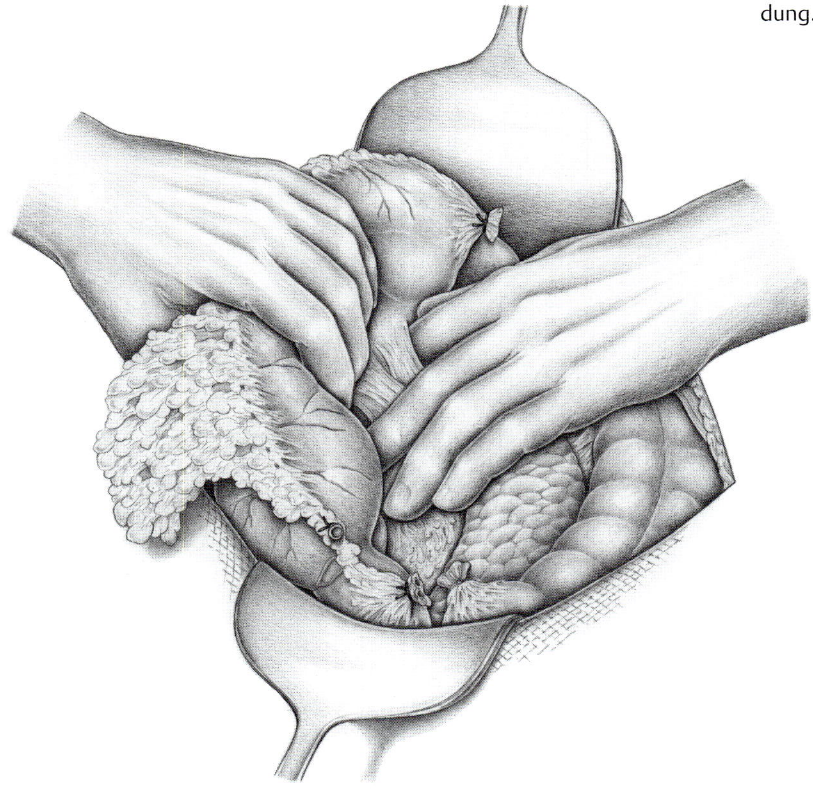

❾ Darstellung der A. gastrica sinistra

Die Durchtrennung der A. gastrica sinistra richtet sich nach der Grundkrankheit. Während beim Karzinom radikulär am Abgang aus dem Truncus coeliacus unter Einschluss einer zöliakalen Lymphadenektomie (siehe Kapitel 51, S. 203) das Gefäß durchtrennt wird, reicht bei der Ulkuskrankheit die Durchtrennung des deszendierenden Astes unter Belassung der aufsteigenden Anteile der Arterie. Hier soll die Vorgehensweise beim Karzinom dargestellt werden. Nach Hochklappen des Magens lässt sich zwischen Zeigefinger und Mittelfinger der linken Hand des Operateurs der Gefäßstamm leicht tasten. Begleitendes Binde- und Lymphknotengewebe wird isoliert durchtrennt und reseziert. Es verbleibt der Gefäßstamm aus der A. gastrica sinistra und der V. gastrica sinistra, die sich bei Zug des Magens nach ventrokranial gut anspannen.

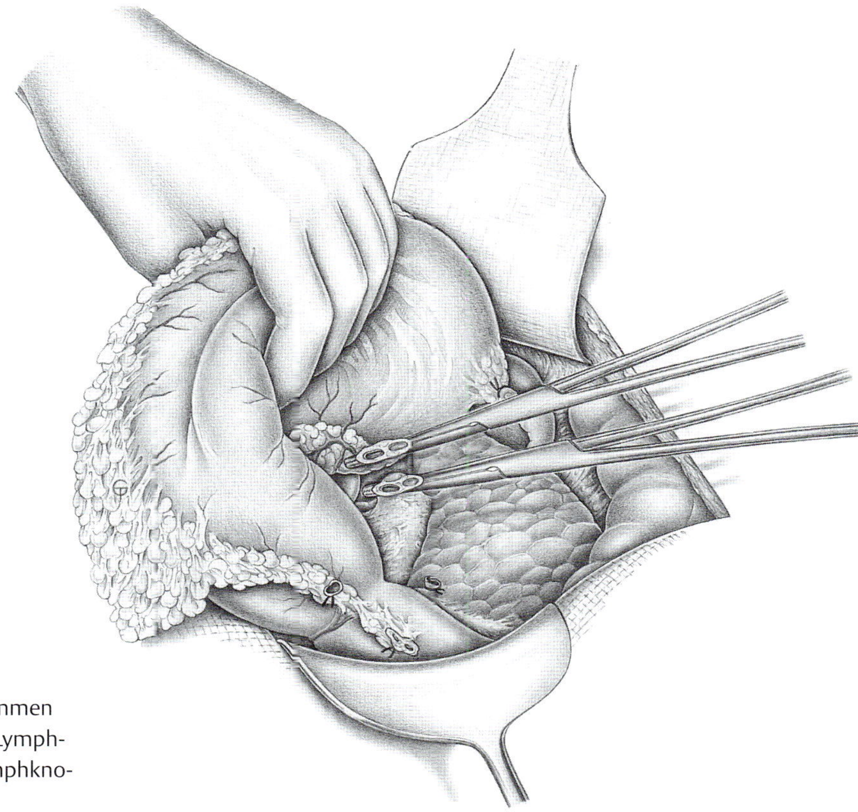

⑩ Absetzen der A. gastrica sinistra

Die V. und A. gastrica sinistra werden zwischen Overholt-Klemmen durchtrennt und mit Umstechungen versorgt. Im Falle einer Lymphadenektomie beginnt jetzt die Präparation der zöliakalen Lymphknotenstraßen (vergleiche Kapitel 51, S. 203).

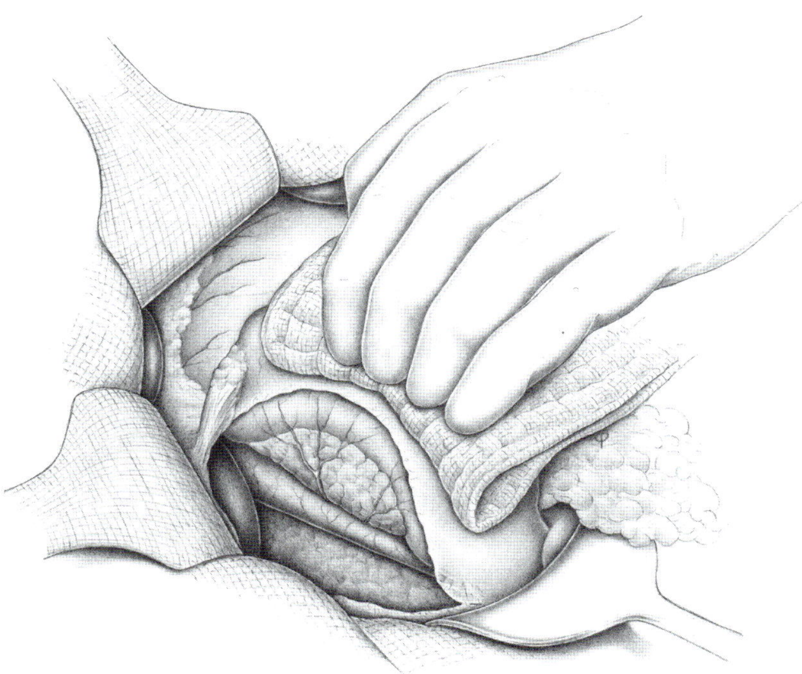

⑪ Mobilisation nach Kocher

Die Rekonstruktion der gastrointestinalen Kontinuität nach Billroth I (Gastroduodenostomie) macht eine weite Mobilisation des Duodenums nach Kocher erforderlich. Hierzu wird das Duodenum mit einem Tuch gefasst, nach medial verzogen und das Peritoneum parietale lateral des Duodenums mit der Schere durchtrennt. Die Präparation erfolgt nach kranial bis zum Lig. hepatoduodenale, nach kaudal bis zum unteren Duodenalknie. Die Präparation ist in der Regel bluttrocken und wird durch sanften Zug am Duodenum unterstützt. Kleine Gefäße können mit der Pinzette koaguliert werden. Nach vollständiger Präparation liegen die Hinterfläche des Pankreas und die Lateralseite der V. cava inferior frei.

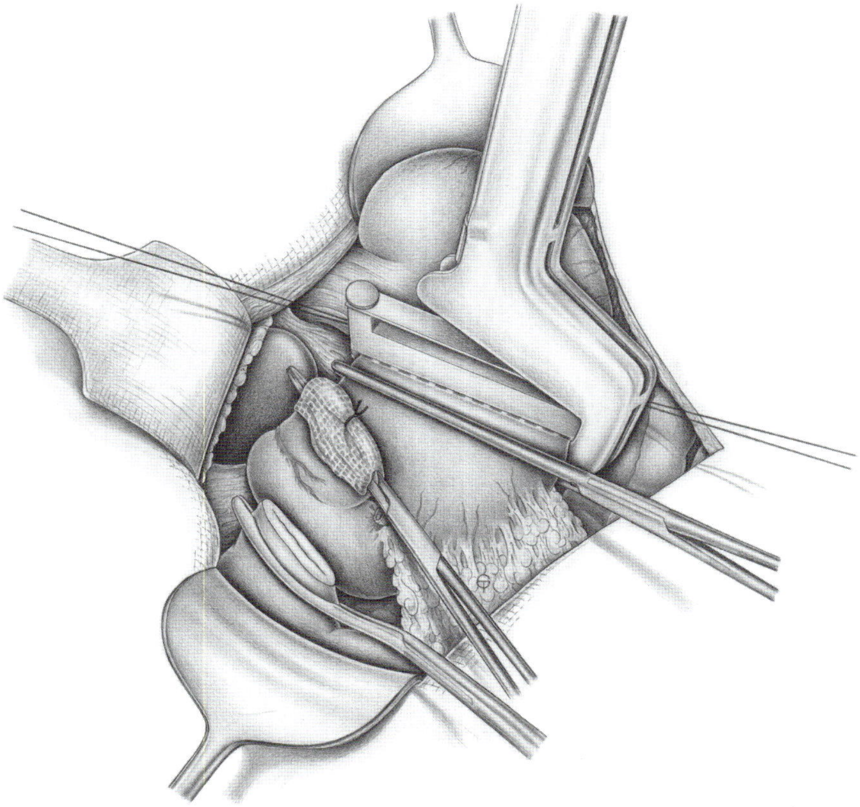

⓬ Resektion des distalen Magens

Die proximale Resektion erfolgt in der Verbindungslinie 1 – 2 cm distal der Kardia an der kleinen Kurvatur und dem Gefäßumschlag an der großen Kurvatur. Diese Punkte sind durch Haltefäden zu markieren. Die Resektion kann unter Neubildung der kleinen Kurvatur mit dem TA-90-Nahtgerät vorgenommen werden. Der distale Magen ist mit einer Kocher-Klemme zu verschließen. Die distale Resektionslinie läuft ca. 1 cm distal des Pylorus. Der proximale Duodenalstumpf kann stumpf verschlossen werden, um eine terminolaterale Gastroduodenostomie vorzubereiten. In der Regel wird der Duodenalstumpf offen gelassen und für eine terminoterminale Gastroduodenostomie vorgesehen. Der distale Magenstumpf wird mit einer Tuchklemme und einer antiseptikumgetränkten Mullkompresse präliminar verschlossen.

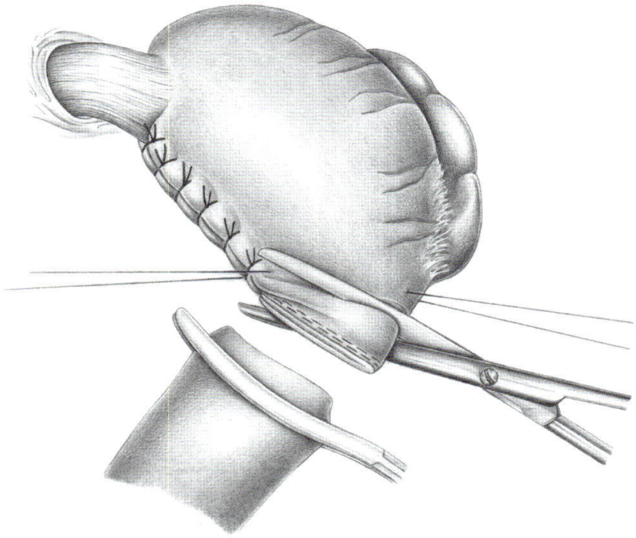

⓭ Übernähung der Klammernaht

Nach Entfernung des Resektats wird die Klammernahtreihe bis auf einen ca. 4 cm langen, großkurvaturseitigen Anteil mit Einzelknopfnähten (3 × 0 PGS) serosiert. Der distale Anteil wird entsprechend der Lumenweite des Duodenums zwischen Haltefäden nachreseziert und für eine End-zu-End-Anastomose vorbereitet.

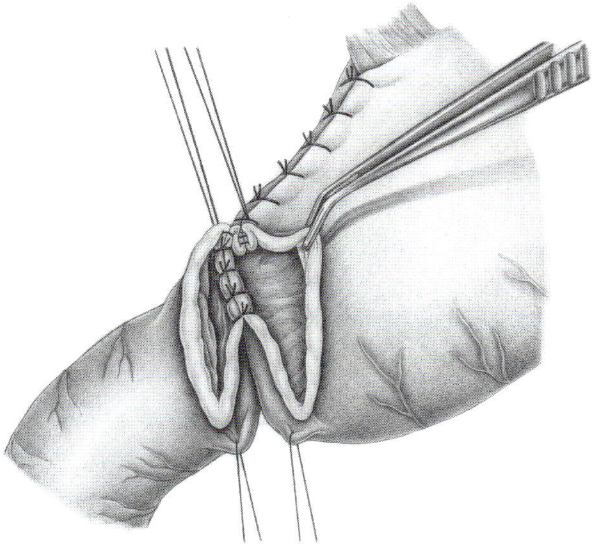

⓮ Gastroduodenostomie Hinterwand

Die Anastomosierung erfolgt durch einreihige allschichtige Einzelknopfnähte (3 × 0 PGS). Nahtabstände und Stichweite betragen jeweils 0,6 cm.

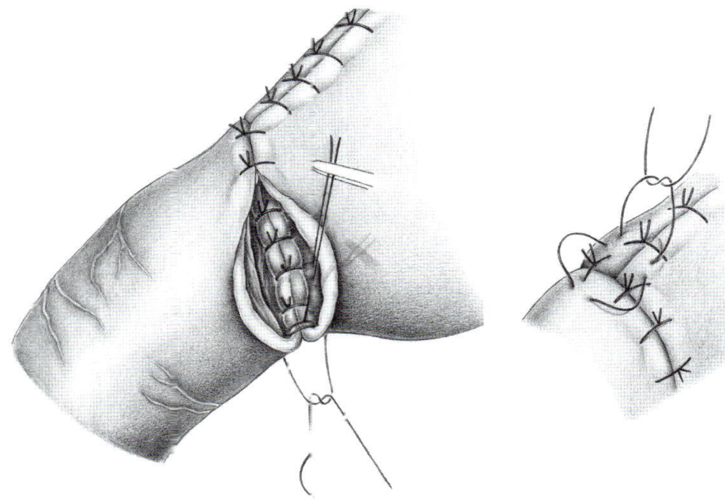

15 Gastroduodenostomie Vorderwand

Nach Beendigung der Hinterwand wird der letzte Faden lang gelassen und von der ersten, nach außen geknoteten Vorderwandnaht überstochen. In Einzelnahttechnik wird auch die Vorderwand Stoß-auf-Stoß mit einreihigen Allschichtnähten verschlossen. Zur Sicherung der insuffizienzgefährdeten „Jammerecke“ wird hier eine 3-Punkt-Naht („3-Länder-Naht“) angelegt, die magenseitig geknotet wird.

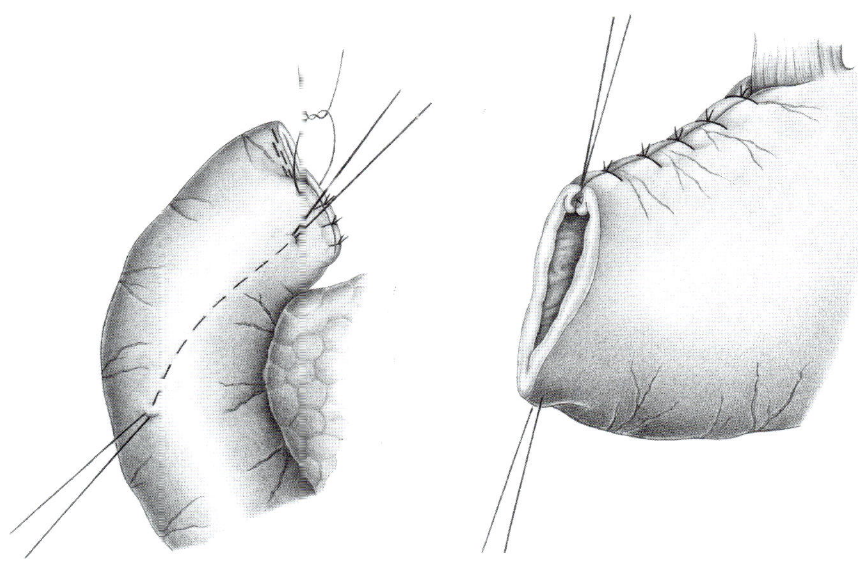

16 Terminolaterale Gastroduodenostomie

Bei kurzem Duodenalstumpf kann es sicherer sein, eine terminolaterale Gastroduodenostomie herzustellen. Hierzu wird das Duodenum stumpf verschlossen, was mit einem TA-55-Nahtgerät erfolgen kann. Die Nahtreihe wird mit seroserösen Einzelknopfnähten gedeckt. Zur Herstellung der Anastomose ist eine schräge Inzision an der Duodenalvorderwand erforderlich, in die der Magen mit Einzelknopfnahttechnik anastomosiert wird. Der Vorteil dieser Anastomose ist die Deckung des Duodenalstumpfes mit dem Magenrest. Bedingung dieses Verfahrens ist eine weite duodenale Mobilisation nach Kocher.

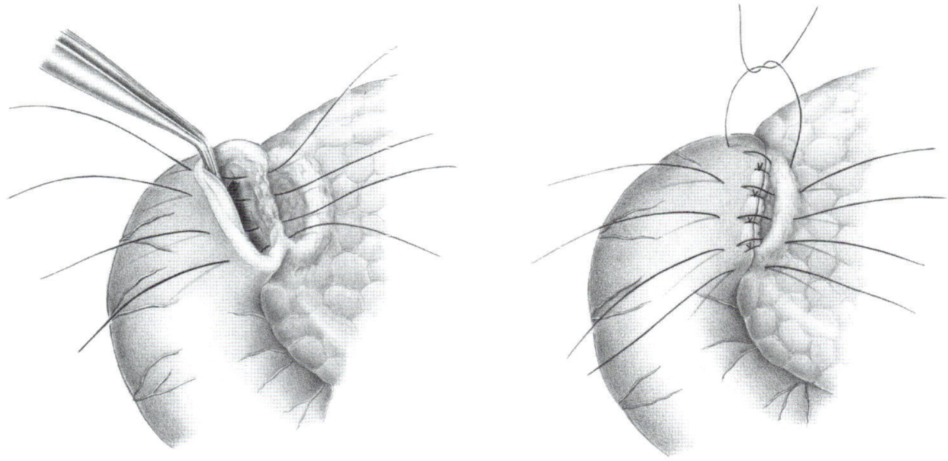

17 Schwieriger Duodenalstumpfverschluss

Bei großen kallösen Hinterwandulzera des Duodenums kann der Duodenalstumpfverschluss deutlich erschwert sein. Hier empfiehlt sich die Einstülpung nach Bsteh-Nissen in Form einer zweireihigen Invertierung des Duodenalstumpfes mit Deckung durch das Pankreas. Dies bietet sich auch bei Ulkuspenetration und -perforation in diesem Bereich an.

49. Gastrojejunostomie (Billroth II)

1 Indikation

Relativ: Durchführung einer Gastroduodenostomie aus anatomischen Gründen nicht möglich.
Alternativverfahren: Billroth I, sog. kombinierte Resektion, Gastrektomie.

2 Operationsvorbereitung

Präoperative Diagnostik: Sonographie, Endoskopie mit Biopsie, ggf. Endosonographie, Magen-Darm-Passage, Computertomographie.
Patientenvorbereitung: Magensonde.

3 Spezielle Risiken, Aufklärung

- Milzverletzung/-verlust (0,5%).
- Blutung (2%).
- Fremdblutgabe.
- Anastomoseninsuffizienz (Gastroenterostomie 1%, Duodenalstumpf 2%).
- Passagestörung (5–15%; Dumping, Syndrom der zuführenden Schlinge).
- Gallengangverletzung.
- Verletzung der A. colica media.
- Anastomosenulkus.
- Magenstumpfkarzinom.
- Pankreatitis (< 2%).

4 Anästhesie

Intubationsnarkose.

5 Lagerung

Rücken.

6 Zugang

Mediane Oberbauchlaparotomie.

7 Operationsschritte

1. Billroth-II-Gastrojejunostomie: Hinterwandnähte.
2. Billroth-II-Gastrojejunostomie: Vorderwandnähte.
3. Billroth II: Braun-Fußpunktanastomose.
4. Billroth II mit Braun-Fußpunktanastomose.

8 Relevante Anatomie, Gefahren, Tricks

- Enge Lagebeziehung zwischen Magenfundus und Milz (Vasa gastrica brevia), großer Kurvatur und Colon/Mesocolon transversum, distaler kleiner Kurvatur und Lig. hepatoduodenale sowie zwischen Magenhinterwand und Pankreas.
- 5 relevante Gefäßverbindungen: A. gastrica sinistra aus dem Truncus coeliacus und A. gastrica dextra aus der A. hepatica an der kleinen Kurvatur, A. gastroepiploica sinistra aus der A. lienalis und A. gastroepiploica dextra aus der A. gastroduodenalis an der großen Kurvatur, Aa. gastricae breves von der A. lienalis zum Magenfundus; das venöse Hauptgefäß an der kleinen Kurvatur (V. coronaria ventriculi) mündet in die V. portae.

Cave: Ausreißen des Gefäßes!

- Im kleinen Netz findet sich in ca. 15% der Fälle eine akzessorische linke Leberarterie aus der A. gastrica sinistra.

9 Maßnahmen bei speziellen Komplikationen

- Gallengangverletzung: primäre Naht mit resorbierbarem Nahtmaterial (4–0 PDS) nach Einlage einer T-Drainage.
- Milzverletzung: Versuch der Erhaltung durch Blutstillung mittels Elektro-/Saphir-/Argon-Koagulation, hämostyptische Substanzen (Tabotamp o.ä.).
- Duodenalstumpfinsuffizienz: wenn zuverlässiger erneuter Nahtverschluss nicht möglich, entweder Drainage in eine nach Roux-Y ausgeschaltete Schlinge oder Einlage eines dicken weichen Katheters (z.B. Blasenkatheter) in den Duodenalstumpf, Umwickeln mit einer Netzmanschette und Ausleitung durch die Bauchdecken.

10 Nachsorge

Medizinische Nachbehandlung: Magensonde ex am 3./4. Tag, Drainagen ex am 5.–7. Tag.
Kostaufbau: Schluckweise trinken ab 4./5. Tag, feste Kost nach erstem Stuhlgang.
Stuhlgang: Klysma ab 2. Tag, orale Laxantien ab 7. Tag.
Mobilisation: Sofort.
Krankengymnastik: Atemtherapie.
Arbeitsunfähigkeit: 2–4 Wochen.

7 Operationstechnik

1. Billroth-II-Gastrojejunostomie: Hinterwandnähte.
2. Billroth-II-Gastrojejunostomie: Vorderwandnähte.
3. Billroth II: Braun-Fußpunktanastomose.
4. Billroth II mit Braun-Fußpunktanastomose.

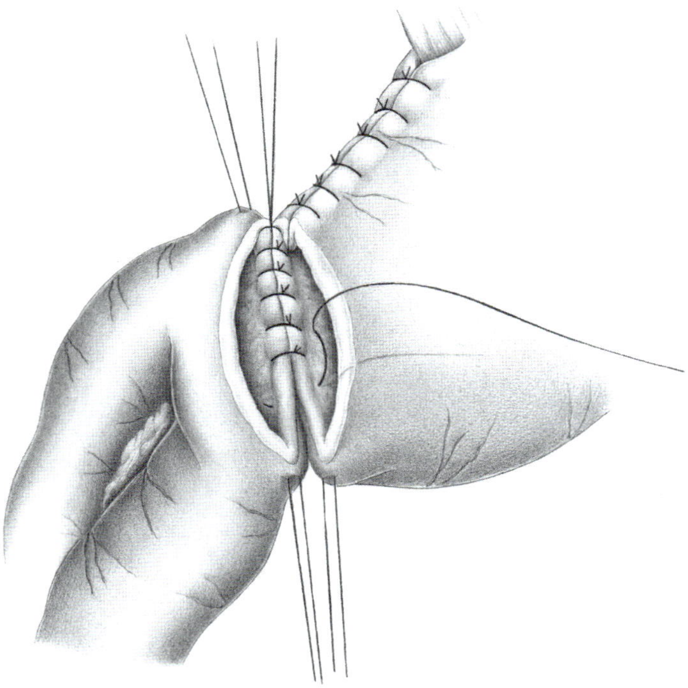

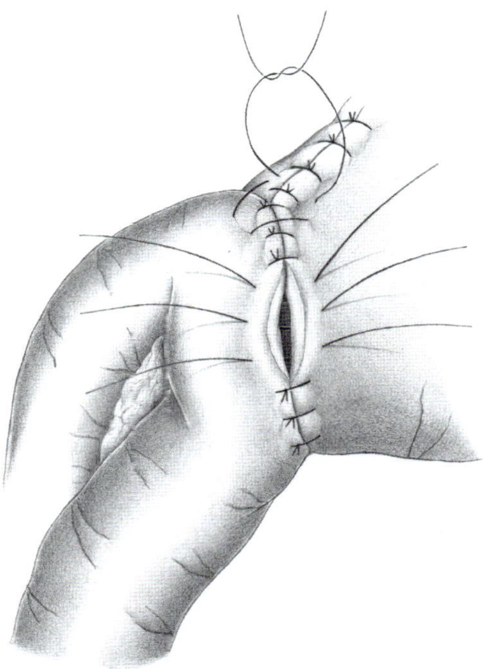

1 Billroth-II-Gastrojejunostomie: Hinterwandnähte

Die Wiederherstellung der Magen-Darm-Kontinuität nach einer Magenresektion kann über eine Gastrojejunostomie nach Billroth II erfolgen. Hierzu wird der Magen mit einer ante- oder retrokolisch hochgezogenen Jejunumschlinge anastomosiert. Die Anastomosierung beginnt an der Hinterwand mit Einzelknopfnähten (3x0 PGS), die Anastomosenbreite sollte etwa die doppelte Lumenweite des Dünndarms ausmachen.

2 Billroth-II-Gastrojejunostomie: Vorderwandnähte

Nach vollständiger Naht der Hinterwand wird die Vorderwand in Einzelknopfnahttechnik anastomosiert. Es ist ein besonderes Augenmerk auf die Kreuzungsstelle der Anastomosennaht mit der Naht an der kleinen Kurvatur zu richten. Anlegen von übergreifenden U-Nähten, die beide Lefzen des Magens und die Anastomose einbeziehen. Insuffizienzen in dieser sog. „Jammerecke" sind ansonsten nicht immer sicher zu vermeiden.

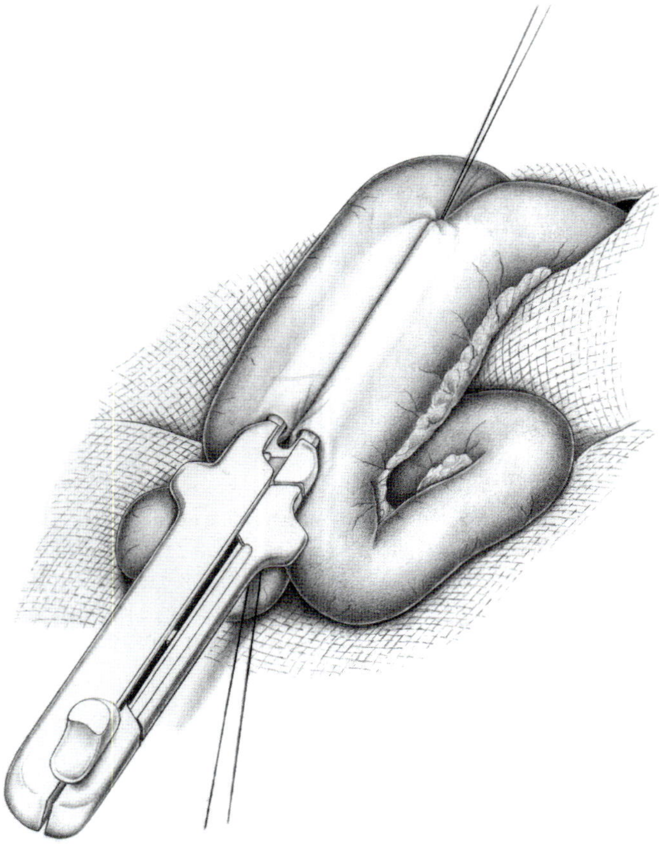

❸ Billroth II: Braun-Fußpunktanastomose

Bei langer Gastrojejunalschlinge sollten zu- und abführende Schenkel durch eine Braun-Fußpunktanastomose verbunden werden. Die Anastomose kann in Handnahttechnik oder mit einem GIA hergestellt werden.

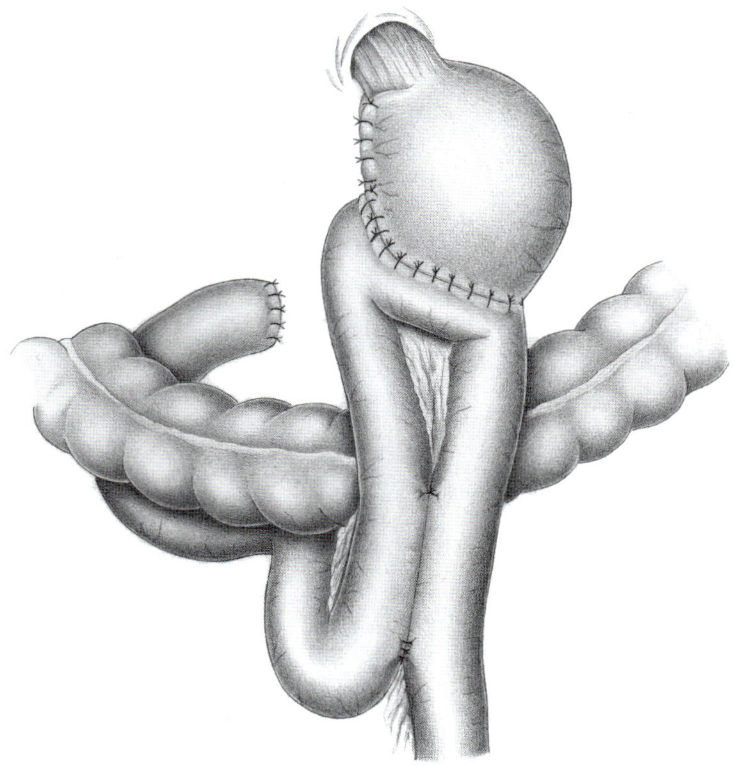

❹ Billroth II mit Braun-Fußpunktanastomose

Die Wiederherstellung der Kontinuität nach Magenresektion mit Billroth-II-Anastomose beinhaltet den Verschluss des Duodenalstumpfes sowie bei antekolischer Modifikation die Braun-Fußpunktanastomose.

50. Roux-Y-Gastrojejunostomie

1 Indikation

Elektiv: Umwandlungsoperation nach vorangegangenen anderen Rekonstruktionen.
Alternativverfahren: Billroth I oder II.

2 Operationsvorbereitung

Präoperative Diagnostik: Endoskopie, Röntgen Magen-Darm-Passage; ggf. pH-Metrie und nuklearmedizinische Analyse der Passage im oberen Gastrointestinaltrakt sowie der Gallenkinetik.

3 Spezielle Risiken, Aufklärung

- Milzverletzung/-verlust.
- Blutung.
- Anastomoseninsuffizienz.
- Anastomosenulkus.
- Passagestörung.
- Verletzung der A. colica media.

4 Anästhesie

Intubationsnarkose.

5 Lagerung

Rücken.

6 Zugang

Mediane Oberbauchlaparotomie.

7 Operationsschritte

1. Auswahl obere Jejunalschlinge.
2. Meso-Durchtrennung.
3. Retrokolische Anastomosierung.

8 Relevante Anatomie, Gefahren, Tricks

- Die mehrstufigen Gefäßarkaden im Bereich des Dünndarms erlauben stets die Bildung einer spannungsfrei mit dem Restmagen zu anastomosierenden Roux-Y-Schlinge.
- Die Durchtrennung des Mesos muss insbesondere bei adipösen Patienten vorsichtig und schrittweise erfolgen, um eine ausreichende Vaskularisation beider Lumina zu gewährleisten. Gerade bei sehr dickem Meso sollte zunächst beidseits unter Transillumination das Peritoneum mit der Schere inzidiert werden (206 Gastrektomie in der Palliativsituation, Größe R0).

9 Maßnahmen bei speziellen Komplikationen

Sollte nach Durchtrennung des Mesos eines der beiden Darmenden nicht mehr ausreichend durchblutet (Schnittrandblutung!) sein, muss unbedingt nachreseziert werden.

10 Nachsorge

Medizinische Nachbehandlung: Magensonde ex 3./4. Tag, Drainagen ex 5.–7. Tag.
Kostaufbau: Schluckweise trinken ab 4./5. Tag, feste Kost nach erstem Stuhlgang.
Mobilisation: Sofort.
Krankengymnastik: Atemtherapie.
Arbeitsunfähigkeit: 2–4 Wochen.

7 Operationstechnik

1. Auswahl obere Jejunalschlinge.
2. Meso-Durchtrennung.
3. Retrokolische Anastomosierung.

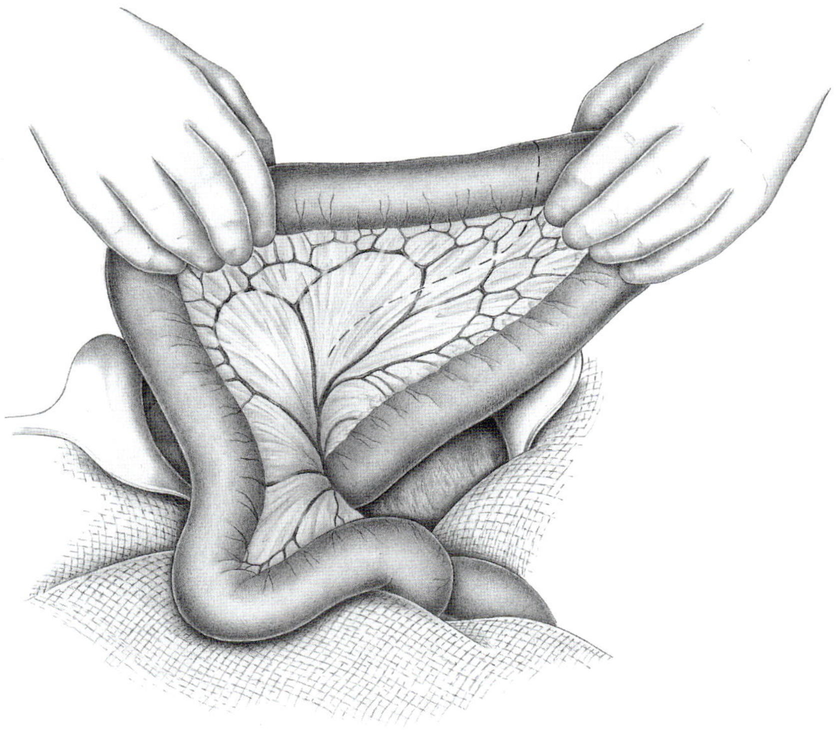

1 Auswahl obere Jejunalschlinge

Die an den Gefäßarkaden orientierte Auswahl einer Jejunalschlinge gelingt unter Diaphanoskopie-Bedingungen leicht. Die gewählte Durchtrennungslinie des Mesenteriums muss die Durchblutung der beiden resultierenden Absetzungsenden wie auch eine ausreichende Länge des in den Oberbauch zu transponierenden Anteils gewährleisten. Zur Flexura duodenojejunalis sollte ein Mindestabstand von 20 cm eingehalten werden.

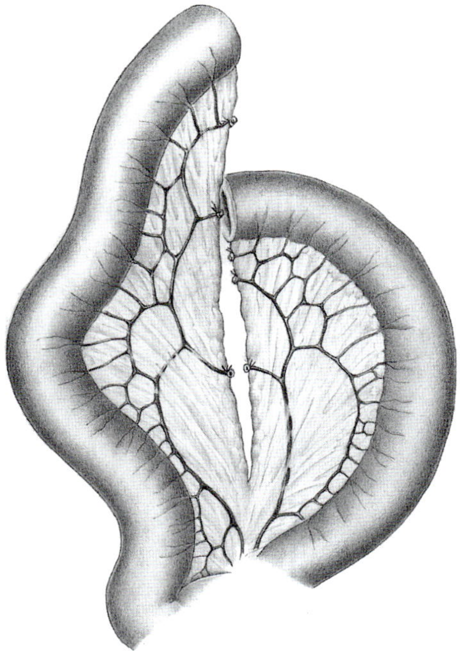

2 Meso-Durchtrennung

Unter Diaphanoskopie werden zunächst die gefäßfreien Anteile des Mesos mit dem Kauter durchtrennt. Kreuzende Gefäße werden zwischen Overholt-Klemmen abgesetzt und ligiert bzw. bei größerem Kaliber durchstichligiert.

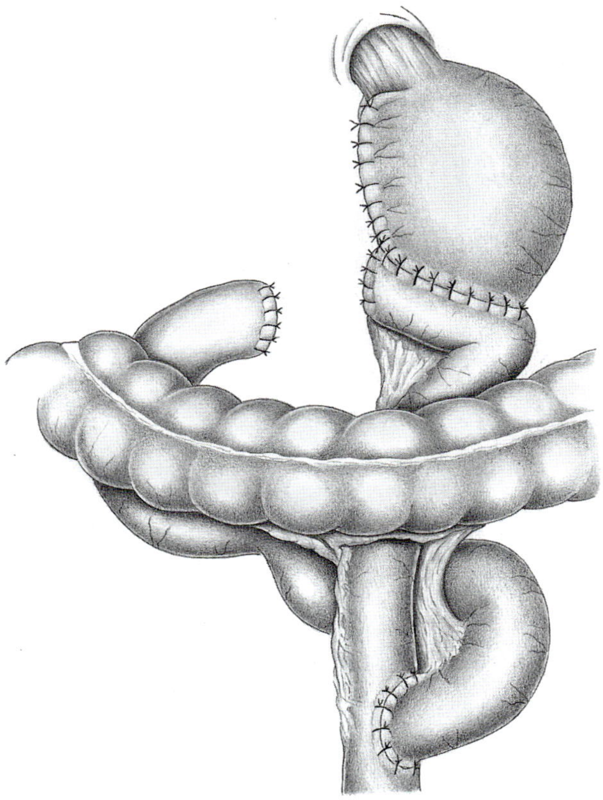

3 Retrokolische Anastomosierung

Nach Anlage einer ausreichenden Durchtrittsstelle im gefäßfreien Anteil des Mesocolon transversum linksseits der A. colica media wird der aborale Jejunalschenkel in den Oberbauch verlagert und in einreihiger, allschichtiger Technik eine End-zu-End-Gastrojejunostomie vorgenommen. Eine terminolaterale Jejunojejunostomie in gleicher Technik stellt die Kontinuität des oberen Intestinaltrakts wieder her. Stets ist darauf zu achten, dass es nicht zu einer Torquierung der isolierten Dünndarmschenkel kommt.

51. Gastrektomie und Longmire-Ersatzmagen

1 Indikation

Elektiv: Malignome des Magens.
Alternativverfahren: Partielle Magenresektionen bei distal der Angulusfalte gelegenen Malignomen (bei Karzinomen: intestinaler Typ nach Lauren). Roux-Y-Rekonstruktion, speziell nach palliativer Gastrektomie. Bei Kardiakarzinomen ggf. Ösophagogastrektomie.

2 Operationsvorbereitung

Präoperative Diagnostik: Endoskopie mit Biopsie und Endosonographie, Magen-Darm-Passage, Sonographie, ggf. Computertomographie.
Patientenvorbereitung: Magensonde, perioperative Antibiotikaprophylaxe.

3 Spezielle Risiken, Aufklärung

- Milzentfernung.
- Anastomoseninsuffizienz (< 5 %).
- Passagestörung (10 – 30 %).
- Pankreatitis (3 %).
- Abszess.
- Verletzung Colon/Mesocolon transversum.
- Anpassung der Ernährungsgewohnheiten.

4 Anästhesie

Intubationsnarkose.

5 Lagerung

Rücken.

6 Zugang

Mediane Oberbauchlaparotomie, ggf. mit Verlängerung in den Unterbauch.

7 Operationsschritte

1. Zugang.
2. Exploration des Abdomens.
3. Ablösen des Netzes vom Transversum.
4. Netzablösung an den Kolonflexuren.
5. Freilegen der Pankreasvorderfläche.
6. Splenektomie (fakultativ).
7. Kocher-Mobilisation des Duodenums.
8. Kleinkurvaturseitige Präparation.
9. Resektion des Omentum minus.
10. Postpylorisches Absetzen.
11. Darstellung von A. und V. gastrica sinistra.
12. Absetzen von A. und V. gastrica sinistra.
13. Durchtrennung der Vagusstämme.
14. Absetzen des abdominellen Ösophagus.
15. Lymphknoten-Kompartment II.
16. Lymphadenektomie I.
17. Lymphadenektomie II.
18. Lymphadenektomie III.
19. Lymphadenektomie IV.
20. Isolierung eines proximalen Jejunalsegments.
21. Zirkuläre Klammernaht I.
22. Zirkuläre Klammernaht II.
23. Hemijejunoplicatio.
24. Jejunoduodenostomie.

8 Relevante Anatomie, Gefahren, Tricks

- Enge Lagebeziehung zwischen Magenfundus und Milz (Vasa gastrica brevia), großer Kurvatur und Colon/Mesocolon transversum, distaler kleiner Kurvatur und Lig. hepatoduodenale sowie zwischen Magenhinterwand und Pankreas.
- 5 relevante Gefäßverbindungen: A. gastrica sinistra aus dem Truncus coeliacus und A. gastrica dextra aus der A. hepatica an der kleinen Kurvatur, A. gastroepiploica sinistra aus der A. lienalis und A. gastroepiploica dextra aus der A. gastroduodenalis an der großen Kurvatur, Aa. gastricae breves von der A. lienalis zum Magenfundus, das venöse Hauptgefäß an der kleinen Kurvatur (V. coronaria ventriculi) mündet in die V. portae

Cave: Ausreißen des Gefäßes!

- Im kleinen Netz findet sich in ca. 15 % der Fälle eine akzessorische linke Leberarterie aus der A. gastrica sinistra.

Cave: Verletzung der A. hepatica beim Absetzen der A. gastrica dextra: nach Klemmung dieses Gefäßes zunächst lebernah die Pulsation im Lig. hepatoduodenale überprüfen!

9 Maßnahmen bei speziellen Komplikationen

- Gallengangverletzung: primäre Naht mit resorbierbarem Nahtmaterial nach Einlage einer T-Drainage.
- Milzverletzung: Versuch der Erhaltung durch Blutstillung mittels Elektro-/Saphir-/Argon-Koagulation und hämostyptischen Substanzen (Tabotamp o. ä.).

10 Nachsorge

Medizinische Nachbehandlung: Magensonde ex am 3./4. Tag, Drainagen ex 7./8. Tag (länger belassen, falls Sekret deutlich Amylase-positiv), Vitamin B_{12}-Substitution $^{1}/_{4}$ jährlich, Pankreasenzyme.
Kostaufbau: Schluckweise trinken ab 5./6. Tag, wenn gut toleriert und Darmtätigkeit besteht, feste Kost ab 7./8. Tag. Ernährungsberatung.
Stuhlgang: Klysma ab 3. Tag, Peristaltika ab 6./7. Tag.
Mobilisation: Sofort.
Krankengymnastik: Intensive Atemtherapie.
Arbeitsunfähigkeit: 3 – 4 Wochen.

7 Operationstechnik

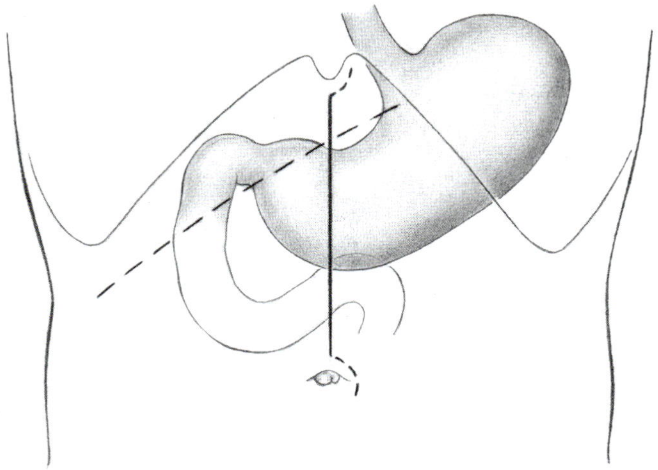

❶ Zugang

Bewährt hat sich der Oberbauchmedianschnitt mit fakultativer Erweiterung nach kaudal. Eine Alternative bei adipösen Patienten ist der ausgedehnte Rippenbogenrandschnitt rechts.

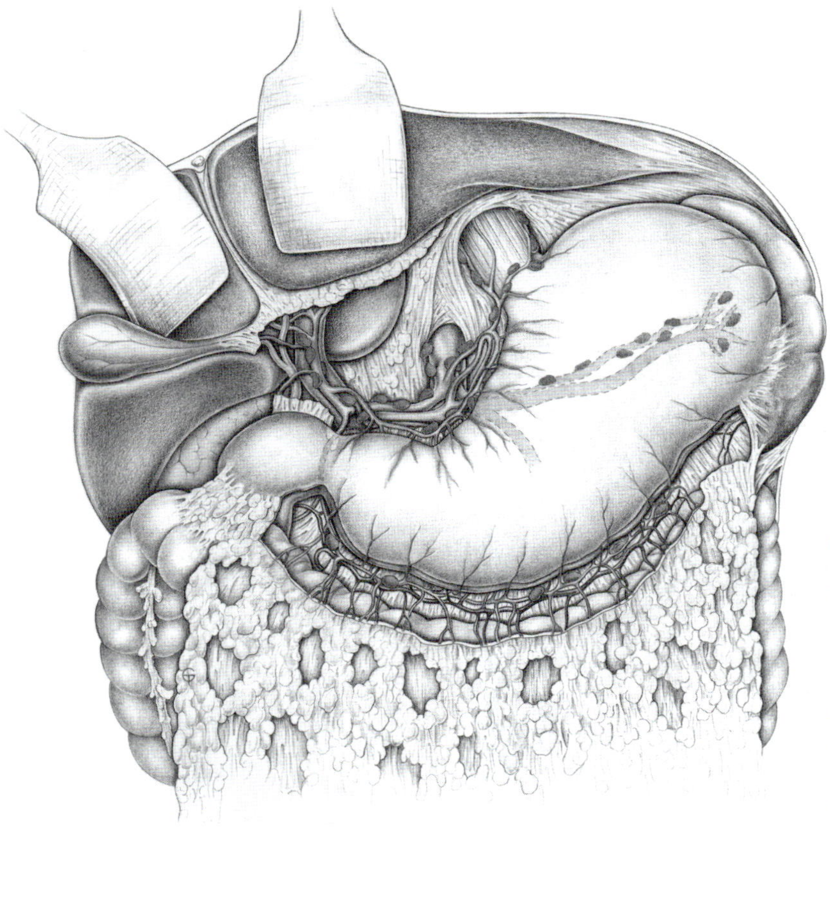

❷ Exploration des Abdomens

Nach Eröffnung der Bauchdecke folgt die Exploration und klinische Dokumentation des Befundes. Die radikale Gastrektomie zielt auf die Entfernung des Magens, der terminalen Speiseröhre, des proximalen Duodenums, des kleinen und großen Netzes sowie sämtlicher Lymphknotenstationen des Kompartments I und II. Nach Sicherung der Diagnose sollten Fernmetastasen (z. B. Leber, Peritoneum, Ovarien, Douglas) ausgeschlossen werden. Die eigentliche Gastrektomie beginnt mit der Mobilisation des großen Netzes.

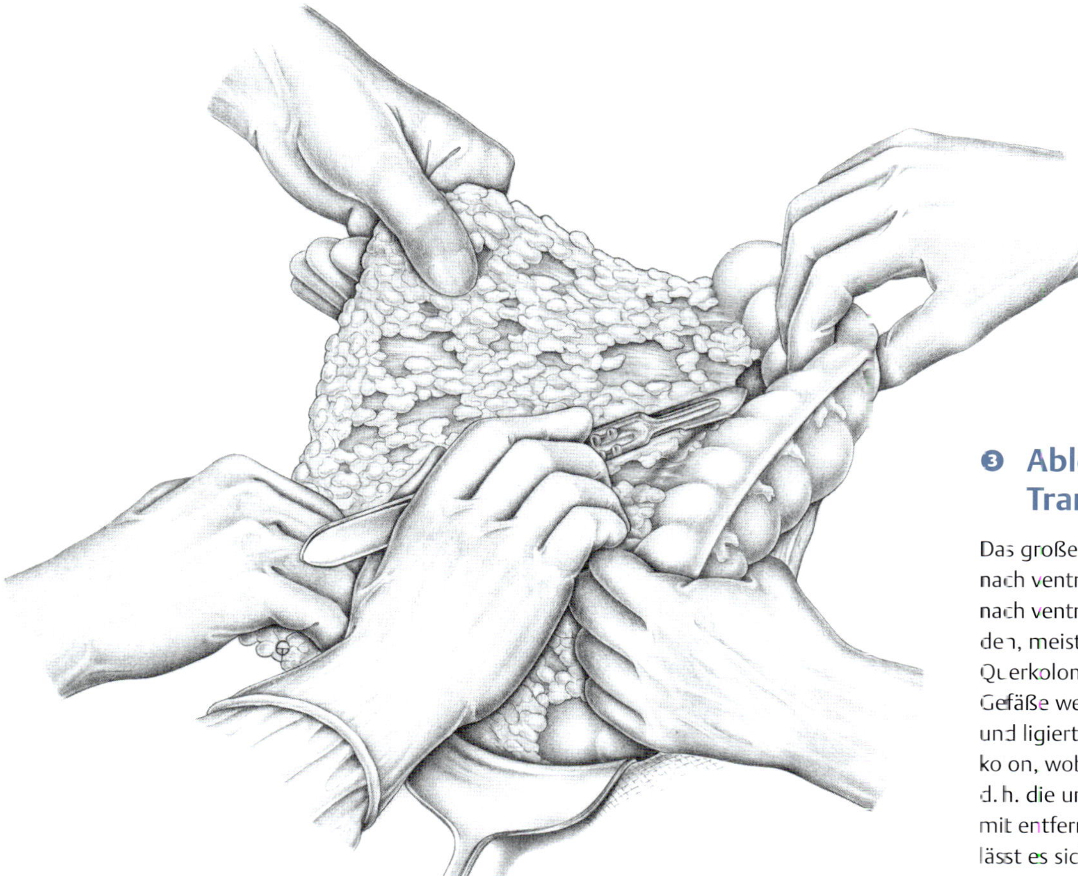

❸ Ablösen des Netzes vom Transversum

Das große Netz wird von Assistenten bimanuell nach ventrokranial, das Querkolon bimanuell nach ventrokaudal gezogen. Die sich anspannenden, meist gefäßfreien Verklebungen mit dem Querkolon werden scharf durchtrennt. Kleine Gefäße werden zwischen Klemmen durchtrennt und ligiert. Die Präparationsebene liegt im Mesokolon, wobei das ventrale Blatt des Mesokolons, d. h. die unterste Schicht der Bursa omentalis, mit entfernt wird. Unter geringer Anspannung lässt es sich meist stumpf, gelegentlich scharf vom Mesokolon abziehen.

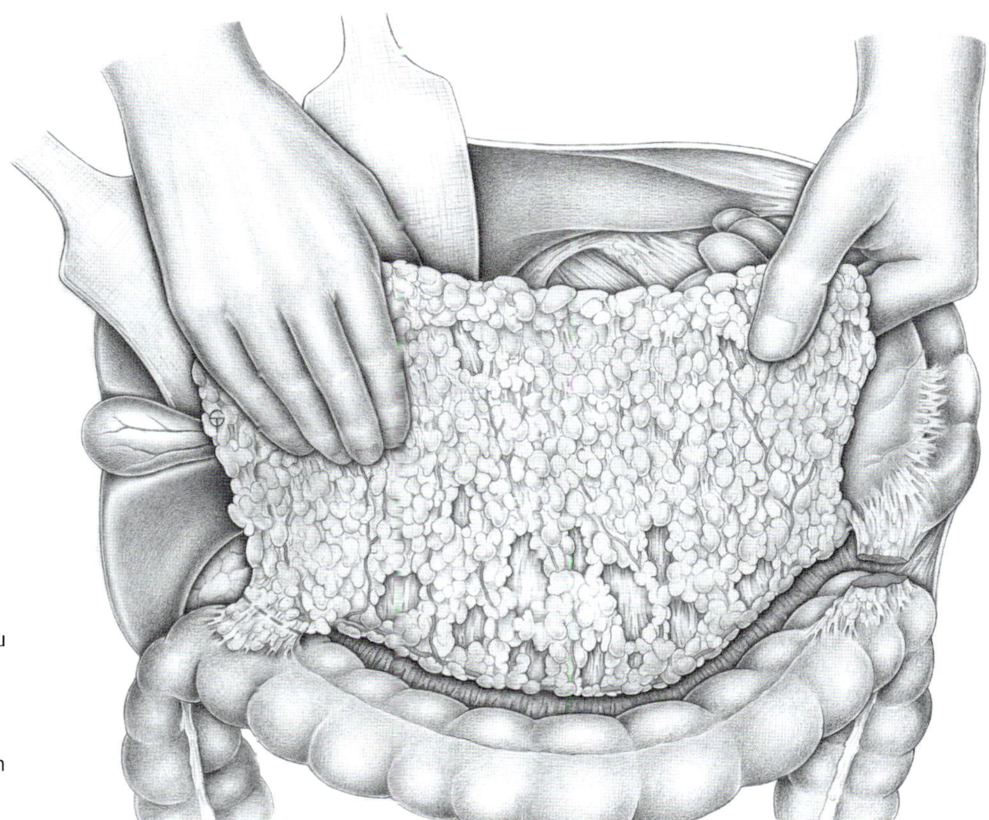

❹ Netzablösung an den Kolonflexuren

Die Mobilisation des großen Netzes erfolgt bis zu den beiden Flexuren. Links werden das Lig. splenocolicum und das dorsal gelegene Lig. gastrocolicum bzw. gastrosplenicum durchtrennt. Die Gefäßansätze werden mit Umstechungsligaturen versorgt. An der rechten Flexur wird das Lig. duodenocolicum zwischen Overholt-Klemmen durchtrennt und umstochen.

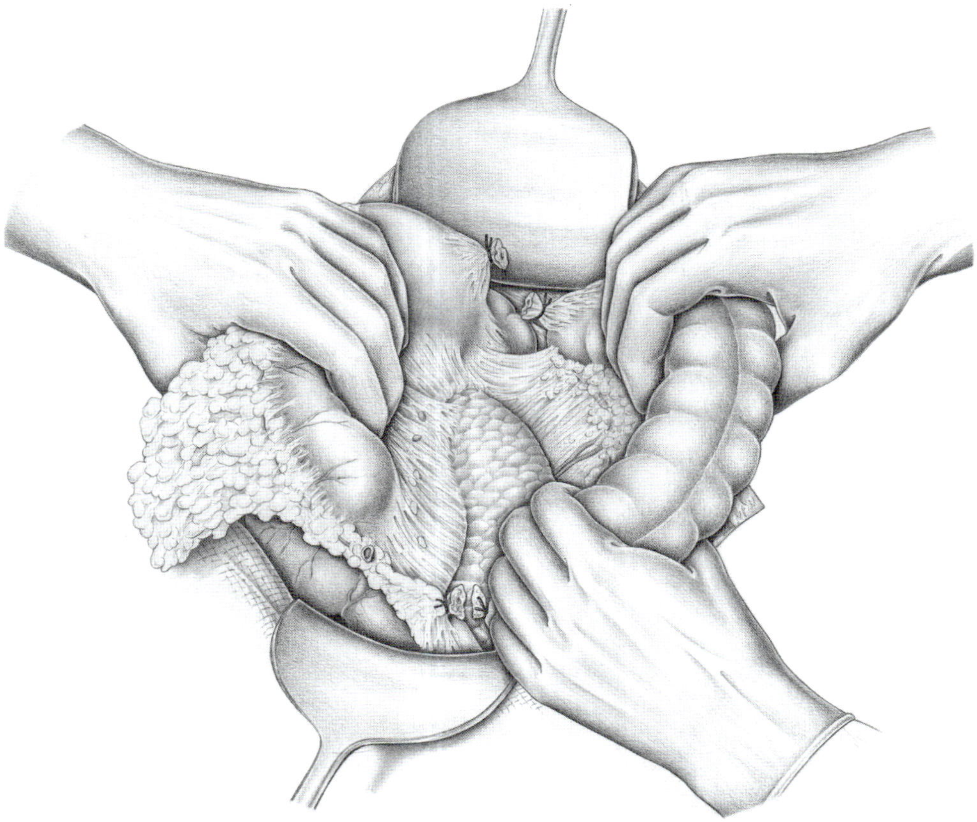

❺ Freilegen der Pankreasvorderfläche

Nach Durchtrennung der Ligamente wird das vordere Blatt des Mesokolons bis zur Ventralfläche des Pankreas schrittweise abgelöst. Das Querkolon wird durch bimanuellen Zug nach kaudal gezogen, der Magen mit dem großen Netz nach kranial. Man gelangt jetzt auf die zöliakalen Lymphknotenstationen. Es besteht die Möglichkeit, diese Lymphknotenstationen des Kompartments II mit diesem Schritt en bloc mit zu entfernen oder, wie hier dargestellt, das Kompartment II später isoliert auszuräumen.

❻ Splenektomie (fakultativ)

Nach Eröffnung der Bursa omentalis liegt der Milzhilus frei. Die A. und V. lienalis werden isoliert aufgesucht, zwischen Overholt-Klemmen durchtrennt und mit Umstechungsligaturen versorgt (2 × 0). Danach erfolgt die dorsale Mobilisation der Milz mit Durchtrennung des parietalen Peritoneums an der lateralen Zirkumferenz der Milz. Jetzt kann die Milz nach ventral luxiert werden. Etwaige Bindegewebszügel zum Pankreasschwanz werden durchtrennt. Liegt eine hohe Aufteilung der Milzgefäße vor, werden die isolierten Gefäße zwischen Ligaturen durchtrennt. Verletzungen des Pankreasschwanzes sind durch sorgfältige Präparation zu vermeiden, sie werden ggf. mit Einzelknopfnähten (3 × 0 PGS) versorgt. Die Milz bleibt durch die Vasa gastrica brevia mit dem Magen verbunden.

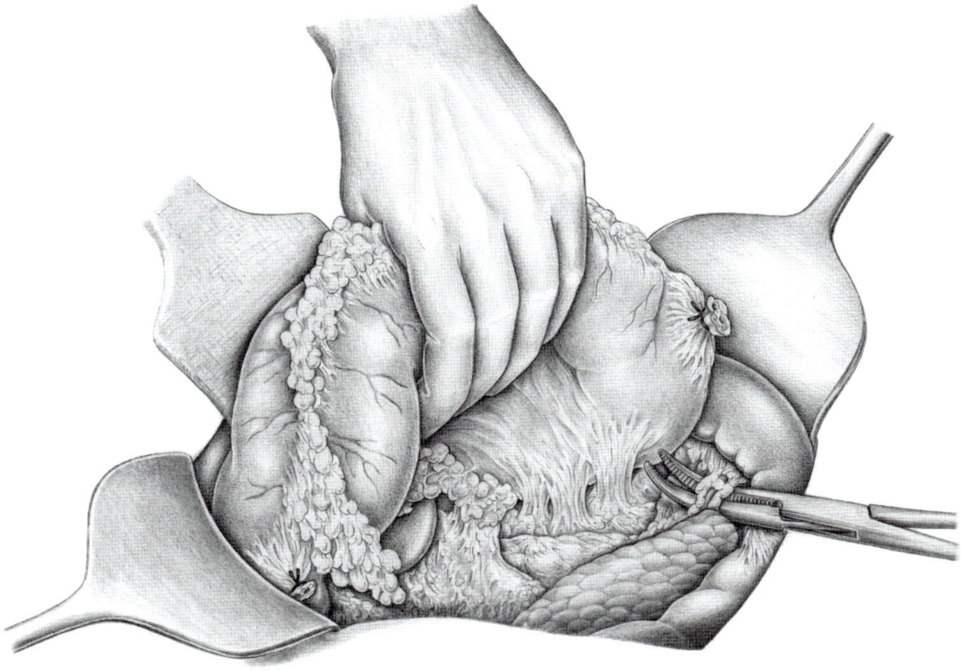

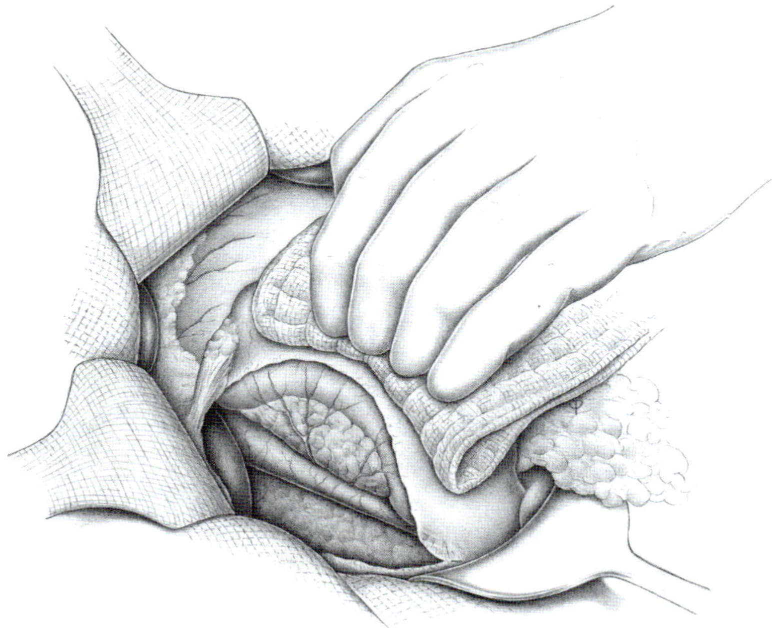

❼ Kocher-Mobilisation des Duodenums

Die Mobilisation des Duodenums nach Kocher erleichtert den Verschluss des Duodenalstumpfes und die Jejunoduodenostomie bei der isoperistaltischen Interposition. Überdies ermöglicht sie die Entnahme retropankreatischer Lymphknoten. Die Mobilisation beginnt mit der Anspannung des Duodenums nach medial durch den Assistenten. Die sich anspannende Falte des Peritoneums lateral des Duodenums wird mit einer Schere durchtrennt. Die Präparation ist teils stumpf, teils scharf und geht bis über die Vorderwand der V. cava hinweg. Nach kranial ist die Begrenzung das Lig. hepatoduodenale, nach kaudal die rechte Flexur. Bei vollständiger Mobilisation liegen die Hinterfläche des Pankreas und die V. cava frei, in der Tiefe erscheint das retroperitoneale Fettgewebe und die Gerota-Faszie der Niere.

❽ Kleinkurvaturseitige Präparation

Die Resektion des kleinen Netzes beginnt am Pylorus und reicht bis zur Kardia. Sie sollte lebernah erfolgen, um das kleine Netz so vollständig wie möglich zu entfernen.

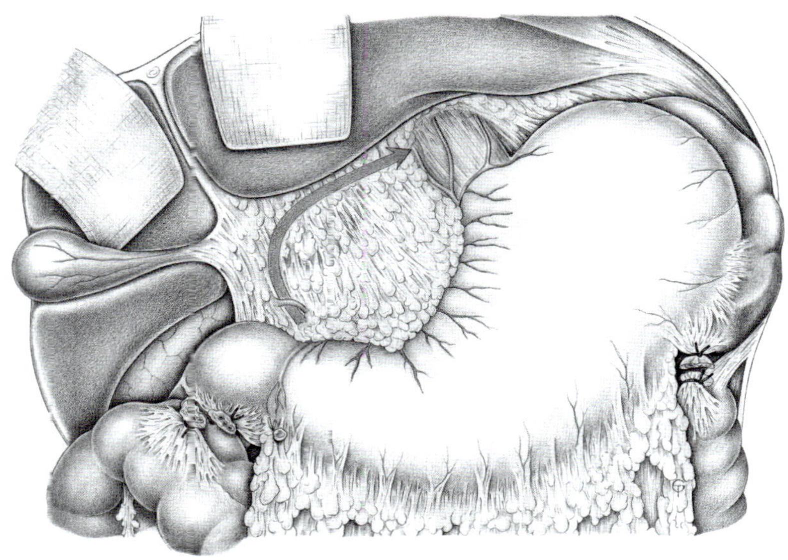

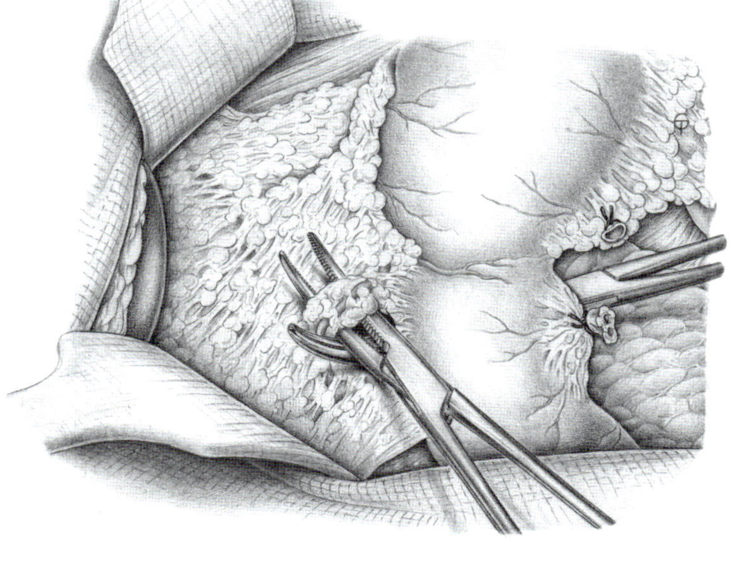

❾ Resektion des Omentum minus

Die Mobilisation des kleinen Netzes beginnt mit der Unterfahrung des proximalen Duodenums mit einer Overholt-Klemme. In der gespreizten Klemme lässt sich die A. gastrica dextra darstellen, die zwischen Overholt-Klemmen ligiert wird. Hierbei ist das Lig. hepatoduodenale sorgfältig zu schonen. Akzidentelle Gefäßverletzungen der A. hepatica sind zu vermeiden und ggf. sofort durch Gefäßnähte zu versorgen. Die weitere Präparation erfolgt entlang der Leberunterfläche bis zur Kardia. Nach vollständiger Durchtrennung des kleinen Netzes an der Leberunterfläche unter Einschluss der Rami hepatici des N. vagus kann der Magen am Duodenum abgesetzt werden.

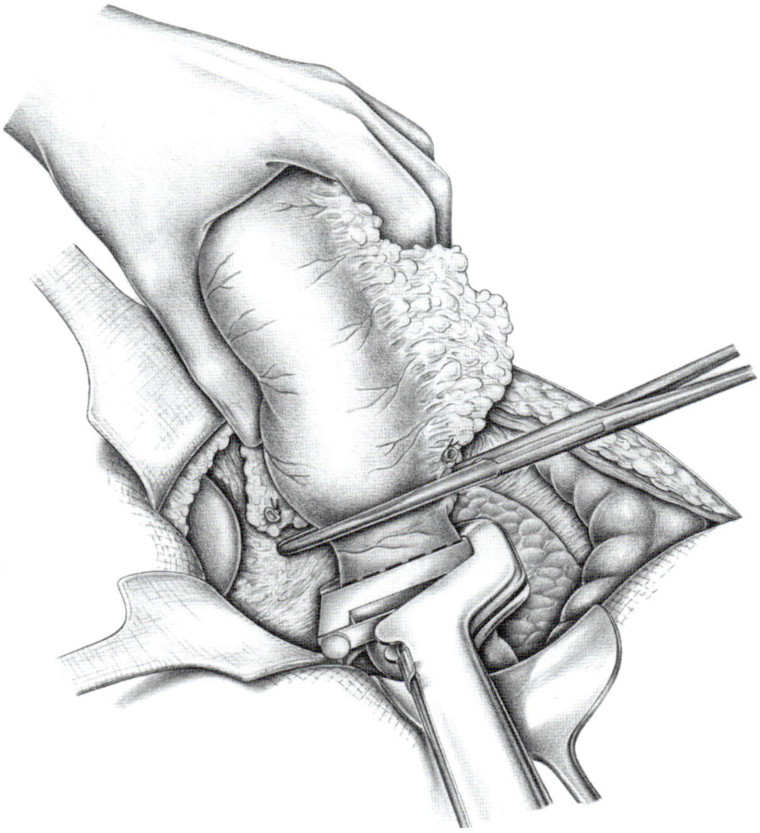

⑩ Postpylorisches Absetzen

Der Magen wird 1 – 1,5 cm distal des Pylorus unter Einschluss des proximalen Duodenums abgesetzt. Nach kranial wird der Magen durch eine Kocher-Klemme verschlossen, nach kaudal kann das Duodenum mit einer weichen Darmklemme – bei geplanter isoperistaltischer Interposition – oder im Falle der Roux-Y-Rekonstruktion durch Naht verschlossen werden. Hierzu eignet sich das TA-55-Nahtgerät, dessen Klammernahtreihe mit Einzelknopfnähten (3 × 0 PGS) übernäht wird.

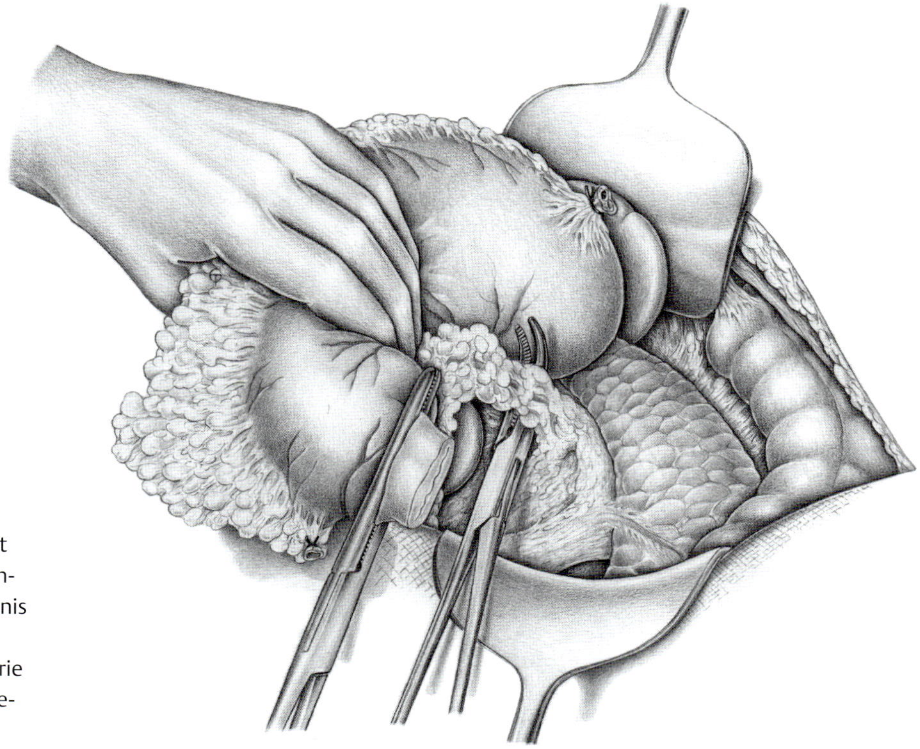

⑪ Darstellung von A. und V. gastrica sinistra

Der Gefäßstiel der A. gastrica sinistra lässt sich durch Hochklappen und kraniale Fixierung des Magens darstellen. Unter Zug spannt er sich als straffes Bündel an, meist finden sich hier verdickte Lymphknoten. Vor der Unterbindung der A. gastrica sinistra sind die A. hepatica communis und die A. lienalis sicher zu identifizieren. Der Gefäßstiel wird mit Overholt-Klemmen unterfahren, Vene und Arterie werden isoliert ligiert. Umgebendes Fett- und Bindegewebe wird abpräpariert, um isoliert die Gefäße zu ligieren.

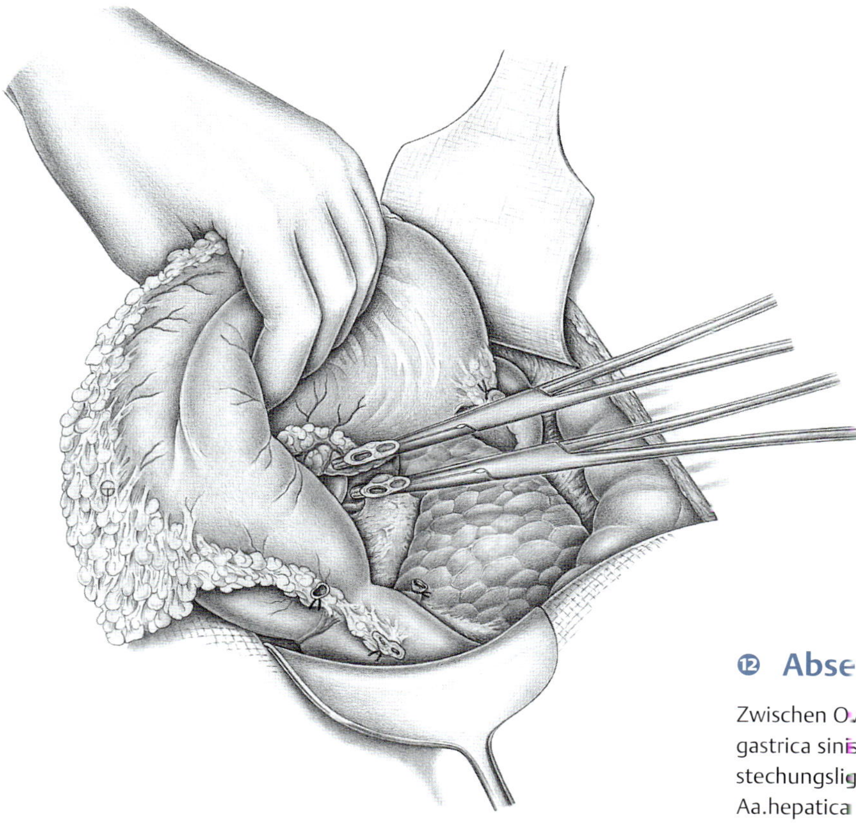

⑫ Absetzen von A. und V. gastrica sinistra

Zwischen Overholt-Klemmen werden die A. gastrica sinistra und die V. gastrica sinistra nahe des Truncus coeliacus durchtrennt und mit Umstechungsligaturen (2 × 0 PGS) versorgt. Hierbei ist die Pulsation der Aa.hepatica und lienalis palpatorisch zu überprüfen.

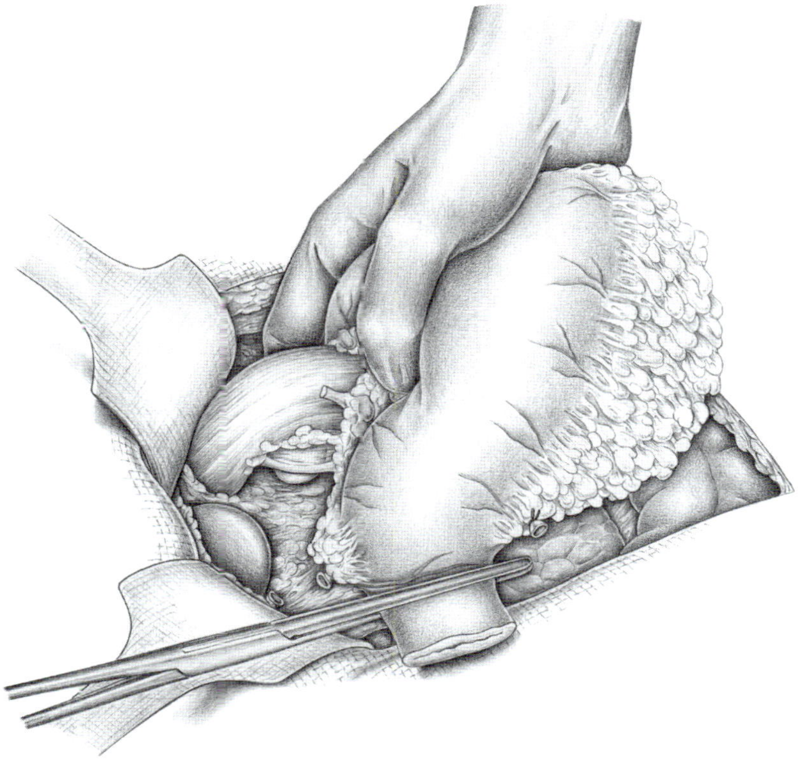

⑬ Durchtrennung der Vagusstämme

Der letzte Schritt der totalen Gastrektomie ist die Mobilisation der terminalen Speiseröhre und die Durchtrennung der Trunci vagales. Bei diesem Schritt sind die kardialen Lymphknoten zu identifizieren und mit dem Resektat zu entfernen. Durch Zug nach kaudal lassen sich die Trunci vagales darstellen. Sie werden unter Sicht koaguliert und durchtrennt. Hierdurch lässt sich die abdominelle Länge des Ösophagus bis zu 5 cm strecken.

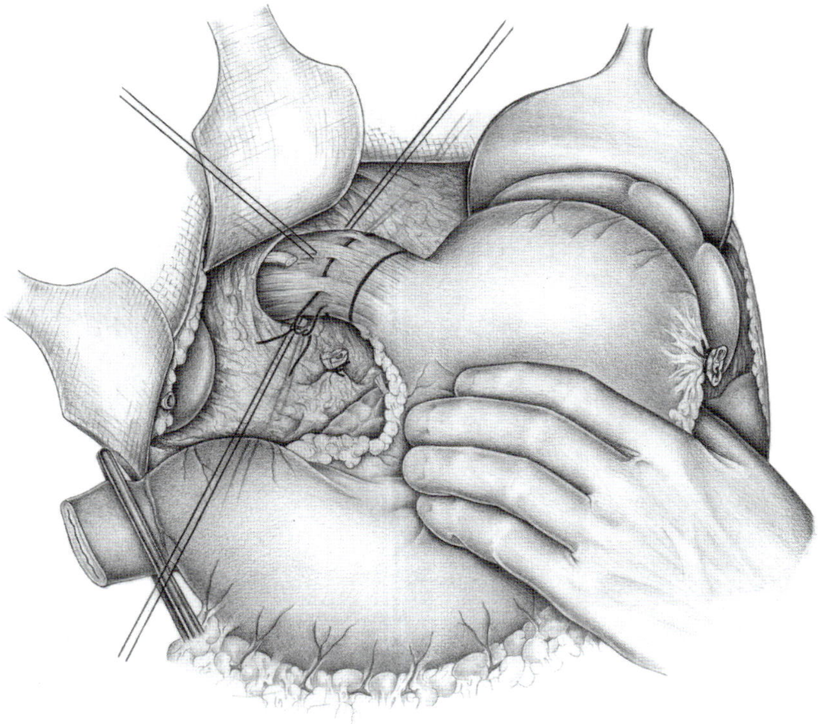

⑭ Absetzen des abdominellen Ösophagus

Die Resektionslinie liegt im terminalen Ösophagus, ca. 1,5 cm oberhalb der Kardia. Nach Anbringung von Haltefäden und ggf. einer Tabaksbeutelnaht für die Klammernahtanastomose wird die Speiseröhre durchtrennt und der Ösophagusstumpf zunächst mit einem feuchten Streifen gedeckt.

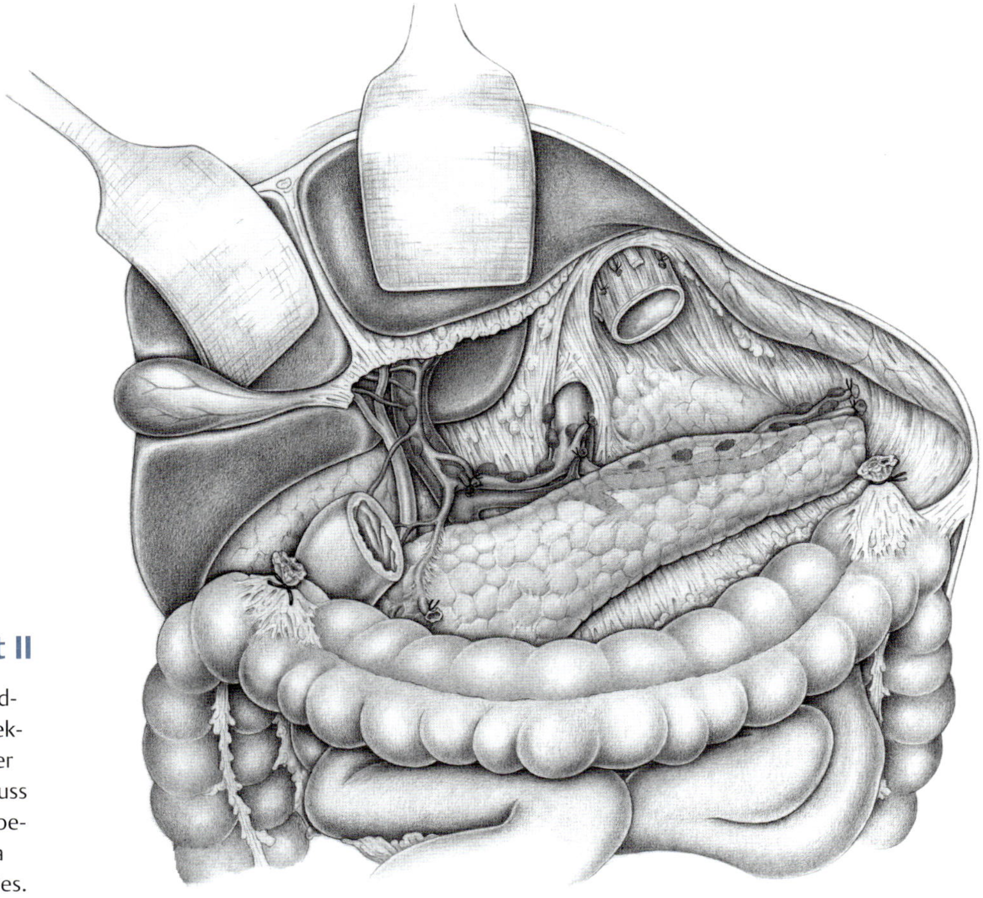

⑮ Lymphknoten-Kompartment II

An die Totalentfernung des Magens mit seinen Adnexen schließt sich die ausgedehnte Lymphadenektomie an. Hierbei geht es um die Ausräumung der Lymphknoten des Kompartments II unter Einschluss der Lymphknotengruppen entlang des Truncus coeliacus, der A. hepatica communis, der A. hepatica propria, der A. lienalis und des Pankreasoberrandes.

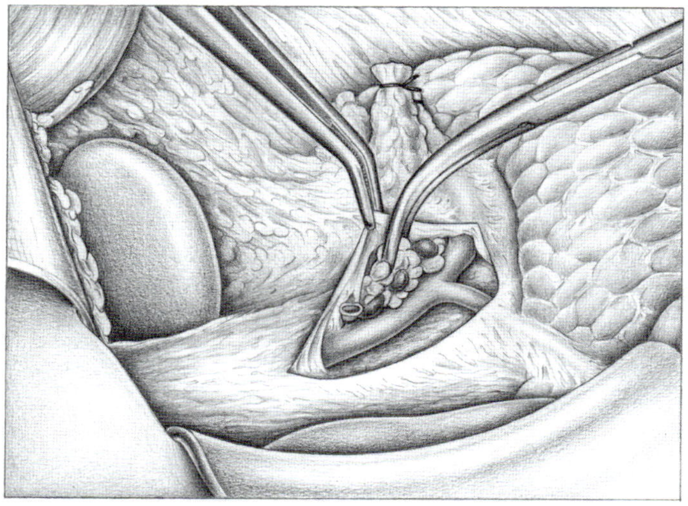

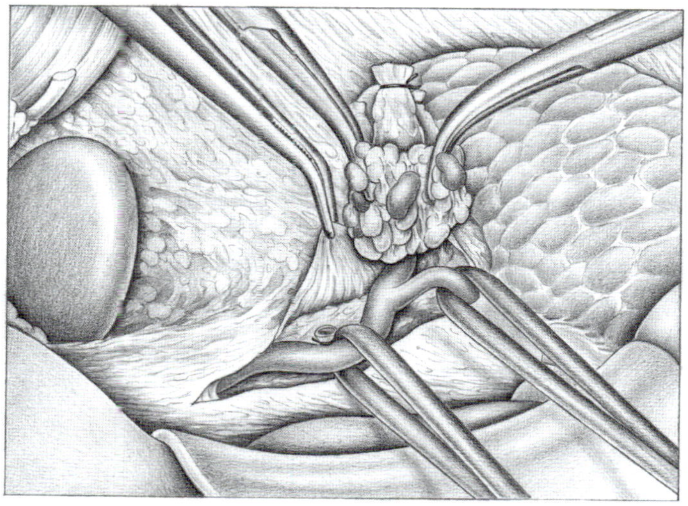

⑯ Lymphadenektomie I

Die Lymphadenektomie beginnt an der Abzweigung der A. gastroduodenalis. Hierzu wird das epi- und perivasale Bindegewebe mit der Pinzette angehoben und mit der Schere bis auf die Adventitia der A. gastroduodenalis durchtrennt. Die A. hepatica wird freigelegt und schrittweise mobilisiert. Leberseitig wird die A. hepatica bis zur Einmündung der A. gastrica dextra freigelegt. Sämtliche hier befindlichen Lymphknoten entlang des Gefäßes werden isoliert und nach medial vom Gefäß abgelöst. Hierzu empfiehlt es sich, das Gewebe zwischen Gefäßvorderfläche und Oberfläche des Pankreas zu inzidieren und das gesamte Lymphknotenpaket nach kranial abzuschieben. Die proximale A. gastroduodenalis und die A. hepatica communis werden allseitig umfahren und von den Lymphknoten stumpf abgelöst.

⑰ Lymphadenektomie II

Das Lymphknotenpaket wird mit Overholt-Klemmen gefasst und schrittweise von den Gefäßen abpräpariert. Nach dorsal ist die V. portae zu identifizieren, von deren Vorderfläche die Lymphknoten abpräpariert werden. Die meist in diesem Bereich gelegene V. gastrica sinistra (V. coronaria ventriculi) wird an ihrer Einmündung in die Pfortader abgesetzt bzw. nachreseziert.

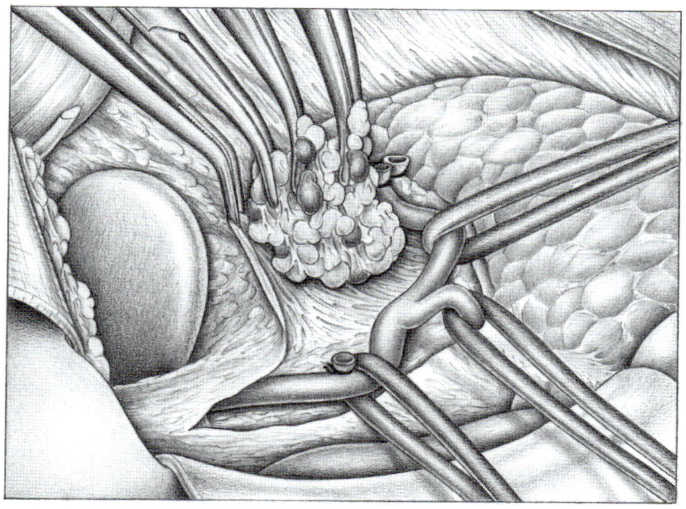

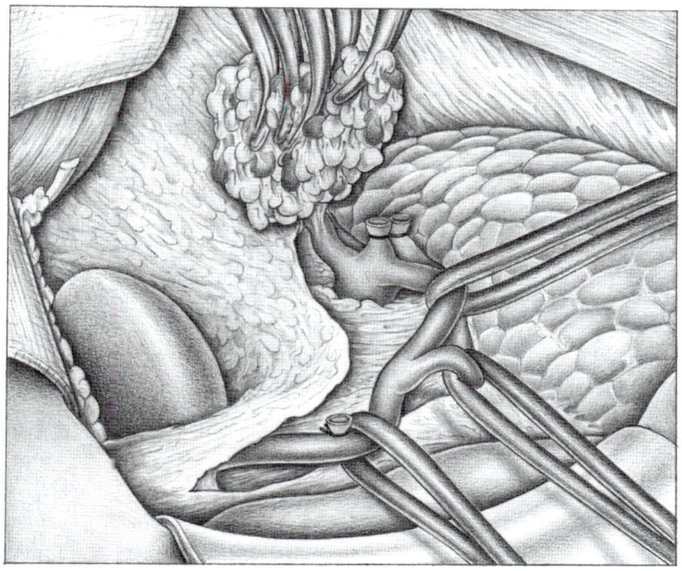

⑱ Lymphadenektomie III

Die Präparation des Lymphknotenpakets verläuft nach medial entlang der A. hepatica communis. Die A. hepatica propria und A. gastroduodenalis werden mit Gummizügeln angeschlungen. Um die Lymphknoten besser ablösen zu können, wird die A. hepatica communis aus ihrem Lager mobilisiert und durch einen Gefäßzügel angehoben. Die Lymphadenektomie wird bis zum Truncus coeliacus mit dem Abgang der A. lienalis und der A. gastrica sinistra fortgesetzt.

⑲ Lymphadenektomie IV

Der letzte Akt der Lymphadenektomie ist die Präparation entlang der proximalen 3 cm der A. lienalis unter Einschluss der hier gelegenen Lymphknotenstationen. Das Pankreas sollte hierbei keinesfalls verletzt werden. Nach Abschluss der Präparation resultiert ein anatomisch exaktes Präparat der Gefäße des Truncus coeliacus unter Entfernung sämtlicher benachbarter Lymphknoten. Die A. gastrica sinistra und die V. gastrica sinistra werden ggf. nachreseziert und durch sichere Gefäßligaturen versorgt.

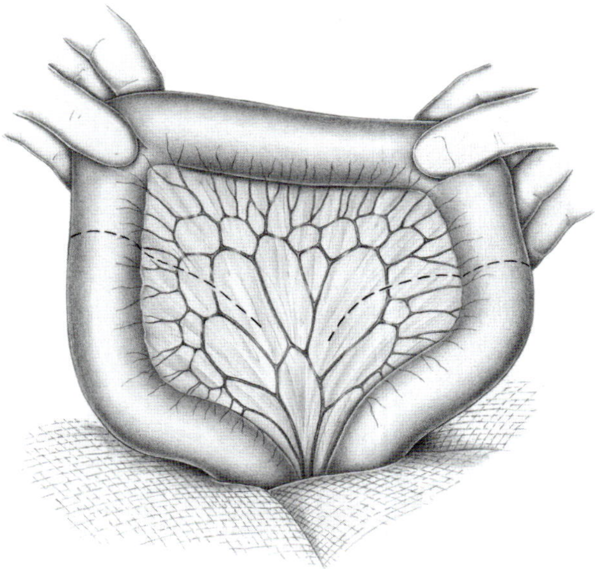

⑳ Isolierung eines proximalen Jejunalsegments

Nach R0-Resektionen ziehen wir wegen der Erhaltung der orthograden Darmpassage und des besseren funktionellen Ergebnisses die isoperistaltische Jejunuminterposition als Rekonstruktionsverfahren vor. Sie führt zu einer optimalen Nahrungsausnutzung und hat im Gegensatz zu den anderen Verfahren kaum intestinoösophagealen Reflux. Die isoperistaltische Jejunuminterposition beginnt mit der Selektion einer 45 cm langen, isoperistaltischen proximalen Jejunumschlinge. Sie sollte von mindestens einem Zentralgefäß versorgt werden, das ausreichend mobil retrokolisch in den Oberbauch platziert werden kann. Es empfiehlt sich, das transponierte Jejunalsegment in seiner peristaltischen Richtung eindeutig zu markieren, da eine anisoperistaltische Interposition einen Passagestop bewirken würde. Nach Ausschaltung des Jejunalsegments wird der Entnahmedefekt durch End-zu-End-Anastomosierung in Einzelknopfnahttechnik (3 × 0 PGS) und Verschluss des Mesoschlitzes geschlossen. Das Segment wird retrokolisch in den Oberbauch verbracht und nun zwischen Speiseröhre und Duodenum interponiert.

㉑ Zirkuläre Klammernaht I

Am bewährtesten ist die terminolaterale Ösophagojejunostomie mit einem zirkulären 29er Stapler. Das proximale Jejunalende wird von dem Stapler ohne Andruckplatte aufgefädelt und ca. 7 cm von der Öffnung mit dem Zentraldorn antimesenterial durchbohrt. Es empfiehlt sich die Perforation mit dem elektrischen Messer, um den Defekt möglichst klein zu halten. Das jejunale Ende wird mit kleinen Lungenfasszangen gefasst und bündig über dem Dorn ausgespannt. Nach Durchtritt des Dorns wird die Andruckplatte aufgeschraubt und der Stapler maximal geöffnet.

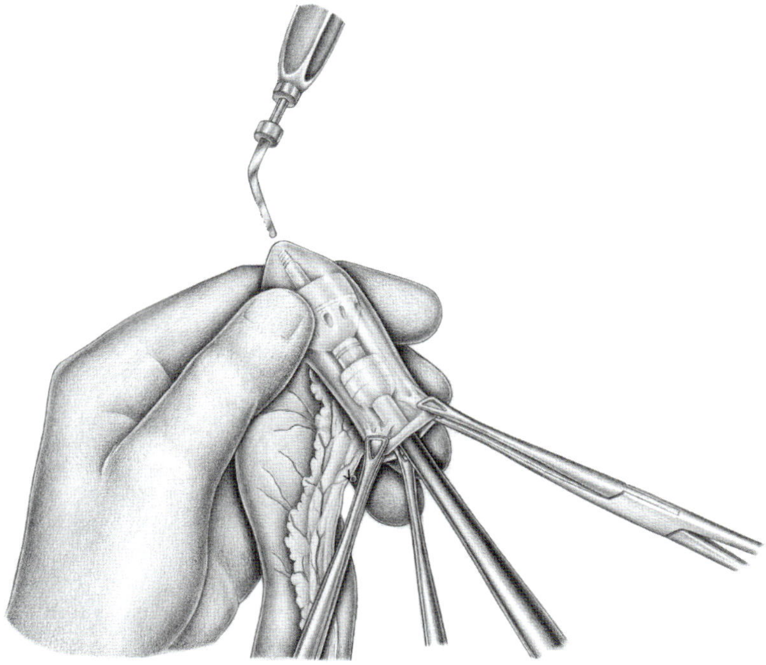

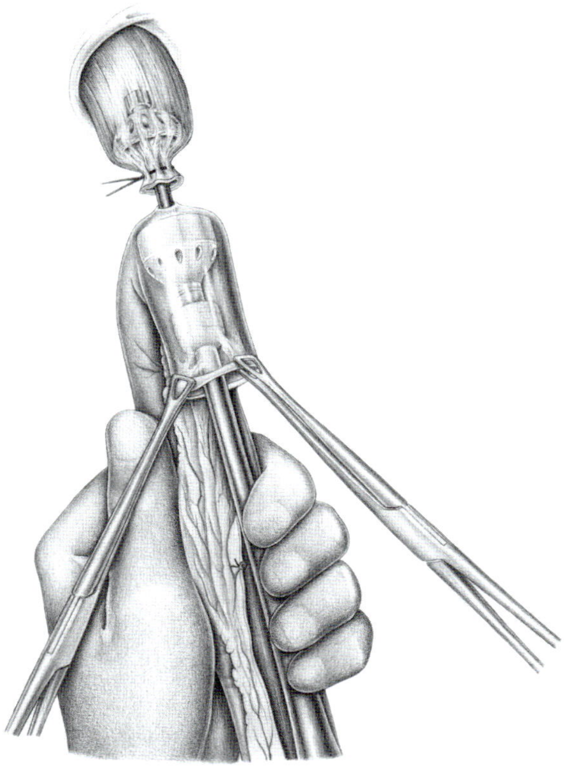

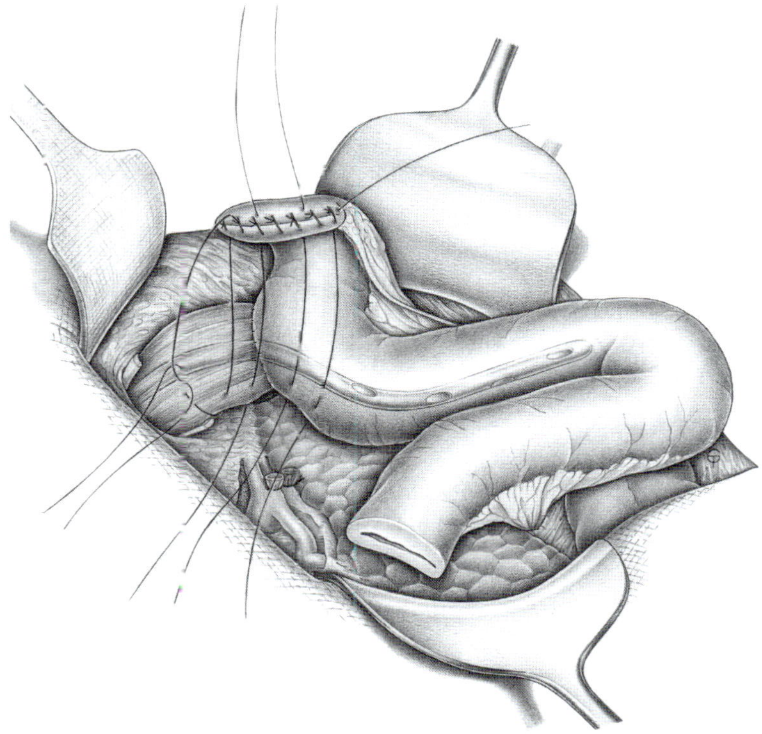

㉒ Zirkuläre Klammernaht II

Der Stapler wird mit seiner Andruckplatte in die Speiseröhre geschoben, wobei es sich bewährt hat, die Speiseröhre zuvor mit zwei Kornzangen sanft zu dilatieren und mit 2 Duval-Klemmen aufzuspannen. Danach wird die Tabaksbeutelnaht am Ösophagus verknotet und das Nahtgerät unter leichtem Zug am proximalen Jejunum zusammengeschraubt. Auf korrekte Orientierung des Dünndarms ohne Torquierung ist zu achten!

㉓ Hemijejunoplicatio

Nach Fertigstellung der Anastomose wird der überstehende Rest des Jejunums stumpf verschlossen (TA-55-Klammernahtreihe plus seroseröse Einzelknopfnähte) und als Hemijejunoplicatio um die Ventralseite der Anastomose gelegt. Hierzu sind insgesamt 4 Nähte erforderlich, von denen 2 die Speiseröhre, 2 das proximale Jejunum fassen und damit die Anastomose nach ventral decken. In dieser Phase wird die Magensonde unter palpatorischer Führung des Operateurs vom Anästhesisten vorgeschoben und im Ersatzmagen platziert.

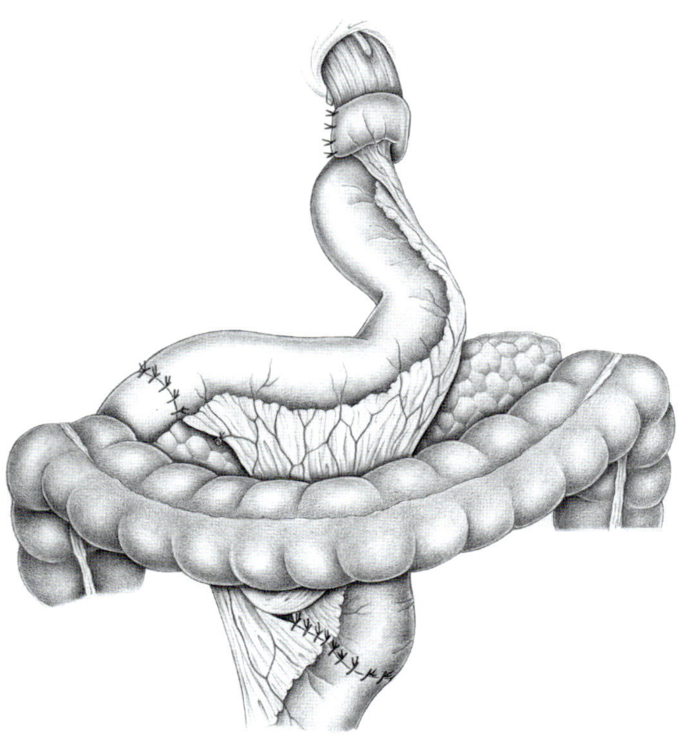

㉔ Jejunoduodenostomie

Die Ersatzmagenbildung wird beendet mit der jejunoduodenalen Anastomose. Sie wird als Handnaht mit einreihigen Allschichtnähten (3 × 0 PGS) in üblicher Technik hergestellt. Zwei Easy-flow-Drainagen subphrenisch und im Bereich der Anastomosen beenden den Eingriff.

52. Gastrektomie und Roux-Y-Ersatzmagen

1 Indikation

Relativ: Gastrektomie in der Palliativsituation (> R_0); Umwandlung nach vorangegangenen Operationen.
Alternativverfahren: Gastrektomie und Jejunuminterponat.

2 Operationsvorbereitung

Präoperative Diagnostik: Endoskopie mit Biopsie und Endosonographie, Magen-Darm-Passage, Sonographie, ggf. Computertomographie.
Patientenvorbereitung: Magensonde.

3 Spezielle Risiken, Aufklärung

- Milzverletzung/-entfernung.
- Anastomoseninsuffizienz (< 5%).
- Abszess.
- Verletzung des Colon/Mesocolon transversum.
- Passagestörung (10–30%)
- Anpassung der Ernährungsgewohnheiten.
- Pankreatitis (3%).

4 Anästhesie

Intubationsnarkose.

5 Lagerung

Rücken.

6 Zugang

Mediane Oberbauchlaparotomie, ggf. mit sparsamer Verlängerung in den Unterbauch.

7 Operationsschritte

1. Gastrektomie mit Roux-Y-Rekonstruktion.
2. Gastrektomie mit Hunt-Rodino-Pouch.

8 Relevante Anatomie, Gefahren, Tricks

- Enge Lagebeziehung zwischen Magenfundus und Milz (Vasa gastrica brevia), großer Kurvatur und Colon/Mesocolon transversum, distaler kleiner Kurvatur und Lig. hepatoduodenale sowie zwischen Magenhinterwand und Pankreas.
- 5 relevante Gefäßverbindungen: A. gastrica sinistra aus dem Truncus coeliacus und A. gastrica dextra aus der A. hepatica an der kleinen Kurvatur, A. gastroepiploica sinistra aus der A. lienalis und A. gastroepiploica dextra aus der A. gastroduodenalis an der großen Kurvatur, Aa. gastricae breves von der A. lienalis zum Magenfundus; das venöse Hauptgefäß an der kleinen Kurvatur (V. coronia ventriculi) mündet in die V. portae,

Cave: Ausreißen des Gefäßes!

- Im kleinen Netz findet sich in ca. 15% der Fälle eine akzessorische linke Leberarterie aus der A. gastrica sinistra.

9 Maßnahmen bei speziellen Komplikationen

- Gallengangverletzung: primäre Naht mit resorbierbarem Nahtmaterial nach Einlage einer T-Drainage.
- Milzverletzung: Versuch der Erhaltung durch Blutstillung mittels Elektro-/Saphir-/Argon-Koagulation, hämostyptische Substanzen (Tabotamp o.ä.).

10 Nachsorge

Medizinische Nachbehandlung: Magensonde ex am 3./4. Tag, Drainagen ex 7./8. Tag (länger belassen, falls Sekret deutlich Amylase-positiv); Vitamin B_{12}-Substitution.
Kostaufbau: Schluckweise trinken ab 4./5. Tag, wenn gut toleriert und Darmtätigkeit vorhanden, feste Kost ab 7./8. Tag.
Stuhlgang: Klysma ab 3. Tag, Peristaltika ab 6./7. Tag.
Mobilisation: Sofort.
Krankengymnastik: Intensive Atemtherapie.
Arbeitsunfähigkeit: 2–4 Wochen.

7 Operationstechnik

❶ Gastrektomie mit Roux-Y-Rekonstruktion.
❷ Gastrektomie mit Hunt-Rodino-Pouch.

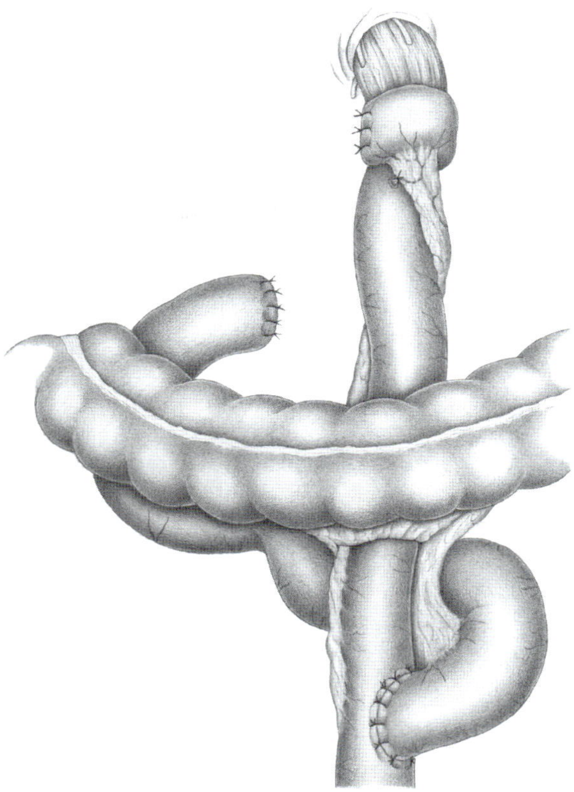

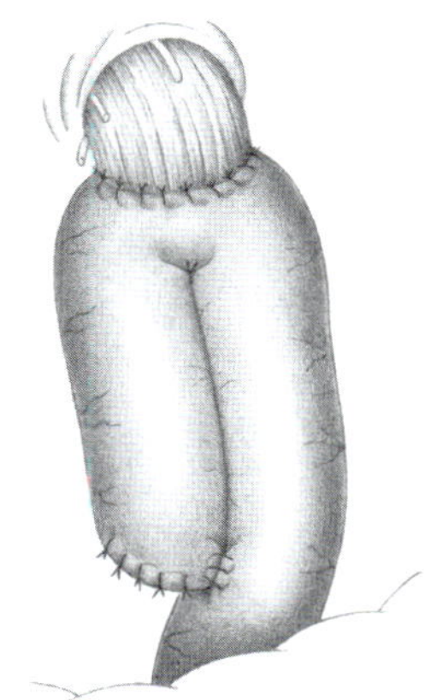

❶ Gastrektomie mit Roux-Y-Rekonstruktion

Die Roux-Y-Rekonstruktion nach Gastrektomie wird von uns vor allem in Palliativsituationen durchgeführt. Sie verwendet eine isoperistaltische, 45 cm lange Jejunalschlinge, die nach Roux-Y ausgeschaltet und mit der Speiseröhre End-zu-End oder besser End-zu-Seit verbunden wird. Bei der hier dargestellten End-zu-Seit-Anastomose wird die ösophagojejunale Anastomose ca. 5 cm distal des proximalen Jejunalendes angelegt, das Jejunalende stumpf verschlossen und als ventrale Jejunoplicatio zum Nahtschutz um die Anastomose gelegt. Der Duodenalstumpf wird in üblicher Technik verschlossen (Klammernahtreihe mit seromuskulären Einzelknopfnähten) und das proximale Jejunum mit dem distalen Jejunum Roux-Y-förmig End-zu-Seit anastomosiert. Der Ersatzmagen sollte retrokolisch platziert werden.

❷ Gastrektomie mit Hunt-Rodino-Pouch

Zur Vergrößerung des Magenreservoirs kann eine Pouchbildung am proximalen Magen nach Hunt-Rodino erfolgen. Hierzu sind der zu- und abführende Schenkel Seit-zu-Seit zu anastomosieren, um ein größeres Reservoir zu erzielen. Diese Anastomosierung kann mit einem GIA-Nahtgerät erfolgen.

53. Cholezystektomie

1 Indikation

Elektiv: Symptomatische Cholezystolithiasis.
Alternativverfahren: Laparoskopisches Vorgehen.

2 Operationsvorbereitung

Präoperative Diagnostik: Sonographie, Gastroskopie, ggf. i. v. Galle, Kontrastmitteldarstellung des Magens (Ausschluss Ulzera und Hiatushernie).
Patientenvorbereitung: Magensonde bei akuter Cholezystitis oder Choledocholithiasis. Perioperative Antibiotikatherapie bei Cholezystitis, Choledocholithiasis oder Patienten über 70 Jahren.

3 Spezielle Risiken, Aufklärung

- Gallenleck, -fistel (0,5 %).
- Peritonitis (0,1 %).
- Übersehener Stein (1 %).
- Gallengangverletzung (0,3 %).
- Verletzung von Leber, Duodenum oder Kolon (0,1 %).
- Gefäßverletzung (V. portae, A. hepatica; 0,1 %).
- Abszess (0,2 %).

4 Anästhesie

Intubationsnarkose.

5 Lagerung

Rücken (ggf. Röntgentisch).

6 Zugang

Rippenbogenrand rechts, Querschnitt rechter Oberbauch.

7 Operationsschritte

1. Hautschnitt.
2. Präparation des Calot-Dreiecks.
3. Freilegung des Ductus cysticus.
4. Durchtrennung des Ductus cysticus.
5. Durchtrennung der A. cystica.
6. Retrogrades Auslösen der Gallenblase.
7. Blutstillung Gallenblasenbett.
8. Drainage Gallenblasenbett.
9. Anterogrades Auslösen der Gallenblase.

8 Relevante Anatomie, Gefahren, Tricks

- Verlauf des Ductus cysticus sehr variabel.

***Cave:** Verwechslung mit Ductus hepaticus oder Ductus hepaticus dexter. Verwechslung der A. cystica mit A. hepatica dextra.*

- Kleine Gallengänge können direkt in die Gallenblase münden und müssen ggf. umstochen werden.

9 Maßnahmen bei speziellen Komplikationen

- Postoperative Gallesekretion über Drainage: meist kleiner akzessorischer Gang im Gallenblasenbett, Drainage belassen und zuwarten, ggf. unter Entlastung der Gallenwege durch eine nasobiliäre Sonde/EPT.
- Bei allen unklaren postoperativen Problemen ERCP.

10 Nachsorge

Medizinische Nachbehandlung: Magensonde ex am 1. Tag, Drain ex 2./3. Tag.
Kostaufbau: Trinken ab 1. Tag, zügige Steigerung.
Mobilisation: Sofort.
Krankengymnastik: Gegebenenfalls Atemgymnastik.
Arbeitsunfähigkeit: 1 Woche.

7 Operationstechnik

1. Hautschnitt.
2. Präparation des Calot-Dreiecks.
3. Freilegung des Ductus cysticus.
4. Durchtrennung des Ductus cysticus.
5. Durchtrennung der A. cystica.
6. Retrogrades Auslösen der Gallenblase.
7. Blutstillung Gallenblasenbett.
8. Drainage Gallenblasenbett.
9. Anterogrades Auslösen der Gallenblase.

1 Hautschnitt

Die konventionelle Cholezystektomie ist heutzutage die Ausnahme. Jedoch erfordern bestimmte Umstände auch im Zeitalter der Laparoskopie noch die Durchführung der konventionellen offenen Cholezystektomie (ca. 10%). Am meisten bewährt hat sich der rechtsseitige Oberbauchquerschnitt. Traditionell ist der Rippenbogenrandschnitt rechts, der kosmetisch aber weniger günstige Resultate liefert.

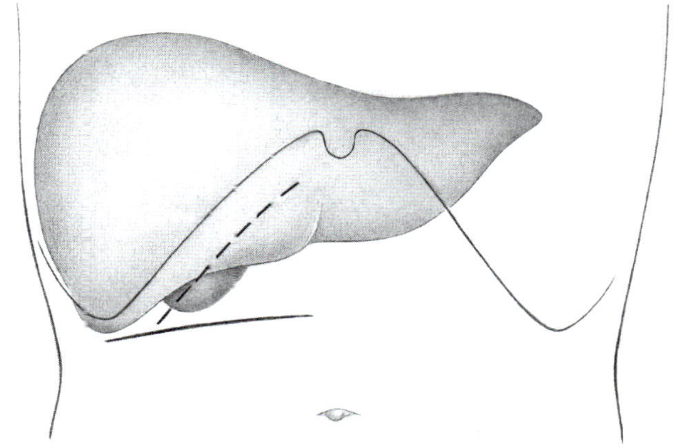

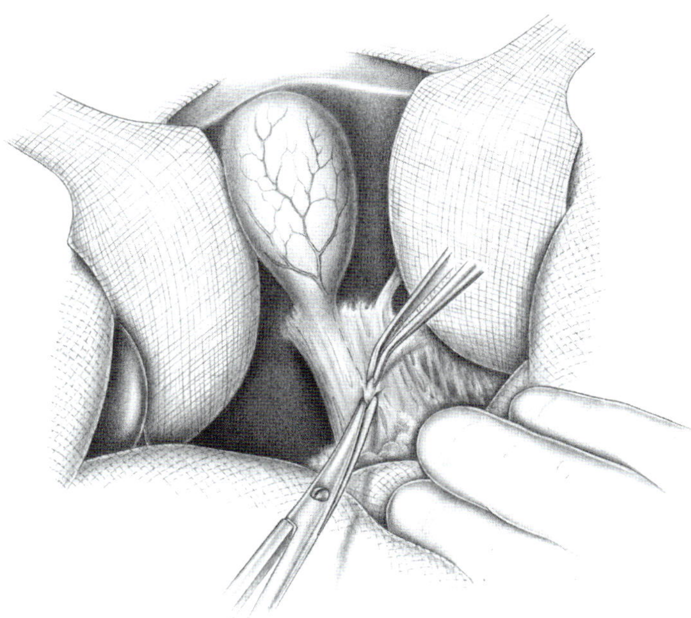

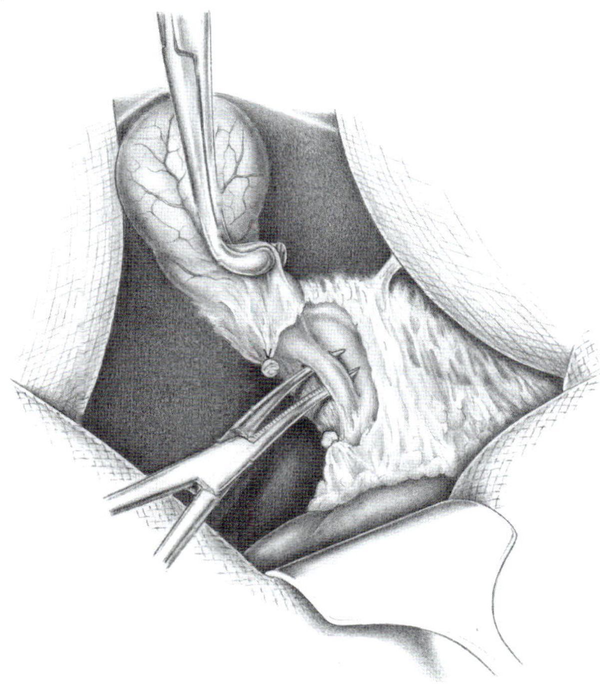

2 Präparation des Calot-Dreiecks

Nach Eröffnung der Bauchhöhle und Einsetzen von zwei Leberhaken beginnt die Präparation am Calot-Dreieck unterhalb der Gallenblase. In Richtung auf die Gallenblase sind der Ductus choledochus und der Ductus cysticus zu präparieren. Hierzu wird der oberflächliche peritoneale Überzug gespalten, so dass die Strukturen deutlich zu identifizieren sind.

3 Freilegung des Ductus cysticus

Nach Eröffnung des peritonealen Überzugs empfiehlt es sich, die Gallenblase mit einer Fasszange anzuklemmen und nach ventral zu verziehen. Hierdurch spannt sich der Ductus cysticus an. Kleine begleitende Venen (häufig ventral des Ductus cysticus) sind zwischen Ligaturen zu durchtrennen. Der Ductus cysticus ist erst dann eindeutig identifiziert, wenn der Ductus choledochus oberhalb der Einmündung des Ductus cysticus zweifelsfrei definiert wurde. Hierzu gehört die eindeutige Identifikation des Kaliberunterschieds, die Fortleitung nach kranial und die deutlich sichtbare Einmündung des Ductus cysticus. Danach kann der Ductus cysticus mit einer Overholt-Klemme unterfahren werden.

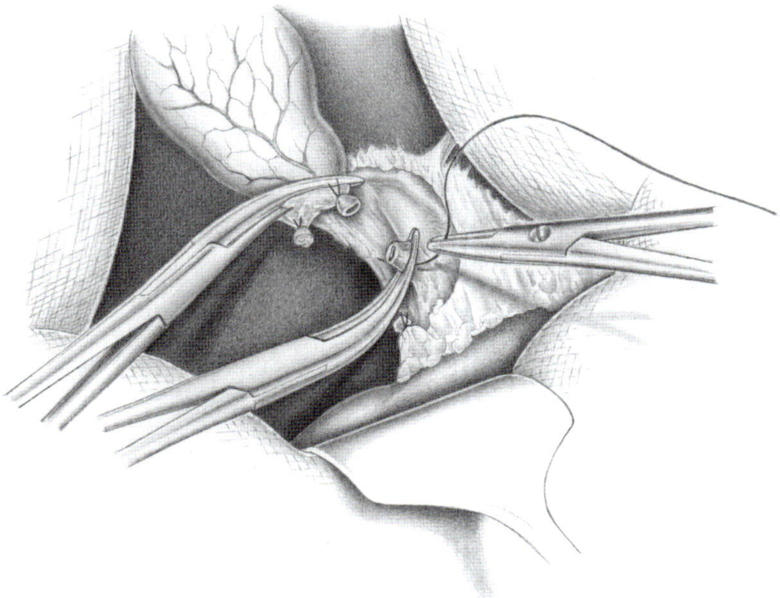

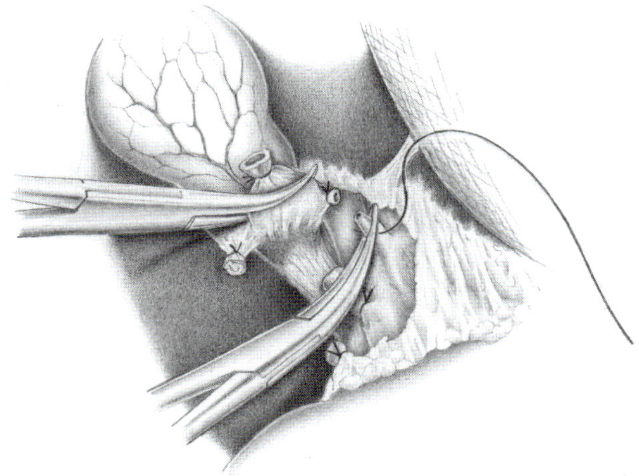

❹ Durchtrennung des Ductus cysticus

Nach eindeutiger Identifikation des Ductus cysticus sollte er nahe dem Gallengang zwischen Overholt-Klemmen durchtrennt werden. Der distale Anteil wird mit einer Umstechungsligatur gesichert, der proximale kann mit einer einfachen Ligatur versorgt werden. Ist die Anatomie unklar oder liegt eine auch nur mögliche Choledocholithiasis vor, so ist vor der Durchtrennung eine intraoperative Cholangiographie durchzuführen, die den Gallengang in seinem Abfluss ins Duodenum röntgenologisch darstellt. Dies gilt auch für alle Fälle, in denen ein zweifelhafter Befund oder ein Verdacht auf Choledochus-Konkremente vorliegen.

❺ Durchtrennung der A. cystica

Kranial des Ductus cysticus liegt in der Regel die A. cystica. Allerdings bestehen erhebliche Varianten, insbesondere gemeinsame Verläufe mit der A. hepatica dextra sowie atypische Abgänge aus der A. hepatica communis. Wichtig sind die Identifikation des Astes, der zur Gallenblase zieht, und die möglichst gallenblasennahe Unterbindung dieser Arterie. Dies erfolgt zwischen Overholt-Klemmen, das Gefäß wird nach proximal mit einer Umstechungsligatur gesichert.

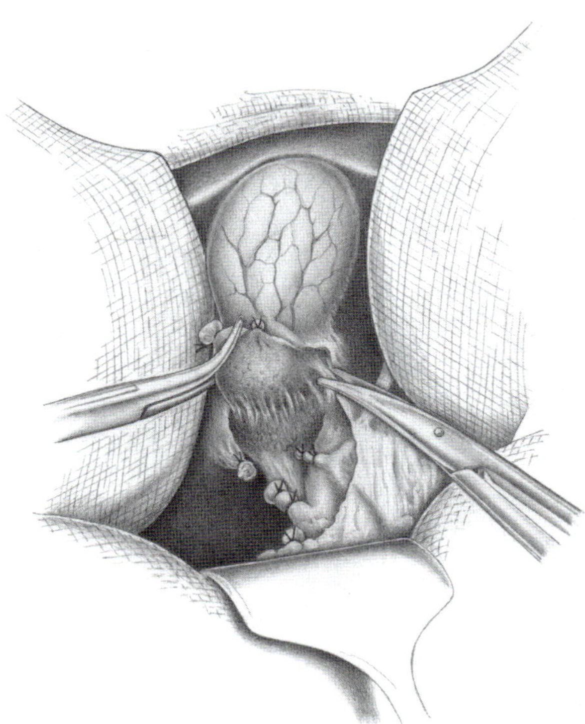

❻ Retrogrades Auslösen der Gallenblase

Sind Ductus cysticus und A. cystica durchtrennt, erfolgt die retrograde Auslösung der Gallenblase aus dem Leberbett. Dies geschieht unter sanftem kranialen Zug am Gallenblasenhals. Die bindegewebigen Verbindungen zur Leber werden mit der Schere durchtrennt, die Blutstillung erfolgt mit der Diathermie. Speziell bei stark entzündeten Verhältnissen kann die Auslösung aus dem Gallenblasenbett zu erheblichen Blutungen führen und umfangreiche Maßnahmen der Blutstillung im Leberparenchym (Naht, Koagulation usw.) erfordern.

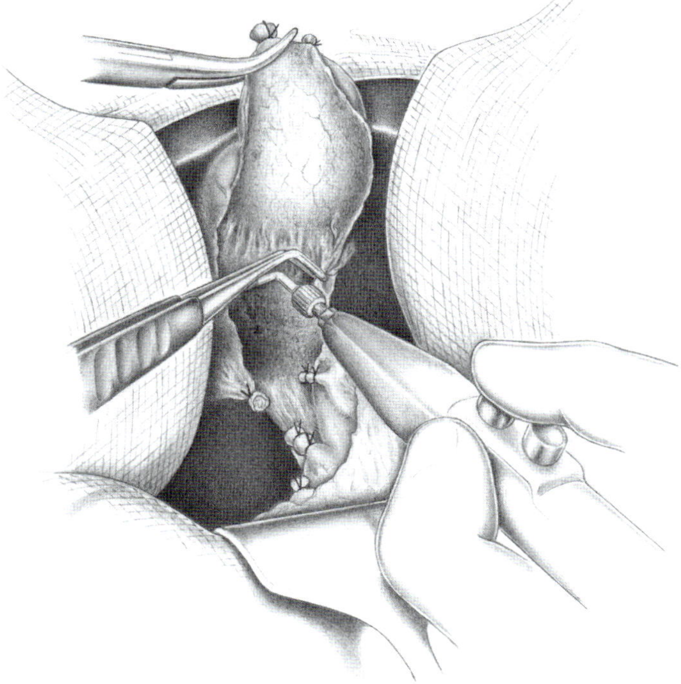

❼ Blutstillung Gallenblasenbett

Die Auslösung der Gallenblase aus dem Gallenblasenbett erfolgt schrittweise unter Verwendung von Schere und Diathermie. Man sollte sich Zeit lassen, um ein sicher bluttrockenes Gallenblasenbett zurückzulassen. Bei schwersten Entzündungen ist dies nicht immer möglich, hier bieten sich lokale Kompression sowie die Applikation blutstillender Substanzen an (Nähte, Tamponade mit Tuchstreifen etc.).

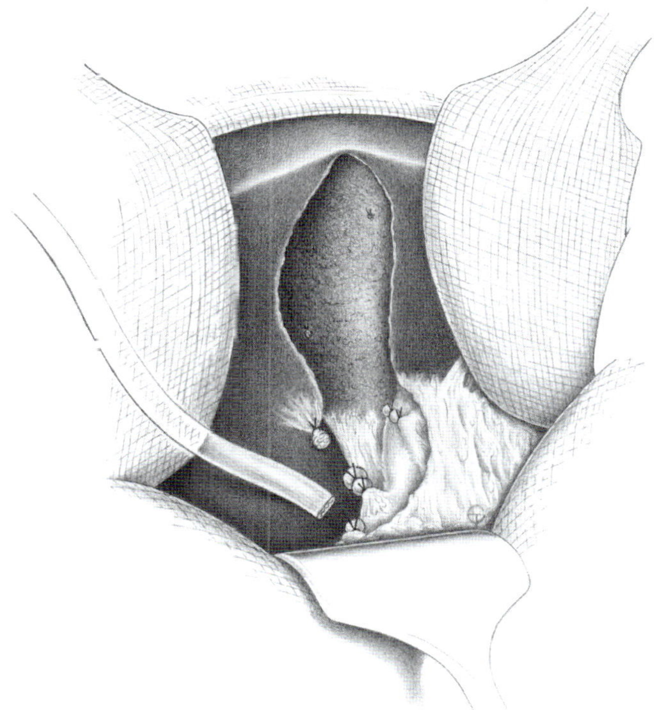

❽ Drainage Gallenblasenbett

Nach vollständiger Blutstillung und erneuter Inspektion der Stümpfe des Ductus cysticus und der A. cystica wird ggf. eine subhepatische Drainage eingelegt, sofern dieses erforderlich erscheint. Die ideale Cholezystektomie kommt ohne diese Drainage aus. Der Vorteil der Drainage ist nur bei komplizierten Fällen gesichert.

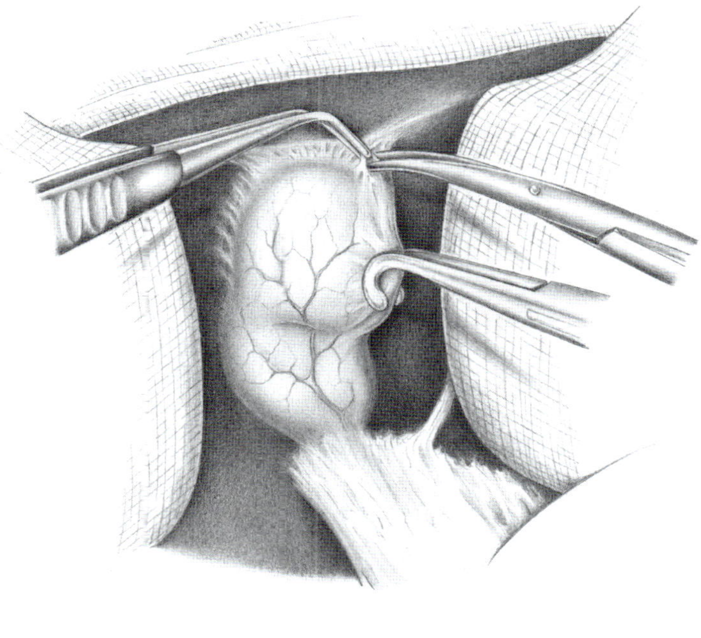

❾ Anterogrades Auslösen der Gallenblase

In Fällen stark verschwielter, entzündlicher Konglomeratbildung im Bereich des Calot-Dreiecks kann es anatomisch übersichtlicher sein, eine anterograde Auslösung der Gallenblase vorzunehmen, d.h. den Ductus cysticus und die A. cystica anterograd aufzusuchen. Hierzu wird die Gallenblase am Fundus beginnend aus dem Leberbett herausgeschält und schrittweise bis zur Freilegung des Calot-Dreiecks von ventral abgelöst. Wichtig ist hierbei die eindeutige Identifikation des Ductus hepaticus und der A. hepatica dextra, um eine Verletzung dieser Strukturen im Rahmen der Präparation und Absetzung der Gallenblase zu vermeiden.

54. Laparoskopische Cholezystektomie

1 Indikation

Elektiv: Symptomatische Cholezystolithiasis.
Kontra: Erhebliche intraabdominelle Verwachsungen, Malignomverdacht.
Alternativverfahren: Konventionelles Vorgehen.

2 Operationsvorbereitung

Präoperative Diagnostik: Sonographie, Gastroskopie, ggf. i. v. Galle. Kontrastmitteldarstellung des Magens (Ausschluss Ulzera und Hiatushernie).
Patientenvorbereitung: Magensonde bei akuter Cholezystitis oder Choledocholithiasis. Perioperative Antibiotikatherapie bei akuter Cholezystitis, Choledocholithiasis oder Patienten über 70 Jahren.

3 Spezielle Risiken, Aufklärung

- Gallenleck, -fistel (0,5 %).
- Peritonitis (0,1 %).
- Übersehener Stein (1 %).
- Gallengangverletzung (0,3 %).
- Verletzung von Leber, Duodenum oder Kolon (0,1 %).
- Gefäßverletzung (V. portae, A. hepatica) (0,1 %).
- Abszess (0,2 %).

4 Anästhesie

Intubationsnarkose.

5 Lagerung

Rücken (ggf. Röntgentisch).

6 Zugang

Insgesamt 4 Trokare supraumbilikal und im rechten Oberbauch.

7 Operationsschritte

1. Trokarpositionen.
2. Fassen und Luxation der Gallenblase.
3. Eröffnung des Calot-Dreiecks.
4. Präparation des Calot-Dreiecks.
5. Unterfahren des Ductus cysticus.
6. Unterfahren der A. cystica.
7. Clippen des Ductus cysticus und Durchtrennung.
8. Clippen der A. cystica mit Durchtrennung.
9. Retrogrades Auslösen der Gallenblase.
10. Blutstillung Gallenblasenbett.
11. Extraktion der Gallenblase.
12. Nahtverschluss der supraumbilikalen Inzision.
13. Drainage.

8 Relevante Anatomie, Gefahren, Tricks

- Verlauf des Ductus cysticus sehr variabel.

Cave: Verwechslung mit Ductus hepaticus oder Ductus hepaticus dexter. Verwechslung der A. cystica mit A. hepatica dextra.

- Kleine Gallengänge können direkt in die Gallenblase münden und müssen ggf. umstochen werden.

9 Maßnahmen bei speziellen Komplikationen

- Gallesekretion über Drainage: meist kleiner akzessorischer Gang im Gallenblasenbett, Drainage belassen und zuwarten, ggf. unter Entlastung der Gallenwege durch eine nasobiliäre Sonde.
- Bei unklaren postoperativen Problemen ERCP.

10 Nachsorge

Medizinische Nachbehandlung: Magensonde ex am Operationstag, Drainage ex 2./3. Tag.
Kostaufbau: Schluckweises Trinken ab 1. Tag, zügige Steigerung.
Mobilisation: Sofort.
Krankengymnastik: Gegebenenfalls Atemgymnastik.
Arbeitsunfähigkeit: 3 – 7 Tage.

7 Operationstechnik

1. Trokarpositionen.
2. Fassen und Luxation der Gallenblase.
3. Eröffnung des Calot-Dreiecks.
4. Präparation des Calot-Dreiecks.
5. Unterfahren des Ductus cysticus.
6. Unterfahren der A. cystica.
7. Clippen des Ductus cysticus und Durchtrennung.
8. Clippen der A. cystica mit Durchtrennung.
9. Retrogrades Auslösen der Gallenblase.
10. Blutstillung Gallenblasenbett.
11. Extraktion der Gallenblase.
12. Nahtverschluss der supraumbilikalen Inzision.
13. Drainage.

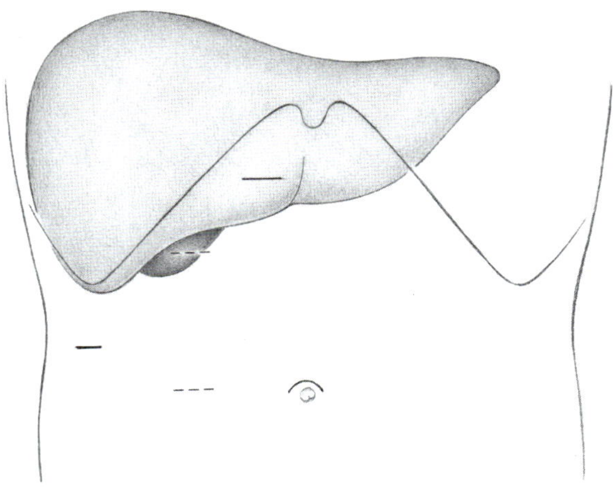

❶ Trokarpositionen

Insgesamt sind 4 Trokare für die laparoskopische Cholezystektomie erforderlich, von denen der erste Trokar supraumbilikal und 3 weitere im Verlauf des Rippenbogenrandschnitts rechts (oben paramedial, rechts lateral subhepatisch und rechts über der Gallenblase bzw. alternativ rechts in Höhe des Nabels paramedian) angelegt werden. Nach semizirkulärer Hautinzision supraumbilikal rechts wird die Hautinzision mit 2 Tuch-Klemmen nach ventral gezogen, um die Verres-Nadel einführen zu können. Die korrekte Lage der Verres-Nadel wird durch Aspiration, Kochsalz-Instillation und den „Tropfen-Test" überprüft. Liegt die Nadel richtig, wird ein Pneumoperitoneum angelegt. Nach vollständigem Pneumoperitoneum kann über den Trokar die Optik eingeführt werden. Die Operation beginnt mit der Inspektion der Leibeshöhle auf etwaige Adhäsionen und andere Erkrankungen. Die 3 weiteren Trokare werden unter direkter laparoskopischer Sichtkontrolle in dieser Reihenfolge platziert: rechts paramedian oben (10er), rechts pararektal am Rippenbogen (10er; alternativ in Höhe des Nabels) und rechts lateral unter dem Rippenbogen (5er). Der Assistent führt über den infrahepatischen 5er-Trokar eine Fasszange ein, die die Gallenblase fasst und nach kranial luxiert. Wir bevorzugen das Umsetzen des Optik-Trokars nach rechts paramedian, um dem Operateur, der links steht, als Präparationsebene den supraumbilikalen und rechts paramedianen Trokar zu bieten.

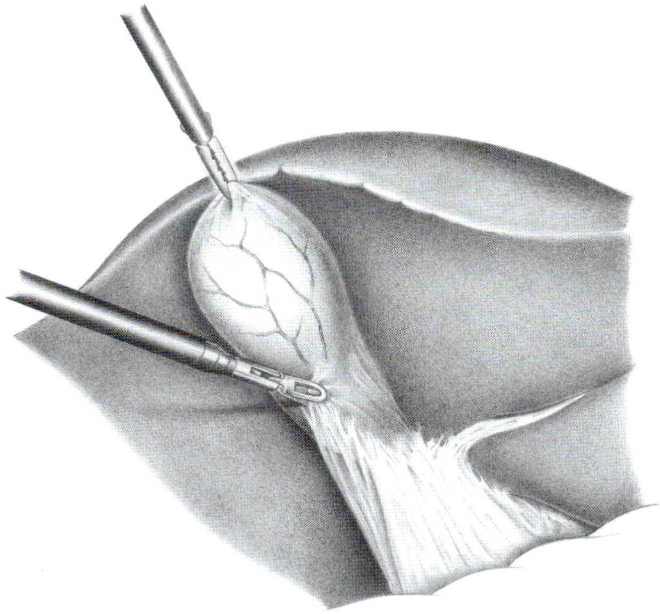

❷ Fassen und Luxation der Gallenblase

Nach Fassen der Gallenblase am Fundus mit einer Fasszange werden Gallenblase und Leber nach kranial luxiert. Der Operateur kann jetzt über den linken Trokar eine Fasszange und über den rechten oberen Trokar eine Schere einführen. Nächster Schritt ist die eindeutige Identifikation des Calot-Dreiecks, an dem sich die nachfolgende Präparation vollzieht.

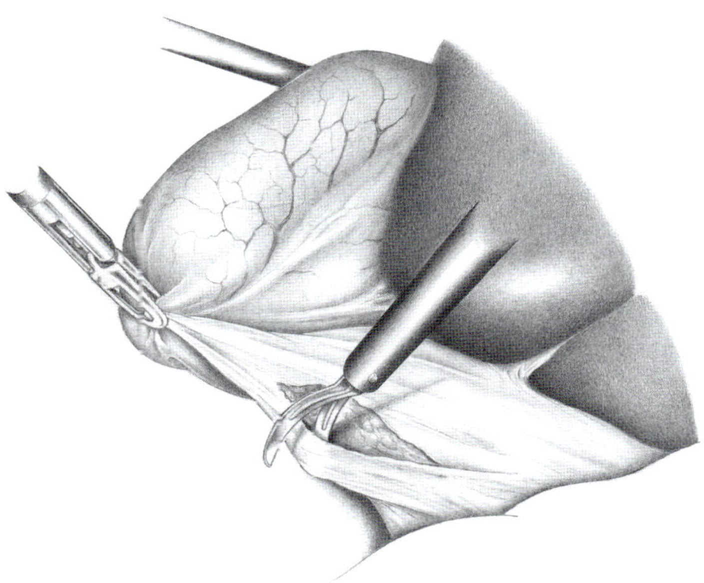

❸ Eröffnung des Calot-Dreiecks

Durch Zug an der Gallenblase nach kranial wird die Gallenblase luxiert. Der Operateur fasst jetzt mit der Fasszange in der linken Hand den Hals der Gallenblase, zieht diese nach kranial. Hierdurch spannt sich der peritoneale Überzug des Calot-Dreiecks an und wird geschlitzt.

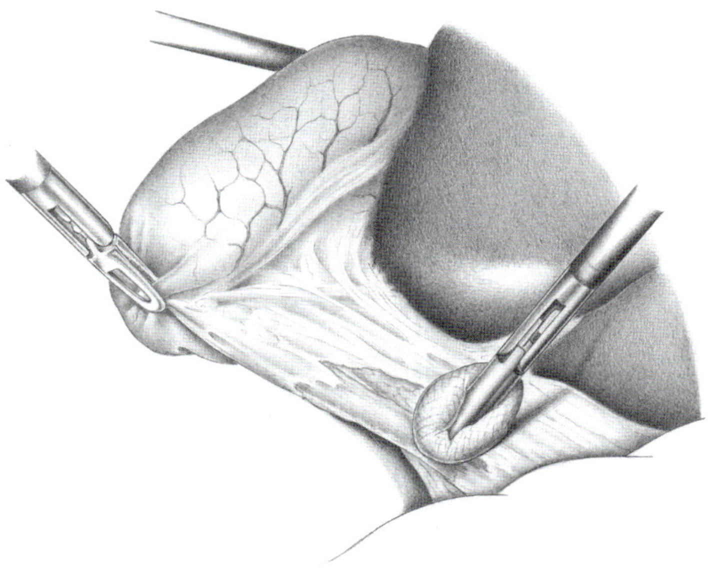

❹ Präparation des Calot-Dreiecks

Das Calot-Dreieck ist unter Anspannung nach kranial gut ausgebreitet und kann jetzt mit einem Tupfer bzw. einer Schere stumpf disseziert werden. Bindegewebsstränge sind unter Sicht zu durchtrennen. Durch Koagulation ist subtile Blutstillung durchzuführen, um stets eine gute Übersicht zu gewährleisten.

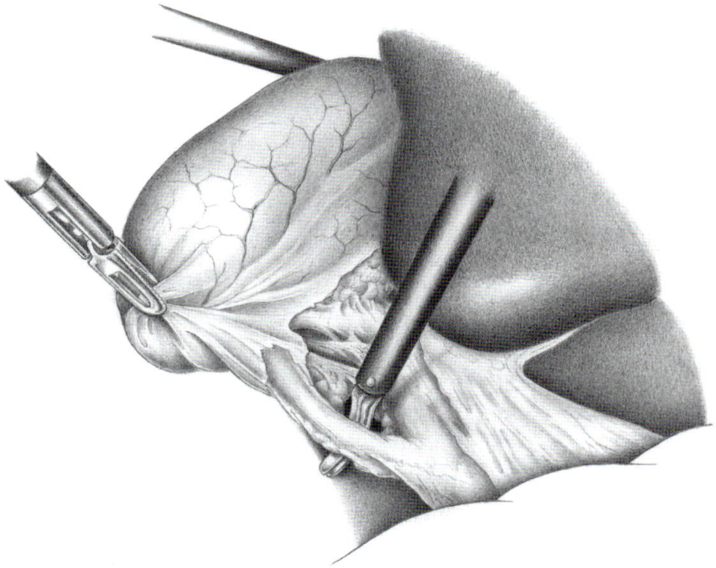

❺ Unterfahren des Ductus cysticus

Ist der Ductus cysticus eindeutig definiert, wird er mit der Präparierklemme oder der Schere unterfahren und sorgfältig vom benachbarten Ductus choledochus abgelöst. Dieser muss mindestens 1 cm freigelegt und zur Hälfte umfahren werden. Die Einmündung des Ductus cysticus in den Ductus hepaticus ist einwandfrei zu identifizieren. Gelingt dies nicht eindeutig, ist eine intraoperative Cholangiographie obligat. Dies gilt auch für alle Fälle mit unsicheren anatomischen Verhältnissen und Verdacht auf intracholedochale Konkremente.

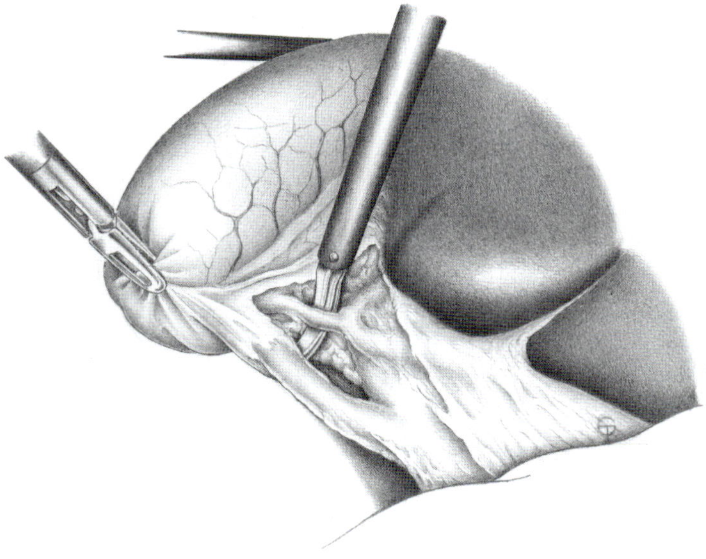

❻ Unterfahren der A. cystica

Ist der Ductus cysticus freigelegt, wird die A. cystica dargestellt. Eine Verwechslung mit der A. hepatica dextra ist sicher auszuschließen.

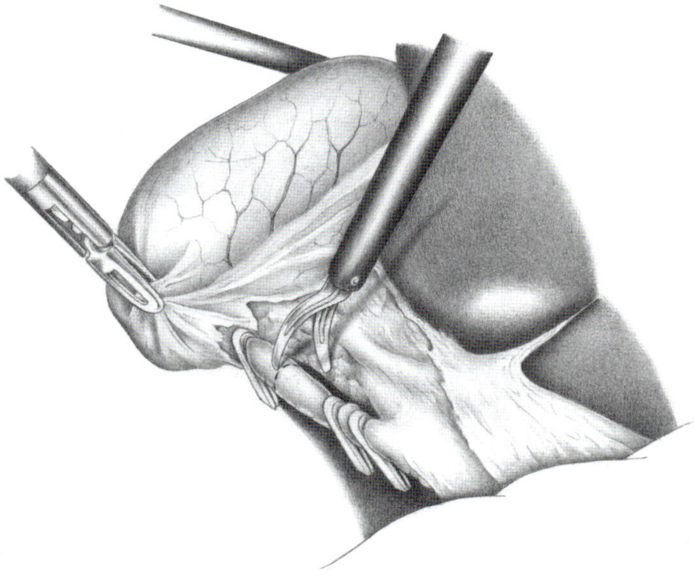

❼ Clippen des Ductus cysticus und Durchtrennung

Ist der Ductus cysticus eindeutig identifiziert, so wird er nach proximal mit 2 Clips, nach distal mit 1 Clip verschlossen. Die Abstände der Clips sollten mindestens 0,5 cm betragen. Zwischen den Clips ist der Zystikus mit der Schere unter direkter Sicht zu durchtrennen.

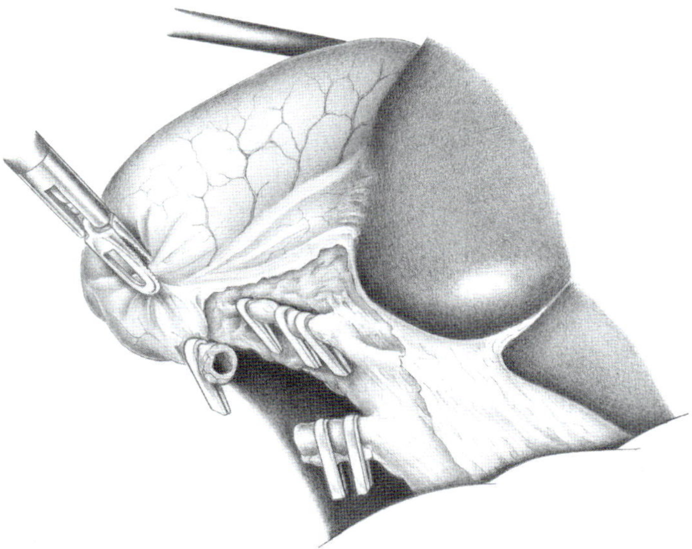

❽ Clippen der A. cystica mit Durchtrennung

Die Durchtrennung der A. cystica verläuft in gleicher Weise. Sie ist nach proximal mit 2, nach distal mit 1 Clip zu verschließen. Hier sollte der Abstand mindestens 0,5 cm betragen. Zwischen den Clips kann das Gefäß gefahrlos mit der Schere durchtrennt werden. Es ist sorgfältig darauf zu achten, dass man die A. hepatica dextra sicher identifiziert, um deren Einengung oder akzidentelle Durchtrennung zu vermeiden.

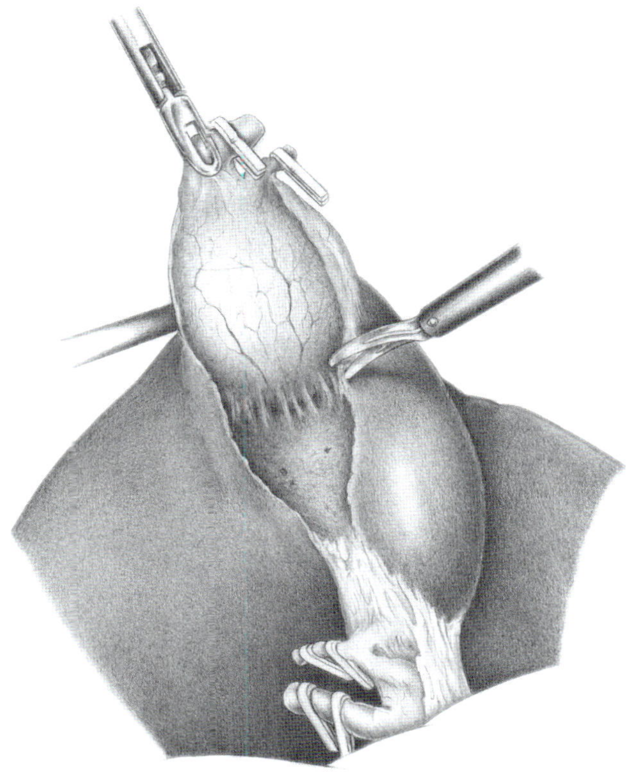

❾ Retrogrades Auslösen der Gallenblase

Sind Ductus cysticus und A. cystica durchtrennt und mit Clips armiert, wird die Gallenblase unter leichtem Zug nach kranial schrittweise aus dem Gallenblasenbett ausgelöst. Hierbei ist auf aberrierende Gallengänge und größere Gefäße zu achten, die mit Clips zu versorgen sind. Kleinere Blutungen können mit der Diathermie gestillt werden.

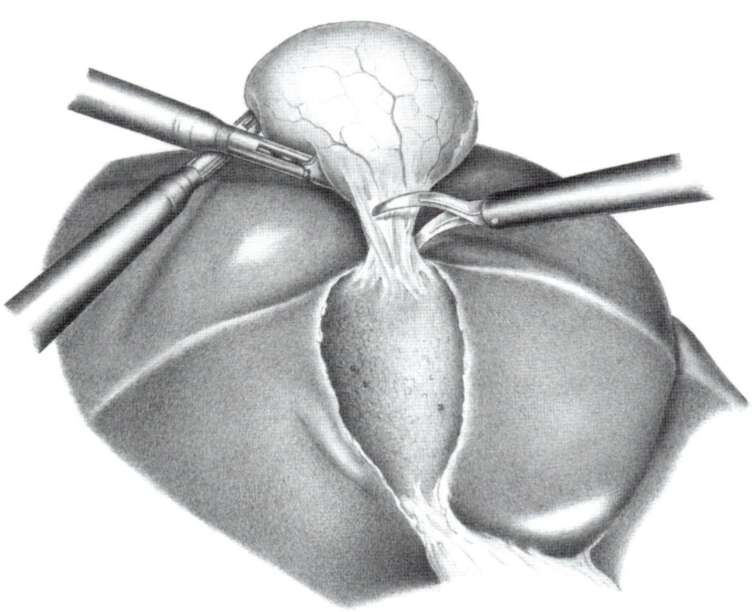

❿ Blutstillung Gallenblasenbett

Die Präparation der Gallenblase erfolgt so weit, bis sie nur noch mit einem schmalen Strang am Leberrand fixiert ist. Hieran lässt sich das Gallenblasenbett nach kranial anspannen, so dass jetzt eine subtile Blutstillung der Leberfläche durchgeführt werden kann. Sämtliche Gefäßclips sind zu überprüfen. Die Leberfläche ist auf aberrierende Gallengänge zu inspizieren. Im Zweifelsfall sind weitere Clips zu platzieren. Nach Abschluss der Blutstillung wird der letzte Bindegewebsstrang von der Gallenblase zur Leber unter Koagulation mit der Schere durchtrennt.

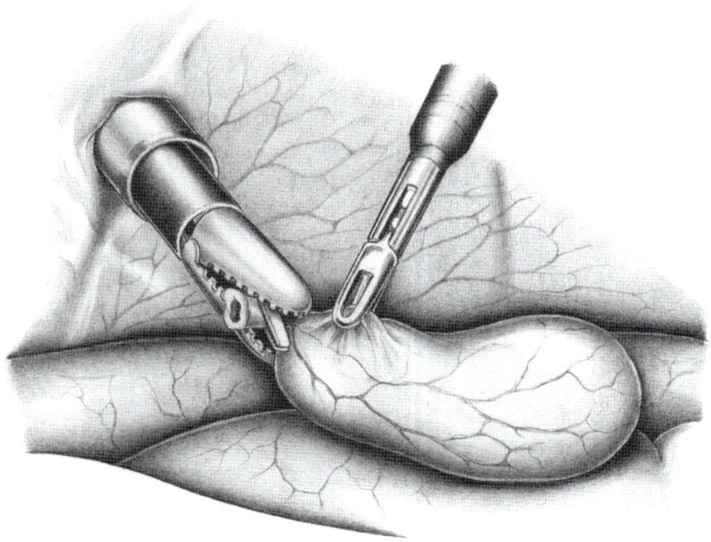

⑪ Extraktion der Gallenblase

Ist die Gallenblase vollständig ausgelöst, wird sie über den supraumbilikalen Trokar mit einer kräftigen Fasszange („Krokodilmaul") zur Extraktion über den Trokar vorbereitet. Danach wird über den Trokar eine Spreizzange eingeführt, die die Trokaröffnung ausreichend erweitert, um die Gallenblase leicht extrahieren zu können. Bei größeren Steinen ist es gelegentlich erforderlich, die Gallenblase in der Extraktionsstelle unter Fassen mit Kocher-Klemmen und steriler Abdeckung der Trokarinzision zu öffnen, um Steine zu entfernen oder durch direkte Lithotrypsie zu zerkleinern. Es muss sorgfältig darauf geachtet werden, dass keine Gallenblasenbestandteile und auch keine Gallensteine im Bauchraum verbleiben. Kommt es während der Präparation zur Eröffnung der Gallenblase mit Verlust von Gallensteinen, so muss jeder Stein aufgesucht und ggf. entfernt werden. Das Zurücklassen von Gallensteinen muss unbedingt vermieden werden, da es zu Spätabszessen führen kann. In Einzelfällen ist bei anderweitig nicht vollständig entfernbaren Steinen ein Umsteigen auf die Laparotomie geboten.

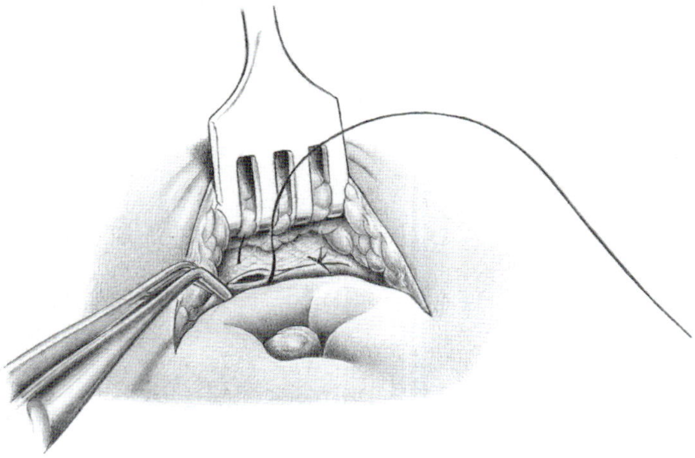

⑫ Nahtverschluss der supraumbilikalen Inzision

Die durch die Extraktion erweiterte supraumbilikale Inzision wird unter Sicht mit durchgreifenden Fasziennähten verschlossen, um einer späteren Hernie vorzubeugen.

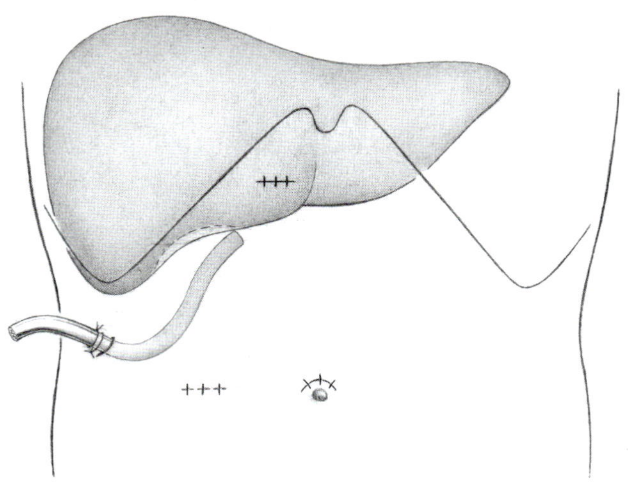

⑬ Drainage

Das Operationsgebiet kann über den rechten subhepatischen Trokarkanal mit einer Easy-flow-Drainage drainiert werden. Diese Drainage wird spätestens nach 48 Stunden entfernt.

55. Choledochusrevision

1 Indikation

Elektiv: Prä- oder intraoperativ nachgewiesenes Abflusshindernis im Bereich der Gallengänge.
Alternativverfahren: Endoskopische oder perkutane transhepatische Techniken (ERC/EPT bzw. PTC/PTD).

2 Operationsvorbereitung

Präoperative Diagnostik: Sonographie, Cholangiographie (i. v. oder intraoperativ), ggf. Computertomographie, ERCP, PTC.
Patientenvorbereitung: Perioperative Antibiotikaprophylaxe (auch ERCP/PTC) bzw. -therapie. Kontrolle und ggf. Stützung von Gerinnung und Diurese.

3 Spezielle Risiken, Aufklärung

- Belassener Stein.
- Gallenleck, Peritonitis.
- Gallengangverletzung.
- Gallengangstenose.
- Gefäßverletzung (A. hepatica, V. portae).
- Leberverletzung, Blutung.
- Cholangitis.
- Pankreatitis.

4 Anästhesie

Intubationsnarkose.

5 Lagerung

Rücken, Röntgentisch.

6 Zugang

Rippenbogenrand; quere rechtsbetonte Oberbauchlaparotomie.

7 Operationsschritte

1. Hautschnitt.
2. Freilegung des Ductus choledochus.
3. Längsspaltung des Ductus choledochus.
4. Steinextraktion durch Zange.
5. Steinextraktion durch Fogarty-Katheter.
6. Spülung des Gallengangs.
7. Prinzip der T-Drainage.
8. Verschluss des Gallengangs über der T-Drainage.

8 Relevante Anatomie, Gefahren, Tricks

- Gallengang bildet meist die rechte Begrenzung des Lig. hepatoduodenale, A. hepatica medioventral und V. portae mediodorsal davon gelegen.

Cave: Atypische Arterien, z. B. A. hepatica dextra aus A. mesenterica superior: Verlauf ggf. lateroventral oder -dorsal des Ductus choledochus.

- Vor Gallengangexploration immer Kocher-Manöver.
- Bei unklarer Anatomie ggf. Punktion des vermuteten Gallengangs mit feiner Kanüle.

Cave: Schaffung einer Via falsa durch forcierte Exploration des Gallengangs mit Sonden, Zangen etc.

- Bei der perkutanen Ausleitung des T-Drains auf ausreichende intraabdominell verbleibende „Reservelänge" des Schlauches achten. Eine eventuelle postoperative Atonie mit Distension der Bauchdecke könnte sonst zur Dislokation des T-Drains führen.

9 Maßnahmen bei speziellen Komplikationen

- Postoperatives Galleleck: schließt sich spontan bei unbehindertem Abfluss über Gallengang, ggf. EPT oder nasobiliäre Sonde. Bei Zeichen der Peritonitis operative Revision.
- Belassener Stein: endoskopische Extraktion oder nach ca. 6 Wochen (T-Drain belassen!) Entfernung über T-Drain-Kanal.
- Intraoperative Gallengangverletzung: wenn zugänglich Nahtverschluss, wenn nicht nur großkalibriges T-Drain und Zieldrainage.

10 Nachsorge

Medizinische Nachbehandlung: Magensonde ex am 1. – 3. Tag; subhepatische Drainage ex 3. – 5. Tag. T-Drain-Darstellung nach 7 – 10 Tagen: wenn Abfluss unauffällig, T-Drain zunächst hoch hängen, abklemmen und dann ziehen. Bei Problemen (Fieber, Labor, Schmerzen) T-Drain sofort öffnen. Bei erheblichem Ikterus auf gute Diurese achten; Antibiotikatherapie bei intraoperativ deutlicher Cholangitis für mindestens 5 Tage; engmaschige Kontrolle von Serum-Amylase und -Lipase, Bilirubin und alkalischer Phosphatase.
Kostaufbau: Schluckweise trinken ab 1. Tag, wenn gut toleriert, zügiger Kostaufbau.
Mobilisation: Sofort.
Krankengymnastik: Atemgymnastik.
Arbeitsunfähigkeit: 2 Wochen.

7 Operationstechnik

1. Hautschnitt.
2. Freilegung des Ductus choledochus.
3. Längsspaltung des Ductus choledochus.
4. Steinextraktion durch Zange.
5. Steinextraktion durch Fogarty-Katheter.
6. Spülung des Gallengangs.
7. Prinzip der T-Drainage.
8. Verschluss des Gallengangs über der T-Drainage.

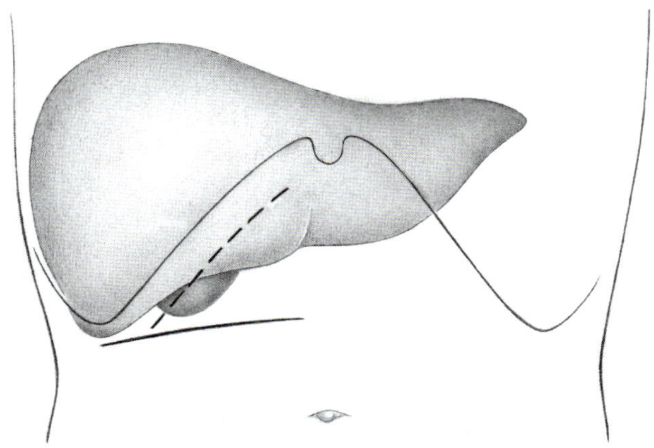

1 Hautschnitt

Die operative Choledochusrevision ist heutzutage die Ausnahme in der Behandlung der Choledocholithiasis. Therapie der Wahl ist die endoskopische Gallengangsanierung. Eine operative Choledochusrevision ist nur noch bei endoskopischem Therapieversagen (z. B. Billroth-II-Magen), inkrustrierten Steinen, Verdacht auf Malignität und bei jungen Patienten (< 50 Jahre) mit Gallenblasensteinen indiziert, bei denen gleichzeitig eine Choledocholithiasis vorliegt. Der Hautschnitt entspricht dem der Gallenblasenoperation, d. h. er kann als rechtsseitiger Oberbauchquerschnitt oder als Rippenbogenrandschnitt erfolgen.

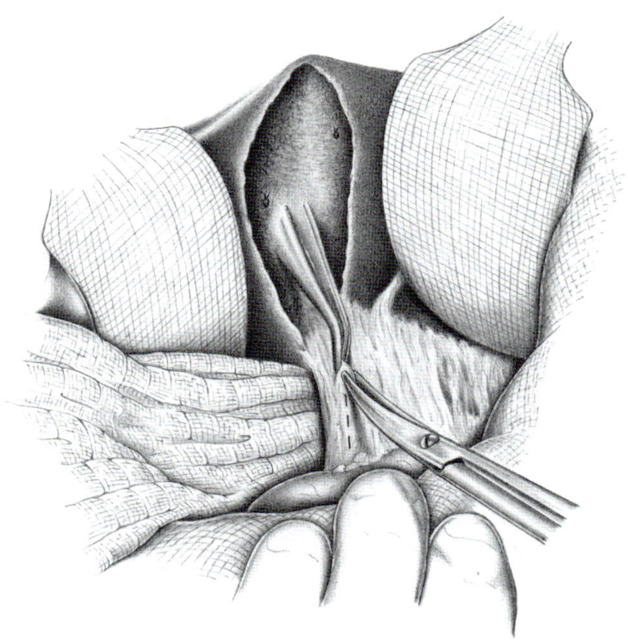

2 Freilegung des Ductus choledochus

Nach Darstellung des Calot-Dreiecks wird der Choledochus durch Längsspaltung des peritonealen Überzugs freigelegt. Durch stumpfe Präparation gelingt es, den am lateralen Rand des Lig. hepatoduodenale ventral gelegenen Gallengang darzustellen. Eine gute Leitschiene ist der Ductus cysticus.

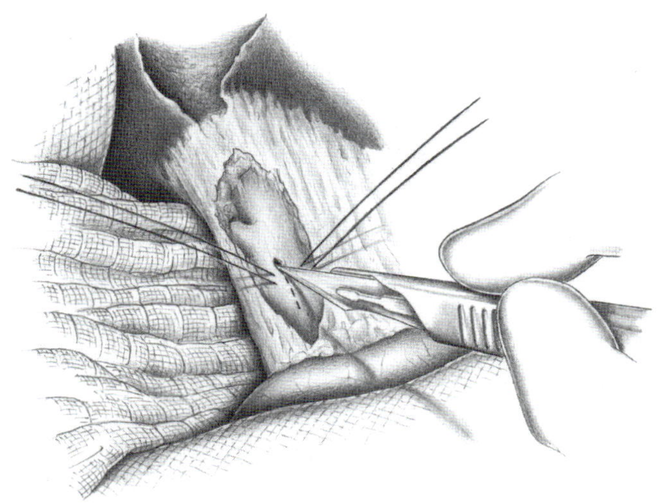

3 Längsspaltung des Ductus choledochus

Ist der Ductus choledochus eindeutig identifiziert und freigelegt, erfolgt die Eröffnung zwischen Haltefäden. Hierzu werden in Querrichtung 2 Haltefäden (4 × 0 PDS) angebracht und der Choledochus auf einer Länge von ca. 1 – 1,5 cm eröffnet. Ist man sich über die anatomische Lokalisation nicht vollständig im Klaren (Rezidivoperationen), so sollte eine Probepunktion des Ductus choledochus (2er-Kanüle) der Eröffnung vorangehen.

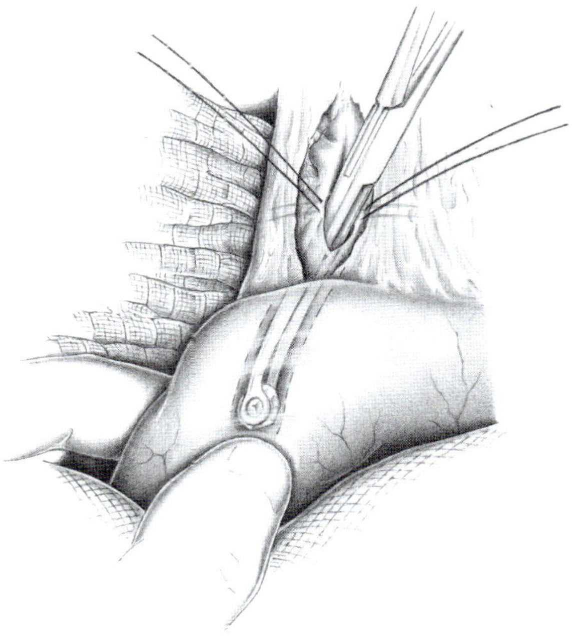

❹ Steinextraktion durch Zange

Nach Eröffnung des Choledochus wird mit der rechten Hand eine Gallensteinfasszange eingeführt und unter bidigitaler Kontrolle des Duodenums zwischen Zeigefinger und Daumen der linken Hand des Operateurs bis in die Papille vorgeschoben. Etwaige Steine lassen sich so meist gut tasten. Die Papille kann man durch Mobilisation des Duodenums nach Kocher ggf. noch besser darstellen. Wichtig ist vor allem das vorsichtige Vorgehen, um eine Verletzung des retroperitonealen Anteils des Choledochus und die Schaffung einer Via falsa zu vermeiden.

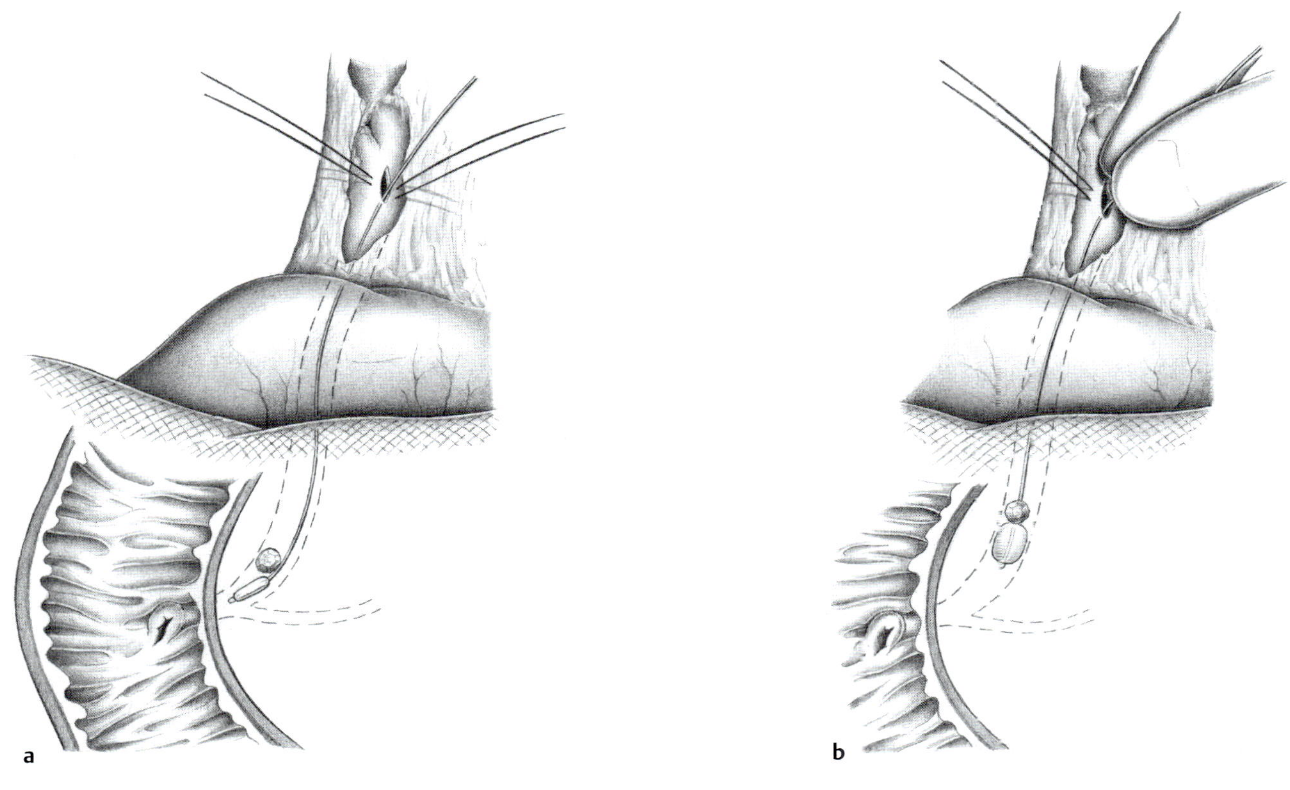

❺ Steinextraktion durch Fogarty-Katheter

Gelingt die Extraktion mit der Zange nicht, so kann man am Stein vorbei einen Fogarty-Katheter legen (**a**) und nach Aufblasen des Ballons den Stein retrograd extrahieren (**b**).

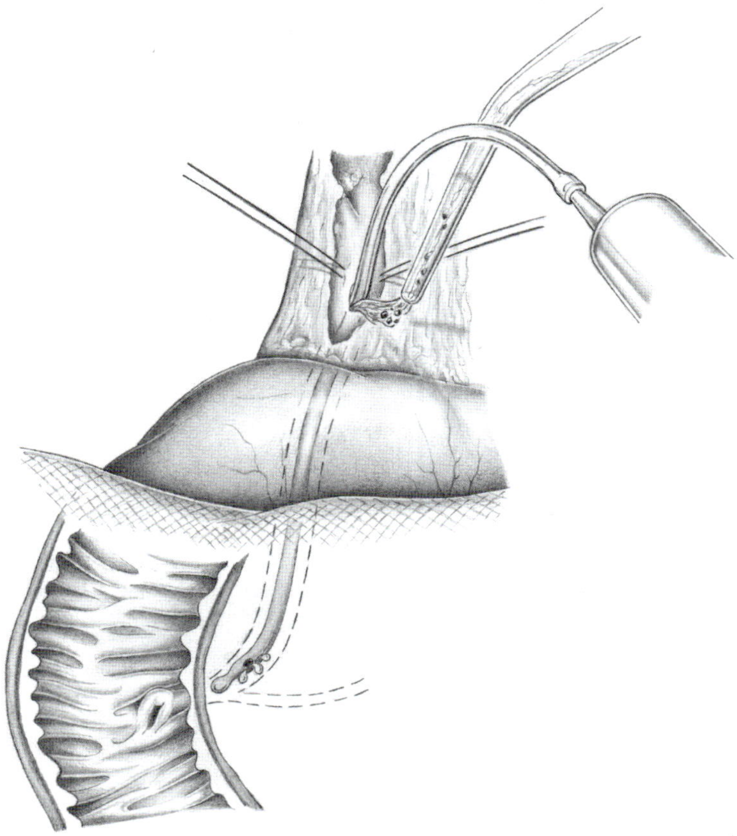

❻ Spülung des Gallengangs

Liegen multiple Steintrümmer im Gallengang vor, sollte man den Gallengang spülen, um auch kleinere Fragmente aus dem Gallengang zu entfernen. Noch sicherer ist die intraoperative Choledochoskopie durch flexible oder starre Geräte, die bis zur Papille und auch intrahepatisch die Steine identifizieren und ggf. über Dormia-Körbchen entfernen können.

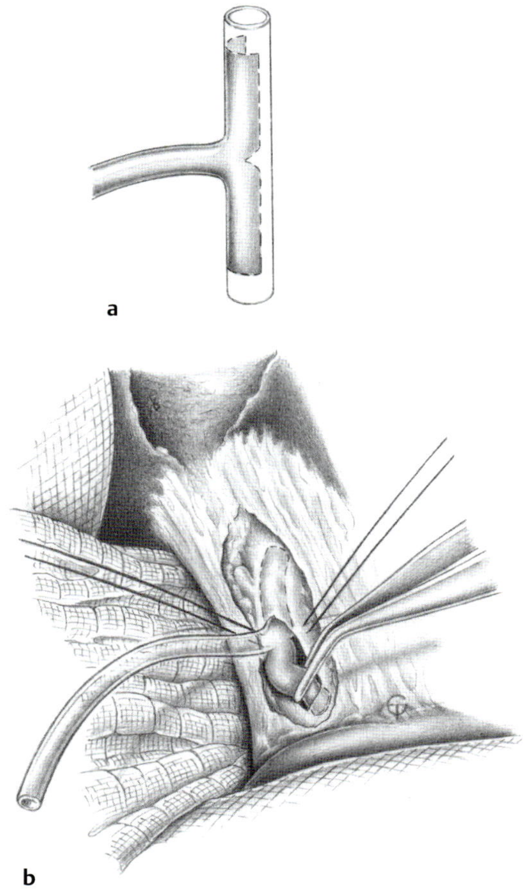

❼ Prinzip der T-Drainage

Der inspizierte und ausgeräumte Gallengang sollte über einer druckentlastenden T-Drainage vernäht werden. Bei guten Abflussverhältnissen und sicherer Steinfreiheit kann ein T-Drain unterbleiben. Im Zweifelsfall ist allerdings dem T-Drain der Vorzug zu geben. Hierzu wird ein T-förmiges Gummidrain entsprechend zugeschnitten (**a**) und im Gallengang platziert (**b**).

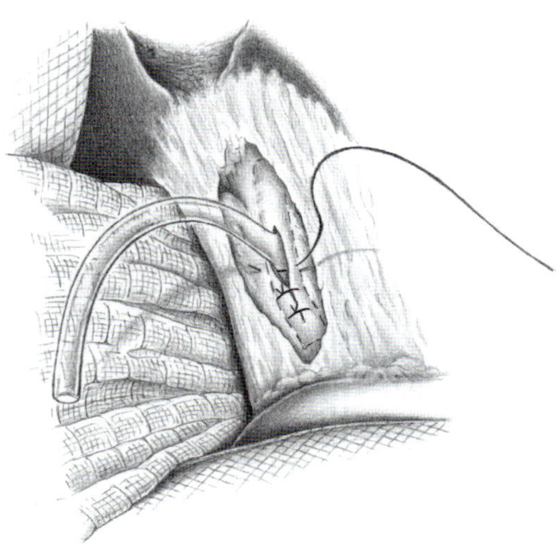

❽ Verschluss des Gallengangs über der T-Drainage

Über der T-Drainage wird der Gallengang mit PDS-4 × 0-Nähten (Einzelknopf oder fortlaufend) verschlossen. Die Naht sollte wasserdicht und bluttrocken sein. Die Dichtigkeit der Naht wird mit Instillation von Kochsalzlösung über das T-Drain überprüft. Die Zieldrainage des Operationsfeldes und der Bauchdeckenverschluss beenden den Eingriff.

56. Hepatikojejunostomie

1 Indikation

Elektiv: Galleableitung nach Resektion oder irreparabler Unterbrechung des extrahepatischen Gallengangs.
Kontra: Bei proximal gelegenem Abflusshindernis.
Alternativverfahren: Endoskopische oder perkutane Ableitung mittels PTD, Gallengangstent oder nasobiliärer Sonde. Hepatojejunostomie. Isoperistaltische Jejunuminterposition zwischen Hepatikus und Duodenum.

2 Operationsvorbereitung

Präoperative Diagnostik: Sonographie, ERCP, PTC, Computertomographie.
Patientenvorbereitung: Gegebenenfalls Gerinnungssubstitution, perioperative Antibiotikatherapie.

3 Spezielle Risiken, Aufklärung

- Anastomoseninsuffizienz.
- Anastomosenstriktur (10–30%).
- Aszendierende Cholangitis.
- Verletzung A. hepatica, V. portae.

4 Anästhesie

Intubationsnarkose.

5 Lagerung

Rücken.

6 Zugang

Quere, rechtsbetonte Oberbauchlaparotomie; mediane Laparotomie.

7 Operationsschritte

1. Tumorlokalisation.
2. Tumorresektion.
3. Roux-Y-Schlinge.
4. Laterale Jejunostomie.
5. Hepatikojejunostomie Hinterwand.
6. Hepatikojejunostomie Vorderwand.
7. Vollständige Hepatikojejunostomie.

8 Relevante Anatomie, Gefahren, Tricks

- Länge der Roux-Y-Schlinge mindestens 40 cm.
- Nur Anastomosen mit exakter Mukosa-Mukosa-Adaptation schrumpfen nicht innerhalb kürzester Zeit!

9 Maßnahmen bei speziellen Komplikationen

Bei sehr kleinlumiger Anastomose ist ggf. eine Schienung im Sinne einer Völker-Drainage sinnvoll.

10 Nachsorge

Medizinische Nachbehandlung: Magensonde ex 2. Tag, Drain ex 5./6. Tag.
Kostaufbau: Schluckweise trinken ab 3. Tag, feste Kost nach Abführen.
Mobilisation: Sofort.
Krankengymnastik: Atemgymnastik.
Arbeitsunfähigkeit: 2 Wochen (abhängig von Grunderkrankung).

7 Operationstechnik

1. Tumorlokalisation.
2. Tumorresektion.
3. Roux-Y-Schlinge.
4. Laterale Jejunostomie.
5. Hepatikojejunostomie (Hinterwand).
6. Hepatikojejunostomie (Vorderwand).
7. Vollständige Hepatikojejunostomie.

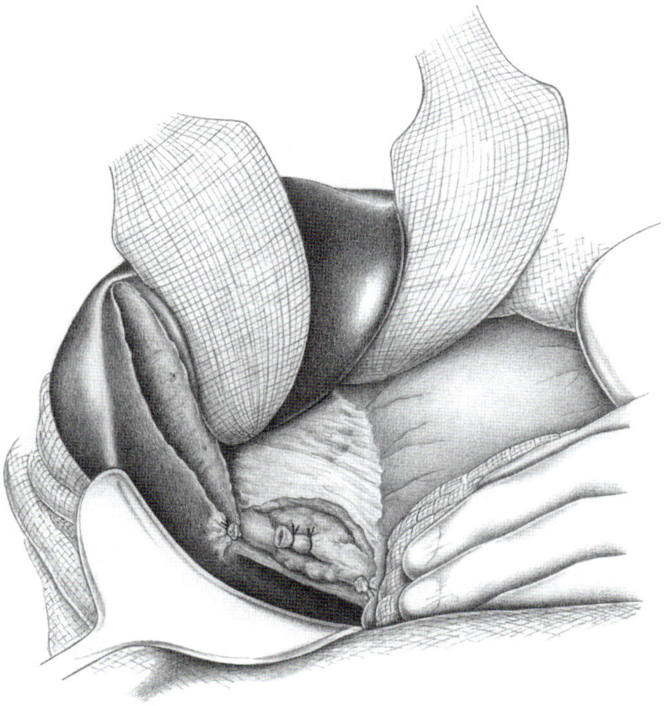

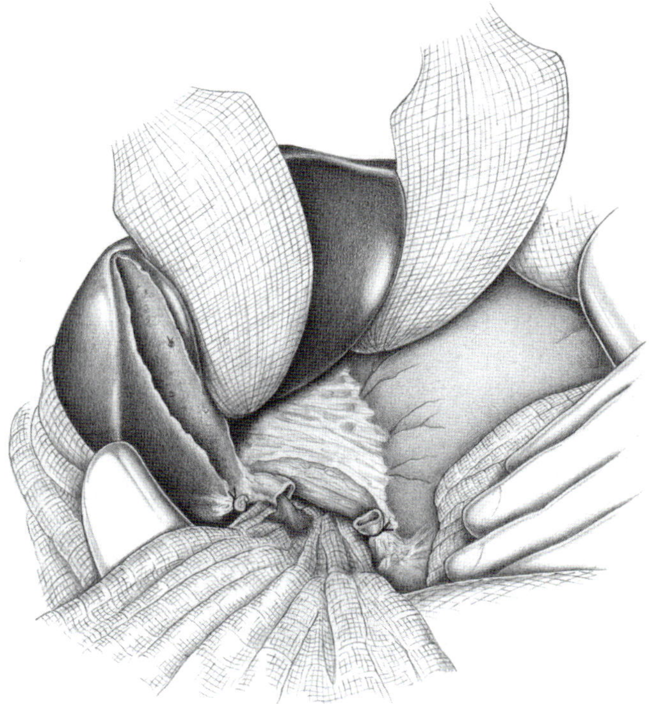

1 Tumorlokalisation

Isolierte Tumoren des Ductus hepaticus können überall zwischen Hepatikusgabel und distalem Gallengang auftreten. Sind sie resektabel, so bietet sich die Herstellung der Kontinuität über eine Hepatikojejunostomie an. Hierzu ist der Tumor radikal unter Einschluss des benachbarten Bindegewebes und der Lymphknoten zu resezieren. Die Operation beginnt mit der Cholezystektomie und der Identifikation des Ductus hepaticus in seinen leberseitigen Anteilen. Der Resektionsabstand muss allseits mindestens 1 cm betragen. In diesem Falle einer Tumorlokalisation im Bereich der Zystikuseinmündung ist leberseitig ein ausreichend großer Sicherheitsabstand zu erreichen.

2 Tumorresektion

Die Resektion des Tumors am Ductus hepaticus beginnt mit der distalen Durchtrennung des Ductus choledochus. Dieser ist nach duodenalseitig mit einer Umstechungsligatur (2 × 0 oder 3 × 0 PGS) zu verschließen. Das proximale Ende des Ductus hepaticus kann jetzt von der darunter gelegenen Pfortader unter Einschluss der Lymphgefäße und der Lymphknoten weit nach kranial präpariert werden. Die Gallenblase ist samt ihrer Lymphknoten gleichzeitig zu entfernen. Die Präparation nach kranial reicht bis zur Hepatikusgabel und muss ggf. diese einbeziehen. Im Zweifelsfall ist zur Erzielung eines ausreichenden Sicherheitsabstandes der Anastomosierung mit dem rechten und linken Hepatikus der Vorzug zu geben.

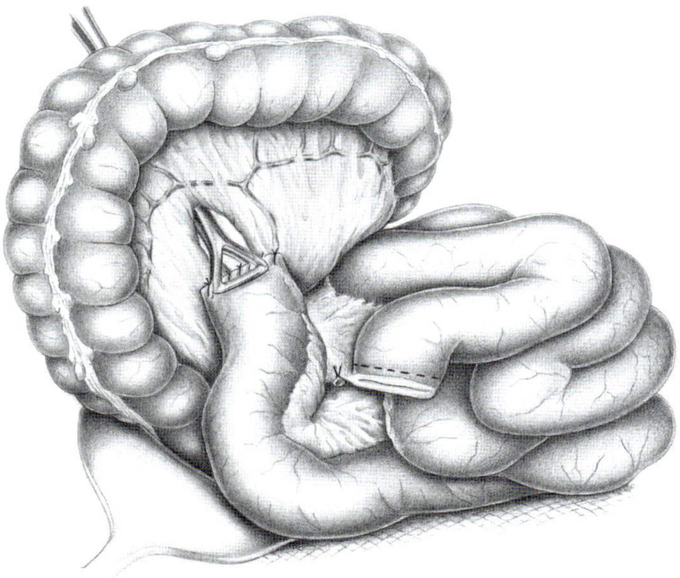

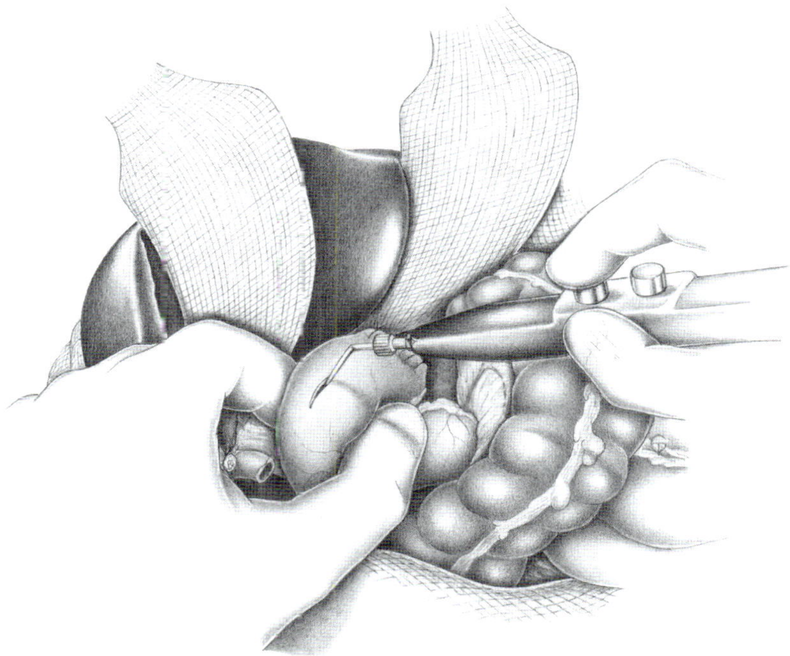

❸ Roux-Y-Schlinge

Die Wiederherstellung der Kontinuität erfolgt über eine isoperistaltische Roux-Y-Schlinge, die retrokolisch rechts der A. colica media in den rechten Oberbauch verlagert wird. Unter Durchtrennung des Dünndarms ca. 30 cm unterhalb des Treitz-Bandes (z. B. mit dem GIA-Gerät) wird eine Schlinge nach Roux-Y ausgeschaltet. Die aborale Klammernahtreihe wird mit 3 × 0 PGS übernäht. Der zuführende Schenkel des Jejunums ist in das distale Jejunum End-zu-Seit in Einzelnahttechnik mit 3 × 0 PGS einzupflanzen.

❹ Laterale Jejunostomie

Nach Positionierung der Jejunumschlinge im rechten Oberbauch erfolgt die antimesenteriale Inzision mit der Diathermie. Diese Inzision sollte etwa der Lumenweite des Ductus hepaticus entsprechen und bei zweifacher Hepatikojejunostomie als Doppelinzision angelegt werden. Man kann durch Bildung eines ventralen Dreiecks (Zipfelplastik) die Lumenweite der Hepatikojejunostomie steigern.

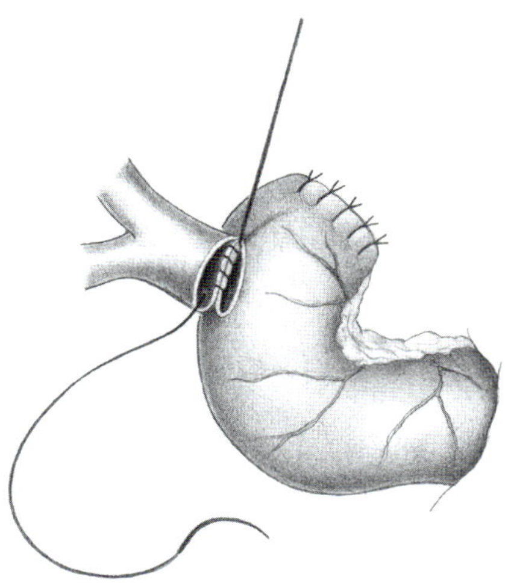

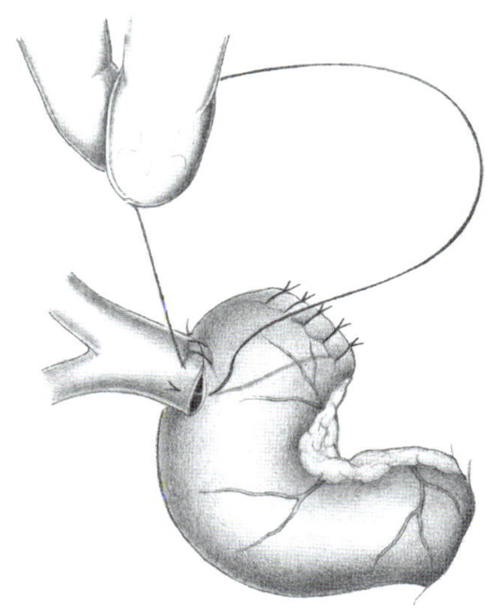

❺ Hepatikojejunostomie Hinterwand

Das Jejunum wird spannungsfrei an die Hinterwand des Choledochus gelegt und mit einer fortlaufenden Naht (4 × 0 PGS oder PDS) vernäht. Die Naht muss wasserdicht, lumenweit und nicht ischämisierend sein. Sie wird an den Endpunkten außen verknüpft, die Fäden werden als Haltenähte zur späteren Verknotung mit der Vorderwandnaht lang belassen.

❻ Hepatikojejunostomie Vorderwand

Nach Vervollständigung der Hinterwandnaht wird die Vorderwand in gleicher Technik fortlaufend (4 × 0 PDS) vernäht. Die Stichabstände betragen wie an der Hinterwand ca. 2 – 3 mm mit entsprechender Stichweite. Bei sehr kleinkalibrigem Gallengang können u. U. Einzelknopfnähte übersichtlicher sein.

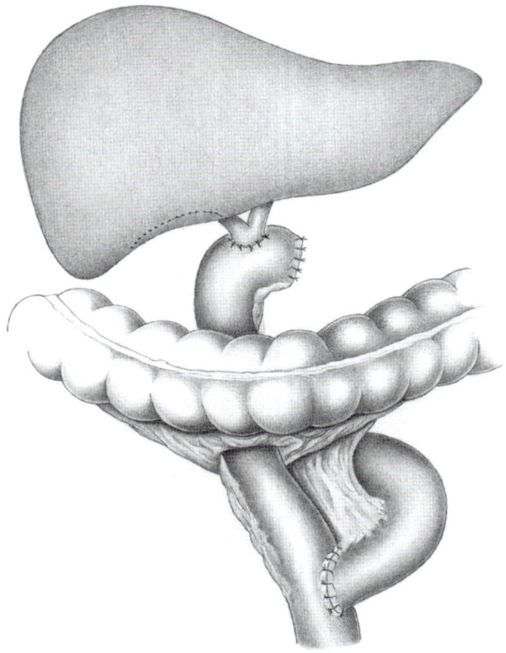

❼ Vollständige Hepatikojejunostomie

Die Hepatikojejunostomie sollte mindestens 40 cm vom Fußpunkt der Roux-Y-Schlinge entfernt sein. Alternativ kann zwischen Hepatikus und dem Duodenum eine isoperistaltische Jejunuminterposition erfolgen.

57. Leberkeilexzision

1 Indikation

Elektiv: Routinebiopsie der Leber. Pathologische Veränderungen geringer Größe an der Leberkante.
Alternativverfahren: Trucut-Biopsie; perkutane Biopsie; typische Resektion (segmentorientiert).

2 Operationsvorbereitung

Präoperative Diagnostik: Sonographie, ggf. Computertomographie.

3 Spezielle Risiken, Aufklärung

- Blutung.
- Gallenleck.
- Abszess.

4 Anästhesie

Intubationsnarkose.

5 Lagerung

Rücken.

6 Zugang

Abhängig von Gesamtsituation.

7 Operationsschritte

1. Zugang.
2. Leberkeilexzision.
3. Defektverschluss.

8 Relevante Anatomie, Gefahren, Tricks

Es besteht ein gradueller Übergang zur atypischen (nicht segmentorientierten) Resektion.

9 Maßnahmen bei speziellen Komplikationen

Bei intraoperativer Blutung: Kompression, eventuell Pringle-Manöver, Umstechung (2 – 3 × 0 PGS) unter Sicht. Keine groben Raffnähte!

10 Nachsorge

Medizinische Nachbehandlung: Abhängig von Grunderkrankung.

7 Operationstechnik

❶ Zugang.
❷ Leberkeilexzision.
❸ Defektverschluss.

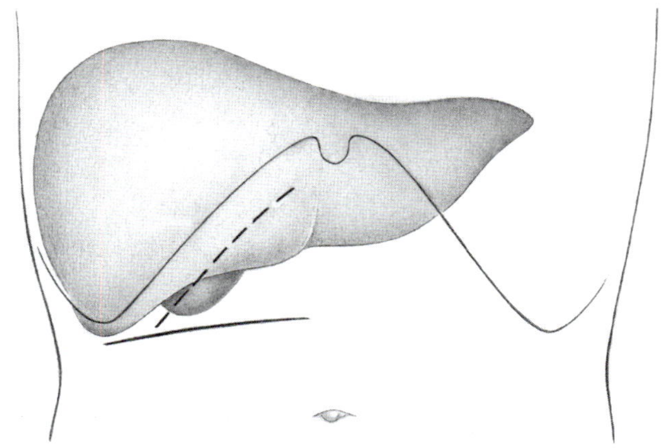

❶ Zugang

Der beste Zugang zur Leberkeilexzision ist ein Rippenbogenrand- oder ein Oberbauchquerschnitt. Aber auch andere Zugänge (z. B. Medianschnitt) ermöglichen ggf. eine ausreichende Übersicht als Primärmaßnahme oder im Rahmen anderer Eingriffe.

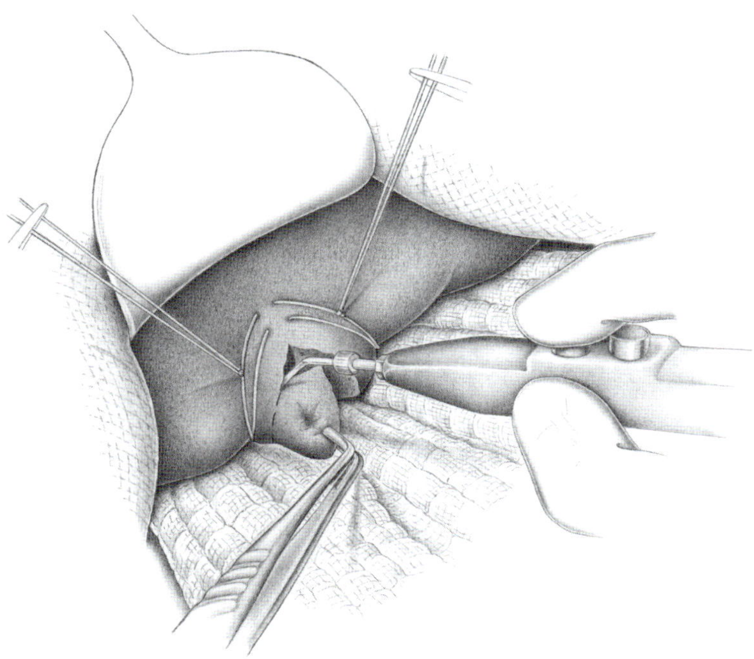

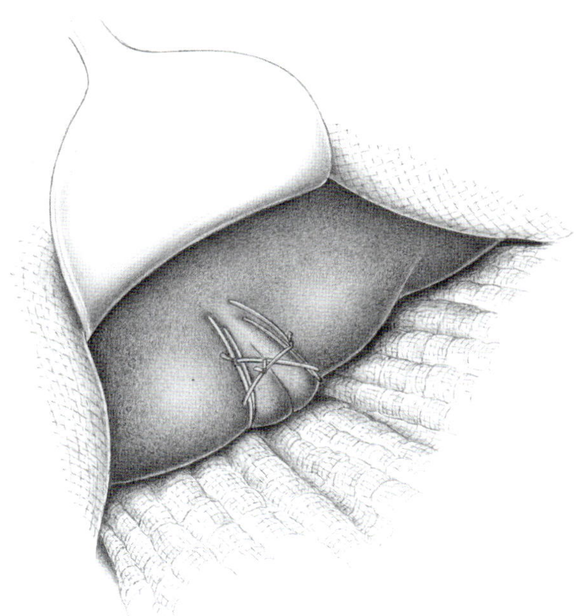

❷ Leberkeilexzision

Nach Identifikation des Befundes und Mobilisation des Leberlappens werden beiderseits der Läsion Nähte aus Chromcatgut angelegt. Zwischen Haltenähten lässt sich die Läsion mit der Diathermie entfernen. Sichtbare Gefäße werden mit Einzelknopfnähten (3 × 0 PGS) umstochen.

❸ Defektverschluss

Der Defekt kann offen gelassen oder durch Einzelknopfnähte (Chromcatgut 0er) verschlossen werden. Hierbei dienen die Haltenähte als Nahtlager. Eine Drainage ist nur bei größeren Exzisionen erforderlich.

58. Leberzyste

1 Indikation

Elektiv: Dysontogenetische Zysten bei Verdrängungssymptomen. Echinokokkuszysten bei Diagnose. Periphere Gallengangzysten.
Kontra: Bei diffusem Echinococcus alveolaris.
Alternativverfahren: Laparoskopisches Vorgehen; Antibiotikatherapie; formale Leberteilresektion.

2 Operationsvorbereitung

Präoperative Diagnostik: Sonographie, ERCP, Computertomographie, Echinokokkus-Serologie.
Patientenvorbereitung: Perioperative Antibiotikatherapie bei Echinokokkus.

3 Spezielle Risiken, Aufklärung

- Allergischer Schock (< 1%).
- Intraabdominelle Aussaat (< 1%).
- Gallenwegverletzung.
- Gallenleck, -fistel (< 5%).
- Peritonitis.
- Blutung.

4 Anästhesie

Intubationsnarkose.

5 Lagerung

Rücken.

6 Zugang

Rippenbogenrand mit Verlängerung nach links (quere rechtsbetonte Oberbauchlaparotomie), ggf. in der Medianlinie Verlängerung bis zum Xiphoid („Mercedes-Stern").

7 Operationsschritte

1. Hautschnitt und Lokalisation.
2. Operative Freilegung.
3. Mobilisation der Leber.
4. Zystenpunktion.
5. Zystenentdeckelung
6. Zystektomie.
7. Blutstillung, Versorgung von Gallengängen.
8. Netzplombe.

8 Relevante Anatomie, Gefahren, Tricks

- Bei dysontogenetischen Zysten mit galligem Sekret den einmündenden Gallengang aufsuchen und umstechen, ggf. biliodigestive Anastomose anlegen.
- Mehrere dysontogenetische Zysten ggf. untereinander verbinden.
- Tiefer im Parenchym liegende Zysten mit intraoperativer Sonographie lokalisieren.

9 Maßnahmen bei speziellen Komplikationen

Bei postoperativem subhepatischen Sekretverhalt („Biliom") zunächst unter Sonographie-/Computertomographiekontrolle perkutane Drainage.

10 Nachsorge

Medizinische Nachbehandlung: Magensonde ex am 1.–2. Tag, Drainagen ex 2./3. Tag (bei galliger Sekretion ggf. länger belassen). Postoperative Sonographiekontrollen. Serologische Verlaufskontrollen.
Kostaufbau: Schluckweise trinken ab 1. Tag, wenn gut toleriert, zügig steigern.
Mobilisation: Sofort.
Krankengymnastik: Atemgymnastik.
Arbeitsunfähigkeit: 2–3 Wochen.

7 Operationstechnik

1. Hautschnitt und Lokalisation.
2. Operative Freilegung.
3. Mobilisation der Leber.
4. Zystenpunktion.
5. Zystenentdeckelung.
6. Zystektomie.
7. Blutstillung, Versorgung von Gallengängen.
8. Netzplombe.

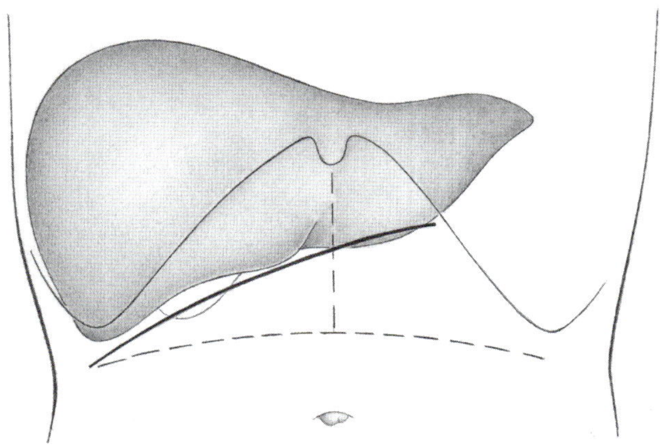

1 Hautschnitt und Lokalisation

Der Hautschnitt erfolgt als Rippenbogenrandschnitt, der bis zum linken Rippenbogen reicht. Bei sehr großen Zysten kann ein Hautschnitt in Form eines „Mercedessterns“ angebracht sein, der eine bessere Übersicht ermöglicht.

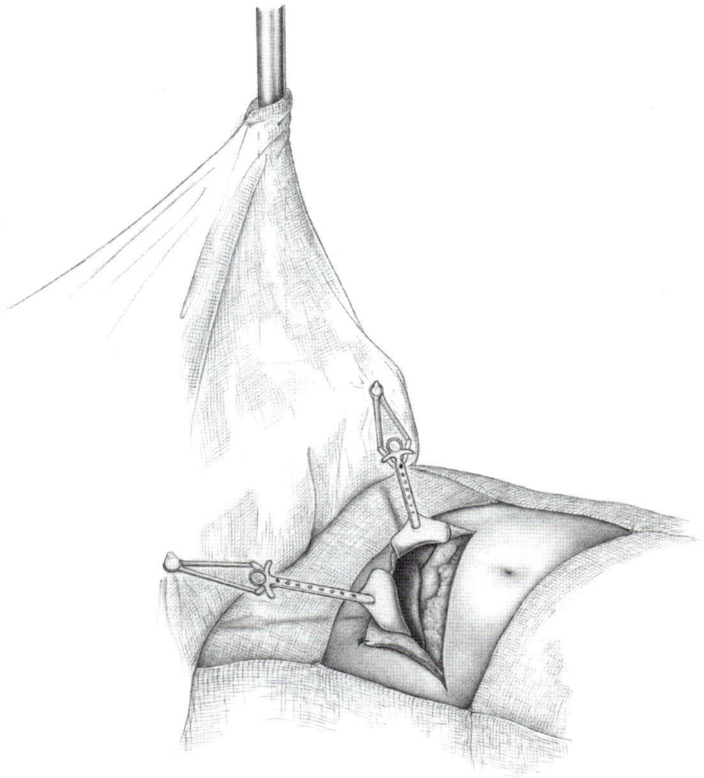

2 Operative Freilegung

Nach Eröffnung der Bauchdecke wird die Leber durch Einsetzen eines Rochard-Hakens dargestellt. Auf diese Weise liegt während der ganzen Operation die Leber übersichtlich im Zentrum des Operationsfeldes.

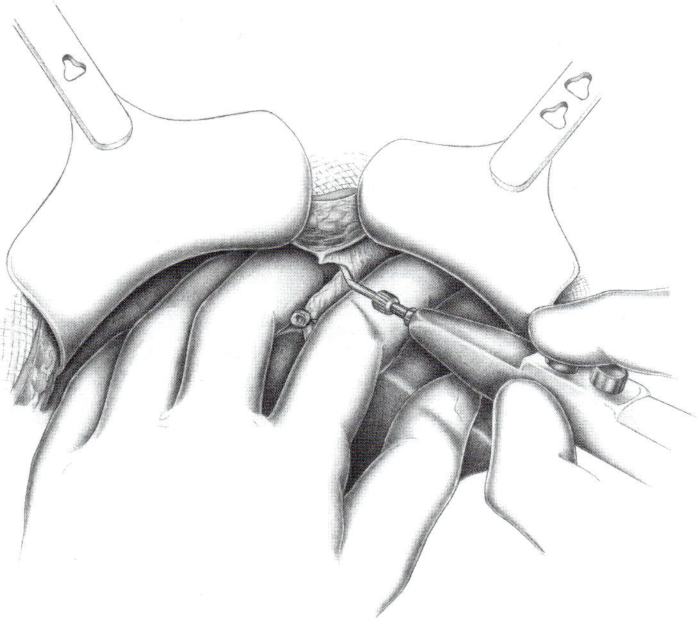

3 Mobilisation der Leber

Die Mobilisation der Leber beginnt mit der Durchtrennung des Lig. falciforme an seinem Zwerchfellansatz. Durch leichten Zug nach kaudal spannt sich das Ligament zwischen Zeige- und Mittelfinger der linken Hand des Operateurs übersichtlich an und kann schrittweise mit der Diathermie durchtrennt werden. Größere Gefäße sind isoliert zu koagulieren oder ggf. mit Umstechungsligaturen zu versorgen. Das Lig. falciforme wird bis zur Einmündung der Lebervenen durchtrennt, wobei diese und auch die benachbarten Vv. phrenica dextra und sinistra sorgfältig zu schonen sind. Nach vollständiger Lösung des Lig. falciforme lässt sich die Leber weit nach kaudal luxieren. Ist die Zyste jetzt noch nicht gut einsichtig, so muss die retroperitoneale Fixierung der Leber, d. h. das Lig. triangulare gelöst werden. Hierdurch lässt sich der rechte Leberlappen bis zur V. cava mobilisieren. Liegt die Zyste im linken Lappen, so ist die Mobilisation entsprechend der linksseitigen Lobektomie voranzutreiben.

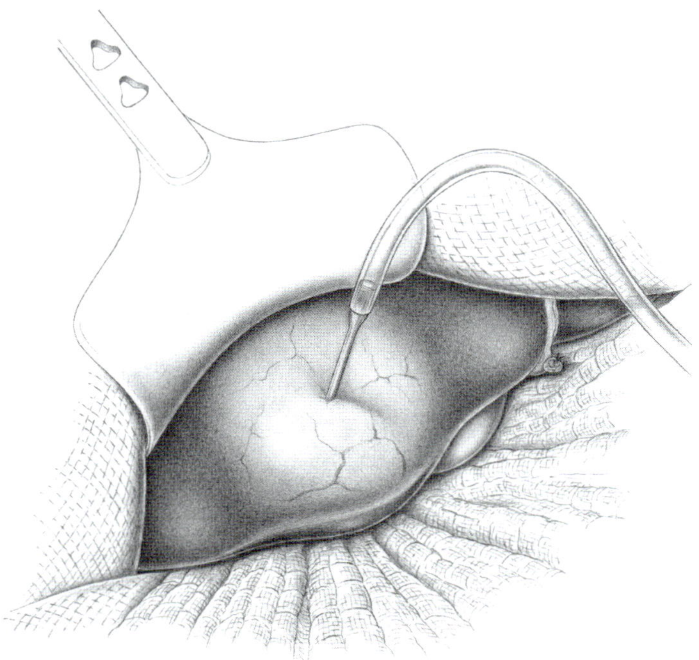

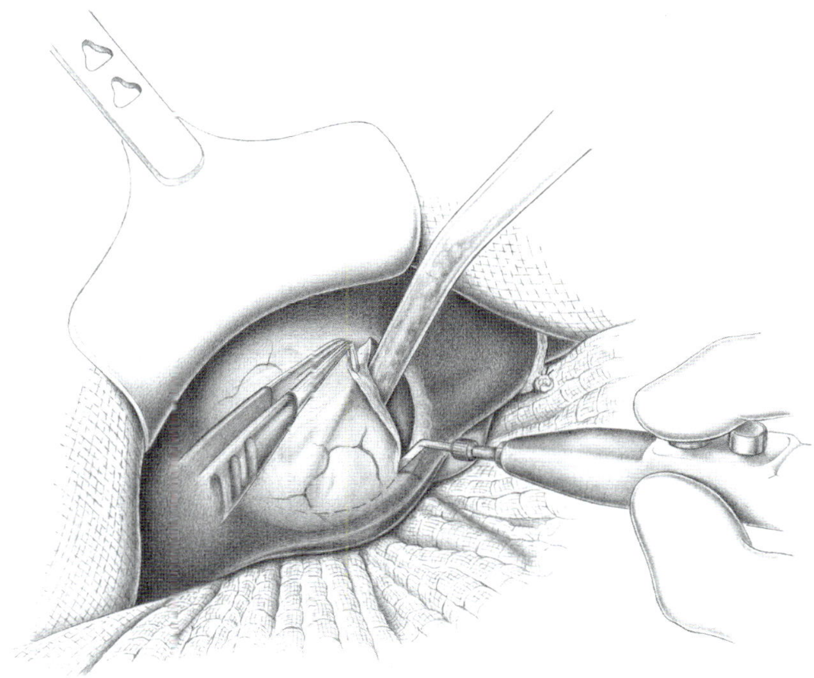

❹ Zystenpunktion

Die Leber sollte so weit mobilisiert sein, dass die Zyste in der Mitte des Operationsfeldes liegt. Dies kann durch Abstopfen im subphrenischen Bereich erleichtert werden, so dass die Leber tiefer tritt und somit die Zyste frei im Operationsfeld gelegen ist. Jetzt erfolgt die Zystenpunktion unter sterilen Kautelen. Der Zysteninhalt wird inspiziert und ggf. zur bakteriologischen Untersuchung eingesandt. Liegt aufgrund der präoperativen Diagnostik und des intraoperativen Befundes eine Echinokokkuszyste vor, so ist der Zysteninhalt samt der Scolicae durch Injektion einer hyperosmolaren Lösung (z. B. 20 %ige Glukose oder 20 %ige NaCl-Lösung) zu sterilisieren. Findet sich eine idiopathische oder Lymphzyste, so kann der Zysteninhalt punktiert und die Zyste derart zum Kollaps gebracht werden.

❺ Zystenentdeckelung

Die Exzision der Zystenvorderwand erfolgt entlang des gesunden Leberparenchymrandes. Hierbei ist der Zysteninhalt abzusaugen und die Zyste durch Entdeckelung zu inspizieren. Wichtig ist bei der gesamten Zystenentdeckelung das Abstopfen der Umgebung, so dass kein Zysteninhalt in die Bauchhöhle gelangen kann. Trotz der präliminaren Desinfektion mit hyperosmolarer Lösung ist eine Kontaminationsgefahr nicht ausgeschlossen.

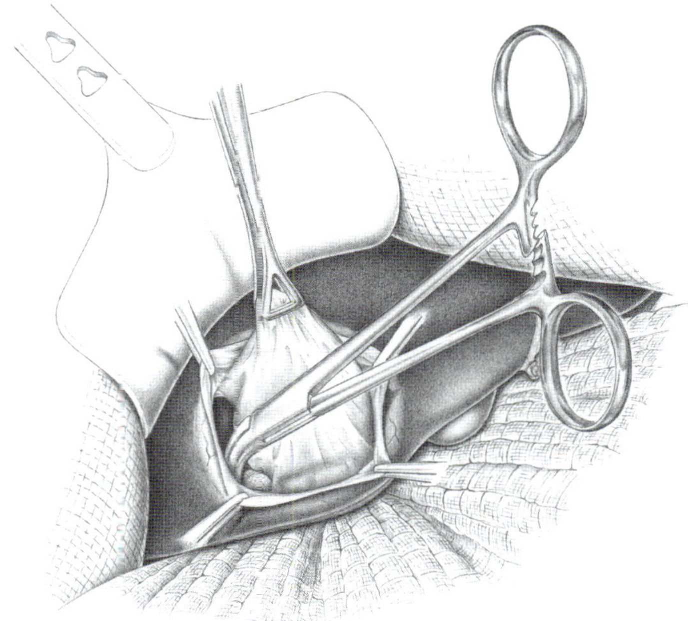

❻ Zystektomie

Nach Eröffnung der Echinokokkuszyste ist eine vollständige Entfernung der germinativen Schicht geboten. Dies kann durch stumpfe Auslösung der Zyste geschehen oder durch eine Perizystektomie, die die gesamte (Pseudo-)Kapsel aus dem Lebergewebe ausschneidet. Gelingt die Zystektomie nicht vollständig, so ist das verbleibende Keimepithel sorgfältig zu zerstören. Bei Lymphzysten, Gallengangzysten oder idiopathischen Zysten reicht in der Regel die Entdeckelung unter Einschluss aller, zum Teil auch gekammerter Hohlräume.

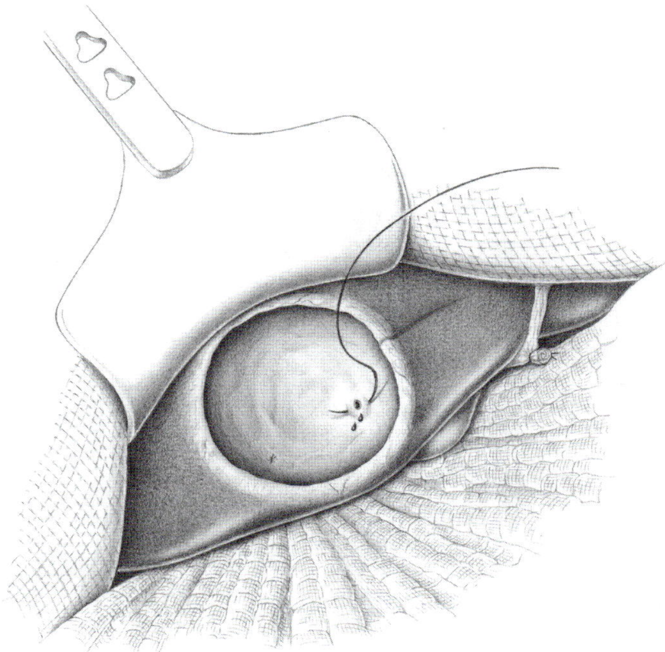

❼ Blutstillung, Versorgung von Gallengängen

Nach Entfernung des Zystenhalses wird der Zystengrund sorgfältig inspiziert. Blutende Gefäße und noch sickernde Gallengänge werden isoliert umstochen. Man sollte sich viel Zeit lassen, um alle aberrierenden Gänge und die Gallengänge, die u. U. durch die Zyste komprimiert waren, erkennen und entsprechend versorgen zu können.

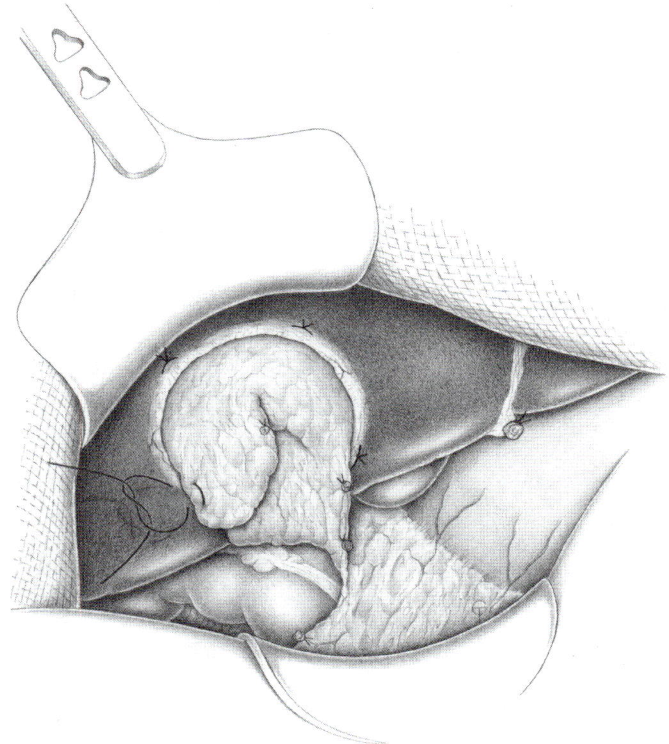

❽ Netzplombe

Ist der Zysteninhalt vollständig entfernt, empfiehlt sich die Ausfüllung der Zyste mit einer Netzplombe. Hierzu wird das große Netz, soweit nötig, mobilisiert und in die Zyste eingeschlagen. Dies sollte so erfolgen, dass keine gekammerten Hohlräume entstehen. Das Netz wird am Zystenrand mit Einzelknopfnähten fixiert.

59. Lobektomie linker Leberlappen

1 Indikation

Elektiv: Auf die Segmente 2 und/oder 3 begrenzte pathologische Veränderungen.
Kontra: Leberzirrhose im Stadium Child C.
Alternativverfahren: Reine Segmentresektion, Hemihepatektomie (Segmente 1 – 4). Atypische Resektion.

2 Operationsvorbereitung

Präoperative Diagnostik: Sonographie, Computertomographie (ggf. mit perkutaner Punktion), ggf. Zöliako-Mesenterikographie. Tumormarker. Bei Metastasen: Ausschluss Primärtumor, z. B. im Intestinaltrakt, Ausschluss weiterer extrahepatischer Filiae.

3 Spezielle Risiken, Aufklärung

- Blutung/Fremdblutgabe (10 %).
- Postoperative Leberfunktionsstörung (< 2 %).
- Gallenleck, -fistel (< 5 %).
- Subphrenischer Abszess (< 5 %).
- Möglichkeit des erweiterten Resektionsausmaßes.

4 Anästhesie

Intubationsnarkose, Gefäßzugänge für raschen Volumenersatz!

5 Lagerung

Rücken.

6 Zugang

Rippenbogenrand oder „Mercedes-Stern"; Anheben der Rippenbögen mittels mechanischer Hilfen (Rochard-Haken).

7 Operationsschritte

1. Hautschnitt.
2. Chirurgische Anatomie der Leber.
3. Mobilisation linker Leberlappen.
4. Pringle-Manöver I.
5. Pringle-Manöver II.
6. Leberresektion.
7. Aufsuchen der Gefäße.
8. Gefäßversorgung.
9. Absetzen der linken Lebervene.
10. Versorgung der Resektionsfläche.

8 Relevante Anatomie, Gefahren, Tricks

- Segmente der Leber:
  - Insgesamt 8 Segmente, anatomisch rechte (5 – 8) und linke (1 – 4) Leberhälfte je 4. Der makroskopisch rechte Lappen umfasst 6, der makroskopisch linke Lappen 2 Segmente.
  - Grenzebene zwischen linker und rechter Leberhälfte im Verlauf Gallenblasenbett-V. cava.
  - Lobus caudatus = Segment 1.
  - Alles links der Ebene des Lig. falciforme ist Segment 2 und 3.
  - Linke Lebervene entspringt zwischen den Segmenten 2/3 und Segment 4.
- Vor Pringle-Manöver 1 g Cortison i. v.
- Pringle-Manöver, d. h. warme Ischämie bis zu 60 Minuten möglich (wenn Leber nicht zirrhotisch).

Cave: Arterielle Varianten, am häufigsten: A. hepatica sinistra aus A. gastrica sinistra (20 %), A. hepatica dextra aus A. mesenterica superior (15 %).

- Die Lebervenen verlaufen nur sehr kurzstreckig extrahepatisch und reißen leicht bei forcierter Luxation der Leber.
- Im postoperativen Verlauf oft Pleuraerguss auf der Resektionsseite, ggf. Pleuradrainage am Ende der Operation.

9 Maßnahmen bei speziellen Komplikationen

Bei Blutung erste Pflicht: Ruhe und Übersicht! Jede Blutung lässt sich durch Kompression („Packing") zumindest vorübergehend stillen. Kein ungezieltes Klemmen, keine unkontrollierten, tief greifenden Nähte.

10 Nachsorge

Medizinische Nachbehandlung: Gerinnungskontrollen, ggf. Substitution. Kontrolle der Leberwerte. Magensonde ex am 1. – 2. Tag, Drainagen ex am 2./3. Tag.

Cave: Entwicklung eines Pleuraergusses (Sonographie!).

Kostaufbau: Schluckweise trinken ab 1. Tag, wenn gut toleriert, zügig steigern.
Mobilisation: Sofort.
Krankengymnastik: Intensive Atemgymnastik.
Arbeitsunfähigkeit: 2 – 3 Wochen.

7 Operationstechnik

1. Hautschnitt.
2. Chirurgische Anatomie der Leber.
3. Mobilisation linker Leberlappen.
4. Pringle-Manöver I.
5. Pringle-Manöver II.
6. Leberresektion.
7. Aufsuchen der Gefäße.
8. Gefäßversorgung.
9. Absetzen der linken Lebervene.
10. Versorgung der Resektionsfläche.

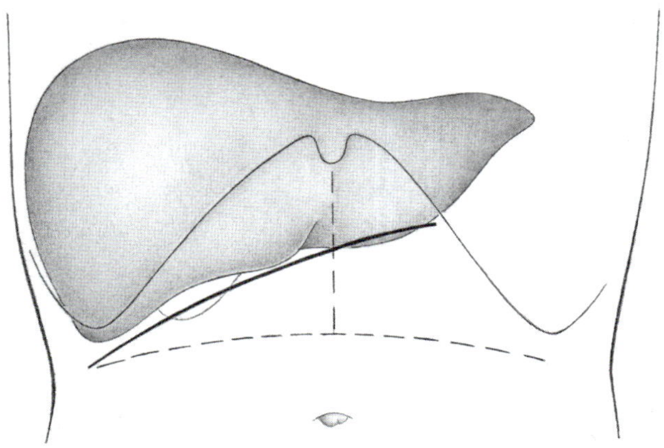

❶ Hautschnitt

Als Hautschnitt hat sich der rechtsseitige Rippenbogenrandschnitt (bis zum linken Rippenbogen) bewährt. Bei großen Befunden kann ein mercedessternförmiger Schnitt indiziert sein.

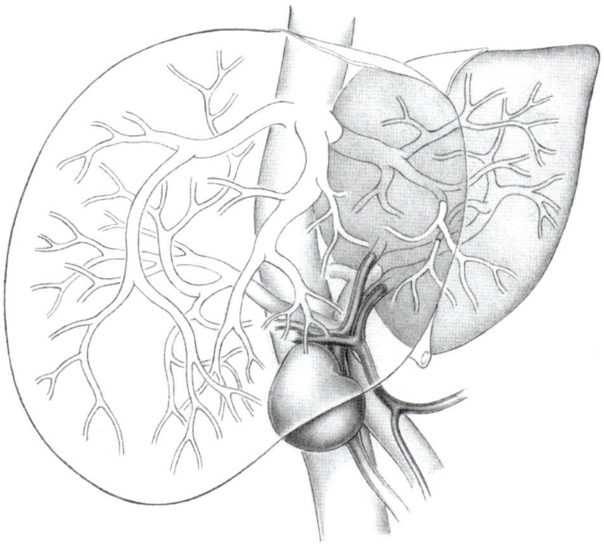

❷ Chirurgische Anatomie der Leber

Die anatomische Darstellung der Leber zeigt die segmentale Gefäßanatomie des linken Leberlappens unter Einschluss der linken Pfortader, linken Leberarterie und des linken Gallenganges.

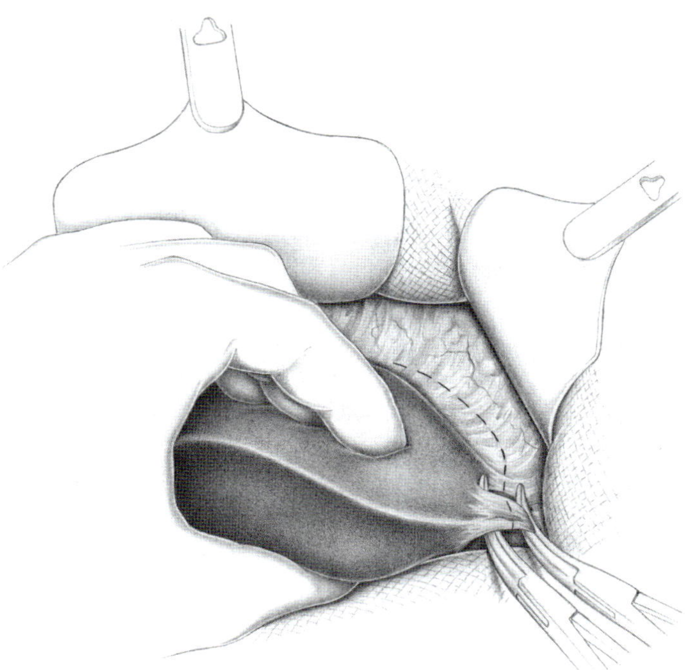

❸ Mobilisation linker Leberlappen

Die Mobilisation des linken Leberlappens beginnt mit der schrittweisen Durchtrennung der Fixation am linken Zwerchfell im Lig. triangulare sinistrum und der lateralen Aufhängung der Leber an Milz und Zwerchfell, d. h. der Appendix fibrosa hepatis. Dieser ausgedünnte Anteil der Leber ist häufig gefäßführend und sollte unbedingt zwischen Overholt-Klemmen durchtrennt und mit Umstechungsligaturen versorgt werden. Die kraniale Mobilisation der Leber wird durch eine Durchtrennung des Lig. falciforme bis zur Einmündung der linken Lebervene vollständig. Jetzt ist der linke Lappen nur noch durch das Leberparenchym fixiert. Es ist sorgfältig darauf zu achten, dass die linke Lebervene bei dieser Präparation nicht verletzt oder eingeengt wird.

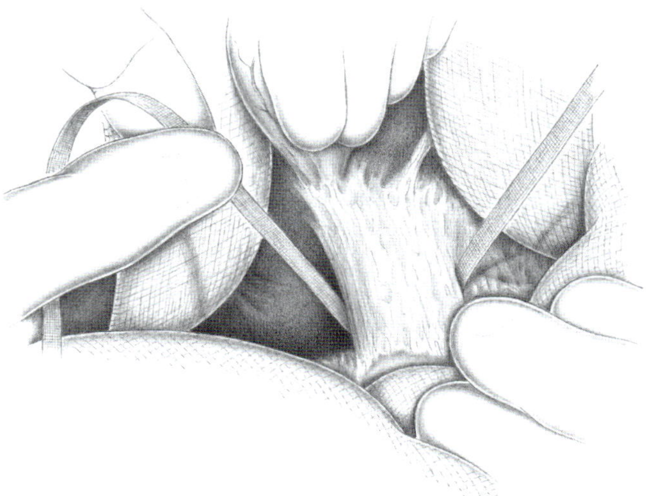

❹ Pringle-Manöver I

Nach Darstellung und Mobilisation des Leberhilus wird das Lig. hepatoduodenale aufgesucht und mit einem Zügel umfahren, um es zur Gefäßokklusion nach Pringle vorzubereiten. Dieses kann weitgehend stumpf erfolgen.

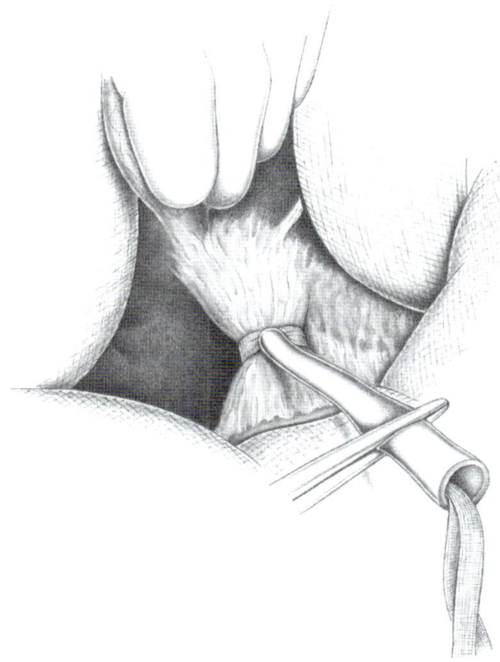

❺ Pringle-Manöver II

Nach vollständigem Anschlingen des Hilus wird der Torniquet verschlossen, um die arterielle und portale Blutzufuhr zur Leber zu unterbinden. Der Beginn des Pringle-Manövers ist vom Anästhesisten zu protokollieren und die jeweilige Dauer ist intraoperativ in 10-minütigen Abständen mitzuteilen. Eine warme Ischämie von mehr als einer Stunde sollte unbedingt vermieden werden, da hier bereits irreversible Schäden auftreten können. Zirrhotische Lebern tolerieren eine warme Ischämie wesentlich schlechter.

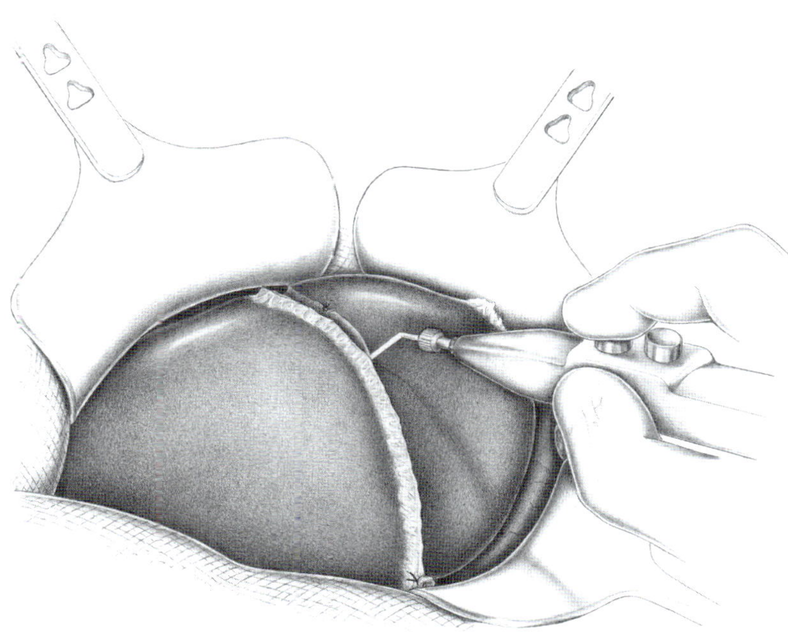

❻ Leberresektion

Die Resektion des linken Leberlappens beginnt mit der Inzision der Leber medial des Lig. falciforme mit der Diathermie. Hierzu zieht sich der Operateur die Leber nach kaudal und ventral, um unter Sicht das Parenchym durchtrennen zu können.

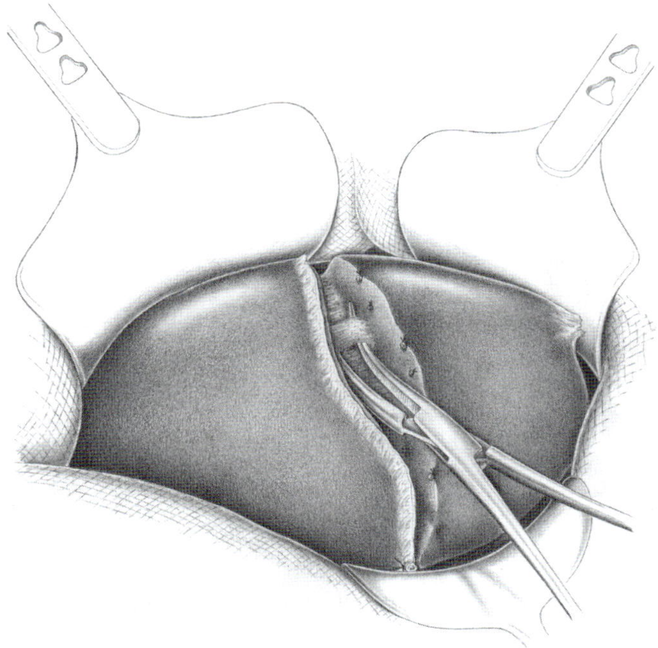

❼ Aufsuchen der Gefäße

Die Gefäße in der Resektionsfläche werden bidigital isoliert und mit kleinen Klemmen gefasst. Anschließend werden sie mit Durchstechungsligaturen (3 × 0 PGS) versorgt. Alternativ ist es möglich, sie mit Overholt-Klemmen aufzuladen (hier dargestellt) oder mit dem Ultraschallmesser (CUSA) oder einem Wasserstrahl (Waterjet) zu isolieren und dann entsprechend mit Klemmen zu versorgen. Jeder Operateur wird das Verfahren anwenden, das ihm am vertrautesten ist. Objektiv ist keine Präferenz eines dieser verschiedenen Verfahren belegt. Wichtig sind die sichere Blutstillung und die rasche Operationstechnik, um eine zu lange warme Ischämie zu vermeiden.

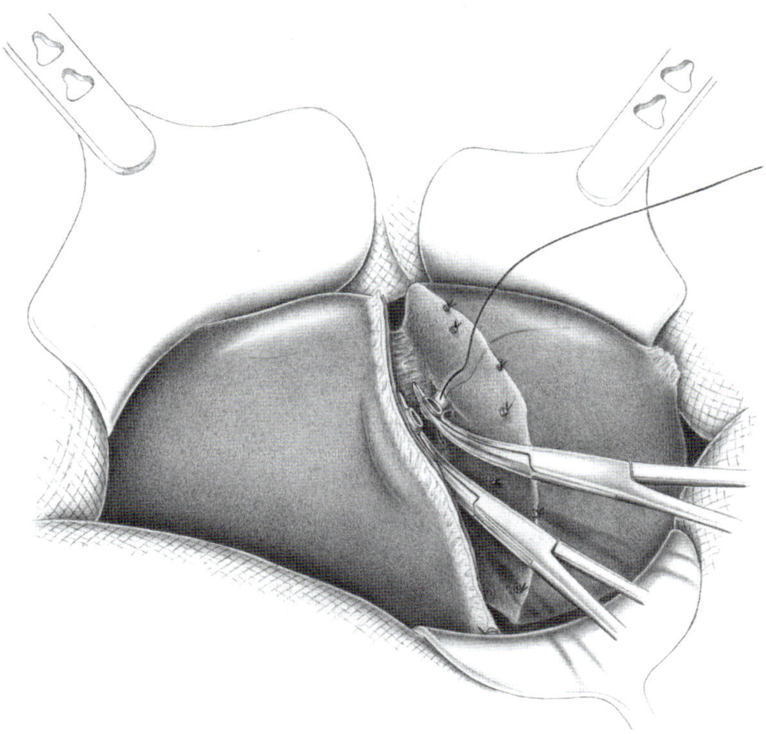

❽ Gefäßversorgung

Kleinere Gefäße werden mit Umstechungsligaturen (3 × 0 PGS) versorgt. Bei größeren Gefäßen (z. B. Lebervene) empfiehlt sich eine fortlaufende Gefäßnaht mit einem monofilen Faden (z. B. 4 × 0 oder 5 × 0 Prolene). Die Gallengänge werden mit 3 × 0 PGS-Nähten versorgt, bei größeren Gallengängen empfiehlt sich die Verwendung von monofilem PDS mit außen liegendem Knoten.

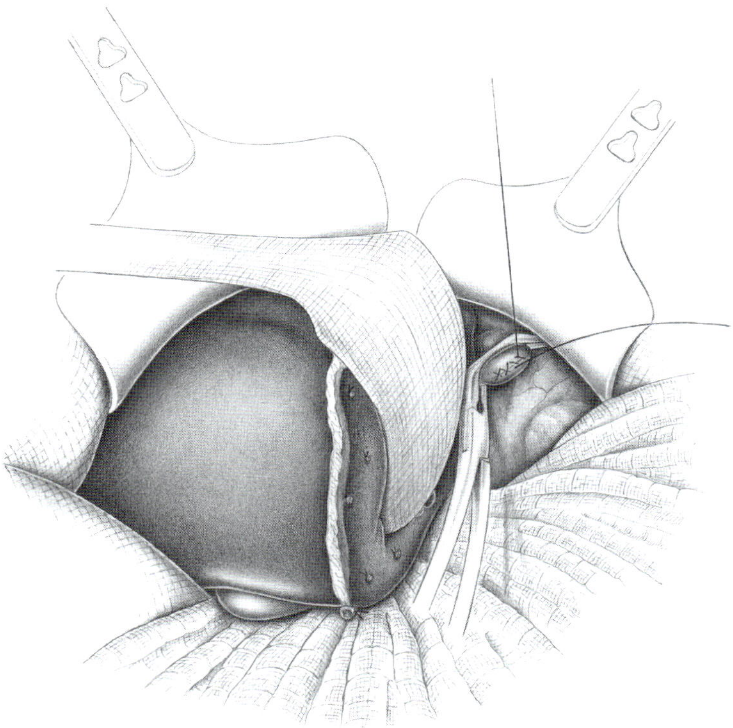

⑨ Absetzen der linken Lebervene

Nach Freilegung der linken Lebervene wird diese mit einer Satinsky-Klemme ausgeklemmt und der Stumpf fortlaufend mit einer Gefäßnaht verschlossen. Manche Operateure bevorzugen die präliminare Unterbindung des Gefäßes durch kranialen Zugang am Anfang der Operation. Dieses ist gelegentlich übersichtlicher, wenn die linke Lebervene gut mobilisierbar ist. Bei großen Tumoren ist allerdings häufig erst die retrograde Versorgung der linken Lebervene in der Resektionsfläche möglich. Hierbei sollte allerdings sehr sorgfältig präpariert werden, um nicht durch Zug am linken Lappen die noch intakte linke Lebervene aus der V. cava auszureißen.

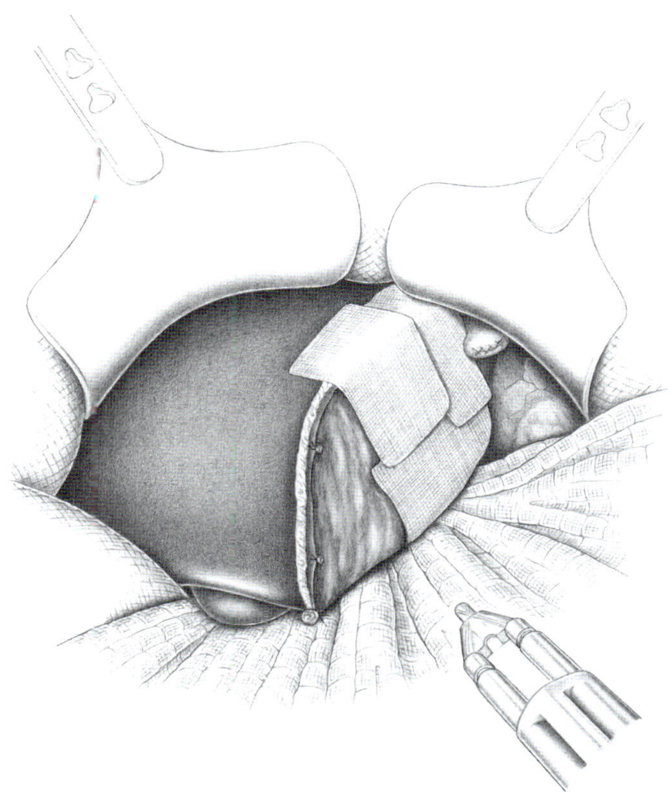

⑩ Versorgung der Resektionsfläche

Die Versorgung der Resektionsfläche kann auf verschiedene Weise erfolgen. Am besten ist die offene Versorgung mit Fibrinkleber, Kollagen-Vlies, Argon-Beamer oder anderen lokal blutstillenden Maßnahmen. Wichtig ist die absolute Bluttrockenheit am Ende der Operation, um späteren Nachblutungen und ggf. Gallenfisteln vorzubeugen. Bei schmalen Resektionsflächen und gut belastbarem Nahtlager kann auch ein fortlaufender Nahtverschluss mit Chromcatgut erfolgen. Im Zweifelsfall sollte der offenen Vorgehensweise der Vorzug gegeben werden, um das benachbarte Parenchym nicht durch Kompression zu schädigen und um Gallefisteln zu vermeiden.

60. Leberruptur

1 Indikation

Absolut: Hämoperitoneum (> 300 ml bzw. zunehmend bei kurzfristigen sonographischen Kontrollen) oder direkte sonographische Hinweise auf parenchymatöse Leberläsion, speziell bei kreislaufinstabilen Patienten nach stumpfem Abdominaltrauma.
Alternativverfahren: Bei sonographisch weniger als ca. 300 ml Flüssigkeit im Abdomen und kreislaufstabilem Patienten mit engmaschiger, d. h. halbstündiger/stündlicher Kontrollmöglichkeit Zuwarten unter intensivmedizinischer Überwachung und Operationsbereitschaft.

2 Operationsvorbereitung

Präoperative Diagnostik: Sonographie (Möglichkeit der transkutanen Probepunktion freier intraabdomineller Flüssigkeit!). Selten Peritoneallavage; ggf. bei stabilem Patienten Computertomographie. Ausschluss von Begleitverletzungen, z. B. thorakal.
Patientenvorbereitung: Großvolumige Gefäßzugänge. Volumensubstitution. Blasenkatheter. Perioperative Antibiotikaprophylaxe.

3 Spezielle Risiken, Aufklärung

- Bei Rupturen Grad 4/5 Letalität (> 80%).
- Gerinnungsstörungen (Massentransfusion!).
- Ikterus (multifaktoriell: Transfusion, Leberfunktionsstörung, biliäres Abflusshindernis).
- Galleleck/Hämobilie.
- Leberabszess.
- Bei nicht bewusstseinsgestörtem Patienten und zunächst abwartendem Verhalten muss über die mögliche Operation im weiteren Verlauf informiert werden.

4 Anästhesie

Intubationsnarkose, Autotransfusionsgerät.

5 Lagerung

Rücken.

6 Zugang

Komplette mediane Laparotomie, ggf. mit Querergänzung rechts; komplette quere Oberbauchlaparotomie mit Verlängerung auf das Xiphoid.

7 Operationsschritte

1. Formen der Leberverletzung.
2. Freilegung.
3. Packing.
4. Resektion.
5. Lebernähte.

8 Relevante Anatomie, Gefahren, Tricks

- Weitere intraabdominelle Verletzungen nicht übersehen (z. B. Zwerchfellruptur, Dünndarmruptur, Pankreasläsion, Mesoeinrisse).
- Grundsätzlich vollständige Mobilisation der Leber.
- Blutung steht nach Pringle-Manöver nicht, d. h. Blutung aus Lebervenen oder V. cava = mindestens Grad 3.
- Gefahr der Luftembolie bei Hypotension und eröffneter V. cava.

9 Maßnahmen bei speziellen Komplikationen

- Blutung aus Lebervenen oder retrohepatischer V. cava erfordert meist die totale vaskuläre Isolierung der Leber (d. h. Abklemmung V. cava supra und infrahepatisch und Pringle).
- Gelingt es innerhalb relativ kurzer Zeit nicht, die Blutungsquelle zu lokalisieren und zu versorgen, sollte der Patient rechtzeitig „gepackt" und auf die Intensivstation zur Stabilisierung verlegt werden (Abdomenverschluss mit resorbierbarem Netz).
- Nach Packing mindestens 24 Stunden abwarten vor neuem Versuch der exakten chirurgischen Blutstillung; Zeit nutzen, um Kreislauf und Gerinnung zu stabilisieren.

10 Nachsorge

Medizinische Nachbehandlung: Abhängig von Gesamtsituation: sonographische und laborchemische Kontrollen, ggf. Duplex-Sonographie, Computertomographie. Bei postoperativer Kreislaufstabilität und fehlender blutiger oder galliger Sekretion über die Drainagen Magensonde ex ab 2. Tag, Drainagen ex am 4./5. Tag.

Cave: Postoperative PEEP-Beatmung, Pleuraergussbildung

Kostaufbau: Abhängig von Gesamtsituation, bei reinem Lebertrauma zügig.
Mobilisation: Bei definitiver Versorgung sofort.
Krankengymnastik: Atemgymnastik.
Arbeitsunfähigkeit: Bei unauffälligem Verlauf 2 – 4 Wochen (abhängig von Verletzungsgrad und Begleitverletzungen).

7 Operationstechnik

1. Formen der Leberverletzung.
2. Freilegung.
3. Packing.
4. Resektion.
5. Lebernähte.

1 Formen der Leberverletzung

Die Verletzungen reichen von kleinen Hämatomen, oberflächlichen Kapselrissen und Prellmarken bis hin zur Totalzerreißung des Organs. Vital bedrohlich sind alle Läsionen, die mit einer Verletzung der großen Venen einhergehen.

a Kleine Läsionen und Prellmarken bedürfen keiner weiteren chirurgischen Therapie. Sie können unter sonographischer Beobachtung und Kontrolle des Blutbildes risikolos beobachtet, d. h. abwartend therapiert werden.

b Perforierende Verletzungen und größere Risse erfordern die operative Revision. Hierbei sollte intraoperativ der perforierende Gegenstand entfernt, verletzte Gefäße versorgt und größere Läsionen durch Naht verschlossen werden.

c Perforierende Verletzungen mit Beteiligung des Gallengangsystems erfordern die operative Revision und Drainage sowie Drainage des Gallengangsystems. Eine übersehene Gallengangfistel bei perforierender Verletzung hat unbehandelt eine schlechte Prognose durch die zwangsläufige Kontamination des Operationsgebietes. Gleiches gilt für die Zerreißung der Leber mit Gallengangdurchtrennung. In dieser Situation muss das Gallengangsystem mit einer ERC dargestellt und ggf. über eine EPT und endoskopisch platzierte Drainage entlastet werden. Durch Entlastung des Gallengangdrucks kann es zu einer Spontanverklebung der Perforationsöffnung kommen, so dass die Verletzung spontan ausheilt. Sieht man in der Basis der Leberzerreißung einen zerstörten Gallengang, muss er operativ durch direkte Naht versorgt oder entsprechend unter Einschluss des anhängigen Lebersegments reseziert werden.

d Leberzerreißungen mit Abtrennung ganzer Lappenanteile erfordern die sofortige operative Revision. Im Rahmen dieser Revision sind nekrotische oder nekrosegefährdete Areale großzügig zu entfernen. Das verbleibende Parenchym ist mit Gefäß- und Gallengangnähten zu versorgen. Anatomische Gesichtspunkte sind nur insoweit einzubeziehen, als sie die Gefäßanatomie betreffen, ansonsten empfehlen sich atypische Resektionen.

e Patienten mit Leberzerreißungen unter Beteiligung des großen Venensystems erreichen nur selten lebend die Klinik. In diesen Fällen ist eine sofortige Exploration mit Versorgung der großen Venen erforderlich. Kommt es zum Einriss der retrohepatischen V. cava, so muss diese oberhalb und unterhalb der Leber angeklemmt und ggf. über einen eingeführten Beatmungstubus durch einen intrakavalen Bypass überbrückt werden. Gleichzeitig ist ein Pringle-Manöver durchzuführen. Diese Verletzungen haben den höchsten Schwierigkeitsgrad in der Leberchirurgie und können nur im Ausnahmefall beherrscht werden.

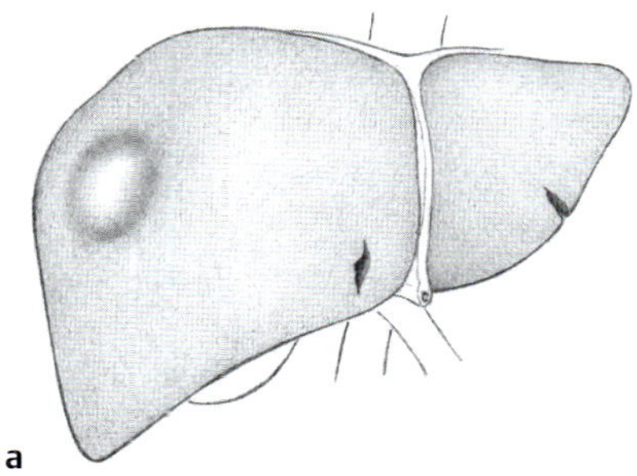
a

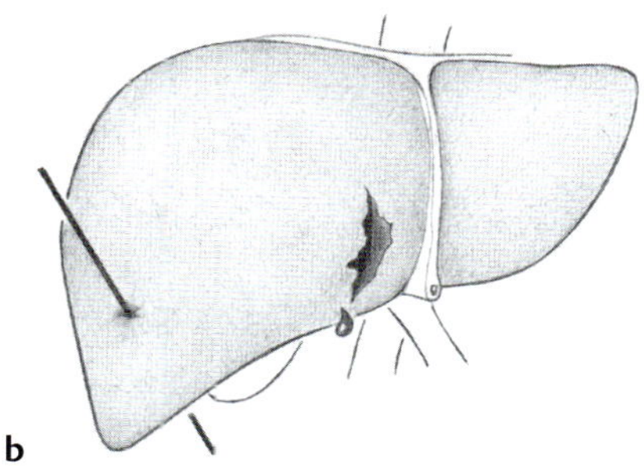
b

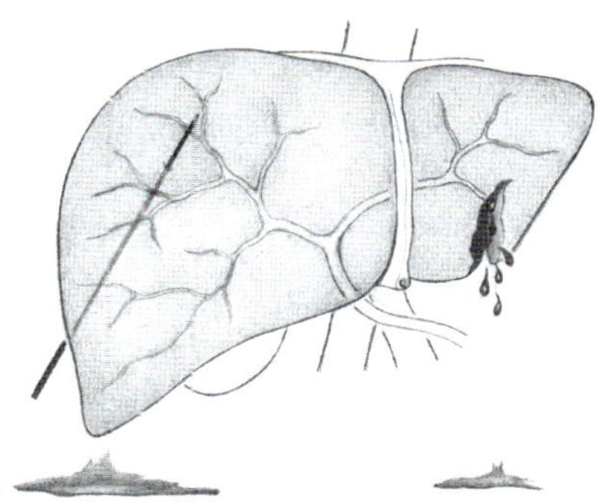
c

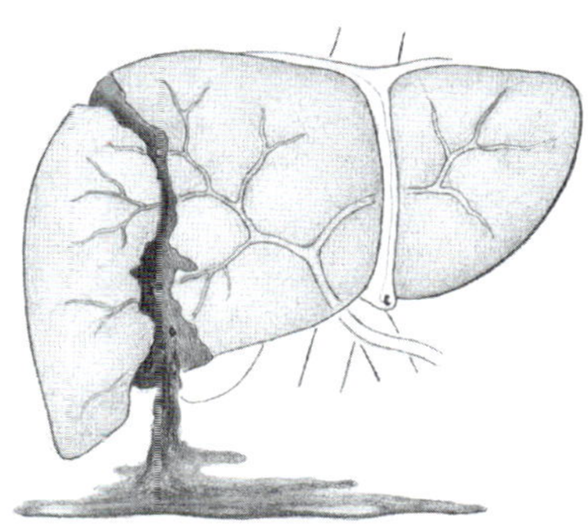
d

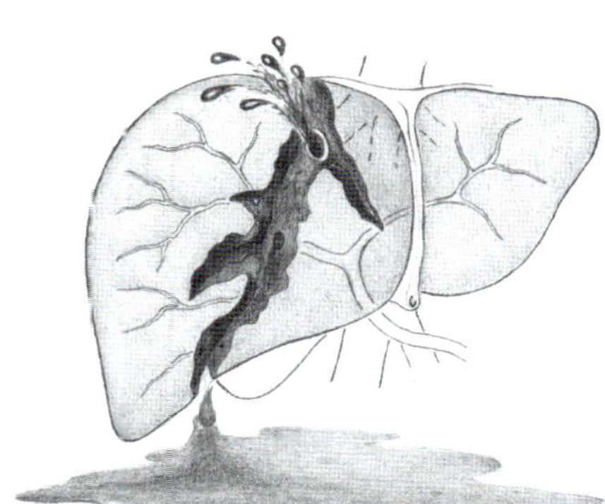
e

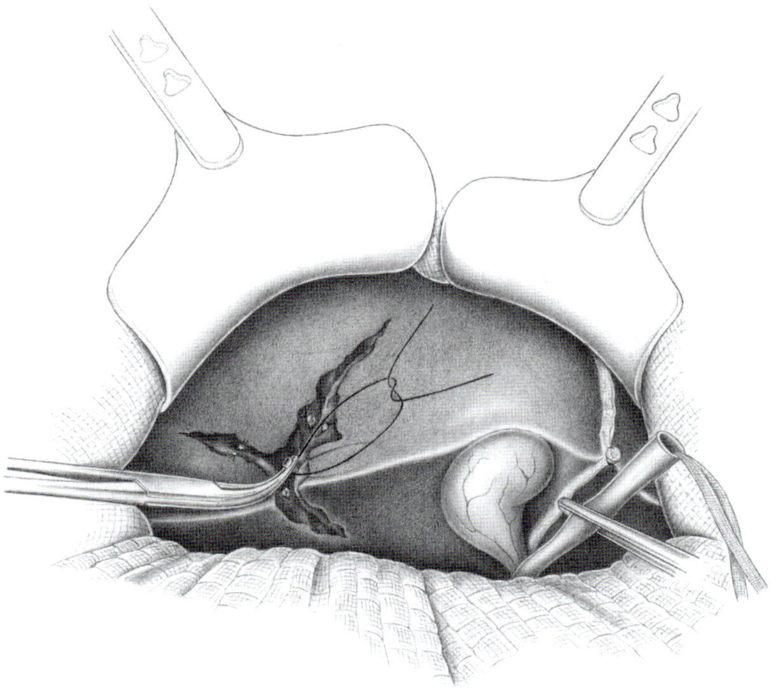

❷ Freilegung

Nach Freilegung der Leber wird das Lig. hepatoduodenale unterfahren und mit einem Torniquet nach Pringle versorgt. Hierunter lassen sich zumeist die blutenden Läsionen isolieren, Gefäße und Gallengänge können umstochen und versorgt werden. Größere resezierende Maßnahmen sollten nach Möglichkeit vermieden werden.

❸ Packing

Findet sich eine Totalzerreißung der Leber, so empfiehlt sich eine komprimierende Verpackung der Leber (Packing) zur Reduktion der Blutung und die anschließende Verlegung in ein leberchirurgisches Zentrum. Auch hier wird meist bei totaler Zerreißung der Leber erst ein Packing durchgeführt, um unter Stabilisation der Kreislaufverhältnisse und Gerinnungssituation, Organisation der Blutkonserven und Vorbereitung der Operation und Anästhesie bessere Ausgangsbedingungen herbeizuführen. Danach ist unter optimalen Bedingungen bei Ausklemmen der infra- und suprahepatischen V. cava und des Lig. gastroduodenale die Leber zu inspizieren und die Erhaltbarkeit der einzelnen Abschnitte zu beurteilen. Das Packing erfolgt mit feuchten Bauchtüchern, die in großen Mengen subphrenisch und subhepatisch platziert werden, bis die Blutung steht. Die Bauchdecken müssen fest genug verschlossen werden, um den Bauchtüchern einen ausreichenden Gegendruck zu bieten.

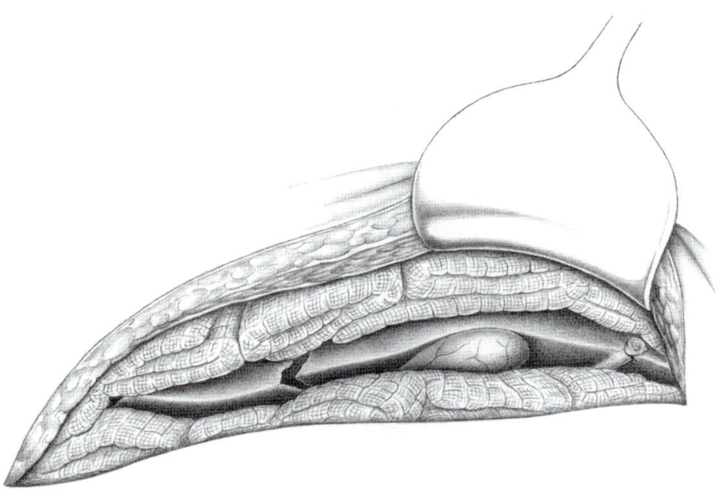

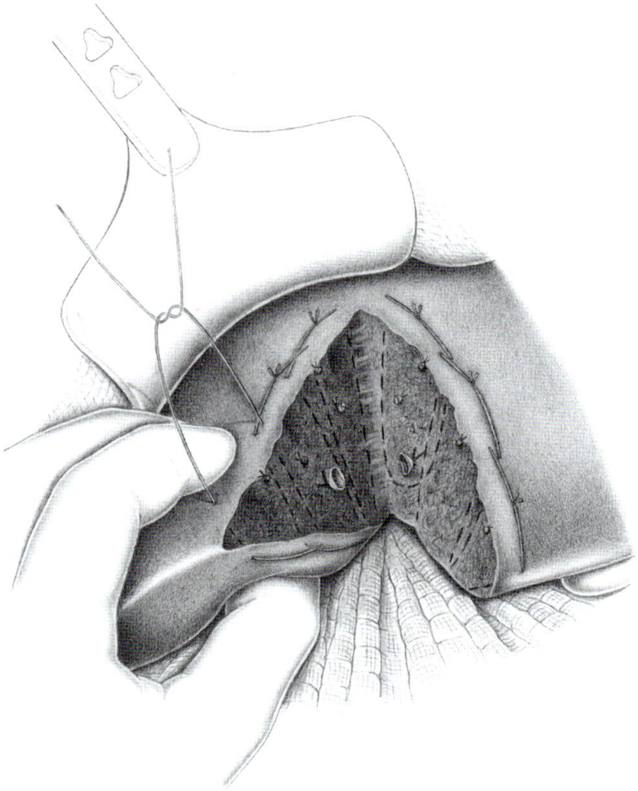

❹ Resektion

Nekrotische Leberareale werden reseziert und mit durchgreifenden Nähten gesichert. Dies ist immer dann möglich, wenn es sich um umschriebene Läsionen handelt. Insgesamt ist nach den üblichen Regeln der Leberchirurgie vorzugehen, wobei gezielter Blutstillung gegenüber durchgreifenden Nähten stets der Vorzug zu geben ist. Dennoch ist in der akuten Situation manchmal die durchgreifende Naht lebensrettend.

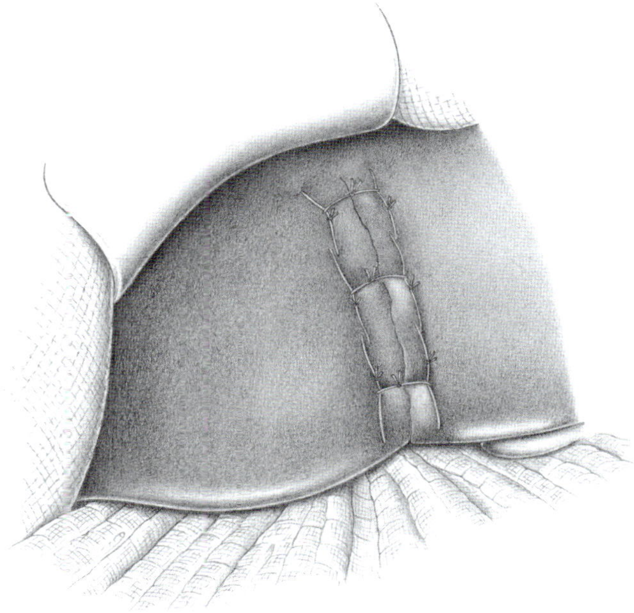

❺ Lebernähte

Gelingt keine sichere Blutstillung in der Tiefe des Parenchyms, so empfehlen sich durchgreifende Steppnähte, die zumindest die Blutstillung erleichtern. Es ist darauf hinzuweisen, dass diese Nähte nicht selten die Gefahr einer Arrosion von Gallengängen mit nachfolgender Gallenfistel sowie der Ischämisierung ganzer Parenchymareale haben und deshalb auf ein Minimum beschränkt sein sollten.

61. Arteria-hepatica-Portkatheter

1 Indikation

Relativ: Reine Leberfilialisierung eines lokal sanierten Kolonmalignoms ohne Resektionsmöglichkeit an der Leber.
Kontra: Lokal nicht kurativ oder extrahepatische Filialisierung.
Alternativverfahren: Systemische Chemotherapie.

2 Operationsvorbereitung

Präoperative Diagnostik: Zöliako-Mesenterikographie. Sonographie. Computertomographie.
Patientenvorbereitung: Planung der Portposition.

3 Spezielle Risiken, Aufklärung

- Infektion des Ports/Katheters.
- Katheter-Leck.
- Katheterdislokation, Blutung.
- Thrombotischer Verschluss der A. hepatica.
- Gastroduodenales Ulkus.

4 Anästhesie

Intubationsnarkose.

5 Lagerung

Rücken.

6 Zugang

Rippenbogenrand/quere rechtsbetonte Oberbauchlaparotomie, ggf. mediane Laparotomie.

7 Operationsschritte

1. Hautschnitt und Portplatzierung.
2. Subkutane Portlage und Punktion.
3. Freilegung der A. gastroduodenalis.
4. Kanülierung A. gastroduodenalis.
5. Korrekte Katheterlage.
6. Bildung subkutaner Porttasche.
7. Subkutane Portfixierung.

8 Relevante Anatomie, Gefahren, Tricks

- Akzessorische arterielle Versorgung ausschließen (A. hepatica sinistra aus A. gastrica sinistra oder A. hepatica dextra aus A. mesenterica superior).
- Cholezystektomie und Ligatur der A. gastrica dextra zur Vermeidung einer pharmakogenen Cholezystitis oder Gastritis erforderlich.
- Port an gut erreichbarer Stelle platzieren und mindestens an 3 Punkten an der Faszie fixieren.
- In fraglichen Situationen und nach jeder Port-Nutzungspause angiographische Lage- und Abstromkontrolle.

9 Maßnahmen bei speziellen Komplikationen

- A.-hepatica-Thrombose: unter sonographischen und laborchemischen Kontrollen abwarten, da meist Kollateralisierung innerhalb weniger Tage.
- Entfernung eines funktionslosen Portsystems abhängig von Gesamtsituation.
- Bei Zytostatika-Paravasat am Port lokaltherapeutische Maßnahmen: Kühlung, Infusionen abbrechen und ggf. Umspritzung mit physiologischer Kochsalzlösung.

10 Nachsorge

Medizinische Nachbehandlung: Magensonde ex am 1./2. Tag, Drainage ex 3./4. Tag, vor erster Portinfusion angiographische Kontrolle.
Kostaufbau: Schluckweise trinken ab 1. Tag, wenn gut toleriert, zügig steigern.
Mobilisation: Sofort.
Krankengymnastik: Atemgymnastik.
Arbeitsunfähigkeit: 2 Wochen, abhängig von Gesamtsituation.

7 Operationstechnik

1. Hautschnitt und Portplatzierung.
2. Subkutane Portlage und Punktion.
3. Freilegung der A. gastroduodenalis.
4. Kanülierung A. gastroduodenalis.
5. Korrekte Katheterlage.
6. Bildung subkutaner Porttasche.
7. Subkutane Portfixierung.

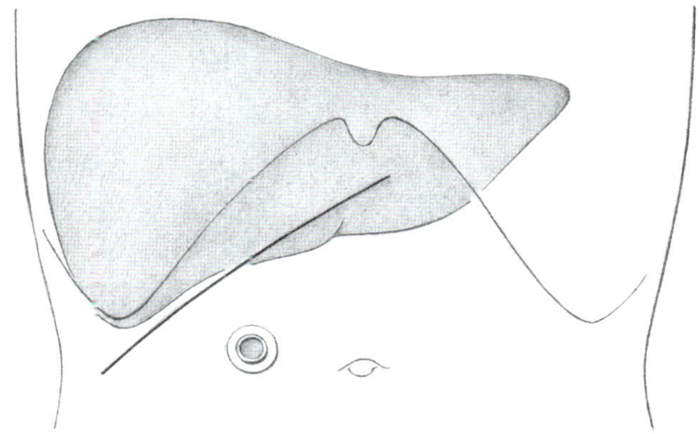

1 Hautschnitt und Portplatzierung

Als Hautschnitt empfiehlt sich ein Rippenbogenrandschnitt rechts. Der Port liegt unterhalb des Hautschnitts in Höhe des Nabels. Der Port soll an der Muskelfaszie so fixiert werden, dass er bei der perkutanen Punktion leicht zu tasten und zu punktieren ist.

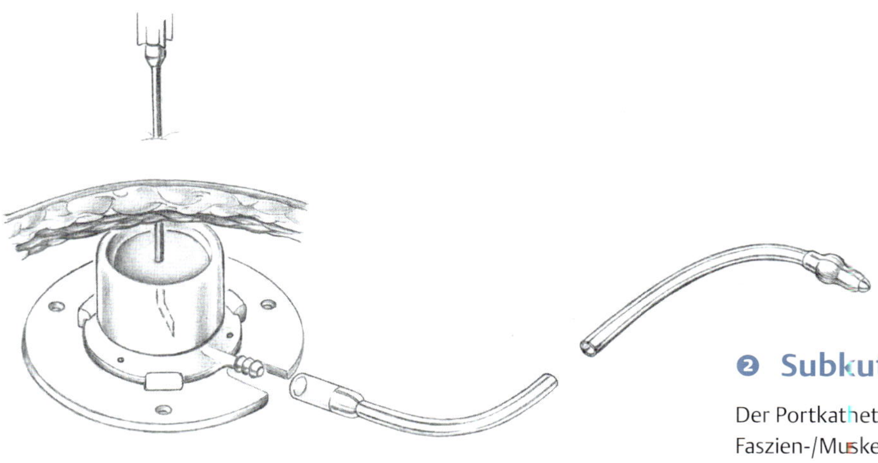

2 Subkutane Portlage und Punktion

Der Portkatheter wird an der Faszie fixiert, der Schlauch läuft durch die Faszien-/Muskelschicht zur A. gastroduodenalis/A. hepatica.

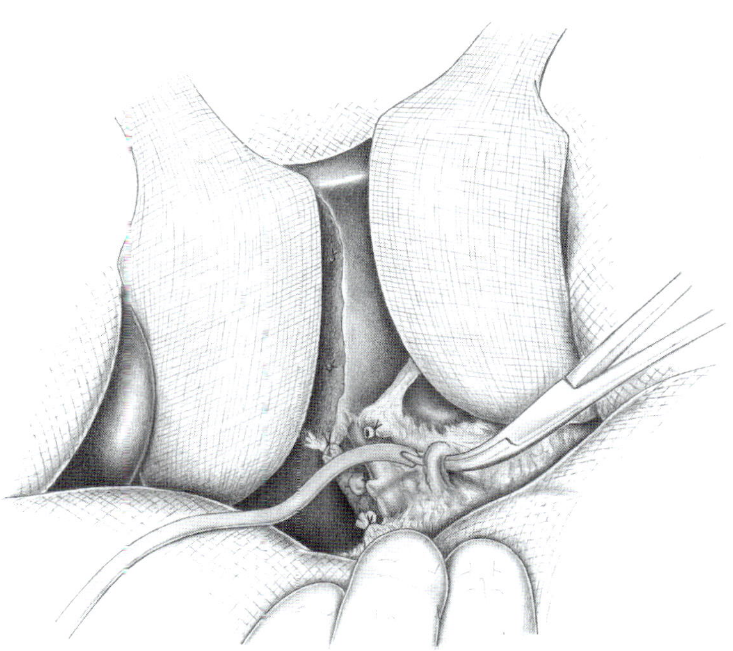

3 Freilegung der A. gastroduodenalis

Nach Freilegung der Leberpforte wird die A. gastroduodenalis aufgesucht, mobilisiert und angeschlungen. Mit einem Zügel kann sie armiert werden. Wichtig ist die genaue Identifikation der A. gastroduodenalis an ihrer Einmündung in die A. hepatica, eine Verwechslung mit der A. gastrica dextra ist möglich.

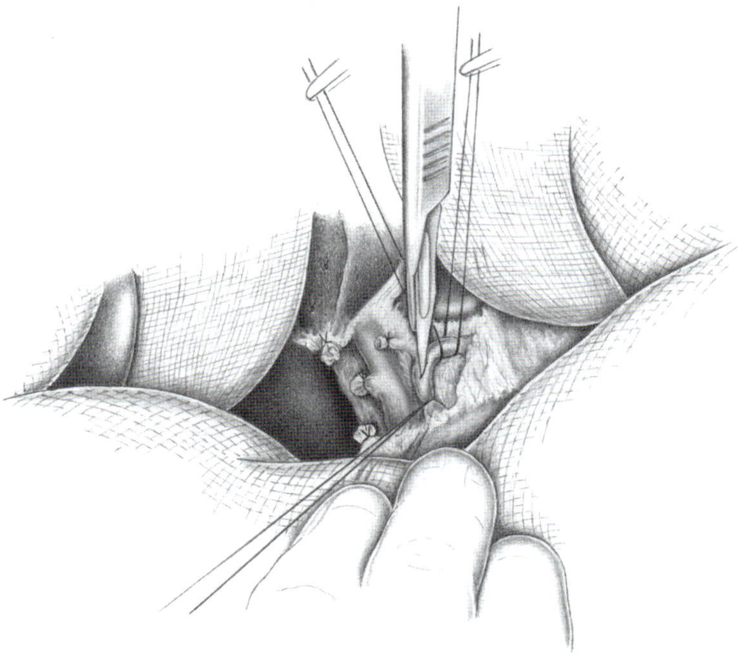

❹ Kanülierung A. gastroduodenalis

Nach distaler Ligatur der A. gastroduodenalis wird sie nach proximal mit zwei Fäden angeschlungen. Unter passagerer Okklusion der A. hepatica mit einer Gefäßklemme erfolgt nunmehr die Inzision und Einbringung des Portkatheters. Der Katheter wird über die A. gastroduodenalis mit der Spitze bis knapp in die A. hepatica vorgeschoben und seine Olive mit den beiden vorgelegten Ligaturen (Seide 2 × 0) fixiert. Die Durchgängigkeit des Katheters wird über eine intraoperative Angiographie nachgewiesen.

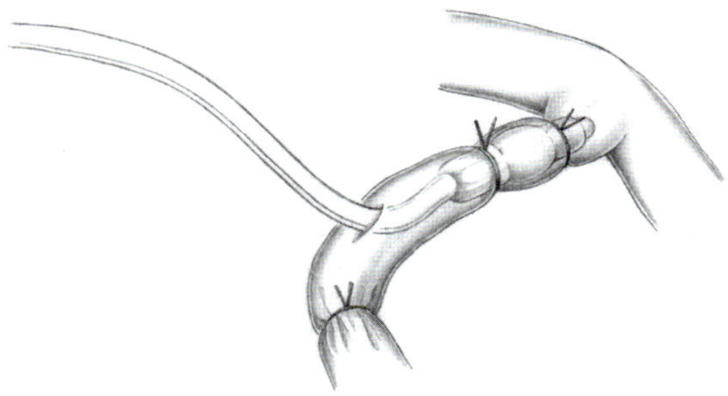

❺ Korrekte Katheterlage

Bei der Katheterplatzierung ist sorgfältig darauf zu achten, dass der Katheter in der richtigen Lokalisation in Bezug auf das Lumen der A. hepatica liegt, da ein Umschlagen oder ein zu weites Hervorragen in das Gefäßlumen unweigerlich zu einer Thrombose führen wird. Die Katheterlage ist durch Palpation und intraoperatives Röntgen zu kontrollieren.

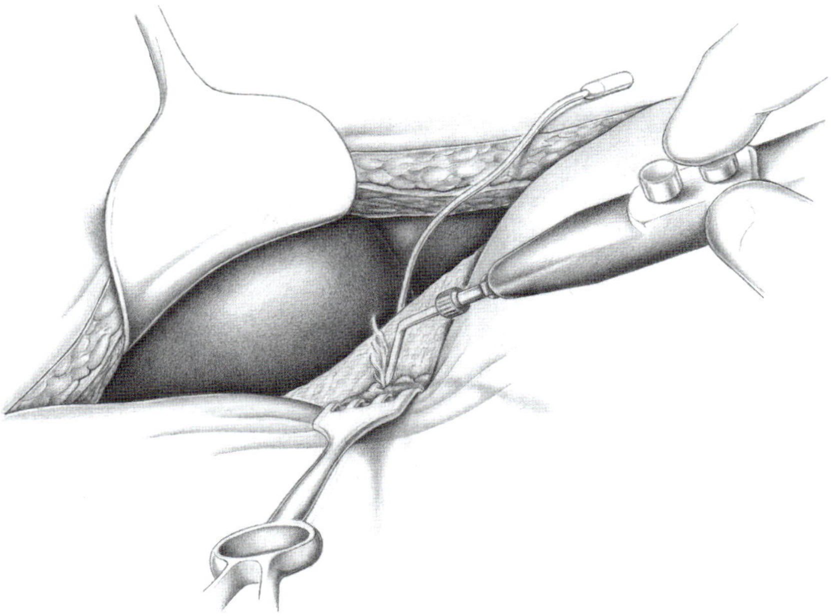

❻ Bildung subkutaner Porttasche

Der Port wird in einer Subkutantasche auf der Faszie der Externusaponeurose platziert. Hierzu wird nach Hochziehen der Haut mit einem scharfen Haken auf der Externusaponeurose eine Tasche gebildet, auf der der Port ausreichend Platz findet. Der Portkatheter wird durch Peritoneum und Muskulatur sowie Externusaponeurose hindurchgeführt und mit dem Port verbunden. Scharfes Knicken des Schlauchs ist unbedingt zu vermeiden.

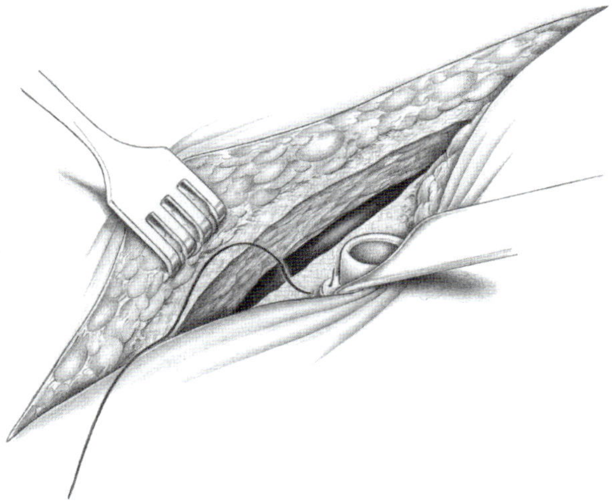

❼ Subkutane Portfixierung

Der Port wird an der Faszie mit nicht resorbierbaren (Polypropylen 2 × 0) Fäden fixiert und die Konnektierung erneut überprüft. Durch Injektion von heparinisierter Kochsalzlösung über den Port lässt sich die Dichtigkeit und Durchgängigkeit des Systems prüfen. Die subkutane Tasche wird mit Einzelknopfnähten (3 × 0 PGS) verschlossen. Der Verschluss der Bauchdecke beendet den Eingriff.

62. Pankreas-Nekrosektomie

1 Indikation

Absolut: Nachweis einer infizierten Nekrose oder zunehmende klinische Verschlechterung (Organversagen) unter maximaler konservativer Therapie bei nekrotisierender Pankreatitis.

2 Operationsvorbereitung

Präoperative Diagnostik: Computertomographie, Sonographie, ggf. perkutane Punktion (Mikrobiologie).
Patientenvorbereitung: Magensonde. Aggressive Volumensubstitution.

3 Spezielle Risiken, Aufklärung

- Arrosion von Gefäßen und Nachbarorganen (Magen, Dünn-, Dickdarm) mit Blutung oder Fistelbildung (bis > 50%).
- Notwendigkeit einer Cholezystektomie/T-Drainage oder Splenektomie (bis > 30%).
- Mehrfache Laparotomie/Laparostoma-Anlage.

4 Anästhesie

Intubationsnarkose.

5 Lagerung

Rücken.

6 Zugang

Quere Oberbauchlaparotomie.

7 Operationsschritte

1. Hautschnitt.
2. Eröffnung der Bursa omentalis.
3. Darstellung der Nekrosen.
4. Nekrosektomie.
5. Bursalavage.
6. Verschluss der Bursa omentalis.

8 Relevante Anatomie, Gefahren, Tricks

- In der Akutsituation keine formalen Pankreasteilresektionen.
- Vorsichtige Exploration aller Nekroseareale und zurückhaltendes stumpfes Débridement.
- Bei erheblichen Nekrosen außerhalb der Bursa Kombination der Bursalavage mit programmierten Revisionen (provisorischer Verschluss des Abdomens mit resorbierbarem Netz und Inzisionsfolie).
- Bei lange in situ liegenden Drainagen **cave** Organarrosion, speziell Kolon (weiche Drainagen verwenden: Silikon!).

9 Maßnahmen bei speziellen Komplikationen

- Diffuse Blutungen im Rahmen einer Nekrosektomie können eine Tamponade mittels Bauchtüchern erforderlich machen, die für 24 – 48 Stunden belassen werden müssen!
- Intestinale Fisteln müssen chirurgisch versorgt werden. Bei gut drainierter Pankreasfistel zuwarten und erst nach vollständiger Erholung des Patienten revidieren, hohe Wahrscheinlichkeit für spontanes Sistieren!

10 Nachsorge

Medizinische Nachbehandlung: Lavagekatheter entfernen, wenn Laborwerte deutlich rückläufig und Effluat klar. Programmierte Revisionen beenden, wenn der entzündlich-nekrotisierende Prozess in der Peritonealhöhle abklingt und sich die klinische Situation stabilisiert. Drainagen lange belassen, ggf. perkutane Drainage sich erneut ausbildender umschriebener Verhalte oder Abszesse.
Kostaufbau: Beginnen, wenn Laborwerte weitgehend rückläufig und Darmfunktion normalisiert.
Stuhlgang: Medikamentös unterstützen, ggf. orale Laxantien.
Mobilisation: Sobald der Allgemeinzustand es zulässt.
Krankengymnastik: Atemgymnastik und allgemeine Physiotherapie.
Arbeitsunfähigkeit: Unter Umständen mehrere Monate.

7 Operationstechnik

❶ Hautschnitt.
❷ Eröffnung der Bursa omentalis.
❸ Darstellung der Nekrosen.
❹ Nekrosektomie.
❺ Bursalavage.
❻ Verschluss der Bursa omentalis.

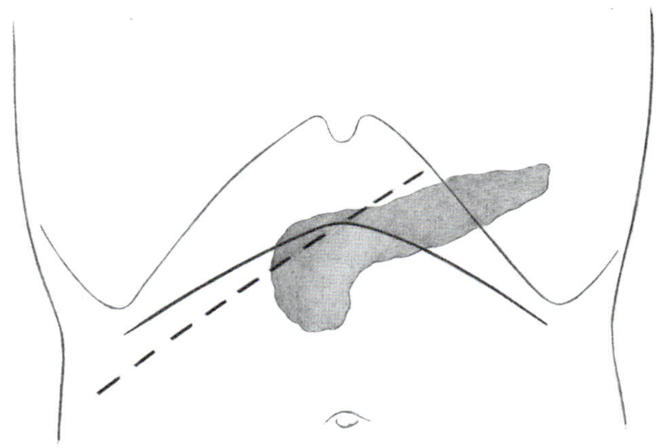

❶ Hautschnitt

Der Zugang zum Pankreas kann über einen rechtsseitigen Rippenbogenrandschnitt oder auch einen Oberbauchquerschnitt erfolgen. Speziell bei Prozessen im Pankreaskorpus und -schwanz empfiehlt sich der Oberbauchquerschnitt wegen der besseren Zugänglichkeit.

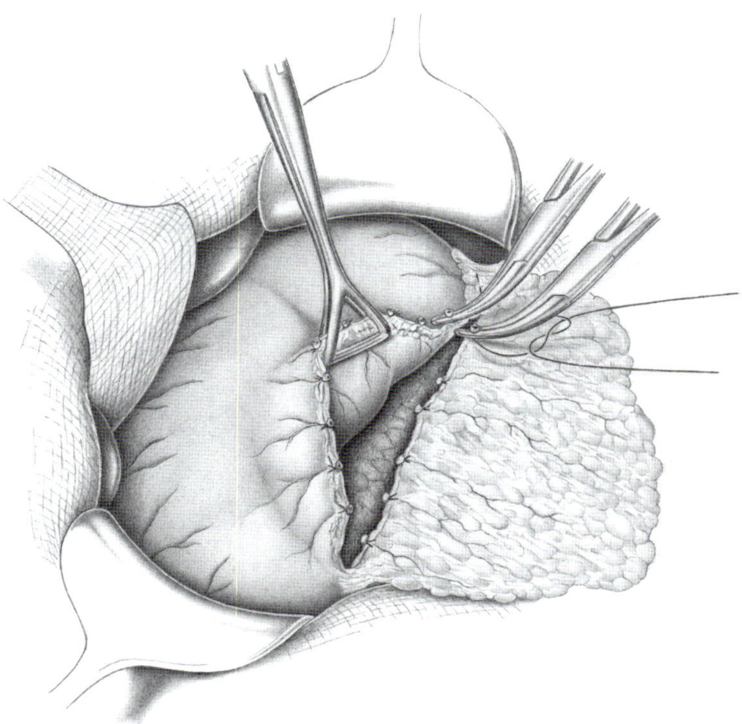

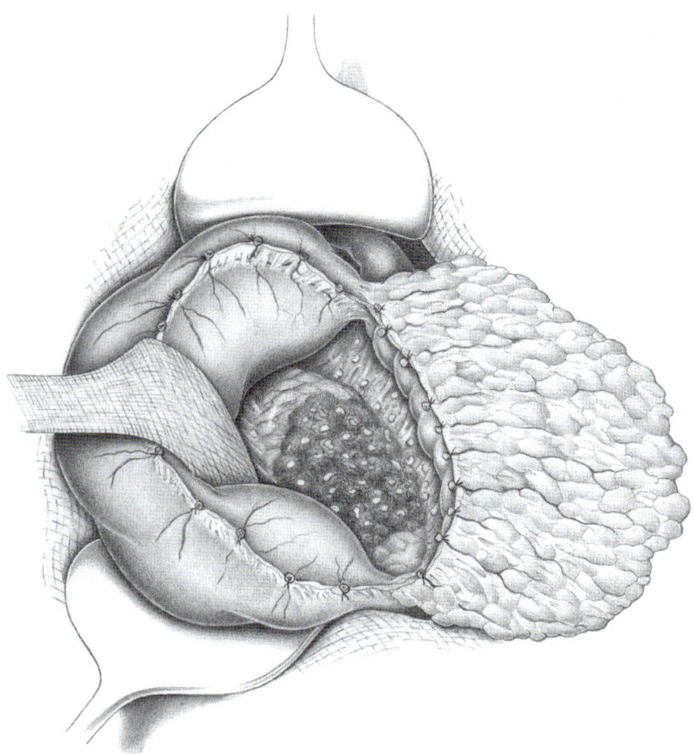

❷ Eröffnung der Bursa omentalis

Die Freilegung des Pankreas beginnt mit der Eröffnung der Bursa omentalis. Hierzu wird an der großen Magenkurvatur zwischen Overholt-Klemmen das Lig. gastrocolicum schrittweise durchtrennt. Durch Fassen der großen Magenkurvatur mit einer Duval-Klemme lässt sich der Magen nach ventro-kranial verlagern und damit das Pankreas in der Tiefe darstellen.

❸ Darstellung der Nekrosen

Nach vollständiger Eröffnung der großen Magenkurvatur durch Durchtrennung des Lig. gastrocolicum lassen sich Haken hinter dem Magen einsetzen, die die gesamte Vorderfläche des Pankreas exponieren. Nekrotische Areale sind durch schwärzliche oder gräuliche Verfärbung, zum Teil mit hämorrhagischen Arealen, gekennzeichnet. Makroskopisch kann meist nicht zwischen Pankreasnekrose und Nekrose des peripankreatischen Gewebes unterschieden werden.

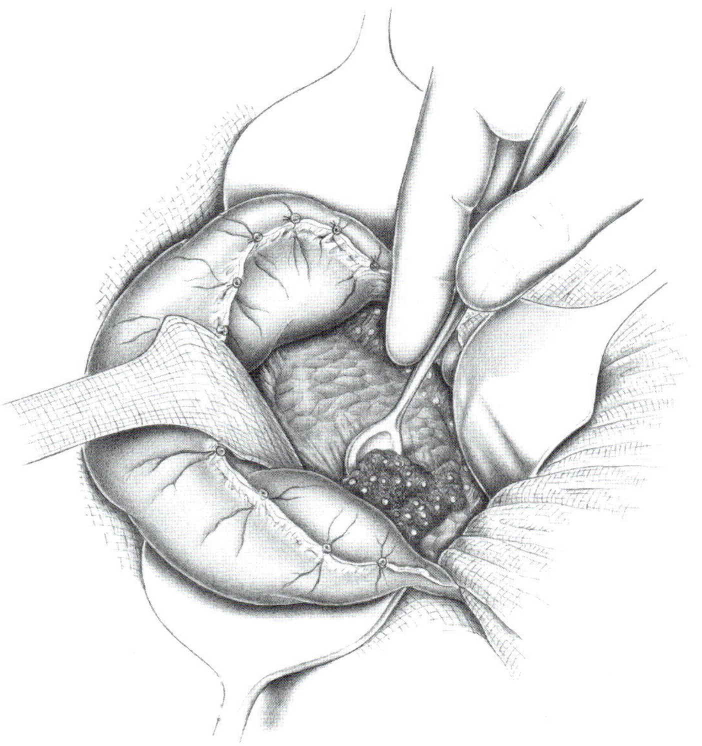

❹ Nekrosektomie

Nekrotisches Material wird durch Digitoklasie, scharfen Löffel oder auch durch oberflächliche Exzision entfernt. Die Präparation hat so weit zu erfolgen, bis kapillar blutende Pankreasanteile die Grenze zu vitalen Gewebeanteilen markieren. In keinem Fall darf eine Entfernung gut durchbluteten Pankreasgewebes erfolgen, da dies für die spätere Funktion und auch im Hinblick auf eine Nachblutung problematisch wäre. Besondere Aufmerksamkeit ist der V. lienalis und der V. mesenterica superior zu widmen, die im Rahmen der Nekrosektomie nicht geschädigt werden dürfen. Dies würde zu einer kaum beherrschbaren, schweren Blutung führen.

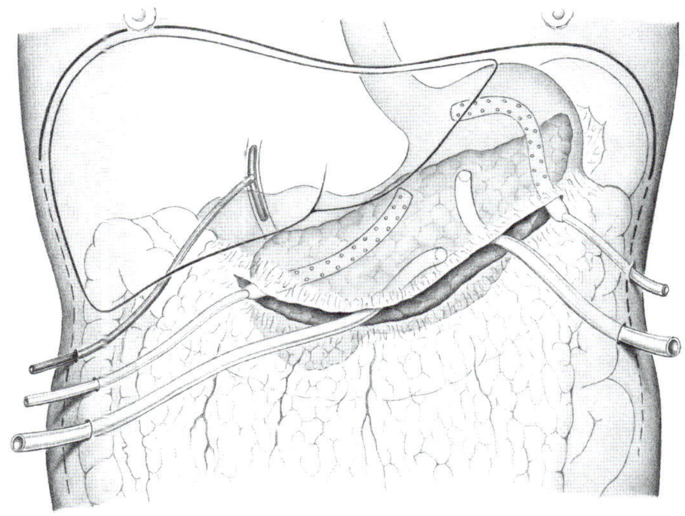

❺ Bursalavage

Nach vollständiger Entfernung des nekrotischen Materials aus der Bursa omentalis sollte eine kontinuierliche Spülbehandlung erfolgen. Hierzu wird über 2 Zulauf-Drains und 2 Ablauf-Drains die Bursa kontinuierlich mit bis zu 20 Litern Kochsalzlösung/24 h gespült. Dies bewirkt eine Entfernung von nekrotischem Material, Endotoxinen und zytotoxischen Substanzen. Zur Verhinderung einer chologenen Komponente der Pankreatitis und gleichzeitiger Drainage des Gallensystems ist eine T-Drainage in den Gallengang einzulegen. Als Zulauf-Drains haben sich die Jackson-Pratt-Drainage oder Modifikationen bewährt, als Ablauf-Drain volumenstarke (mindestens 10 mm) Paragummi-Drainagen am tiefsten Punkt der Bursa omentalis.

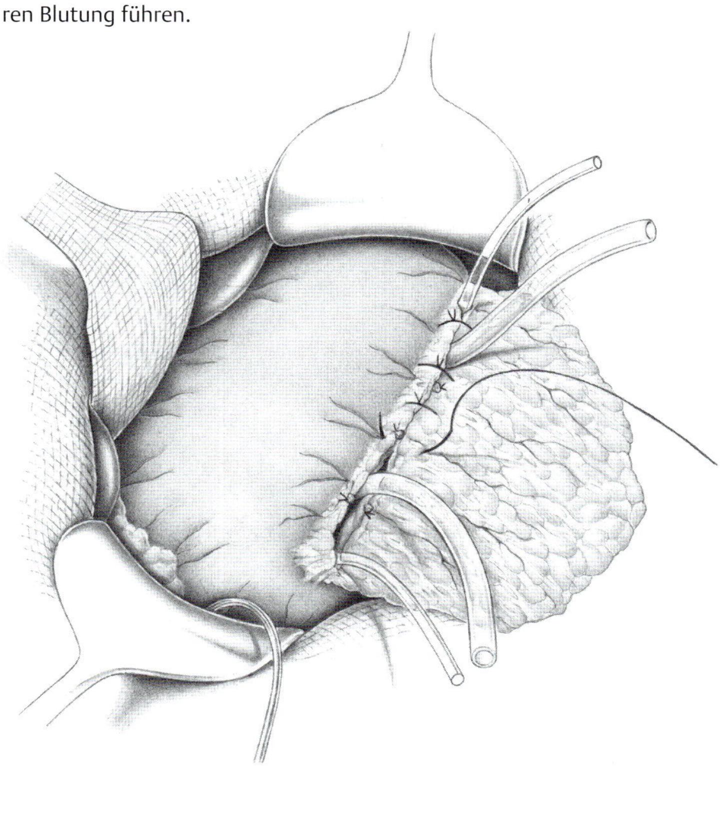

❻ Verschluss der Bursa omentalis

Zur Erzielung eines geschlossenen Spülsystems wird die Bursa omentalis mit Einzelknopfnähten wieder verschlossen. Hierzu wird das Lig. gastrocolicum über den Drainagen wasserdicht rekonstruiert, um eine spätere Begrenzung der Spülhöhle zu gewährleisten. Die Spülung wird postoperativ so lange fortgeführt, bis sich durch klares, nicht blutiges Effluat die Beendigung des nekrotisierenden Entzündungsprozesses anzeigt.

63. Pseudozystojejunostomie

1 Indikation

Elektiv: Konstant nachweisbare Pseudozyste mit Durchmesser > 4 cm, insbesondere bei Verdrängungssymptomen und Größenzunahme.
Kontra: Pseudozysten kurz nach akuter Pankreatitis (< 6 Wochen). Bei Zystenkomplikationen (Blutung, Ruptur, Abszess, Arrosion in den Darm) ist die alleinige Drainageoperation unzureichend. Verdacht auf zystischen Pankreastumor (Zystadenokarzinom).
Alternativverfahren: Perkutane Drainage; endoskopische Anlage einer Zystogastrostomie; Pankreasteilresektion.

2 Operationsvorbereitung

Präoperative Diagnostik: Sonographie, Computertomographie, ggf. ERCP, Angiographie nach Blutung und bei Verdacht auf Pseudoaneurysma.
Patientenvorbereitung: Magensonde. Perioperative Antibiotikatherapie.

3 Spezielle Risiken, Aufklärung

- Gegebenenfalls synchrone Sanierung einer Cholezystolithiasis.
- Akute Pankreatitis.
- Anastomoseninsuffizienz (1 – 5 %).
- Pankreasfistel (< 5 %).
- Abszess (< 5 %).

4 Anästhesie

Intubationsnarkose.

5 Lagerung

Rücken.

6 Zugang

Quere Oberbauchlaparotomie, selten mediane Laparotomie.

7 Operationsschritte

1. Hautschnitt.
2. Eröffnung der Bursa omentalis.
3. Darstellung der Pseudozyste.
4. Eröffnung der Pseudozyste.
5. Nekrosektomie der Pseudozyste.
6. Ausschaltung Roux-Y-Schlinge.
7. Zystojejunostomie.
8. Roux-Y-Schlinge.

8 Relevante Anatomie, Gefahren, Tricks

- Zystojejunostomie (40 cm langer Schenkel) ist Standard; wenn die Zyste eng adhärent an die Duodenal- oder Magenwand ist, sind Zystoduodenostomie oder Zystogastrostomie gute Alternativen.
- Bei Zysten mit nachgewiesenem arteriellen Pseudoaneurysma nicht drainieren, sondern resezieren, z. B. Pankreasschwanzresektion.
- Zysten stets austasten, Nebenzysten zur Hauptzyste hin verbinden, Abstrich vom Zysteninhalt.
- Immer PE aus Zystenwand (Schnellschnitt!).
- Eine Zyste mit Epithelauskleidung ist keine Pseudozyste und sollte reseziert und nicht drainiert werden.
- Auf gute Hämostase insbesondere im Bereich der Zystenwand achten: ggf. Inzisionsrand/Anastomose fortlaufend übernähen.
- Bei fraglich anastomosierungsfähiger Zystenwand interne Drainage nicht erzwingen, Eingriff unter externer Drainage abschließen, spätere Revision nach Etablierung einer stabilen Fistel.

Cave: Verletzung der A./V. colica media bei infrakolischer Zysteneröffnung.

Rupturiertes Aneurysma bei pulsierender Zyste, vor Zysteneröffnung proximale Gefäßkontrolle sichern, ggf. Probepunktion mit feiner Kanüle.

9 Maßnahmen bei speziellen Komplikationen

- Wenn angiographisch intrazystische Ruptur eines Pseudoaneurysmas gesichert, Versuch der präliminaren radiologischen Blutungskontrolle mittels Ballonkatheter-Blockade.
- Pankreasfistel: wenn gut drainiert, unter parenteraler Ernährung und ggf. Somatostatin zuwarten, spontanes Sistieren wahrscheinlich.

10 Nachsorge

Medizinische Nachbehandlung: Magensonde ex am 1. – 2. Tag, Drain ex 5. – 8. Tag. Sonographische und laborchemische Verlaufskontrollen. Bei positivem Abstrichergebnis Antibiotikatherapie für 7 Tage fortsetzen.
Kostaufbau: Schluckweise trinken ab 2. Tag, frei trinken ab 3. Tag, feste Kost, wenn Peristaltik normal und Laborwerte im Normbereich.
Stuhlgang: Gegebenenfalls Peristaltika oder orale Laxantien.
Mobilisation: Sofort.
Krankengymnastik: Atemgymnastik.
Arbeitsunfähigkeit: 1 – 2 Wochen.

7 Operationstechnik

1. Hautschnitt.
2. Eröffnung der Bursa omentalis.
3. Darstellung der Pseudozyste.
4. Eröffnung der Pseudozyste.
5. Nekrosektomie der Pseudozyste.
6. Ausschaltung Roux-Y-Schlinge.
7. Zystojejunostomie.
8. Roux-Y-Schlinge.

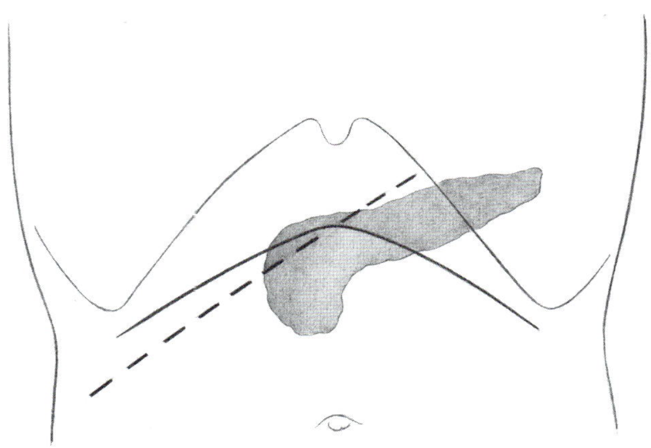

❶ Hautschnitt

Der Hautschnitt kann als Rippenbogenrandschnitt rechts oder Oberbauchquerschnitt erfolgen. Bei Prozessen im Pankreaskorpus und -schwanz empfiehlt sich der Oberbauchquerschnitt wegen der besseren Übersicht.

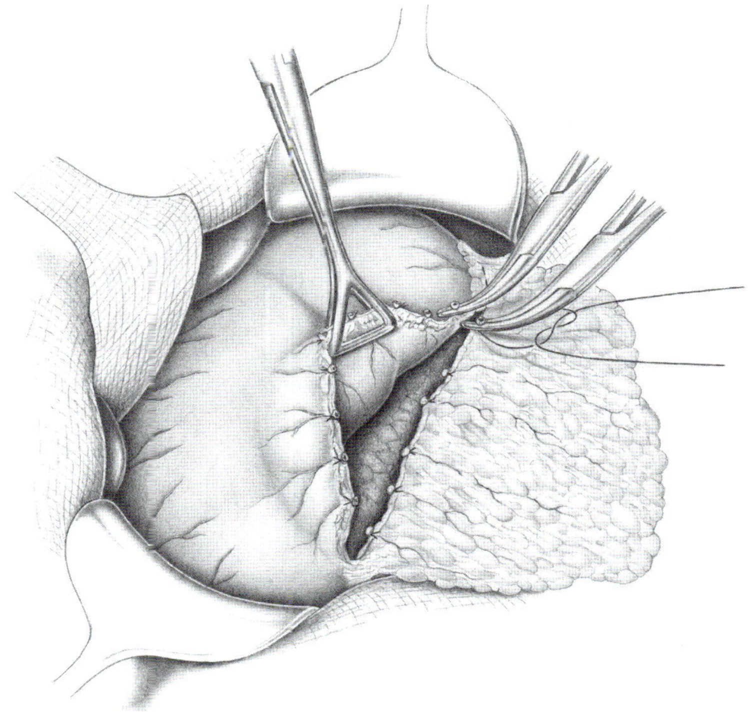

❷ Eröffnung der Bursa omentalis

Zur Freilegung des Pankreas wird die Bursa omentalis eröffnet. Hierzu wird an der großen Kurvatur des Magens das Lig. gastrocolicum zwischen Overholt-Klemmen durchtrennt. Die Gefäße werden ligiert (3 × 0 PGS). Durch Fassen der großen Magenkurvatur mit einer Duval-Klemme lässt sich das Pankreas jetzt darstellen.

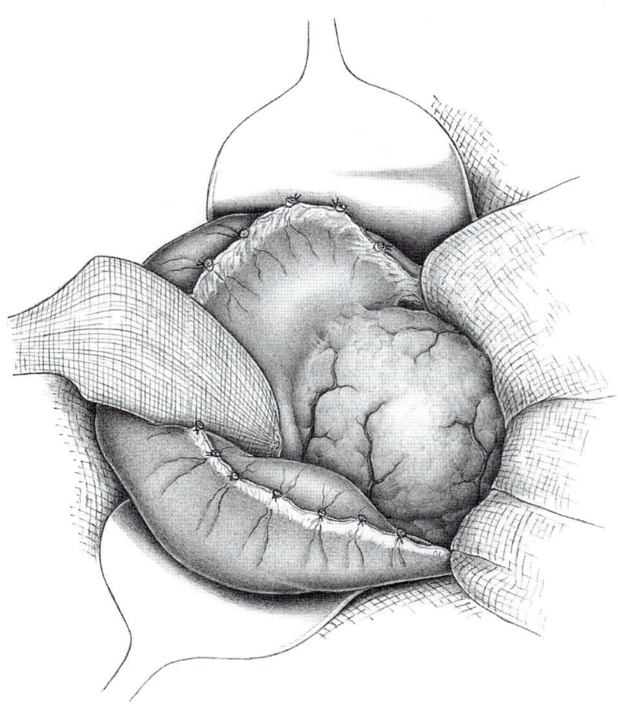

❸ Darstellung der Pseudozyste

Nach Hochklappen des Magens und Fixierung hinter überzogenen Langenbeck-Haken stellt sich die Zyste dar. Sie kann durch Punktion mit Aspiration von Pankreassekret intraoperativ identifiziert werden. Eine frische, noch nicht verfestigte Zyste ist für eine Zystojejunostomie nicht geeignet. Dies gilt für alle Pankreasnekrosen mit einer Zystenanamnese von weniger als 6 Wochen. In diesen Fällen ist das Vorgehen der Wahl die äußere Drainage mit späterer Zystenversorgung.

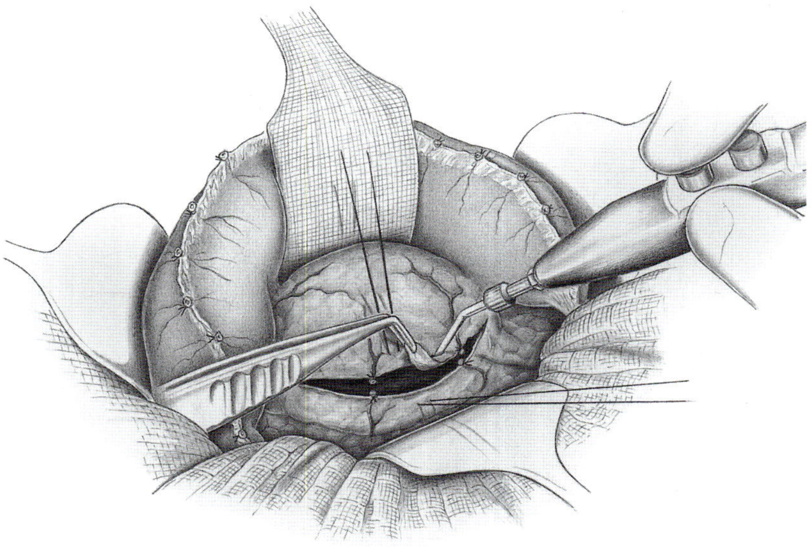

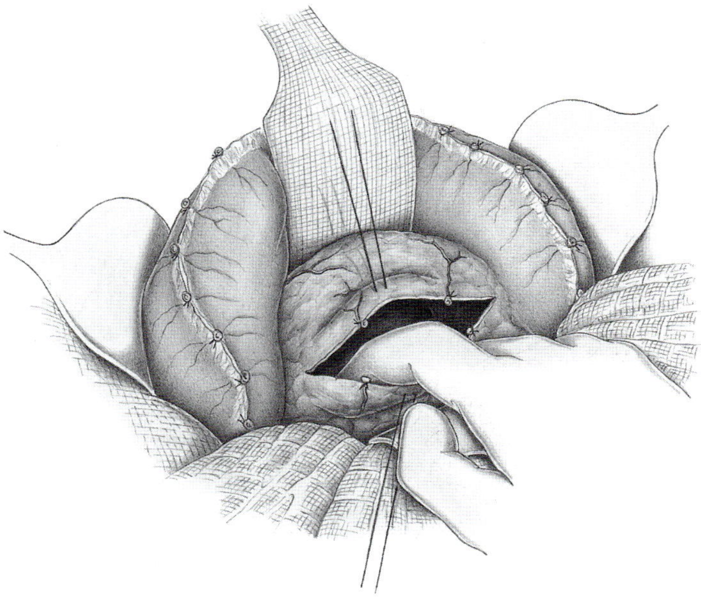

❹ Eröffnung der Pseudozyste

Die freigelegte Zyste wird mit der Diathermie großzügig unter Bildung eines wetzsteinförmigen Exzidats an der Vorderwand eröffnet. Hierbei ist darauf zu achten, dass quer verlaufende Gefäße mit Umstechungsligaturen versorgt werden, um die Übersicht nicht durch Blutungen zu gefährden. Der Deckel der Zyste wird entfernt, so dass eine breite ventrale Öffnung verbleibt.

❺ Nekrosektomie der Pseudozyste

Zwischen Haltefäden wird die Zystenwand auseinander gezogen. In der Tiefe wird der Zysteninhalt inspiziert. Häufig findet sich reichlich nekrotisches Material an der Basis der Zyste, das vollständig ausgeräumt werden sollte. Hierbei ist darauf zu achten, dass man nicht durch Gefäßverletzungen größere Blutungen erzeugt, die vor allem bei der hier gezeigten Lokalisation der Zyste die V. mesenterica superior betreffen können.

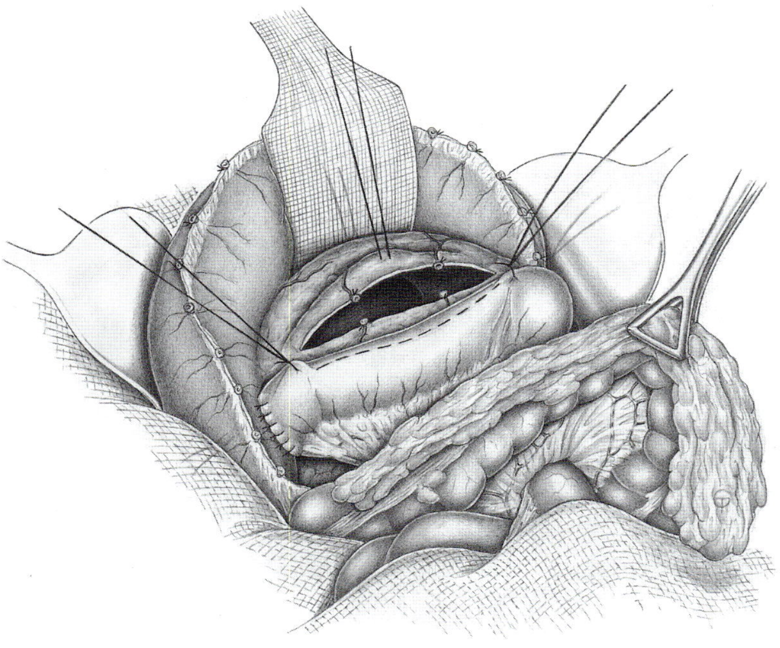

❻ Ausschaltung Roux-Y-Schlinge

Die Zyste wird mit einer nach Roux-Y ausgeschalteten Jejunumschlinge Seit-Seit anastomosiert. Hierzu empfiehlt sich die Fixation der retrokolisch in den Oberbauch verlagerten Jejunumschlinge mit seroserösen Einzelknopfnähten, bevor die eigentliche Naht der Zystojejunostomie erfolgt. Das überstehende Ende der Jejunumschlinge ist stumpf zu verschließen. Die Anastomosenweite der Zystojejunostomie sollte mindestens 5 cm betragen. Nach Eröffnung des Jejunums wird zuerst die Hinterwand mit Einzelknopfnähten (3 × 0 PGS) anastomosiert. Danach schließt sich die Naht der Vorderwand in Einzelknopfnahttechnik an. Die Naht sollte wasserdicht und blutstillend sein.

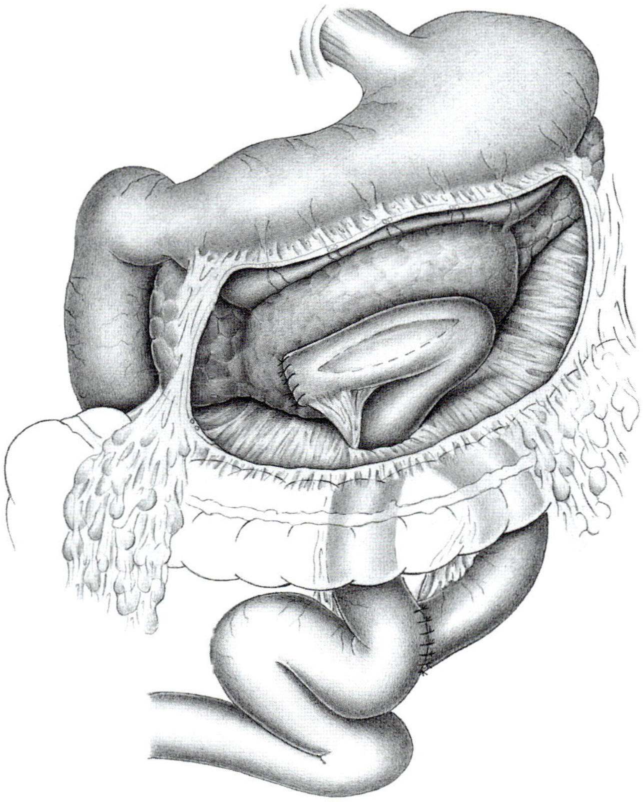

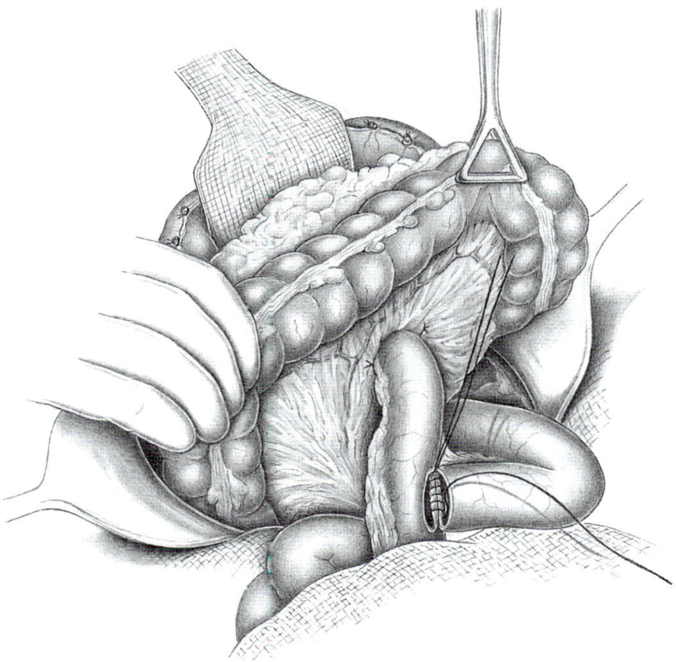

❼ Zystojejunostomie

Die vollständige Zystojejunostomie muss eine breite Kommunikation zwischen Pankreaszyste und Jejunum von mindestens doppelter jejunaler Lumenweite gewährleisten. Liegt die Zyste im Pankreaskopf, ist eine Duodenozystostomie möglich, liegt sie im kranialen Pankreas, auch eine Gastrozystostomie. Liegen mehrere Zysten vor, so sind sie durch eine Schlinge mit mehreren Anastomosen oder durch mehrere Schlingen mit jeweils einer Anastomose zu drainieren.

❽ Roux-Y-Schlinge

Die zur Pseudozystojejunostomie anastomosierte Jejunumschlinge wird Roux-Y-förmig mit dem proximalen Jejunum derart anastomosiert, dass der zur Pankreaszyste führende Schenkel mindestens 40 cm aus der Nahrungspassage ausgeschaltet ist. Die Naht der Jejunojejunostomie erfolgt in typischer Technik mit einreihiger Einzelnahtknopftechnik mit 3 × 0 PCS, wobei zuerst die Hinterwand, danach die Vorderwand genäht werden. Drainagen und Bauchdeckenverschluss beenden den Eingriff.

64. Pankreasschwanzresektion

1 Indikation

Elektiv: Auf Pankreaskorpus oder -kauda beschränkte pathologische Veränderung.
Alternativverfahren: Lokale Exzision bei benignen Veränderungen.

2 Operationsvorbereitung

Präoperative Diagnostik: Sonographie, Computertomographie, Zöliako-Mesenterikographie, Hormonanalytik bei Verdacht auf endokrin aktive Neoplasmen, ggf. ERCP.

3 Spezielle Risiken, Aufklärung

- Splenektomie.
- Pankreasfistel.
- Akute Pankreatitis.
- Diabetes mellitus.
- Magenwandverletzung.

4 Anästhesie

Intubationsnarkose.

5 Lagerung

Rücken.

6 Zugang

Quere linksbetonte Oberbauchlaparotomie, selten mediane Laparotomie.

7 Operationsschritte

1. Hautschnitt.
2. Eröffnung der Bursa omentalis.
3. Mobilisation der Milz.
4. Durchtrennung A. und V. lienalis.
5. Durchtrennung Pankreasschwanz.
6. Versorgung Pankreasschwanz.
7. Nahtverschluss mit Stapler.

8 Relevante Anatomie, Gefahren, Tricks

- V. mesenterica inferior zieht unter den Pankreasunterrand.
- Enge Beziehung zwischen Milz und Magen im Bereich der A./V. gastrica brevis.
- Bei Neoplasmen des Pankreaskorpus bedeutet Infiltration des Venenkonfluens V. portae-V. mesenterica superior meist Irresektabilität.
- Bei Zweifeln an der Identifikation der A. lienalis stets zunächst passagere Okklusion digital oder mit Gefäßklemme und Kontrolle des Pulses im Lig. hepatoduodenale.
- Pankreasschnittfläche: bei Nahtverschluss Pankreasgang separat durchstechen, Naht des Parenchyms froschmaulförmig oder durchgreifend (3×0, PGS). Bei unsicherer Naht Deckung mit Roux-Y-Schlinge.

9 Maßnahmen bei speziellen Komplikationen

Pankreasfistel: wenn gut drainiert, unter parenteraler Ernährung zuwarten, ggf. Somatostatin i. v., sistiert meist spontan.

10 Nachsorge

Medizinische Nachbehandlung: Magensonde ex 1. – 2. Tag. Anfangs engmaschige Laborkontrolle (Amylase, Lipase, Glukose). Drain ex nach 4 – 6 Tagen.
Kostaufbau: Schluckweise trinken ab 1. – 2. Tag, wenn gut toleriert und Peristaltik vorhanden, zügig steigern.
Stuhlgang: Gegebenenfalls Peristaltika/orale Laxantien.
Mobilisation: Sofort.
Krankengymnastik: Atemgymnastik.
Arbeitsunfähigkeit: 2 Wochen.

7 Operationstechnik

1. Hautschnitt.
2. Eröffnung der Bursa omentalis.
3. Mobilisation der Milz.
4. Durchtrennung A. und V. lienalis.
5. Durchtrennung Pankreasschwanz.
6. Versorgung Pankreasschwanz.
7. Nahtverschluss mit Stapler.

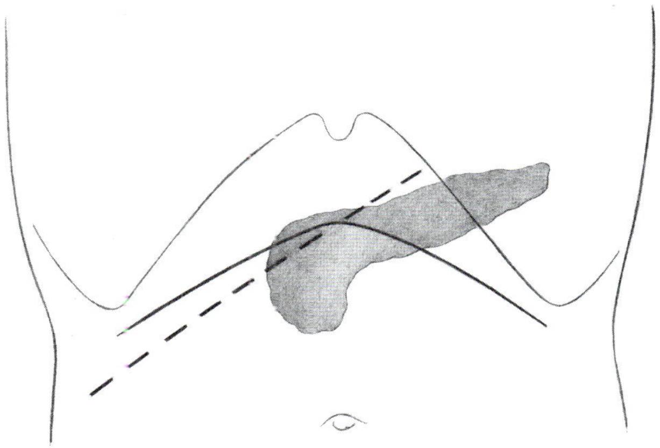

❶ Hautschnitt

Der Zugang zum Pankreasschwanz kann über einen Rippenbogenrandschnitt links oder besser über einen Oberbauchquerschnitt erfolgen.

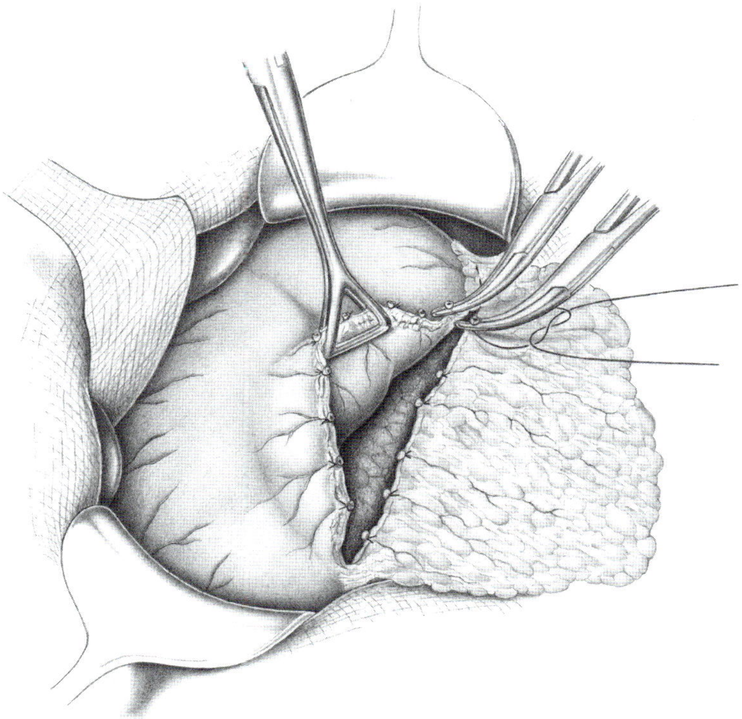

❷ Eröffnung der Bursa omentalis

Zur Darstellung des Pankreasschwanzes muss die Bursa omentalis breit eröffnet werden. Zwischen Overholt-Klemmen wird das Lig. gastrocolicum an der großen Kurvatur abgelöst, die Gefäße werden ligiert. Diese Präparation muss bis zum Magenfundus fortgesetzt werden, um den Pankreasschwanz voll einsehen zu können.

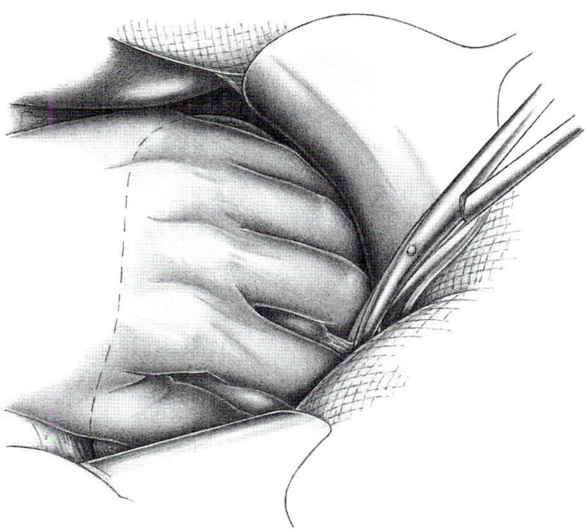

❸ Mobilisation der Milz

Nach vollständiger Eröffnung der Bursa omentalis mit kompletter Freilegung des Pankreas erfolgt als nächster Schritt die Mobilisation der Milz aus ihren lateralen Verklebungen. Durch Zug des Operateurs an der Milzkuppe mit seiner linken Hand und Präparation mit der Schere mit der rechten Hand gelingt es, die retroperitonealen Fixierungen der Milz allseits zu befreien und die Milz nach ventral zu luxieren.

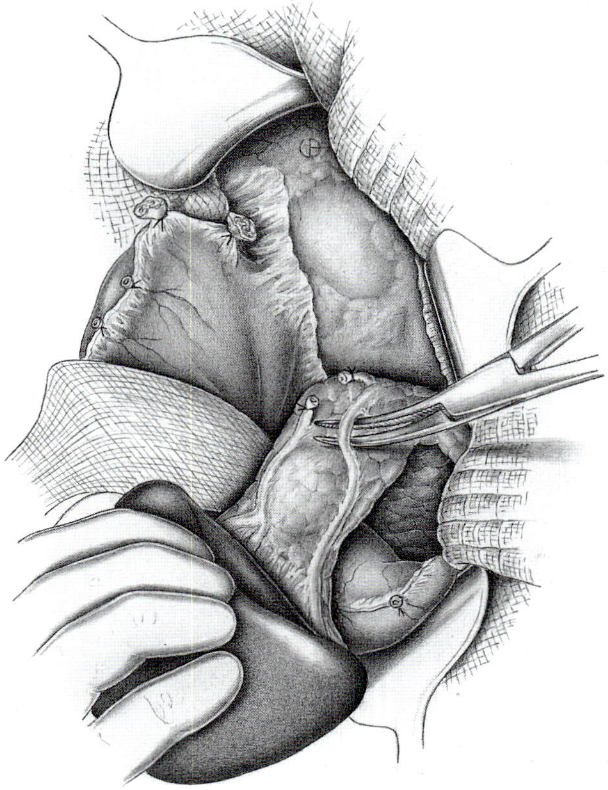

❹ Durchtrennung A. und V. lienalis

Ist die Milz vollständig mobilisiert, so lässt sich der Pankreasschwanz nach ventral umschlagen und weitgehend, teils stumpf, teils scharf, aus dem Retroperitoneum auslösen. Kollateralgefäße zum Kolon werden isoliert umstochen. In der Regel wird ein Milzerhalt im Rahmen einer Pankreasschwanzresektion nicht möglich sein, da vor allem die V. lienalis in unmittelbarer Nachbarschaft zum Pankreasparenchym verläuft. Aus diesem Grunde beinhaltet die Pankreasschwanzresektion meist die Splenektomie. Hierzu ist die Milz von den Vv. gastrica brevia an der Magenkurvatur zu lösen. Je nach Lokalisation der Pankreasschwanzresektion kann die Durchtrennung der A. lienalis am Abgang aus dem Truncus coeliacus oder weiter distal erfolgen. Bei Prozessen im Pankreasschwanz und -korpus verläuft die Resektionslinie unmittelbar links der V. mesenterica superior. Arterie und Vene sind isoliert aufzusuchen und zwischen Umstechungsligaturen (2 × 0 PGS) zu durchtrennen.

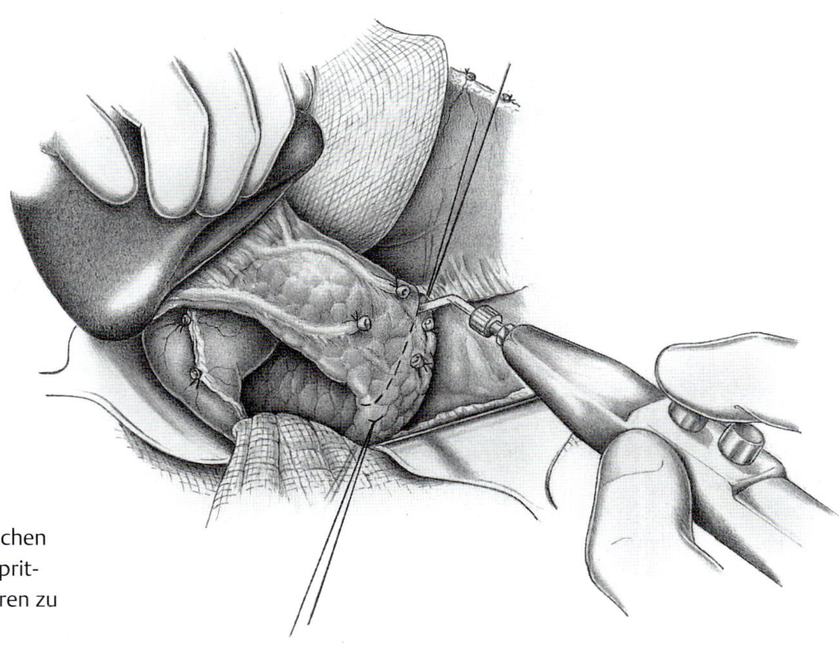

❺ Durchtrennung Pankreasschwanz

Nach Versorgung der Milzgefäße wird der Pankreasschwanz zwischen Haltefäden mit dem Skalpell oder der Diathermie durchtrennt. Spritzende Gefäße sind isoliert zu fassen und mit Umstechungsligaturen zu versorgen.

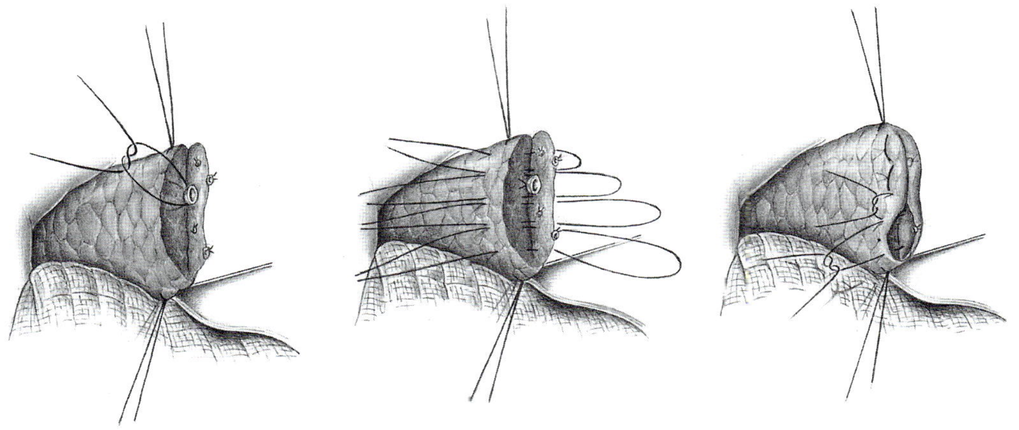

❻ Versorgung Pankreasschwanz

Der in der Resektionsfläche leicht identifizierbare Pankreasgang wird mit einer Umstechungsligatur (3 × 0 PGS) verschlossen. Das Pankreasparenchym kann durch U-Nähte oder Einzelknopfnähte (3 × 0 PGS) fischmaulartig verschlossen werden, um eine postoperative Fistelung zu vermeiden. Bei unsicherem proximalen Abfluss empfiehlt sich eine Anastomosierung mit einer nach Roux-Y ausgeschalteten Jejunumschlinge im Sinne einer Pankreatojejunostomie nach Roux-Y.

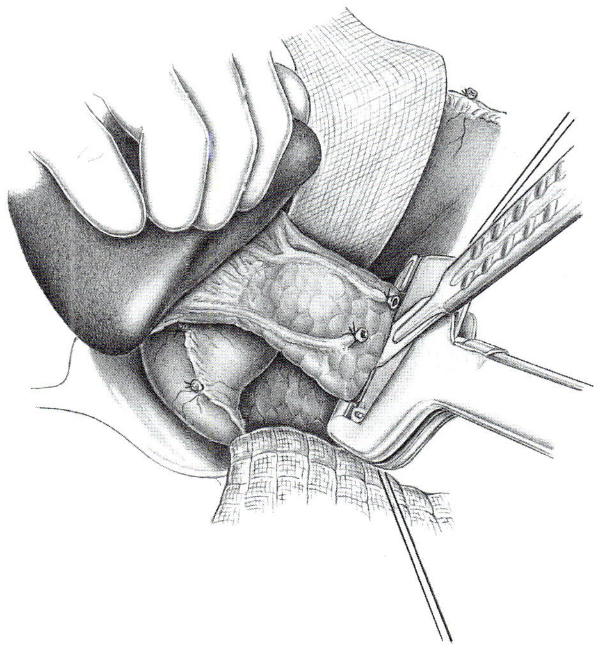

❼ Nahtverschluss mit Stapler

Prinzipiell besteht die Möglichkeit, den Pankreasschwanz mit einem Stapler abzusetzen. Dies ist allerdings nur in wenigen Fällen so einfach wie dargestellt, da die starren Klammern des Staplers das Parenchym häufig zerquetschen, so dass Nekrosen und keine kontinuierliche Klammernahtreihe resultieren. Lediglich bei sehr zartem, schlankem Organ kann eine Parenchymversorgung auf diese Weise gelegentlich möglich sein. Wir haben in all diesen Fällen den mit Klammernähten versorgten Stumpf aus Sicherheitsgründen zusätzlich mit einer Jejunumschlinge nach Roux-Y gedeckt, um einer Fistelbildung vorzubeugen.

65. Splenektomie

1 Indikation

Elektiv: Milztumoren, -zysten, -abszesse, primärer und sekundärer Hypersplenismus, hereditäre Anämien, idiopathische thrombozytopenische Purpura (M. Werlhoff), lymphoproliferative Erkrankungen.
Absolut: Grad 4/5 Läsion nach Trauma.
Alternativverfahren: Partielle Resektion, laparoskopische Splenektomie.

2 Operationsvorbereitung

Präoperative Diagnostik: Sonographie, Computertomographie. Gegebenenfalls hämatologische Diagnostik. Gerinnungskontrolle.
Patientenvorbereitung: Gegebenenfalls perioperative Antibiotikatherapie. Bei Elektiveingriffen 2 Wochen präoperativ Immunisierung gegen Pneumokokken (z. B. Pneumovax), sonst 2 Wochen postoperativ; bei Patienten unter Kortisonmedikation perioperative Dosiserhöhung berücksichtigen!

3 Spezielle Risiken, Aufklärung

- Blutung/hypovolämer Schock.
- Magenverletzung (2 %).
- Pankreasverletzung, -fistel (< 5 %).
- Kolonverletzung.
- Subphrenischer Abszess (5 – 10 %).
- Postoperative Infektionsanfälligkeit (Sepsis bis 5 %, sehr selten OPSI).
- Thromboseneigung.

4 Anästhesie

Intubationsnarkose.

5 Lagerung

Rücken.

6 Zugang

Rippenbogenrand links, Medianlaparotomie bei Traumen.

7 Operationsschritte

❶ Hautschnitt.
❷ Skelettierung der Vasa brevia.
❸ Skelettierung des Milzhilus.
❹ Mobilisation der Milz.
❺ Retrograde Auslösung der Milz.
❻ Blutstillung Milzlager.

8 Relevante Anatomie, Gefahren, Tricks

- Enge Lagebeziehung zwischen Milz und Magen (A./V. gastrica brevis), zwischen Milzhilus und Pankreasschwanz sowie unterem Milzpol und linker Kolonflexur.
- Primäre Ligatur der A. lienalis erleichtert die Präparation, insbesondere bei extremer Splenomegalie.
- Nebenmilzen in ca. 10 %, speziell im Bereich des Milzhilus, der Ligg. gastrosplenicum, splenocolicum und splenorenale, peripankreatisch und perirenal, im Omentum und im Mesenterium. Bei hämatologischen Systemerkrankungen unbedingt aufsuchen und entfernen!
- Bei Kindern Milzerhalt anstreben, eine vollständige Mobilisation der Milz ist dazu erforderlich!

9 Maßnahmen bei speziellen Komplikationen

- Bei Verletzung der großen Magenkurvatur invertierende Einzelknopfnähte.
- Häufig postoperativer Pleuraerguss links: Punktion, wenn > 300 ml.
- Pankreasfistel: wenn gut drainiert zuwarten, parenterale Ernährung, ggf. Somatostatin.

10 Nachsorge

Medizinische Nachbehandlung: Magensonde ex 1. Tag; Drain ex 2./3. Tag. Sonographische und laborchemische Kontrollen: ggf. Amylase-Bestimmung im Drainage-Sekret; eine mäßige postoperative Leukozytose ist normal; wenn reaktive Thrombozytose > 1.000 G/l passagere ASS-Medikation; 2 Wochen postoperativ Pneumokokken-Immunisierung. Orale Penizillinprophylaxe für 1 – 2 Jahre (insbesondere bei Alter unter 21 Jahren).
Kostaufbau: Trinken ab 1. Tag, wenn gut toleriert, zügig steigern.
Mobilisation: Sofort.
Krankengymnastik: Intensive Atemgymnastik.
Arbeitsunfähigkeit: 1 Woche (abhängig von Gesamtsituation). MdE für 2 Jahre 20 %.

7 Operationstechnik

1. Hautschnitt.
2. Skelettierung der Vasa brevia.
3. Skelettierung des Milzhilus.
4. Mobilisation der Milz.
5. Retrograde Auslösung der Milz.
6. Blutstillung Milzlager.

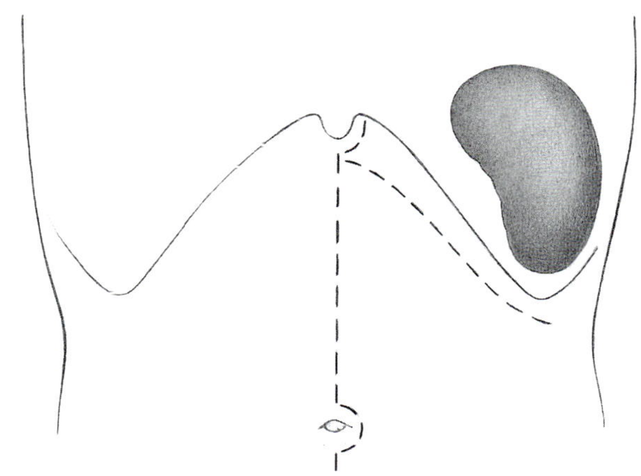

1 Hautschnitt

Die Splenektomie kann über einen Rippenbogenrandschnitt links oder über einen Oberbauchmedianschnitt erfolgen. Eine kosmetisch gute Alternative ist der Oberbauchquerschnitt (nicht eingezeichnet).

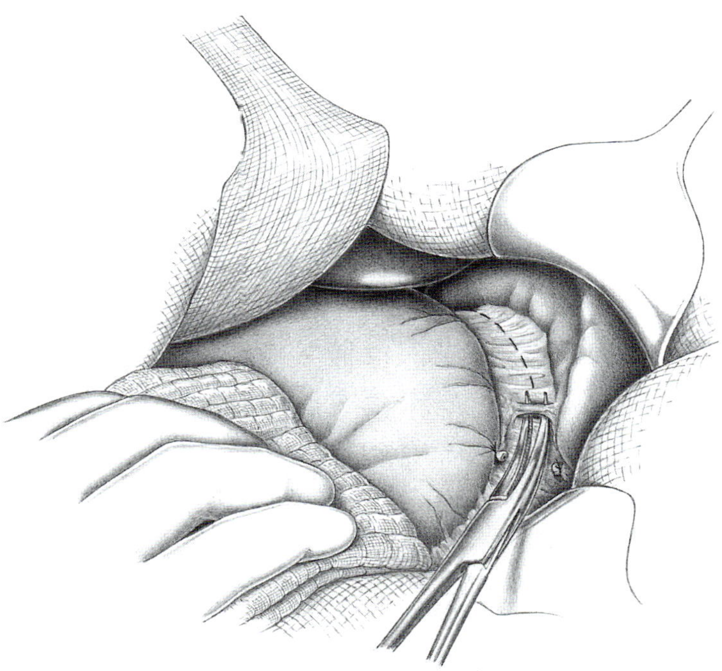

2 Skelettierung der Vasa brevia

Nach vollständiger Freilegung der Milz werden zuerst die Vasa brevia zwischen großer Magenkurvatur und oberem Milzhilus durchtrennt. Sie werden mit Overholt-Klemmen aufgeladen und nach der Durchtrennung mit Umstechungsligaturen versorgt. Speziell bei Fundusvarizen sind diese Gefäße häufig sehr stark ausgebildet und bedürfen sorgfältiger Umstechungsligaturen.

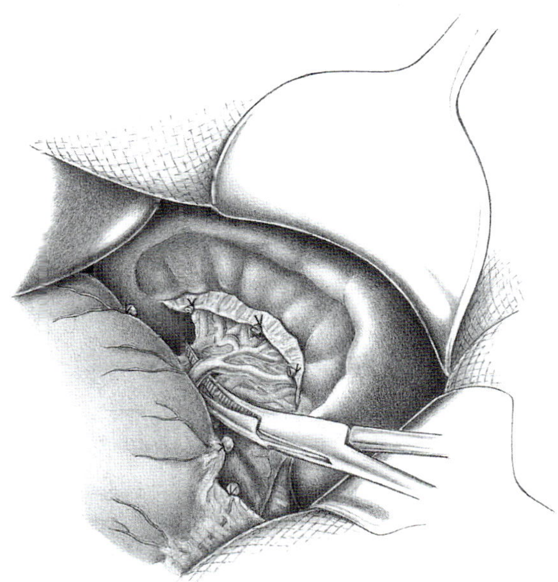

3 Skelettierung des Milzhilus

Ihre Gefäßversorgung bezieht die Milz aus dem Milzhilus. Am Abgang der A. und V. lienalis an der Spitze des Pankreasschwanzes sind die Gefäße zu unterfahren, zwischen Klemmen schrittweise zu durchtrennen und mit Umstechungsligaturen zu versorgen. Es sollte vermieden werden, Arterie und Vene mit einer gemeinsamen Ligatur zu fassen, um die Ausbildung einer späteren arteriovenösen Fistel zu vermeiden.

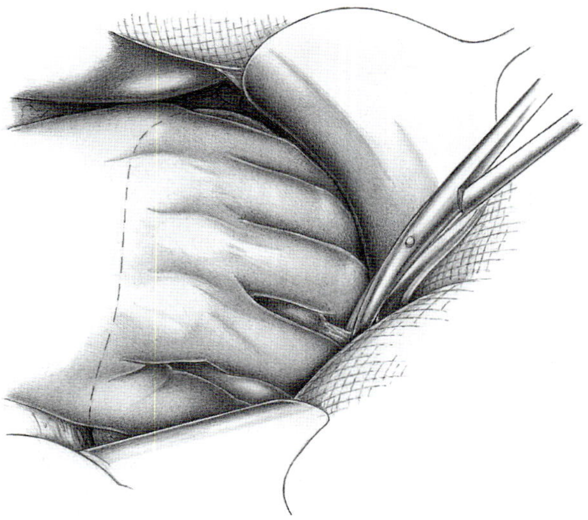

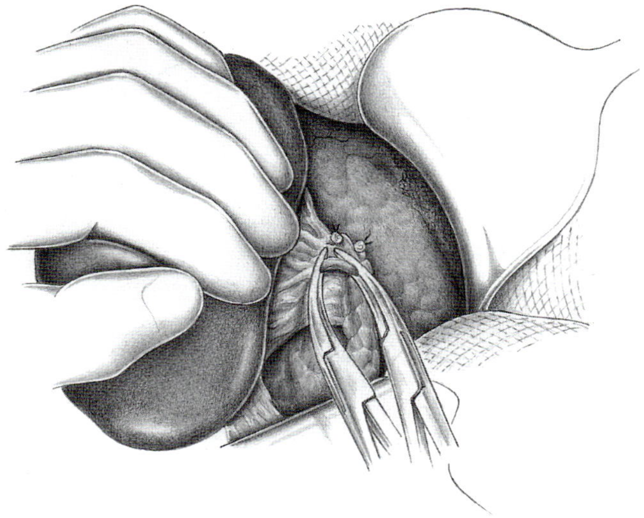

❹ Mobilisation der Milz

Ist die Milz am Gefäßstiel vollständig skelettiert, wird sie aus ihrem Lager luxiert. Hierzu sind die retroperitonealen Verklebungen der Milz mit dem Zwerchfell und dem Retroperitoneum teils stumpf, teils scharf mit der Schere zu durchtrennen. Kleinere Kollateralgefäße zu Zwerchfell und Retroperitoneum, Nierenkapsel oder Kolon werden mit der Diathermie koaguliert oder mit Umstechungsligaturen versorgt.

❺ Retrograde Auslösung der Milz

Ist die Milz vollständig luxiert, lässt sie sich nach kraniomedial umschlagen. Nun stellen sich die letzten retrograden Gefäße dar, die aus dem Pankreasschwanz zum Milzhilus verlaufen. Sie werden zwischen Overholt-Klemmen durchtrennt und mit Umstechungsligaturen versorgt.

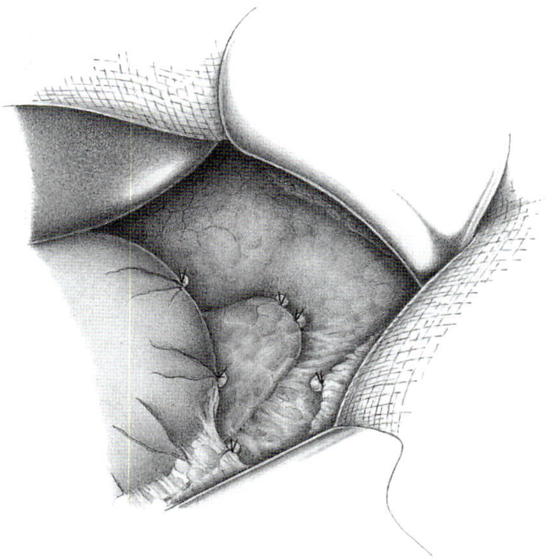

❻ Blutstillung Milzlager

Ist die Milz luxiert und entfernt, wird eine sorgfältige Blutstillung im Milzlager betrieben. Die häufigsten Blutungsstellen sind nicht versorgte Gefäße an der großen Kurvatur, am Pankreasschwanz, auf der Nierenkapsel sowie gestaute Zwerchfellvenen. Man sollte sich viel Zeit lassen und mit gezielten Maßnahmen alle Blutungsquellen versorgen. Eine Blutungsdrainage für 48 Stunden, schichtweiser Verschluss der Bauchdecken und Hautnähte beenden den Eingriff.

66. Partielle Milzresektion

1 Indikation

Relativ: Auf die obere oder untere Hälfte der Milz beschränkte pathologische Veränderung. Bevorzugt bei Kindern und Jugendlichen wegen der festen, gut nahtfähigen Kapsel.
Alternativverfahren: Splenektomie.

2 Operationsvorbereitung

Präoperative Diagnostik: Sonographie, Computertomographie, ggf. hämatologische Diagnostik, Gerinnungskontrolle.

3 Spezielle Risiken, Aufklärung

- Blutung.
- Magenverletzung.
- Pankreas(schwanz)verletzung, -fistel.
- Kolonverletzung.
- Subphrenischer Abszess.
- Vollständige Milzentfernung.

4 Anästhesie

Intubationsnarkose.

5 Lagerung

Rücken.

6 Zugang

Rippenbogenrand links, quere linksbetonte Laparotomie.

7 Operationsschritte

1. Milzteilresektion/Resektionslinie.
2. Blutstillung Milzresektionsfläche.

8 Relevante Anatomie, Gefahren, Tricks

- Enge Lagebeziehung zwischen Milz und Magen (A./V. gastrica brevis), Milzhilus und Pankreasschwanz sowie unterem Milzpol und linker Kolonflexur.
- Eine vollständige Mobilisation der Milz ist zur partiellen Resektion erforderlich.

9 Maßnahmen bei speziellen Komplikationen

- Bei Verletzung der großen Magenkurvatur invertierende Einzelknopfnähte.
- Postoperativer Pleuraerguss links: Punktion bei > 300 ml.
- Pankreasfistel: wenn gut drainiert zuwarten, parenterale Ernährung, ggf. Somatostatin.

10 Nachsorge

Medizinische Nachbehandlung: Magensonde ex 1. Tag, Drain ex 2./3. Tag. Sonographische und laborchemische Kontrollen: ggf. Amylasebestimmung im Drainage-Sekret; eine mäßige postoperative Leukozytose ist normal.
Kostaufbau: Trinken ab 1. Tag, wenn gut toleriert, zügig steigern.
Mobilisation: Sofort.
Krankengymnastik: Intensive Atemgymnastik.
Arbeitsunfähigkeit: 1 Woche, abhängig von Gesamtsituation.

7 Operationstechnik

❶ Milzteilresektion/Resektionslinie.
❷ Blutstillung Milzresektionsfläche.

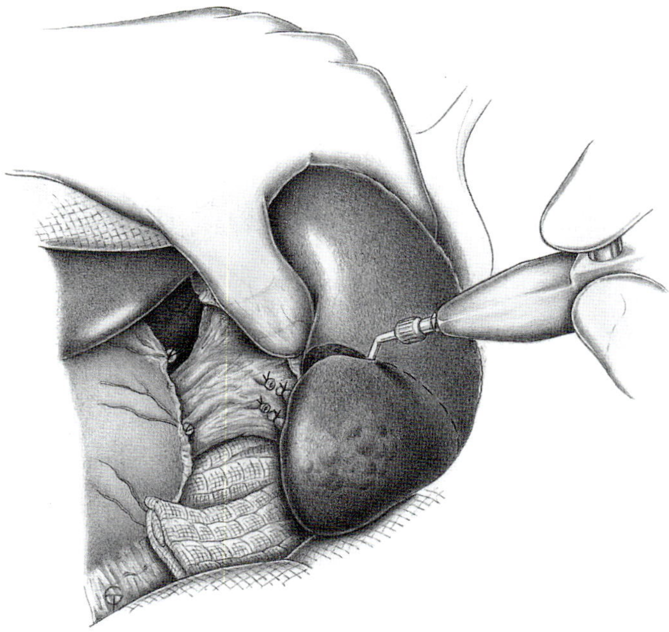

❶ Milzteilresektion/Resektionslinie

Nach Mobilisation der Milz und Durchtrennung der Vasa brevia lässt sich der Milzhilus bidigital fassen und ggf. mit einer Klemme präliminar unterbinden. Die Milz ist zu luxieren und die Resektionslinie eindeutig zu markieren. Sie ergibt sich bei Zysten aus der Lokalisation der Zysten, wobei hier die Belassung des milzseitigen Zystenwandanteils aus Gründen der Blutstillung zu befürworten ist. Bei Milzteilresektion zum Zwecke einer Tumorentfernung oder Biopsiegewinnung (vor allem im Kindesalter) ist die Resektionslinie entsprechend der Tumorausdehnung zu lokalisieren. Einfach ist die Milzteilresektion bei jenen Fällen, in denen eine dichotome Gefäßversorgung der Milz vorliegt, d. h. die Versorgung in zwei Gefäßsegmenten mit deutlicher „Wasserscheide" in der Mitte der Milz. Hier ist eine Teilresektion der Milz am einfachsten. Sie beginnt mit der Skelettierung der Gefäße in diesem Bereich unter schrittweiser Durchtrennung im Bereich der Gefäßscheide mit Maßnahmen der Blutstillung. Wir haben keine guten Erfahrungen mit der Milzdurchtrennung mit einem Nähapparat, besser sind unsere Erfahrungen mit der „finger-fracture"-Technik, ähnlich wie bei der Leber.

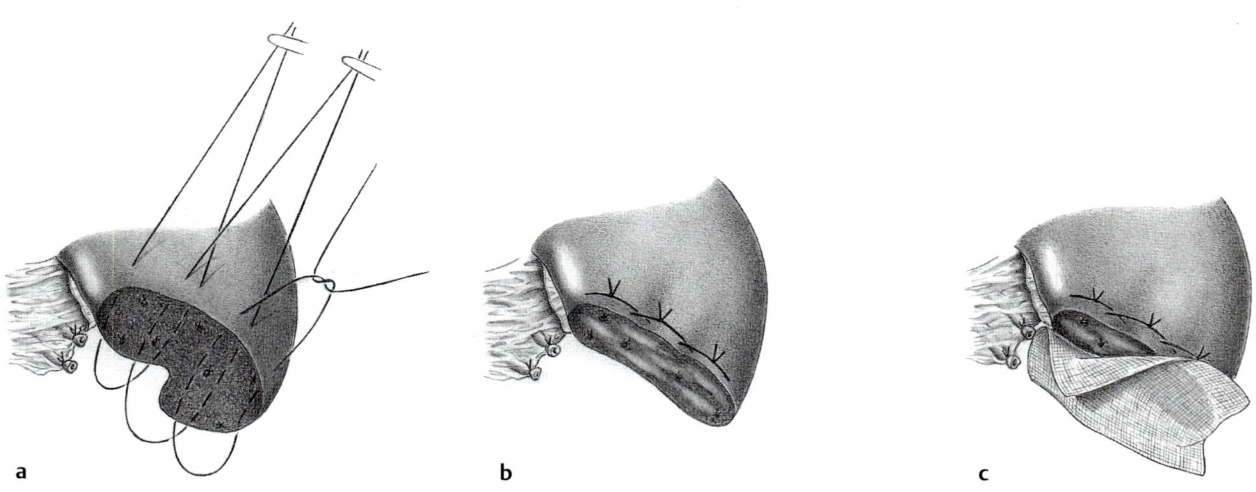

❷ Blutstillung Milzresektionsfläche

Die Blutstillung der Milzresektionsfläche kann mittels durchgreifender Nähte (PGS 2 × 0, Chromcatgut 0er; **a – c**) erfolgen, sie kann auch durch Fibrinkleber mit Aufsteppen von Kollagenvlies (**c**) oder mit dem Laserstrahl vorgenommen werden. Je fester die Kapsel, desto einfacher ist die Blutstillung. Bei weicher Milz wird das Manöver der Milzteilresektion manchmal auf eine komplette Splenektomie hinauslaufen.

67. Milzruptur

1 Indikation

Relativ: Ausgedehnte Parenchymzerreißung der Milz.
Alternativverfahren: Splenektomie.

2 Operationsvorbereitung

Präoperative Diagnostik: Sonographie.
Patientenvorbereitung: Blutsubstitution, Gerinnungsoptimierung.

3 Spezielle Risiken, Aufklärung

- Magenverletzung.
- Pankreasverletzung, -fistel.
- Kolonverletzung.
- Subphrenischer Abszess.
- Splenektomie.
- Nachblutung.

4 Anästhesie

Intubationsnarkose.

5 Lagerung

Rücken.

6 Zugang

Rippenbogenrand links, Medianlaparotomie bei Traumen.

7 Operationsschritte

❶ Blutstillung durch Kompression.

8 Relevante Anatomie, Gefahren, Tricks

- Enge Lagebeziehung zwischen Milz und Magen (A./V. gastrica brevis), Milzhilus und Pankreasschwanz sowie unterem Milzpol und linker Kolonflexur.
- Präliminäres Abklemmen des Milzhilus erleichtert die Präparation.
- Bei Kindern unbedingt Milzerhalt anstreben, eine vollständige Mobilisation der Milz ist dazu erforderlich!

9 Maßnahmen bei speziellen Komplikationen

- Bei Verletzung der großen Magenkurvatur invertierende Einzelknopfnähte.
- Postoperativer Pleuraerguss links: Punktion bei > 300 ml.
- Pankreasfistel: wenn gut drainiert zuwarten, parenterale Ernährung, ggf. Somatostatin.

10 Nachsorge

Medizinische Nachbehandlung: Magensonde ex 1. Tag; Drain ex 2./3. Tag. Sonographische und laborchemische Kontrollen: ggf. Amylasebestimmung im Drainage-Sekret, eine mäßige postoperative Leukozytose ist normal.
Kostaufbau: Trinken ab 1. Tag, wenn gut toleriert, zügig steigern.
Mobilisation: Sofort.
Krankengymnastik: Intensive Atemgymnastik.
Arbeitsunfähigkeit: 1 Woche (abhängig von Gesamtsituation).

7 Operationstechnik

❶ Blutstillung durch Kompression.

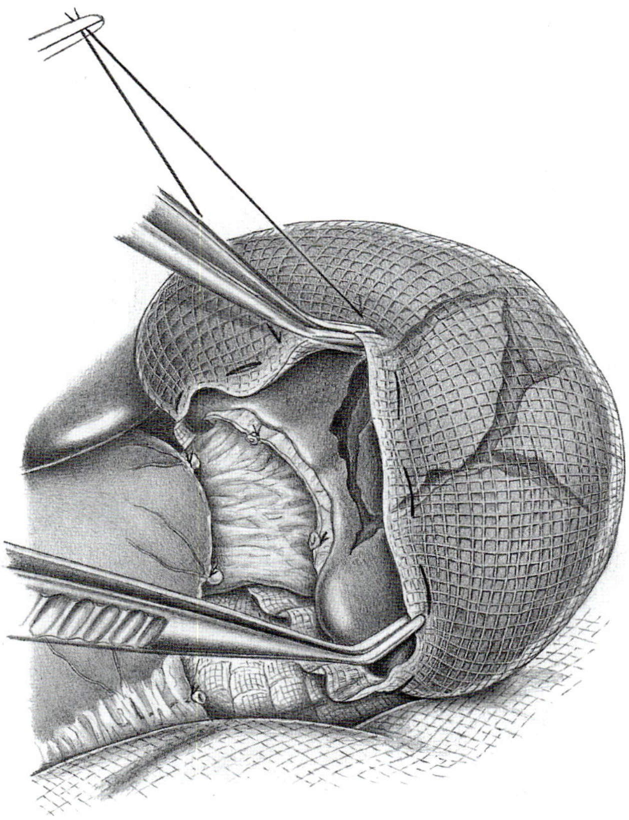

❶ Blutstillung durch Kompression

Unter den zahlreichen Möglichkeiten der Blutstillung an der Milz (Naht, Heissluftkoagulation, Diathermie, Argon-Beamer, Infrarotkoagulator und Applikation von blutstillenden Auflagen) ist die Ultima Ratio die Umschnürung der Milz mit einem resorbierbaren Beutel (PGS-Netz), der die Milzfragmente so unter Kompression setzt, dass sie durch Kompression nicht mehr bluten können. Hierzu wird die Milz komplett in einen PGS-Beutel eingehüllt, der über mehrere konzentrische Schnürnähte am Rande unter Aussparung des Hilus den Druck auf die Milzkapsel komprimierend steigert und hierdurch die Blutstillung bewirkt. Dieses Manöver hat den Charakter der Ultima ratio vor der Splenektomie; isolierte Resektion und gezielte Maßnahmen der Blutstillung sollten sämtlich vorher versucht werden.

68. Laparoskopische Splenektomie

1 Indikation

Elektiv: Milztumoren, -zysten, hereditäre Anämien, idiopathische thrombozytopenische Purpura (M. Werlhoff), lymphoproliferative Erkrankungen.
Alternativ: Offenes Vorgehen.

2 Operationsvorbereitung

Patientenvorbereitung: Gegebenenfalls perioperative Antibiotikatherapie. Bei Elektiveingriffen 2 Wochen präoperativ Immunisierung gegen Pneumokokken (z. B. Pneumovax), sonst 2 Wochen postoperativ; bei Patienten unter Kortisonmedikation perioperative Dosiserhöhung berücksichtigen!

3 Spezielle Risiken, Aufklärung

- Blutung/hypovolämer Schock.
- Magenverletzung (2%).
- Pankreasverletzung, -fistel (< 5%).
- Kolonverletzung.
- Subphrenischer Abszess (5 – 10%).
- Postoperative Infektionsanfälligkeit (Sepsis bis 5%, sehr selten OPSI).
- Thromboseneigung.
- Möglichkeit der Konversion auf offenes Vorgehen.

4 Anästhesie

Intubationsnarkose.

5 Lagerung

Rücken, links angehoben.

6 Zugang

3 – 4 Trokare entlang des linken Rippenbogens.

7 Operationsschritte

1. Erstellen des Pneumoperitoneums.
2. Einführen des Optiktrokars und Platzieren der Arbeitstrokare.
3. Mobilisation der Milz mit Durchtrennung der kolosplenalen und phrenikosplenalen Bänder.
4. Skelettierung der Vasa brevia.
5. Durchtrennung der A. und V. lienalis bzw. deren Aufzweigungen zwischen Endo-Clips oder alternativ mit einem linearen Klammernahtgerät.
6. Bergung der Milz über einen queren Schnitt, vorher ggf. stumpfe Zerkleinerung in einem Bergebeutel.

8 Relevante Anatomie, Gefahren, Tricks

Cave: Enge Lagebeziehung zum Pankreasschwanz.

Wenn möglich primäre Versorgung der A. lienalis mittels Clips.

9 Maßnahmen bei speziellen Komplikationen

- Bei Verletzung der großen Magenkurvatur invertierende Einzelknopfnähte.
- Häufig postoperativer Pleuraerguss links: Punktion, wenn > 300 ml.
- Pankreasfistel: wenn gut drainiert zuwarten, parenterale Ernährung, ggf. Somatostatin.
- Bei Blutung oder fehlender Übersicht rechtzeitige Konversion in offenes Vorgehen über Rippenbogenrandschnitt links.

10 Nachsorge

Medizinische Nachbehandlung: Magensonde ex 1. Tag; Drain ex 2./3. Tag. Sonographische und laborchemische Kontrollen: ggf. Amylase-Bestimmung im Drainage-Sekret; eine mäßige postoperative Leukozytose ist normal; wenn reaktive Thrombozytose > 1.000 G/l passagere ASS-Medikation; 2 Wochen postoperativ Pneumokokken-Immunisierung. Orale Penizillinprophylaxe für 1 – 2 Jahre (insbesondere bei Alter unter 21 Jahren).
Kostaufbau: Trinken ab 1. Tag, wenn gut toleriert, zügig steigern.
Mobilisation: Sofort.
Krankengymnastik: Intensive Atemgymnastik.
Arbeitsunfähigkeit: 1 Woche (abhängig von Gesamtsituation). MdE für 2 Jahre 20%.

7 Operationstechnik

1. Erstellen des Pneumoperitoneums.
2. Einführen des Optiktrokars und Platzieren der Arbeitstrokare.
3. Mobilisation der Milz mit Durchtrennung der kolosplenalen und phrenikosplenalen Bänder.
4. Skelettierung der Vasa brevia.
5. Durchtrennung der A. und V. lienalis bzw. deren Aufzweigungen zwischen Endo-Clips oder alternativ mit einem linearen Klammernahtgerät.
6. Bergung der Milz über einen queren Schnitt, vorher ggf. stumpfe Zerkleinerung in einem Bergebeutel.

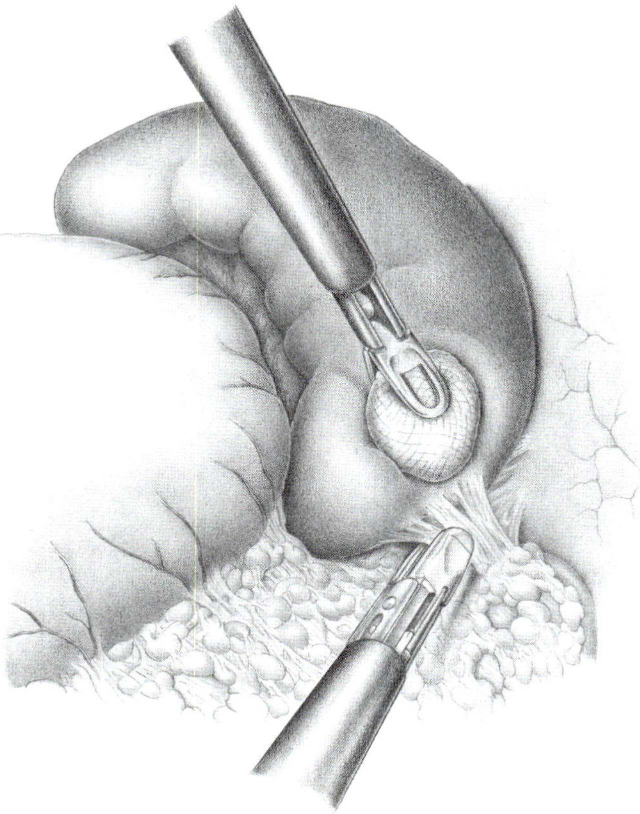

❶ Durchtrennung der Milzbänder

Durch Anspannen der Milz mit dem Tupfer kann der untere Pol mobilisiert werden, indem die kolosplenalen und phrenikosplenalen Bänder durchtrennt werden. Ebenfalls werden laterale Anheftungen an der Bauchwand oder dem Zwerchfell durchtrennt.

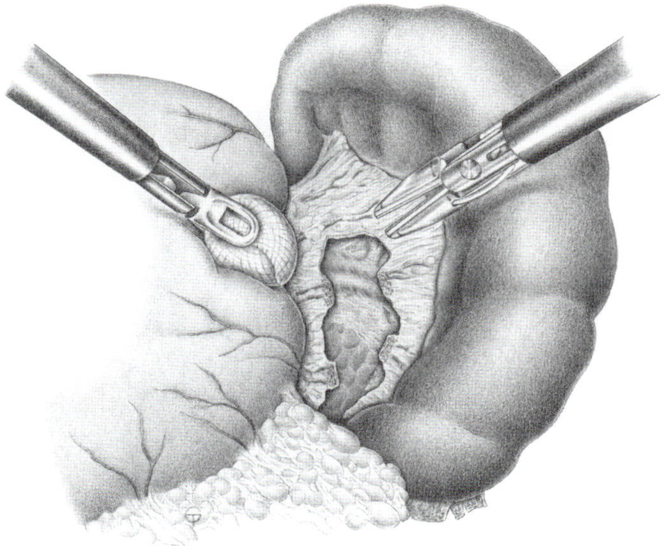

❷ Durchtrennung der Vasa brevia

Als nächster Schritt erfolgt die Darstellung und Anspannung des Lig. gastrosplenicum mit Durchtrennung der Aa. und Vv. gastricae breves. Dies kann am schnellsten und sichersten mit dem Ultraschallskalpell erfolgen, alternativ auch zwischen Endo-Clips. Die Milz ist nun lediglich noch am Gefäßstiel der A. und V. lienalis fixiert.

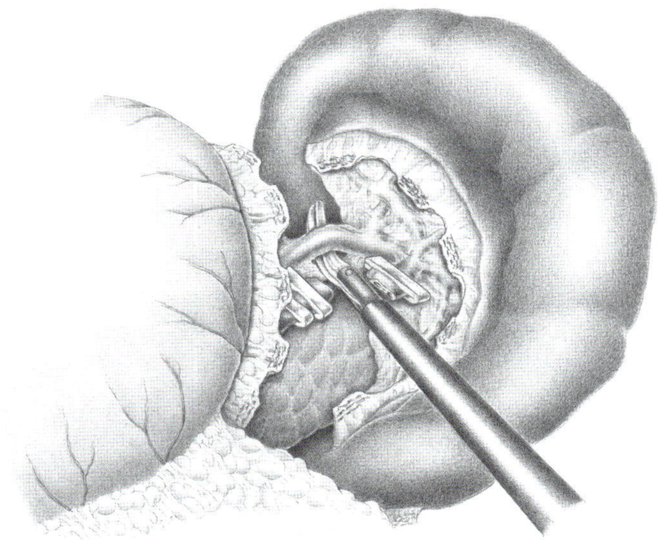

❸ Absetzen der A. und V. lienalis

Nach Durchtrennung des Lig. gastrosplenicum kommen die sich aufzweigenden A. und V. lienalis am Pankreasoberrand zur Darstellung. Wir bevorzugen die selektive Präparation der Gefäße und Versorgung mittels Endo-Clips. Alternativ kann auch eine Durchtrennung unter Zuhilfenahme eines linearen Klammernahtgerätes mit weißem Gefäßmagazin erfolgen. Bei der Platzierung des Klammernahtgerätes müssen Verletzungen des Pankreasschwanzes vermieden werden.

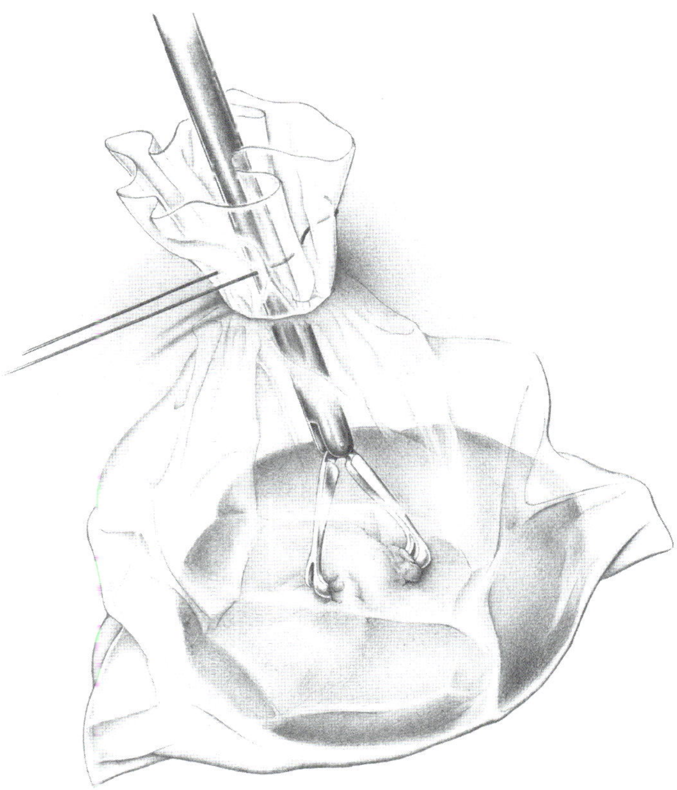

❹ Bergung der Milz

Nach Absetzen des Milzhilus müssen noch verbliebene Bandadhäsionen gelöst werden. Die abgesetzte Milz kann dann in einen Bergebeutel verbracht werden. Nach Schließen der Tabaksbeutelnaht wird der Beutel über den Trokar zur Bauchdecke herausgezogen. Je nach Größe der Milz kann über eine Schnitterweiterung das Organ komplett oder nach vorheriger stumpfer Zerkleinerung im Bergebeutel extrahiert werden.

69. Peritonitis und Laparostoma

1 Indikation

Elektiv-absolut: Klinisch „akutes Abdomen“ mit Verdacht auf diffuse (eitrige bzw. kotige) Peritonitis, Objektivierung des Befundes durch Scoring-Systeme empfohlen: z. B. Mannheimer Peritonitisindex. Bei leichten Fällen (Score < 20) ausgiebige Spülung und übliche Drainagen. Bei schwereren Fällen (Score 20–29) Spülung und Verschluss des Abdomens nach Platzierung von Drainagen in allen Quadranten sowie geschlossene kontinuierliche Lavage. Bei schwersten Fällen (Score > 30) Spülung und Anlage eines Laparostomas mit geplanter wiederholter Laparotomie („Etappenlavage“).

2 Operationsvorbereitung

Präoperative Diagnostik: Abhängig von Situation: lediglich Sonographie, Röntgenabdomenübersicht bei eindeutigem klinischen Befund; Computertomographie, Kontrastmitteldarstellung (wasserlösliches Kontrastmittel!) des oberen oder unteren Intestinaltraktes, Endoskopie, Angiographie bei weniger eindeutigem Befund.
Patientenvorbereitung: Intensivmedizinisches Monitoring und adäquate Therapie: zentraler Zugang, Volumensubstitution, breite Antibiotikatherapie (ggf. vorher perkutan Material für antibiotische Austestung gewinnen), Magensonde oder ggf. präoperativ endoskopische Platzierung einer Dennis-Sonde ins proximale Jejunum.

3 Spezielle Risiken, Aufklärung

- Programmierte Revisionen bei anhaltendem septischen Prozess.
- Intraabdomineller Abszess.
- Darmverletzung mit Fistel/Anastomoseninsuffizienz (10–20%).
- Stomaanlage.
- Narbenbruch.
- Letalität bis über 50%.

4 Anästhesie

Intubationsnarkose.

5 Lagerung

Rücken.

6 Zugang

Komplette mediane oder quere Laparotomie.

7 Operationsschritte

1. Exploration.
2. Spülung der Abdominalhöhle.
3. Kontinuierliche Peritoneallavage.
4. Laparostoma.

8 Relevante Anatomie, Gefahren, Tricks

- Systematische Exploration aller Quadranten und des gesamten Intestinaltrakts, auch bei Revisionen (sofern zugänglich).
- Bei primär nicht offensichtlicher Infektionsquelle: Exploration von Gallenblase – Ösophagus/Kardiaregion – Magenvorder- und -hinterwand – Bursa eröffnen: Pankreas – Duodenum (Kocher-Manöver) – Dickdarm (Flexuren, Sigma!) – Dünndarm? – Subphrenium beidseitig; eventuell auch Instillation verdünnter Farbstofflösung oder Luft über Magensonde oder transanal; intraoperative Endoskopie.
- Tiefste Punkte der Abdominalhöhle drainieren: Douglas – subphrenisch dorsal links (Milzloge) – subphrenisch dorsal rechts (retrohepatisch).
- Alle Drainagen aus sehr flexiblem Material (Silikon), keine starren Latex- oder Gummirohre.
- Obligater paralytischer Ileus, daher Dennis-Sonden-Platzierung beim Ersteingriff.
- Abdominalverschluss durch Einnähen eines resorbierbaren PGS-Netzes, Abdecken mit Bauchtüchern und Inzisionsfolie; bei Revisionen Eröffnung des Netzes in Wundmitte: Schonung der Faszienränder!
- Bei Anlage einer kontinuierlichen Lavage hohe Flussvolumina anstreben: 20–40 l/die körperwarme Lösung (z. B. Ringer).

9 Maßnahmen bei speziellen Komplikationen

- Bei Organkomplikationen adäquate chirurgische Versorgung.
- Verletzungen des proximalen Dünndarms: Versuch der Übernähung; Verletzung des distalen Dünndarms/Kolons: Ausleitung als Stoma, wenn erfolglos bzw. nicht machbar: suffizient drainieren und Etablierung einer stabilen Fistel abwarten.

10 Nachsorge

Medizinische Nachbehandlung: Abhängig von Ursache und Therapieverlauf.

7 Operationstechnik

1. Exploration.
2. Spülung der Abdominalhöhle.
3. Kontinuierliche Peritoneallavage.
4. Laparostoma.

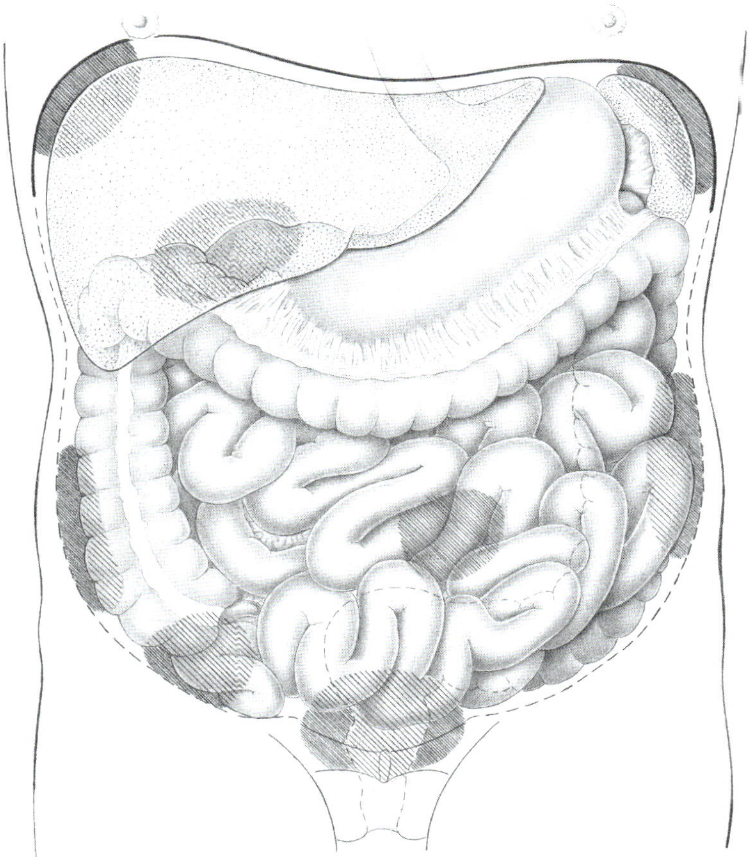

1 Exploration

Die Exploration der Leibeshöhle erfordert einen übersichtlichen Zugang. Meist bietet die komplette mediane Laparotomie die beste Übersicht. Handelt es sich um eine sekundäre Peritonitis, so ist der Primärschnitt in die Exploration einzubeziehen und ggf. zu erweitern. In keinem Fall sollte eine Peritonitis ohne Möglichkeit zur direkten Inspektion aller 4 Quadranten operativ angegangen werden. Nach Eröffnung des Peritoneums wird das Abdomen systematisch exploriert. Wichtigste Lokalisationen von Abszessen und Verhalten sind beidseits subphrenisch, subhepatisch, beidseits parakolisch, retrozökal, interenterisch und im Douglas-Raum. Alle diese Stationen sind systematisch abzusuchen und nach Abszessherden zu inspizieren. Abszesse werden abgesaugt, gespült und mit Drainagen versorgt.

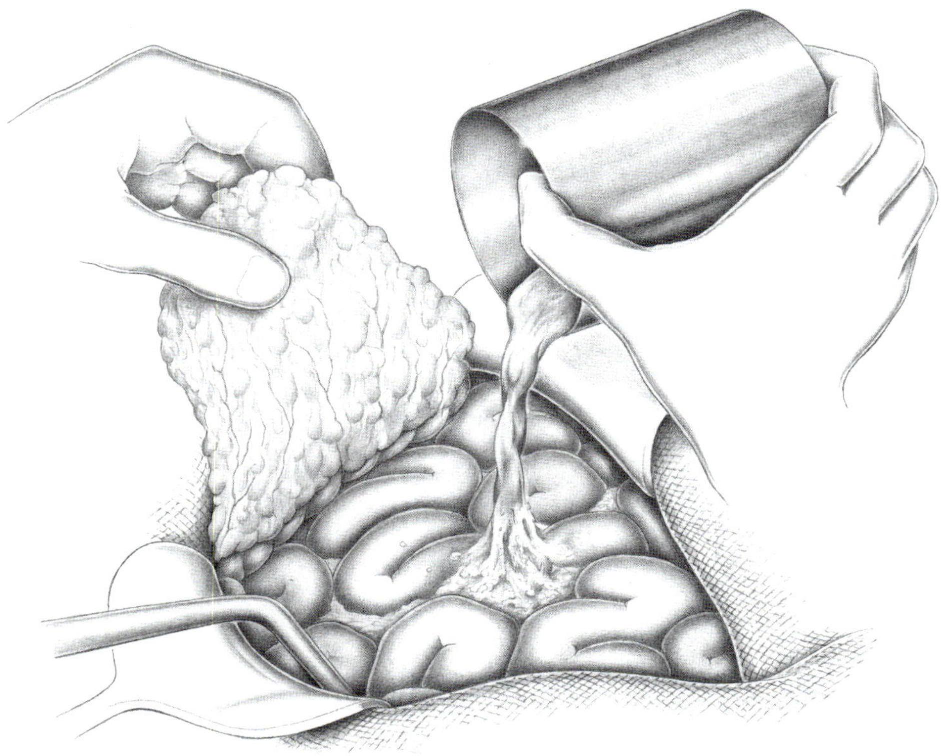

❷ Spülung der Abdominalhöhle

Bei diffuser Peritonitis werden die Darmschlingen freigelegt und nach Ablösen und Abheben des großen Netzes ausführlich mit körperwarmer Kochsalz- oder Ringerlösung gespült. Fibrinbeläge werden abgestreift, der ganze Bauchraum wird systematisch gesäubert. In der Regel sind hierfür 10 – 20 Liter Spüllösung erforderlich.

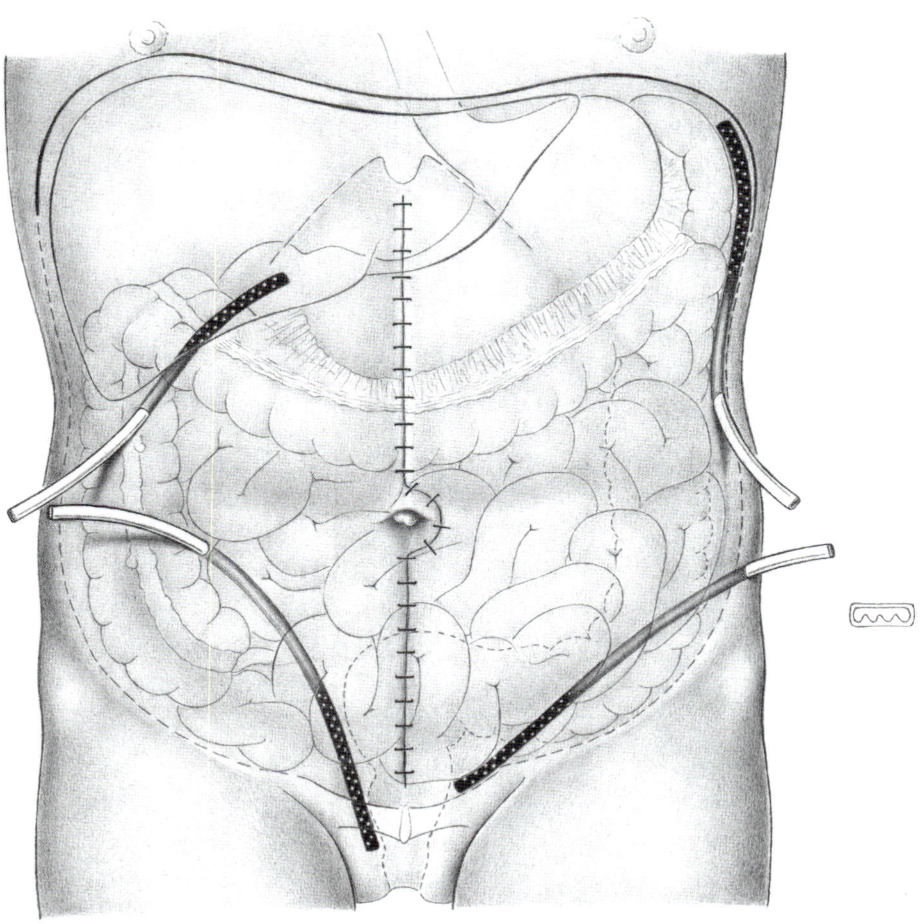

❸ Kontinuierliche Peritoneallavage

Je nach Ausmaß der Peritonitis fällt die Entscheidung zwischen offenem und geschlossenem Vorgehen. Peritonitis-Scores (z. B. der Mannheimer Peritonitis-Index) erleichtern die Entscheidungsfindung. Bis zu einem Score von 25 ist eine geschlossene Vorgehensweise vertretbar. Leichte Peritonitiden werden intraoperativ gespült und drainiert. Mittelgradige Peritonitiden können durch geschlossene 4-Quadranten-Drainage und kontinuierliche abdominelle Spülung (20 – 40 l in 24 h) suffizient behandelt werden. Die Drainagen werden in den 4 Quadranten und den Douglas-Raum platziert. Um eine bessere Bilanzierung zu ermöglichen, empfiehlt es sich, ein geschlossenes System mit definierten Zu- und Ablaufdrainagen zu schaffen.

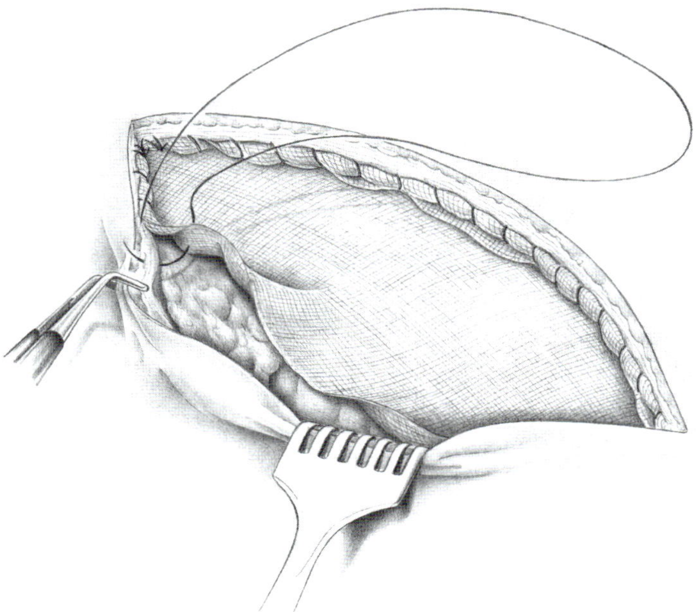

❹ Laparostoma

Liegt eine schwere Form der Peritonitis vor, sollte das offene Vorgehen mit Anlage eines Laparostomas gewählt werden, das die häufig notwendigen Relaparotomien mit programmierter Lavage erleichtert. Das Laparostoma dient auch der abdominellen Druckentlastung, d. h. der Vermeidung eines abdominellen Kompartmentsyndroms. Das Therapiekonzept beinhaltet den flexiblen Verschluss der Peritonealhöhle durch ein Kunststoffnetz, das die Eingeweide in situ hält und gleichzeitig den Zugang zu programmierten Relaparotomien unter Schonung der Wundränder erlaubt. Wir verwenden hierzu PGS-Netze, die mit fortlaufenden PGS-Fäden der Stärke 0 eingenäht werden. Nach Abheilung der Peritonitis können diese Netze in situ verbleiben, sie werden von Granulationsgewebe durchwachsen und innerhalb von 6 – 10 Wochen resorbiert. Auf diesem Granulationsgewebe kann ggf. später eine Meshgraft-Deckung erfolgen. Die breite Dehiszenz der Faszienränder hat gesetzmäßig einen späteren Narbenbruch zur Folge, der frühestens nach 3 – 6 Monaten verschlossen werden sollte.

70. Peritoneovenöser Shunt

1 Indikation

Elektiv: Diuretikaresistenter Aszites bei Patienten mit Leberzirrhose, die nicht Transplantationskandidaten sind. Maligner Aszites nach Ausschöpfen anderer Maßnahmen und Lebenserwartung > 1 Monat.
Kontra: Bakteriell kontaminierter Aszites.
Alternativverfahren: Wiederholte therapeutische Parazentese, operativ oder interventionell-radiologisch (TIPS) angelegter portosystemischer Shunt, Lebertransplantation.

2 Operationsvorbereitung

Präoperative Diagnostik: Abklärung der zugrunde liegenden Lebererkrankung. Aszitesanalyse: Bakteriologie, Zytologie, gerinnungsaktive Substanzen (Fibrinspaltprodukte), Gerinnungsstatus.
Patientenvorbereitung: Perioperative Antibiotikaprophylaxe, ggf. Flüssigkeits- und Elektrolytsubstitution.

3 Spezielle Risiken, Aufklärung

- Obstruktion und Infekt des Kathetersystems (20–40%).
- Systemische Gerinnungsstörungen (< 10%; gravierend).
- Peritonitis (< 5%).
- Blutung (< 5%).
- Dislokation des Systems (< 5%).
- Tumorzellembolie bei malignem Aszites (selten!).

4 Anästhesie

Intubationsnarkose, ggf. Lokalanästhesie.

5 Lagerung

Rücken, mit leicht angehobener rechter Körperhälfte.

6 Zugang

Über M. sternocleidomastoideus und im rechten oder linken Oberbauch.

7 Operationsschritte

1. Shunt-Lokalisation und Hautschnitte.
2. Abdominelle Katheterplatzierung.
3. Einführen des Katheters.
4. Thorakale Katheterplatzierung.
5. Venöser Zugang am Hals.

8 Relevante Anatomie, Gefahren, Tricks

- Der Peritonealverschluss um den abdominellen Katheterschenkel muss wasserdicht sein!
- Die gängigsten Systeme sind der Denver-Shunt (mit Pumpkammer) und der LeVeen-Shunt (ohne Pumpfunktion).
- Intraoperativer Austausch des Aszites gegen physikalische Kochsalz- oder Ringer-Lösung empfehlenswert (seltener Humanalbumin).
- Das Shunt-Fördervolumen kann durch einfache Manöver beeinflusst werden: Steigerung durch Bauchpresse, forcierte Inspiration und Oberkörperflachlagerung.

9 Maßnahmen bei speziellen Komplikationen

- Bei Infektion muss das gesamte Shunt-System entfernt werden.
- Diagnostik des Shunt-Verschlusses: Erhöhter Pumpwiderstand, Duplex-Sonographie, radiologisch als „Shuntographie" nach Direktpunktion; bei Verschluss meist Systemwechsel erforderlich.

10 Nachsorge

Medizinische Nachbehandlung: Postoperativ engmaschige Kontrolle der Kreislauf-, Bilanz- und Gerinnungssituation (Intensivstation!), Magensonde ex am 1. Tag.
Kostaufbau: Trinken ab 1. Tag, Steigerung unter sorgfältiger Flüssigkeitsbilanzierung.
Mobilisation: Sofort.
Arbeitsunfähigkeit: Abhängig von Gesamtsituation.

7 Operationstechnik

1. Shunt-Lokalisation und Hautschnitte.
2. Abdominelle Katheterplatzierung.
3. Einführen des Katheters.
4. Thorakale Katheterplatzierung.
5. Venöser Zugang am Hals.

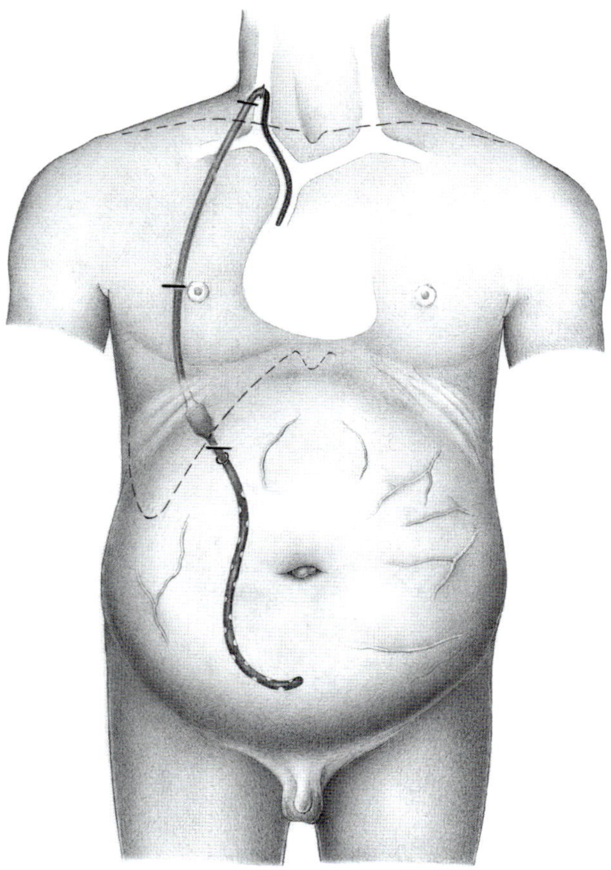

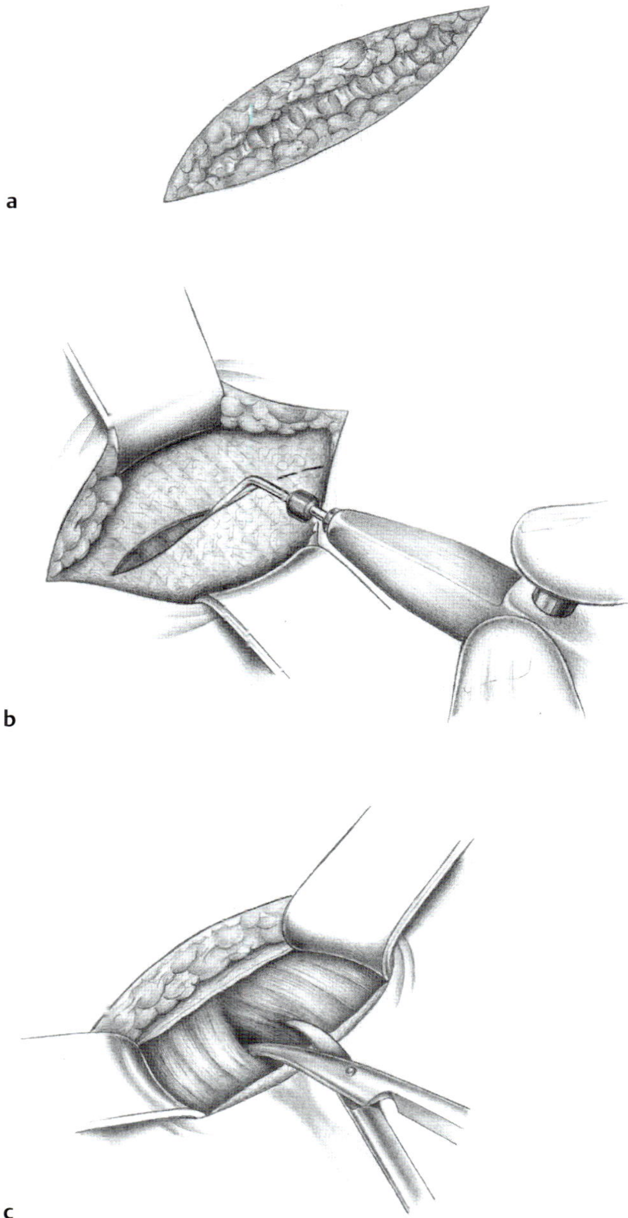

a

b

c

❶ Shunt-Lokalisation und Hautschnitte

Der peritoneovenöse Shunt (Denver) stellt eine Verbindung zwischen dem Abdominalraum und der V. jugularis her. In der Regel wird er rechtsseitig angelegt. Erforderlich sind 3 Hautschnitte: unterhalb des rechten Rippenbogens, über der V. jugularis rechts und ggf. ein Hilfsschnitt lateral der Mamille.

❷ Abdominelle Katheterplatzierung

Die Eröffnung des Bauchraums sollte sparsam und muskelschonend erfolgen, um ein Aszitesleck zu vermeiden. Quere Inzision 3 Querfinger unter dem rechten Rippenbogen (**a**), Querspaltung der Faszie (**b**), Längsspaltung der Muskulatur durch stumpfes Spreizen mit der Schere (**c**).

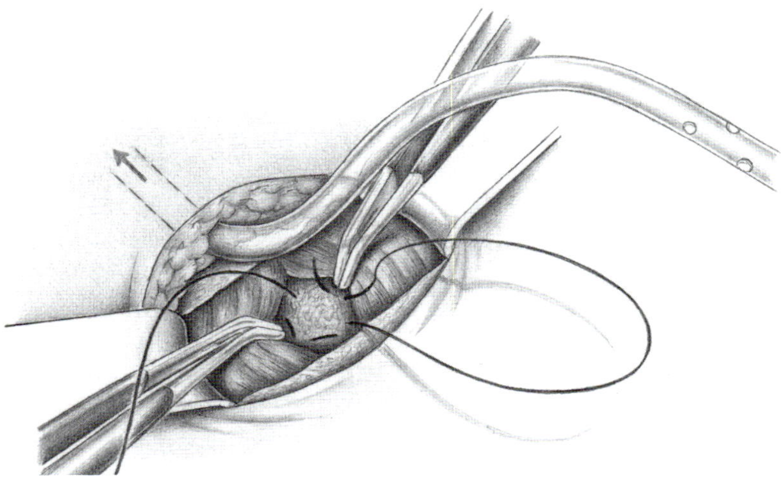

a

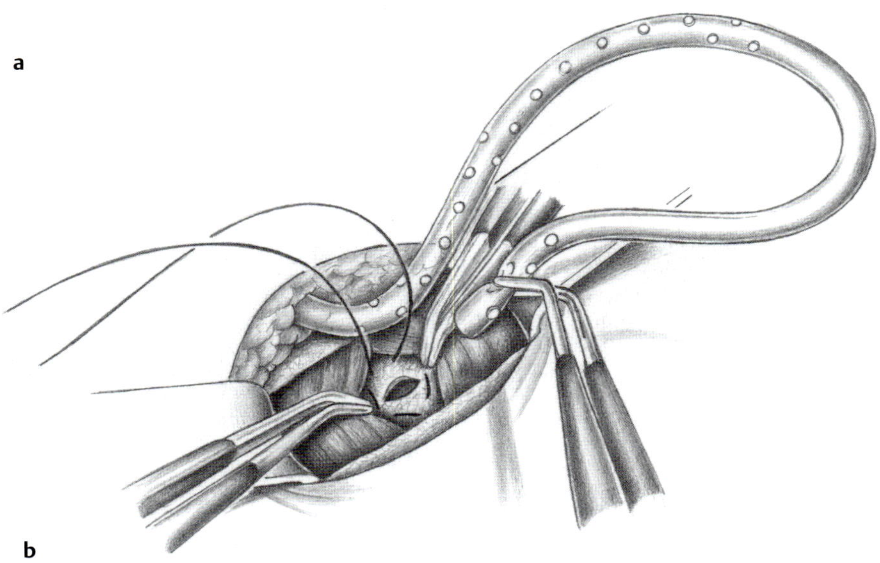

b

❸ Einführen des Katheters

Nach Darstellen des Peritoneums wird dieses mit einer oder besser zwei konzentrischen Tabaksbeutelnähten gefasst (**a**). Der Shunt-Katheter kann bereits subkutan platziert sein oder später platziert werden. Wichtig ist, dass man für die Pumpkammer auf dem Rippenbogen durch stumpfe Präparation ausreichend Platz schafft. Sodann wird der peritoneale Schenkel des Katheters unter Sicht nach Absaugen des Aszites in die Bauchhöhle eingeführt und mit den Tabaksbeutelnähten wasserdicht fixiert, um ein Aszitesleck zu vermeiden (**b**).

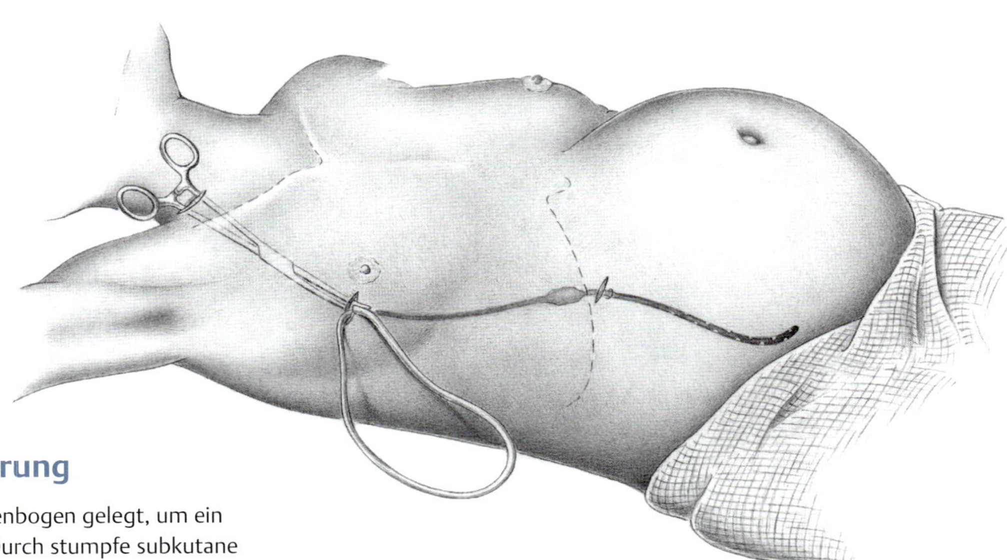

❹ Thorakale Katheterplatzierung

Die Pumpkammer wird auf den rechten Rippenbogen gelegt, um ein Widerlager für die Pumpfunktion zu haben. Durch stumpfe subkutane Präparation wird der venöse Schenkel bis an den Hals geführt und aus der zervikalen Inzision ausgeleitet.

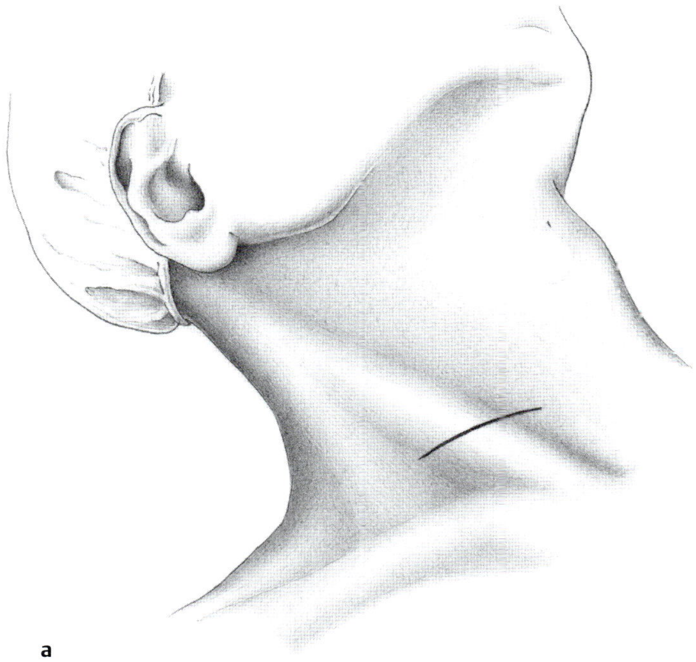

a

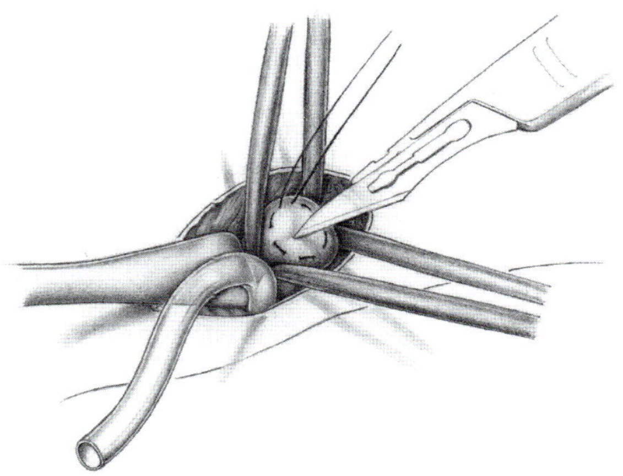

b

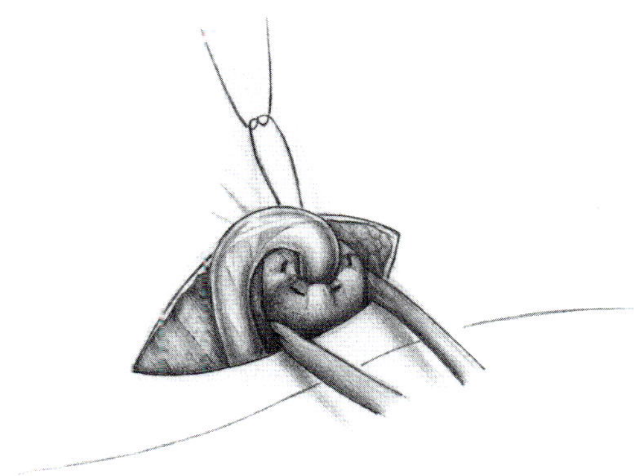

c

❺ Venöser Zugang am Hals

Über die zervikale Inzision wird die hinter dem M. sternocleidomastoideus verlaufende V. jugularis freigelegt (**a**). Dies erfolgt durch stumpfe Präparation nach Identifikation des gut tastbaren Verlaufs der A. carotis. Nach Freilegung der Vene erfolgen die Anzügelung mit zwei Gummizügeln und die Platzierung einer Tabaksbeutelnaht (5 × 0 Polypropylen). Im Zentrum der Tabaksbeutelnaht bei Okklusion der Vene durch Zug an den Gummizügeln erfolgen die Inzision und die Einführung des venösen Schenkels bis in die obere Hohlvene (**b, c**). Unter Röntgenkontrolle wird die Lage des Katheters in der Vorhofeingangsebene dokumentiert. Subkutannähte, Hautnähte, steriler Verband beenden den Eingriff.

71. Dünndarmsegmentresektion

1 Indikation

Elektiv: Umschriebene pathologische Veränderung (Tumor, Morbus Crohn, Mesenterialinfarkt u.ä.m.).
Alternativverfahren: Bypass bei Irresektabilität (Palliativeingriff).

2 Operationsvorbereitung

Präoperative Diagnostik: Sonographie, Computertomographie, Kontrastmitteldarstellung (Sellink, bei Obstruktionsverdacht Magen-Darm-Passage mit löslichem Kontrastmittel).
Patientenvorbereitung: Magensonde.

3 Spezielle Risiken, Aufklärung

- Insuffizienz (selten, z. B. bei Morbus Crohn und nach Bestrahlungen).
- Anastomosenstenose (bei End-zu-End selten).
- Gefäßverletzung.
- Kurzdarmsyndrom bei > 50% Verlust.

4 Anästhesie

Intubationsnarkose.

5 Lagerung

Rücken.

6 Zugang

Meist mediane Laparotomie.

7 Operationsschritte

1. Resektionsprinzip Dünndarm.
2. Skelettierung des Dünndarmmesos I.
3. Skelettierung des Dünndarmmesos II.
4. Absetzen des Dünndarmsegments.
5. Anastomose Hinterwand.
6. Anastomose Vorderwand.
7. Prüfung der Lumenweite.
8. Verschluss des Mesoschlitzes.

8 Relevante Anatomie, Gefahren, Tricks

- Festlegung der Resektionsgrenzen unter Beachtung der Gefäßarkaden bei Diaphanoskopie.

Cave: Verletzung von A./V. mesenterica superior bei Skelettierung des Dünndarmmesos.

- Stets End-zu-End-Anastomose, nur bei palliativer Bypass-Anlage Seit-zu-Seit.
- Bei inkongruenten Lumina nach länger bestehender Obstruktion: antimesenteriales Anschrägen des kleineren Lumens!
- Im Bereich des Mesenterialansatzes muss die Serosa zur Anastomosierung kurzstreckig von Fettgewebe und Gefäßen befreit werden: zirkuläre Serosa-Serosa-Approximierung!
- Dosierter Zug beim Knoten der Fäden, nicht „anknallen".
- Standardisiertes Vorgehen. Ecke-Hinterwand-Ecke-Vorderwand, stets mesenterial oder antimesenterial beginnen.
- Nach Abschluss der Anastomosennaht sorgfältige Inspektion der gesamten Zirkumferenz: Lücken zwischen den Stichen?
- Bei fraglicher Vitalität eines Dünndarmabschnitts (intestinale Ischämie!) entweder resezieren und Enden als Stomata ausleiten oder anastomosieren und „second look" nach 24 Stunden planen.

Cave: Primäre Anastomose bei Vorliegen einer Peritonitis.

- Bei der Suche nach im Dünndarm gelegenen Blutungsquellen ggf. intraoperative Endoskopie.

9 Maßnahmen bei speziellen Komplikationen

- Intraoperative Ischämie eines zu anastomosierenden Darmabschnitts (z. B. durch Verletzung von Gefäßen im Meso): Auflösung der Anastomose, Nachresektion und erneute Anastomosierung.
- Gut drainierte Insuffizienz ohne Peritonitis: unter parenteraler Ernährung abwarten, bei klinischen oder laborchemischen Entzündungszeichen sofortige Revision.

10 Nachsorge

Medizinische Nachbehandlung: Abhängig von Gesamtsituation, Magensonde ex 1.–3. Tag.
Kostaufbau: Trinken ab 4. Tag, feste Kost, wenn Peristaltik vorhanden.
Stuhlgang: Gegebenenfalls Klysma, Einlauf.
Mobilisation: Sofort.
Krankengymnastik: Atemgymnastik.
Arbeitsunfähigkeit: 1–2 Wochen.

7 Operationstechnik

1. Resektionsprinzip Dünndarm.
2. Skelettierung des Dünndarmmesos I.
3. Skelettierung des Dünndarmmesos II.
4. Absetzen des Dünndarmsegments.
5. Anastomose Hinterwand.
6. Anastomose Vorderwand.
7. Prüfung der Lumenweite.
8. Verschluss des Mesoschlitzes.

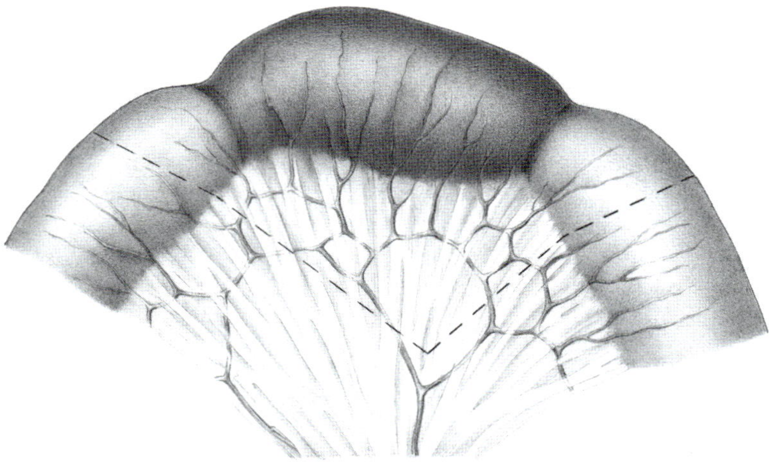

❶ Resektionsprinzip Dünndarm

Von der Art der Dünndarmerkrankung unabhängig (Entzündung, Tumor, Defekt, Ischämie oder Nekrose) bleibt die Vorgehensweise der Dünndarmsegmentresektion stets identisch. Prinzip ist die Resektion des erkrankten Darmabschnitts unter Einhaltung möglichst sparsamer Resektionsgrenzen. Sie sollten makroskopisch im Gesunden liegen und sich an der Gefäßversorgung der Mesenterialwurzel orientieren. Die distale und proximale Resektionslinie müssen ausreichend durchblutet sein, um eine sichere Anastomosenheilung zu gewährleisten. Die Markierung der Resektionslinien gelingt am besten bei Darstellung der Gefäßarkaden unter Diaphanoskopiebedingungen.

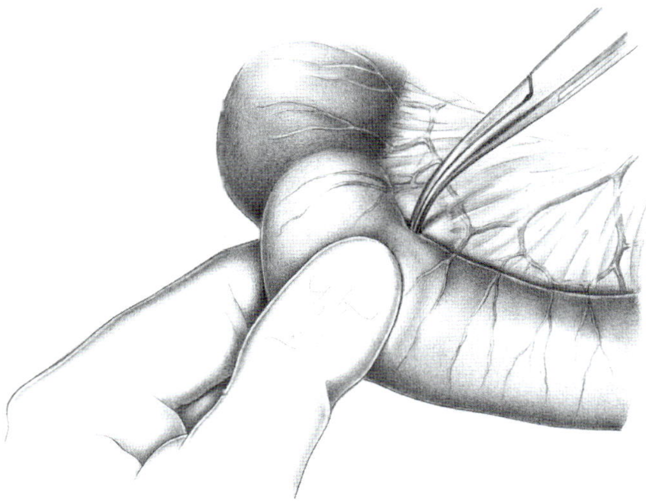

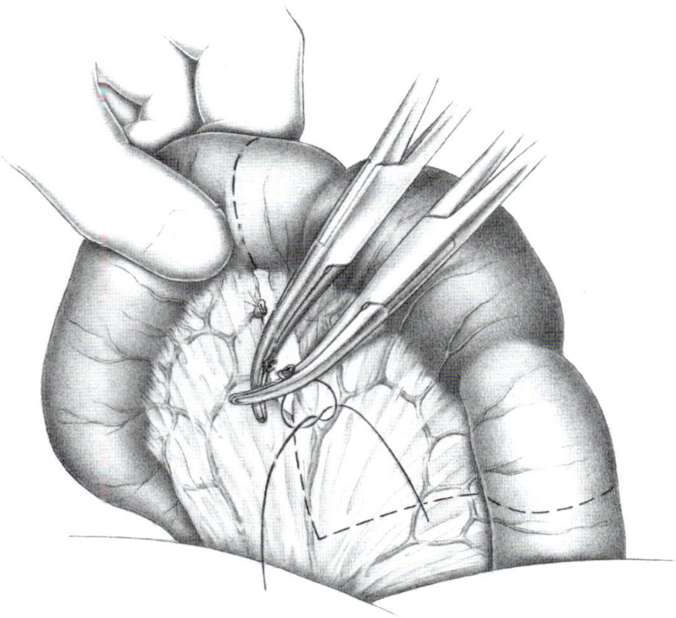

❷ Skelettierung des Dünndarmmesos I

Die Skelettierung der Gefäßarkaden im Meso beginnt darmnah. Bei entzündlich verplumptem Mesenterium kann die Grenze zwischen Mesenterium und Darm schwer zu erkennen sein, sie ist am besten palpatorisch zwischen Zeigefinger und Daumen zu identifizieren.

❸ Skelettierung des Dünndarmmesos II

Nach Durchtrennung der Mesenterialgefäße zwischen Overholt-Klemmen werden die Gefäßstümpfe ligiert. Bei sehr brüchigem oder fettreichem Mesenterium empfiehlt sich die Verwendung von Umstechungsligaturen (PGS 3 × 0). Kleinere Gefäße werden mit Moskitoklemmen gefasst.

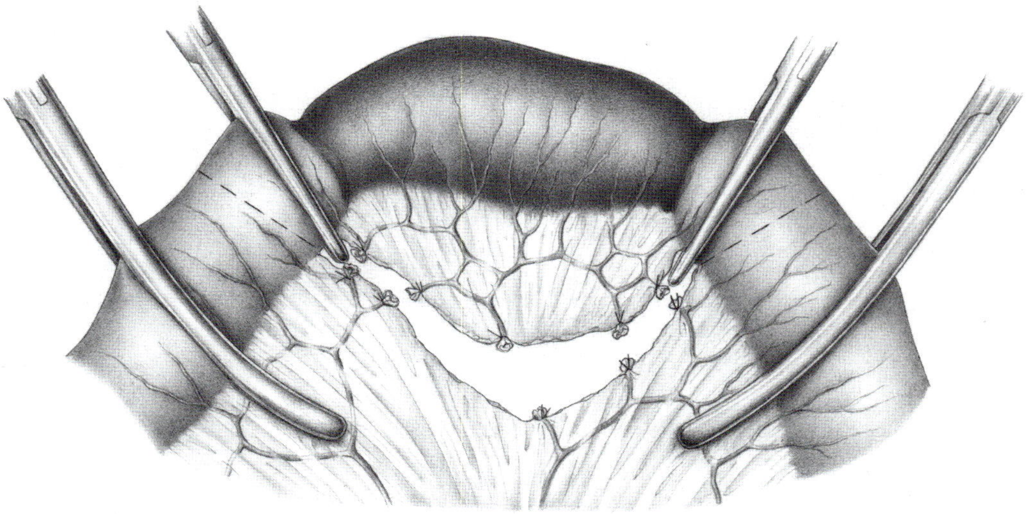

❹ Absetzen des Dünndarmsegments

Nach Skelettierung des Darmrohrs erfolgt die Resektion zwischen Klemmen. An den zu anastomosierenden Darmabschnitten werden weiche, am Resektat scharfe Klemmen angesetzt. Zur Vermeidung einer Kontamination des Bauchraums wird ein mit Antiseptikum getränkter Streifen unter die Resektionsflächen platziert.

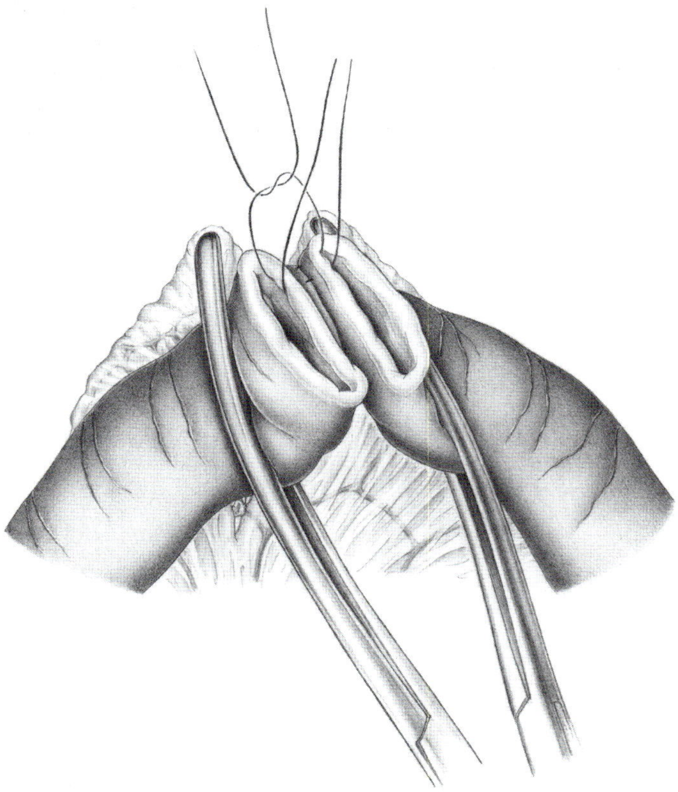

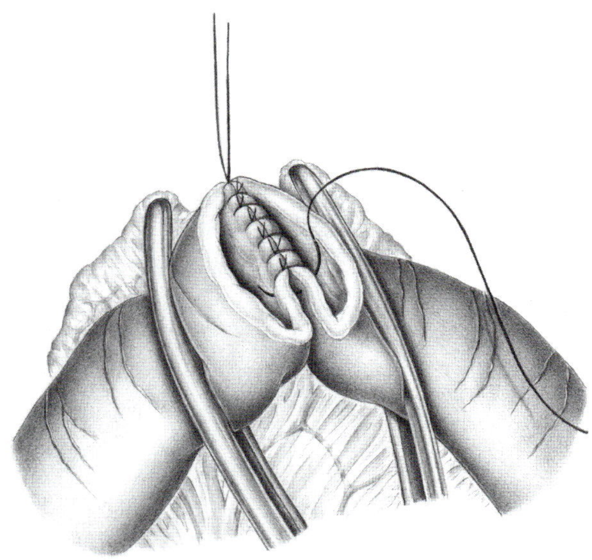

❺ Anastomose Hinterwand

Nach Resektion des Darmabschnitts werden die Darmenden einander angenähert und anastomosiert. Die Naht ist einreihig allschichtig mit PGS 3 × 0. Die Nähte werden in einem Abstand von ca. 0,5 cm gestochen. Beim Führen der Nadel durch die Darmwand ist darauf zu achten, wenig Mukosa und viel Serosa zu fassen, um einen breiten Serosakontakt zu erzielen. Die Eckfäden der Hinterwand werden mit Klemmen markiert.

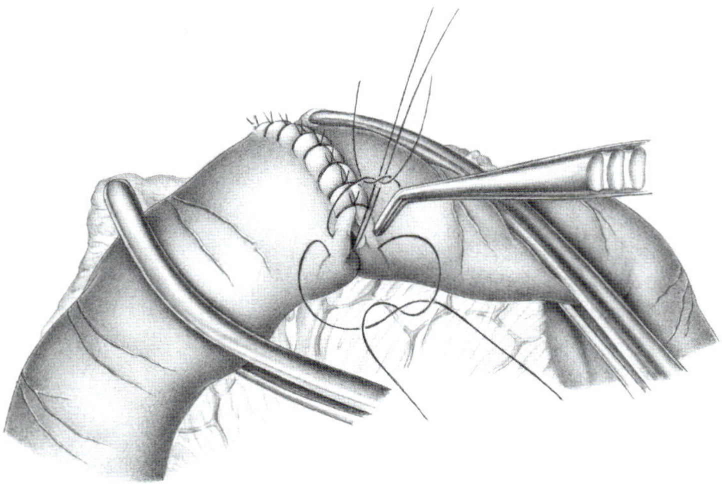

❻ Anastomose Vorderwand

Die Naht der Vorderwand erfolgt in gleicher Nahttechnik. Der lang gelassene letzte Hinterwandfaden wird lumenwärts eingeschlagen und mit einer äußeren Naht überstochen.

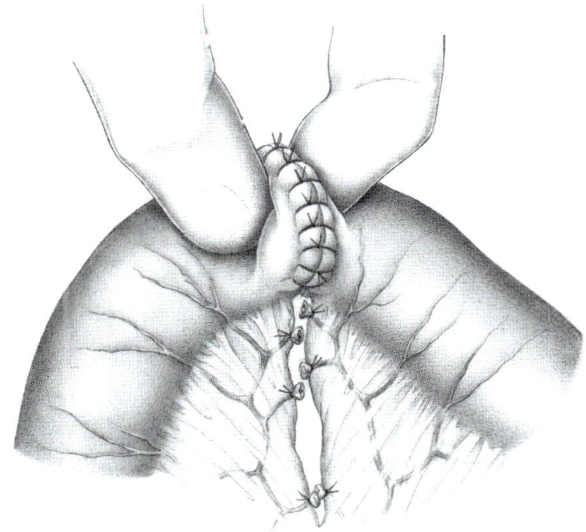

❼ Prüfung der Lumenweite

Nach Fertigstellung der Naht erlaubt die vorsichtige Palpation zwischen Daumen und Zeigefinger eine Überprüfung der Lumenweite. Der Zeigefinger sollte hierbei leicht in das Lumen gleiten können, so dass man mit dem Daumen eine allseits vom Nahtring umgebene Zeigefingerspitze tastet. Zusätzlich ermöglicht eine beidseits des Nahtringes ausgeübte vorsichtige Kompression des Darmlumens eine weitere Dichtigkeitsprüfung.

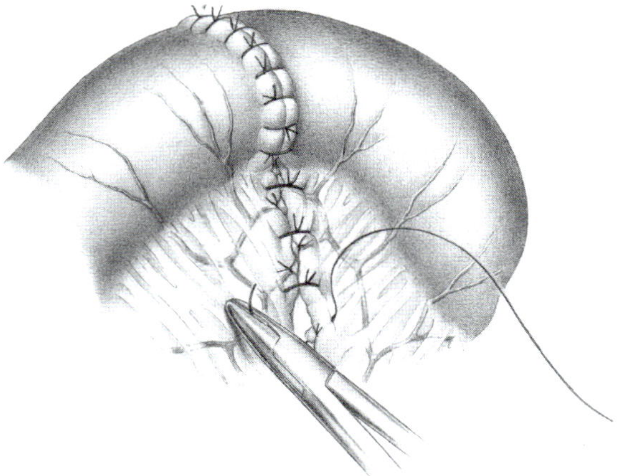

❽ Verschluss des Mesoschlitzes

Der Verschluss des Mesenteriums erfolgt in Einzelknopftechnik unter Vermeidung einer Verletzung der Gefäßarkaden. Bei Verletzung eines Gefäßes können eine Vitalitätsstörung des Darms und damit eine Anastomoseninsuffizienz drohen.

72. Dünndarmschienung (Dennis-Sonde)

1 Indikation

Elektiv: Als Rezidivprophylaxe nach ausgedehnter Adhäsiolyse.
Relativ: Im Rahmen intraabdomineller Erkrankungen, die mit einer gravierenden intestinalen Paralyse einhergehen, z. B. Peritonitis.
Kontra: Isolierte, umschriebene akute Obstruktion durch einzelne Bride.
Alternativverfahren: Dünndarmplikation nach **Noble** oder **Childs-Philipps** (selten!).

2 Operationsvorbereitung

Präoperative Diagnostik: Sonographie, Röntgenabdomenübersicht (ggf. Linksseitenlage), Kontrastmitteldarstellung (Magen-Darm-Passage mit wasserlöslichem Kontrastmittel).
Patientenvorbereitung: Magensonde, ggf. endoskopische Platzierung der Dennis-Sonde im proximalen Jejunum (vermeidet die, insbesondere nach Voroperationen im Oberbauch, traumatisierende manuelle Überwindung des Duodenums); zentraler Zugang, Volumensubstitution, Ausgleich von Elektrolyt- und Säure-Basen-Verschiebungen.

3 Spezielle Risiken, Aufklärung

- Dünndarmverletzung/Peritonitis.
- Dünndarmsegmentresektion.
- Erneuter Ileus (10% nach erster Episode).

4 Anästhesie

Intubationsnarkose.

5 Lagerung

Rücken.

6 Zugang

Mediane Laparotomie, ggf. Wiedereröffnung einer alten Narbe.

7 Operationsschritte

1. Prinzip der Dünndarmschienung.
2. Bridenileus.
3. Adhäsionsileus.
4. Platzierung der Dünndarmsonde I.
5. Platzierung der Dünndarmsonde II.

8 Relevante Anatomie, Gefahren, Tricks

- Darm und Netz sind häufig an einer alten Narbe adhärent: „Einstieg“ in die Bauchhöhle gelingt am leichtesten durch geringe Extension der Inzision im Bereich eines Wundpols.
- Präparation immer vom „Bekannten“ zum „Unbekannten“.
- Sobald die Faszienränder identifiziert sind, hilft bei der weiteren Lösung intraabdomineller Organe von der Bauchdecke ein dosierter Zug an der Faszie mittels Mikulicz-Klemmen.
- Nach Adhäsiolyse gründliche Inspektion aller Darmabschnitte: ggf. Reserosieren, Übernähen oder Resezieren.

9 Maßnahmen bei speziellen Komplikationen

Durch die Adhäsiolyse erheblich geschädigte Dünndarmsegmente sollten reseziert werden.

10 Nachsorge

Medizinische Nachbehandlung: Geblockte Dennis-Sonde am 1. Tag entblocken, Liegedauer 10 – 14 Tage, zusätzliche Magensonde belassen, bis Reflux gering; propulsive Medikation: Panthenol, Metoclopramid, Erythromycin, später auch Prostigmin; ggf. perioperative Antibiotikatherapie.
Kostaufbau: Schluckweise trinken, wenn Reflux über Sonden minimal (3. – 5. Tag), feste Kost erst nach Abführen und bei nachweisbarer Peristaltik.
Stuhlgang: Gegebenenfalls fördern mit Klysmen/Einläufen.
Mobilisation: Sofort.
Krankengymnastik: Atemgymnastik.
Arbeitsunfähigkeit: 2 – 4 Wochen.

7 Operationstechnik

1. Prinzip der Dünndarmschienung.
2. Bridenileus.
3. Adhäsionsileus.
4. Platzierung der Dünndarmsonde I.
5. Platzierung der Dünndarmsonde II.

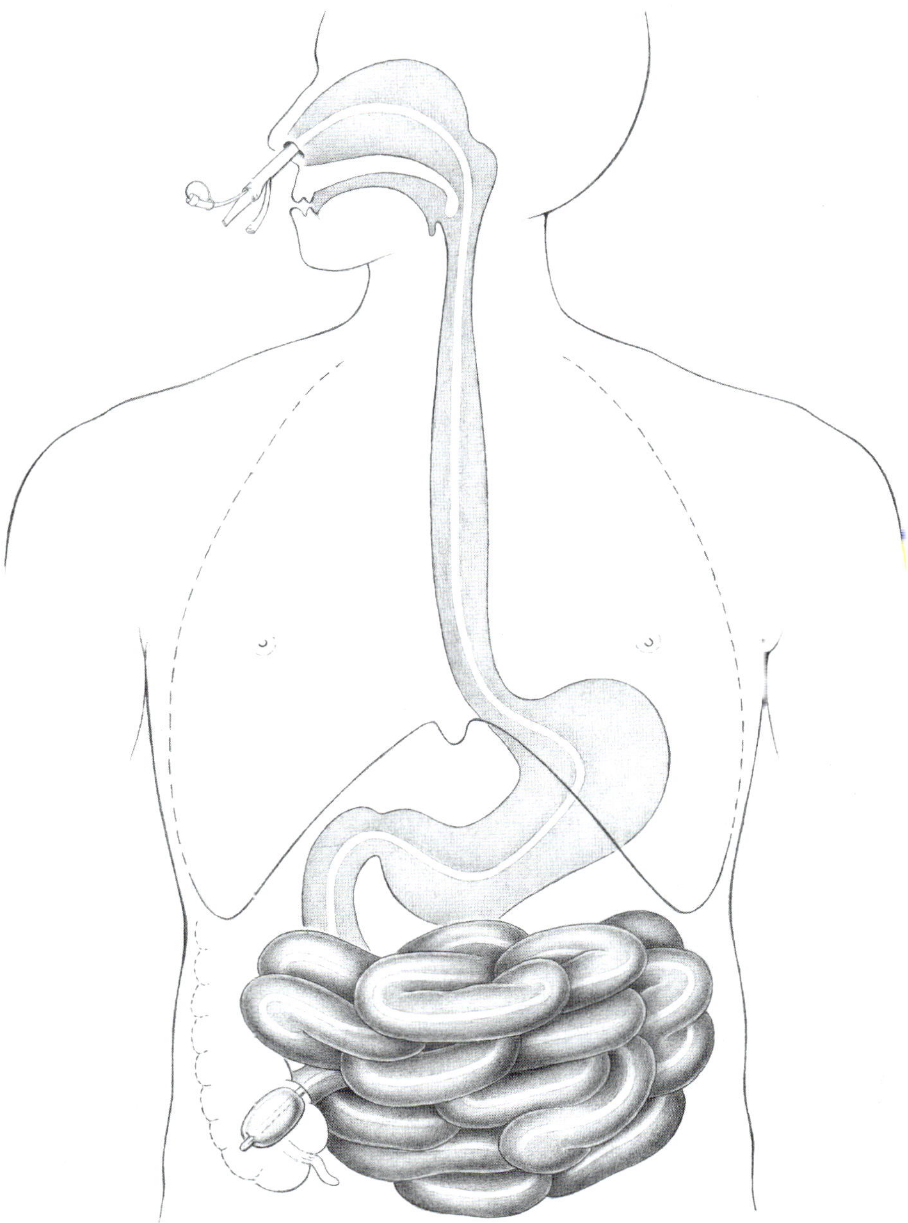

1 Prinzip der Dünndarmschienung

Bei chronischem Verwachsungsbauch mit rezidivierenden Ileuszuständen kann sich elektiv oder auch akut die Notwendigkeit zur Adhäsiolyse ergeben. Die Indikation sollte allerdings in den Elektivsituationen außerordentlich zurückhaltend gestellt werden, da Rezidive häufig sind. In der Notsituation des Ileus bleibt zumeist keine Alternative. Ziel der Operation ist stets die Lösung der interenterischen Verwachsungen mit nachfolgender Dünndarmschienung. Diese Schienung mit langen intestinalen Sonden dient der Verhinderung des postoperativen Ileus und der Präformierung wenn schon nicht vermeidbarer, so doch geplanter, d. h. nicht okkludierender interenterischer Verwachsungen. Das Prinzip ist die transnasale Schienung mit einer Dennis-Sonde, die bis in das Zökum vorgeschoben werden sollte. Die Sonde muss für mindestens 10 Tage belassen werden, um dem Ileusrezidiv ausreichend vorzubeugen. Sie kann ggf. unter leichten Dauersog gesetzt werden, der Ballon ist am 1. postoperativen Tag zu entblocken. Die intraoperative Sondenplatzierung wird durch präoperatives endoskopisches Vorschieben bis an oder hinter das Treitz-Band erleichtert.

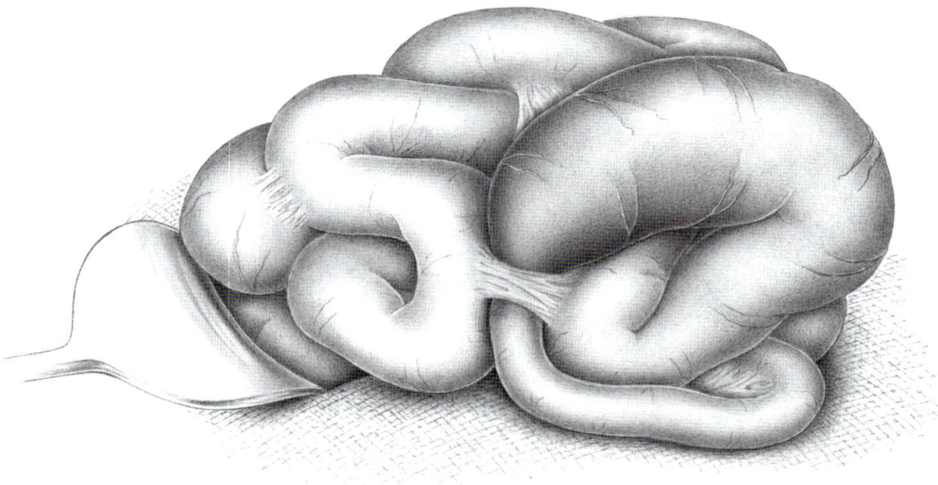

❷ Bridenileus

Nach Eröffnung der Leibeshöhle, in der Regel durch einen Medianschnitt, wird der Dünndarm sorgfältig inspiziert. Schon hierbei kann die Ileuslokalisation vermutet werden, da sich prästenotisch dilatierte Darmabschnitte und poststenotisch ein sog. Hungerdarm findet. Die Situation ist besonders einfach, wenn eine interenterische Bride vorliegt, die den Darm fast komplett verschließt und zu der beschriebenen Konstellation führt. Hierbei kann die Durchtrennung der Bride mit Schere oder Diathermie schlagartig die Ursache beseitigen. In einer derartigen Situation ist keine Dünndarmschienung erforderlich, da die Rezidivgefahr außerordentlich gering ist.

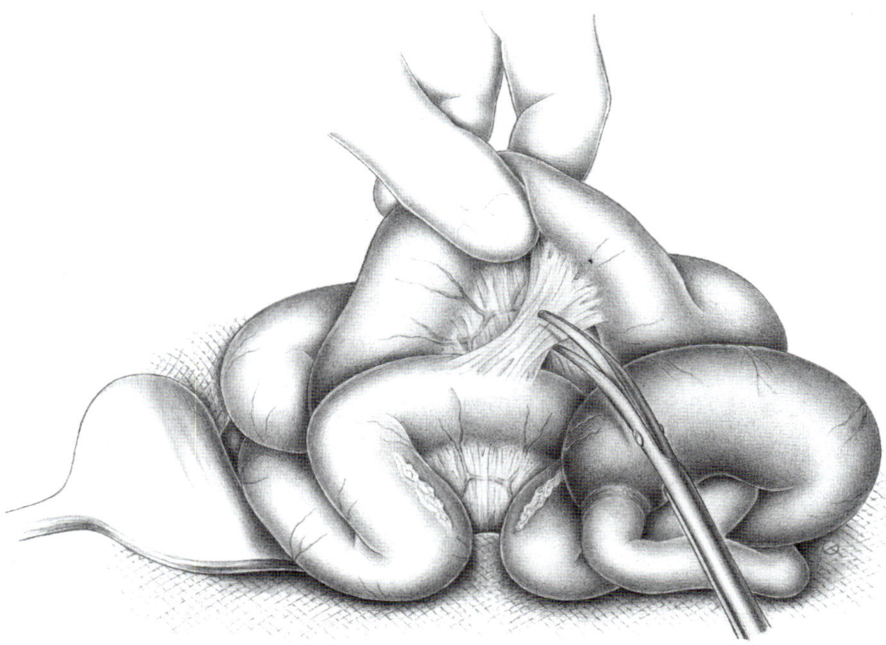

❸ Adhäsionsileus

Häufiger liegen multiple interenterische Verwachsungen vor. Diese werden scharf durchtrennt und ggf. stumpf gelöst. Das gesamte Darmrohr vom Treitz-Band bis hin zur Zökalklappe ist freizulegen und aus den Adhäsionen zu lösen. Der Darm sollte bei dieser Manipulation möglichst vorsichtig angefasst und durch keinen Pinzettendruck gequetscht werden. Auch ist ein ständiges Feuchthalten der Darmoberfläche erforderlich, um späteren Adhäsionen keinen Vorschub zu leisten.

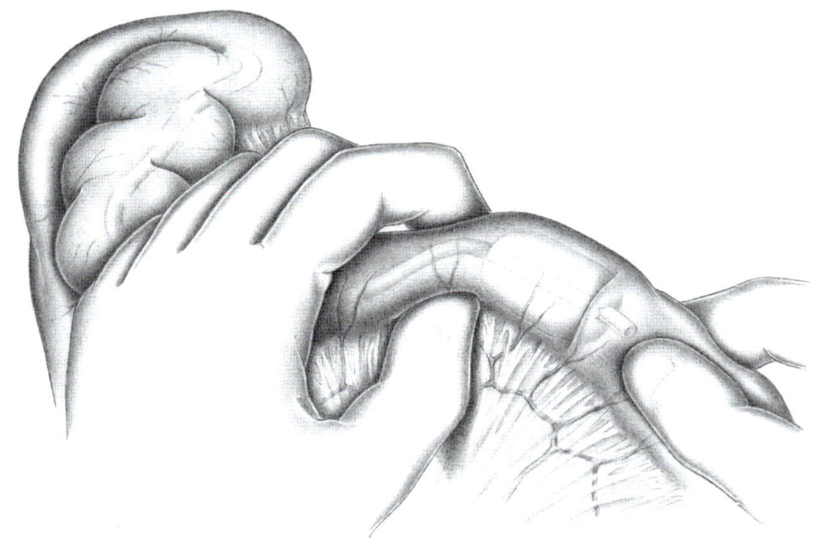

❹ Platzierung der Dünndarmsonde I

Der vollständig von Adhäsionen befreite und gestreckte Darm wird zur Vorbeugung eines Ileusrezidivs mit einer inneren Sonde geschient. Diese Sonde wird bei schwach aufgeblasenem Ballon (10 – 20 ml Luft) bimanuell durch den Darm transportiert, wobei Anastomosen und Engstellungen ggf. unter Entblockung des Ballons zu überwinden sind. Dieses Manöver ist besonders vorsichtig durchzuführen, um zusätzliche manipulationsbedingte Schädigungen der Darmwand zu vermeiden.

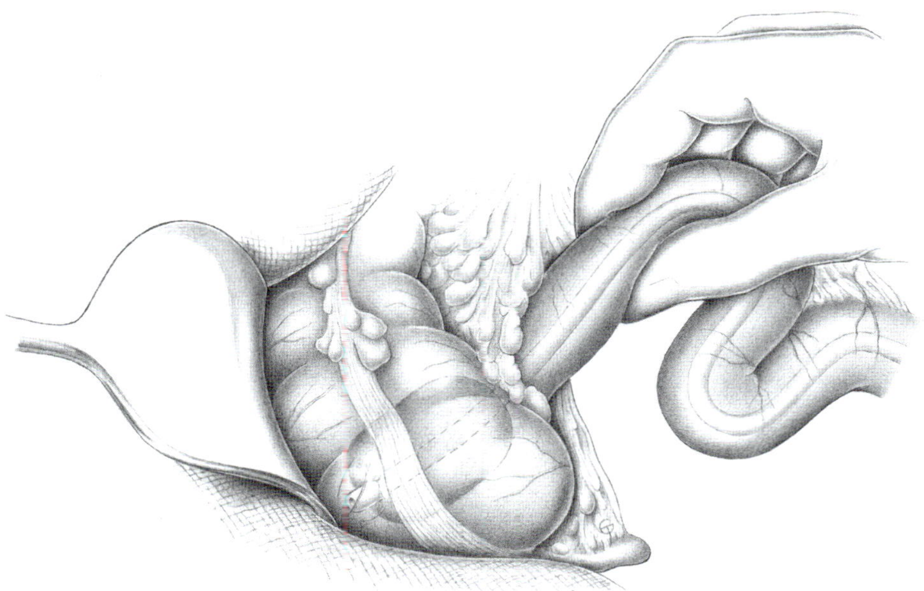

❺ Platzierung der Dünndarmsonde II

Die Dennis-Sonde wird bis in das Zökum vorgeschoben und hier mit dem aufgeblasenen Ballon fixiert. Der Dünndarm wird über der Sonde so weit gestreckt, dass die ganze Sonde eingeführt ist und im Magen gestreckt verläuft. Gelingt diese Platzierung nicht vollständig, so sollte das Darmrohr zumindest so weit wie möglich geschient werden.

73. Meckel-Divertikel

1 Indikation

Elektiv: Bei Diagnosestellung, da in 40% der Fälle Komplikationen.
Kontra: Diffuse Peritonitis; keine bei kompliziertem Divertikel.
Alternativverfahren: Laparoskopische Abtragung.

2 Operationsvorbereitung

Präoperative Diagnostik: Meist intraoperativer Zufallsbefund, ggf. Enteroklysma nach **Sellink**; selten Angiographie, Szintigraphie.

3 Spezielle Risiken, Aufklärung

- Hinweis auf mögliches Vorhandensein (1 – 2% der Bevölkerung) bei klinisch akuten Befunden im Mittel- bzw. rechten Unterbauch.
- Nahtinsuffizienz.
- Peritonitis.

4 Anästhesie

Intubationsnarkose.

5 Lagerung

Rücken.

6 Zugang

Meist mediane Laparotomie.

7 Operationsschritte

1. Skelettierung des Divertikels.
2. Festlegung der Resektionslinie.
3. Divertikelabtragung.
4. Reserosierung der Klammernahtreihe.
5. Prüfung der Lumenweite.

8 Relevante Anatomie, Gefahren, Tricks

- Lokalisation im terminalen Ileum bis ca. 1 m proximal der Bauhin-Klappe (Häufigkeit bis 4%).
- Meckel-Divertikel sind immer antimesenterial lokalisiert.
- Separates Mesenterium des Divertikels gezielt ligieren.
- Abtragung auch mit dem Klammernahtgerät möglich (3,5 mm).
- Nahtverschluss immer quer zur Längsachse des Darms.

9 Maßnahmen bei speziellen Komplikationen

Bei sehr breiter Divertikelbasis ist die kurzstreckige Segmentresektion mit terminoterminaler Anastomose angezeigt.

10 Nachsorge

Medizinische Nachbehandlung: Abhängig von Gesamtsituation, wenn nur Divertikelabtragung: Magensonde ex am 1. – 2. Tag.
Kostaufbau: Schluckweise trinken ab 2. Tag, bei guter Peristaltik feste Kost ab 4. Tag.
Mobilisation: Sofort.
Arbeitsunfähigkeit: 1 – 2 Wochen.

7 Operationstechnik

1. Skelettierung des Divertikels.
2. Festlegung der Resektionslinie.
3. Divertikelabtragung.
4. Reserosierung der Klammernahtreihe.
5. Prüfung der Lumenweite.

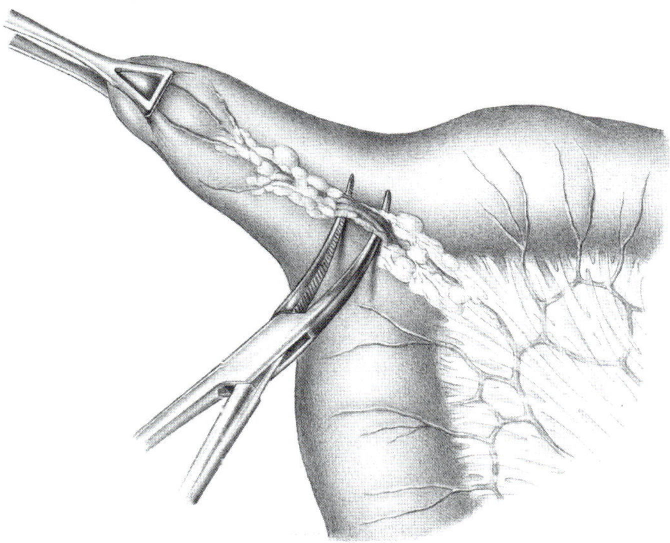

1 Skelettierung des Divertikels

Das Meckel-Divertikel ist ein häufiger Zufallsbefund bei Laparotomien, aber nur selten Ursache von Erkrankungen. Die intraoperative Entdeckung ist eine ausreichende Rechtfertigung für die Entfernung, da Komplikationen wie Perforation oder Blutung im Langzeitverlauf relativ häufig und differenzialdiagnostisch möglicherweise schwer zu fassen sind. Die Resektion des Meckel-Divertikels beginnt mit der Skelettierung am separaten Mesenterialstiel. Das Mesenterium zieht an der lateralen Darmwand vorbei und versorgt isoliert das Meckel-Divertikel. Es wird mit einer Overholt-Klemme unterfahren und zwischen Ligaturen durchtrennt.

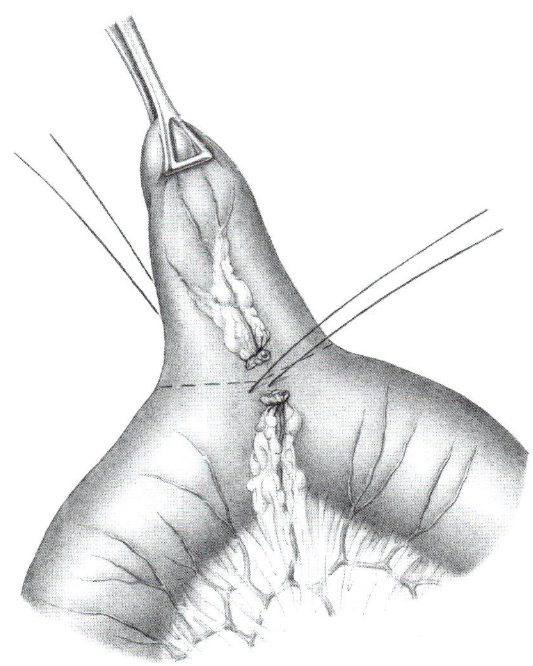

2 Festlegung der Resektionslinie

Die Resektionslinie sollte dicht am Mesenterialansatz des Darms liegen. Hier werden Haltefäden platziert, die den Darm in querer Richtung aufspannen.

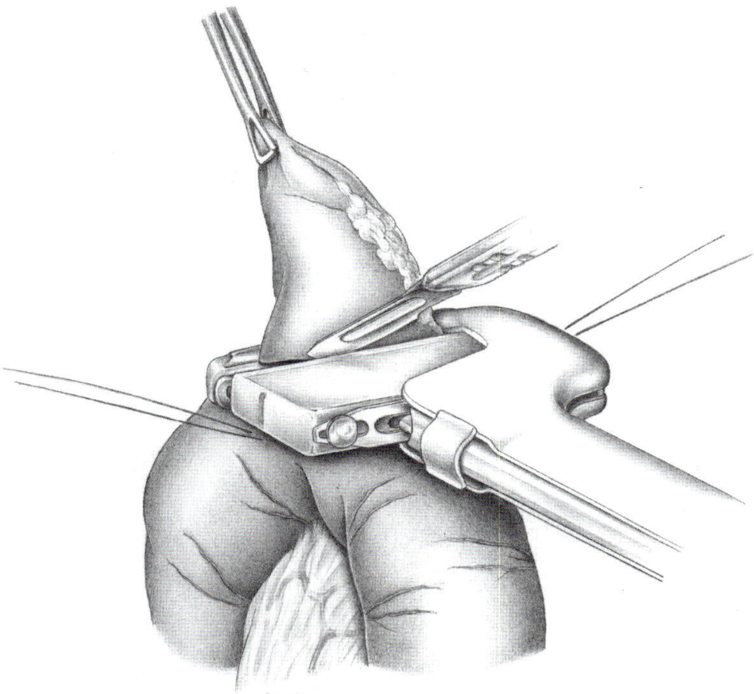

❸ Divertikelabtragung

Zwischen den Haltefäden wird das Meckel-Divertikel abgetragen. Dies kann mit einem TA-30-Nahtgerät oder auch offen erfolgen. Bei offener Vorgehensweise werden Einzelknopfnähte (3 × 0 PGS) gewählt, einfacher ist die Klammernahttechnik. Nach Verschluss des Nähapparates wird der überstehende Rest scharf an der Nahtreihe mit dem Skalpell abgesetzt. Um eine Einengung des Jejunallumens zu vermeiden, wählt man stets die quere Resektionsrichtung.

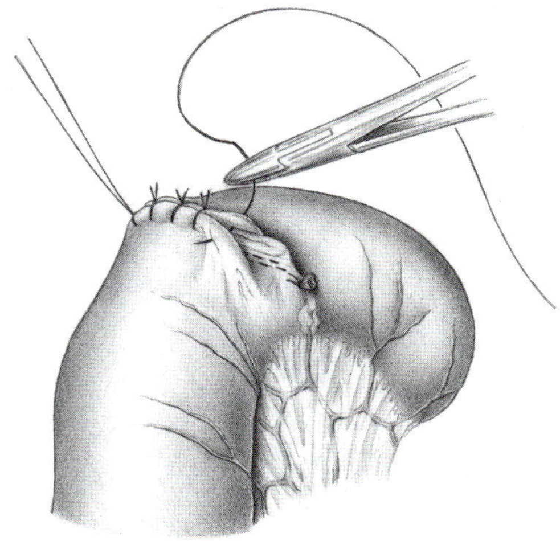

❹ Reserosierung der Klammernahtreihe

Die Klammernahtreihe wird mit Einzelknopfnähten (3 × 0 PGS) reserosiert. Diese Naht ist nicht obligat, wir verwenden sie aber schon allein aus Gründen der Blutstillung.

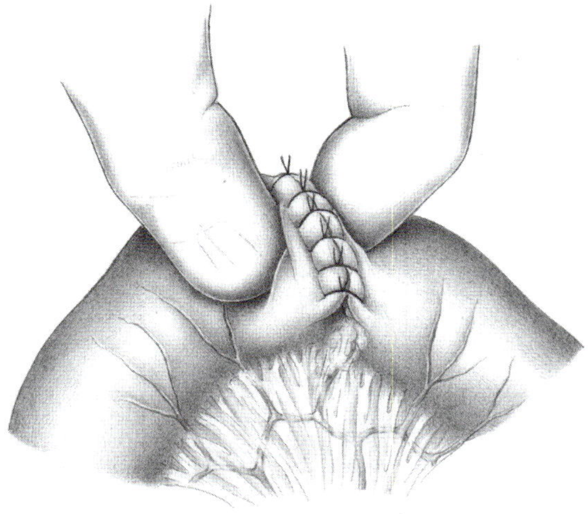

❺ Prüfung der Lumenweite

Nach Beendigung der Naht ist die Lumenweite mittels der Zeigefinger-Daumen-Probe zu prüfen.

74. Endständiges Ileostoma

1 Indikation

Elektiv: Nach Proktokolektomie wegen z. B. Morbus Crohn, Colitis ulcerosa, familiärer adenomatöser Polyposis und multiplen Dickdarmkarzinomen.
Alternativverfahren: Doppelläufiges Ileostoma nach subtotaler Kolektomie und Ileorektostomie, passageres endständiges Ileostoma nach Diskontinuitätsresektion.

2 Operationsvorbereitung

Präoperative Diagnostik: Abhängig von Grundkrankheit, z. B. Endoskopie mit Biopsie, Kontrastmittel-Darstellung (Kontrastmittel-Einlauf ggf. mit wasserlöslichem Kontrastmittel bei Gefahr der Perforation).
Patientenvorbereitung: Erläuterung des permanenten Stomas (ggf. Stomatherapeut). Markierung der Stomalokalisation mit Kontrolle im Stehen und Liegen, orthograde Spülung des Dickdarms, perioperative Antibiotikatherapie.

3 Spezielle Risiken, Aufklärung

Abhängig von Grunderkrankung, speziell Ileostoma betreffend (insgesamt bis 15%):– Stomaprolaps.– Retraktion oder Stenose des Stomas.– Parastomale Hernie.– Peristomale Hautschäden.– Flüssigkeits- und Elektrolytverlust über das Stoma mit Notwendigkeit der Ernährungsumstellung und ggf. antipropulsiver Medikation.

4 Anästhesie

Intubationsnarkose.

5 Lagerung

Rücken.

6 Zugang

Mediane Laparotomie.

7 Operationsschritte

1. Zugang
2. Positionierung des Stomas.
3. Proximale Resektionslinie.
4. Präparation des Stomadurchtritts I.
5. Präparation des Stomadurchtritts II.
6. Präparation des Stomadurchtritts III.
7. Präparation des Stomadurchtritts IV.
8. Präparation des Stomadurchtritts V.
9. Vorlagerung des terminalen Ileums.
10. Bruchlückenverschluss.
11. Weitung des Bauchdeckendurchtritts.
12. Stomaanlage I.
13. Stomaanlage II.
14. Stomaanlage III.

8 Relevante Anatomie, Gefahren, Tricks

- Stoma immer innerhalb des M. rectus abdominis positionieren, Muskel dabei stumpf auseinanderdrängen, nicht inzidieren!
- Stoma 2 – 3 cm prominent anlegen.

9 Maßnahmen bei speziellen Komplikationen

Stomakomplikation: Optimierung der Pflege, sonst Revision, ggf. Neuimplantation.

10 Nachsorge

Medizinische Nachbehandlung: Magensonde ex am 1. – 3. Tag, propulsive Medikation ab 3. Tag, Stoma ggf. ab 3. Tag anklistieren; vor Entlassung Beginn der Anleitung zur Stomaversorgung, Ernährungsberatung.
Kostaufbau: Schluckweise trinken ab 1. – 2. Tag, feste Kost wenn Peristaltik gut und Stoma fördert.
Stuhlgang: Mittelfristig ggf. antipropulsive Medikation (Loperamid o. ä.).
Mobilisation: Sofort.
Krankengymnastik: Atemgymnastik.
Arbeitsunfähigkeit: 1 – 3 Wochen.

7 Operationstechnik

❶ Zugang
❷ Positionierung des Stomas.
❸ Proximale Resektionslinie.
❹ Präparation des Stomadurchtritts I.
❺ Präparation des Stomadurchtritts II.
❻ Präparation des Stomadurchtritts III.
❼ Präparation des Stomadurchtritts IV.
❽ Präparation des Stomadurchtritts V.
❾ Vorlagerung des terminalen Ileums.
❿ Bruchlückenverschluss.
⓫ Weitung des Bauchdeckendurchtritts.
⓬ Stomaanlage I.
⓭ Stomaanlage II.
⓮ Stomaanlage III.

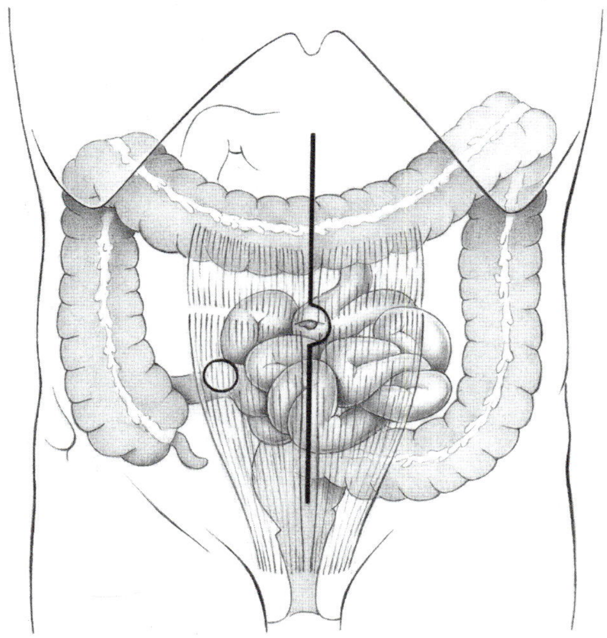

❶ Zugang

Das endständige Ileostoma ist heute ein eher seltener Eingriff, da beim Morbus Crohn in der Regel subtotal kolektomiert und eine Ileorektostomie angelegt wird und bei der Colitis ulcerosa oder der familiären Adenomatosis coli ein ileoanaler Pouch. Eine totale Kolektomie wird in der Regel über eine mediane Laparotomie erfolgen. Dieser Schnitt ist auch für das endständige Ileostoma am besten geeignet, da er die Rektusmuskulatur intakt lässt und damit eine muskuläre Einbettung des Stomas im Bereich des M. rectus abdominis ermöglicht. Diese muskuläre Zwinge beugt einem späteren Narbenbruch oder Prolaps vor.

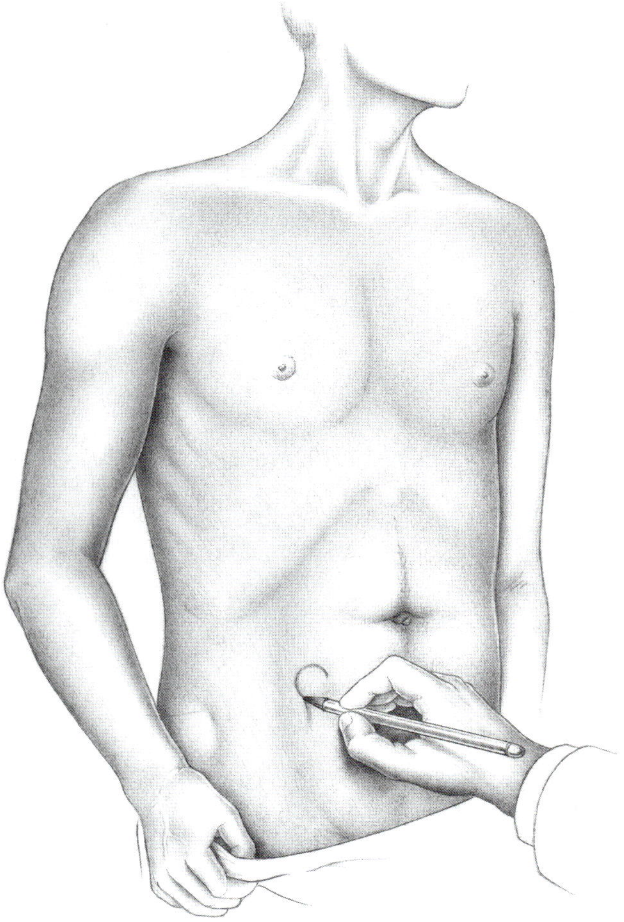

❷ Positionierung des Stomas

Präoperativ sollte die Lage des Stomas markiert werden. Dies geschieht am stehenden Patienten mit einem nicht abwaschbaren Farbstift. Die Lokalisation liegt in der Regel auf der Verbindungslinie zwischen Nabel und Spina iliaca anterior superior, wobei individuelle Gegebenheiten zu berücksichtigen sind. Das probatorische Aufkleben eines Stomabeutels erlaubt die Anpassung der Stomaposition an Hautfalten, Knochenvorsprüngen etc. und damit einen späteren dichten Sitz.

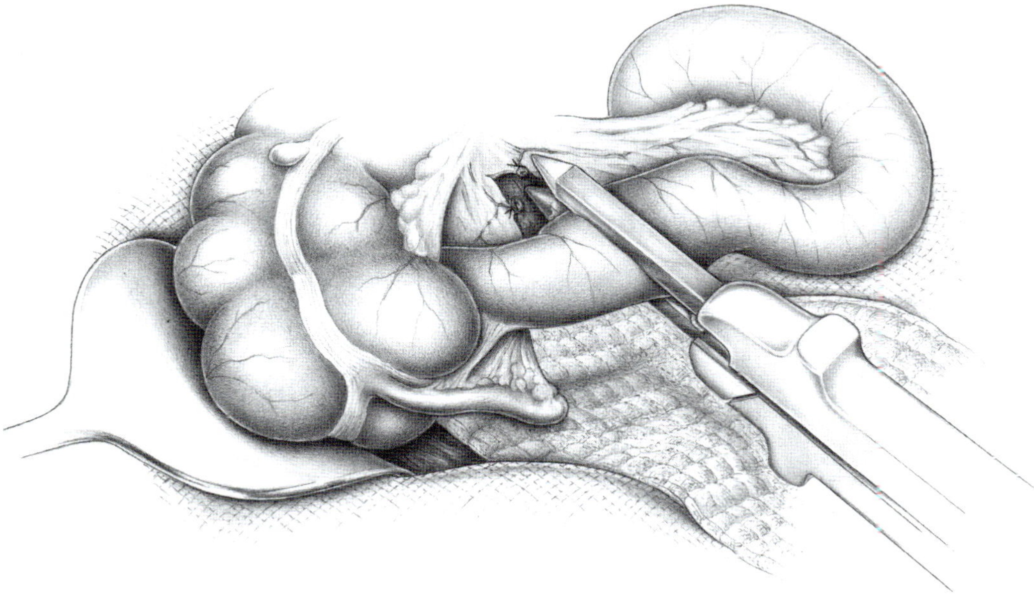

❸ Proximale Resektionslinie

Das Ileum wird möglichst nah am Zökumpol abgesetzt. Ein Teil der A. ileocolica wird, falls dies im Rahmen der Kolektomie möglich war, am Ileum belassen. Die Durchtrennung erfolgt mit einem GIA-Nahtgerät, welches den Verschluss beider Lumina ermöglicht.

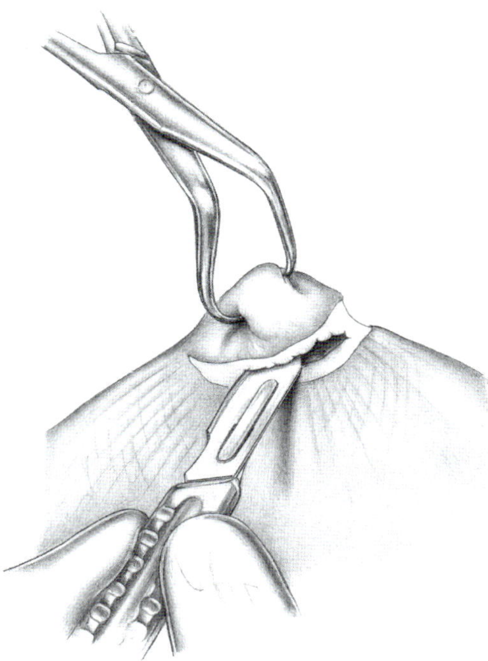

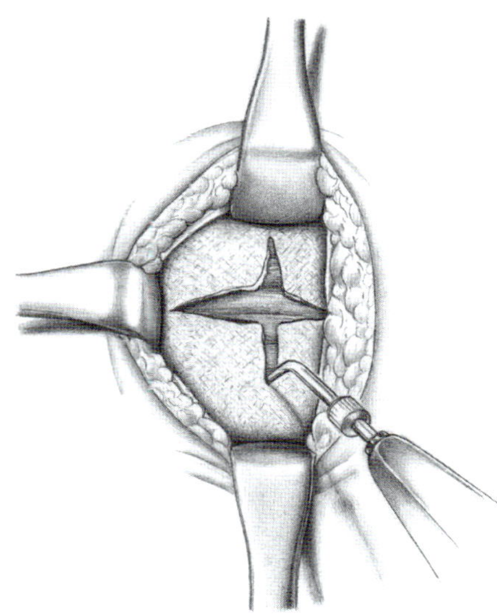

❹ Präparation des Stomadurchtritts I

Die Bauchdecken werden mit Tuchklammern im Bereich des Medianschnitts in ihren Schichten fixiert und nach median in ihre ursprüngliche Position gezogen. Die Hautinzision ist kreisförmig, bewährt haben sich das Fassen der Haut mit einer Tuchklemme und das tangentiale Ausschneiden mit dem Skalpell. Das subkutane Fett wird mit der Diathermie durchtrennt und die Faszie dargestellt.

❺ Präparation des Stomadurchtritts II

Das subkutane Fett und die Haut werden mit Kocher-Haken beiseite gehalten. Die Faszie wird kreuzförmig mit der Diathermie inzidiert.

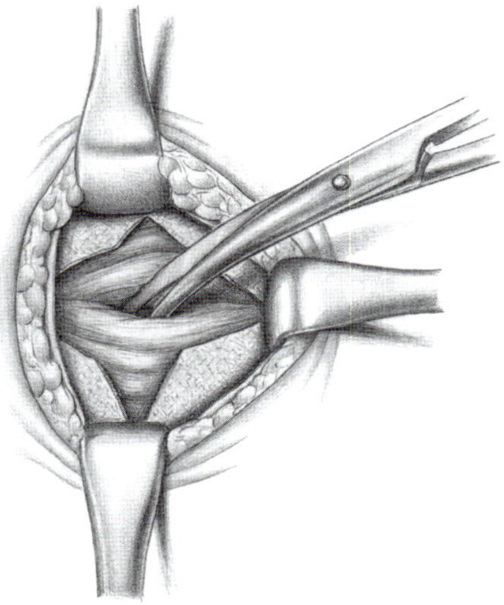

❻ Präparation des Stomadurchtritts III

Die Muskulatur wird stumpf, z. B. mit einer Schere oder Overholt-Klemme auseinandergedrängt, eventuell sichtbar werdende Gefäße müssen isoliert und ligiert werden. Insbesondere die Vasa epigastrica inferioria können im Bereich des Schnittes liegen und sollten dann sicher ligiert werden. Eine Koagulation dieser Gefäße mit der Diathermie ist nicht ausreichend.

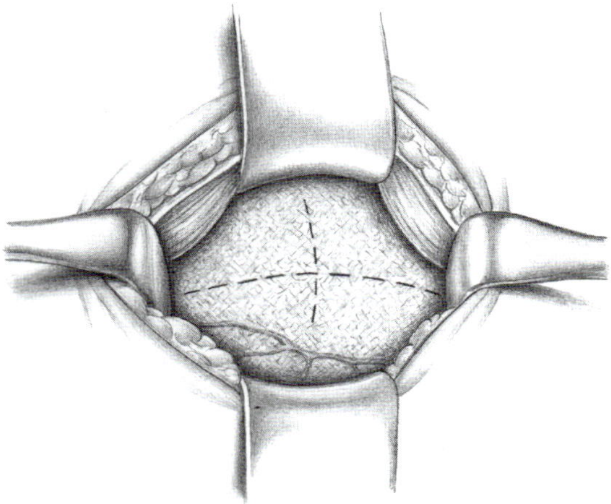

❼ Präparation des Stomadurchtritts IV

Nach ausreichender Längsspaltung der Muskulatur wird diese zwischen Kocher- und Langenbeck-Haken auseinander gehalten und das Peritoneum dargestellt. Dieses wird kreuz- oder schlitzförmig inzidiert.

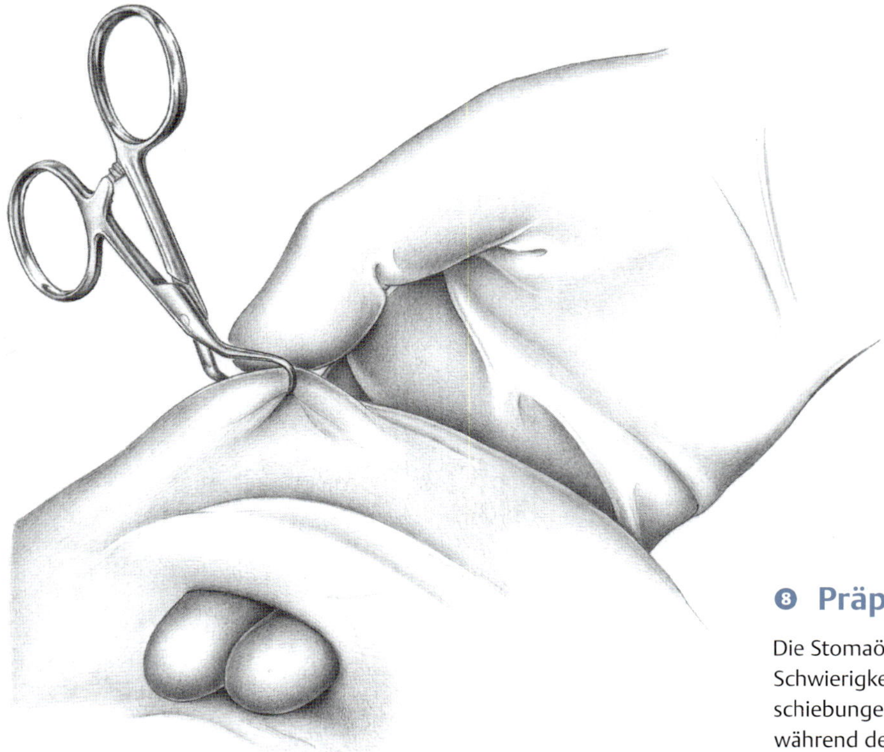

❽ Präparation des Stomadurchtritts V

Die Stomaöffnung muss in jedem Fall so weit sein, dass 2 Finger ohne Schwierigkeit Eingang finden. Zur Vermeidung von kulissenartigen Verschiebungen der Bauchdeckenschichten wird die gesamte Bauchdecke während der beschriebenen Präparation vom Wundrand her mit Tuchklemmen gefasst und so in sich fixiert.

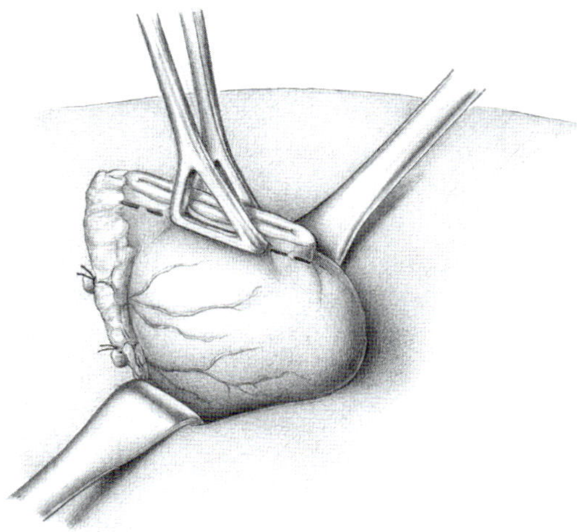

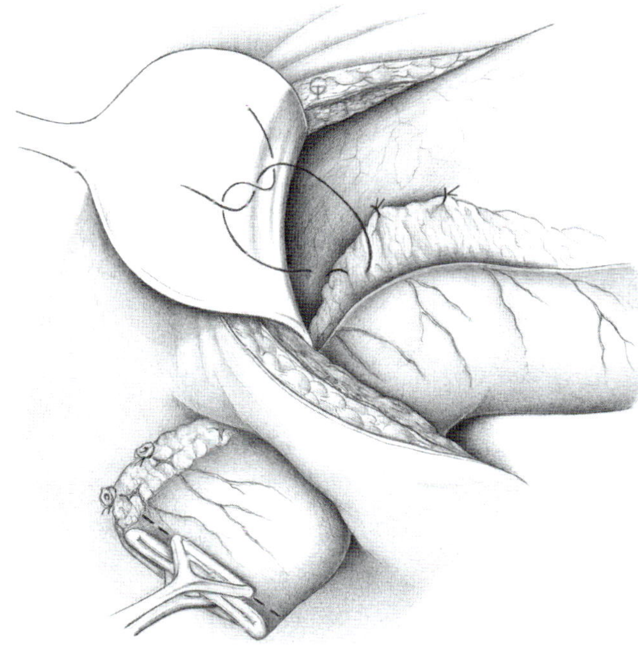

⑨ Vorlagerung des terminalen Ileums

Das terminale Ileum wird mit einer breiten Lungenfasszange durch das Stoma intraabdominell gefasst und unter sanftem Zug aus der Abdominalhöhle herausgezogen. Es muss leicht vor die Bauchdecke gleiten und ein gut durchblutetes Mesenterium aufweisen. Die Vitalität des hervorluxierten Darmabschnitts ist gewissenhaft zu überprüfen, eine auch nur geringe livide Verfärbung erfordert die Nachresektion und Neuanlage.

⑩ Bruchlückenverschluss

Das Mesenterium wird intraabdominell zum Verschluss einer eventuellen Bruchlücke an der lateralen Bauchwand fixiert. Dies ist nicht obligat und zum Teil auch nicht möglich. Bei großem Abstand zur Bauchwand kann das Mesenterium auch problemlos unfixiert gelassen werden.

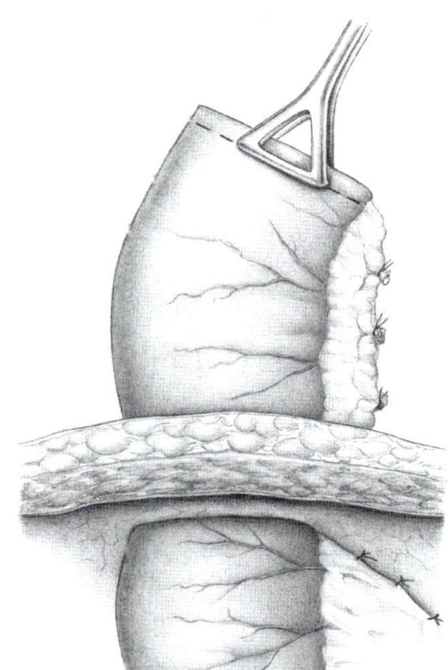

⑪ Weitung des Bauchdeckendurchtritts

Wichtig ist die Vermeidung einer Einengung des Mesenteriums in der Bauchdeckeninzision. Im Querschnitt darf weder eine Verschiebung der Bauchdeckenschichten noch eine Einengung der mesenterialen Versorgung resultieren. Im Zweifelsfall erfolgt eine erneute bidigitale Weitung. Anschließend wird das Mesenterium mit Einzelknopfnähten (3 × 0 PGS) an der lateralen Bauchwand fixiert.

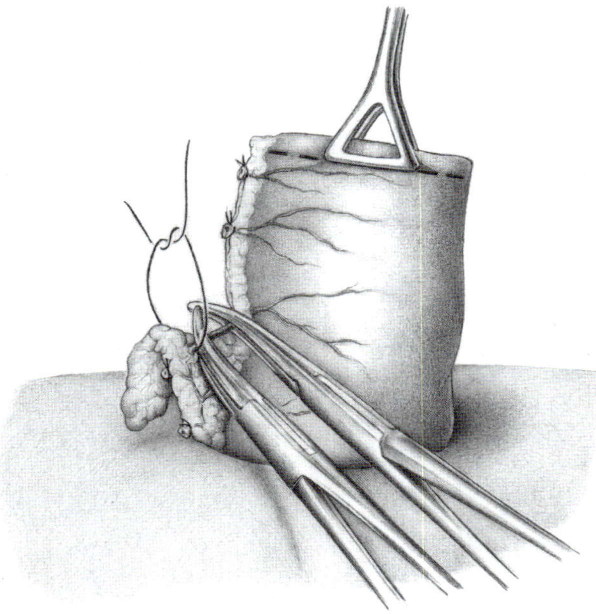

⓬ Stomaanlage I

Das überstehende Ileumende wird auf einer Strecke von ca. 5 cm zwischen Overholt-Klemmen skelettiert. Das Mesenterium ist darmnah zu resezieren.

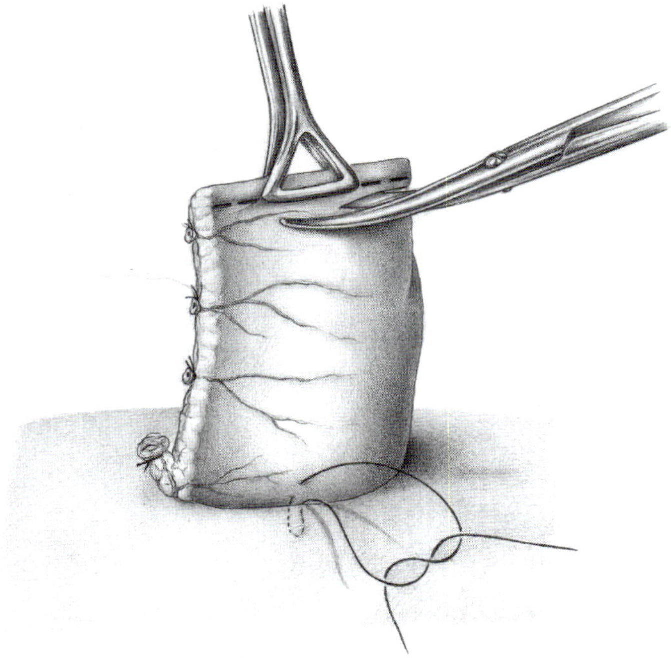

⓭ Stomaanlage II

Die endständige Klammernahtreihe wird mit der Schere entfernt. Die Dünndarmschnittfläche sollte danach deutlich bluten, ggf. sind einige Gefäße gezielt zu koagulieren. Es empfiehlt sich zur Vermeidung des Zurückschlüpfens, zuvor den Darm mit einer Haltenaht an der Subkutis zu fixieren.

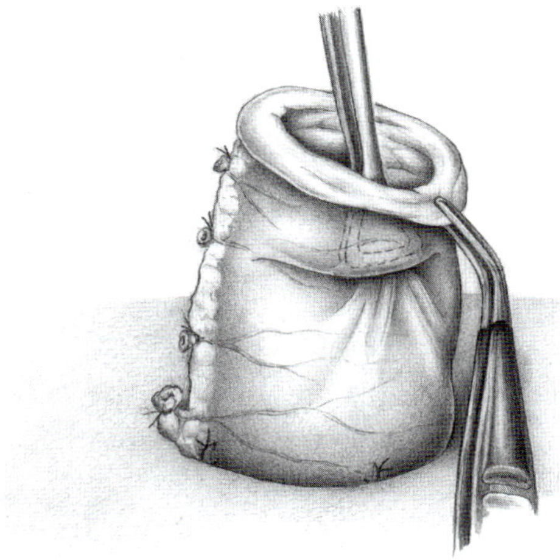

a

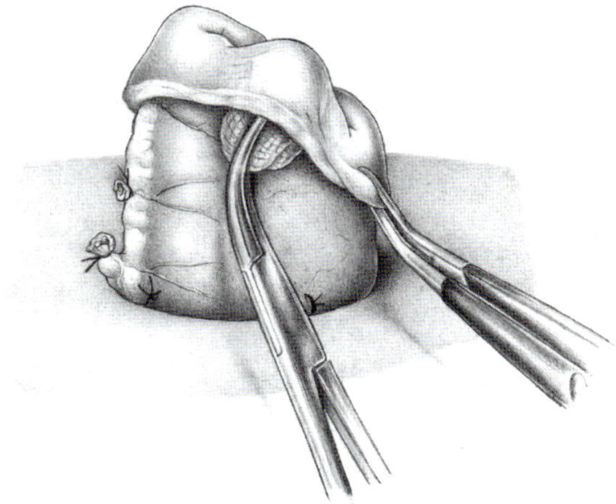

b

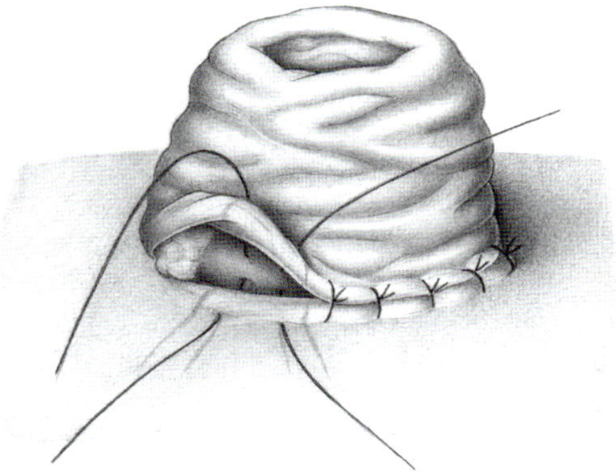

c

⓮ Stomaanlage III

Der wichtigste Akt der Stomaanlage ist die Herstellung eines prominenten Ileostomas. Hierzu wird die Darmwand handschuhfingerartig umgestülpt und der Darm durch mukokutane Einzelknopfnähte an der Bauchdecke fixiert. Die Ausstülpung kann durch das vorsichtige Fassen mit Lungenfasszangen (**a**) oder durch den evertierenden Einsatz eines Peanut-Tupfers (**b**) erleichtert werden. In jedem Fall ist die vollständige Prominenz des Stomas durch die geeignete Nahtplatzierung zu gewährleisten. Die Nähte sollten im unteren Anteil die äußere Darmwand mitfassen, um die Stomaprominenz so zu fixieren (**c**). Mit der Platzierung des Stomabeutels ist der Eingriff beendet.

75. Doppelläufiges Ileostoma

1 Indikation

Elektiv: Protektiv nach subtotaler Kolektomie oder Proktokolektomie und Pouch-Anlage.
Alternativverfahren: Endständige Ileostomie nach Diskontinuitätsresektion.

2 Operationsvorbereitung

Präoperative Diagnostik: Abhängig von Grunderkrankung: Endoskopie mit Biopsie, Kontrastmitteldarstellung.
Patientenvorbereitung: Erläuterung des passageren Stomas (ggf. Stomatherapeut), Markierung der Stomalokalisation mit Kontrolle im Stehen und Liegen, orthograde Lavage des Dickdarms, perioperative Antibiotikatherapie.

3 Spezielle Risiken, Aufklärung

Abhängig von Grunderkrankung, speziell Ileostoma betreffend (insgesamt bis 15%):
- Retraktion, Stenose und Prolaps des Stomas.
- Parastomale Hernie.
- Peristomale Hautschäden.
- Flüssigkeits- und Elektrolytverlust über das Stoma.

4 Anästhesie

Intubationsnarkose.

5 Lagerung

Rücken.

6 Zugang

Mediane Laparotomie.

7 Operationsschritte

1. Positionierung des Stomas.
2. Anzügelung der Ileumschlinge.
3. Positionieren des Reiters.
4. Dünndarmeröffnung.
5. Stomaanlage I.
6. Stomaanlage II.

8 Relevante Anatomie, Gefahren, Tricks

- Stoma stets innerhalb des M. rectus abdominis positionieren, Muskel stumpf auseinanderdrängen, nicht inzidieren!
- Nach Fixieren des Reiters Inzision des Dünndarms unmittelbar oberhalb des Hautniveaus auf der Seite des abführenden Schenkels und Evertieren der kaudalen Darmwand: hierdurch wird ein weitgehend prominentes Stoma erzielt.

9 Maßnahmen bei speziellen Komplikationen

Stomakomplikationen: Optimierung der Pflege, sonst Revision.

10 Nachsorge

Medizinische Nachbehandlung: Reiter ex nach 10 Tagen, Magensonde ex am 1.–3. Tag, ggf. Stoma anklistieren und propulsive Medikation ab 3. Tag.
Kostaufbau: Schluckweise trinken ab 1.–2. Tag, feste Kost, wenn Peristaltik gut und Stoma fördert.
Mobilisation: Sofort.
Krankengymnastik: Atemgymnastik.
Arbeitsunfähigkeit: 2–4 Wochen.

7 Operationstechnik

❶ Positionierung des Stomas.
❷ Anzügelung der Ileumschlinge.
❸ Positionieren des Reiters.
❹ Dünndarmeröffnung.
❺ Stomaanlage I.
❻ Stomaanlage II.

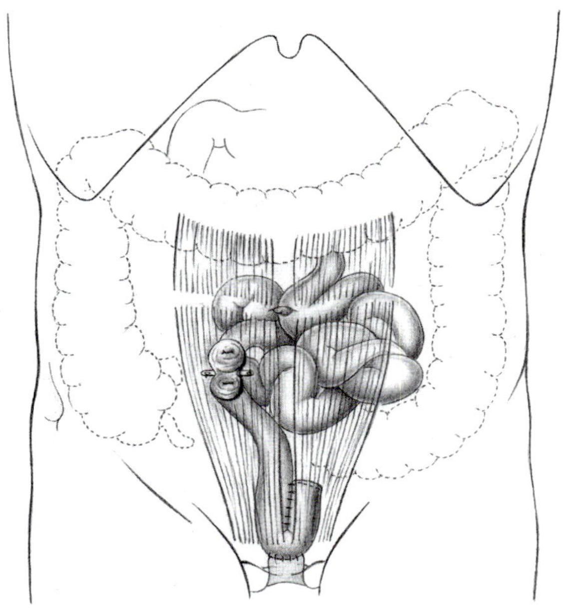

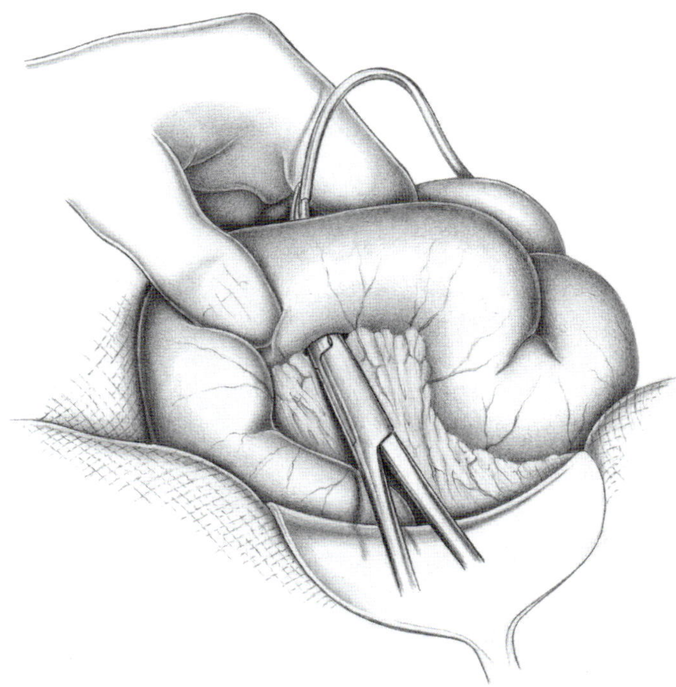

❶ Positionierung des Stomas

Das doppelläufige Ileostoma wird in der Regel im rechten Unterbauch in Projektion auf die laterale Rektusmuskulatur angelegt und ist nur selten definitiv. Hier ist am Beispiel der ileumpouchanalen Anastomose eine gängige Indikation dargestellt. Die Empfehlungen für die Positionierung des zu- und abführenden Schenkels sind oft widersprüchlich. Wir haben die prinzipiell kaudale Anlage des zuführenden Schenkels zugunsten des Prinzips einer möglichst geringen Torquierung des Mesenteriums aufgegeben. So legen wir den prominenten Stomaanteil des zuführenden Schenkels entsprechend der Mesenterialachse an, d. h. in kranialer Position. Hierdurch wird eine Torsion vermieden und die Rekonstruktion vereinfacht.

❷ Anzügelung der Ileumschlinge

Die terminale Ileumschlinge wird mit einer Overholt-Klemme darmwandnah unterfahren und mit einem Gummizügel angeschlungen. Die Stomadurchtrittsöffnung in der Bauchdecke entspricht derjenigen beim endständigen Ileostoma (vgl. Kap. 74, S. 286) und muss für ca. 2 Finger gut durchgängig sein.

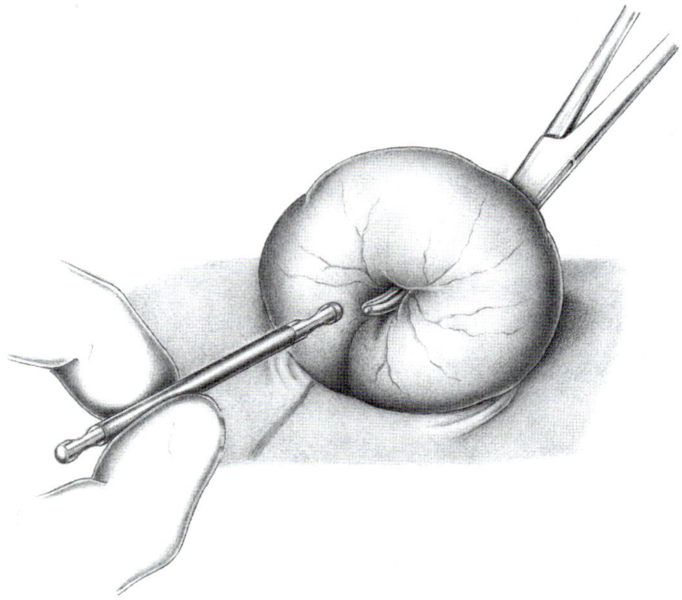

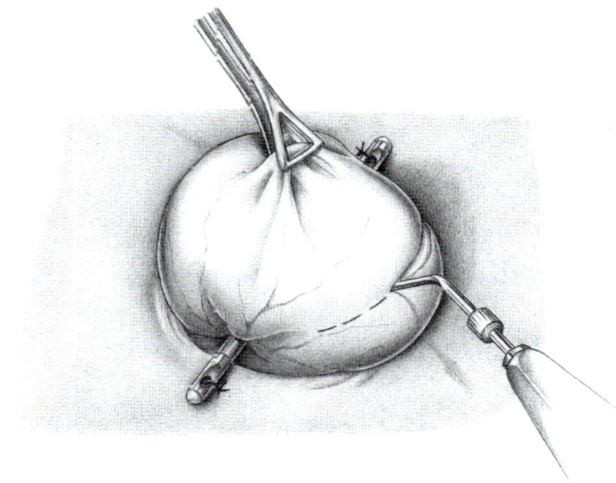

❸ Positionieren des Reiters

Die Dünndarmschlinge wird vor der Bauchdecke mit einem Reiter unter Zuhilfenahme einer Overholt-Klemme unterfahren und fixiert.

❹ Dünndarmeröffnung

Der Reiter wird an der Haut mit Einzelknopfnähten angeheftet, so dass er nicht verrutschen und die Dünndarmschlinge sich retrahieren kann. Dann wird der Dünndarm mit der Diathermie in querer Richtung asymmetrisch eröffnet, wobei sich die größere Darmwandlefze auf Seiten des zuführenden Schenkels befindet.

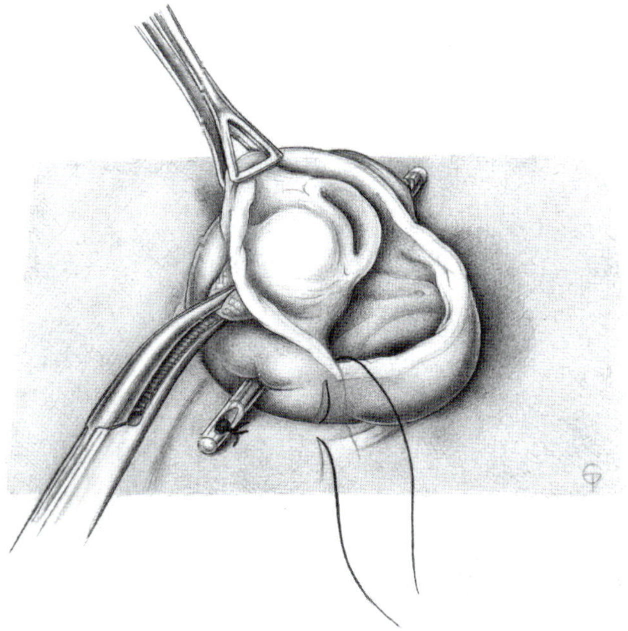

❺ Stomaanlage I

Der zuführende Schenkel wird unter Zuhilfenahme von Duval-Klemme und Peanut-Tupfer eventriert. Das eventrierte proximale Ende wird als prominentes Ileostoma mit mukokutanen Einzelknopfnähten unter Mitfassen der Darmwandserosa geknotet.

❻ Stomaanlage II

Der aborale Stomaanteil wird mit Einzelknopfnähten auf dem Hautniveau eingenäht (PGS 3 × 0). Mit dem Aufbringen des Stomabeutels ist der Eingriff beendet.

76. Appendektomie

1 Indikation

Elektiv-Absolut: Klinisch eindeutiger und bei – in Zweifelsfällen – kurzfristigen Kontrollen (d. h. wenige Stunden!) reproduzierbarer Druckschmerz im rechten Unterbauch.
Kontra: Keine.
Alternativverfahren: Laparoskopisches Vorgehen.

2 Operationsvorbereitung

Präoperative Diagnostik: Sonographische, laborchemische und gynäkologische Untersuchungen und Befunde haben lediglich ergänzenden Charakter und dienen hauptsächlich dem Ausschluss anderer Erkrankungen.

3 Spezielle Risiken, Aufklärung

- Laparotomie als einzig sicheres Verfahren des Nachweises und Ausschlusses einer akuten Appendizitis bei entsprechender Symptomatik!
- Appendixstumpfinsuffizienz ($< 2\%$) mit Fistel oder Peritonitis.
- Vorliegen eines Morbus Crohn oder Meckel-Divertikels.
- Abszess (intraabdominell $< 5\%$).
- Bridenileus ($< 4\%$).
- Verletzung des N. ilioinguinalis.
- Wundinfekt (bis 30% bei eitrig-phlegmonöser Entzündung).
- Letalität 0,2% (unkomplizierte Appendizitis) bis $> 10\%$ (Perforation, Peritonitis).

4 Anästhesie

Intubationsnarkose.

5 Lagerung

Rücken.

6 Zugang

Wechselschnitt, trans- oder pararektaler Zugang, gelegentlich auch mediane Unterbauchlaparotomie.

7 Operationsschritte

1. Zugangswege.
2. Spaltung der Externusaponeurose.
3. Muskelspaltung.
4. Inzision des Peritoneums.
5. Mobilisation des Zökalpols.
6. Luxation des Zökumpols.
7. Anatomie der Appendix.
8. Skelettierung der Appendix.
9. Quetschen der Appendixbasis.
10. Ligatur und Abtragung.
11. Versenkung des Stumpfes.
12. Peritonealnaht.
13. Muskelnaht.
14. Naht der Externusaponeurose.
15. Retrozökale Appendix.
16. Kletternähte.
17. Anterograde Appendektomie.
18. Mobilisation Colon ascendens.
19. Luxation der retrozökalen Appendix.

8 Relevante Anatomie, Gefahren, Tricks

- Die Diagnose ist klinisch, normale Sonographie und laborchemische Entzündungsparameter schließen eine akute Appendizitis nicht aus!
- Bei sehr jungen und sehr alten sowie bei sehr adipösen Patienten ist die Symptomatik selbst bei erheblicher Entzündung oft sehr diskret.
- Inzision immer unterhalb der Verbindungslinie der Spinae iliacae anteriores superiores.
- Eine leicht schräge Inzision ermöglicht bei Lageanomalien eine verbesserte Exposition durch bogenförmige Verlängerung der Inzision nach laterokranial und entsprechendem Einkerben des M. obliquus internus, ggf. auch Verlängerung der Inzision nach medial in die Rektusscheide hinein.
- Verlauf des N. ilioinguinalis auf dem M. obliquus internus.
- Die Appendixlage ist extrem variabel, speziell bei retrozökaler Position ist die Symptomatik oft sehr diskret.
- Die Tänien sind Leitschienen für das Auffinden der Appendix.
- Bei grenzwertigen Befunden, speziell bei weiblichen Patienten, kann es sinnvoll sein, zunächst zu laparoskopieren und dann laparoskopisch zu appendektomieren.
- Unauffällige Appendix, Exploration: mesenteriale Lymphknoten, terminales Ileum, Meckel-Divertikel, Ovarien und Tuben?
- Bei gangränöser Appendixbasis muss die Tabaksbeutelnaht in die intakte Kolonwand platziert werden.
- Bei einer in einer Abszesshöhle aufgelösten, nicht mehr identifizierbaren Appendix mit erheblicher Entzündung der Kolonwand reicht die ausgiebige Drainage der Abszessregion aus.
- Bei sehr ödematöser Kolonwand reicht auch die einfache Ligatur des Appendixstumpfes ohne Versenkung mittels Tabaksbeutelnaht.
- Nach Appendektomie wegen erheblich entzündeter, d. h. phlegmonöser oder gangränöser Appendix keine weitere Exploration des Dünndarms anschließen (Gefahr der Verschleppung von Keimen in die Bauchhöhle).

9 Maßnahmen bei speziellen Komplikationen

Abszess: Revision und suffiziente Drainage, Douglas-Abszess ggf. digital lokalisieren und transrektal drainieren.

10 Nachsorge

Medizinische Nachbehandlung: Magensonde ex am 1. Tag, bei perforierter Appendix Fortführung der intraoperativ begonnenen Antibiotikatherapie. Drainage ex am 2. – 4. Tag.
Kostaufbau: Trinken am Abend des 1. Tages, feste Kost ab 2. – 3. Tag.
Stuhlgang: Gegebenenfalls Klysma/Einlauf oder milde orale Laxantien.
Mobilisation: Sofort.
Arbeitsunfähigkeit: 1 – 2 Wochen.

7 Operationstechnik

1. Zugangswege.
2. Spaltung der Externusaponeurose.
3. Muskelspaltung.
4. Inzision des Peritoneums.
5. Mobilisation des Zökalpols.
6. Luxation des Zökumpols.
7. Anatomie der Appendix.
8. Skelettierung der Appendix.
9. Quetschen der Appendixbasis.
10. Ligatur und Abtragung.
11. Versenkung des Stumpfes.
12. Peritonealnaht.
13. Muskelnaht.
14. Naht der Externusaponeurose.
15. Retrozökale Appendix.
16. Kletternähte.
17. Anterograde Appendektomie.
18. Mobilisation Colon ascendens.
19. Luxation der retrozökalen Appendix.

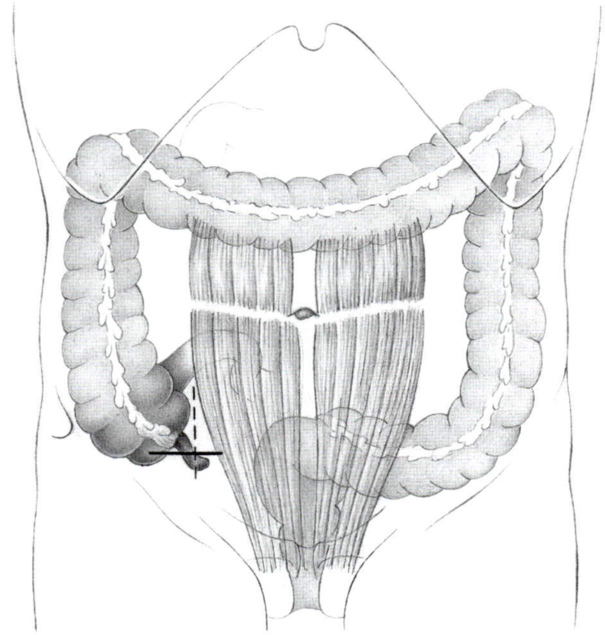

❶ Zugangswege

Der Hautschnitt verläuft waagerecht entsprechend dem Faltenverlauf etwas oberhalb der Schamhaargrenze. Er sollte deutlich unterhalb der Verbindungslinie von Spina iliaca inferior und Nabel verlaufen. Alternative ist der Pararektalschnitt, der allerdings schlechte kosmetische Ergebnisse hinterlässt.

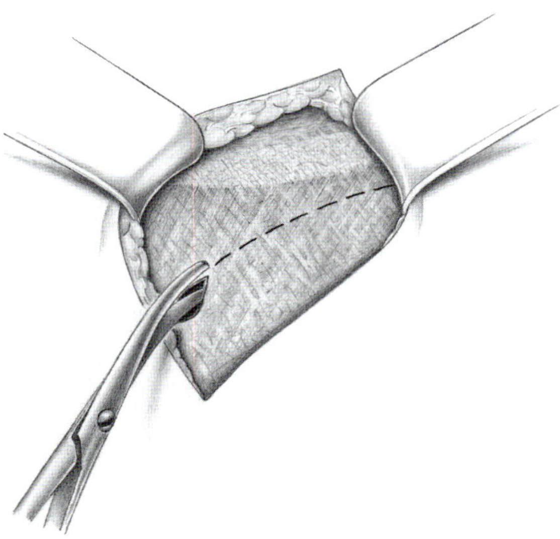

❷ Spaltung der Externusaponeurose

Nach Durchtrennung der Haut, Subkutis und der subkutanen Scarpa-Faszie liegt die Externusaponeurose frei. Sie wird entlang des Faserverlaufs von laterokranial nach mediokaudal gespalten. (Situs im Folgenden aus der Sicht des Operateurs: links = oben, rechts = unten.).

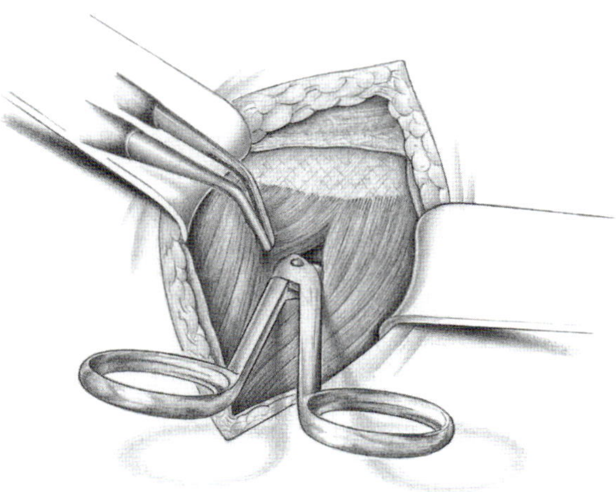

❸ Muskelspaltung

Die Muskulatur des M. obliquus internus und des M. transversus wird stumpf mit Schere und Pinzette auseinandergedrängt. Hierbei ist die Zweischichtigkeit der Muskulatur zu beachten, die vor allem im lateralen Anteil ausgeprägter ist. Die Muskulatur wird mit 2 Roux-Haken auseinandergehalten.

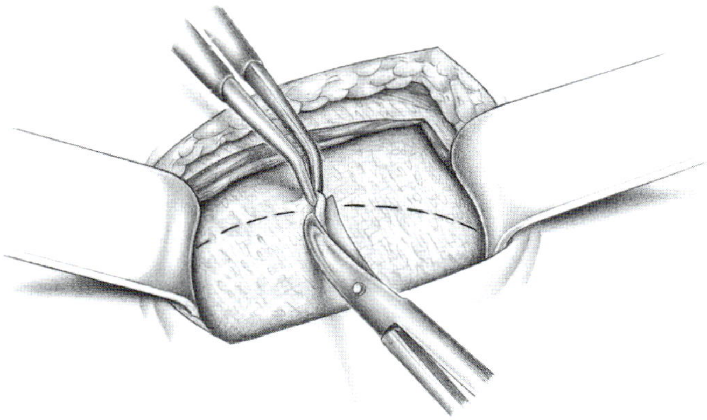

❹ Inzision des Peritoneums

Nach Auseinanderdrängung der Muskulatur mit Haken liegen die Fascia transversalis und das Peritoneum frei. Sie werden zwischen Pinzetten durchtrennt, die Schnittrichtung ist schräg zur Längsachse.

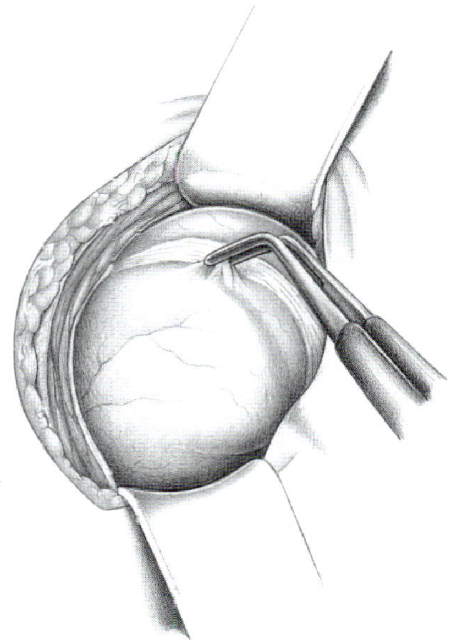

❺ Mobilisation des Zökalpols

Nach Eröffnung des Peritoneums wird der Zökalpol lokalisiert, das Zökum wird mobilisiert. Unter vorsichtigem Zug mit der Pinzette (**cave**: Darmwandquetschung) identifiziert man das Zökum und die anhängende Appendix vermiformis.

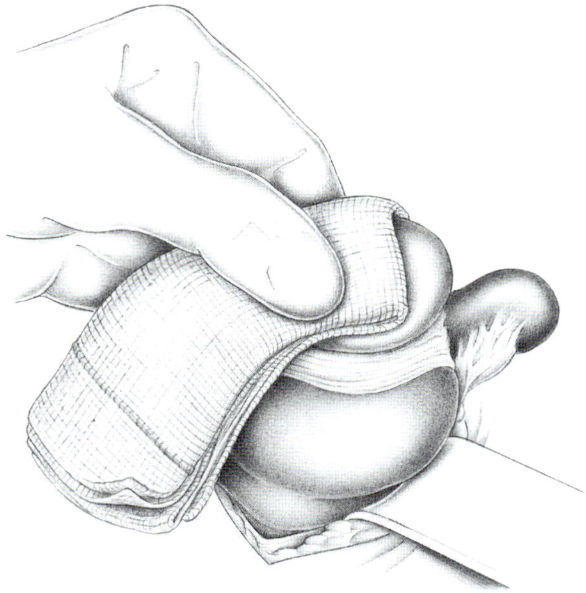

❻ Luxation des Zökumpols

Ist das Zökum eindeutig identifiziert, wird es mit einer feuchten Kompresse gefasst und vor die Bauchdecken luxiert. Hierbei wird abwechselnd nach kaudal und kranial mit ventraler Zugrichtung gezogen, so dass das Zökum schrittweise luxiert wird.

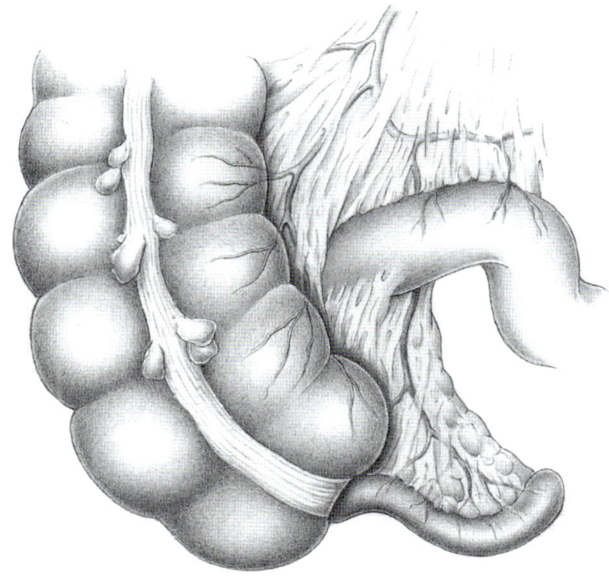

❼ Anatomie der Appendix

Die Appendix vermiformis liegt in der Verlängerung der Taenia libera. Die Mesoappendix zieht hinter dem Ileum über die Randarkade der A. ileocolica. Die Skelettierung der Mesoappendix erfolgt somit an der Rückseite des Ileums.

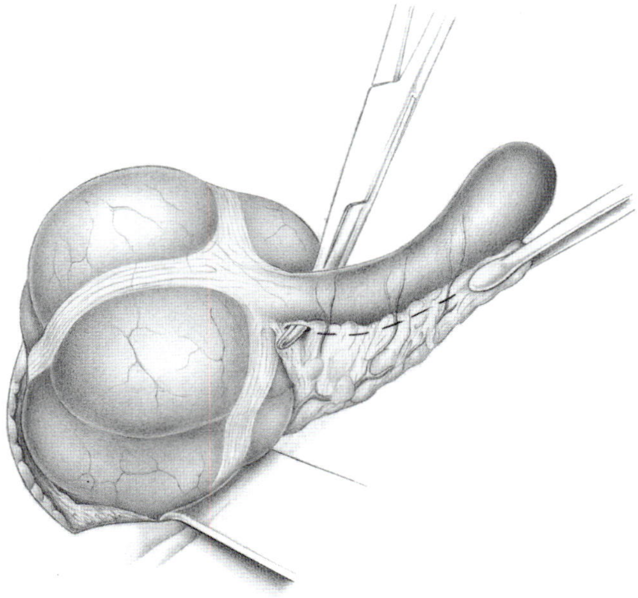

8 Skelettierung der Appendix

Nach vollständiger Luxation des Zökalpols wird die Mesoappendix mit einer Péan-Klemme gefasst. Die Skelettierung der Appendix beginnt darmwandnah mit Overholt-Klemmen unter schrittweiser Durchtrennung der Gefäße. Dabei muss besonders auf die benachbarte Arterie geachtet werden, die sicher zu identifizieren und zu ligieren ist.

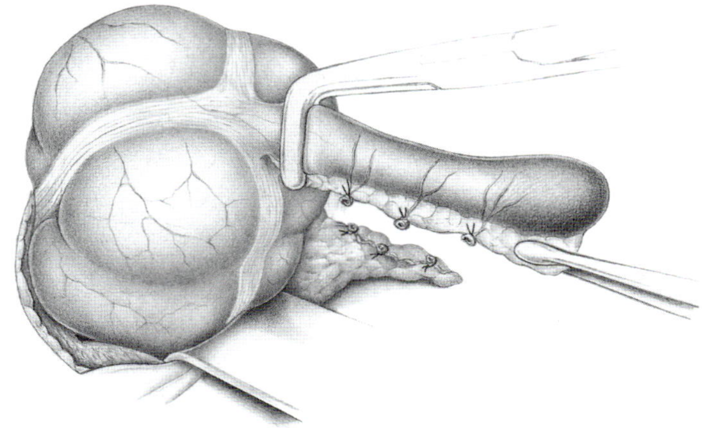

9 Quetschen der Appendixbasis

Nach vollständiger Skelettierung der Appendix wird die Basis gequetscht. Dieses Quetschmanöver dient der Devitalisierung der Schleimhaut zur Vermeidung späterer Mukozelen. Angesichts der Erfahrungen mit der laparoskopischen Appendektomie ist dieses Manöver rational kaum noch begründbar. Bei entzündlich-ödematös gequollener Appendix schneidet der in der Quetschfurche platzierte Ligaturfaden weniger leicht durch.

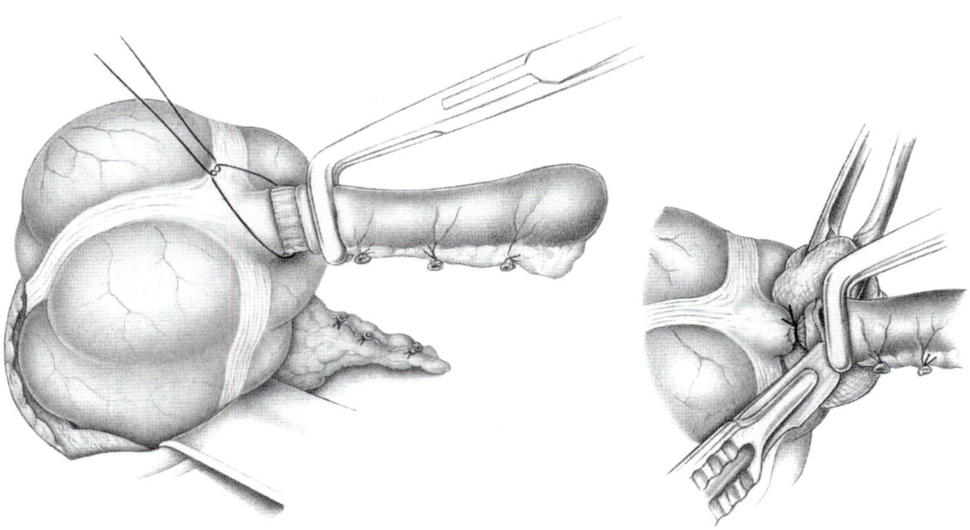

10 Ligatur und Abtragung

Die Appendix wird in der Quetschfurche ligiert und mit dem Skalpell 0,5 cm distal davon auf einem liegenden Tupfer abgetragen. Skalpell, Tupfer und Appendix sind nun mit Darminhalt kontaminiert und sollten aus Gründen der Asepsis der Schwester isoliert zur getrennten Entsorgung angereicht werden.

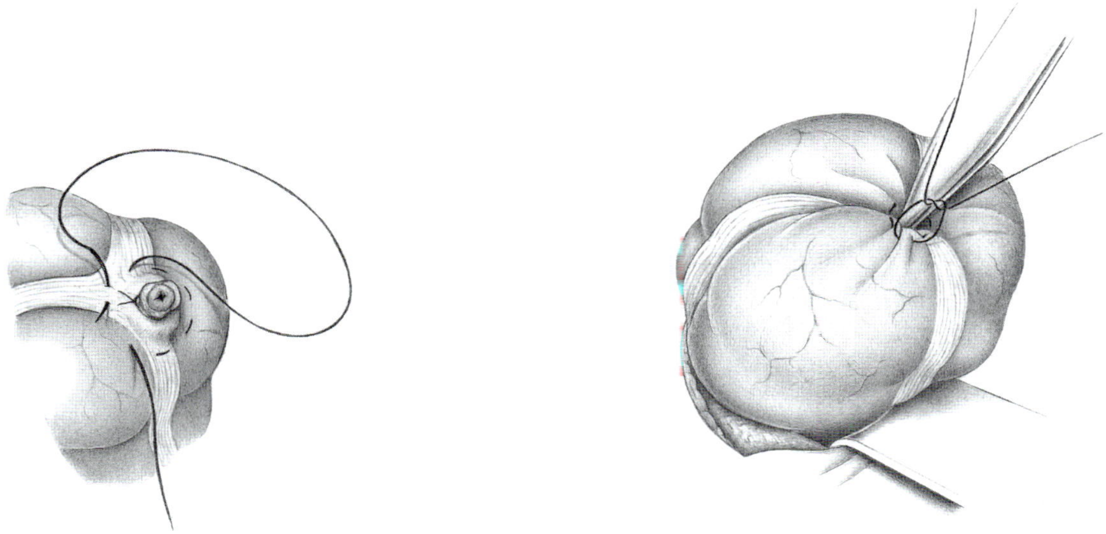

⓫ Versenkung des Stumpfes

Der Appendixstumpf wird mit einer Tabaksbeutelnaht versenkt und dabei mit einer separat angereichten Pinzette eingestülpt. Zuvor wird der Appendixstumpf mit einer desinfizierenden Lösung (z. B. Betaisodona) betupft.

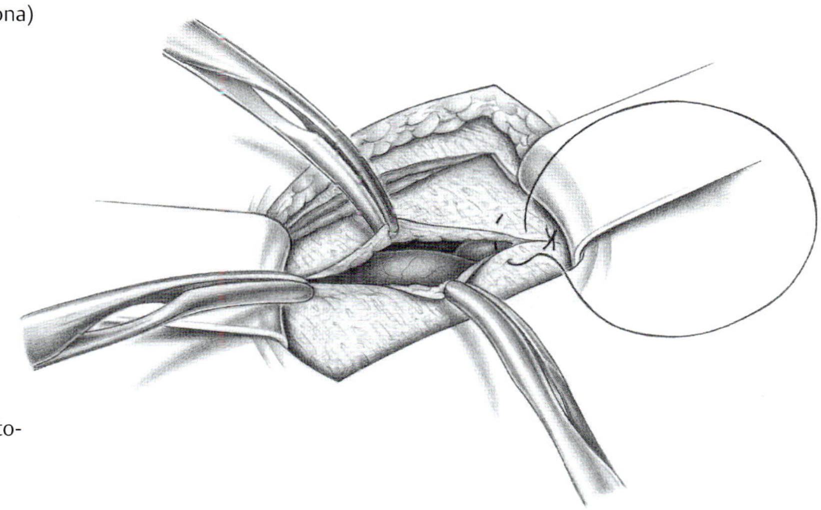

⓬ Peritonealnaht

Die Ränder werden mit 4 Mikulicz-Klemmen markiert und das Peritoneum fortlaufend mit einem resorbierbaren Faden (2 × 0 PGS) verschlossen.

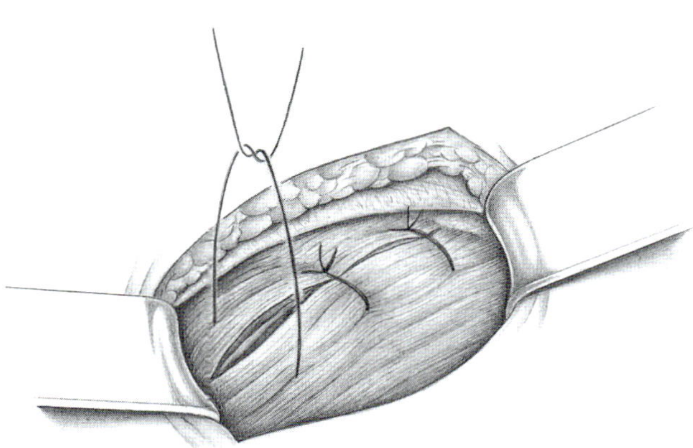

⓭ Muskelnaht

Die Naht des M. transversus und des M. obliquus internus werden mit durchgreifenden Einzelknopfnähten mit 2 × 0 PGS verschlossen.

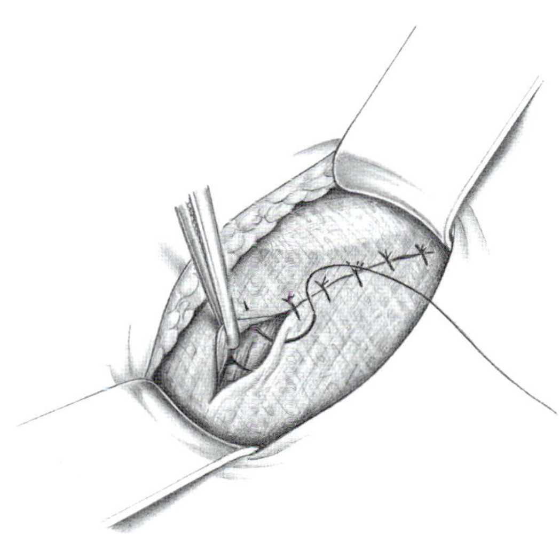

⓮ Naht der Externusaponeurose

Die Externusaponeurose kann fortlaufend (2 × 0 PGS) oder bei starker Entzündung mit Einzelknopfnähten verschlossen werden.

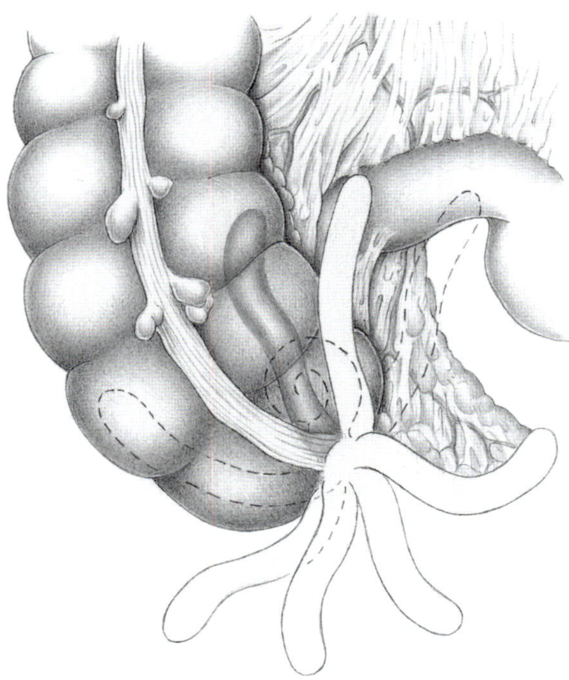

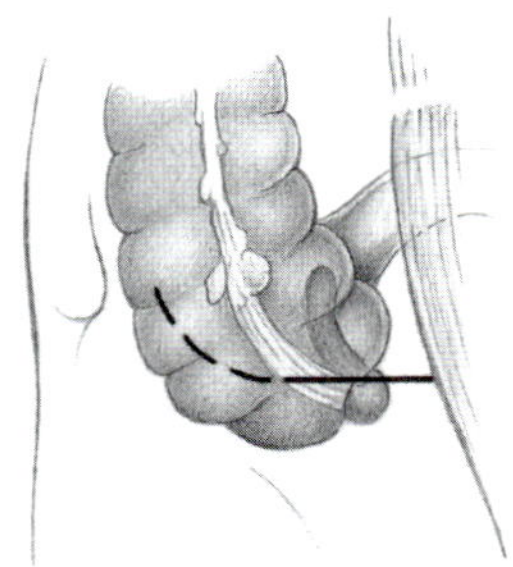

⑮ Retrozökale Appendix

Unter den zahlreichen Normvarianten der Appendix ist die retrozökale Lage die häufigste. Sie macht den Zugang gelegentlich unübersichtlich und technisch fordernd. Der quere Unterbauchschnitt kann ggf. medial oder auch lateral bis zum kompletten rechtsseitigen Unterbauchquerschnitt erweitert werden, um eine bessere Übersicht zu erzielen.

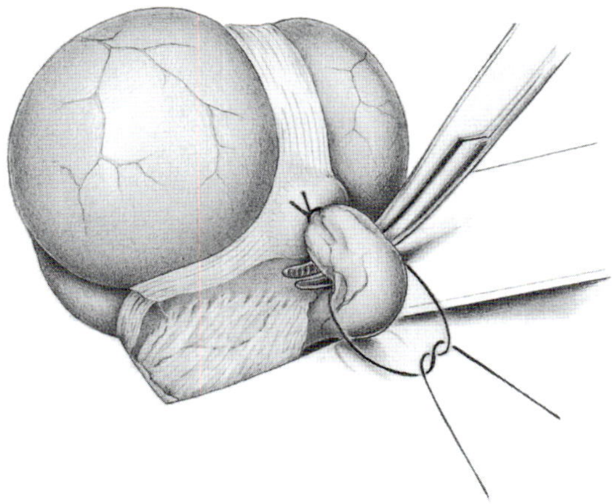

⑯ Kletternähte

Ist die Appendix im Retroperitoneum so fixiert, dass sie sich nicht luxieren lässt, so kann durch Lateralverziehung des Zökums gelegentlich das Bett der Appendix direkt eingestellt und die Appendix unter Sicht ausgeschnitten werden. Häufig gelingt auch dieses nicht, so dass die Appendix anterograd entwickelt werden muss. Hierzu empfiehlt es sich, schrittweise mehrere Haltenähte („Kletternähte") an der Appendix anzubringen und in Schritten im Abstand von 1 – 2 cm die Appendix zu mobilisieren.

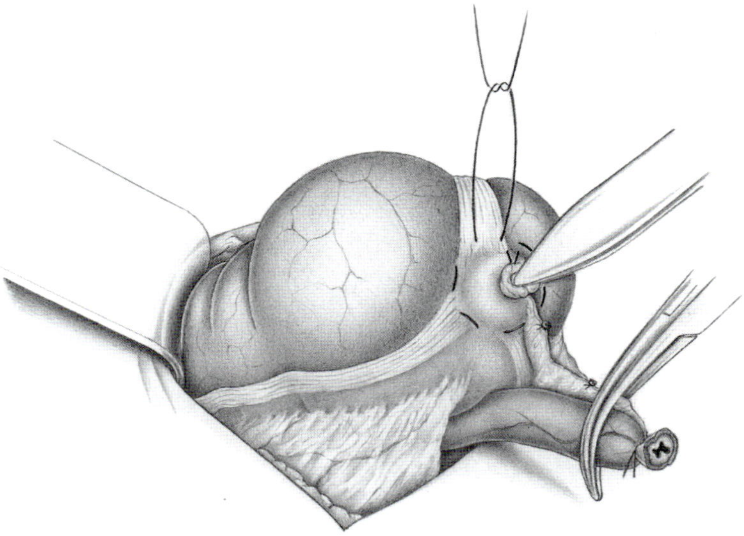

⑰ Anterograde Appendektomie

Nach Absetzen der Appendix wird der Stumpf verschlossen und mittels Tabaksbeutelnaht versenkt. Es schließt sich die schrittweise Mobilisation der Appendix mit retrograder Auslösung der Appendix und ihres Mesenteriums an. Auf eine vollständige Extraktion der gesamten Appendix ist zu achten.

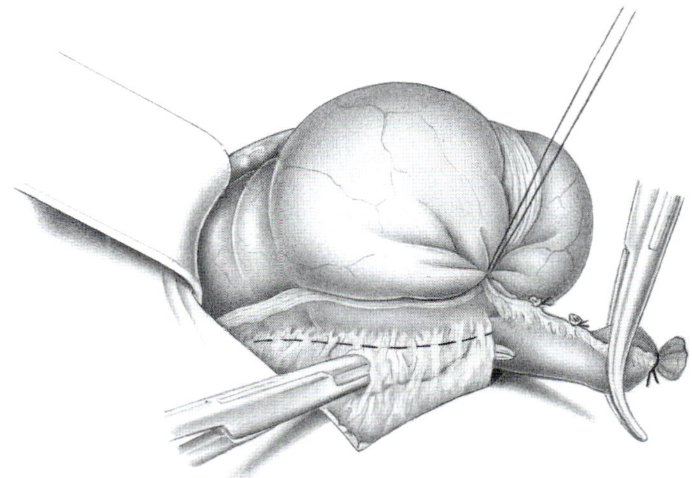

⑱ Mobilisation Colon ascendens

Bei langer Appendix mit starker retroperitonealer Fixation ist es manchmal unvermeidlich, das Colon ascendens aus seinen Adhäsionen zu lösen und nach medial abzuschieben. In der Regel sind die lateralen Adhäsionen gefäßfrei, jedoch empfiehlt es sich, bei Bedarf Klemmen zu setzen.

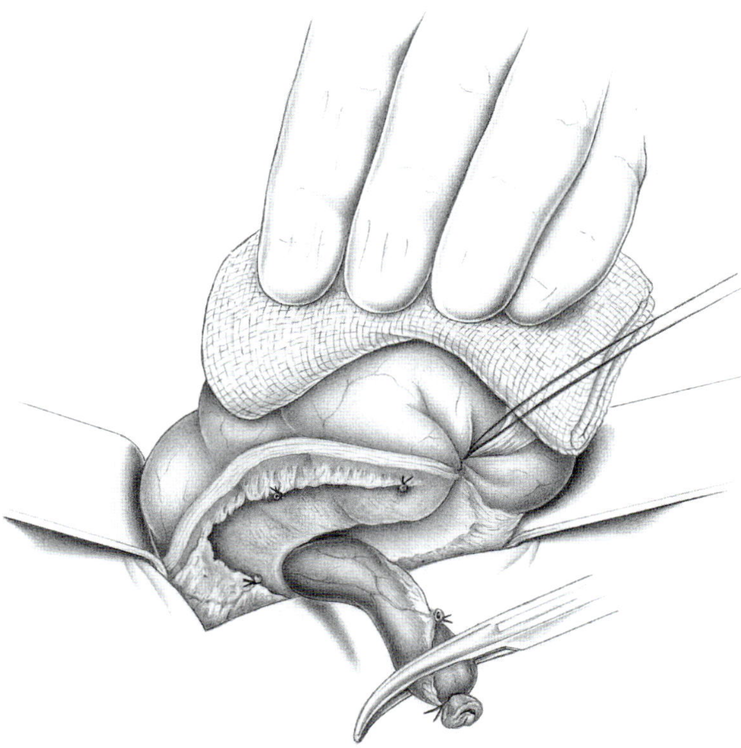

⑲ Luxation der retrozökalen Appendix

Nach vollständiger Mobilisation des Zökalpols gelingt es, die Appendix unter Sicht zu mobilisieren. Dieses Manöver sollte behutsam erfolgen, da die Appendix in direkter Nachbarschaft des rechten Ureters und des Duodenums gelegen sein kann und hier Verletzungen möglich sind.

77. Laparoskopische Appendektomie

1 Indikation

Elektiv-Relativ: Im Rahmen einer diagnostischen Laparoskopie, z. B. bei unklaren Unterbauchbeschwerden. Bei extremer Adipositas und unsicherem Appendizitis-Verdacht bei jungen Frauen (Ausschluss gynäkologischer Befunde).
Kontra: Generalisierte Peritonitis (Verdacht auf freie Perforation). Malignomverdacht. Hochgradiger Verdacht auf erhebliche Adhäsionen.
Alternativverfahren: Konventionelles Vorgehen.

2 Operationsvorbereitung

Präoperative Diagnostik: Sonographische, laborchemische und gynäkologische Untersuchungen und Befunde haben lediglich ergänzenden Charakter und dienen hauptsächlich dem Ausschluss anderer Erkrankungen.
Patientenvorbereitung: Auf Station Nabeldesinfektion.Nach Narkoseeinleitung Magensonde und Blasenkatheter (alternativ Blasenentleerung direkt vor Operation).

3 Spezielle Risiken, Aufklärung

- Hohlorgan-/Gefäßverletzung durch laparoskopisches Instrumentarium.
- Fehlanlage des Pneumoperitoneums.
- Gasembolie.
- „Umsteigen" auf konventionelles Vorgehen.
- Sonst wie konventionelle Appendektomie (vgl. Kapitel 76, S. 292).

4 Anästhesie

Intubationsnarkose.

5 Lagerung

Rücken.

Operateur links.

Assistent (und Kamera) rechts.

Videoeinheit am Fußende.

6 Zugang

Optiktrokar Nabel, Arbeitstrokare linker und rechter Unterbauch.

7 Operationsschritte

1. Zugang.
2. Darstellung der Appendix.
3. Skelettierung der Appendix.
4. Blutung aus Mesoappendix.
5. Ligatur der Appendix.
6. Ligatur der Appendixbasis.
7. Fadenentfernung.
8. Koagulation des Appendixstumpfes.
9. Abtragung der Appendix.
10. Drainage.
11. Verwendung Endo-GIA.

8 Relevante Anatomie, Gefahren, Tricks

Eine sichere, aber auch teurere Alternative zur Ligatur der Appendixbasis mit der Röder-Schlinge ist die Abtragung mit endoskopisch applizierbaren Klammernahtgeräten unter simultanem Fassen von Appendix und Appendixmesenterium.

Cave: Nachblutung infolge unterschiedlicher Schichtdicke. Kolonwandschädigung durch Kriechströme bzw. Hitzeeinwirkung bei kolonnaher Koagulation an der Appendix.

9 Maßnahmen bei speziellen Komplikationen

- Trokarläsionen: Versorgung nach Laparotomie.
- Appendixstumpfinsuffizienz durch transmurale Koagulation oder Abgleiten der Schlinge: Laparotomie.

10 Nachsorge

Medizinische Nachbehandlung: Magensonde nach Narkoseende entfernen. Drainage ex am 2. – 4. Tag.
Kostaufbau: 6 Stunden nach Narkose schluckweise trinken, ab 1. Tag normale leichte Kost.
Mobilisation: Sofort.
Arbeitsunfähigkeit: 3 – 5 Tage.

7 Operationstechnik

1. Zugang.
2. Darstellung der Appendix.
3. Skelettierung der Appendix.
4. Blutung aus Mesoappendix.
5. Ligatur der Appendix.
6. Ligatur der Appendixbasis.
7. Fadenentfernung.
8. Koagulation des Appendixstumpfes.
9. Abtragung der Appendix.
10. Drainage.
11. Verwendung Endo-GIA.

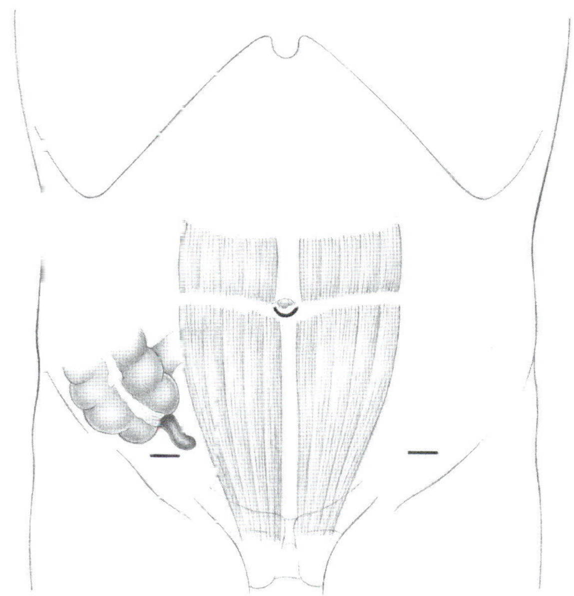

1 Zugang

Die laparoskopische Appendektomie hat ihre Berechtigung bei diagnostisch unklaren Befunden, vor allem bei jungen Frauen, zur Diagnostik und ggf. Therapie. Sie ist der indizierten und therapeutisch intendierten offenen Appendektomie nicht überlegen, aber deutlich teurer.Der Zugang erfolgt über 3 Trokare, von denen 1 infraumbilikal, 2 inguinal beidseits in der Schamhaargrenze liegen. Die Operation beginnt mit der Anlage des Pneumoperitoneums über den infraumbilikalen Trokar, Einführen der Optik unter Sicht mit Diaphanoskopie zur Vermeidung einer Verletzung der epigastrischen Gefäße, Einführen der beiden anderen Trokare im Leistenbereich.

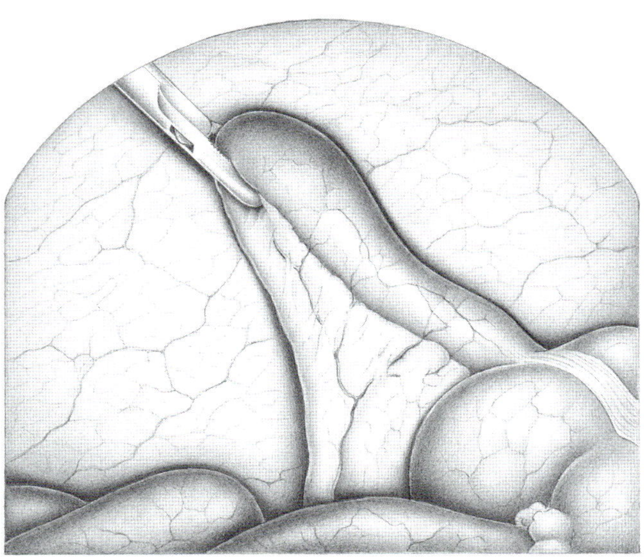

2 Darstellung der Appendix

Nach Exploration der Leibeshöhle wird die Appendix dargestellt. Sie wird mit einer Fasszange über den rechten Trokar gefasst und schrittweise in die Trokarhülse gezogen.

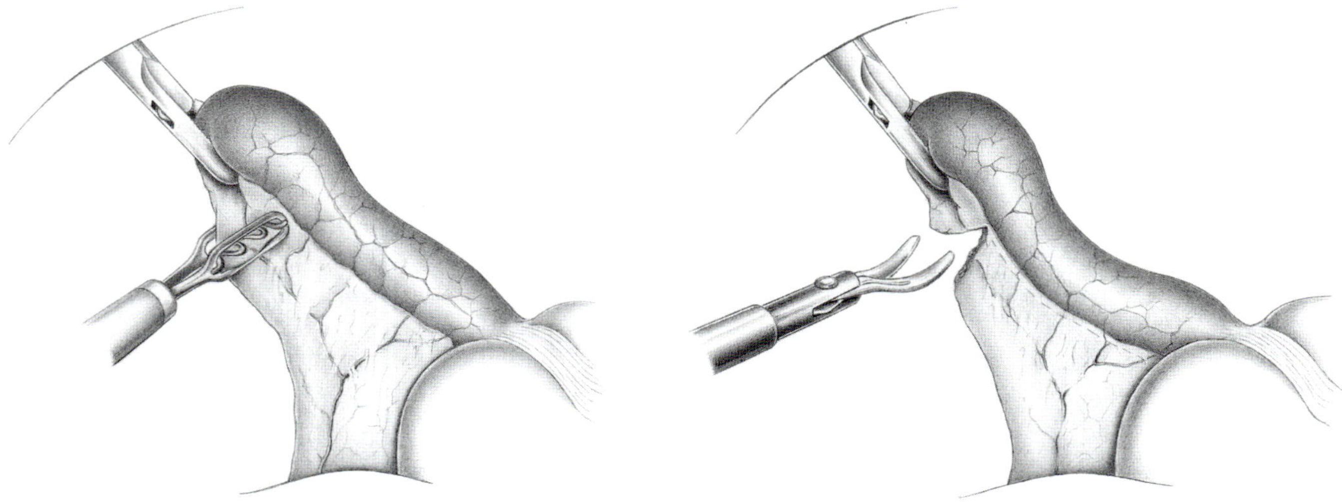

❸ Skelettierung der Appendix

Die Mesoappendix wird mit der bipolaren Diathermiesonde koaguliert und schrittweise durchtrennt. Dieses Manöver ist zeitintensiv und ggf. blutungsgefährdet. Unter Verwendung von Endo-GIA-Staplern (siehe Abb. 77.**11**) lässt sich die Skelettierung der Appendix sehr viel einfacher, aber auch teurer gestalten.

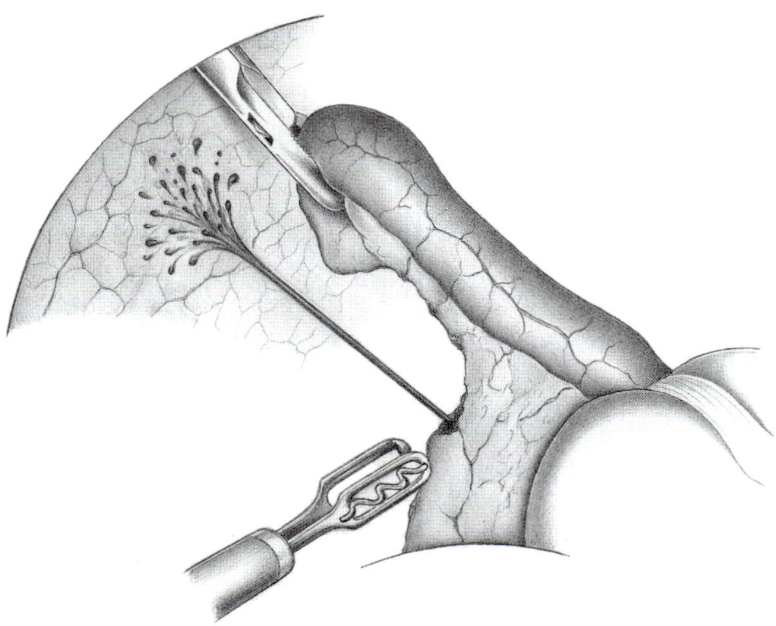

❹ Blutung aus Mesoappendix

Gelegentlich kommt es im Rahmen der Skelettierung der Appendix zu spritzenden Blutungen aus der A. appendicularis. Sie müssen mit der Diathermiesonde gefasst und koaguliert werden. Bei größeren Blutungen empfiehlt sich die Ligatur mit einer Röder-Schlinge.

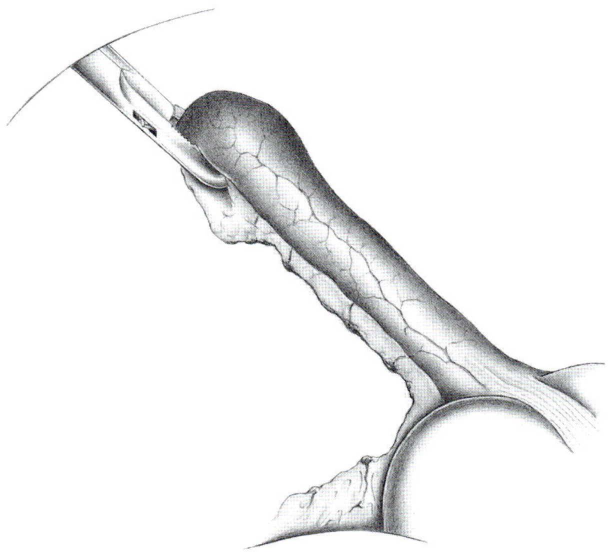

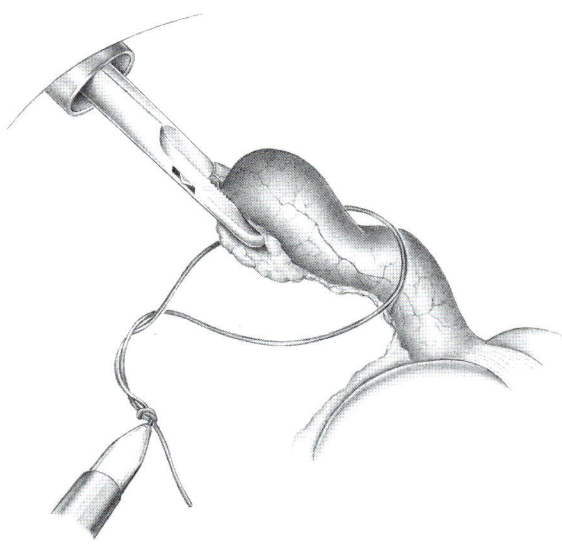

❺ Ligatur der Appendix

Die Appendix wird bis auf ihre Basis skelettiert und in die Trokarhülse schrittweise hineingezogen. Dann wird eine Röder-Schlinge über den linken Trokar eingeführt und über die Appendix gestreift.

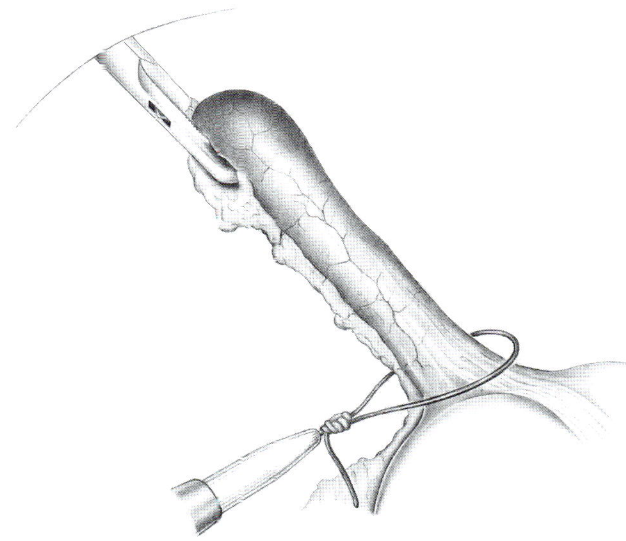

❻ Ligatur der Appendixbasis

Liegt die Röder-Schlinge direkt an der Appendixbasis, wird sie zugezogen und die Appendix damit ligiert.

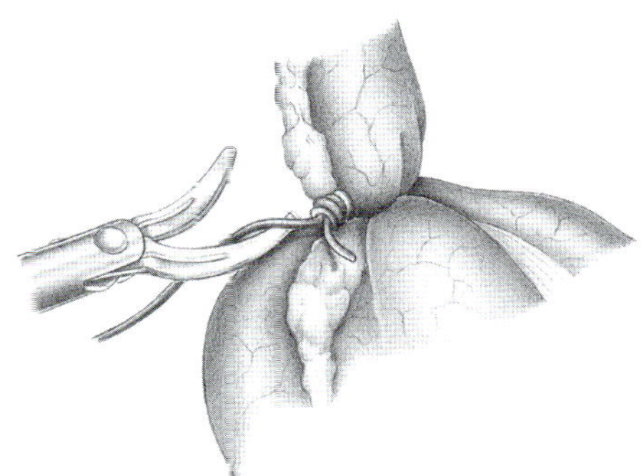

❼ Fadenentfernung

Der lange Faden der Röder-Schlinge wird mit der Schere durchtrennt und entfernt.

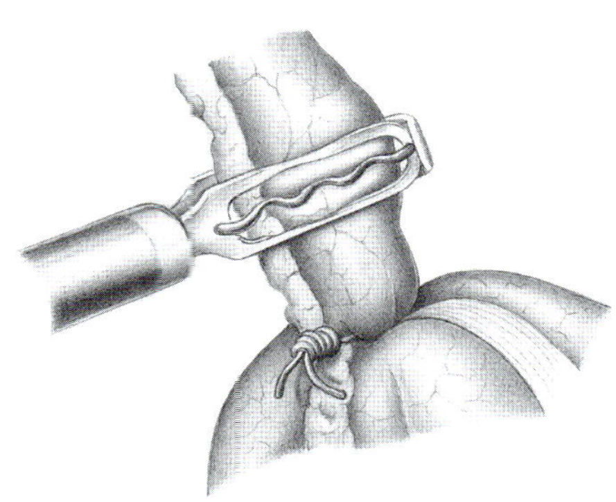

❽ Koagulation des Appendixstumpfes

Zur Vermeidung einer Kontamination kann die Appendix mit der bipolaren Diathermiesonde koaguliert werden. Hierbei ist darauf zu achten, dass die Koagulationslinie mindestens 1 cm distal der Röder-Schlinge liegt, da ansonsten Kriechströme zu Koagulationsnekrosen an der Appendixligatur oder am Zökumpol führen können.

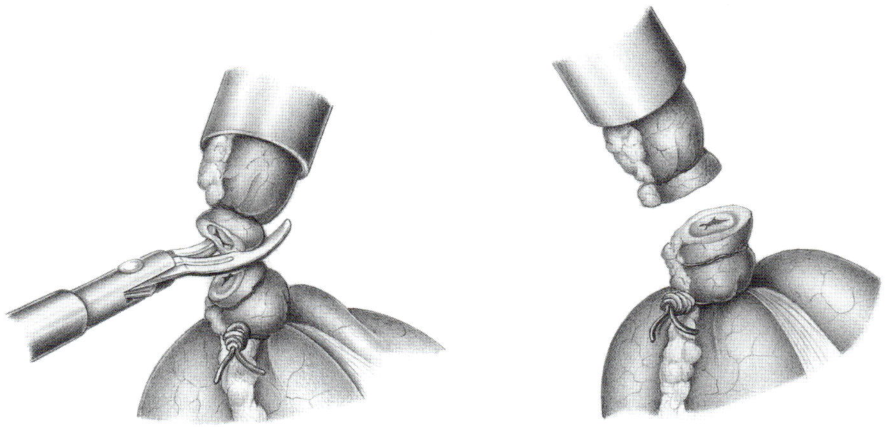

⑨ Abtragung der Appendix

Nach fakultativer Koagulation der Appendix wird sie mit der Schere abgetragen und in den rechten unteren Trokar gezogen. Der Trokar wird mit der Appendix entfernt, der Appendixstumpf wird mit einem Desinfektionstupfer betupft und nach retroperitoneal geschoben.

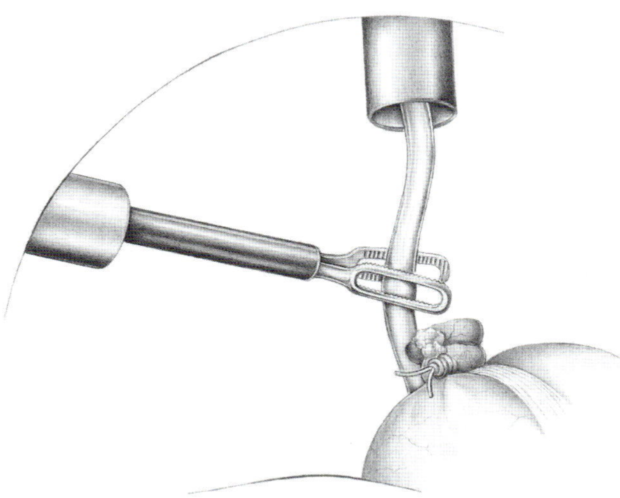

⑩ Drainage

Bei starker Vereiterung und periappendizitischem Abszess wird eine Drainage in den retrozökalen Bereich oder in den Douglas-Raum über die rechte Trokaröffnung eingelegt und mit der über den linken Trokar eingeführten Fasszange platziert.

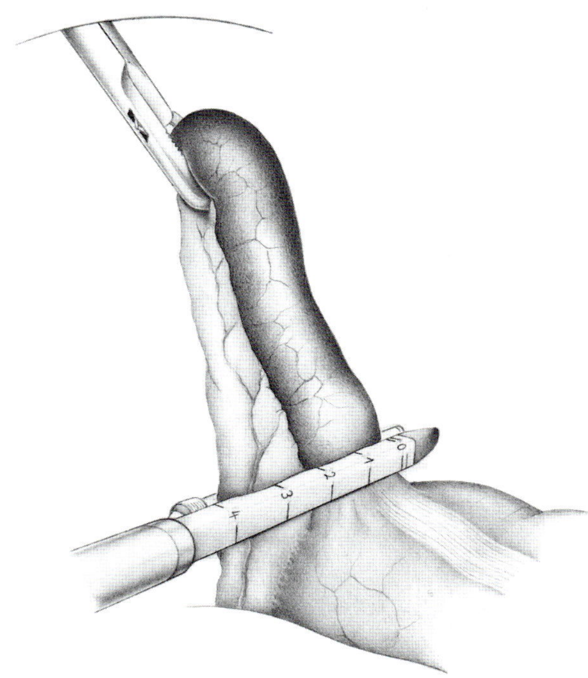

⑪ Verwendung Endo-GIA

Bei Verwendung des Endo-GIA-Nahtgerätes ist es möglich, die Appendix und das Mesenterium entweder in zwei Schritten getrennt oder bei sehr zarter Appendix in einem Schritt gemeinsam abzusetzen. Der Endo-GIA wird über den linken unteren 12-mm-Trokar eingeführt.

78. Doppelläufiges Transversostoma

1 Indikation

Elektiv: Ausschaltung distaler Kolonanteile als passagere/protektive oder palliative/permanente Maßnahme.
Kontra: Proximal gelegene Stenosen.
Alternativverfahren: Ileostoma, enteroenteraler Bypass.

2 Operationsvorbereitung

Präoperative Diagnostik: Abhängig von Grunderkrankung: Sonographie und Röntgen-Abdomenübersicht ausreichend im Dickdarmileus, in der Elektivsituation Ausschluss von Zweitläsionen im Intestinaltrakt sowie extraintestinaler Ausbreitung bei Malignomen mittels Endoskopie und Biopsie, Sonographie, Computertomographie, ggf. Kontrastmitteldarstellung des Dick-/Dünndarms (in unklaren Situationen wasserlösliches Kontrastmittel!).
Patientenvorbereitung: Im Dickdarmileus Magensonde, Ausgleich von Wasser- und Elektrolythaushalt; perioperative Antibiotikatherapie. Gegebenenfalls präoperative Markierung der Stomaposition.

3 Spezielle Risiken, Aufklärung

- Peritonitis.
- Magenverletzung.
- Stomakomplikationen: Prolaps, Stenose, Retraktion, parastomale Hernie, peristomale Hautschäden (insgesamt 5 – 10%).
- Möglichkeit der Stomarückverlegung bzw. des Belassens.

4 Anästhesie

Intubationsnarkose.

5 Lagerung

Rücken.

6 Zugang

Kurze quere Laparotomie im rechten Oberbauch, ggf. laparoskopische Vorgehensweise in 3-Trokar-Technik.

7 Operationsschritte

1. Positionierung des Anus praeter.
2. Laparotomie.
3. Darstellung des rechten Colon transversum.
4. Unterfahren des Querkolons.
5. Platzierung des Reiters.
6. Bauchdeckenverschluss.
7. Koloneröffnung.
8. Einnähen des Stomas.

8 Relevante Anatomie, Gefahren, Tricks

- Stomadurchtrittsstelle im Bereich des M. rectus abdominis anlegen.
- Ausreichend Abstand zum Rippenbogen halten (Beutelversorgung!).
- Bei sehr fettreichem Netz ggf. kurzstreckige Ablösung vom Querkolon, um die Vorlagerung zu erleichtern.

9 Maßnahmen bei speziellen Komplikationen

Stomakomplikationen: Optimierung der Pflege, sonst Revision und Neuplatzierung.

10 Nachsorge

Medizinische Nachbehandlung: Abhängig von Gesamtsituation:
- Nach Notfalleingriffen Darmreinigung und Komplettierung der Diagnostik, z. B. durch Endoskopie über das Stoma.
- Reiter ex nach 10 Tagen.
- Patient und/oder Angehörige ggf. in Stomapflege einweisen.

Kostaufbau: Bei permanentem Stoma schluckweise trinken ab 1. Tag, feste Kost, wenn Stoma fördert.
Stuhlgang: Stoma anklistieren ab 3. Tag.
Mobilisation: Sofort.
Arbeitsunfähigkeit: Abhängig von Gesamtsituation.

7 Operationstechnik

1. Positionierung des Anus praeter.
2. Laparotomie.
3. Darstellung des rechten Colon transversum.
4. Unterfahren des Querkolons.
5. Platzierung des Reiters.
6. Bauchdeckenverschluss.
7. Koloneröffnung.
8. Einnähen des Stomas.

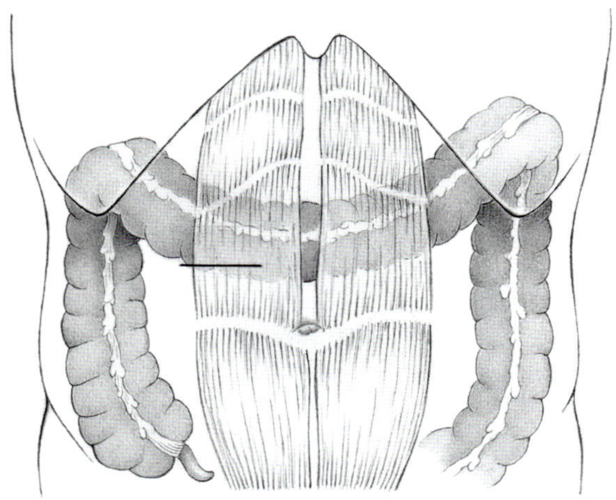

❶ Positionierung des Anus praeter

Der doppelläufige Anus praeter transversalis ist meist ein präliminärer Eingriff zur Sicherung von Anastomosen im distalen Dickdarm oder zur Ausschaltung von Dickdarmabschnitten. Er ist als endgültige Maßnahme nur selten indiziert. Die beste Lokalisation des Anus praeter ist im rechten Oberbauch über dem rechten Colon transversum. Soll nur der alleinige Anus praeter angelegt werden, reicht ein kleiner Oberbauchquerschnitt aus.

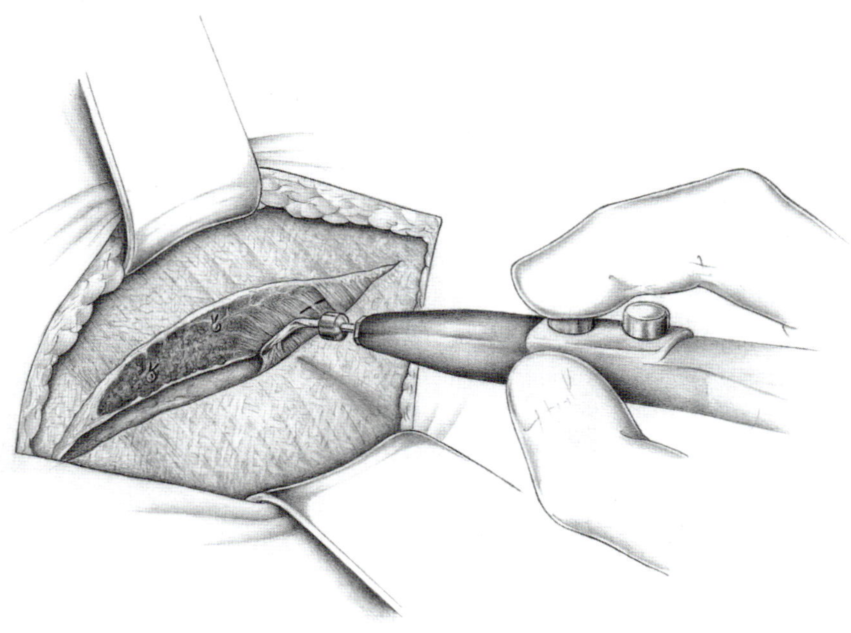

❷ Laparotomie

Nach querer Hautinzision Spaltung der Subkutis mit der Diathermie. Darstellung der Faszie und schrittweise Durchtrennung der lateralen Anteile der Rektusmuskulatur. Die Muskelgefäße sind isoliert zu fassen und zu koagulieren. Gelegentlich müssen die Vasa epigastrica superioria mit Ligaturen versorgt werden. Bei schwach ausgebildeter Rektusmuskulatur ist gelegentlich auch ein einfaches stumpfes Auseinanderdrängen der Muskelfasern ausreichend. Nach vollständiger Durchtrennung bzw. Auseinanderdrängung der Muskulatur wird die Rektusscheidenhinterwand durch adäquaten Hakenzug dargestellt. Hintere Rektusscheide und Peritoneum werden unter Sicht durchtrennt, um eine Verletzung tieferer Strukturen (z. B. adhärenter Darm) zu vermeiden.

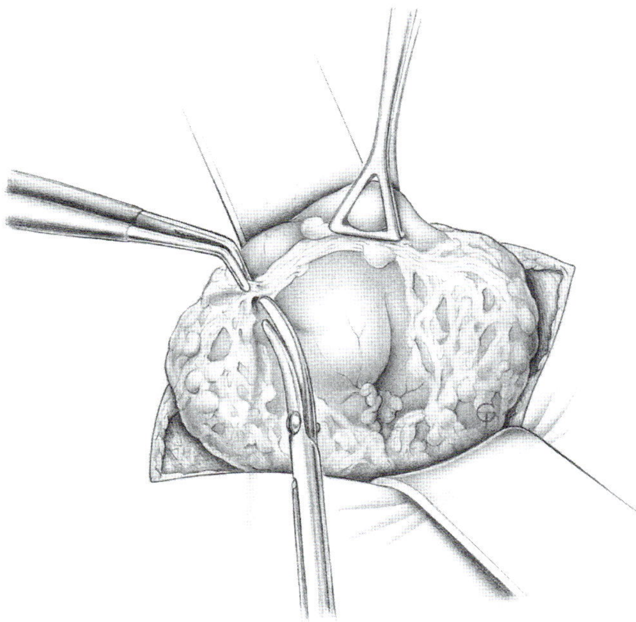

❸ Darstellung des rechten Colon transversum

Nach Eröffnung der Bauchdecken liegt das rechte Querkolon häufig hinter dem großen Netz verborgen. Die große Magenkurvatur erleichtert in unübersichtlichen Situationen infolge ihrer engen Lagebeziehung zum Querkolon die Orientierung. Das große Netz muss, insbesondere wenn es sehr kräftig ausgebildet ist, schrittweise teils scharf, teils stumpf unter Koagulation oder Unterbindung der Gefäße abgelöst werden.

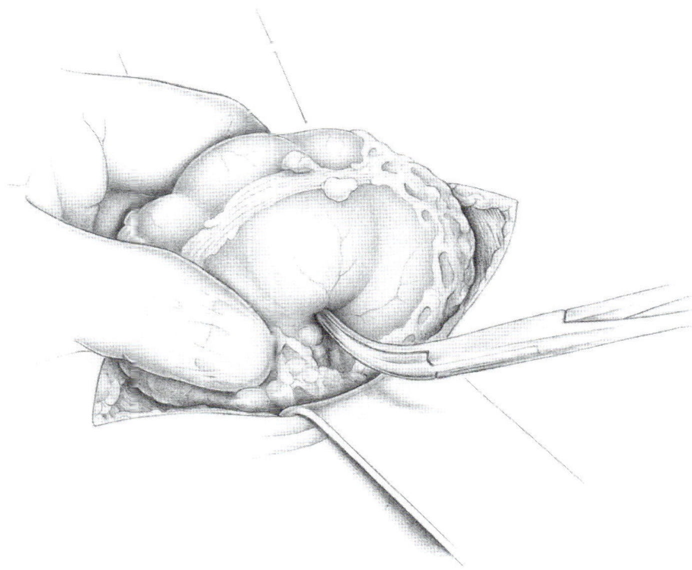

❹ Unterfahren des Querkolons

Die Mobilisation ist nur insoweit erforderlich, als eine spannungsfreie Vorverlagerung des rechten Querkolons vor die Bauchdecken gewährleistet sein muss. Zur Vorlagerung sollte möglichst ein Abschnitt nahe der rechten Flexur gewählt werden, da hier das Mesokolon am längsten ist. Zwischen Daumen und Zeigefinger lässt sich die Grenze zwischen Mesenterium und Darmwand sicher identifizieren, sie wird mit einer Overholt-Klemme unter Führung des tastenden Zeigefingers unterfahren.

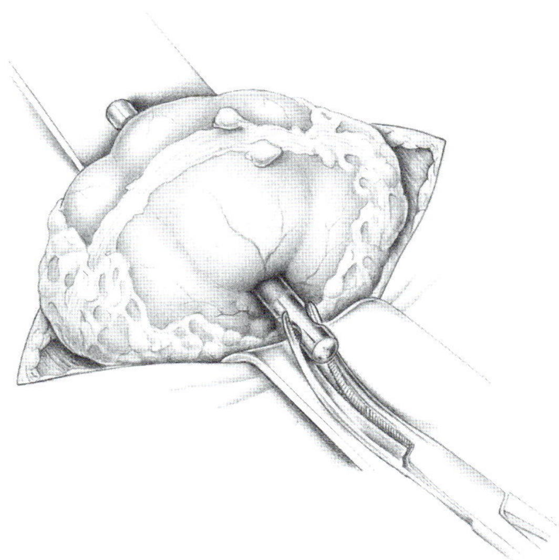

❺ Platzierung des Reiters

Das Querkolon kann jetzt mit einem Gummizügel angeschlungen oder auch gleich mit einem Reiter unterfahren werden. Der Reiter sollte so lang gewählt werden, dass er bei geschlossenen Hauträndern ausreichend breit ist und andererseits das Aufkleben des Stomabeutels nicht behindert.

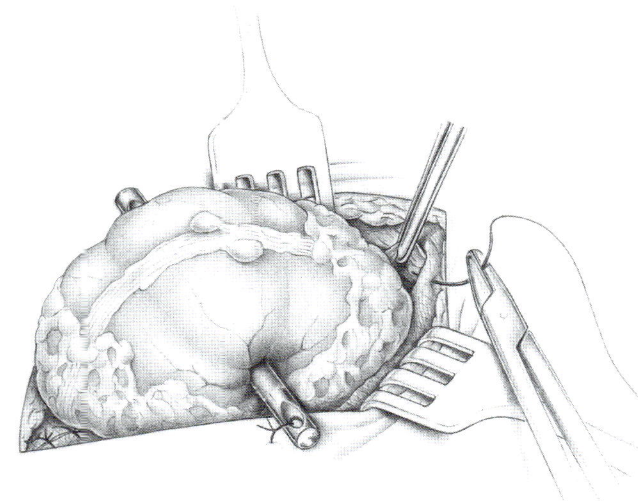

❻ Bauchdeckenverschluss

Der Reiter wird mit Einzelknopfnähten an der Haut fixiert. Es schließt sich von medial und lateral der Faszienverschluss an. Die Faszienlücke sollte nach der letzten Naht noch für gut 2 Finger durchgängig sein, damit zu- und abführender Schenkel ausreichend Platz und eine suffiziente Durchblutung haben.

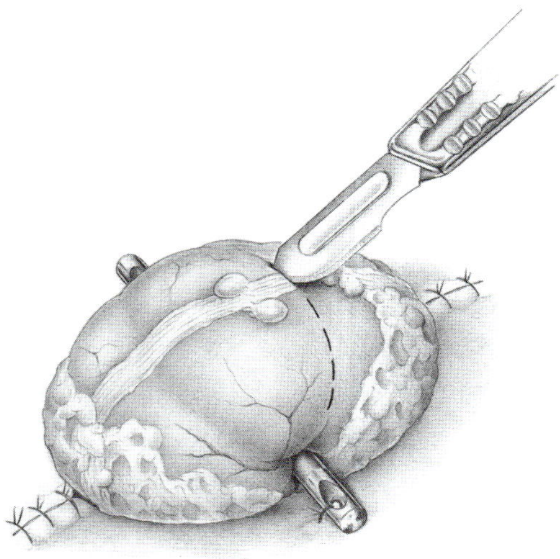

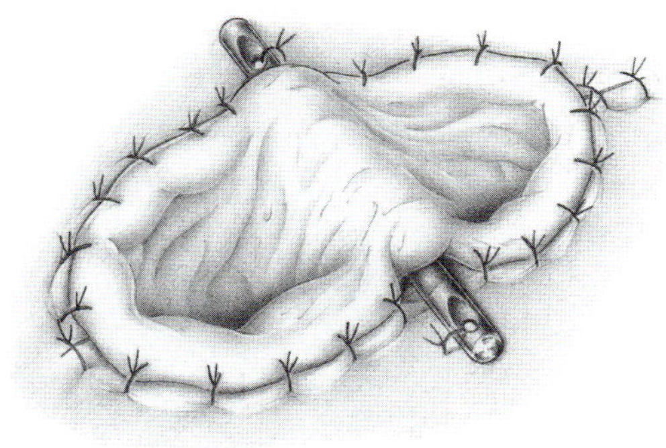

❼ Koloneröffnung

Die Hautinzision wird beidseits mit einigen Einzelknopfnähten partiell verschlossen, ohne den vorgelagerten Darm einzuengen. Das Querkolon wird mit dem Messer eröffnet. Eine Eröffnung mit der Diathermie muss unterbleiben, um eine Methangasexplosion zu vermeiden. Blutungen aus Darmwandgefäßen können nach Ablassen des Darmgases sparsam koaguliert werden.

❽ Einnähen des Stomas

Die eröffnete Darmwand ist mit mukokutanen Einzelknopfnähten (3 × 0 PGS) im Hautniveau der Bauchdecken zu fixieren. Die Aufbringung des Stomabeutels beendet den Eingriff.

79. Endständiges Sigmoidostoma (Inkontinenz-Resektion nach Hartmann)

1 Indikation

Elektiv: Nach Rektumamputation oder Diskontinuitätsresektion des Rektums.
Alternativverfahren: Reanastomosierung nach Resektion im Bereich des distalen Kolons und protektives doppelläufiges Transversostoma.

2 Operationsvorbereitung

Präoperative Diagnostik: Abhängig von Grunderkrankung: Ausschluss einer weiteren pathologischen Veränderung des proximalen Kolons bzw. einer extraintestinalen Ausbreitung bei Malignomen, insbesondere Endoskopie mit Biopsie, Sonographie, Computertomographie, ggf. IVP.
Patientenvorbereitung: Orthograde Lavage des Dickdarms nach Ausschluss von höhergradigen Stenosen, Anzeichnen der Stomaposition mit Kontrolle im Stehen und Liegen, Erläuterung des Stomas (ggf. Stomatherapeut), perioperative Antibiotikatherapie.

3 Spezielle Risiken, Aufklärung

- Abhängig von Grunderkrankung, speziell Stoma betreffend:
- Prolaps (5 – 15 %).
- Ischämie (5 – 15 %).
- Stenose (2 – 10 %) und Retraktion des Stomas.
- Blutung im Stomabereich (< 10 %).
- Parastomale Hernie (5 – 15 %).
- Peristomale Hautschäden (10 – 40 %).

4 Anästhesie

Intubationsnarkose.

5 Lagerung

Rücken, Steinschnitt.

6 Zugang

Mediane Laparotomie, ggf. oberhalb des Nabels schräge Verlängerung zum linken Rippenbogen. Gegebenenfalls laparoskopische Vorgehensweise möglich in 3 – 4-Trokar-Technik.

7 Operationsschritte

1. Positionierung des Stomas.
2. Zugang.
3. Mobilisation des Rektosigmoids I.
4. Mobilisation des Rektosigmoids II.
5. Mobilisation proximales Rektum.
6. Resektion.
7. Übernähung des Rektumstumpfes.
8. Stomaanlage I.
9. Stomaanlage II.
10. Stomaanlage III.
11. Stomaanlage IV.
12. Einnähen des Stomas.

8 Relevante Anatomie, Gefahren, Tricks

- Stomadurchtrittsstelle im Bereich des M. rectus abdominis muss ausreichend weit sein, um das Sigma mit einem adäquaten Mesoanteil aufzunehmen.

Cave: Torquieren des Sigmas beim Durchziehen durch Bauchdecken.

- Das Stoma muss locker im Hautniveau zu platzieren sein, gewisse „Reservelänge" einkalkulieren, um einem Stomaausriss infolge postoperativer Distension der Bauchdecken vorzubeugen!

9 Maßnahmen bei speziellen Komplikationen

Stomakomplikationen: Optimierung der Pflege, sonst Revision und ggf. Neuimplantation oder Neuplatzierung.

10 Nachsorge

Medizinische Nachbehandlung: Abhängig von Grunderkrankung, Magensonde ex am 1. – 2. Tag, vor Entlassung Beginn der Anleitung zur Stomaversorgung, Hinweis auf Selbsthilfegruppen.
Kostaufbau: Schluckweise trinken ab 2. – 3. Tag, feste Kost, wenn Stoma Luft oder Stuhl fördert.
Stuhlgang: Stoma anklistieren und milde orale Laxantien ab 4. Tag.
Mobilisation: Sofort.
Krankengymnastik: Atemgymnastik.
Arbeitsunfähigkeit: 2 – 3 Wochen.

7 Operationstechnik

1. Positionierung des Stomas.
2. Zugang.
3. Mobilisation des Rektosigmoids I.
4. Mobilisation des Rektosigmoids II.
5. Mobilisation proximales Rektum.
6. Resektion.
7. Übernähung des Rektumstumpfes.
8. Stomaanlage I.
9. Stomaanlage II.
10. Stomaanlage III.
11. Stomaanlage IV.
12. Einnähen des Stomas.

1 Positionierung des Stomas

Die Dickdarmresektion nach Hartmann dient der Entfernung tiefer Sigma- und Rektumprozesse ohne Wiederherstellung der Kontinuität. Sie ist als präliminärer Eingriff bei entzündlichen Erkrankungen und Tumoren sowie als definitiver Eingriff bei irresektablen Tumoren in der Kreuzbeinhöhle indiziert. Das Prinzip ist die Anlage eines endständigen Sigmaafters und der Blindverschluss des Rektumstumpfes. Selbst wenn man die Hartmann-Situation nur als vorübergehende Maßnahme schafft, ist eine sachgerechte Stomaanlage außerordentlich wichtig. Das Sigmoidostoma sollte stets transmuskulär im Bereich der lateralen Rektusmuskulatur angelegt werden. Die genaue Position lässt sich am besten am stehenden Patienten festlegen. Prinzipiell ist die Lage im mittleren Drittel der Nabel-Spina-Verbindungslinie.

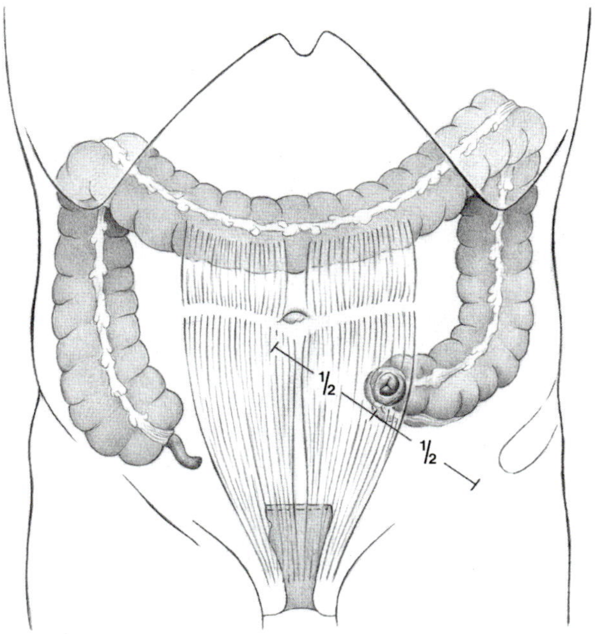

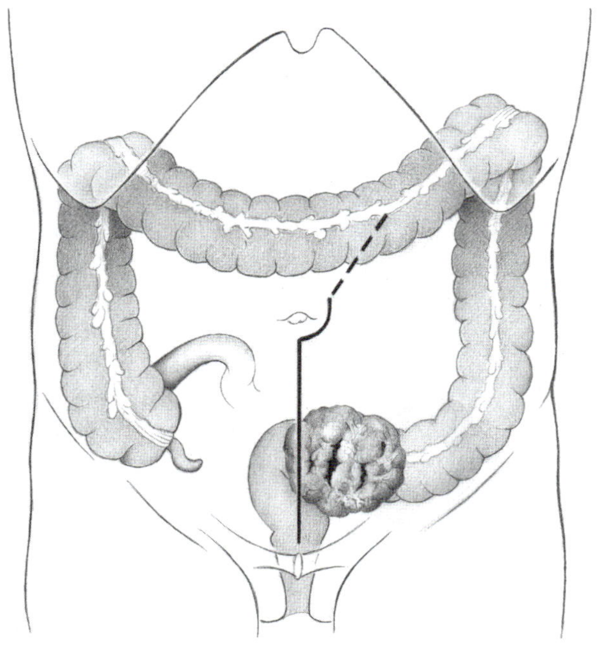

2 Zugang

Der übliche Zugang ist die mediane Unterbauchlaparotomie, die links um den Nabel herum verlängert werden kann. Von diesem Zugang aus kann jeder entzündliche oder tumoröse Unterbauchprozess hinreichend gut inspiziert und behandelt werden.

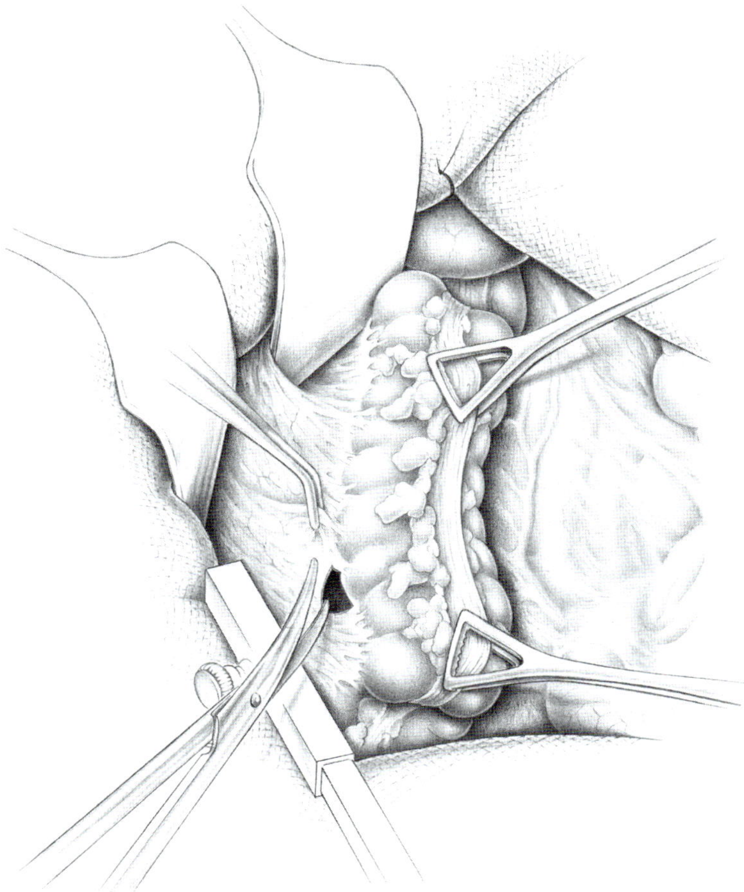

❸ Mobilisation des Rektosigmoids I

Nach Eröffnung der Bauchdecken und Einsatz von Haken wird das Sigma aus seinen lateralen Verklebungen gelöst. Hier bewährt sich sanfter Zug am Sigma mittels Duval-Klemmen oder auch manuell. Die Präparation sollte unmittelbar darmnah erfolgen, um eine Verletzung des Ureters zu vermeiden. Der linke Ureter muss stets dargestellt werden, um ihn sicher zu schonen.

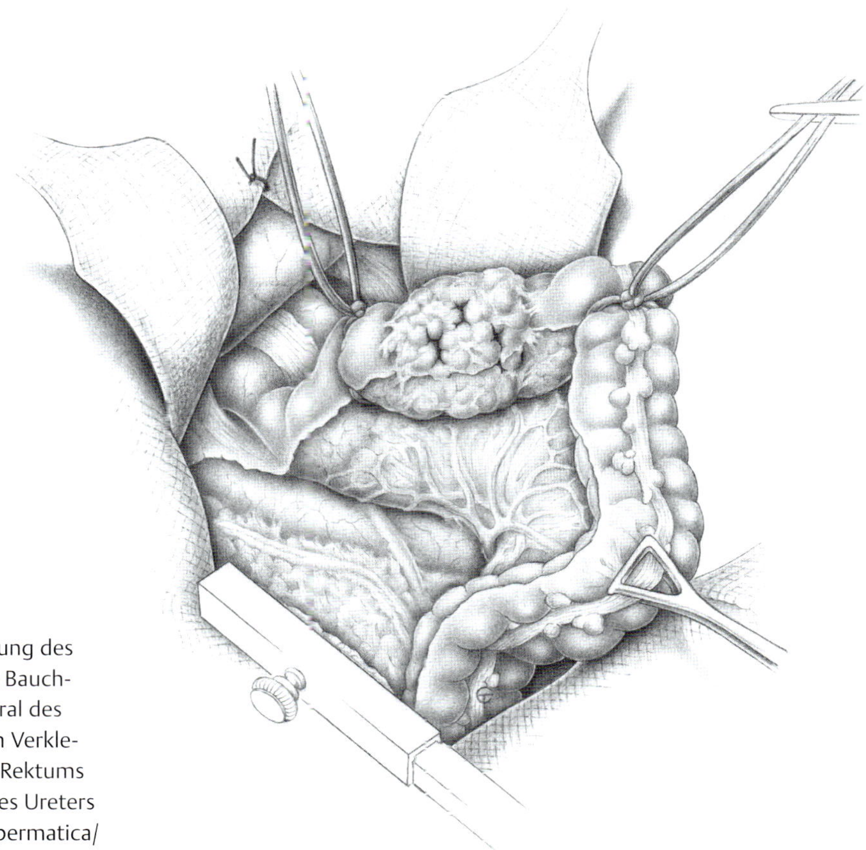

❹ Mobilisation des Rektosigmoids II

Die vollständige Mobilisation des Sigmas erfordert die Ablösung des entzündlichen bzw. neoplastischen Tumors von der lateralen Bauchwand. Sofern möglich, kann auch der Darm unmittelbar aboral des Prozesses angeschlungen werden. Die Ablösung der lateralen Verklebungen erfolgt so weit, dass ein freier Anteil des proximalen Rektums erreicht wird. Retroperitoneal sieht man die Überkreuzung des Ureters über die Iliakalgefäße und die dazu parallel laufenden Vasa spermatica/ovarica.

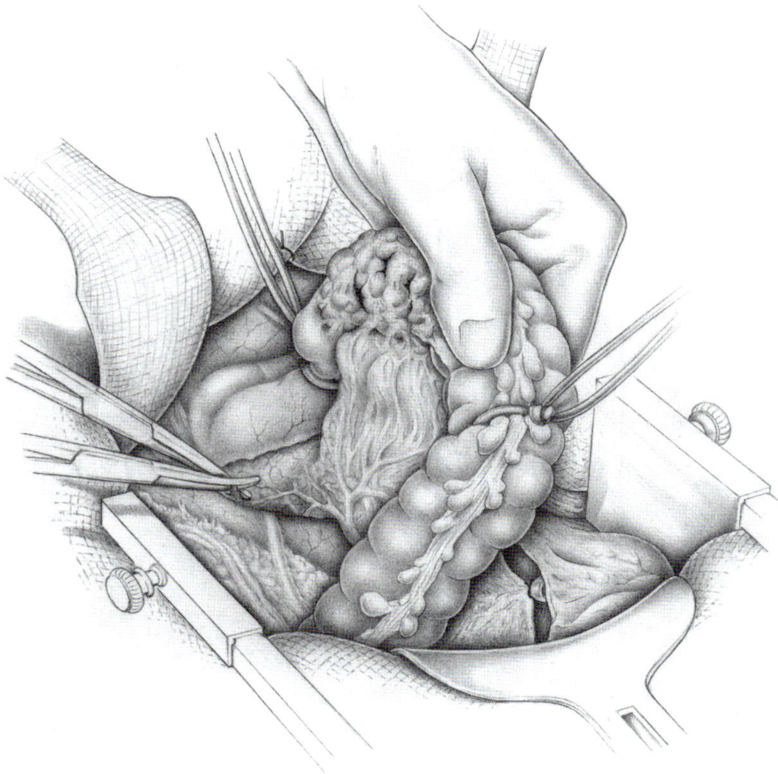

❺ Mobilisation proximales Rektum

Häufig muss die Mobilisation bis in die Kreuzbeinhöhe fortgesetzt werden, um das Rektum ausreichend aus den retroperitonealen Verklebungen zu lösen. Hierdurch gewinnt man unter Umständen eine wertvolle Strecke, um das Rektum im gesunden Bereich sicher verschließen zu können. Das Mesorektum wird zwischen Overholt-Klemmen durchtrennt und mit Durchstechungsligaturen (3 × 0 PGS) versorgt.

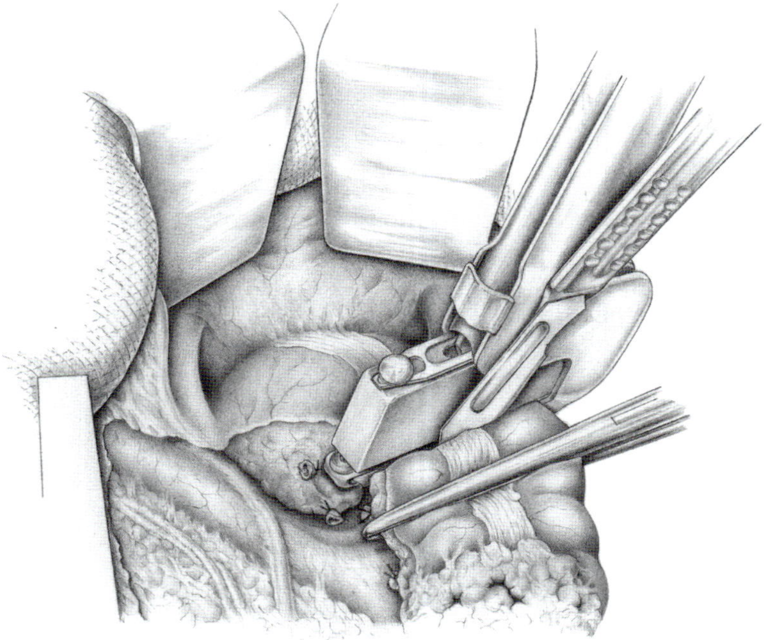

❻ Resektion

Ist das Rektum mobilisiert und das Mesorektum skelettiert, kann das Rektum abgesetzt werden. Dies kann in offener Weise zwischen Haltenähten geschehen, wobei der Darmverschluss mit Einzelknopfnähten erfolgt. Wir bevorzugen die Resektion unter Nutzung des Klammernahtgerätes TA-55. Dies wird zweimal, zunächst im Bereich der proximalen und dann, wie abgebildet, im Bereich der distalen Resektionslinie angewendet. Das Lumen des zu resezierenden Darmabschnitts wird beidseits mit Kocher-Klemmen verschlossen.

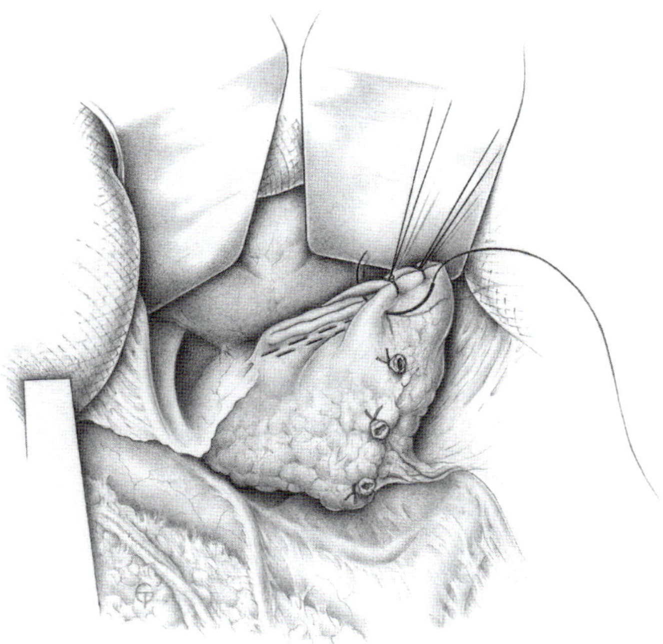

❼ Übernähung des Rektumstumpfes

Die Klammernahtreihe am blind verschlossenen Rektumstumpf wird zusätzlich mit Einzelknopfnähten (3 × 0 PGS) gedeckt. Der Bereich des Mesorektums wird erneut auf Bluttrockenheit überprüft. Es folgt die Anlage des endständigen Sigmaafters in der auch bei der Rektumexstirpation üblichen Form.

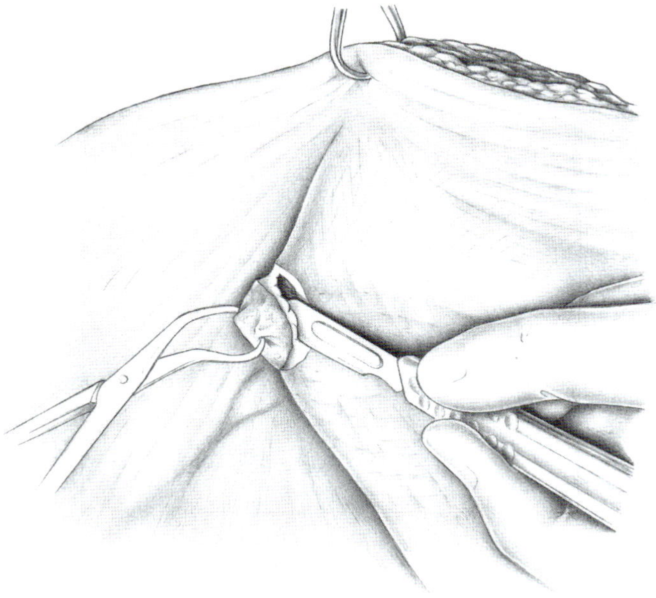

❽ Stomaanlage I

Nach Straffen der Bauchdecke mittels einer am Wundrand ansetzenden Tuchklemme Anlage einer kreisförmigen Hautinzision an der präoperativ markierten Stelle. Auch hierbei bewährt sich z. B. eine Tuchklemme. Das Subkutangewebe wird mit der Diathermie durchtrennt und die Muskelfaszie dargestellt.

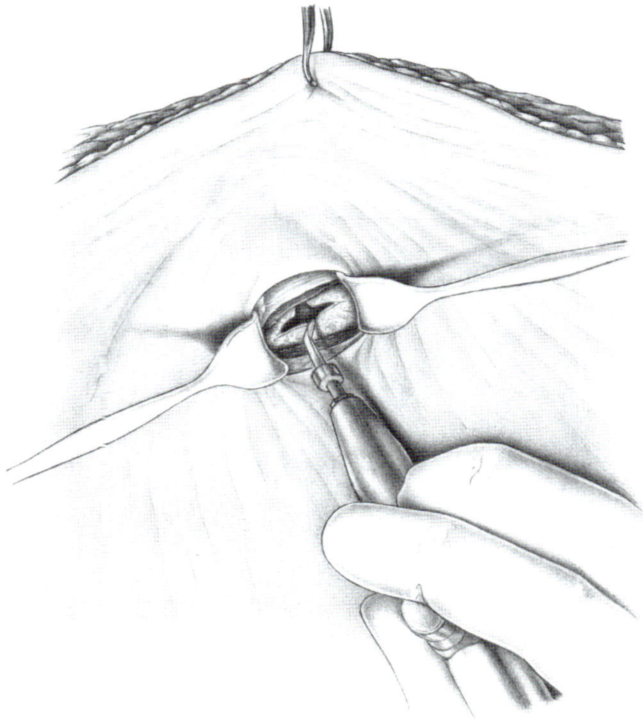

❾ Stomaanlage II

Die Faszie wird kreuzförmig inzidiert, die Muskulatur stumpf auseinandergedrängt und mittels Haken beiseite gehalten. In der Tiefe wird das Peritoneum dargestellt und ebenfalls kreuzförmig inzidiert. Die Durchtrittsöffnung muss für mindestens 2 Finger leicht durchgängig sein.

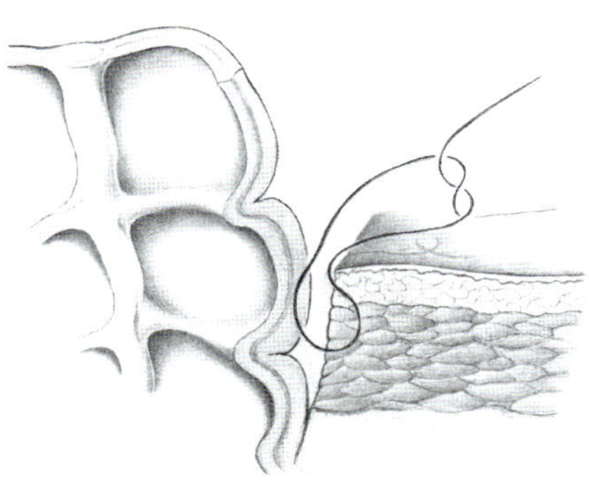

❿ Stomaanlage III

Das mit der Klammernahtreihe verschlossene Darmende wird durch die Stomaöffnung geführt und kann zum Schutz vor Zurückschlüpfen mit einer Einzelknopfnaht präliminär im Subkutanniveau fixiert werden. Intraabdominell wird die seitliche Öffnung zwischen lateralem Peritoneum und dem ventral ausgeleiteten Dickdarmschenkel durch eine Schnürnaht verschlossen, um einer inneren Hernienbildung vorzubeugen.

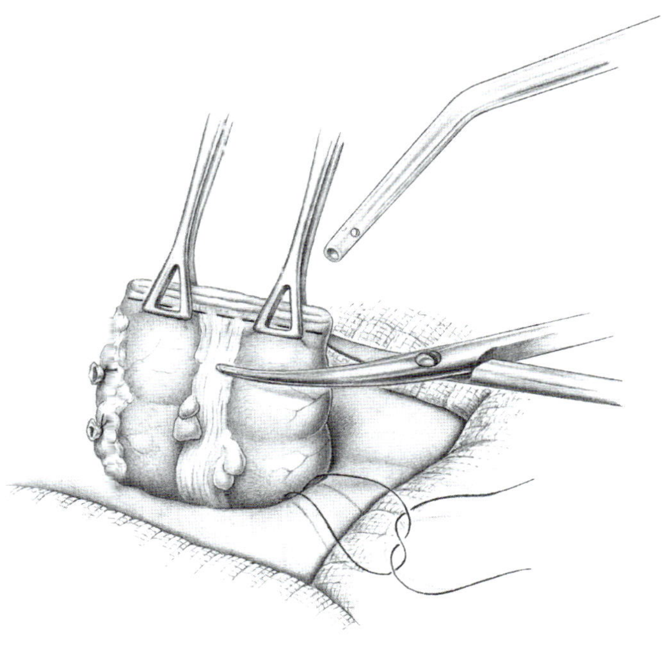

⓫ Stomaanlage IV

Die Resektion der Klammernahtreihe eröffnet das Darmlumen, welches mit einem Polyvidon-Jod-getränkten Tupfer anschließend gesäubert wird. Austretender Darminhalt wird sofort abgesaugt.

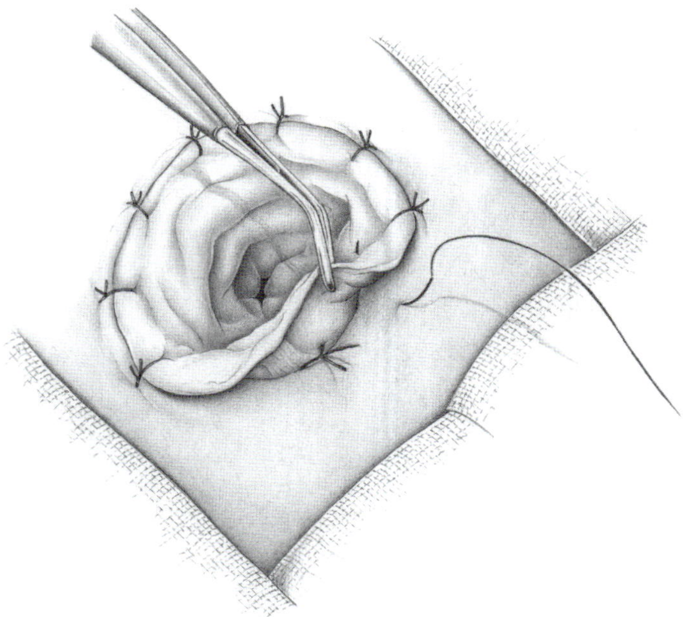

⑫ Einnähen des Stomas

Das Stoma wird mit mukokutanen Einzelknopfnähten (3 × 0 PGS) fixiert. Das Stoma sollte stets bluttrocken aber vital sein, d. h. es sollte eine rosige Schleimhautfärbung vorliegen. Bei livider Verfärbung ist eine Nachresektion von Darm und Neuimplantation des Stomas nicht zu vermeiden. Die Aufbringung des Stomaklebebeutels beendet den Eingriff.

80. Anus-praeter-Verschluss

1 Indikation

Elektiv: Bei nicht mehr gegebener Notwendigkeit; Zeitpunkt eher durch die Rahmenbedingungen vorgegeben als durch die Stomaanlage: ab 4.–6. Woche nach Anlage eines protektiven Anus praeter.
Kontra: Distale Stenosen, Insuffizienzen oder Funktionsstörungen.

2 Operationsvorbereitung

Präoperative Diagnostik: Abklärung distaler Darmabschnitte: Endoskopie oder Kontrastmitteldarstellung.
Patientenvorbereitung: Bei Kolostomata orthograde Lavage und Spülung auch des distalen Schenkels, perioperative Antibiotikatherapie.

3 Spezielle Risiken, Aufklärung

- Nahtinsuffizienz/Fistel (< 10%).
- Intraabdomineller Abszess (< 5%).
- Wundheilungsstörung (10–20%).
- Anastomosenstriktur.

4 Anästhesie

Intubationsnarkose.

5 Lagerung

Rücken.

6 Zugang

Knappe spitz-ovaläre Umschneidung des Stomas.

7 Operationsschritte

1. Stomaumschneidung.
2. Präparation im Subkutanniveau.
3. Präparation im Faszienniveau.
4. Präparation der Darmwand.
5. Naht der Darmwand.
6. Verschluss der Laparotomie.

8 Relevante Anatomie, Gefahren, Tricks

- Beim Ileostoma (wie auch generell bei unübersichtlichen Verhältnissen) ist es oft ratsam, das Stoma komplett zu resezieren und eine formale End-zu-End-Anastomose durchzuführen.
- Ausreichende Exzision des Stomahautrandes: keine Reanastomosierung ödematöser oder narbiger Ränder!
- Durchgängigkeit der Anastomose mit der Zeigefinger-Daumen-Probe sichern.

9 Maßnahmen bei speziellen Komplikationen

- Anastomoseninsuffizienz: bei Ausschluss einer distalen Obstruktion und guter Drainage sowie fehlenden Entzündungszeichen ist mit Spontanverschluss unter parenteraler Ernährung zu rechnen.
- Wundheilungsstörung: Wunde breit eröffnen, Sekundärheilung abwarten.

10 Nachsorge

Medizinische Nachbehandlung: Magensonde ex 1.–2. Tag, Redon-Drainage ex 2. Tag, abdominelle Drainage ex 5.–7. Tag.
Kostaufbau Schluckweise trinken ab 3. Tag, feste Kost nach peranalem Stuhl-/Windabgang.
Stuhlgang: Propulsive Medikation ab 4. Tag, ggf. ab 5.–7. Tag milde orale Laxantien.
Mobilisation: Sofort.
Arbeitsunfähigkeit: 2 Wochen.

7 Operationstechnik

1. Stomaumschneidung.
2. Präparation im Subkutanniveau.
3. Präparation im Faszienniveau.
4. Präparation der Darmwand.
5. Naht der Darmwand.
6. Verschluss der Laparotomie.

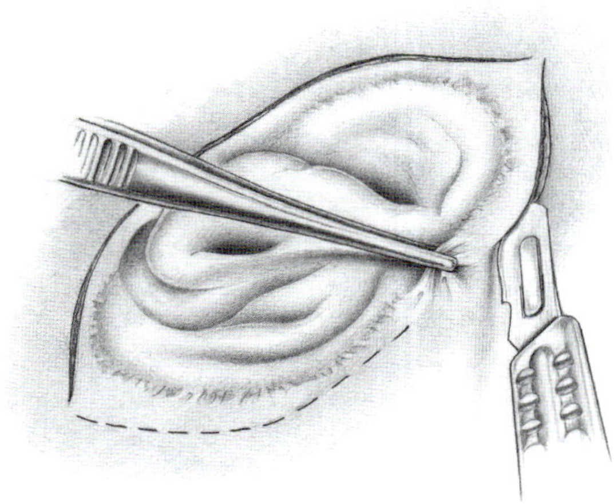

❶ Stomaumschneidung

Wetzsteinförmige Ausschneidung des Anus praeters. Hierbei sollte ein Saum von 3–5 mm Haut mit entfernt werden. Der Schnitt muss bis in die Subkutis geführt werden, um die Haut sicher mit der Pinzette fassen zu können.

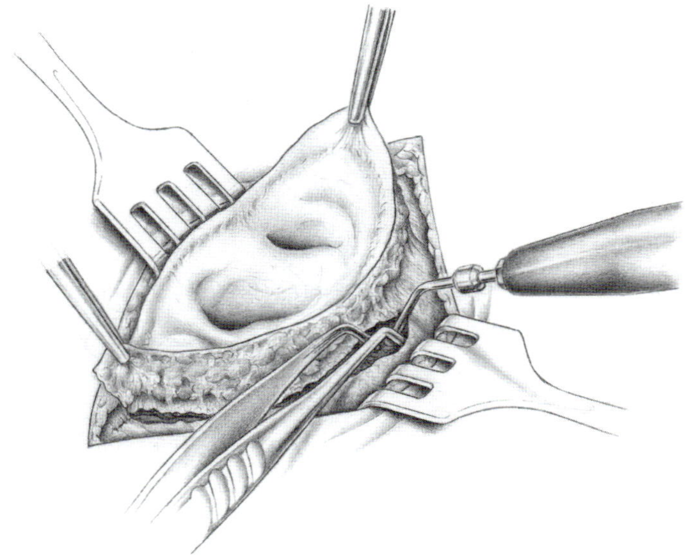

❷ Präparation im Subkutanniveau

Nach Durchtrennung der Subkutis Fassen der Ränder mit 2 scharfen Klemmen und schrittweise Durchtrennung der subkutanen Verbindung des Anus praeters mit der Diathermie. Isolierte Gefäße sind mit der Pinzette zu fassen und zu koagulieren. Die Hautränder werden mit scharfen Haken auseinandergehalten. Die Präparation geht im Bereich der Faszienlücke in die Tiefe, sie sollte möglichst wenig vorhandene Muskulatur zerstören und sich eng am Darm orientieren.

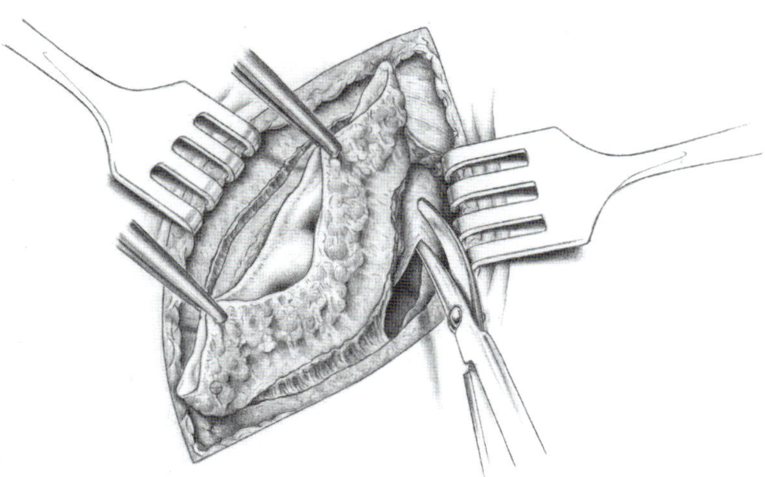

❸ Präparation im Faszienniveau

Die Präparation erfolgt entlang der Darmwand bis unter das Faszienniveau. Etwaige Verwachsungen sind zu durchtrennen bzw. ggf. zu koagulieren. Der Darm muss im Faszienniveau allseits frei beweglich sein. Einzelne Stränge werden mit der Overholt-Klemme unterfahren und unter Sicht durchtrennt. Am Ende der Präparation muss die Faszienebene mit dem Zeigefinger von peritoneal her frei umfahrbar sein, Verwachsungen zur Bauchwand sind abzulösen bzw. zu durchtrennen.

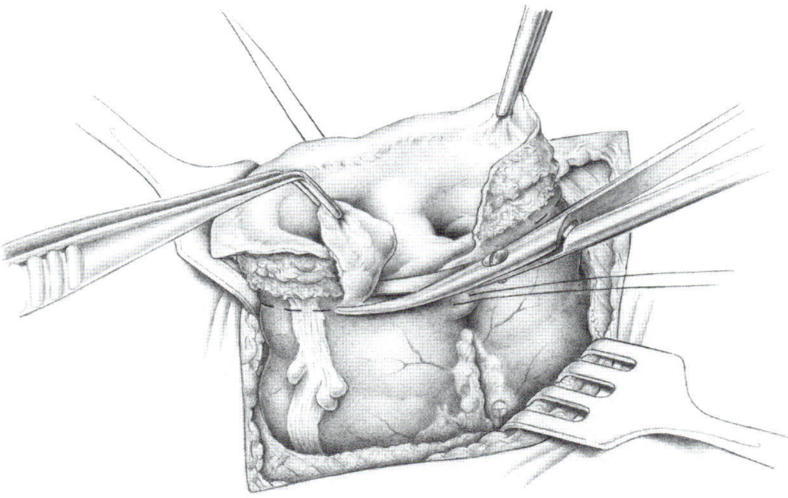

❹ Präparation der Darmwand

Nach vollständiger Mobilisation des zu- und abführenden Schenkels wird der Darm vor die Bauchdecken luxiert und mit Haltefäden beidseits des Mesenterialansatzes angespannt. Die Bauchwunde wird mit einem antiseptikumgetränkten Streifen geschützt und die Darmwand ca. 0,5 cm vom Stoma entfernt allseitig reseziert. Es resultiert eine ca. 1 cm breite mukokutane Manschette, die in der gesamten Zirkumferenz des Stomas abgetragen wird. Kleine Blutungen werden mit der Pinzette gefasst und koaguliert bzw. umstochen. Zum Schluss sollte eine allseits gut durchblutete Darmwand vorliegen, die spannungsfrei anastomosiert werden kann.

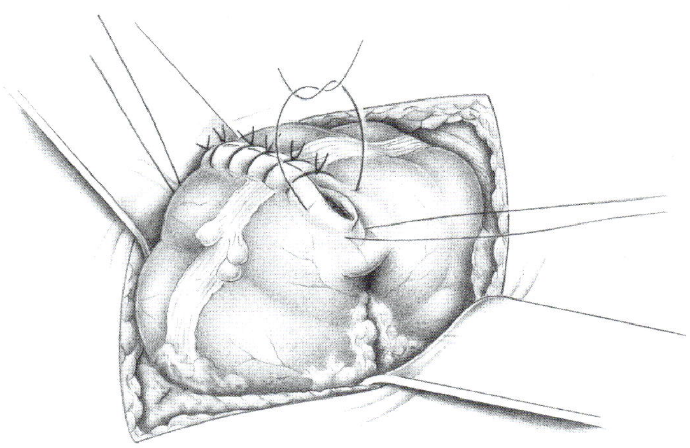

❺ Naht der Darmwand

Die Anastomosierung der Darmwand erfolgt durch allschichtige einreihige Einzelknopfnähte (3 – 0 PGS) in der Querachse des Darms. Die Nahtabstände sind 0,6 cm, die Nahtreihe muss luftdicht sein und darf die Durchblutung nicht beeinträchtigen.

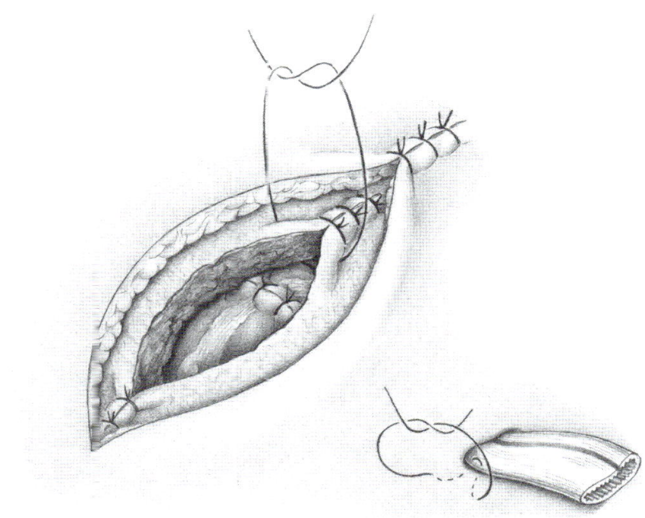

❻ Verschluss der Laparotomie

Eine Easy-flow-Drainage kann fakultativ eingelegt werden. Sie wird isoliert im Unterbauch ausgeleitet und mit einer Naht gesichert. Die Bauchdecke wird mit durchgreifenden Fasziennähten verschlossen, der Subkutanraum durch einen Redon-Drain drainiert. Die Haut wird mit Einzelknopfnähten bzw. Klammern verschlossen.

81. Kolotomie und Polypektomie

1 Indikation

Elektiv: Breitbasiges und daher endoskopisch nicht abzutragendes Adenom des intraperitonealen Kolons.
Kontra: Dysplasie Grad 3 oder mehr in der vorangegangenen Biopsie.
Alternativverfahren: Formale Kolonsegmentresektion nach onkologischen Kriterien.

2 Operationsvorbereitung

Präoperative Diagnostik: Endoskopie mit Biopsie, sicherer Ausschluss von Zweitbefunden im Kolon.
Patientenvorbereitung: Orthograde Lavage, perioperative Antibiotikatherapie.

3 Spezielle Risiken, Aufklärung

- Erweiterung des Eingriffs bei sicherer Malignität.
- Nahtinsuffizienz mit Peritonitis, Abszess oder Fistel (5%).
- Erneute Adenombildung.

4 Anästhesie

Intubationsnarkose.

5 Lagerung

Rücken, ggf. Steinschnitt.

6 Zugang

Mediane Laparotomie, je nach Lokalisation ggf. auch paramediane oder Pfannenstielinzision.

7 Operationsschritte

1. Zugang.
2. Laparotomie.
3. Koloneröffnung.
4. Polypektomie I.
5. Polypektomie II.
6. Polypektomie III.
7. Kolotomieverschluss.

8 Relevante Anatomie, Gefahren, Tricks

Die unmittelbar präoperative Farbmarkierung des Adenoms auf endoskopischem Wege kann die intraoperative Auffindung erleichtern, sonst intraoperative Koloskopie.

9 Maßnahmen bei speziellen Komplikationen

Nahtinsuffizienz: wenn gut drainiert und keine systemischen Entzündungszeichen unter parenteraler Ernährung Spontanverschluss der Fistel abwarten. Bei Zeichen der Peritonitis Revision mit Vorschaltung eines Stomas oder Ausleitung der Nahtinsuffizienz als Stoma.

10 Nachsorge

Medizinische Nachbehandlung: Magensonde ex am 1.–2. Tag, Drainagen ex 5.–7. Tag.
Kostaufbau: Schluckweise trinken ab 2. Tag, feste Kost nach Abführen.
Stuhlgang: Gegebenenfalls milde orale Laxantien ab 5. Tag.
Mobilisation: Sofort.
Arbeitsunfähigkeit: 1–2 Wochen.

7 Operationstechnik

1. Zugang.
2. Laparotomie.
3. Koloneröffnung.
4. Polypektomie I.
5. Polypektomie II.
6. Polypektomie III.
7. Kolotomieverschluss.

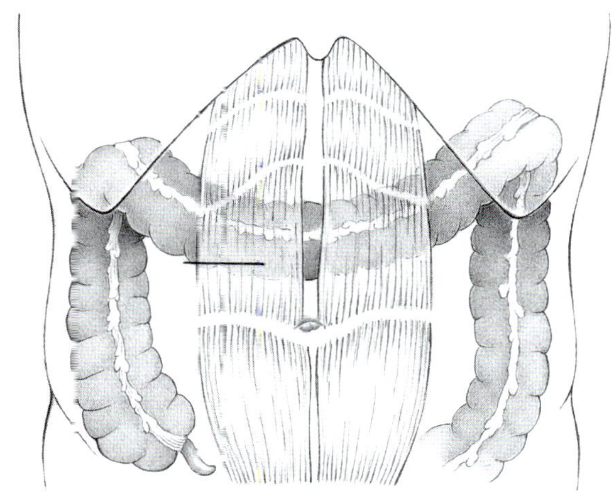

1 Zugang

Die Kolotomie ist ein heute seltener Eingriff. Der Hautschnitt zur Kolotomie richtet sich nach der Lokalisation des Befundes. Im dargestellten Fall wird von einem Polypen im Bereich des rechten Querkolons ausgegangen, so dass der Zugang demjenigen des Anus praeter transversalis entspricht. Es erfolgt ein kurzer Querschnitt im rechten Oberbauch.

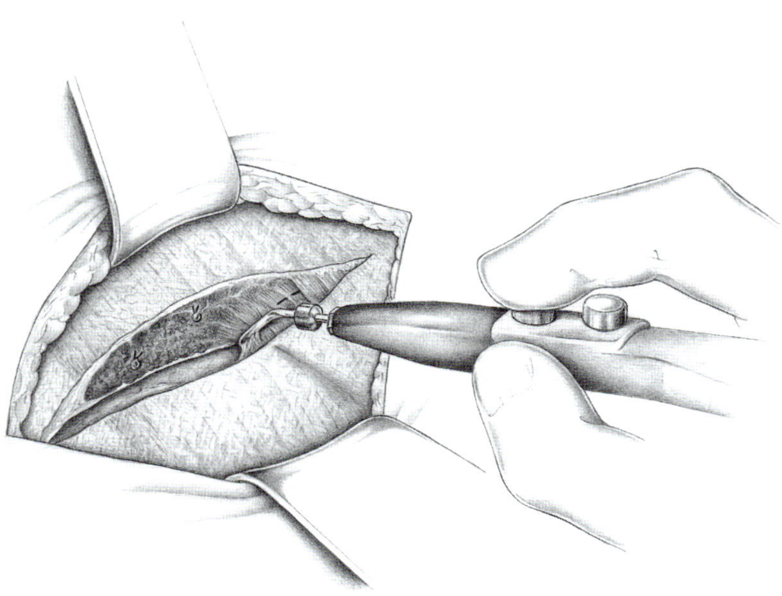

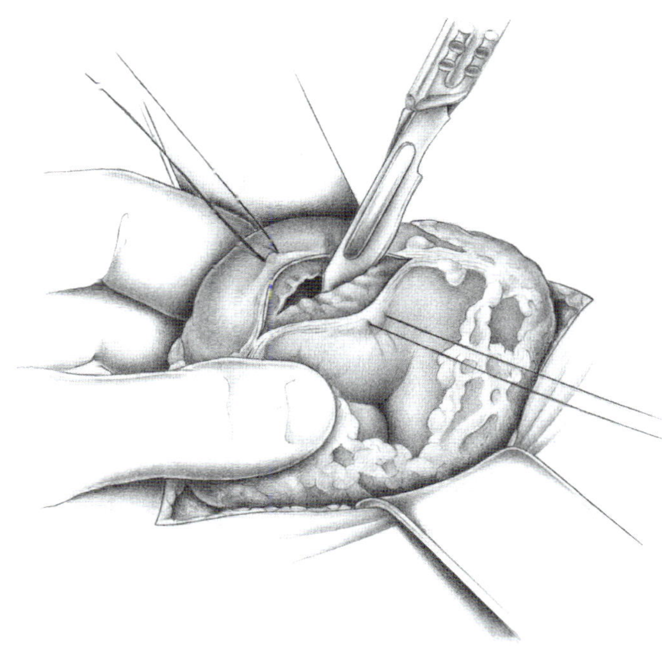

2 Laparotomie

Nach Durchtrennung von Haut und Subkutis werden die Faszie sowie laterale Anteile des M. rectus durchtrennt und das Peritoneum eröffnet. Nach Einsatz von Haken folgt die Darstellung des Querkolons, welches im Bereich des palpablen Polypen vom großen Netz befreit und hervorluxiert wird.

3 Koloneröffnung

Das Kolon wird mit Haltefäden gefasst und dazwischen mit dem Skalpell eröffnet. Im Allgemeinen erfolgt die Eröffnung entlang der Taenia libera, allerdings ist dies abhängig von der Polyplokalisation, da die Darmeröffnung möglichst im Bereich der gegenüberliegenden Wand erfolgen sollte.

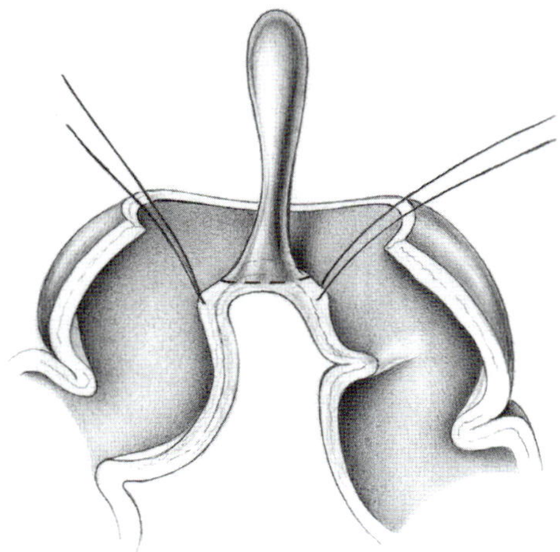

4 Polypektomie I

Proximal und distal der Polypbasis werden Haltefäden gelegt, so dass der entsprechende Wandanteil hervorluxiert werden kann. Gelegentlich kann es auch vorteilhaft sein, in allen 4 Quadranten um die Polypenbasis Haltefäden anzulegen.

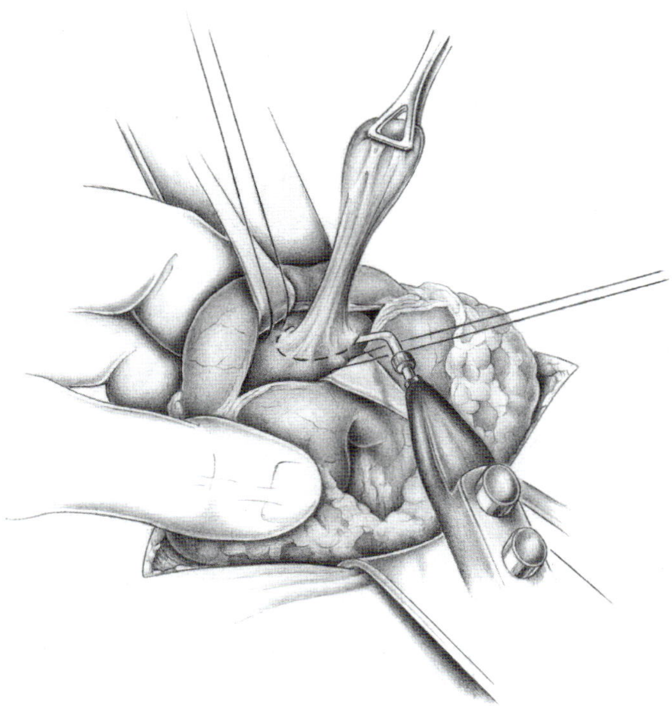

5 Polypektomie II

Der Polyp wird vollständig samt seiner Basis mit der Diathermie aus der Darmwand exzidiert. Hierbei muss gelegentlich ein Vollwandsegment entfernt werden, das resultierende Loch wird durch Einzelknopfnähte verschlossen.

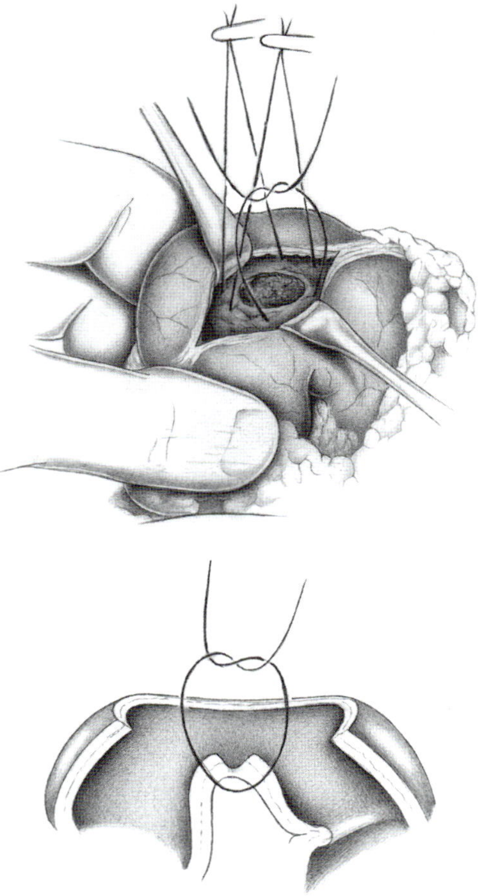

6 Polypektomie III

Der Verschluss des Wanddefekts durch Einzelknopfnähte muss sorgfältig erfolgen, um etwaige Defekte im Bereich der Hinterwand nicht zu übersehen. Auch ist darauf zu achten, dass eine tief greifende Hinterwandnaht nicht extraintestinal gelegene Strukturen fasst, der Darm sollte stets zirkulär inspiziert werden.

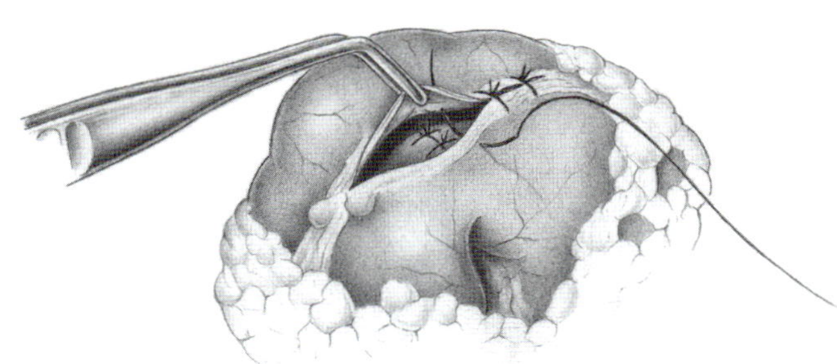

7 Kolotomieverschluss

Die Kolotomie wird mittels Einzelknopfnähten (PGS 3×0) verschlossen. Zur Sicherung kann die Naht mit einem Netzzipfel gedeckt werden. Es ist darauf hinzuweisen, dass Kolotomien insuffizienzgefährdet sind, so dass auf eine sorgfältige Nahttechnik mit ausdrücklicher Schonung der Darmwanddurchblutung zu achten ist. Ist der durch die Polypektomie entstandene Defekt sehr groß oder liegt eine erhebliche Traumatisierung der Darmwand vor, empfiehlt sich eine zirkuläre Resektion eines kurzen Segments und eine End-zu-End-Reanastomosierung. Das Exzidat ist in jedem Fall im Schnellschnitt zu untersuchen. Findet sich hier Malignität, so ist eine Eingriffserweiterung und Darmresektion mit regionaler Lymphadenektomie obligat.

82. Palliative Ileotransversostomie

1 Indikation

Elektiv: Irresektable malignombedingte Stenosen des distalen Dünn- und proximalen Dickdarms.
Kontraindikation: Tumorstenosen distal des Transversums.
Alternativverfahren: Parenterale Ernährung über zentralvenösen Zugang und Entlastung des Darms über lange Sonde.

2 Operationsvorbereitung

Präoperative Diagnostik: Histologischer Nachweis und sichere Ausbreitungsdiagnostik: Sonographie, Endoskopie mit Biopsie oder perkutane Biopsie, Computertomographie, Kontrastmittel-Passage oder Kontrasteinlauf (wasserlösliches Kontrastmittel!).
Patientenvorbereitung: Magensonde, ggf. lange Intestinalsonde (Dennis).

3 Spezielle Risiken, Aufklärung

- Erneute Obstruktion.
- Anastomoseninsuffizienz.
- Peritonitis.

4 Anästhesie

Intubationsnarkose.

5 Lagerung

Rücken.

6 Zugang

Mediane Laparotomie (abhängig von konkreter Situation). Alternativ bietet sich auch die laparoskopische Vorgehensweise mit 3–4-Trokar-Technik mit Verwendung mehrerer Endo-GIAs an.

7 Operationsschritte

1. Zugang.
2. Eingriffsprinzip.
3. Adaptation von Dünn- und Dickdarm.
4. Hand-Anastomose I.
5. Hand-Anastomose II.
6. Nahtgerät-Anastomose I.
7. Nahtgerät-Anastomose II.
8. Nahtgerät-Anastomose III.

8 Relevante Anatomie, Gefahren, Tricks

- Eindeutige Identifizierung von Dünndarm und Colon transversum erforderlich.
- Anastomosenbreite 8–10 cm.

9 Maßnahmen bei speziellen Komplikationen

Anastomoseninsuffizienz: so konservativ wie möglich, bei Zeichen der Peritonitis Revision und Anastomose als Stoma vorlagern.

10 Nachsorge

Medizinische Nachbehandlung: Magensonde ex, sobald Reflux gering und Zeichen der intestinalen Passage gegeben, Drainage ex 7./8. Tag.
Kostaufbau: Schluckweise trinken ab 1.–2. Tag, ggf. auch bei noch liegender Magensonde, feste Kost nach Abführen.
Stuhlgang: Gegebenenfalls postoperative Gabe von wasserlöslichem Kontrastmittel (z. B. Gastrografin) peroral oder über Magensonde/Dennis-Sonde zur Darstellung der Passage.
Arbeitsunfähigkeit: Abhängig von Gesamtsituation.

7 Operationstechnik

❶ Zugang.
❷ Eingriffsprinzip.
❸ Adaptation von Dünn- und Dickdarm.
❹ Hand-Anastomose I.
❺ Hand-Anastomose II.
❻ Nahtgerät-Anastomose I.
❼ Nahtgerät-Anastomose II.
❽ Nahtgerät-Anastomose III.

❶ Zugang

Dickdarmchirurgie beim Karzinom zielt auf die Entfernung des Tumors. Selbst unter palliativer Indikation ist es meist besser, eine R2-Resektion zu versuchen, d. h. makroskopisch Tumor zu belassen, als den kompletten Tumor in situ zurückzulassen. Dennoch gibt es Situationen, bei denen durch ausgedehnten Einbruch des Tumors in die Bauchdecken, in das Duodenum, das Pankreas oder die Leberpforte auch eine palliative Resektion nicht möglich ist. In diesen seltenen Situationen ergibt sich heute noch die Anzeigenstellung zur palliativen Ileotransversostomie. Der beste Zugang ist der Oberbauchquerschnitt rechts. Alternativ kann ein Medianschnitt oder ein Pararektalschnitt rechts erfolgen. Eine weitere Alternative ist die laparoskopische Vorgehensweise mit Anlage einer Ileotransversostomie unter Verwendung eines Endo-GIA-Nahtgeräts.

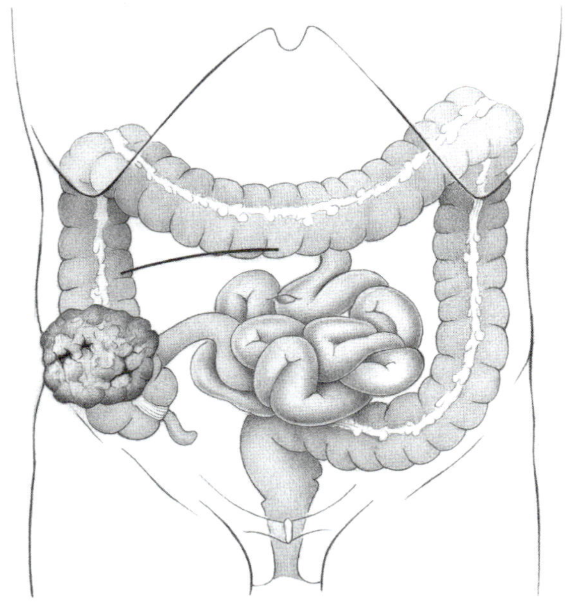

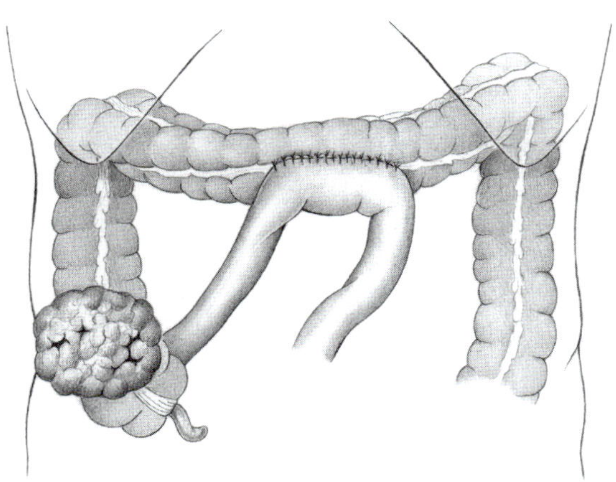

❷ Eingriffsprinzip

Das Prinzip ist die Anastomosierung der terminalen Ileumschlinge mit der Taenia libera des Querdarms. Hierbei ist darauf zu achten, dass die Dünndarmschlinge nicht verdreht und spannungsfrei an den Darm gebracht wird.

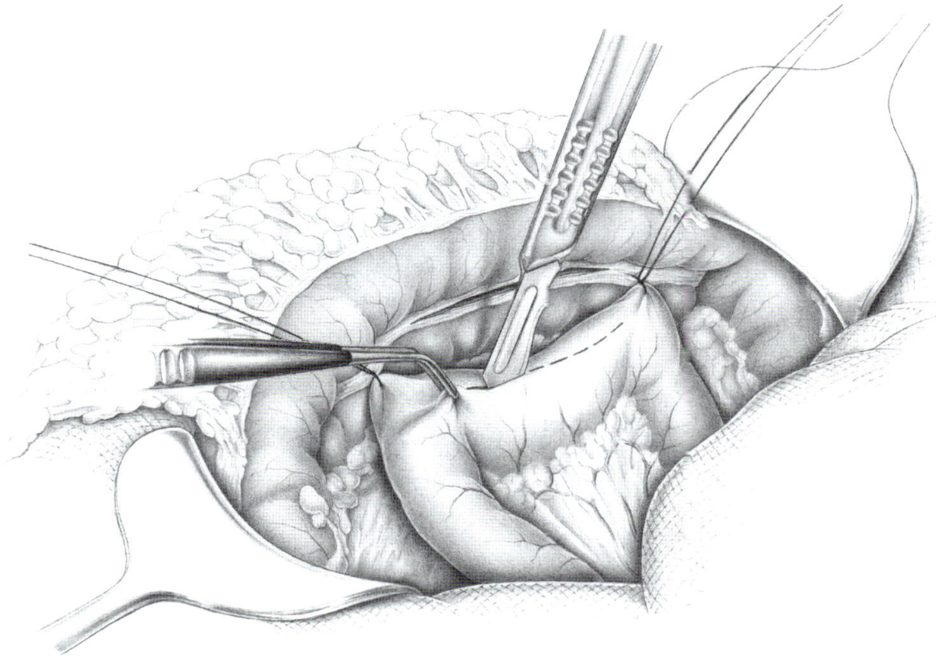

❸ Adaptation von Dünn- und Dickdarm

Nach Eröffnung der Bauchdecken wird der Dickdarm am großen Netz nach oben geklappt. Die letzte Dünndarmschlinge wird aufgesucht und mit zwei Einzelknopfnähten an der Taenia libera des Colon transversums fixiert. Die Anastomosierung kann mit dem GIA-Nahtgerät oder offen erfolgen. Hier soll zunächst die offene Nahttechnik dargestellt werden. Dazu wird das Kolon in der Taenia libera und der Dünndarm zwischen den Haltefäden längs eröffnet. Am Kolon sollte wegen der Perforationsgefahr in jedem Fall das Skalpell, am Dünndarm eher die Diathermie verwendet werden.

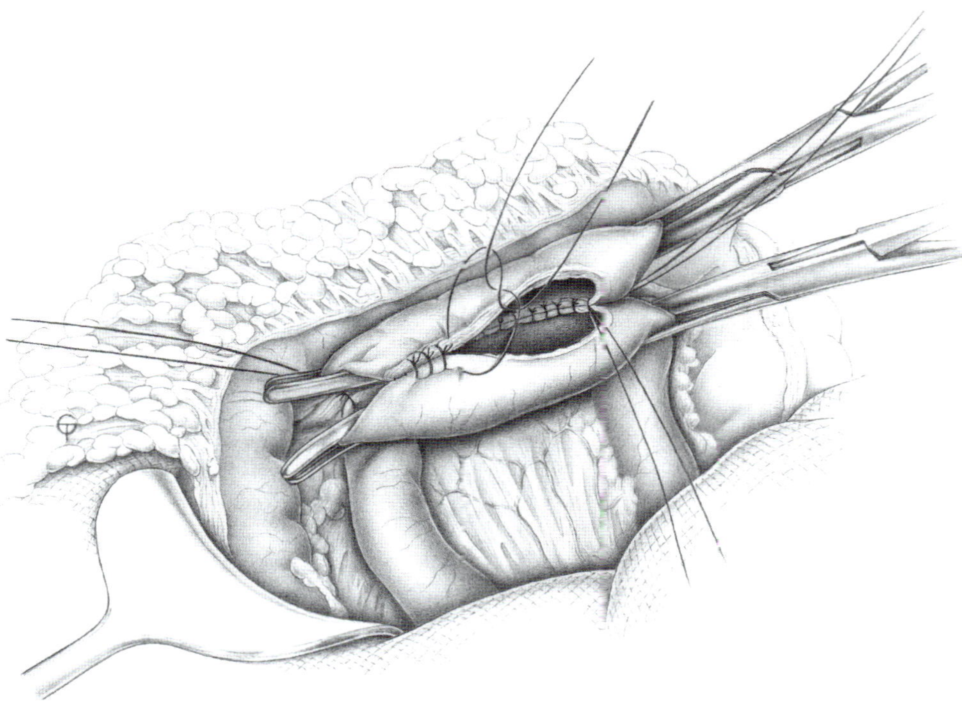

❹ Hand-Anastomose I

Die Darmlumina werden vor vollständiger Eröffnung mit 2 weichen Klemmen verschlossen. Das Operationsfeld ist mit einem feuchten Streifen abzudecken. Die Hinterwand der Anastomose wird mit einreihigen allschichtigen Einzelknopfnähten genäht. Der lang gelassene Eckfaden der Hinterwand wird beim Verschluss der Vorderwand eingezogen und versenkt. Nahtmaterial und Nahtabstände entsprechen den bei einer Darmresektion üblichen. Nach vollständigem Verschluss der Vorderwand werden die Darmklemmen entfernt, die Dichtigkeit der Nahtreihe wird mit einer Pinzette, die Lumenweite der Anastomose mit der Daumen-Zeigefinger-Probe überprüft.

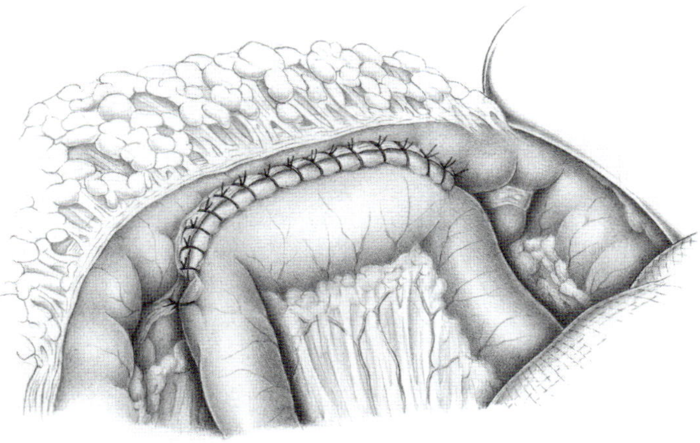

❺ Hand-Anastomose II

Nach Fertigstellung der Anastomose wird ihre Lage kontrolliert. Zur Vermeidung von Abknickungen können der zu- und der abführende Schenkel mit einer Einzelknopfnaht an der Taenia libera fixiert werden, wodurch sich eine bessere Streckung der Dünndarmschlinge ergibt. Das hochgeschlagene Netz wird über die Anastomose gelegt. Eine Drainage und schichtweiser Verschluss der Bauchdecken beenden den Eingriff.

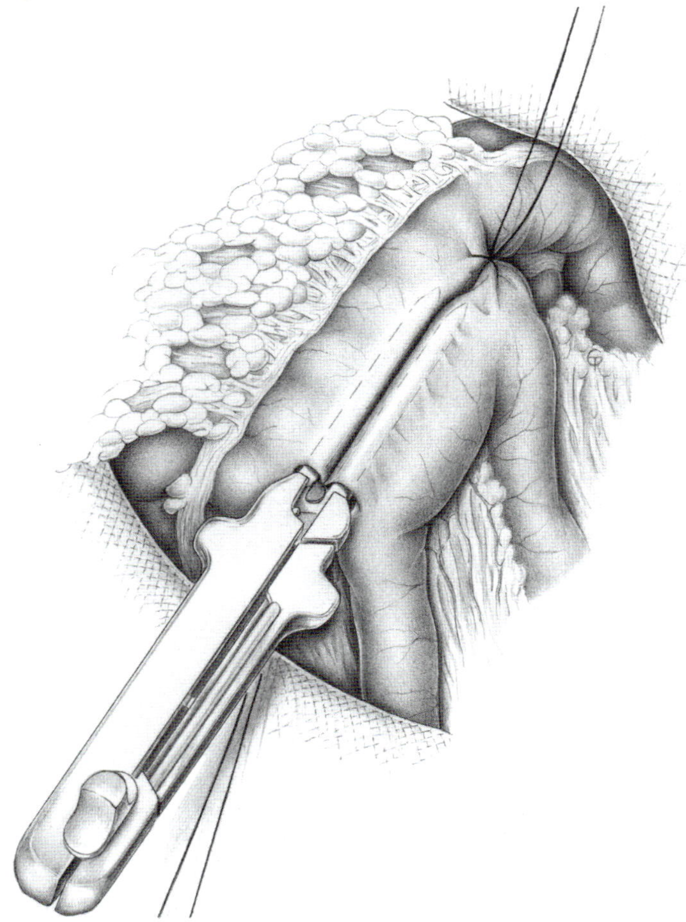

❻ Nahtgerät-Anastomose I

Bei Verwendung des GIA-Nahtgerätes werden Dünndarm und Dickdarm in gleicher Weise zunächst durch zwei Situationsnähte aneinander fixiert. Ventral der rechtsseitigen Naht werden zwei 1 cm lange Inzisionen hergestellt, durch die die beiden Branchen des Nähapparates eingeführt werden können. Es ist sicherzustellen, dass dorsal ausschließlich Darmwand und nicht andere Strukturen gefasst werden. Hierzu empfiehlt es sich, mit der Hand unter der Dünndarmschlinge die Lage des Nähapparates zu kontrollieren. Nach Durchführung des Nähvorgangs ist die Anastomose zu eventrieren und auf eventuelle Blutungen zu untersuchen. Nicht selten finden sich in der Klammernahtreihe noch spritzende Gefäße, die koaguliert oder umstochen werden müssen.

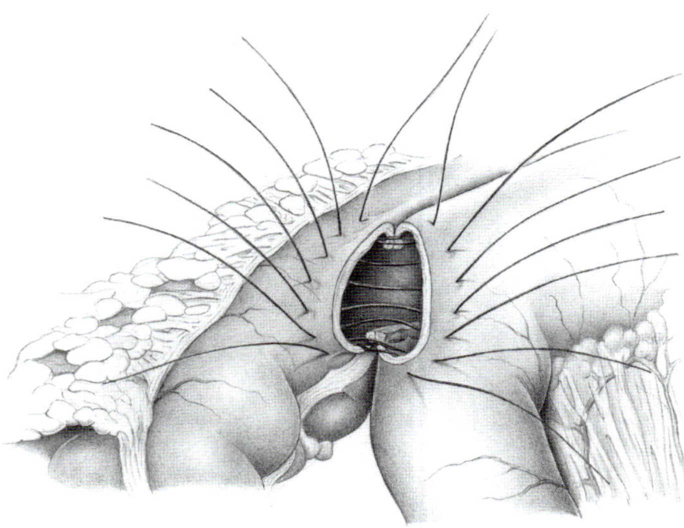

❼ Nahtgerät-Anastomose II

Der ovaläre Defekt nach Entfernung des Klammernahtgerätes in Dünn- und Dickdarm wird durch Einzelknopfnähte in querer Richtung verschlossen. Die Nähte sollten bis zur Klammernahtreihe greifen und einen sicheren Verschluss garantieren.

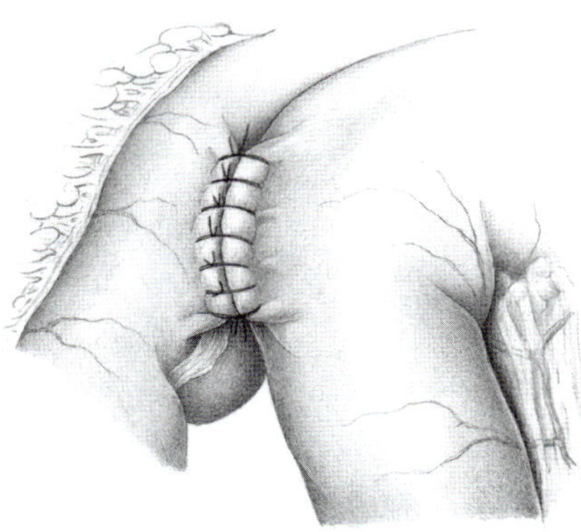

❽ Nahtgerät-Anastomose III

Nach Vervollständigung der Nähte sind beide Darmlumina wieder verschlossen. Es empfiehlt sich, wie bei der Handnaht, Einzelknopfnähte am zu- und abführenden Schenkel anzubringen, um eine Abknickung zu vermeiden.

83. Hemikolektomie rechts

1 Indikation

Elektiv: Malignome der Ileozökalregion, des Colon ascendens und der rechten Kolonflexur. Benigne Veränderungen des Rechtskolons, die weniger ausgedehnte Resektionen nicht gestatten.
Alternativverfahren: Ileozökalresektion, erweiterte Hemikolektomie rechts, subtotale Kolektomie, palliativer Bypass im Sinne einer Enteroenterostomie.

2 Operationsvorbereitung

Präoperative Diagnostik: Koloskopie mit Biopsie, ggf. Kontrastmitteldarstellung; bei Malignomen Ausschluss extraintestinaler Manifestationen: Sonographie, ggf. Computertomographie; ggf. urologische Diagnostik.
Patientenvorbereitung: Orthograde Lavage, ZVK, perioperative Antibiotikatherapie, Blasenkatheter; ggf. Korrektur einer Tumoranämie.

3 Spezielle Risiken, Aufklärung

- Anastomoseninsuffizienz (2%).
- Blutung (1%).
- Ileus (2%).
- Wundinfektion (2–10%).
- Verletzung von Ureter oder Duodenum (1%).

4 Anästhesie

Intubationsnarkose.

5 Lagerung

Rücken.

6 Zugang

Mediane oder rechts paramediane Laparotomie, besser noch Oberbauchquerschnitt wegen kosmetischen Ergebnisses und niedriger Narbenhernieninzidenz. Gegebenenfalls auch laparoskopische Vorgehensweise in 3-Trokar-Technik möglich mit extrakorporaler Anastomose.

7 Operationsschritte

1. Resektionsausmaß.
2. Rekonstruktionsschema.
3. Zugänge.
4. Teilung des großen Netzes.
5. Absetzen des Lig. gastrocolicum I.
6. Absetzen des Lig. gastrocolicum II.
7. Mobilisation des rechten Hemikolons.
8. Durchtrennung des Lig. hepatocolicum.
9. Festlegung der Resektionsgrenzen.
10. Radikuläres Absetzen des Mesokolons.
11. Resektionslinie Dünndarm.
12. Resektionslinie Dickdarm.
13. Absetzen des Colon transversum.
14. Absetzen des terminalen Ileums.
15. Anastomose Hinterwand.
16. Anastomose Vorderwand.
17. Verschluss Mesoschlitz.

8 Relevante Anatomie, Gefahren, Tricks

- Gefäßversorgung des rechten Hemikolons über A./V. ileocolica, colica dextra und colica media (Randarkade!).
- Enge Lagebeziehung des rechten Hemikolons zum rechten Ureter!
- Resektion des großen Netzes:
  - bei Malignomen der Flexurregion indiziert: Absetzen innerhalb der gastroepiploischen Gefäßarkade, Ausdehnung entsprechend der Länge des resezierten Transversums;
  - bei Malignomen der Zökalregion nicht zwingend notwendig, ggf. Resektion von rechter A./V. spermatica/ovarica.
- Aufsuchen des rechten Ureters: überkreuzt die A. iliaca communis an ihrer Aufteilung in internen und externen Anteil.

Cave: Abriss einer relativ konstanten venösen Verbindung zwischen V. colica media und V. pancreaticoduodenalis inferior dicht am Pankreasunterrand. Vorsicht bei Zug am Transversum während der Mobilisation.

- Ileum-Durchtrennung 10–15 cm proximal der Bauhin-Klappe.
- Palpable Pulsationen der Randarkade im Bereich des abgesetzten Darms sind ein Hinweis auf eine gute Durchblutung der zu anastomosierenden Darmenden.
- Deckung der Anastomose durch Netzummantelung ist möglich.
- Erweiterte rechtsseitige Hemikolektomie bei Prozessen im Bereich des Transversums, der linken Flexur und ggf. des proximalen Deszendens: vermeidet eine kolokolische Anastomose mit ihrer eher gefährdeten Blutversorgung und kann auch bei nicht vorbereitetem Dickdarm (z. B. bei Vorliegen einer Obstruktion) vorgenommen werden.

9 Maßnahmen bei speziellen Komplikationen

- Anastomoseninsuffizienz: Revision und Ausleitung beider Schenkel als Mikulicz-Stoma oder getrennte Stomata.
- Abszess (subhepatisch, subphrenisch, parakolisch, pelvin): wenn möglich perkutane, sonographisch oder CT-gesteuerte Drainage, sonst operative Drainage. Anastomose suffizient? Im Zweifel stets Stoma vorschalten!

10 Nachsorge

Medizinische Nachbehandlung: Magensonde ex am 1.–3. Tag, Drainagen ex am 7./8. Tag.
Kostaufbau: Schluckweise trinken ab 3.–4. Tag, feste Kost nach Abführen ca. ab 7. Tag.
Stuhlgang: Windabgang ab 3.–5. Tag zu erwarten, ggf. peristaltikfördernde Medikation, Klysma ab 5. Tag.
Mobilisation: Sofort.
Krankengymnastik: Atemgymnastik.
Arbeitsunfähigkeit: 2–3 Wochen.

7 Operationstechnik

1. Resektionsausmaß.
2. Rekonstruktionsschema.
3. Zugänge.
4. Teilung des großen Netzes.
5. Absetzen des Lig. gastrocolicum I.
6. Absetzen des Lig. gastrocolicum II.
7. Mobilisation des rechten Hemikolons.
8. Durchtrennung des Lig. hepatocolicum.
9. Festlegung der Resektionsgrenzen.
10. Radikuläres Absetzen des Mesokolons.
11. Resektionslinie Dünndarm.
12. Resektionslinie Dickdarm.
13. Absetzen des Colon transversum.
14. Absetzen des terminalen Ileums.
15. Anastomose Hinterwand.
16. Anastomose Vorderwand.
17. Verschluss Mesoschlitz.

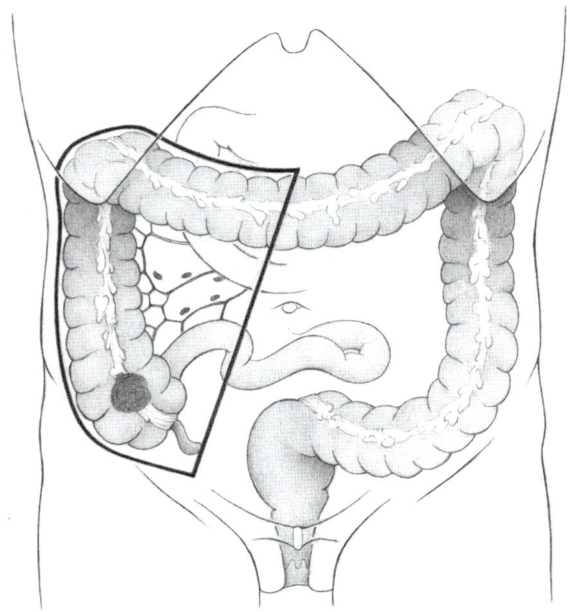

❶ Resektionsausmaß

Eine radikale Hemikolektomie rechts ist bei allen Tumoren indiziert. Sie entfernt das rechte Hemikolon, das terminale Ileum, die regionalen Lymphknotenstraßen und das rechtsseitige halbe große Netz.

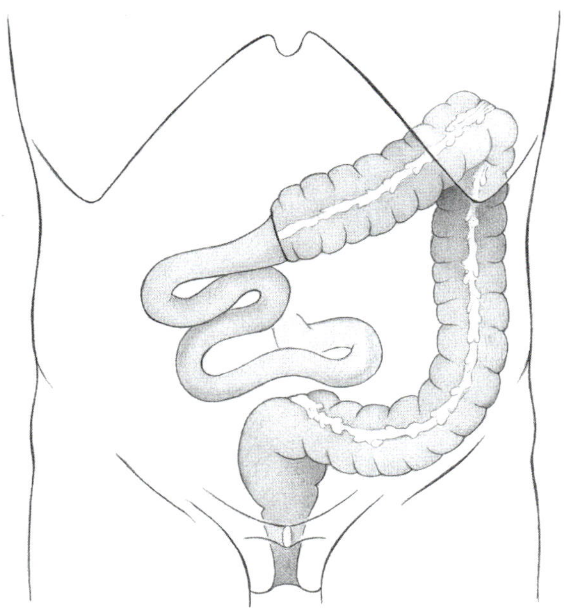

❷ Rekonstruktionsschema

Die Wiederherstellung der Kontinuität erfolgt über eine Ileotransversostomie, wobei die Anastomose fast mittelständig im Oberbauch gelegen ist.

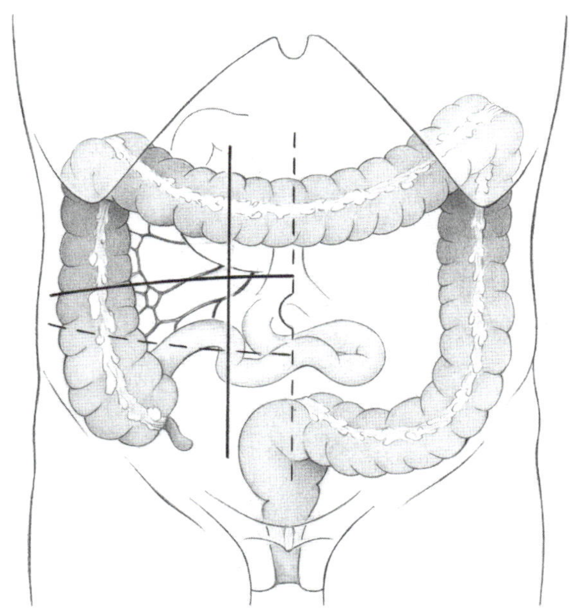

❸ Zugänge

Der Zugang zur Hemikolektomie und Ileozökalresektion ist unterschiedlich. Reicht für die normale Ileozökalresektion der Unterbauchquerschnitt, so sollte zur Hemikolektomie rechts der Oberbauchquerschnitt rechts, der Pararektalschnitt rechts bzw. der Medianschnitt Verwendung finden. Bei sehr adipösen und schlaffen Bauchdecken bietet gelegentlich der Oberbauchquerschnitt die bessere Übersicht. Generell besteht auch die Möglichkeit der laparoskopischen Mobilisation und der Präparatebergung und Anastomosierung durch einen kleinen Querschnitt.

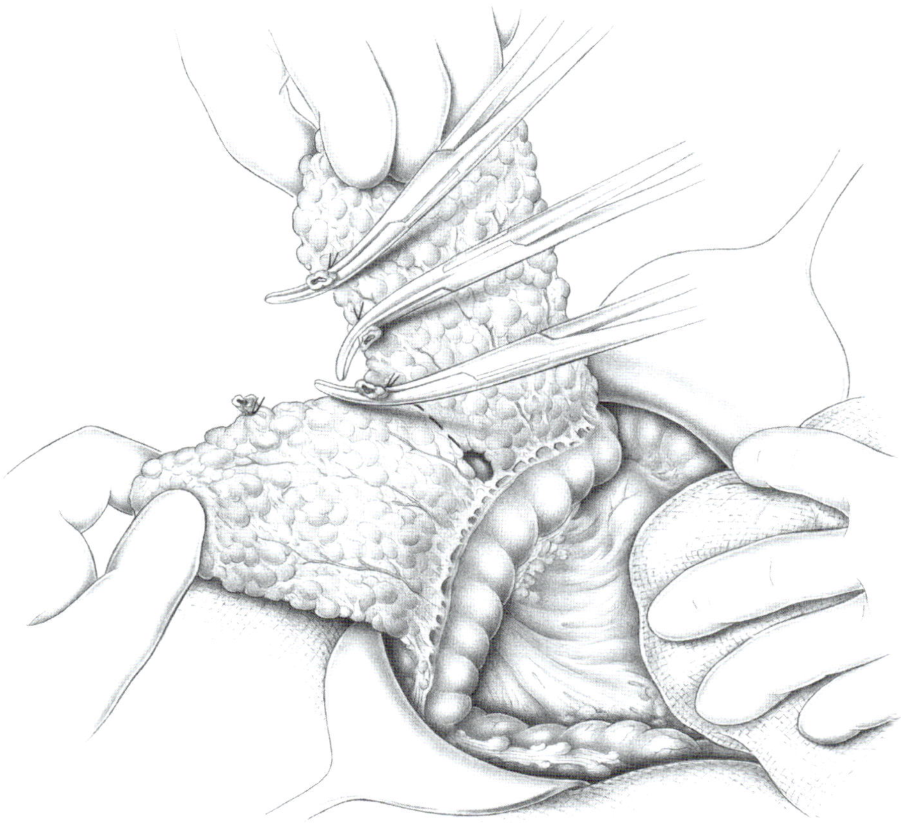

❹ Teilung des großen Netzes

Die Präparation der Hemikolektomie rechts beginnt mit der Längsteilung des großen Netzes. Die Gefäße sind zwischen Overholt-Klemmen zu fassen und mit einzelnen Ligaturen zu versorgen. Die Spaltung des großen Netzes wird bis zur Tänie des Querdarms vervollständigt.

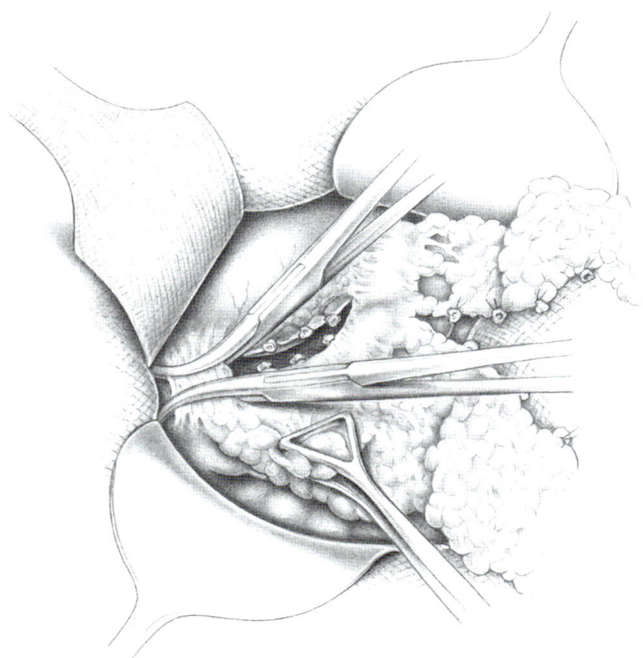

❺ Absetzen des Lig. gastrocolicum I

Das Lig. gastrocolicum wird magennah abgesetzt und schrittweise zwischen Overholt-Klemmen durchtrennt. Die rechtsseitige Begrenzung ist die Aufhängung der rechten Flexur, das Lig. hepatocolicum, die zwischen Overholt-Klemmen durchtrennt und mit Umstechungen versorgt wird.

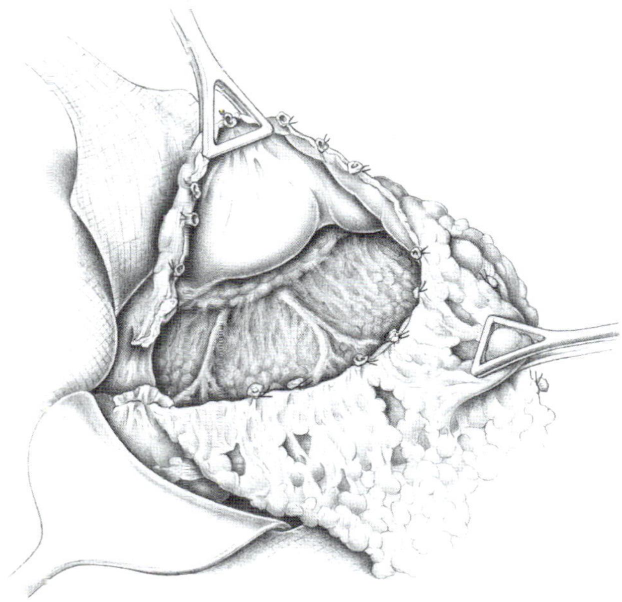

❻ Absetzen des Lig. gastrocolicum II

Der Magen wird mit einer Duval-Klemme nach ventrokranial gefasst, das Kolon mit einer zweiten Klemme nach ventrokaudal gezogen. So kann das Lig. gastrocolicum weiter nach medial magennah zwischen Overholt-Klemmen durchtrennt und abgesetzt werden. In der Tiefe erscheinen die Vasa colica media et dextra.

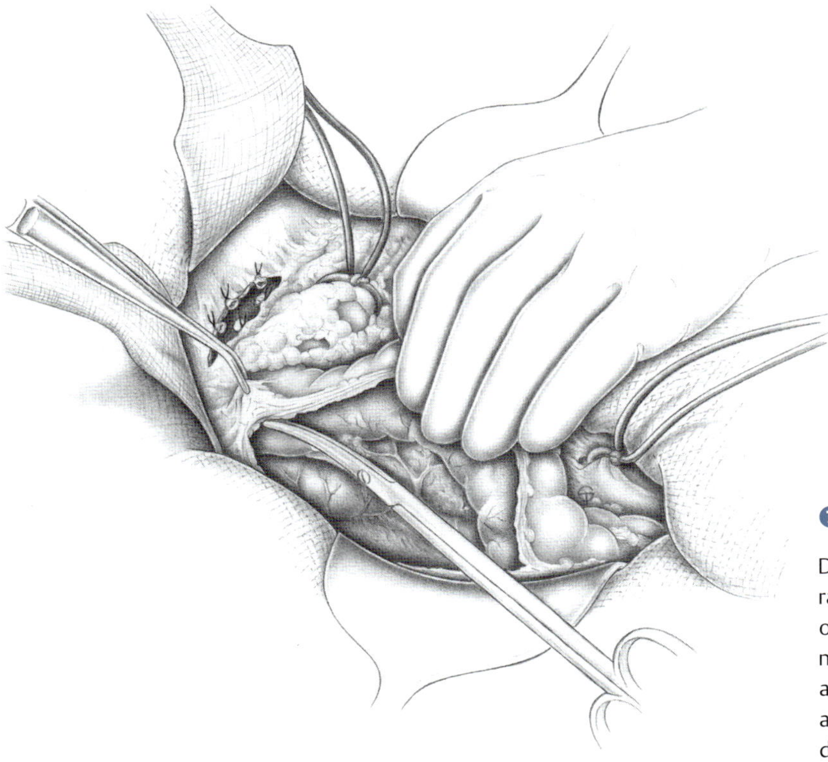

❼ Mobilisation des rechten Hemikolons

Das rechte Hemikolon wird, beginnend am Zökumpol, von seinen lateralen Verwachsungen gelöst. Dies kann überwiegend scharf erfolgen, ohne nennenswerte Gefäße versorgen zu müssen. In der Tiefe erscheinen der rechte Ureter und das Duodenum, die identifiziert und stumpf abgeschoben werden. Durch Verziehung des Zökums nach kraniomedial wird die Mesenterialwurzel des Colon ascendens angespannt und dargestellt.

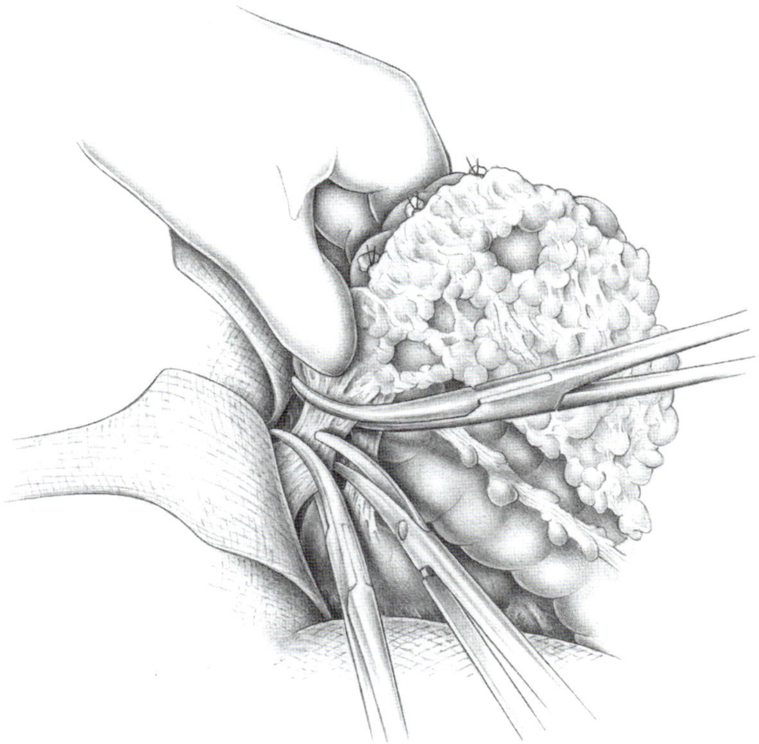

❽ Durchtrennung des Lig. hepatocolicum

Im kranialen Anteil ist die rechte Flexur durch ihre Aufhängebänder noch fixiert. Die Mobilisation erfolgt in zwei Etagen. In der oberen Etage wird das Lig. hepatocolicum zwischen Overholt-Klemmen durchtrennt. Im tieferen Anteil ist das Lig. hepatorenale zu durchtrennen. Danach lässt sich das rechte Hemikolon weit nach medial verlagern; in der Tiefe liegen das Duodenum und der rechte Ureter frei.

❾ Festlegung der Resektionsgrenzen

Die Resektionslinien des rechten Hemikolons werden mit 2 Gummizügeln markiert, die das Lumen verschließen. In das Darmlumen können 200 ml zytotoxische Lösung, z. B. Betaisodona, instilliert werden, um flottierende vitale Tumorzellen abzutöten. In dieser Phase entscheidet sich das Ausmaß der Resektion. Bei gutartigen Befunden im Zökum (s. u.) reicht die einfache Zökalresektion. Hier sind eine Netzresektion und Mobilisation der rechten Flexur nicht erforderlich. Die Skelettierung beschränkt sich auf eine darmwandnahe Präparation des terminalen Ileums und des aszendierenden Zökums. Bei allen malignen Befunden ist ein radikuläres Absetzen der Lymphknotenstraße notwendig. Darum sind die A. ileocolica (a), die A. colica dextra (b) und die A. colica media (c) an ihren Abgängen aus der Mesenterialwurzel zu identifizieren. Hierzu wird unter Diaphanoskopie die Mesenterialwurzel dargestellt, mit der Diathermie präpariert und skelettiert.

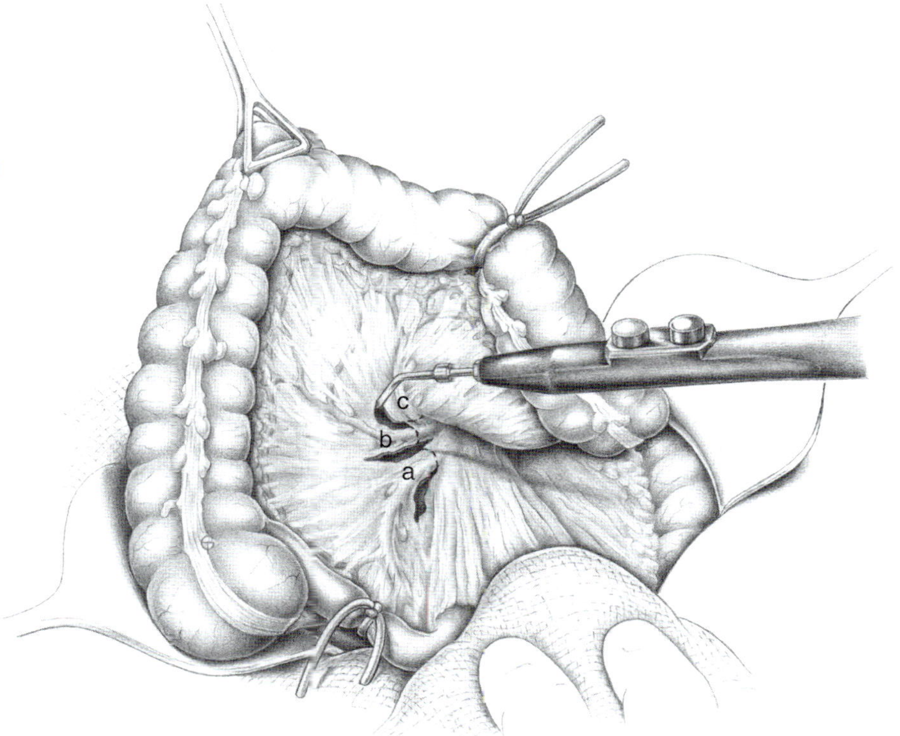

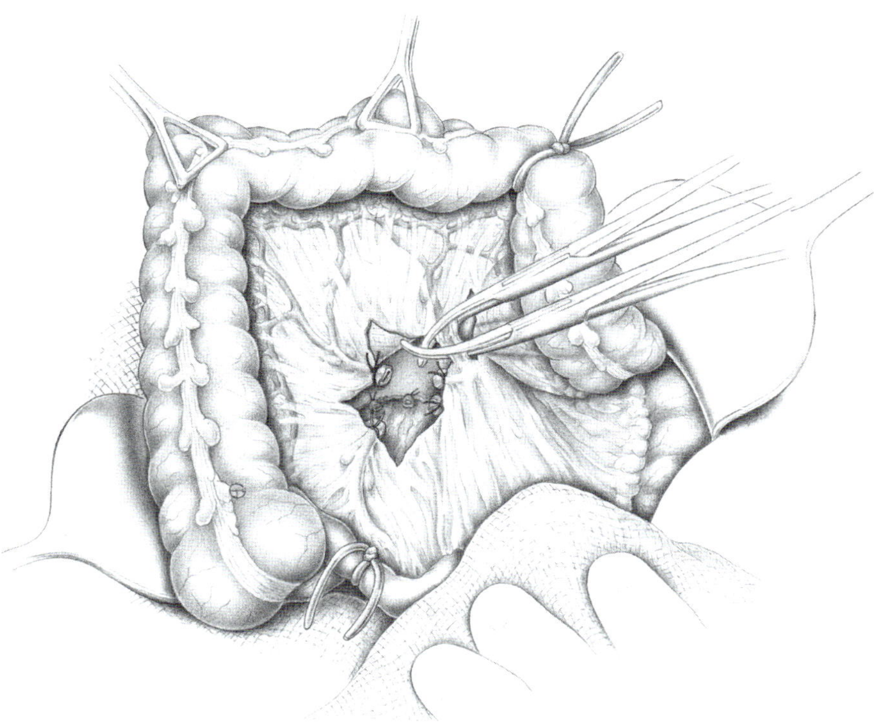

❿ Radikuläres Absetzen des Mesokolons

Schrittweise wird das Mesokolon an der Mesenterialwurzel radikulär abgesetzt. Man beginnt mit der Resektion der Vasa ileocolica, dann der Vv. colica dextra und media. Zuvor muss darüber Klarheit bestehen, ob die Riolan-Anastomose intakt ist, d. h. die Versorgung des restlichen Colon transversum gewährleistet ist. Falls dies nicht der Fall ist, oder auch im Zweifelsfall, sollte der linke Ast der A. colica media erhalten bleiben. Die Gefäße werden so zentral wie möglich unterbunden und mit Umstechungsligaturen versorgt. Nur so ist die radikuläre Absetzung der Lymphknotenstraße gewährleistet.

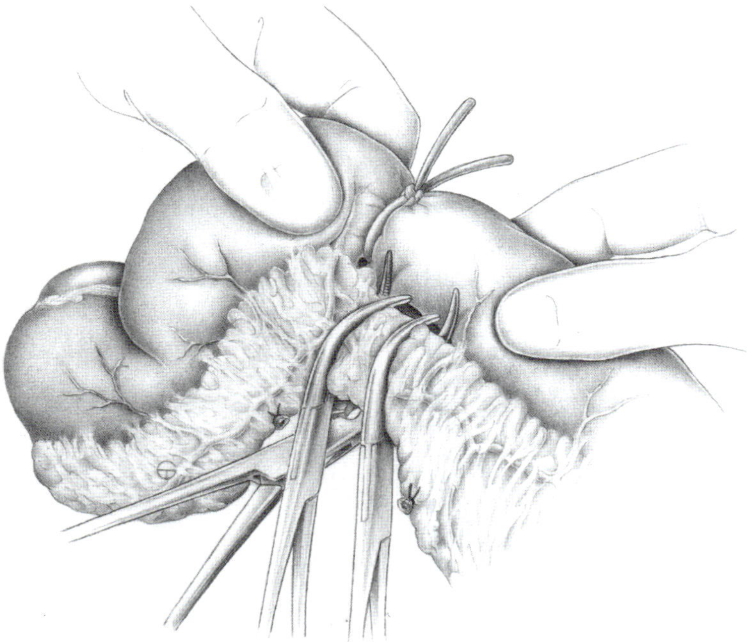

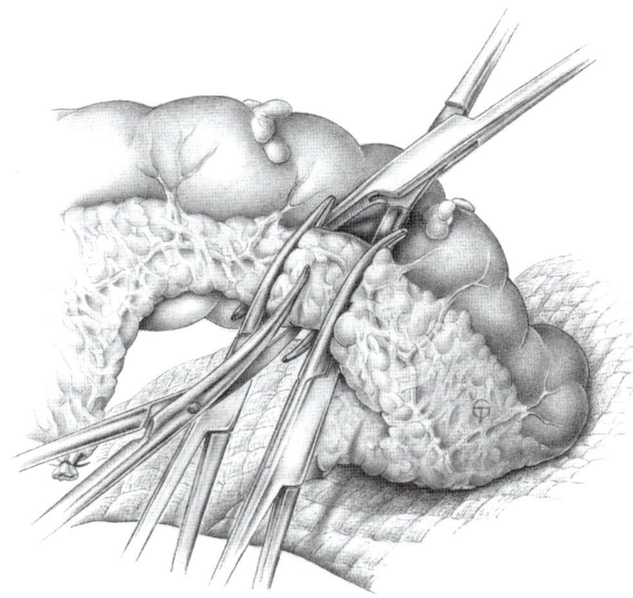

⑪ Resektionslinie Dünndarm

Der letzte Schritt ist die Durchtrennung der Gefäßarkade am terminalen Ileum. Zwischen Overholt-Klemmen wird das Gefäß aufgeladen, durchtrennt und der proximale Anteil umstochen. Der Operateur überzeugt sich davon, dass das terminale Ileum ausreichend durchblutet ist. Gegebenenfalls ist eine Verlagerung der Resektionslinie nach proximal erforderlich.

⑫ Resektionslinie Dickdarm

In gleicher Weise wird am Querdarm die letzte Gefäßarkade zwischen Overholt-Klemmen aufgeladen und durchtrennt. Auch hier ist die Überprüfung der Durchblutung des linken Colon transversum essentiell.

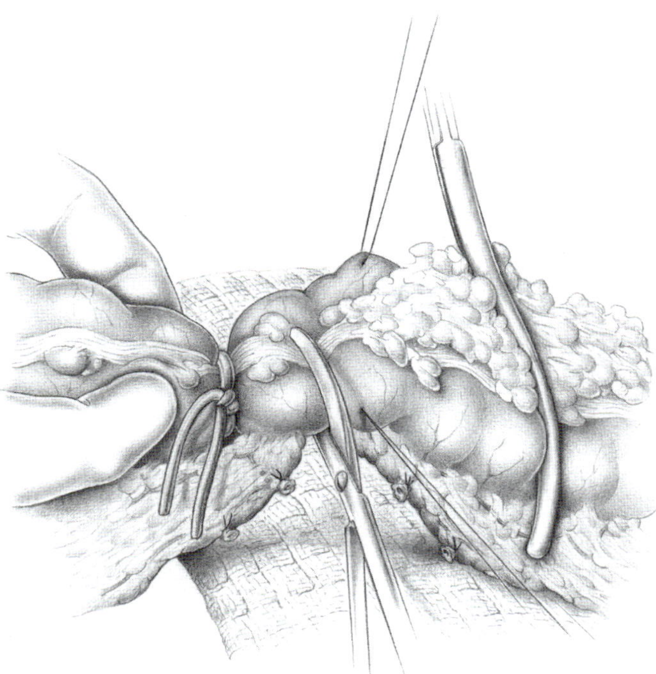

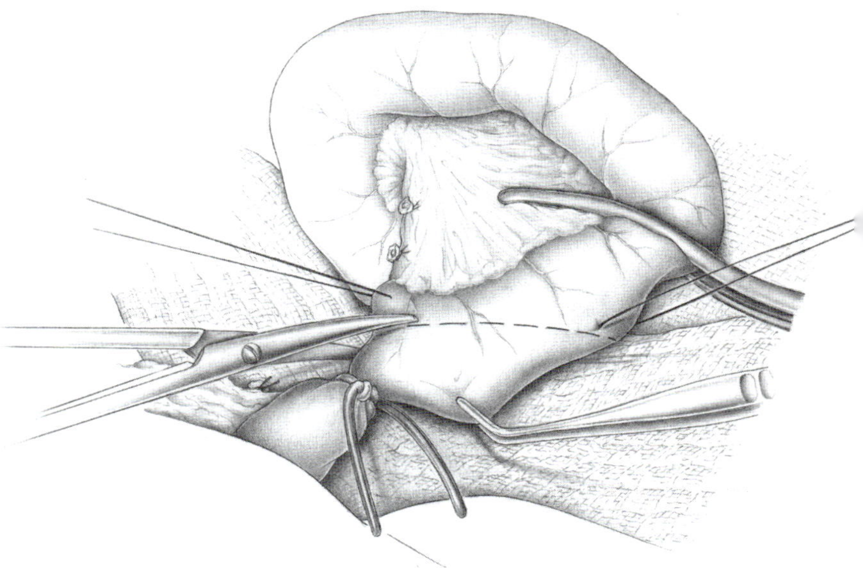

⑬ Absetzen des Colon transversum

Der linke Querdarm wird mit einer weichen Darmklemme verschlossen und mit einem mit antiseptischer Lösung durchtränkten Streifen unterlegt. Der Darm wird nach fakultativer Anlage von Haltenähten in querer Richtung abgesetzt. Der Darmstumpf wird mit antiseptischer Lösung ausgewaschen.

⑭ Absetzen des terminalen Ileums

Die Resektion am terminalen Ileum erfolgt unter dem Schutz einer weichen Darmklemme zwischen Haltefäden. Ein mit antiseptischer Lösung getränkter Streifen liegt unter der Resektionslinie, die Resektion verläuft in schräger Richtung von mesenterial distal nach antimesenterial proximal. Auf diese Weise lässt sich ein weiter Dünndarmquerschnitt analog zum Dickdarmlumen erzielen. Haltenähte erleichtern ggf. das schräge Absetzen.

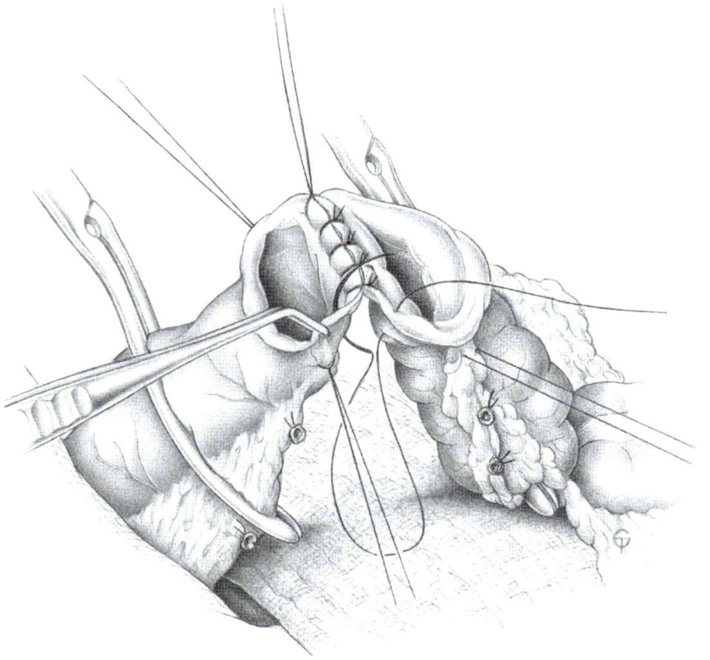

⑮ Anastomose Hinterwand

Die Anastomosierung erfolgt End-zu-End mit einreihigen allschichtigen Einzelknopfnähten (3 × 0 PGS). Bei unterschiedlicher Lumenweite ist durch entsprechende Stichrichtung ein Ausgleich vorzunehmen. Die Stichabstände sind 0,6 cm. Nach Fertigstellung der Hinterwand dient der letzte Faden als Haltenaht. Die Anastomosierung zwischen Dünn- und Dickdarm muss so erfolgen, dass das Mesenterium des Dickdarms und das des Dünndarms auf der gleichen Seite verlaufen („Meso-zu-Meso").

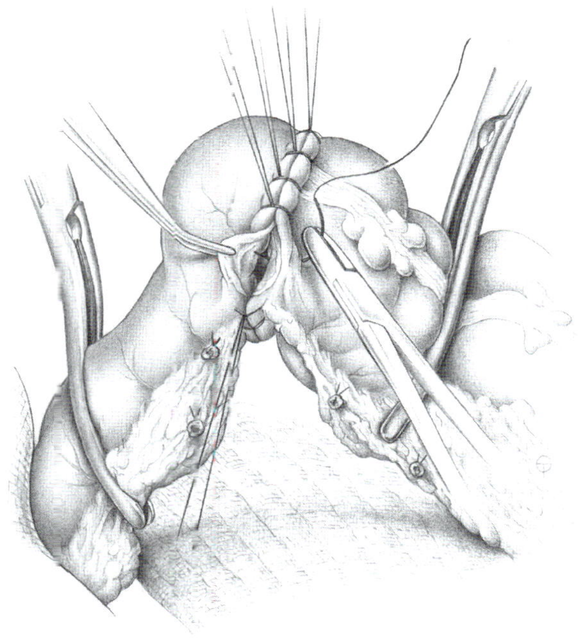

⑯ Anastomose Vorderwand

Die Vorderwandnaht erfolgt in gleicher einreihiger Technik. Der Haltefaden, d. h. der letzte Eckfaden der Hinterwand, wird eingeschlagen und mit der ersten Naht der Vorderwand gedeckt. Die Anastomose muss spannungsfrei, gut durchblutet und lumenweit sein.
Durch Zeigefinger-Daumen-Probe lässt sich die ausreichende Lumenweite überprüfen.

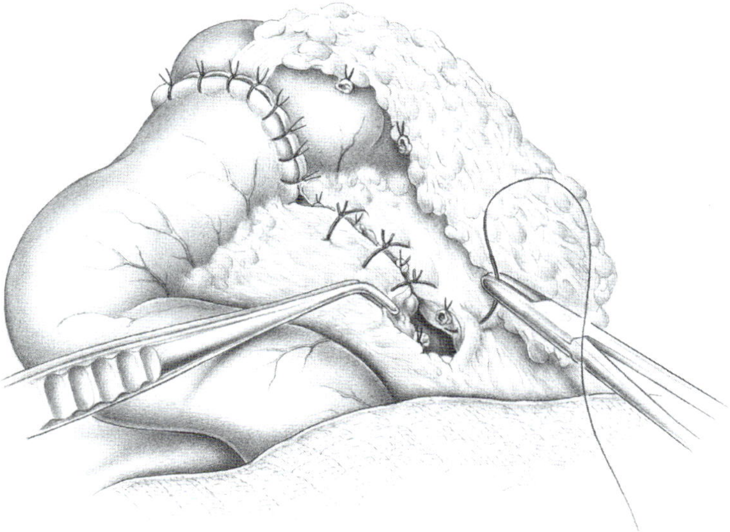

⑰ Verschluss Mesoschlitz

Der Mesoschlitz des Mesenteriums wird mit Einzelknopfnähten verschlossen, eine Verletzung von Gefäßen ist hierbei zu vermeiden. Gegebenenfalls kann die Anastomose mit einem Netzzipfel gedeckt werden.

84. Ileozökalresektion

1 Indikation

Elektiv: Alle auf die Ileozökalregion begrenzten gutartigen Veränderungen. Palliative Eingriffe beim Karzinom.
Alternativverfahren: Hemikolektomie rechts; Kolotomie, z. B. zur Polypabtragung.

2 Operationsvorbereitung

Präoperative Diagnostik: Sonographie, Koloskopie mit Biopsie, Röntgen Magen-Darm-Passage (ggf. Sellink).
Patientenvorbereitung: Orthograde Lavage des Darms, perioperative Antibiotikatherapie, ZVK, Blasenkatheter.

3 Spezielle Risiken, Aufklärung

- Eingrifferweiterung bei Malignität.
- Anastomoseninsuffizienz (< 2 %).
- Peritonitis.
- Wundinfektion (< 10 %).
- Anastomosenstenose.
- Verletzung von Ureter und Duodenum (< 1 %).

4 Anästhesie

Intubationsnarkose.

5 Lagerung

Rücken.

6 Zugang

Mediane oder transrektale Laparotomie, quere Laparotomie rechts. Gegebenenfalls auch laparoskopische Vorgehensweise mit 3-Trokar-Technik.

7 Operationsschritte

1. Resektionsausmaß.
2. Rekonstruktion.

8 Relevante Anatomie, Gefahren, Tricks

Die Ileozökalregion steht in enger anatomischer Beziehung zum rechten Ureter, den rechten testikulären bzw. ovariellen Gefäßen und dem retroperitonealen Duodenum.

9 Maßnahmen bei speziellen Komplikationen

Bei gut drainierter Anastomoseninsuffizienz ohne systemische Entzündungszeichen und klinischen Befund kann unter parenteraler Ernährung der spontane Fistelverschluss abgewartet werden.

10 Nachsorge

Medizinische Nachbehandlung: Magensonde ex 1./2. Tag, Drainagen ex 5. – 7. Tag.
Kostaufbau: Schluckweise trinken ab 2./3. Tag, feste Kost nach erstem Stuhlgang.
Stuhlgang: Gegebenenfalls Klysma oder Peristaltika ab 4. Tag.
Mobilisation: Sofort.
Arbeitsunfähigkeit: 1 – 2 Wochen.

7 Operationstechnik

❶ Resektionsausmaß.
❷ Rekonstruktion.

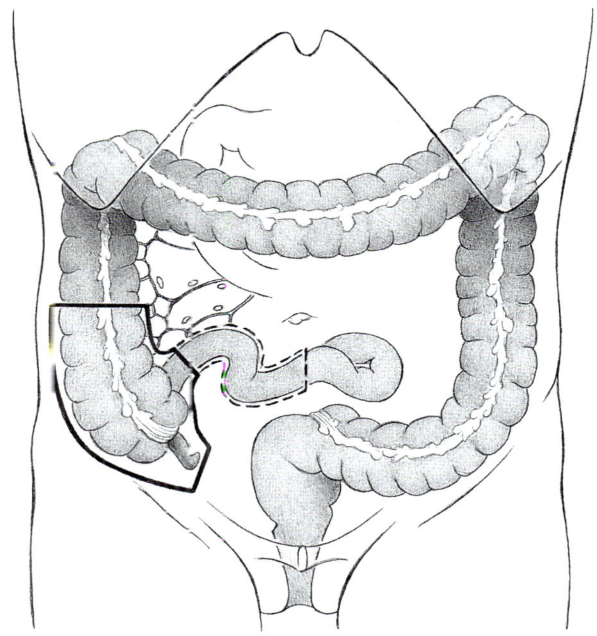

❶ Resektionsausmaß

Die Ileozökalresektion entfernt lediglich das Darmrohr im Bereich des distalen Ileums und proximalen Kolons ohne Berücksichtigung des zugeordneten Lymphabflussgebietes. Die Präparation ähnelt der der Hemikolektomie rechts, wobei allerdings die Skelettierung darmwandnah vorgenommen wird. Eine vollständige Mobilisation der rechten Flexur ist nur selten erforderlich.

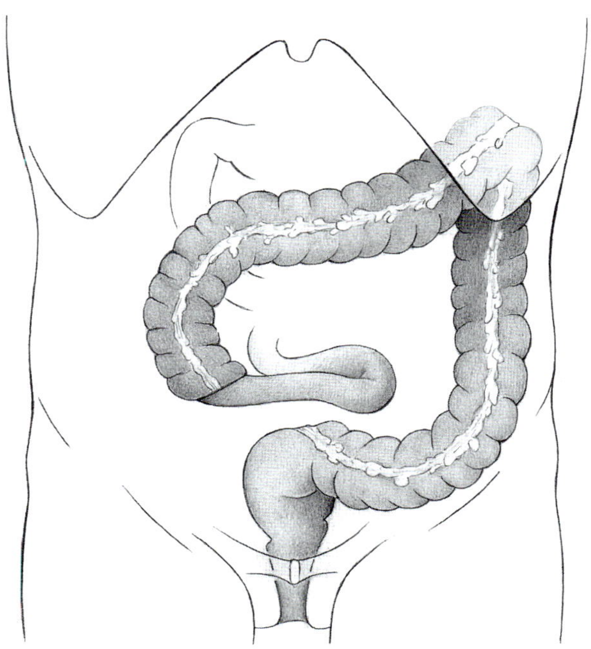

❷ Rekonstruktion

Die Rekonstruktion erfolgt in einreihiger allschichtiger Nahttechnik als End-zu-End-Anastomose (3 × 0 PGS) zwischen dem antimesenterial angeschrägten Ileum und dem Colon ascendens. Der Mesenterialschlitz ist ggf. mit Einzelknopfnähten zu verschließen.

85. Tubuläre Sigmaresektion

1 Indikation

Elektiv: Gutartige pathologische Veränderungen im Bereich des Sigmas, soweit laparoskopischer Zugang nicht möglich wegen Verwachsungen und Voroperationen. Bei malignen Prozessen nur unter rein palliativer Zielsetzung.
Alternativverfahren: Links-Hemikolektomie: meist notwendig bei Malignomen des Sigmas, Ausnahme bei gleichzeitig vorliegenden Leberfiliae, dann Sigmaresektion.

2 Operationsvorbereitung

Präoperative Diagnostik: Endoskopie mit Biopsie, Kontrastmitteldarstellung; bei Malignomen Ausschluss extraintestinaler Manifestationen: Sonographie, Computertomographie.
Patientenvorbereitung: Orthograde Lavage, ZVK, perioperative Antibiotikatherapie, Blasenkatheter.

3 Spezielle Risiken, Aufklärung

- Verletzung des linken Ureters (1 %).
- Milzverletzung (1 %).
- Anastomoseninsuffizienz (< 10 %).

4 Anästhesie

Intubationsnarkose.

5 Lagerung

Rücken, mod. Steinschnitt nach **Lloyd-Davies**.

6 Zugang

Mediane Laparotomie unterhalb des Nabels, auch Pfannenstielschnitt, ggf. auch pararektaler Kulissenschnitt links. Generell besser ist die laparoskopische Vorgehensweise.

7 Operationsschritte

❶ Resektionsausmaß.
❷ Rekonstruktion.
❸ Zugang.
❹ Einsetzen des Wundsperrers.
❺ Mobilisation des Sigmas.
❻ Anzügeln des Sigmas.
❼ Skelettierung des Mesosigmas.
❽ Absetzen des Resektats.
❾ Hinterwandanastomose.
❿ Vorderwandanastomose.
⓫ Verschluss des Mesoschlitzes.

8 Relevante Anatomie, Gefahren, Tricks

- Enge Lagebeziehung des Sigmas zu linkem Ureter, linker A./V. spermatica/ovarica und unterem Milzpol.
- Anastomose muss spannungsfrei sein, ggf. Mobilisation der linken Kolonflexur.

Cave:* *Läsion des unteren Milzpols durch Zug am Kolon bei Mobilisation.

9 Maßnahmen bei speziellen Komplikationen

- Anastomoseninsuffizienz: wenn gut drainiert unter parenteraler Ernährung Spontanverschluss abwarten; bei Zeichen einer Peritonitis sofortige Revision mit Anlage eines vorgeschalteten Stomas oder Auflösung, Rektumblindverschluss und endständiges Deszendostoma (Hartmann-Operation).
- Anastomosenstriktur: nur bei Anastomosierung unter Spannung; wenn möglich endoskopische Dilatation, sonst Revision.

10 Nachsorge

Medizinische Nachbehandlung: Magensonde ex am 1. – 3. Tag, Drainagen ex am 7./8. Tag.
Kostaufbau: Schluckweise trinken ab 3. – 4. Tag, feste Kost nach Abführen ca. ab 7. Tag.
Stuhlgang: Peristaltika ab 4./5. Tag, ggf. milde orale Laxantien für die ersten Wochen nach Wiedereinsetzen der Darmtätigkeit.
Mobilisation: Sofort.
Krankengymnastik: Atemgymnastik.
Arbeitsunfähigkeit: 2 – 3 Wochen.

7 Operationstechnik

1. Resektionsausmaß.
2. Rekonstruktion.
3. Zugang.
4. Einsetzen des Wundsperrers.
5. Mobilisation des Sigmas.
6. Anzügeln des Sigmas.
7. Skelettierung des Mesosigmas.
8. Absetzen des Resektats.
9. Hinterwandanastomose.
10. Vorderwandanastomose.
11. Verschluss des Mesoschlitzes.

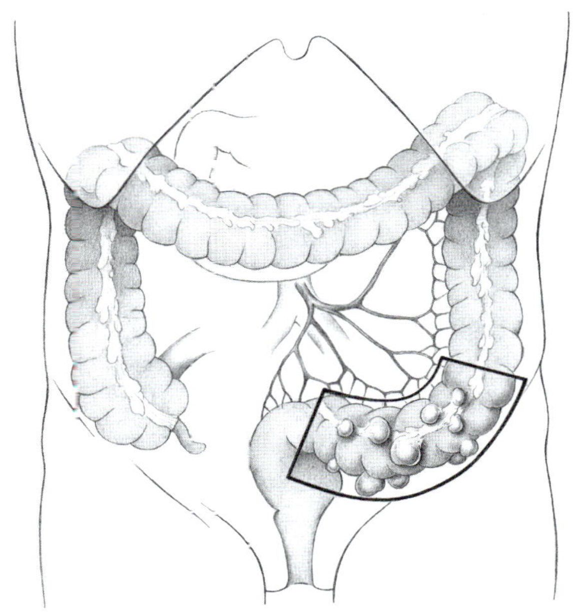

1 Resektionsausmaß

Die tubuläre Sigmaresektion, d. h. die ausschließliche Resektion des Darmrohres ohne vollständige Mitentfernung des zugehörigen Mesenteriums, ist indiziert bei entzündlichen Prozessen und Divertikeln. Das Resektionsausmaß richtet sich nach der Ausdehnung der pathologischen Wandveränderungen. Die Präparation erfolgt darmwandnah.

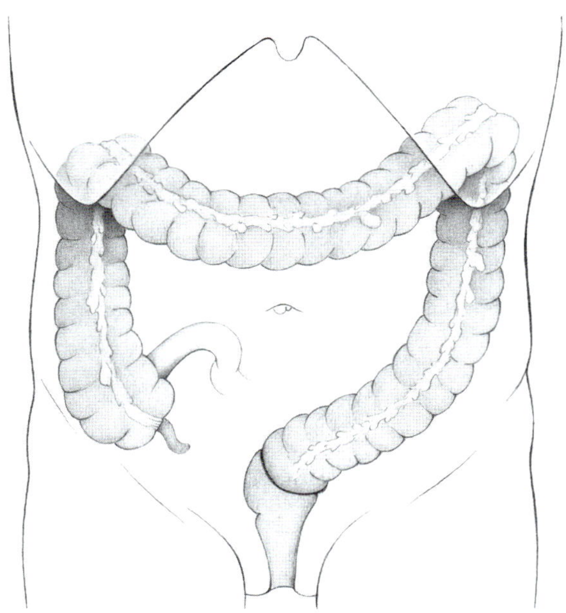

2 Rekonstruktion

Die Wiederherstellung der Kontinuität des Darmrohrs ist in Form der Deszendorektostomie in der Regel unproblematisch. Eine Mobilisation der linken Flexur ist nur bei ausgedehnten Resektionen erforderlich.

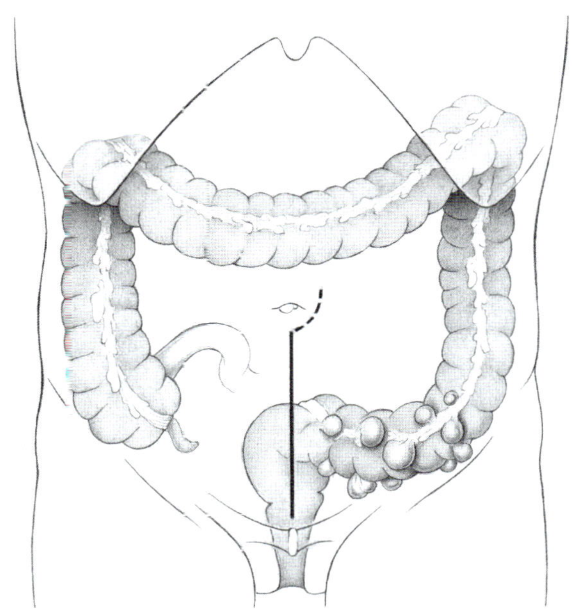

3 Zugang

Der Zugang erfolgt über einen Unterbauchmedianschnitt, der ggf. um den Nabel herum verlängert werden kann. Bei weiblichen Patienten kann aus kosmetischen Gründen auch ein Pfannenstielschnitt angewendet werden.

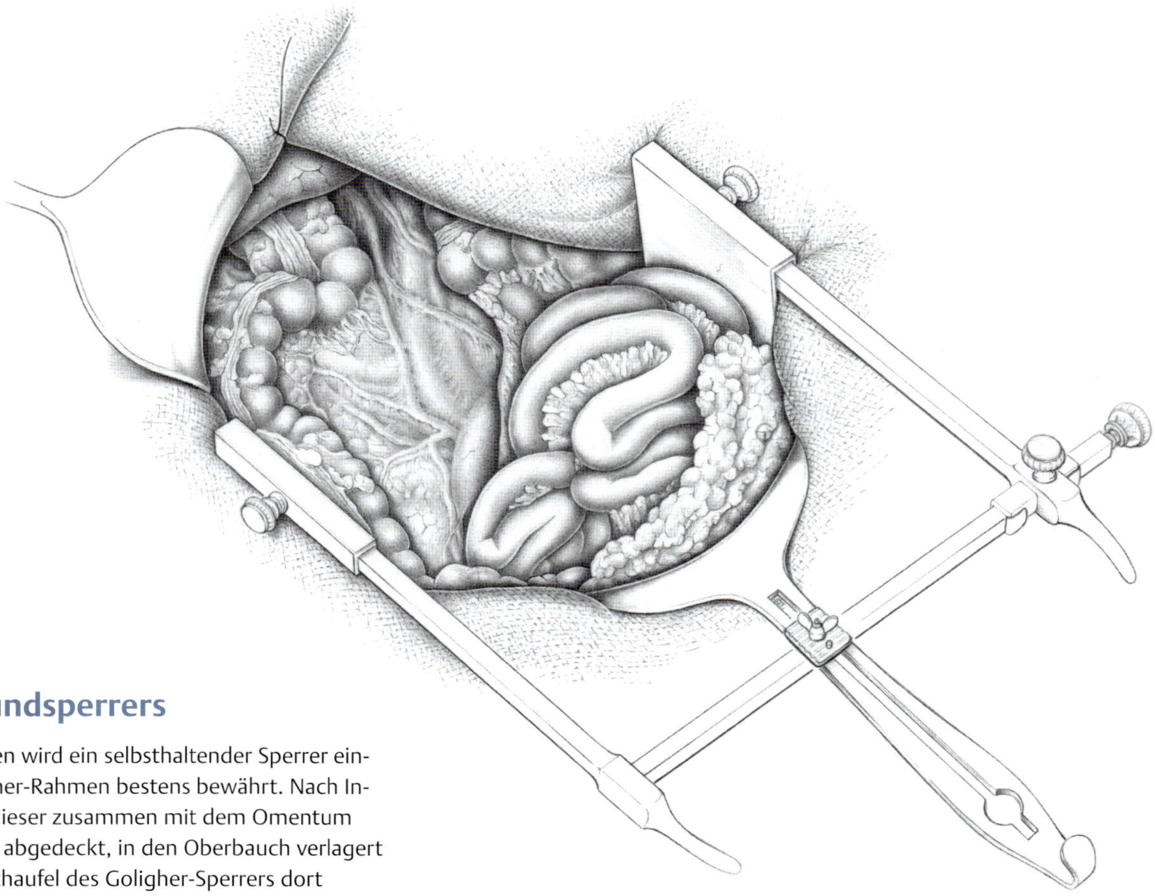

❹ Einsetzen des Wundsperrers

Nach Eröffnung der Bauchdecken wird ein selbsthaltender Sperrer eingesetzt. Hier hat sich der Goligher-Rahmen bestens bewährt. Nach Inspektion des Dünndarms wird dieser zusammen mit dem Omentum majus mit einem feuchten Tuch abgedeckt, in den Oberbauch verlagert und mit der langen mittleren Schaufel des Goligher-Sperrers dort fixiert.

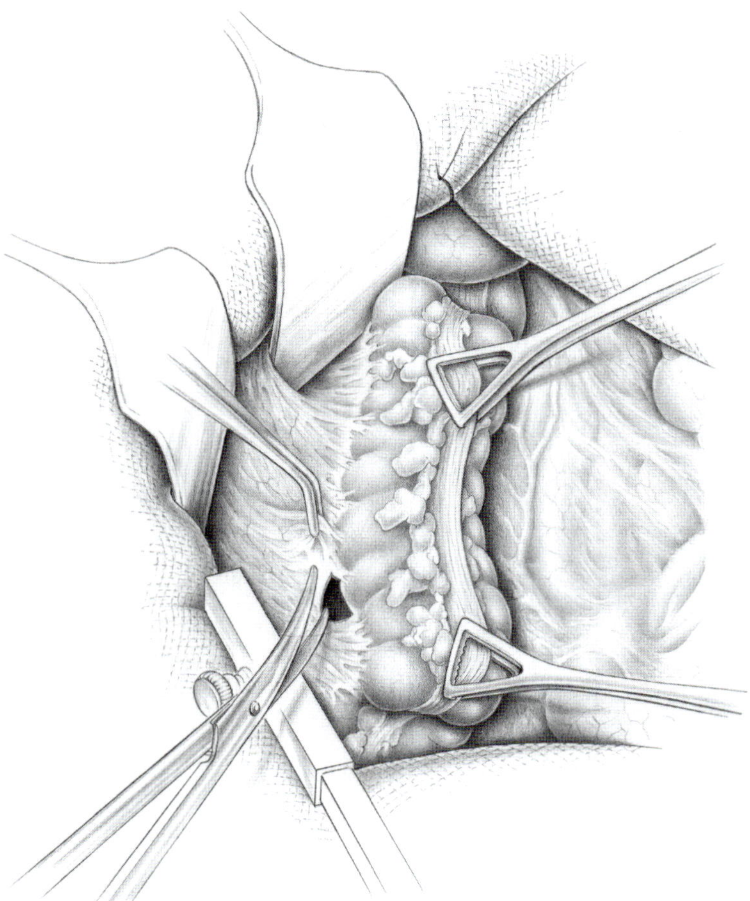

❺ Mobilisation des Sigmas

Dünndarm und großes Netz sind unter der mittleren Schaufel des Goligher-Rahmens kranialwärts verlagert. Im Situs findet sich links dann das Sigma mit seiner Mesenterialwurzel, rechts ist das Zökum gerade noch sichtbar und bei einem zarten Peritoneum scheint der Ureter durch. Die Präparation beginnt mit der Ablösung der linksseitigen embryonalen Verklebungen des Colon sigmoideum. Mit Pinzette und Schere wird darmwandnah entlang der „weißen Linie" das Sigma aus seinen retroperitonealen Fixierungen gelöst und unter sanftem Zug mittels zweier Duval-Klemmen nach medial verlagert.

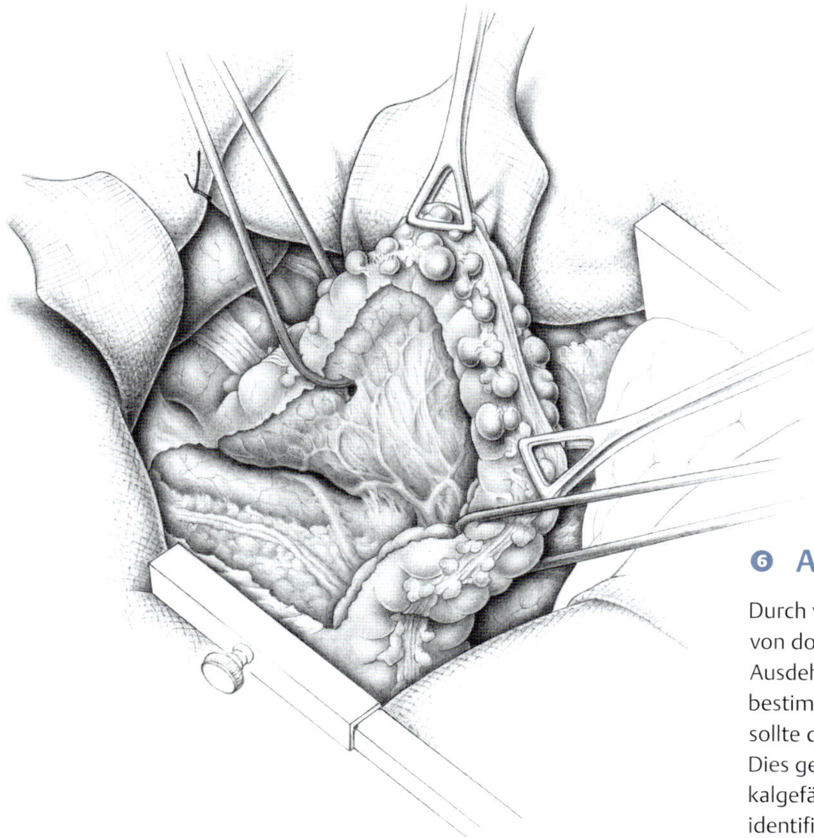

❻ Anzügeln des Sigmas

Durch vollständige Mobilisation des Sigmas lässt sich das Mesenterium von dorsal darstellen. Das Ausmaß der Resektion ergibt sich aus der Ausdehnung der Entzündung, welches durch Inspektion und Palpation bestimmt wird. Gummizügel markieren die Resektionsgrenzen. Stets sollte der Ureter im Retroperitoneum eindeutig identifiziert werden. Dies gelingt am leichtesten im Bereich der Überkreuzung mit den Iliakalgefäßen. Auch die lateral gelegenen Vasa ovarica/spermatica sind zu identifizieren und zu schonen.

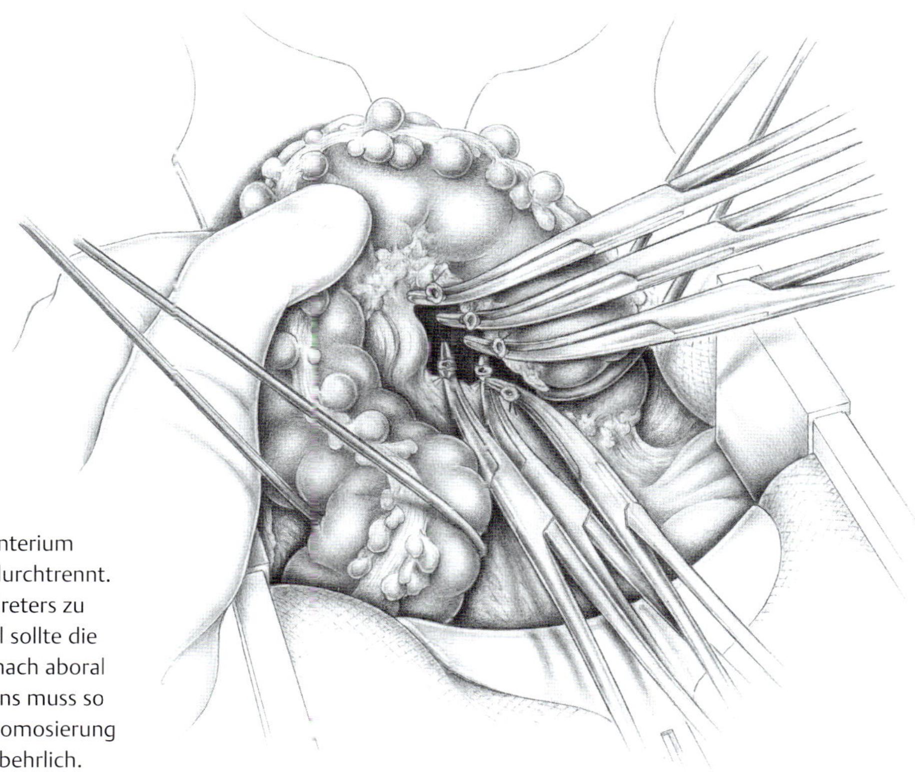

❼ Skelettierung des Mesosigmas

Nach vollständiger Mobilisation des Sigmas wird das Mesenterium darmwandnah schrittweise zwischen Overholt-Klemmen durchtrennt. Auch hierbei ist immer wieder auf sichere Schonung des Ureters zu achten. Die Gefäße werden mit 3 × 0 PGS ligiert. Nach oral sollte die Präparation bis in den Bereich des Colon descendens und nach aboral bis zum proximalen Rektum erfolgen. Das Colon descendens muss so weit mobilisiert werden, dass eine spannungsfreie Reanastomosierung möglich ist. Meist ist die Mobilisation der linken Flexur entbehrlich.

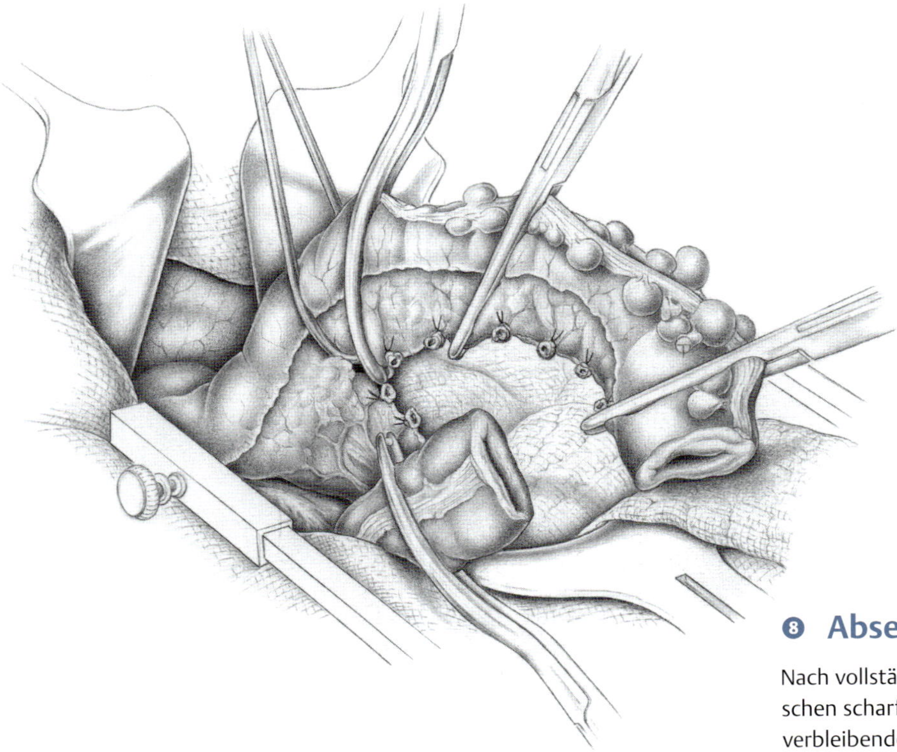

❽ Absetzen des Resektats

Nach vollständiger Mobilisation und Skelettierung wird der Darm zwischen scharfen Klemmen am Resektat und weichen Darmklemmen am verbleibenden Darmanteil reseziert. Das Operationsfeld wird mit in antiseptischer Lösung getränkten Tuchstreifen abgedeckt.

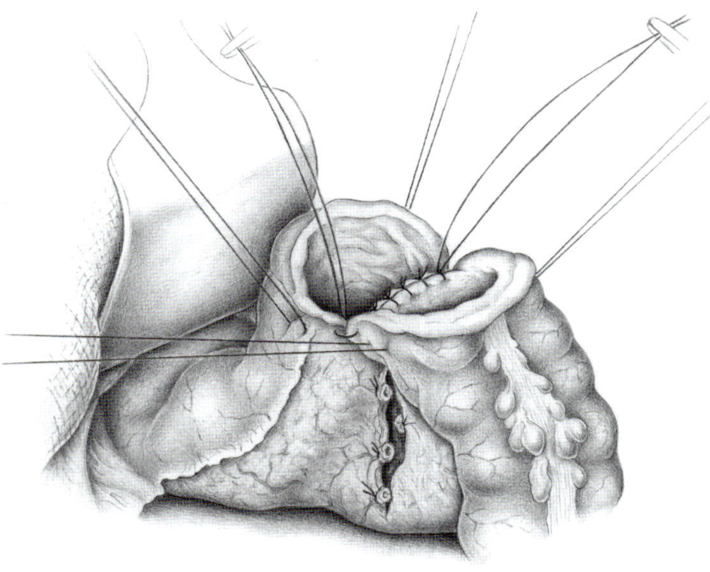

❾ Hinterwandanastomose

Die Anastomosierung erfolgt End-zu-End mit Hand- oder Maschinennaht. Bei der Handnaht werden proximaler und distaler Schenkel mit Haltenähten fixiert. Es finden Einzelknopfnähte 3 × 0 PGS Verwendung. Die Naht ist einreihig allschichtig, wobei auf eine schräge Stichrichtung („viel Serosa – wenig Mukosa") und einen Nahtabstand von ca. 0,5 cm zu achten ist.

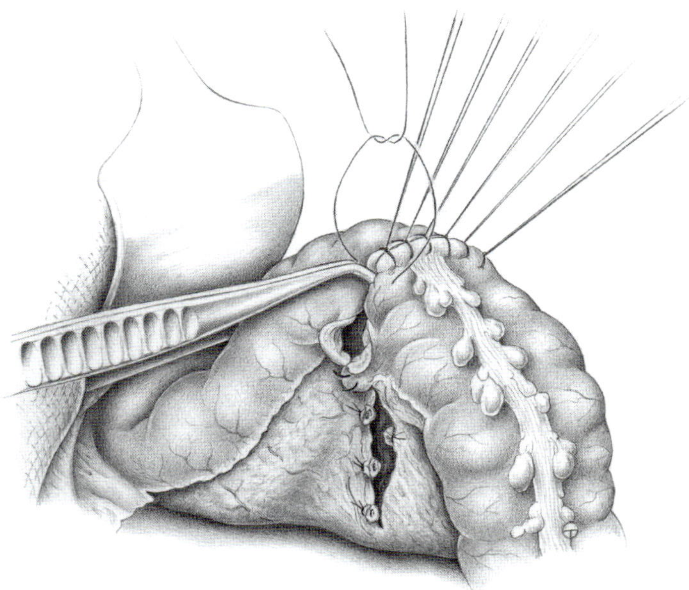

❿ Vorderwandanastomose

Die Vorderwand wird in gleicher Nahttechnik als einreihige allschichtige Naht ausgeführt. Die beiden Eckfäden der Hinterwand werden jeweils eingeschlagen.

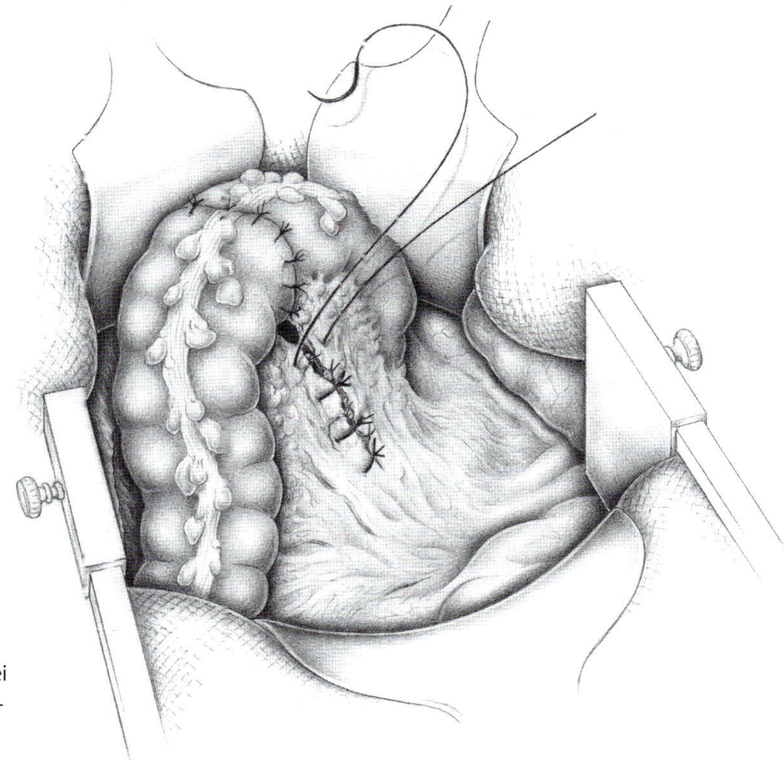

⑪ Verschluss des Mesoschlitzes

Das Mesosigma wird mit Einzelknopfnähten verschlossen, ohne dabei die Gefäßarkaden zu verletzen und damit die Anastomosendurchblutung zu gefährden. Die Einlage zweier Easy-flow-Drainagen und der schichtweise Bauchdeckenverschluss beenden den Eingriff.

86. Radikuläre Sigmaresektion

1 Indikation

Elektiv: Maligne Veränderungen im Bereich des Sigmas.
Alternativverfahren: Links-Hemikolektomie: meist notwendig bei Malignomen des proximalen Sigmas; Ausnahme bei gleichzeitig vorliegenden Leberfiliae: tubuläre Sigmaresektion (= darmwandnahes Skelettieren des Mesenteriums).

2 Operationsvorbereitung

Präoperative Diagnostik: Endoskopie mit Biopsie, Kontrastmitteldarstellung; bei Malignomen Ausschluss extraintestinaler Manifestationen: Sonographie, Computertomographie, ggf. urologische Diagnostik.
Patientenvorbereitung: Orthograde Lavage, ZVK, perioperative Antibiotikatherapie, Blasenkatheter.

3 Spezielle Risiken, Aufklärung

- Verletzung des linken Ureters (1%).
- Milzverletzung (< 5%).
- Anastomoseninsuffizienz (< 10%).
- Wundheilungsstörung (< 10%).

4 Anästhesie

Intubationsnarkose.

5 Lagerung

Rücken, mod. Steinschnitt nach **Lloyd-Davies**.

6 Zugang

Mediane Laparotomie, oberhalb des Nabels auch Schnittverlängerung auf den linken Rippenbogen.

Die radikale Sigmaresektion unterscheidet sich von der tubulären nur im Ausmaß der Resektionsgrenzen und der Mitentfernung der gesamten mesenterialen Lymphbahnen. Nur diese Unterschiede seien deshalb hier dargestellt, ansonsten gelten die in Kapitel 85, S. 334 dargestellten Operationsschritte.

7 Operationsschritte

1. Resektionsausmaß.
2. Rekonstruktion.
3. Zentrale Gefäßpräparation.

8 Relevante Anatomie, Gefahren, Tricks

- Enge Lagebeziehung des Sigmas zu linkem Ureter, linker A./V. spermatica/ovarica und unterem Milzpol.
- Anastomose muss spannungsfrei sein, ggf. Mobilisation der linken Kolonflexur.

Cave:* *Läsion des unteren Milzpols durch Zug am Kolon bei Mobilisation der linken Flexur.

- Überprüfung der Riolan-Anastomose vor Ligatur der A. colica sinistra.

9 Maßnahmen bei speziellen Komplikationen

- Anastomosenstriktur: fast nur nach Anastomosierung unter Spannung; wenn möglich endoskopische Dilatation, sonst Revision.
- Anastomoseninsuffizienz: wenn gut drainiert unter parenteraler Ernährung Spontanverschluss abwarten, bei Zeichen einer Peritonitis sofortige Revision mit Anlage eines vorgeschalteten Stomas oder Auflösung, Rektumblindverschluss und endständiges Deszendostoma (Hartmann-Operation).

10 Nachsorge

Medizinische Nachbehandlung: Magensonde ex am 1.–3. Tag, Drainagen ex am 7./8. Tag.
Kostaufbau: Schluckweise trinken ab 3.–4. Tag, feste Kost nach Abführen ca. ab 7. Tag.
Stuhlgang: Gegebenenfalls milde orale Laxantien für die ersten Wochen nach Wiedereinsetzen der Darmtätigkeit.
Mobilisation: Sofort.
Krankengymnastik: Atemgymnastik.
Arbeitsunfähigkeit: 2–3 Wochen.

7 Operationstechnik

1. Resektionsausmaß.
2. Rekonstruktion.
3. Zentrale Gefäßpräparation.

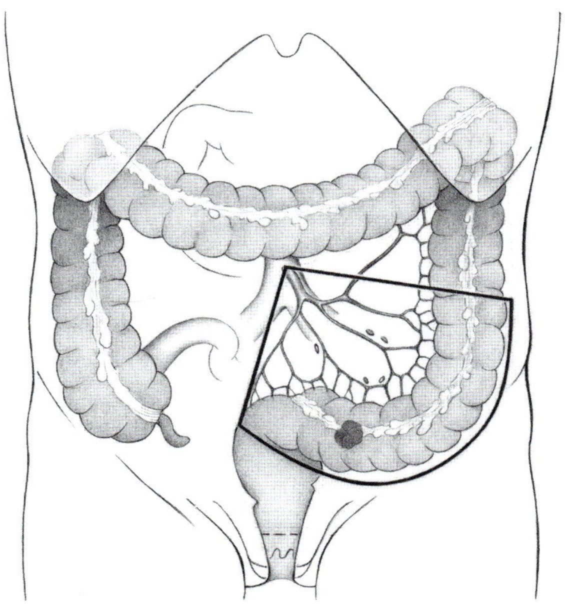

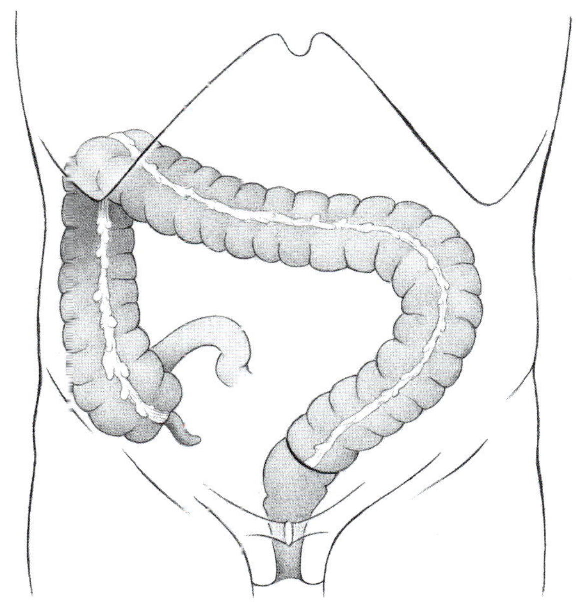

1 Resektionsausmaß

Die radikale Sigmaresektion besteht in der Entfernung des Colon sigmoideum und des proximalen Rektums, der Mesenterialwurzel bis zum Abgang der A. mesenterica inferior aus der Aorta und des unteren Colon descendens.

2 Rekonstruktion

Die Wiederherstellung der Kontinuität in Form einer Deszendorektostomie erfordert in der Mehrzahl der Fälle eine Mobilisation der linken Flexur zur Herstellung einer spannungsfreien Anastomose. Der Unterschied zur Hemikolektomie links besteht in der Belassung von linker Flexur und linksseitigem Colon transversum.

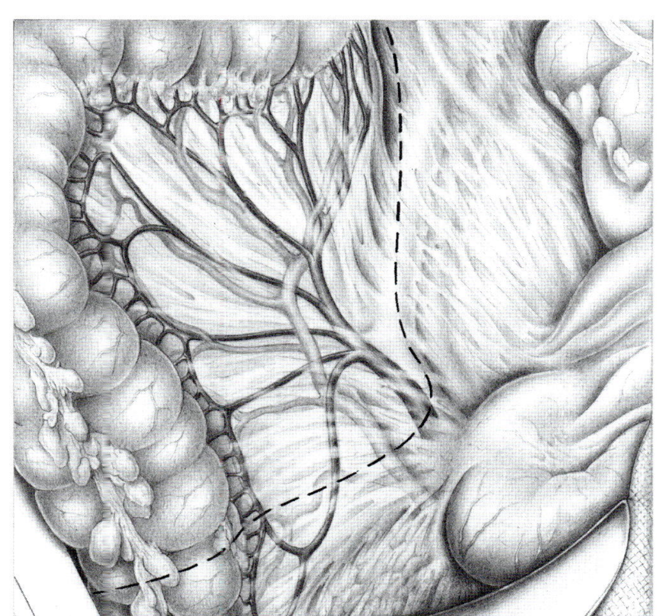

3 Zentrale Gefäßpräparation

Für die Sigmaresektion bieten sich zwei Möglichkeiten der Skelettierung des Mesenteriums an: Die sog. high-tie-Ligatur beinhaltet die Präparation der A. mesenterica inferior bis zu ihrem Abgang aus der Aorta und die Präparation der V. mesenterica inferior bis an den Pankreasunterrand. Die sog. low-tie-Technik umfasst dagegen das Versorgungsgebiet der A. mesenterica inferior unter Belassung ihres ersten abgehenden Gefäßes, der A. colica sinistra. Im Rahmen einer radikalen Sigmaresektion sollte stets die radikuläre Unterbindung von A. und V. mesenterica inferior erfolgen.

87. Laparoskopische Sigmaresektion

1 Indikation

Elektiv: Sigmadivertikulose bei Zustand nach Divertikulitisschub im Intervall.
Alternativverfahren: Offene Operation bei Perforation, Abszess, Notfallindikation.

2 Operationsvorbereitung

Siehe „Offene Operation".

3 Spezielle Risiken, Aufklärung

Wie „Offene Operation". Zusätzlich eventuell Konversion auf offenes Verfahren.

4 Anästhesie

Intubationsnarkose.

5 Lagerung

Rücken, modifizierte Steinschnittlagerung nach Lloyd-Davies.

6 Zugang

Supraumbilikal oder 4 – 5 cm oberhalb des Nabels für Optik, zwei Arbeitstrokare im rechten Unter-/Mittelbauch, Extraktion des Sigmas über kleinen Pfannenstielschnitt. Gegebenenfalls 4. Trokar im linken Mittelbauch zur Mobilisation der linken Flexur.

7 Operationsschritte

❶ Erstellung des Pneumoperitoneums.
❷ Platzierung der Arbeitstrokare.
❸ Ggf. Adhäsiolyse. Mobilisation des Sigmas/Colon descendens.
❹ Darstellen und Schonen des linken Ureters.
❺ Festlegen des Resektionsausmaßes.
❻ Präparation eines Mesofensters.
❼ Zirkuläres Freipräparieren des rektosigmoidalen Übergangs mit Ultrazision.
❽ Distales Absetzen des Darms mittels Endo-GIA-Klammernahtgerät.
❾ Tubuläres Skelettieren des Mesosigmas mit Ultrazision oder Endo-Clips.
❿ Pfannenstielschnitt und Herausführen des Sigmas.
⓫ Resektion des Darms und Einknoten des Staplerkopfes.
⓬ Reposition des Darms und Verschluss der Pfannenstielinzision.
⓭ Einbringen des zirkulären Klammernahtgerätes von transanal.
⓮ Konnektion des Klammernahtgerätes.
⓯ Ausführen der Anastomose.
⓰ Dichtigkeitsprobe.
⓱ Entfernung der Trokare und Verschluss der Inzisionen (Faszie und Haut).

8 Relevante Anatomie, Gefahren, Tricks

- Bei Voroperationen immer offenes Einbringen des 1. Trokars.
- Bei Mobilisation der linken Kolonflexur Umsetzen der Kamera und ggf. zusätzlicher Trokar im linken Mittelbauch.
- Darstellung des linken Ureters auch proximal bei der Mobilisation des Mesosigmas.

9 Maßnahmen bei speziellen Komplikationen

- Bei mangelnder Übersicht wegen ausgedehnter Adhäsionen oder noch bestehender Entzündungssituation rechtzeitige Konversion auf offenes Vorgehen.
- Sonst siehe „offene Resektion".

10 Nachsorge

Medizinische Nachbehandlung: Magensonde ex am 1. Tag, Drainage – falls vorhanden – ex am 7. Tag.
Kostaufbau: Schluckweise trinken am 1. Tag, Kostaufbau nach Peristaltik.
Mobilisation: Sofort.
Krankengymnastik: Atemgymnastik.
Arbeitsunfähigkeit: 2 – 3 Wochen.

7 Operationstechnik

1. Lagerung.
2. Trokarposition.
3. Mobilisation des Kolons.
4. Präparation des rektosigmoidalen Übergangs.
5. Absetzen des rektosigmoidalen Übergangs.
6. Skelettieren des Mesosigmas.
7. Extraktion des Sigmas.
8. Reposition des Darms.
9. Einbringen des zirkulären Klammernahtgerätes von transanal.
10. Ausführen der Anastomose.

1 Lagerung

Modifizierte Steinschnittlage. Operateur und 2. Assistent auf der rechten Seite, 1. Assistent/Kamera auf der linken Seite des Patienten. Monitor am Fußende.

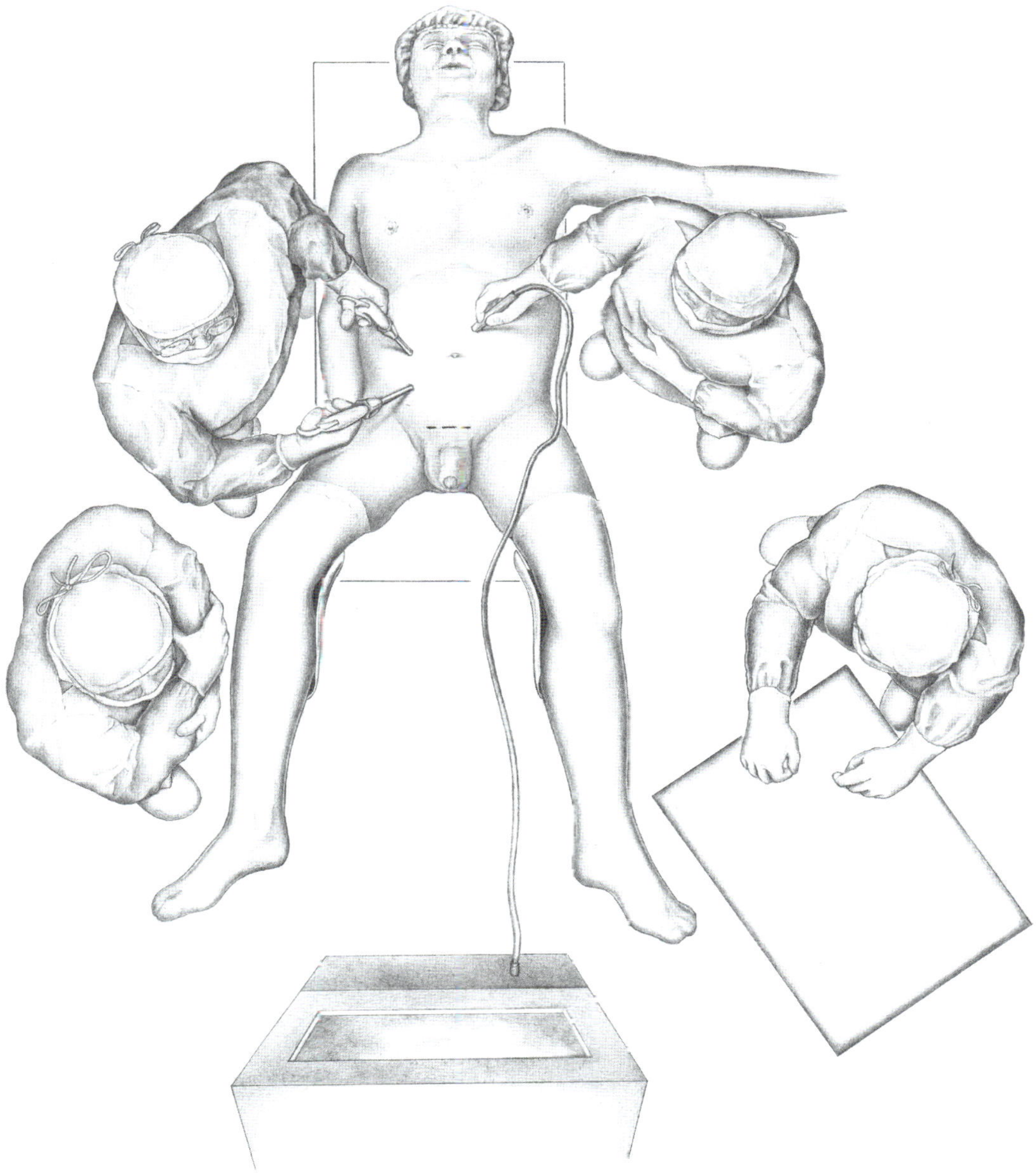

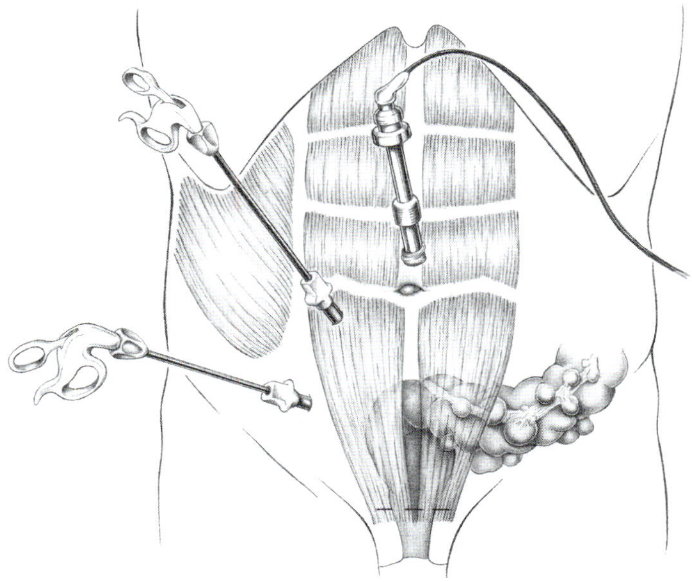

❷ Trokarposition

Optiktrokar 1 – 5 cm oberhalb des Nabels, Arbeitstrokare im rechten Mittel-/Unterbauch. 4. Trokar suprasymphysär im Bereich der Pfannenstielinzision. Eventuell Trokar im linken Mittelbauch zur Mobilisation der linken Flexur.

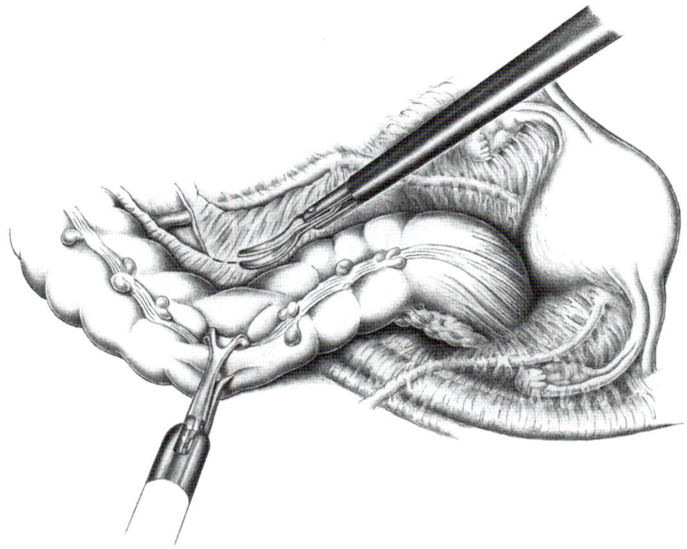

❸ Mobilisation des Kolons

Aufspannen des Sigmas und Lösen der lateralen embryonalen Adhäsionen. Dann Inzision des Peritoneums, Darstellen des linken Ureters und Mobilisation des Mesosigmas sowie des Colon descendens. Gegebenenfalls Mobilisation der linken Flexur.

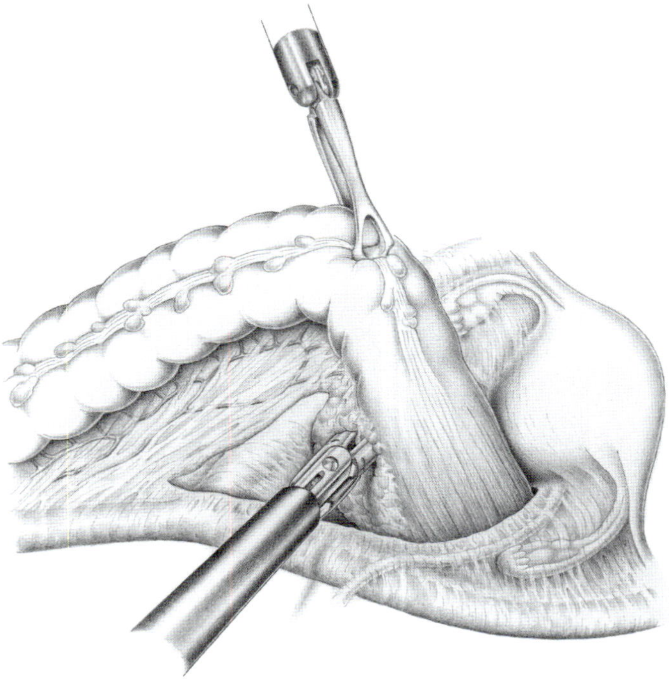

❹ Präparation des rektosigmoidalen Übergangs

Inzision des Peritoneums im kleinen Becken, linksseitig beginnend. Anschliessend Inzision rechtsseitig und Schaffen eines Mesofensters. Nun erfolgt von rechtsseitig das zirkuläre Freipräparieren des distalen Resektionsrandes mit dem Ultrazision.

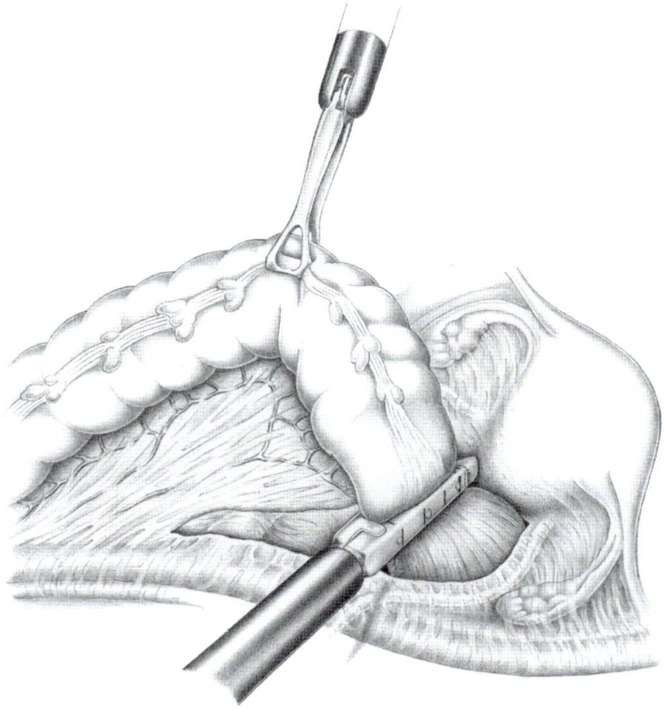

❺ Absetzen des rektosigmoidalen Übergangs

Nach zirkulärer Präparation erfolgt die Durchtrennung des Darms mit dem Endo-GIA-Klammernahtgerät.

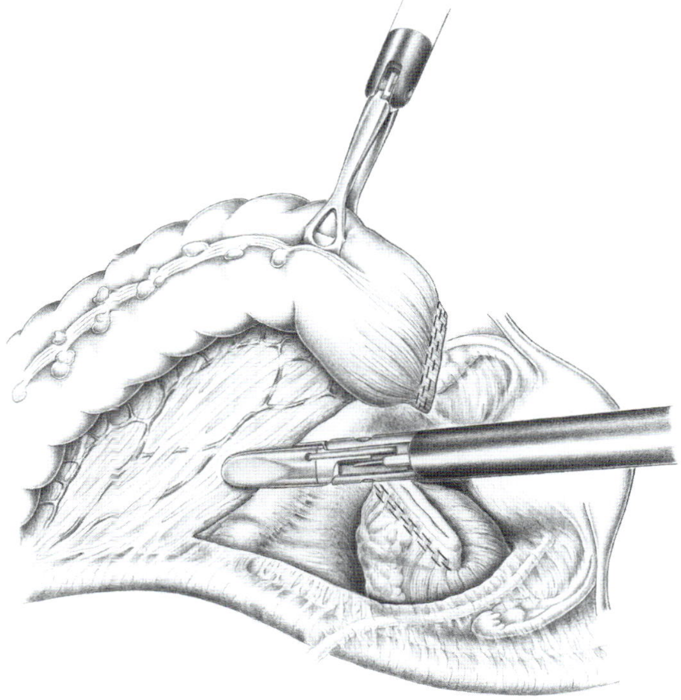

❻ Skelettieren des Mesosigmas

Nun erfolgt die Skelettierung des Mesosigmas entweder mittels Ultrazision oder nach selektiver Darstellung der Gefäße und Durchtrennung zwischen Endo-Clips. Die Präparation kann darmwandnah erfolgen, d. h. die A. rectalis superior kann erhalten werden. Hierbei muss auf eine ausreichende Freilegung und Darstellung des Ureters auch im proximalen Anteil geachtet werden

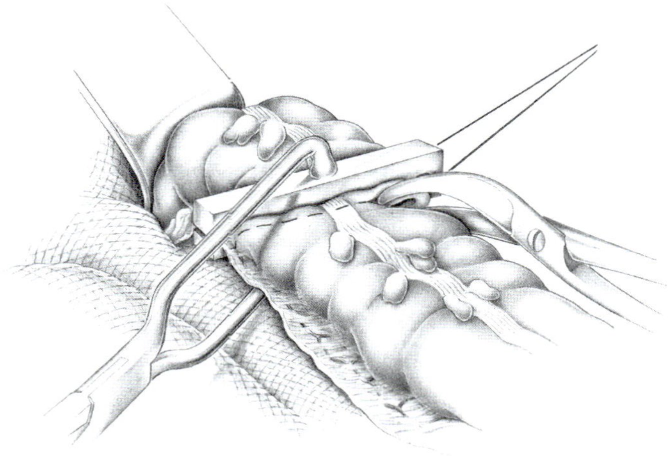

❼ Extraktion des Sigmas

Ausführen des Pfannenstielschnitts und Herausführen des Darms. Vervollständigen der Präparation des Mesosigmas. (**Cave**: Die hauptsächliche Präparation des Mesosigmas muss intraabdominell erfolgen, eine suffiziente Präparation am herausgeführten Darm ist nicht sinnvoll.) Anbringen der Tabaksbeutelnaht und Resektion des Sigmas.

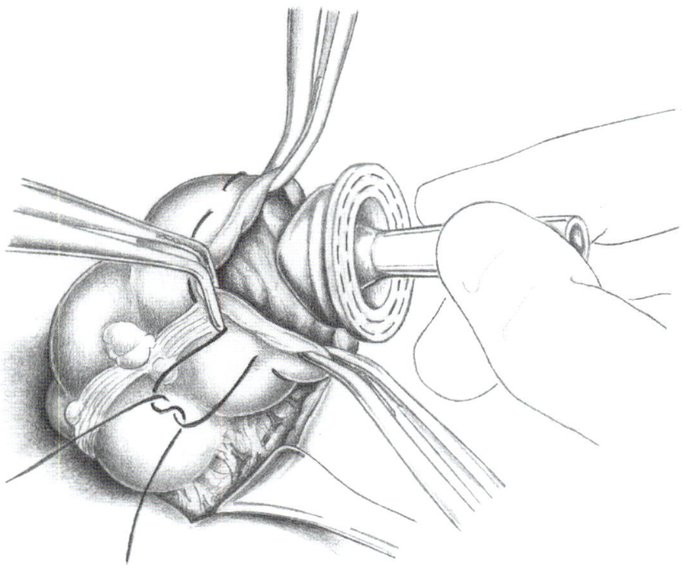

❽ Reposition des Darms

Einknoten des Staplerkopfes und Reposition des Darms. Verschluss der Pfannenstielinzision und erneutes Erstellen des Pneumoperitoneums.

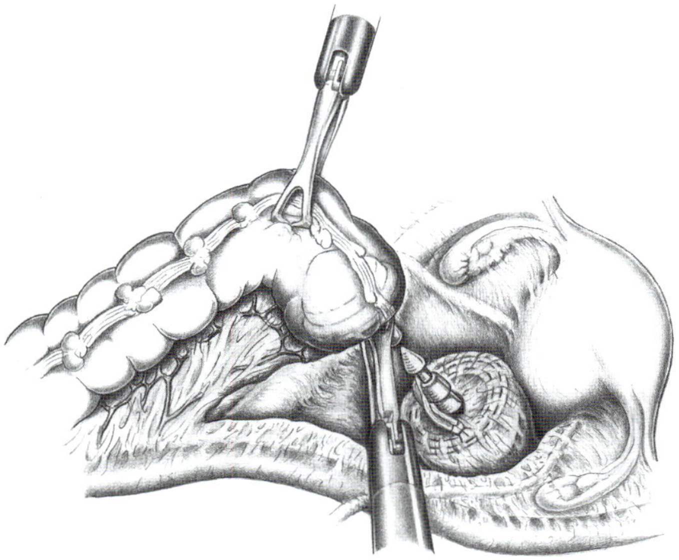

❾ Einbringen des zirkulären Klammernahtgerätes von transanal

Von transanal wird der zirkuläre Klammernahtapparat eingeführt und die Klammernahtreihe am Rektum möglichst mittig und zentral mit dem Dorn perforiert. Zur Führung des Gerätes können zwei Tupfer von abdominell zu Hilfe genommen werden.

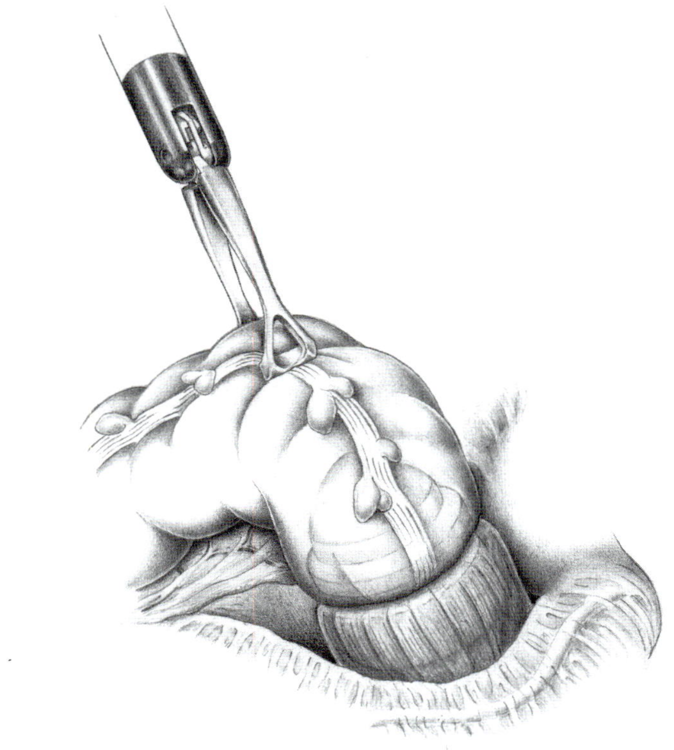

❿ Ausführen der Anastomose

Zusammenführen des Klammernahtgerätes, wobei auf eine mögliche Torquierung des proximalen Darmabschnitts geachtet werden muss.

88. Hemikolektomie links

1 Indikation

Elektiv: Pathologische Veränderungen des Kolons zwischen der linken Flexur und dem Rektum.
Alternativverfahren: Sub-/totale Kolektomie, Sigmaresektion. Laparoskopische Vorgehensweise.

2 Operationsvorbereitung

Präoperative Diagnostik: Koloskopie mit Biopsie, ggf. Kontrastmitteldarstellung; bei Malignomen Ausschluss extraintestinaler Manifestationen: Sonographie, Computertomographie; ggf. urologische Diagnostik.
Patientenvorbereitung: Orthograde Lavage, ZVK, perioperative Antibiotikatherapie, Blasenkatheter.

3 Spezielle Risiken, Aufklärung

- Anastomoseninsuffizienz (< 5%).
- Milzverletzung (5%).
- Harnleiterverletzung (< 1%).
- Wundheilungsstörungen (< 5%).

4 Anästhesie

Intubationsnarkose.

5 Lagerung

Rücken, ggf. Steinschnittlagerung modifiziert nach Lloyd-Davies (ermöglicht Anwendung eines Klammernahtgerätes).

6 Zugang

Mediane Laparotomie, oberhalb des Nabels ggf. auch schräg auf den linken Rippenbogen verlaufend zur Mobilisation der linken Flexur. Gegebenenfalls laparoskopische Mobilisation der linken Flexur und Rektumresektion durch anschließende offene Vorgehensweise, ggf. komplette laparoskopische Vorgehensweise.

7 Operationsschritte

1. Resektionsausmaß.
2. Rekonstruktion nach Hemikolektomie links.
3. Zugang.
4. Mobilisation des Sigmas.
5. Präparation der Mesenterialwurzel.
6. Radikuläres Absetzen der Gefäße.
7. Mobilisation des proximalen Rektums.
8. Durchtrennung des Mesorektums.
9. Mobilisation linke Flexur I.
10. Mobilisation linke Flexur II.
11. Durchtrennung Lig. gastrocolicum.
12. Distales Absetzen.
13. Skelettierung des Mesenteriums.
14. Proximales Absetzen.
15. Dilatat on proximaler Schenkel.
16. Klammernaht I.
17. Schließen des Nahtapparates.
18. Klammernaht II.

8 Relevante Anatomie, Gefahren, Tricks

- Die Gefäßversorgung und Lymphdrainage des linken Kolons erfolgt über die bzw. entlang der A. und V. mesenterica inferior, bei Malignomen muss die A. mesenterica inferior an ihrem Abgang aus der Aorta und die V. mesenterica inferior am Pankreasunterrand unterbunden werden!
- Mobilisation der linken Kolonflexur.

Cave: Milzkapselläsionen durch Zug am Kolon während der gesamten Präparation!

- Distale Absetzungslinie in Höhe des Promontoriums.
- An den zu anastomosierenden Resektionsenden muss die Serosa zirkulär über ca. 1 cm vollständig vom bedeckenden Fettgewebe befreit sein.
- Auf richtige Orientierung der zu anastomosierenden Darmenden achten: proximales Kolon so positionieren, dass das Mesenterium rechts der Anastomose liegt („Meso-zu-Meso").
- Auf völlige Spannungsfreiheit der Anastomose achten.
- Farbstoffprobe zur Dichtigkeitsprüfung.

9 Maßnahmen bei speziellen Komplikationen

Anastomoseninsuffizienz: wenn gut drainiert unter parenteraler Ernährung abwarten; bei Zeichen einer Peritonitis Revision mit Anlage eines protektiven Stomas oder ggf. Nachresektion und Rektumblindverschluss und Ausleitung des proximalen Schenkels (Hartmann-Operation).

10 Nachsorge

Medizinische Nachbehandlung: Magensonde ex am 1.–3. Tag, Drainagen ex am 7./8. Tag, ggf. Fortsetzung der perioperativen Antibiotikatherapie.
Kostaufbau: Schluckweise trinken ab 3.–4. Tag, feste Kost nach Abführen ca. ab 7. Tag.
Stuhlgang: Peristaltika ab 4./5. Tag, ggf. milde orale Laxantien für die ersten Wochen nach Wiedereinsetzen der Darmfunktion.
Mobilisation: Sofort.
Krankengymnastik: Atemgymnastik.
Arbeitsunfähigkeit: 2–3 Wochen.

7 Operationstechnik

1. Resektionsausmaß.
2. Rekonstruktion nach Hemikolektomie links.
3. Zugang.
4. Mobilisation des Sigmas.
5. Präparation der Mesenterialwurzel.
6. Radikuläres Absetzen der Gefäße.
7. Mobilisation des proximalen Rektums.
8. Durchtrennung des Mesorektums.
9. Mobilisation linke Flexur I.
10. Mobilisation linke Flexur II.
11. Durchtrennung Lig. gastrocolicum.
12. Distales Absetzen.
13. Skelettierung des Mesenteriums.
14. Proximales Absetzen.
15. Dilatation proximaler Schenkel.
16. Klammernaht I.
17. Schließen des Nahtapparates.
18. Klammernaht II.

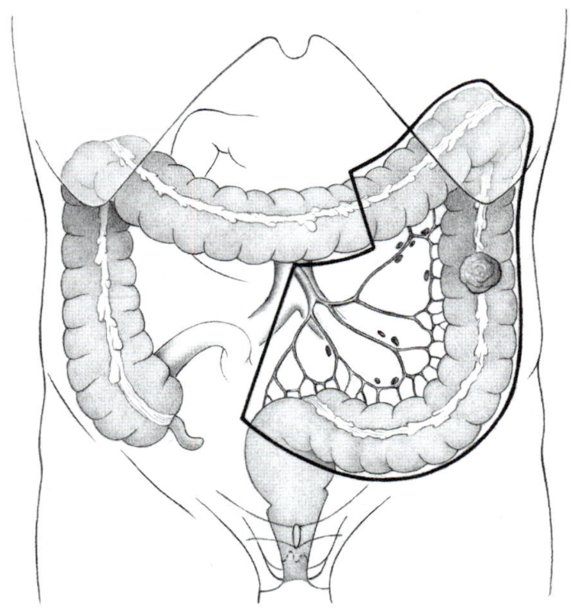

❶ Resektionsausmaß

Ausgedehnte Tumoren des Sigmas und vor allem solche des Colon descendens machen eine Hemikolektomie links erforderlich. Sie reicht von der Mitte des Querkolons bis zum proximalen Rektum und bezieht die gesamte mesenteriale Lymphknotenstraße der A. mesenterica inferior mit ein. Die linke Hälfte des großen Netzes ist hierbei mit zu entfernen, aus Gründen der Übersichtlichkeit wird auf die Darstellung dieses Operationsschrittes verzichtet.

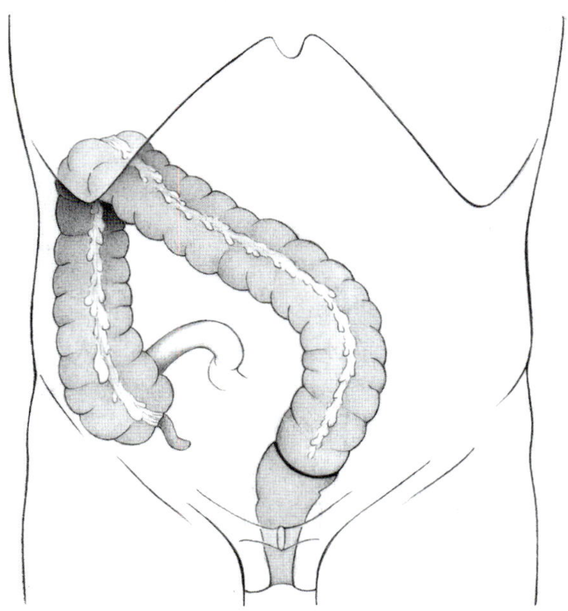

❷ Rekonstruktion nach Hemikolektomie links

Die Wiederherstellung der Kontinuität nach Hemikolektomie links macht eine ausgedehnte Mobilisation des Querkolons erforderlich, unter Umständen bis zur rechten Flexur. Das Querkolon muss dabei weitgehend vom Magen abgelöst werden.

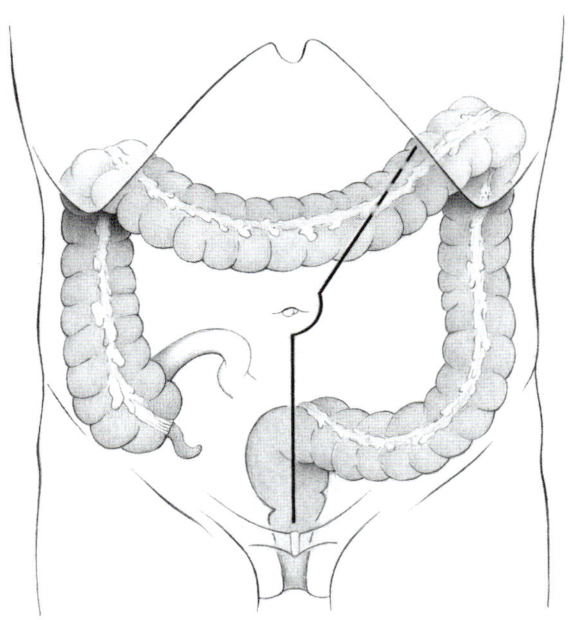

❸ Zugang

Es hat sich ein Unterbauchmedianschnitt bewährt, der um den Nabel herum in den linken Oberbauch verlängert und je nach anatomischen Gegebenheiten bis an den Rippenbogen geführt werden kann.

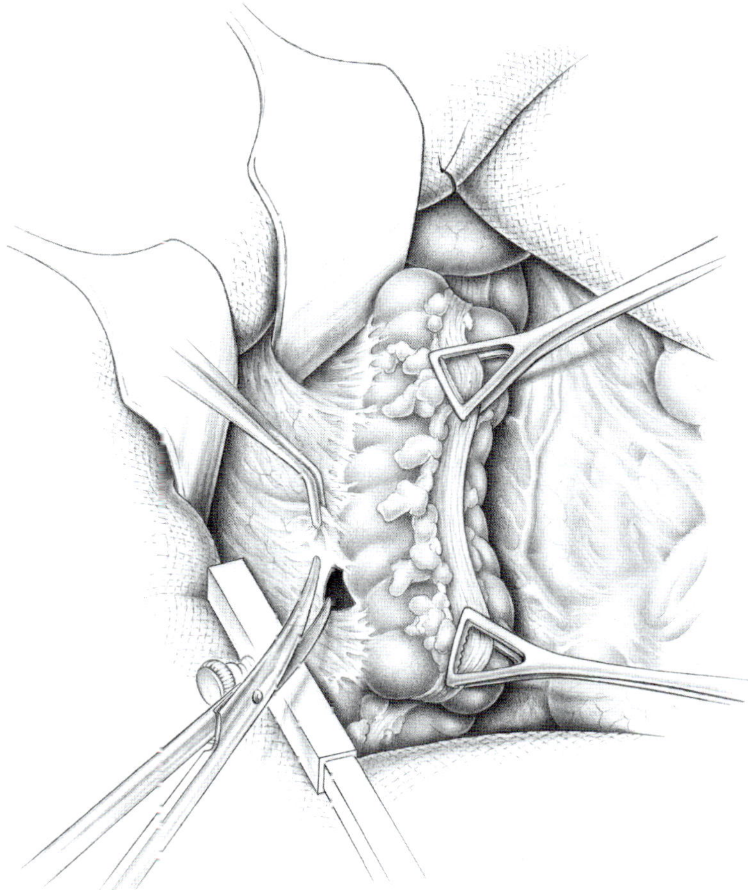

❹ Mobilisation des Sigmas

Nach Eröffnung der Peritonealhöhle wird ein Goligher-Rahmen eingesetzt, der eine gute Übersicht gewährleistet. Das Colon sigmoideum ist mit 2 Duval-Klemmen oder aber manuell zu fassen und nach medial zu verziehen. Mit Schere und Pinzette werden die lateralen Verklebungen des Sigmas mit der Bauchwand entlang der sog. „weißen Linie“ durchtrennt. Die Präparation erfolgt hier in einer weitgehend avaskulären Schicht, die Gefäßstrukturen des Retroperitoneums bleiben unbeeinträchtigt.

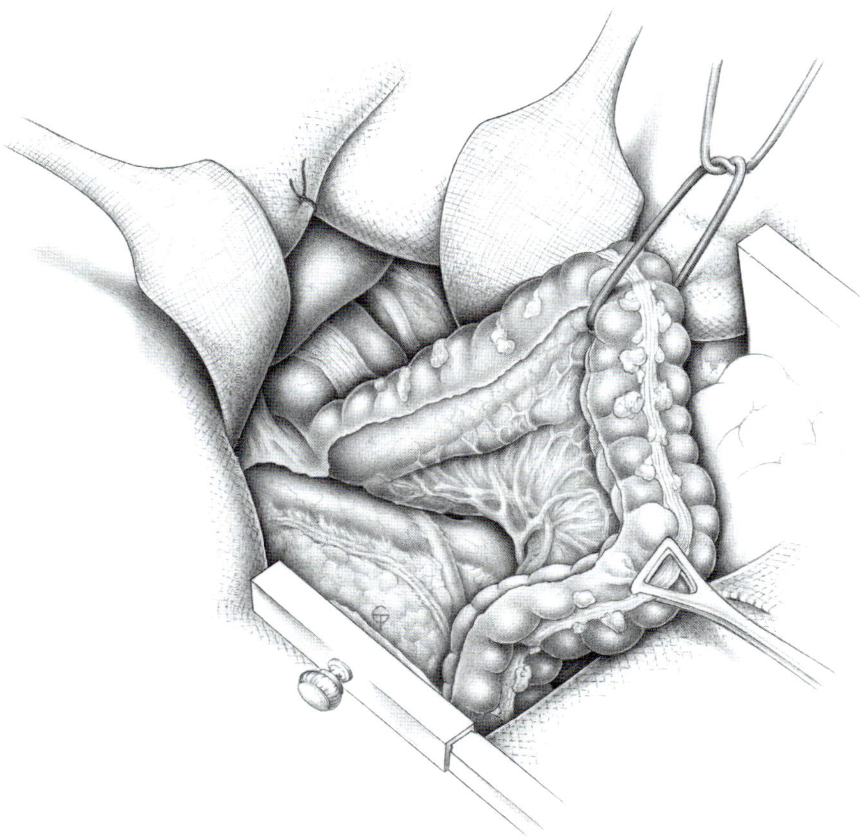

❺ Präparation der Mesenterialwurzel

Das tumortragende Darmsegment wird durch proximal und distal verknotete Gummizügel verschlossen, um eine intraluminäre Verschleppung von Tumorzellen auszuschließen. Die Mesenterialwurzel wird entlang der Gefäße bis zu ihrem Abgang aus der Aorta mobilisiert. Der Ureter mit seiner Überkreuzung der Iliakalgefäße und die Vasa ovarica/testicularia werden sorgfältig dargestellt und sicher geschont.

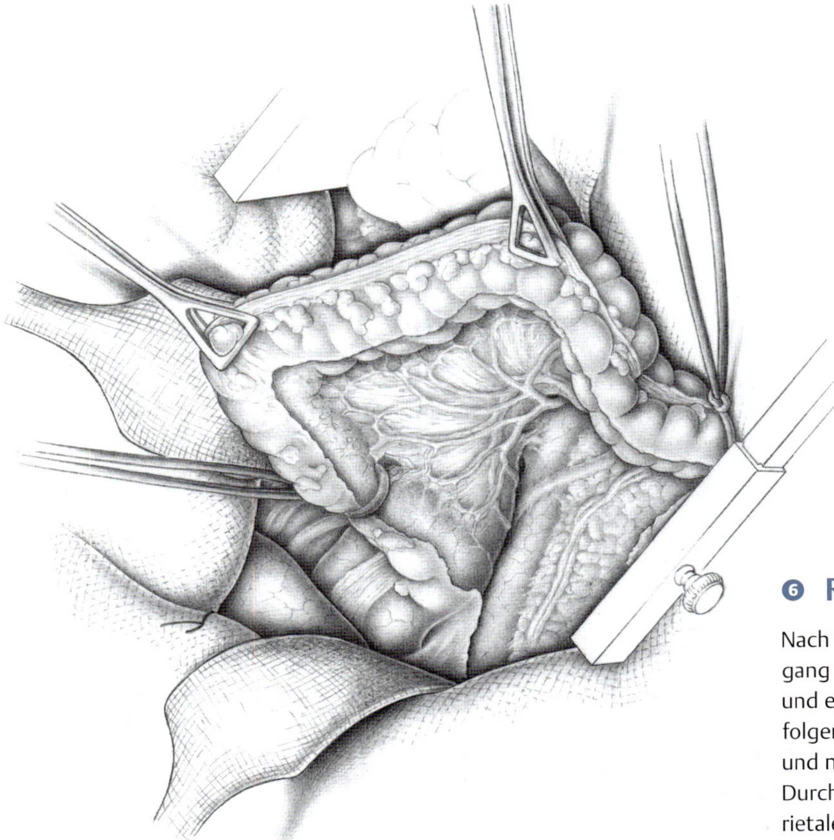

❻ Radikuläres Absetzen der Gefäße

Nach vollständiger Mobilisation des Mesenteriums lässt sich der Abgang der A. mesenterica inferior aus der Aorta eindeutig identifizieren und ebenso die V. mesenterica inferior bis zum Pankreasunterrand verfolgen. Beide Gefäße werden zwischen Overholt-Klemmen durchtrennt und mit Durchstechungsligaturen versorgt. Es schließt sich an die Durchtrennung des Peritoneums entlang der Umschlagsfalte zum parietalen Peritoneum bis ins kleine Becken und weiter ventral zwischen Blasenhinter- und Rektumvorderwand.

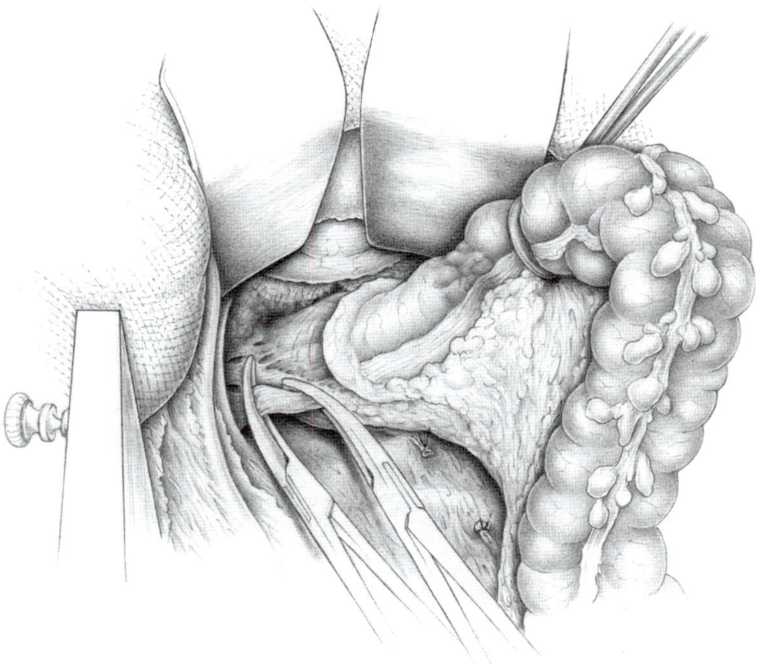

❼ Mobilisation des proximalen Rektums

Nach zirkulärer Komplettierung der Durchtrennung des Beckenbodenperitoneums wird der kraniale Anteil der Paraproktien zwischen Overholt-Klemmen durchtrennt und durchstichligiert. Gegebenenfalls kann das Rektum auch teilweise aus der Kreuzbeinhöhle ausgelöst werden. Dies geschieht in einer avaskulären Schicht unter sorgfältiger Schonung der präsakralen Venen und des Nervenplexus.

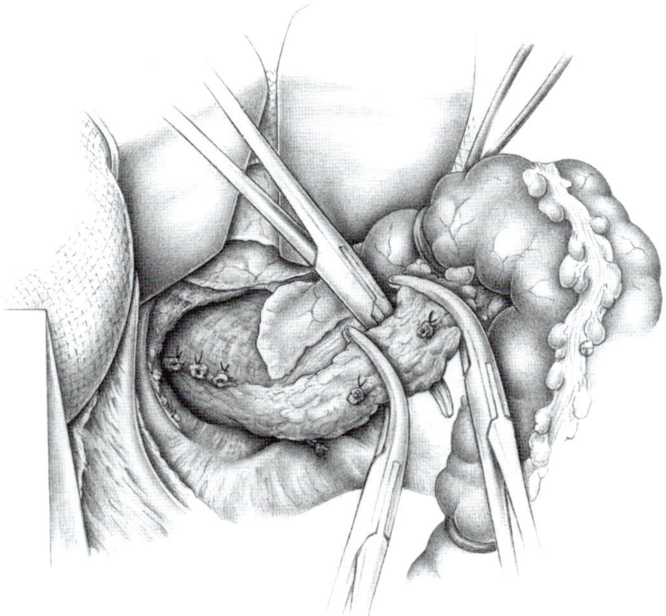

❽ Durchtrennung des Mesorektums

Das Mesorektum wird ebenfalls zwischen Overholt-Klemmen gefasst und schrittweise durchtrennt. Nur durch sorgfältige Präparation gelingt es, einerseits gute Bluttrockenheit zu erzielen und andererseits die Durchblutung der zu anastomosierenden Darmwand nicht zu gefährden.

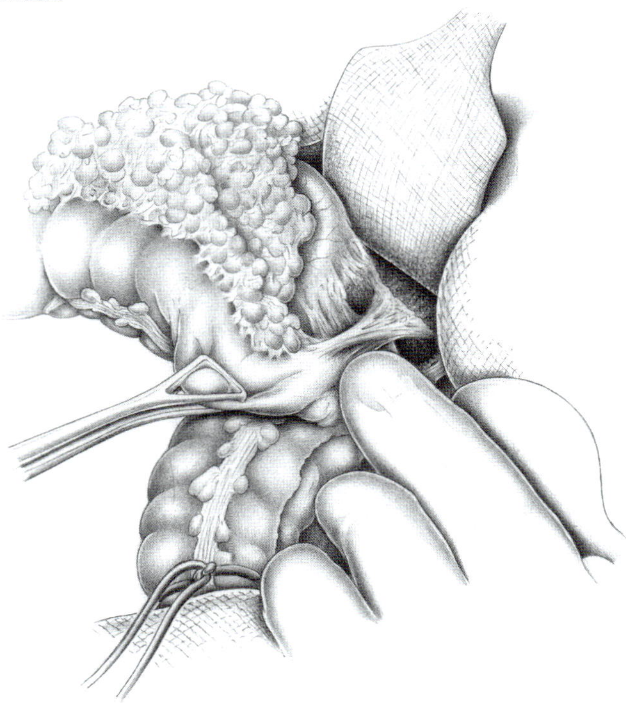

❾ Mobilisation linke Flexur I

Die Mobilisation der linken Flexur erfordert die Durchtrennung des Lig. phrenocolicum. Hierbei ist eine Verletzung des unteren Milzpoles sorgfältig zu vermeiden. Zur exakten Exposition dieser Region ist ein ergänzender Hakeneinsatz erforderlich. Die linke Kolonflexur muss vollständig frei und nach medial zu verlagern sein, um eine spannungsfreie Rekonstruktion zu ermöglichen.

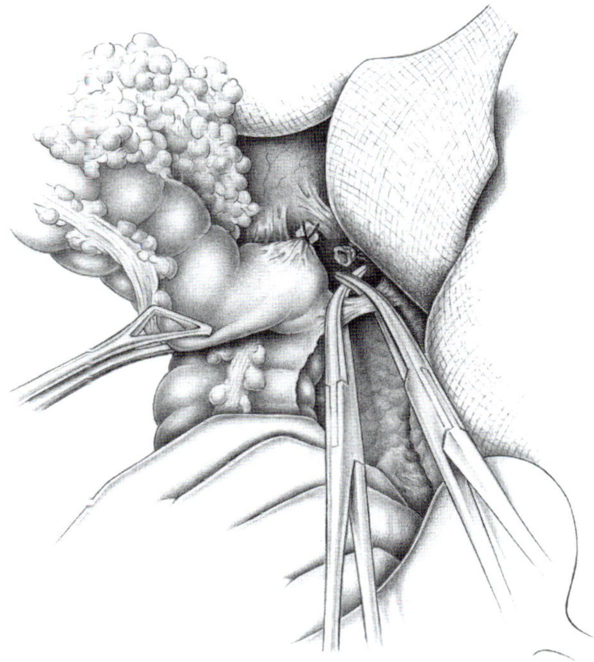

❿ Mobilisation linke Flexur II

Die ligamentären Strukturen im Bereich der linken Flexur werden durch mediale Anspannung von Colon descendens und linkem Querkolon dargestellt und anschließend zwischen Overholt-Klemmen durchtrennt und ligiert.

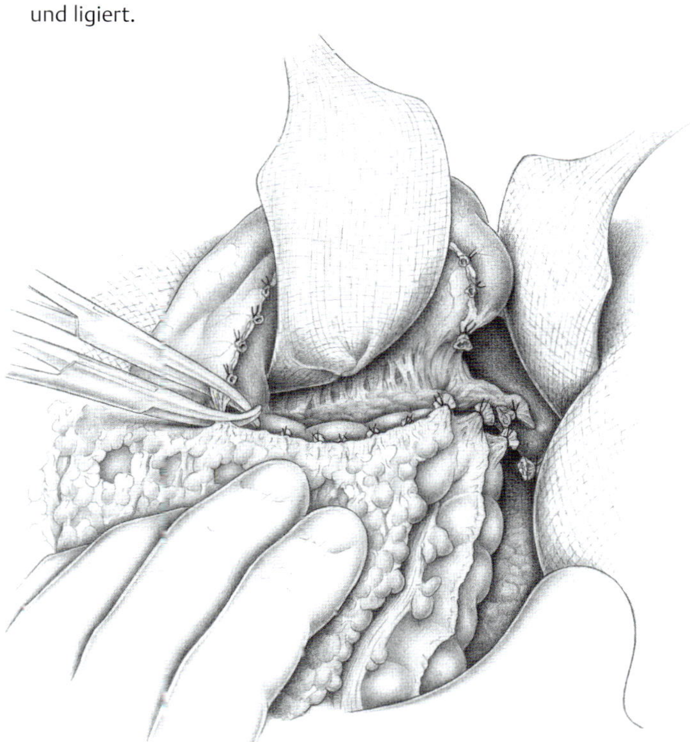

⓫ Durchtrennung Lig. gastrocolicum

Unter vorsichtiger Anspannung des linken Querkolons nach kaudal erfolgt die schrittweise Darstellung und Durchtrennung des linksseitigen Lig. gastrocolicum zwischen Overholt-Klemmen. Hierbei ist insbesondere auf eine sorgfältige Schonung der Milz sowie der Pankreasschwanzregion zu achten. Nach Abschluss dieser Präparation ist das gesamte linke Hemikolon von der Kolonmitte bis zum Rektum mobilisiert, so dass jetzt eine ausgedehnte Resektion erfolgen kann.

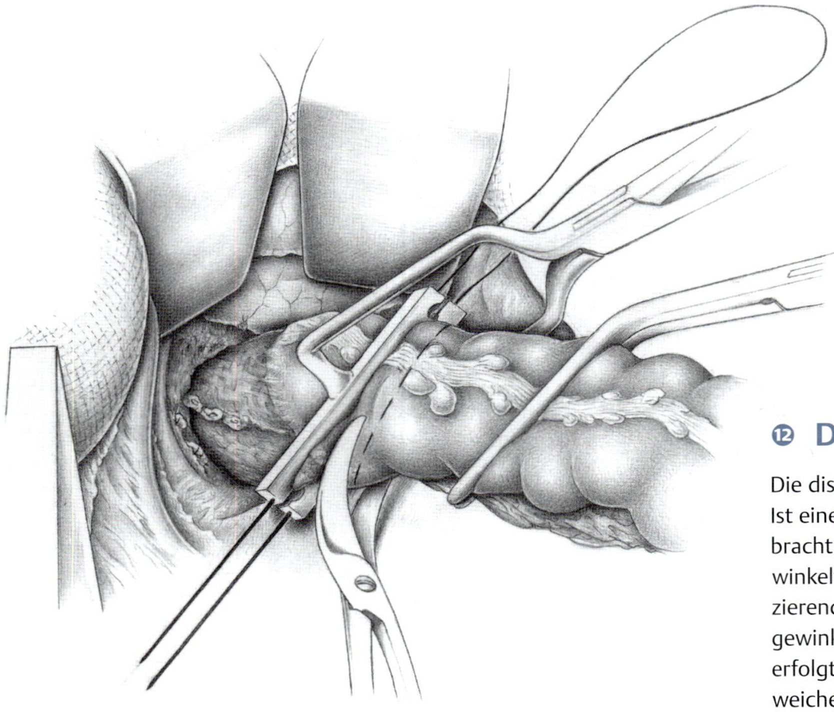

⑫ Distales Absetzen

Die distale Resektionslinie liegt unmittelbar über dem Beckenboden. Ist eine Maschinennaht geplant, wird jetzt eine Tabaksbeutelnaht angebracht. Nach Platzierung der Tabaksbeutelnahtklemme und einer gewinkelten Klemme proximal davon sowie Unterlegen eines mit desinfizierender Lösung getränkten Tuchstreifens wird der Darm mit der gewinkelten Hösel-Schere durchtrennt. Für den Fall einer Handnaht erfolgt die Durchtrennung zwischen einer scharfen (proximal) und weichen (distal) Klemme.

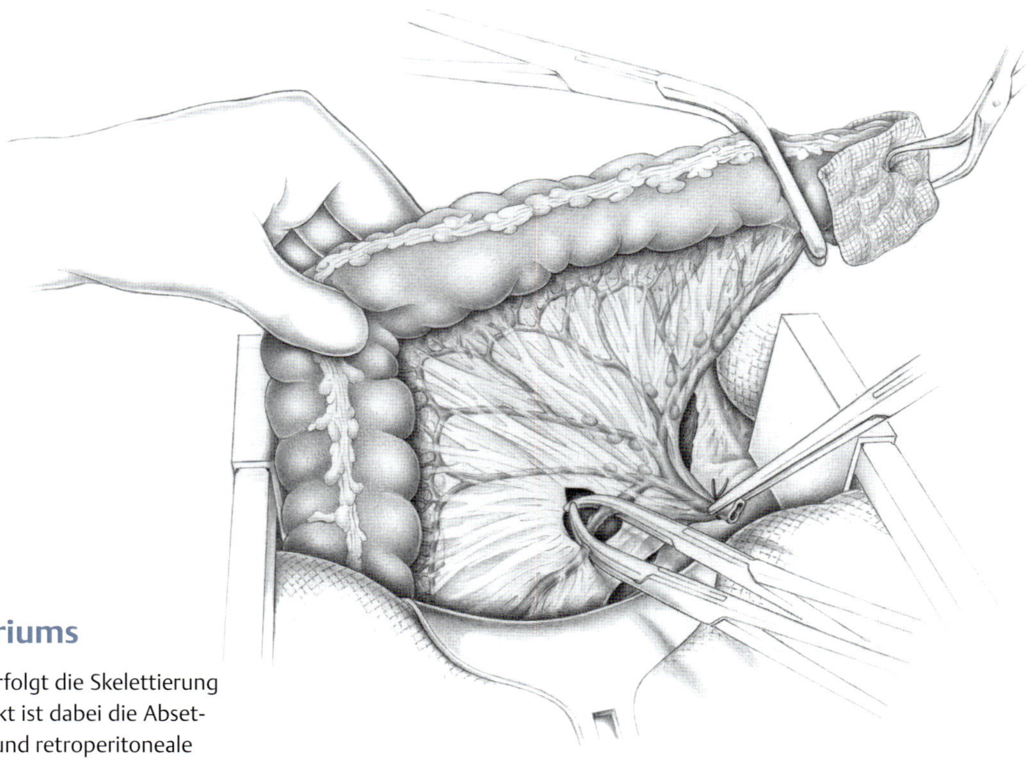

⑬ Skelettierung des Mesenteriums

Je nach Ausmaß der erforderlichen Resektion erfolgt die Skelettierung des Mesenteriums. Zentraler Orientierungspunkt ist dabei die Absetzungsstelle der A. mesenterica inferior. Ureter und retroperitoneale Gefäße sind sorgfältig zu schonen.

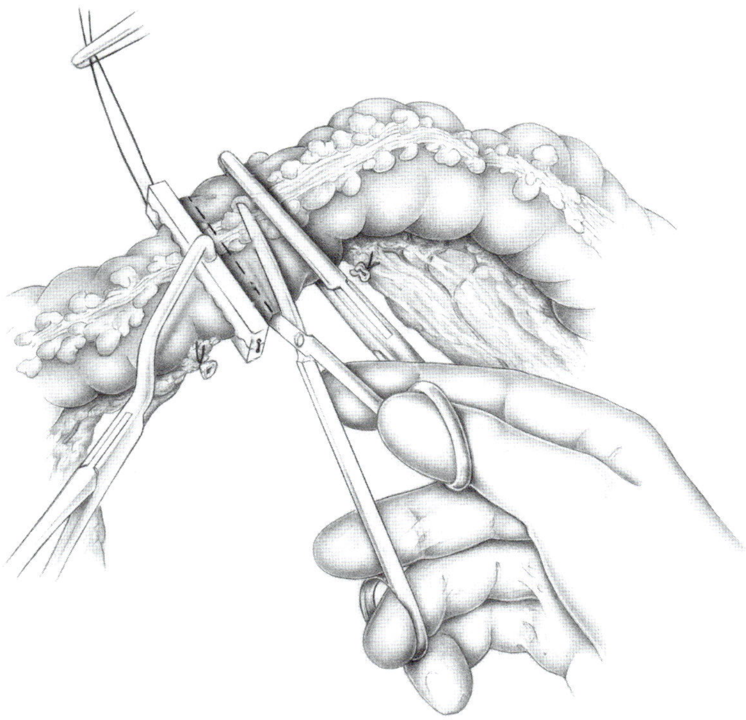

⑭ Proximales Absetzen

Nach proximalem Platzieren der Tabaksbeutelnahtklemme wird das Lumen des zu resezierenden Darmanteils mit einer Kocher-Klemme verschlossen und der Darm mit einer geraden Schere durchtrennt. Die Darmdurchtrennung sollte dabei nicht direkt an der Tabaksbeutelnahtklemme erfolgen, sondern einen Gewebeüberstand von ca. 2 – 3 mm belassen. Ein problemloses Durchstechen der geraden Nadeln und damit korrektes Anlegen der Tabaksbeutelnaht gelingt nur bei vollständig geschlossener Tabaksbeutelnahtklemme.Es kann auch eine Anastomosierung per Handnaht erfolgen. Dann wird das proximale Darmlumen mit einer weichen, das zu resezierende mit einer scharfen Klemme verschlossen.

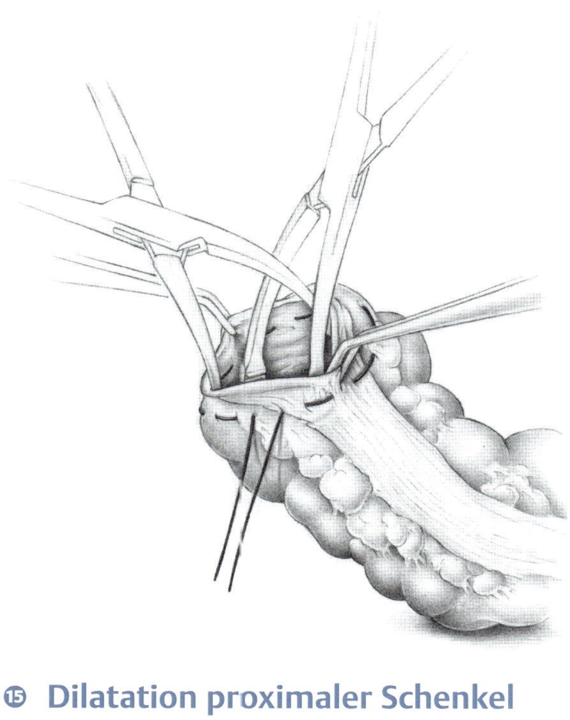

⑮ Dilatation proximaler Schenkel

Der proximale Darmschenkel wird mit 2 Kornzangen vorsichtig so weit dilatiert, dass der Kopf des zirkulären Klammernahtgerätes leicht einzuführen ist. Die Tabaksbeutelnaht muss stets auf Vollständigkeit kontrolliert und ggf. ergänzt werden.

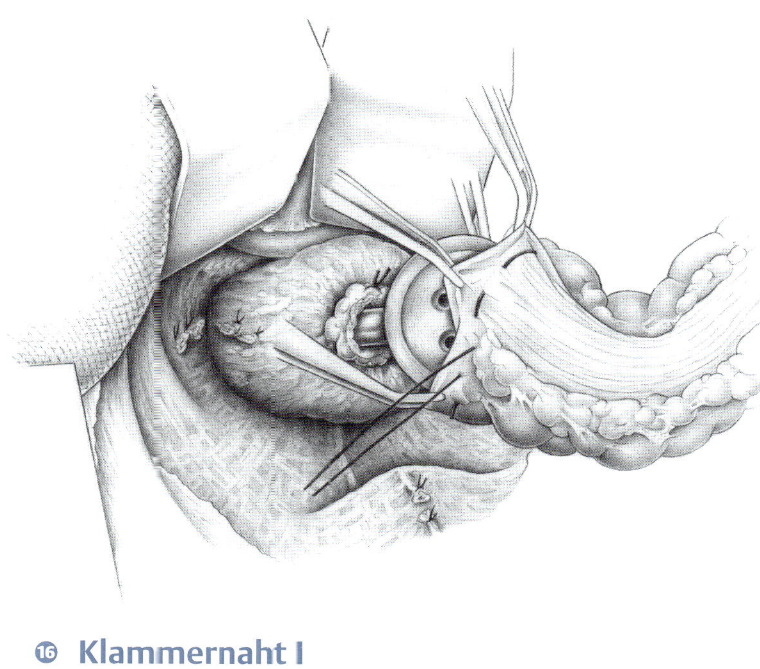

⑯ Klammernaht I

Vor dem transanalen Einführen des Klammernahtgerätes durch den zwischen den Beinen positionierten Assistenten ist der Sphinkter digital auf 2 – 3 Querfinger vorsichtig aufzudehnen. Nach Einführung des zunächst geschlossenen Nahtapparates wird bei Erscheinen des Nahtgeräts im Rektumstumpf der Nahtapparat geöffnet und zunächst die Tabaksbeutelnaht des Rektums über dem Zentraldorn verknotet. Anschließend wird das offene Ende des Colon transversum über die Andruckplatte gezogen, die Tabaksbeutelnaht verknotet und abgeschnitten.

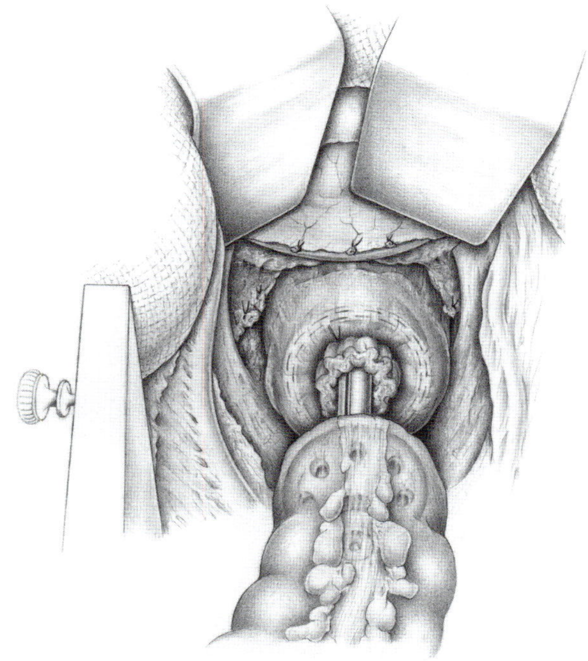

⑰ Schließen des Nahtapparates

Unter vorsichtiger Streckung des kranialen Darmschenkels sowie gleichzeitig dosiertem Schub am Nahtapparat wird das Klammernahtgerät geschlossen. Hierbei hat der Operateur kontinuierlich auf eine korrekte Orientierung der zusammengeführten Darmanteile zu achten. Nach Meldung des vollständigen Verschlusses des Nahtapparates durch den bedienenden Assistenten sollte die Anastomosenregion nochmals zirkulär auf Interposition von Nachbarstrukturen oder auf inzwischen entstandene Defekte inspiziert werden.

⑱ Klammernaht II

Nach Auslösen des Klammernahtmechanismus wird der Nahtapparat mit 2 Umdrehungen leicht geöffnet und mit vorsichtigen drehenden Bewegungen unter dosiertem Gegenzug am proximalen Darmschenkel herausgezogen. Es schließt sich eine nochmalige Inspektion der Anastomosenregion an. Die Dichtigkeit der Anastomose wird sodann durch peranale Instillation von z. B. Polyvidon-Jod-Lösung kontrolliert. Hierbei verschließt der Operateur das Darmlumen proximal mit den Fingern und es werden ca. 100 – 200 ml Lösung instilliert, bis sich eine dosierte Prallfüllung im Bereich der Anastomose zeigt. Eventuelle kleinere Lecks können durch Einzelknopfnähte verschlossen werden. Besser noch ist die intraoperative Endoskopie mit Videodokumentation. Zwei Easy-flow-Drainagen, der schichtweise Bauchdeckenverschluss und eine subkutane Redon-Drainage beenden den Eingriff.

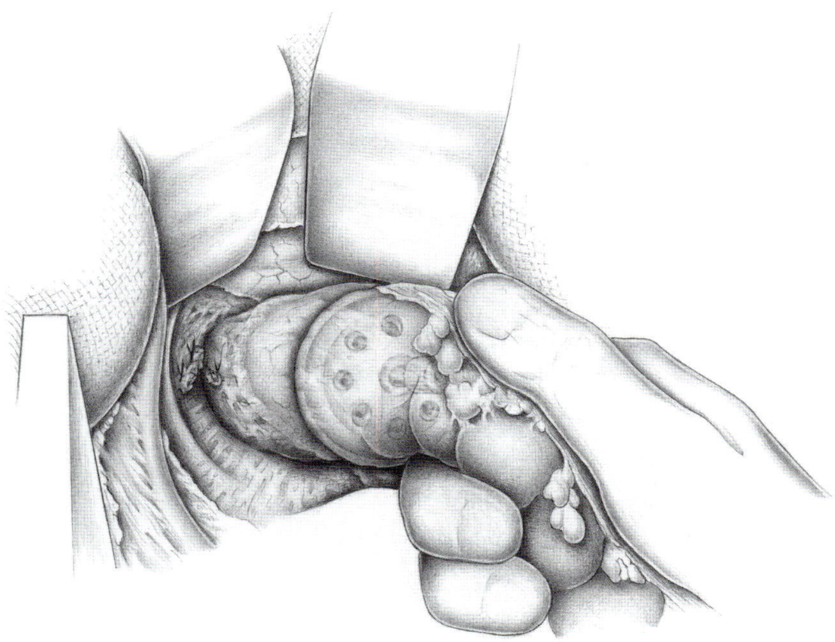

89. Anteriore Rektumresektion

1 Indikation

Elektiv: Pathologische Veränderungen des Rektums oberhalb 5 cm ab Anokutanlinie (mit koloanaler Naht oberhalb 4 cm).
Kontraindikation: Malignom tiefer als 4 cm oder mit Einbruch in die Sphinkteren.
Alternativverfahren: Abdominoperineale Rektumexstirpation.

2 Operationsvorbereitung

Präoperative Diagnostik: Endoskopie mit Biopsie (sichere Abklärung des Gesamtkolons erforderlich: falls koloskopisch nicht möglich, suffizienter Kontrasteinlauf!). Ausschluss extraintestinaler Manifestationen: Sonographie/Computertomographie ggf. mit perkutaner Punktion, endorektale Sonographie, ggf. urologische Diagnostik.
Patientenvorbereitung: Gegebenenfalls präoperative Korrektur einer Anämie. Orthograde Lavage, perioperative Antibiotikatherapie, Blasenkatheter.

3 Spezielle Risiken, Aufklärung

- Anastomoseninsuffizienz (< 5%).
- Anastomosenstriktur (< 10%).
- Harnleiterverletzung (4%).
- Blasenverletzung (1%).
- Impotenz (40–50%).
- Blasenfunktionsstörungen (20–100%; speziell, wenn bereits präoperativ Symptome vorliegen).
- Wundheilungsstörung (< 10%).
- Notwendigkeit einer Amputation/Stomaanlage.

4 Anästhesie

Intubationsnarkose.

5 Lagerung

Rücken, mod. Steinschnitt nach **Lloyd-Davies**.

6 Zugang

Mediane Laparotomie, oberhalb des Nabels auch Verlängerung auf den linken Rippenbogen, ggf. laparoskopische Vorgehensweise.

7 Operationsschritte

1. Resektionsausmaß.
2. Zugang.
3. Exposition.
4. Mobilisation Colon sigmoideum I.
5. Mobilisation Colon sigmoideum II.
6. Darstellung der Gefäßwurzel.
7. Radikuläre Gefäßdurchtrennung.
8. Skelettierung des Rektosigmoids.
9. Präsakrale Präparation I.
10. Präsakrale Präparation II.
11. Präsakrale Präparation III.
12. Präsakrale Präparation IV.
13. Präparationslinien.
14. Retrovesikale Präparation.
15. Distale Tabaksbeutelnaht.
16. Distales Absetzen des Rektums.
17. Proximale Skelettierung.
18. Proximales Absetzen des Sigmas.
19. Dilatation der Darmlumina.
20. Klammernahtanastomose I.
21. Klammernahtanastomose II.
22. Klammernahtanastomose III.
23. Intersphinktäre Resektion.
24. Absetzen des Rektums.
25. Präparation des Rektumstumpfes.
26. Evertierung des Rektumstumpfes I.
27. Evertierung des Rektumstumpfes II.
28. Koloanale Klammernaht I.
29. Koloanale Klammernaht II.
30. Abgeschlossene Rekonstruktion.

8 Relevante Anatomie, Gefahren, Tricks

- Rektosigmoidaler Übergang ca. 15 cm von Anokutanlinie.
- Der Douglas-Raum befindet sich ventral des mittleren Rektumdrittels.
- Dorsal des Rektums liegt die präsakrale Waldeyer-Faszie, ventral zur Blase hin beim Mann die Denonvillier-Faszie.
- Unter der Waldeyer-Faszie liegen die großkalibrigen präsakralen Venen: die sicherste und oft auch einzige Blutstillungsmöglichkeit bei Verletzung ist die Kompression, ggf. unter Zuhilfenahme von Hämostyptika.
- Das Rektum hat nur im Bereich der oberen zwei Drittel ein Meso (A. rectalis superior als Endast der A. mesenterica inferior), das untere Drittel ist extraperitoneal (die Äste der A. rectalis media aus der A. iliaca interna erreichen das Rektum beidseits von lateral = „Paraproktien").
- Die totale Mesorektumexzision (TME) ist Voraussetzung der Radikalität.
- In der Notfallsituation (Ileus, Perforation) intraoperative Lavage des Kolons mittels Blasenkathetereinlage in den Appendixstumpf nach Appendektomie. Die Ableitung des Darminhalts erfolgt am besten über einen eingebundenen Narkoseschlauch (Einmalartikel).

9 Maßnahmen bei speziellen Komplikationen

- Anastomoseninsuffizienz: typischerweise Entwicklung am 6. – 9. postoperativen Tag. Klinische Zeichen sind Fieber, Leukozytose, trübes Drainagesekret und intestinale Passagestörung bis zum Ileus. Erste diagnostische Maßnahme ist die vorsichtige digitale Untersuchung der Anastomose und ggf. ein Kontrastmitteleinlauf mit wasserlöslichem Kontrastmittel (z. B. Gastrografin). Bei geringen Symptomen unter systemischer Antibiotikatherapie und Nahrungskarenz/parenteraler Ernährung zuwarten; im Zweifel stets Revision mit Drainage, Anastomosenneuanlage oder -ausleitung oder Anlage eines protektiven Transversostomas.
- Blasenentleerungsstörung: Katheter für 5 – 7 Tage belassen, mikrobiologische Kontrollen des Urins!
- Intraoperative Ureterverletzung: Naht über eingelegten Ureterkatheter, postoperativ für 10 Tage Blasenkatheter, ggf. Boari-Plastik.
- Intraoperative Blasenverletzung: Zweireihige Naht mit resorbierbarem Material (3 × 0 PGS), Blasenkatheter für 10 Tage.

10 Nachsorge

Medizinische Nachbehandlung: Magensonde ex am 2. – 4. Tag, Drainagen ex ab 7./8. Tag, nachdem Patient abgeführt hat. Adjuvante Therapie (Radiatio, Chemotherapie) planen.
Kostaufbau: Schluckweise trinken ab 3. – 4. Tag, feste Kost erst nach Abführen ab dem 7. Tag.
Stuhlgang: Im weiteren postoperativen Verlauf auf regelmäßigen Stuhlgang achten, ggf. milde orale Laxantien.
Mobilisation: Sofort.
Krankengymnastik: Atemgymnastik.
Arbeitsunfähigkeit: 2 – 3 Wochen.

7 Operationstechnik

1. Resektionsausmaß.
2. Zugang.
3. Exposition.
4. Mobilisation Colon sigmoideum I.
5. Mobilisation Colon sigmoideum II.
6. Darstellung der Gefäßwurzel.
7. Radikuläre Gefäßdurchtrennung.
8. Skelettierung des Rektosigmoids.
9. Präsakrale Präparation I.
10. Präsakrale Präparation II.
11. Präsakrale Präparation III.
12. Präsakrale Präparation IV.
13. Präparationslinien.
14. Retrovesikale Präparation.
15. Distale Tabaksbeutelnaht.
16. Distales Absetzen des Rektums.
17. Proximale Skelettierung.
18. Proximales Absetzen des Sigmas.
19. Dilatation der Darmlumina.
20. Klammernahtanastomose I.
21. Klammernahtanastomose II.
22. Klammernahtanastomose III.
23. Intersphinktäre Resektion.
24. Absetzen des Rektums.
25. Präparation des Rektumstumpfes.
26. Evertierung des Rektumstumpfes I.
27. Evertierung des Rektumstumpfes II.
28. Koloanale Klammernaht I.
29. Koloanale Klammernaht II.
30. Abgeschlossene Rekonstruktion.

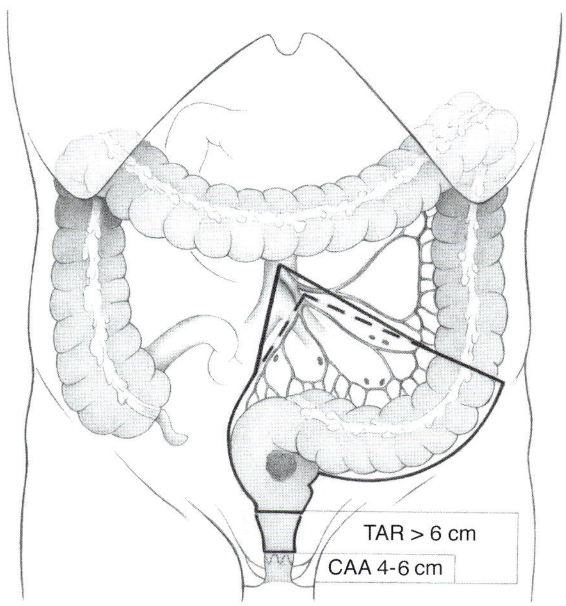

1 Resektionsausmaß

Die anteriore Rektumresektion ist indiziert bei Tumoren des proximalen und mittleren Rektumdrittels. Sie zielt auf eine Wiederherstellung der Kontinenz durch Deszendorektostomie. Die Resektion beinhaltet die Entfernung des Darmrohrs, der Paraproktien sowie des Mesenteriums entsprechend der Lymphknotenstraßen. Die Resektionslinie beginnt an der A. mesenterica inferior, bezieht das Colon sigmoideum und das Rektum mit ein. Die distale Resektionslinie richtet sich nach der Tumorlokalisation. Tumoren oberhalb von 6 cm ab Anokutanlinie können kontinent von abdominell als tiefe anteriore Resektion (TAR) reseziert werden. Tiefer gelegene Tumoren bis zu 4 cm ab Anokutanlinie können bei entsprechenden Sicherheitsabständen nur durch tiefe anteriore Resektion mit koloanaler Anastomose (CAA) kontinent reseziert werden. Tumoren mit Einbruch in die Sphinkteren und schlecht differenzierte Tumoren unterhalb 5 – 6 cm ab Anokutanlinie sind nicht unter Kontinenzerhaltung zu entfernen.

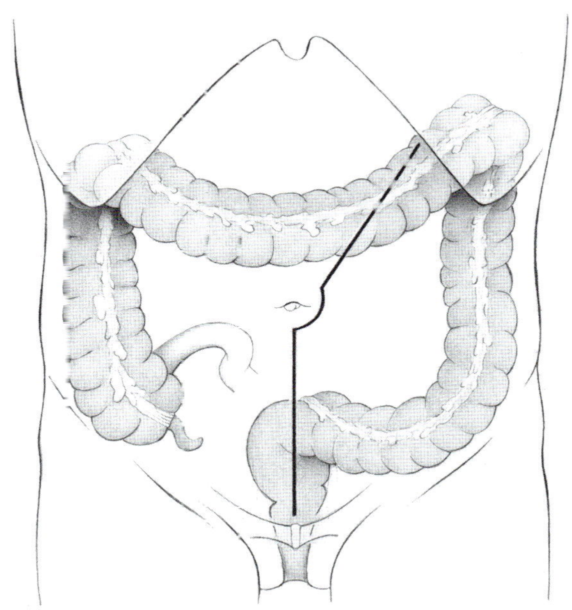

2 Zugang

Der Zugang entspricht dem bei der Sigmaresektion: Unterbauchmedianschnitt mit Verlängerung zum linken Rippenbogen.

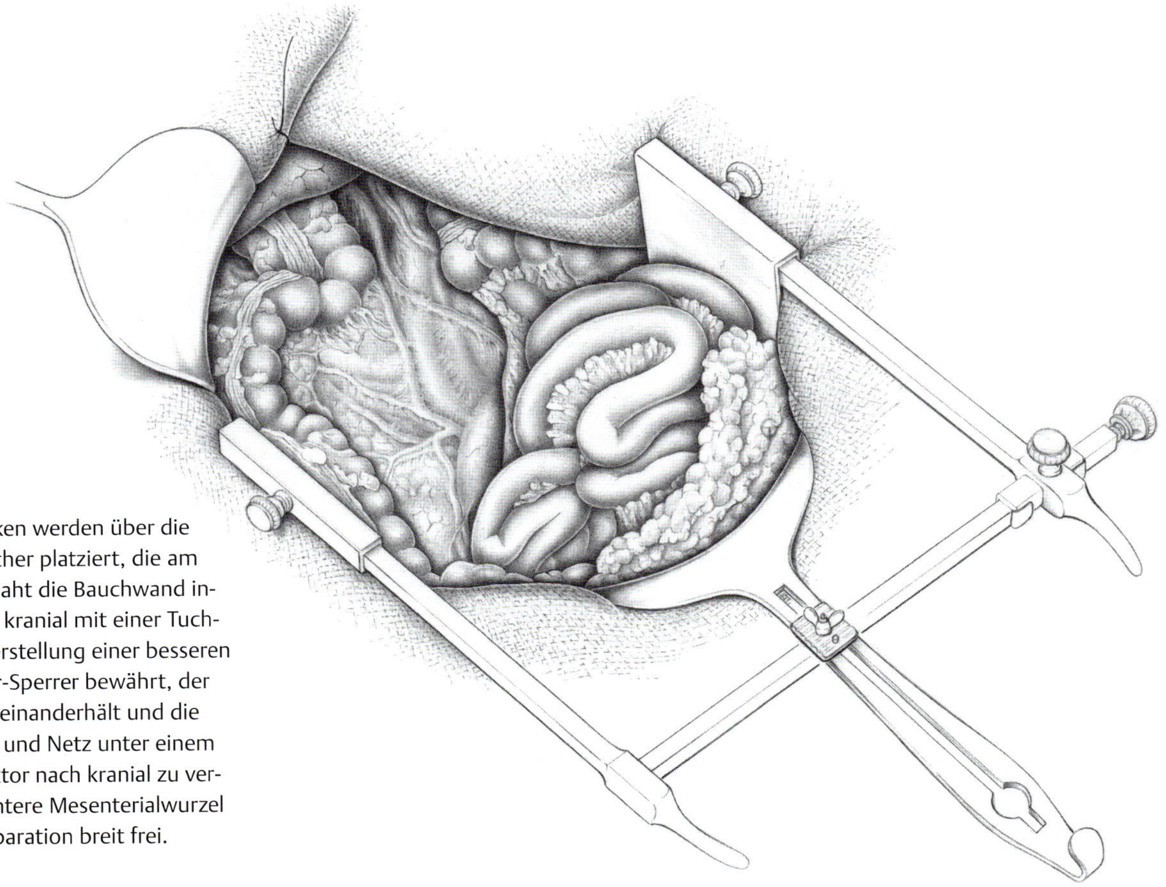

❸ Exposition

Nach Eröffnung der Bauchdecken werden über die Wundränder feuchte Bauchtücher platziert, die am kaudalen Wundpol mit einer Naht die Bauchwand inklusive Peritoneum fassen und kranial mit einer Tuchklemme fixiert werden. Zur Herstellung einer besseren Übersicht hat sich ein Goligher-Sperrer bewährt, der die Bauchdecken beidseits auseinanderhält und die Möglichkeit bietet, Dünndarm und Netz unter einem großen Tuch mit einem Retraktor nach kranial zu verlagern. Hierdurch liegen die untere Mesenterialwurzel und das kleine Becken zur Präparation breit frei.

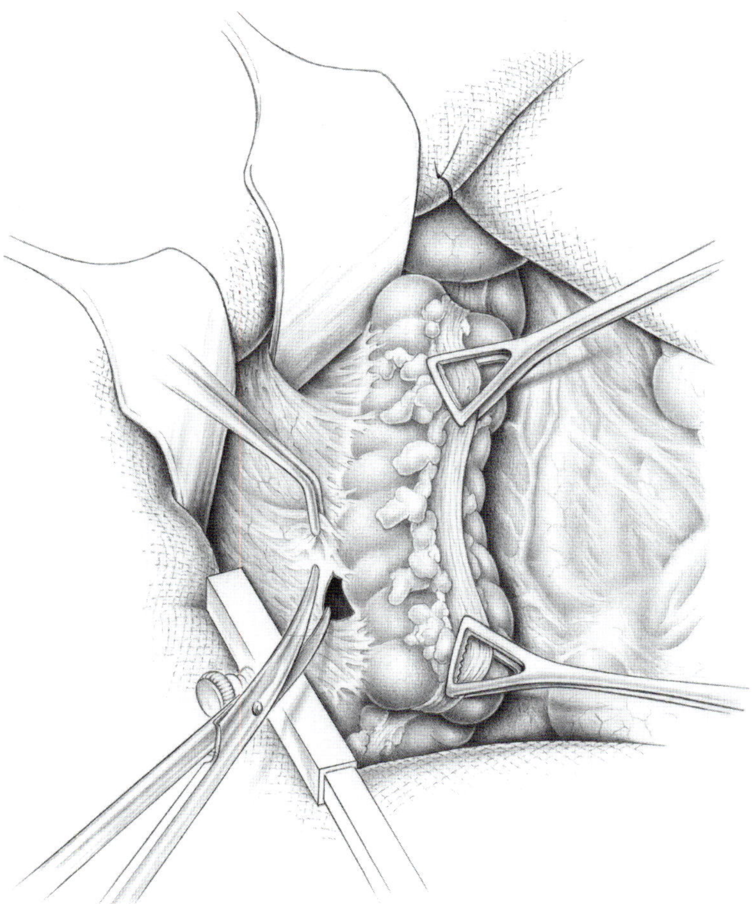

❹ Mobilisation Colon sigmoideum I

Nun beginnt die eigentliche Präparation mit Durchtrennung der lateralen Verklebungen des Colon sigmoideums. Das Kolon wird z. B. mit 2 Duval-Klemmen nach medial gezogen, die sich anspannende Schicht wird in der peritonealen Umschlagslinie scharf durchtrennt. Das Sigma wird auf ganzer Länge zwischen Colon descendens und Rektum von seinen lateralen Adhäsionen gelöst und nach mediokranial verzogen.

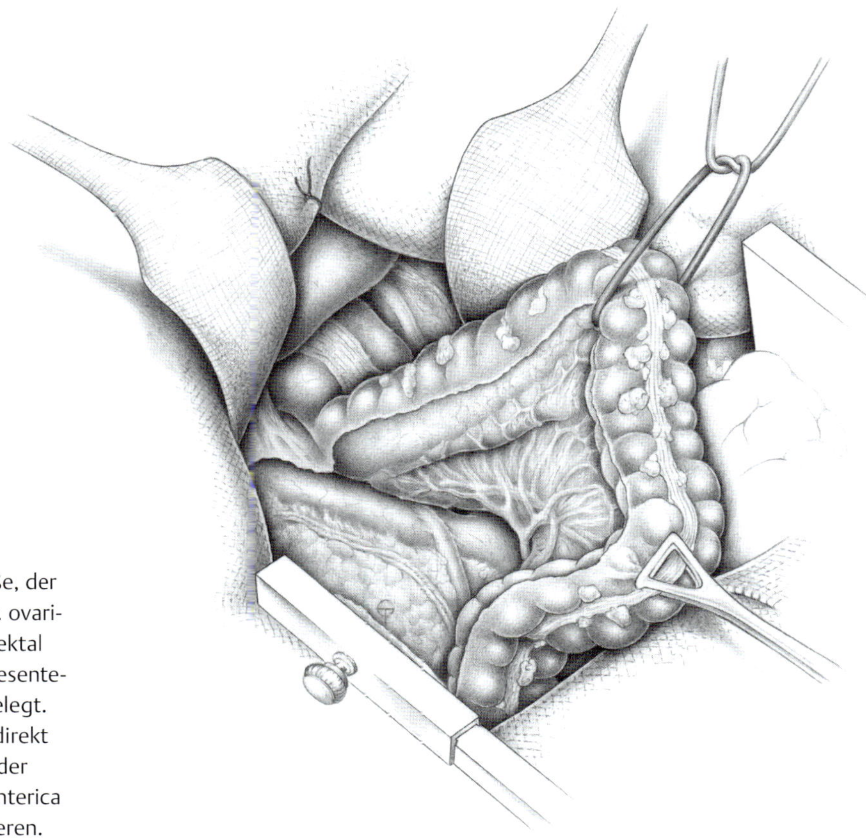

❺ Mobilisation Colon sigmoideum II

Die Mobilisation des Sigmas erfolgt so weit, dass die Iliakalgefäße, der die Iliakalgefäße kreuzende Ureter und die Vasa testicularia bzw. ovarica frei liegen. Zum Beckenboden hin wird das Peritoneum pararektal eingeschnitten. Durch Hochklappen des Sigmas lässt sich die mesenteriale Gefäßwurzel darstellen. Jetzt wird die Resektionslinie festgelegt. Es gilt, zwischen der radikulären Absetzung der A. mesenterica direkt an der Aorta und der tieferen Resektionslinie unter Aussparung der A. colica sinistra zu unterscheiden. Der am Abgang der A. mesenterica superior gelegene Grenzlymphknoten ist in jedem Fall zu biopsieren.

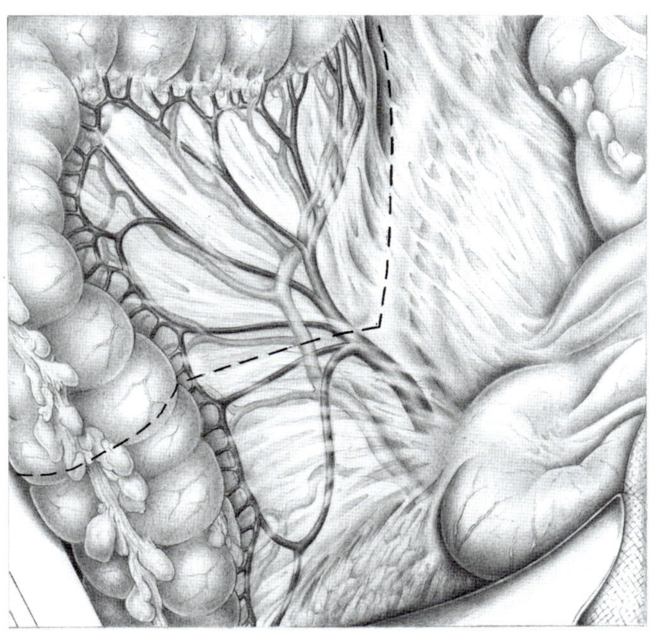

❻ Darstellung der Gefäßwurzel

Die Entscheidung zwischen „high-tie"- (radikuläres Absetzen der A. mesenterica inferior an der Aorta) oder „low-tie"-Resektion (Absetzen der A. mesenterica inferior unter Belassung der A. colica sinistra, hier gestrichelt gezeigt) ist vom Vorhandensein der Riolan-Anastomose abhängig. Liegt keine Riolan-Anastomose vor, würde die „high-tie"-Ligatur zu einer Ausdehnung der Resektion bis hin zur Transversorektostomie führen. Aus diesem Grunde sollte man sich vor der Entscheidung über die Gefäßversorgung des Colon descendens informieren.

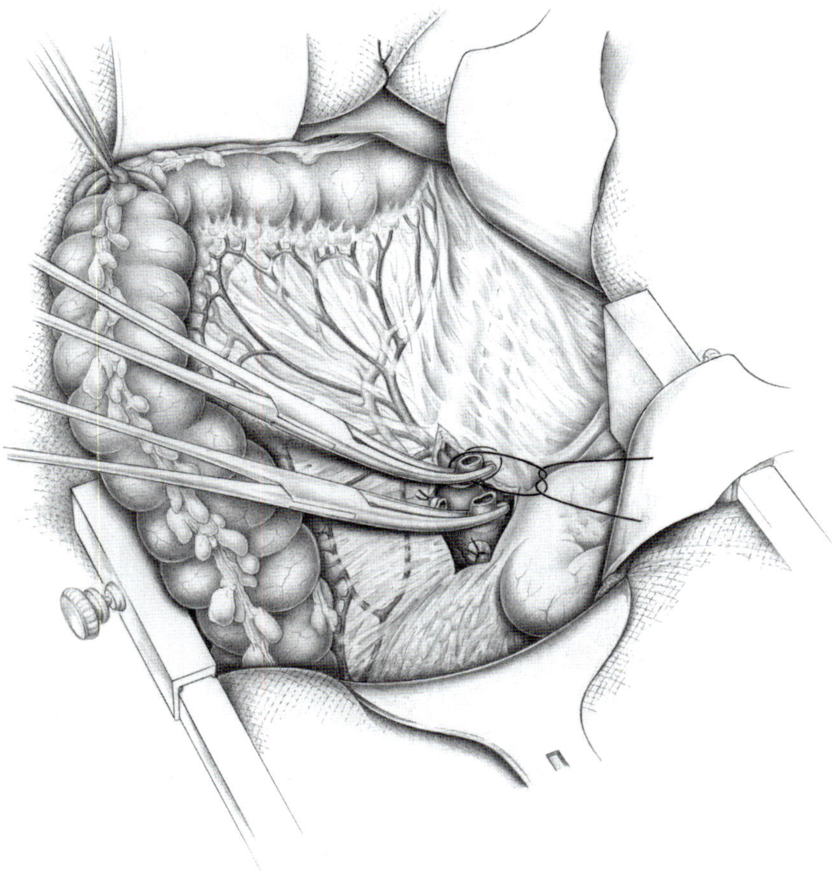

❼ Radikuläre Gefäßdurchtrennung

Das Colon sigmoideum wird mit einem Gummizügel unterhalb der Resektionslinie verschlossen und nach lateral verzogen. Der aborale Anteil des Sigmas und Rektums kann mit zytotoxischer Lösung (Polyvidonjod) gespült werden. Die radikale Rektumresektion beinhaltet die radikuläre Durchtrennung der versorgenden Gefäße. Zuerst wird die V. mesenterica inferior unmittelbar an der Pankreasunterfläche zwischen Overholt-Klemmen durchtrennt und mit Durchstechungsligaturen versorgt. Danach erfolgt die aortennahe Durchtrennung der A. mesenterica inferior; der proximale Stumpf wird mit einer Durchstechungsligatur verschlossen.

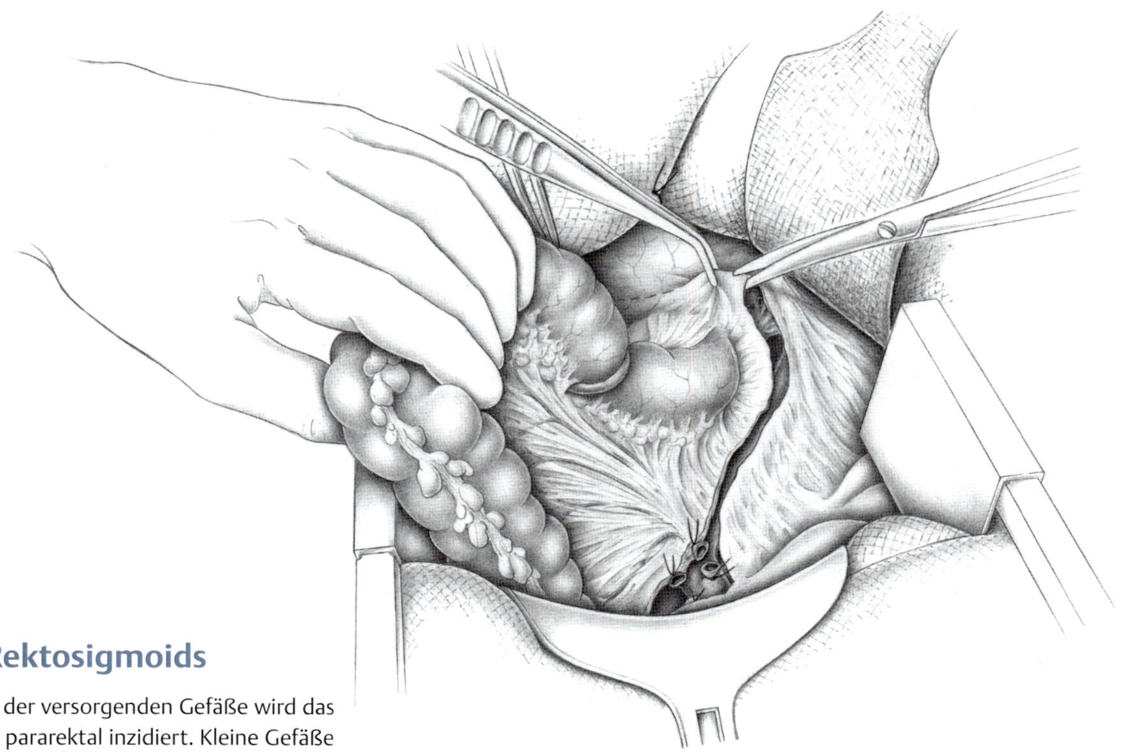

❽ Skelettierung des Rektosigmoids

Nach vollständiger Durchtrennung der versorgenden Gefäße wird das Beckenbodenperitoneum beidseits pararektal inzidiert. Kleine Gefäße werden koaguliert, größere zwischen Klemmen durchtrennt und ligiert. Linker und rechter Ureter werden dargestellt und sicher geschont. Die Peritonealinzision wird zwischen Hinterwand der Blase und Rektum unter Aussparung der Denonvillier-Faszie komplettiert. Das Mesenterium wird unter Aussparung der Iliakalgefäße schrittweise skelettiert und der Eingang zur Kreuzbeinhöhle auf diese Weise freigelegt.

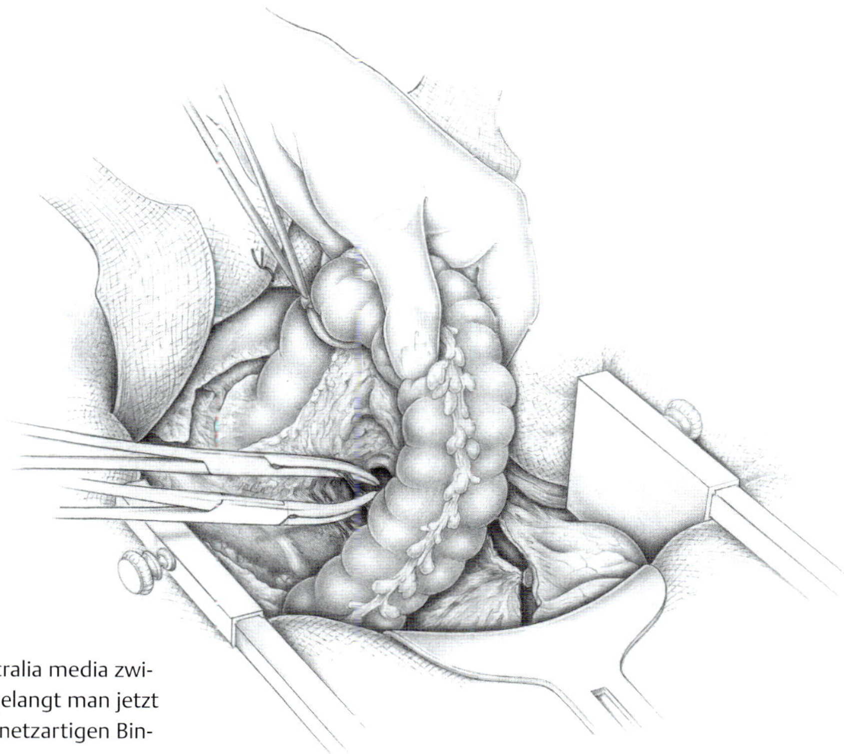

⑨ Präsakrale Präparation I

Vor Eröffnung des präsakralen Raums sind die Vasa sacralia media zwischen Overholt-Klemmen zu durchtrennen. Präsakral gelangt man jetzt in den gefäßfreien retrorektalen Raum, der von einem netzartigen Bindegewebe ausgefüllt ist.

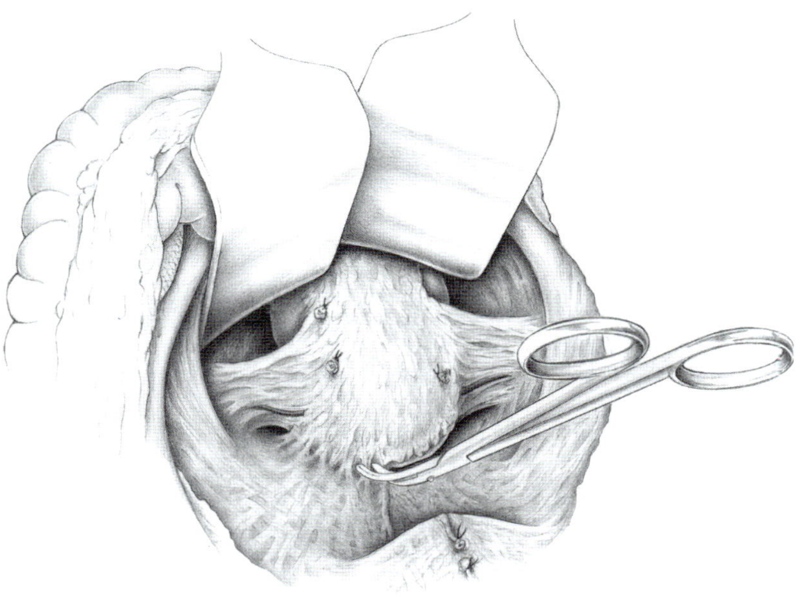

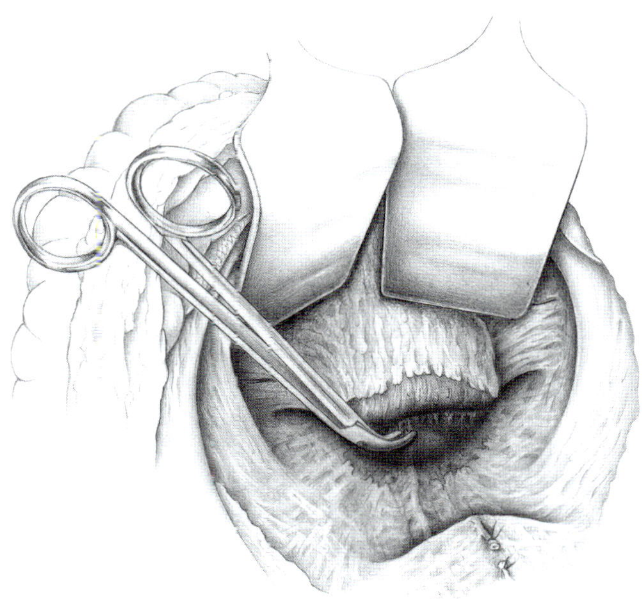

⑩ Präsakrale Präparation II

Das Rektum wird nach kranial verzogen. Wichtig ist hier der gezielte Hakenzug des zwischen den Beinen des Patienten stehenden Assistenten, der durch ventrokaudale Verziehung der Blase das kleine Becken zugänglich macht. Die komplette Exzision des Mesorektums kann von hier ab mit dem Elektrokauter erfolgen. Hierbei werden in der Eingangsebene des kleinen Beckens die beiden Plexus hypogastrici dargestellt und sorgfältig geschont.

⑪ Präsakrale Präparation III

Durch Hakenzug nach ventrokaudal unter schrittweiser Einbeziehung des Rektums lässt sich die Kreuzbeinhöhle zunehmend darstellen. Die präsakrale Präparation erfolgt mit dem Elektrokauter oder der Schere in der gefäßfreien Schicht. Der „Obduzentenhandgriff", d. h. die flache rechte Hand des Operateurs in der Kreuzbeinhöhle mit dem „quatschenden Geräusch", ist obsolet. Das Rektum lässt sich komplett unter Sicht ohne grobe manuelle Manipulation mobilisieren. Elektrokauter oder Schere und Pinzette sind ausreichende Instrumente. Dorsal liegt die zu erhaltende Waldeyer-Faszie mit dem dahinter gelegenen Venenplexus.

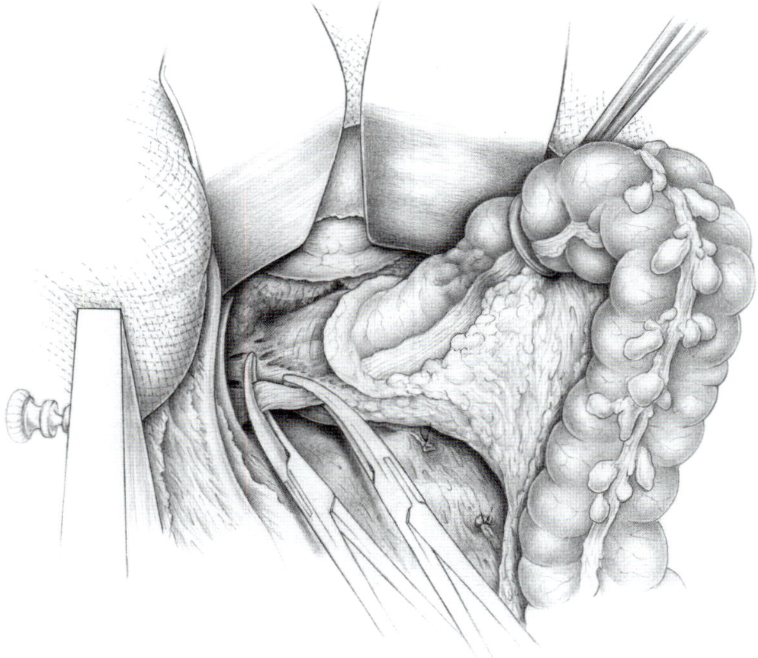

⓬ Präsakrale Präparation IV

Die präsakrale Mobilisation des Rektums geht bis zur Steißbeinspitze. Unter Zug am Rektum und ventraler bzw. lateraler Verlagerung durch eingesetzte Haken lässt sich die Kreuzbeinhöhle bis zum muskulären Beckenboden schrittweise eröffnen. In diesem Bereich bestehen keinerlei Gefäße, auch ist kein Mesorektum mehr vorhanden. Schrittweise wird das gesamte Mesorektum mit dem Elektrokauter unter Wechsel der Arbeitsrichtung herauspräpariert. Dies erfolgt bis zum muskulären Beckenboden. Ziel ist die Entfernung des gesamten Mesorektums.

⓭ Präparationslinien

Im Sagittalschnitt ist die Präparation besser zu demonstrieren. Sie verläuft unmittelbar präsakral unter Vermeidung einer Verletzung der präsakralen Waldeyer-Faszie. Die Präparation geht bis auf den muskulären Beckenboden im Bereich der Levatormuskulatur. Ventralseitig geht die Präparation retrovesikal unter Belassung der Denonvillier-Faszie. Samenblase und Prostata sollten von der Faszie bedeckt bleiben. Die Resektionslinie der tiefen anterioren Resektion ist unmittelbar auf dem Beckenboden unter Belassung eines ca. 2 – 3 cm langen mobilen Rektumanteils, der durch ein Klammernahtgerät anastomosiert werden kann. Liegt der Tumor so tief, dass diese Resektionslinie unter Einschluss der Sicherheitsgrenzen nicht ausreicht, muss eine intersphinktäre Resektion mit CAA erfolgen. Hierzu wird die Präparation zwischen dem M. sphincter ani externus und der Puborektalisschlinge außen und dem M. sphincter ani internus fortgeführt. Untere Resektionslinie ist in diesem Fall die Linea dentata. Auf diese Weise lässt sich der gesamte Muskelschleimhauttrichter des Darms unter Wahrung der Kontinenz intersphinktär auslösen. Die Rekonstruktion muss allerdings nun von transanal erfolgen.

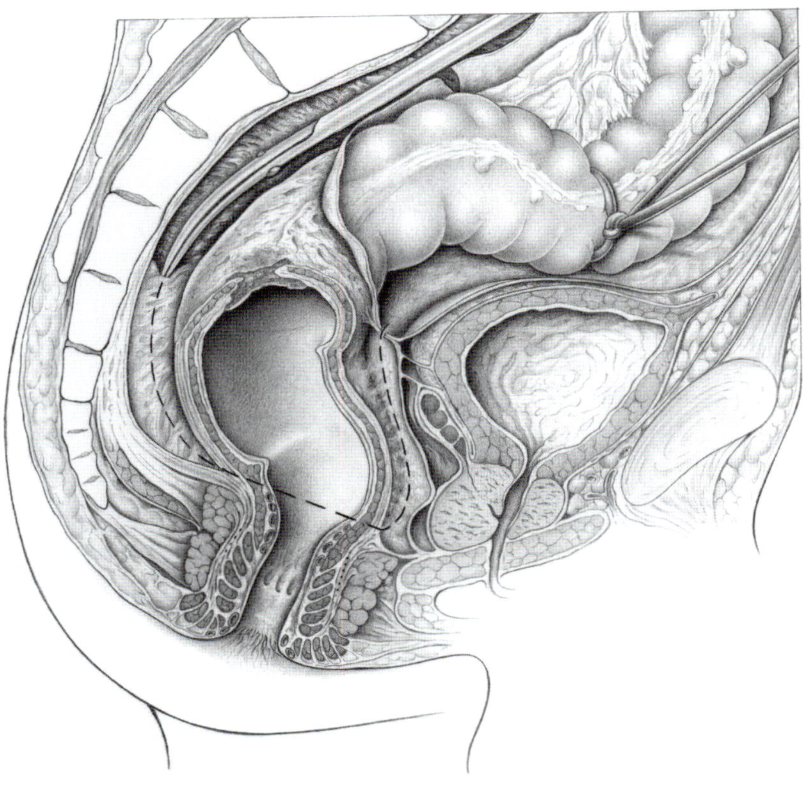

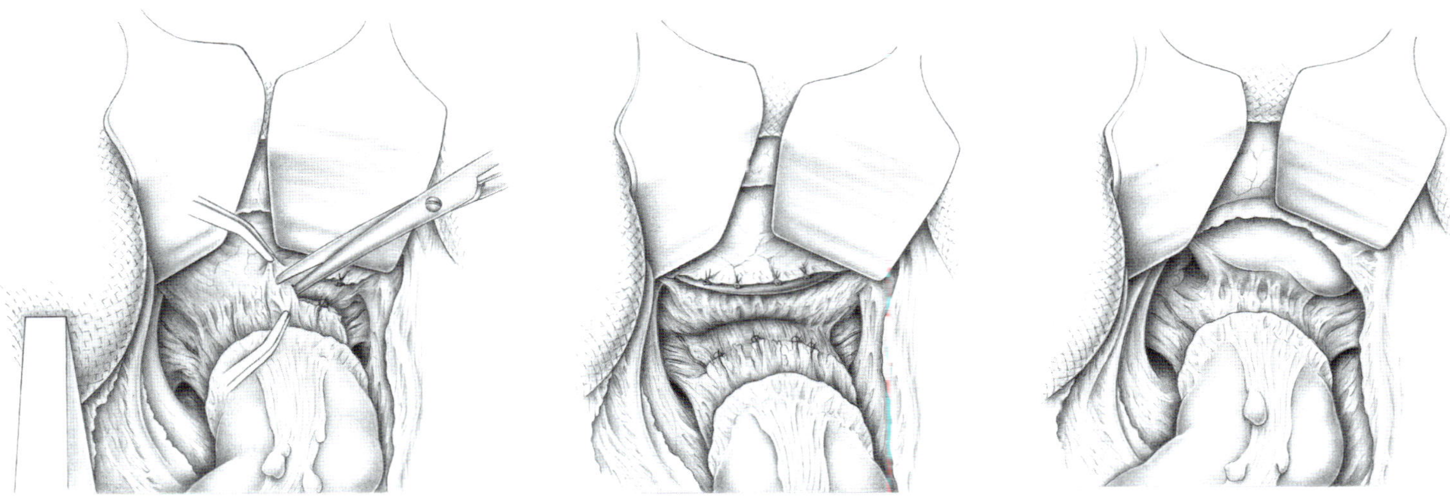

⑭ Retrovesikale Präparation

Die Präparation des Rektums nach ventral erfolgt entlang der Denonvillier-Faszie. Zuerst wird die Hinterwand der Blase scharf abgelöst, die Blase nach ventrokaudal, das Rektum nach kraniodorsal verzogen. Entlang der Faszienschicht gelangt man in die Tiefe. Kleine Gefäße werden zwischen Klemmen durchtrennt und mit 3 × 0-Ligaturen versorgt.

Am Ende der Präparation liegen ventral die Samenblasen gut sichtbar unter der Denonvillier-Faszie. Infiltriert der Tumor in diesem Bereich, ist allerdings größere Radikalität mit Entfernung der Samenblasen und der Faszie geboten. Gelegentlich sind auch Blasenteilresektionen nicht vermeidbar.

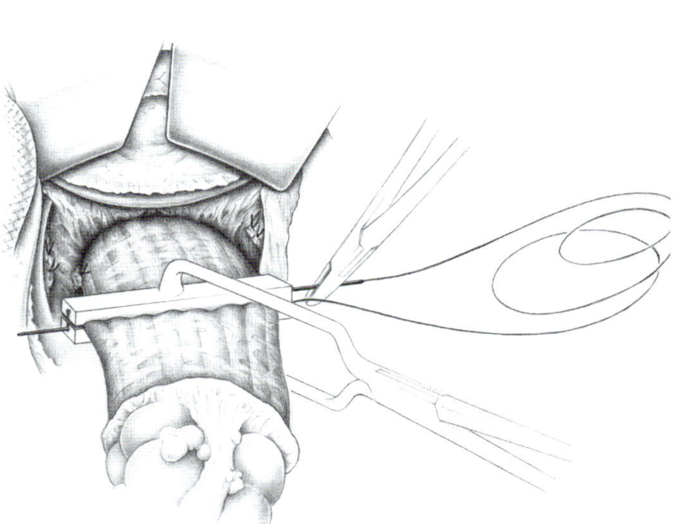

⑮ Distale Tabaksbeutelnaht

Die Mobilisation des Rektums geht bis auf den Beckenboden. In jedem Fall ist die Puborektalisschlinge darzustellen. Lässt sich in dieser Position der Tumor gut von Zeige- und Mittelfinger des Operateurs unterfahren, so ist der Tumor durch tiefe anteriore Resektion resektabel. Eine abdominoperineale Amputation wird in dieser Situation keine größere Radikalität bedeuten. Distal auf dem Beckenboden wird eine Tabaksbeutelnaht angebracht. Hierzu kann eine Tabaksbeutelklemme platziert werden. Daher empfiehlt sich, eine biegsame Nadel zu nehmen, die bei der Extraktion im engen kleinen Becken spiralig aufgerollt werden kann. Eine starre gerade Nadel behindert die Beweglichkeit in diesem Bereich und führt zu Kompromissen in der Resektionshöhe.

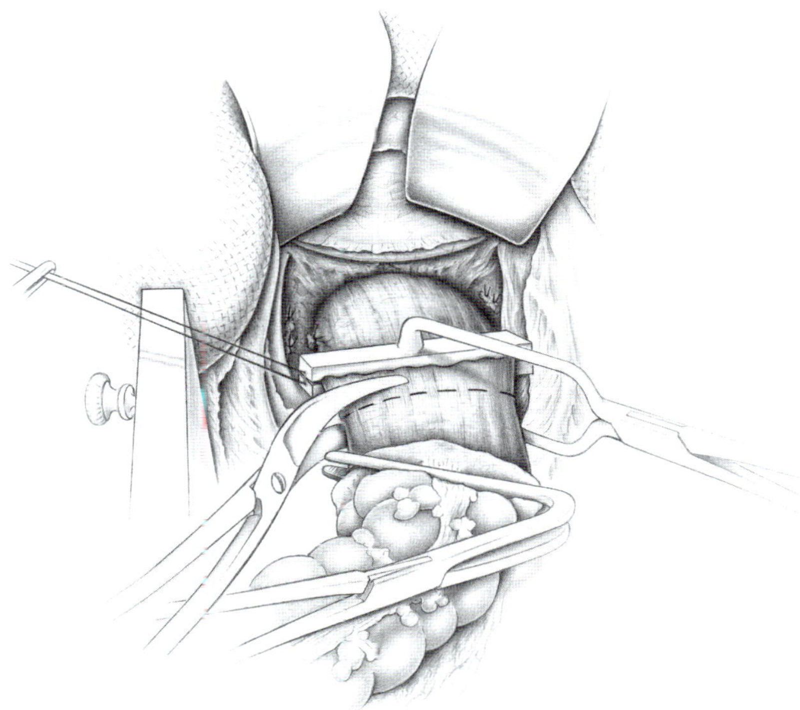

⑯ Distales Absetzen des Rektums

Das proximale Rektum wird mit einer Winkelklemme verschlossen. Unter leichtem Zug hieran wird das Rektum knapp oberhalb der Tabaksbeutelnahtklemme durchtrennt. Es bewährt sich dabei die gewinkelte Hösel-Schere. **Cave**: Akzidentelle Durchtrennung der Tabaksbeutelnaht! Die Nahtklemme darf erst nach Absetzen des Rektums geöffnet werden!

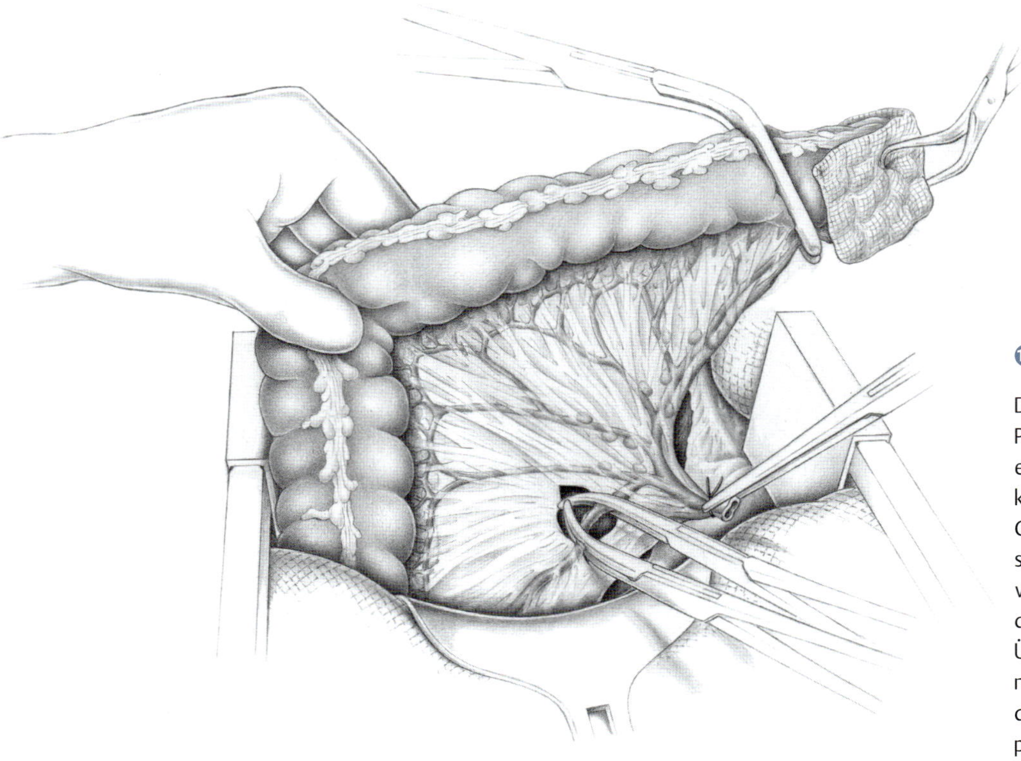

⑰ Proximale Skelettierung

Der proximale Rektumstumpf wird mit einer Polyvidonjodkompresse verschlossen, die mit einer Tuchklemme gesichert werden kann. Die kraniale Resektionslinie richtet sich nach der Gefäßversorgung. Das Mesenterium wird zwischen Overholt-Klemmen so weit skelettiert, wie es von der Gefäßversorgung her notwendig ist. Die Resektionslinie liegt im Bereich des Übergangs von Colon descendens in das Sigma. Die Gefäßversorgung von kranial über die Riolan-Anastomose ist sorgfältig zu überprüfen.

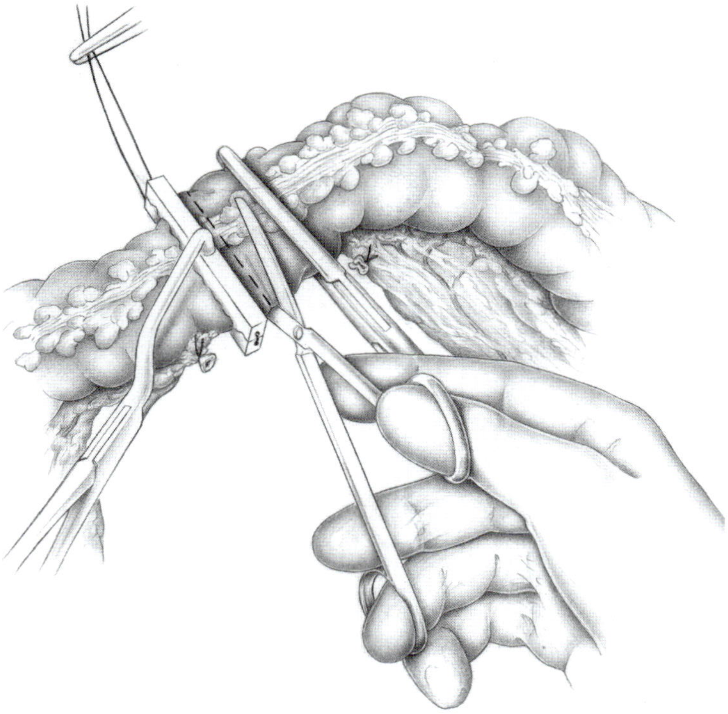

⑱ Proximales Absetzen des Sigmas

Nach proximal wird eine Tabaksbeutelklemme, nach distal eine scharfe Klemme eingesetzt. Nach Platzierung der Tabaksbeutelnaht wird der Darm über einem mit antiseptischer Lösung getränkten Streifen reseziert.

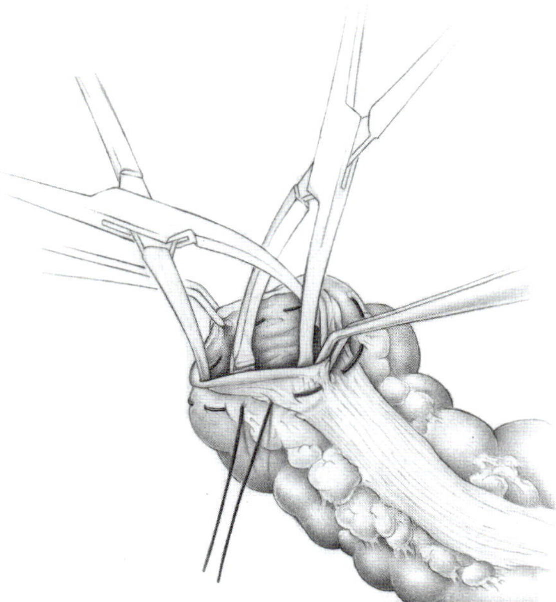

⑲ Dilatation der Darmlumina

Das proximale wie auch distale Darmende sollte vorsichtig mit 2 Kornzangen dilatiert werden. Dies erlaubt die Kontrolle der Tabaksbeutelnähte hinsichtlich eines korrekten Sitzes und verhindert ein Einreißen der Darmenden bei der Platzierung des Klammernahtgerätes.

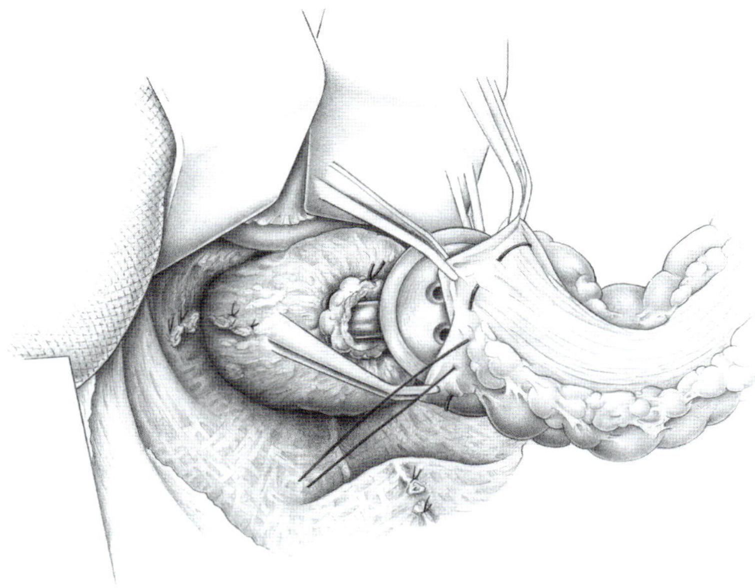

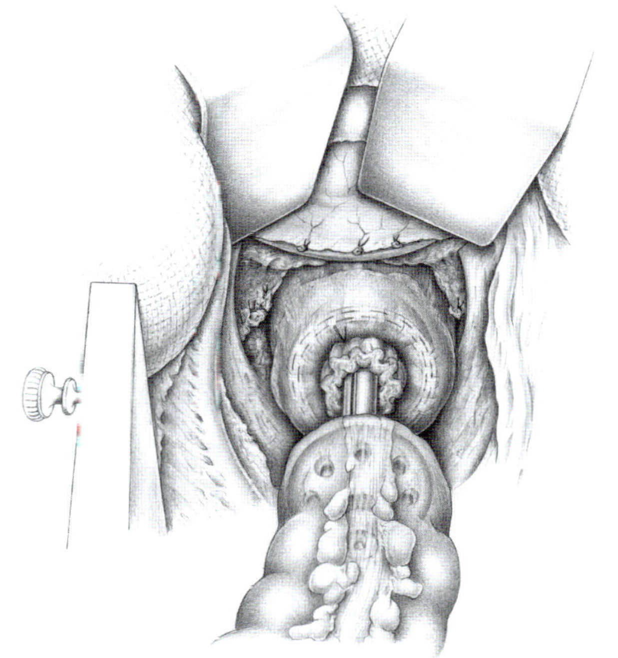

⑳ Klammernahtanastomose I

Von transanal wird der zirkuläre Nahtapparat, zumeist mit einem 31er Kopf, eingeführt. Die Tabaksbeutelnaht am aboralen Rektumstumpf wird über dem Zentraldorn dicht verschlossen. Das vorgedehnte Colon descendens kann dann leicht über die Andruckplatte des Nahtgeräts gezogen werden. Nach dem Verknoten der zweiten Tabaksbeutelnaht sollte die anatomiegerechte Orientierung des oralen Darmendes sichergestellt werden.

㉑ Klammernahtanastomose II

Unter dosiertem Zug am Colon descendens und transanalem Vorschieben des Nahtapparates gelingt eine Anastomosierung ohne Faltenbildung. Der Gewebeüberstand der Tabaksbeutelnähte sollte klein genug sein, um in den Hohlräumen des Nahtgeräts leicht Platz zu finden. Während des Schließens des Nahtapparats muss ständig die Orientierung des oralen Darmschenkels überprüft werden, um ein Torquieren zu vermeiden.

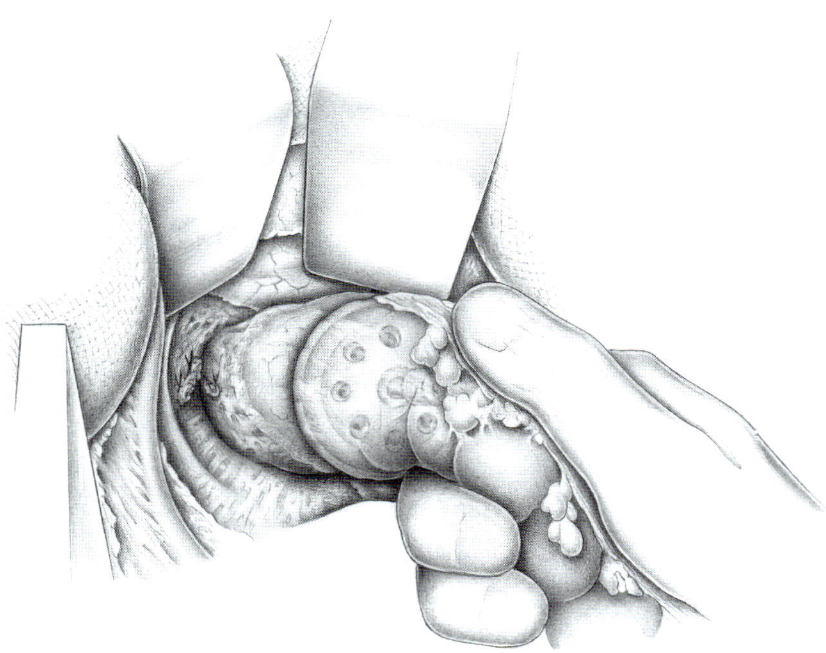

㉒ Klammernahtanastomose III

Nach vollständigem Zusammenpressen der Anastomosenringe betätigt der zwischen den Beinen des Patienten stehende Assistent den Nahtapparat. Nach Öffnen des Nahtgerätes um zwei halbe Umdrehungen wird es unter kreisenden Bewegungen entfernt. Die Vollständigkeit der ausgestanzten Geweberinge muss überprüft werden. Die tiefe anteriore Resektion ist damit beendet. Das Peritoneum des Beckenbodens wird bei uns prinzipiell nicht verschlossen.

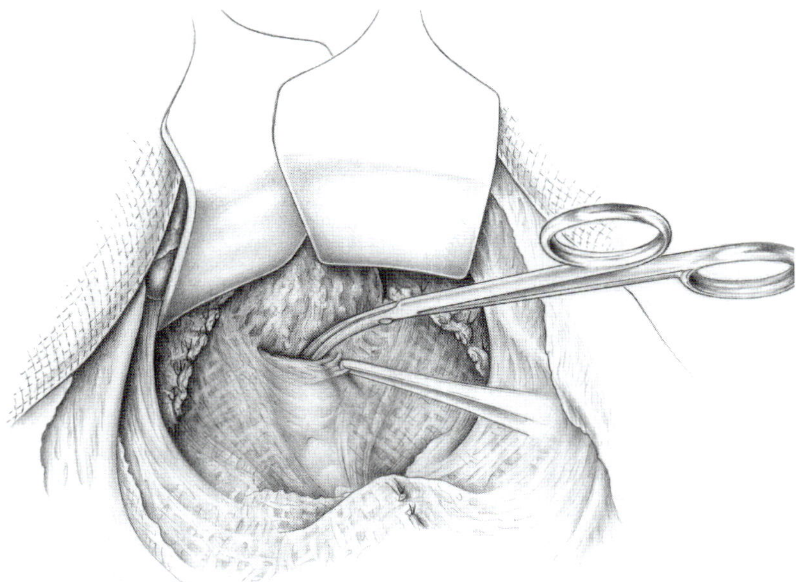

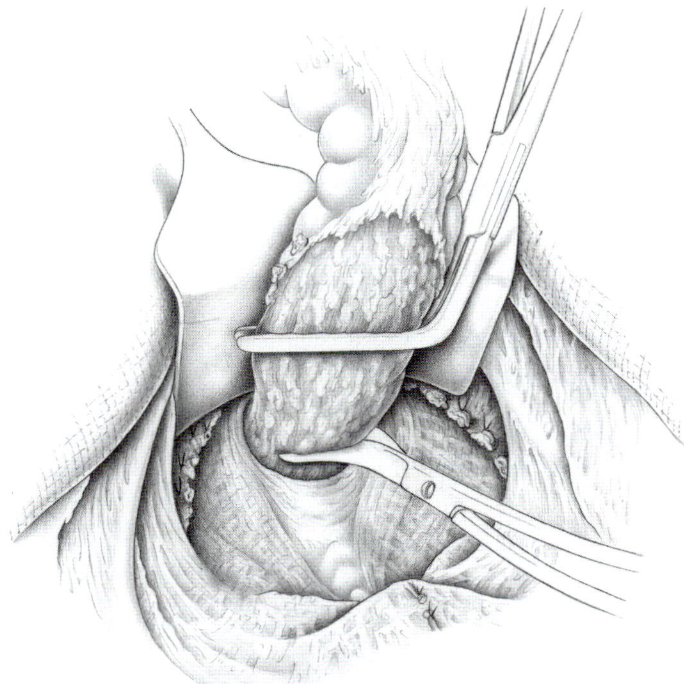

㉓ Intersphinktäre Resektion

Liegt der Tumor tief und lässt sich von abdominell kein ausreichender Sicherheitsabstand erreichen, besteht die Möglichkeit der intersphinktären Resektion. Hierzu wird das Rektum aus dem Beckenboden im intersphinktären Spalt zwischen Puborektalisschlinge und Internusmuskulatur schrittweise ausgelöst. Durch ventrokaudalen Zug der Haken lässt sich das Rektum in der Muskelschlinge gut darstellen und schrittweise präparieren. Diese Präparation erfolgt scharf mit der Schere oder stumpf mit dem Zeigefinger, wobei sorgfältig die Muskulatur des M. puborectalis und der Levatoren zu schonen ist. Das Rektum muss allseitig aus der Muskelschlinge befreit werden. Auf diese Weise lässt sich eine ca. 2 cm tiefe Resektionslinie ab Anokutanlinie erreichen.

㉔ Absetzen des Rektums

Nach vollständiger Auslösung des Rektums aus der Muskulatur wird das Rektum mit einer gewinkelten Klemme nach kranial verzogen und ohne Klemmen tief supraanal mit einer gewinkelten Schere (Hösel-Schere) abgesetzt. Gelegentlich ist es hilfreich, von einem Assistenten durch einen anal eingeführten Finger die Resektionshöhe zu markieren, um nicht zu tief, d. h. in das Anoderm zu geraten.

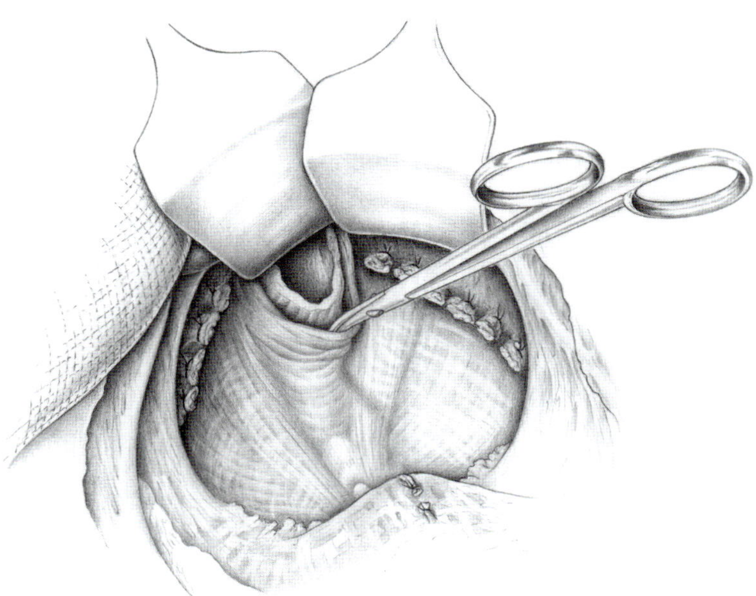

㉕ Präparation des Rektumstumpfes

Nach Absetzen des Rektums sieht man den Resektionsrand des Rektums in der Puborektalisschlinge. Er kann weiter unter Durchtrennung lateraler Verbindungen mobilisiert werden. Meist ist er ausreichend mobil, um ihn nach anal zu evertieren.

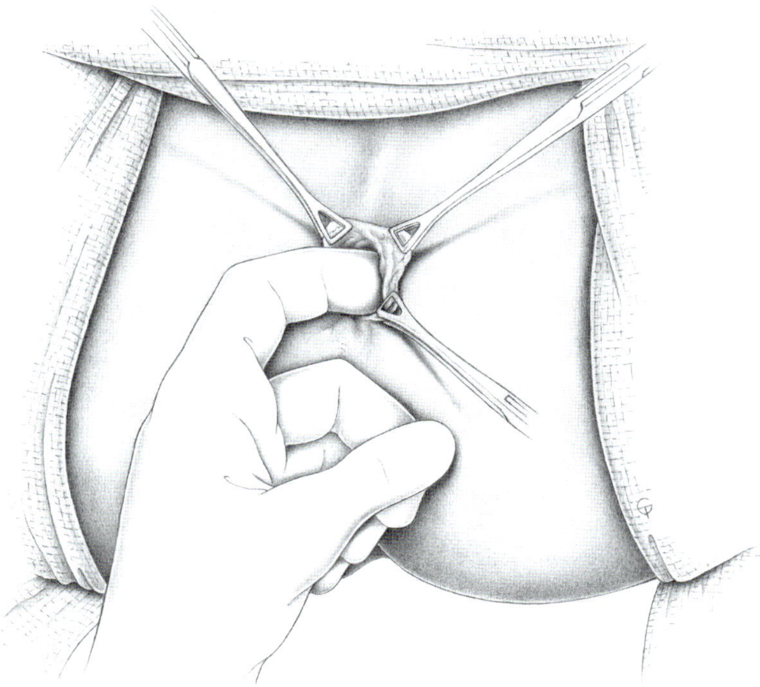

26 Evertierung des Rektumstumpfes I

Nach Umlagerung des Patienten mit Entfernung des Goligher-Rahmens (Quetschungsgefahr!) wird der Rektumstumpf mit dem Zeigefinger aus der Externusmuskulatur ausgekrempelt. Durch Fassen mit kleinen Duval-Klemmen gelingt es, den Rektumstumpf allseits so zu befreien, dass die Schleimhaut nur noch am unteren Anteil der Internusmuskulatur haftet. Diese unterste Muskelzwinge des Internus ist für die Feinkontinenz von erheblicher Bedeutung. Insgesamt muss das Manöver relativ zart erfolgen, um eine Denervation der Sphinkteren zu verhindern.

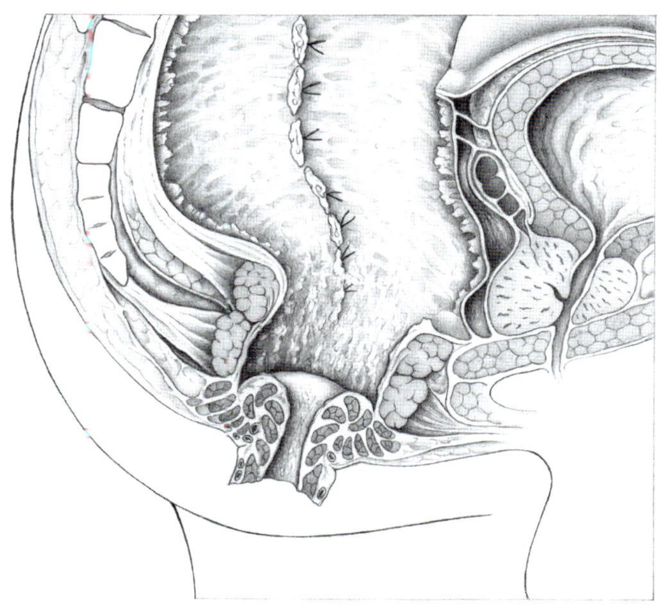

27 Evertierung des Rektumstumpfes II

Nach vollständiger Evertierung des Rektumstumpfes resultiert im Sagittalschnitt folgender Situs: Belassen ist die Externusmuskulatur und der distale Anteil der Internusmuskulatur. Die Denonvillier-Faszie ist intakt, die Paraproktien sind mit einzelnen Ligaturen versorgt. Am Rektumstumpf ergibt sich im Rahmen der Klammernahtanastomose eine weitere Resektion von 0,5 – 1 cm.

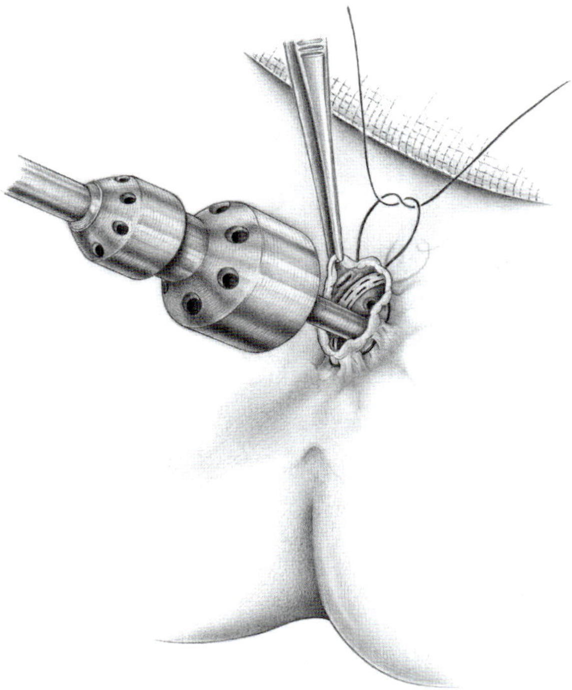

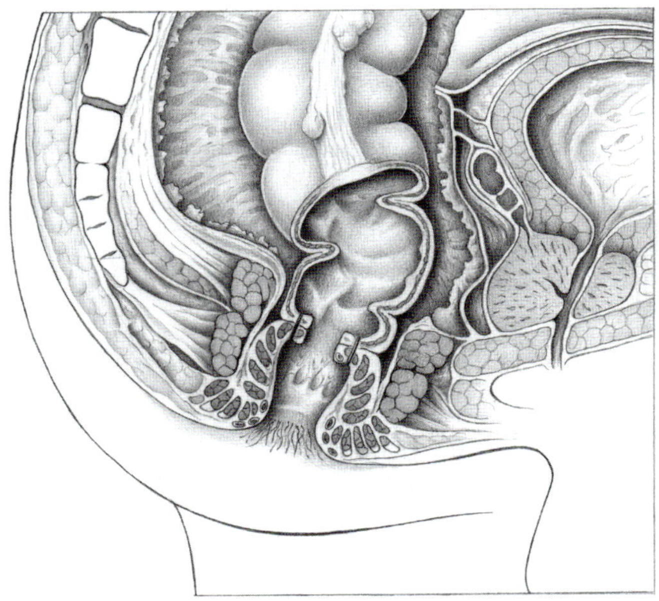

㉘ Koloanale Klammernaht I

Von außen wird eine Tabaksbeutelnaht unter Mitfassung von Anteilen der Internusmuskulatur angelegt. Ein 31er EEA-Nahtgerät wird über den zuvor geweiteten Analring eingeführt und die Tabaksbeutelnaht auf dem Zentraldorn fest verknotet. Von abdominell wird das Colon descendens über die Andruckplatte geschoben und ebenfalls die Tabaksbeutelnaht über dem Zentraldorn verknotet. Unter dosiertem Zug am Colon descendens (**cave**: Torquierung!) wird der Nahtapparat geschlossen und das Colon descendens auf diese Weise mit dem Anus fest verbunden. Die Anastomose muss spannungsfrei und gut durchblutet sein, ggf. ist die linke Kolonflexur zu mobilisieren.

㉙ Koloanale Klammernaht II

Nach Fertigstellung der Anastomose ist das Colon descendens als Neorektum in die Externusmuskulatur eingezogen, ein schmaler Saum der Internusmuskulatur ist erhalten geblieben.

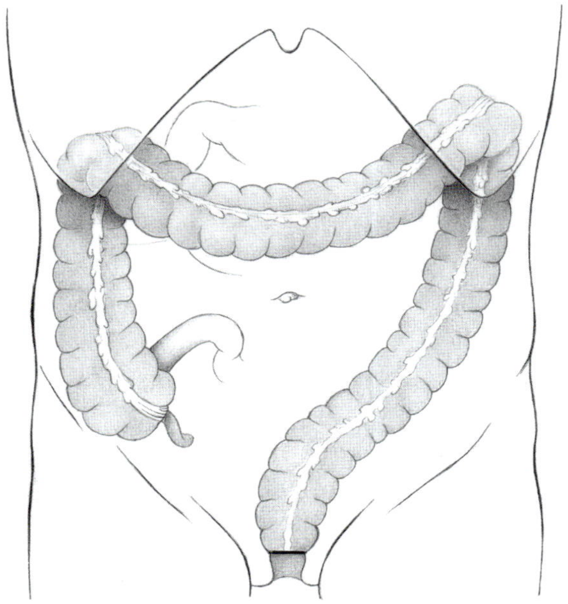

㉚ Abgeschlossene Rekonstruktion

Der koloanale Anastomosenring liegt ca. 2 cm ab Anokutanlinie, er kann durch ein doppelläufiges Ileostoma oder Transversostoma geschützt werden. Wir verzichten zunehmend hierauf und legen nur bei schlechten Durchblutungsverhältnissen oder geplanter postoperativer Bestrahlung ein protektives Stoma an.

90. Rektumexstirpation

1 Indikation

Elektiv: Malignome des Analkanals oder unteren Rektumdrittels (bei fehlender Indikation zur TAR).
Alternativverfahren: Lokale Exzision und Radiochemotherapie beim kloakogenen Karzinom, TAR mit koloanaler Naht beim tiefen Rektumkarzinom.

2 Operationsvorbereitung

Präoperative Diagnostik: Endoskopie mit Biopsie (sichere Abklärung des Gesamtkolons erforderlich: falls koloskopisch nicht möglich, suffizienter Kontrasteinlauf!). Ausschluss extraintestinaler Manifestationen: Sonographie/Computertomographie, ggf. mit perkutaner Punktion, endorektale Sonographie, ggf. urologische Diagnostik.
Patientenvorbereitung: Gegebenenfalls präoperative Korrektur einer Anämie. Orthograde Lavage, perioperative Antibiotikatherapie, Blasenkatheter. Anzeichen des Stomas.

3 Spezielle Risiken, Aufklärung

- Impotenz (20 – 60%).
- Blasenfunktionsstörungen (20 – 100%).
- Verletzung von Blase, Ureter und Urethra (insbesondere Männer; 6%).
- Stomakomplikationen (10 – 30%): Striktur, Retraktion, Prolaps, Nekrose, parastomale Hernie, Hautschäden, Wundheilungsstörung (besonders perineal; bis > 50%).

4 Anästhesie

Intubationsnarkose.

5 Lagerung

Rücken, mod. Steinschnitt nach **Lloyd-Davies**.

6 Zugang

Mediane Laparotomie, oberhalb des Nabels ggf. auch Verlängerung in Richtung auf den linken Rippenbogen; längsovaläre Umschneidung des Anus. Gegebenenfalls laparoskopische Vorgehensweise mit offenem perinealen Akt zur Bergung des Präparats.

7 Operationsschritte

1. Stomaplatzierung und Zugang.
2. Exstirpationskriterien.
3. Stomaanlage I.
4. Stomaanlage II.
5. Stomaanlage III.
6. Stomaanlage IV.
7. Analkanalverschluss.
8. Perirektale Präparation.
9. Beckenbodenpräparation I.
10. Beckenbodenpräparation II.
11. Beckenbodenpräparation III.
12. Beckenbodenpräparation IV.
13. Beckenbodenverschluss.

8 Relevante Anatomie, Gefahren, Tricks

- Verletzung der präsakralen Venen zwischen Waldeyer-Faszie und Periost des Sakrums: Blutung aus den Venen zeigt an, dass die Dissektion in einer zu tiefen Schicht erfolgt (Ausnahme: direkte Tumorinvasion), Versuch der Blutstillung mit Naht, Koagulation und ggf. Knochenwachs oder „Reißzwecken" (verletzte Venen retrahieren sich in die Sakralforamina!), wenn nicht prompt erfolgreich: lokale Hämostypika und Tamponade!
- Präsakrale Dissektion stets scharf und unter Sicht, erst wenn die Dissektion unterhalb des Steißbein-Niveaus gelangt ist, kann mit dem Finger stumpf nach lateral präpariert werden, um die lateralen Ligamente (sog. Paraproktien) besser zu definieren.
- Für den Erhalt der Potentia coeundi des Mannes ist die Schonung der Fasern des Plexus hypogastricus erforderlich: präaortales Nervengeflecht, welches über das Promontorium beidseits in mehreren Strängen an der posterolateralen Beckenwand abwärts zieht.
- Stets Ureter-Darstellung: überkreuzt die A. iliaca an der Teilung in den externen und internen Ast (charakteristische Kontraktionen des Ureters nach mechanischer Reizung!).
- Absetzung der A. mesenterica inferior distal des Abgangs der A. colica sinistra (= ca. 4 cm von der Aorta entfernt), radikuläres Absetzen nur bei verdächtigen Lymphknoten im Abgangsbereich erforderlich.
- Kolostoma-Anlage: stets im Bereich des M. rectus abdominis, gute Durchblutung im Absetzungsbereich sowie ausreichende Länge sind essentiell.

9 Maßnahmen bei speziellen Komplikationen

- Perineale Wundheilungsstörung: bei Infektzeichen (Fieber, Leukozytose, lokaler Druckschmerz) Wunde eröffnen und spülen.
- Intestinale Passagestörung: wenn nach 6 – 7 Tagen noch keine Stomafunktion, ggf. Kontrastmittel-Passage (wasserlösliches Kontrastmittel!).

10 Nachsorge

Medizinische Nachbehandlung: Magensonde ex am 2. – 4. Tag, abdominelle und perineale Drainagen ex am 5. – 7. Tag, perioperative Antibiotikagabe bis ca. 7. Tag fortführen, Blasenkatheter ex am 2. – 4. Tag.
Kostaufbau: Schluckweise trinken ab 3. – 4. Tag, feste Kost erst nach Abführen über Stoma ca. ab 7. Tag.
Stoma: Gegebenenfalls ab 4. Tag anklistieren und i. v.-Gabe von Peristaltika.
Mobilisation: Sofort.
Krankengymnastik: Atemgymnastik.
Arbeitsunfähigkeit: 2 – 4 Wochen.

7 Operationstechnik

❶ Stomaplatzierung und Zugang

Die Stomalokalisation sollte bereits präoperativ am stehenden Patienten eingezeichnet werden. Hierbei hat sich das probatorische Aufkleben eines Stomabeutels bewährt.Der Zugang entspricht dem der anterioren Rektumresektion, d. h. es erfolgt ein Unterbauchmedianschnitt, der um den Nabel herum in Richtung auf den linken Rippenbogen verlängert wird.Die nachfolgende Präparation entspricht bis zum Beckenboden der bei der tiefen anterioren Resektion dargestellten Präparation. Bis zum Niveau des Beckenbodens kann die Entscheidung zwischen tiefer anteriorer Resektion oder abdominoperinealer Exstirpation offen bleiben.

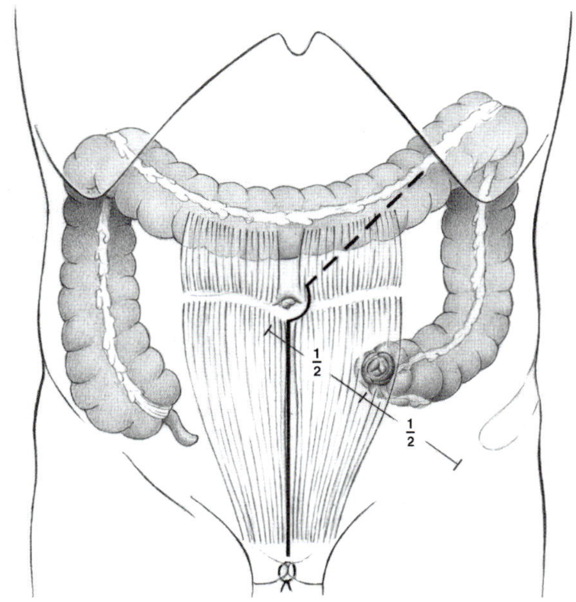

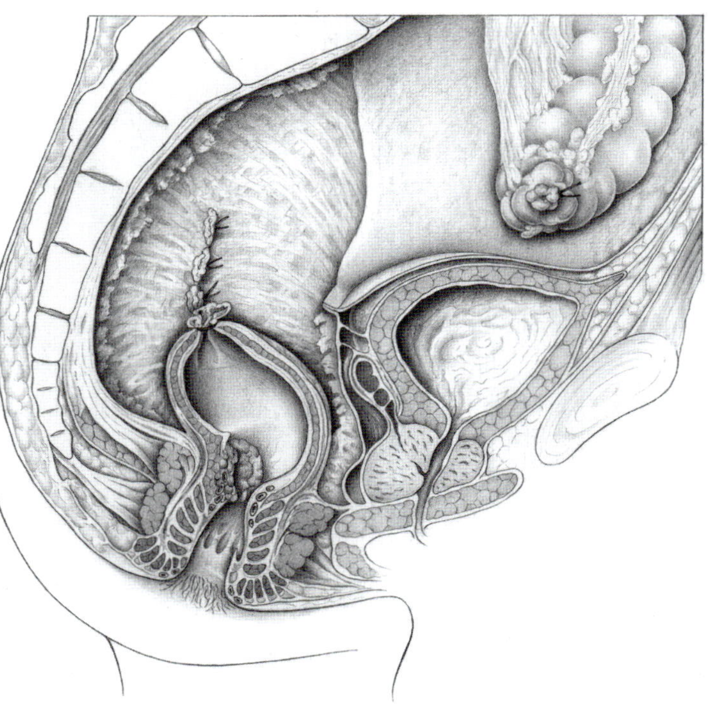

❷ Exstirpationskriterien

Die abdominoperineale Rektumexstirpation muss vorgenommen werden, wenn der Sphinkterapparat vom Tumor infiltriert ist bzw. der Tumorunterrand tiefer als 4 cm ab der Linea anocutanea gelegen ist. Hierzu wird der Darm im Bereich des rektosigmoidalen Übergangs durchtrennt und die beiden Enden blind verschlossen. Dies kann sowohl durch eine dicke Ligatur oder aber mittels eines Klammernahtgerätes erfolgen. Das Sigma wird zunächst nach kranial verlagert. Der Operateur präpariert von ventral weiter bis zum Beckenboden und mobilisiert den Rektumstumpf in der gesamten Zirkumferenz. Die Exstirpation des Rektums ist allerdings erst der letzte Operationsschritt.

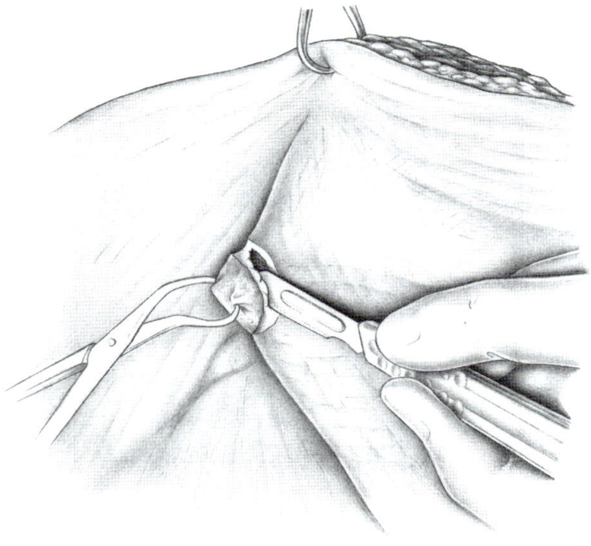

❸ Stomaanlage I

Die Anlage des Sigmoidostomas unterscheidet sich nicht von der im Rahmen der Hartmann-Operation beschriebenen Technik (vergleiche Kapitel 79, S. 309). Die mit der Tuchklemme gefassten Bauchdecken werden nach medial in ihre Ausgangsposition gezogen, das markierte Stoma wird mit einer Tuchklemme gefasst. Mit dem Skalpell wird das Stoma kreisrund ausgeschnitten.

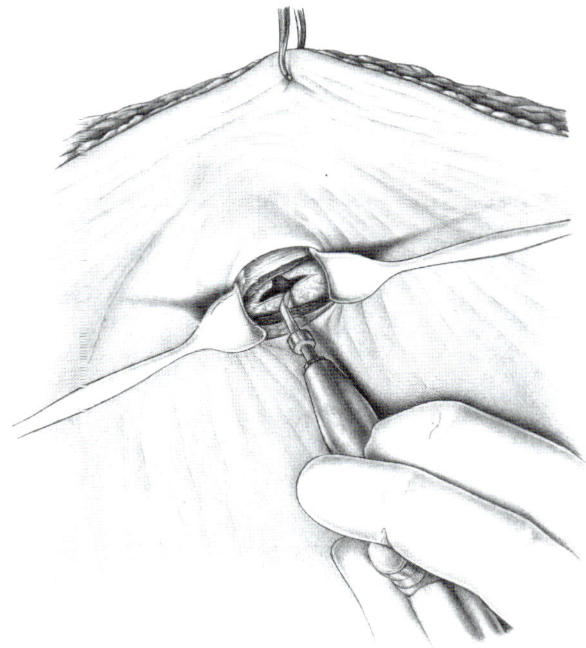

❹ Stomaanlage II

Die stumpf auseinander gedrängte Rektusmuskulatur wird durch Haken beiseite gehalten. Wie zuvor die ventrale Faszie werden Fascia transversalis und Peritoneum kreuzförmig inzidiert, um eine für ca. 2 Finger gut passierbare Durchtrittsöffnung zu schaffen.

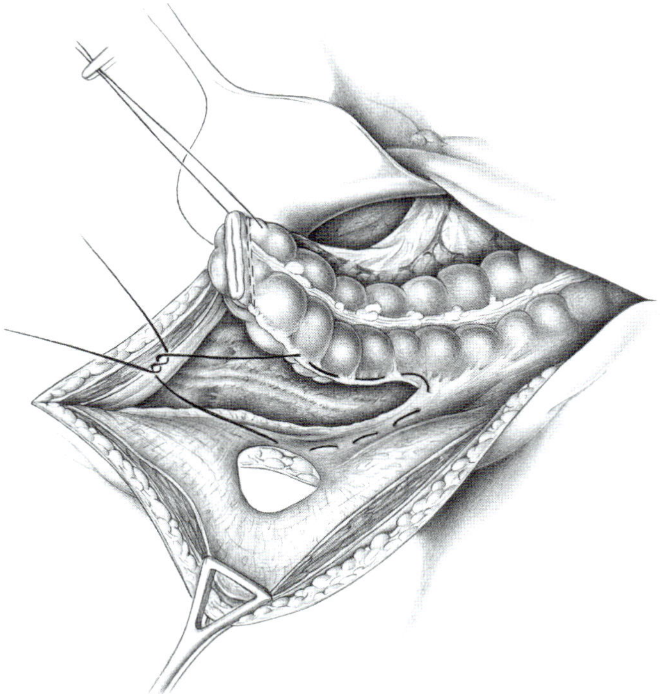

❺ Stomaanlage III

Zur Vermeidung späterer innerer Hernien ist der Nahtverschluss der Lücke zwischen lateraler Bauchwand und Sigma in Form einer „Schnürnaht“ wichtig. Nach Fertigstellung dieser Naht und Ausleitung des Sigmastumpfes aus der Stomaöffnung wird die Bauchhöhle gespült, die Kreuzbeinhöhle mit 2 Easy-flow-Drainagen drainiert und die Bauchwand unter Einlage einer subkutanen Redon-Drainage verschlossen.

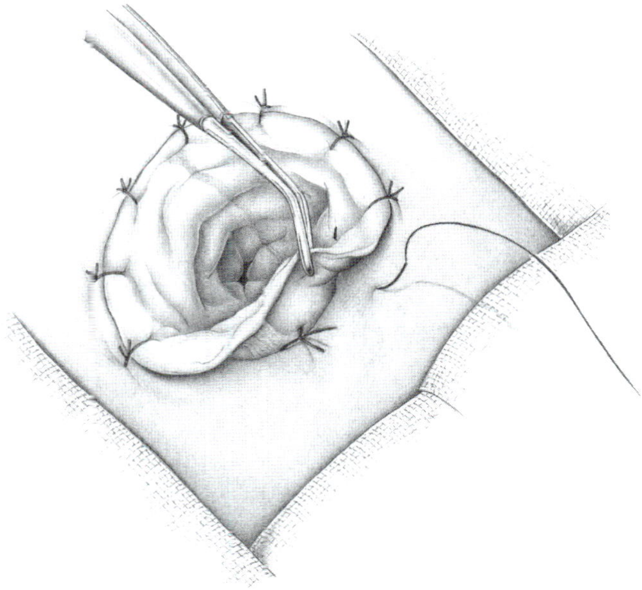

❻ Stomaanlage IV

Zur Vermeidung einer Wundkontamination wird zunächst die Bauchnaht durch Sprayverband und sterile Kompressen abgedeckt. Erst anschließend erfolgt die Öffnung des noch blind verschlossenen Sigmaschenkels. Die Fixierung des Stomas im Hautniveau mit Einzelknopfnähten gleicht der vorbeschriebenen Technik (vergleiche Kapitel 79, S. 309).

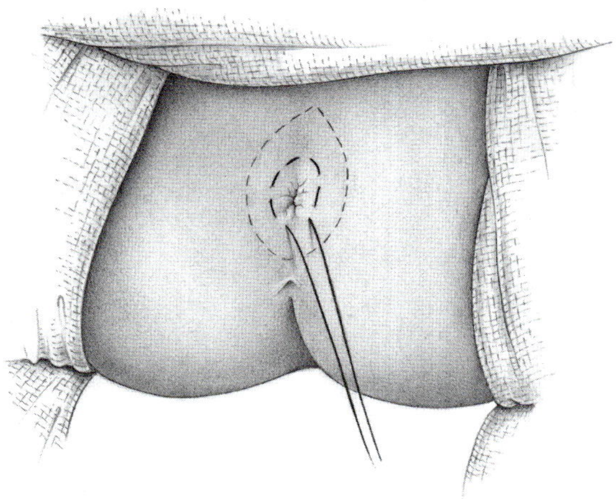

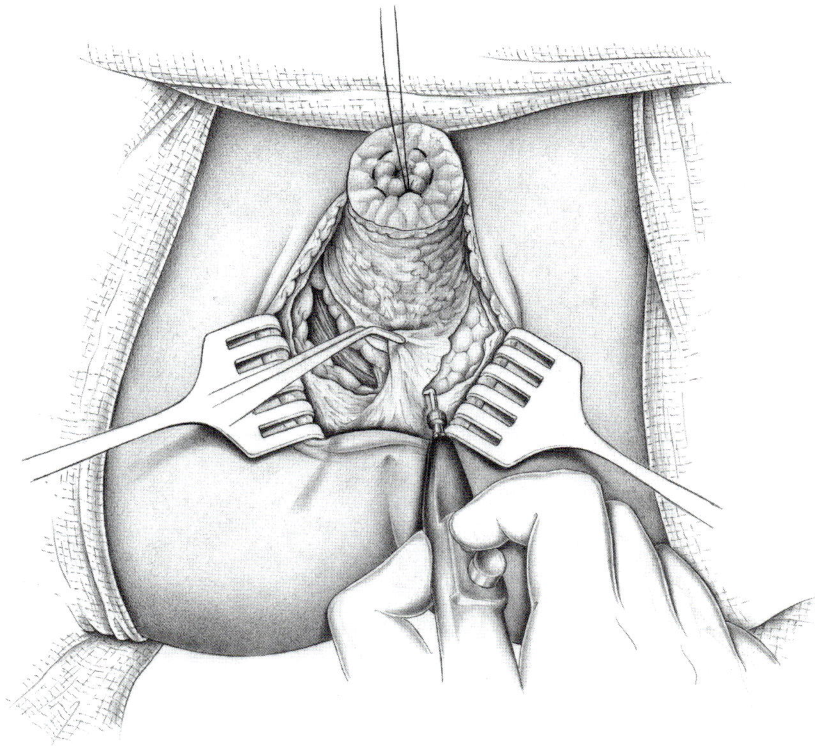

❼ Analkanalverschluss

Nach Umlagerung des Patienten in Steinschnittlagerung beginnt der perineale Operationsakt. Hier wird der Anus mit einer starken Tabaksbeutelnaht (Polypropylen 2er) verschlossen, die Haut spitzovalär inzidiert und die Subkutis schrittweise mit der Diathermie koaguliert (schraffierte Linie).

❽ Perirektale Präparation

Das perirektale Fettgewebe wird unter Sicht mit der Diathermie durchtrennt, größere Gefäße müssen gezielt gefasst, ligiert oder koaguliert werden. Die Präparation erfolgt schrittweise zirkulär unter wechselndem Hakeneinsatz und ständigem vorsichtigen Zug an der Tabaksbeutelnaht.

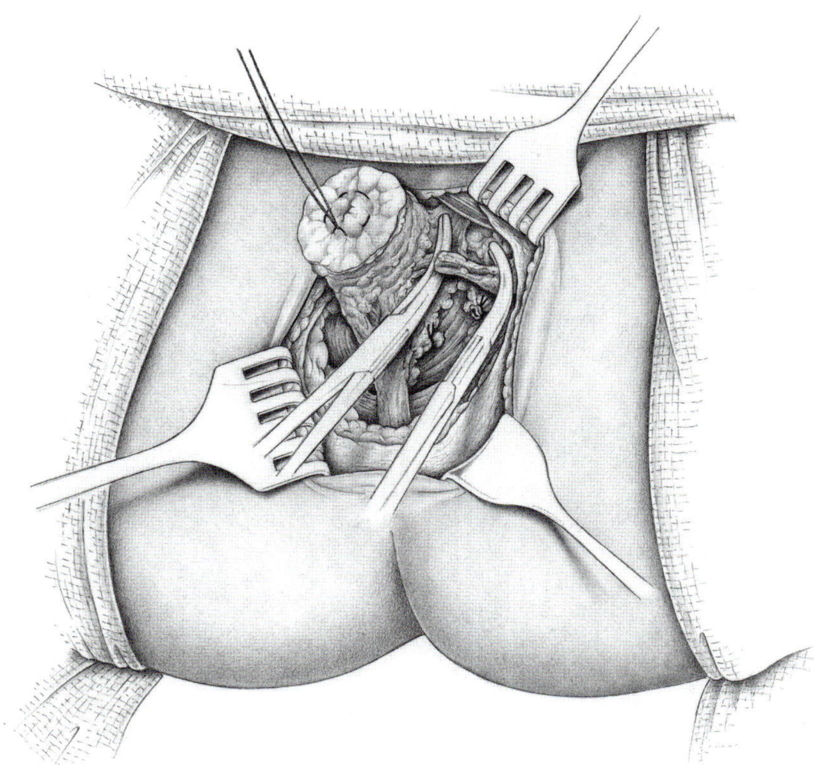

❾ Beckenbodenpräparation I

Nach Erreichen des muskulären Beckenbodens sollte rektumfern präpariert werden, um lokale Radikalität zu erreichen sowie eine Eröffnung des Rektums und damit Kontamination oder Tumoraussaat zu vermeiden. Die Gefäße, insbesondere die A. rectalis inferior, müssen isoliert, zwischen Overholt-Klemmen durchtrennt und ligiert werden. Die Beckenbodenmuskulatur sollte schrittweise unter sorgfältiger Kontrolle auf Bluttrockenheit durchtrennt werden. Die ligamentären Verbindungen zum Steißbein sind zu durchtrennen; hierzu ist es gelegentlich hilfreich, das Steißbein im Lig. sacrococcygeum abzulösen und mit zu resezieren.Die Orientierung und Präparation wird erleichtert, wenn beidseits des Steißbeins vorsichtig unter scharfer Präparation eine Lücke geschaffen wird, die es erlaubt, einen Finger nach intraperitoneal zu führen, der dann hakenförmig die Levatormuskeln umfassen und anspannen kann.

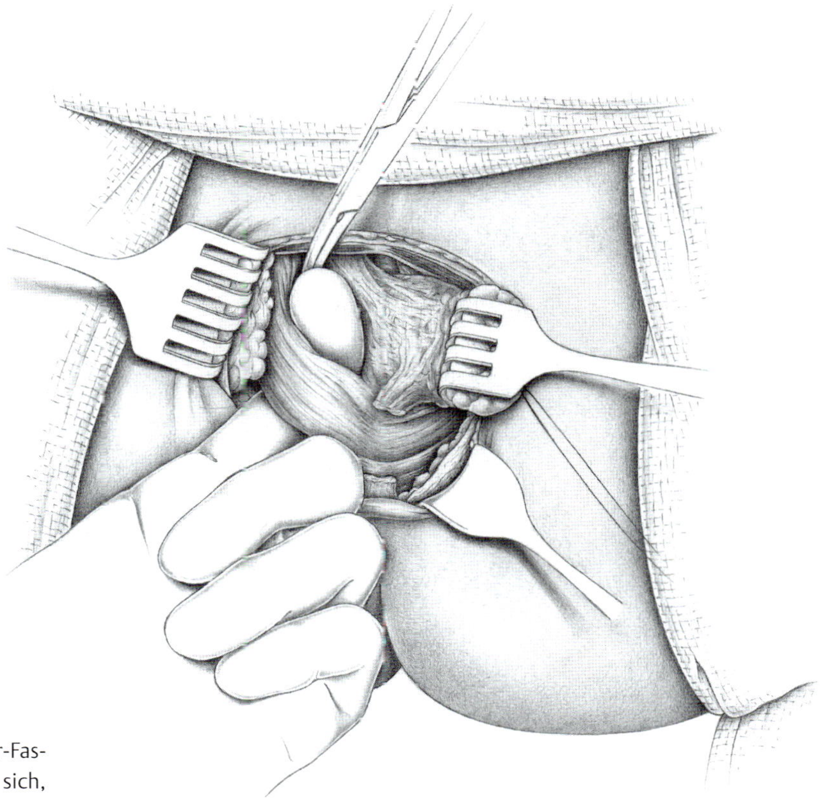

⑩ Beckenbodenpräparation II

Der Finger umgreift den Levatormuskel hakenförmig, die Waldeyer-Faszie kann zunächst nach kranial abgeschoben werden. Es empfiehlt sich, die Muskeln zu ligieren, da hierin häufig Gefäße verlaufen.

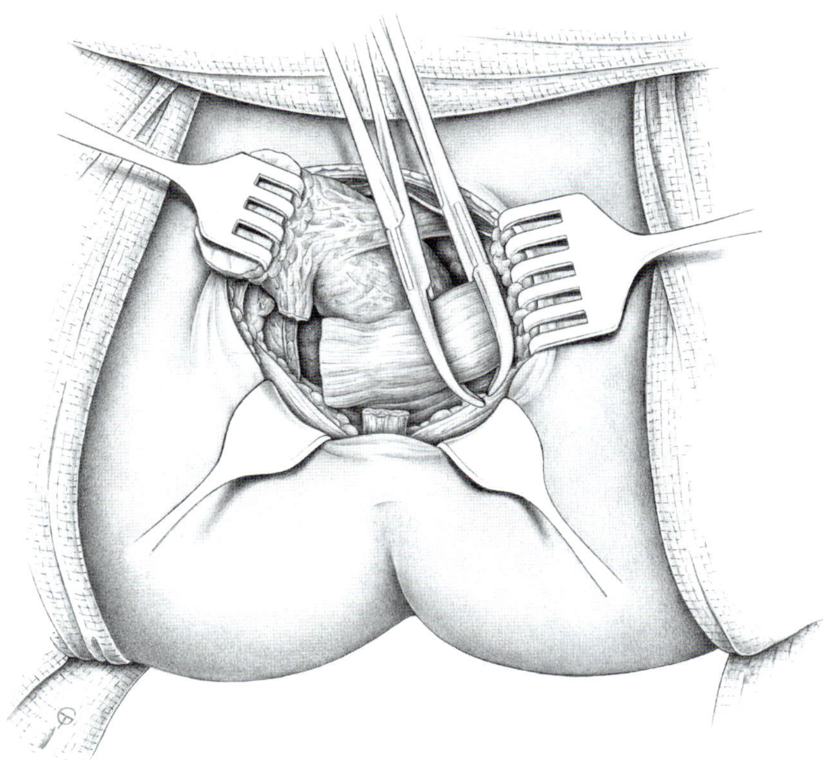

⑪ Beckenbodenpräparation III

Nach beidseitiger Durchtrennung der Levatormuskeln ist das Rektum weitgehend aus seinen Aufhängungen befreit. Die dorsal in der Tiefe sichtbare Schicht entspricht der Waldeyer-Faszie. Soweit noch nicht erfolgt, sollte sie scharf durchtrennt werden, um eine fälschliche Ablösung der Fascia praesacralis mit nachfolgender Blutung und ggf. Nervenläsion zu vermeiden. Die Peritonealhöhle ist eröffnet, der Operateur kann von sakral her den Rektumstumpf umfassen und den ggf. zuvor im kleinen Becken platzierten Tuchstreifen extrahieren. Bei simultanem abdominoperinealen Vorgehen berührt die Hand des sakralen Operateurs jetzt die des abdominellen.

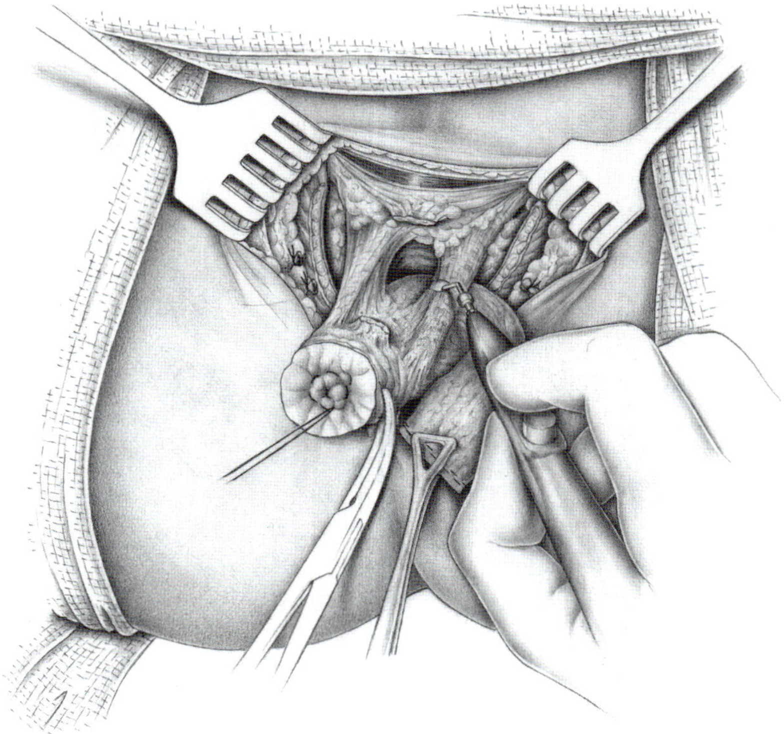

⑫ Beckenbodenpräparation IV

Das Rektum wird jetzt nach dorsal gezogen, so dass sich die ventralen Muskelgruppen darstellen. In dieser Phase der Präparation ist insbesondere eine Verletzung der Urethra zu vermeiden. Sie sollte mit einem Blasenkatheter geschient und damit markiert sein. Die Mm. pubococcygei werden schrittweise beidseits zwischen Rektum und Prostata bzw. Blase durchtrennt. Auch hier bewährt sich das hakenförmige Umfassen der Muskelgruppen mit dem Finger, um tiefer gelegene Strukturen zu schonen. Nach ventral wird auf der Denonvillier-Faszie weiter präpariert. Auch der M. puborectalis wird mit seinen zwei Anteilen zwischen Klemmen durchtrennt und ligiert. Der letzte Schritt ist die Durchtrennung der zur Prostata ziehenden Beckenfaszie. Prostata und Samenblasen werden dargestellt und geschont. Nach vollständiger ventraler Dissektion ist das Rektum unter der Voraussetzung, dass von intraabdominell bereits bis auf den Beckenboden präpariert wurde, vollständig frei. Im gegenteiligen Fall müsste noch der Rest der Paraproktien durchtrennt werden. Der proximale Rektumstumpf wird jetzt manuell luxiert, mit einer Duval-Klemme gefasst und unter Anspannung der letzten ventralen Muskelzügel U-förmig nach dorsal „entwickelt".
Das Rektum ist damit komplett inklusive Sphinkterapparat exstirpiert.

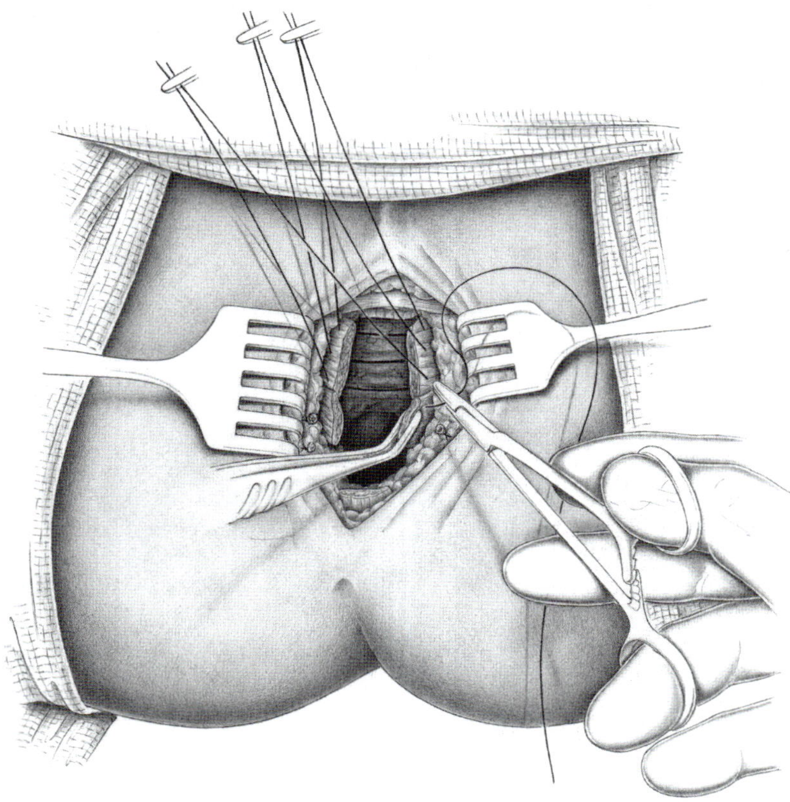

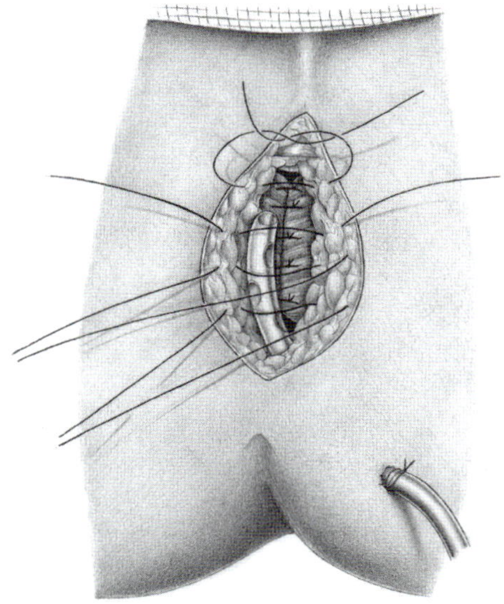

⑬ Beckenbodenverschluss

Nach Entfernung des Rektums erfolgen eine sorgfältige Blutstillung und die Einlage einer 16er Redon-Drainage in die Kreuzbeinhöhle. Die Muskulatur des Beckenbodens wird mit Einzelknopfnähten adaptiert, soweit dies möglich ist. Im Subkutanbereich wird eine zweite 10er Redon-Drainage platziert, Subkutannähte und Hautnähte beenden den Eingriff.

91. Adrenalektomie

1 Indikation

Elektiv: Hyperplasie oder Neoplasie der Nebenniere.
Relativ: Zerebrale hormonproduzierende Tumoren, die einer direkten Therapie nicht zugänglich sind und beidseitige Hyperplasie verursachen.
Alternativverfahren: Minimalinvasive Vorgehensweise (selten, nur bei unilateralen Befunden).

2 Operationsvorbereitung

Präoperative Diagnostik: Sonographie, Computertomographie, Hormonanalytik, Ausschluss eines MEN-Syndroms, ggf. Angiographie mit gezielter Blutentnahme.
Patientenvorbereitung: Alpha-/Beta-Blocker beim Phäochromozytom.

3 Spezielle Risiken, Aufklärung

- Postoperative Hormonsubstitution.
- Blutdruckkrisen.
- Verletzung von Milz, Pankreas bzw. Leber.
- Gefäßverletzung.

4 Anästhesie

Intubationsnarkose.

5 Lagerung

Rücken, ggf. Bauch.

6 Zugang

Quere Oberbauchlaparotomie bei beidseitigen oder einseitigen großen Raumforderungen sowie beim Phäochromozytom zur Exploration anderer Ganglien. Bei einseitigen Befunden auch posteriorer Zugang durch das Bett der 12. Rippe.

7 Operationsschritte

1. Zugang.
2. Anatomie.
3. Freilegung rechte Nebenniere.
4. Darstellung rechte Nebenniere.
5. Skelettierung rechte Nebenniere.
6. Zugang linke Nebenniere schematisch.
7. Freilegung linke Nebenniere.

8 Relevante Anatomie, Gefahren, Tricks

- Die Nebennieren bedecken den supero-medialen Pol der Niere, dorsal liegt beidseits ein Zwerchfellschenkel, medial rechts die V. cava und links die Aorta, ventral ist die rechte von der Area nuda der Leber bedeckt und die linke von Pankreas und Milzgefäßen.
- Beidseits multiple kleine arterielle Äste aus A. phrenica inferior, Aorta und A. renalis.
- Meist jeweils eine Hauptvene, die rechts in die V. cava und links in die Nierenvene mündet.
- Akzessorisches Nebennierengewebe: perirenal, paraaortal (Paragangien, speziell Zuckerkandl-Organ ventral der Aortenbifurkation): 10% der Phäochromozytome sind extraadrenal!
- Intraoperativ möglichst geringe Manipulation der Nebennieren.
- Stets systematische Exploration aller wahrscheinlichen Lokalisationen: Gegenseite, perirenal, paraaortal (auch wenn eine umschriebene Raumforderung einseits gesichert!).

9 Maßnahmen bei speziellen Komplikationen

Keine speziellen Maßnahmen.

10 Nachsorge

Medizinische Nachbehandlung: Engmaschiges Monitoring des Blutdrucks, des Flüssigkeits-, Elektrolyt- und Volumenhaushalts. Magensonde ex am 1.–3. Tag, Drainagen ex 4./5. Tag.
Kostaufbau: Trinken ab 1. Tag, wenn gut toleriert zügige Steigerung.
Mobilisation: Sofort.
Krankengymnastik: Atemgymnastik.
Arbeitsunfähigkeit: 2 Wochen.

7 Operationstechnik

❶ Zugang.
❷ Anatomie.
❸ Freilegung rechte Nebenniere.
❹ Darstellung rechte Nebenniere.
❺ Skelettierung rechte Nebenniere.
❻ Zugang linke Nebenniere schematisch.
❼ Freilegung linke Nebenniere.

❶ Zugang

Die Lokalisation der Nebenniere ist am kranialen Anteil der Nieren links und rechts. Der chirurgische Zugang kann über lumbalen Schrägschnitt, lumbalen Längsschnitt, Oberbauchmedianschnitt oder Oberbauchquerschnitt erfolgen. In neuerer Zeit ist auch die extraperitoneale laparoskopische Freilegung der Nebennieren erfolgreich. Hier wird der Zugang dargestellt, der als Standardzugang zu beiden Nebennieren gilt, da er die Behandlung beidseitiger Befunde wie auch die Exploration der Gegenseite ermöglicht. Der Oberbauchquerschnitt läuft nach kranial konvex zwischen den beiden Rippenbögen.

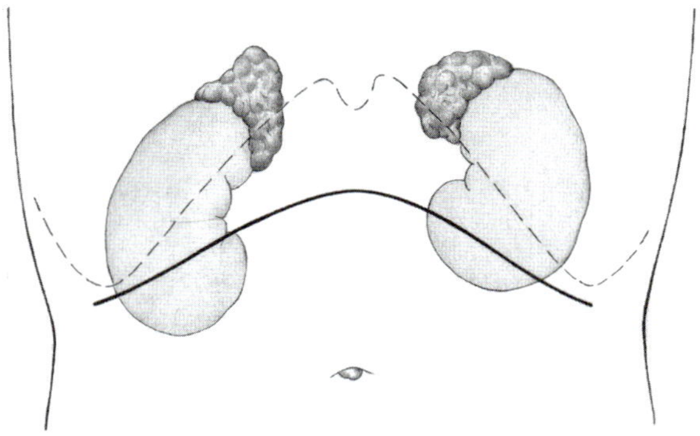

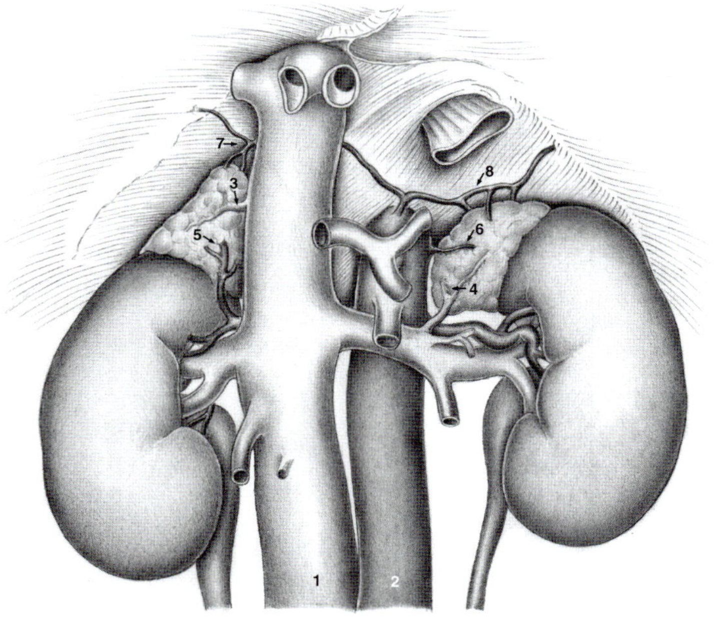

❷ Anatomie

Die Chirurgie der Nebennieren setzt das exakte Verständnis ihrer Anatomie voraus. Während die rechte Nebenniere in unmittelbarer Nachbarschaft der V. cava liegt, ist die linke Nebenniere eng mit der Lateralwand der Aorta vergesellschaftet. Beide Nebennieren verfügen über jeweils drei versorgende Arterien und Venen, die einzeln unterbunden werden müssen.

1 V. cava
2 Aorta
3 V. suprarenalis dextra
4 V. suprarenalis sinistra
5 A. renalis dextra
6 A. renalis sinistra
7 A. suprarenalis dextra
8 A. suprarenalis sinistra

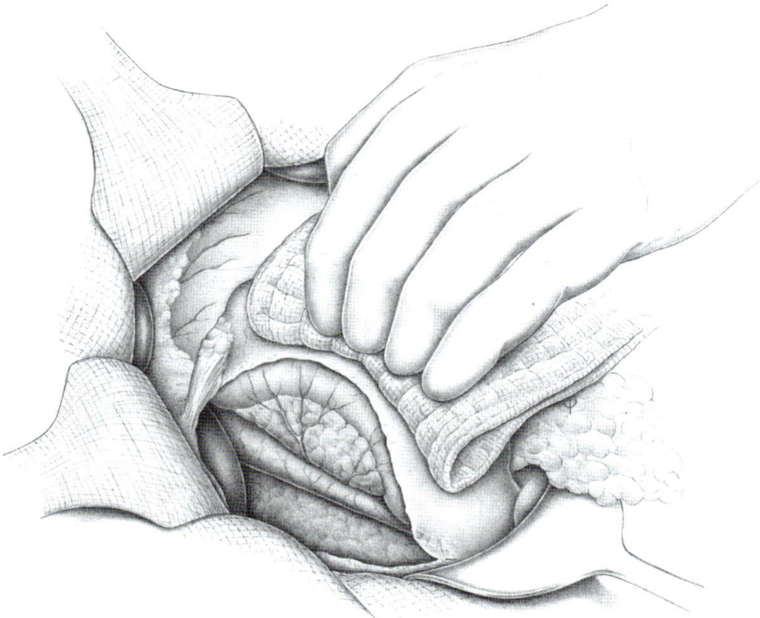

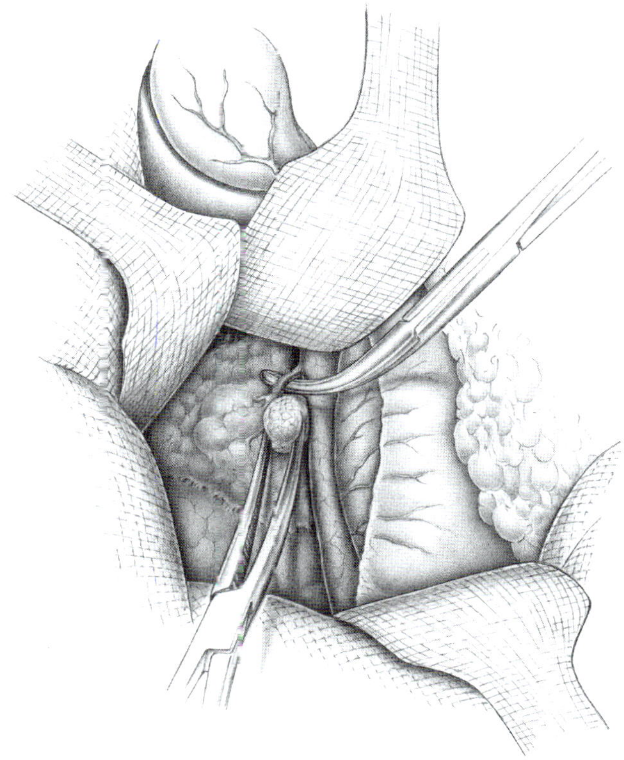

❸ Freilegung rechte Nebenniere

Die Freilegung der rechten Nebenniere beginnt mit der Mobilisation des Duodenums nach Kocher. Nach Durchtrennung der sekundären peritonealen Anheftung des Duodenums ist dieses so weit nach medial zu ziehen, dass die Hinterfläche des Pankreas, die V. cava und in der Tiefe das perirenale Fett gut sichtbar sind.

❹ Darstellung rechte Nebenniere

Durch Einsatz zweier Leberhaken wird die Leber weit nach kranial verzogen. Die Nebenniere wird dorsal der Leber an der kranialen Zirkumferenz der Niere sichtbar. Durch stumpfe, teils scharfe Präparation wird zuerst die V. suprarenalis dextra dargestellt, die zwischen Ligaturen durchtrennt wird. Unsanfte Präparation, vor allem bei malignen Befunden in diesem Bereich, kann zu Einrissen der V. cava führen.

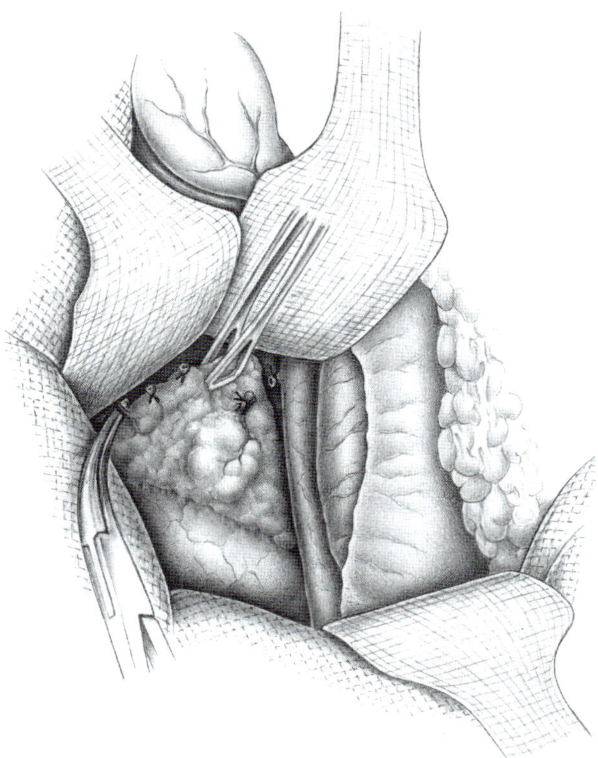

❺ Skelettierung rechte Nebenniere

Die Präparation der rechten Nebenniere erfolgt schrittweise unter Unterbindung aller versorgenden Gefäße. Insbesondere die zum Zwerchfell ziehenden Gefäßäste sind einzeln unter Sicht zu durchtrennen. Nach vollständiger Ablösung auch von den Nierengefäßen kann die Nebenniere aus dem perirenalen Fett entfernt werden. Es empfiehlt sich aus Gründen der Radikalität, auch das umgebende pararenale und retroperitoneale Fettgewebe mit zu entfernen.

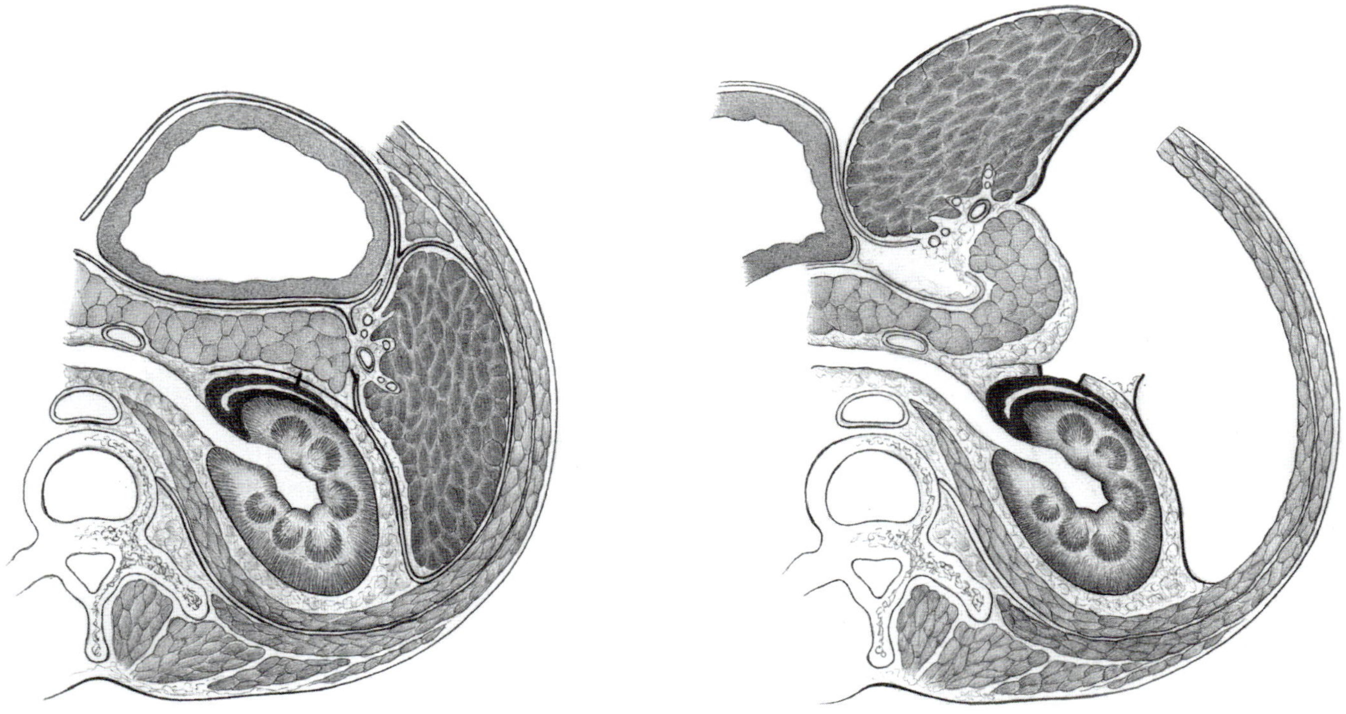

❻ Zugang linke Nebenniere schematisch

Die linke Nebenniere liegt im ventromedialen Anteil der linken Niere und ist nach ventral von Milz und Pankreas bedeckt. Durch Mobilisation der Milz und des Pankreasschwanzes liegt die Nebenniere frei. Ein anderer Zugang ist über die Bursa omentalis nach Ablösung des Lig. gastrocolicum oder durch das Mesokolon. Wir bevorzugen bei sehr adipösen Patienten den Zugang über die Bursa omentalis, bei schlanken Patienten die Mobilisation der Milz.

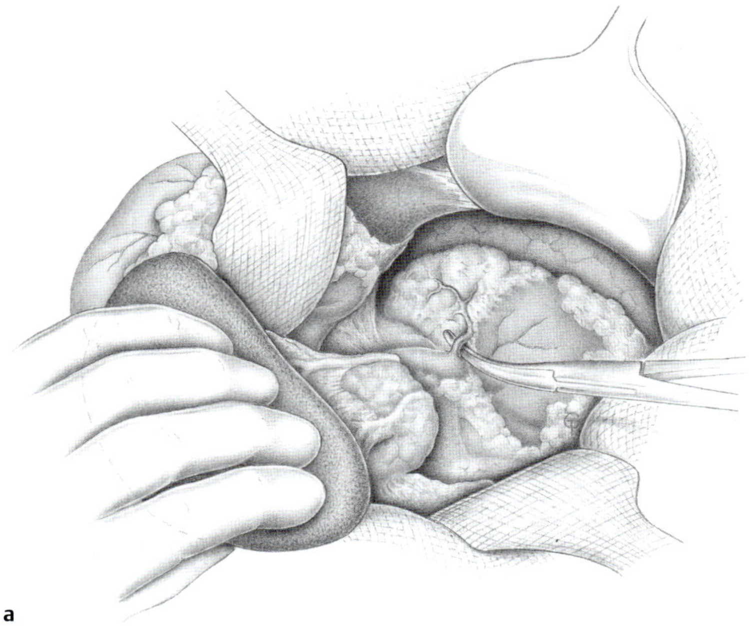

a

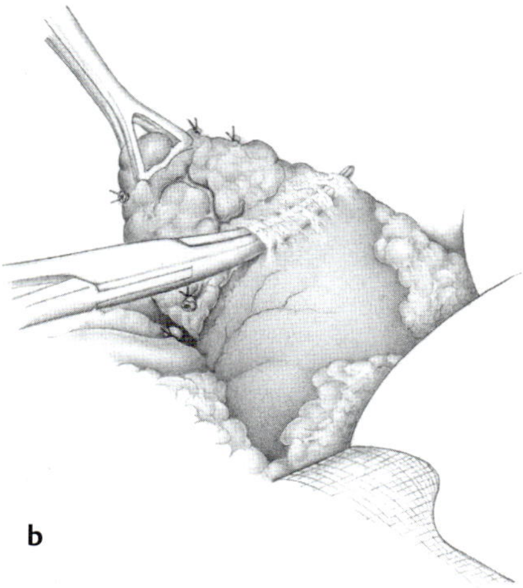

b

❼ Freilegung linke Nebenniere

Nach Mobilisation der Milz und des Pankreasschwanzes werden die linke Niere und Nebenniere freigelegt (**a**). Schrittweise werden die versorgenden Venen und Arterien zwischen Ligaturen durchtrennt und die Nebenniere vollständig skelettiert (**b**). Bei diesem Zugang sind Pankreasschwanz und Milz sorgfältig zu schonen, um eine akzidentelle Splenektomie zu vermeiden. Die Nebenniere ist mitsamt dem retroperitonealen Fettgewebe komplett über diesen Zugang gut zu entfernen. Bei einem Zugang über die Bursa omentalis ist die Übersicht nicht ganz so gut, dafür sind Milz und Pankreas aber weniger gefährdet.

92. Laparoskopische Adrenalektomie

1 Indikation

Elektiv: Keine Malignome.
Alternativverfahren: Offener Zugang, laparoskopisch transabdomineller Zugang.

2 Operationsvorbereitung

Präoperative Diagnostik: Sonographie. Siehe Kapitel „Offene Adrenalektomie“, S. 375.

3 Spezielle Risiken, Aufklärung

- Postoperative Hormonsubstitution, Blutdruckkrisen.
- Verletzung von Milz, Pankreas, bzw. Leber.
- Gefäßverletzung.
- Umsteigen auf offenes Verfahren.

4 Anästhesie

Intubationsnarkose.

5 Lagerung

Bauchlage.

6 Zugang

3 Trokare kaudal der 11. bzw. 12. Rippe. Stumpfe Präparationstechnik mit dem Finger für den 1. Trokar, hierüber Erstellen des Pneumoretroperitoneums und Einführen der weiteren Trokare unter Sicht.

7 Operationsschritte

1. Platzieren des 1. Trokars mit Fingerführung.
2. Erstellen des Pneumoretroperitoneums und Einbringen der weiteren Trokare.
3. Abschieben des retroperitonealen Fettgewebes und Aufsuchen der Nebenniere.
4. Rechtsseitig Darstellen der V. cava und Durchtrennung der V. suprarenalis zwischen Clips sowie Versorgung mehrerer kleiner Nebennierenarterien.
5. Linksseitig Durchtrennung der V. suprarenalis aus der Nierenvene.
6. Komplette Mobilisation der Nebenniere.

8 Relevante Anatomie, Gefahren, Tricks

- Frühes Aufsuchen und Durchtrennen der Nebennierenvene, rechts in die V. cava, links in die Nierenvene mündend.
- Multiple kleine arterielle Äste aus A. phrenica inferior, Aorta und A. renalis.

9 Maßnahmen bei speziellen Komplikationen

Keine speziellen Maßnahmen.

10 Nachsorge

Keine Drainage, Kostaufbau sofort, sonst wie „Offenes Verfahren“.

7 Operationstechnik

❶ Zugang.
❷ Situs bei rechtsseitiger retroperitoneoskopischer Adrenalektomie.
❸ Situs bei linksseitiger retroperitoneoskopischer Adrenalektomie.

❶ Zugang

Der Patient wird in Bauchlage mit angehobenem Becken gelagert. Einbringen des 1. Trokars kaudal der 12. Rippe. Nach Hautschnitt und Durchtrennung der Faszien und Muskelschicht wird mit dem Finger stumpf der retroperitoneale Raum aufgesucht. Nach Einführen des Trokars erfolgt unter Sicht die Erstellung des Pneumoretroperitoneums. Hierbei wird das retroperitoneale Fett durch vorsichtige stumpfe Manipulation mit der Optik in der gefäßfreien Schicht von der Gerota-Faszie abgehoben. Dabei entsteht ein Hohlraum, der durch Anteile des Zwerchfells bzw. des Peritoneums sowie ventral durch die retroperitonealen Organe begrenzt ist. Anschließend erfolgt die Einführung der beiden weiteren Trokare unter Sicht.

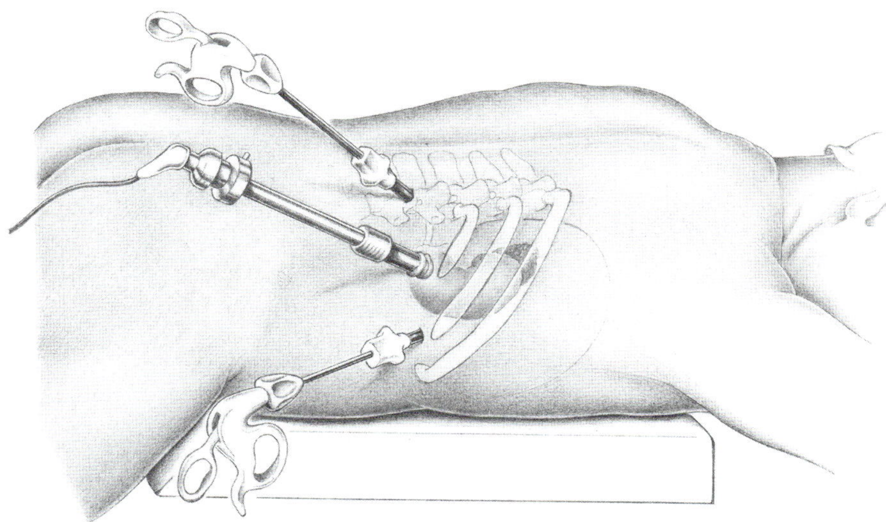

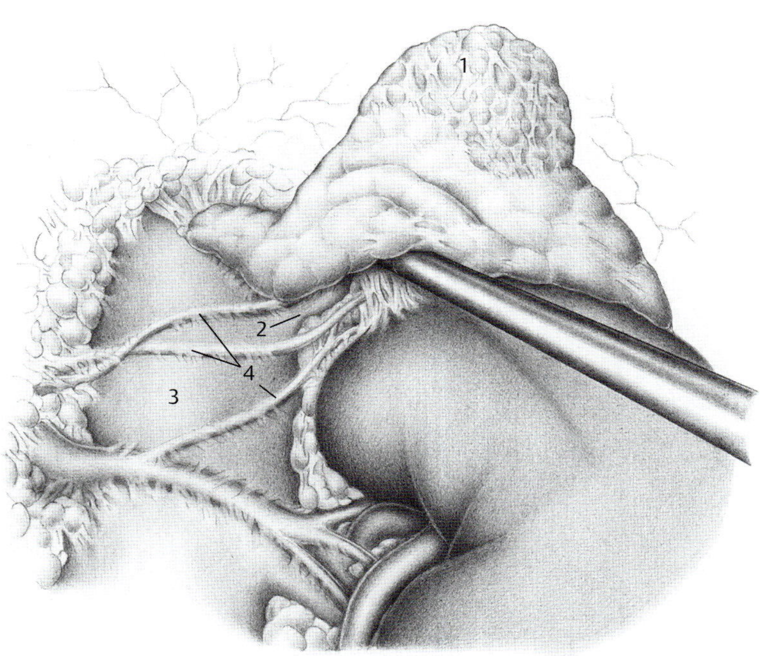

❷ Situs bei rechtsseitiger retroperitoneoskopischer Adrenalektomie

1 = Nebennierentumor
2 = V. suprarenalis
3 = V. cava inferior
4 = A. suprarenalis

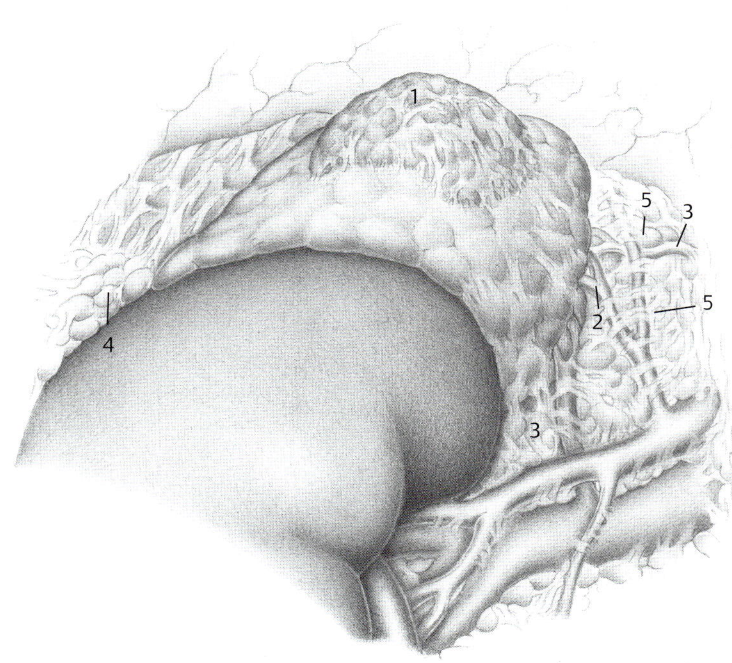

❸ Situs bei linksseitiger retroperitoneoskopischer Adrenalektomie

1 Nebennierentumor
2 V. suprarenalis
3 A. suprarenalis
4 Pankreasschwanz
5 V. phrenica inferior

93. Hämorrhoidektomie (Miles-Gabriel)

1 Indikation

Elektiv: Symptomatische (meist 2- bis 3-gradige) Hämorrhoiden: Blutung, Prolaps, Hautmazeration.
Kontra: Hämorrhoiden ohne Beschwerden, Schwangerschaft (nach Geburt meist Besserung), chronisch entzündliche Dickdarmerkrankung.
Alternativverfahren: Gummibandligatur, Verödung.

2 Operationsvorbereitung

Präoperative Diagnostik: Ausschluss proximaler pathologischer Veränderungen (insbesondere nach peranalem Blutabgang!): Koloskopie oder suffizienter Kontrastmitteleinlauf; bei ausgeprägter Inkontinenz Analsphinkter-Manometrie.
Patientenvorbereitung: Einlauf am Vorabend, Klysma am Morgen der Operation.

3 Spezielle Risiken, Aufklärung

- Schließmuskelverletzung/Inkontinenz (1%).
- Nachblutung (1%).
- Analstenose (1%).
- Blasenentleerungsstörung (10%).

4 Anästhesie

Intubationsnarkose, Spinal- oder Periduralanästhesie.

5 Lagerung

Rücken, Steinschnitt.

6 Zugang

Sparsame, anodermschonende Umschneidung jeder Hämorrhoide.

7 Operationsschritte

1. Anklemmen der Hämorrhoidalknoten.
2. Unterspritzung der Hämorrhoidalknoten.
3. Präparation des Gefäßstiels I.
4. Präparation des Gefäßstiels II.
5. Ligatur des Gefäßstiels.
6. Resektion der Hämorrhoide.
7. Nahtverschluss der Drainagerinnen.
8. T-förmiger Defektverschluss.

8 Relevante Anatomie, Gefahren, Tricks

- Typische Lokalisation der Hämorrhoiden bei 3,7 und 11 Uhr.
- Erhebliche Schmerzen sind kein Symptom von Hämorrhoiden mit Ausnahme einer akuten Thrombose: nach Analfissur suchen!
- Zwischen benachbarten Hämorrhoiden muss bei Exzision unbedingt ein Streifen normalen Anoderms (1 – 1,5 cm breit) verbleiben, um eine Analstenose zu vermeiden und die sensible Kontinenz zu bewahren.

9 Maßnahmen bei speziellen Komplikationen

Nachblutung: wenn gravierend operative Revision, sonst Tamponade mit Salbenstreifen.

10 Nachsorge

Medizinische Nachbehandlung: Täglich Sitzbäder, insbesondere nach jedem Abführen, nach einigen Tagen bzw. nach Entlassung einfaches Abduschen; vor Entlassung und nach 1 Woche digitale Untersuchung, um ein Verkleben gegenseitiger Wundränder zu vermeiden; lokal ggf. Anästhesin-Salbe.
Kostaufbau: Normale Kost ab 6 Stunden nach Narkose.
Stuhlgang: Milde orale Laxantien für ca. 2 – 3 Wochen postoperativ (z. B. Agarol).
Mobilisation: Sofort.
Arbeitsunfähigkeit: 1 Woche.

7 Operationstechnik

1. Anklemmen der Hämorrhoidalknoten.
2. Unterspritzung der Hämorrhoidalknoten.
3. Präparation des Gefäßstiels I.
4. Präparation des Gefäßstiels II.
5. Ligatur des Gefäßstiels.
6. Resektion der Hämorrhoide.
7. Nahtverschluss der Drainagerinnen.
8. T-förmiger Defektverschluss.

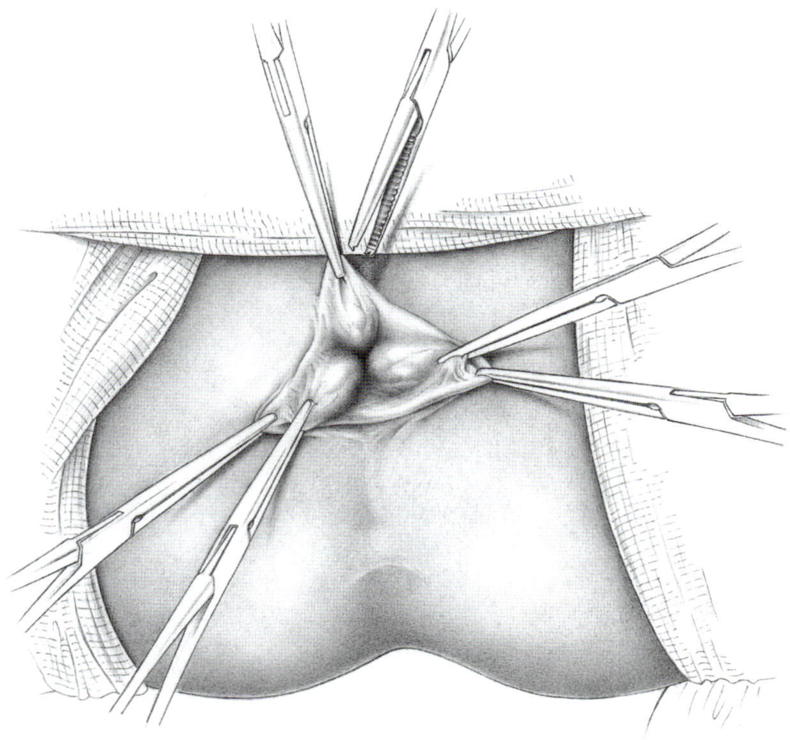

1 Anklemmen der Hämorrhoidalknoten

Nach Positionierung des Patienten in Steinschnittlage werden die Hämorrhoidalknoten, zumeist in der typischen Lokalisation bei 3, 7 und 11 Uhr, dargestellt. Bewährt hat sich das Ansetzen zweier Kocher-Klemmen an jedem Hämorrhoidalknoten, wobei die erste die Anokutanlinie und die zweite den Hämorrhoidalknoten selbst fasst. Sofern noch nicht präoperativ geschehen, sollte der Operateur in jedem Fall zuvor eine proktoskopische und rektoskopische Untersuchung vornehmen.

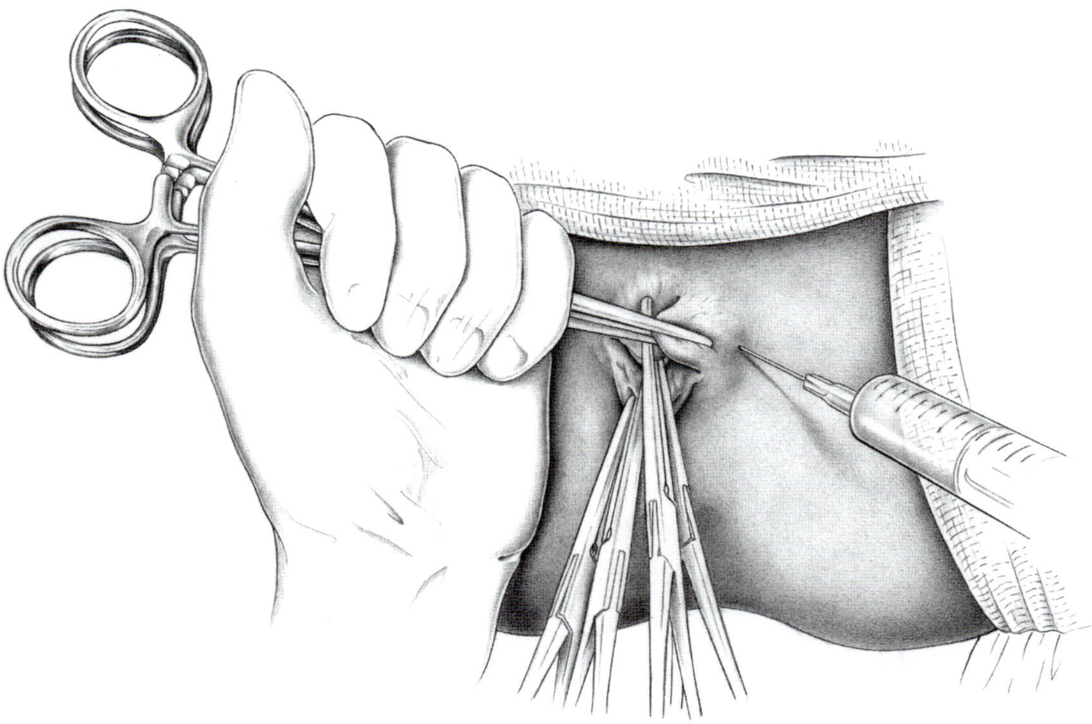

2 Unterspritzung der Hämorrhoidalknoten

Jeder Hämorrhoidalknoten wird unter dosiertem Zug an den Klemmen angespannt und an der Basis mit z. B. 1 %igem Mepivacain unter Adrenalinzusatz gezielt unterspritzt. Hierzu sind pro Hämorrhoidalknoten ca. 3 – 5 ml erforderlich. Hilfreich ist die digitale Kontrolle dieser Unterspritzung durch die im Analkanal platzierte Fingerkuppe. Durch die Unterspritzung wird der postoperative Verlauf schmerzärmer, die Präparation bluttrockener und zudem durch Separierung der Schichten erleichtert.

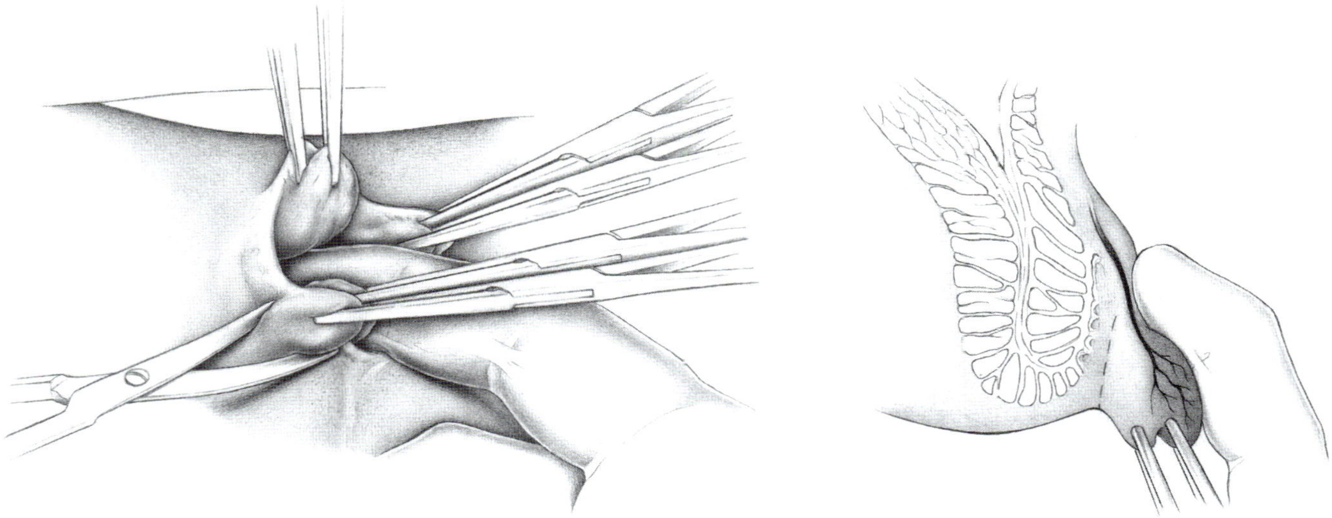

❸ Präparation des Gefäßstiels I

Die Inzisionsrichtung ist keilförmig auf den Gefäßstiel des Hämorrhoidalknotens gerichtet. Unter ständigem dosierten Zug an den Klemmen lässt sich der Hämorrhoidalknoten schrittweise scharf von dem in der Tiefe sichtbaren weißlichen M. sphincter ani internus bzw. dem eher rötlich erscheinenden peripheren M. sphincter ani externus abpräparieren. Die Präparation muss dabei sicher innerhalb, d. h. unter Aussparung der obligat darzustellenden Sphinkteren verlaufen.

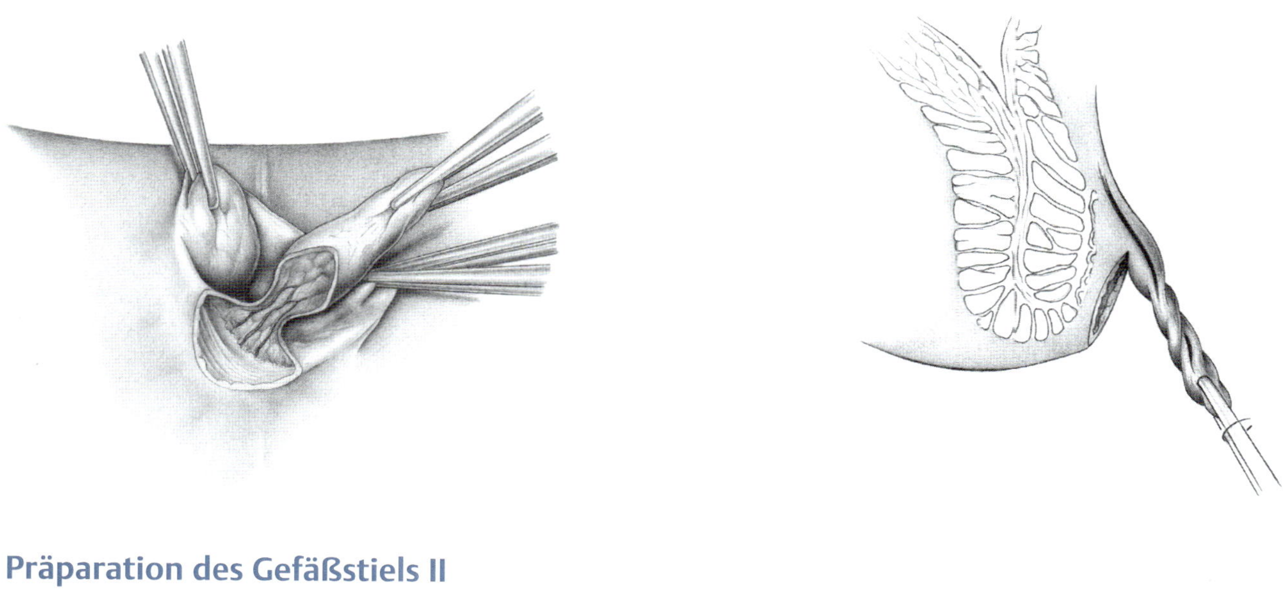

❹ Präparation des Gefäßstiels II

Nach vollständiger Ablösung des Hämorrhoidalknotens von der Sphinktermuskulatur ist die Hämorrhoide nur noch an ihrem Gefäßstiel fixiert. Es ist ein keilförmiger Exzisionsdefekt des Anoderms entstanden, die Sphinktermuskulatur ist sicher geschont.

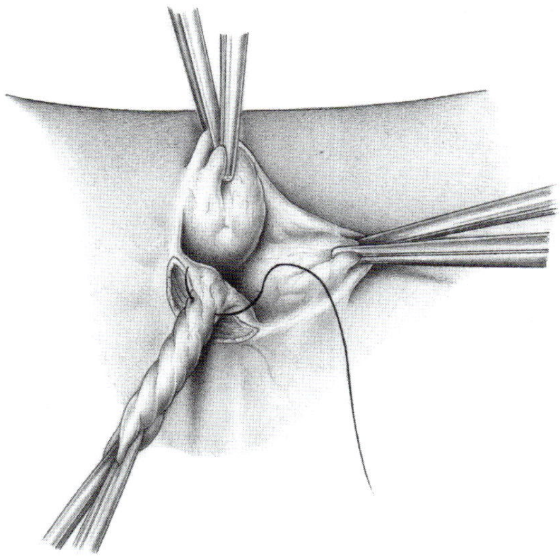

❺ Ligatur des Gefäßstiels

Die frei präparierte Hämorrhoide wird torquiert und der Gefäßstiel an der Basis mit 2 × 0 PGS-Naht umstochen.

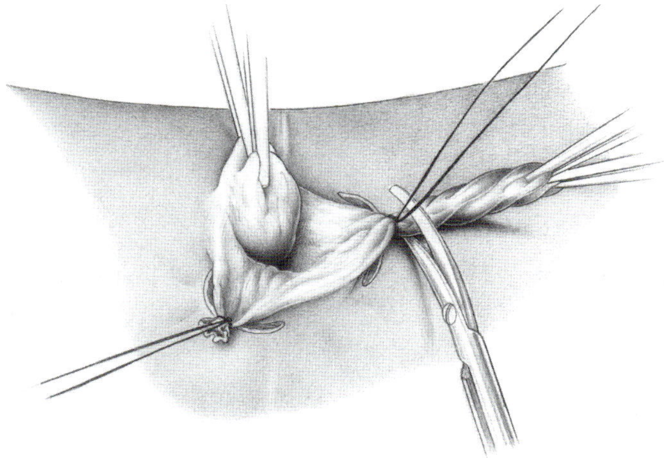

❻ Resektion der Hämorrhoide

Nach Abtragung des Hämorrhoidalknotens retrahieren sich die Gefäßstiele in den Analkanal. Nach erneuter Kontrolle auf Bluttrockenheit kann der Eingriff durch Platzierung eines tanningetränkten Streifens in den Analkanal zur Blutstillung der Wundfläche beendet werden.

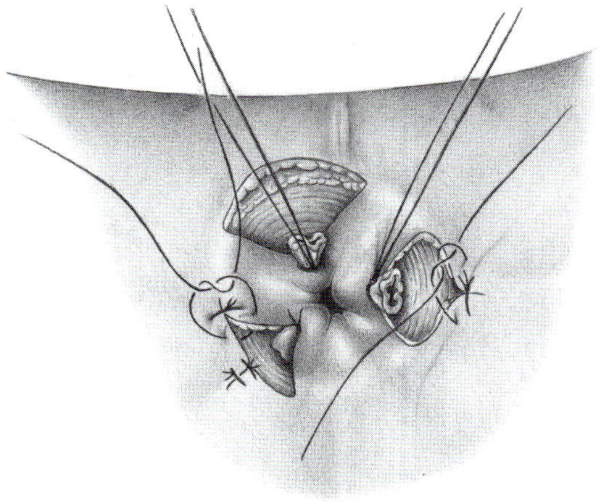

❼ Nahtverschluss der Drainagerinnen

Im Allgemeinen aber werden die Drainagerinnen plastisch verschlossen. Hierbei ist insbesondere auf Vermeidung einer Lumeneinengung zu achten. Zwischen den einzelnen Drainagerinnen sollten daher unbedingt ausreichend breite Areale intakten Anoderms verbleiben. Die Naht kann fortlaufend oder aber zur Vermeidung der Einengung des Analkanals als T-förmige Plastik erfolgen.

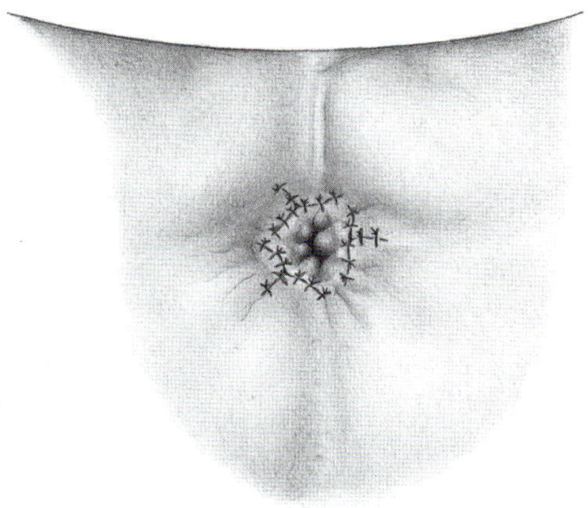

❽ T-förmiger Defektverschluss

Insbesondere bei Verschluss aller Defekte durch T-förmige Naht der Drainagerinnen ist sichergestellt, dass es zu keiner Einengung des Analkanals kommt. Vorteilhaft an dieser Technik sind die reduzierte Schmerzempfindung des Patienten und eine etwas beschleunigte Wundheilung. Der zum Abschluss des Eingriffs peranal platzierte tanningetränkte Streifen wird am Abend des Operationstages entfernt.

94. Periproktitischer Abszess

1 Indikation

Absolut: Bei Diagnosestellung.

2 Operationsvorbereitung

Präoperative Diagnostik: Rektal digitale Untersuchung, wenn möglich Proktoskopie und Rektoskopie. Endorektalsonographie hilfreich zur Diagnose intersphinktärer Abszesse.
Patientenvorbereitung: Gegebenenfalls Klysma.

3 Spezielle Risiken, Aufklärung

- Rezidiv (5 – 10%).
- Fistelbildung (5 – 10%).
- Schließmuskelverletzung (< 5%).
- Blasenentleerungsstörung.

4 Anästhesie

Maske, Intubationsnarkose, Spinal- oder Periduralanästhesie.

5 Lagerung

Steinschnitt.

6 Zugang

Direkt über dem Ort der stärksten Schwellung oder des maximalen Schmerzes, radiäre wetzsteinförmige Eröffnung und Exzision.

7 Operationsschritte

1. Abszesslokalisation.
2. Hautexzision.
3. Weite Abszesshöhleneröffnung.
4. Kürretage.
5. Tamponade.

8 Relevante Anatomie, Gefahren, Tricks

- Intraoperativ palpatorisch und rektoskopisch eine in 40 – 60% der Fälle vorhandene Analfistel ausschließen.
- Auf ausreichend breite Eröffnung achten.

Cave: Frühe postoperative Verklebung der Wundränder mit Reabszess.

9 Maßnahmen bei speziellen Komplikationen

Im postoperativen Verlauf rezidivierendes Fieber mit oder ohne Leukozytose oder erneute Beschwerden lassen auf eine unvollständige Entlastung schließen: rechtzeitige Revision vornehmen!

10 Nachsorge

Medizinische Nachbehandlung: Für einige Tage Sitzbäder; Stuhlregulation; ggf. nach Abklingen der akuten Phase Wiederholung der Diagnostik unter optimierten Bedingungen (z. B. Ausschluss eines Morbus Crohn).
Kostaufbau: Sofort.
Stuhlgang: Gegebenenfalls milde Laxantien.
Mobilisation: Sofort.
Arbeitsunfähigkeit: 1 – 2 Wochen.

7 Operationstechnik

❶ Abszesslokalisation.
❷ Hautexzision.
❸ Weite Abszesshöhleneröffnung.
❹ Kürretage.
❺ Tamponade.

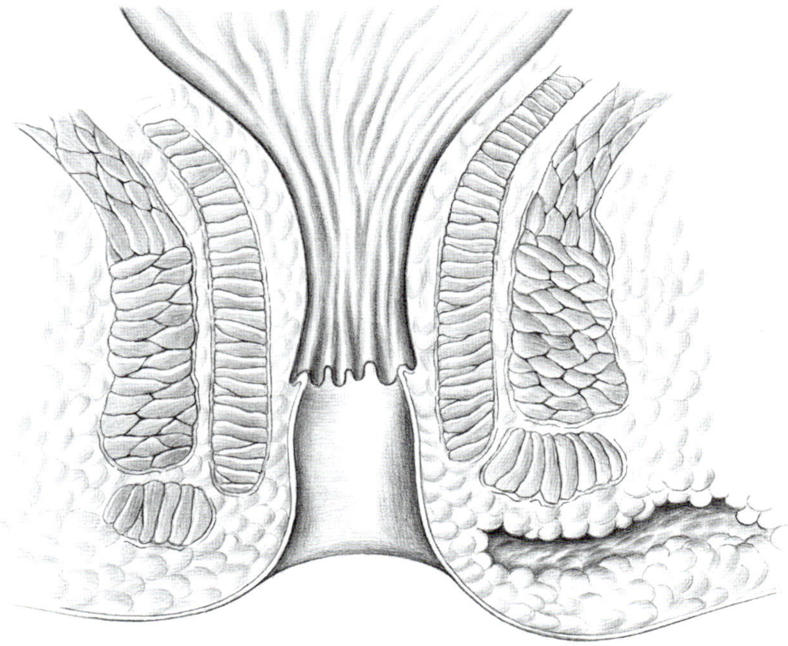

❶ Abszesslokalisation

Die Abszessspaltung ist das Grundprinzip der chirurgischen Infektionsbehandlung: Ubi pus, ibi evacua. Eine häufige Lokalisation ist der periproktitische Abszess. Der periproktitische Abszess liegt subkutan im Bereich der Anokutanlinie, in der Regel extrasphinktär. Schwer zu entdecken sind die intersphinktären, zum Teil hoch hinauf reichenden Abszesse.

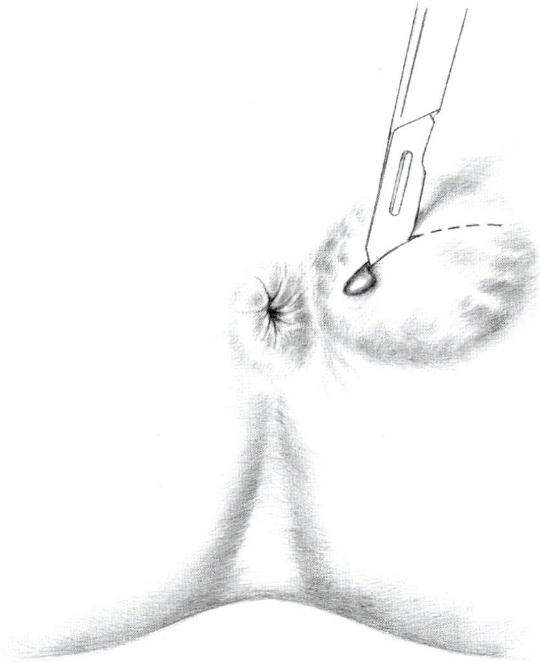

❷ Hautexzision

In Steinschnittlagerung Darstellung der periproktitischen Schwellung und radiäre wetzsteinförmige Exzision der darüber gelegenen Haut mit dem Skalpell. Die Sphinktermuskulatur ist sorgfältig zu schonen.

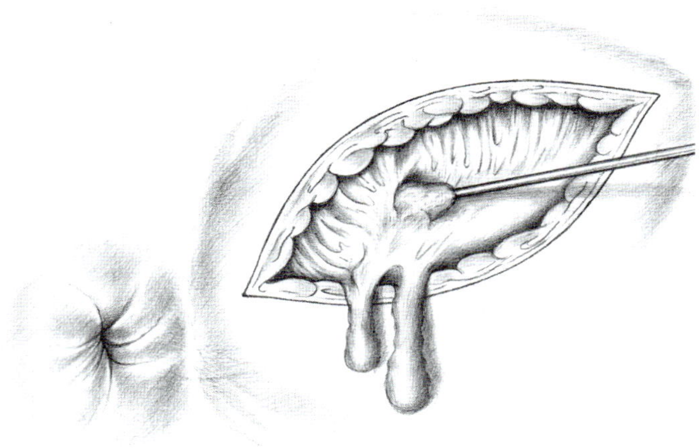

❸ Weite Abszesshöhleneröffnung

Nach Eröffnung der Abszesshöhle werden aerobe und anaerobe Abstriche entnommen. Die Abszesshöhle wird so weit geöffnet, dass keine Retention möglich ist. In die Tiefe reichende Gänge werden verfolgt und exzidiert, sämtlicher Eiter und nekrotisches Gewebe entfernt.

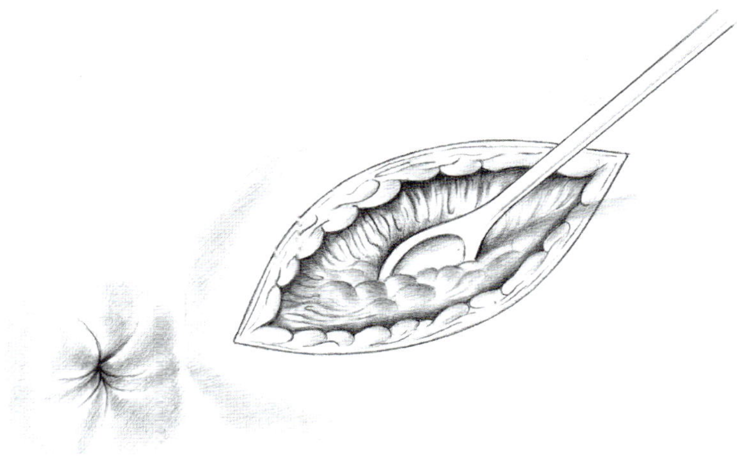

❹ Kürettage

Der Abszessgrund wird mit dem scharfen Löffel kürettiert. Eine anschließende Blutstillung ist obligat.

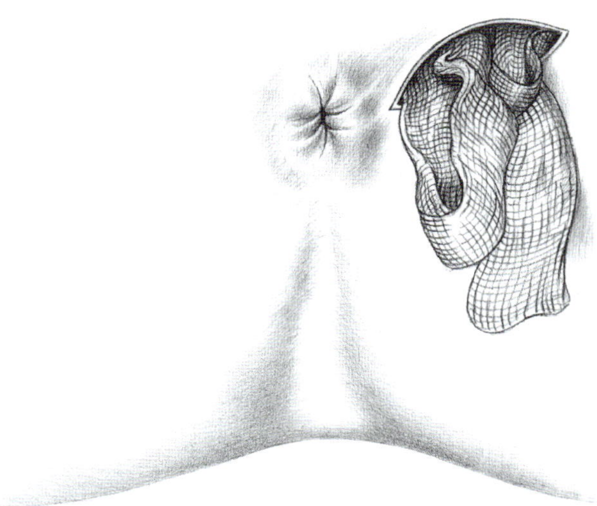

❺ Tamponade

Die Abszesshöhle wird zur Blutstillung mit einem Jodoformstreifen locker austamponiert, der am nächsten Tag bereits entfernt werden sollte. Es schließt sich die offene Wundbehandlung mit Sitzbädern und Ausduschen der Wunde an.

95. Perianale Fistel (inklusive Sliding-Flap)

1 Indikation

Elektiv: Bei Diagnosestellung.
Relativ: Vorgeschädigter Analsphinkter.
Alternativverfahren: Passagere Transversostoma-Anlage.

2 Operationsvorbereitung

Präoperative Diagnostik: Digitale Untersuchung, Rektoskopie, ggf. Endorektal-Sonographie, anale Manometrie; Ausschluss eines Morbus Crohn: Koloskopie mit Biopsie, MDP nach **Sellink**.
Patientenvorbereitung: Einlauf am Vorabend, Klysma am Morgen vor der Operation.

3 Spezielle Risiken, Aufklärung

- Schließmuskelschaden (bis 30%).
- Wiederauftreten einer Fistel (bis 10%).
- Blasenentleerungsstörung (10%).
- Analstenose.

4 Anästhesie

Intubationsnarkose, Spinal- oder Periduralanästhesie.

5 Lagerung

Rücken, Steinschnitt.

6 Zugang

Abhängig vom Befund.

7 Operationsschritte

1. Lokalisation der inneren und äußeren Fistelöffnung.
2. Fistelsondierung I.
3. Fistelsondierung II.
4. Fistelspaltung I.
5. Fistelspaltung II.
6. Partielle Sphinkterspaltung.
7. Blutstillung.

8 Relevante Anatomie, Gefahren, Tricks

- Anorektum = zwei konzentrische Muskelzylinder: innen der M. sphincter ani internus als Fortsetzung der Rektumwand, außen der M. sphincter externus, der in Höhe des M. puborectalis (= anorektaler Ring, Puborektalisschlinge) in den trichterförmig auseinanderweichenden M. levator ani übergeht; unterhalb der „Levatorplatte" ischiorektaler Raum, oberhalb pelvirektaler Raum.
- Goodsall-Regel: Anusebene = Linie zwischen 3 und 9 Uhr, Fistelöffnung ventral der Anusebene: Fistelverlauf radial, Fistelöffnung dorsal der Anusebene: Fistelverlauf zirkulär bis in die Medianebene und dorsal Einmündung ins Rektum.
- Geschätzte Häufigkeitsverteilung der Fisteltypen in einem unselektionierten Kollektiv:
  - intrasphinktär 50 – 60%,
  - transsphinktär 20 – 30%,
  - sonstige unter 5%.

Cave:* *Durchtrennung des M. puborectalis bei der Fistelspaltung = Inkontinenz.

- Starke Schmerzen im Analbereich ohne Vorliegen einer Fissur: intersphinktärer Abszess?!
- Pelvirektaler (supralevatorischer) Abszess: Fieber, Leukozytose, Schmerzen gluteal und/oder perineal.

9 Maßnahmen bei speziellen Komplikationen

Inkontinenz nach Fistelspaltung: ausführliche Funktionsdiagnostik (Manometrie, EMG etc.) und Reparation in proktologisch-chirurgischem Zentrum nach > 3 Monaten.

10 Nachsorge

Medizinische Nachbehandlung: Tägliche Sitzbäder, speziell nach jedem Stuhlgang; anfangs tägliche, später 1- bis 2-mal wöchentliche Wundkontrolle.
Kostaufbau: Ballaststoffreiche Kost.
Stuhlgang: Milde orale Laxantien für ca. 2 – 4 Wochen (Agarol).
Mobilisation: Sofort.
Arbeitsunfähigkeit: 1 – 3 Wochen.

7 Operationstechnik

1. Lokalisation der inneren und äußeren Fistelöffnung.
2. Fistelsondierung I.
3. Fistelsondierung II.
4. Fistelspaltung I.
5. Fistelspaltung II.
6. Partielle Sphinkterspaltung.
7. Blutstillung.

❶ Lokalisation der inneren und äußeren Fistelöffnung

Nach der Lokalisation von innerer und äußerer Fistelöffnung sowie nach dem Verlauf des Fistelkanals werden unterschieden:

- die intrasphinktären Fisteln, die subkutan oder submukös verlaufen können,
- die transsphinktären Fisteln, die meist zu den Krypten ziehen,
- die extrasphinktären Fisteln, die außerhalb der Muskulatur des Sphincter ani externus liegen und meist nach ischiorektal reichen, und
- die intersphinktären Fisteln, die sich zwischen der Muskulatur des M. sphincter ani externus und internus ausdehnen.

Die Beziehung der Fisteln zum Sphinkterapparat entscheidet über die chirurgische Vorgehensweise. Zur Behandlung der extrasphinktären und ischiorektalen Fisteln sind zumeist komplexe Behandlungstechniken erforderlich, weshalb im vorgegebenen Rahmen auf ihre Darstellung verzichtet werden soll. Wir beschränken uns auf die intrasphinktären und transsphinktären Fisteln, soweit sie die unteren zwei Drittel des Analkanals betreffen.

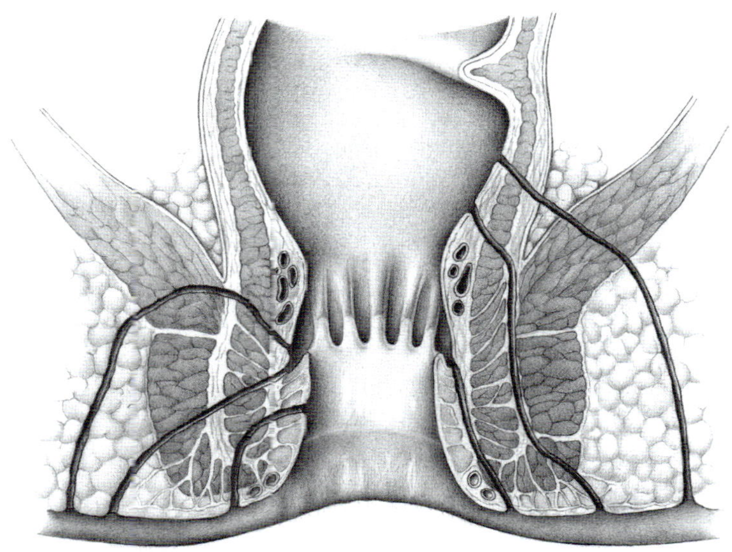

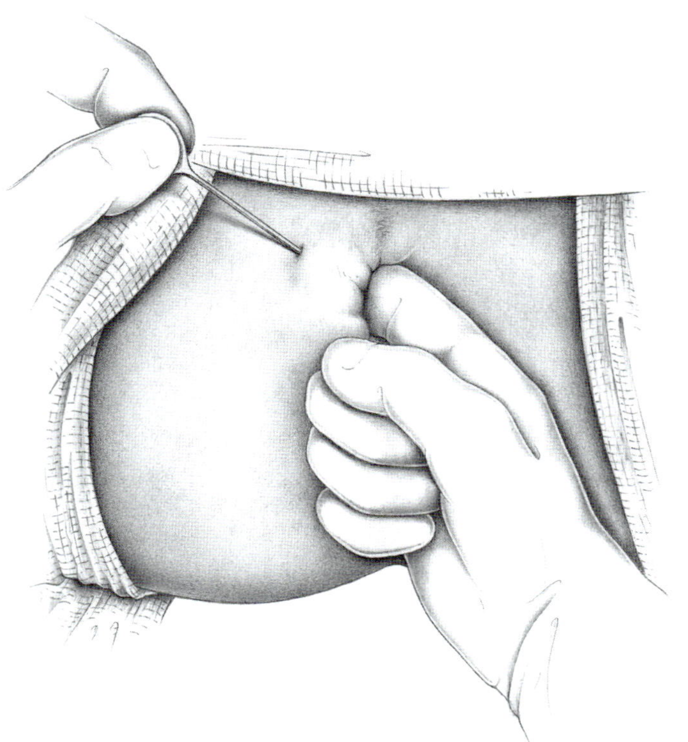

❷ Fistelsondierung I

In Steinschnittlagerung muss versucht werden, den Fistelgang zu sondieren, um seinen analen bzw. rektalen Durchtrittsort zu erfassen. Dies ist für die chirurgische Verfahrenswahl und den endgültigen Erfolg der Maßnahme äußerst wichtig. Bewährt hat sich eine bimanuelle Vorgehensweise unter Führung bzw. Palpation der Sondenspitze mit dem Zeigefinger. Diese Untersuchung muss äußerst vorsichtig erfolgen, um keine Via falsa zu produzieren. Gelingt es, die Sonde ohne Schwierigkeiten in das Rektum vorzuschieben, so bestimmt die Höhe der Austrittsstelle das weitere Vorgehen. Liegt sie im unteren Drittel des Analkanals deutlich unterhalb der Puborektalisschlinge, so kann die Fistel ohne Bedenken vollständig gespalten werden.

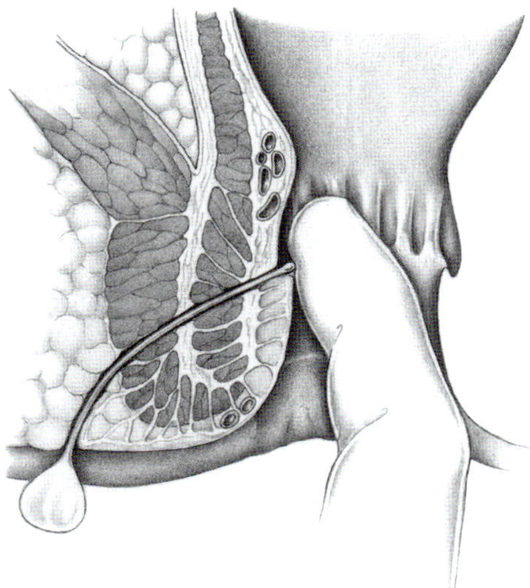

❸ Fistelsondierung II

Häufigste Ursache für eine Fistelbildung und zugleich häufigster Ausgangsort sind die Analkrypten des Analkanals. Falls eine vollständige Sondierung des Fistelkanals von außen nicht gelingt, kann auch versucht werden, nach hakenförmigem Umbiegen der Sonde eine innere Fistelöffnung im Bereich der Analkrypten durch einzelnes Abtasten mit der Sonde zu lokalisieren. Eine weitere Möglichkeit ist die Instillation von Farblösung (Methylenblau) in die äußere Fistelöffnung mittels einer Knopfkanüle. Manchmal lässt sich so die innere Fistelöffnung durch den Austritt der Farblösung darstellen.

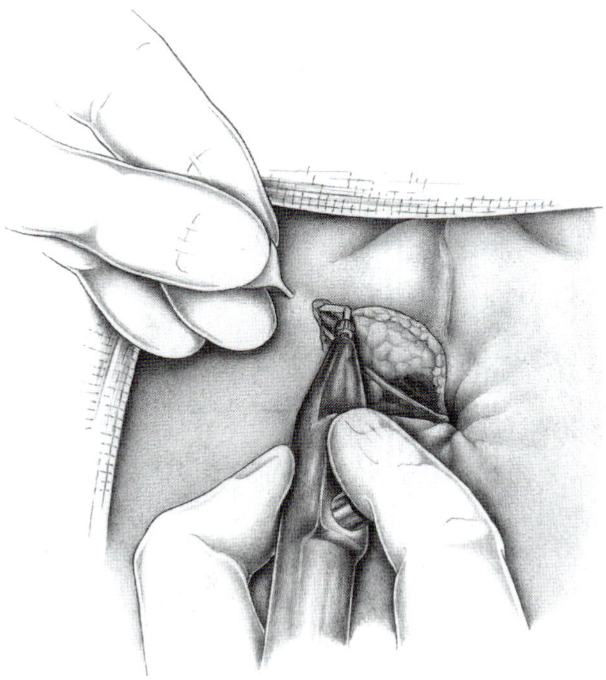

❹ Fistelspaltung I

Über der liegenden Sonde werden Haut und Subkutangewebe großzügig mit der Diathermie exzidiert. Man vermeide hierbei, mit der Diathermie Kontakt zur Metallsonde zu bekommen, um eine großflächige Verbrennung zu vermeiden.

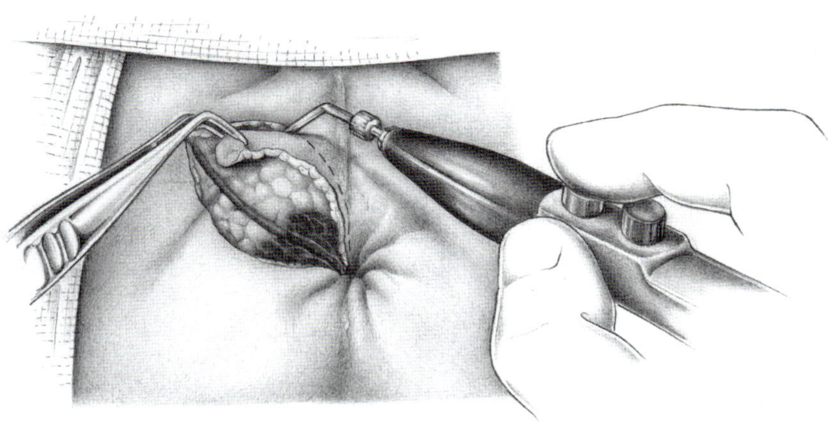

❺ Fistelspaltung II

Haut und Subkutangewebe werden so weit mit der Diathermie exzidiert, dass eine breite Offenlegung des Fistelkanals resultiert. Auch der Fistelkanal selbst sollte vollständig exzidiert werden.

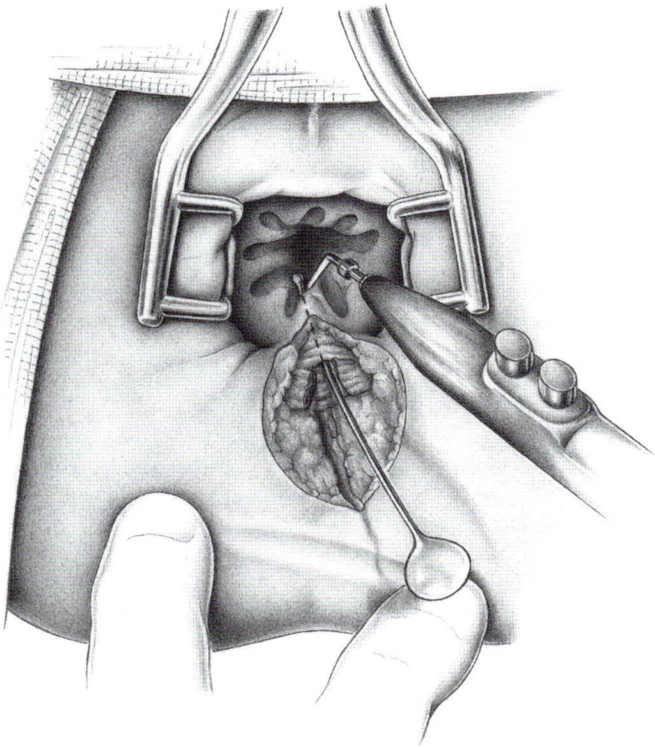

❻ Partielle Sphinkterspaltung

Auch die mit betroffene Sphinktermuskulatur wird über der Sonde durchtrennt, nachdem man sich von der Intaktheit der Puborektalisschlinge und der proximalen Hälfte des M. sphincter ani externus überzeugt hat. Die kranial verbleibende Sphinktermuskulatur sollte mindestens 2 cm lang sein, um eine ausreichende Kontinenz zu gewährleisten.

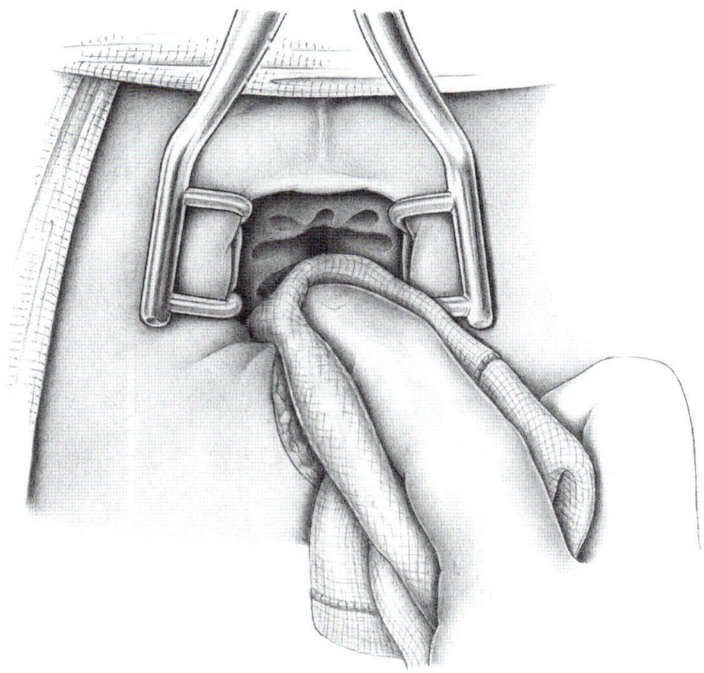

❼ Blutstillung

Nach inspektorischer Kontrolle auf Bluttrockenheit beendet die Einlage eines tanningetränkten Streifens zur Blutstillung den Eingriff. Dieser wird am Abend des Operationstages entfernt.

96. Perianale Thrombose

1 Indikation

Elektiv: Bei Diagnosestellung.
Alternativverfahren: Konservativ.

2 Operationsvorbereitung

Präoperative Diagnostik: Der erhebliche Schmerz lässt zumeist keine diagnostischen Maßnahmen (Prokto-/Rektoskopie) zu.

3 Spezielle Risiken, Aufklärung

- Rezidiv.
- Schließmuskelverletzung.
- Blutung.

4 Anästhesie

Lokalanästhesie, selten Maskennarkose.

5 Lagerung

Steinschnitt.

6 Zugang

Radiär über dem Befund.

7 Operationsschritte

1. Lokalanästhesie.
2. Inzision.
3. Hämatomausräumung.
4. Drainage.

8 Relevante Anatomie, Gefahren, Tricks

Wenn intraoperativ möglich, ggf. Prokto-/Rektoskopie zum Ausschluss von Fissur, Hämorrhoiden oder Abszess.

9 Maßnahmen bei speziellen Komplikationen

Anhaltende Schmerzen: wahrscheinlich insuffizierte Entlastung, Nachinzision erforderlich; Ausschluss anderer Ursachen (Fissur, Abszess).

10 Nachsorge

Medizinische Nachbehandlung: Anfangs tägliche Wundkontrolle. Sitzbad oder Abduschen nach jedem Stuhlgang.
Stuhlgang: Gegebenenfalls stuhlregulierende (regelmäßig, weiche Konsistenz) Maßnahmen.
Arbeitsunfähigkeit: 2 – 5 Tage.

7 Operationstechnik

❶ Lokalanästhesie.
❷ Inzision.
❸ Hämatomausräumung.
❹ Drainage.

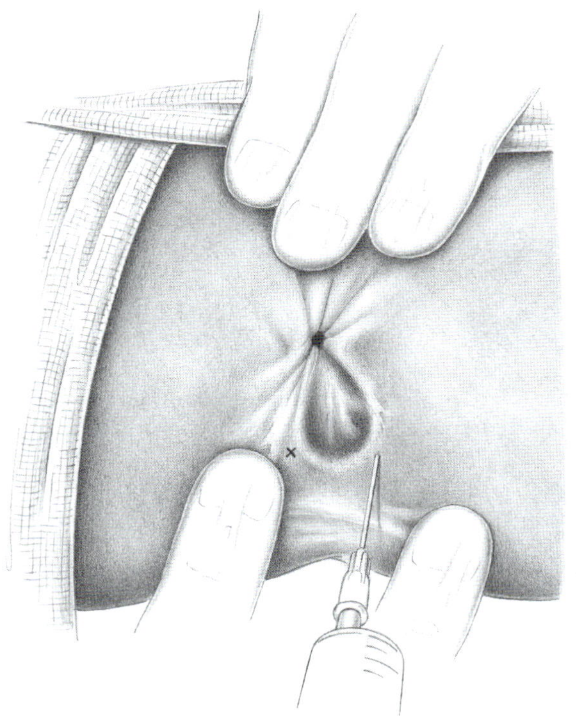

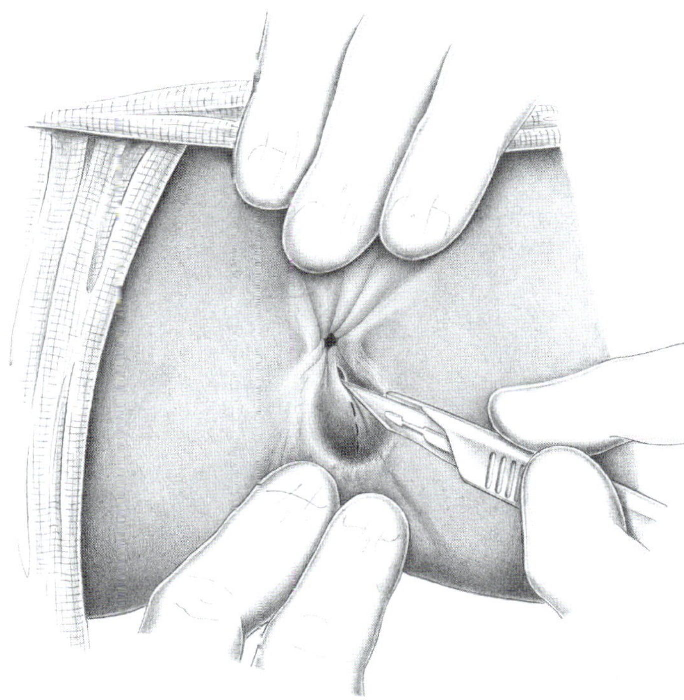

❶ Lokalanästhesie

In Steinschnittlage nach Auffaltung des Anus erfolgt die Lokalbetäubung der Perianalthrombose durch Lokalanästhesie an der Basis. Hierzu sind ca. 5 – 10 ml 1 %iges Lokalanästhetikum erforderlich.

❷ Inzision

Nach vollständiger Anästhesie wird über dem Punctum maximum der Hämatombildung eine radiäre Inzision angelegt, die zum Zwecke des Offenhaltens in der Regel als wetzsteinförmige Hautexzision durchgeführt wird.

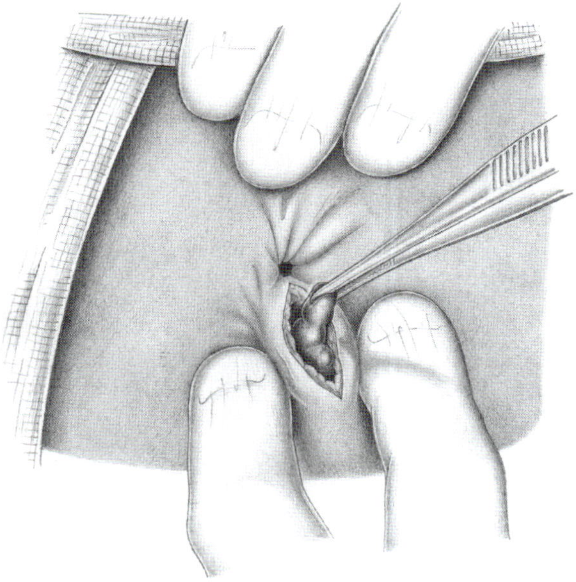

❸ Hämatomausräumung

Nach Eröffnung der Haut entleeren sich reichlich gestautes Blut und alte Thromben. Man kann mit einer Pinzette oder einem scharfen Löffel das thrombotische Material entfernen, um die gesamte Höhle freizulegen. Sie wird mit Kochsalz gespült. Die Wundränder sollten dann nachreseziert werden, wenn sie nach Ausräumung des Hämatoms eine Tendenz zum Spontankollaps erkennen lassen. Die Wunde sollte mindestens für 24 Stunden nach außen eröffnet bleiben.

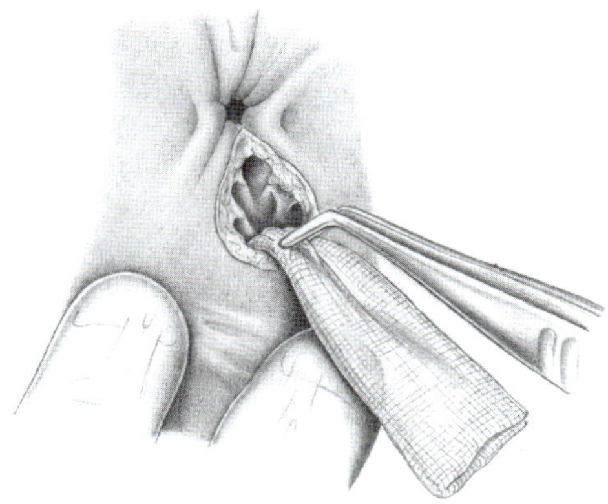

❹ Drainage

Zur Blutstillung kann ein kleiner Jodoformstreifen eingelegt werden, der zugleich zur Drainage der Hämatomhöhle dient. Er wird nach 24 Stunden entfernt, worauf sich Sitzbäder anschließen.

97. Laterale Sphinkterotomie (Parks)

1 Indikation

Elektiv: Akute und chronische Analfissur.
Kontra: Grenzwertige Sphinkterfunktion.
Alternativverfahren: Sphinkterdilatation, Verschorfung, Exzision.

2 Operationsvorbereitung

Präoperative Diagnostik: Digitale Untersuchung, Proktoskopie, Rektoskopie; ggf. Ausschluss Morbus Crohn, Colitis ulcerosa, Malignom: Koloskopie mit Biopsie.
Patientenvorbereitung: Wenn möglich Klysma.

3 Spezielle Risiken, Aufklärung

- Schließmuskelschaden/Inkontinenz (< 5%).
- Rezidiv (ca. 5%).
- Blasenentleerungsstörung (10%).

4 Anästhesie

Intubationsnarkose, Spinal- oder Periduralanästhesie.

5 Lagerung

Rücken, Steinschnitt.

6 Zugang

Kurze (1 – 2 cm) zirkuläre Inzision bei 3 Uhr.

7 Operationsschritte

1. Inzision.
2. Muskelpräparation.
3. Muskelspaltung.
4. Nahtverschluss.

8 Relevante Anatomie, Gefahren, Tricks

- 90% der chronischen Fissuren liegen in der hinteren Mittellinie.
- Vorpostenfalte = inflammatorische Hautverdickung am distalen Fissurende, bei Operation exzidieren.
- Exzidate immer histologisch untersuchen lassen.
- Durchtrennung nur der distalen 1,5 cm des M. sphincter ani internus = bis in Höhe der Linea dentata.
- Auf (ggf. inkomplette) Analfisteln achten.
- Begleitende Hämorrhoiden mitbehandeln.

9 Maßnahmen bei speziellen Komplikationen

Bei Blutung lokale Kompression, Nähte nur unter direkter Sicht!

10 Nachsorge

Medizinische Nachbehandlung: Wundkontrolle, ggf. kurzzeitig milde Analgetika.
Kostaufbau: Ballaststoffreiche Kost.
Stuhlgang: Milde orale Laxantien für 2 – 3 Wochen (z. B. Agarol).
Arbeitsunfähigkeit: Unter 1 Woche.

7 Operationstechnik

1. Inzision.
2. Muskelpräparation.
3. Muskelspaltung.
4. Nahtverschluss.

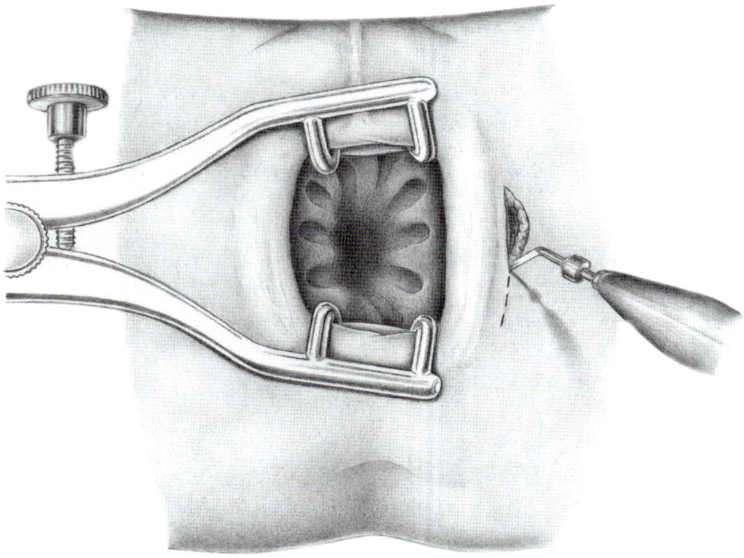

❶ Inzision

Sofern präoperativ aufgrund der Schmerzen nicht möglich, beginnt man nach Positionierung des Patienten in Steinschnittlage mit der digitalen Untersuchung und der Proktoskopie. Anschließend wird ein Analsperrer eingeführt und unter dosiertem Spreizen die Sphinktermuskulatur angespannt. Links lateral bei ca. 3 Uhr wird eine zirkulär verlaufende, ca. 2 cm lange Inzision vorgenommen, die in der Haut mit dem Messer und in der Subkutis mit der Diathermie durchgeführt wird.

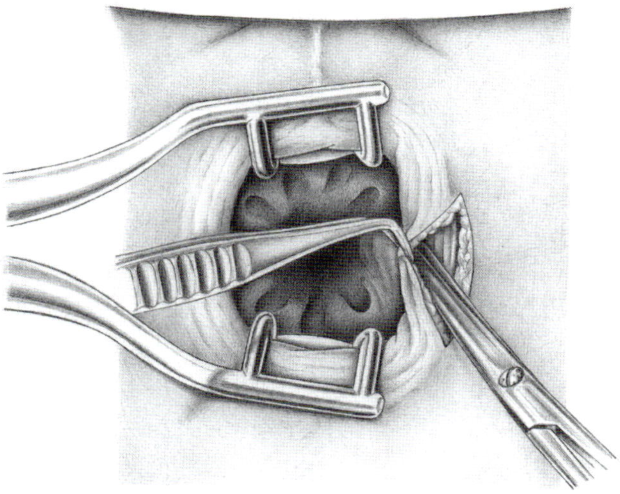

❷ Muskelpräparation

Vorsichtig werden Haut bzw. Schleimhaut von der gut tastbaren Muskulatur des M. sphincter ani internus abpräpariert und der Muskelunterrand auch nach lateral hin freigelegt. Bei dieser Präparation sollte keinesfalls die Haut des Analkanals verletzt werden, da sonst Fisteln resultieren können.

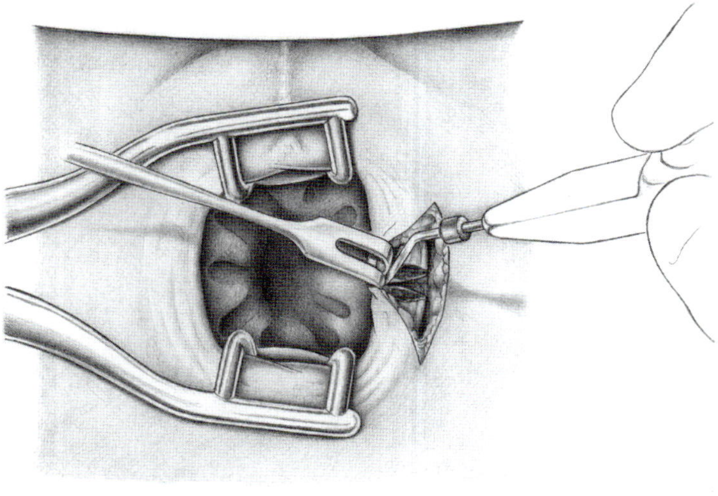

❸ Muskelspaltung

Die isolierte Muskulatur wird mit der Diathermie oder dem Messer inzidiert. Kleinere Gefäße sind separat zu koagulieren. Die Inzisionsausdehnung des Sphincter ani internus beträgt ca. 2 cm.

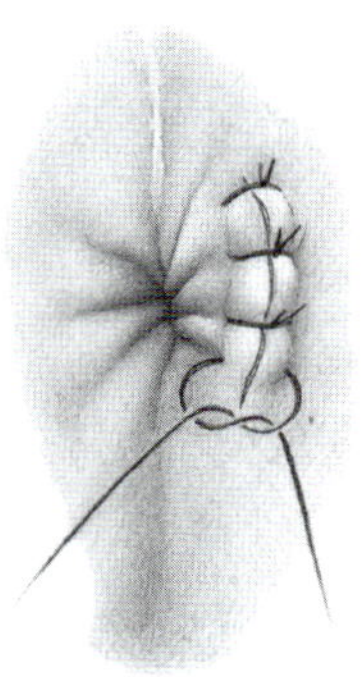

❹ Nahtverschluss

Nach sorgfältiger Blutstillung wird die Haut mit Einzelknopfnähten verschlossen. Die Vollständigkeit der Sphinkterotomie lässt sich digital als tiefe Delle bei ca. 3 Uhr in SSL tasten.

98. Sinus pilonidalis (Schrudde-Olivari)

1 Indikation

Elektiv: Bei Diagnosestellung, dringlich bei Abszessverdacht.

2 Operationsvorbereitung

Präoperative Diagnostik: Gegebenenfalls Fisteldarstellung.

3 Spezielle Risiken, Aufklärung

Rezidiv (5–20%, sowohl bei primärem wie auch sekundärem Verschluss).

4 Anästhesie

Intubationsnarkose.

5 Lagerung

Bauch, Gesäßhälften mit Pflasterstreifen distrahieren.

6 Zugang

Längsovaläre Umschneidung.

7 Operationsschritte

1. Operationsprinzip.
2. Subkutane Präparation.
3. Blutstillung.
4. Defektdeckung.
5. Plastische Defektdeckung.

8 Relevante Anatomie, Gefahren, Tricks

- Bei reizloser Fistel ist eine komplette Exzision mit sofortiger Deckung des Defekts durch eine Verschiebelappenplastik gerechtfertigt; im Zweifel zunächst offene Wundbehandlung und sekundäre Deckung.
- Eine ausgiebige Exzision mit breiter Freilegung der sakrokokzygealen Bänder ist nur bei entsprechend tiefen Fisteln gerechtfertigt und nicht grundsätzlich erforderlich.
- Die intraoperative Injektion (geringer Druck!) von Methylenblaulösung in Milch (verhindert Farbstoffdiffusion ins Gewebe) in die Fistelöffnungen erleichtert die vollständige Exzision.
- Bei primärem oder sekundärem Verschluss auf ausreichende Mobilisation der Wundränder achten, keine Hohlräume im Subkutanniveau hinterlassen!

9 Maßnahmen bei speziellen Komplikationen

Wundheilungsstörung nach plastischer Deckung: offene Wundbehandlung, ggf. spätere Sekundärnaht.

10 Nachsorge

Medizinische Nachbehandlung: Nach plastischer Deckung Redon-Drainagen ex am 2. postoperativen Tag, kein Sitzen und keine Rückenlage für die ersten 5 Tage. Bei offener Wundbehandlung regelmäßiges Ausduschen der Wunde und ggf. Aufbringung von granulationsfördernden Lösungen (z. B. 20% NaCl). Langfristig ist eine sorgfältige Hygiene des Glutealfaltenbereichs notwendig: eine erhebliche Behaarung sollte regelmäßig entfernt werden!
Kostaufbau: Sofort.
Stuhlgang: Gegebenenfalls milde Laxantien.
Arbeitsunfähigkeit: 2 Wochen, bei erheblicher körperlicher Belastung bzw. sitzender Tätigkeit ggf. länger.

7 Operationstechnik

1. Operationsprinzip.
2. Subkutane Präparation.
3. Blutstillung.
4. Defektdeckung.
5. Plastische Defektdeckung.

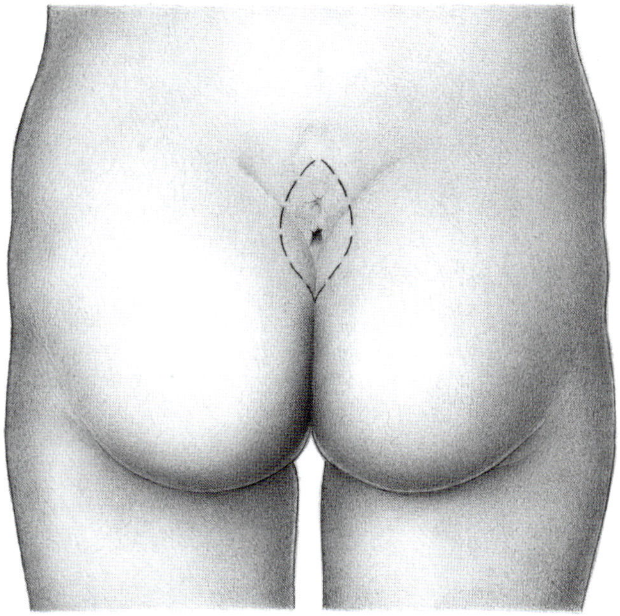

1 Operationsprinzip

Die operative Therapie des Sinus pilonidalis erfordert die Entfernung allen entzündlichen Gewebes bis zur sakralen Faszie. Bei ausgedehnter Entzündung ist entsprechend den Regeln der septischen Chirurgie die Exzisionswunde offen zu lassen und der per-secundam-Heilung zu überlassen.

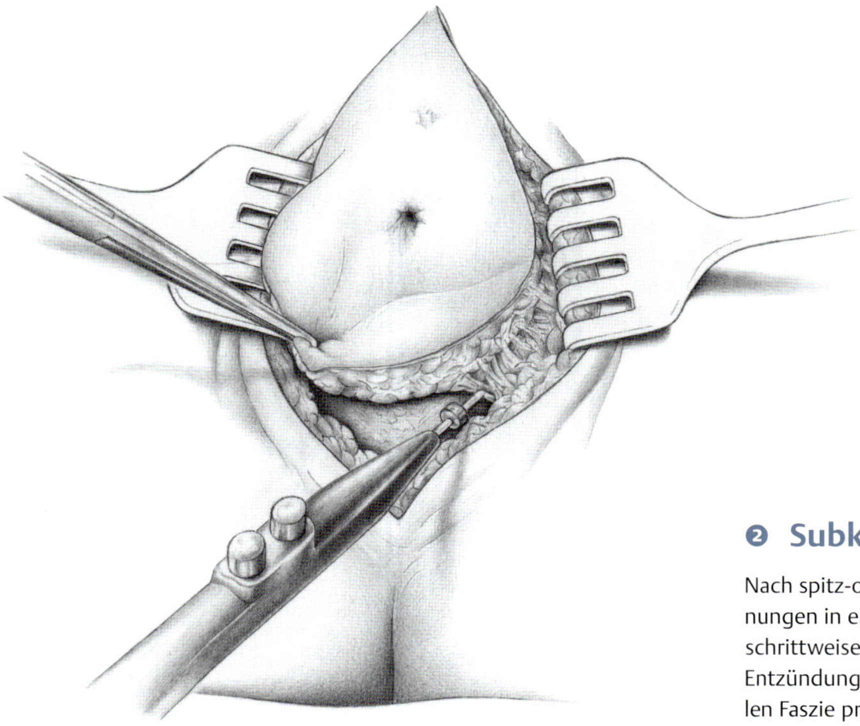

2 Subkutane Präparation

Nach spitz-ovalärer Umschneidung der äußeren Fistelöffnung oder -öffnungen in entsprechender Ausdehnung wird die Entzündungszone schrittweise im Subkutanniveau mit der Diathermie präpariert. Der Entzündungsherd muss vollständig und unter Umständen bis zur sakralen Faszie präpariert und entfernt werden.

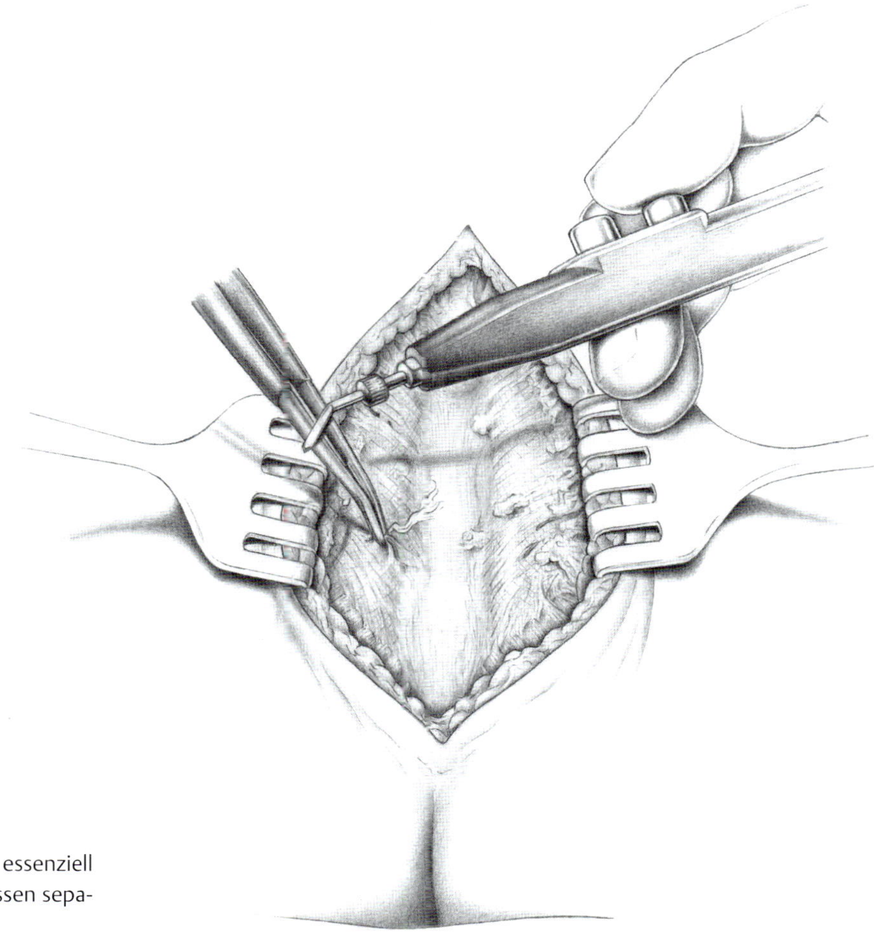

❸ Blutstillung

Nach Exzision ist eine ausgiebige und sorgfältige Blutstillung essenziell für den weiteren Heilungsverlauf. Alle blutenden Gefäße müssen separat koaguliert werden.

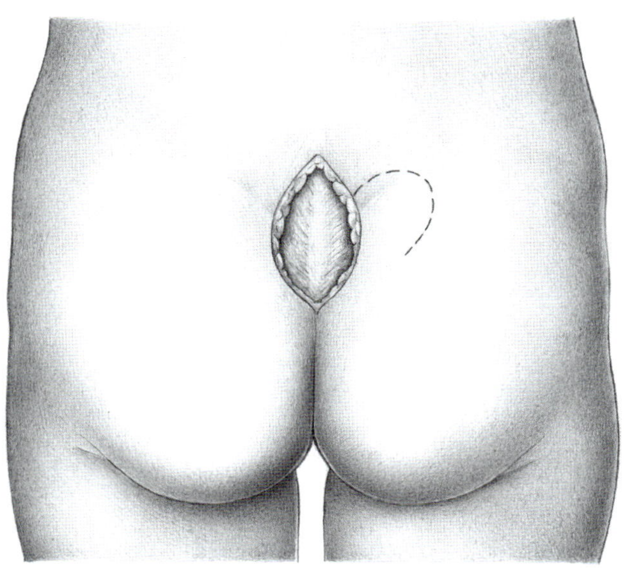

❹ Defektdeckung

Es resultiert ein spitz-ovalärer Defekt mit freiliegender Sakralfaszie am Wundgrund. Man kann die Wunde offenlassen und mit einem Jodoformstreifen der Sekundärheilung oder aber der späteren sekundären Wundversorgung nach 4 – 6 Tagen zuführen. Bei sauberen Verhältnissen ist ein primärer plastischer Verschluss nach Schrudde-Olivari indiziert. Hierzu wird seitlich ein kaudal gestielter Verschiebelappen gebildet. Die intraoperative Farbmarkierung der notwendigen Hautinzision erleichtert die Präparation.

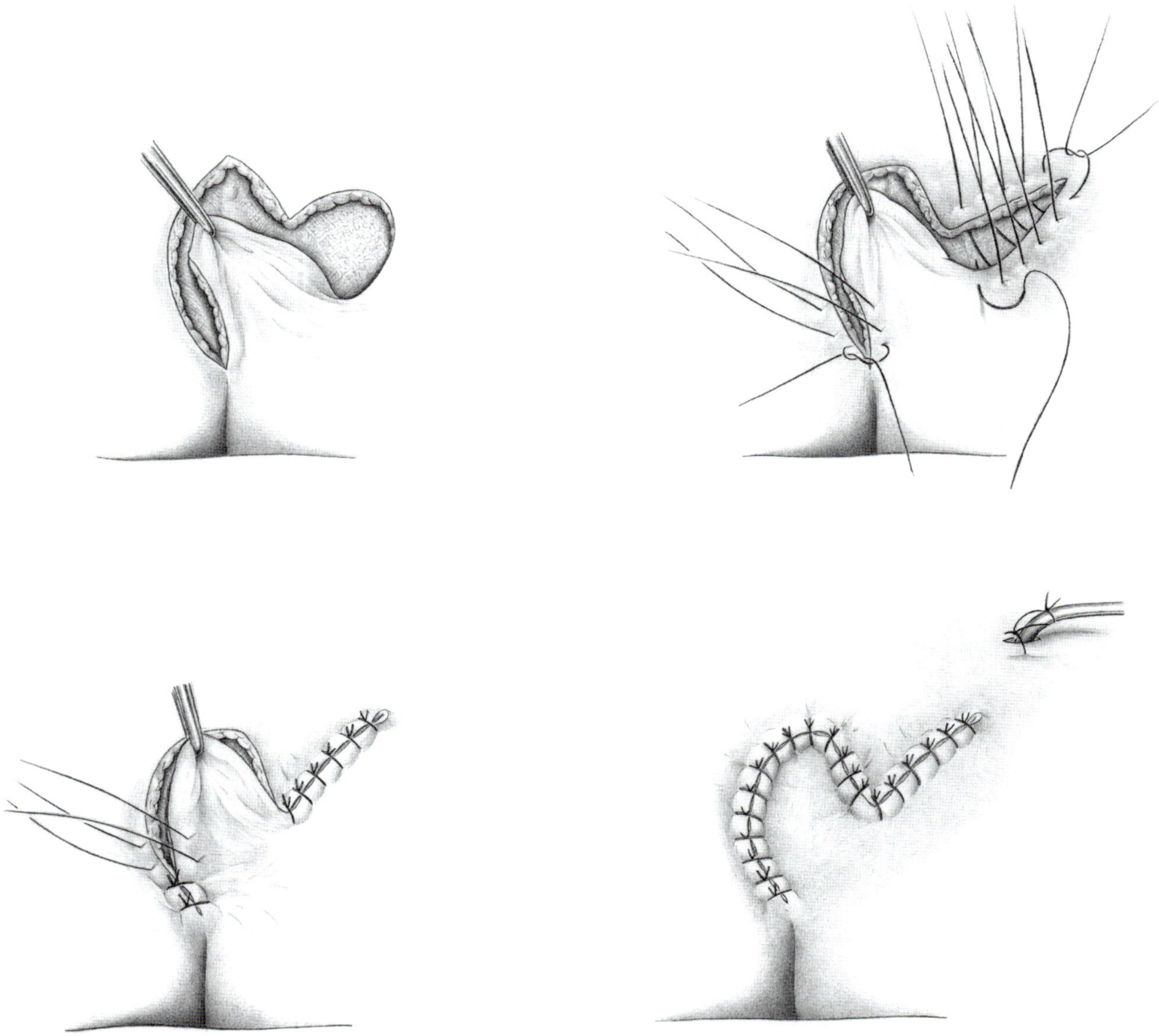

❺ Plastische Defektdeckung

Nach vollständiger Unterminierung des Lappens sollte er sich spannungslos in den Defekt schwenken lassen. Die anschließende Unterminierung der allseitigen Wundränder sichert den spannungsfreien Verschluss mit Einzelknopfnähten (3 × 0 Polypropylen). Zur Adaptation erfolgt die Annäherung der Wundränder durch subkutane Einzelknopfnähte (3 × 0 PGS). Der Wundgrund sollte zuvor mit 1 – 2 Redon-Drainagen drainiert werden. Hauteinzelknopfnähte schließen am Ende des Eingriffs den zuvor bestehenden Defekt.

99. Hydrocele testis

1 Indikation

Elektiv: Bei Diagnosestellung und Beschwerden.
Kontra: In den ersten beiden Lebensjahren (meist Spontanobliteration des offenen Processus vaginalis peritonei).
Alternativverfahren: Keine.

2 Operationsvorbereitung

Präoperative Diagnostik: Sonographie.

3 Spezielle Risiken, Aufklärung

- Hodenverletzung (1 %).
- Samenstrangverletzung (1 %).
- Gegebenenfalls gleichzeitige Versorgung einer Leistenhernie.

4 Anästhesie

Intubationsnarkose. Beim Erwachsenen auch Peridural-, Spinal- oder Lokalanästhesie.

5 Lagerung

Rücken.

6 Zugang

Quere oder schräge Inzision am Skrotalansatz.

7 Operationsschritte

1. Zugang.
2. Freilegung der Hydrozele.
3. Eröffnung der Hydrozele.
4. Resektion des Hydrozelensacks.
5. Eventrieren des Hydrozelensacks.
6. Präparation Processus vaginalis beim Kind.
7. Ligatur der Basis des Processus vaginalis.

8 Relevante Anatomie, Gefahren, Tricks

- Bei der kindlichen Hydrozele besteht immer eine Kommunikation zum Peritonealraum.
- Die Hydrozele/Funikulozele des Kindes wird wie ein Leistenbruch operiert.

9 Maßnahmen bei speziellen Komplikationen

Postoperative Epidydimitis: Kühlung, Hochlagerung, Antibiotika, Ausschluss Hodentorsion (Doppler-Sonographie!).

10 Nachsorge

Medizinische Nachbehandlung: Gegebenenfalls Redon ex 1./2. Tag.
Mobilisation: Sofort.
Arbeitsunfähigkeit: Bis 1 Woche.

7 Operationstechnik

❶ Zugang.
❷ Freilegung der Hydrozele.
❸ Eröffnung der Hydrozele.
❹ Resektion des Hydrozelensacks.
❺ Eventrieren des Hydrozelensacks.
❻ Präparation Processus vaginalis beim Kind.
❼ Ligatur der Basis des Processus vaginalis.

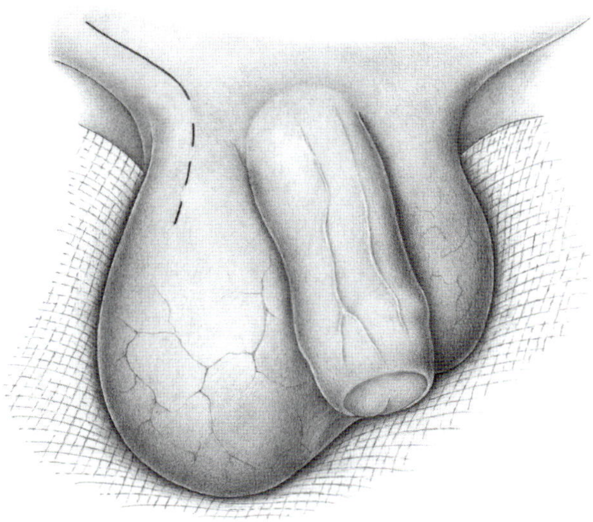

❶ Zugang

Hautschnitt über dem Skrotalansatz parallel zu den Falten, bei Bedarf Verlängerung bis auf das Skrotum, ggf. auch tiefinguinaler Querschnitt.

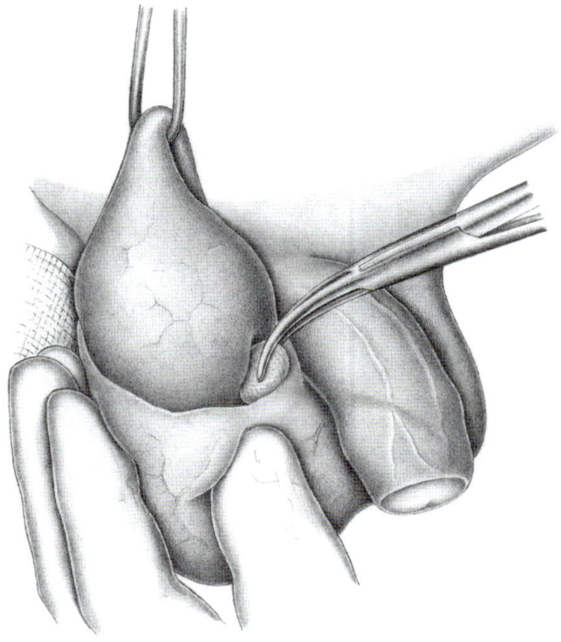

❷ Freilegung der Hydrozele

Nach Isolierung des Funiculus spermaticus kann dieser mit einem Gummizügel angeschlungen werden. Hydrozelensack und Hoden werden stumpf aus dem Skrotum ausgelöst und vor die Wunde verlagert. Der Hoden lässt sich durch Druck auf die Operationswunde durch den Hautschnitt luxieren. Gegebenenfalls sind bindegewebige Verwachsungen zum Skrotalfach scharf zu durchtrennen.

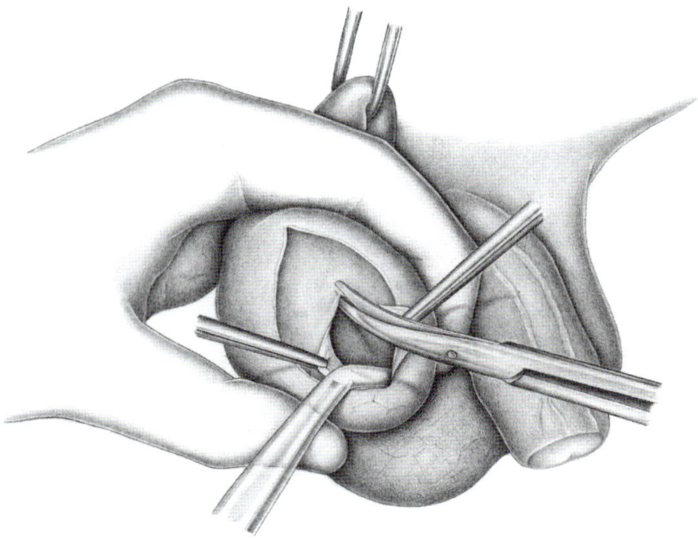

❸ Eröffnung der Hydrozele

Unter manueller Fixierung des Hodens werden die verschiedenen Schichten der Hydrozele mit dem Skalpell durchtrennt. Sorgfältige Blutstillung ist hierbei wichtig. Flüssigkeit im Hydrozelensack wird abgesaugt, die Ränder mit Klemmen gefasst.

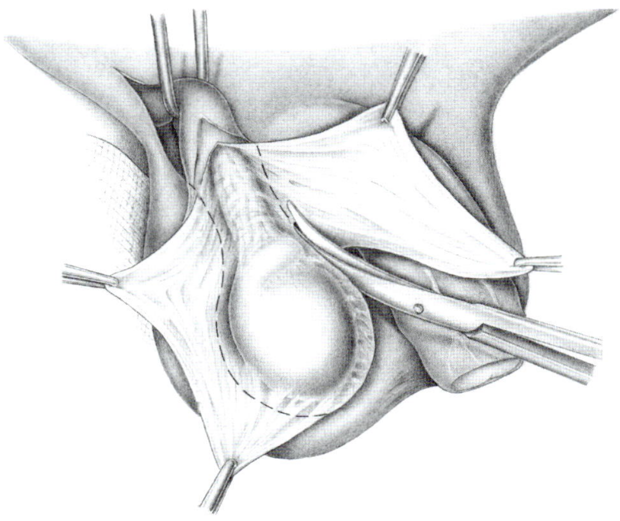

❹ Resektion des Hydrozelensacks

Die Methode nach von Bergmann versucht möglichst viel vom Hydrozelensack zu resezieren. Der Hydrozelensack wird nach weiter Eröffnung mit Klemmen gefasst und die Tunica vaginalis bis an die Gefäße reseziert. Hierbei ist eine sorgfältige Blutstillung notwendig. Nach vollständiger Resektion der Tunica vaginalis wird eine Redon-Drainage eingelegt und die Fascia spermatica interna mit Einzelknopfnähten (PGS 3 × 0) verschlossen. Der Verschluss der Subkutis und der Haut beenden den Eingriff.

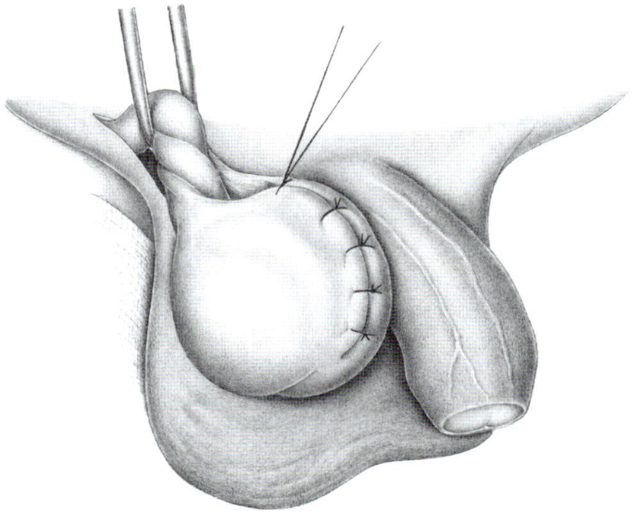

❺ Eventrieren des Hydrozelensacks

Bei der Methode nach Winkelmann beschränkt man sich auf die Umkrempelung des eröffneten Hydrozelensacks mit Nahtverschluss. Ziel hierbei ist, dass die Innenflächen des Hydrozelensacks nach außen zu liegen kommen. Diese Methode kann mit der Resektionstechnik (von Bergmann) kombiniert werden. Eine Redon-Drainage und der schichtweise Verschluss der Skrotalhaut beenden den Eingriff.

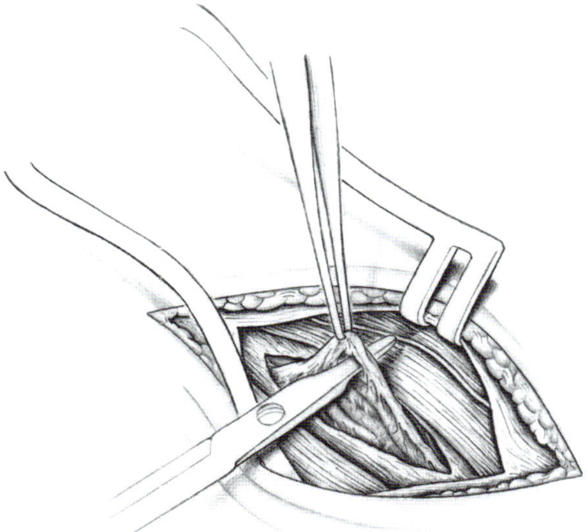

❻ Präparation Processus vaginalis beim Kind

Bei kindlichen Hydrozelen ist das Vorgehen wie beim Leistenbruch. Wichtig ist die sorgfältige Präparation des feinen offenen Processus vaginalis und seine Ablösung von den Gefäßen und vom Ductus deferens. Hierzu wird er mit einer Schere unterfahren und durchtrennt.

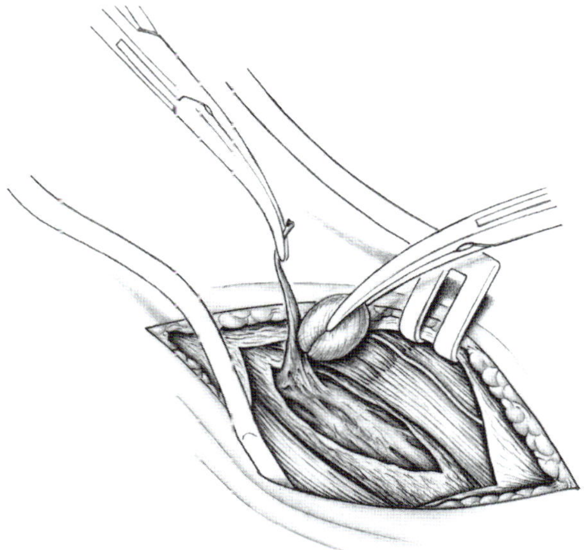

❼ Ligatur der Basis des Processus vaginalis

Die Präparation erfolgt bis zum inneren Leistenring, wobei es sich wegen der zarten Verhältnisse empfiehlt, überwiegend stumpf vorzugehen. Im inneren Leistenring erfolgt die Versorgung analog eines Bruchsacks, d. h. basisnahe Durchstechungsligatur und Abtragung. Der im Skrotum befindliche Hydrozelensack wird eröffnet, teilreseziert und offen gelassen. Eine Operation nach von Bergmann oder Winkelmann ist beim Kind nicht indiziert. Der Verschluss der Leistenbruchpforte erfolgt in der üblichen Technik.

100. Vasektomie

1 Indikation

Relativ: Ausdrücklicher Patientenwunsch.

2 Operationsvorbereitung

Patientenvorbereitung: Gegebenenfalls Patienten auf Möglichkeit der Spermakonservierung hinweisen. Ehefrau unbedingt in die Aufklärung einbeziehen.

3 Spezielle Risiken, Aufklärung

- Ungesicherter Erfolg (< 40%) bei späterer Refertilisierung.
- Verletzung der Samenstranggefäße.
- Hodenverlust.

4 Anästhesie

Lokal-, Regional- oder Allgemeinanästhesie.

5 Lagerung

Rücken.

6 Zugang

Über Skrotalansatz im Verlauf des Samenstrangs.

7 Operationsschritte

1. Hautschnitt.
2. Luxation des Ductus deferens.
3. Resektion des Ductus deferens.

8 Relevante Anatomie, Gefahren, Tricks

Der Ductus deferens ist innerhalb des Samenstrangs gut palpatorisch zu identifizieren.

9 Maßnahmen bei speziellen Komplikationen

Cave: Verletzung der Vasa spermatica!

Sichere Infertilität erst nach 6 Wochen und negativem Spermiogramm.

10 Nachsorge

Medizinische Nachbehandlung: Keine spezielle.

7 Operationstechnik

❶ Hautschnitt.
❷ Luxation des Ductus deferens.
❸ Resektion des Ductus deferens.

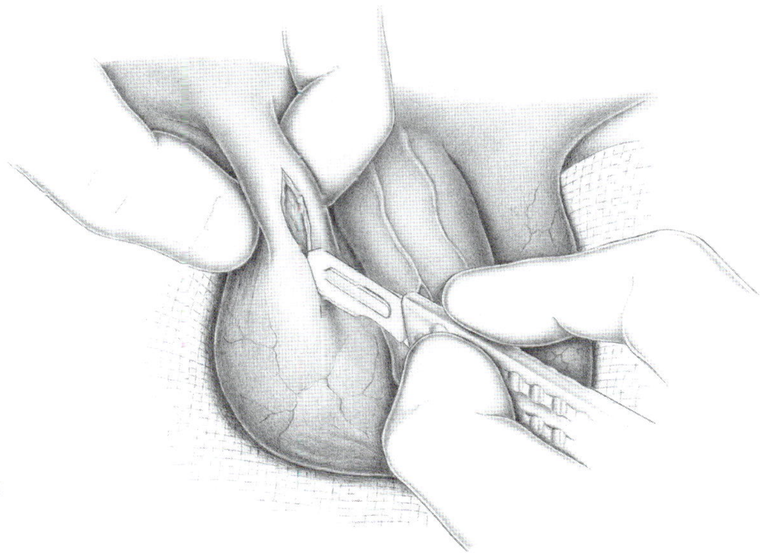

❶ Hautschnitt

Der Hautschnitt verläuft über dem bidigital fixierten Ductus deferens an der Vorderseite des Skrotalansatzes. Der Ductus deferens lässt sich leicht zwischen Zeigefinger und Daumen als harter Strang identifizieren und nach ventral drängen. Der Hautschnitt ist direkt über dieser gut tastbaren und bidigital fixierten Struktur zu platzieren.

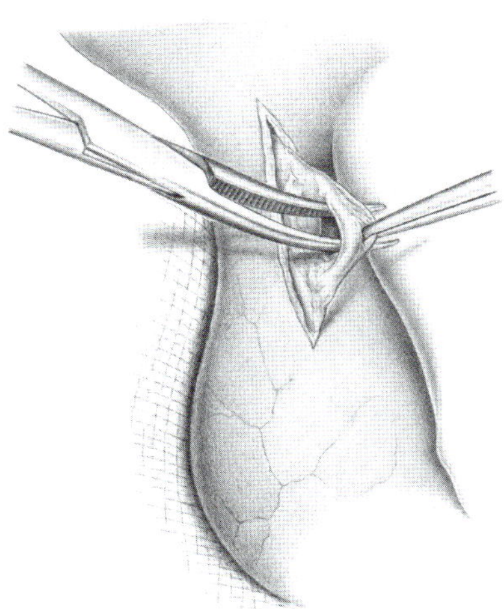

❷ Luxation des Ductus deferens

Nach Eröffnung der Haut wird der Ductus deferens luxiert und mit einer Overholt-Klemme unterfahren. Er wird an beiden Seiten mit Klemmen gefasst.

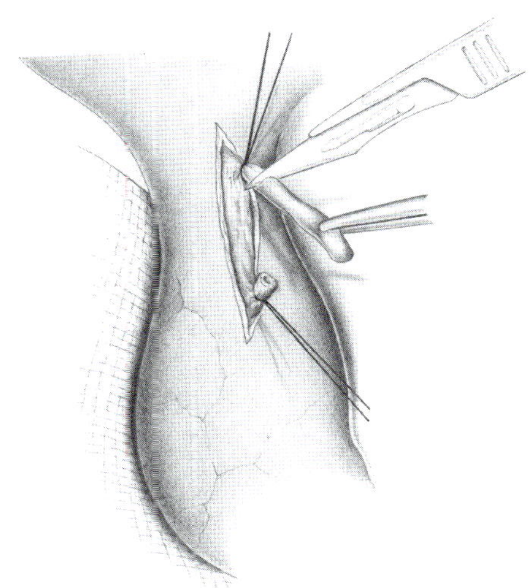

❸ Resektion des Ductus deferens

Nach Resektion eines 2 – 3 cm langen Abschnitts werden die Stümpfe des Ductus deferens beiderseits mit nicht resorbierbaren Umstechungsligaturen versorgt (Polypropylen 2 × 0). Zur Verhinderung einer spontanen Refertilisierung können die Enden des Ductus deferens zusätzlich U-förmig umgeschlagen und mit Nähten fixiert werden.

101. Lokalanästhesie bei Leistenhernienoperation

1 Indikation

Elektiv: Bei jedem kooperativen Patienten grundsätzlich möglich, auch bei Rezidivhernien.
Kontra: Kinder, Imbezile und Patienten mit ausdrücklichem Wunsch nach anderer Anästhesieform.
Alternativverfahren: Spinal- oder Periduralanästhesie, Intubationsnarkose.

2 Operationsvorbereitung

Patientenvorbereitung: Anamnestischer Ausschluss von Allergien gegen Lokalanästhetika.

3 Spezielle Risiken, Aufklärung

- Patient muss über den Ablauf des Eingriffs ausführlich informiert sein!
- Möglichkeit des intraoperativen „Umsteigens" auf andere Anästhesieform.

4 Anästhesie

Siehe oben.

5 Lagerung

Rücken.

6 Zugang

Siehe unten.

7 Operationsschritte

1. Innervation der Leistenregion.
2. Leitungsanästhesie.
3. Subkutane Infiltration.
4. Subaponeurotische Infiltration.
5. Infiltration innerer Leistenring.
6. Infiltration am Bruchsackhals.
7. Perinealer Block.

8 Relevante Anatomie, Gefahren, Tricks

- Höchstmenge der verwendeten Lokalanästhesie (z.B. Mepivacain) im Hinblick auf die toxische Dosis beachten.
- Obligat ist ein venöser Zugang und eine dokumentiert kontinuierliche Puls- und Blutdrucküberwachung sowie eine Pulsoximetrie.
- In Zweifelsfällen stets anästhesiologisches „stand by" mit der Möglichkeit zur unverzüglichen Intervention bis hin zur Beatmung und Reanimation.
- Intraoperativ sollte der Patient durch eine nicht unmittelbar am operativen Eingriff beteiligte Person betreut werden, die ständigen einfühlsamen verbalen Kontakt hält und den Patienten damit führt und ablenkt.

9 Maßnahmen bei speziellen Komplikationen

Patienten, die intraoperativ psychisch zu dekompensieren drohen, lassen sich u. U. durch leichte Sedierung mit 5 – 10 mg Diazepam wieder gut führen.

10 Nachsorge

Medizinische Nachbehandlung: Keine spezielle.

7 Operationstechnik

❶ Innervation der Leistenregion.
❷ Leitungsanästhesie.
❸ Subkutane Infiltration.
❹ Subaponeurotische Infiltration.
❺ Infiltration innerer Leistenring.
❻ Infiltration am Bruchsackhals.
❼ Perinealer Block.

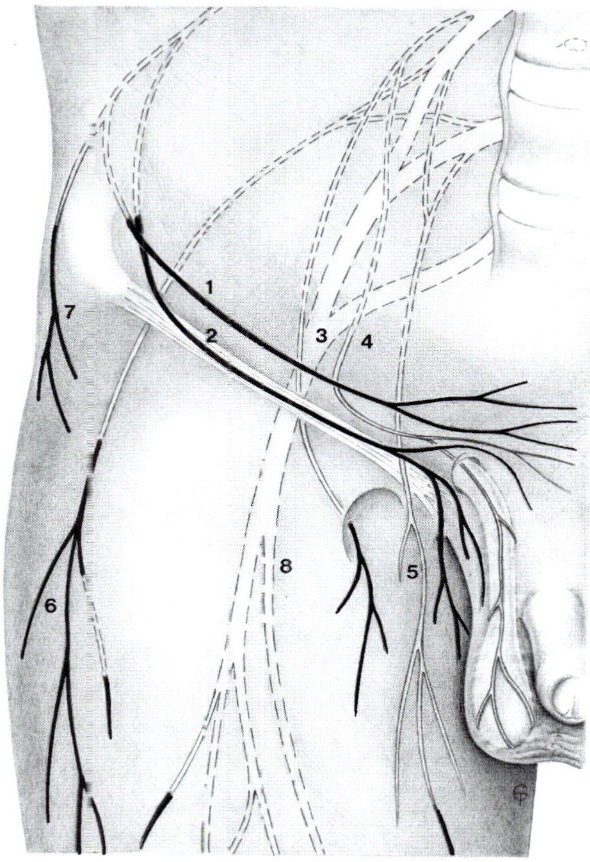

❶ Innervation der Leistenregion

Die Lokalanästhesie der Leiste hat die Anatomie der nervalen Versorgung zu berücksichtigen. Während der N. ilioinguinalis (2) und der N. iliohypogastricus (1) durch eine Leitungsanästhesie gezielt auszuschalten sind, ist dies beim N. genitofemoralis (3) weniger gut möglich.

1 N. iliohypogastricus
2 N. ilioinguinalis
3 R. femoralis des N. genitofemoralis
4 R. genitalis des N. genitofemoralis
5 N. obturatorius
6 N. cutaneus femoris lateralis
7 R. cutaneus des N. iliohypogastricus
8. N. femoralis

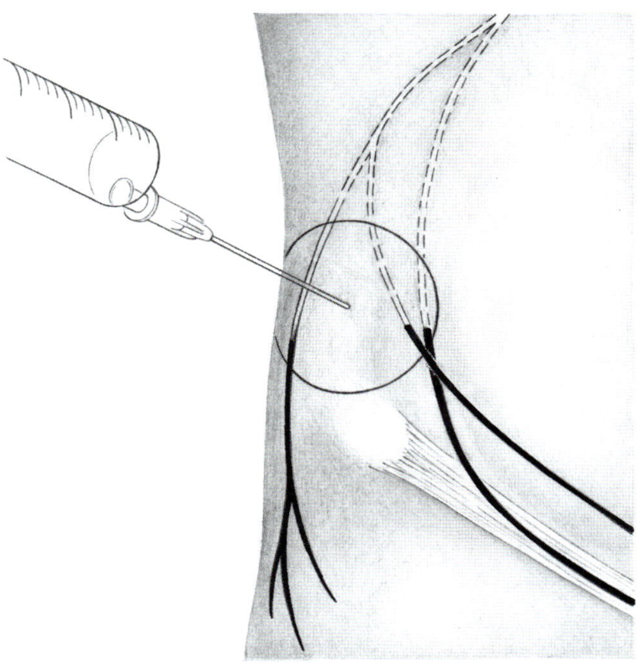

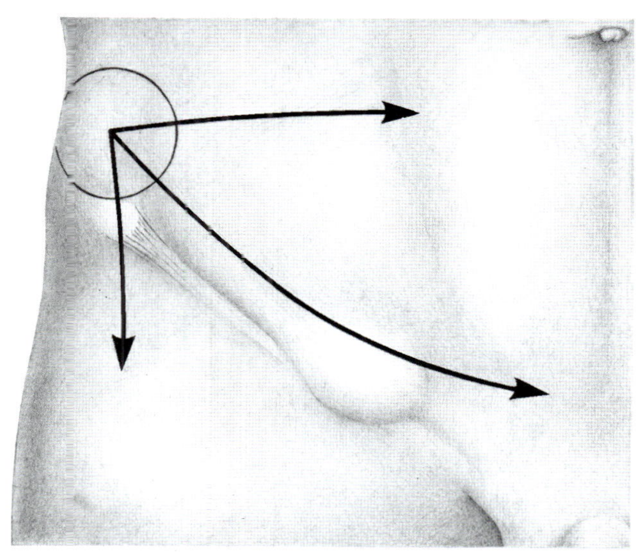

❷ Leitungsanästhesie

Die lokale Anästhesie der Leiste beginnt mit einer Leitungsanästhesie der N. iliohypogastricus et ilioinguinalis. Hierzu wird leicht medial und 2 cm oberhalb der Spina iliaca anterior bis in die Tiefe der Muskulatur ein Depot von ca. 20 ml 1 %igem Mepivacain instilliert. Dadurch lässt sich in der Regel ein zuverlässiger und mehrere Stunden anhaltender Leitungsblock erreichen.

❸ Subkutane Infiltration

Von der kranialen Injektionsstelle wird nunmehr die Region des Hautschnitts im Subkutanniveau infiltriert. Es ist darauf zu achten, dass die Infiltration vollständig ist, da ansonsten schon der Hautschnitt Schmerzen bereitet (ca. 10 ml 0,5 %iges Mepivacain).

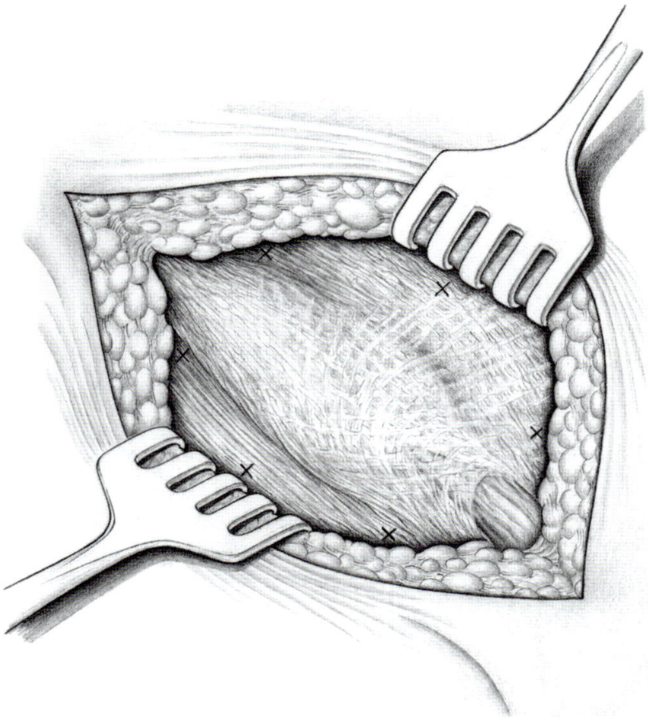

❹ Subaponeurotische Infiltration

Nach Eröffnung der Subkutis wird die Externusaponeurose großzügig anästhesiert. Dies kann entlang des Leistenkanals oder beidseits davon erfolgen. Bei richtiger Injektionstechnik hebt sich die Externusaponeurose vom Samenstrang ab (ca. 10 ml 0,5 %iges Mepivacain).

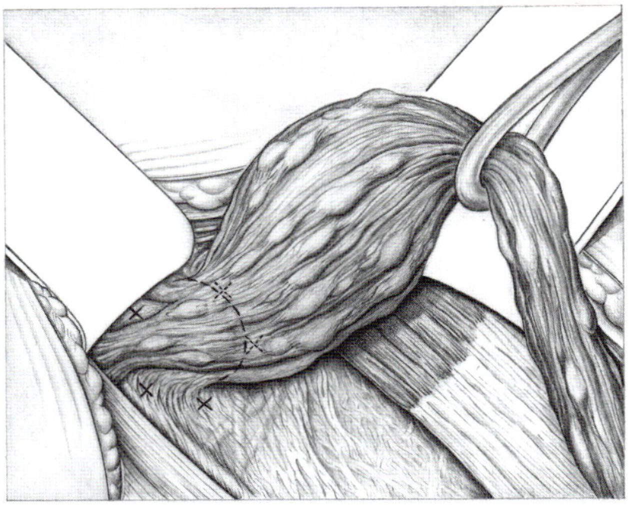

❺ Infiltration innerer Leistenring

Nach vollständiger Durchtrennung der Externusaponeurose stellen sich der innere Leistenring und die Kremastermuskulatur dar. Der innere Leistenring wird mit insgesamt 6 Injektionen allseits umspritzt (ca. 10 ml 0,5 %iges Mepivacain).

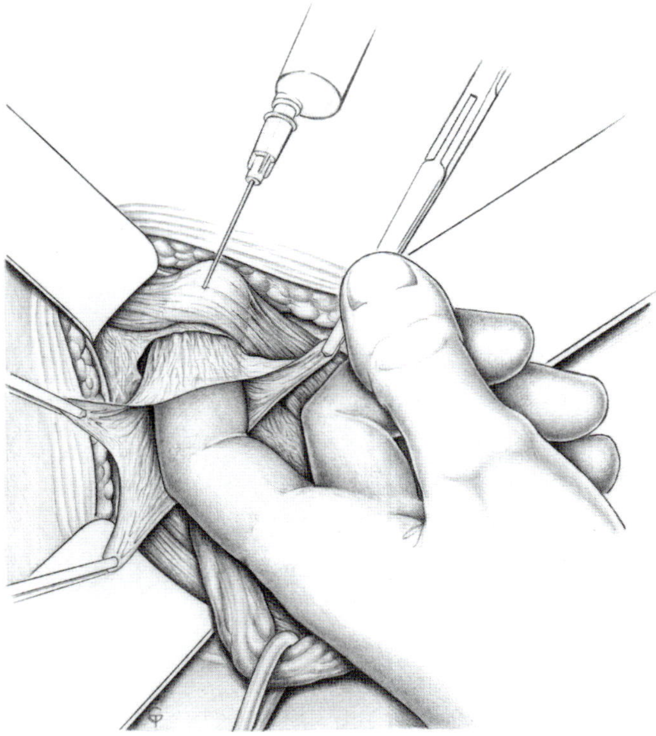

❻ Infiltration am Bruchsackhals

Ist der Bruchsack isoliert oder eröffnet, empfiehlt es sich, intraperitoneal und an den Bruchsackhals weitere 10 ml 0,5 %iges Mepivacain zu injizieren. In gleicher Weise kann die Fascia transversalis bruchsacknah anästhesiert werden.

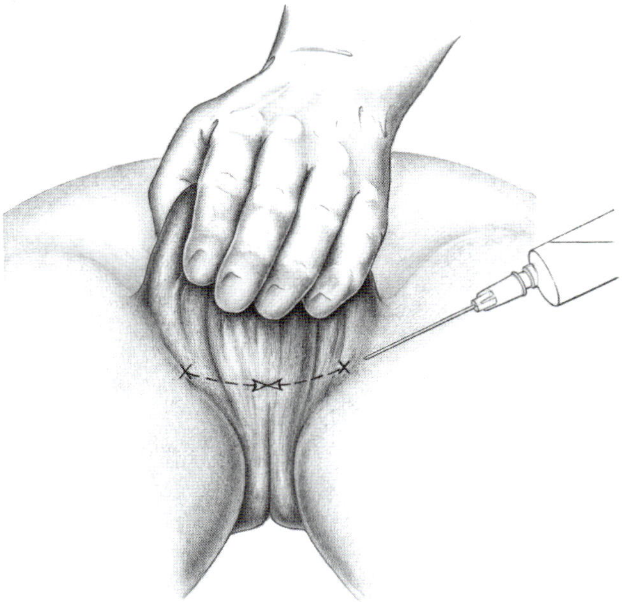

❼ Perinealer Block

Bei großen Skrotalbrüchen ist es gelegentlich erforderlich, eine perineale Blockade durchzuführen durch semizirkuläre Injektion am Skrotalansatz. Nach unserer Erfahrung ist dieses außerordentlich selten notwendig.

102. Leistenhernienpräparation

1 Indikation

Absolut: Bei nachgewiesener Leistenhernie. Zeitpunkt: Bald nach Diagnosestellung bzw. dringlich bei Inkarzeration.
Kontra: Keine außer absoluter allgemeiner Inoperabilität oder fehlendem Einverständnis.
Alternativverfahren: Keine sinnvollen!

2 Operationsvorbereitung

Präoperative Diagnostik: Sonographie, Hoden-Doppler-Sonographie bei Rezidiveingriffen.

3 Spezielle Risiken, Aufklärung

- Samenstrangverletzung (1%).
- Wundinfekt (2%).
- Chronischer Leistenschmerz (< 5%).
- Rezidiv (1 – 10%).
- Letalität (< 0,2%).

4 Anästhesie

Bei kooperativen Patienten ist die Lokalanästhesie zu bevorzugen, sonst Spinal- oder Periduralanästhesie oder Intubationsnarkose.

5 Lagerung

Rücken.

6 Zugang

Quere oder leicht schräge Inzision oberhalb der Leistenbeugefalte.

7 Operationsschritte

1. Zugang.
2. Spaltung der Externusaponeurose I.
3. Spaltung der Externusaponeurose II.
4. Schonung der Nerven.
5. Spaltung des Kremasterschlauches.
6. Abpräparation des M. cremaster.
7. Resektion des M. cremaster.
8. Präparation des Bruchsackes.
9. Präparation des Bruchsackhalses.
10. Durchtrennung der Vv. cremasterica externa.
11. Bruchsackpräparation direkte Hernie.
12. Bruchsackversorgung I.
13. Bruchsackversorgung II.
14. Bruchsackversorgung III.
15. Bruchsackversorgung IV.
16. Abtragung eines präperitonealen Lipoms.
17. Prüfung der Fascia transversalis.

8 Relevante Anatomie, Gefahren, Tricks

- Die für den Operationserfolg ausschlaggebende Ebene ist die der Fascia transversalis, so dass diese anatomisch exakt darzustellen und zu rekonstruieren ist.
- Die Reparation unter Rekonstruktion der Anatomie ist im Routinefall nach wie vor der Reparation unter Einbringung von alloplastischem Material vorzuziehen.

9 Maßnahmen bei speziellen Komplikationen

- Gefäßverletzung: Naht unter Sicht (5 – 7 × 0 Polypropylen).
- Ductus-deferens-Verletzung: direkte Naht (7 × 0 PDS).

10 Nachsorge

Medizinische Nachbehandlung: Gegebenenfalls Redon ex 2. Tag. Männliche Patienten sollten in den ersten Tagen eine eng anliegende Unterhose tragen. Information des Patienten über die schrittweise Wiederaufnahme körperlicher Belastungen bzw. sportlicher Aktivitäten (Merkblatt!).
Kostaufbau: Sofort.
Stuhlgang: Gegebenenfalls Klysma.
Mobilisation: Sofort.
Krankengymnastik: Keine erforderlich.
Arbeitsunfähigkeit: 1 – 2 Wochen.

7 Operationstechnik

1. Zugang.
2. Spaltung der Externusaponeurose I.
3. Spaltung der Externusaponeurose II.
4. Schonung der Nerven.
5. Spaltung des Kremasterschlauches.
6. Abpräparation des M. cremaster.
7. Resektion des M. cremaster.
8. Präparation des Bruchsackes.
9. Präparation des Bruchsackhalses.
10. Durchtrennung der Vv. cremasterica externa.
11. Bruchsackpräparation direkte Hernie.
12. Bruchsackversorgung I.
13. Bruchsackversorgung II.
14. Bruchsackversorgung III.
15. Bruchsackversorgung IV.
16. Abtragung eines präperitonealen Lipoms.
17. Prüfung der Fascia transversalis.

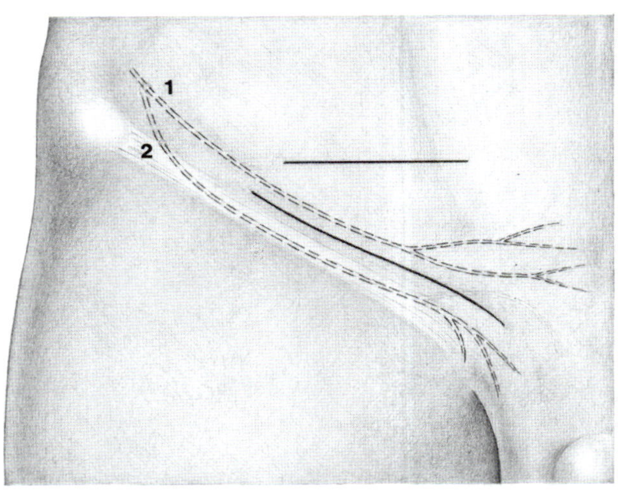

❶ Zugang

Der Zugang erfolgt über einen queren Hautschnitt in der unteren Leistenfalte, alternativ kann ein inguinaler Schrägschnitt gewählt werden.

1 N. iliohypogastricus
2 N. ilioinguinalis

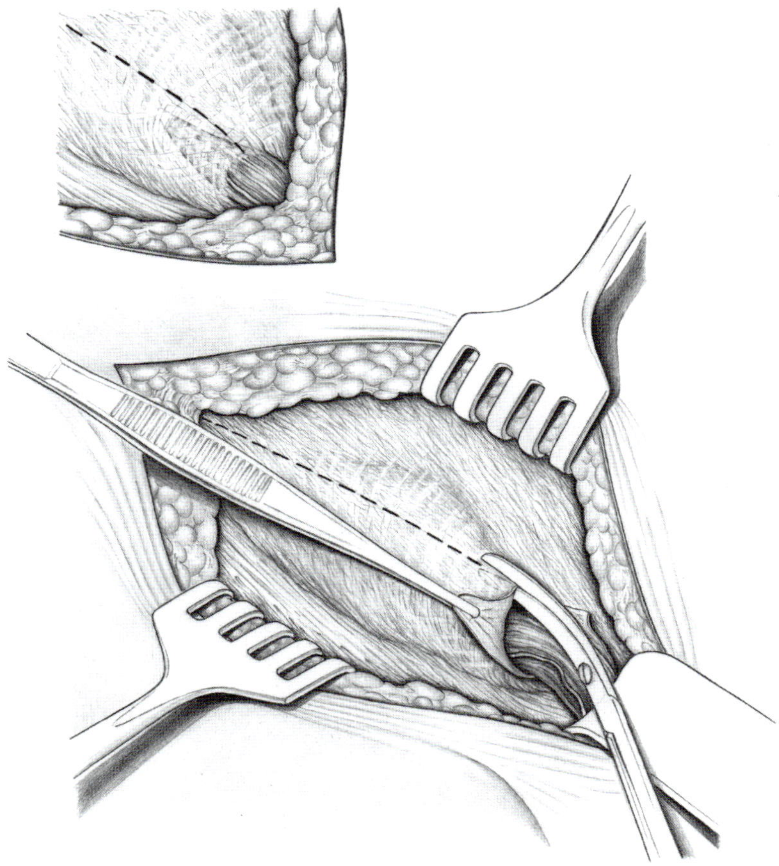

❷ Spaltung der Externusaponeurose I

Nach Eröffnung der Subkutis wird die Externusaponeurose mit dem äußeren Leistenring dargestellt. Sie wird kranial am äußeren Leistenring beginnend gespalten.

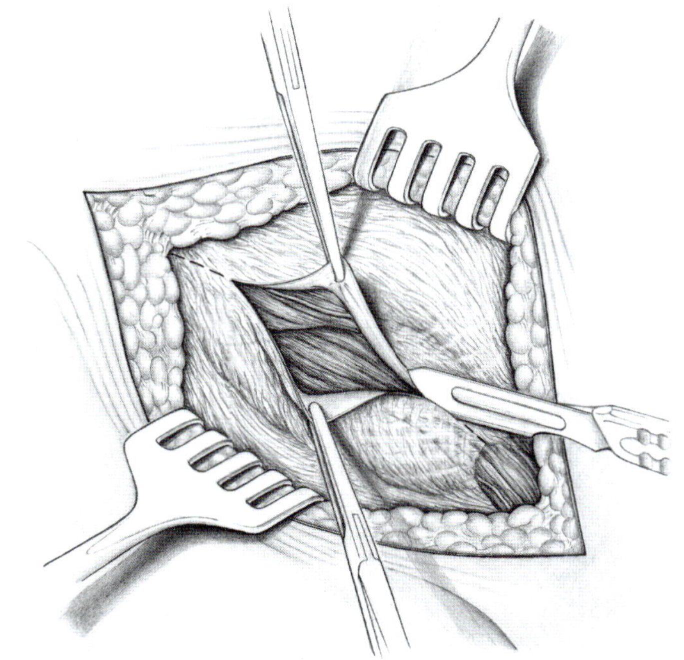

❸ Spaltung der Externusaponeurose II

Ist der äußere Leistenring schlecht zu identifizieren, kann die Externusaponeurose von kranial nach kaudal in Richtung auf den äußeren Leistenring mit dem Skalpell durchtrennt werden. Scharfe Klemmen fassen die Faszienränder, um sie auseinander zu ziehen. Die Externusaponeurose muss unter Einschluss des äußeren Leistenringes vollständig eröffnet werden.

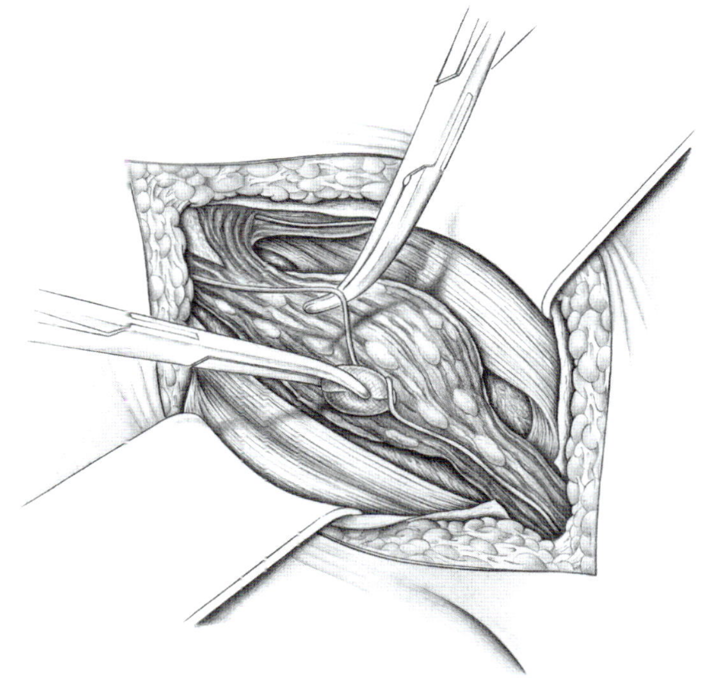

❹ Schonung der Nerven

Nach Eröffnung des Leistenkanals liegen Internus- und Kremastermuskulatur frei. Der zumeist auf der Internusmuskulatur verlaufende N. ilioinguinalis wird identifiziert, stumpf abpräpariert und unter den kranialen Haken verlagert. Der R. genitalis des N. genitofemoralis ist nur selten, wie hier gezeigt, sofort sichtbar, er liegt meist dorsaler und wird erst bei der Durchtrennung des M. cremaster sichtbar.

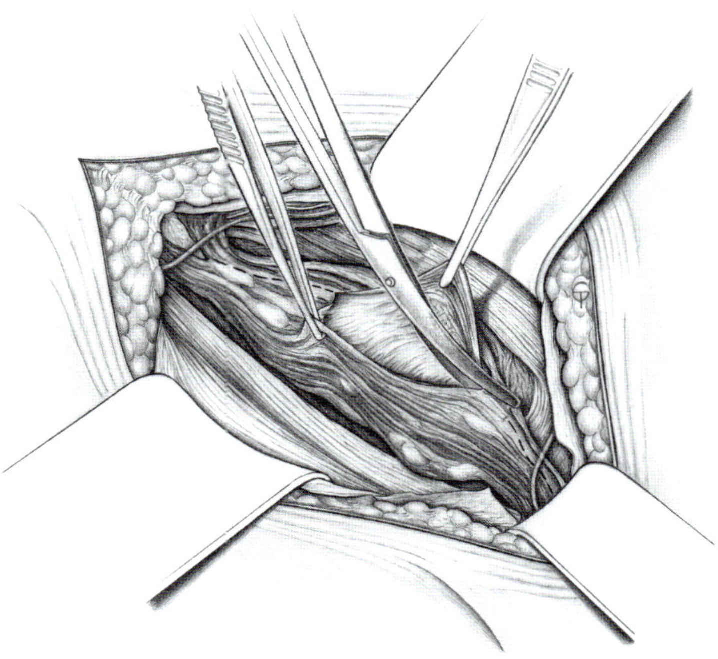

❺ Spaltung des Kremasterschlauches

Die Kremastermuskulatur wird mit der Schere gespalten, wobei 3 Roux-Haken das Operationsfeld darstellen. Die Spaltung erfolgt bis auf die spiegelnde Fascia cremasterica interna, die sich leicht von dem darunter gelegenen Samenstrang ablösen lässt. Stumpfe Dissektion verhindert Verletzungen der Samenstranggebilde.

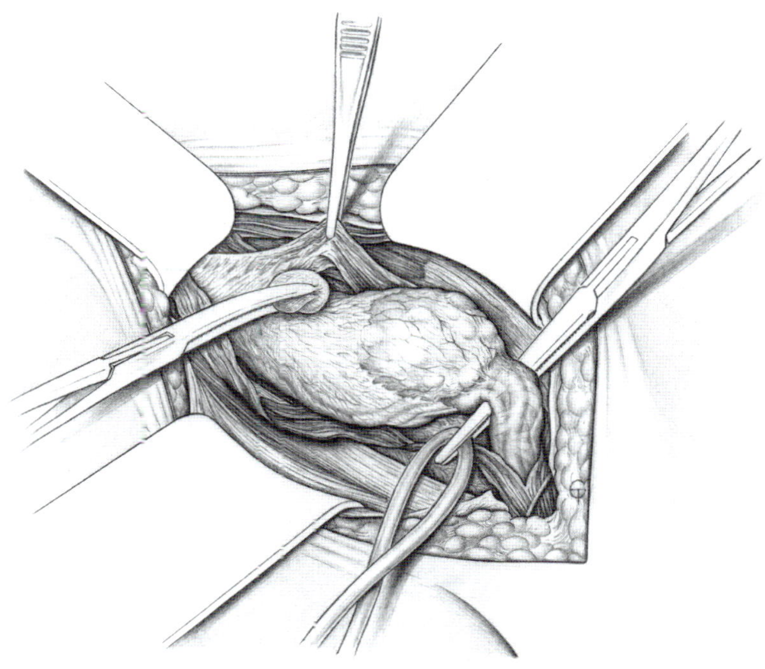

❻ Abpräparation des M. cremaster

Der Samenstrang wird teils stumpf, teils scharf aus den Kremasteranteilen ausgelöst. Im dorsalen Anteil ist der R. genitalis des N. genitofemoralis sorgsam zu schonen und zu erhalten. Er läuft häufig gemeinsam mit den Vv. cremasterica externa im inneren Leistenring. Der Samenstrang wird mit einem Zügel umfahren, der M. cremaster wird in seinen 2 Anteilen weit nach kranial und kaudal stumpf abgeschoben.

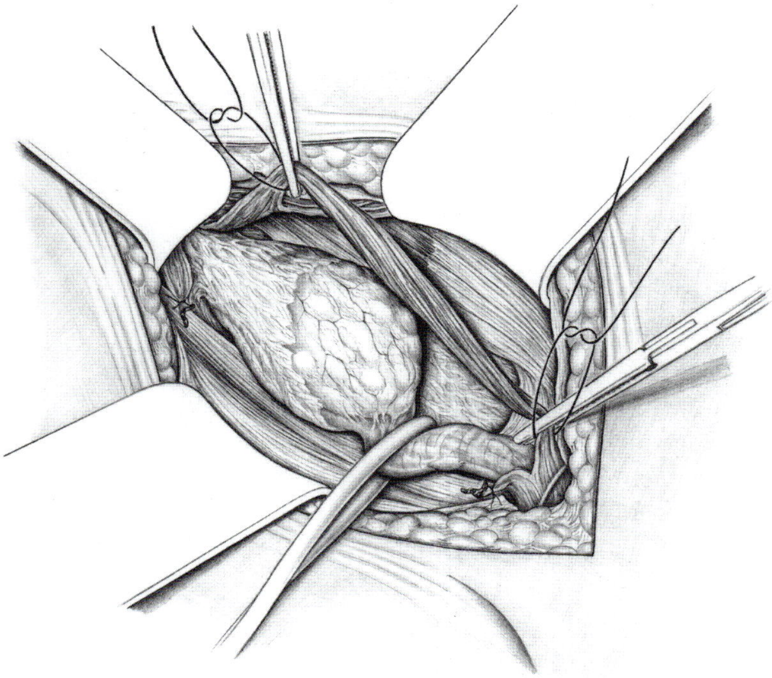

❼ Resektion des M. cremaster

Die Kremasterzügel werden zwischen Klemmen durchtrennt, reseziert und die Stümpfe mit Ligaturen versehen.

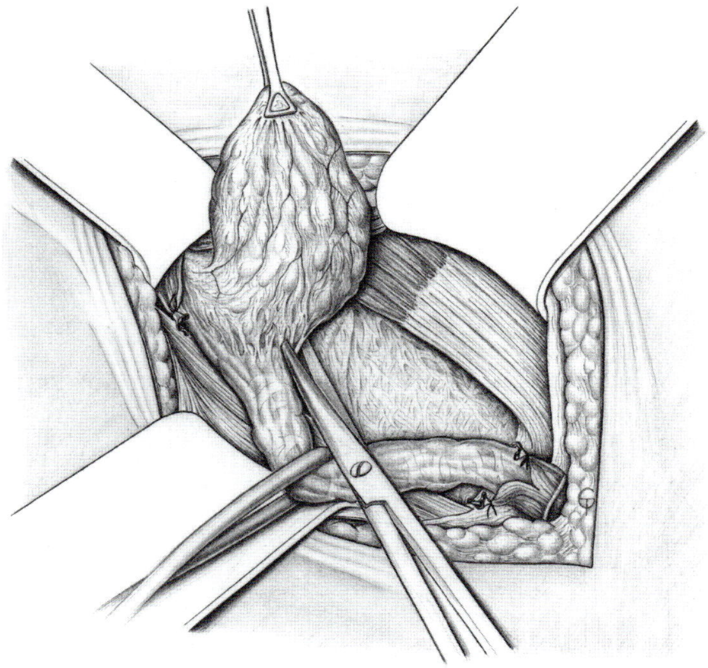

❽ Präparation des Bruchsackes

Durch sanften Zug am Gummizügel des Samenstrangs und ggf. Fassen des Bruchsackes mit einer Duval-Klemme lässt sich der Bruchsack vom Samenstrang und der Fascia transversalis teils stumpf, teils scharf schrittweise ablösen. Bei starken Verklebungen und unübersichtlichem Verlauf kann es gelegentlich hilfreich sein, den Bruchsack in dieser Phase der Präparation bereits zu eröffnen, um die Strukturen deutlicher darzustellen.

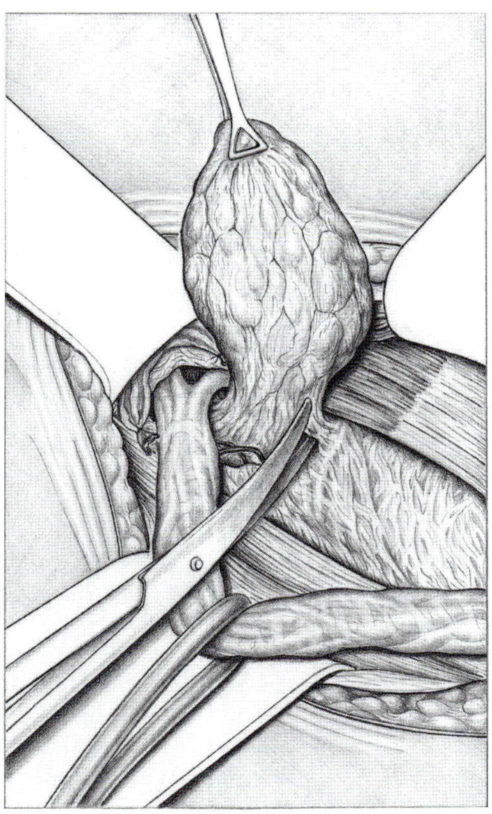

❾ Präparation des Bruchsackhalses

Die Präparation des Bruchsackes muss bis zur Bruchlücke der Fascia transversalis erfolgen. Liegt diese im inneren Leistenring bei einer indirekten Hernie, so ist der innere Leistenring komplett freizulegen. Die Präparation des Samenstrangs muss in den inneren Leistenring erfolgen, um die Gabelung von Ductus deferens und Vv. spermatica eindeutig darzustellen. Der Bruchsack ist im inneren Leistenring allseitig zu befreien und von sämtlichen Verklebungen mit der Fascia transversalis zu lösen.

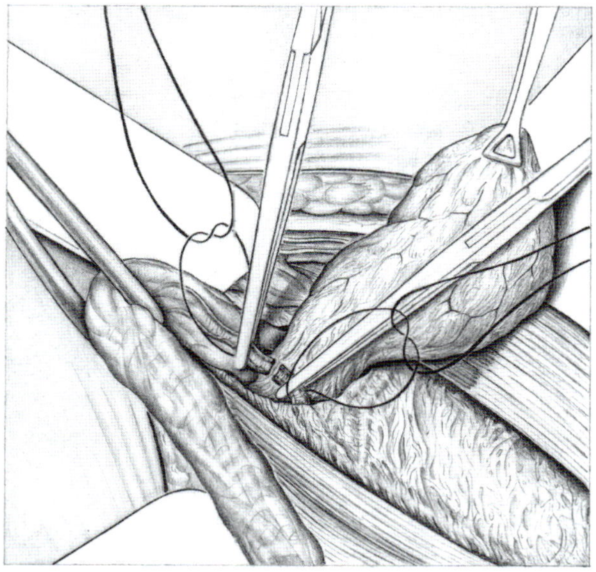

⑩ Durchtrennung der Vv. cremasterica externa

Die von den Vasa epigastrica inferior ausgehenden Vv. cremasterica externa sind zu durchtrennen und mit Umstechungsligaturen zu versorgen. In diesem Bereich läuft regelhaft der R. genitalis des N. genitofemoralis, den wir, soweit es eben geht, zu erhalten trachten. Die Durchtrennung der Vv. cremasterica externa ist nicht obligat, sie dient aber der größeren Übersichtlichkeit am inneren Leistenring.

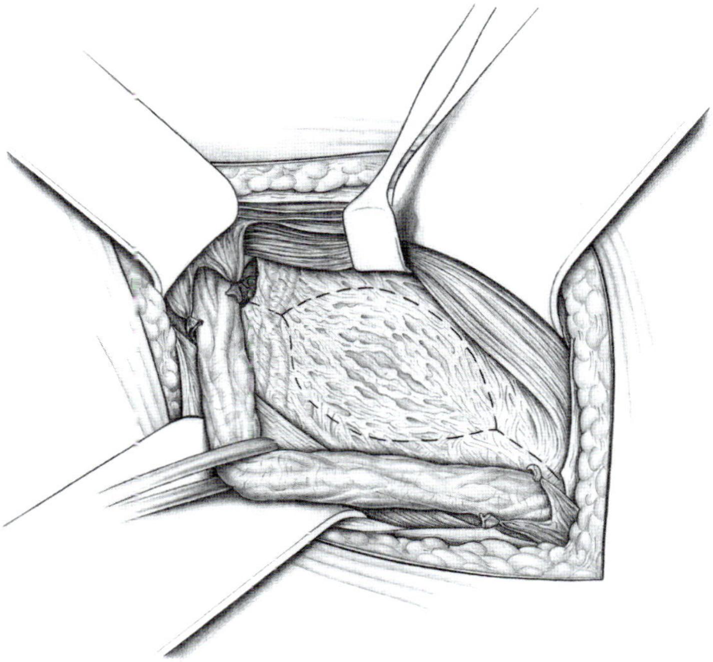

⑪ Bruchsackpräparation direkte Hernie

Bei direkten Leistenbrüchen wird der Bruchsack in der Fascia transversalis umschnitten, so dass nahtfähige Faszienränder kranial und kaudal verbleiben.

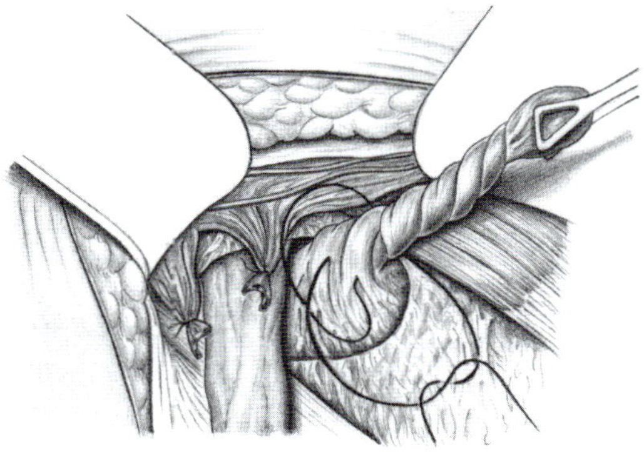

⑫ Bruchsackversorgung I

Die Versorgung des Bruchsackes erfolgt nach verschiedenen Gesichtspunkten. Beim inneren Leistenring kann sie durch Torquierung und Umstechungsligatur erfolgen. Der überstehende Rest wird abgetragen. Dies ist die einfachste Form der Versorgung und zugleich die häufigste.

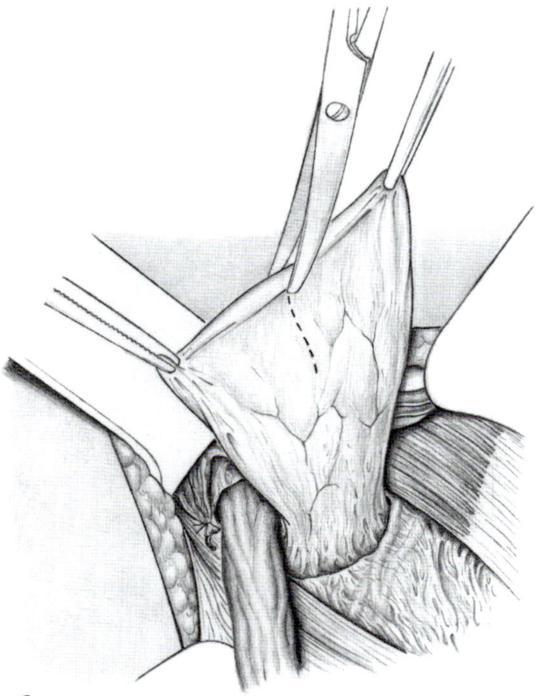

a

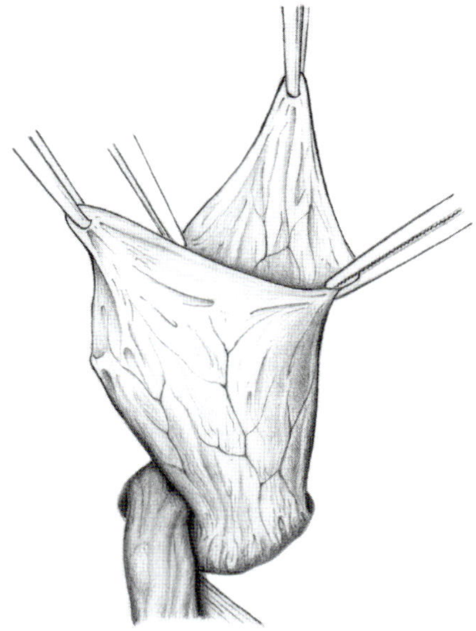

b

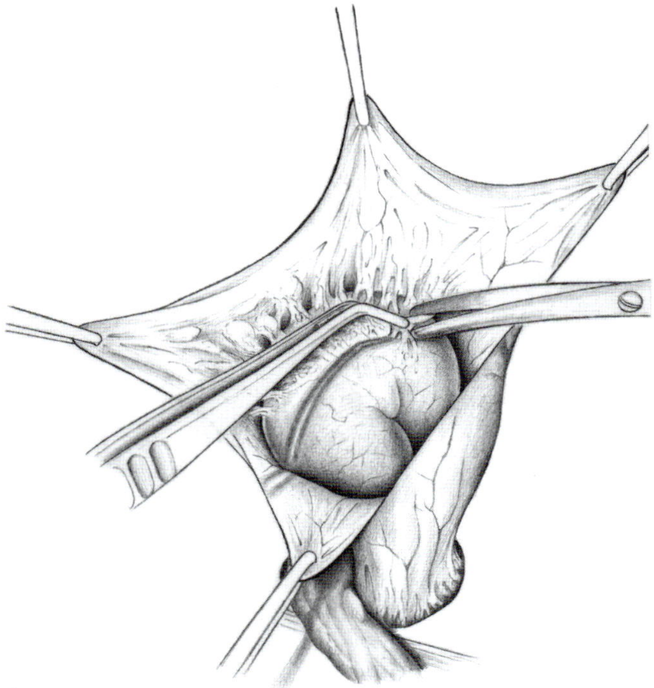

c

⓭ Bruchsackversorgung II

Liegt ein nicht reponierbarer Bruchsackinhalt oder der Verdacht auf eine intraabdominelle Beteiligung (Inkarzeration, Metastasen etc.) vor, so muss der Bruchsack eröffnet werden. Hierzu wird der Bruchsack zwischen Klemmen gefasst, längs eröffnet und zwischen 4 Klemmen aufgespannt (**a, b**). Akkrete Darmanteile können mit der Schere abgelöst werden, wenn sie nicht zu ausgedehnt fixiert sind (**c**). Ansonsten sollte der Darm nicht breitflächig abgelöst, sondern der Bruchsack verschlossen und durch eine äußere Tabaksbeutelnaht versenkt werden.

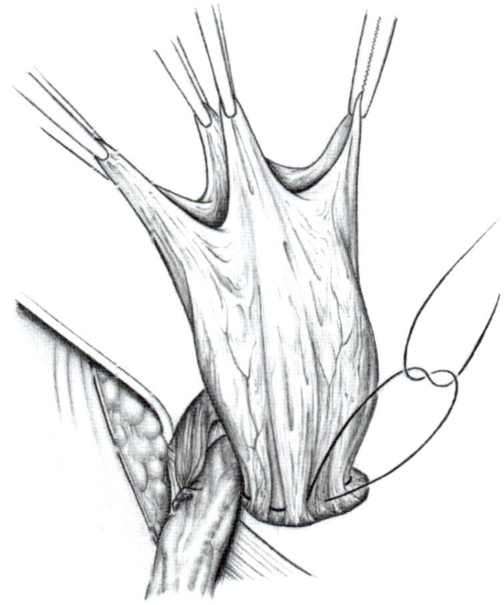

⑭ Bruchsackversorgung III

Direkte Leistenbrüche, Bruchsäcke mit nicht lösbaren, akkreten Darmanteilen und Gleitbrüche werden durch äußere Tabaksbeutelnaht versenkt. Die Tabaksbeutelnaht muss so geführt werden, dass keine inneren Strukturen verletzt werden.

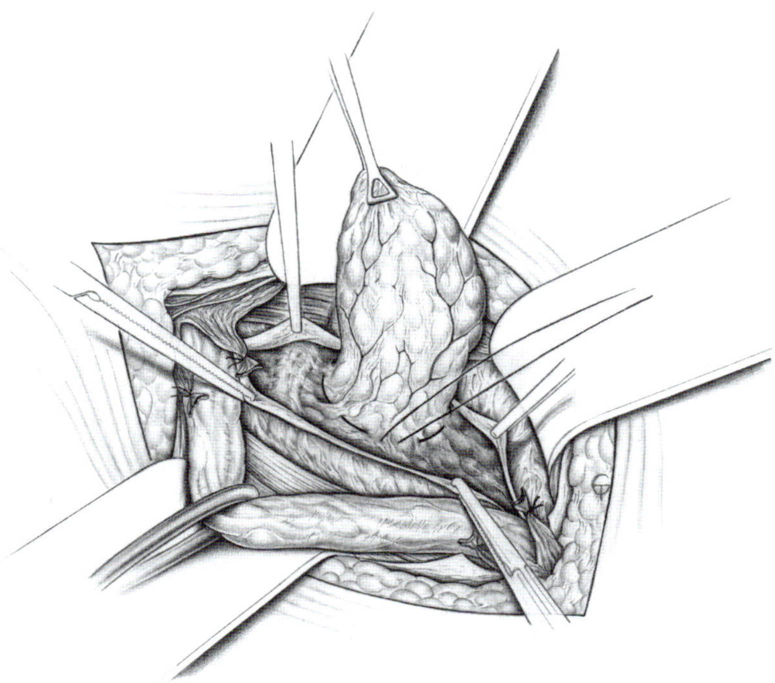

a

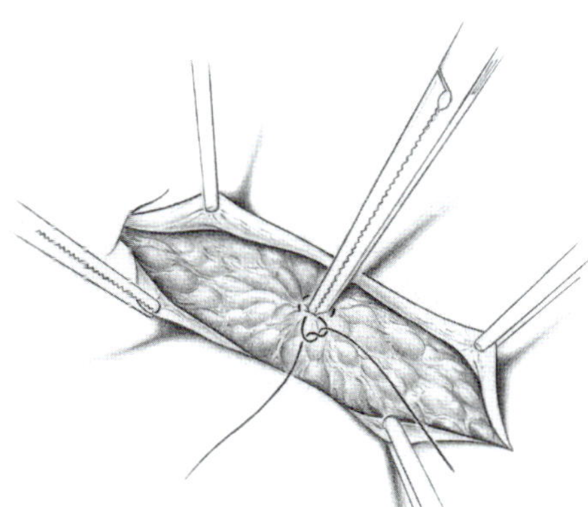

b

⑮ Bruchsackversorgung IV

Bei direkten Bruchsäcken kann man in der Regel ganz auf eine Eröffnung verzichten und den Bruchsack durch eine äußere Tabaksbeutelnaht direkt versenken. Nach Reposition des Bruchsackes wird die Naht angezogen und der Bruchsack ist hinter das Niveau der Faszie versenkt.

Wichtig bei diesem Manöver ist, dass die Fascia transversalis vorher vollständig gespalten und mit Klemmen auseinander gehalten wird (**a**). Nur so gelingt die Versenkung des Bruchsackes ohne Beteiligung der Fascia transversalis, die später für die Reparation so entscheidend ist (**b**).

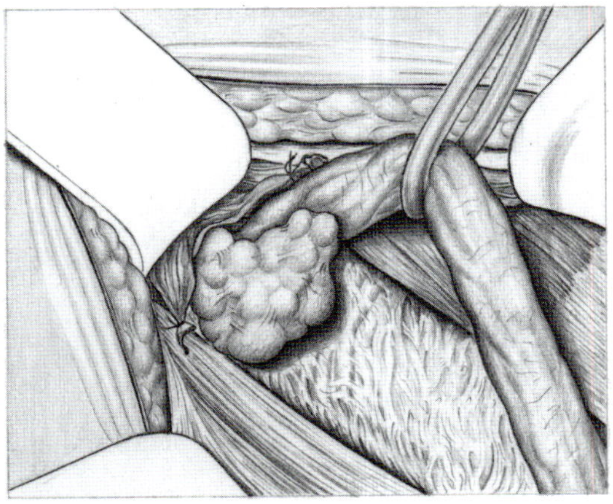

a

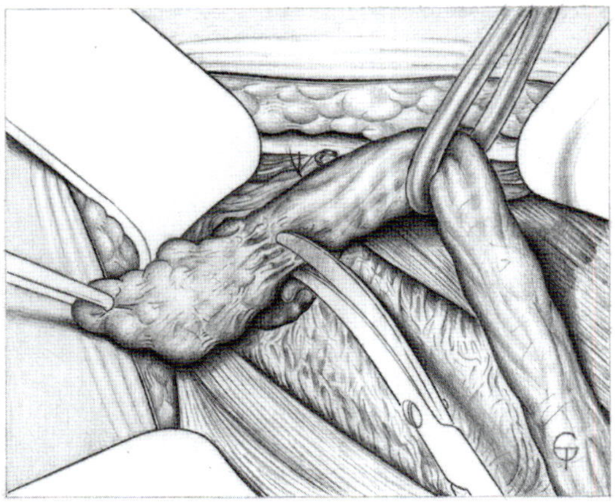

b

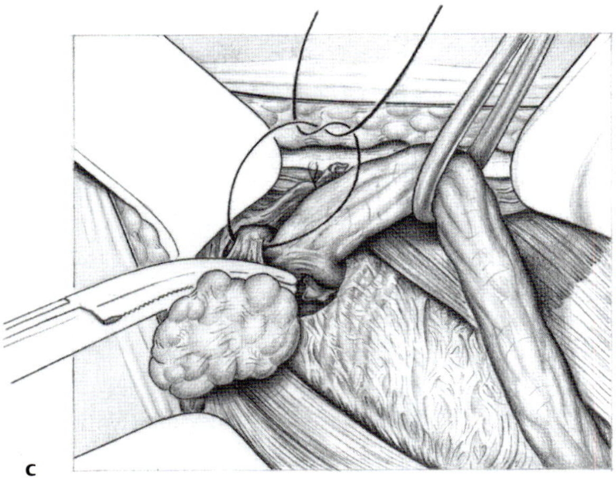

c

⑯ Abtragung eines präperitonealen Lipoms

Nach (gelegentlich auch vor) der Versorgung des Bruchsackes ist die Entfernung des präperitonealen Lipoms obligat. Dieses wird scharf vom Samenstrang abgelöst, an seiner Basis umstochen, ligiert und abgetragen (**a – c**).

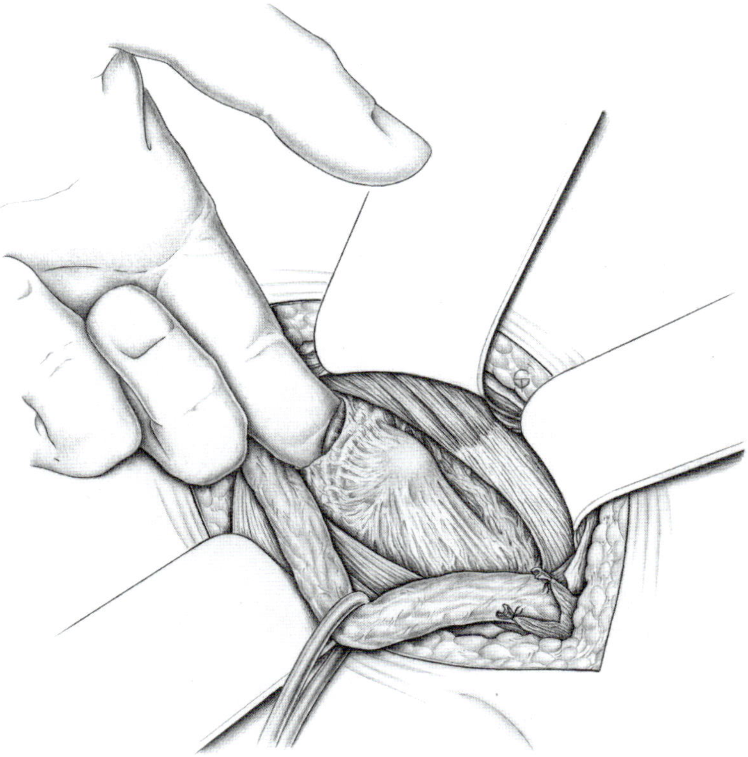

⑰ Prüfung der Fascia transversalis

Nach Freilegung der Hinterwand des Leistenkanals wird die Festigkeit der Fascia transversalis mit dem in den inneren Leistenring eingeführten Zeigefinger überprüft. Ist die Faszie leicht verschiebbar und wenig belastbar, muss eine komplette hintere Wandreparation vorgenommen werden. Jetzt erfolgt die intraoperative Klassifikation des Hernientyps; wir unterscheiden laterale (L) = indirekte von medialen (M) = direkten Hernien der Bruchlückengröße I (< 1,5 cm), II (< 3 cm) und III (> 3 cm). LI- und MI-Befunde können lokal, LII- und MII-Befunde durch vollständige Fasziendopplung und größere Hernien eventuell mittels eines Polypropylennetzes repariert werden. Hier sollen die wichtigsten Verfahren dargestellt werden, die bei 85 – 95 % aller Leistenhernien zur Anwendung kommen. Bei kleinen indirekten Leistenbrüchen kann eine isolierte Reparation nach Zimmermann den inneren Leistenring rekonstruieren. In der Regel ist allerdings die vollständige Durchtrennung der Fascia transversalis und Reparation durch Dopplung nach Shouldice auch hier das Verfahren der Wahl.

103. Leistenhernienreparation (Shouldice)

1 Indikation

Absolut: Bei nachgewiesener Leistenhernie. Zeitpunkt: Bald nach Diagnosestellung bzw. dringlich bei Inkarzeration.
Kontra: Keine, außer bei absoluter allgemeiner Inoperabilität oder fehlendem Einverständnis.
Alternativverfahren: Keine sinnvollen!

2 Operationsvorbereitung

Präoperative Diagnostik: Sonographie, Hoden-Doppler-Sonographie bei Rezidiveingriffen.

3 Spezielle Risiken, Aufklärung

- Hodenatrophie (< 1%).
- Wundinfekt (2%).
- Chronischer Leistenschmerz (< 2%).
- Rezidiv (0,8 – 4%).
- Letalität (< 0,1%).

4 Anästhesie

Bei kooperativen Patienten ist die Lokalanästhesie zu bevorzugen, sonst Spinal- oder Periduralanästhesie oder Intubationsnarkose.

5 Lagerung

Rücken.

6 Zugang

Quere oder leicht schräge Inzision oberhalb der Leistenbeugefalte.

7 Operationsschritte

1. Reparationsprinzip.
2. Inzision der Fascia transversalis.
3. Präperitoneale Präparation.
4. Exzision der ausgedünnten Fascia transversalis.
5. Shouldice-Naht I.
6. Shouldice-Naht II.
7. Versorgung der suprapubischen Lücke.
8. Shouldice-Naht III.
9. Shouldice-Naht IV.
10. Verschluss der Externusaponeurose.

8 Relevante Anatomie, Gefahren, Tricks

- Die für den Operationserfolg ausschlaggebende Ebene ist die der Fascia transversalis, so dass diese anatomisch exakt darzustellen und zu rekonstruieren ist.
- Die Reparation unter Rekonstruktion der Anatomie ist im Routinefall der Reparation unter Einbringung von alloplastischem Material vorzuziehen.

9 Maßnahmen bei speziellen Komplikationen

Ischämische Orchitis: Sonographie, Hoden-Doppler-Sonographie; Kühlung, Hochlagerung, Antiphlogistika. Revision nur in den ersten 4 Stunden und bei Hämatom sinnvoll.

10 Nachsorge

Medizinische Nachbehandlung: Gegebenenfalls Redon ex 2. Tag. Männliche Patienten sollten in den ersten Tagen eine eng anliegende Unterhose tragen. Information des Patienten über die schrittweise Wiederaufnahme körperlicher Belastungen bzw. sportlicher Aktivitäten (Merkblatt!).
Kostaufbau: Sofort.
Stuhlgang: Gegebenenfalls Klysma.
Mobilisation: Sofort.
Krankengymnastik: Keine erforderlich.
Arbeitsunfähigkeit: 1 – 2 Wochen.

7 Operationstechnik

1. Reparationsprinzip.
2. Inzision der Fascia transversalis.
3. Präperitoneale Präparation.
4. Exzision der ausgedünnten Fascia transversalis.
5. Shouldice-Naht I.
6. Shouldice-Naht II.
7. Versorgung der suprapubischen Lücke.
8. Shouldice-Naht III.
9. Shouldice-Naht IV.
10. Verschluss der Externusaponeurose.

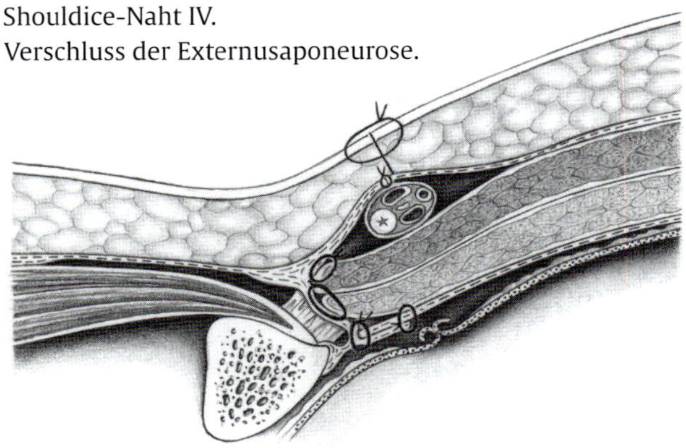

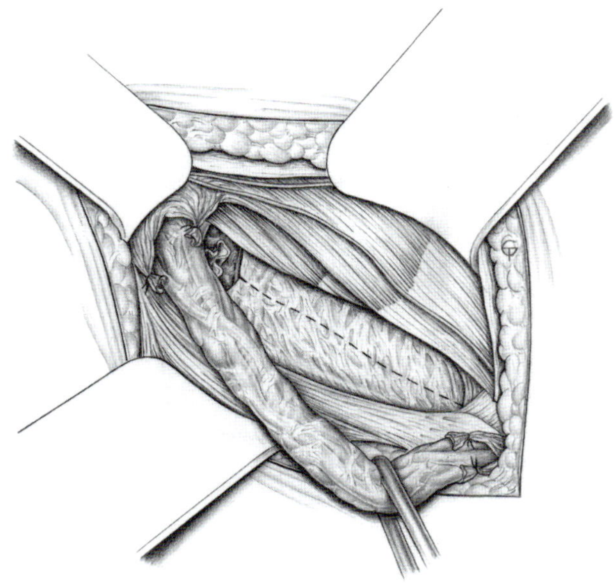

❶ Reparationsprinzip

Das Prinzip der Leistenhernienreparation nach Shouldice ist die Doppelung der defekten Fascia transversalis durch zwei fortlaufende Fasziennahtreihen und die Anheftung des M. transversus und des M. obliquus internus durch je eine fortlaufende Nahtreihe am Leistenband. Der Samenstrang wird vor der Muskulatur und hinter der Externusaponeurose positioniert.

❷ Inzision der Fascia transversalis

Die Reparation beginnt mit der Durchtrennung der ausgedünnten Fascia transversalis vom inneren Leistenring bis zum Schambeinhöcker. Hierbei sind die in der Tiefe liegenden epigastrischen Gefäße sorgsam zu schonen.

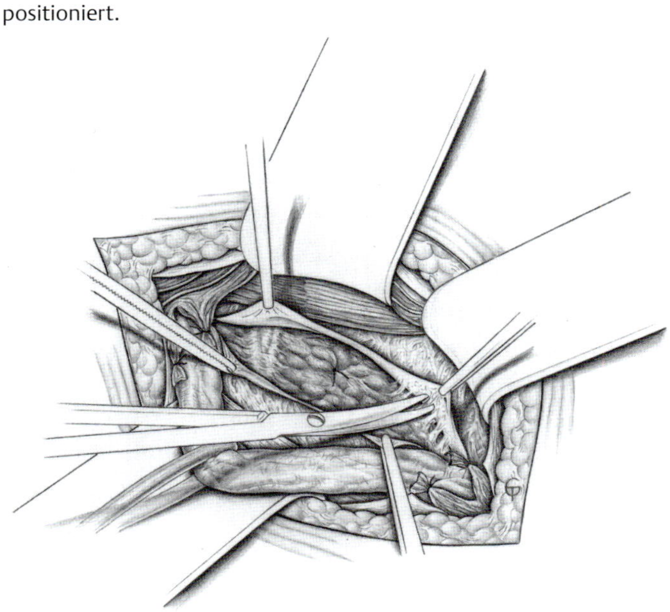

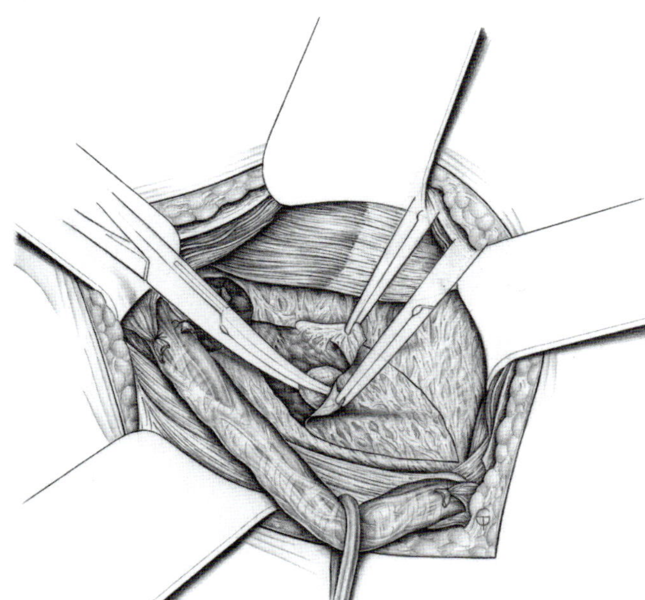

❸ Präperitoneale Präparation

Die Faszienränder werden nach kranial von dem darunter gelegenen präperitonealen Fett bis zur Freilegung des lateralen Randes der Rektusscheide und des Arcus aponeurosis musculi transversi („weiße Linie") abpräpariert. Die kaudale Lefze sollte wegen der Gefahr von Blutungen nur wenig abgelöst werden.

❹ Exzision der ausgedünnten Fascia transversalis

Ist die Faszie schwach oder weist sie eine Bruchlücke auf, so wird der gesamte brüchige Anteil der Fascia transversalis exzidiert, um nahtfähige Ränder zu gewinnen. Kranial ist immer der Arcus aponeurosis musculi transversi, kaudal immer der Tractus iliopubicus als Nahtlager vorhanden.

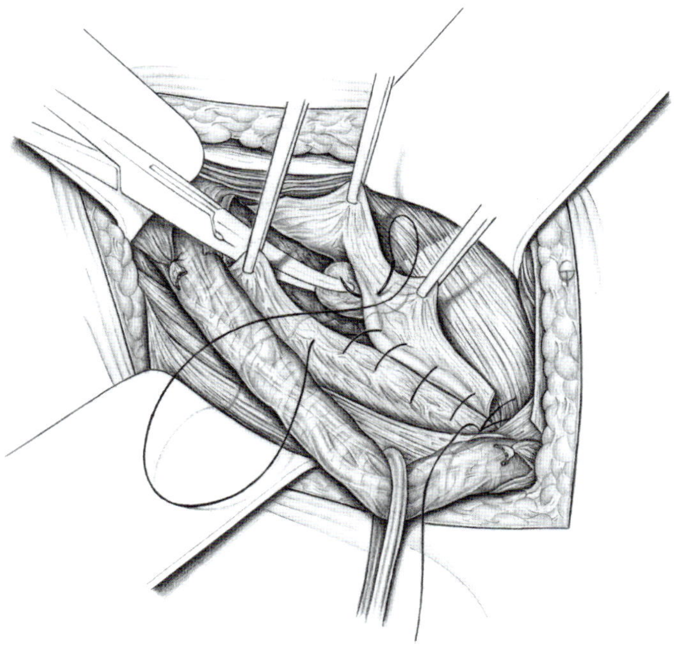

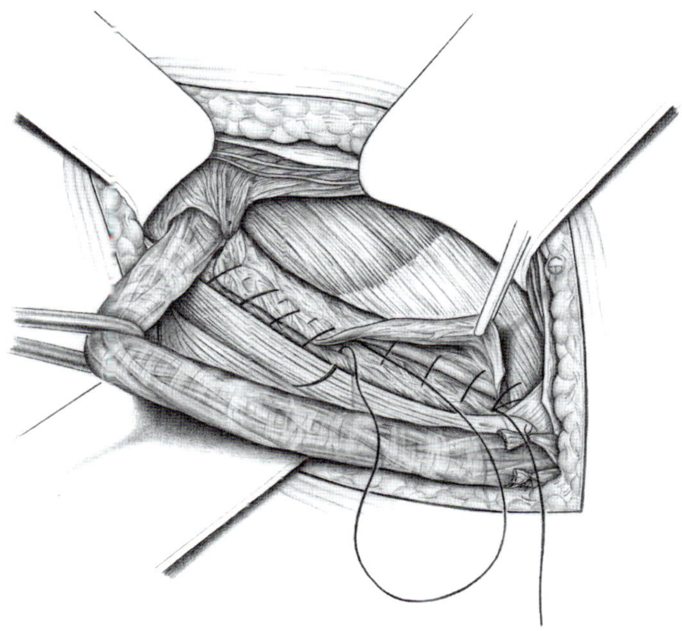

❺ Shouldice-Naht I

Zur Reparation der Hinterwand wird die Fascia transversalis zweireihig gedoppelt. Hierzu wird zunächst die kaudale Lefze dorsal und kranial mit einer fortlaufenden Naht fixiert. Die erste Naht liegt im medialen Faszienwinkel am Schambeinhöcker (Periost nicht fassen!). Als Nahtlager dient im medialen Anteil die Rückseite der Rektusscheide, die durch die Fascia transversalis weiß durchschimmert („weiße Linie"), im lateralen Anteil ist der sehnige Anteil des Arcus musculus transversi das kraniale Nahtlager. Die Naht ist fortlaufend, die Nahtabstände betragen 0,6 cm, jeder Stich fasst 0,6 – 1 cm Gewebe. Das Nahtmaterial ist monofiles Polypropylen der Stärke 0. Von medial wird die Naht bis zum inneren Leistenring geführt, dessen Faszienring mit dieser Naht rekonstruiert wird.

❻ Shouldice-Naht II

Am inneren Leistenring kann der kraniale Anteil des M. cremaster in die Naht miteinbezogen werden, um den Leistenring weiter zu verfestigen. Wichtig ist die ausreichende Lumenweite, die durch einen Hegar-Stift 11,5 definiert ist. Unter Nahtumkehr wird die fortlaufende Naht zum Schambeinhöcker zurückgeführt, die kraniale Lefze nunmehr von oben auf die kaudale genäht.

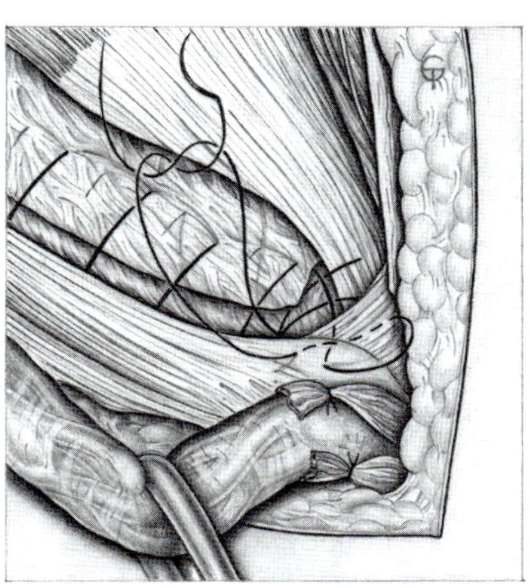

❼ Versorgung der suprapubischen Lücke

Am Schambeinhöcker muss die suprapubische Lücke sicher verschlossen sein. Hierzu hat es sich bewährt, die Naht 1 – 2 Stiche über die erste hinwegzuführen, um auf diese Weise die suprapubische Bruchlücke prophylaktisch abzudichten und so dem medialen Rezidiv vorzubeugen. Zum Schluss erfolgt die Verknotung mit dem lang gelassenen Anfangsfaden. In der Regel lässt sich jetzt die Hinterwand des Leistenkanals schon ausreichend belasten, die nachfolgenden Muskelnähte tragen nur wenig zur Festigkeit bei. Der Operateur kann sich ggf. durch einen Hustenstoß des wachen Patienten von der Festigkeit der Naht überzeugen.

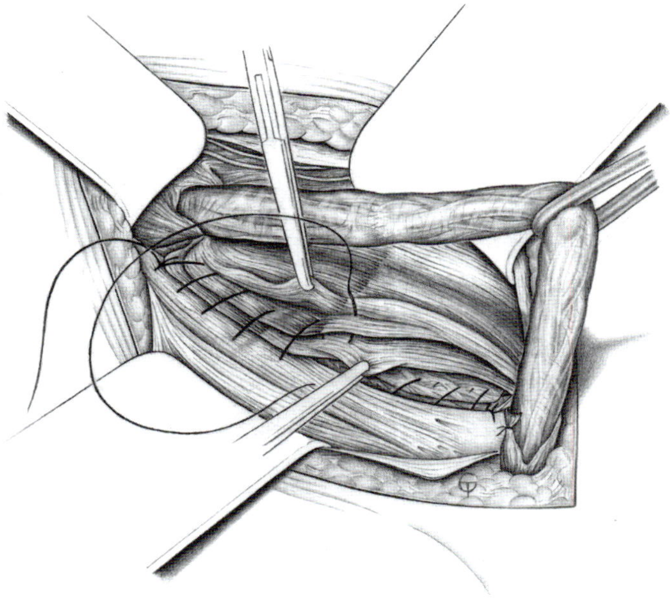

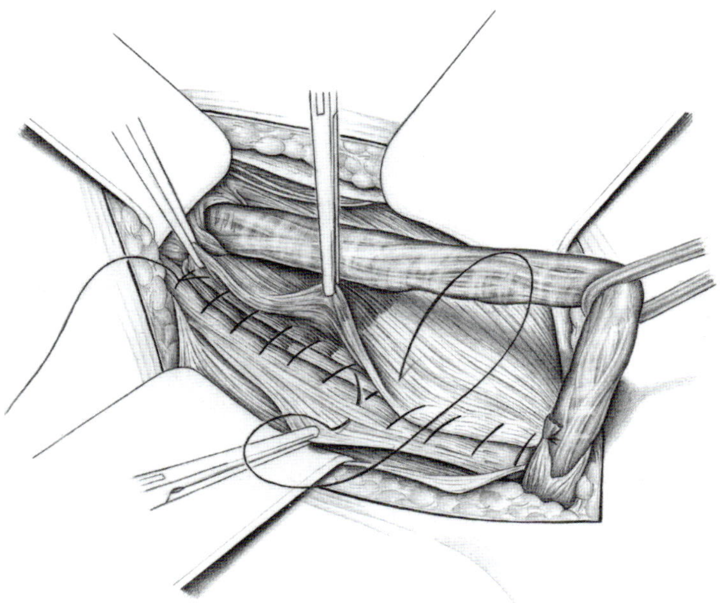

❽ Shouldice-Naht III

Die Muskulatur wird, am inneren Leistenring beginnend, mit fortlaufender Naht zweireihig am Leistenband fixiert. Die erste Naht verankert den M. transversus und die dorsalen Anteile des M. internus am Leistenband.

❾ Shouldice-Naht IV

Am Schambeinhöcker wird unter Stichumkehr die Naht zurückgeführt und nunmehr die ventralen Anteile des M. internus am Leistenband fortlaufend fixiert. Die Naht wird mit dem lang belassenen Faden der Anfangsnaht am Leistenband verknotet. Nahtmaterial ist wiederum Polypropylen der Stärke 0.

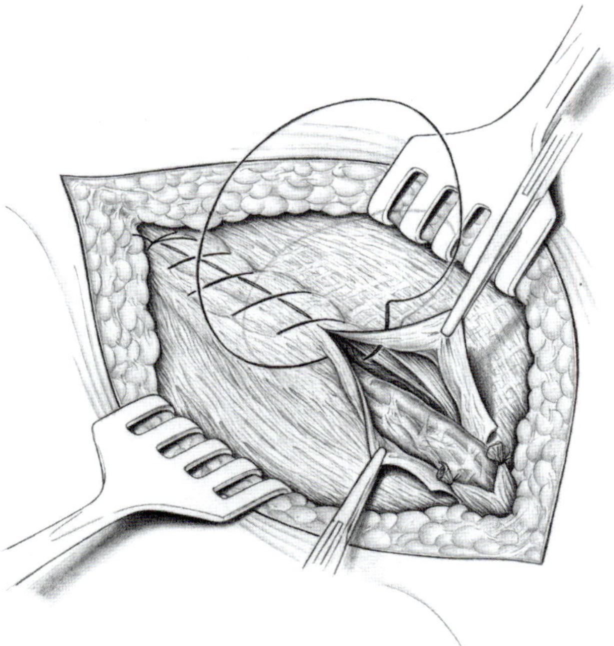

❿ Verschluss der Externusaponeurose

Die Reparation wird mit dem Verschluss der Externusaponeurose beendet. Sie erfolgt fortlaufend mit 2 × 0 PDS. Eine Subkutanverlagerung des Samenstrangs sollte vermieden werden, da sie hochsignifikant die laterale Rezidivquote steigert. Die Operation endet mit dem schichtweisen Wundverschluss, ggf. unter Einlage einer Redon-Drainage.

104. Leistenhernienreparation (Bassini)

1 Indikation

Absolut: Bei nachgewiesener Leistenhernie. Zeitpunkt: Bald nach Diagnosestellung bzw. dringlich bei Inkarzeration.
Kontra: Keine außer absoluter allgemeiner Inoperabilität oder fehlendem Einverständnis.
Alternativverfahren: Keine sinnvollen!

2 Operationsvorbereitung

Präoperative Diagnostik: Sonographie, Hoden-Doppler-Sonographie bei Rezidiveingriffen.

3 Spezielle Risiken, Aufklärung

- Hodenatrophie (1 – 2%).
- Wundinfekt (2%).
- Chronischer Leistenschmerz (< 5%).
- Rezidiv (5 – 15%).
- Letalität (< 0,1%).

4 Anästhesie

Bei kooperativen Patienten ist die Lokalanästhesie zu bevorzugen, sonst Spinal- oder Periduralanästhesie oder Intubationsnarkose.

5 Lagerung

Rücken.

6 Zugang

Quere oder leicht schräge Inzision oberhalb der Leistenbeugefalte.

7 Operationsschritte

1. Reparationsprinzip.
2. Inzision der Fascia transversalis.
3. Bassini-Naht I.
4. Bassini-Naht II.
5. Verknoten der Nähte.
6. Verschluss der Externusaponeurose.

8 Relevante Anatomie, Gefahren, Tricks

- Die für den Operationserfolg ausschlaggebende Ebene ist die der Fascia transversalis, so dass diese anatomisch exakt darzustellen und zu rekonstruieren ist.
- Die Reparation unter Rekonstruktion der Anatomie ist im Routinefall nach wie vor der Reparation unter Einbringung von alloplastischem Material vorzuziehen.

9 Maßnahmen bei speziellen Komplikationen

Ischämische Orchitis: Sonographie, Hoden-Doppler-Sonographie; Kühlung, Hochlagerung, Antiphlogiotika. Revision nur in den ersten 4 Stunden und bei Hämatom sinnvoll.

10 Nachsorge

Medizinische Nachbehandlung: Gegebenenfalls Redon ex 2. Tag. Männliche Patienten sollten in den ersten Tagen eine eng anliegende Unterhose tragen. Information des Patienten über die schrittweise Wiederaufnahme körperlicher Belastungen bzw. sportlicher Aktivitäten (Merkblatt!).
Kostaufbau: Sofort.
Stuhlgang: Gegebenenfalls Klysma.
Mobilisation: Sofort.
Krankengymnastik: Keine erforderlich.
Arbeitsunfähigkeit: 1 – 2 Wochen.

7 Operationstechnik

❶ Reparationsprinzip.
❷ Inzision der Fascia transversalis.
❸ Bassini-Naht I.
❹ Bassini-Naht II.
❺ Verknoten der Nähte.
❻ Verschluss der Externusaponeurose.

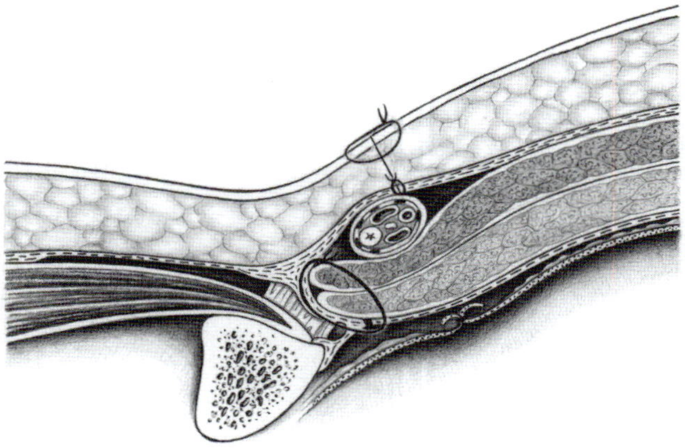

❶ Reparationsprinzip

Die Leistenhernienreparation nach Bassini beinhaltet die Anheftung der dreischichtigen Bauchdecke am Leistenband durch eine einreihige dreischichtige Einzelknopfnahtreihe. Der Samenstrang wird vor der Muskulatur und hinter der Externusaponeurose positioniert.

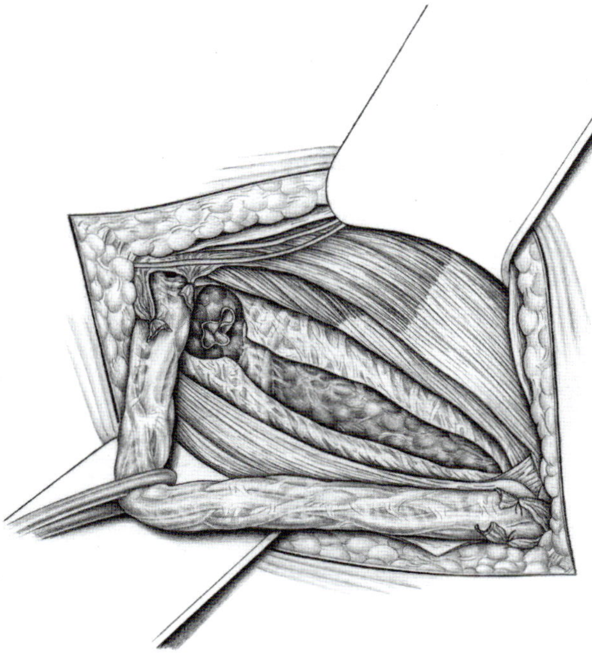

❷ Inzision der Fascia transversalis

Nach Durchtrennung der Fascia transversalis sieht man den dreischichtigen Aufbau der Bauchwand: Fascia transversalis, M. transversus abdominis und M. obliquus internus werden einreihig dreischichtig an das Leistenband fixiert. Wichtig ist die einwandfreie Darstellung der Fascia transversalis mit vollständiger Durchtrennung, um eine schichtgerechte Reparation zu gewährleisten. Ein Verzicht auf die Spaltung der Fascia transversalis resultiert in zu oberflächlichen und damit nicht stabilen Nahtlagern.

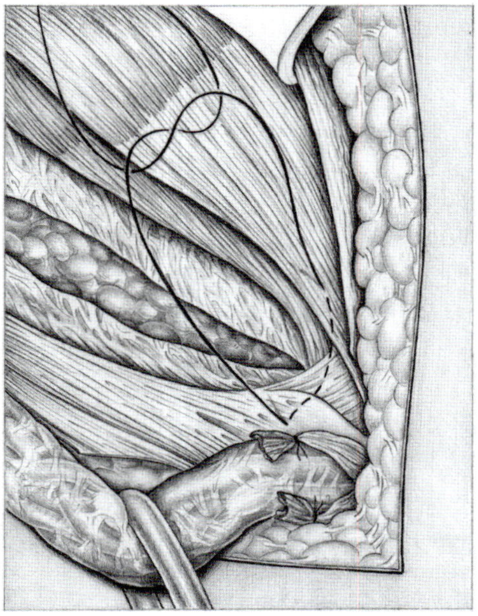

❸ Bassini-Naht I

Die erste Naht durchsticht beide Muskelschichten, die Fascia transversalis, das Schambeinperiost und das Leistenband. Diese Naht fixiert sich an der sog. Falx inguinalis. Nahtmaterial ist Seide oder Polypropylen der Stärke 0.

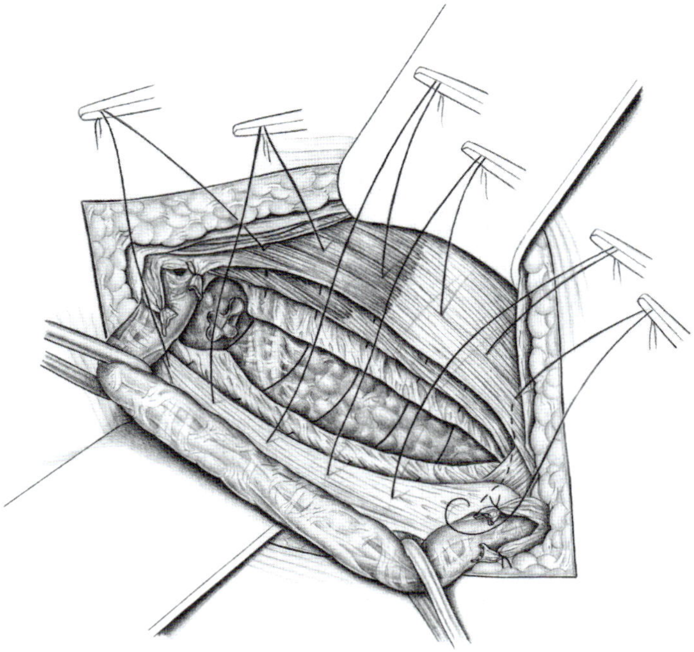

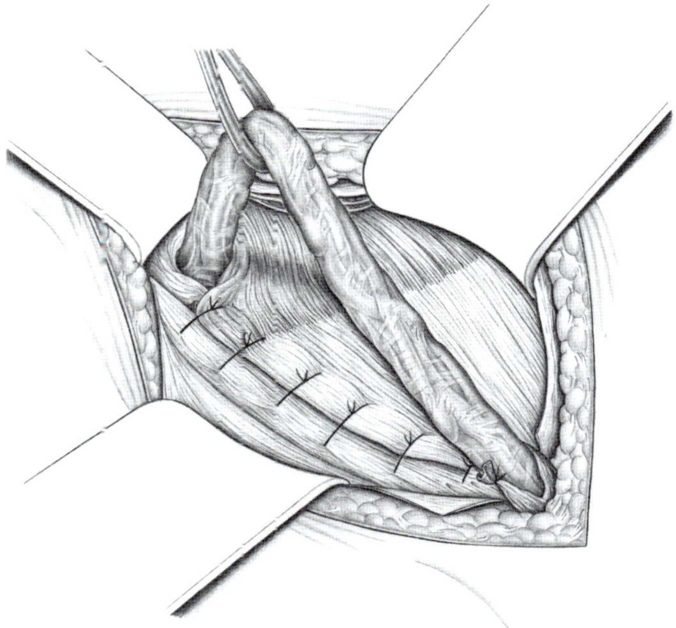

❹ Bassini-Naht II

Die Naht wird angeklemmt und noch nicht geknotet. Die weiteren 4 – 5 Nähte durchstechen die beiden Muskelschichten, die Fascia transversalis kranial und kaudal sowie tangential das Leistenband.
Insgesamt reichen ca. 5 – 6 Nähte, um die Bauchdeckenmuskulatur sicher am Leistenband zu fixieren.

❺ Verknoten der Nähte

Die Nähte werden von medial nach lateral geknotet. Der innere Leistenring sollte nur so weit eingeengt werden, dass die Kuppe des Kleinfingers oder ein Hegar-Stift 11,5 gerade noch Eingang findet.

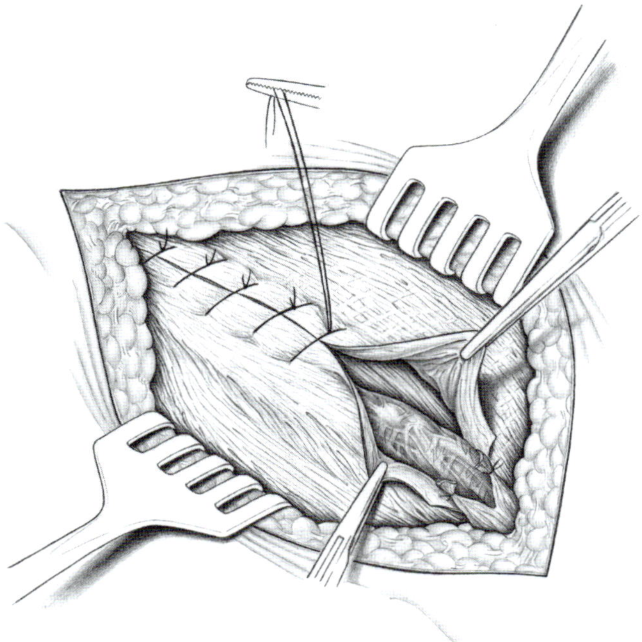

❻ Verschluss der Externusaponeurose

Die Reparation schließt mit der Naht der Externusaponeurose fortlaufend oder durch Einzelknopfnähte. Eine Dopplung ist überflüssig, eine Subkutanverlagerung des Samenstrangs rezidivgefährdet. Schichtweiser Hautverschluss und ggf. Drainage beenden den Eingriff.

105. Leistenhernienreparation (Lichtenstein)

1 Indikation

Absolut: Bei nachgewiesener Leistenhernie, vor allem bei älteren Patienten.
Kontra: Keine, außer absoluter allgemeiner Inoperabilität oder fehlendem Einverständnis. Unverträglichkeit gegenüber Kunststoffnetzen.
Alternativverfahren: Reparation nach **Shouldice** oder **Bassini**.

2 Operationsvorbereitung

Präoperative Diagnostik: Sonographie, Hoden-Doppler-Sonographie bei Rezidiveingriffen.

3 Spezielle Risiken, Aufklärung

- Hodenatrophie (< 1%).
- Wundinfekt (2%).
- Chronischer Leistenschmerz (< 2%).
- Rezidiv (0,8 – 4%).
- Letalität (< 0,1%).

4 Anästhesie

Bei kooperativen Patienten ist die Lokalanästhesie zu bevorzugen, sonst Spinal- oder Periduralanästhesie oder Intubationsnarkose.

5 Lagerung

Rücken.

6 Zugang

Quere oder leicht schräge Inzision oberhalb der Leistenbeugefalte.

7 Operationsschritte

1. Reparationsprinzip.
2. Zuschneiden und Einnähen des Kunststoffnetzes.
3. Nahtfixierung am Leistenband.
4. Nahtfixierung an der Internusmuskulatur.
5. Neubildung des inneren Leistenrings.

8 Relevante Anatomie, Gefahren, Tricks

- Ausreichend großes Netzimplantat (6 × 14 cm) wählen.

Cave: Einengung am inneren Leistenring durch zu enge Nähte.

- Sichere Nahtfixierung an der Internusmuskulatur.
- Sichere Überdeckung des Os pubis.

9 Maßnahmen bei speziellen Komplikationen

Bei Einengung des inneren Leistenrings letzte Naht öffnen und neu anlegen!

10 Nachsorge

Medizinische Nachbehandlung: Gegebenenfalls Redon ex 2. Tag.
Kostaufbau: Sofort.
Stuhlgang: Gegebenenfalls Klysma.
Mobilisation: Sofort.
Krankengymnastik: Keine erforderlich.
Arbeitsunfähigkeit: 1 – 2 Wochen.

7 Operationstechnik

1. Reparationsprinzip.
2. Zuschneiden und Einnähen des Kunststoffnetzes.
3. Nahtfixierung am Leistenband.
4. Nahtfixierung an der Internusmuskulatur.
5. Neubildung des inneren Leistenrings.

1 Reparationsprinzip

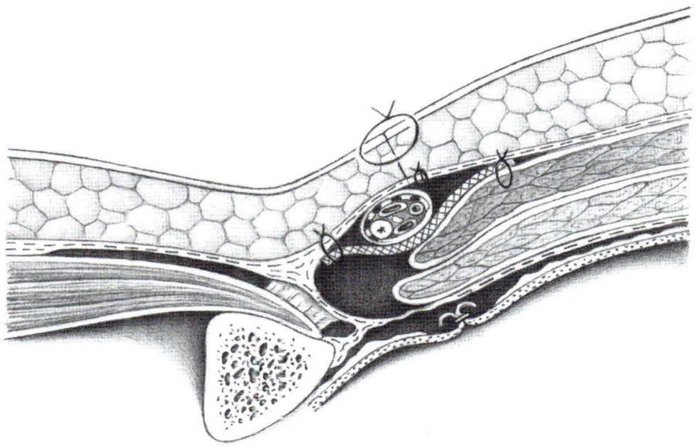

Das Prinzip der Leistenhernienreparation nach Lichtenstein ist die Verstärkung der Hinterwand des Leistenkanals durch Einpassung eines retroaponeurotischen Netzes. Dieses Netz wird am Leistenband und an der Internusmuskulatur fixiert und liegt unmittelbar hinter dem Samenstrang.

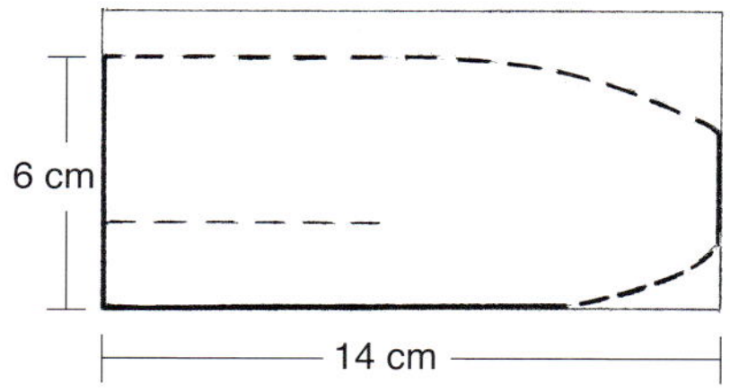

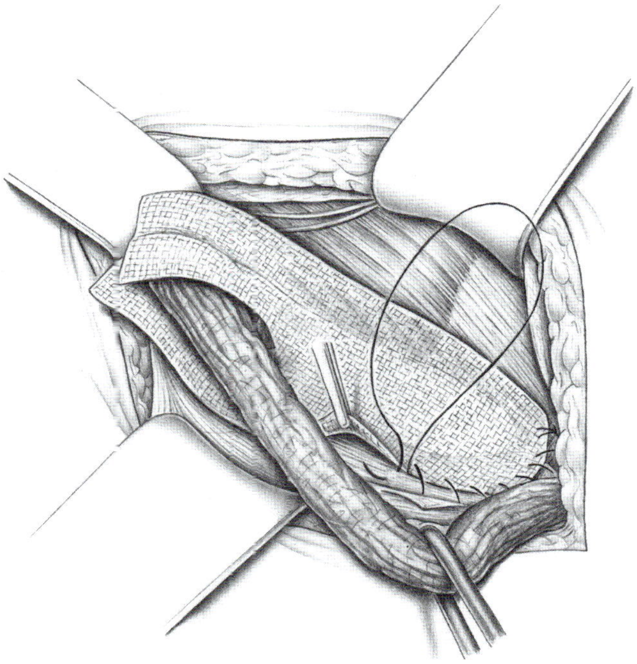

2 Zuschneiden und Einnähen des Kunststoffnetzes

Zur Verstärkung der Hinterwand wird ein ULTRAPRO-Netz von 6 × 14 cm ausgeschnitten. Es wird an der breiten Lateralseite bis zur unteren Hälfte geschlitzt. Die Einpassung erfolgt durch fortlaufende Naht, die am Os pubis mit einer U-Naht beginnt und das Os pubis mit mindestens 2 cm nach medial überdeckt. Die Naht wird fortlaufend bis in Höhe des inneren Leistenrings fortgesetzt. Das Nahtmaterial ist Polypropylen der Stärke 0. Zuvor wird der Bruchsack reponiert, ggf. mit 2 Raffnähten in Reposition gehalten. Danach wird der Samenstrang mobilisiert, ohne dass der Kremaster entfernt wird. Wichtig ist die sichere Nahtfixierung und Überdeckung des Os pubis, was weit überlappt werden muss, da hier die häufigsten Rezidive auftreten.

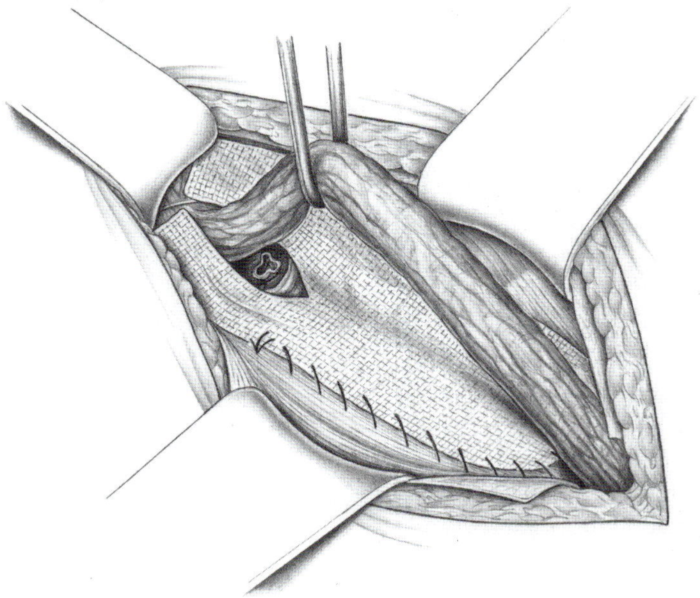

❸ Nahtfixierung am Leistenband

Die fortlaufende Naht wird bis in Höhe des inneren Leistenrings geführt. Hier wird sie in sich verknotet und abgeschnitten. Man sollte keine Lücken (Rezidivgefahr) am Leistenband zulassen.

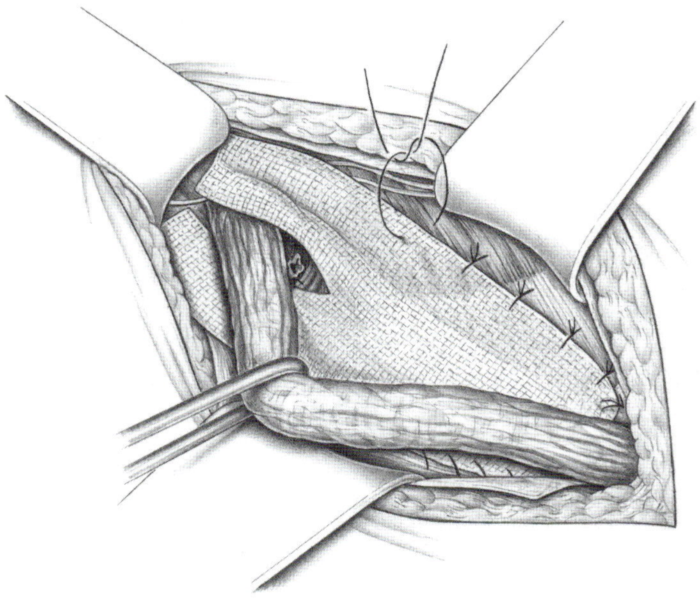

❹ Nahtfixierung an der Internusmuskulatur

Das zungenförmige Netz wird an der Internusmuskulatur mit Einzelknopfnähten (Polypropylen der Stärke 0) im Abstand von 1,5 cm bis in Höhe des inneren Leistenrings fixiert. Hierbei ist sorgfältig auf die Schonung der benachbarten Nerven (Nn. iliohypogastricus und ilioinguinalis) zu achten.

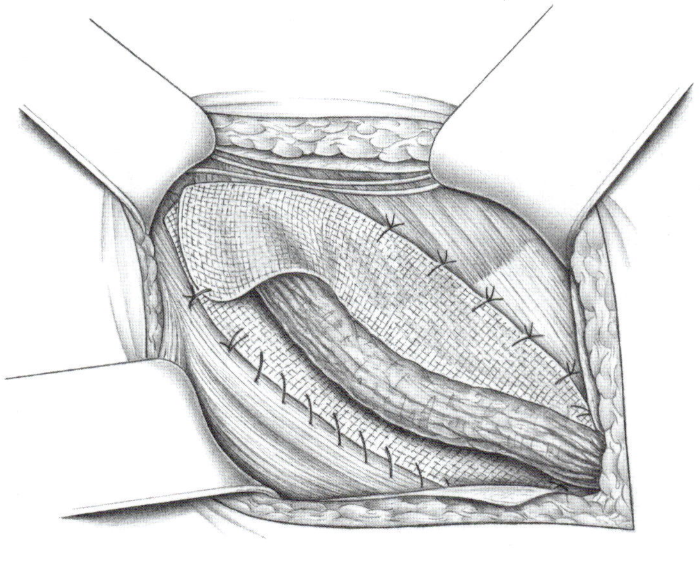

❺ Neubildung des inneren Leistenrings

Nach Erreichen des inneren Leistenrings wird die obere Lefze über die untere geschlagen und mit einer isolierten Naht am Leistenband fixiert. Der Verschluss der Externusaponeurose über dem Netz, Subkutannähte und Hautklammern beenden den Eingriff.

106. Transinguinale präperitoneale Netzplastik (TIPP)

1 Indikation

Absolut: Leistenhernien mit großem Hinterwanddefekt, Rezidivhernien.
Kontra: Voroperationen im Bereich der retroperitonealen Region. Allgemeine Inoperabilität.
Alternativverfahren: Präperitoneale Plastik nach Wantz und Stoppa.

2 Operationsvorbereitung

Präoperative Diagnostik: Sonographie, Hoden-Doppler-Sonographie bei Rezidiveingriffen.

3 Spezielle Risiken, Aufklärung

- Hodenatrophie (< 1%).
- Wundinfekt (2%).
- Chronischer Leistenschmerz (< 2%).
- Rezidiv (0,8 – 4%).
- Letalität (< 0,1%).

4 Anästhesie

Bei kooperativen Patienten ist die Lokalanästhesie zu bevorzugen, sonst Spinal- oder Periduralanästhesie oder Intubationsnarkose.

5 Lagerung

Rücken.

6 Zugang

Quere oder leicht schräge Inzision oberhalb der Leistenbeugefalte. Exzision der alten Narbe.

7 Operationsschritte

1. Reparationsprinzip.
2. Spaltung der Fascia transversalis.
3. Netzeinfassung des Samenstrangs.
4. Netzfixation am Lig. cooperi.
5. Netzfixation an den Bauchdecken.
6. Präperitoneale Netzlage.

8 Relevante Anatomie, Gefahren, Tricks

- Bei starker Vernarbung Durchtrennung der epigastrischen Gefäße.

Cave: Strangulation des Samenstrangs durch zu enge Netzeinfassung.

- Netzfixation am Lig. Cooperi nur unter direkter Sicht.

Cave: Blutung (Corona mortis!).

- Transmuskuläre Bauchdeckenfixation möglichst unter Aussparung der Externusaponeurose.

9 Maßnahmen bei speziellen Komplikationen

- Bei Blutungen Kompression, blutstillende Nähte nur unter direkter Sicht.
- Bei Verletzung der epigastrischen Gefäße: Resektion.

10 Nachsorge

Medizinische Nachbehandlung: Gegebenenfalls Redon ex 2. Tag.
Kostaufbau: Sofort.
Stuhlgang: Gegebenenfalls Klysma.
Mobilisation: Sofort.
Krankengymnastik: Keine.
Arbeitsunfähigkeit: 1 – 2 Wochen.

7 Operationstechnik

1. Reparationsprinzip.
2. Spaltung der Fascia transversalis.
3. Netzeinfassung des Samenstrangs.
4. Netzfixation am Lig. Cooperi.
5. Netzfixation an den Bauchdecken.
6. Präperitoneale Netzlage.

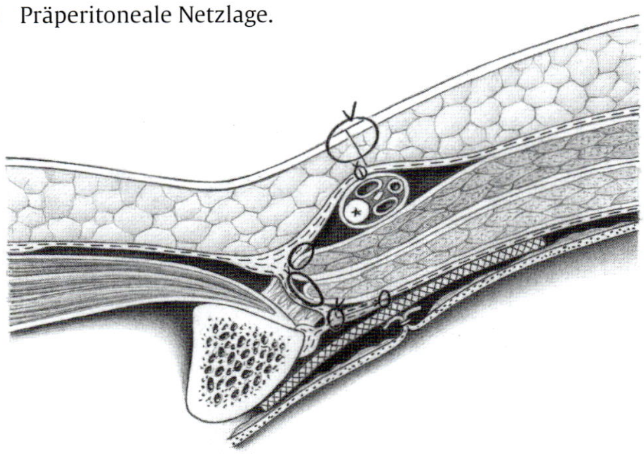

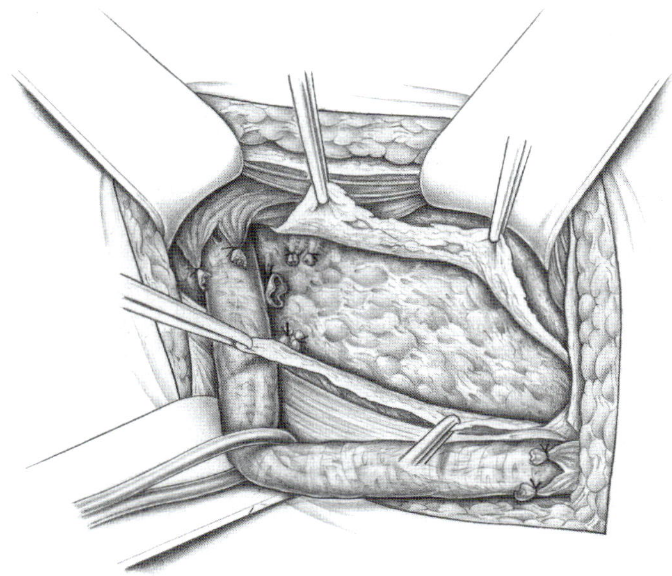

❶ Reparationsprinzip

Das Prinzip der präperitonealen Netzplastik ist die Verstärkung der Hinterwand des Leistenkanals durch ein präperitoneal appliziertes Netz. Dieses Netz sollte am Lig. Cooperi und an den ventralen Bauchdecken sicher fixiert sein.

❷ Spaltung der Fascia transversalis

Nach Freilegen der Hinterwand des Leistenkanals wird die Fascia transversalis in ganzer Länge gespalten. Speziell bei Rezidivhernien, aber auch bei sehr großen Hernien, sollten die epigastrischen Gefäße reseziert werden, um das präperitoneale Netz sicher platzieren zu können. Nach Fassen der Faszienränder mit scharfen Klemmen erfolgt die stumpfe Abpräparation der Faszienränder vom retrofaszialen präperitonealen Raum mit dem Präpariertupfer.

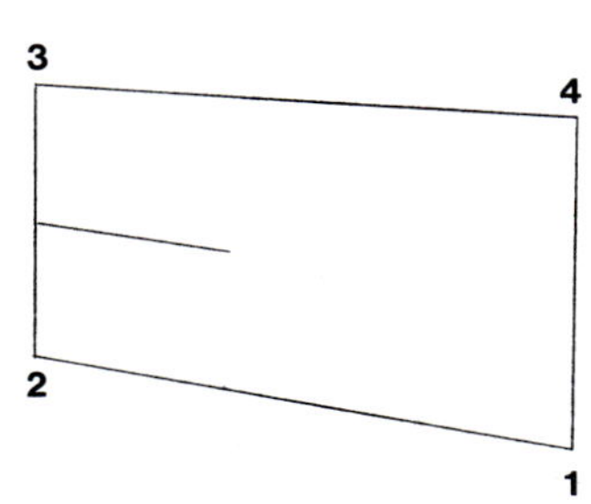

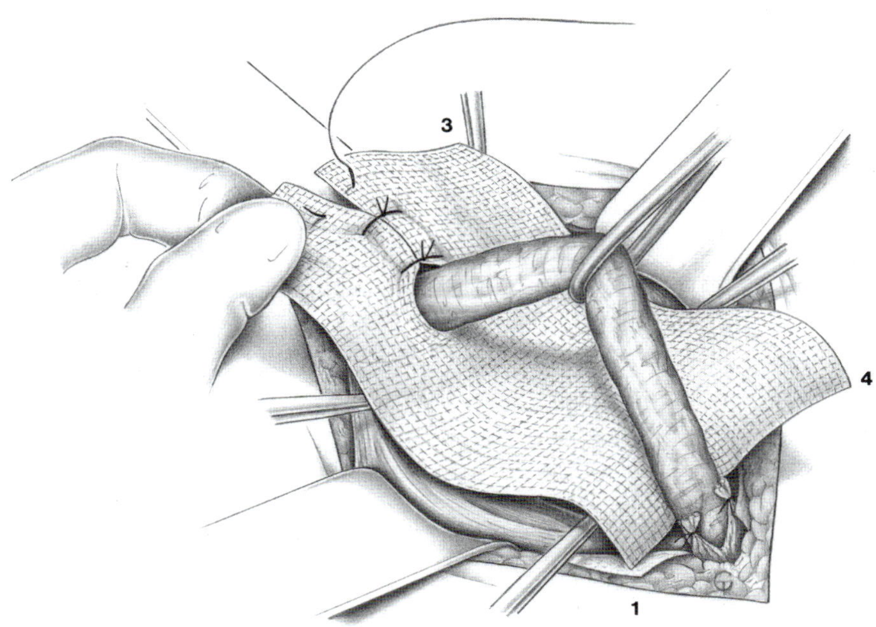

❸ Netzeinfassung des Samenstrangs

Das Netz wird in einer Größe von 12 × 15 cm leicht rhomboid zugeschnitten. Es wird im lateralen Anteil im unteren und lateralen Drittel geschlitzt und über dem Samenstrang mit 3 Einzelknopfnähten (Polypropylen der Stärke 0) wieder verschlossen. Es ist darauf zu achten, dass der Durchtritt des Samenstrangs nicht strangulierend eingeengt wird.

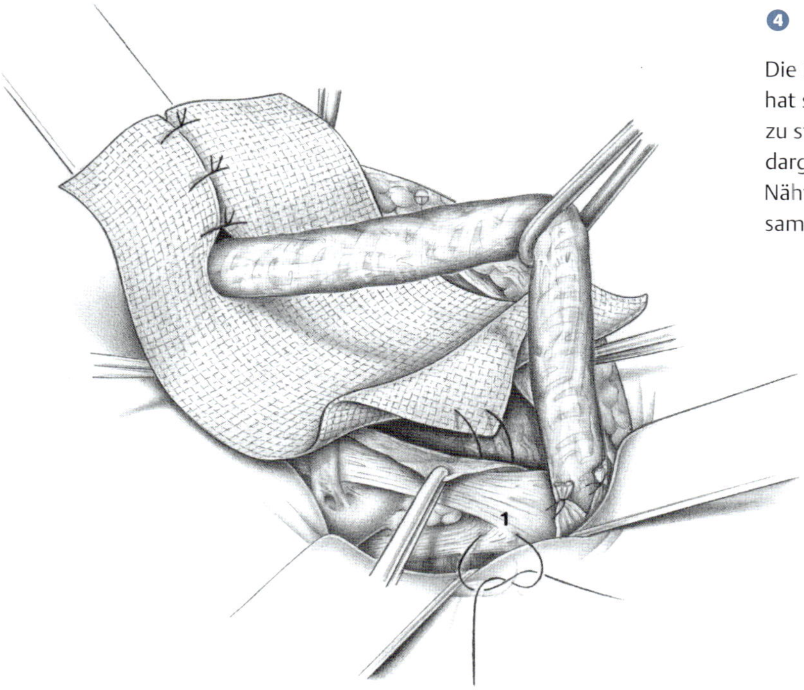

❹ Netzfixation am Lig. Cooperi

Die Fixation des Netzes beginnt mit der Anheftung am Lig. Cooperi. Es hat sich bewährt, die Nähte als U-Nähte jeweils durch das Lig. Cooperi zu stechen und dann durch das Netz zu führen. Anders als in der hier dargestellten Technik bevorzugen wir in letzter Zeit innen liegende U-Nähte am Lig. Cooperi mit Knoten auf der Rückseite des Netzes. Insgesamt sind ca. 3 Nähte zur sicheren Nahtfixation erforderlich.

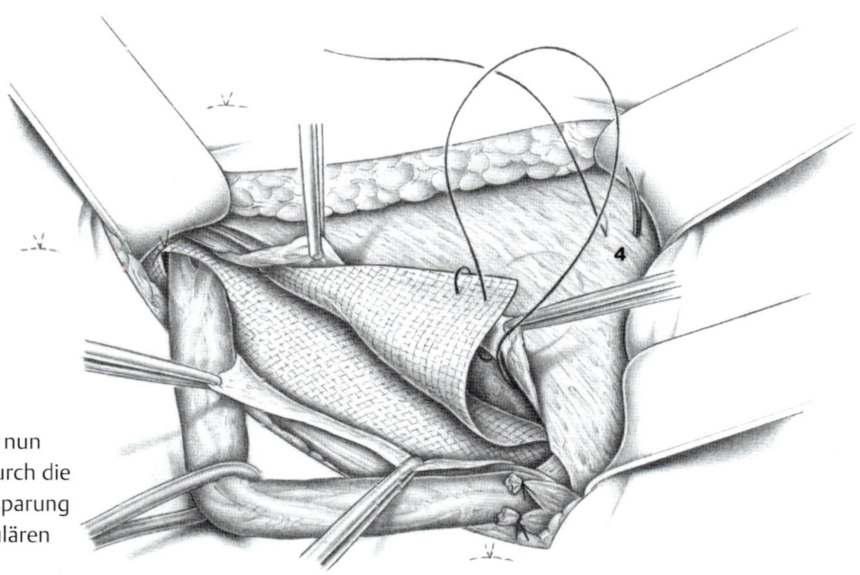

❺ Netzfixation an den Bauchdecken

Nach vollständiger Fixierung des Netzes am Lig. Cooperi erfolgt nun die Fixierung an den Bauchdecken. Hierbei können die Nähte durch die Externusaponeurose oder bei fester Muskulatur auch unter Aussparung derselben erfolgen. Insgesamt sollte das Netz mit 3 transmuskulären Nähten fixiert werden.

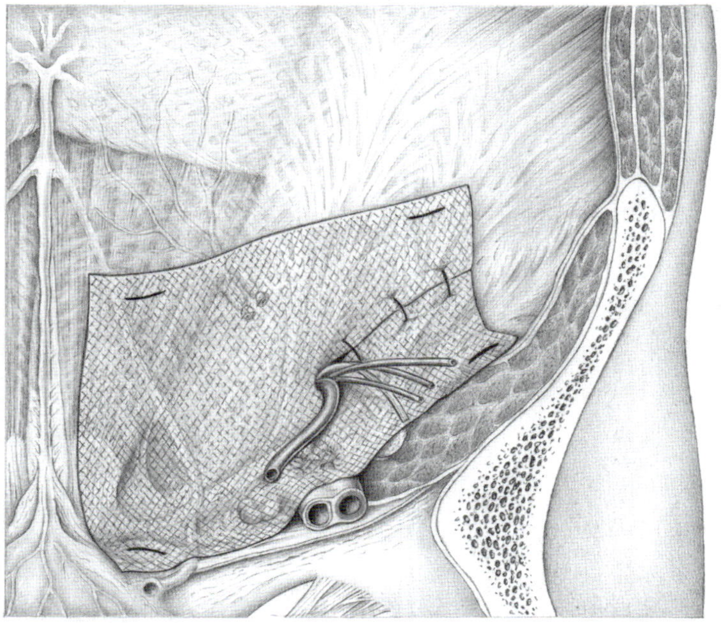

❻ Präperitoneale Netzlage

Das richtig platzierte Netz fixiert sich am Lig. Cooperi sowie an der ventralen Bauchdecke. Es sollte spannungsfrei liegen und speziell im lateralen Anteil nur unter direkter Sicht fixiert werden. Eine Schädigung der hier verlaufenden Nerven ist durch direkte Sicht unbedingt zu vermeiden.

107. Präperitoneale Leistenhernienreparation

1 Indikation

Elektiv: Zweites oder höheres Rezidiv, Indikation meist relativ.
Alternativverfahren: Inguinaler Zugang (**Shouldice, Bassini**).

2 Operationsvorbereitung

Präoperative Diagnostik: Sonographie, Doppler-Sonographie des Hodens.
Patientenvorbereitung: Gegebenenfalls perioperative Antibiotikaprophylaxe.

3 Spezielle Risiken, Aufklärung

- Samenstrangverletzung (5%).
- Hodenfunktionsstörung (bis 10%).
- Rezidivhernie.
- Verletzung von intra- und retroperitonealen Strukturen.
- Einbringung von Fremdmaterial (Netz).

4 Anästhesie

Lokal-, Spinal-, Peridural- oder Allgemeinanästhesie.

5 Lagerung

Rücken.

6 Zugang

Querschnitt deutlich oberhalb des Leistenbandes.

Bei Vorgehen nach Stoppa Unterbauchmedianschnitt.

7 Operationsschritte

1. Zugang.
2. Spaltung Externusaponeurose.
3. Spaltung der Bauchwandmuskulatur.
4. Spaltung Fascia transversalis.
5. Reposition des Bruchs.
6. Bruchlückenverschluss.
7. Präperitonealer Verschluss der Schenkelbruchpforte.
8. Präperitoneale Reparation bei indirekter Hernie.
9. Präperitoneale Reparation bei direkter Hernie.
10. Schnittmuster und Lage der Wantz-Plastik.
11. Netzplatzierung bei Wantz-Plastik.
12. Schnittmuster und Lage der Stoppa-Plastik.
13. Netzplatzierung bei Stoppa-Plastik.

8 Relevante Anatomie, Gefahren, Tricks

- Ein präperitoneal platziertes Netz sollte stets alle potenziellen Bruchpforten erfassen und allseits um 2 – 3 cm überragen.
- Bei großen Defekten empfiehlt sich die einseitige Plastik nach **Wantz** oder die beidseitige Plastik nach **Stoppa**.

9 Maßnahmen bei speziellen Komplikationen

- Gefäßverletzung: sofortige Gefäßnaht.
- Blasenverletzung: zweireihige Reparation (2×0 PGS), Blasenkatheter für 10 Tage.

10 Nachsorge

Medizinische Nachbehandlung: Redon ex 2./3. Tag.
Kostaufbau: Sofort.
Stuhlgang: Gegebenenfalls Klysma, milde Laxantien.
Mobilisation: Sofort.
Krankengymnastik: Nicht erforderlich.
Arbeitsunfähigkeit: 1 – 3 Wochen.

7 Operationstechnik

1. Zugang.
2. Spaltung Externusaponeurose.
3. Spaltung der Bauchwandmuskulatur.
4. Spaltung Fascia transversalis.
5. Reposition des Bruchs.
6. Bruchlückenverschluss.
7. Präperitonealer Verschluss der Schenkelbruchpforte.
8. Präperitoneale Reparation bei indirekter Hernie.
9. Präperitoneale Reparation bei direkter Hernie.
10. Schnittmuster und Lage der Wantz-Plastik.
11. Netzplatzierung bei Wantz-Plastik.
12. Schnittmuster und Lage der Stoppa-Plastik.
13. Netzplatzierung bei Stoppa-Plastik.

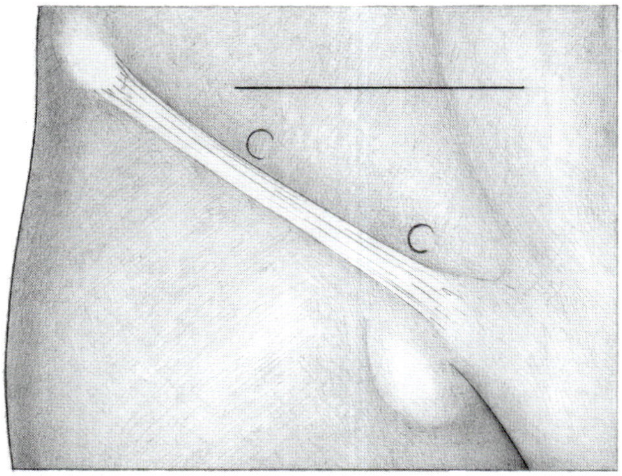

❶ Zugang

Die präperitoneale Leistenhernienreparation bietet sich beim Vielfachrezidiv an. Auf diese Weise ist der Weg durch alte Narbenfelder vermeidbar, die Verletzungsgefahr des Samenstrangs ist geringer und die Übersicht im nicht vernarbten Gebiet deutlich besser. Der Zugang ist ein Querschnitt ca. handbreit oberhalb des Leistenbandes, die Lokalanästhesie ist entsprechend höher zu platzieren.

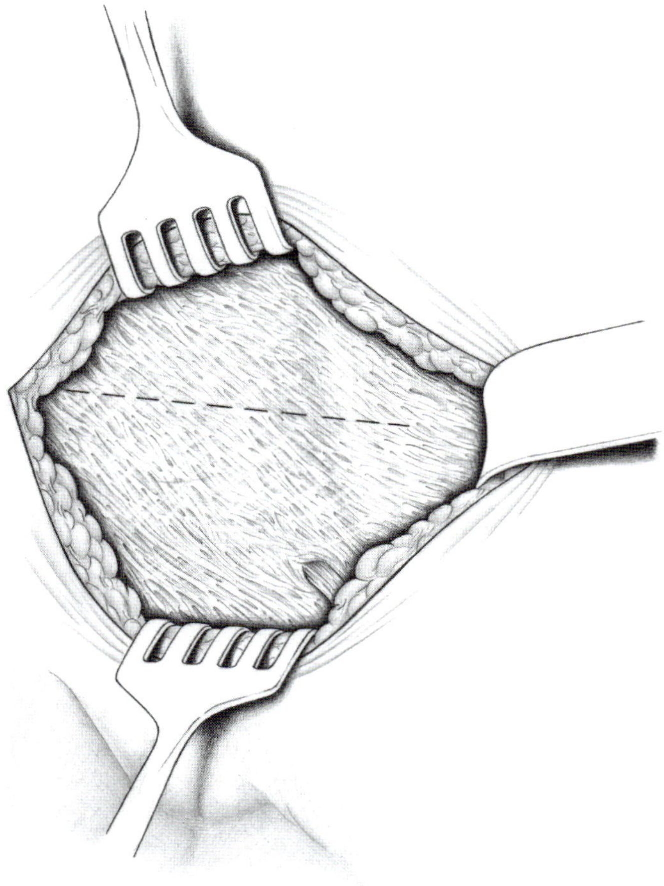

❷ Spaltung Externusaponeurose

Nach Eröffnung der Subkutis wird die Externusaponeurose dargestellt. Sie wird 4 – 5 cm oberhalb des Leistenkanals quer durchtrennt, ohne den Leistenkanal zu tangieren.

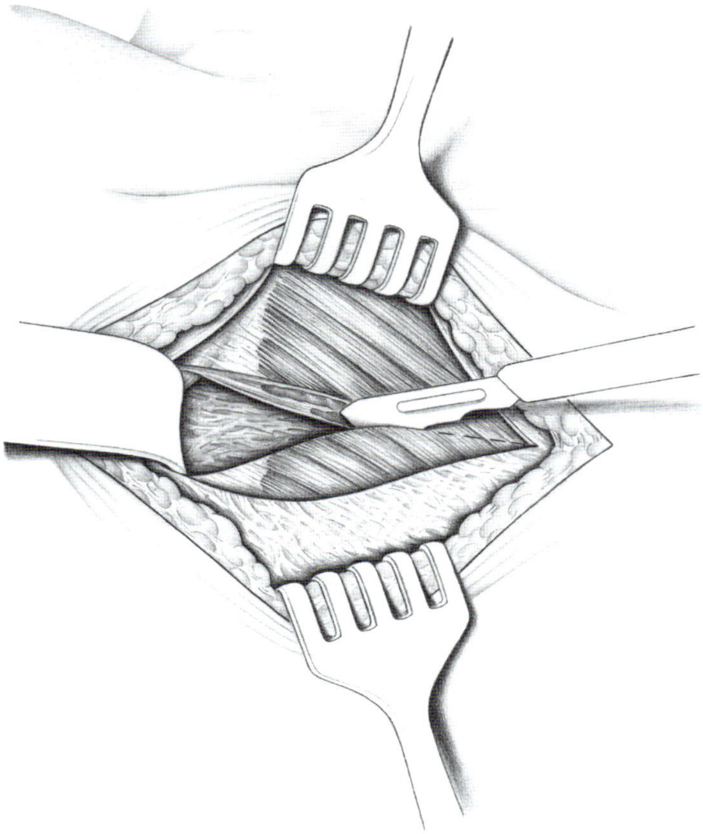

❸ Spaltung der Bauchwandmuskulatur

Nach Spaltung der Externusaponeurose stellt sich die Muskulatur dar. Die Rektusmuskulatur wird nach medial verzogen, lateral wird die Muskulatur des M. internus und M. transversus im Faserverlauf gespalten: Blickrichtung von kranial nach kaudal bei einem rechtsseitigen Befund.

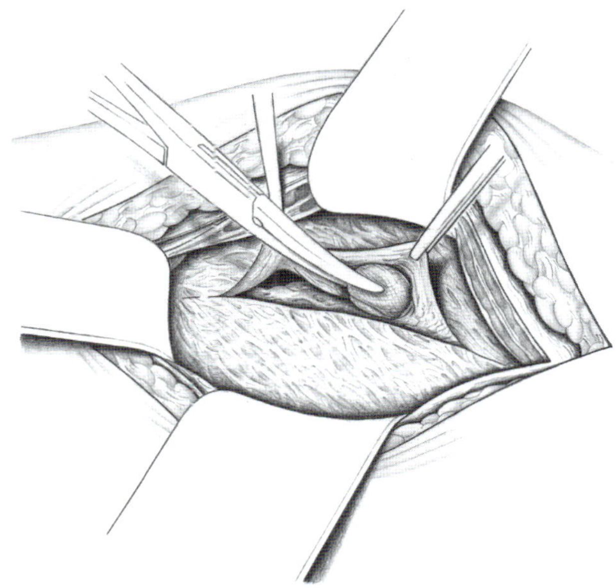

❹ Spaltung Fascia transversalis

Nach Freilegen der Fascia transversalis wird diese zwischen Klemmen gefasst und gespalten. Der darunter gelegene Peritonealsack wird mit Tupfern stumpf abgeschoben, nach dorsal verdrängt und dort mit einem Tupfer oder einer Kompresse gehalten. Die untere Lefze der Faszie wird nach kaudal vollständig mobilisiert und vom Peritoneum befreit.

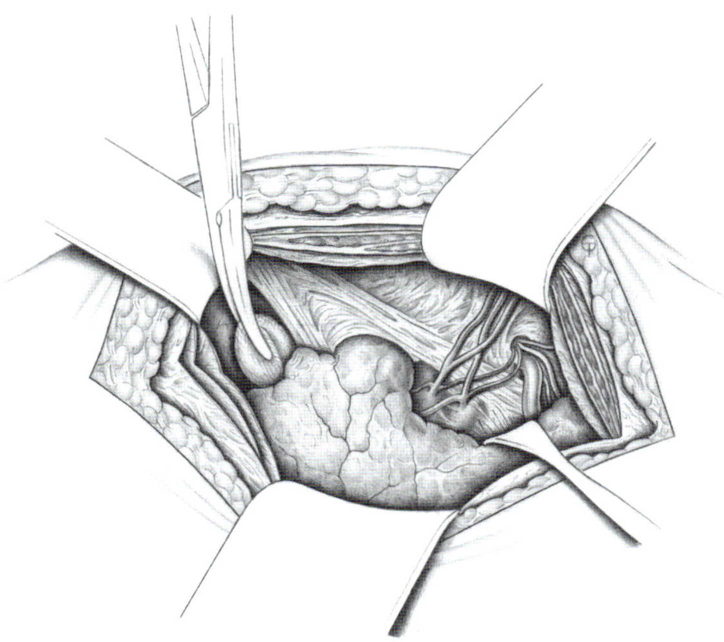

❺ Reposition des Bruchs

Durch Hakenzug wird die kaudale Bauchwand nach ventral gezogen und der Peritonealsack teils stumpf, teils scharf vollständig abgelöst. Der Bruchsack wird stumpf aus der Bruchpforte, im vorliegenden Fall aus der Schenkelbruchpforte ausgelöst und nach dorsal gedrängt. Entsprechend ist das Vorgehen bei einer Leistenhernie. Die Bruchlücke wird damit freigelegt.

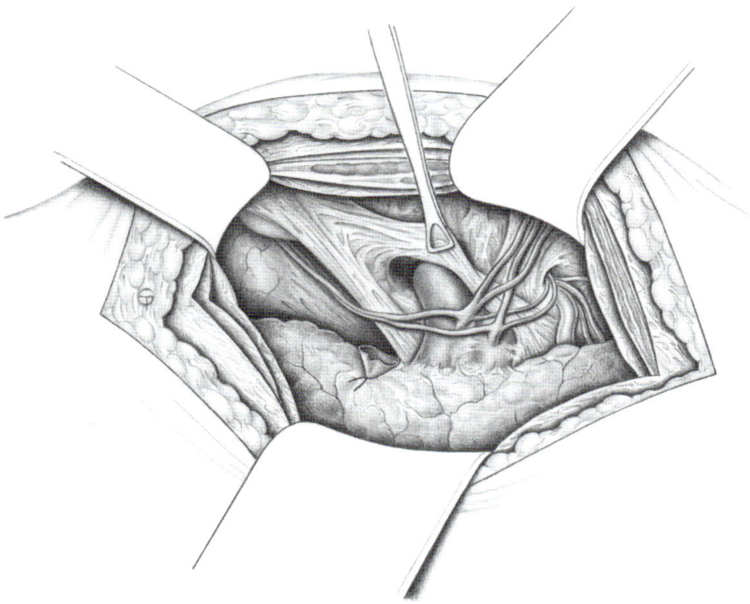

❻ Bruchlückenverschluss

Nach vollständiger Reposition des Bruchsacks kann dieser ligiert und abgetragen oder einfach nach dorsal abgedrängt werden. Es schließt sich nun die eigentliche Reparation an. Dies kann durch Nahtvereinigung der Bruchlücke erfolgen, wobei sowohl die Schenkelbruchpforte als auch die mediale und laterale Leistenbruchpforte sich durch Nähte verschließen lassen. Bei ausgedehnten Brüchen kann allerdings die Nahtspannung beträchtlich sein. Hier ist es sinnvoll, ein nicht resorbierbares Kunststoffnetz auf alle drei Bruchpforten zu platzieren. Dieses Netz sollte 12 × 15 cm groß sein, alle drei Bruchpforten abdecken, die epigastrischen Gefäße und den Samenstrang nach ventral verlagern und schließlich mit einigen Nähten am Lig. Cooperi und der ventralen Bauchwand fixiert sein. Dieses Manöver kann auch über einen laparoskopischen Zugang erfolgen, wobei der präperitoneale Zugang durch primäre präperitoneale Vorgehensweise oder transabdominell durch sekundäre retroperitoneale Platzierung des Netzes möglich ist. Hier soll der Nahtverschluss durch Einzelknopfnähte dargestellt werden, die ggf. mit einem zusätzlichen Netz gedeckt werden können.

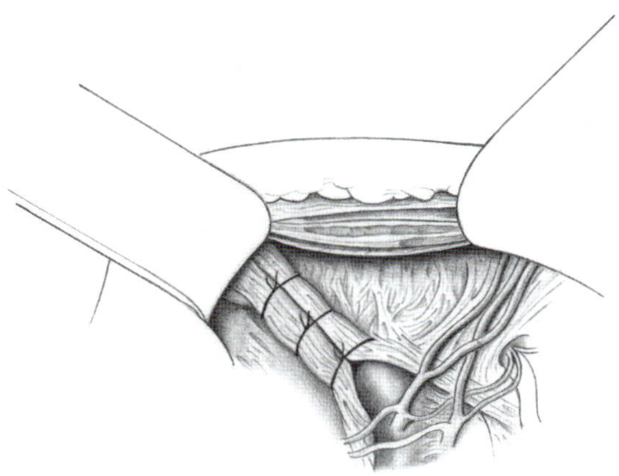

❼ Präperitonealer Verschluss der Schenkelbruchpforte

Die Schenkelbruchpforte wird durch Naht des Lig. ileopubicum an das Lig. Cooperi verschlossen. Die Nähte sollten beim Mann nicht zu weit nach kranial gelegt werden, um eine Verletzung des Samenstrangs zu vermeiden. Insgesamt sind etwa 3 Nähte erforderlich, Nahtmaterial ist Polypropylen der Stärke 0. Die Nähte dürfen die V. femoralis nicht einengen, zum Abschluss der Naht muss die Zeigefingerspitze noch gut Eingang finden.

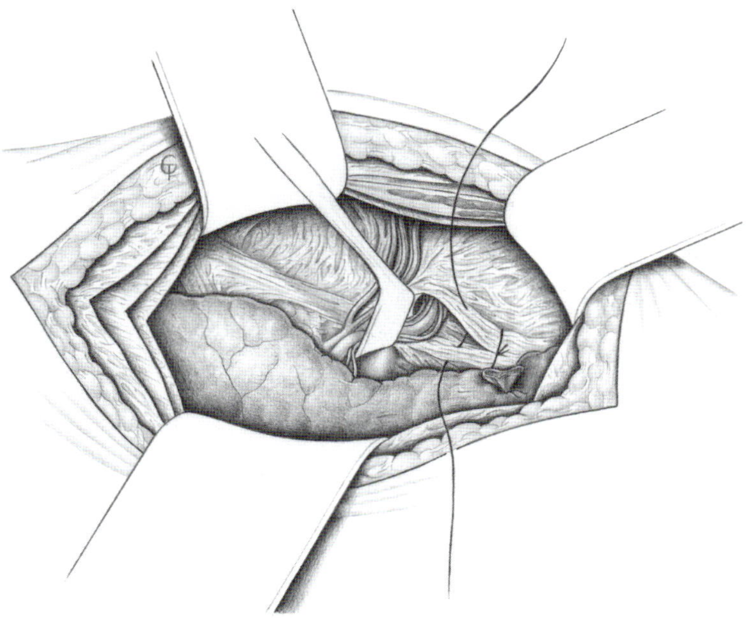

❽ Präperitoneale Reparation bei indirekter Hernie

Indirekte Leistenhernien werden durch laterale Einengung des inneren Leistenrings verschlossen. In der Regel sind 2 – 3 Nähte erforderlich, der innere Leistenring muss für die Zeigefingerspitze oder einen Hegar-Stift 11,5 ausreichend eingängig sein.

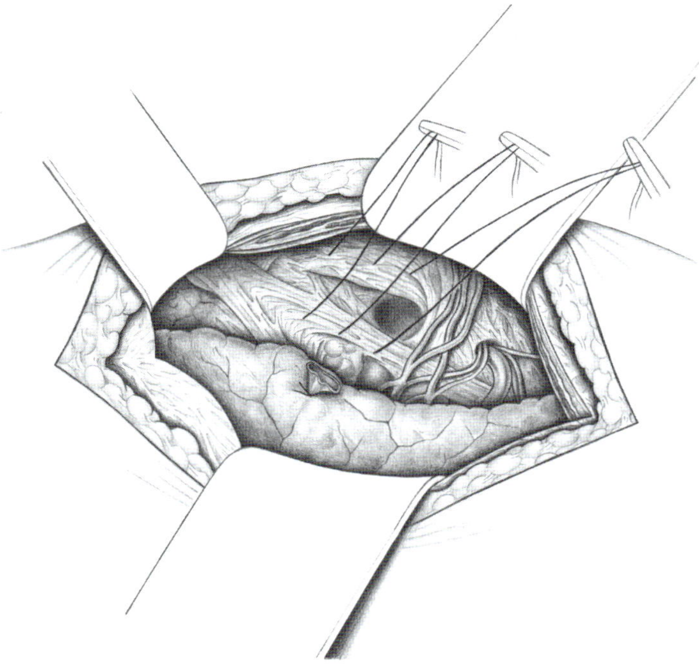

❾ Präperitoneale Reparation bei direkter Hernie

Direkte Bruchpforten werden durch Verschluss des Hesselbach-Dreiecks behandelt. Mit Einzelknopfnähten wird der Tractus ileopubicus an den Arcus aponeurosis musculi transversi fixiert, wobei in der Regel 4 – 5 Nähte erforderlich sind. Eine derartige alleinige Reparation hat auch bei technisch guter Ausführung eine relativ hohe Rezidivneigung, da die Fascia transversalis im Hesselbach-Dreieck nicht ausreichend stabil ist. In diesen Fällen sollte man die Bruchpforte mit einem präperitonealen Netz nach Wantz oder beidseitig nach Stoppa versorgen, wobei dies additiv zur Nahtreihe oder auch ausschließlich erfolgen kann. Der schichtweise Bauchdeckenverschluss, wobei zusätzlich zur subkutanen eine präperitoneale Redon-Drainage platziert werden kann, beendet den Eingriff.

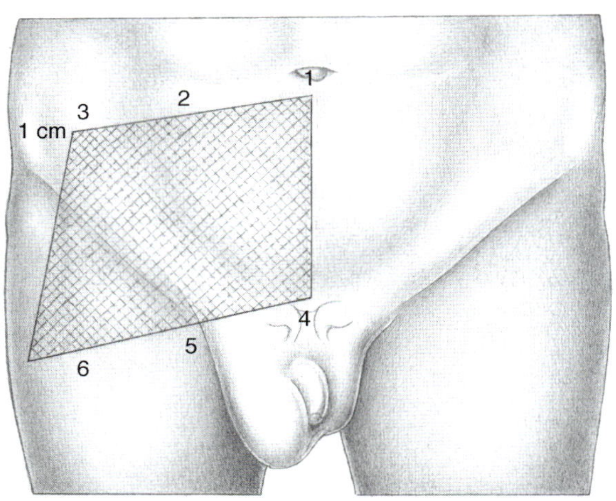

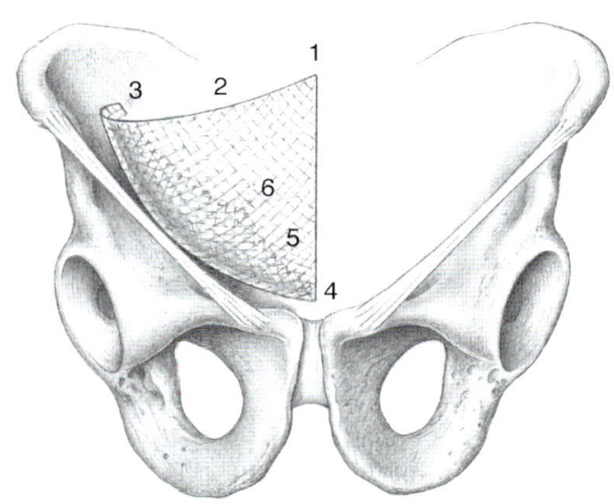

❿ Schnittmuster und Lage der Wantz-Plastik

Bei einseitigen großen Defekten kann eine präperitoneale Netzreparation nach Wantz erforderlich sein. Hierzu wird ein rhomboides Netz unter Kranialverdrängung des Peritonealsacks über dem Lig. Cooperi und an der ventralen Bauchwand fixiert. Die 3 Nähte an der ventralen Bauchwand entsprechen denen bei TIPP (siehe Kapitel 106, S. 427). Die Schlitzung und Fixation am Lig. Cooperi unterbleibt in der Originalmethode nach Wantz.

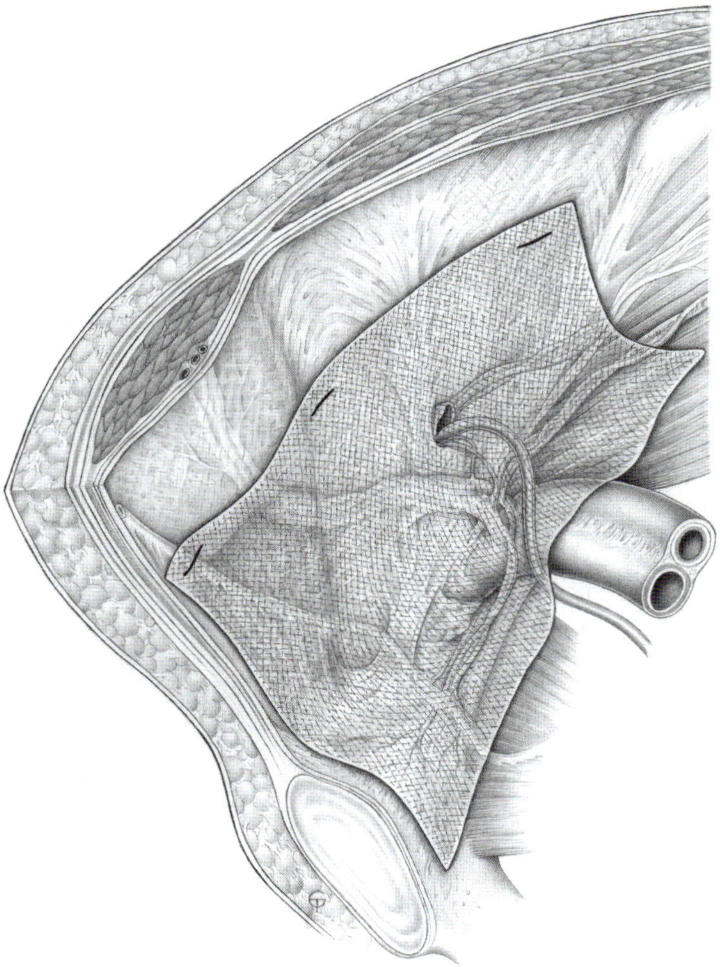

⑪ Netzplatzierung bei Wantz-Plastik

Nach Fertigstellung des Netzes soll sich dieses locker der ventralen Bauchwand anlegen und sämtliche Bruchpforten überdecken.
Der Samenstrang ist durch das Netz lateralisiert. Wichtig ist die sichere Fixation des Netzes an der Bauchdecke, um eine Netzwanderung zu verhindern.

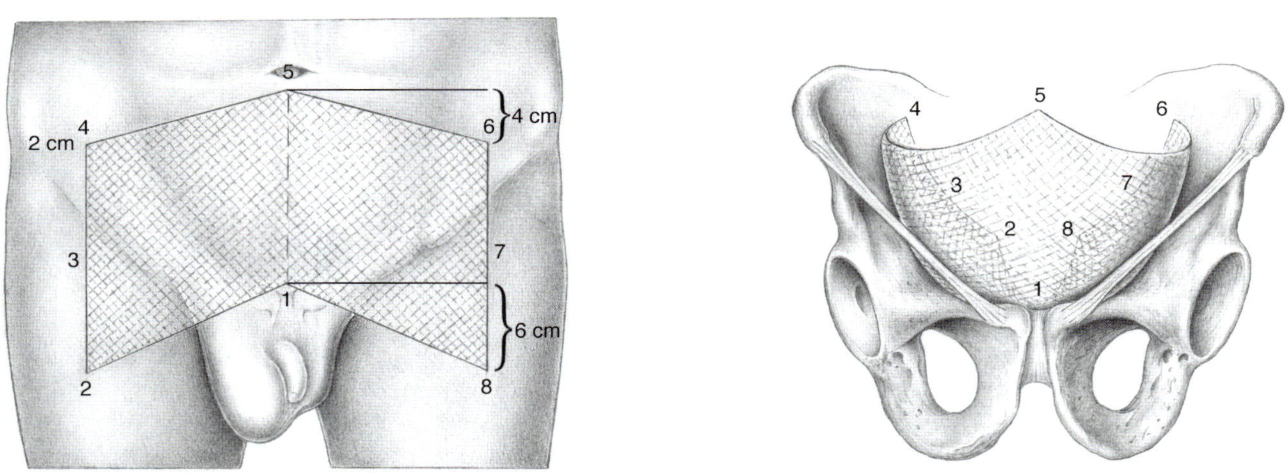

⑫ Schnittmuster und Lage der Stoppa-Plastik

Die Reparation nach Stoppa besteht aus einer kompletten Auskleidung des präperitonealen Raums durch ein entsprechend dimensioniertes Netz. Dies sollte in der Querachse dem Abstand zwischen den beiden Spinae iliaca superiores und in der Längsachse dem Abstand zwischen Nabel und Symphyse entsprechen. Die V-förmige Konfiguration erfolgt entsprechend dem beigegebenen Schnittmuster. Das Netz ist locker dem Knochentrichter des Beckens anzupassen und entsprechend der nummerierten Punkte zu platzieren. Eine Nahtfixation unterbleibt mit Ausnahme einer einzigen Naht am Punkt 5 an der Linea alba der ventralen Bauchdecke.

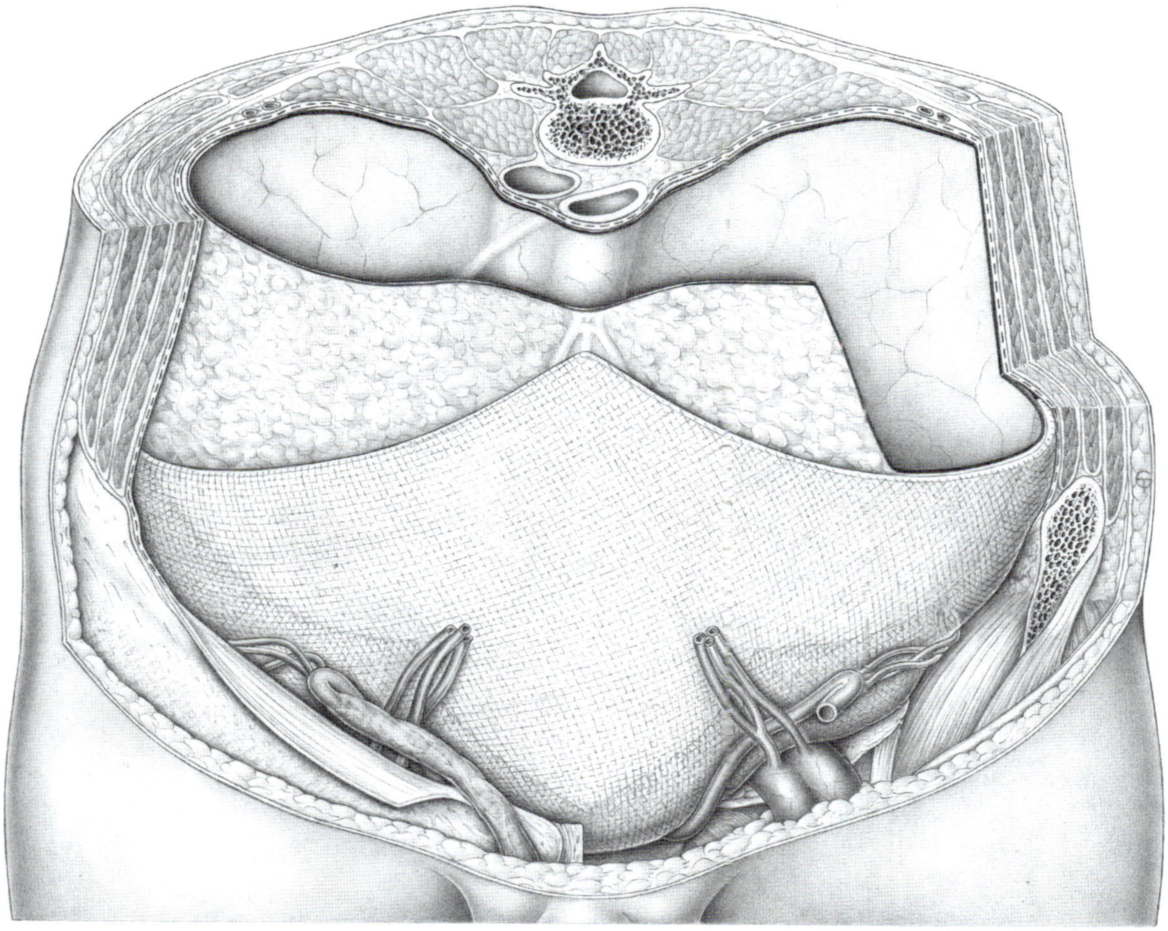

⑬ Netzplatzierung der Stoppa-Plastik

Nach vollständiger präperitonealer Einpassung des Netzes kann der Peritonealsack zurückfallen und das Netz allseits an die ventrale Bauchwand drücken. Es ist auf eine faltenfreie Lage des Netzes zu achten. Die Samenstränge werden durch das Netz lateralisiert, eine Schlitzung zum Durchtritt der Samenstränge unterbleibt in der Regel.

108. Laparoskopische Leistenhernienreparation

1 Indikation

Elektiv: Mehrfachrezidive, doppelseitiges Vorgehen, ausgedehnte Faszienschwäche.
Abgrenzung zur offenen Vorgehensweise zurzeit noch nicht endgültig zu definieren, doch nur an wenigen Kliniken Verfahren der 1. Wahl mit rückläufiger Tendenz.
Alternativverfahren: Konventionelles Vorgehen.

2 Operationsvorbereitung

Präoperative Diagnostik: Sonographie, ggf. Hoden-Doppler-Sonographie.
Patientenvorbereitung: Magensonde und Blasenkatheter nach Narkoseeinleitung.

3 Spezielle Risiken, Aufklärung

- Samenstrangverletzung.
- Wundinfekt.
- Chronischer Leistenschmerz.
- Rezidiv.
- Letalität.
- Hohlorgan-/Gefäßverletzung durch laparoskopisches Instrumentarium.
- „Umsteigen" auf konventionelles Vorgehen.

4 Anästhesie

Intubationsnarkose.

5 Lagerung

Rücken.

6 Zugang

Trans- oder extraperitoneal.

7 Operationsschritte

❶ Laparoskopische Hernioplastik im schematischen Querschnitt.
❷ Lagerung – Zugang – Operationsteam.
❸ Trokarpositionen.
❹ Präperitoneale Präparation.
❺ Dissektion mit Optiktrokar.
❻ Dissektion mit Tupfer.
❼ Präparation des Bruchsackes.
❽ Vorbereitung der Prothese.
❾ Fixation des Netzes.

8 Relevante Anatomie, Gefahren, Tricks

Die Hernienreparation erfolgt beim laparoskopischen Vorgehen ebenfalls in der Ebene der Fascia transversalis, genauer im präperitonealen Raum.

Cave: Intraabdominelle Verletzungen (Dünndarm, Zökum, Gefäße, Blase).

9 Maßnahmen bei speziellen Komplikationen

In unübersichtlichen Situationen, wie z. B. bei erheblicher Blutung, Wechsel zu konventionellem Vorgehen.

10 Nachsorge

Medizinische Nachbehandlung: Magensonde ex nach Narkoseende.
Kostaufbau: Beginnend mit Trinken 4 – 6 Stunden nach Narkoseende.
Mobilisation: Sofort.
Arbeitsunfähigkeit: 3 – 5 Tage.

7 Operationstechnik

1. Laparoskopische Hernioplastik im schematischen Querschnitt.
2. Lagerung – Zugang – Operationsteam.
3. Trokarpositionen.
4. Präperitoneale Präparation.
5. Dissektion mit Optiktrokar.
6. Dissektion mit Tupfer.
7. Präparation des Bruchsackes.
8. Vorbereitung der Prothese.
9. Fixation des Netzes.

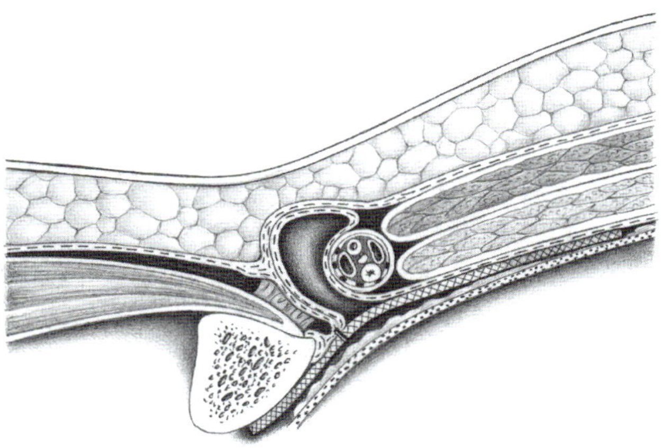

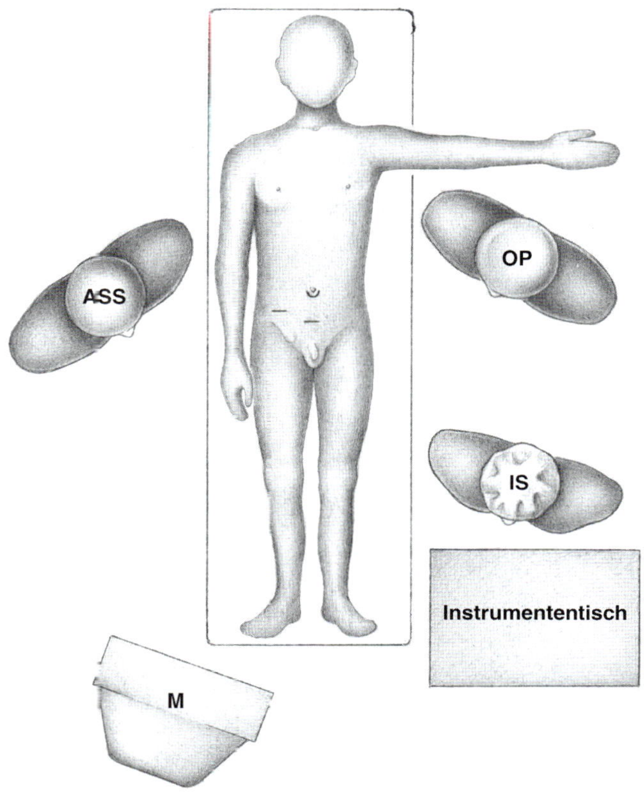

1 Laparoskopische Hernioplastik im schematischen Querschnitt

Die laparoskopische Hernienoperation kann als transabdominelle präperitoneale Plastik = TAPP oder auch auf extraperitonealem Weg (totale extraperitoneale Plastik = TEP) erfolgen. Der letztere Weg ist der sicherere, da eine Eröffnung des Bauchraumes vermieden wird. Das laparoskopisch eingebrachte Netz liegt im präperitonealen Raum und deckt die Bruchlücke weitflächig ab. Es kann auf transabdominellem oder extraperitonealem Weg eingebracht werden. Hier soll exemplarisch nur die TEP dargestellt werden. Wir sehen seine Indikation beim Mehrfachrezidiv.

2 Lagerung – Zugang – Operationsteam

Nach Rückenlagerung mit abgespreiztem linken Arm (Anästhesie) wird infraumbilikal das Pneumoperitoneum angelegt. Zwei weitere Inzisionen rechts und suprapubisch dienen der Präparation und Netzapplikation. Der Operateur steht auf der Gegenseite, der Monitor in direkter Sicht, der Assistent steht auf der Seite des Bruchs.

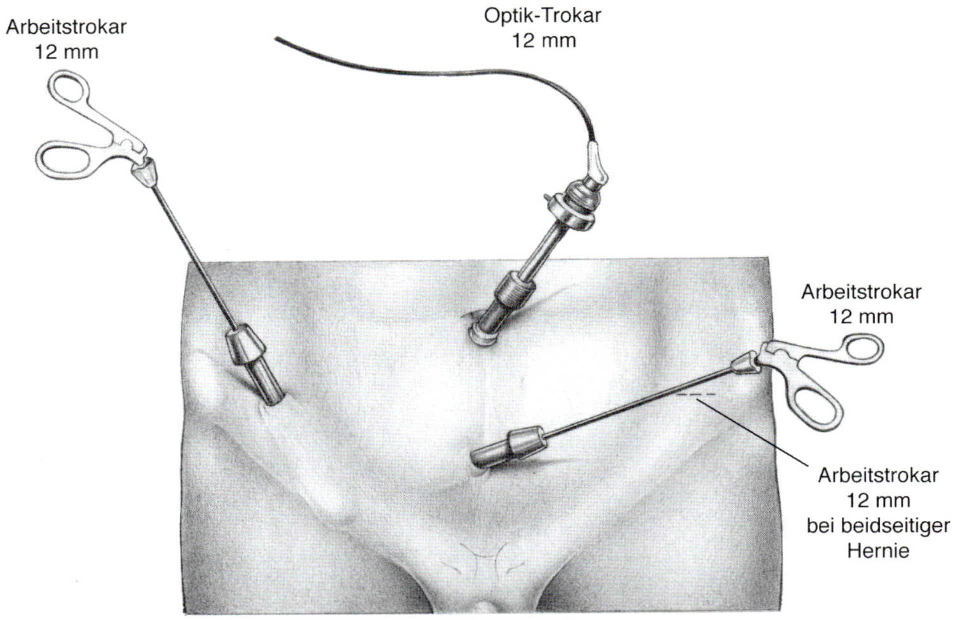

❸ Trokarpositionen

Der Optiktrokar liegt infraumbilikal 12 mm, der Arbeitstrokar und der zweite Arbeitstrokar suprapubisch. Bei beidseitiger Hernie liegt der zweite Trokar symmetrisch zur rechten Seite.

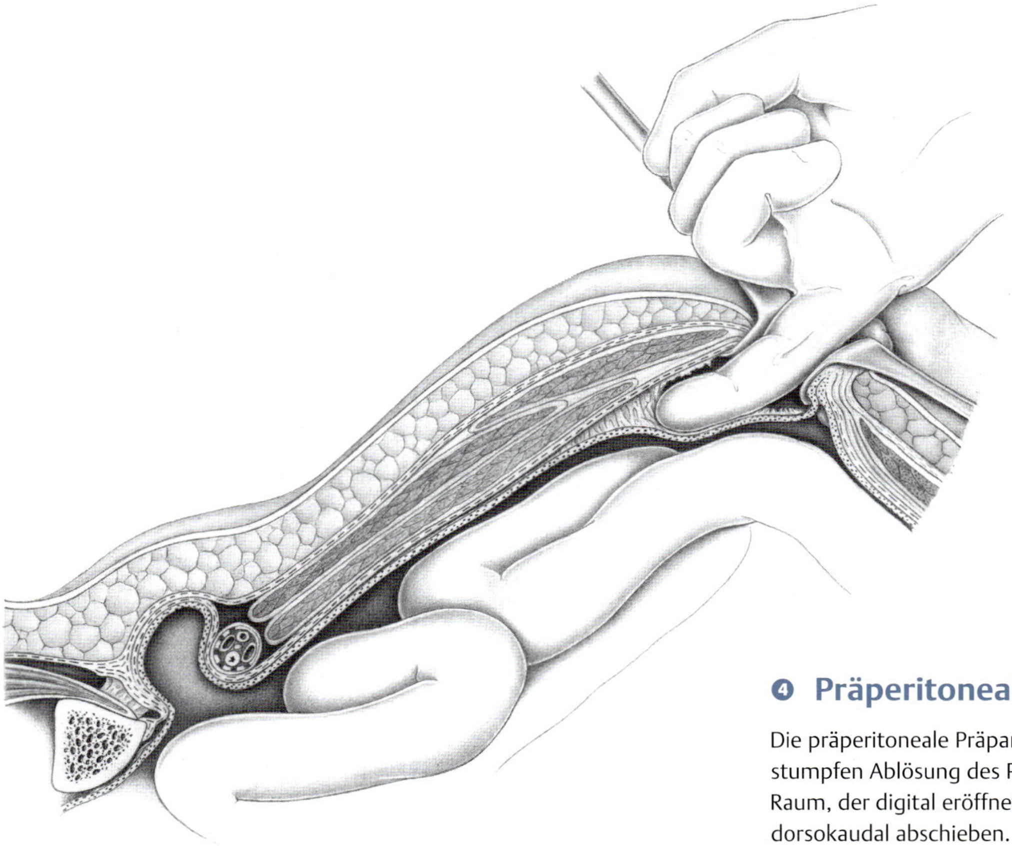

❹ Präperitoneale Präparation

Die präperitoneale Präparation beginnt mit der infraumbilikalen stumpfen Ablösung des Peritonealsackes. In dem präperitonealen Raum, der digital eröffnet wird, lässt sich das Peritoneum gut nach dorsokaudal abschieben.

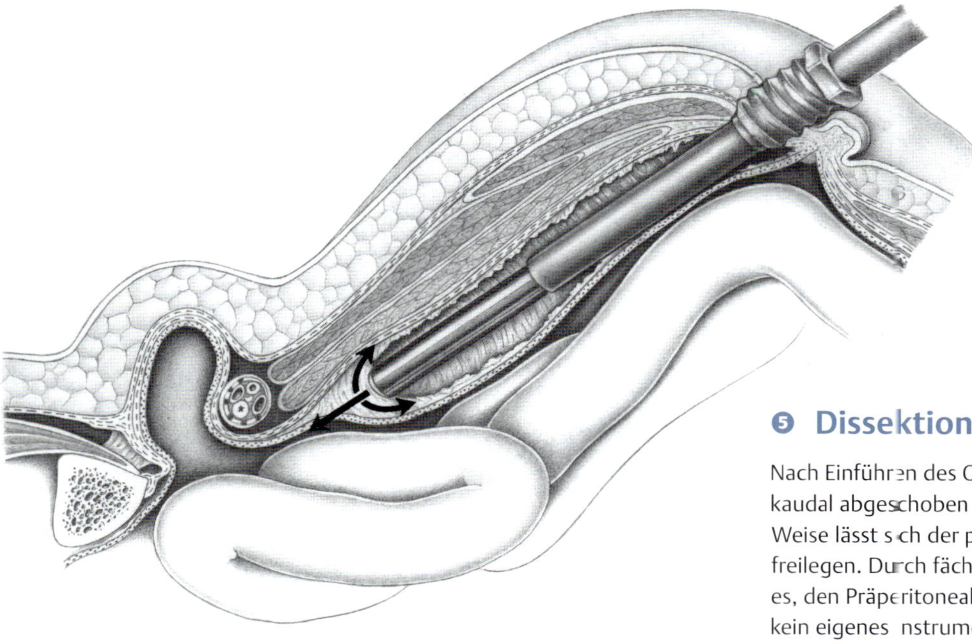

❺ Dissektion mit Optiktrokar

Nach Einführen des Optiktrokars wird der Peritonealsack weiter nach kaudal abgeschoben und die Bauchdecke nach ventral gelöst. Auf diese Weise lässt sich der präperitoneale Raum bis in Höhe des Bruchsackes freilegen. Durch fächerförmige Dissektion mit dem Optiktrokar gelingt es, den Präperitonealraum weit zu eröffnen. Aus unserer Erfahrung ist kein eigenes Instrument zu diesem Manöver erforderlich, es verursacht nur erhebliche Kosten.

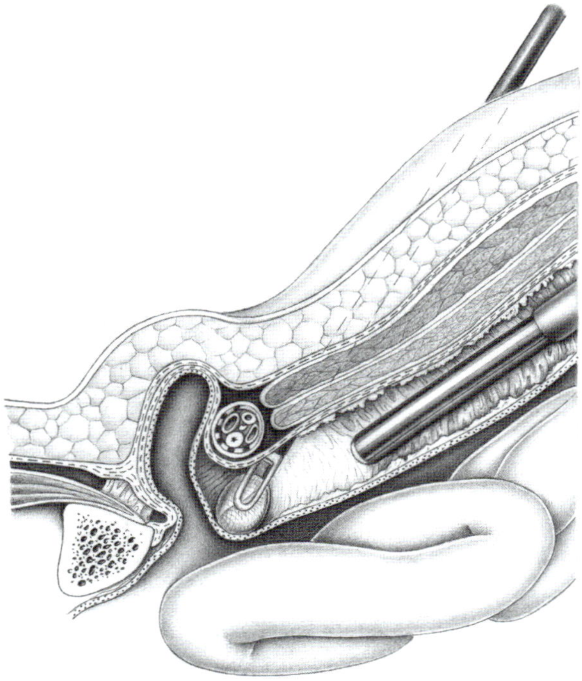

❻ Dissektion mit Tupfer

Über den lateralen Trokar wird nun unter Sicht ein Tupfer eingeführt, der den Präperitonealraum weit eröffnet und den Bruchsack freilegt.

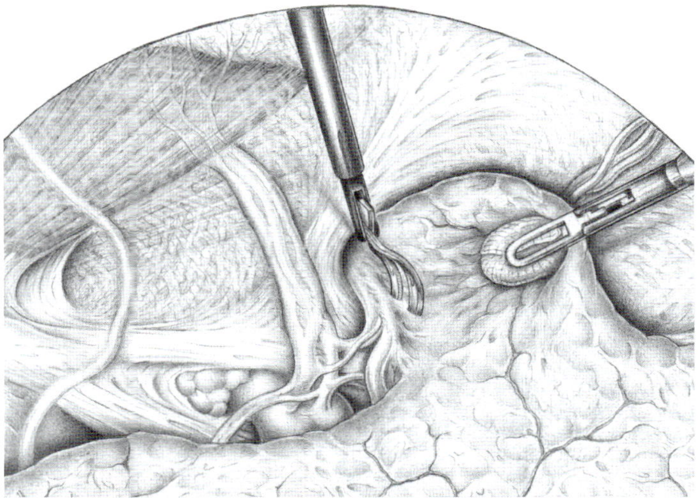

❼ Präparation des Bruchsackes

Nach vollständiger Freilegung des Bruchsackes wird dieser durch den lateral eingebrachten Tupfer und die medial eingeführte Schere schrittweise ausgelöst. Er sollte vollständig aus dem Bruchring befreit werden, um ihn reponieren zu können. In den seltenen Fällen, wo dies nicht gelingt, muss er durchtrennt und das proximale Ende mit direkter Naht verschlossen werden. In der Regel gelingt es, den Bruchsack vollständig aus der Bruchlücke hinter dem inneren Leistenring aus dem Leistenkanal auszulösen.

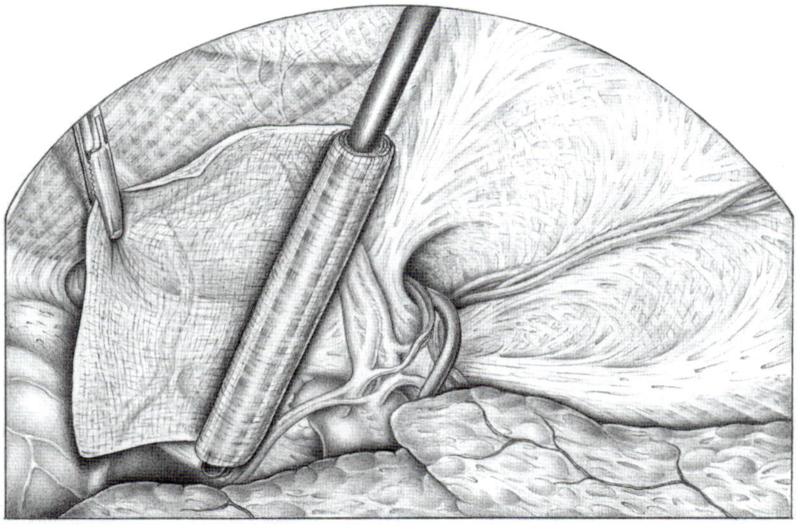

❽ Vorbereitung der Prothese

Nach vollständiger Mobilisation der Bruchpforte wird über den rechtsseitigen Trokar das gerollte Netz eingeführt und über die Bruchpforten ausgebreitet. Das Netz sollte die Dimension von 12 × 15 cm haben und sämtliche Bruchpforten abdecken.

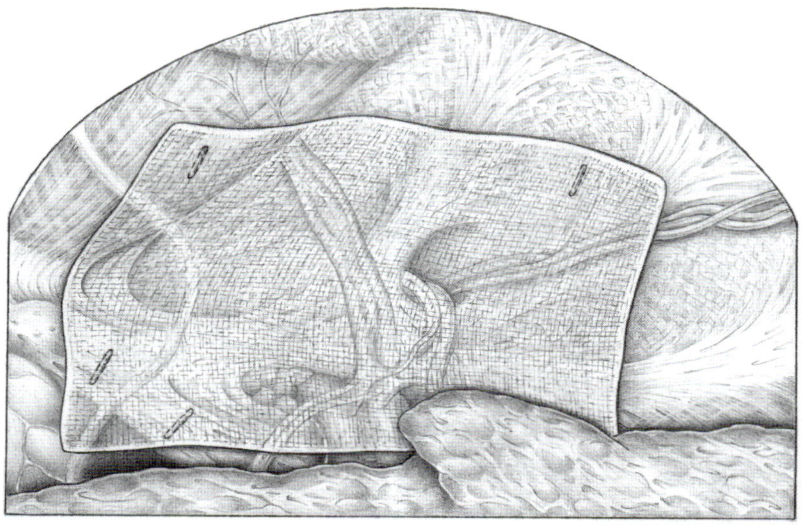

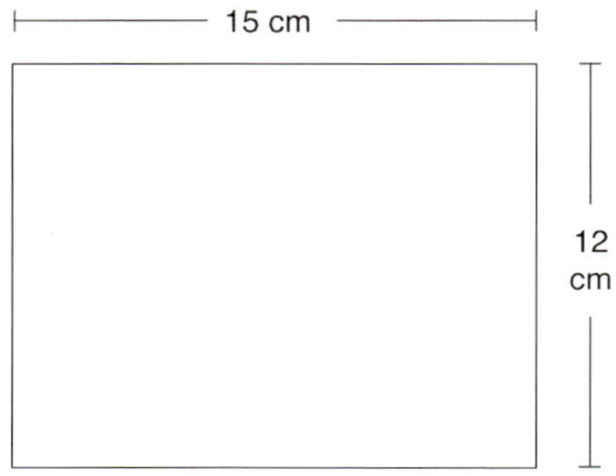

❾ Fixation des Netzes

Das Netz wird mit wenigen Klammern am Lig. Cooperi und an den ventralen Bauchdecken fixiert. Diese Fixation dient der Vermeidung einer Dislokation und sollte spannungsfrei erfolgen. Zur Vermeidung hartnäckiger Neuralgien sind Fixationsklammern dorsal des Leistenbandes unbedingt zu vermeiden. Am Lig. Cooperi sollte eine Fixation nur unter Sicht erfolgen, da anderenfalls Gefäße (Corona mortis!) verletzt werden können.

109. Krurale Schenkelhernienreparation

1 Indikation

Elektiv: Bei Diagnosestellung (hohe Inkarzerationsgefahr aufgrund enger Bruchlücke!).
Alternativverfahren: Laparoskopische Reparationstechnik TAPP oder TEP.

2 Operationsvorbereitung

Präoperative Diagnostik: Sonographie.

3 Spezielle Risiken, Aufklärung

- Rezidiv (2 – 10 %).
- Nerven-/Gefäßverletzung (1 %).
- Wundinfekt (2 %).
- Gegebenenfalls gleichzeitige Versorgung einer Leistenhernie.

4 Anästhesie

Lokal-, Spinal-, Peridural- oder Allgemeinanästhesie.

5 Lagerung

Rücken.

6 Zugang

Quere bzw. schräg verlaufende Inzision knapp oberhalb des Leistenbandes, selten Längsinzision.

7 Operationsschritte

1. Zugang.
2. Präparation des Bruchsackes.
3. Inspektion des Bruchinhalts und Bruchsackversorgung.
4. Verschluss der Bruchpforte.
5. Reparation nach **Fabrizius**.
6. Reparation nach **Kummer**.
7. Reparation nach **Bassini**.

8 Relevante Anatomie, Gefahren, Tricks

Die Bruchpforte liegt medial in der Lacuna vasorum, ist lateral durch die V. femoralis begrenzt und normalerweise durch Lymphknoten und Bindegewebe verschlossen.

9 Maßnahmen bei speziellen Komplikationen

Sollte trotz Freilegung des Bruchsackes ober- und unterhalb des Leistenbandes eine Reposition des Bruchinhalts (z. B. aufgrund von Schwellung) nicht möglich sein, muss man die Bruchpforte nach medioventral erweitern.

10 Nachsorge

Medizinische Nachbehandlung: Redon ex 2. Tag. Reduzierte Belastbarkeit für die ersten postoperativen Wochen.
Kostaufbau: Sofort.
Mobilisation: Sofort.
Krankengymnastik: Keine erforderlich.
Arbeitsunfähigkeit: 1 – 2 Wochen.

7 Operationstechnik

1. Zugang.
2. Präparation des Bruchsackes.
3. Inspektion des Bruchinhalts und Bruchsackversorgung.
4. Verschluss der Bruchpforte.
5. Reparation nach **Fabrizius**.
6. Reparation nach **Kummer**.
7. Reparation nach **Bassini**.

1 Zugang

Die Schenkelhernienreparation kann auf kruralem, inguinalem oder inguinokruralem Weg erfolgen. Der krurale Weg ist zwar der einfachste, hat aber den Nachteil, keinen Einblick in den Leistenkanal zum Anschluss einer Leistenhernie zu ermöglichen und den Bruchinhalt bis in den Bauchraum verfolgen und ggf. versorgen zu können (z. B. Darmresektion). Darum ist der krurale Zugang das Verfahren der Wahl beim nicht inkarzerierten kleinen Bruch und bei der Schenkelhernie der Frau, wo selten eine gleichzeitige Leistenhernie vorliegt. Im Zweifelsfall ist dem inguinalen bzw. dem inguinokruralen Zugang der Vorzug zu geben. In letzter Zeit gewinnt der krurale Zugang durch die Möglichkeit der Applikation alloplastischer Plomben eine gewisse Renaissance. Der Zugang erfolgt über dem Punctum maximum der Schwellung über einen Längsschnitt paravaskulär oder durch einen tiefen inguinalen Querschnitt. Wir geben aus kosmetischen Gründen letzterem den Vorzug.

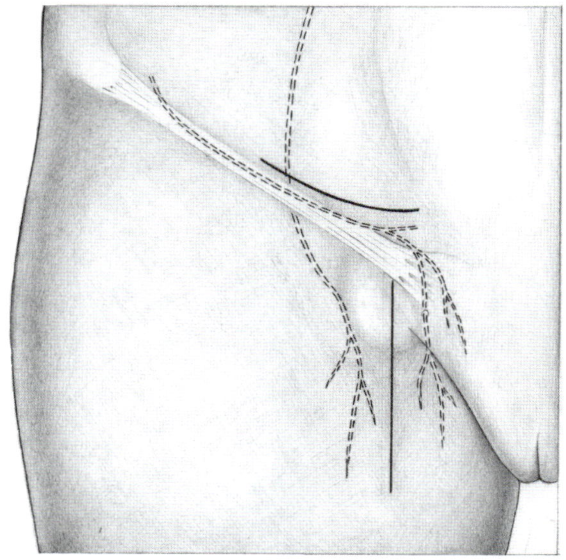

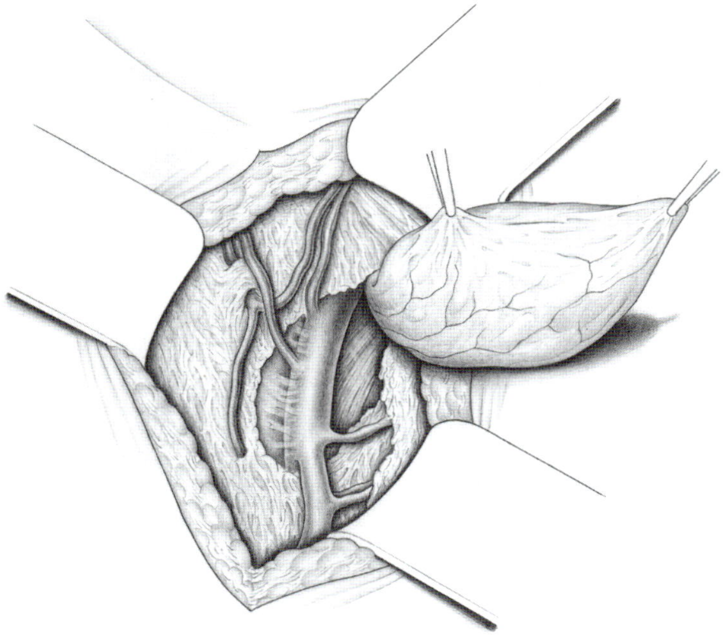

2 Präparation des Bruchsackes

Nach Durchtrennung der Subkutis wird der Bruchsack aufgesucht und mit Klemmen gefasst. Er wird teils stumpf, teils scharf aus seiner Umgebung gelöst. Von der V. femoralis wird der Bruchsack stumpf abgeschoben.

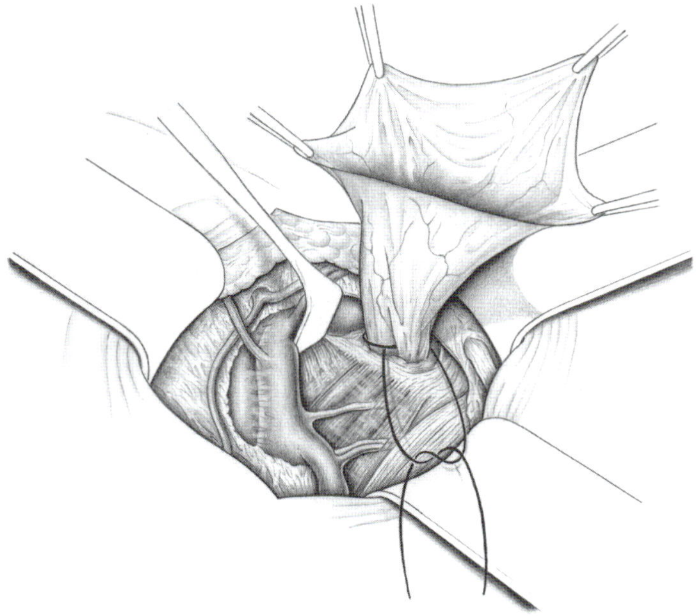

3 Inspektion des Bruchinhalts und Bruchsackversorgung

Nach Eröffnung des Bruchsackes wird der Inhalt inspiziert. Inkarzerierte Dünndarmschlingen müssen zunächst im Bruchsack fixiert werden, um ihre Vitalität zu beurteilen. Beim Zurückrutschen der Darmschlingen vor der Inspektion ist der Bauchraum zu eröffnen. Nach Versorgung des Bruchinhalts Umstechungsligatur der Bruchsackbasis, Abtragung und Versenkung.

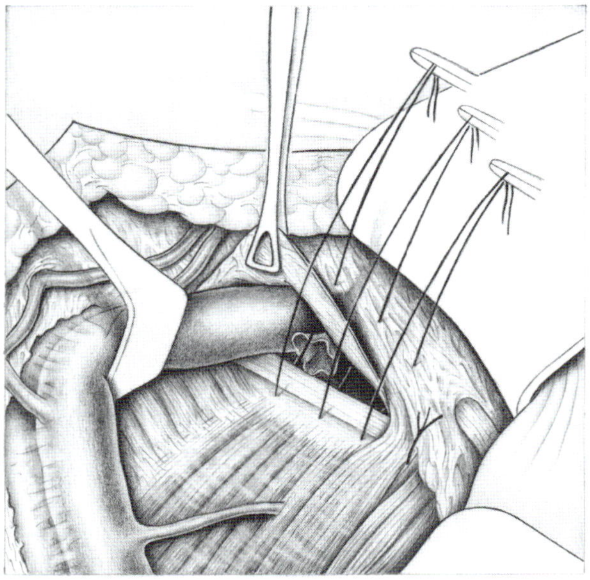

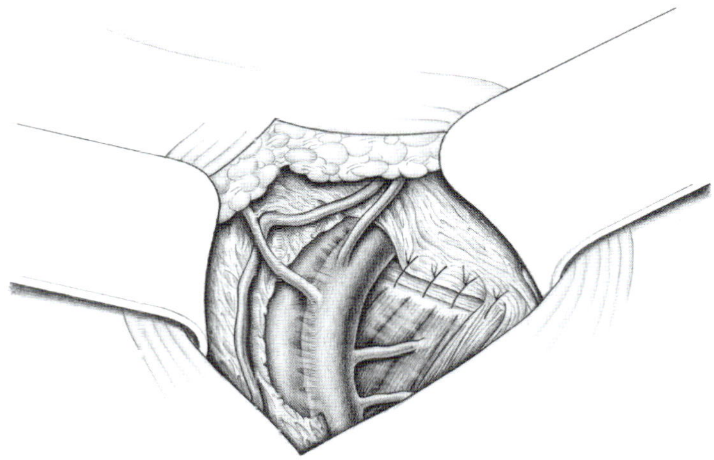

❹ Verschluss der Bruchpforte

Nach Verschluss der Schenkelbruchpforte darf die Vene nicht eingeengt sein. Die Lacuna vasorum muss noch mindestens für die Fingerkuppe eingängig sein. Drainage, Subkutannähte und Hautverschluss beenden den Eingriff.

❺ Reparation nach Fabrizius

Die V. femoralis wird durch einen Haken nach lateral gehalten, von medial nach lateral werden Einzelnähte mit scharfer halbrunder Nadel durch das Lig. pubicum superius (Cooperi) gelegt. Die Fäden werden anschließend von medial nach lateral durch das Leistenband geführt, wobei die Fascia transversalis mitgefasst werden sollte. Die Fäden werden angezogen und von medial nach lateral geknotet (nicht resorbierbares Nahtmaterial der Stärke 2 × 0).

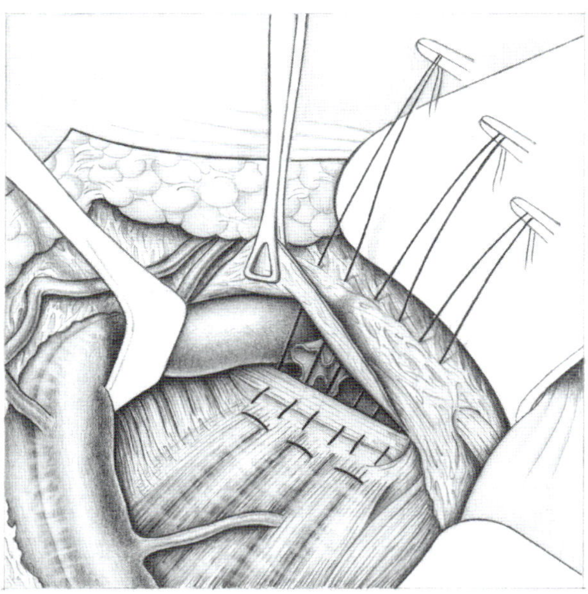

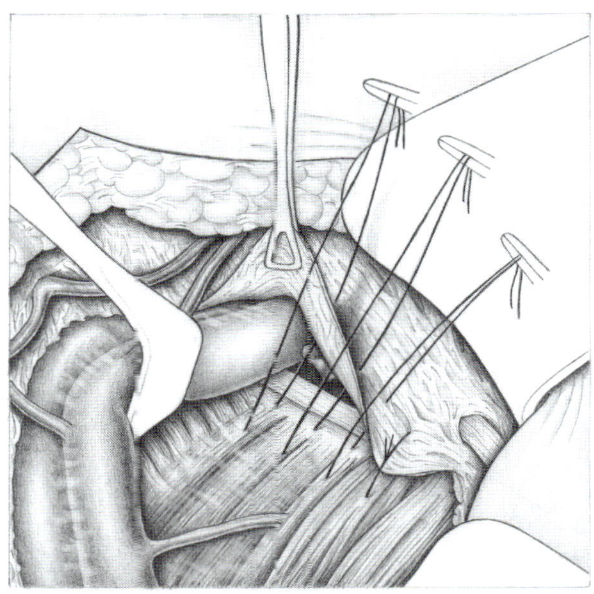

❻ Reparation nach Kummer

Bei der Modifikation nach Kummer wird das kaudale Nahtlager um die Fascia pectinea erweitert und die Bauchdeckenmuskulatur großzügig gefasst. Dieses Verfahren ist nur bei Frauen zulässig, da es zu einer Einbeziehung des Samenstrangs in die Naht führt.

❼ Reparation nach Bassini

Bei der Modifikation nach Bassini wird nicht das manchmal schwer identifizierbare Lig. Cooperi, sondern der M. pectineus und die Fascia pectinea als dorsales Nahtlager verwendet. Dieses Verfahren hat den Vorteil der technischen Einfachheit mit dem Nachteil der geringeren Haltbarkeit.

110a. Inguinale Schenkelhernienreparation (Lotheissen, McVay)

1 Indikation

Elektiv: Bei Diagnosestellung (hohe Inkarzerationsgefahr aufgrund enger Bruchlücke!).
Alternativverfahren: Laparoskopische Vorgehensweise TAPP oder TEP.

2 Operationsvorbereitung

Präoperative Diagnostik: Sonographie.

3 Spezielle Risiken, Aufklärung

- Rezidiv (2 – 10 %).
- Nerven-/Gefäßverletzung (1 %).
- Wundinfekt (2 %).
- Gegebenenfalls gleichzeitige Versorgung einer Leistenhernie.

4 Anästhesie

Lokal-, Spinal-, Peridural- oder Allgemeinanästhesie.

5 Lagerung

Rücken.

6 Zugang

Quere bzw. schräg verlaufende Inzision knapp oberhalb des Leistenbandes, selten Längsinzision.

7 Operationsschritte

1. Zugang.
2. Spaltung Fascia transversalis.
3. Freilegung des Bruchsackhalses.
4. Inguinale Luxation des Bruchsackes.
5. Inguinale Eröffnung des Bruchsackes.
6. Darstellung Lig. Cooperi.
7. Nahtplatzierung kaudal.
8. Nahtplatzierung kranial.
9. Verknoten der Nähte.
10. Entlastungsinzision Rektusscheide.
11. Reparation nach **Moschkowitz**.

8 Relevante Anatomie, Gefahren, Tricks

Die Bruchpforte liegt in der Lacuna vasorum, ist lateral durch die V. femoralis begrenzt und normalerweise durch Lymphknoten und Bindegewebe verschlossen.

9 Maßnahmen bei speziellen Komplikationen

Sollte trotz Freilegung des Bruchsackes ober- und unterhalb des Leistenbandes eine Reposition des Bruchinhalts (z. B. aufgrund von Schwellung) nicht möglich sein, muss man die Bruchpforte nach medioventral erweitern.

10 Nachsorge

Medizinische Nachbehandlung: Redon ex 2. Tag. Reduzierte Belastbarkeit für die ersten postoperativen Wochen.
Kostaufbau: Sofort.
Mobilisation: Sofort.
Krankengymnastik: Keine erforderlich.
Arbeitsunfähigkeit: 1 – 2 Wochen.

7 Operationstechnik

1. Zugang.
2. Spaltung Fascia transversalis.
3. Freilegung des Bruchsackhalses.
4. Inguinale Luxation des Bruchsackes.
5. Inguinale Eröffnung des Bruchsackes.
6. Darstellung Lig. Cooperi.
7. Nahtplatzierung kaudal.
8. Nahtplatzierung kranial.
9. Verknoten der Nähte.
10. Entlastungsinzision Rektusscheide.
11. Reparation nach **Moschkowitz**.

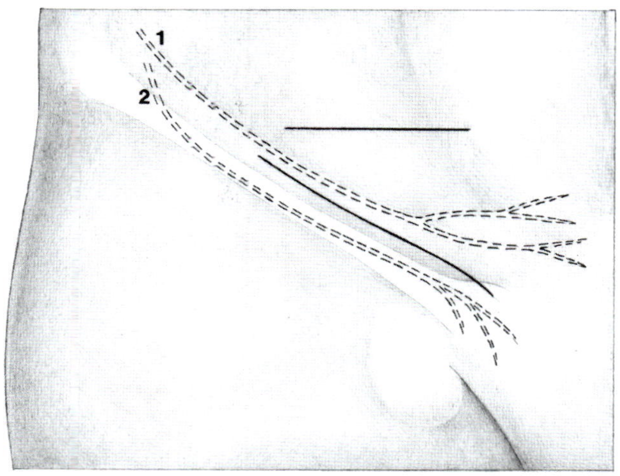

1 Zugang

Der Zugang erfolgt über einen tiefen inguinalen Querschnitt oder Schrägschnitt.

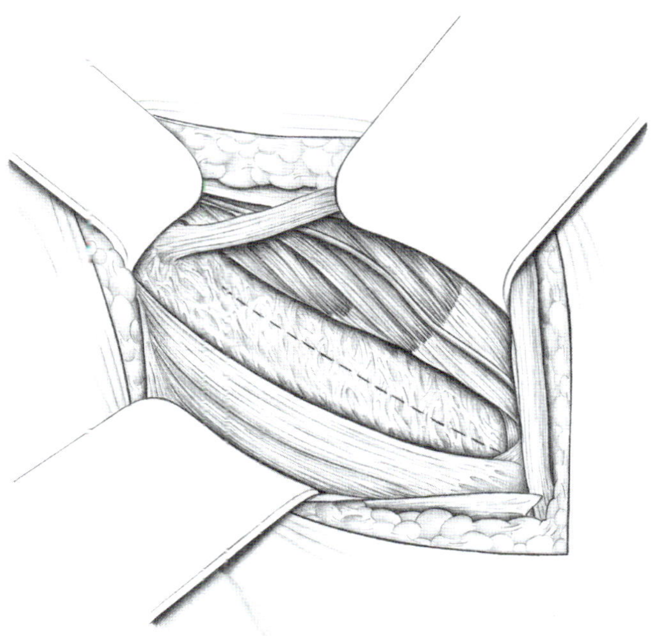

2 Spaltung Fascia transversalis

Nach Durchtrennung der Externusaponeurose Darstellung der Fascia transversalis und des Samenstrangs. Eröffnung der Fascia transversalis zwischen innerem Leistenring und Schambeinhöcker. Der Samenstrang wird nach kranial unter dem Haken gehalten, Nerven sind sorgsam zu schonen.

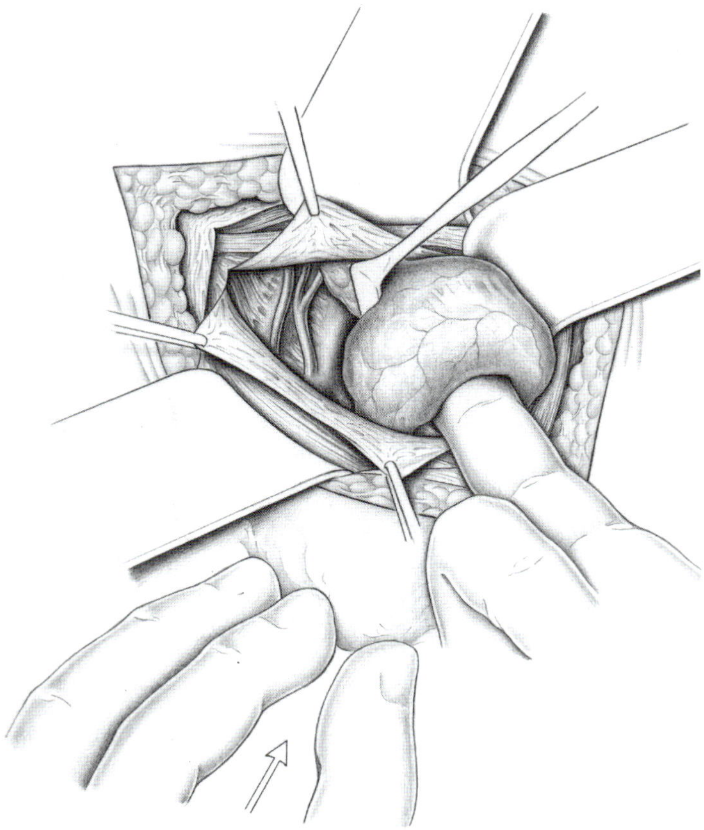

❸ Freilegung des Bruchsackhalses

Der Bruchsack wird aus der Schenkelbruchpforte luxiert. Die enge Bruchlücke des Schenkelkanals macht eine feste Einklemmung häufig. Der Bruchsack kann durch bimanuelles krurales Schieben und inguinales Ziehen schrittweise luxiert werden.

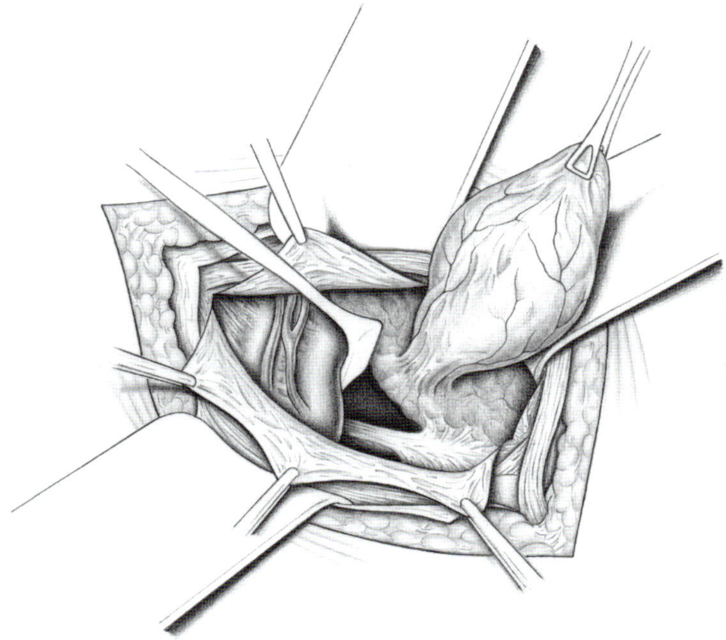

❹ Inguinale Luxation des Bruchsackes

Nach inguinaler Luxation des Bruchsackes wird er in typischer Weise versorgt. Zur Darstellung der Schenkelbruchpforte wird die V. femoralis nach lateral mit einem Haken verzogen.

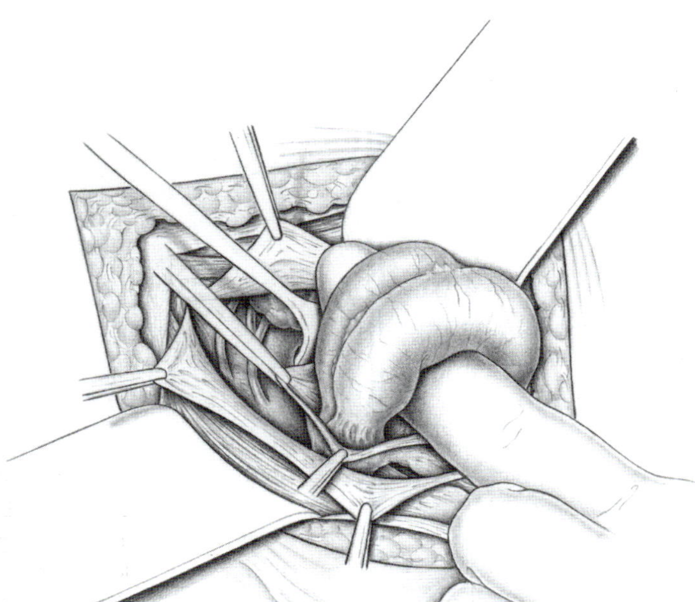

❺ Inguinale Eröffnung des Bruchsackes

Häufig gelingt die Luxation des Bruchsackes nicht in der angegebenen Weise. In diesen Fällen ist es vertretbar, den Bruchsack in situ zu belassen, ihn zu eröffnen und den Bruchinhalt zu luxieren. Die Darmschlingen werden befreit, hinsichtlich ihrer Vitalität überprüft, ggf. versorgt und nach intraabdominell verlagert. Jetzt lässt sich der Bruchsack in der Regel luxieren und ggf. wird der distale Anteil reseziert, der proximale durch Nähte verschlossen.

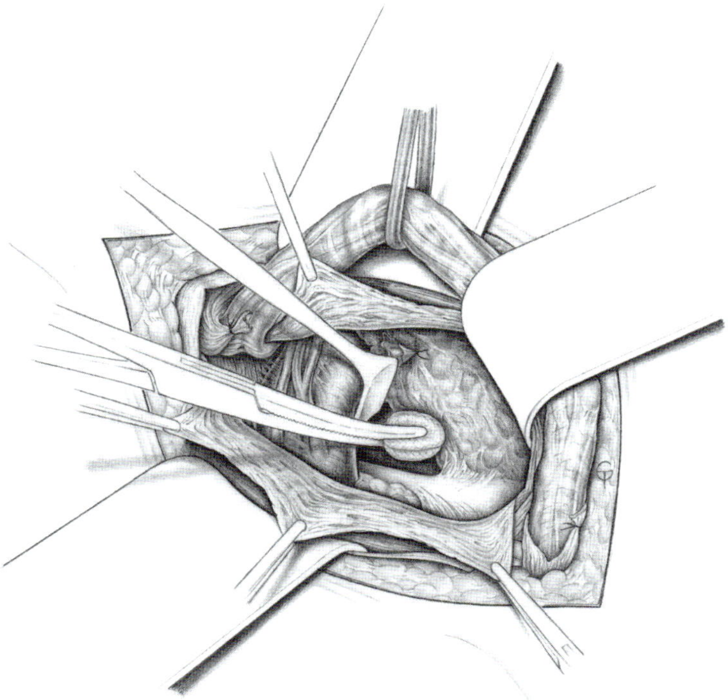

❻ Darstellung Lig. Cooperi

Der Verschluss der Schenkelbruchpforte beginnt mit der stumpfen Abpräparation des Peritonealsackes und des präperitonealen Fetts vom Lig. pubicum superius (Cooperi). Die lateral gelegenen Gefäße werden mit einem Langenbeck-Haken nach lateral verzogen.

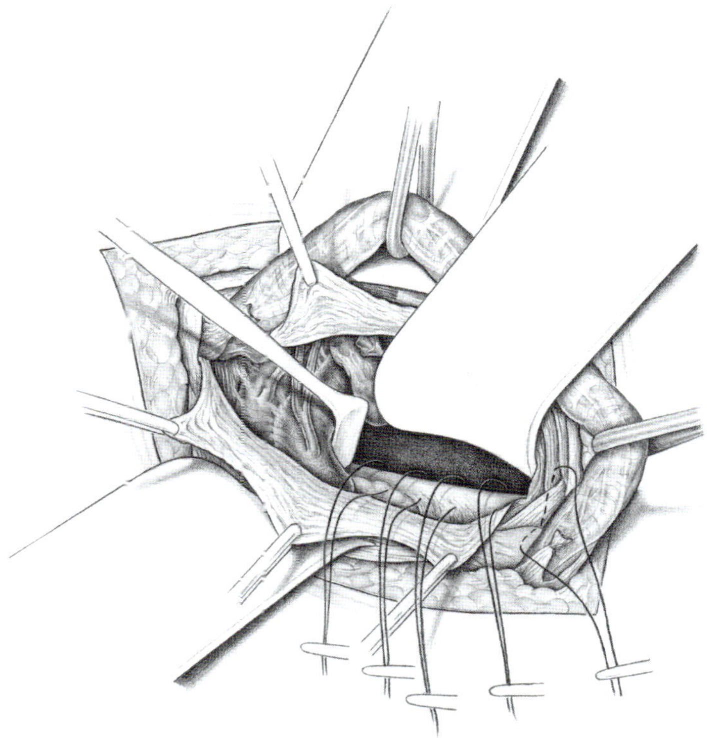

❼ Nahtplatzierung kaudal

Nach vollständiger Freilegung des Lig. Cooperi werden 4 – 5 Einzelnähte (Polypropylen der Stärke 0) durch das Lig. Cooperi gelegt, von denen die mediale die Falx inguinalis mitfasst. Hierzu wird der Samenstrang nach kranial luxiert.

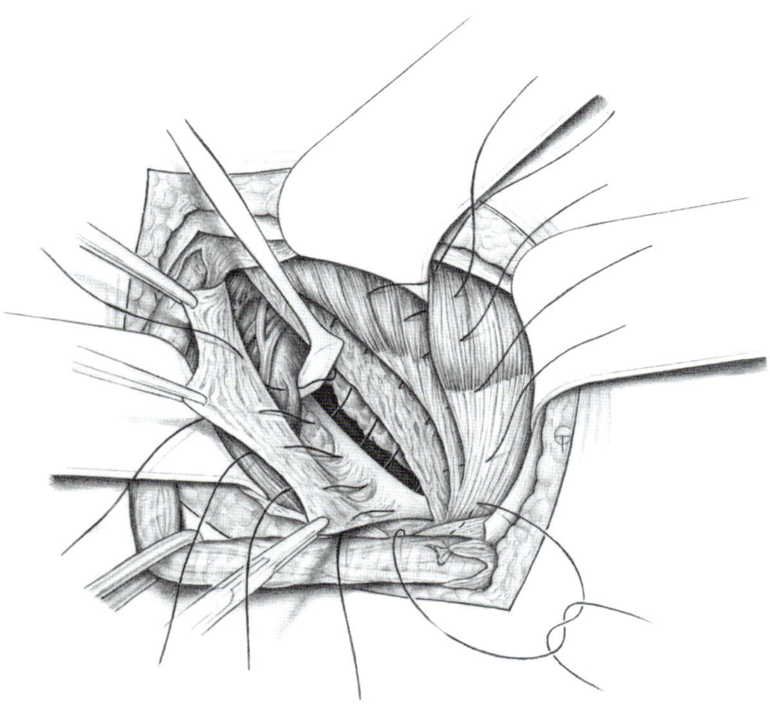

❽ Nahtplatzierung kranial

Nach Platzierung der 5 Nähte durch das Lig. Cooperi werden die Fäden in ihrem kaudalen Anteil tangential durch das Leistenband gelegt. Ein 6. Faden fasst dann das Lig. Cooperi, die Gefäßscheide der Femoralgefäße und das Leistenband. Die kranialen Enden der Fäden werden durch die dreifache Schicht aus Fascia transversalis, M. transversus und M. obliquus internus geführt. Zur besseren Übersicht wird der Samenstrang nach kaudal verlagert.

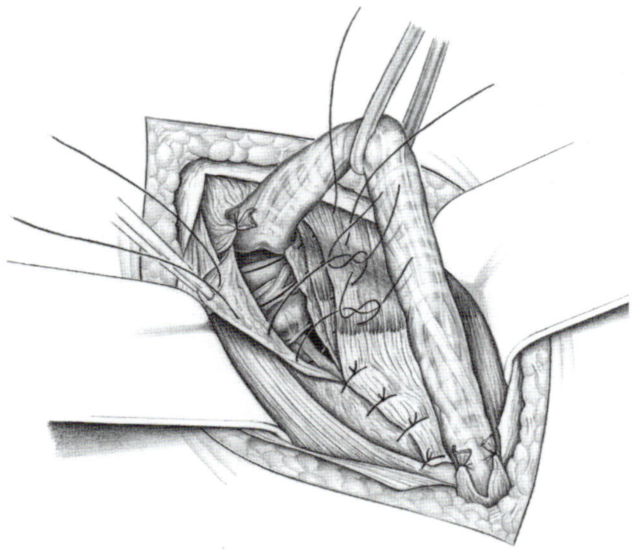

❾ Verknoten der Nähte

Die Fäden werden schrittweise von medial nach lateral geknotet. Es ist darauf zu achten, dass die Gefäße nicht eingeengt werden. Die Lacuna vasorum muss für die Spitze einer Fingerkuppe noch eingängig sein. Am inneren Leistenring sollte ein Hegar-Stift 11,5 noch Eingang finden.

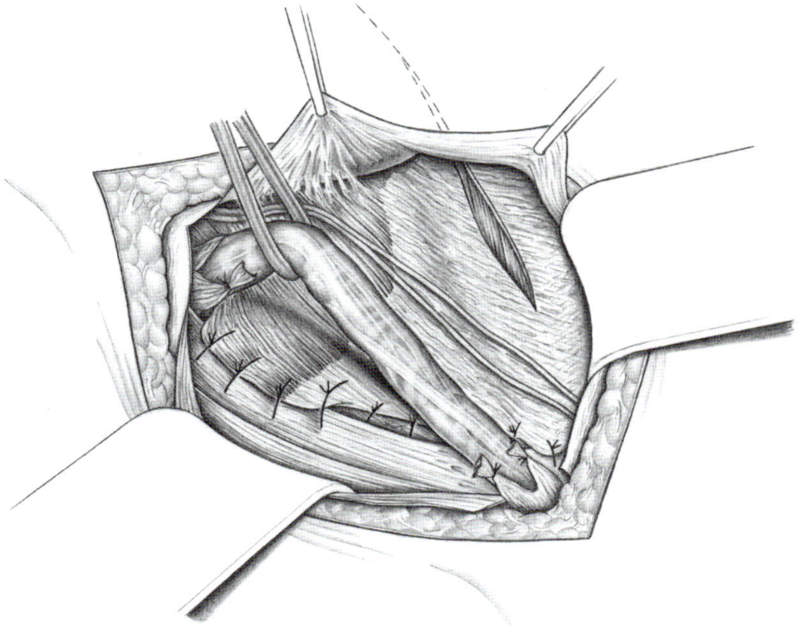

❿ Entlastungsinzision Rektusscheide

Zur Verringerung der Nahtspannung empfiehlt sich eine Entlastungsinzision an der ventralen Rektusscheide. Verschluss der Externusaponeurose, Subkutan- und Hautnähte beenden den Eingriff.

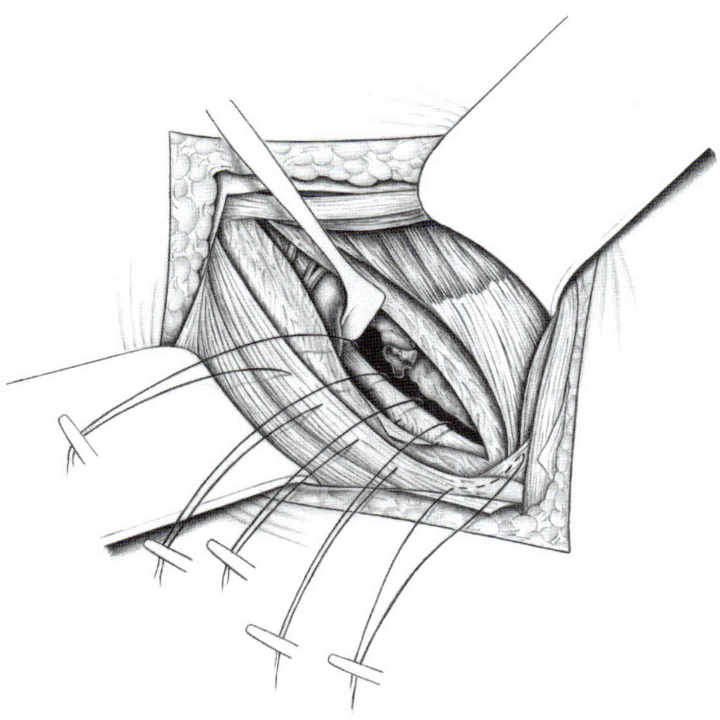

⓫ Reparation nach Moschkowitz

Eine andere Form der inguinalen Reparation ist der Bruchlückenverschluss nach Moschkowitz. Hierbei werden insgesamt 5 Nähte zwischen Leistenband und Tractus ileopubicus von inguinal platziert. Die Nähte beginnen medial am Schambeinhöcker und werden bis zur V. femoralis gelegt. Nahtmaterial ist Polypropylen der Stärke 0. Der Vorteil dieses Verfahrens ist die geringere Nahtspannung, Nachteil ist die Notwendigkeit zum zusätzlichen Verschluss der Leistenbruchpforte.

110b. Inguinokrurale Schenkelhernienreparation

1 Indikation

Elektiv: Bei Diagnosestellung (hohe Inkarzerationsgefahr aufgrund enger Bruchlücke!).
Alternativverfahren: Inguinokrurale Netzplastik analog dem TIPP-Verfahren.

2 Operationsvorbereitung

Präoperative Diagnostik: Sonographie.

3 Spezielle Risiken, Aufklärung

1 Rezidiv (2 – 10 %).
2 Nerven-/Gefäßverletzung (1 %).
3 Wundinfekt (2 %).
4 Gegebenenfalls gleichzeitige Versorgung einer Leistenhernie.

4 Anästhesie

Lokal-, Spinal-, Peridural- oder Allgemeinanästhesie.

5 Lagerung

Rücken.

6 Zugang

Quere bzw. schräg verlaufende Inzision knapp oberhalb des Leistenbandes, selten Längsinzision.

7 Operationsschritte

❶ Inguinale Reparation.
❷ Krurale Reparation.
❸ Prüfung des Bruchpfortenverschlusses.
❹ Reparation Leistenkanal.

8 Relevante Anatomie, Gefahren, Tricks

Die Bruchpforte liegt in der Lacuna vasorum, die lateral durch die V. femoralis begrenzt und normalerweise durch Lymphknoten und Bindegewebe verschlossen wird.

9 Maßnahmen bei speziellen Komplikationen

Sollte trotz Freilegung des Bruchsackes ober- und unterhalb des Leistenbandes eine Reposition des Bruchinhalts (z. B. aufgrund von Schwellung) nicht möglich sein, muss man die Bruchpforte nach medioventral erweitern.

10 Nachsorge

Medizinische Nachbehandlung: Redon ex 2. Tag. Reduzierte Belastbarkeit für die ersten postoperativen Wochen.
Kostaufbau: Sofort.
Mobilisation: Sofort.
Krankengymnastik: Keine erforderlich.
Arbeitsunfähigkeit: 1 – 2 Wochen.

7 Operationstechnik

1. Inguinale Reparation.
2. Krurale Reparation.
3. Prüfung des Bruchpfortenverschlusses.
4. Reparation Leistenkanal.

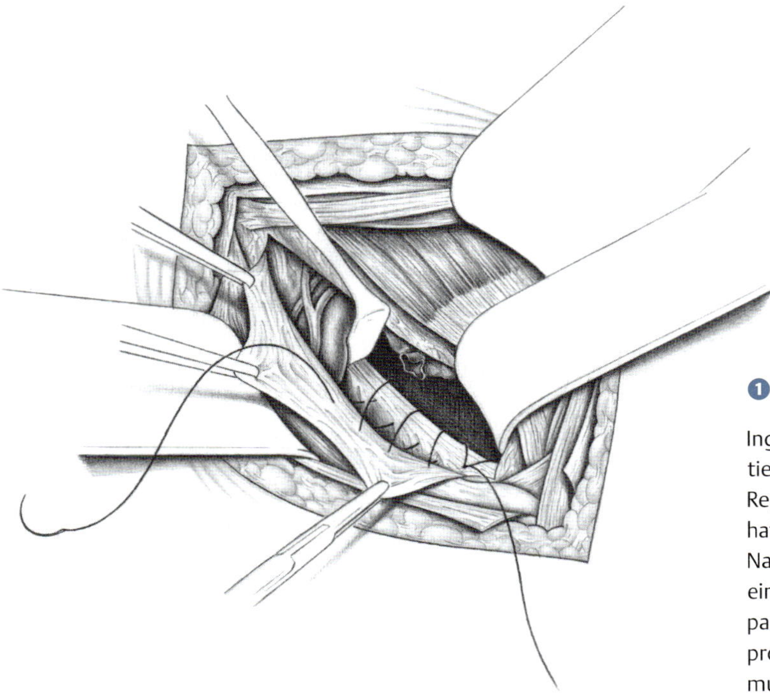

1 Inguinale Reparation

Inguinale und krurale Reparation lassen sich kombinieren. Über einen tiefen Inguinalschnitt lassen sich beide Operationsfelder freilegen. Die Reparation beginnt mit der inguinalen Reparation. In unserer Erfahrung hat sich am besten die fortlaufende Nahttechnik bewährt. Bei großer Nahtspannung ist es gelegentlich unvermeidlich, ein Kunststoffnetz einzusetzen, das flächig zwischen Leistenband und Lig. Cooperi eingepasst wird, analog der Vorgehensweise bei TIPP. Nahtmaterial ist Polypropylen der Stärke 0. Nach Verschluss der inguinalen Bruchpforte muss die Vene gut durchgängig sein, d. h. die Lacuna vasorum für die Fingerspitze passierbar.

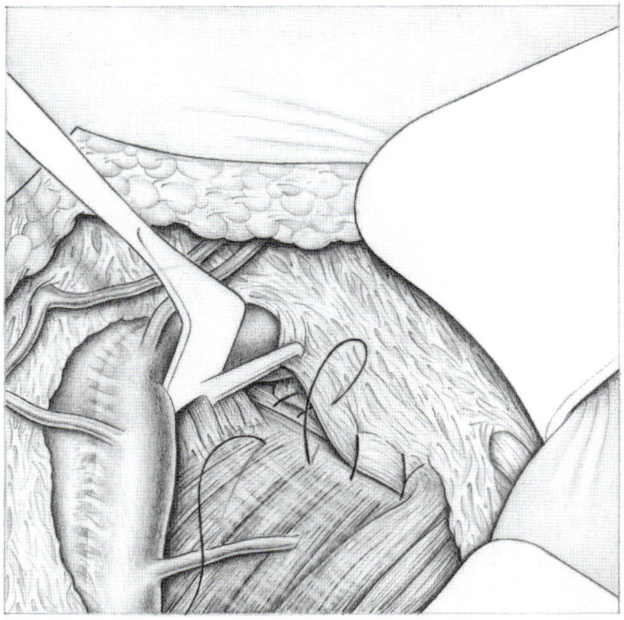

2 Krurale Reparation

Durch Verziehen des inguinalen Hautschnitts nach kaudal lässt sich der Schenkelkanal von krural darstellen. Über diesen Zugang wird der untere Anteil des Leistenbandes an der Fascia pectinea und dem Lig. Cooperi fortlaufend fixiert. Durch diese Nahtreihe wird der Schenkelkanal zweireihig verschlossen.

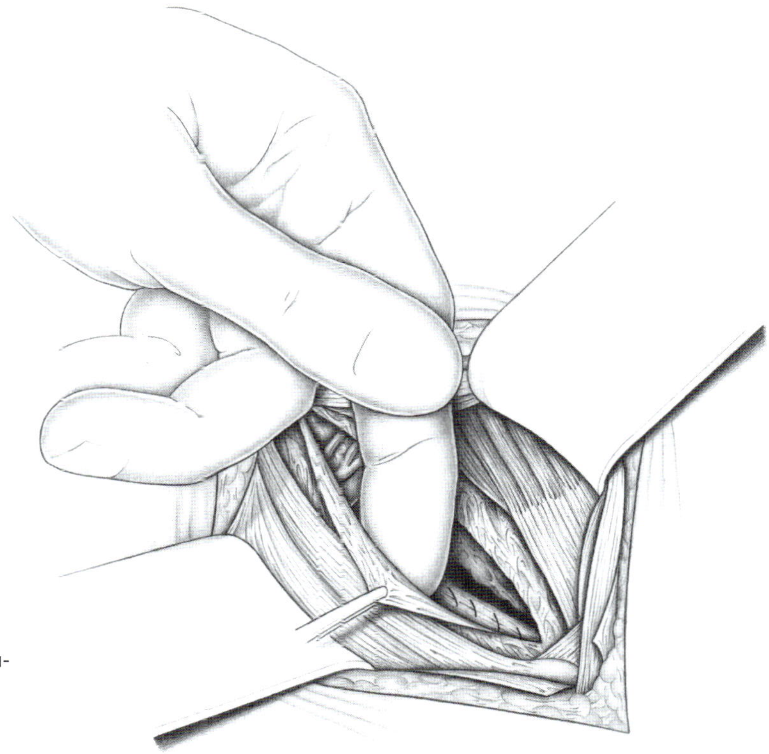

❸ Prüfung des Bruchpfortenverschlusses

Zum Abschluss der Schenkelhernienreparation wird die Weite der Lacuna vasorum und die Dichtigkeit der Bruchlücke getestet. Die Zeigefingerkuppe muss gerade noch in den Gefäßkanal Einlass finden, die Bruchpforte sollte kompakt geschlossen sein.

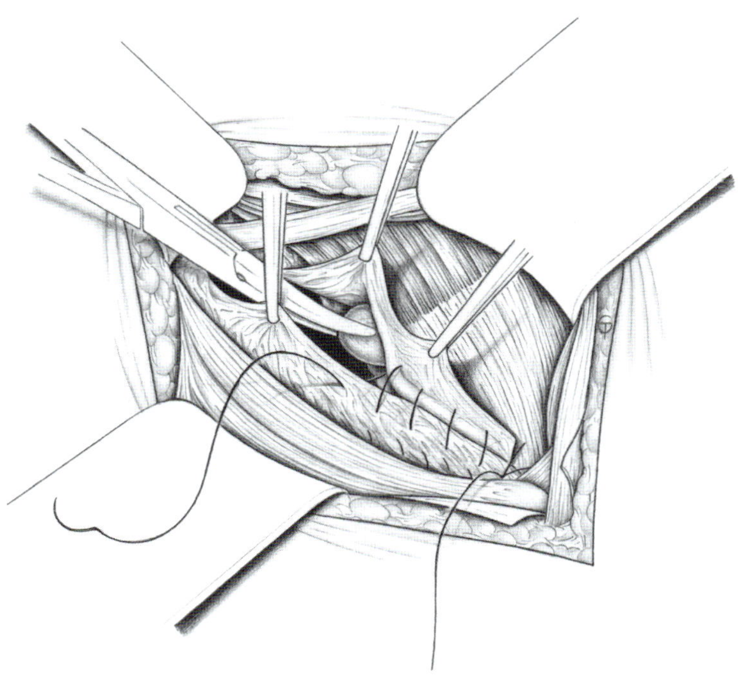

❹ Reparation Leistenkanal

Die Reparation des Leistenkanals erfolgt in der typischen Technik nach Shouldice.

111. Epigastrische Hernie

1 Indikation

Elektiv: Bei Diagnosestellung.
Alternativverfahren: Keine.

2 Operationsvorbereitung

Präoperative Diagnostik: Sonographie, ggf. Ausschluss Cholelithiasis/Hiatushernie/Ulkus.

3 Spezielle Risiken, Aufklärung

- Rezidiv (10%).
- Verletzung von Baucheingeweiden (1%).

4 Anästhesie

Lokalanästhesie, Intubationsnarkose.

5 Lagerung

Rücken.

6 Zugang

Kurze quere oder mediane Inzision über dem Tastbefund.

7 Operationsschritte

1. Bruchsackfreilegung und -versorgung.
2. Bruchlückenverschluss.
3. Multiple epigastrische Hernien.

8 Relevante Anatomie, Gefahren, Tricks

- Definition: Bruch in der Linea alba zwischen Xiphoid und Nabel, meist im supraumbilikalen Drittel gelegen und nicht immer makroskopisch erkennbar.
- Abgrenzung zur Rektusdiastase ist wichtig: diese stellt zumeist keine Operationsindikation dar.

9 Maßnahmen bei speziellen Komplikationen

Bei ausgedehnten Befunden oder bei Rezidiven ggf. Reparation mit nicht resorbierbarem Netz.

10 Nachsorge

Medizinische Nachbehandlung: Redon ex 1./2. Tag, reduzierte Belastung für ca. 1 Monat, ggf. Tragen einer elastischen Binde empfehlenswert.
Kostaufbau: Sofort.
Mobilisation: Sofort.
Krankengymnastik: Keine erforderlich.
Arbeitsunfähigkeit: 1 – 2 Wochen.

7 Operationstechnik

❶ Bruchsackfreilegung und -versorgung.
❷ Bruchlückenverschluss.
❸ Multiple epigastrische Hernien.

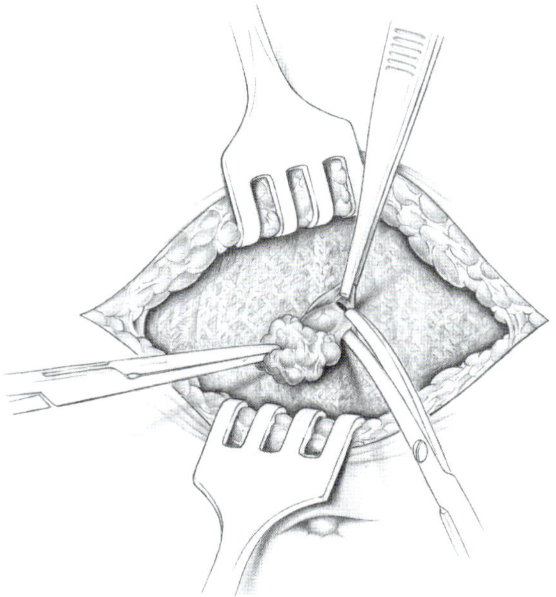

❶ Bruchsackfreilegung und -versorgung

Der Zugang erfolgt durch einen Querschnitt über dem Punctum maximum der Hernie. Nach Einsatz von Haken wird der Bruchsack aufgesucht und freigelegt. Der Bruchsack wird aus dem Faszienring befreit und mobilisiert. Danach wird der Bruchsack an der Basis umstochen, reseziert und der Stumpf versenkt.

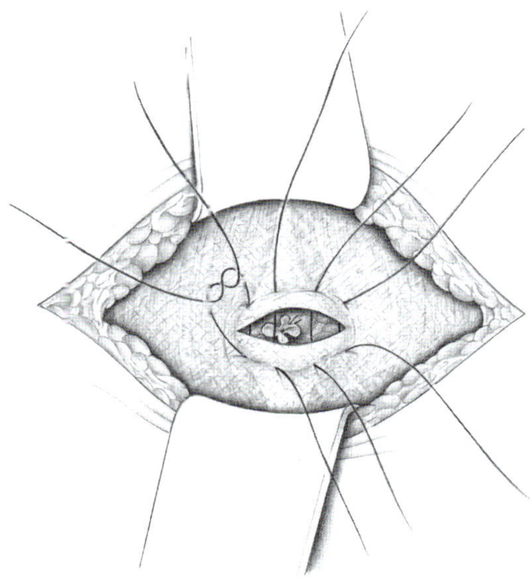

❷ Bruchlückenverschluss

Die Bruchlücke kann durch quere oder längsgerichtete Nähte verschlossen werden. Entsprechend der Traktionslinien der Bauchdecken ist der queren Naht der Vorzug zu geben. Die Nähte sind nicht resorbierbare Einzelknopfnähte bzw. fortlaufende Naht der Stärke 0. Subkutane Drainage, Subkutannähte und Hautverschluss beenden den Eingriff.

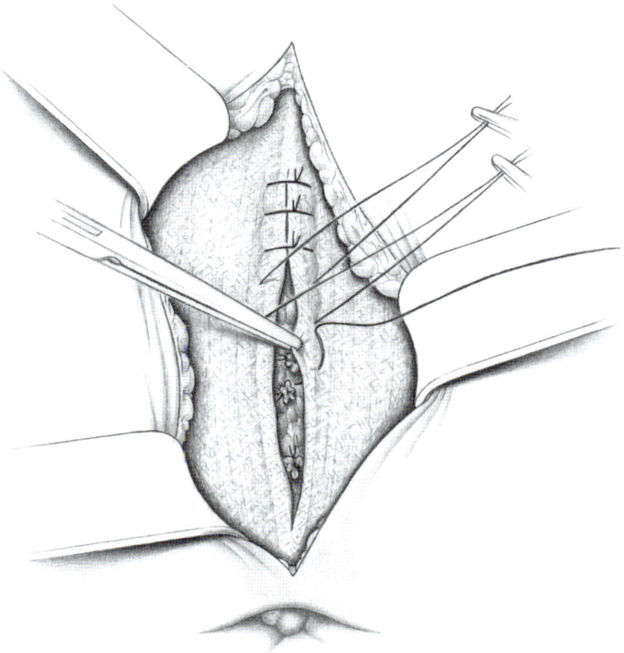

❸ Multiple epigastrische Hernien

Liegen multiple epigastrische Hernien vor oder besteht zugleich eine angedeutete Dehiszenz der Linea alba, so sind die Bruchlücken miteinander zu verbinden, indem die Faszie großzügig längs inzidiert wird. Der Bruchlückenverschluss kann durch Einzelknopfnähte oder durch fortlaufende Naht erfolgen.

112. Nabelhernie

1 Indikation

Elektiv: Bei Diagnosestellung, bei Kindern selten vor dem 2. Lebensjahr (Rückbildungsneigung bei Säuglingen und Kleinkindern!).
Alternativverfahren: Keine.

2 Operationsvorbereitung

Präoperative Diagnostik: Sonographie.

3 Spezielle Risiken, Aufklärung

- Rezidiv (5%).
- Verletzung von Baucheingeweiden (1%).

4 Anästhesie

Lokalanästhesie, Intubationsnarkose.

5 Lagerung

Rücken.

6 Zugang

Halbkreisförmige Umschneidung des Nabels.

7 Operationsschritte

1. Zugang.
2. Ablösen des Bruchsackes.
3. Bruchsackversorgung I.
4. Bruchsackversorgung II.
5. Bruchlückenverschluss.
6. Nabelfixierung.

8 Relevante Anatomie, Gefahren, Tricks

- Die Bruchpforte der Nabelhernie liegt im Nabelring.
- Bei Inkarzeration ggf. extraumbilikale Freilegung.

9 Maßnahmen bei speziellen Komplikationen

Bei intraoperativ unübersichtlicher Situation ggf. Schnitterweiterung in der Medianlinie.

10 Nachsorge

Medizinische Nachbehandlung: Gegebenenfalls Redon ex 2. Tag.
Kostaufbau: Sofort.
Mobilisation: Sofort.
Krankengymnastik: Keine erforderlich.
Arbeitsunfähigkeit: 1 Woche.

7 Operationstechnik

1. Zugang.
2. Ablösen des Bruchsackes.
3. Bruchsackversorgung I.
4. Bruchsackversorgung II.
5. Bruchlückenverschluss.
6. Nabelfixierung.

1 Zugang

Der Zugang erfolgt über einen semizirkulären kaudalen (**a**: Spitzi) oder lateralen (**b**: Drachter) Hautschnitt.

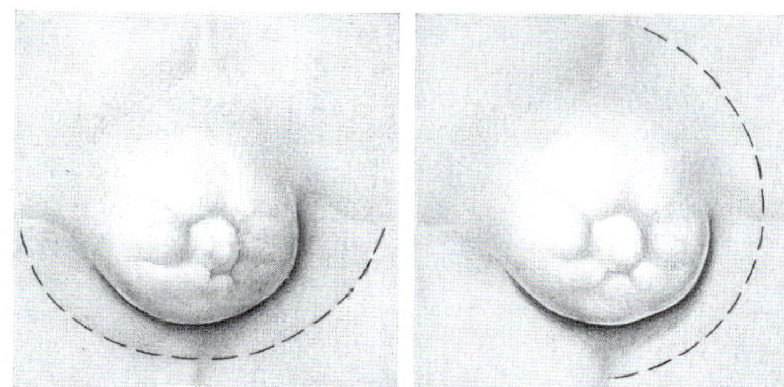

a **b**

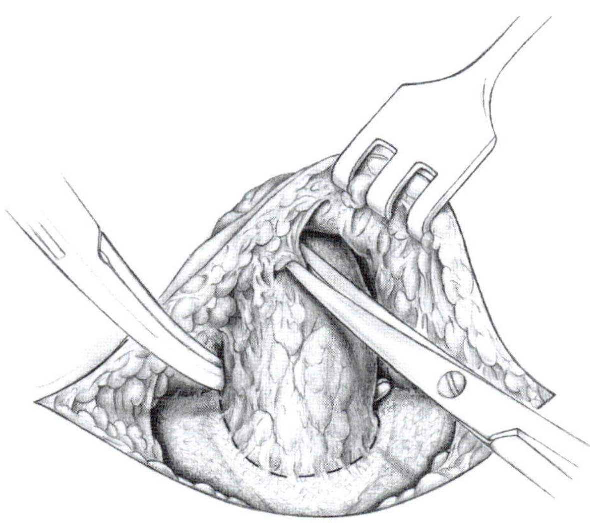

2 Ablösen des Bruchsackes

Der Bruchsack wird teils stumpf, teils scharf vom Nabel abgelöst. Das Umfahren des Bruchsackes und Anzügeln knapp oberhalb des Faszienniveaus erleichtert diese Präparation.

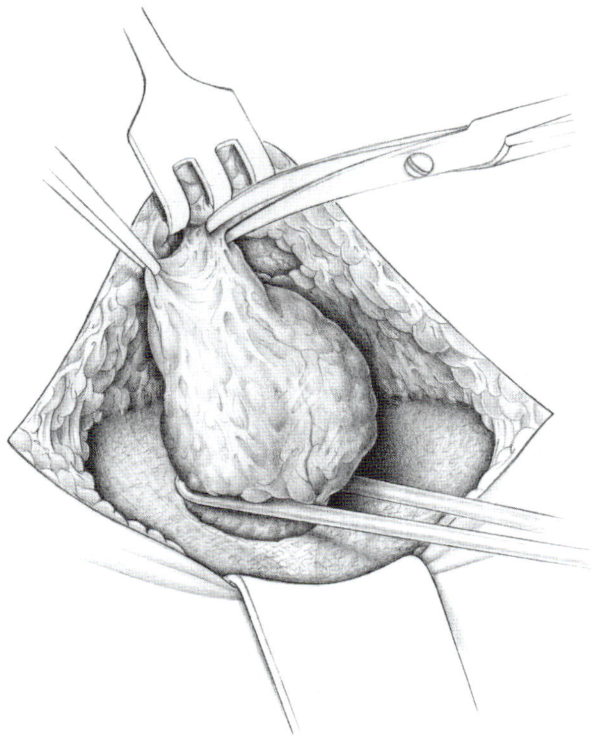

a

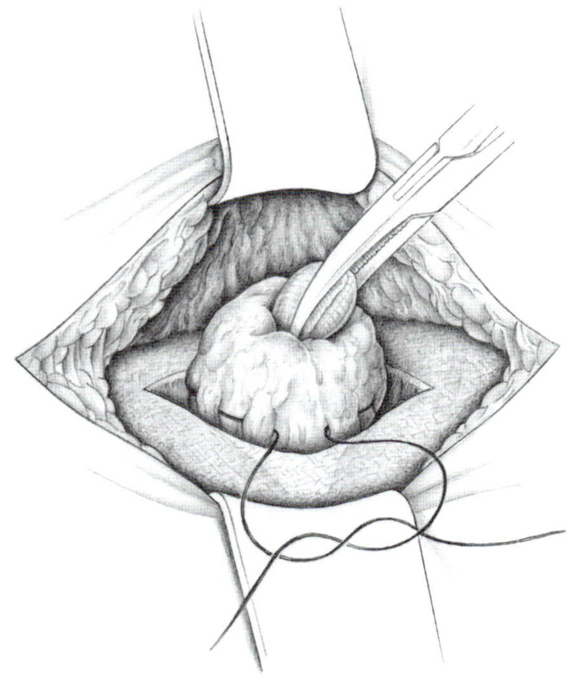

b

❸ Bruchsackversorgung I

Bei kleineren, gut auslösbaren Nabelhernien wird der Bruchsack intakt gelassen. Es muss darauf geachtet werden, bei dieser scharfen Präparation kein kutanes „Knopfloch“ oder einen ischämischen Bezirk zu erzeugen (**a**). Der Bruchsack wird nach äußerer Tabaksbeutelnaht eingestülpt und unter das Faszienniveau versenkt (**b**).

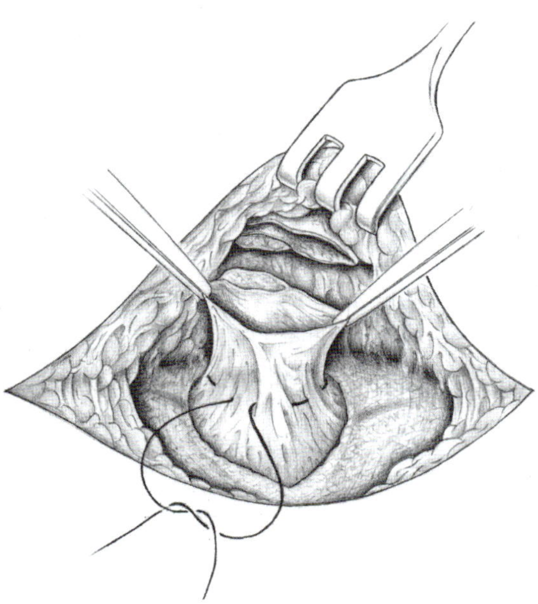

❹ Bruchsackversorgung II

Ist der Nabel erheblich mit dem Bruchsack verwachsen, kann der distale Bruchsackanteil belassen werden. Der Bruchsack wird durch eine äußere Tabaksbeutelnaht umstochen, der überstehende Anteil abgetragen und der Stumpf versenkt.

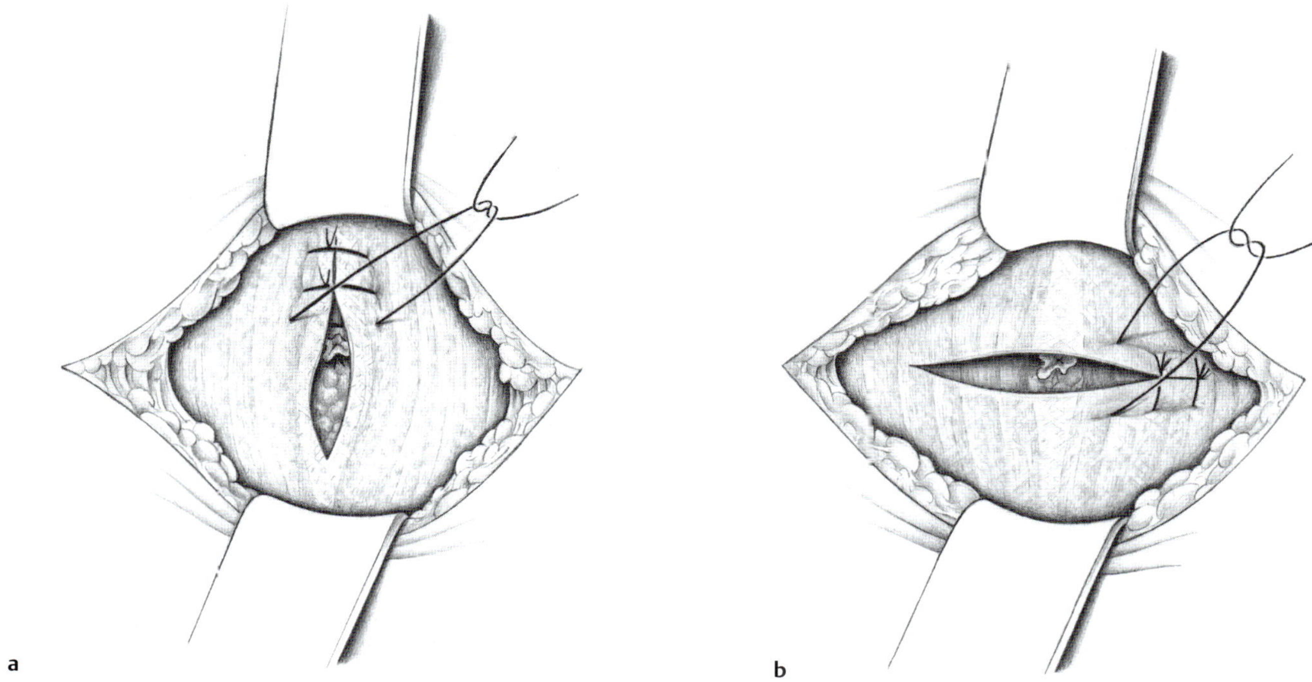

❺ Bruchlückenverschluss

Der Verschluss der Bruchpforte kann längs (**a**) oder quer (**b**) erfolgen. Wichtig ist ein festes Nahtlager, dem queren Nahtverschluss geben wir den Vorzug. Nahtmaterial ist Polypropylen der Stärke 0. Bei Bruchpforten > 4 cm Durchmesser würden wir primär ein ULTRAPRO-Netz zur Wandverstärkung einsetzen, analog der Vorgehensweise bei der Narbenhernie (siehe Kapitel 113, S. 460). Ohne dieses ist die Rezidivquote bei Nabelhernien deutlich erhöht.

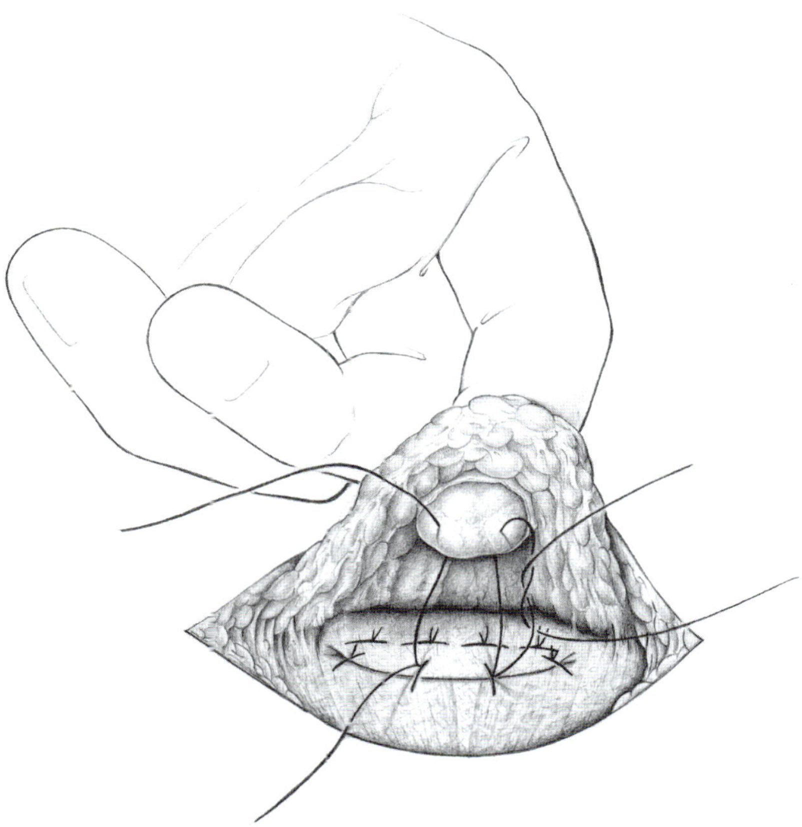

❻ Nabelfixierung

Am Ende der Operation wird der Nabel mit 1 – 2 Einzelknopfnähte (3 × 0 PGS) auf dem Faszienniveau fixiert, um einem „Ausstülpen“ zubeugen. Drainage, Subkutannähte und Hautverschluss beender Eingriff.

113. Narbenhernie

1 Indikation

Elektiv: Bei Diagnosestellung (der Voreingriff sollte mindestens 3 Monate zurückliegen!).
Alternativverfahren: Keine.

2 Operationsvorbereitung

Präoperative Diagnostik: Sonographie, bei ausgedehnten Befunden gründliche kardiopulmonale Funktionsdiagnostik wegen der Drucksteigerung nach Reposition der eventrierten Baucheingeweide.
Patientenvorbereitung: Gegebenenfalls perioperative Antibiotikaprophylaxe. Progressives Pneumoperitoneum. Bei Komplettverlust der Reponibilität des Bruchsackes und exzessiver Eventration drastische Gewichtsreduktion und eventuell Vorbehandlung mit einem progressiven Pneumoperitoneum über 14 Tage.

3 Spezielle Risiken, Aufklärung

- Rezidiv (bis 40%).
- Wundheilungsstörung (5%).
- Implantation von Kunststoffmaterial.
- Belastungseinschränkung (ggf. Auswirkung auf Berufstätigkeit!).

4 Anästhesie

Intubationsnarkose, bei kleinen Befunden Lokalanästhesie.

5 Lagerung

Meist Rücken.

6 Zugang

Abhängig von der Voroperation: Exzision der alten Narbe.

7 Operationsschritte

1. Zugang.
2. Exzision defekter Faszie.
3. Präparation auf präperitonealer Ebene.
4. Präparation des Faszienrandes.
5. Bruchlückenverschluss Stoß-auf-Stoß.
6. Bruchlückenverschluss dreireihig.
7. Bruchlückenverschluss mit Entlastungsinzision.
8. Alloplastischer Bruchlückenverschluss.

8 Relevante Anatomie, Gefahren, Tricks

- Nur bei festen tragfähigen Faszienrändern und Defekten < 3 cm ist eine Stoß-auf-Stoß-Reparation mit fortlaufender, nicht resorbierbarer Naht vertretbar.
- In allen anderen Fällen ist aus biomechanischen Gegebenheiten mit der Tatsache des geschwächten Kollagens die Implantation eines Kunststoffnetzes unverzichtbar.
- Kunststoffnetze sollten stets in „sublay"-Position eingebracht werden wegen der besseren Tragfähigkeit und geringeren Infektionsrate.
- Kunststoffnetze sollten nicht in direktem Kontakt zum Intestinum stehen, d. h. Interposition von Omentum oder resorbierbarem Netz oder Peritoneum ist obligat.
- Bei ausgedehnten Befunden kann gelegentlich die präoperative Anlage eines Pneumoperitoneums für den erforderlichen intraabdominellen Volumenzuwachs sorgen.
- Unter den verschiedenen Kunststoffnetzen sollte stets leichtgewichtiges, großporiges und teilresorbierbares Material (z. B. ULTRAPRO) Verwendung finden, um die Menge des implantierten Fremdkörpers zu reduzieren.

9 Maßnahmen bei speziellen Komplikationen

Bei einem tiefen Wundinfekt ist es zumeist nicht erforderlich, das alloplastische Material zu entfernen. Ausheilung unter Débridement, Drainage und Sekundärheilung.

10 Nachsorge

Medizinische Nachbehandlung: Redon ex 2./3. Tag. Konsequentes Tragen einer elastischen Bauchbinde in den ersten Monaten. Patient über die reduzierte Belastbarkeit, speziell während der ersten 3 Monate, informieren.
Kostaufbau: Sofort.
Stuhlgang: Gegebenenfalls orale Laxantien ab 3./4. Tag, auch längerfristig Obstipation meiden.
Mobilisation: Sofort.
Krankengymnastik: Gegebenenfalls intensive Atemtherapie.
Arbeitsunfähigkeit: Je nach Ausdehnung 2 – 4 Wochen.

7 Operationstechnik

1. Zugang.
2. Exzision defekter Faszie.
3. Präparation auf präperitonealer Ebene.
4. Präparation des Faszienrandes.
5. Bruchlückenverschluss Stoß-auf-Stoß.
6. Bruchlückenverschluss dreireihig.
7. Bruchlückenverschluss mit Entlastungsinzision.
8. Alloplastischer Bruchlückenverschluss.

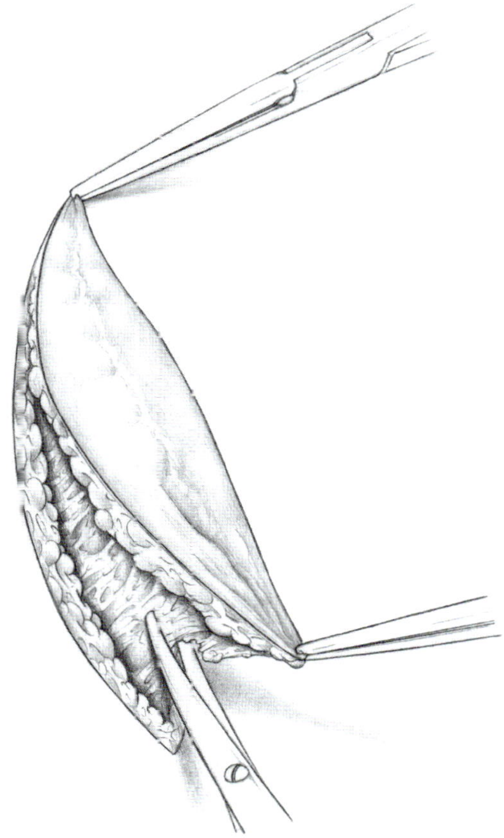

1 Zugang

Der Zugang besteht in der Exzision der Hautnarbe und der Subkutis.

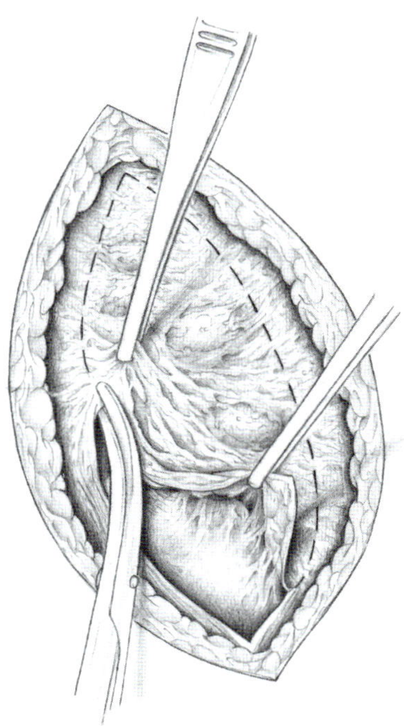

2 Exzision defekter Faszie

Nach Freilegung des Fasziennivеaus werden ausgedünnte Faszienanteile im Wundbereich exzidiert, bis nahtfähige Ränder bestehen bleiben. Das Fassen der Faszienränder mit scharfen Klemmen erleichtert die schrittweise Exzision.

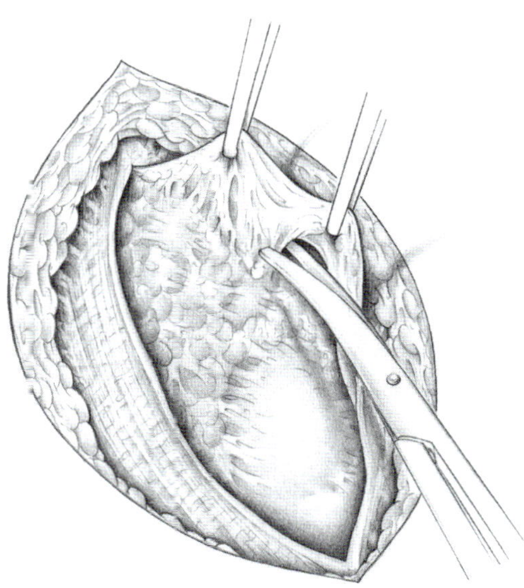

3 Präparation auf präperitonealer Ebene

Peritonealseitig wird die Narbe von den darunter gelegenen Darmschlingen abgelöst und schrittweise bis unter den Faszienrand mobilisiert. Sämtliches brüchige und nicht belastungsfähige Material der Faszie muss exzidiert werden.

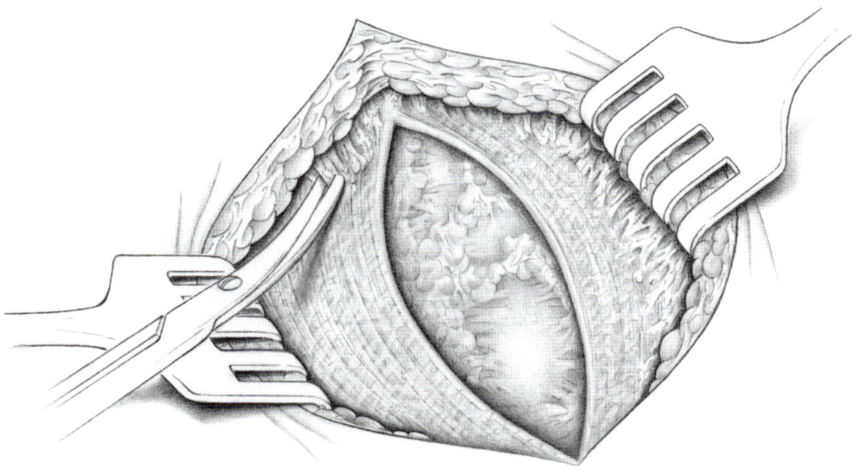

❹ Präparation des Faszienrandes

Rings um den Defekt ist ein frei zugänglicher Faszienrand von mindestens 2 – 3 cm Breite darzustellen. Je nach Wahl des Reparationsverfahrens muss dieser Rand sogar noch größer sein.

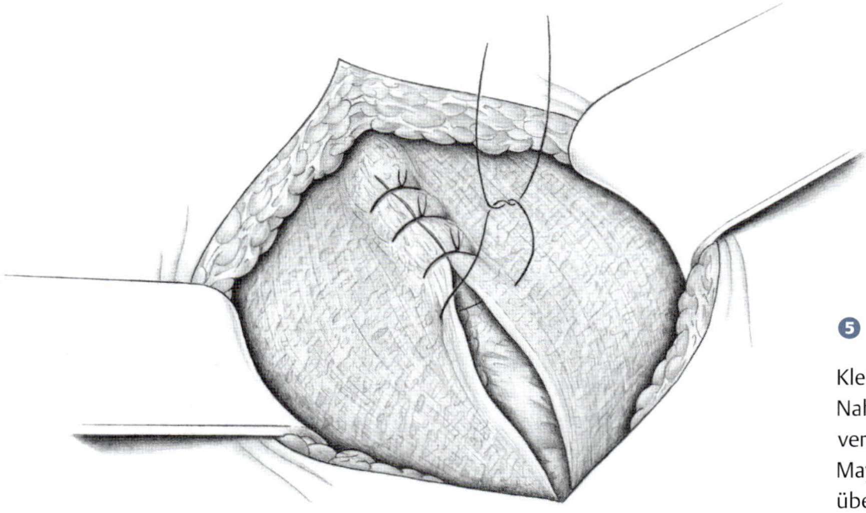

❺ Bruchlückenverschluss Stoß-auf-Stoß

Kleinere Defekte ohne Spannung können durch direkte Stoß-auf-Stoß-Naht in Einzelknopfnahttechnik (PGS oder Polypropylen der Stärke 0) verschlossen werden. Dieses Prinzip ist der Fasziendopplung nach Mayo-Dick wegen der besseren Durchblutung der Nahtränder deutlich überlegen.

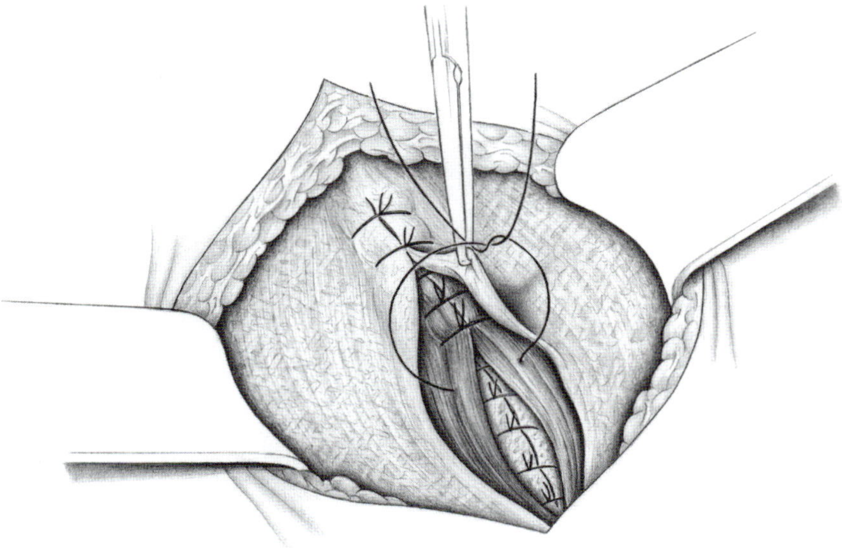

❻ Bruchlückenverschluss dreireihig

Größere Defekte können durch die Eröffnung beider Rektusscheiden und dreireihigen Nahtverschluss der Bauchdecken repariert werden.

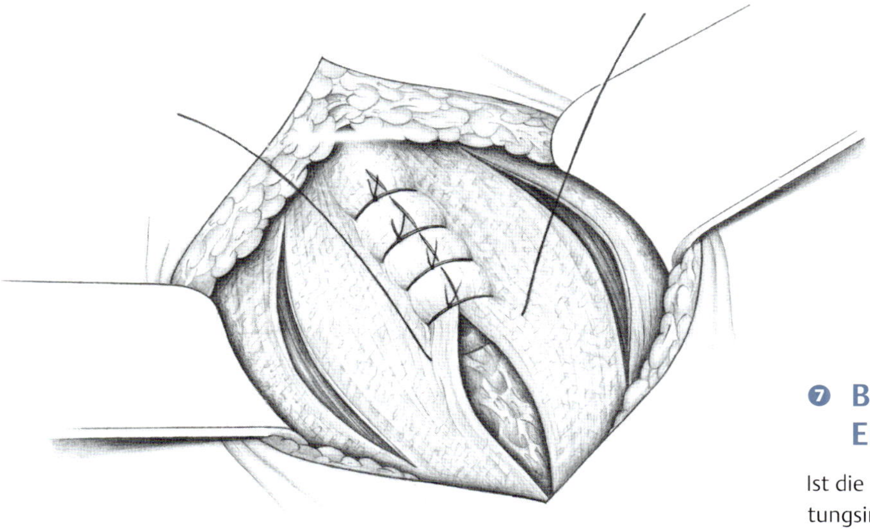

❼ Bruchlückenverschluss mit Entlastungsinzision

Ist die Nahtspannung der Faszien zu groß, so können laterale Entlastungsinzisionen die Spannung vermindern.

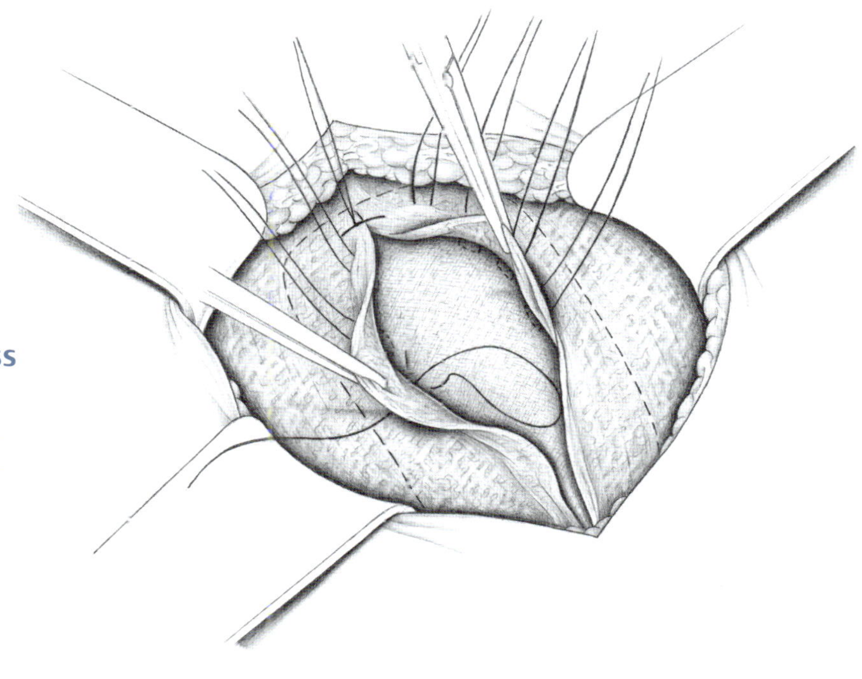

❽ Alloplastischer Bruchlückenverschluss

Im Falle von Defekten > 4 cm ist die alloplastische Bauchdeckenverstärkung indiziert. Hierzu wird das Peritoneum schrittweise verschlossen und retroperitoneal submuskulär ein „Sublay"-Polypropylennetz platziert. Diese präperitoneale Netzplastik sollte mit mehreren Nähten (2 × 0 Polypropylen) fixiert werden, um eine Dislokation zu vermeiden. Das Verfahren der präperitonealen Netzplastik ist mit Abstand das sicherste zur Behandlung rezidivierender und großer Narbenhernien.

114. Spieghel-Hernie

1 Indikation

Elektiv: Bei Diagnosestellung.
Alternativverfahren: Keine.

2 Operationsvorbereitung

Präoperative Diagnostik: Sonographie, ggf. endoskopischer Ausschluss intestinaler Erkrankungen.

3 Spezielle Risiken, Aufklärung

- Rezidiv.
- Verletzung von Baucheingeweiden.

4 Anästhesie

Intubationsnarkose.

5 Lagerung

Rücken.

6 Zugang

Quer oder längs verlaufend über dem Befund.

7 Operationsschritte

1. Hernienlokalisation.
2. Zugang.
3. Freilegung des Bruchsackes.
4. Bruchlückenverschluss.
5. Verschluss der Externusaponeurose.

8 Relevante Anatomie, Gefahren, Tricks

- Austrittsstelle des Bruchs im Bereich der Linea semilunaris, d.h. zwischen der Aponeurose des M. obliquus internus und dem Außenrand der Rektusscheide im unteren Mittelbauch an der Kreuzungsstelle mit der Linea semicircularis.
- Nicht selten lässt sich weder klinisch noch sonographisch ein Fasziendefekt nachweisen; ein reproduzierbarer, umschriebener Druckschmerz mit entsprechender Klinik rechtfertigt dennoch die operative Freilegung.

9 Maßnahmen bei speziellen Komplikationen

Cave: Inkomplette Inkarzeration nach Richter-Littré.

10 Nachsorge

Medizinische Nachbehandlung: Redon ex 2. Tag.
Mobilisation: Sofort.
Krankengymnastik: Nicht erforderlich.
Arbeitsunfähigkeit: 1 – 2 Wochen.

7 Operationstechnik

1. Hernienlokalisation.
2. Zugang.
3. Freilegung des Bruchsackes.
4. Bruchlückenverschluss.
5. Verschluss der Externusaponeurose.

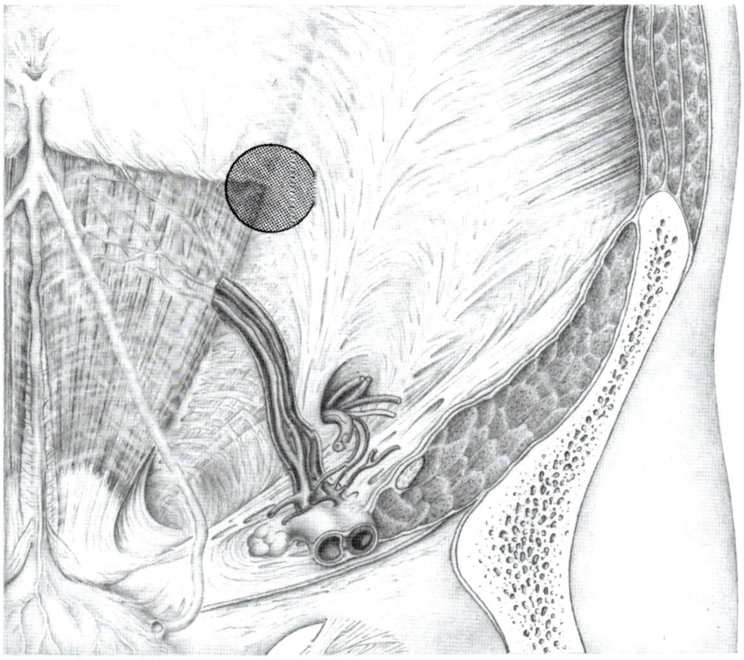

1 Hernienlokalisation

Die Spieghel-Hernie tritt an der Kreuzungsstelle von Linea semicircularis und Linea semilunaris aus. Es liegt hier eine präformierte Schwachstelle am Lateralrand der Rektusmuskulatur im Bereich der Insertion der Schrägmuskulatur der Bauchwand vor.

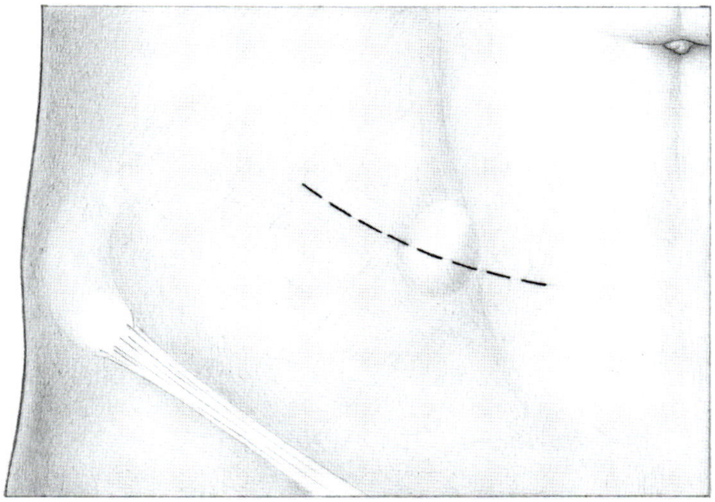

2 Zugang

Hautschnitt über dem Punctum maximum der Hernie als Querschnitt entsprechend den Langer-Linien.

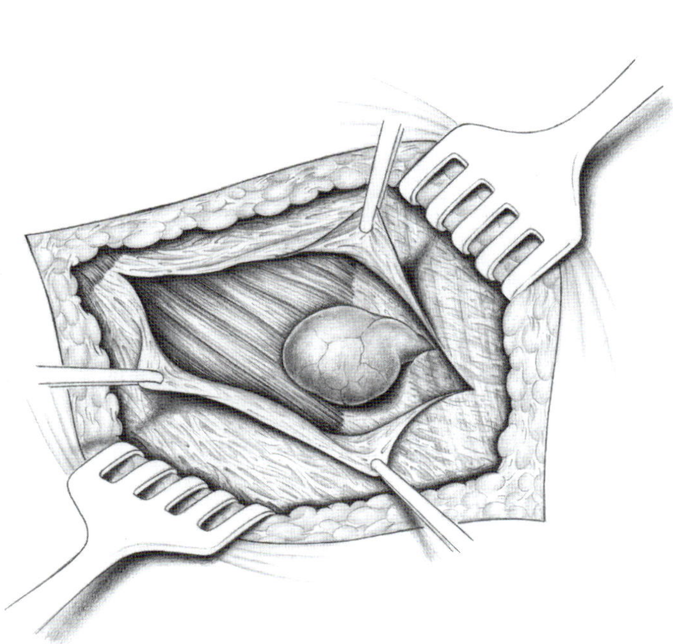

❸ Freilegung des Bruchsackes

Nach querer Spaltung der Externusaponeurose gelangt man in den Bereich der lateralen Rektusscheide. Hier entwickelt sich die Hernie meist interstitiell, so dass sie häufig nach außen nicht tastbar ist. Fassen der Faszienränder und Abpräparation des Bruchsackes von dem Bruchring.

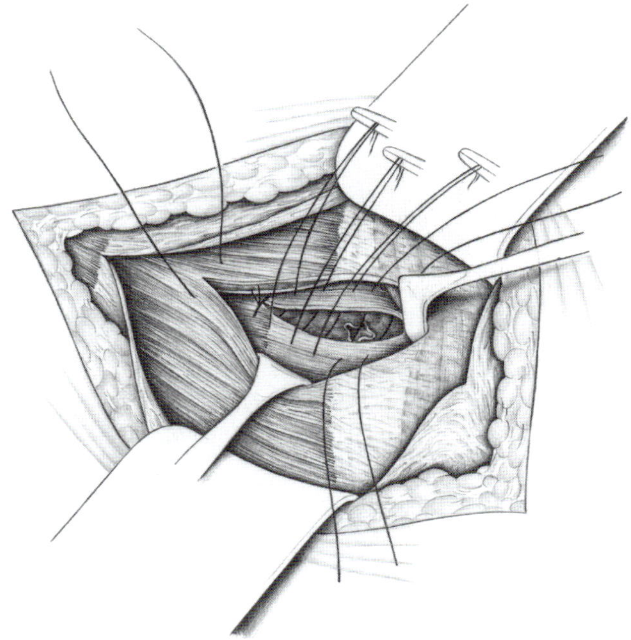

❹ Bruchlückenverschluss

Der Bruchsack wird vollständig aus dem Faszienring ausgelöst, mobilisiert, an der Basis umstochen, abgetragen und der Stumpf unter das Faszienniveau versenkt. Darüber wird die Bauchdecke entsprechend den Schichten mehrreihig verschlossen. Bei größeren Defekten ist die Implantation eines Polypropylennetzes in „sublay"-Position wie bei der Narbenhernie (siehe Kapitel 113, S. 460) zu empfehlen.

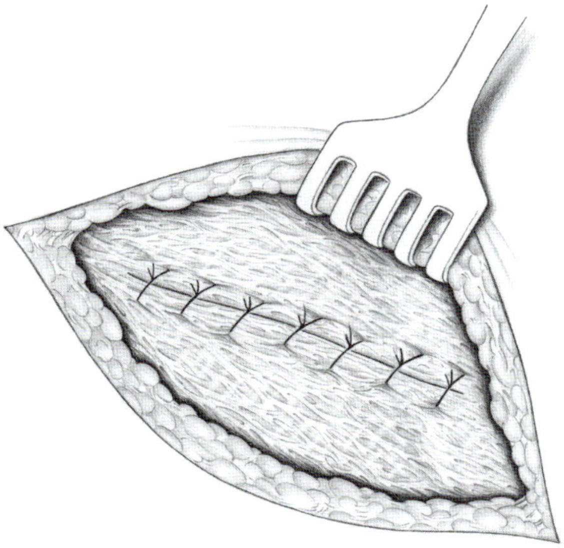

❺ Verschluss der Externusaponeurose

Der Verschluss der Externusaponeurose, der Subkutis (ggf. Drainageneinlage) und der Haut beenden den Eingriff.

115. Leistenhernie des Kindes

1 Indikation

Elektiv: Bei Diagnosestellung; die Angaben der Eltern oder des Kinderarztes sind ausreichend. Je jünger, desto größer ist das Inkarzerationsrisiko und desto zügiger sollte operiert werden.
Alternativverfahren: Keine.

2 Operationsvorbereitung

Präoperative Diagnostik: Klinische Untersuchung ausreichend, selten Sonographie.

3 Spezielle Risiken, Aufklärung

- Rezidiv (1 %).
- Verletzung des Samenstrangs/Hodens (1 %).
- Wundheilungsstörung (1 %).

4 Anästhesie

Intubationsnarkose.

5 Lagerung

Rücken, flache Rolle unter dem Gesäß.

6 Zugang

Quere Inzision in der Unterbauchbeugefalte.

7 Operationsschritte

1. Lagerung.
2. Zugang.
3. Darstellung des äußeren Leistenrings.
4. Spaltung der Externusaponeurose.
5. Abschieben von Muskel und Nerven.
6. Spaltung des M. cremaster.
7. Anklemmen des Bruchsackes.
8. Eröffnung des Bruchsackes.
9. Unterfahrung des Bruchsackes.
10. Präparation der Bruchsackbasis.
11. Bruchsackabtragung.
12. Fixierung des Bruchsackstumpfes.
13. Readaptation der Kremastermuskulatur.
14. Anheftung des M. internus.

8 Relevante Anatomie, Gefahren, Tricks

- Der Samenstrang liegt stets dorsal vom Bruchsack.
- Der Bruchsack ist oft sehr zart ausgebildet, so dass er leicht einreißt!
- Das Peritoneum muss stets verschlossen werden.

Cave: Quetschen oder grobe Manipulation des Ductus deferens (spätere Okklusion).

9 Maßnahmen bei speziellen Komplikationen

Bei inkarzerierten Hernien: Nach Narkoseeinleitung keine Repositionsmanöver, sondern Freilegung, ggf. unter Erweiterung des Bruchrings nach laterokranial, und Inspektion des Inkarzerats nach Bruchsackeröffnung. Gegebenenfalls Abstrichentnahme, in unübersichtlichen Situationen auch zusätzliche Laparotomie.

10 Nachsorge

Medizinische Nachbehandlung: Tageschirurgisches Vorgehen bei adäquater kinderärztlicher Versorgung ist die Regel.
Kostaufbau: 4 – 6 Stunden nach Narkoseende.

7 Operationstechnik

❶ Lagerung.
❷ Zugang.
❸ Darstellung des äußeren Leistenrings.
❹ Spaltung der Externusaponeurose.
❺ Abschieben von Muskel und Nerven.
❻ Spaltung des M. cremaster.
❼ Anklemmen des Bruchsackes.
❽ Eröffnung des Bruchsackes.
❾ Unterfahrung des Bruchsackes.
❿ Präparation der Bruchsackbasis.
⓫ Bruchsackabtragung.
⓬ Fixierung des Bruchsackstumpfes.
⓭ Readaptation der Kremastermuskulatur.
⓮ Anheftung des M. internus.

❶ Lagerung

Rückenlagerung des Kindes mit Stoffrolle unter dem Gesäß zur Anhebung des Beckens.

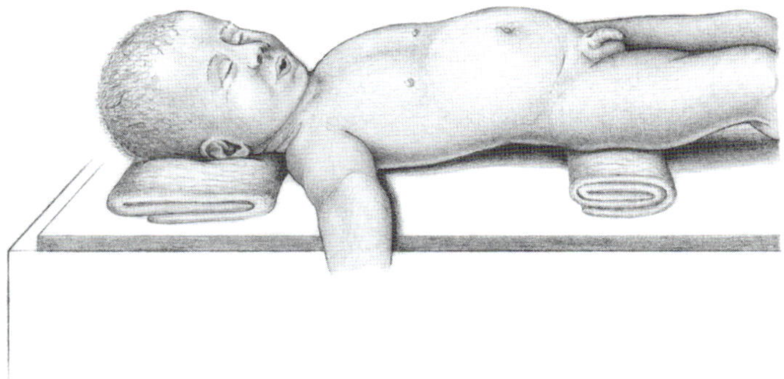

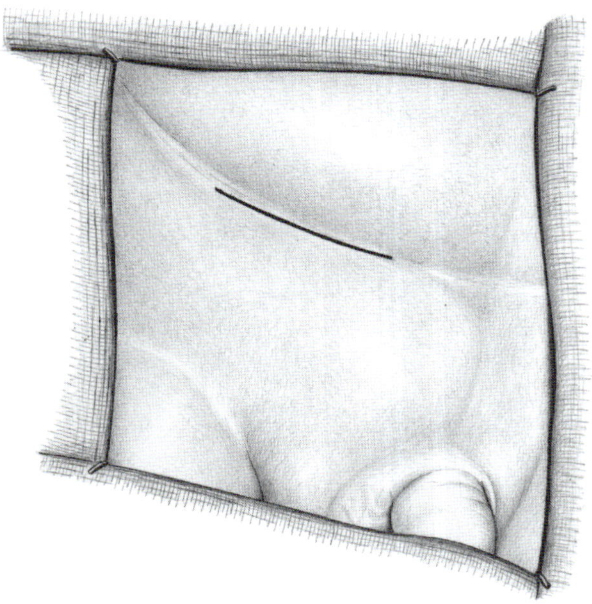

❷ Zugang

Der Zugang erfolgt über einen 2 – 3 cm langen Hautschnitt in der Unterbauchfalte.

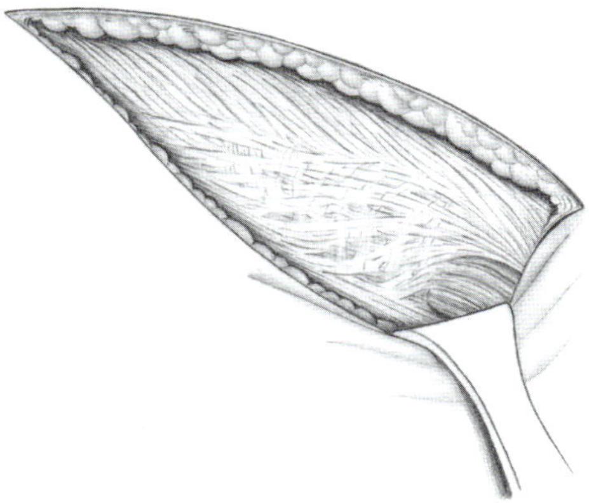

❸ Darstellung des äußeren Leistenrings

Durch Zug des unteren Wundrandes nach kaudal wird der äußere Leistenring dargestellt. Er wird in der Regel intakt belassen.

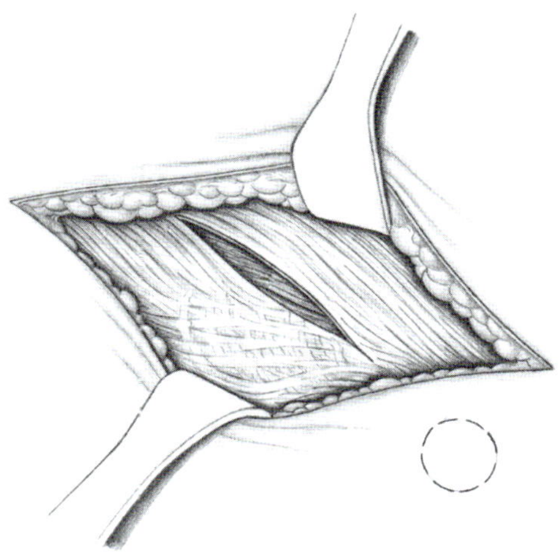

❹ Spaltung der Externusaponeurose

Spaltung der Externusaponeurose über dem Leistenkanal unter Erhaltung des äußeren Leistenrings.

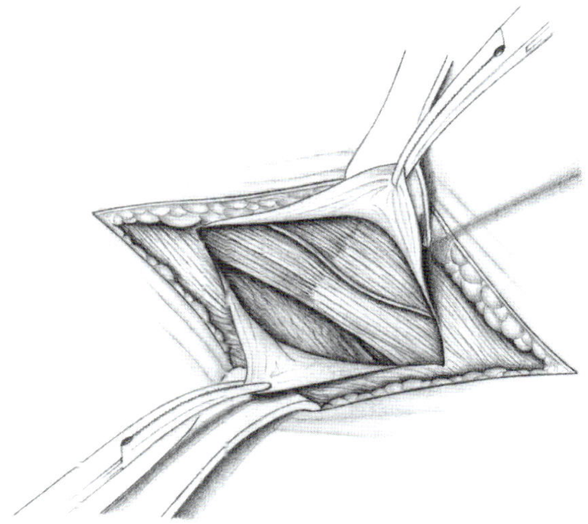

❺ Abschieben von Muskel und Nerven

Fassen der Aponeurosenränder mit Klemmen, Einsatz von Haken und stumpfes Auseinanderdrängen der Muskulatur. Der M. obliquus internus und der auf ihm verlaufende N. ilioinguinalis werden stumpf nach kraniomedial abgeschoben. Jetzt können Haken oder ein selbst haltender Wundspreizer eingesetzt werden.

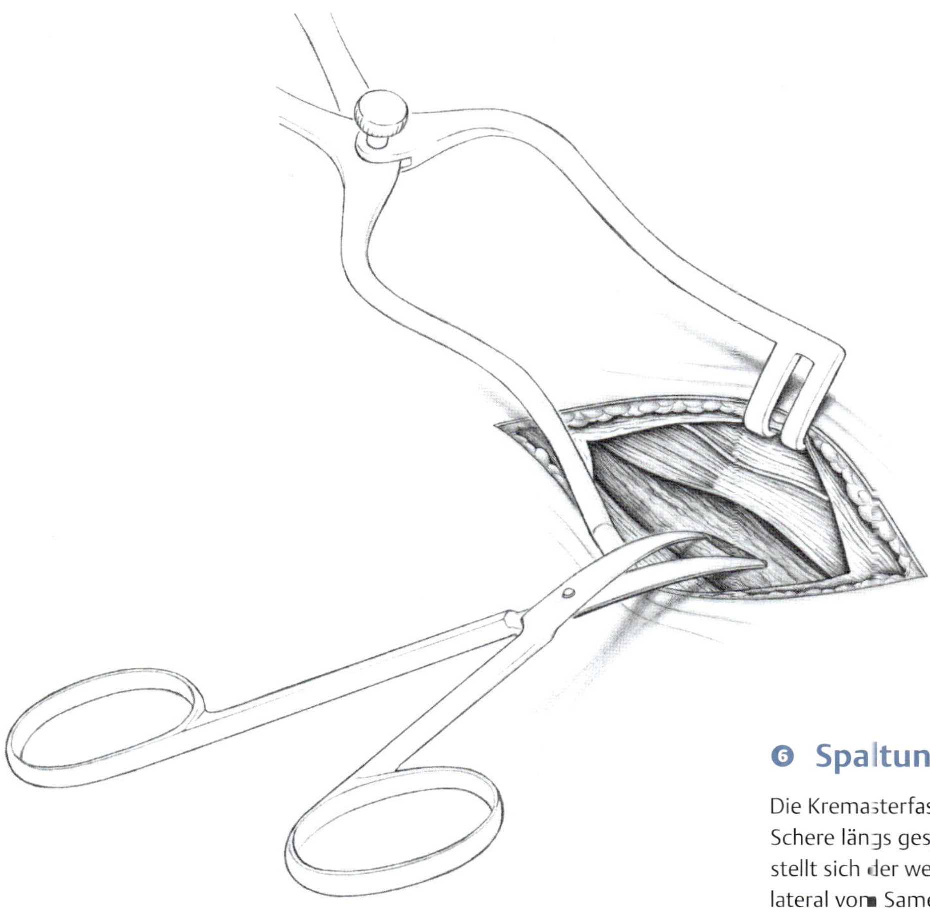

❻ Spaltung des M. cremaster

Die Kremasterfasern unterhalb der Internusmuskulatur werden mit der Schere längs gespalten und stumpf auseinandergedrängt. Darunter stellt sich der weißlich glänzende Bruchsack dar, der fast immer ventrolateral vom Samenstrang gelegen ist.

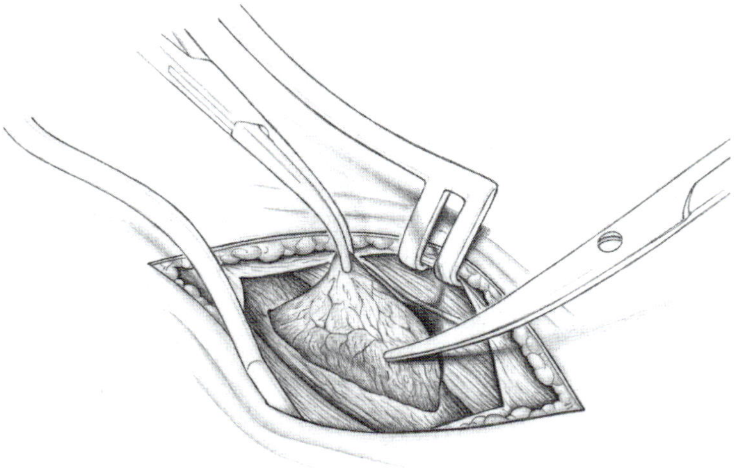

❼ Anklemmen des Bruchsackes

Der Bruchsack wird mit einer Klemme oder Pinzette gefasst und stumpf von der Kremastermuskulatur abgelöst.

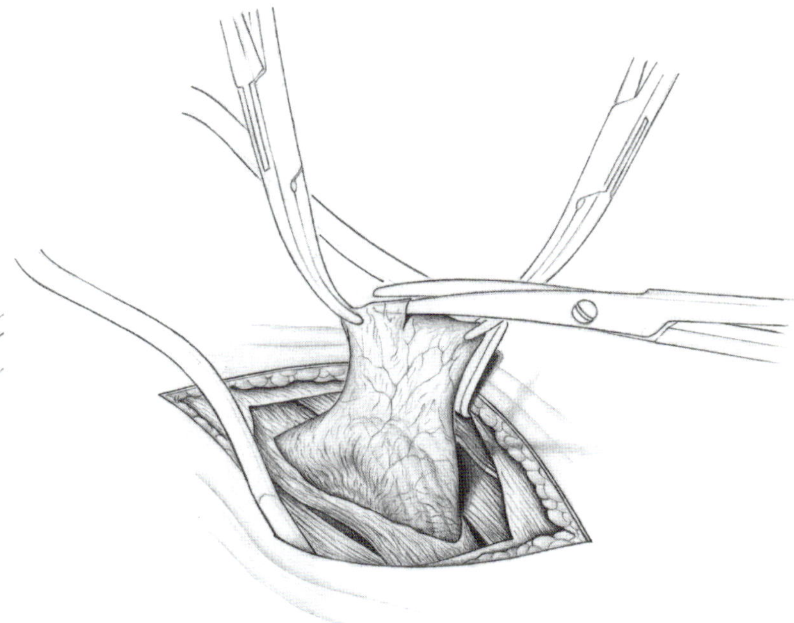

❽ Eröffnung des Bruchsackes

Der abgelöste Bruchsack wird zwischen 2 Klemmen gefasst und in der Mitte eröffnet. Man muss sich davon überzeugen, dass der Samenstrang sicher dorsal gelegen ist.

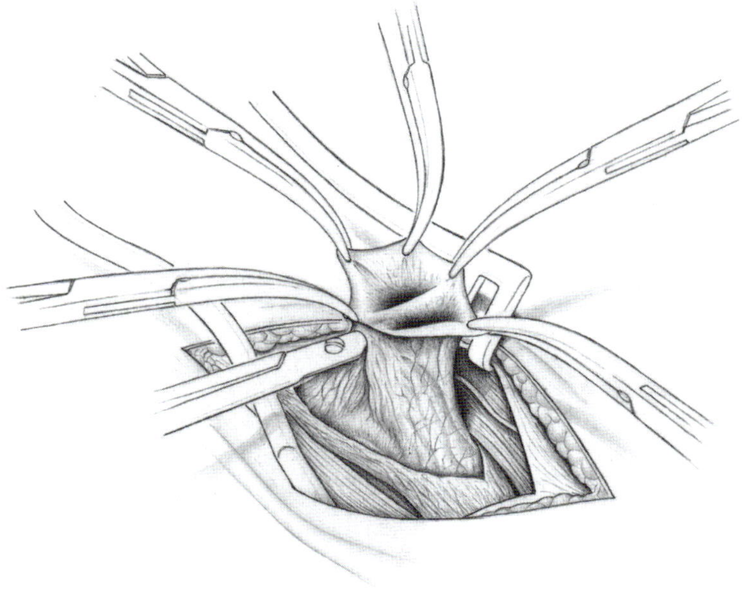

❾ Unterfahrung des Bruchsackes

Nach Eröffnung des Bruchsackes Fassen der Ecken mit 4 Klemmen und Unterfahrung des Bruchsackes mit einer Wittgenstein-Schere möglichst nahe am inneren Leistenring. Durch leichtes Spreizen der durch den Bruchsack erkennbaren Scherenspitze Ablösung des Bruchsackes von den Samenstranggebilden. Nach vollständiger Untertunnelung wird der Bruchsack durchtrennt, wobei die durchschimmernden Gefäße und der Ductus sorgfältig geschont werden müssen.

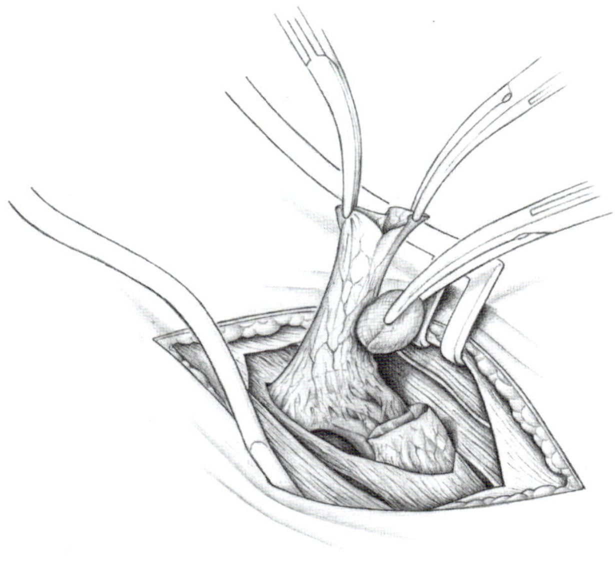

❿ Präparation der Bruchsackbasis

Der distale Rest des Bruchsackes bleibt offen. Der proximale Anteil wird stumpf vom Samenstrang abgelöst und bis in den inneren Leistenring präpariert. Hierzu empfiehlt es sich, den Bruchsack mit 2 Klemmen zu fassen und unter sanftem Zug vom Ductus und den Vasa spermatica abzuschieben. Zarte Bindegewebsstränge können mit der Schere durchtrennt werden. Die Präparation erfolgt bis in den inneren Leistenring, der Bruchsack muss ringsherum frei sein.

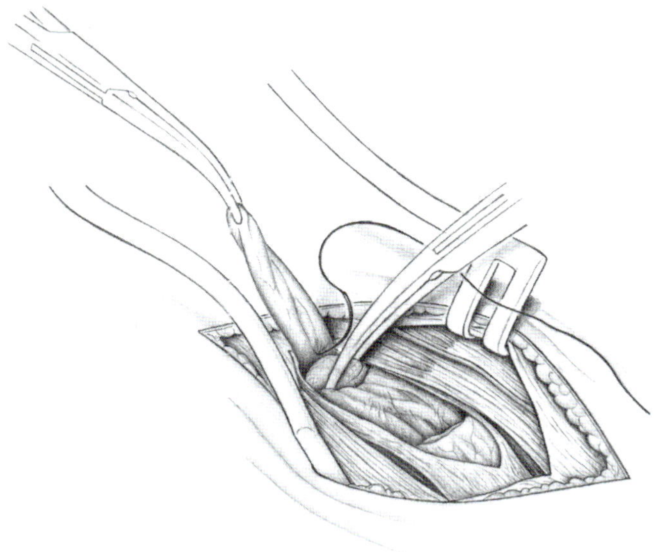

⑪ Bruchsackabtragung

Der Bruchsack wird torquiert, an seiner Basis umstochen (4 × 0 PGS) und abgetragen.

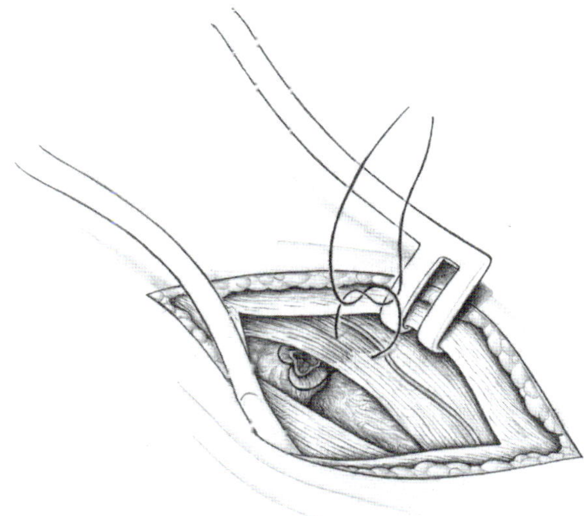

⑫ Fixierung des Bruchsackstumpfes

Bei Mädchen wird zur Fixation des Lig. teres uteri der Bruchsack nach Bastianelli unter der Bauchdecke mit der lang gelassenen Durchstechungsnaht des Bruchsackes fixiert.

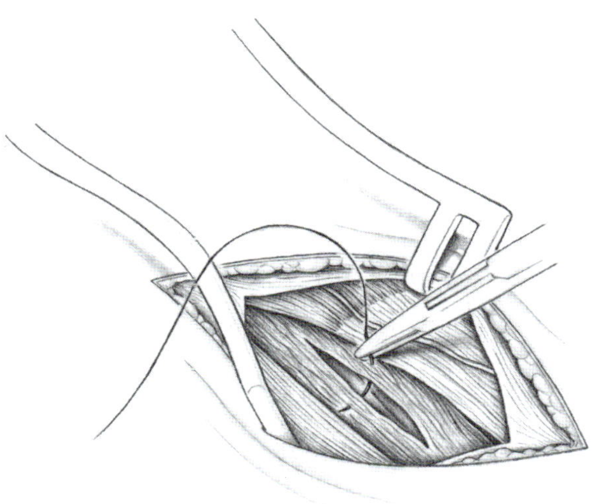

⑬ Readaptation der Kremastermuskulatur

Nach Versenken des Bruchsackes können die Kremasterfasern mit 1 – 2 Nähten (6 × 0 PGS) adaptiert werden.

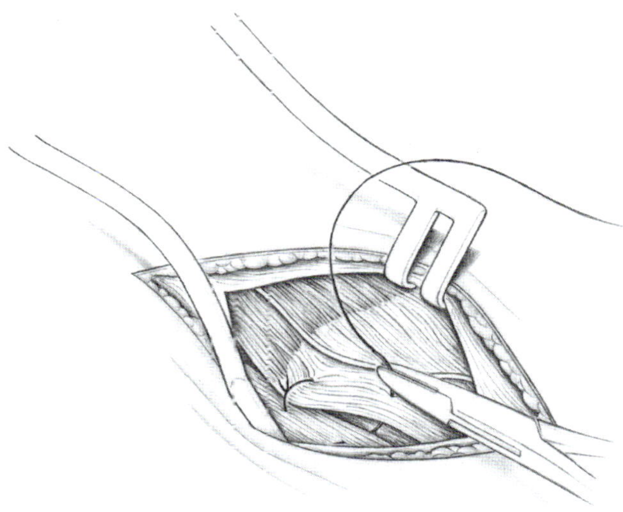

⑭ Anheftung des M. internus

Bei weitem inneren Leistenring wird der M. obliquus internus mit 1 – 2 Nähten (PGS 4 × 0) vor dem Samenstrang am Leistenband fixiert. Die fortlaufende Naht der Externusaponeurose, Subkutannähte und resorbierbare Intrakutannähte (6 × 0 PGS) beenden den Eingriff.

116. Orchidopexie bei Leistenhoden (Shoemaker)

1 Indikation

Absolut: Bei Diagnosestellung und Erfolglosigkeit einer hormonellen Therapie im 2. Lebensjahr, stets bei Hodenektopie.
Kontra: Pendelhoden.

2 Operationsvorbereitung

Präoperative Diagnostik: Sonographie, ggf. endokrinologische Diagnostik zum Ausschluss einer Anorchie.

3 Spezielle Risiken, Aufklärung

- Funktionsstörung des Hodens trotz erfolgreicher Verlagerung.
- Rezidiv.
- Synchrone Versorgung einer ggf. vorhandenen Leistenhernie.

4 Anästhesie

Intubationsnarkose.

5 Lagerung

Rücken.

6 Zugang

Quere Inzision in der Unterbauchbeugefalte.

7 Operationsschritte

1. Zugang.
2. Mobilisation von Bruchsack und Hoden.
3. Eröffnung des Bruchsackes.
4. Durchtrennung des Bruchsackes.
5. Bruchsackabtragung.
6. Retroperitoneale Gefäßmobilisation.
7. Inzision Skrotalhaut.
8. Bildung einer subkutanen Tasche.
9. Inzision Tunica dartos.
10. Durchzug des Hodens I.
11. Durchzug des Hodens II.
12. Verschluss der Skrotaltasche.

8 Relevante Anatomie, Gefahren, Tricks

Der Eingriff sollte zur Biopsieentnahme aus dem betroffenen Hoden genutzt werden.

9 Maßnahmen bei speziellen Komplikationen

***Cave:** Fixation des Hodens unter Torsion des Samenstrangs! Im Zweifel sofortige Revision.*

10 Nachsorge

Medizinische Nachbehandlung:
Tageschirurgisches Vorgehen möglich.
Kostaufbau: 4 – 6 Stunden nach Narkoseende.

7 Operationstechnik

1. Zugang.
2. Mobilisation von Bruchsack und Hoden.
3. Eröffnung des Bruchsackes.
4. Durchtrennung des Bruchsackes.
5. Bruchsackabtragung.
6. Retroperitoneale Gefäßmobilisation.
7. Inzision Skrotalhaut.
8. Bildung einer subkutanen Tasche.
9. Inzision Tunica dartos.
10. Durchzug des Hodens I.
11. Durchzug des Hodens II.
12. Verschluss der Skrotaltasche.

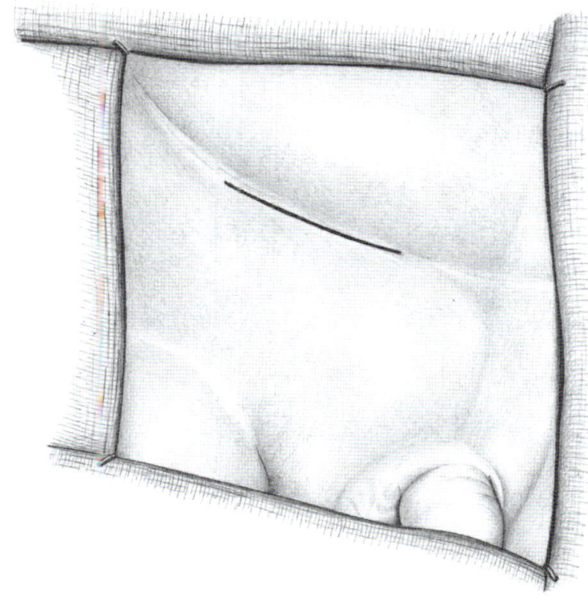

1 Zugang

Lagerung und Zugang erfolgen wie beim Leistenbruch: Rückenlagerung, Kissen unter das Gesäß, Hautschnitt in der Beugefalte. Nach Spaltung der Subkutis wird die Externusaponeurose dargestellt und unter Einschluss des äußeren Leistenrings komplett eröffnet. Die Kremasterfasern werden längs gespalten, der Bruchsack wird samt dem in ihm befindlichen Hoden mobilisiert.

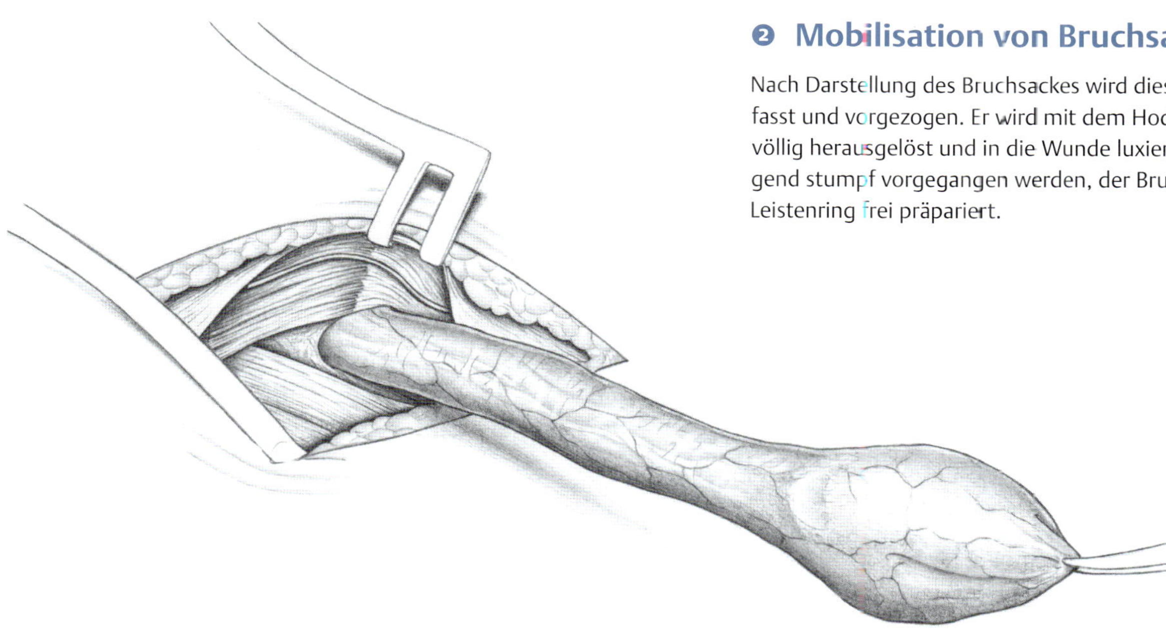

2 Mobilisation von Bruchsack und Hoden

Nach Darstellung des Bruchsackes wird dieser mit einer Pinzette gefasst und vorgezogen. Er wird mit dem Hoden aus seiner Umgebung völlig herausgelöst und in die Wunde luxiert. Hierbei kann überwiegend stumpf vorgegangen werden, der Bruchsack wird bis zum inneren Leistenring frei präpariert.

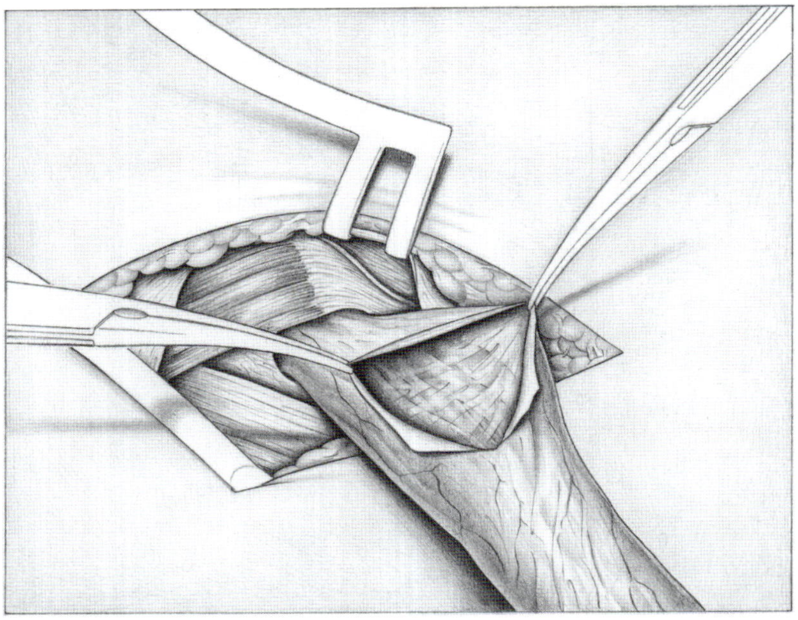

❸ Eröffnung des Bruchsackes

Nach vollständiger Mobilisation des Bruchsackes wird er zwischen 2 scharfen Klemmen gefasst und quer eröffnet.

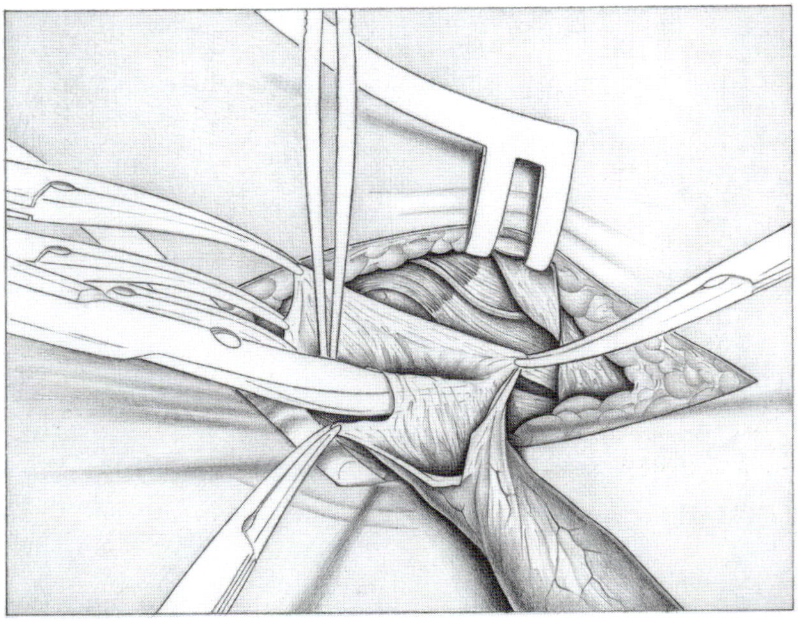

❹ Durchtrennung des Bruchsackes

Die Hinterwand des Bruchsackes wird mit einer Wittgenstein-Schere unterfahren und unter sorgfältiger Schonung des Samenstrangs durchtrennt. Der proximale Anteil wird mit 4 Klemmchen armiert und in den inneren Leistenring hinein mobilisiert.

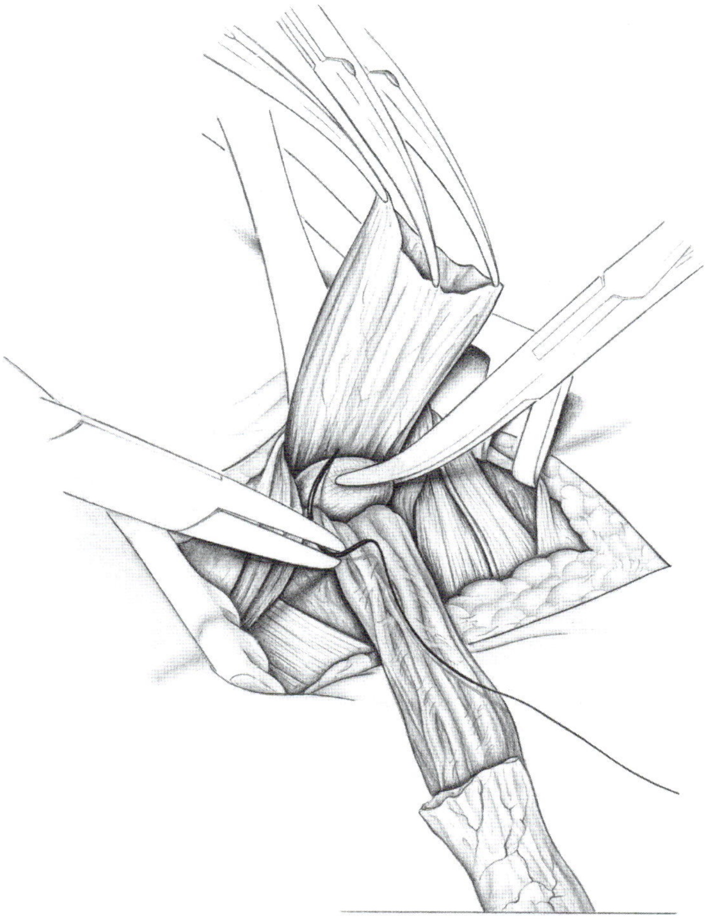

❺ Bruchsackabtragung

Nach vollständiger Mobilisation des Bruchsackes wird er torquiert und unter Schonung des mit einem Tupfer abgedrängten Samenstrangs mit einer Durchstechungsligatur verschlossen, die überstehenden Reste werden abgetragen.

❻ Retroperitoneale Gefäßmobilisation

Essenziell für die spannungsfreie Orchidopexie ist die hohe retroperitoneale Mobilisierung der Gefäße. Hierzu wird mit einem feinen Stieltupfer entlang des Gefäßstrangs stumpf bis in das Retroperitoneum präpariert, sich lateral anspannende feine Bindegewebsstränge werden durchtrennt. Die Präparation muss so weit erfolgen, dass der Hoden ohne Spannung ins Skrotalfach platziert werden kann.

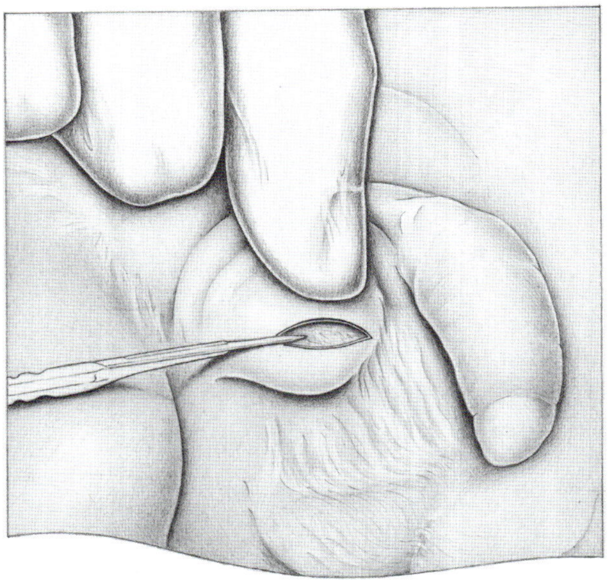

❼ Inzision Skrotalhaut

Die Platzierung des Hodens im Skrotum beginnt mit der Schaffung einer subkutanen Skrotaltasche. Hierzu geht der Operateur von der Leiste stumpf mit dem Zeigefinger ins Skrotum. Die Skrotalhaut wird über der Fingerkuppe oberflächlich 1 cm inzidiert.

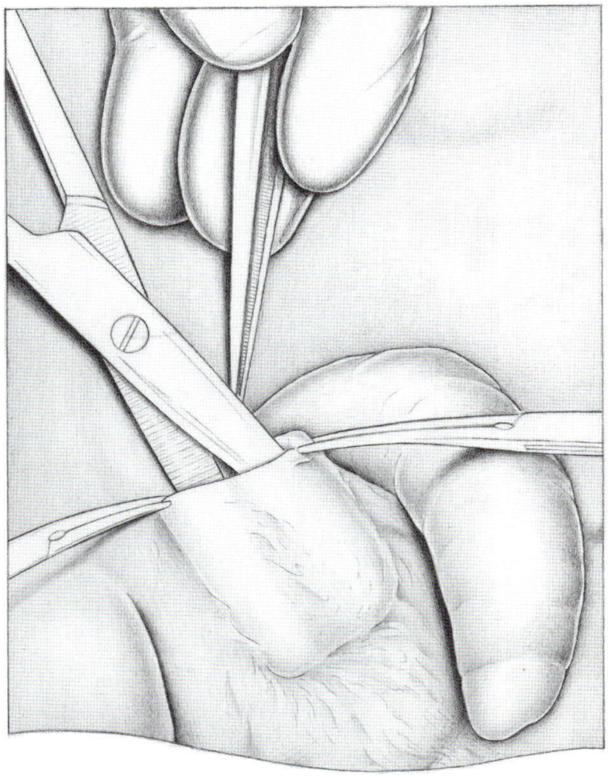

❽ Bildung einer subkutanen Tasche

Die Wundenden werden mit kleinen Klemmen gefasst und zwischen der Haut und der Tunica dartos mit der Schere stumpf eine Tasche gebildet. Diese Tasche muss ausreichend weit sein, um den Hoden spannungsfrei aufnehmen zu können.

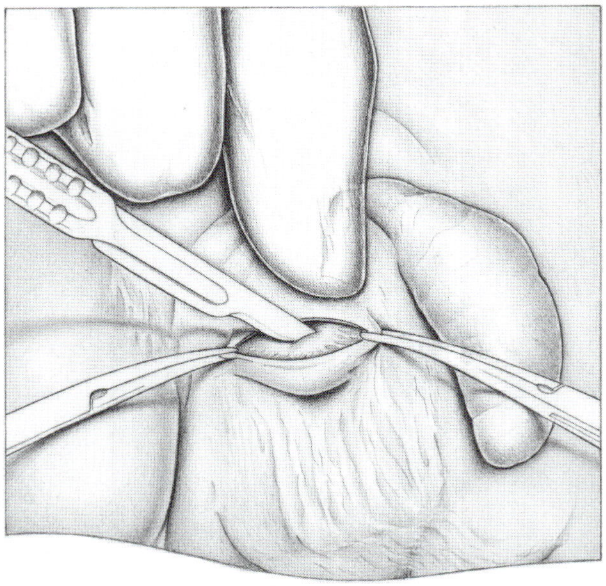

❾ Inzision Tunica dartos

Über dem Zeigefinger des Operateurs wird die Tunica dartos vorgewölbt und eine kurzstreckige Inzision mit dem Skalpell gesetzt.

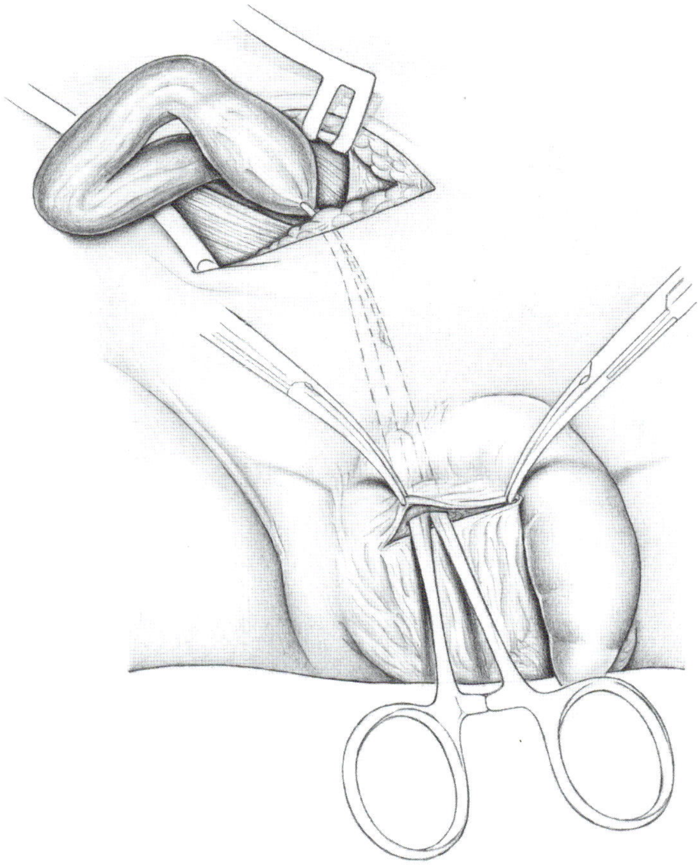

10 Durchzug des Hodens I

Durch die feine Öffnung in der Tunica dartos wird eine Klemme durchgeführt, die den Hoden an seiner Spitze fasst. Mit ihrer Hilfe wird der Hoden nach kaudal in die subkutane Tasche gezogen, wobei darauf zu achten ist, dass der Samenstrang nicht verdreht wird.

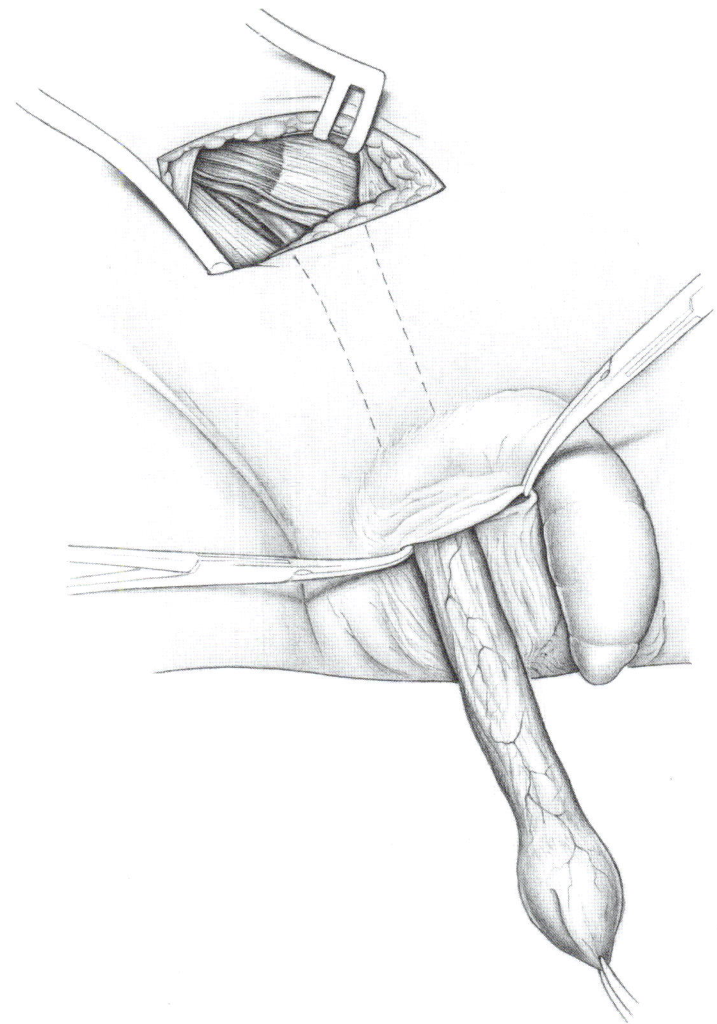

11 Durchzug des Hodens II

Der Samenstrang sollte so weit mobilisiert sein, dass der Hoden weit vor die Skrotalhaut gezogen werden kann. Nur so ist ein spannungsfreier Sitz garantiert. Reicht die freie Strecke nicht, kann es gelegentlich notwendig sein, den Hoden medial der epigastrischen Gefäße durch die Fascia transversalis zu führen, um hierdurch etwas Strecke zu gewinnen.

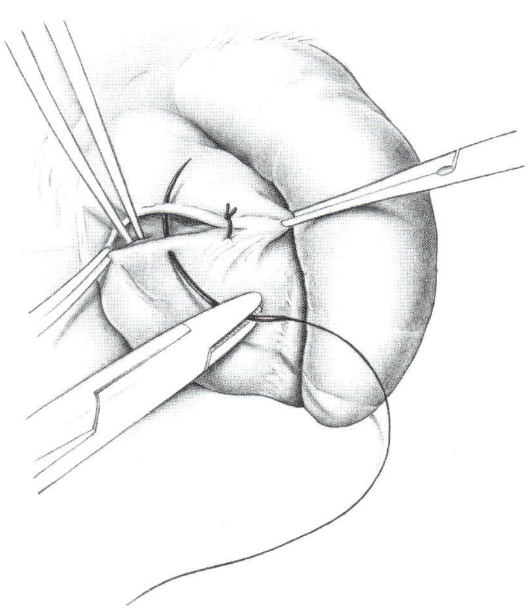

12 Verschluss der Skrotaltasche

In der Regel reicht es, den Hoden ohne Fixation in der subkutanen Tasche zu lassen. Ist die Lücke in der Tunica dartos weit, kann der Hoden mit 2 Subkutannähten fixiert werden. Die Skrotalhaut wird mit Einzelknopfnähten (Catgut 4 × 0) verschlossen. Der Verschluss der Leistenwunde erfolgt in üblicher Technik.

117. Zirkumzision

1 Indikation

Elektiv: Phimose mit rezidivierender Balanitis.
Relativ: Religiöse/kulturelle Gründe.
Kontra: Akute Balanitis. Vorliegen einer Hypospadie (Haut ggf. benötigt für Rekonstruktion der Urethra).

2 Operationsvorbereitung

Präoperative Diagnostik: Klinische Untersuchung, ggf. Anamneseangaben durch Eltern.

3 Spezielle Risiken, Aufklärung

- Bestimmtes kosmetisches Ergebnis nicht sicher vorherzusagen!
- Nachblutung (< 5%).
- Wundheilungsstörung (1%).

4 Anästhesie

Masken- oder Intubationsnarkose.

5 Lagerung

Rücken.

6 Zugang

Inzisionslinie abhängig von gewünschtem Ausmaß der Resektion.

7 Operationsschritte

1. Lösung der Vorhaut.
2. Festlegung der Zirkumzisionslinien.
3. Durchtrennung des äußeren Blattes.
4. Koagulation der Gefäße.
5. Durchtrennung des inneren Blattes.
6. Naht der Präputialblätter.

8 Relevante Anatomie, Gefahren, Tricks

- Bei Paraphimose zunächst nur dorsale Inzision, später nach Abheilung Zirkumzision.

Cave: Verletzung des Meatus externus bei der instrumentellen Dehnung der Phimose.

- Sorgfältige und exakte Blutstillung des sehr gut durchbluteten Präputiums verhindert Nachblutungen.

9 Maßnahmen bei speziellen Komplikationen

Nachblutungen sind aufgrund der guten Vaskularisation nicht selten. Wenn diese unter vorsichtiger Kompression nicht unverzüglich sistiert, muss revidiert werden.

10 Nachsorge

Medizinische Nachbehandlung: Entlassung am Operationstag oder 1. Tag, wenn Miktion problemlos.
Unterrichtsbefreiung: 1 Woche.

7 Operationstechnik

1. Lösung der Vorhaut.
2. Festlegung der Zirkumzisionslinien.
3. Durchtrennung des äußeren Blattes.
4. Koagulation der Gefäße.
5. Durchtrennung des inneren Blattes.
6. Naht der Präputialblätter.

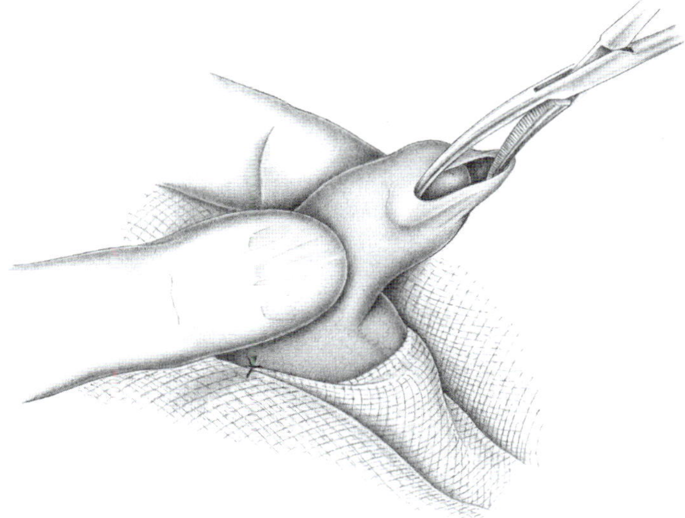

1 Lösung der Vorhaut

Die Zirkumzision beginnt mit der Lösung der Vorhaut von der Glans. Hierzu wird eine kleine Klemme eingeführt und die Vorhaut schrittweise von der Glans abgeschoben. Durch Spreizung der Klemme lässt sich die Vorhaut weiten und die Mobilisation vervollständigen. Diese stumpfe Dehnung führt meist dazu, dass sich jetzt bereits die Vorhaut zurückstreifen lässt. Nach Zurückstreifen der Vorhaut ist der Sulcus glandis vollständig darzustellen. Allseits vorhandenes Smegma wird abgelöst und das Präputium weit zurückgestreift.

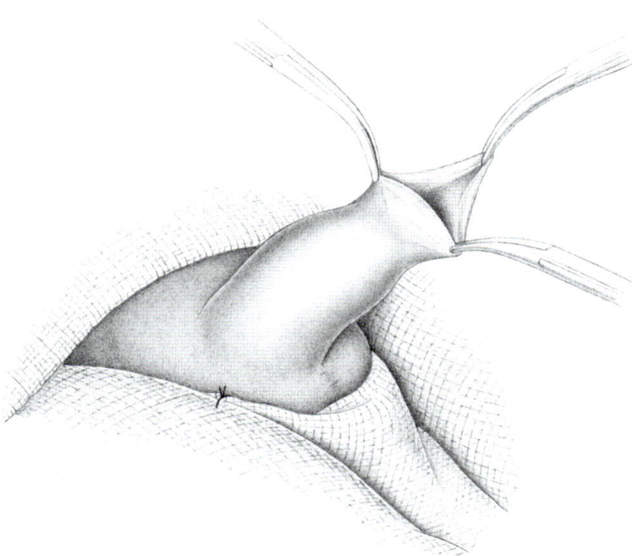

2 Festlegung der Zirkumzisionslinien

Nach vollständig mobilisierter Vorhaut wird diese mit Klemmen gefasst und weit über die Glans gezogen. Je nach Wunsch des Patienten bzw. der Eltern erfolgt die Zirkumzision in Höhe des Sulcus glandis oder glansbedeckend in Projektion auf die Spitze der Glans. Dies sollte präoperativ besprochen werden.

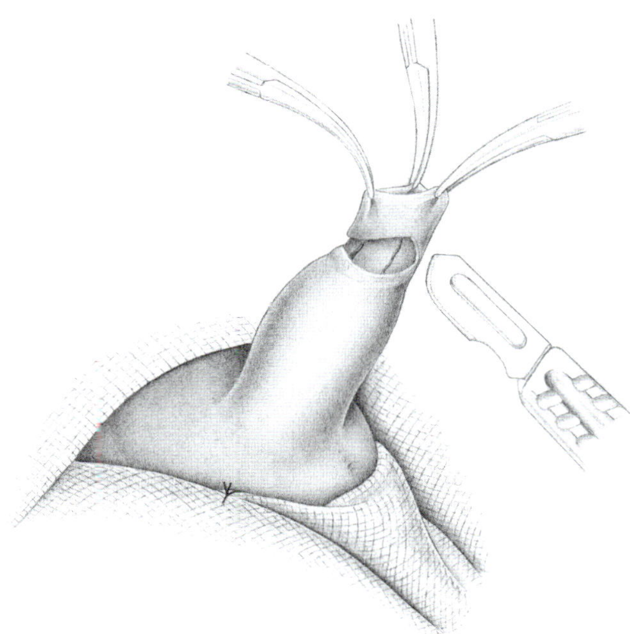

3 Durchtrennung des äußeren Blattes

Der Hautmantel wird mit dem Messer von dorsal in Richtung auf das Frenulum zirkulär durchtrennt, ohne die kreuzenden Gefäße sofort mit zu eröffnen.

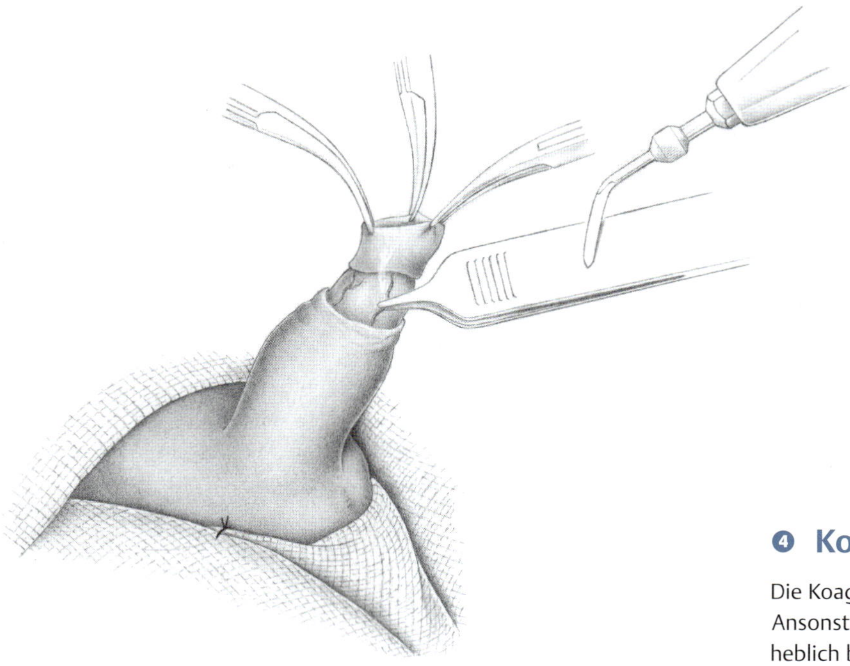

❹ Koagulation der Gefäße

Die Koagulation der Hautgefäße sollte gezielt und vorsichtig erfolgen. Ansonsten gibt es hässliche Narben, die das kosmetische Ergebnis erheblich beeinträchtigen.

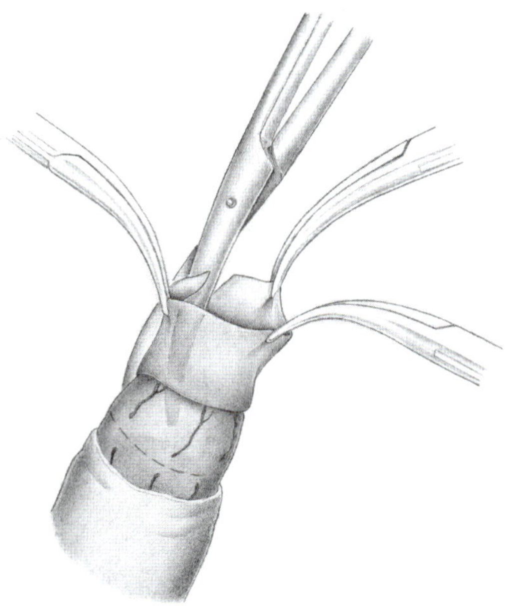

❺ Durchtrennung des inneren Blattes

Nach vollständiger Durchtrennung des äußeren Blattes wird das innere Blatt des Präputiums unter Sicht mit der Schere bzw. Diathermie durchtrennt. Die Durchtrennung erfolgt nach dorsaler Längsinzision zirkulär in Höhe des äußeren Blattes.

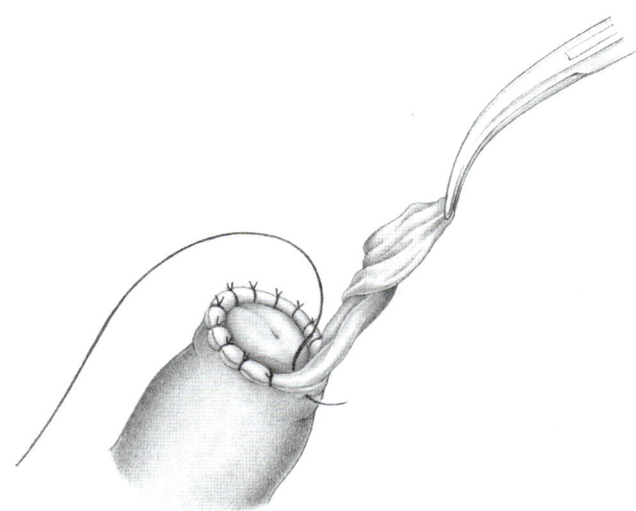

❻ Naht der Präputialblätter

Die Nahtvereinigung der beiden Präputialblätter erfolgt in Einzelknopftechnik (4 × 0 PDS) schrittweise mit fortschreitender Durchtrennung. Am Frenulum kann eine Frenuloplastik erfolgen, falls dies erforderlich ist. Sorgfältig ist auf die Blutstillung zu achten, da Nachblutungen die häufigste Komplikation sind. Ein Anästhesin-Salbenverband mit steriler Kompresse beendet den Eingriff.

118. Pyloromyotomie (Weber-Ramstedt)

1 Indikation

Elektiv: Bei Diagnosestellung (Klinik, sonographische Wanddicke > 0,4 cm).
Alternativverfahren: Bei geringer Befundausprägung konservativ.

2 Operationsvorbereitung

Präoperative Diagnostik: Sonographie, ggf. Kontrastmitteldarstellung.
Patientenvorbereitung: Magensonde, Ausgleich von Elektrolyt-/Flüssigkeitsverlusten.

3 Spezielle Risiken, Aufklärung

- Blutung.
- Leckbildung mit Peritonitis.
- Verletzung von Nachbarorganen.
- Letalität (< 0,1 %).

4 Anästhesie

Intubationsnarkose.

5 Lagerung

Rücken.

6 Zugang

Quer verlaufend im rechten Oberbauch.

7 Operationsschritte

1. Lagerung, Hautschnitt.
2. Myotomie.
3. Muskelspreizung.
4. Netzdeckung.

8 Relevante Anatomie, Gefahren, Tricks

Hautschnitt wegen der relativ großen Leber nicht zu dicht unter dem Rippenbogen anlegen.

HNL-Mukosaverletzungen entstehen typischerweise meist am duodenalen Ende der Myotomie.

9 Maßnahmen bei speziellen Komplikationen

Bei akzidenteller Mukosaeröffnung Nahtverschluss mit Einzelknopfnähten und Deckung mit Netzzipfel.

10 Nachsorge

Kostaufbau: Orale Nahrungszufuhr ab 6 Stunden postoperativ.

7 Operationstechnik

1. Lagerung, Hautschnitt.
2. Myotomie.
3. Muskelspreizung.
4. Netzdeckung.

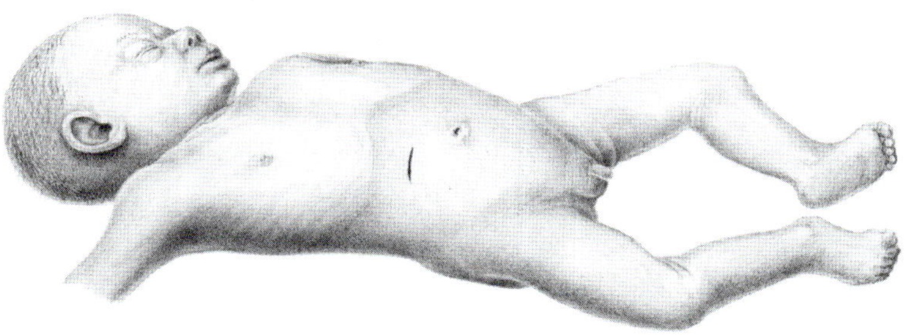

❶ Lagerung, Hautschnitt

In Rückenlagerung mit leichter Reklination der Wirbelsäule erfolgt ein waagerechter Schnitt von ca. 4 cm Länge in Projektion auf das Maximum des sonographischen Befundes, d. h. am Lateralrand des M. rectus abdominis 2 Querfinger oberhalb des Nabels.

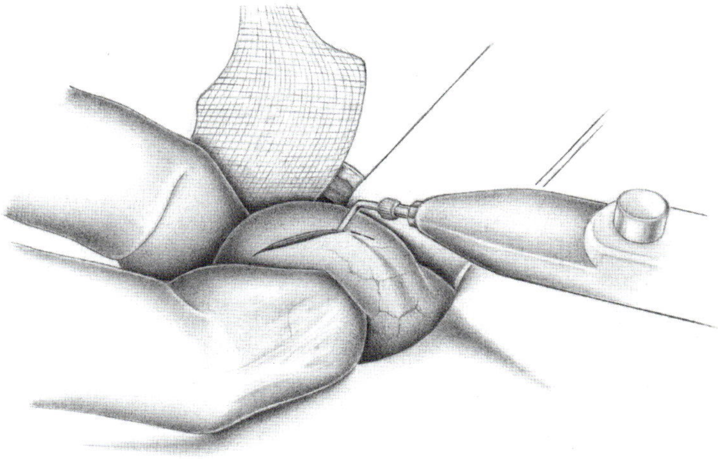

❷ Myotomie

Nach Eröffnung der Bauchdecken Einsetzen von Haken und Luxation des wulstigen Pylorus vor die Bauchdecken. Die Pylorusregion wird zwischen Zeigefinger und Daumen der linken Hand gehalten und eine längsgerichtete Inzision mit der Diathermie durchgeführt. Hierbei sollte die Diathermie möglichst energieschwach eingestellt werden, um eine Begrenzung der Schnitttiefe zu gewährleisten. Die Länge der Myotomie liegt zwischen 1,5 und 2 cm, wobei der längere Schenkel über dem Magen zu liegen kommt.

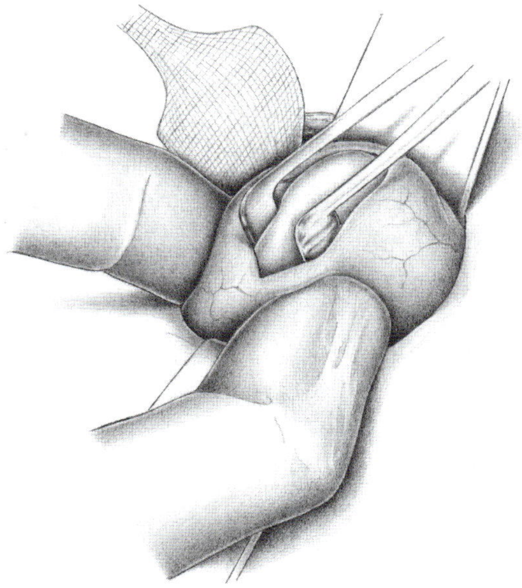

❸ Muskelspreizung

Die Myotomie muss bis auf die Mukosa erfolgen, ohne diese zu verletzen. Nach teilweiser Durchtrennung des Muskelmantels wird die Muskulatur mit einer stumpfen Spreizklemme weiter bis auf die Mukosa gespreizt. Dies erfolgt so weit, bis sich die Schleimhaut wulstartig in die Muskellücke wölbt. Das größte Risiko der Schleimhautverletzung besteht am Übergang zum Duodenum, wo die Wanddicke sprunghaft abnimmt. Hier ist sorgfältig darauf zu achten, dass der Schleimhautmantel nicht verletzt wird. Falls es zur Läsion kommt, ist der Defekt zu übernähen und ggf. mit einer Netzplombe zu decken.

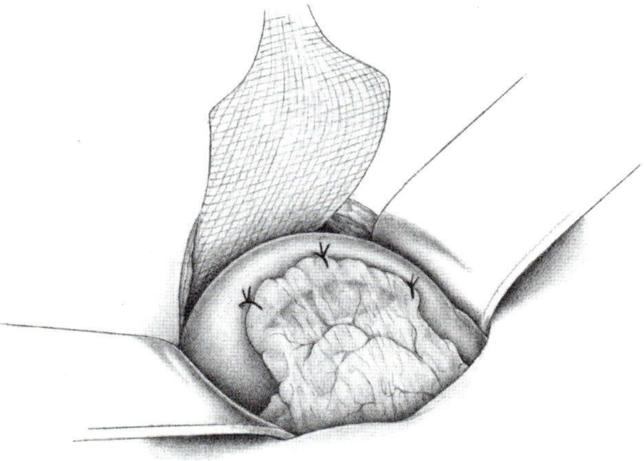

❹ Netzdeckung

Bei sehr vulnerablen Schleimhautverhältnissen oder eingetretenem Schleimhautdefekt sollte die Muskellücke der Myotomie (ggf. nach Naht der Schleimhaut) mit einer Netzplombe gedeckt werden. Diese wird mit 2 – 3 Einzelknopfnähten mit 4 × 0 PGS an der verdickten Seromuskularis fixiert.

119. Embolektomie Arteria femoralis

1 Indikation

Absolut: Bei Diagnosestellung.

2 Operationsvorbereitung

Präoperative Diagnostik: Vollständiger Pulsstatus, Angiographie (i. v. DSA).
Patientenvorbereitung: I.v.-Heparinisierung mit 20.000 I.E./die; ggf. Korrektur einer diabetischen Stoffwechsellage. Ausschluss einer therapiebedürftigen koronaren Herzkrankheit, Vorhofflimmern?

3 Spezielle Risiken, Aufklärung

- Erneuter Verschluss.
- Amputation.
- Lymphfistel.

4 Anästhesie

Allgemein- oder Lokalanästhesie.

5 Lagerung

Rücken, Beine leicht gespreizt, gegenseitige Leistenregion muss ebenfalls zugänglich sein, wünschenswert ist auch eine intraoperative Kontrollmöglichkeit der Fußpulse durch den Operateur. Patient auf Tisch lagern, der eine intraoperative Angiographie erlaubt.

6 Zugang

Längsinzision über A. femoralis unterhalb der Leistenbeuge.

7 Operationsschritte

1. Anatomie.
2. Abdeckung und Hautschnitt.
3. Freilegung A. femoralis.
4. Arteriotomie und Embolektomie.
5. Gefäßnaht.

8 Relevante Anatomie, Gefahren, Tricks

- Lage der Strukturen unterhalb des Leistenbandes: innen Vene – Arterie – Nerv (I-V-A-N).
- 3 – 4 cm unterhalb des Leistenbandes mündet die V. saphena magna von anteriomedial in die V. femoralis: Venenstern!
- Die A. femoralis communis gibt 4 kleinere Äste unterhalb des Leistenbandes ab, diese sollten erhalten werden, da sie ggf. für die Kollateralversorgung des Beins wichtig sind.
- Circa 5 cm unterhalb des Leistenbandes gibt die A. femoralis communis die A. femoralis profunda nach lateral oder dorsal ab (gelegentlich auch doppelte Profunda).
- Arteriotomie muss Zugang zur A. femoralis superficialis und A. femoralis ermöglichen.
- Erst proximales Embolektomie-Manöver, dann distales (alle Hauptäste!); erst aufhören, wenn guter Fluss bzw. Rückfluss.
- Nach Embolektomie heparinisierte Kochsalzlösung in die „geputzten" Gefäße geben, um stasebedingte Thrombose während der Manipulation an den anderen Ästen zu verhindern.
- Embolus histologisch und mikrobiologisch untersuchen.
- Gefäßnaht so stechen, dass der distale Arteriotomierand von innen nach außen gestochen wird (reduziert die Gefahr einer Stufenbildung).
- Bei geringster Gefahr einer nahtbedingten Gefäßstenose Patch aus benachbarter Vene (nie V. saphena magna, ggf. späteres Bypassgefäß!) gewinnen und einnähen.
- Vor Komplettierung des Arteriotomieverschlusses Flush-Manöver, indem zunächst die distalen Klemmen geöffnet werden, dann die proximalen und schließlich die Gefäßnaht verknotet wird.

9 Maßnahmen bei speziellen Komplikationen

- Intraoperativer Pulsverlust: erneutes Fogarty-Manöver, ggf. intraoperative Angiographie.
- Bereits bei einem Verdacht auf das Vorliegen eines Kompartmentsyndroms sollte eine Fasziotomie vorgenommen werden.

10 Nachsorge

Medizinische Nachbehandlung: Systemische Heparinisierung, spätere Marcumarisierung. Redon-Drainage ex am 2. Tag, Ursachen klären!
Mobilisation: Sofort.
Arbeitsunfähigkeit: Abhängig von Gesamtsituation, ca. 1 – 2 Wochen.

7 Operationstechnik

1. Anatomie.
2. Abdeckung und Hautschnitt.
3. Freilegung A. femoralis.
4. Arteriotomie und Embolektomie.
5. Gefäßnaht.

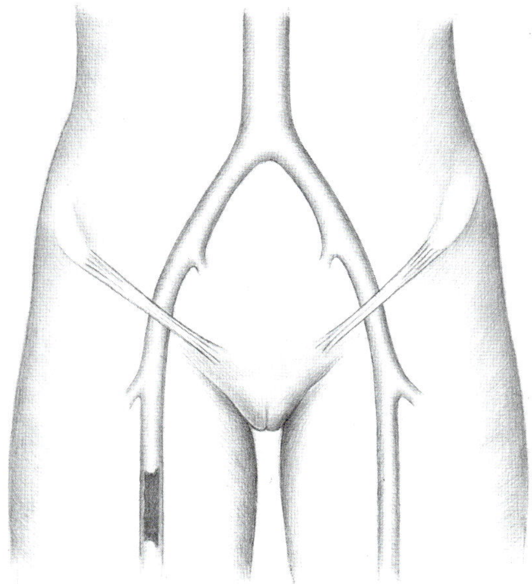

❶ Anatomie

Die Embolie der A. femoralis kann unterschiedlich lokalisiert sein. Meist liegt sie im unmittelbaren Teilungsbereich der A. femoralis superficialis und A. femoralis profunda. Doch können alle Lokalisationen von der Aortensattelembolie bis hin zur peripheren Embolie im Bereich der Trifurkation des Unterschenkels beteiligt sein. Hier soll die Embolektomie im Bereich einer Embolie der A. femoralis superficialis beschrieben werden.

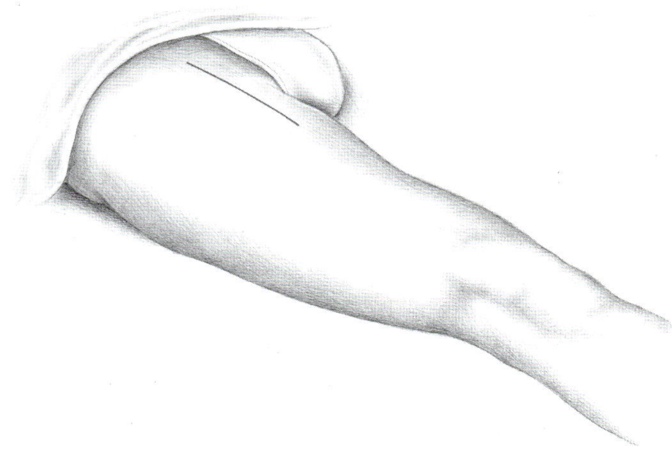

❷ Abdeckung und Hautschnitt

Zur Durchführung einer Embolektomie wird das gesamte Bein abgewaschen und steril unter Ausschluss der Scham abgedeckt. Der Hautschnitt liegt über dem Punctum maximum der vermuteten Embolie und verläuft in Längsrichtung, um eine möglichst längere Arterienstrecke freilegen zu können. Voraussetzung jeder Embolektomie ist die Differenzierung zwischen Embolie und akuter arterieller Thrombose bei arterieller Verschlusskrankheit als Grunderkrankung. Bei peripherer Lokalisation der Embolie muss als erster Schritt angiographiert werden. Bei zentraler femoraler Embolie kann auf eine Angiographie aufgrund der eindrucksvollen Klinik verzichtet werden. Hier liegt in der chirurgischen Therapie bereits diagnostische Sicherung.

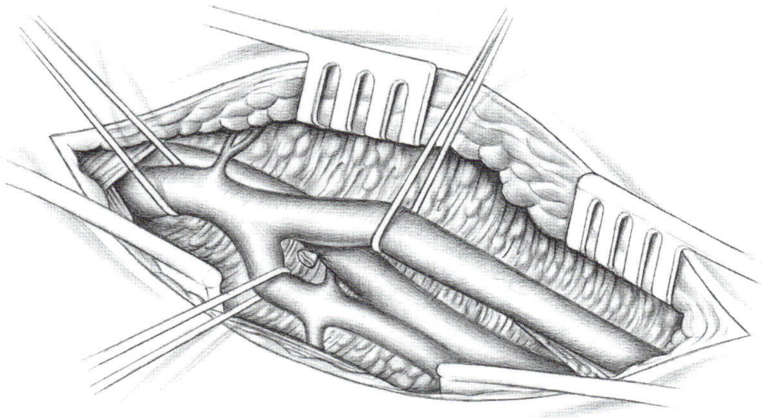

❸ Freilegung A. femoralis

Nach Freilegung der Oberschenkelgefäße über eine Strecke von mindestens 10 cm wird mit selbst haltenden Haken das Subkutangewebe auseinander gehalten, und die Gefäße werden allseits mobilisiert. Die A. femoralis superficialis und die A. femoralis profunda sowie die A. femoralis communis werden mit Torniquets versorgt. Es empfiehlt sich, die Gefäße mit weichen Gefäßklemmen zu verschließen oder mit doppelt umschlungenen Torniquets für eine intermittierende Okklusion vorzubereiten. Bei palpatorisch gesunder Gefäßwand (embolischer Verschluss) erfolgt die Gefäßeröffnung quer, bei veränderter Gefäßwand (Verdacht auf arterielle Verschlusskrankheit) längs oberhalb der Femoralisgabel. Mit einem Fogarty-Katheter wird in die A. iliaca externa, die A. femoralis superficialis und die A. femoralis profunda eingegangen und der Embolus entfernt.

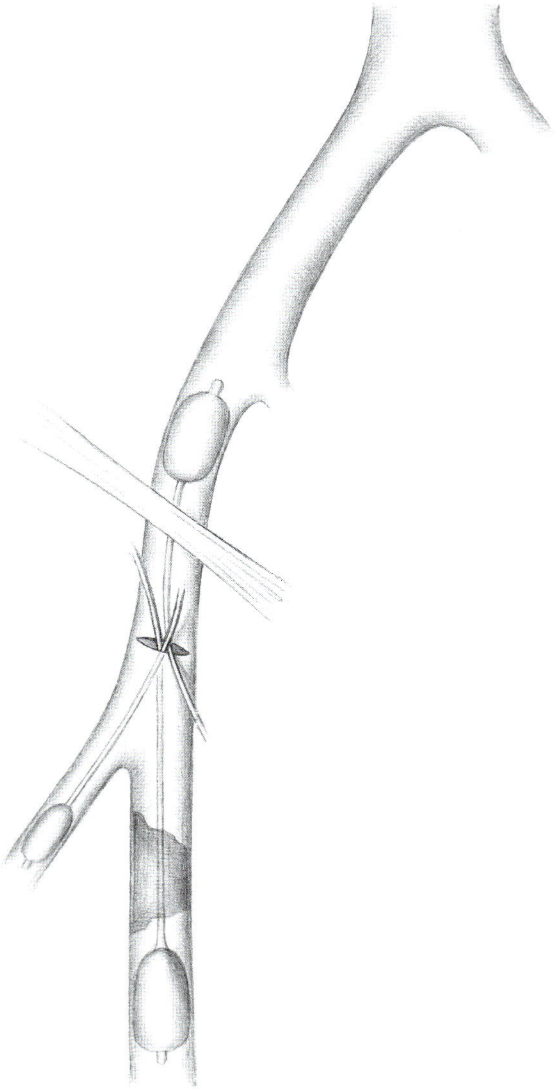

❹ Arteriotomie und Embolektomie

Im Falle gesunder Gefäße kann eine quere Inzision oberhalb der Gefäßgabel ausreichend sein. Bei stark veränderten arteriosklerotischen Gefäßen sollte eine Längsinzision erfolgen, die später durch einen venösen Patch aus der V. saphena magna plastisch erweiternd verschlossen wird. In jedem Fall wird von kranial nach distal ein Fogarty-Katheter vorgeschoben, der unter Blockierung aus allen drei Gefäßanteilen die embolischen Gerinnsel entfernt. Die Embolektomie sollte so weit fortgesetzt werden, bis über die Arterien ein guter arterieller Rückstrom nachweisbar ist. Es schließt sich eine lokale und systemische Heparinapplikation zur Vermeidung des Rezidivs an. Dies beinhaltet die Instillation von Heparin-Kochsalzlösung in die A. femoralis superficialis und A. femoralis profunda.

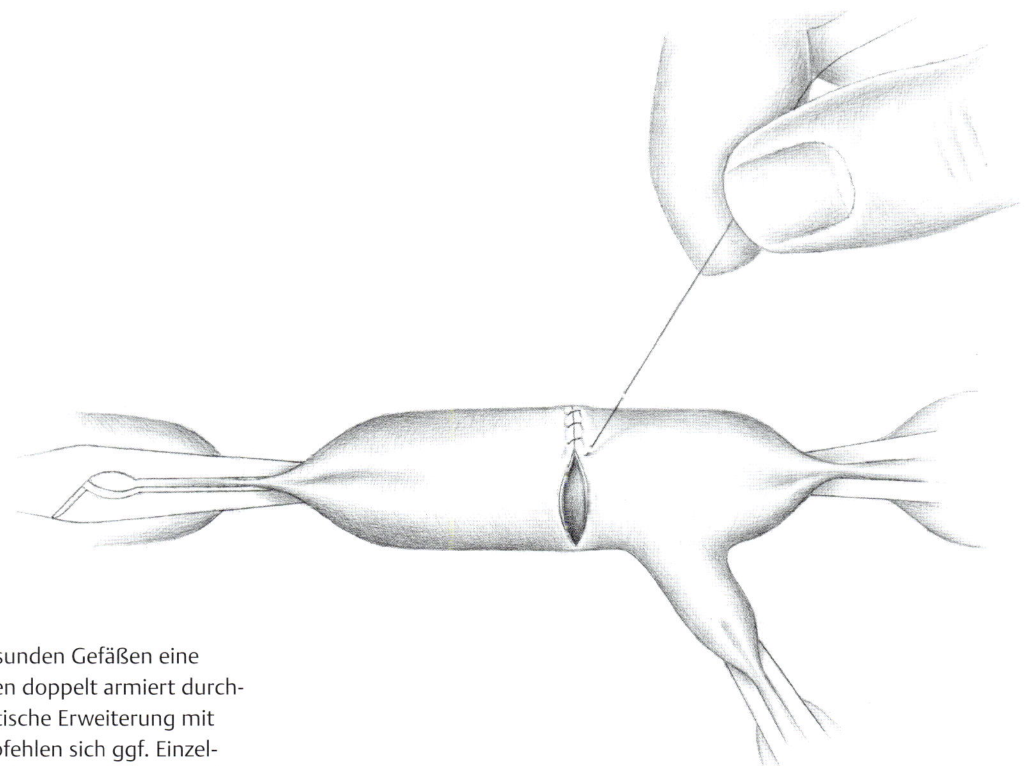

❺ Gefäßnaht

Zum Verschluss der Arteriotomie wird bei gesunden Gefäßen eine quere fortlaufende Naht mit 6–0 Polypropylen doppelt armiert durchgeführt. Bei größeren Plaques kann eine plastische Erweiterung mit einem Venenpatch erforderlich sein, hier empfehlen sich ggf. Einzelknopfnähte. Arterienwand, insbesondere distal, stets von innen nach außen durchstechen.

120. Thrombektomie Vena femoralis

1 Indikation

Absolut: Akute venöse Thrombose oberhalb der Poplitea-Ebene.
Kontra: Alte, organisierte Thrombose mit Umgehungskreislauf.
Alternativverfahren: Lyse-Therapie.

2 Operationsvorbereitung

Präoperative Diagnostik: Sonographie, aszendierende Phlebographie, ggf. Kavographie.
Patientenvorbereitung: I.v.-Heparinisierung mit 20.000 I.E./die.

3 Spezielle Risiken, Aufklärung

- Embolie.
- Rezidivthrombose.
- Notwendigkeit der postoperativen Antikoagulation.
- Gegebenenfalls Notwendigkeit des späteren Verschlusses einer AV-Fistel.

4 Anästhesie

Intubationsnarkose.

5 Lagerung

Rücken, Vorbereitung auch für Notfallthorakotomie.

6 Zugang

Längsverlaufende Inzision über beiden Leisten.

7 Operationsschritte

1. Anatomie.
2. Anti-Trendelenburg-Lagerung.
3. Abdeckung und Hautschnitt.
4. Veneneröffnung.
5. Zentrale Blockung.
6. Auswicklung des Beins.
7. AV-Fistel.

8 Relevante Anatomie, Gefahren, Tricks

Bei Vorschieben des Fogarty-Katheters nach zentral stets PEEP-Beatmung.

9 Maßnahmen bei speziellen Komplikationen

Bei schlechtem Rückfluss Wiederholung der Thrombektomie bis zum sicheren Erfolg.

10 Nachsorge

Medizinische Nachbehandlung: Postoperative Antikoagulation für ca. 6 Monate.
Kostaufbau: Sofort.
Mobilisation: Sofort.
Arbeitsunfähigkeit: Abhängig von Gesamtsituation.

7 Operationstechnik

❶ Anatomie.
❷ Anti-Trendelenburg-Lagerung.
❸ Abdeckung und Hautschnitt.
❹ Veneneröffnung.
❺ Zentrale Blockung.
❻ Auswicklung des Beins.
❼ AV-Fistel.

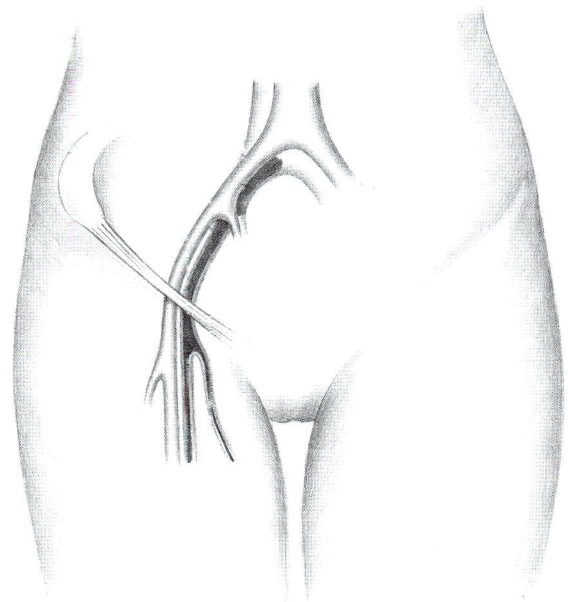

❶ Anatomie

Die Beckenvenenthrombose ist häufig unilateral lokalisiert und reicht von der V. femoralis über die V. iliaca bis in die V. cava. Ist der Thrombus noch nicht organisiert, sollte eine Thrombektomie erfolgen. Sie beginnt über der V. femoralis an der Medialseite der Arterie unterhalb des Leistenbandes.

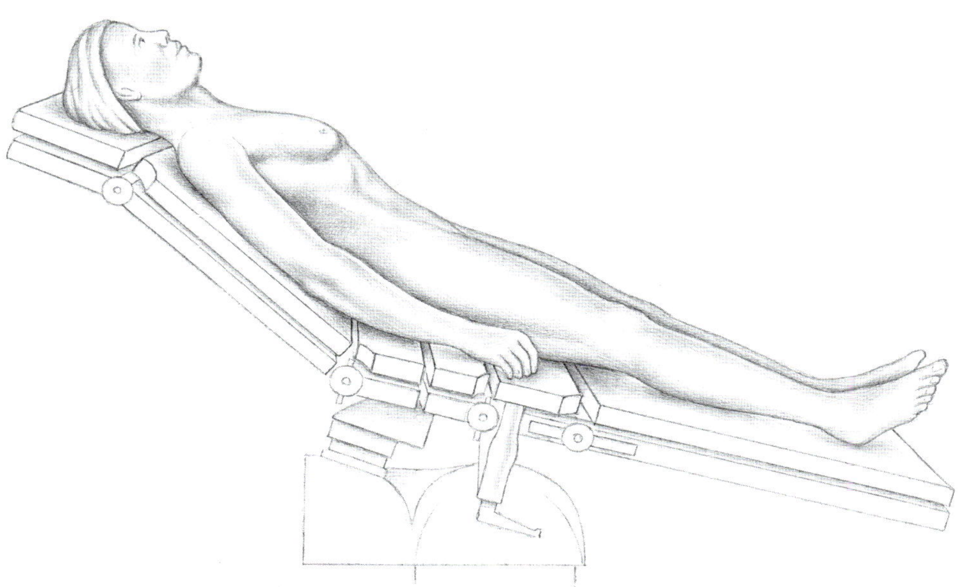

❷ Anti-Trendelenburg-Lagerung

Zur Vermeidung einer kardialen und pulmonalen Einschwemmung wird der Patient in Anti-Trendelenburg-Lagerung verbracht, wobei der Oberkörper um 40° angehoben und die Beine um 10° abgesenkt werden.

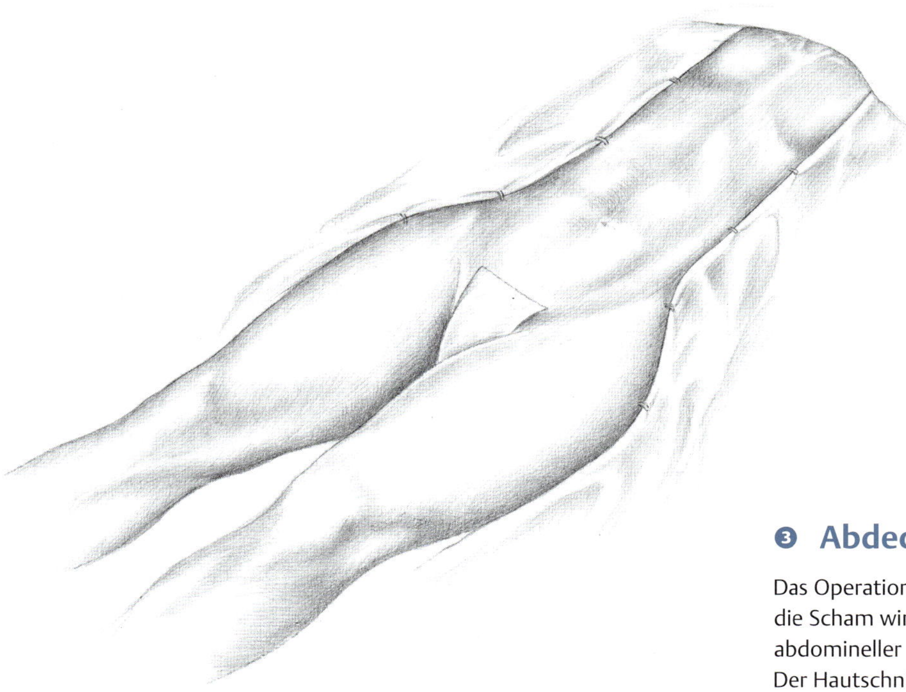

❸ Abdeckung und Hautschnitt

Das Operationsfeld reicht von beiden Unterschenkeln bis zum Jugulum, die Scham wird steril abgedeckt. Es müssen jederzeit ein erweiterter abdomineller Zugang und ggf. sogar eine Sternotomie möglich sein. Der Hautschnitt liegt über der Leistenbeuge wie bei der Embolektomie.

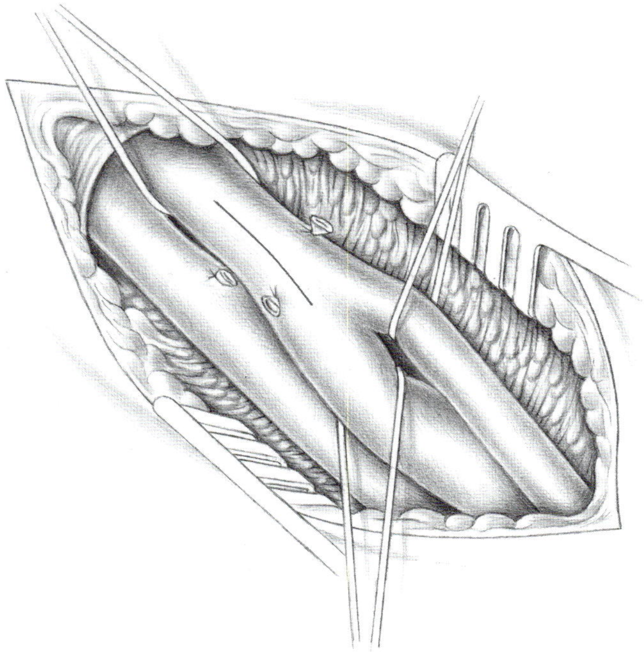

❹ Veneneröffnung

Nach Eröffnung der Haut wird das Subkutangewebe gespalten, ein Sperrer eingesetzt und die V. femoralis freigelegt. Die V. saphena magna und die V. femoralis superficialis werden angezügelt und mobilisiert, Seitenäste werden ligiert. Über dem Konfluenz wird eine längsgerichtete Venotomie durchgeführt.

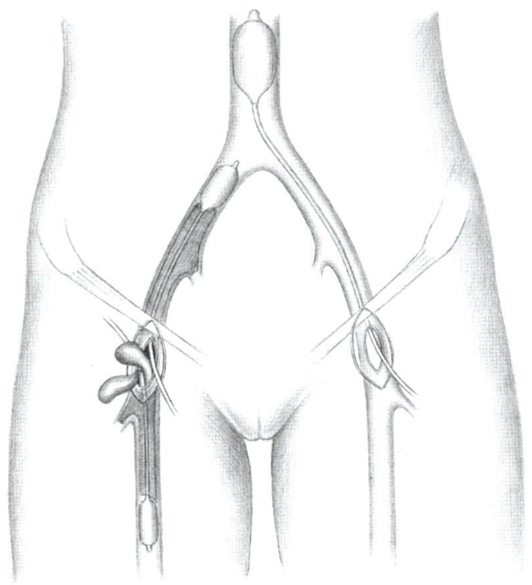

❺ Zentrale Blockung

Zur Vermeidung einer zentralwärtigen Ausschwemmung der venösen Thromben kann von der Gegenseite ein lumenstarker Blockierungskatheter eingeführt werden. Dieser ist bei Überdruckbeatmung mit PEEP weitgehend überflüssig und nur in Einzelfällen noch berechtigt. Der zentrale Blockierungsballon sollte etwa 50 ml fassen, um die V. cava komplett zu okkludieren. Der Blockierungsballon wird vor allem bei den häufigeren (70 %) iliofemoralen linksseitigen Thrombosen eingelegt, da hier die Emboliegefahr deutlich gesteigert ist. Bei den rechtsseitigen Thrombosen reichen die Anti-Trendelenburg-Lagerung und der PEEP in der Regel aus. Nach zentraler Blockade oder entsprechender PEEP-Beatmung wird nun auf der befallenen Seite der Thrombus mittels eines Fogarty-Katheters ausgeräumt. Der Katheter muss hierbei nach distal und proximal vorgeschoben werden, um sämtliche Thromben auszuräumen. Zur Sicherung der Lokalisation des Katheters empfiehlt sich eine Kontrolle unter Röntgendurchleuchtung. Die distalen Thromben werden am besten durch manuelle Kompression des Beins ausgeschwemmt, was durch einen Kompressionsverband mit elastischen Gummibinden verstärkt wird.

❻ Auswicklung des Beins

Die vollständige Entleerung der Thromben aus dem Bein wird gesteigert durch die Auswicklung des Beins mit einer elastischen Gummimanschette bis hin zur Leiste („Quetsch-Thrombektomie“). In Intervallen wird hierzu das ggf. an der proximalen V. femoralis befindliche Torniquet geöffnet, um die Thromben über die Venotomie exprimieren zu können. Dieses Auswickeln ersetzt die häufig nicht mögliche Einführung des Thrombektomiekatheters nach distal, da dies durch Venenklappen behindert wird. Man sollte sich auch bemühen, diese Venenklappen nicht durch unsachgemäße Manipulation zu zerstören. Aus diesem Grunde ist das Auswickeln der Extremität das schonendere Verfahren.

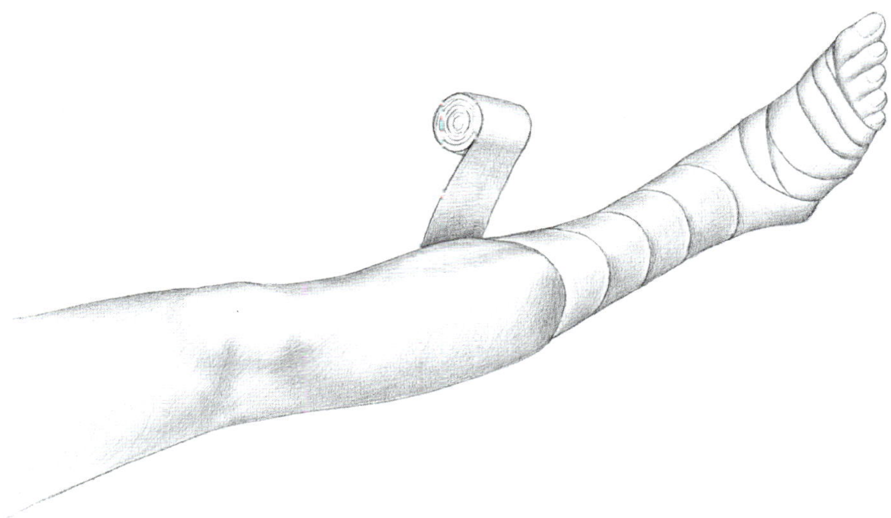

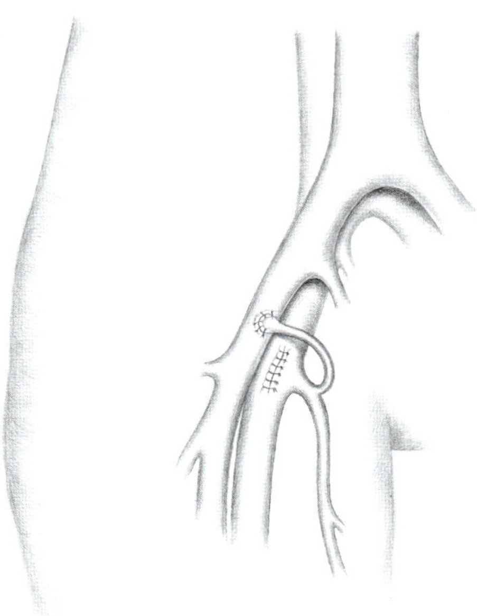

❼ AV-Fistel

Zur Gewährleistung einer anhaltenden Durchgängigkeit des thrombektomierten Beckenvenensystems empfiehlt sich die Anlage einer temporären AV-Fistel. Hierzu wird ein Seitenast der V. saphena präpariert und distal abgesetzt. Danach erfolgt die Implantation in die A. femoralis superficialis mit monofilen 7 × 0-Polypropylennähten. Die Venotomie wird durch fortlaufende Naht mit gleichem Nahtmaterial verschlossen.

121. Crossektomie, Magnastripping und Perforansligatur

1 Indikation

Elektiv: Chronische Insuffizienz des oberflächlichen Venensystems mit Varikosis und Ulcera cruris.
Kontra: Verschluss des tiefen Venensystems.
Alternativverfahren: Perkutane Sklerosierung.

2 Operationsvorbereitung

Präoperative Diagnostik: Durchgängigkeit des tiefen Venensystems sichern: Phlebographie, Doppler-Sonographie.
Patientenvorbereitung: Präoperatives Markieren der Venen, insbesondere der Vv. perforantes.

3 Spezielle Risiken, Aufklärung

- Wiederauftreten von Varizen (5% nach 10 Jahren).
- Gefäßverletzung (A./V. femoralis).
- Nachblutung.
- Nervenverletzung (N. saphenus, N. suralis).

4 Anästhesie

Allgemein-, Spinal-, Periduralanästhesie.

5 Lagerung

Rücken, Beine leicht gespreizt.

6 Zugang

Für endoskopische subfasziale Perforansdissektion (ESDP) erfolgt der Hautschnitt am medialen Unterschenkel mittig, zwei Querfinger dorsal der Tibiaunterkante.

7 Operationsschritte

❶ Anatomie.
❷ Anzeichnen der Varizen.
❸ Lagerung und Hautschnitt.
❹ Anatomie Fossa ovalis.
❺ Crossektomie.
❻ Absetzen V. saphena magna.
❼ Umstechungsligatur Venenstumpf.
❽ Distale Freilegung der V. saphena magna.
❾ Einführen der Babcock-Sonde.
❿ Proximales Einknoten der Babcock-Sonde.
⓫ Exhairese der V. saphena magna von proximal nach distal.
⓬ Entfernung von Astvarizen.
⓭ Ligatur Perforansvenen.
⓮ Technik der endoskopischen subfaszialen Perforansdissektion (ESDP).
⓯ Kompressionsverband.

8 Relevante Anatomie, Gefahren, Tricks

Am Unterschenkel enge Lagebeziehung zwischen V. saphena magna und N. saphenus sowie zwischen V. saphena parva und N. suralis.

9 Maßnahmen bei speziellen Komplikationen

Bei Blutung anhaltende Kompression, ggf. Umstechung der Venenäste.

10 Nachsorge

Medizinische Nachbehandlung: Konsequente Kompression: zunächst elastisches Wickeln, nach Abschluss der Wundheilung Kompressionsstrümpfe nach Maß.
Mobilisation: Sofort; in den ersten 6 Wochen Bein beim Sitzen hoch legen. Devise für Patienten: „L" ist gut (Liegen, Laufen), „S" ist schlecht (Sitzen, Stehen).
Krankengymnastik: Nicht erforderlich.
Arbeitsunfähigkeit: 1 Woche.

7 Operationstechnik

1. Anatomie.
2. Anzeichnen der Varizen.
3. Lagerung und Hautschnitt.
4. Anatomie Fossa ovalis.
5. Crossektomie.
6. Absetzen V. saphena magna.
7. Umstechungsligatur Venenstumpf.
8. Distale Freilegung der V. saphena magna.
9. Einführen der Babcock-Sonde.
10. Proximales Einknoten der Babcock-Sonde.
11. Exhairese der V. saphena magna von proximal nach distal.
12. Entfernung von Astvarizen.
13. Ligatur Perforansvenen.
14. Technik der endoskopischen subfaszialen Perforansdissektion (ESDP).
15. Kompressionsverband.

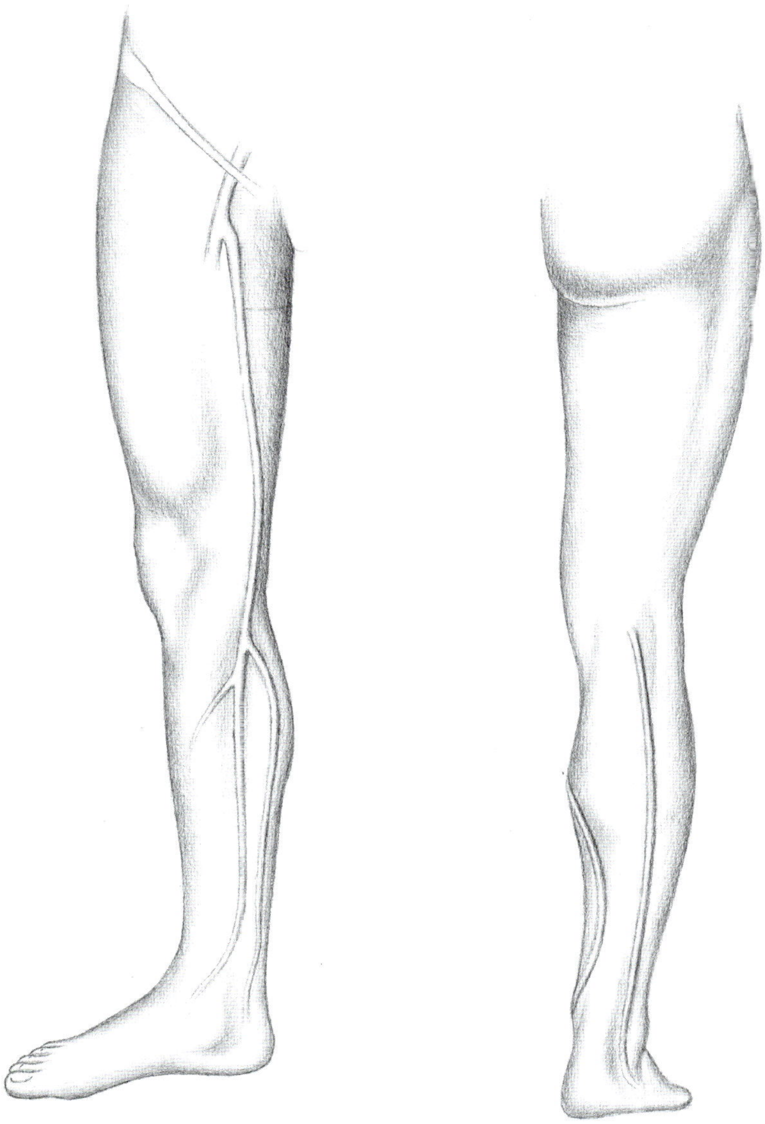

❶ Anatomie

Die V. saphena magna verläuft an der Innenseite des Oberschenkels und teilt sich an der Innenseite des Unterschenkels in 2 – 3 Äste auf. Die V. saphena parva mündet in die V. poplitea und verläuft am Unterschenkel dorsolateral subkutan. Während die V. saphena magna ihren Ursprung im Bereich des Innenknöchels nimmt, entspringt die V. saphena parva an der Rückseite des Außenknöchels.

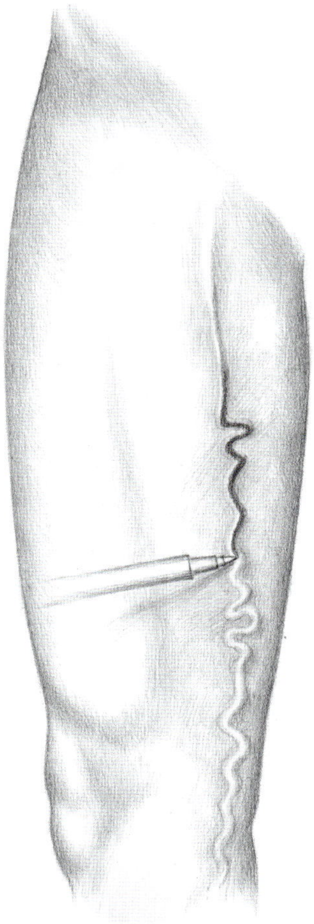

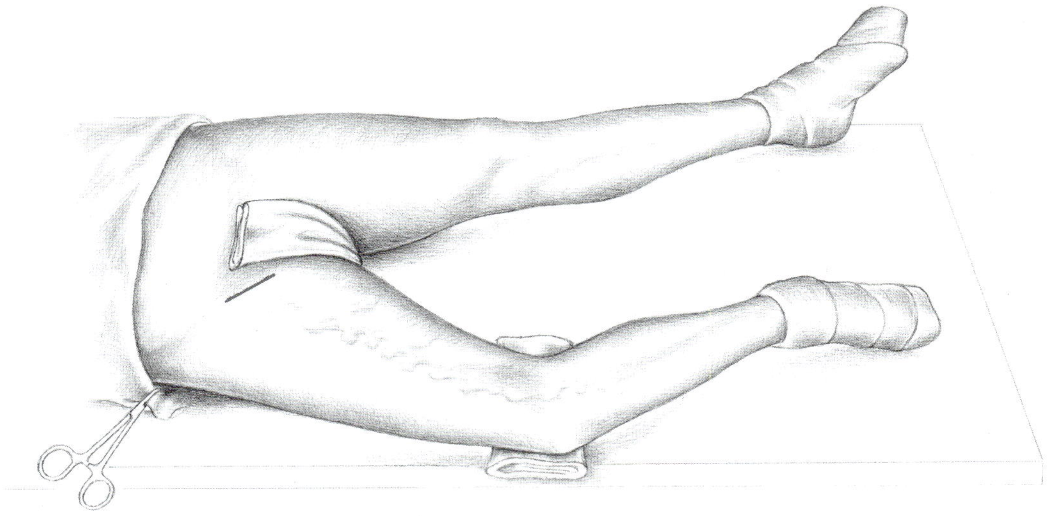

❷ Anzeichnen der Varizen

Die Indikation zur operativen Behandlung der Varizen ergibt sich bei ausgeprägter Stammastvarikosis mit beginnenden Stauungszeichen. In diesen Fällen ist die Sklerosierung nicht mehr sinnvoll. Voraussetzung jeder Exhairese der V. saphena magna ist die durch Phlebographie gesicherte freie Durchgängigkeit des tiefen Venensystems. Die Vorbereitung der Operation beginnt am Vorabend mit dem Anzeichnen der Venenkonvolute am stehenden Patienten mit dem Filzstift. Hierbei werden Faszienlücken getastet und hierin verlaufende Perforansinsuffizienzen durch gesonderte Markierungen (Kreise oder Kreuze) angezeichnet.

❸ Lagerung und Hautschnitt

Das zu operierende Bein wird in leichter Außenrotation über einer Knierolle gelagert. Die Scham und der Fuß sind steril abgedeckt. Das Operationsfeld reicht von der Spina iliaca superior anterior bis zum Knöchel. Der Hautschnitt ist an der Innenseite des Oberschenkels über dem gut tastbaren Gefäßpuls der A. femoralis, entsprechend der Fossa ovalis, quer oder schräg verlaufend.

❹ Anatomie Fossa ovalis

Nach Eröffnung des Subkutangewebes und Einsatz eines selbst haltenden Sperrers wird die Fossa ovalis dargestellt. An ihrer Medialseite verläuft die V. femoralis mit der nach medial abzweigenden V. saphena magna, lateralseitig findet sich die Arterie. Häufig überkreuzen die Venen arterielle Äste, die zur Innenseite des Oberschenkels ziehen. Die V. saphena magna gilt erst dann als identifiziert, wenn die V. femoralis in ihrer Gesamtheit dargestellt und auch in ihrem distalen Verlauf eindeutig identifiziert ist. Diese eindeutige anatomische Darstellung ist die notwendige Garantie zur Vermeidung einer akzidentellen Exhairese der V. femoralis!

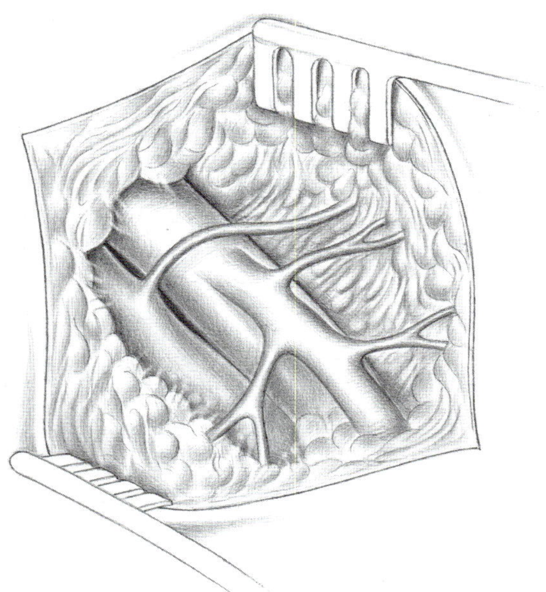

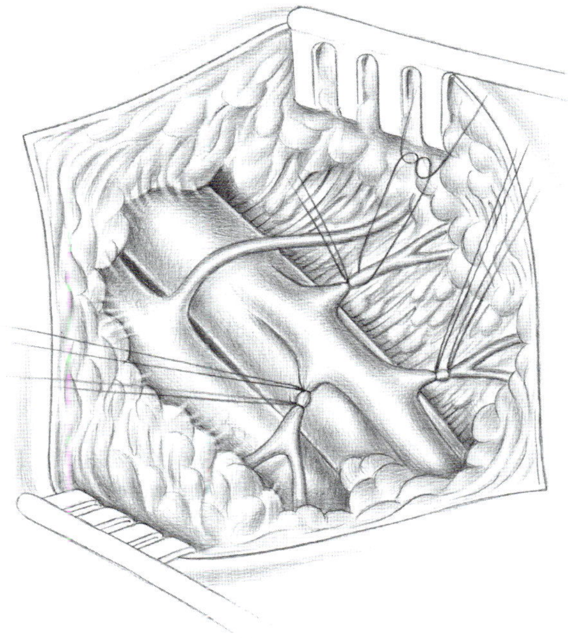

❺ Crossektomie

Die Exhairese der V. saphena magna beginnt mit einer Crossektomie. Diese beinhaltet die Durchtrennung der V. saphena magna an ihrem Abgang aus der V. femoralis sowie Durchtrennung sämtlicher Kollateralvenen des Venensterns. Sämtliche Äste sind doppelt zu unterbinden und zu durchtrennen. Die Crossektomie kann im Rahmen einer Mündungsklappeninsuffizienz der V. saphena magna ohne ausgedehnte Stammvarikosis als alleinige Maßnahme indiziert sein. Sie beinhaltet in diesen Fällen naturgemäß auch die Durchtrennung der V. saphena magna an ihrer Einmündung.

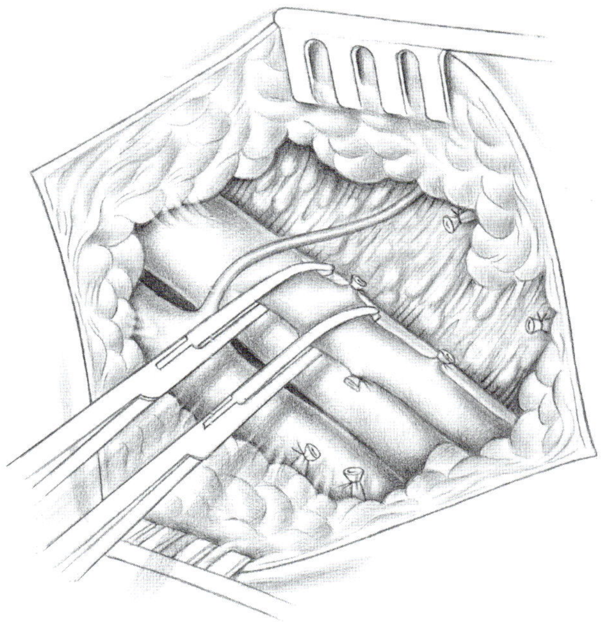

❻ Absetzen V. saphena magna

Nach eindeutiger Identifikation und Durchtrennung sämtlicher Kollateralgefäße wird die V. saphena magna an ihrem Ansatz zwischen Overholt-Klemmen durchtrennt und zur Exhairese vorbereitet.

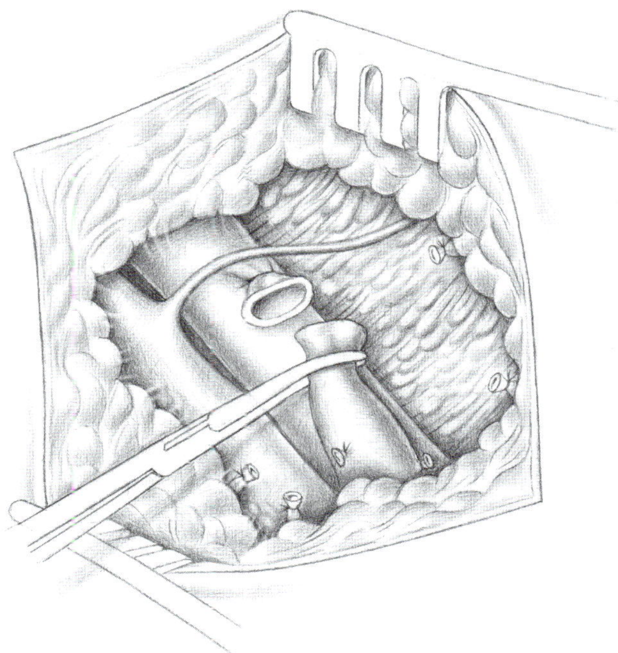

❼ Umstechungsligatur Venenstumpf

Der Stumpf der V. saphena magna an der V. femoralis wird mit einer Umstechungsligatur (2 × 0 PGS) gesichert, diese darf die Vene nicht einengen. Der distale Ast wird mit einer Klemme verschlossen, um später die von distal eingeführte Babcock-Sonde austreten lassen zu können.

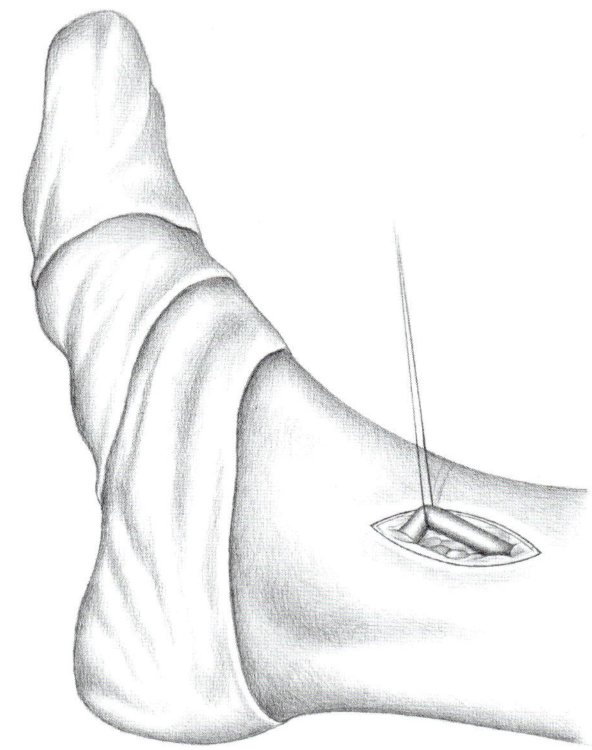

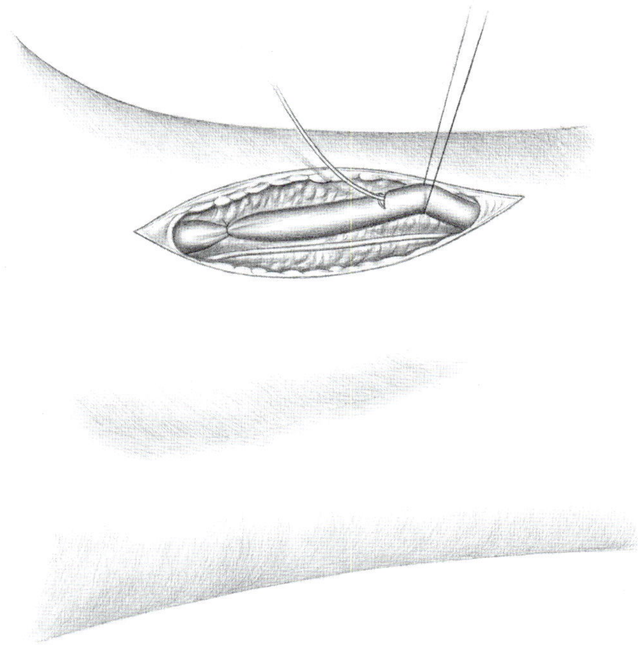

❽ Distale Freilegung der V. saphena magna

Der nächste Schritt ist die Freilegung der V. saphena magna an ihrem Ursprung im Bereich des Fußes. Ventral des Innenknöchels lässt sich der Verlauf der V. saphena magna leicht identifizieren. Mit einem längsgerichteten Hautschnitt wird die Vene freigelegt, mit Fäden angeschlungen und nach distal ligiert.

❾ Einführen der Babcock-Sonde

Ist die Vene ausreichend mobilisiert, so lässt sich von distal nach proximal die Babcock-Sonde einführen. Wichtig ist bei dieser Präparation die sorgfältige Darstellung und Schonung des in unmittelbarer Nachbarschaft verlaufenden N. saphenus, dessen Mitverletzung zu hartnäckigen Beschwerden und Sensibilitätsausfällen führt. Seine Darstellung ist obligat und die Voraussetzung einer sicheren Schonung. Das häufig geübte Strippen der Vene in Flussrichtung von distal nach proximal ist wegen der unkontrollierten Verletzungsmöglichkeiten des N. saphenus nur in Ausnahmefällen gerechtfertigt.

❿ Proximales Einknoten der Babcock-Sonde

Die von distal nach proximal eingeführte Babcock-Sonde wird bis in die proximale V. saphena vorgeführt. Dies gelingt nicht immer. Häufig lässt sich die Sonde nur in kleineren Strecken im Bein vorwärts führen. In diesen Fällen ist über dem Sondenkopf eine quere Inzision zu machen, der Sondenkopf ist einzuknoten und die Vene ist durch den eingeknoteten Sondenkopf nach distal zu extrahieren. Im Prinzip gilt das gleiche Vorgehen wie bei vollständiger Auffädelung der Vene mit der Babcock-Sonde bis zur Leiste. Gelingt diese Auffädelung, so wird die Vene über der Babcock-Sonde in der Leiste fest eingeknotet.

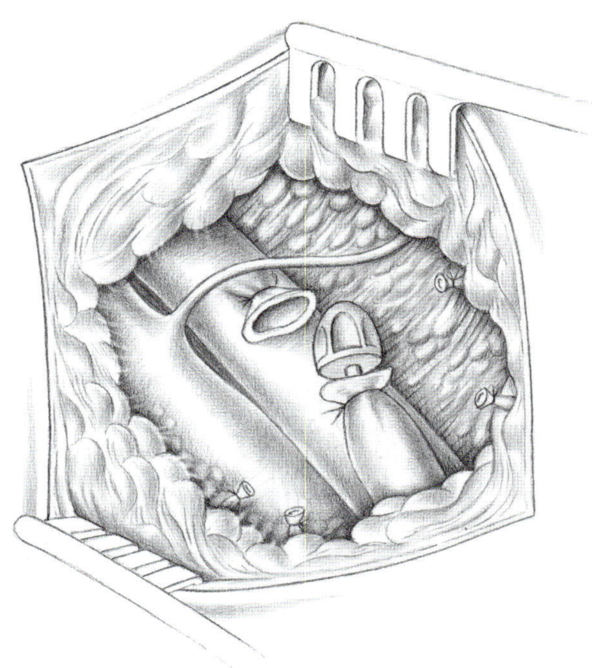

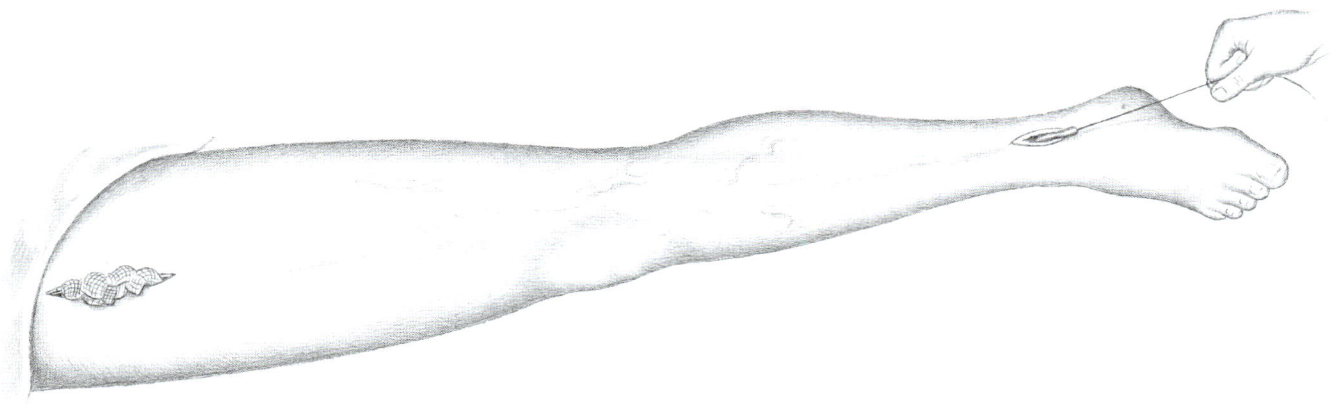

⑪ Exhairese der V. saphena magna von proximal nach distal

Dies sollte das Vorgehen der Wahl sein, um den N. saphenus zu schonen. Unter der komprimierenden Hand des Assistenten wird die Vene schrittweise von proximal nach distal herausgezogen, wobei bei größeren Widerständen Entlastungsinzisionen gemacht werden sollten, um Seitenäste zu ligieren. Wichtig sind die Hochlagerung des Beins und der komprimierende Druck mit Kompressen durch die Assistenten.

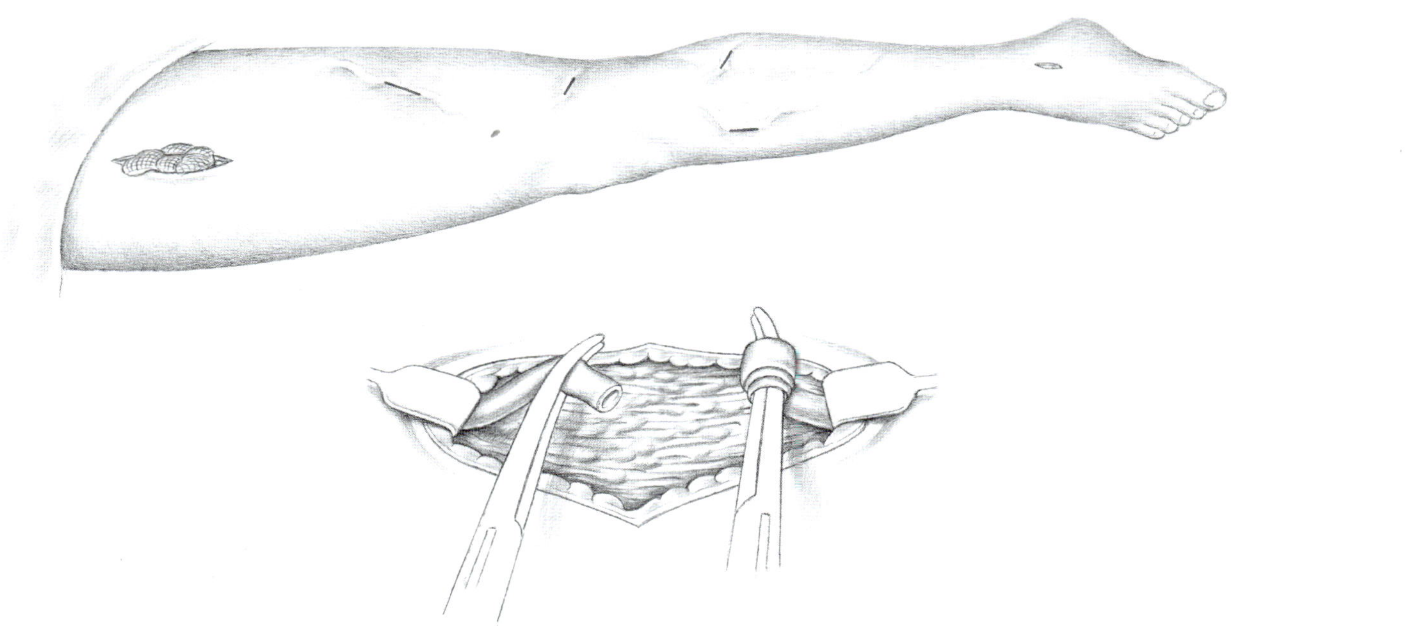

⑫ Entfernung von Astvarizen

Ist die V. saphena magna in ihrem gesamten Verlauf vollständig oder in Teilabschnitten entfernt worden, beginnt die Entfernung der Astvarizen. Hierzu wird an den mit Farbstoff markierten Varizenknoten eine 1 – 2 cm große Inzision durchgeführt, um die Venenkonvolute darzustellen. Sie werden mit Klemmen gefasst, durchtrennt und durch Aufrollen so weit wie möglich im Subkutangewebe verfolgt. Die Seitenäste werden mit Ligaturen versorgt (2 × 0 PGS). Die Haut wird so weit wie möglich über den Venen mobilisiert. Wichtig ist die Vermeidung größerer Blutungen, da dies zu erheblichen postoperativen Beschwerden und großen Hämatomen führen kann.

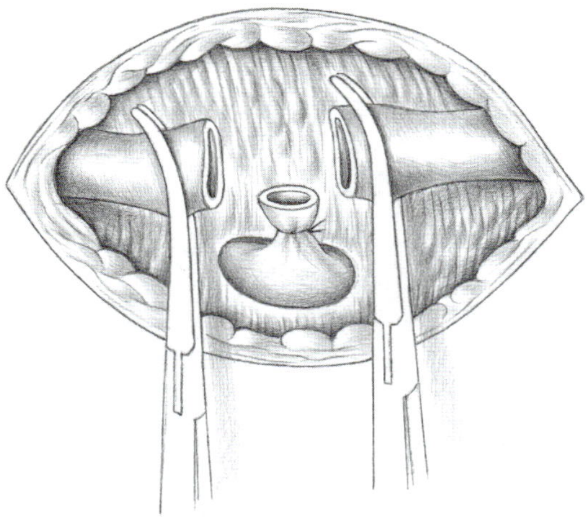

13 Ligatur Perforansvenen

Liegen Perforansvenen vor, die sich an Faszienlücken identifizieren lassen, sind sie durch eine gesonderte Inzision aufzusuchen und zwischen Umstechungsligaturen zu versorgen. Der zum tiefen Venensystem bestehende Verbindungsast ist mit Umstechungsligaturen (2 × 0 PGS) zu versorgen, um eine Nachblutung zu vermeiden. Die darüber liegenden Varizenknäuel sind vollständig in der üblichen Technik zu entfernen und mit Ligaturen zu versorgen.

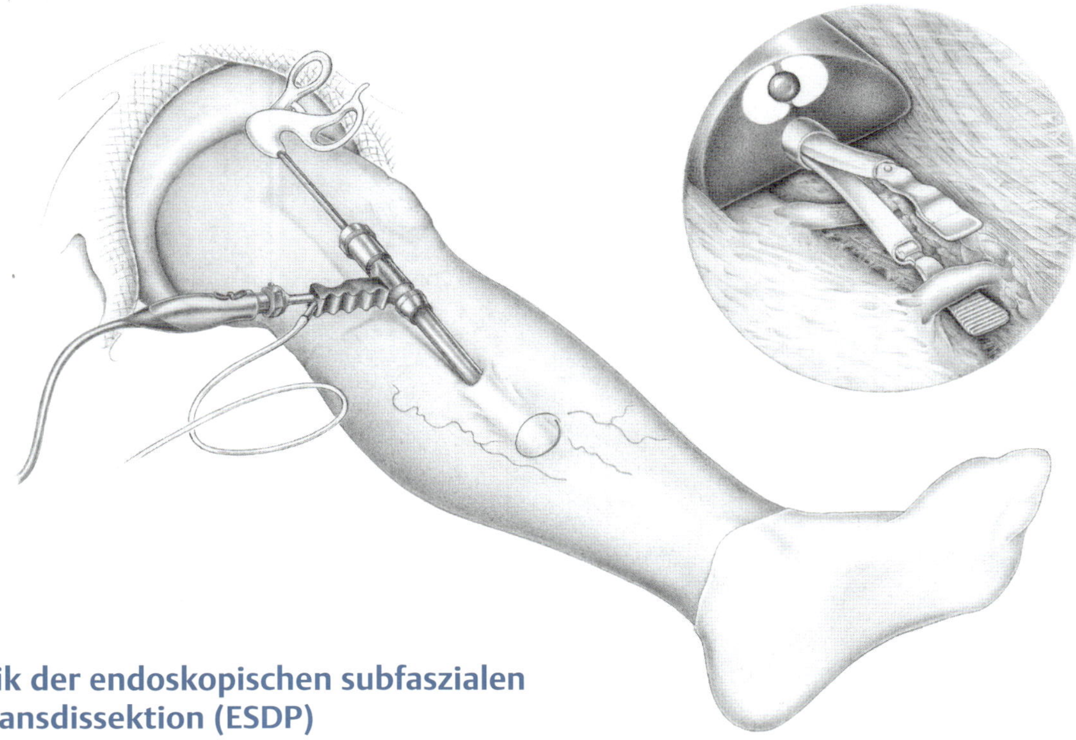

a

b

14 Technik der endoskopischen subfaszialen Perforansdissektion (ESDP)

Nach Anlegen einer Blutsperre, welche für ein Operieren mit Übersicht notwendig ist, wird 2 Querfinger dorsal der Tibiavorderkante in der Linton-Linie in Unterschenkelmitte eine ca. 3 cm lange Inzision vorgenommen. Nach Darstellung der Faszie wird diese ebenfalls über die gleiche Strecke eröffnet. Nach digitaler Austastung und Dehnung des subfaszialen Raumes kann der Operationstubus platziert und die endoskopische Optik vorgeschoben werden. Durch vorsichtiges Vorschieben des Instruments kann der gesamte subfasziale Raum dargestellt werden. Insuffiziente Perforansvenen werden unter Sicht koaguliert, bzw. mit dem Ultraschallskalpell durchtrennt. Aus logistischen Gründen erfolgt die ESDP, wenn geplant, meist am Anfang des Eingriffs.

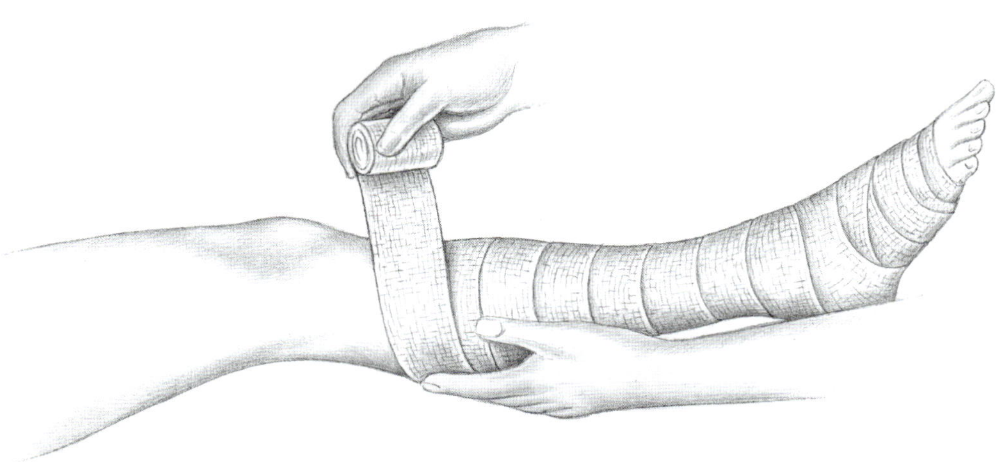

15 Kompressionsverband

Wichtigste postoperative Maßnahme ist das vollständige Wickeln des Beins vom Fuß bis zur Leiste mit ausreichendem Druck mit einem elastischen Verband. Stehen bereits Gummikompressionsstrümpfe zur Verfügung, können diese den Verband ersetzen. Der Kompressionsverband verhindert die revisionsbedürftige Nachblutung.

122. Dialyse-Shunt (Cimino)

1 Indikation

Elektiv: Dialysepatient.
Kontraindikation: Arterielle Verschlusskrankheit des Arms.
Alternativverfahren: Peritonealdialyse, Scribner-Shunt (V. saphena magna/A. tibialis posterior), Nierentransplantation.

2 Operationsvorbereitung

Präoperative Diagnostik: Palpatorische Überprüfung der Durchgängigkeit von A. radialis und A. ulnaris.

3 Spezielle Risiken, Aufklärung

- Blutung.
- Venöser Hochdruck im Handbereich.
- Kreislaufbelastung mit Notwendigkeit des Fistelverschlusses.
- Thrombotischer Verschluss.
- Aneurysmabildung.

4 Anästhesie

Plexus- oder Lokalanästhesie.

5 Lagerung

Rücken, Arm auf Handtisch ausgelagert.

6 Zugang

Längs verlaufend, knapp radial der palpablen A. radialis im distalen Unterarmdrittel.

7 Operationsschritte

1. Hautschnitt.
2. Freilegung von Arterie und Vene.
3. Arteriovenöse Anastomosierung.

8 Relevante Anatomie, Gefahren, Tricks

- Bester Langzeiterfolg bei End-zu-Seit-/Vene-zu-Arterie-Anastomose.
- Nach Venotomie Flushen des Gefäßes nach proximal, um Durchgängigkeit sicherzustellen.

Cave: Intimaverletzung bei Gefäßnaht.

- Intraoperativer Gefäßspasmus kann durch Aufbringen von Papaverin-Lösung durchbrochen werden.
- Postoperativ engmaschige palpatorische und auskultatorische Shunt-Kontrolle: Patient instruieren.
- Shunt nach 4 – 6 Wochen erstmals für Dialyse nutzen.

9 Maßnahmen bei speziellen Komplikationen

Shunt-Thrombose: meist direkt nach Dialyse (infolge Hypotension und Gefäßwandtrauma), sofortige Revision mit Ballonkatheter-Embolektomie.

10 Nachsorge

Medizinische Nachbehandlung: Engmaschige Kontrolle der Shunt-Durchgängigkeit unter Patientenbeteiligung. Außer zur Dialyse keine Gefäßpunktion am betroffenen Arm!
Arbeitsunfähigkeit: 1 – 2 Wochen, abhängig von Gesamtsituation.

7 Operationstechnik

❶ Hautschnitt.
❷ Freilegung von Arterie und Vene.
❸ Arteriovenöse Anastomosierung.

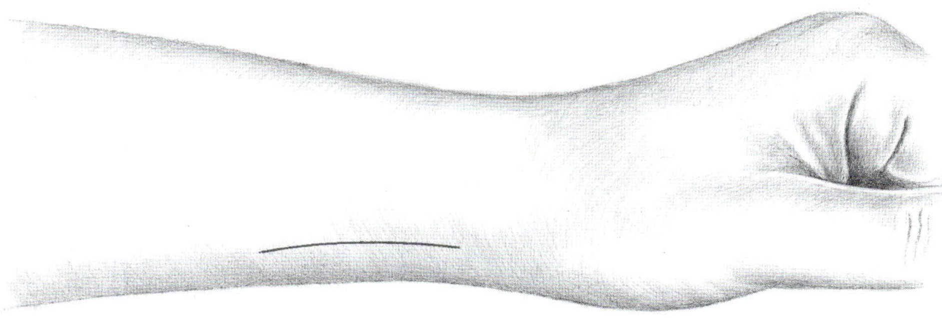

❶ Hautschnitt

Der Hautschnitt verläuft in Längsrichtung über dem gut tastbaren Puls der A. radialis an der Innenseite des Unterarms.

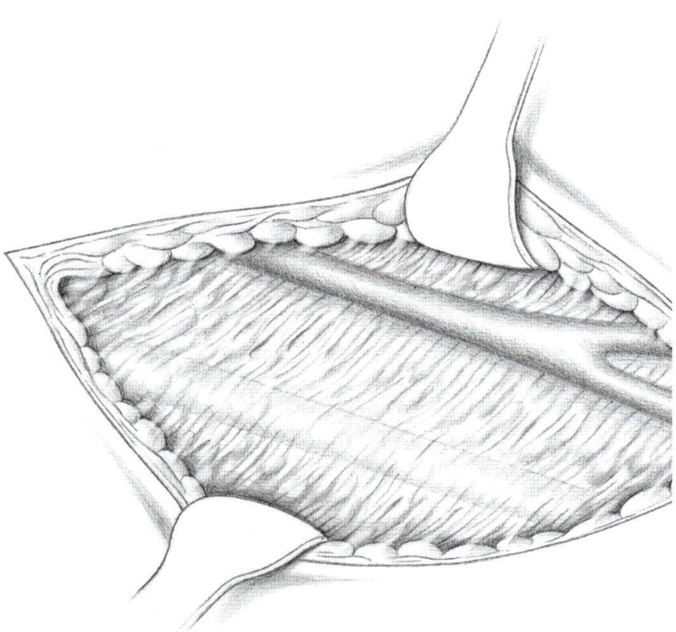

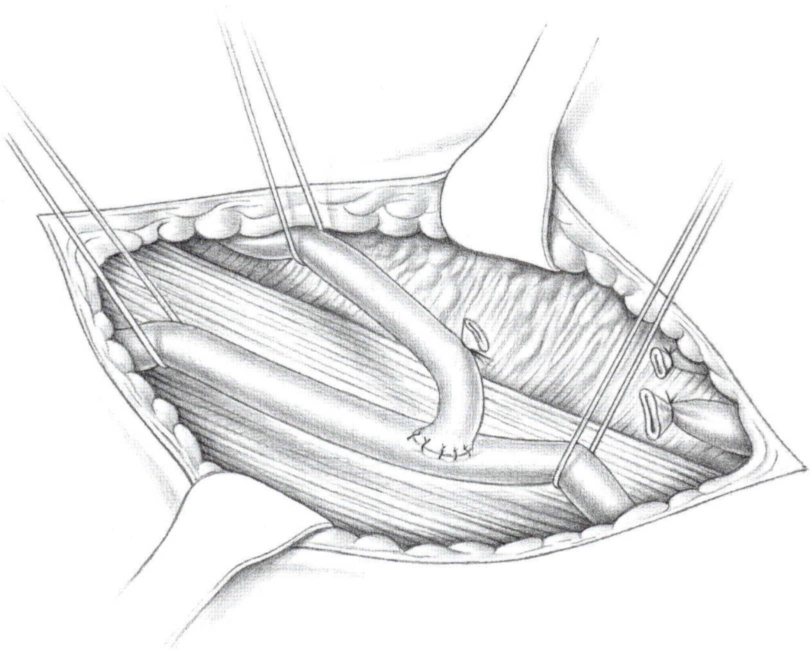

❷ Freilegung von Arterie und Vene

Nach Mobilisation der Vene wird die Arterie im Subkutangewebe freigelegt, angeschlungen und vorluxiert.

❸ Arteriovenöse Anastomosierung

Die Arterie wird angezügelt, die Vene wird auf eine längere Strecke freigelegt. Seitenäste werden unterbunden, der distale Anteil der Vene wird durch Umstechungsligatur verschlossen. Der proximale Venenstumpf wird End-zu-Seit mit der Arterie anastomosiert. Die Anastomosierung erfolgt mit 6 – 0 Einzelknopfnähten in üblicher gefäßchirurgischer Technik, ggf. unter Verwendung einer Lupenbrille. Subkutannähte, Hautverschluss und ein steriler Verband beenden den Eingriff.

123. Finger- und Zehenamputation

1 Indikation

Elektiv: Entfernung irreparabel destruierter distaler Anteile infolge von Ischämie, Infektion, Trauma oder Malignom (gilt entsprechend auch für Zehen).
Alternativverfahren: Grenzzonenamputation.

2 Operationsvorbereitung

Präoperative Diagnostik: Gegebenenfalls Angiographie, radiologischer Ausschluss einer Osteomyelitis.
Patientenvorbereitung: Bei lokalen Infekten perioperative Antibiotikatherapie; Diabeteseinstellung.

3 Spezielle Risiken, Aufklärung

- Wundheilungsstörung.
- Nachamputation.
- Stumpf-/Phantomschmerz.

4 Anästhesie

Regionalanästhesie (Spinal-, Peridural- oder Plexusanästhesie).

5 Lagerung

Rücken, ggf. Armtisch.

6 Zugang

„Stufenförmige" Inzision mit plantarem/palmarem Lappen.

„Tennisschlägerförmige" Inzision bei Amputation im Grundgelenk.

7 Operationsschritte

1. Hautschnitt.
2. Mittelgliedexartikulation – Hautschnitt.
3. Volare Lappenbildung.
4. Tendoplastische Deckung.
5. Kutane Stumpfdeckung.

8 Relevante Anatomie, Gefahren, Tricks

- Die plantaren/palmaren Weichteile sind dicker, besser durchblutet und resistenter gegenüber mechanischen Belastungen und sollten daher für Lappenbildungen bevorzugt werden.
- Möglichst sparsame Amputation, besonders des 1. und 2. Strahls.
- Im Bereich des Metatarsus möglichst keine vollständige Entfernung eines Metatarsale, um Stabilität des Fußgewölbes zu erhalten
- Bei Großzehenexartikulation ggf. partielle Resektion des Metatarsale-I-Köpfchens, wenn dies so prominent ist, dass eine Weichteilulzeration droht.

9 Maßnahmen bei speziellen Komplikationen

Bei ausgeprägten lokalen Infekten ggf. zweizeitiges Vorgehen mit sekundärem Wundverschluss oder einzeitig mit Einlage einer Antibiotikakette.

10 Nachsorge

Medizinische Nachbehandlung: Drainage (sofern gelegt) ex am 1.–2. Tag, Hautnähte 2 Wochen belassen. Fußbelastung im Fersenbereich erlaubt, wenn Schmerzen gering.
Mobilisation: Sofort, ggf. unter Entlastung des Fußes.
Krankengymnastik: Hilfestellung bei Mobilisation.
Arbeitsunfähigkeit: Abhängig von Gesamtsituation und Beruf.

7 Operationstechnik

1. Hautschnitt.
2. Mittelgliedexartikulation – Hautschnitt.
3. Volare Lappenbildung.
4. Tendoplastische Deckung.
5. Kutane Stumpfdeckung.

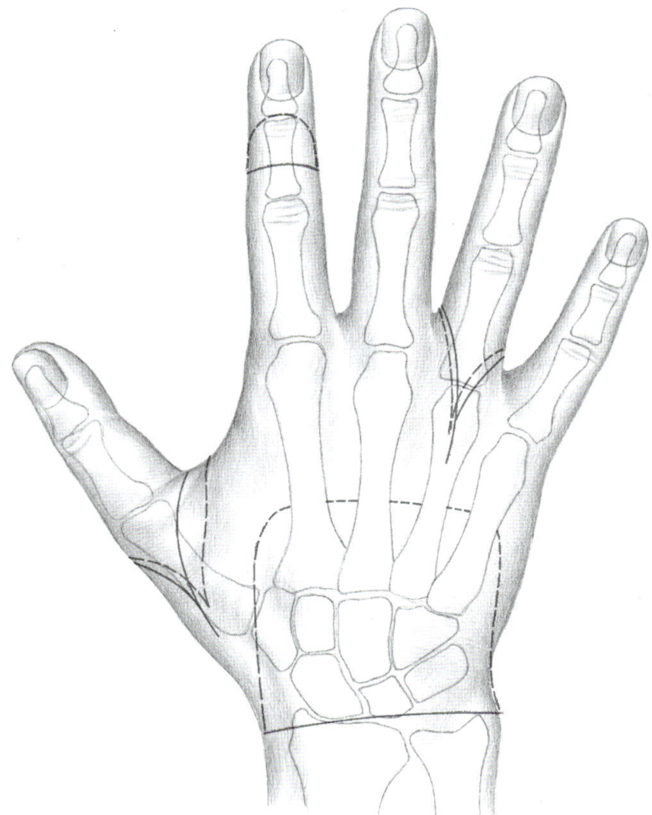

1 Hautschnitt

Die Hautschnitte für Fingeramputationen oder -exartikulationen sowie Amputationen der Hand entsprechen den anatomischen Gegebenheiten. Ziel ist die froschmaulartige Bildung von gut durchbluteten Haut-Muskel-Lappen, die zur Deckung der knöchernen Stümpfe verwendet werden. So bietet sich bei Amputationen im Fingerendgliedbereich ein volarer Lappen an. Bei Exartikulation im Grundgelenk ist ein froschmaulartiger Schnitt über dem jeweiligen MC-Köpfchen zu empfehlen. Zur Verbesserung der Handkontur wird bei der Exartikulation im Grundgelenk das jeweilige MC-Köpfchen mit entfernt und der Metakarpalknochen entsprechend angeschrägt. Hierdurch lässt sich ein kosmetisch besseres Ergebnis für die Mittelhand erreichen. Bei Amputation der gesamten Hand ist eine volare Lappendeckung des Unterarmstumpfes anzustreben.

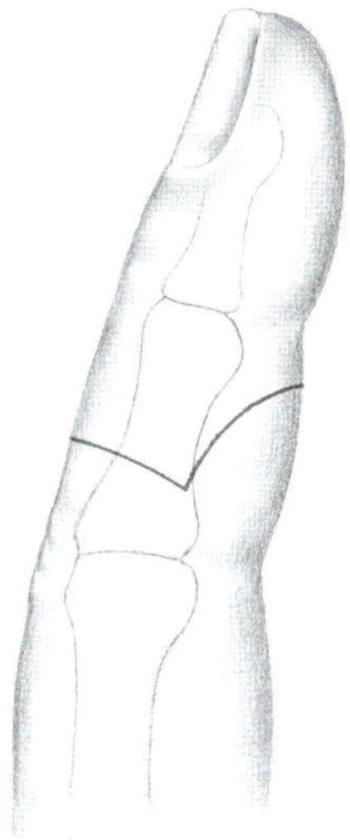

❷ Mittelgliedexartikulation – Hautschnitt

Bei Amputation im Fingermittelglied ist ein volarer Haut-Muskel-Lappen zu bilden, der zur Deckung des Defekts möglichst weit nach distal reichen sollte.

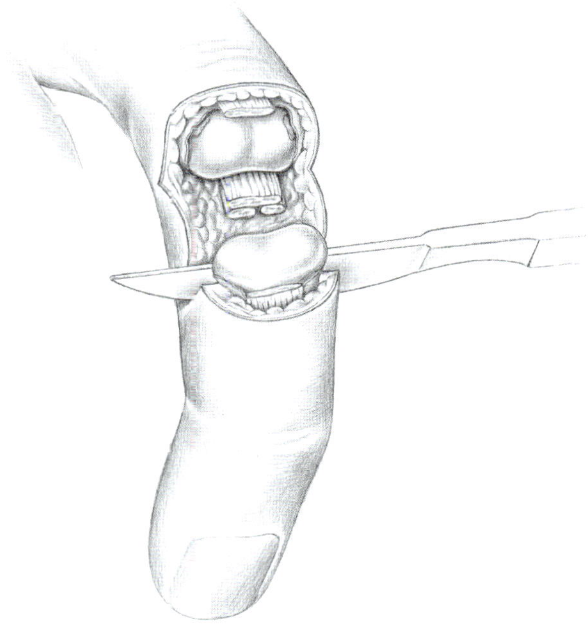

❸ Volare Lappenbildung

Die Inzision hat bei der Mittelgliedexartikulation so zu verlaufen, dass der volare Haut-Muskel-Lappen und die Beugesehne so lang belassen werden, dass sie später den Stumpf gut decken können.

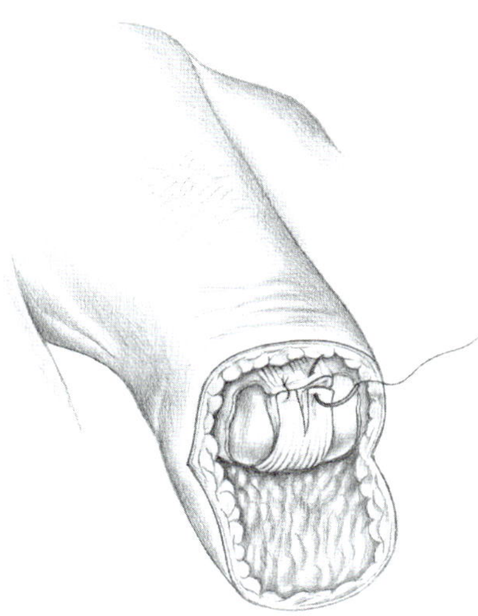

❹ Tendoplastische Deckung

Vor dem Gelenkköpfchen werden die Beugesehnen mit den Strecksehnen durch Einzelknopfnähte untereinander verbunden (3 × 0 PGS). Derart lässt sich eine gute tendo- und myoplastische Deckung des Stumpfes erzielen.

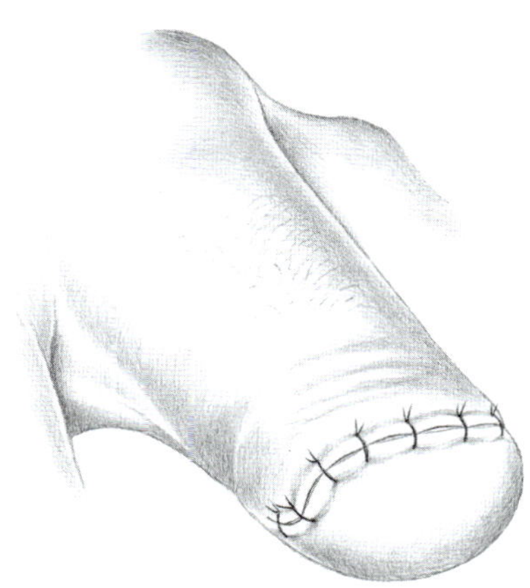

❺ Kutane Stumpfdeckung

Der Stumpf wird durch den volaren Haut-Muskel-Lappen gedeckt. Hierbei sollten die Subkutannähte ohne Spannung erfolgen und die Hautnähte die Haut nur locker adaptieren. Die Nahtreihe darf nicht im Bereich der Greiffläche liegen, d. h. sie sollte eher dorsal platziert werden, um die volle Sensibilität der Volarfläche zu erhalten.

124. Unterschenkelamputation

1 Indikation

Elektiv: Gebrauchsunfähigkeit des distalen Beins aufgrund von Ischämie, Infektion, Trauma oder Malignom bei erhaltungsfähigem proximalen Unterschenkel.
Alternativverfahren: Knieexartikulation, Oberschenkelamputation.

2 Operationsvorbereitung

Präoperative Diagnostik: Angiographie, radiologischer Ausschluss einer proximalen Osteomyelitis.
Patientenvorbereitung: Diabeteseinstellung. Bei Infektion im Bereich der zu amputierenden Extremität perioperative Antibiotikagabe. Gegebenenfalls Markierung der Absetzungslinie auf der Haut.

3 Spezielle Risiken, Aufklärung

- Wundheilungsstörung.
- Nachamputation.
- Dekubitus.
- Stumpf-/Phantomschmerz.

4 Anästhesie

Intubationsnarkose, Regionalanästhesie (spinale, Peridural).

5 Lagerung

Rücken, Fersenpolsterung der Gegenseite.

6 Zugang

„Stufenförmige" Inzision, die das Amputationsniveau bei einer Tibiastumpflänge von 15 – 20 cm berücksichtigt.

7 Operationsschritte

❶ Hautschnitt.
❷ Anatomischer Querschnitt in der Amputationslinie.
❸ Durchtrennung von Nerven und Gefäßen.
❹ Absetzen von Tibia und Fibula.
❺ Deckung mit volarem Muskellappen.
❻ Drainage und Hautnaht.

8 Relevante Anatomie, Gefahren, Tricks

- Im Bereich des proximalen Unterschenkels existieren 3 neurovaskuläre Stränge:
  - anteriores Gefäß-Nerven-Bündel auf der Membrana interossea, bedeckt von den Extensoren (A., V., N. tibialis anterior),
  - posteriores neurovaskuläres Bündel zwischen M. soleus und popliteus (A., V., N. tibialis posterior) und lateral davon,
  - peroneales Gefäß-Nerven-Bündel zwischen M. soleus und tibialis posterior.
- Im Subkutanniveau liegen
  - hinter der medialen Tibiakante V. saphena magna mit N. saphenus,
  - in der hinteren Mittellinie V. saphena parva und lateral davon N. suralis.
- Bei Präparation des dorsalen Haut-Muskel-Lappens auf ausreichende Blutungstendenz der Schnittränder achten, ggf. Nachresezieren.

9 Maßnahmen bei speziellen Komplikationen

Eine erhebliche Wundheilungsstörung der Amputationswunde erfordert die offene Wundbehandlung und zumeist eine Nachamputation.

10 Nachsorge

Medizinische Nachbehandlung: Drainage ex nach 1 – 2 Tagen, Hautnähte ex nach 2 Wochen. Einleitung der prothetischen Versorgung noch während des stationären Aufenthalts.
Mobilisation: Möglichst frühzeitig: 1. – 2. Tag.

Cave: Ausbildung von Dekubitalulzera (Ferse der Gegenseite, Sakrum).

Krankengymnastik: Atemgymnastik, Hilfestellung bei Mobilisation.
Arbeitsunfähigkeit: Abhängig von Gesamtsituation und Beruf.

7 Operationstechnik

1. Hautschnitt.
2. Anatomischer Querschnitt in der Amputationslinie.
3. Durchtrennung von Nerven und Gefäßen.
4. Absetzen von Tibia und Fibula.
5. Deckung mit volarem Muskellappen.
6. Drainage und Hautnaht.

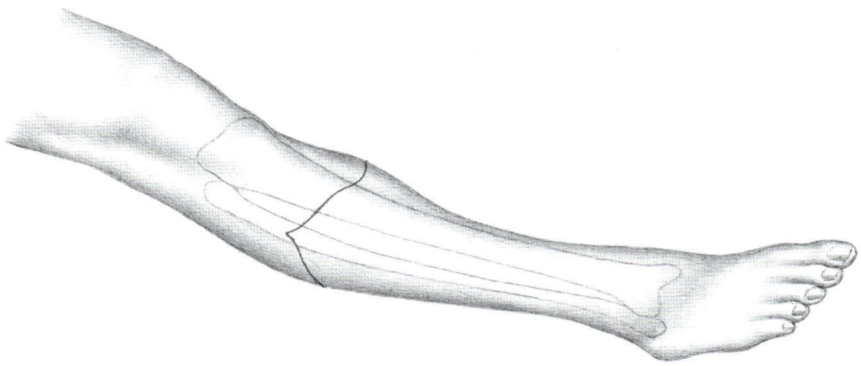

1 Hautschnitt

Der Hautschnitt erfolgt fischmaulartig unter Bildung eines möglichst langen dorsalen Muskel-Haut-Lappens.

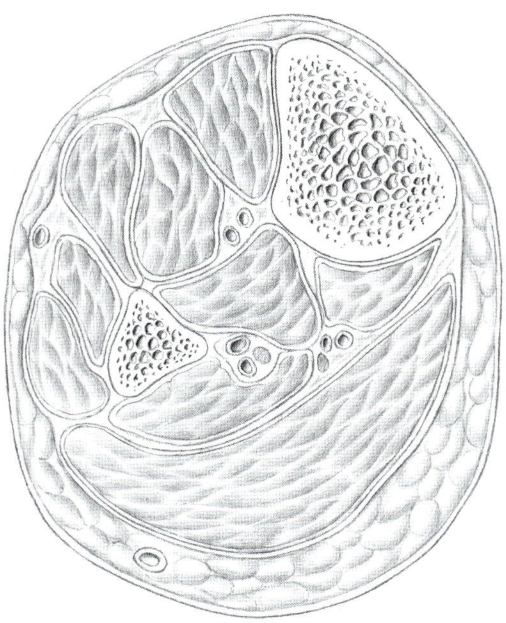

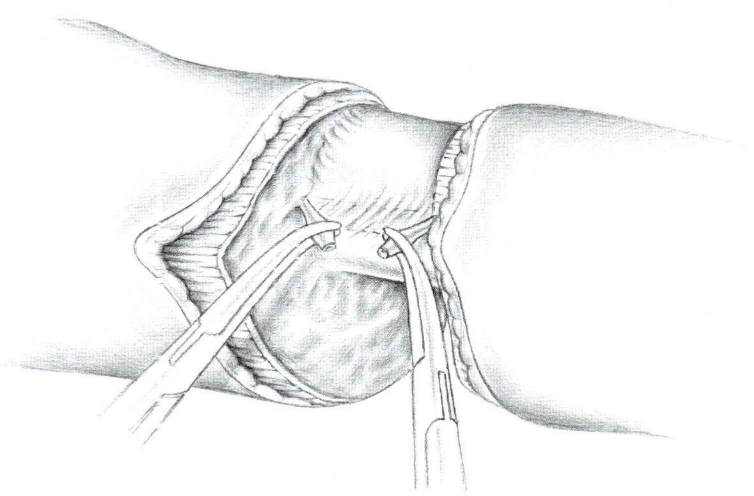

2 Anatomischer Querschnitt in der Amputationslinie

Der Querschnitt im Amputationsbereich zeigt das große dorsale Polster der Wadenmuskulatur, das zur myoplastischen Deckung des Stumpfes erforderlich ist. Die Tibia liegt ventromedial unter der Haut, Nerven und Gefäße sind relativ zentral lokalisiert.

3 Durchtrennung von Nerven und Gefäßen

Nach Durchtrennung des Muskellappens sind die Nerven und Gefäße isoliert aufzusuchen und mit Umstechungsligaturen zu versorgen. Es empfiehlt sich, den Nerven mit einer Lokalanästhetikablockade zu versorgen, um die nachfolgenden Phantomschmerzen zu reduzieren.

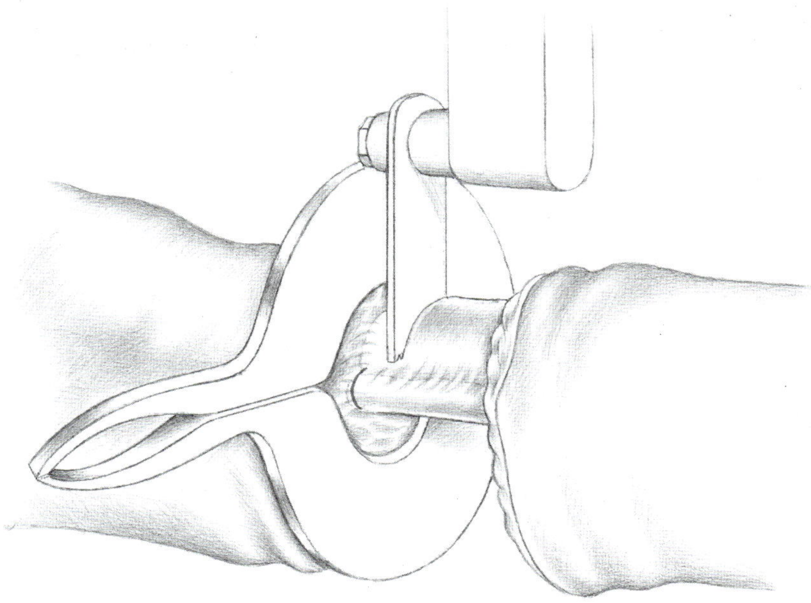

❹ Absetzen von Tibia und Fibula

Nach Mobilisation des Haut-Muskel-Mantels wird dieser nach kranial verschoben, um die Fibula und Tibia möglichst zentral absetzen zu können. Die Fibula wird in der Regel etwas proximaler als die Tibia durchtrennt, um bessere Stumpfverhältnisse zu haben.

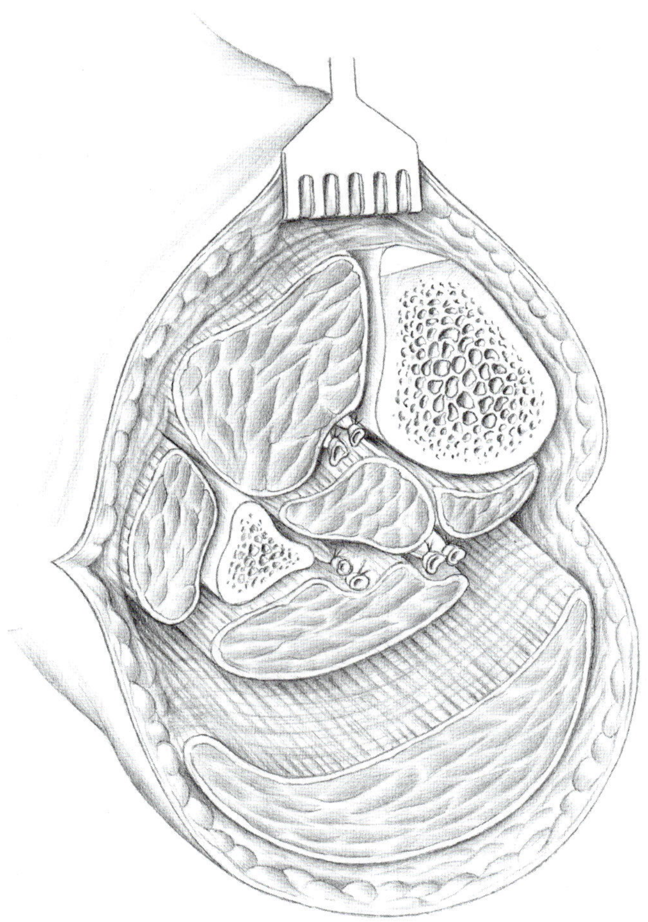

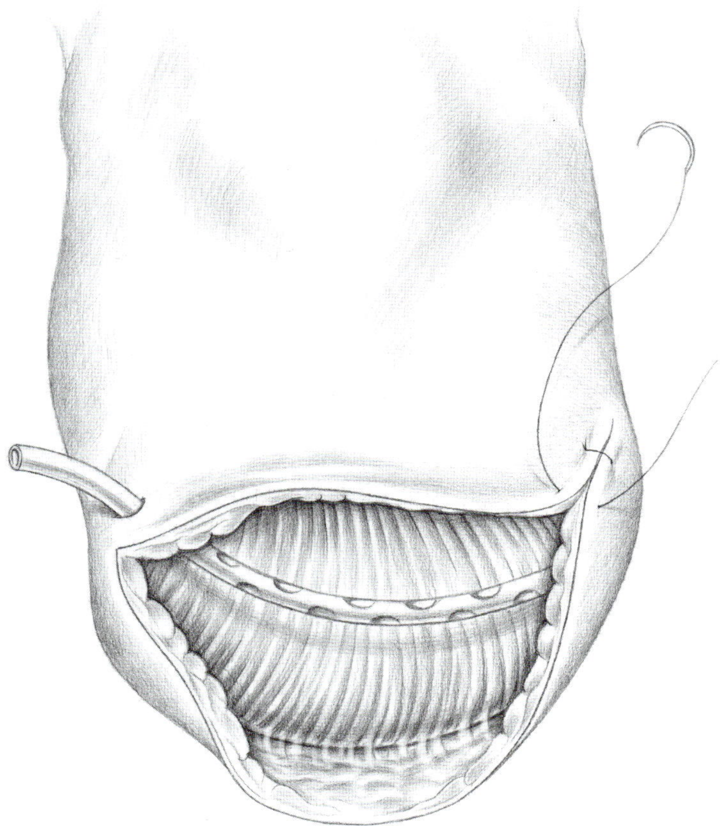

❺ Deckung mit volarem Muskellappen

Nach Anschrägung der Tibiavorderfläche mit der Feile zur Vermeidung einer scharfen subkutanen Knochenkante wird der Muskelmantel der Wadenmuskulatur mit der ventralen Muskelgruppe vernäht.

❻ Drainage und Hautnaht

Nach myoplastischer Deckung des Knochens durch den Muskelmantel wird der Stumpf verschlossen. Intramuskuläre tiefe Redon-Drainage, Subkutannähte und die spannungsfreie Adaptation der Haut mit Einzelknopfnähten beenden den Eingriff. Bei infizierten Wundverhältnissen wird der Stumpf offen gelassen und später mit einer Sekundärnaht oder Mesh-Graft-Deckung versorgt.

125. Oberschenkelamputation

1 Indikation

Elektiv: Gebrauchsunfähigkeit des distalen Beins infolge Ischämie, Infektion, Trauma oder Malignom.

2 Operationsvorbereitung

Präoperative Diagnostik: Ausschluss und ggf. Therapie kardialer, pulmonaler und renaler Insuffizienzen, Angiographie, radiologische Knochendiagnostik.
Patientenvorbereitung: Gegebenenfalls Markierung der Absetzungslinie auf der Haut; bei Infektion im Bereich des Beins perioperative Antibiotikatherapie; Diabeteseinstellung.

3 Spezielle Risiken, Aufklärung

- Wundheilungsstörung/-infekt.
- Blasenentleerungsstörung.
- Dekubitus (Sakrum, gegenseitige Ferse).
- Stumpf-/Phantomschmerz.
- Letalität abhängig von Begleiterkrankungen (bis > 10%!).

4 Anästhesie

Intubationsnarkose.

5 Lagerung

Rücken, Fersenpolsterung der Gegenseite, zu amputierende Extremität muss zirkulär zugänglich sein.

6 Zugang

Fischmaulförmige Inzision, die das Amputationsniveau des Femurs ca. 20–25 cm distal des Trochanter major berücksichtigt.

7 Operationsschritte

1a Hautschnitte bei der Exartikulation (links) bzw. Oberschenkel- und Unterschenkelamputation (rechts).
1b Hautschnitte bei Oberarmexartikulation, Oberarmamputation und Unterarmamputation.
2 Hautschnitt bei Oberschenkelamputation.
3 Anatomischer Querschnitt im Bereich der Amputationslinie.
4 Durchtrennung des Muskelmantels bei Oberschenkelamputation.
5 Versorgung von Gefäßen und Nerven.
6 Knöcherne Durchtrennung des Femurs.
7 Blutstillung und Nervenblockade.
8 Lateromediale Muskeldeckung.
9 Dorsoventrale Muskeldeckung.
10 Fasziennähte und Drainage.
11 Spannungsfreie Hautnähte.

8 Relevante Anatomie, Gefahren, Tricks

- Große Gefäße immer separat ligieren, auch wenn scheinbar thrombotisch verschlossen.
- A. femoralis verläuft dorsal des M. sartorius in den Adduktorenkanal.
- V. femoralis verläuft proximal medial und im Adduktorenkanal dorsal der Arterie.
- N. saphenus verläuft anterior und medial der Arterie im Adduktorenkanal.

Cave: Einbeziehung in Ligatur!

- N. ischiadicus (fingerdick!) verläuft im distalen Oberschenkel dorsal auf dem M. adductor magnus unter dem M. semitendinosus und biceps, Durchtrennung proximal des Amputationsniveaus, um Ausbildung eines schmerzhaften Neuroms zu vermeiden.
- In dem Absetzungsbereich größerer Nerven sollte ein lang wirkendes Lokalanästhetikum injiziert werden, um postoperative Parästhesien zu mindern.
- Weichteile sparsam resezieren, Stumpfdeckung muss stets gewährleistet sein.
- Faszienndeckung wichtig, um Adhärenz zwischen Muskel und Haut zu vermeiden.

9 Maßnahmen bei speziellen Komplikationen

Bei zu ausgiebiger Weichteilresektion muss der Femur nachgekürzt werden, ebenso bei später auftretenden Druckulzera über dem Femurstumpf.

10 Nachsorge

Medizinische Nachbehandlung: Drainage ex nach 2 Tagen, Hautnähte 2 Wochen belassen. Einleitung der prothetischen Versorgung (in Abhängigkeit von der Gesamtsituation) noch während des stationären Aufenthalts. Sobald Wundschmerz reduziert, sollte Patient mehrfach täglich Bauchlage einnehmen, um einer Beugekontraktur in der Hüfte vorzubeugen.
Mobilisation: So früh wie möglich: 1.–2. Tag.

Cave: Ausbildung von Dekubitalulzera (Ferse der Gegenseite, Sakrum).

Krankengymnastik: Atemgymnastik, Hilfestellung bei Mobilisation.
Arbeitsunfähigkeit: Abhängig von Gesamtsituation und Beruf.

7 Operationstechnik

- 1a Hautschnitte bei der Exartikulation (links) bzw. Oberschenkel- und Unterschenkelamputation (rechts).
- 1b Hautschnitte bei Oberarmexartikulation, Oberarmamputation und Unterarmamputation.
- 2 Hautschnitt bei Oberschenkelamputation.
- 3 Anatomischer Querschnitt im Bereich der Amputationslinie.
- 4 Durchtrennung des Muskelmantels bei Oberschenkelamputation.
- 5 Versorgung von Gefäßen und Nerven.
- 6 Knöcherne Durchtrennung des Femurs.
- 7 Blutstillung und Nervenblockade.
- 8 Lateromediale Muskeldeckung.
- 9 Dorsoventrale Muskeldeckung.
- 10 Fasziennähte und Drainage.
- 11 Spannungsfreie Hautnähte.

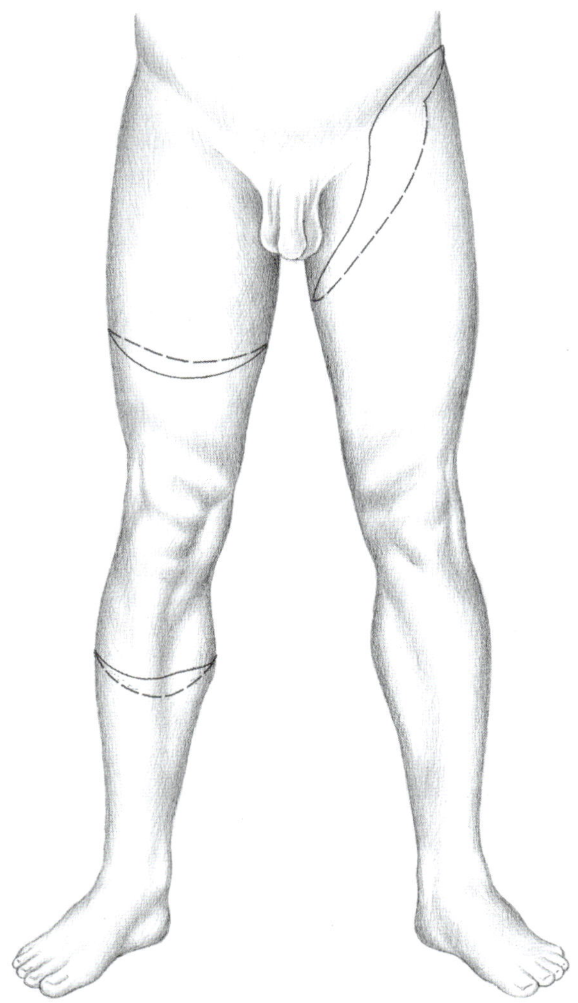

1a Hautschnitte bei Exartikulation (links) bzw. Oberschenkel- und Unterschenkelamputation (rechts)

Ventral (durchgezogene) Linie, dorsal (unterbrochene) Linie.

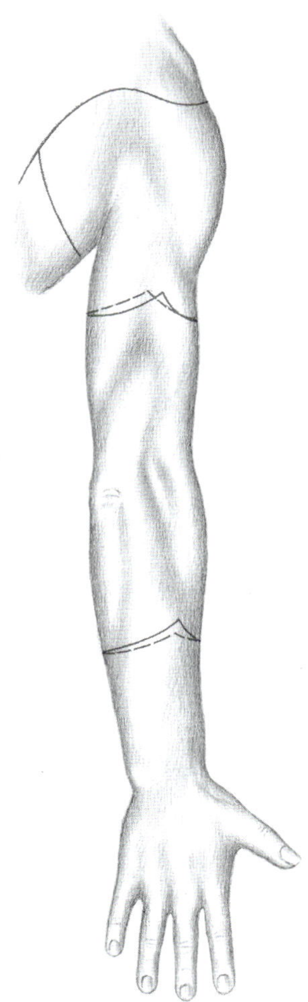

1b Hautschnitte bei Oberarmexartikulation, Oberarmamputation und Unterarmamputation

Abbildungen im anatomischen Vergleich mit dem Oberschenkel.

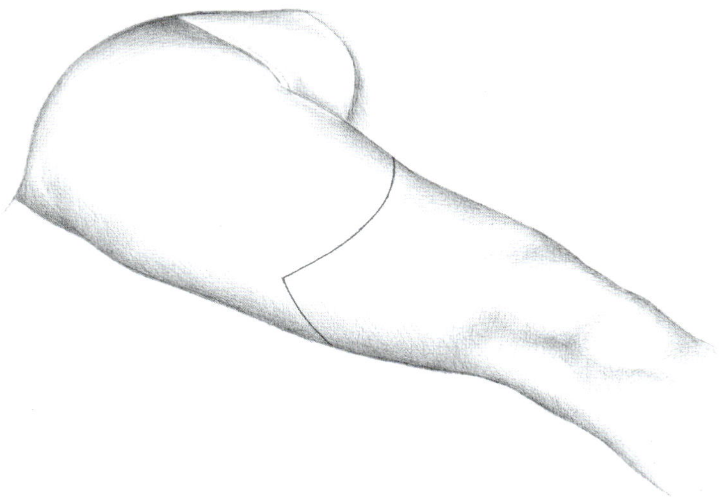

❷ Hautschnitt bei Oberschenkelamputation

Der fischmaulförmige Hautschnitt bildet einen großen dorsalen und einen schmaleren ventralen Muskellappen. Er ist so großzügig zu bemessen, dass eine sichere und spannungsfreie Muskelbedeckung des Femurstumpfes gewährleistet ist.

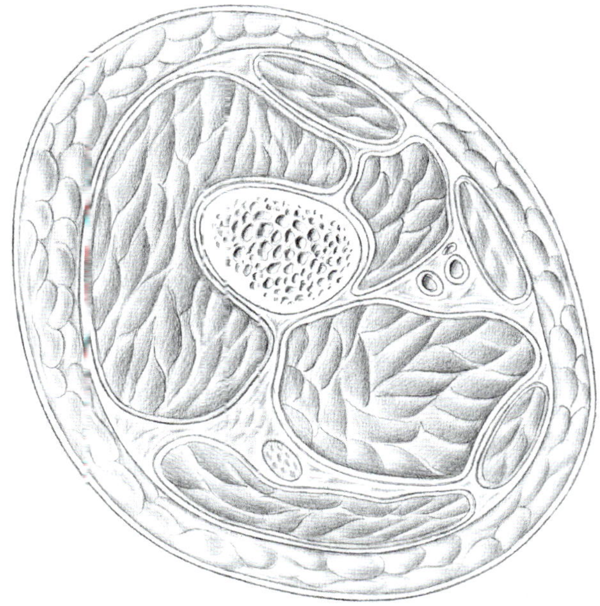

❸ Anatomischer Querschnitt im Bereich der Amputationslinie

Der Querschnitt zeigt den starken Muskelmantel der Oberschenkelmuskulatur mit dem dorsal gelegenen N. ischiadicus und den ventral im Adduktorenkanal gelegenen Vasa femoralia.

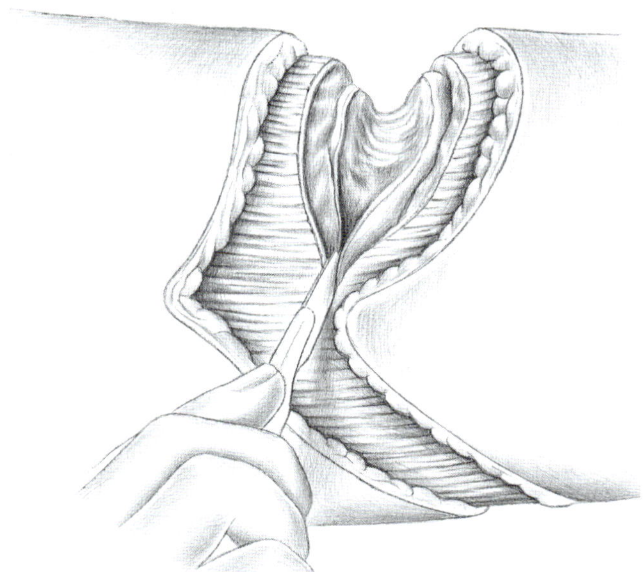

❹ Durchtrennung des Muskelmantels bei Oberschenkelamputation

Der Muskelmantel wird unter Bildung eines langen dorsalen und kleineren ventralen Haut-Muskel-Lappens glatt durchtrennt. Die Gefäße werden einzeln gefasst und durchstichligiert.

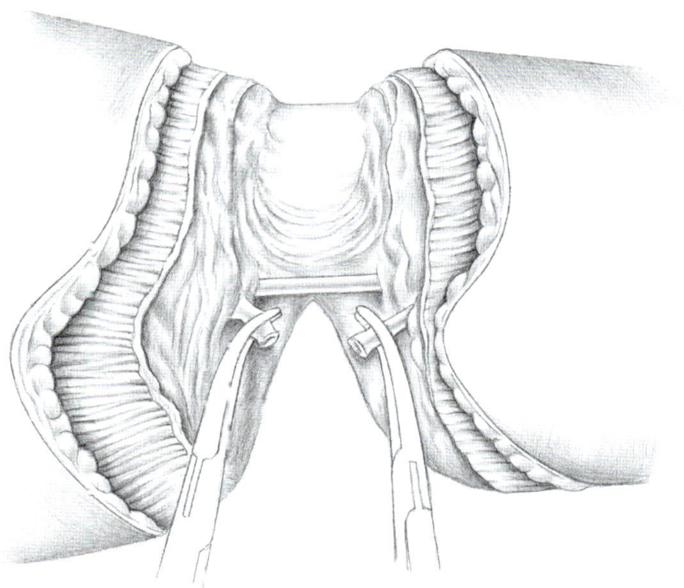

❺ Versorgung von Gefäßen und Nerven

A. und V. femoralis sowie der N. femoralis müssen isoliert versorgt werden. Es empfiehlt sich bei den großen Gefäßen eine doppelte Umstechungsligatur, um eine Rezidivblutung zu vermeiden. Der N. femoralis und der N. ischiadicus werden isoliert mit Umstechungsligaturen versorgt und mit Lokalanästhetikum blockiert, um die postoperativen Phantomschmerzen zu verringern.

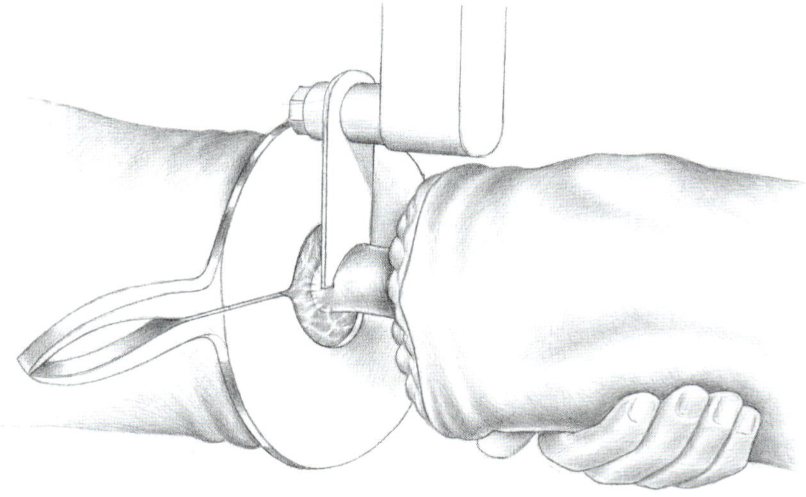

❻ Knöcherne Durchtrennung des Femurs

Nach vollständiger Präparation der Weichteile wird der Oberschenkelknochen weit proximal abgesetzt. Dabei ist der Weichteilmantel durch speziellen Muskelschutz nach kranial zu drängen, um den Femur oberhalb des Haut-Muskel-Lappens absetzen zu können.

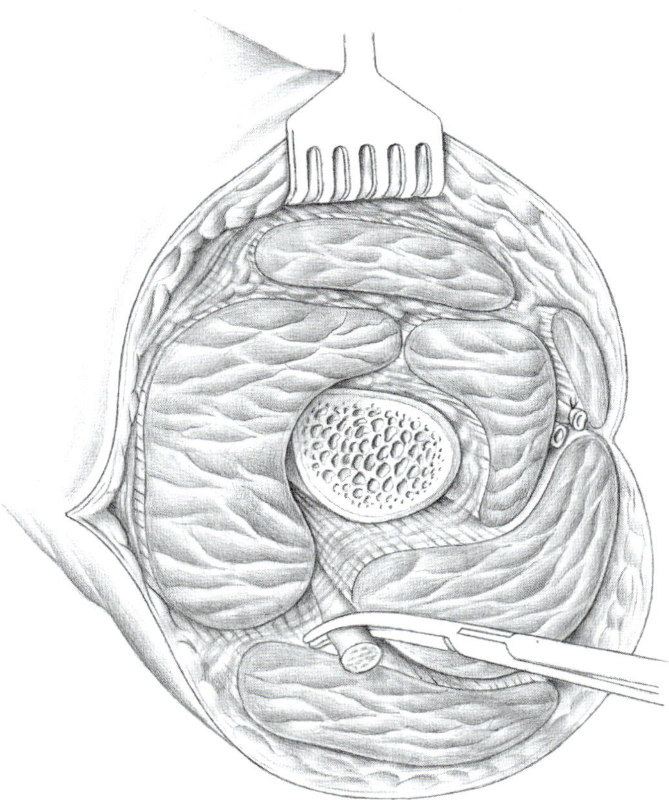

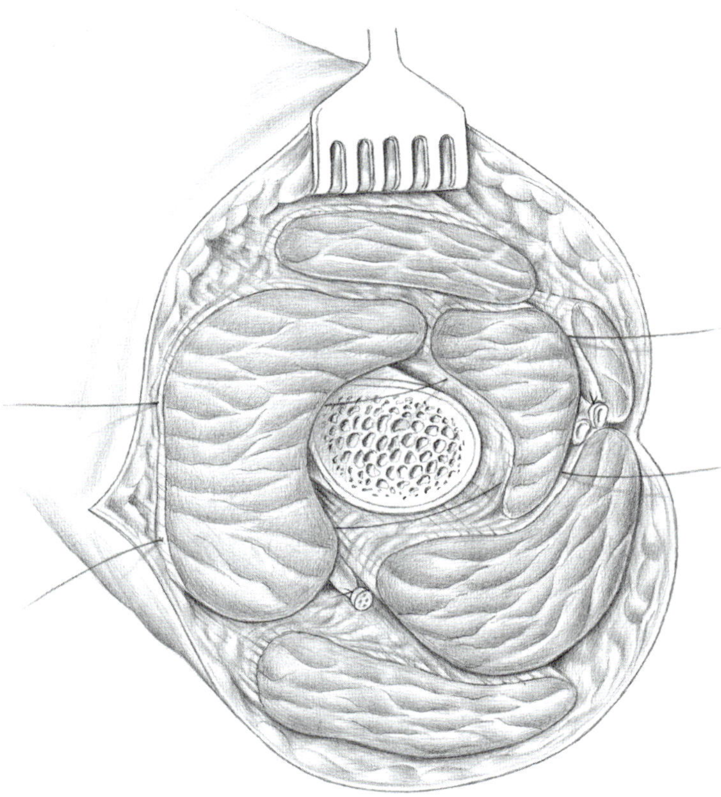

❼ Blutstillung und Nervenblockade

Nach Versorgung der Gefäße wird der N. ischiadicus angeklemmt, ligiert und nach proximal im Sinne einer lang wirkenden Injektionsblockade mit einem Lokalanästhetikum betäubt.

❽ Lateromediale Muskeldeckung

Die plastische Deckung des Oberschenkelstumpfes beginnt mit der Nahtvereinigung der lateralen Muskulatur mit der medialen Muskelgruppe vor dem Femurstumpf.

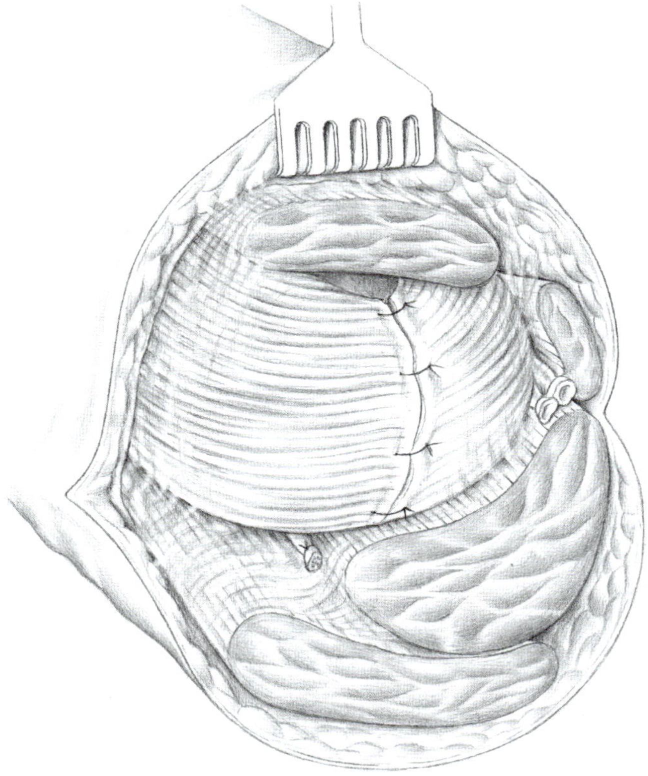

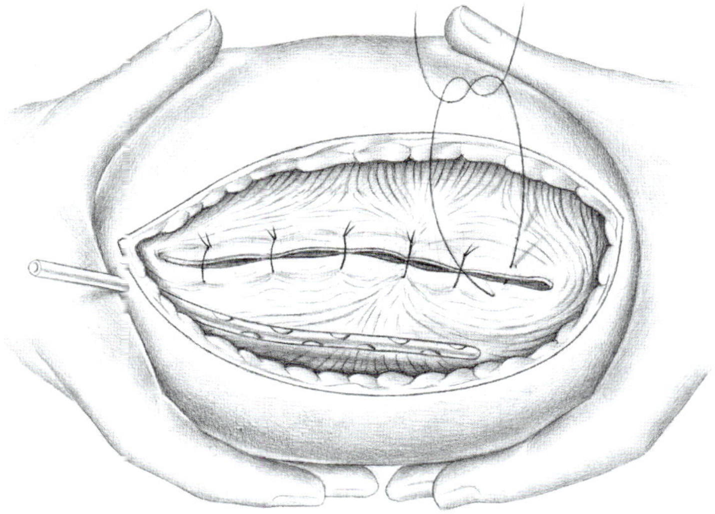

❾ Dorsoventrale Muskeldeckung

An die lateromediale Muskeldeckung schließt sich die dorsoventrale Nahtvereinigung der Muskelgruppen an. Hierzu werden mit Einzelknopfnähten (PGS 1) die dorsalen Muskelgruppen an die Muskulatur des M. quadriceps genäht. Derart wird der Stumpf in zwei Schichten myoplastisch gedeckt.

❿ Fasziennähte und Drainage

Nach vollständiger Muskeldeckung wird die Faszie mit Einzelknopfnähten (PGS 1) verschlossen. Es empfiehlt sich, eine tiefe Muskeldrainage sowie eine Subkutandrainage unterhalb der adaptierenden Subkutannähte einzulegen.

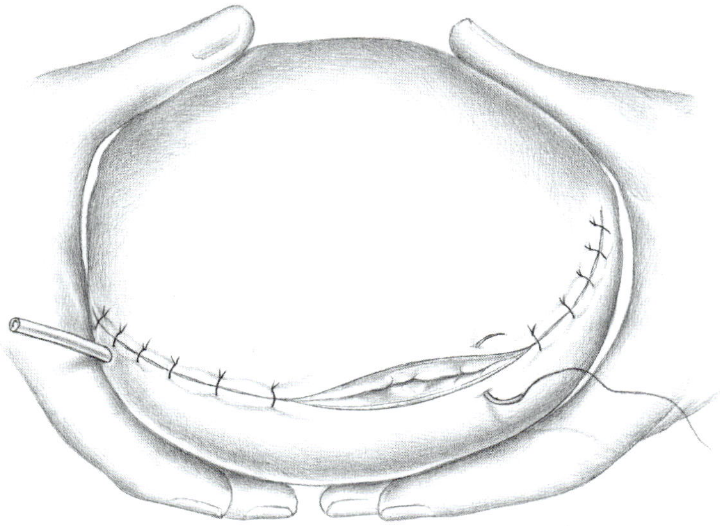

⓫ Spannungsfreie Hautnähte

Nach vollständiger Mobilisation der Hautränder werden diese spannungsfrei mit Einzelknopfnähten vernäht, wobei die Nahtreihe gut verschiebbar an der Ventralseite des Stumpfes gelegen sein sollte. Bei infizierten Wundverhältnissen ist der offenen Vorgehensweise der Vorzug zu geben.

126. Extensionsbehandlung

1 Indikation

Relativ: Passagere Ruhigstellung einer Fraktur mit Vermeidung einer Verkürzung.
Kontra: Unkooperativer, verwirrter Patient.
Alternativverfahren: Primäre Osteosynthese; Fixateur externe; ausschließliche Gipsruhigstellung.

2 Operationsvorbereitung

Präoperative Diagnostik: Überprüfung der peripheren Motorik, Sensibilität und Durchblutung.

3 Spezielle Risiken, Aufklärung

- Dislokation.
- Bohrkanalosteomyelitis.
- Verfahrenswechsel.

4 Anästhesie

Lokalanästhesie.

5 Lagerung

Rücken, Extensionsbett, adäquate Schienen.

6 Zugang

Abhängig von gewählter Lokalisation.

7 Operationsschritte

❶ Oberschenkelextension.
❷ Kalkaneusextension.
❸ Olekranonextension.
❹ Tibiakopfextension.
❺ Einbohren des Kirschner-Drahtes.
❻ Anbringung des Extensionsbügels.
❼ Extensionsrichtung Tibiakopfextension.
❽ Lagerung bei Extensionsbehandlung.
❾ Lagerung bei Kalkaneusextension.

8 Relevante Anatomie, Gefahren, Tricks

- Extension immer von „gefährlicher" (in Bezug auf eine Verletzung von Nerven oder Gefäßen) zu „ungefährlicher" Seite bohren.
- Bei Kindern Extensionsanlage immer unter Durchleuchtungskontrolle (Vermeidung einer Epiphysenfugenverletzung).
- Zugrichtung stets in Extremitätenachse.

Cave: Rotationsfehler!

9 Maßnahmen bei speziellen Komplikationen

Bohrkanalinfekt: Entfernung des Drahtes/Nagels, ggf. Kürettage des Kanals, Ausbohren, offene Wundbehandlung, Antibiotikaketteneinlage.

10 Nachsorge

Medizinische Nachbehandlung: Tägliche klinische, ggf. radiologische Kontrolle der Frakturstellung und der Hautdurchtrittsstellen.
Mobilisation: Nach Verfahrenswechsel.
Krankengymnastik: Sofort für alle nicht ruhig gestellten Extremitätenabschnitte.
Arbeitsunfähigkeit: Abhängig von Gesamtsituation.

7 Operationstechnik

1. Oberschenkelextension.
2. Kalkaneusextension.
3. Olekranonextension.
4. Tibiakopfextension.
5. Einbohren des Kirschner-Drahtes.
6. Anbringung des Extensionsbügels.
7. Extensionsrichtung Tibiakopfextension.
8. Lagerung bei Extensionsbehandlung.
9. Lagerung bei Kalkaneusextension.

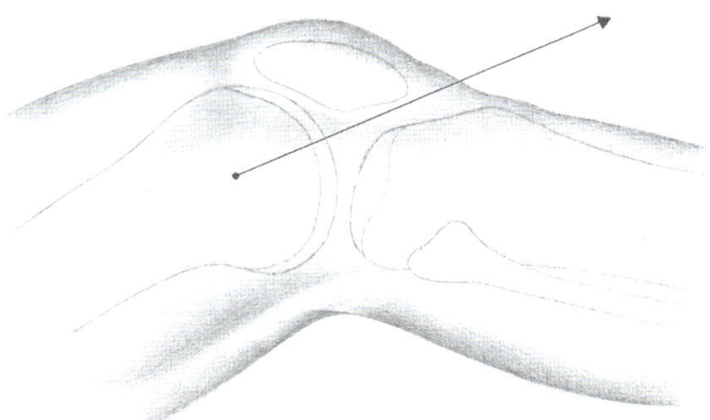

a

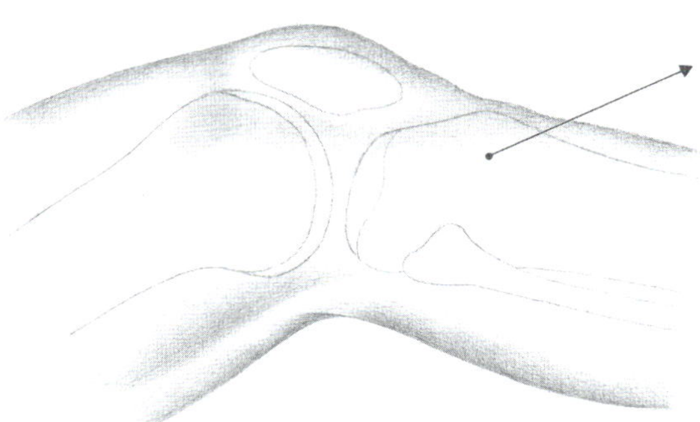

b

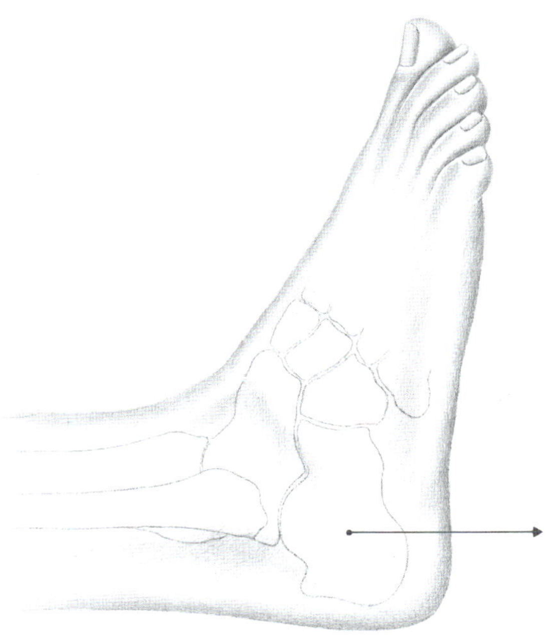

1 Oberschenkelextension

a Suprakondyläre Femurextension: Sie dient dem Dauerzug bei Azetabulumfrakturen, dislozierten Beckenfrakturen, reponierten Hüftluxationen sowie Oberschenkelfrakturen bei Kindern ab dem 3. Lebensjahr. Die Technik besteht in der Einbringung des Kirschner-Drahtes oder des Steinmann-Nagels oberhalb des Patellarrandes. Die Bohrrichtung ist von medial nach lateral zur sicheren Schonung der Gefäße im Adduktorenkanal.

b Tibiakopfextension: Bei präoperativer kurzfristiger Extension von Frakturen im Oberschenkel- und Oberschenkelhalsbereich indiziert. Zu lange andauernder Zug über das Kniegelenk schädigt den Kapsel-Band-Apparat. 2 cm ventral des Fibulaköpfchens wird eine breitflächige Infiltration der medialen Tibiakopfregion mit Lokalanästhesie durchgeführt. Es erfolgt eine Stichinzision 2 cm vor dem Wadenbeinköpfchen. Der Kirschner-Draht oder der Steinmann-Nagel wird von lateral nach medial zur sicheren Schonung des N. peronaeus eingebohrt. Das Extensionsgewicht beträgt 10 – 15 % des Körpergewichts.

2 Kalkaneusextension

Sie dient der Extensionsbehandlung von Unterschenkelfrakturen. Anlage der Lokalanästhesie an Medial- und Lateralseite des Kalkaneus. Über eine mediale Stichinzision wird der Kirschner-Draht oder der Steinmann-Nagel von medial nach lateral im rechten Winkel zur Unterschenkelachse parallel zur Unterlage eingeführt. Die Bohrrichtung geht von medial nach lateral zur Vermeidung einer Verletzung der A. tibialis posterior. Grundsätzlich wird jede Extension von der „gefährlichen" zur „ungefährlichen" Seite gebohrt, da der Extensionsdraht am Eintrittsort leichter dirigierbar ist. Nach Anbringung des Extensionsgewichts und der Schraubenplatten Spannen des Drahtes, Zuggewicht ca. 5 % des Körpergewichts.

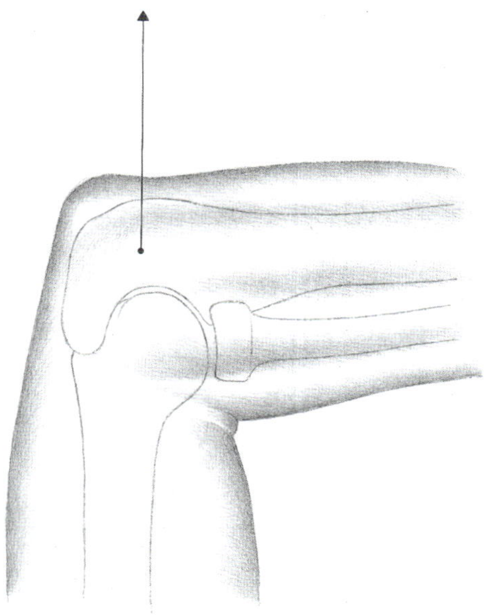

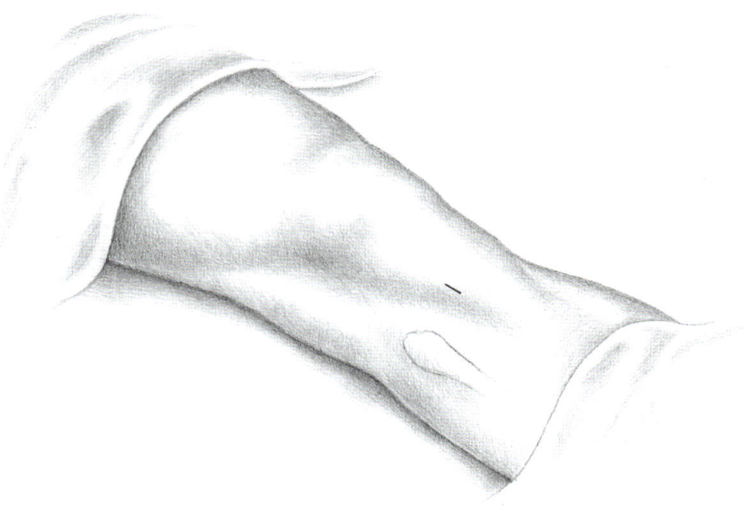

❸ Olekranonextension

Sie dient der Extension von Oberarmfrakturen bei bettlägerigen Patienten. In Lokalanästhesie wird von ulnar nach radial (Schonung des N. ulnaris) ca. 2 cm distal der Olekranonspitze bei Rechtwinkelstellung im Ellenbogengelenk und leichter Pronation der Hand ein Kirschner-Draht eingebohrt. Zugrichtung ist in der Humerusachse senkrecht nach oben (Overhead). Zuggewicht ca. 2,5 % des Körpergewichts.

❹ Tibiakopfextension

Die Tibiakopfextension beginnt mit der Lokalanästhesie an der Lateralseite des Tibiakopfes, 2 cm ventral des Tibiaköpfchens. Auch die mediale Seite sollte unbedingt betäubt werden. Über eine schmale Stichinzision wird das Periost des Tibiakopfes freigelegt.

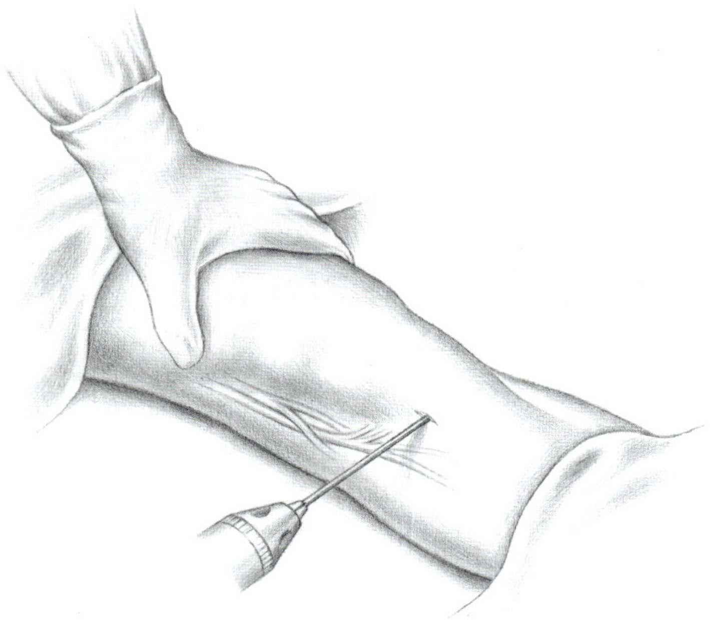

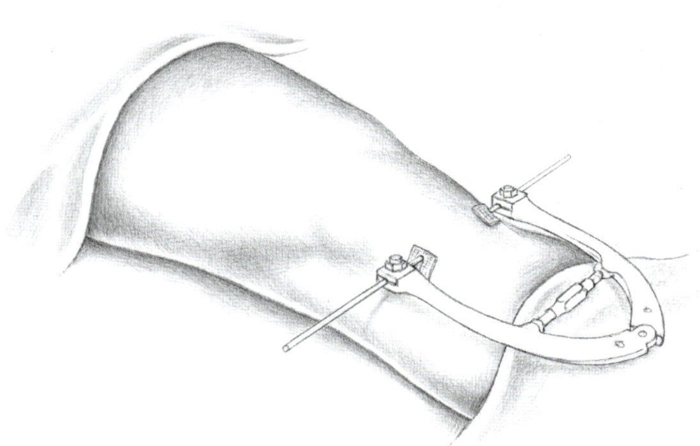

❺ Einbohren des Kirschner-Drahtes

Der Kirschner-Draht wird von lateral (**Cave**: N. peronaeus) nach medial gebohrt. Medialseitig ist eine Gegeninzision über dem durchspießenden Kirschner-Draht hilfreich, um eine Zerreißung der Haut zu vermeiden.

❻ Anbringung des Extensionsbügels

Nach symmetrischer Platzierung des Drahtes wird der Extensionsbügel angebracht, mit dem Bügel fest verankert und durch Anziehen der Schraube unter Spannung gebracht.

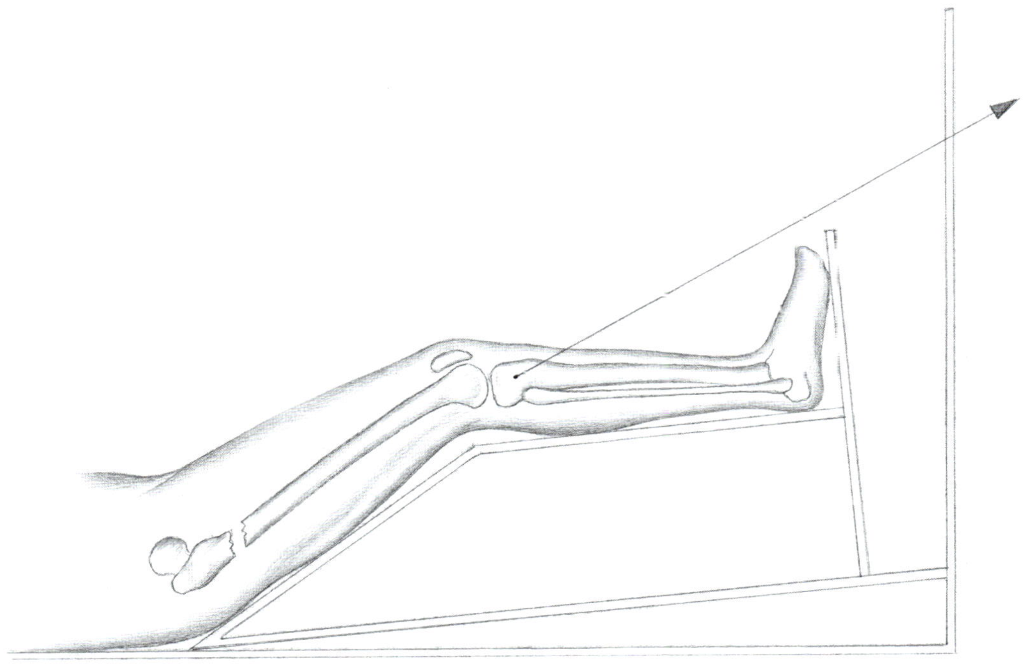

❼ Extensionsrichtung Tibiakopfextension

Das auf einer Schiene gelagerte Bein wird in Verlängerung der Oberschenkelachse extendiert. Die Extension sollte nur für kurze Zeit über das Kniegelenk erfolgen, um den Bandapparat nicht zu strapazieren. Bei längerer Extension ist unbedingt eine suprakondyläre Extension erforderlich.

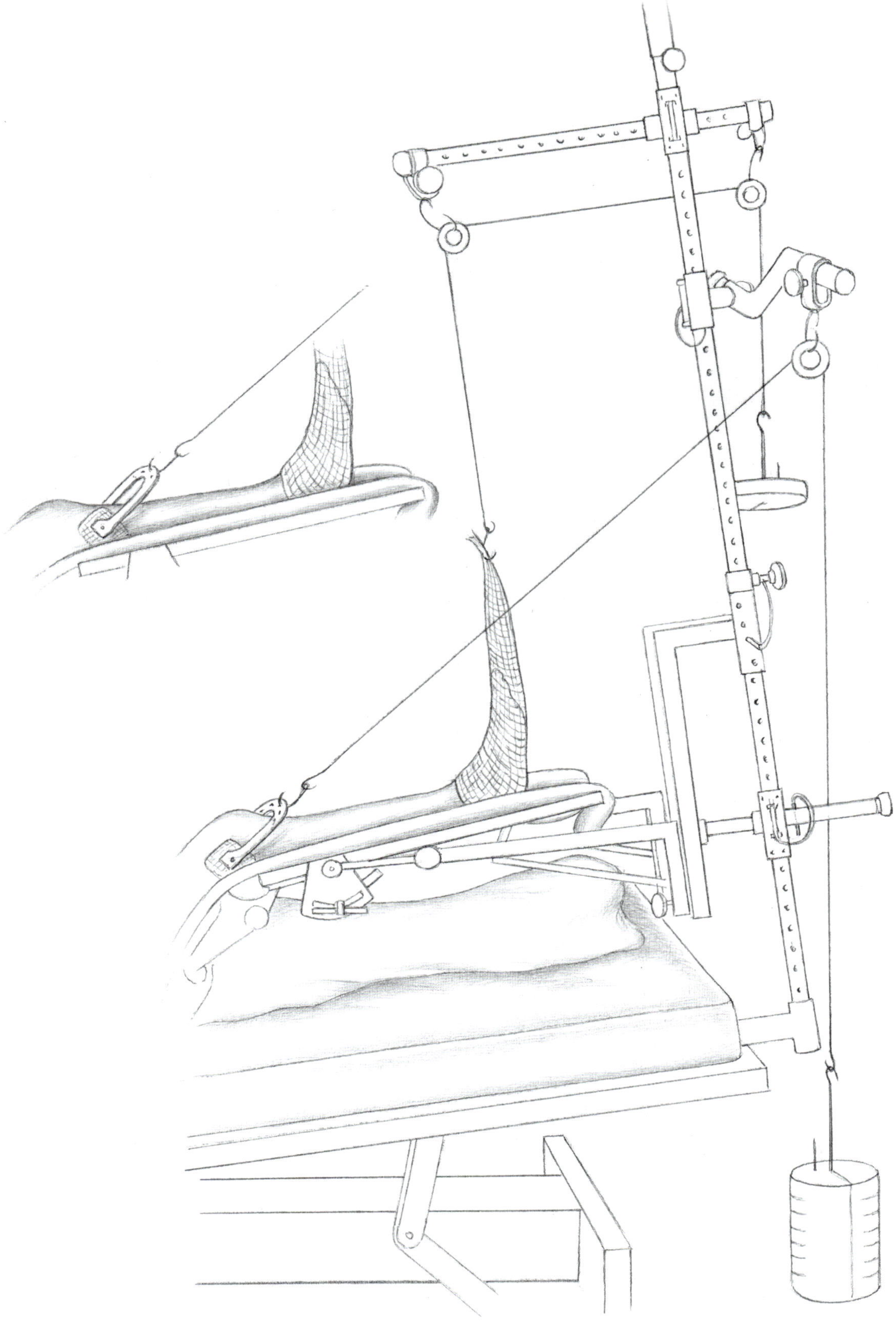

❽ Lagerung bei Extensionsbehandlung

Zur Erzielung eines guten Extensionsergebnisses sollte das Bein im Kniegelenk einen Winkel von 160 – 150° haben, was durch entsprechendes Einstellen der Lagerungsschiene erzielbar ist. Durch Zug am Fuß mit einem Trikotschlauch in der Fußachse lässt sich die Spitzfußstellung vermeiden. Bei jeder Visite muss die Lagerung des Beins, die Rotationsachse, die Achsenstellung, die Sensibilität und die Durchblutung sowie der Hautzustand inspiziert und dokumentiert werden.

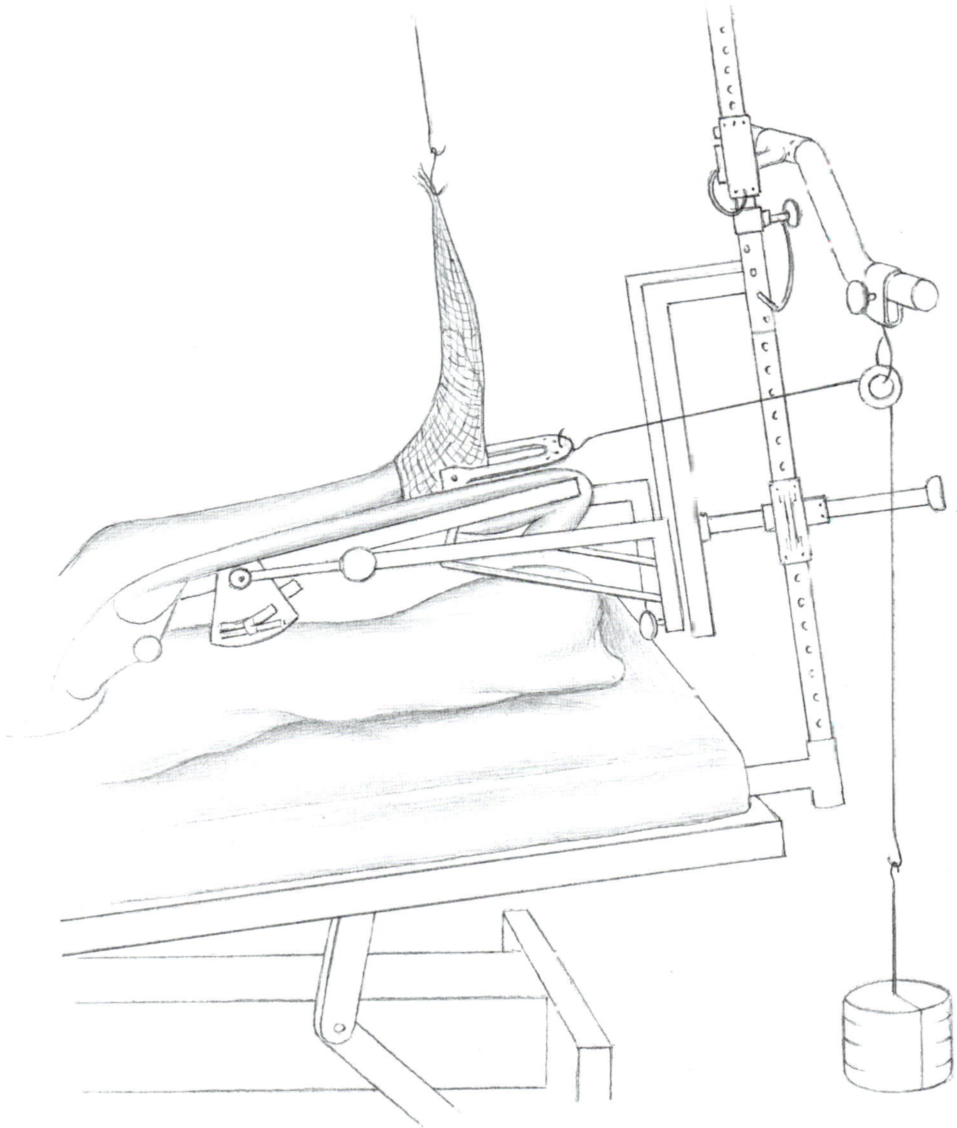

❾ Kalkaneusextension

Die Kalkaneusextension sollte mit 5% des Körpergewichts erfolgen. Ein Trikotschlauch mit Extensionszug von 1 kg dient der Vermeidung einer Spitzfußstellung. Bei jeder Visite sind die Achsenstellung, die Sensibilität und Durchblutung sowie der Weichteilmantel sorgfältig zu inspizieren und ggf. zu dokumentieren.

127. Spongiosaentnahme am Beckenkamm

1 Indikation

Elektiv: Auffüllung von Knochendefekten und Förderung der Frakturheilung durch Anlagerung vitaler Knochenzellen.
Alternativverfahren: Entnahme aus distalem Radius, Trochanter major oder Tibiakopf. Allogene Spongiosa oder Knochenspäne, Knochenzement (z. B. Verbundosteosynthese).

2 Operationsvorbereitung

Patientenvorbereitung: Bei Operationsplanung (ggf. elektive Spongiosaentnahme vor dem Zieleingriff) und Lagerung berücksichtigen!

3 Spezielle Risiken, Aufklärung

- Hämatom (ca. 3 %).
- Infektion (< 1 %).
- Nervenverletzung.
- Beckenweichteilverletzung.
- Narbenhernie (< 1 %).
- Patient auf die mögliche Spongiosaentnahme mit separater Inzision hinweisen.

4 Anästhesie

Intubationsnarkose, ggf. Spinal- oder Epiduralanästhesie in Höhe L1/L2.

5 Lagerung

Rücken, selten Bauch (Entnahme aus dorsalem Beckenkamm).

Die Lagerung muss Frakturversorgung und Spongiosaentnahme ermöglichen.

6 Zugang

Hautinzision 1 cm lateral der Crista iliaca.

7 Operationsschritte

1. Hautschnitt.
2. Abheben des Kortikalisdeckels.
3. Spongiosaentnahme.
4. Refixation des Kortikalisdeckels.
5. Kortikospongiöse Spanentnahme.

8 Relevante Anatomie, Gefahren, Tricks

Cave: Sorgfältige Blutstillung. Nervenverletzung (N. ilioinguinalis, N. iliohypogastricus, N. cutaneus femoris lateralis), vor allem medial!

- In dubio stets beide Beckenkämme freilassen.
- Wiederanheftung der Bauchdeckenmuskulatur.

Cave: Bauchwandhernie!

- Subtile Blutstillung (eventuell Knochenwachs).
- Zwecks rascher Revaskularisation Spongiosastücke nicht größer als 1 – 2 cm.
- Die Spongiosa kann mit Fibrinkleber oder bei infektbedrohten Situationen mit antibiotikahaltigen Kollagenschaumstückchen gemischt werden.

9 Maßnahmen bei speziellen Komplikationen

- Umgehende Hämatomausräumung.
- Bei Nervenschmerz Revision.

10 Nachsorge

Medizinische Nachbehandlung: Redon ex 2. Tag. Abhängig von Grunderkrankung.
Arbeitsunfähigkeit: Durch Grundkrankheit bedingt.

7 Operationstechnik

1. Hautschnitt.
2. Abheben des Kortikalisdeckels.
3. Spongiosaentnahme.
4. Refixation des Kortikalisdeckels.
5. Kortikospongiöse Spanentnahme.

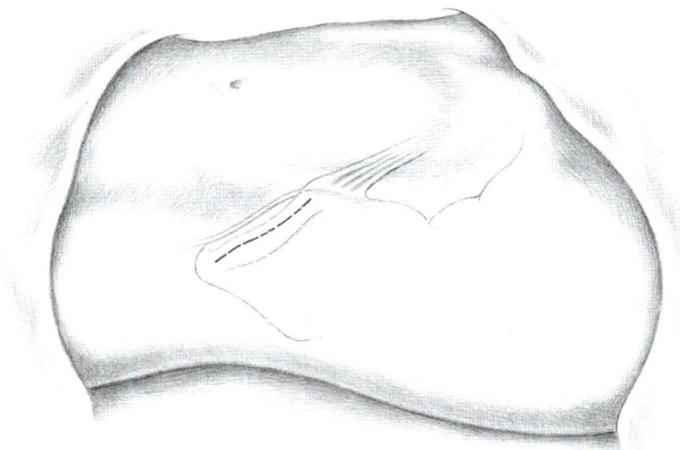

1 Hautschnitt

Der Hautschnitt liegt ca. 1 – 1,5 cm lateral der gut tastbaren Crista iliaca. Nach Freilegen der Faszie im Bereich des Beckenkamms wird sie im muskelfreien Bereich durchtrennt und beidseits mit dem Raspatorium abgeschoben. Der Beckenkamm wird entsprechend der benötigten Knochenmenge freigelegt.

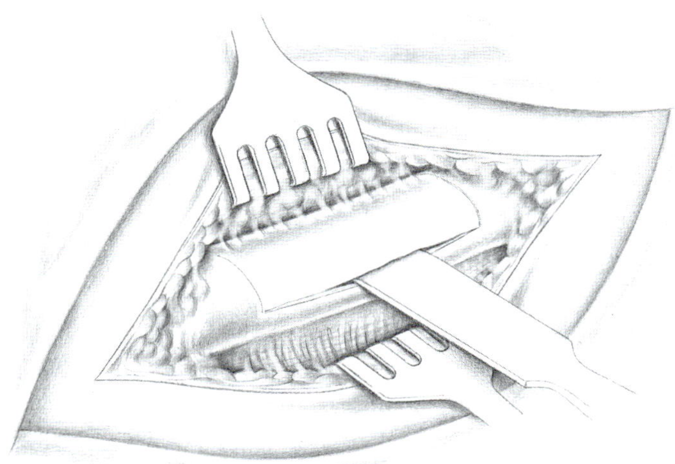

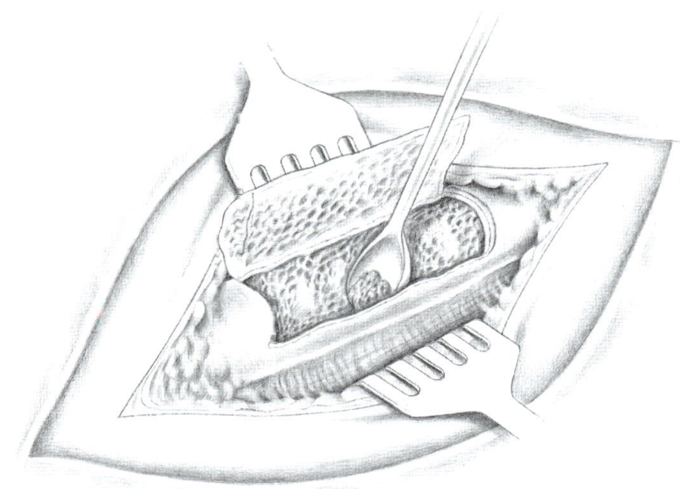

2 Abheben des Kortikalisdeckels

Nach Freilegen des Beckenkamms wird mit einem geraden Meißel ein Knochendeckel abgehoben. Seine Dimension richtet sich nach dem Bedarf an Spongiosa. Es ist darauf zu achten, dass der Knochendeckel vor allem medial im Verbund bleibt, um seine Durchblutung zu gewährleisten. Wird ein starker kortikospongiöser Span aus dem Beckenkamm benötigt, kann der Knochendeckel entsprechend entnommen werden.

3 Spongiosaentnahme

Nach Freilegen der Spongiosa wird diese mit dem Löffel oder einem Hohlmeißel entnommen. Gewonnene Spongiosa wird in feuchten, kochsalzgetränkten Kompressen aufbewahrt. Die Entnahme kann bis tief in die Beckenschaufel nach dorsal, kranial und kaudal erfolgen. Eine Perforation der medialen Kortikalislamellen der Beckenschaufel ist sorgfältig zu vermeiden, um Weichteilverletzungen zu verhindern. Der Anfänger unterschätzt die Menge entnehmbarer Spongiosa, vor allem in den ventralen und dorsalen Anteilen der Beckenschaufel.

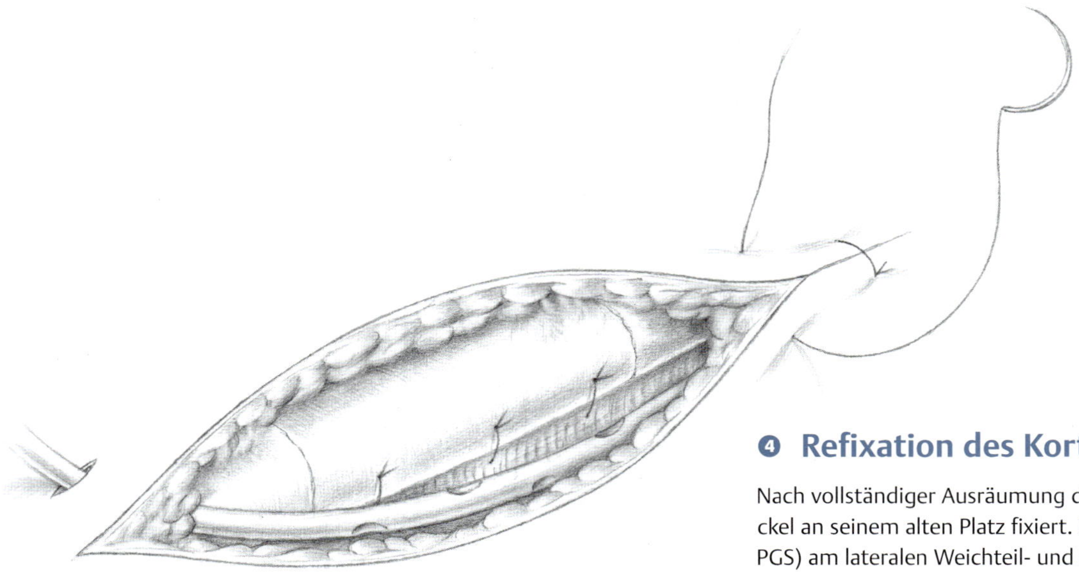

❹ Refixation des Kortikalisdeckels

Nach vollständiger Ausräumung der Spongiosa wird der Kortikalisdeckel an seinem alten Platz fixiert. Er kann mit Einzelknopfnähten (2 × 0 PGS) am lateralen Weichteil- und Faszienmantel angeheftet werden. Besteht eine heftige Blutung aus der Beckenschaufel, ist es gelegentlich notwendig, durch Einbringung von Knochenwachs die Blutung zu stillen. Ansonsten steht die Blutung in der Regel unter Kompression. Über dem Beckenkamm sind die Faszienränder mit Einzelknopfnähten zu verschließen. Eine Redon-Drainage, Subkutannähte und Hautnähte beenden den Eingriff. Kommt es postoperativ zu starken Nachblutungen, sollte der Sog der Redon-Drainage unterbrochen werden.

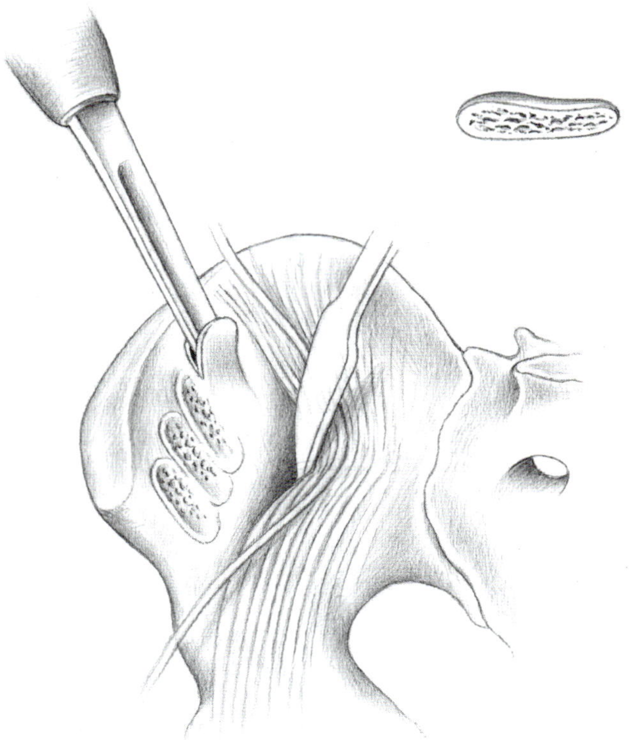

❺ Kortikospongiöse Spanentnahme

Kleinere kortikospongiöse Späne werden am besten an der Innenseite der Beckenschaufel mit dem Hohlmeißel entnommen. Hierzu muss das Periost vom Beckenkamm abgeschoben und nach medial mit dem Raspatorium die Beckenschaufel freigelegt werden. Der an der Beckenschaufel anheftende M. iliacus ist stumpf abzulösen und mit einem Homann-Hebel beiseite zu halten. Hierbei ist auf eine Schonung der Nerven (N. femoralis, N. cutaneus femoris lateralis) sorgfältig zu achten. Wichtig ist die Blutstillung an der Entnahmestelle mit Knochenwachs oder Spongustan. Fasziennähte, subkutanes Redon, Subkutannähte und Hautklammern beenden den Eingriff.

128. Kniegelenksempyem

1 Indikation

Absolut: Bei Diagnosestellung.

2 Operationsvorbereitung

Präoperative Diagnostik: Gelenksonographie, Punktion, Röntgen.

3 Spezielle Risiken, Aufklärung

- Bewegungseinschränkung.
- Gefäß-/Nervenverletzung.

4 Anästhesie

Spinal- oder Periduralanästhesie, Allgemeinnarkose.

5 Lagerung

Rücken.

6 Zugang

Lateral parapatellar.

7 Operationsschritte

1. Hautschnitt.
2. Gelenkeröffnung.
3. Gelenkspülung und Débridement.
4. Kapselnaht und Drainage.

8 Relevante Anatomie, Gefahren, Tricks

- Alle Rezessus des Kniegelenks müssen durch die Spülung erreicht werden.
- Entscheidend für den Erfolg ist der mechanische Spüleffekt, nicht so sehr die Art der Lösung und eventueller Zusätze.

9 Maßnahmen bei speziellen Komplikationen

Oft kommt es zur Ausbildung von „Spülstraßen“, d. h. die Spülung erreicht nicht mehr alle Gelenkabschnitte (Klinik: Entzündungszeichen nicht rückläufig). Revision mit ausgiebiger Gelenkinspektion, Neuplatzierung der Drainagen und Erhöhung des Spülvolumens.

10 Nachsorge

Medizinische Nachbehandlung: Spülung, bis Entzündungszeichen abgeklungen, Spülflüssigkeit klar und ggf. Mikrobiologie aus Spülflüssigkeit negativ.
Mobilisation: Sofort nach Entfernung der Spülkatheter.
Krankengymnastik: Oft langfristig notwendig.
Arbeitsunfähigkeit: Abhängig von Empyemursache.

7 Operationstechnik

1. Hautschnitt.
2. Gelenkeröffnung.
3. Gelenkspülung und Débridement.
4. Kapselnaht und Drainage.

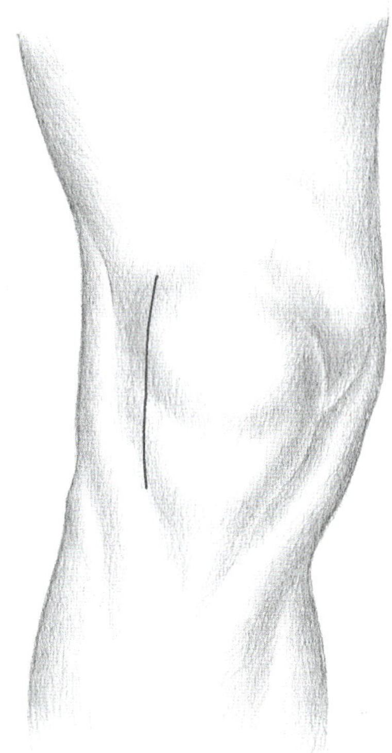

1 Hautschnitt

Liegt aufgrund einer Probepunktion der Verdacht auf eine Infektion des Kniegelenks vor, so kann durch Punktionsbehandlung und Instillation von Antibiotika versucht werden, die Kniegelenkshöhle steril zu bekommen. Stark eingedickter Eiter kann mit physiologischer Kochsalzlösung verdünnt und schließlich abpunktiert werden. Gelegentlich lässt sich so die Infektion des Kniegelenks beherrschen. Gelingt es unter diesen Maßnahmen nicht, die Infektion zur Ausheilung zu bringen, muss das Gelenk eröffnet werden. Der Hautschnitt liegt lateral der Patella, ggf. mit medialer Gegeninzision.

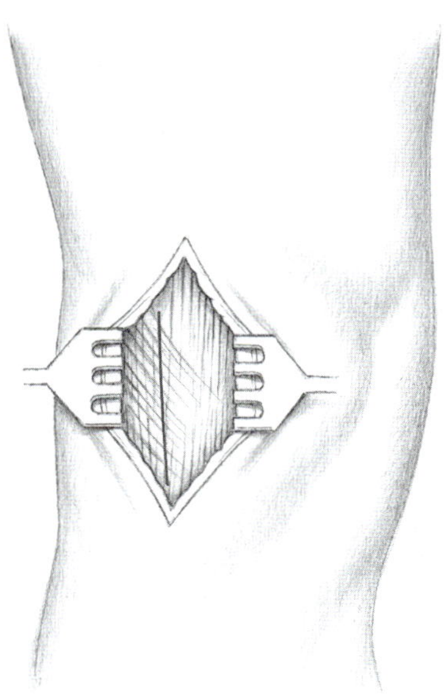

2 Gelenkeröffnung

Nach Spaltung der Haut liegt der bindegewebige Streckapparat frei. Er wird im Verlauf des Hautschnitts gespalten. Die darunter gelegene Synovia wird eröffnet.

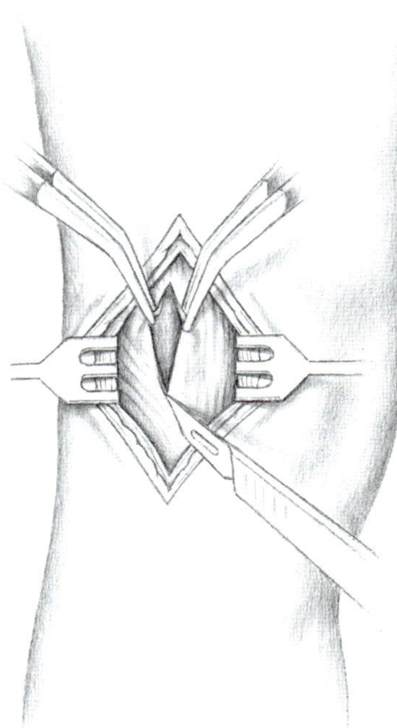

❸ Gelenkspülung und Débridement

Nach Eröffnung des Gelenks werden die Ränder mit Pinzetten gefasst und das Gelenk unter Sicht sorgfältig ausgespült. Alte nekrotische Anteile werden entfernt, eitrige Herde beseitigt. Das Gelenk wird vorsichtig in allen zugänglichen Arealen mit Kochsalzlösung gespült.

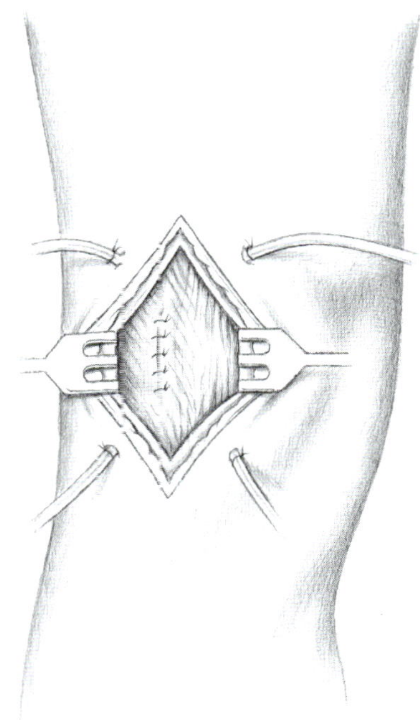

❹ Kapselnaht und Drainage

Zur kontinuierlichen Spülung werden mindestens 2, gelegentlich 4 Drainagen als Saug-Spül-Drainagen platziert. Das Gelenk wird mit Einzelknopfnähten verschlossen. Subkutannähte und Hautnähte beenden den Eingriff. Postoperativ erfolgt die Ruhigstellung in einer Gipsschiene oder auf einer Braun-Schiene in 170°-Streckung.

129. Fasziotomie des Unterschenkels

1 Indikation

Absolut: Bei Diagnosestellung.

2 Operationsvorbereitung

Präoperative Diagnostik: Klinik: Schmerz, Schwellung, passiver Muskeldehnungsschmerz, Sensibilitätsstörung, motorische Schwäche. Kompartmentdruckmessung (bei Normotonie: > 20 mmHg sicher pathologisch, < 20 mmHg normal; bei Hypotension tiefere Werte!).
Patientenvorbereitung: Komplette weite Spaltung aller Verbände bei Verdacht auf Ausbildung eines Kompartmentsyndroms.

3 Spezielle Risiken, Aufklärung

- Verletzung von Gefäßen/Nerven.
- Wundinfekt.
- Ischämische Schäden.
- Bewegungseinschränkungen.

4 Anästhesie

Allgemeinnarkose.

5 Lagerung

Rücken (abhängig von Lokalisation), keine Blutsperre!

6 Zugang

Über der betroffenen Loge.

7 Operationsschritte

1. Querschnitt.
2. Lateroventrale Fasziotomie.
3. Mediale Fasziotomie.

8 Relevante Anatomie, Gefahren, Tricks

- Kompartmentsyndrome entstehen vor allem posttraumatisch und postischämisch.
- Alle Logen müssen gespalten werden!
- Exzision nekrotischer Muskulatur (Muskelvitalität: beurteilt anhand von Konsistenz, Kontraktilität, Kolorit, Kapillarblutung = 4 K).
- Bei Frakturen, wenn möglich, gleichzeitige Osteosynthese.
- Entnahme von Biopsien aus der Muskulatur obligat.
- Deckung der Defekte mit Hautersatzmaterial.

9 Maßnahmen bei speziellen Komplikationen

Unbedingt auf vollständige Druckentlastung des betroffenen Kompartments achten, keine „sparsame“ Faszienspaltung; stets auch den unter Spannung stehenden Hautmantel eröffnen!

10 Nachsorge

Medizinische Nachbehandlung: Schonende Lagerung der betroffenen Extremität extrem wichtig. Wechsel des Hautersatzmaterials in 2- bis 3-tägigem Abstand. Faszien- und Hautverschluss nach Abschwellen (5 – 10 Tage), ggf. unter Verwendung von Meshgrafts.
Mobilisation: Abhängig von Gesamtsituation.
Krankengymnastik: Immer erforderlich.
Arbeitsunfähigkeit: Abhängig von Gesamtsituation.

7 Operationstechnik

1. Querschnitt.
2. Lateroventrale Fasziotomie.
3. Mediale Fasziotomie.

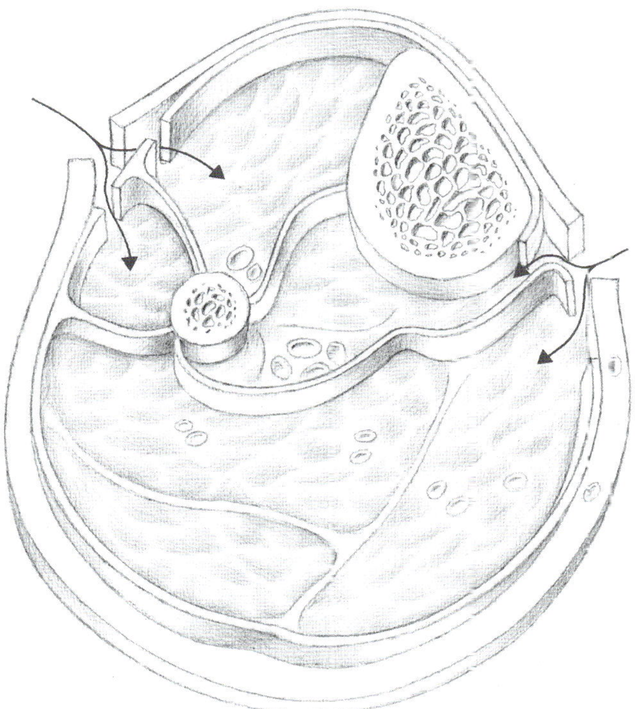

1 Querschnitt

Die Fasziotomie des Unterschenkels muss alle Kompartments erfassen. Hierzu zählt das ventrale Kompartment, das laterale Kompartment, das tiefe dorsale und das oberflächliche dorsale Kompartment. Das oberflächliche dorsale und das tiefe dorsale Kompartment sind bei der Fasziotomie medial der Tibia zu erreichen, die beiden anderen sind durch eine Inzision ventral der Fibula zugänglich.

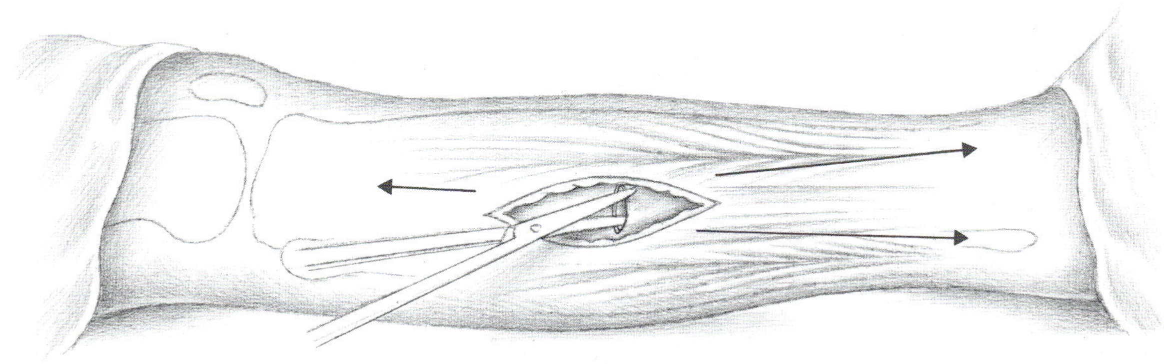

❷ Lateroventrale Fasziotomie

Die lateroventrale Fasziotomie zielt auf die Dekompression des ventralen und lateralen Kompartments. Von einem ca. 10 cm langen Schnitt an der Lateralseite der Fibula in Höhe der proximalen Drittelgrenze des Unterschenkels wird die Faszie dargestellt und zunächst quer inzidiert, um das Septum intermusculare zu identifizieren. Vor und hinter dem Septum wird die Faszie weit nach proximal und distal gespalten, indem man mit einer langen Schere fortlaufend den Rand der Faszie subkutan spaltet. Die Spaltung sollte nicht zu sparsam erfolgen. Ist man sich über den Umfang der Spaltung unsicher, so ist eine offene Fasziotomie mit entsprechend lang gewählter Hautinzision günstiger.

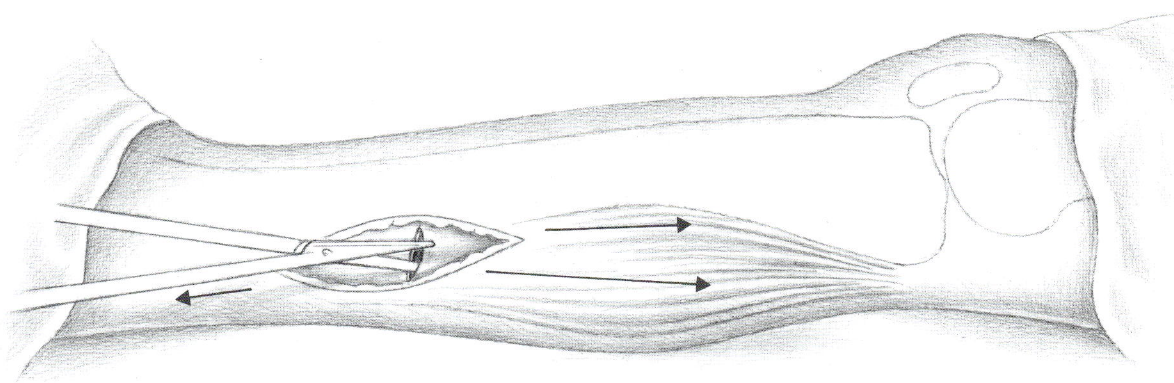

❸ Mediale Fasziotomie

Die Entlastung der oberflächlichen und tiefen hinteren Kompartimente erfordert eine 10 cm lange Längsinzision der Haut dorsal der Hinterkante der Tibia in Höhe der distalen Drittelgrenze. Hierbei müssen die V. saphena magna und der N. saphenus geschont und beiseite gehalten werden. Zur Identifizierung des Septum intermusculare inzidiert man die Faszie zunächst quer, dann in Längsrichtung ventral und dorsal des Septums in der oben beschriebenen Technik. Liegt ein entsprechender Druck auf dem Kompartment vor, so quillt die Muskulatur nach der Fasziotomie aus dem Kompartment in die Wunde, was ein Beweis für die Wirksamkeit der Fasziotomie ist. Auch bei der hinteren Fasziotomie gilt, dass bei unsicherer Faszienspaltung der offenen Fasziotomie mit breitem Hautschnitt und späterer Meshgraft-Deckung der Vorzug zu geben ist.

130. Per- und suprakondyläre Humerusfraktur (Kind)

1 Indikation

Elektiv: Jede dislozierte Fraktur, die sich für die geschlossene Reposition eignet (s. u.).
Alternativverfahren: Fraktur ohne/mit geringer Dislokation: Cuff und Collar nach Blount oder Oberarmgips.
Kontraindikation: Nicht geschlossen reponible Frakturen, Nerven- und Gefäßeinklemmung, offene Frakturen.

2 Operationsvorbereitung

Patientenvorbereitung: Überprüfung der peripheren Motorik, Sensibilität und Durchblutung!

3 Spezielle Risiken, Aufklärung

- Infekt.
- Gefäß-/Nervenverletzung (< 5 %).
- Fehlstellung (5 %).
- Bewegungseinschränkung (< 10 %).
- Materialentfernung.

4 Anästhesie

Intubationsnarkose.

5 Lagerung

Rücken, Armtisch, Bildwandler.

6 Zugang

Radial und ulnar über dem Epikondylus.

7 Operationsschritte

1. Frakturreposition.
2. Kirschner-Draht-Spickung.

8 Relevante Anatomie, Gefahren, Tricks

- Potenziell gefährdet sind im Ellenbogenbereich die Nn. radialis, ulnaris und medianus sowie die A. brachialis.
- Bei stärker dislozierten Frakturen mit meist stark geschwollenen Weichteilen keine längeren geschlossenen Repositionsmanöver!

9 Maßnahmen bei speziellen Komplikationen

Geschlossene Reposition nicht möglich (Repositionshindernis meist eingeschlagenes Periost): offene Reposition über ulnaren/radialen Zugang in unfallchirurgischen Spezialabteilungen.

10 Nachsorge

Medizinische Nachbehandlung: Oberarmgips für 4 – 5 Wochen. Materialentfernung nach 3 – 4 Wochen.

7 Operationstechnik

❶ Frakturreposition.
❷ Kirschner-Draht-Spickung.

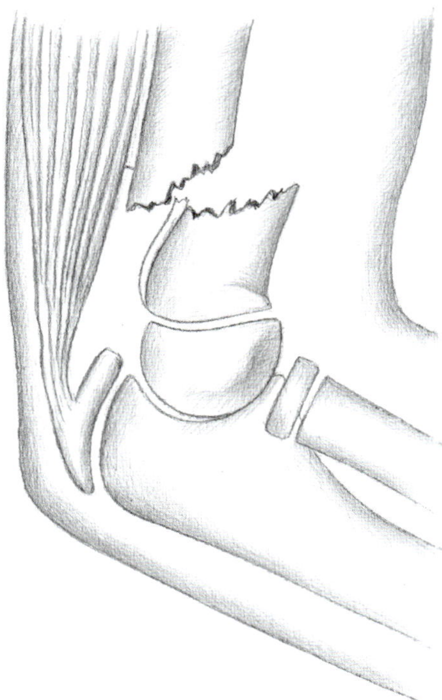

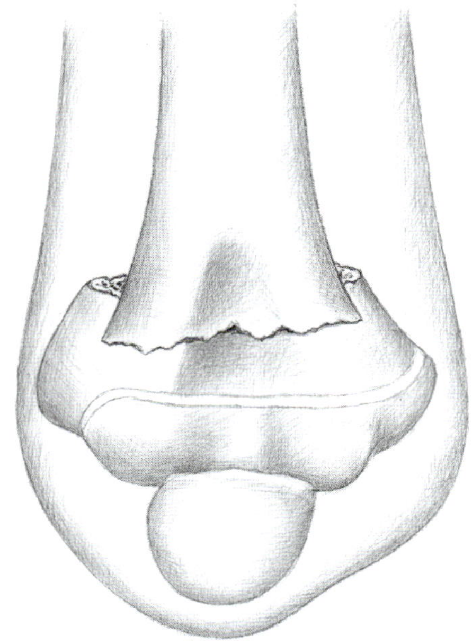

❶ Frakturreposition

Die per- und suprakondyläre Humerusfraktur des Kindes lässt sich häufig unblutig reponieren und nach Blount ruhig stellen. Kommt es zur Durchblutungs- oder Sensibilitätsstörung oder ist die Fraktur nach Reposition nicht ausreichend stabilisiert, so muss eine Retention durch gekreuzte Kirschner-Drähte erfolgen. Die Reposition der suprakondylären Humerusfraktur mit starker Dislokation der Fragmente erfolgt durch Zug und Gegenzug am leicht gebeugten Ellenbogengelenk zur Distraktion der Fraktur. Danach wird die Seitenverschiebung korrigiert und mit Daumendruck die Achsenkorrektur des peripheren Fragments begonnen. Durch zunehmende Beugung im Ellenbogengelenk wird durch Daumendruck das periphere Fragment vollständig reponiert und gleichzeitig der Unterarm in Pronationsstellung gedreht. Das Repositionsergebnis lässt sich häufig gut im Schlingenverband nach Blount („cuff and collar") halten, so dass eine operative Retention entbehrlich ist. Besteht allerdings aufgrund des Frakturverlaufs eine Neigung zum Abrutschen der Fraktur, so ist eine transkutane Spickung mit Kirschner-Drähten erforderlich.

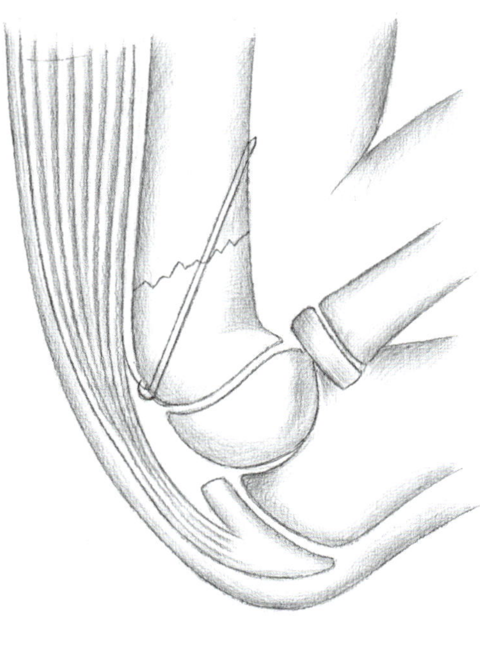

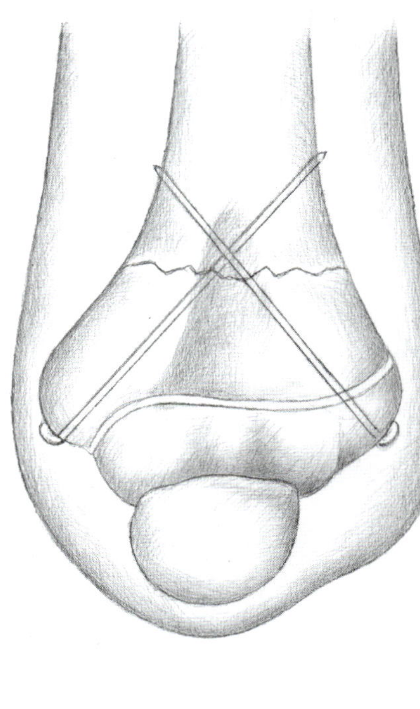

❷ Kirschner-Draht-Spickung

Nach vollständiger Reposition der Fraktur erfolgt die transkutane Spickung mit 2 gekreuzten Kirschner-Drähten. Durch schmale Stichinzision über den Kondylen lässt sich unter Bildwandlerkontrolle leicht ein Kirschner-Draht durch den Frakturspalt legen, der sich an der gegenseitigen Kortikalis verankert. Die Drähte werden umgebogen, abgekniffen und unter das Hautniveau versenkt.

131. Olekranonfraktur-Zuggurtung

1 Indikation

Absolut: Olekranonfraktur bzw. -pseudarthrose. Ossärer Ausriss der Trizepssehne.
Kontra: Infizierte Wunde, Trümmerfraktur.
Alternativverfahren: Osteosynthese durch Schraube oder Platte.

2 Operationsvorbereitung

Präoperative Diagnostik: Klinisch Verletzung des N. ulnaris ausschließen.

3 Spezielle Risiken, Aufklärung

- Blutung.
- Infektion.
- Pseudarthrose.
- Bewegungseinschränkung.

4 Anästhesie

Intubationsnarkose oder Plexusanästhesie.

5 Lagerung

Rückenlagerung mit leicht adduziertem, innenrotiertem Arm, alternativ Bauchlagerung.

Gegebenenfalls Seitentisch.

Oberarmblutsperre.

Bildwandler.

6 Zugang

Hautschnitt von der Mitte der Streckseite des distalen Oberarms zur Streckseite des proximalen Unterarms, das Olekranon radialseitig umschneidend.

Schnitterweiterung nach distal entlang der Kante der Ulna.

7 Operationsschritte

1. Hautschnitt.
2. Kapselspaltung.
3. Säuberung des Frakturspaltes.
4. Reposition, Retention und Spickdrähte.
5. Cerclage-Bohrkanal.
6. Zuggurtung.

8 Relevante Anatomie, Gefahren, Tricks

- Verlauf des N. ulnaris im Sulkus hinter medialem Epicondylus humeri.

Cave: Einengung der Ulnaris-Loge, ggf. beugeseitige Verlagerung des Nervs.

- Zentrale Platzierung der Kirschner-Drähte im proximalen Fragment

Cave: Gelenkeröffnung durch Kirschner-Drähte.

- Mitfassen der Gegenkortikalis zur Fixierung.
- Knochennahe Lage der Cerclage ist essenziell!

9 Maßnahmen bei speziellen Komplikationen

- Hämatome sofort entlasten.
- Bei Dislokation oder Ruptur der Cerclage diese sofort erneuern.
- Bei Mehrfragmentfraktur ggf. zusätzliche interfragmentäre Schraube.

10 Nachsorge

Medizinische Nachbehandlung: Hochlagerung. Röntgenkontrolle postoperativ und nach einem Monat. Metallentfernung nach einem Jahr.
Mobilisation: Frühe Bewegungsübungen.
Arbeitsunfähigkeit: Circa 6 Wochen.

7 Operationstechnik

1. Hautschnitt.
2. Kapselspaltung.
3. Säuberung des Frakturspalts.
4. Reposition, Retention und Spickdrähte.
5. Cerclage-Bohrkanal.
6. Zuggurtung.

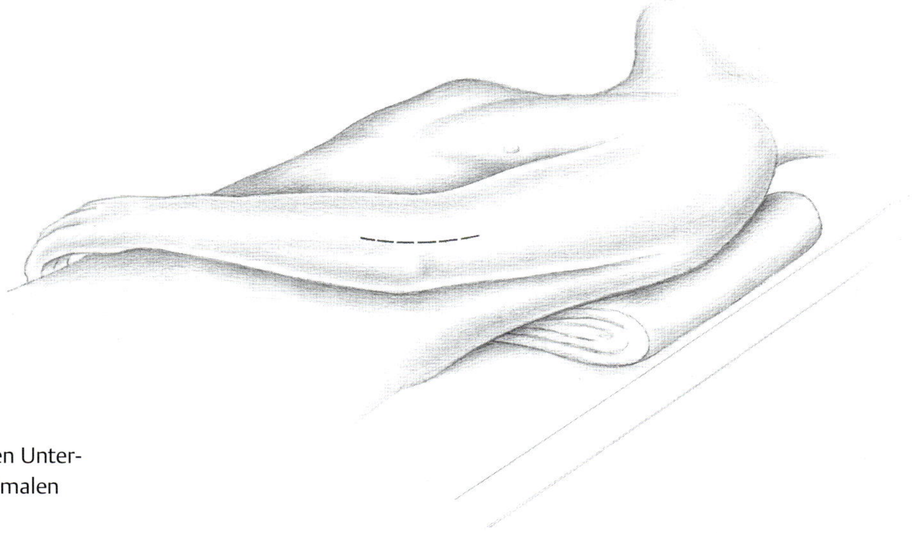

1 Hautschnitt

Der Hautschnitt beginnt in der Mitte der Streckseite des distalen Unterarms und zieht über die Ellenkante an der Streckseite des proximalen Unterarms. Das Olekranon wird radialseitig umfahren.

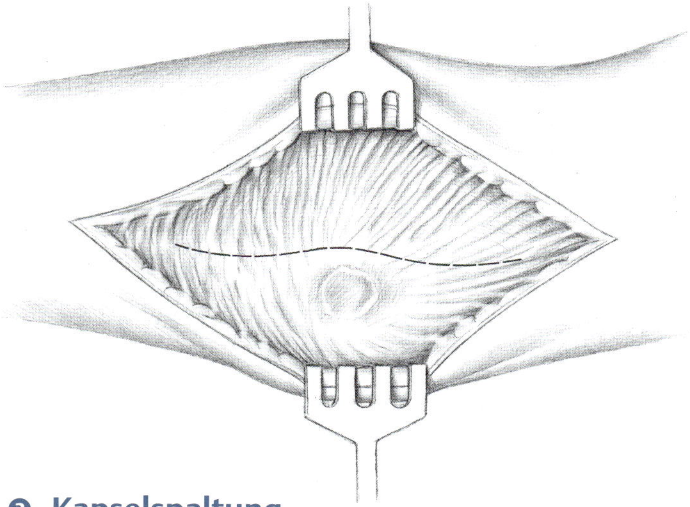

2 Kapselspaltung

Die Weichteile und die dorsalen Kapselanteile des Ellenbogengelenks werden radialseitig umschnitten, entsprechend dem Verlauf des Hautschnitts. Die Weichteile können distal und im mittleren Wundbereich scharf bis auf den Knochen durchtrennt werden. Nach proximal ist die Bizepssehne andeutungsweise zu spalten.

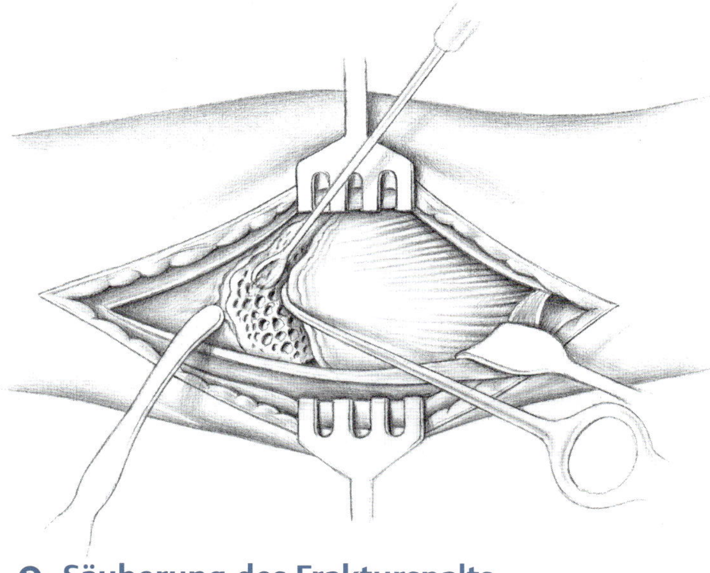

3 Säuberung des Frakturspalts

Nach Freilegung des Frakturspalts werden die Weichteile durch Homann-Hebel beiseite gehalten und der M. anconaeus von der Ulna abgelöst. Der Bruchspalt wird mit Einzinker-Haken eröffnet und mit dem scharfen Löffel und Spülsauger gesäubert. Das eingeschlagene Periost ist mit dem Raspatorium abzuschieben und aus dem Bruchspalt zu entfernen.

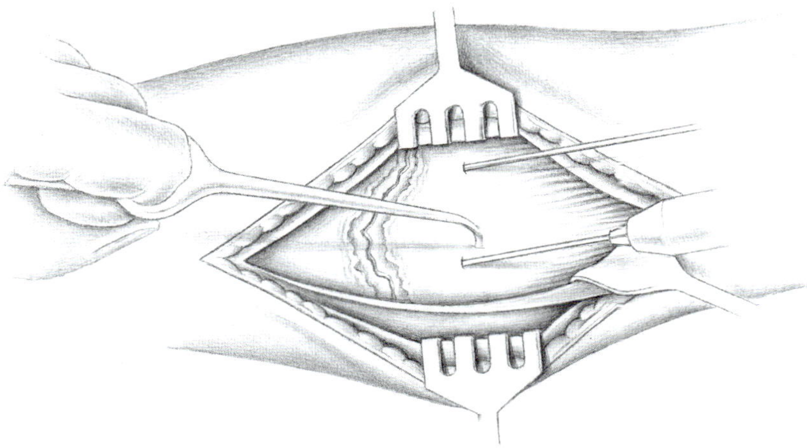

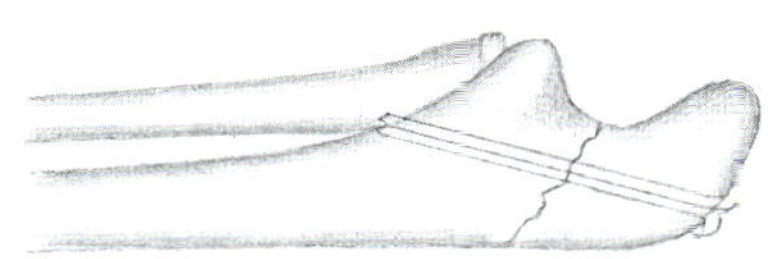

❹ Reposition, Retention und Spickdrähte

Nach Säuberung des Frakturspalts erfolgt die Reposition des Olekranons mit dem Einzinker-Haken. Hierbei ist auf eine anatomiegerechte exakte Reposition zu achten, die digital überprüft werden sollte. Nach Retention mit dem Einzinker-Haken können nun durch das körpernahe Olekranonfragment zwei parallele Kirschner-Drähte im Zentrum des Fragments eingebracht und unter Bildwandlerkontrolle platziert werden. Hierzu sollten 1,8 – 2,0 mm dicke Kirschner-Drähte Verwendung finden, die gezielt in die Gegenkortikalis des körperfernen Ulnaanteils gebohrt werden. Hierbei ist eine Verletzung des Gelenks sorgfältig zu vermeiden. Andererseits sollten die Drähte möglichst gelenknah platziert sein, um eine sichere Fixierung zu gewährleisten.

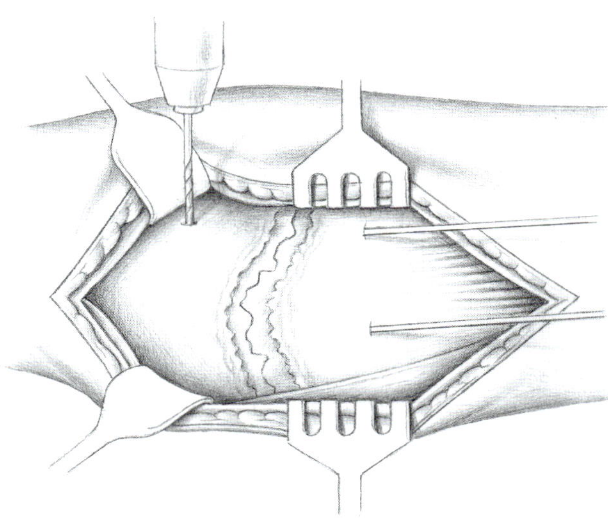

❺ Cerclage-Bohrkanal

Zur Fixierung der Cerclage wird distal der Frakturlinie in der Ulna ein quergerichteter Bohrkanal (2-mm-Bohrer) angelegt. Durch diesen Bohrkanal wird der 1,4 mm messende Cerclage-Draht durchgeführt und dann X-förmig über die Kirschner-Drähte gelegt. Der Bohrkanal sollte nicht zu weit dorsal liegen, um eine Kippbewegung zu verhindern. Die Entfernung zum Frakturspalt beträgt 2 – 3 cm, beide Kortikales sind zu fassen. Beim Bohrvorgang ist der N. ulnaris sorgfältig zu schonen.

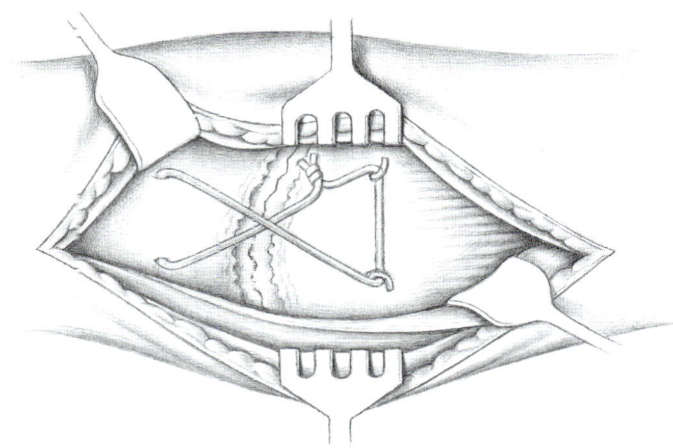

❻ Zuggurtung

Der Cerclage-Draht wird durch den Bohrkanal geführt und um die umgebogenen und abgeschnittenen Drahtenden geführt. Anschließend werden die Kirschner-Drähte mit einem Stößel versenkt. Es hat sich bewährt, die Cerclage unter der Trizepssehne mit einer Hohlnadel zu führen, um eine Nekrose der Sehne an ihrem Ansatz zu vermeiden. Nach Anspannen des Drahtes wird er mit einem Zwirbel gespannt und die Adaptation der Frakturenden unter Sicht kontrolliert. **Cave**: Überdrehung des Zwirbels zur Vermeidung einer Cerclage-Ruptur. Überprüfung der Frakturreposition und -retention durch Bewegung unter Bildwandlerkontrolle. Eröffnung der Blutsperre, Blutstillung, Drainage, Haut- und Subkutannähte, steriler Verband.

132. Radiusschaftfraktur – Plattenosteosynthese

1 Indikation

Elektiv: Bei Diagnosestellung (und vorhandener Dislokation).
Alternativverfahren: Konservativ, z. B. bei isolierter, nicht dislozierter Schaftfraktur (selten). Fixateur externe bei beträchtlichen Weichteilschäden.

2 Operationsvorbereitung

Präoperative Diagnostik: Stets benachbarte Gelenke mitröntgen: Monteggia-/Galeazzi-Fraktur ausschließen!

3 Spezielle Risiken, Aufklärung

- Infekt (2 – 3 %).
- Pseudarthrosen (5 %).
- Bewegungseinschränkungen (< 10 %).
- Nerven-/Gefäßverletzung.
- Materialentfernung.
- Gegebenenfalls Entnahme von Beckenkammspongiosa.

4 Anästhesie

Allgemeinnarkose, seltener Plexusanästhesie.

5 Lagerung

Rücken, Armtisch, Blutsperre, Bildwandler.

6 Zugang

Dorsoradial auf einer Linie zwischen Processus styloideus radii und Epicondylus radialis (Unterarm in Supination).

7 Operationsschritte

1. Hautschnitt.
2. Muskelspaltung.
3. Radiusfreilegung.
4. Reposition.
5. Retention.
6. Zugschraube und Plattenanlage.
7. Fixateur externe.

8 Relevante Anatomie, Gefahren, Tricks

- Bei synchroner Versorgung beider Unterarmknochen Weichteilbrücke zwischen den Inzisionen > 5 cm.
- Zugang zum proximalen Radiusschaft.

Cave: R. profundus nervi radialis durchzieht den M. supinator von volar nach dorsal.

9 Maßnahmen bei speziellen Komplikationen

- Monteggia-Fraktur: Ulnaschaftfraktur und Radiusköpfchenluxation. Wenn Radiusköpfchen nach Ulnaosteosynthese unter Bildwandlerkontrolle noch Luxationstendenz zeigt, sollte das Lig. anulare radii rekonstruiert werden.
- Galeazzi-Fraktur: Radiusschaftfraktur und Luxation der Ulna im distalen Radioulnargelenk oder Abriss des Processus styloideus ulnae. Die Luxation stellt sich nach Frakturosteosynthese meist spontan korrekt ein.

10 Nachsorge

Medizinische Nachbehandlung: Redon ex 2. Tag. Oberarmgipsschiene für 3 – 5 Tage. Materialentfernung nach 1,5 – 2 Jahren.
Mobilisation: Sofort.
Krankengymnastik: Bewegungsübungen nach 3 – 4 Tagen.
Arbeitsunfähigkeit: 2 – 8 Wochen, abhängig von Beruf und betroffenem Arm.

7 Operationstechnik

1. Hautschnitt.
2. Muskelspaltung.
3. Radiusfreilegung.
4. Reposition.
5. Retention.
6. Zugschraube und Plattenanlage.
7. Fixateur externe.

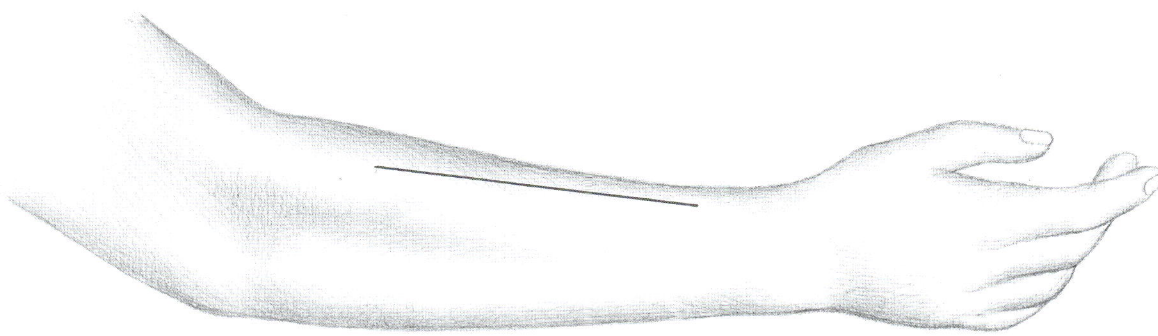

1 Hautschnitt

Der Hautschnitt verläuft in einer Linie zwischen dem Epicondylus lateralis und dem Processus styloideus radii bei Supination im Vorderarm und Beugung im Ellenbogengelenk.

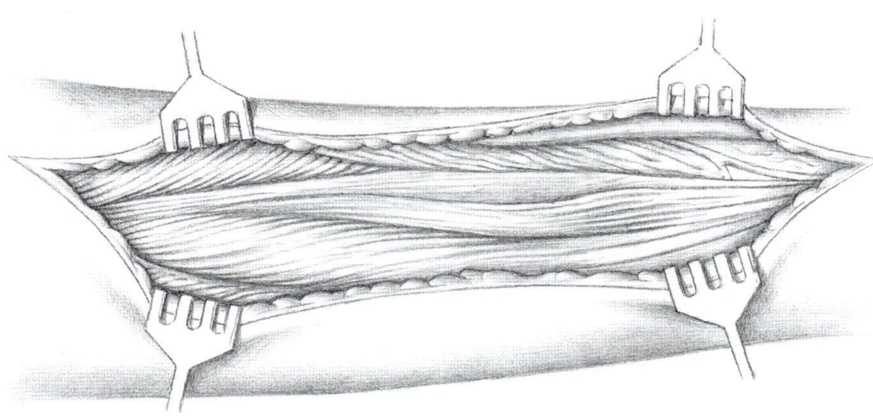

2 Muskelspaltung

Nach Eröffnung der Subkutis liegt die Faszie frei. Es wird zwischen dem M. extensor carpi radialis brevis und M. extensor carpi ulnaris bzw. M. extensor digitorum eingegangen. Der Radius ist dann darstellbar zwischen dem Ansatz des M. spinator proximal und dem Ansatz des M. pronator quadratus distal. Wenn man nach proximal erweitern will, muss der M. supinator eingekerbt und auch durchtrennt werden. Hierbei ist an den tiefen Ast des N. radialis unbedingt zu denken. Der Nerv tritt am distalen Supinatorrand aus und sollte unbedingt identifiziert werden. Erst nach Identifikation des Nervs lässt sich der Muskel gefahrlos durchtrennen.

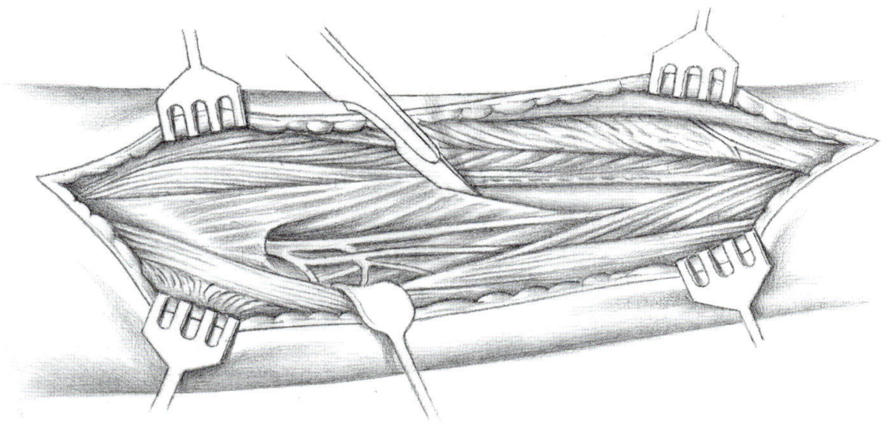

❸ Radiusfreilegung

Nach Erweiterung des Zugangs zum Radius nach proximal ist der M. supinator im Ansatzgebiet einzukerben oder zu durchtrennen. Je weiter hierbei der Muskel nach radial durchtrennt wird, desto gefährdeter ist der tiefe Ast des N. radialis, der unmittelbar in dieser Region austritt.

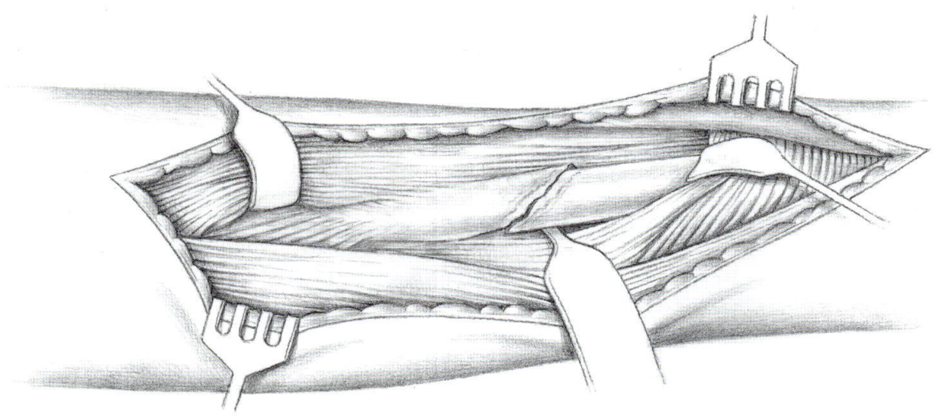

❹ Reposition

Liegt die Fraktur frei, wird der Bruchspalt gesäubert und die Fraktur mit einem Hohmann-Hebel unterfahren. Jetzt lassen sich der Frakturspalt freilegen und die Fragmente lückenlos reponieren.

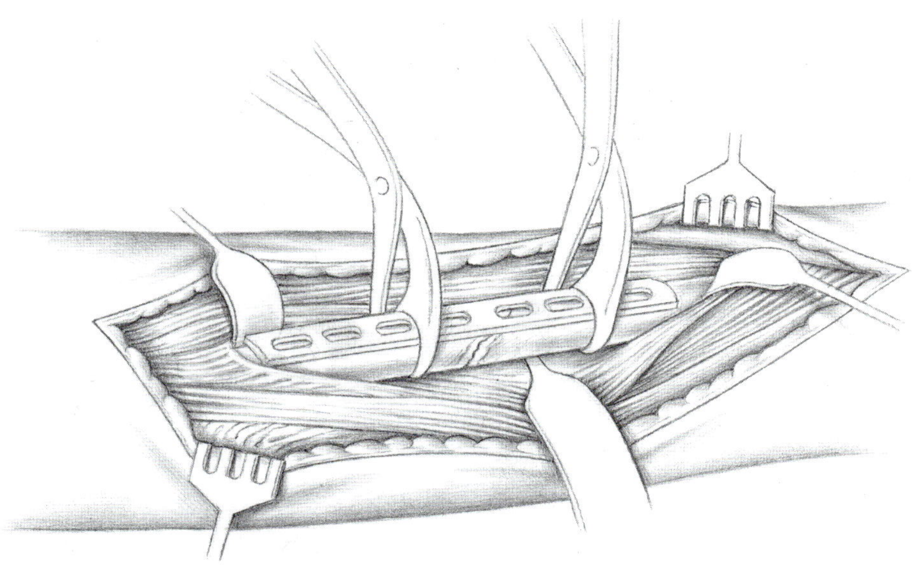

❺ Retention

Nach erfolgter Reposition wird das Repositionsergebnis durch Anpassen einer AO-Platte mit 2 Repositionszangen fixiert. Nun besteht die Möglichkeit, quer zum Frakturspalt eine Zugschraube zu platzieren, um die Fraktur zu neutralisieren.

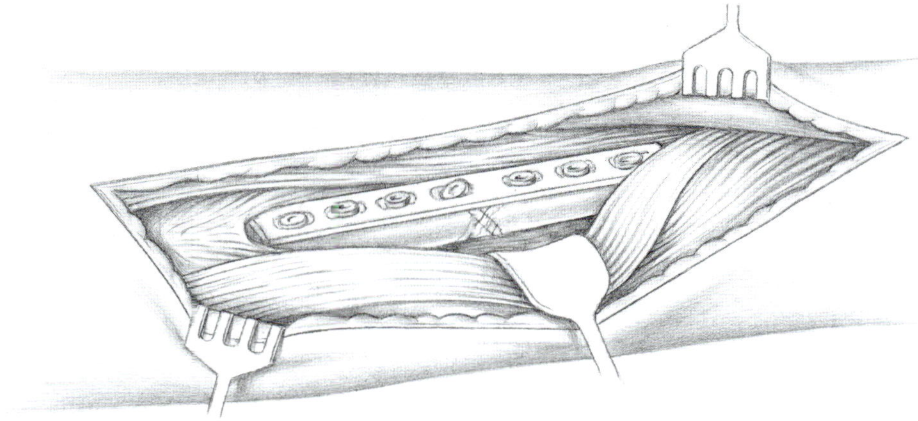

❻ Zugschraube und Plattenanlage

Die Zugschraube kann isoliert oder durch die Platte eingebracht werden. Sie sollte stets den Frakturspalt in senkrechter Richtung kreuzen. Nach Anpassen der Zugschraube werden die anderen Löcher besetzt. Durch Wahl einer DC-Platte kann zusätzliche Kompression auf die Fraktur ausgeübt werden.

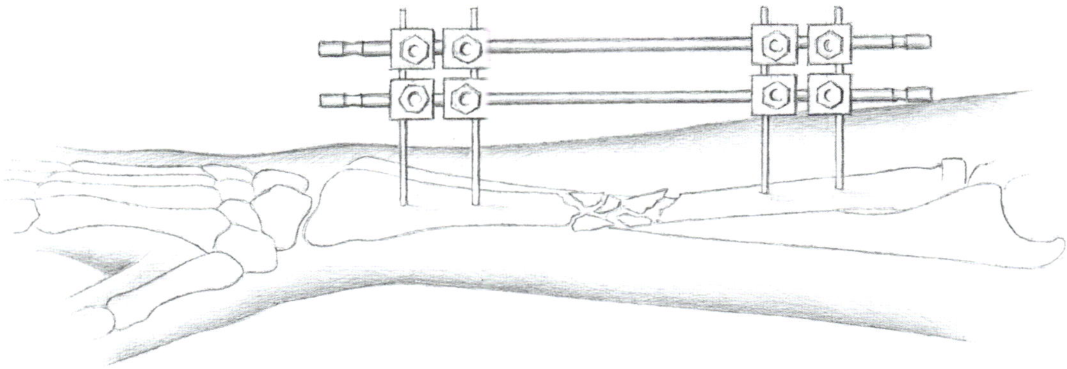

❼ Fixateur externe

Frakturen mit großer Trümmerzone lassen sich durch Plattenosteosynthese nicht ausreichend stabilisieren. In diesen Fällen ist es angebracht, einen Fixateur anzulegen, der mit jeweils 2 Schanz-Schrauben distal und proximal der Fraktur den Radius stabilisiert.

133. Distale Radiusfraktur – Plattenosteosynthese

1 Indikation

Elektiv: Flexionsfrakturen, Gelenkkantenbrüche.
Kontra: Offene Frakturen mit Weichteilschaden.
Alternativverfahren: Fixateur externe.

2 Operationsvorbereitung

Präoperative Diagnostik: Ausschluss Gefäß-/Nervenläsion (N. medianus!).

3 Spezielle Risiken, Aufklärung

- Infektion.
- Gefäß-/Nervenverletzung.
- Gegebenenfalls Spongiosaentnahme/-plastik.
- Redislokation (< 10%).
- Bewegungseinschränkungen.
- Materialentfernung.

4 Anästhesie

Plexusanästhesie, Allgemeinnarkose.

5 Lagerung

Rücken, Armtisch, Blutsperre, Bildwandler.

6 Zugang

Volar ulnarseitig der Sehne des M. flexor carpi radialis.

7 Operationsschritte

1. Frakturlokalisation.
2. Hautschnitt.
3. Zugang.
4. Spaltung des M. pronator quadratus.
5. Freilegung Frakturspalt.
6. Anpassung T-Platte.
7. Muskelnaht.

8 Relevante Anatomie, Gefahren, Tricks

Cave: Forcierte wiederholte Repositionsmanöver: Morbus Sudeck!

- A. radialis mit Begleitvenen nach radial halten, N. medianus und die Flexorensehnen nach ulnar.
- M. pronator quadratus am radialen Ansatz komplett ablösen.
- Bei räumlicher Einengung des N. medianus ggf. Spaltung des Lig. carpi transversum.

9 Maßnahmen bei speziellen Komplikationen

Defekte durch metaphysäre Trümmerzone mit Spongiosaplastik auffüllen.

10 Nachsorge

Medizinische Nachbehandlung: Redon ex 2. Tag; Plattenentfernung nach 6 – 9 Monaten.
Krankengymnastik: Frühfunktionelle Behandlung bei stabiler Osteosynthese.
Arbeitsunfähigkeit: 2 – 8 Wochen, abhängig von Beruf und betroffener Hand.

7 Operationstechnik

1. Frakturlokalisation.
2. Hautschnitt.
3. Zugang.
4. Spaltung des M. pronator quadratus.
5. Freilegung Frakturspalt.
6. Anpassung T-Platte.
7. Muskelnaht.

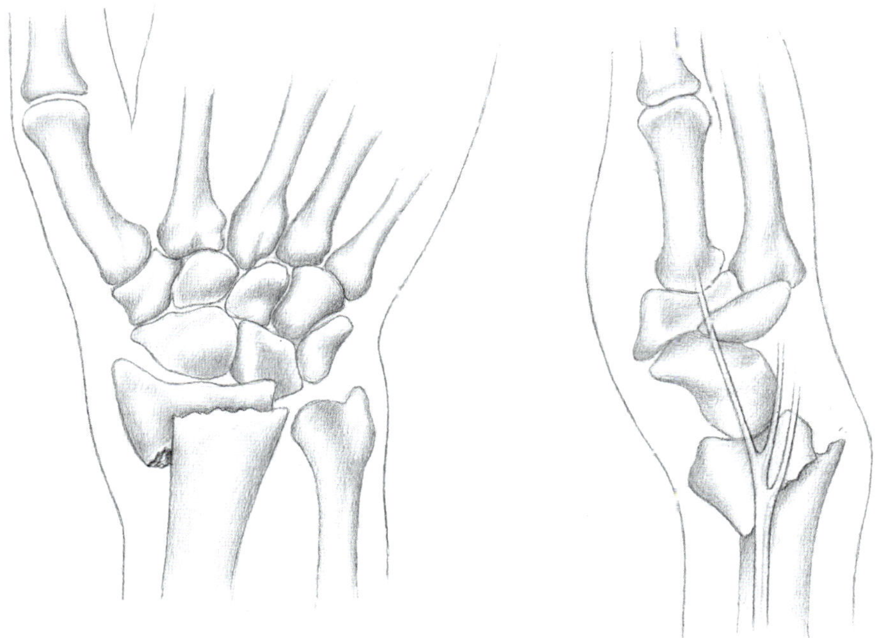

1 Frakturlokalisation

Die Indikation zur Operation ergibt sich bei instabilen Radiusfrakturen, meist vom Flexionstyp. Die enge Nachbarschaft zum R. superficialis nervi radialis führt nicht selten zu nervalen Dysfunktionen.

Liegt ein volar abgeschertes Fragment vor, wird dieses sich nicht konservativ stellen lassen. Diese Situation ist die primäre Indikation für die Verplattung der Radiusfraktur.

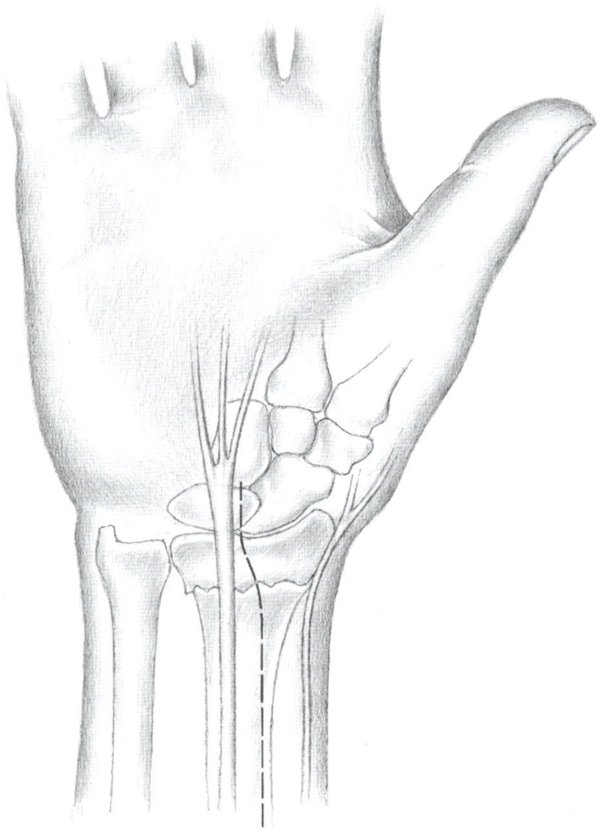

❷ Hautschnitt

Beim volaren Zugang richtet sich der Hautschnitt nach der Lokalisation des N. medianus. Er befindet sich in unmittelbarer Nachbarschaft der Sehne des M. palmaris longus (falls vorhanden), die das beste Leitgebilde ist. Der Nerv verläuft zwischen ihr und dem M. flexor carpi radialis. Der Hautschnitt verläuft leicht bogenförmig, etwas radial der tastbaren Palmarissehne, und wird in der Tiefe bogenförmig weitergeführt. Eine Verletzung des R. superficialis des N. radialis ist hierbei unbedingt zu vermeiden.

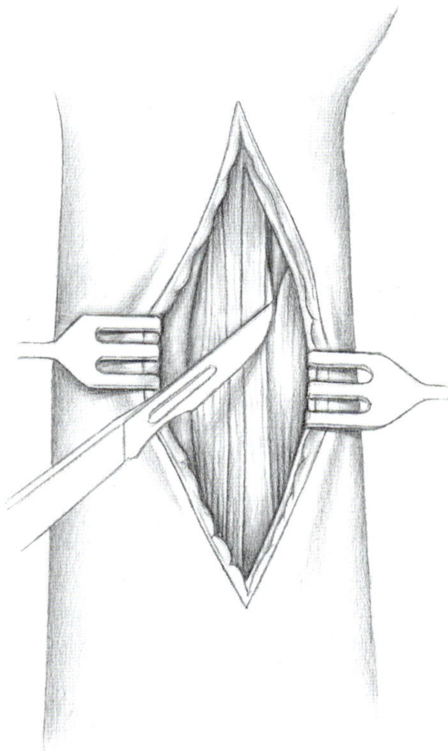

❸ Zugang

Liegt die Muskelloge frei, so empfiehlt sich, eine Spaltung zwischen der gut tastbaren Sehne des M. flexor carpi radialis auf der einen und dem M. palmaris longus und N. medianus auf der anderen Seite zu vollziehen. Je nach Ausdehnung der Fraktur wird die Spaltung bis in das Retinaculum flexorum fortgeführt, um den Processus styloideus radii vollständig freizulegen.

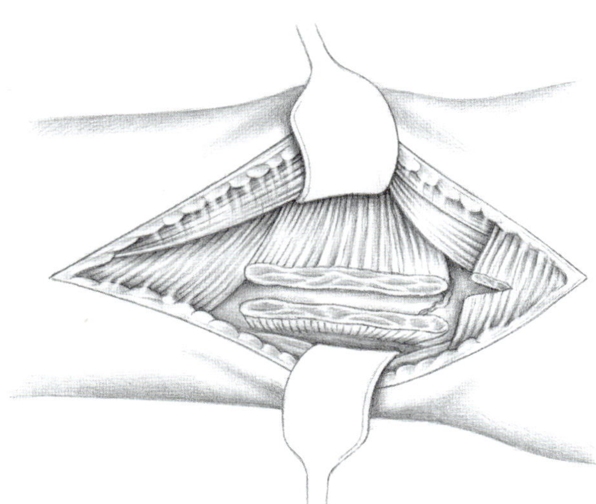

❹ Spaltung des M. pronator quadratus

Nach Freilegung des M. pronator quadratus wird dieser auf dem Radius gespalten. Zwei stumpfe Haken ziehen den N. medianus und die langen Fingerbeuger nach ulnar, nach radial wird die A. radialis und der M. flexor carpi radialis gezogen.

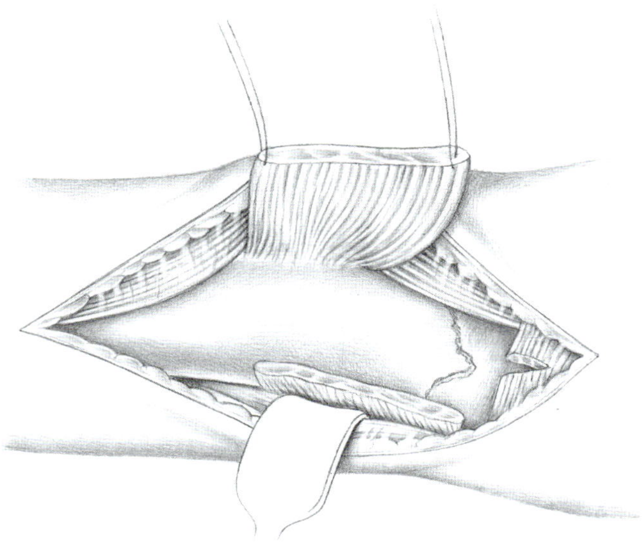

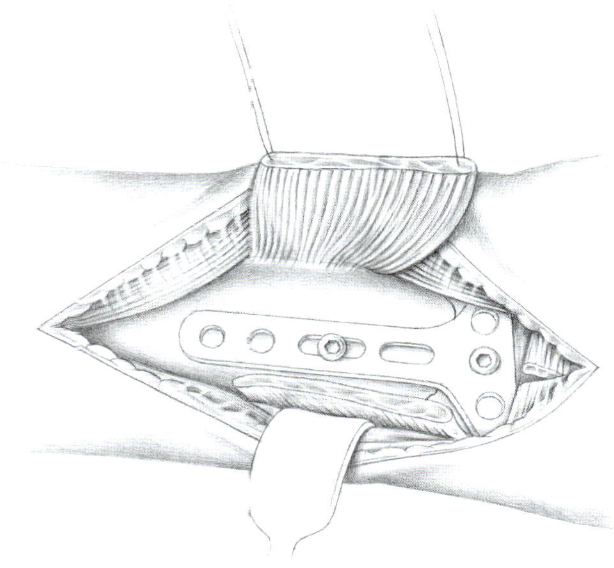

❺ Freilegung Frakturspalt

Nach vollständiger Ablösung der Muskulatur wird in der Tiefe der Frakturspalt sichtbar. Das Retinaculum flexorum ist hierbei möglichst weit nach distal zu spalten.

❻ Anpassung T-Platte

Nach Freilegung der Fraktur erfolgt die Anpassung einer T-förmigen Kleinfragmentplatte. Die Platte sollte so angebracht werden, dass eine Stützung aller Fragmente erfolgt, sie wird entsprechend vorgebogen. Nach Fixation am distalen Kondylus lässt sich die T-Platte durch den Schlitz noch entsprechend korrigieren und dann durch mehrere weitere Schrauben in der korrigierten Lage fixieren.

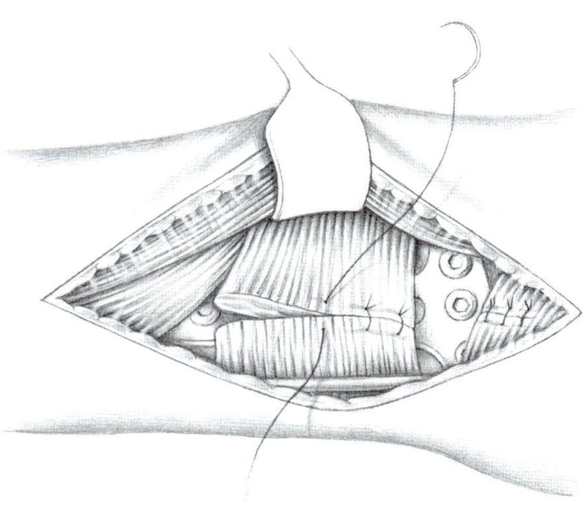

❼ Muskelnaht

Nach Überprüfung des Plattensitzes unter Bildwandlerkontrolle in 2 Ebenen erfolgt die Naht des M. pronator quadratus mit Einzelknopfnähten (3 × 0 PGS). Es folgt die Einlage einer Redon-Drainage und Adaptation der Sehnen. Abschließend wird das Retinaculum flexorum mit Einzelknopfnähten verschlossen. Subkutannähte, Hautnähte und eine dorsale Hand-Unterarm-Gipsschiene beenden den Eingriff.

134. Distale Radiusfraktur-Drahtspickung

1 Indikation

Elektiv: Extensionsbrüche mit dorsaler Trümmerzone und geschlossen reponible ein- und zweifach instabile Brüche.
Kontra: Trümmerfrakturen, offene Frakturen mit Weichteilschaden, Flexionsfrakturen.
Alternativverfahren: Fixateur externe, Plattenosteosynthese, Spongiosaplastik.

2 Operationsvorbereitung

Patientenvorbereitung: Exakte Reposition unter Zug und Gegenzug in vertikaler Richtung.

3 Spezielle Risiken, Aufklärung

- Gefäß-/Nervenverletzung.
- Infekt.
- Dislokation.
- Morbus Sudeck.
- Bewegungseinschränkung.
- Materialentfernung.

4 Anästhesie

Lokalanästhesie (+ Bruchspalt).

5 Lagerung

Rücken, Armtisch, Bildwandler.

6 Zugang

Über Processus styloideus radii.

7 Operationsschritte

1. Reposition.
2. Anatomie.
3. Einbohrung der Kirschner-Drähte.
4. Gelenküberbrückender Fixateur externe.

8 Relevante Anatomie, Gefahren, Tricks

Instabilitätskriterien der distalen Radiusfraktur: metaphysäre Trümmerzone, radioulnare Dissoziation, ulnare Desinsertion, Gelenkkantenabscherung.

Cave: Forcierte wiederholte Repositionsmanöver: Morbus Sudeck!

9 Maßnahmen bei speziellen Komplikationen

Redislokation nach Drahtspickung: Fixateur externe oder Plattenosteosynthese.

10 Nachsorge

Medizinische Nachbehandlung: Ruhigstellung in Unterarm-Gipsschiene. Röntgenkontrollen postoperativ und nach 2 und 4 Wochen. Drähte ex nach 5 – 6 Wochen.
Krankengymnastik: Gegebenenfalls nach Spickdrahtentfernung.
Arbeitsunfähigkeit: 3 – 6 Wochen, abhängig von Beruf und betroffener Hand.

7 Operationstechnik

❶ Reposition.
❷ Anatomie.
❸ Einbohrung der Kirschner-Drähte.
❹ Gelenküberbrückender Fixateur externe.

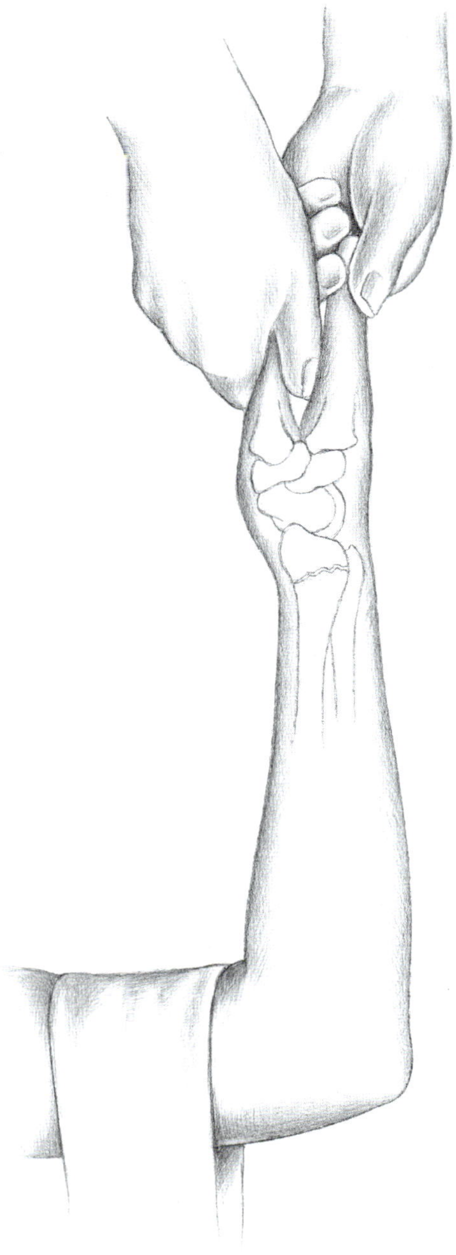

❶ Reposition

Die Reposition erfolgt in üblicher Weise durch Längszug am Daumen mit Wiederaufrichtung der ulnaren Neigung des Radiusgelenks um 30%, der Volarneigung um 10%. Als Gegenlager dient eine fest verankerte Manschette um den Oberarm. Die Reposition kann in Bruchspaltanästhesie erfolgen. Liegt eine starke Extensionsstellung vor, so sollte als Hypomochlion für die Wiederherstellung der Volarneigung der Arm eines Assistenten oder eine feste Kante gewählt werden. Die Hand ist weit nach volar zu knicken, so dass die Gelenkfläche sich wiederherstellt. Die Ulnarneigung der Radiusgelenkfläche ist durch starke Extension am Daumen gewährleistet. Ist die Fraktur unter Bildwandlerkontrolle regelrecht eingestellt, so erfolgt die Spickung mit Kirschner-Drähten.

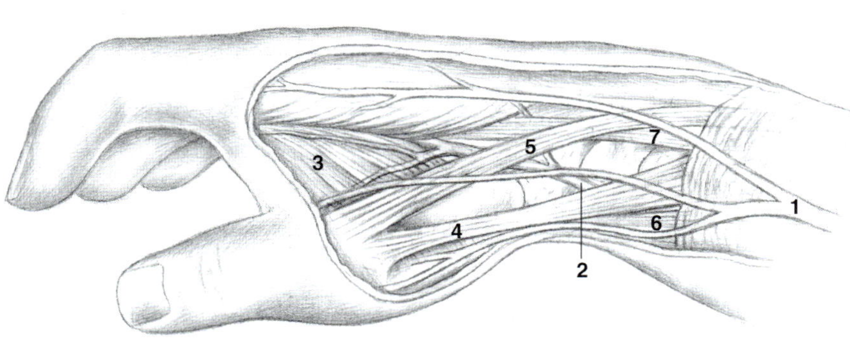

❷ Anatomie

Zur Vermeidung von Verletzungen von Sehnen und Gefäßen ist die Anatomie der Dorsalseite des Radius zu beachten. Insbesondere ist der lange Daumenstrecker und der M. flexor carpi radialis zu beachten. Zwischen ihnen liegt der Processus styloideus radii gut tastbar.

1 R. superficialis n. radialis
2 A. radialis
3 M. adductor pollicis
4 M. extensor pollicis brevis
5 M. extensor pollicis longus
6 M. flexor carpi radialis
7 M. extensor carpi radialis longus

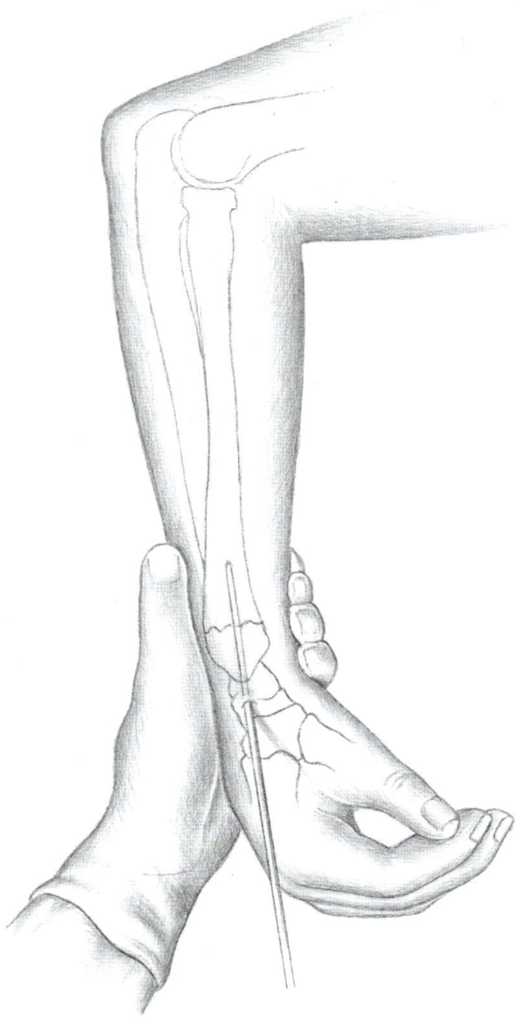

a

❸ Einbohrung der Kirschner-Drähte

Etwas distal des gut tastbaren Processus styloideus radii wird eine kleine Hautinzision angelegt und ein Kirschner-Draht von 2 mm unter Bildwandlerkontrolle vorgebohrt (**a**). Die Kirschner-Drähte werden perkutan vom Processus styloideus radii schräg nach ulnar-proximal gebohrt, bis sie die ulnarseitige Kortikalis des Radius durchstoßen. Die Kirschner-Drähte sind leicht distal versetzt in einem spitzen Winkel zueinander einzubohren (**b**). Im a.-p. Strahlengang des Bildwandlers sollen die Kirschner-Drähte den Bruchspalt weitgehend senkrecht durchbohren und sich in der ulnarseitigen Kortikalis des proximalen Radius verankern. Auf diese Weise ist eine rotationsstabile Fixation gewährleistet. Nach Abkneifen der Drahtenden werden die Kirschner-Drähte im Gewebe versenkt und die Fraktur zusätzlich mit einer dorsalen Gipsschiene ruhig gestellt. Eine Hautnaht ist nur erforderlich, falls eine längere Inzision durchgeführt wurde.

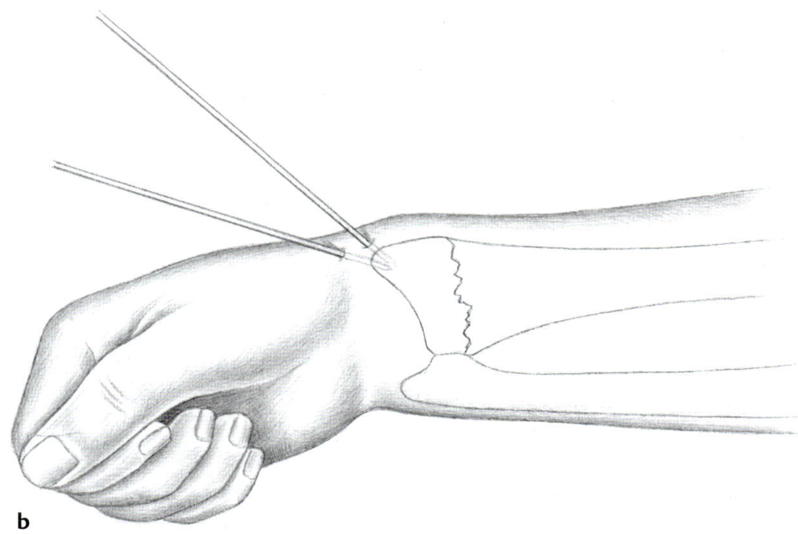

b

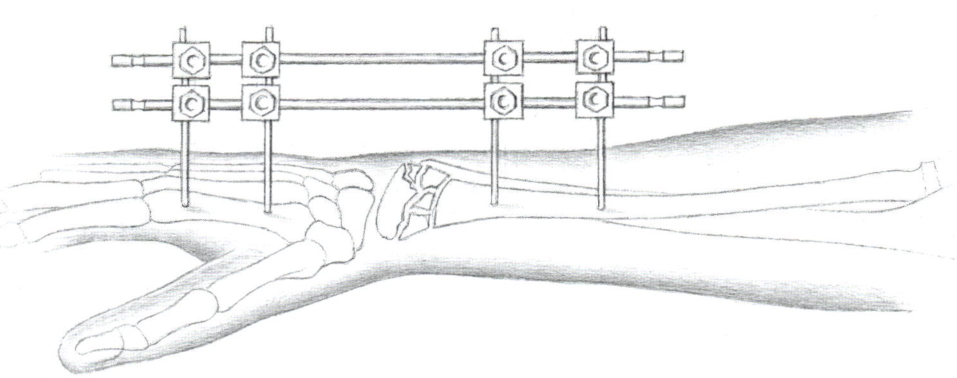

❹ Gelenküberbrückender Fixateur externe

Bei ausgedehnten Trümmerfrakturen im distalen Radius ist es häufig nicht möglich, die Fraktur direkt osteosynthetisch anzugehen. In dieser Situation ist es besser, durch einen gelenküberbrückenden Fixateur externe den Radius ruhig zu stellen. Hierzu werden jeweils 2 Schanz-Schrauben im proximalen Radius sowie im Metakarpale II platziert. Durch einen zweidimensionalen oder V-Fixateur lässt sich die distale Radiusfraktur sicher ruhig stellen.

135. Dupuytren-Kontraktur

1 Indikation

Relativ: Bei Behinderung durch Beugekontrakturen in Grund- oder auch Mittelgelenken (Stadium II/III nach Iselin).
Kontra: Tastbare Knoten ohne Streckbehinderung (Stadium I).
Alternativverfahren: Fasziotomie, partielle Fasziektomie, Dermatofasziektomie.

2 Operationsvorbereitung

Patientenvorbereitung: Bei schlecht zu säubernden Beugekontrakturfalten am Tag vor der Operation Handbäder mit Polyvidon-Jod-Lösung; ebenso Kürzen und Säubern der Fingernägel.

3 Spezielle Risiken, Aufklärung

- Nervenverletzung.
- Gefäßverletzung.
- Wundheilungsstörung/Wundinfekt.
- Hämatom.
- Rezidiv.

4 Anästhesie

Plexusanästhesie, Allgemeinnarkose.

5 Lagerung

Rücken, Armtisch, Blutleere.

6 Zugang

Zur vollständigen Fasziektomie Y-förmige Inzision in Hohlhandmitte (nach Millesi), ggf. Z-förmige Zusatzinzisionen über betroffenen Grund- und Mittelgliedern.

7 Operationsschritte

1. Hautschnitt.
2. Darstellung der Palmaraponeurose.
3. Exzision der Palmaraponeurose.
4. Hautnaht.

8 Relevante Anatomie, Gefahren, Tricks

- Am häufigsten 4. und 5. Mittelhandstrahlregion betroffen.
- Vollständige Entfernung der Palmaraponeurose unter Mitnahme der in die Tiefe reichenden Bindegewebssepten erforderlich.
- Präparation von proximal (nach Abtrennung vom Retinaculum flexorum (**cave**: motorischer Ast des N. medianus) nach distal.
- Nach Fasziektomie Blutleere beenden und kontrollierte Blutstillung unter Sicht.

9 Maßnahmen bei speziellen Komplikationen

- Intraoperativ bemerkte Nervenverletzung: mikrochirurgische Naht.
- Hautnekrose in der Hohlhand: Exzision und Vollhauttransplantat oder Lappenplastik.
- Postoperatives Hohlhandhämatom: frühzeitige Ausräumung!

10 Nachsorge

Medizinische Nachbehandlung: Verband unter mäßiger Kompression der Hohlhand auf dorsaler Unterarm-Gipsschiene, Mittel- und Endgelenke bleiben frei. Konsequente Hochlagerung! Redon ex nach 2 – 3 Tagen Gipsschiene nach 1 – 2 Wochen entfernen.
Krankengymnastik: Frühfunktionelle Übungsbehandlung ab 1. Tag, Krankengymnastik für 3 – 4 Wochen sinnvoll.
Arbeitsunfähigkeit: 2 – 4 Wochen, abhängig von Beruf und betroffener Hand.

7 Operationstechnik

1. Hautschnitt.
2. Darstellung der Palmaraponeurose.
3. Exzision der Palmaraponeurose.
4. Hautnaht.

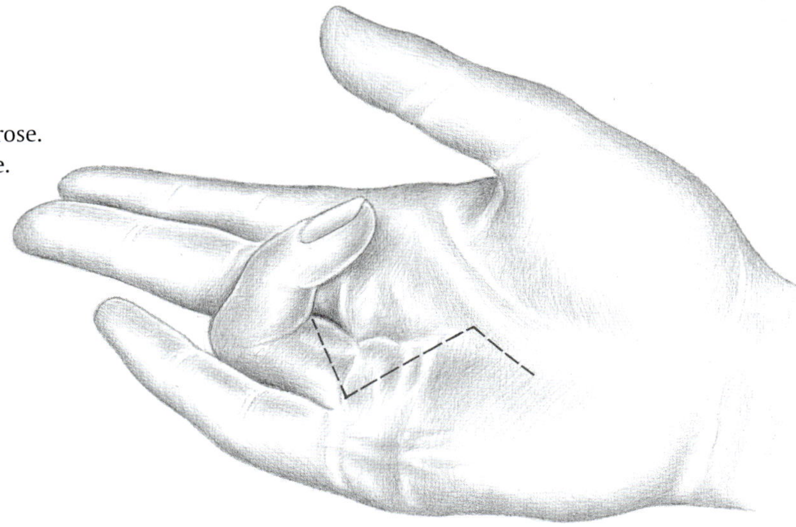

1 Hautschnitt

Die Operation der Dupuytren-Kontraktur wird in Plexusanästhesie und Oberarmblutleere durchgeführt. Die Schnittführung muss die Lokalisation und Ausdehnung der Kontrakturen im Einzelnen berücksichtigen, um ein gutes funktionelles Ergebnis zu erzielen. Zur Vermeidung einer Beugekontraktur sind alle Schnitte, die Gelenkfalten und Hautspaltlinien senkrecht kreuzen, zu vermeiden. Längsinzisionen sind nur zu tolerieren, wenn sie durch Z-Plastiken unterbrochen werden. Bei der Darstellung der Beugesehne von diesem Zugang muss die Verbindung der Gefäß-Nerven-Bündel zur beugeseitigen Haut erhalten bleiben. Aus dem Gesagten ergeben sich jeweilig individuelle Schnittführungen. – Liegt wie in diesem Falle eine Dupuytren-Kontraktur des 4. und 5. Strahls vor, so empfiehlt sich ein Schnitt, der parallel zur Daumenbeugefalte beginnt, rechtwinklig auf die Interdigitalspalte 4/5 zuzieht und dann am 4. Finger unter Umgehung der Beugefalte schräg zur Mittelgelenkfalte zieht.

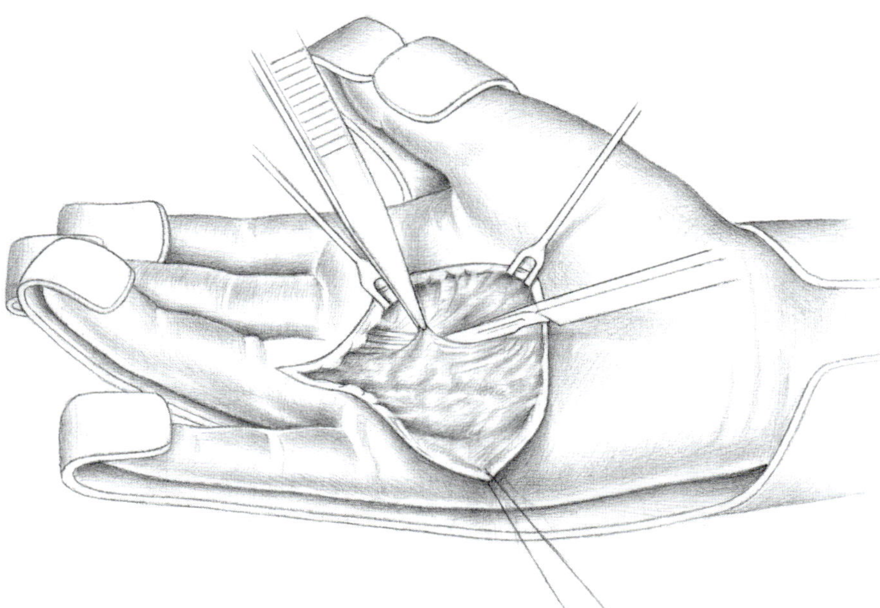

2 Darstellung der Palmaraponeurose

Nach Freilegung der Hautränder werden diese mit kleinen Haken und Haltenähten auseinander gehalten und die Palmaraponeurose aufgesucht. Gesunde Anteile sind nicht unbedingt resektionspflichtig, es sei denn, dass sie bereits induriert sind. Im gegebenen Fall beschränkt sich die Operation auf die Entfernung der Palmaraponeurose des 3.–5. Fingers. Unter direkter Sicht bei Oberarmblutleere ist die Palmaraponeurose zu eröffnen und schrittweise freizulegen. Nach proximal sollte sie so weit verfolgt werden, wie sie pathologisch verändert ist. Empfehlenswert ist die Präparation von proximal nach distal, um die Nerven und Gefäße leichter abschieben zu können. Die Präparation beginnt mit der Abhebung des schmalen derben Faszienstreifens, möglichst nahe am Lig. carpi volare, das mit einer Klemme gefasst und stumpf mit dem Zeigefinger oder einer feinen Schere abgelöst wird. Die unmittelbar darunter gelegenen Beugesehnengefäße und -nerven müssen unbedingt geschont werden. Durch Anspannung des Gewebes bei der Präparation lassen sich die Strukturen gut identifizieren. Es empfiehlt sich, bei komplizierter Vernarbung die Lupenbrille zu Hilfe zu nehmen.

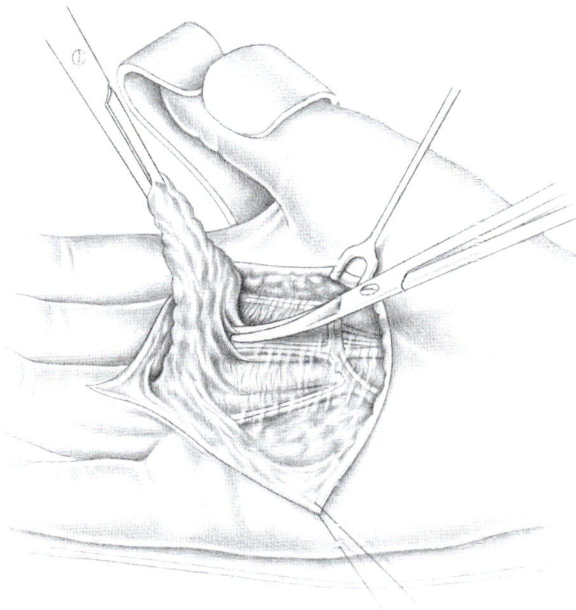

❸ Exzision der Palmaraponeurose

Ist die Palmaraponeurose ausreichend freigelegt, so geht es darum, auch intermetatarsal die Stränge zu verfolgen und sie unter Schonung von Nerven und Gefäßen zu resezieren. Hierzu bedarf es einer sorgfältigen Präparation mit der Schere unter sanftem Zug nach distal. Die Finger sind auf einer Bleiplatte ausgespannt, um ein ruhiges Arbeitsfeld zu haben. Man sollte sich in dieser Phase der Operation unbedingt Zeit lassen und bei unsicherem Befund eine Lupenbrille hinzuziehen. Wichtig ist die Präparation der Palmaraponeurose bis nach interdigital, da nicht selten hier derbe Ausläufer bestehen. Nach vollständiger Entfernung der Palmaraponeurose sollten die betroffenen Finger wie ein anatomisches Sehnen-, Gefäß- und Muskelpräparat imponieren.

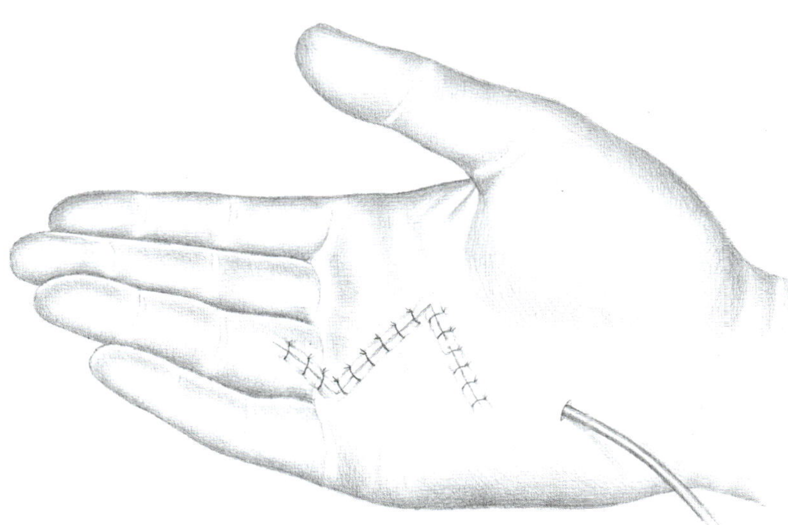

❹ Hautnaht

Vor dem Wundverschluss muss auf jeden Fall die Blutsperre eröffnet und subtile lokale Blutstillung vorgenommen werden. Die überschießende Hyperämie postoperativ muss durch Kompression abgewartet werden, um dann gezielt Blutstillung durchzuführen. Durch Einlage einer Laschen- oder Saug-Drainage werden etwaige Nachblutungen drainiert. Atraumatische Hautnähte beenden den Eingriff. Bis zur sicheren Wundheilung sollte eine dorsale Gipsschiene mit Einschluss der Finger bis zu den Endgliedern angelegt werden. Das Wundgebiet wird durch geknäuelte Wundkompressen unter milder Kompression gehalten.

136. Beugesehnennaht

1 Indikation

Absolut: Bei Diagnosestellung.
Kontra: Bei ausgedehnter Gewebezerstörung und Verschmutzung frühsekundäre Versorgung.

2 Operationsvorbereitung

Präoperative Diagnostik: Durchtrennung beider Beugesehnen: Finger kann im Mittel- und Endgelenk nicht aktiv gebeugt werden. Nur tiefe Beugesehne durchtrennt: keine aktive Beugung im Endgelenk. Nur oberflächliche Beugesehne durchtrennt: Finger kann bei fixiert gestreckten übrigen Langfingern nicht mehr isoliert aktiv gebeugt werden. Stets Sensibilität und Durchblutung überprüfen!

3 Spezielle Risiken, Aufklärung

- Bewegungseinschränkung durch Verwachsungen.
- Sehnenruptur.

4 Anästhesie

Plexusanästhesie, selten Allgemeinnarkose.

5 Lagerung

Rücken, Armtisch, ggf. Blutleere.

6 Zugang

Schräge, bogenförmige oder gewinkelte Inzision unter Einbeziehung einer eventuellen Verletzungswunde, am Daumen auch seitlicher Längsschnitt im Bereich des Grundglieds.

7 Operationsschritte

❶ Anatomie.
❷ Knöcherner Beugesehnenausriss.
❸ Kirchmayer-Kessler-Naht I.
❹ Kirchmayer-Kessler-Naht II.
❺ Dynamische Schiene nach Kleinert.

8 Relevante Anatomie, Gefahren, Tricks

- Bei Glassplitterverletzungen sind isolierte Beugesehnendurchtrennungen nicht selten.
- Aufsuchen der Sehnenenden wird durch passive Fingerbeugung erleichtert.
- Perkutan quer in die Sehnenstümpfe eingestochene Kanülen verhindern ein Zurückgleiten beim Nähen.
- Quetschung der Sehnenstümpfe durch Instrumente unbedingt vermeiden (kein „Fischen" nach Sehnenstümpfen!).
- Bei ausgedehnten Weichteilverletzungen oder stark verschmutzten Wunden nur Wundversorgung und frühe Sekundärnaht der Sehne.
- Teildurchtrennungen von weniger als 50% sollten nicht genäht werden.
- Eine glatte Sehnenverletzung im „Niemandsland" wird sofort versorgt, allerdings durch einen handchirurgisch Erfahrenen!

9 Maßnahmen bei speziellen Komplikationen

- Verwachsungen: Tendolyse (frühestens nach 6 Monaten!), Sehnentransplantation.
- Ruptur im Nahtbereich: Sehnentransplantation.

10 Nachsorge

Medizinische Nachbehandlung: Dynamische Fixierung nach Kleinert (axiale Zugrichtung der einzelnen Langfinger beachten: Kahnbein!) für 3 – 4 Wochen. Eine Sehnennaht erlangt erst nach ca. 3 Monaten Endfestigkeit.
Mobilisation: Ab 1. Tag Bewegungsübungen.
Krankengymnastik: Gegebenenfalls für ca. 4 – 6 Wochen.
Arbeitsunfähigkeit: 2 – 6 Wochen, abhängig von Beruf und betroffener Hand.

7 Operationstechnik

1. Anatomie.
2. Knöcherner Beugesehnenausriss.
3. Kirchmayer-Kessler-Naht I.
4. Kirchmayer-Kessler-Naht II.
5. Dynamische Schiene nach Kleinert.

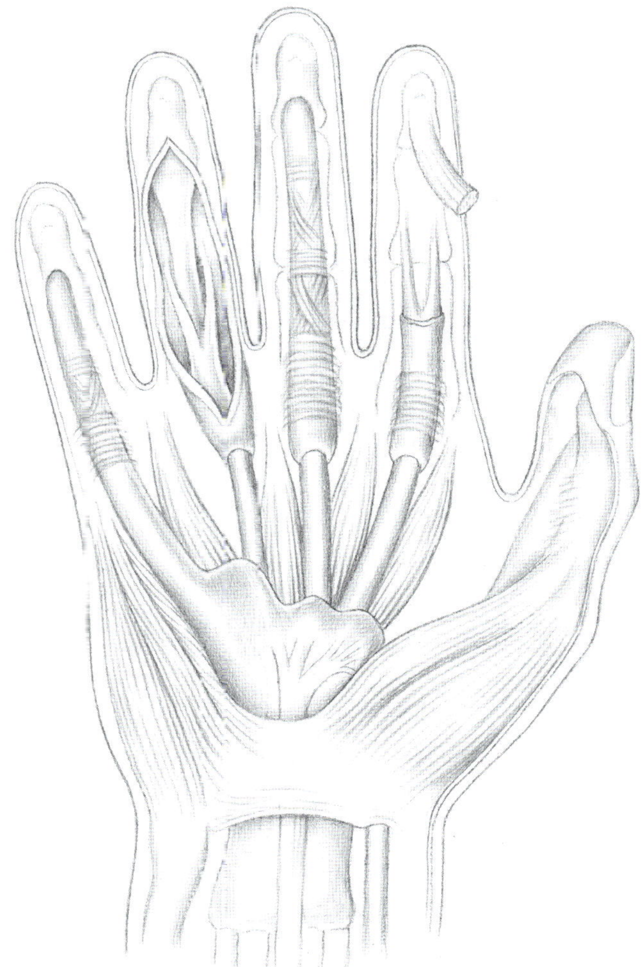

1 Anatomie

Die Anatomie der Beugesehnen ist geprägt durch den zweischichtigen Verlauf der oberflächlichen und tiefen Beugesehnen, die in den Ringbändern geführt werden. Die Beugesehnen verlaufen in den Gleitlagern der synovialen Sehnenscheiden an den Fingern sowie unter dem Retinaculum flexorum des Lig. carpi volare. In diesem sog. „Niemandsland" sind primäre Beugesehnennähte wegen der Neigung zu überschießendem Sehnenkallus häufig zum Scheitern verurteilt. Nur durch Frühmobilisation der primären Sehnennaht in diesem Bereich unter Zugbelastung, z. B. in der dynamischen Kleinert-Schiene, ist eine primäre Sehnennaht im „Niemandsland" sinnvoll, d. h. im Bereich der Hohlhand, in der die Sehnen von Sehnenscheiden umhüllt sind. Die mehr historische Bezeichnung hat ihre Berechtigung aus den starken Verklebungen der Sehnen nach primärer Naht in dieser Region. Das Prinzip aller Sehnennähte ist, dass teildurchtrennte Sehnen nicht genäht und bei Durchtrennung beider Sehnen beide genäht werden. Bei ausgedehnten Weichteildefekten erfolgt eine frühe Sekundärnaht oder, falls dies nicht möglich ist, eine spätere Sehnentransplantation. Hierzu kann vorübergehend ein Platzhalter implantiert werden. Die Ringbänder müssen unter allen Umständen erhalten oder ggf. rekonstruiert werden.

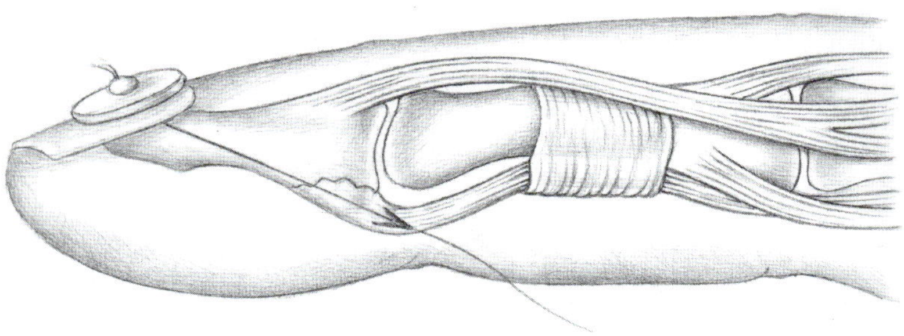

❷ Knöcherner Beugesehnenausriss

Häufig ist der knöcherne Ausriss der Profundussehne am Ansatz der Endphalanx. Die Rekonstruktion besteht hier in der transossären Ausziehnaht. Hierzu wird transossär ein Kanal gebohrt und durch diesen mit gerader Nadel die Ausziehnaht platziert. Man kann die Naht auch unmittelbar ventral des Endgliedes führen, wenngleich diese Verankerung nicht ausreichend sicher ist. Besser ist die transossäre Fixation mit Verankerung im proximalen Sehnenende und Fixation mit einer Unterlegscheibe über dem Fingernagel. Nach Verankerung der Sehne wird durch Entfernung der Bleiplombe über dem Fingernagel die Naht nach proximal unter Entlastung des Widerhakens entfernt.

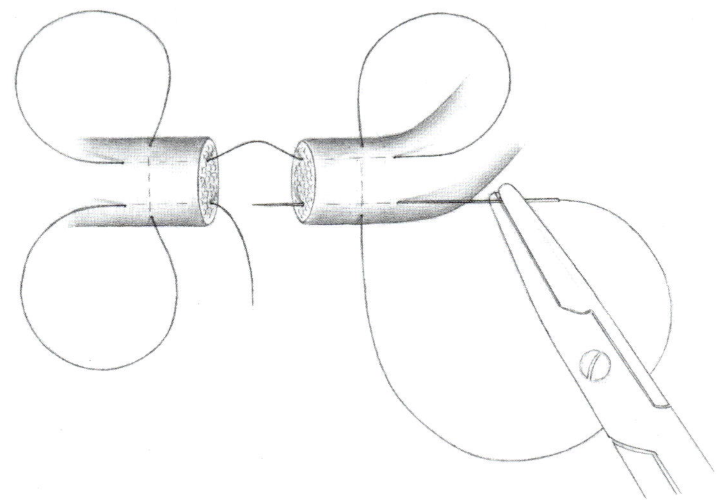

❸ Kirchmayer-Kessler-Naht I

Die Sehnennaht nach Kirchmayer-Kessler beinhaltet eine doppelte Achtertour in beiden Sehnenstümpfen mit der Verlagerung des Knotens in die Rupturstelle. Dies führt zu einer guten Gleitfähigkeit der Sehne, da kein Knoten ihre Mobilität behindert. Der Querstich soll etwa einen Sehnenquerschnitt von der Durchtrennungsstelle entfernt liegen und der Knoten der Kernnaht in die Ruptur versenkt sein.

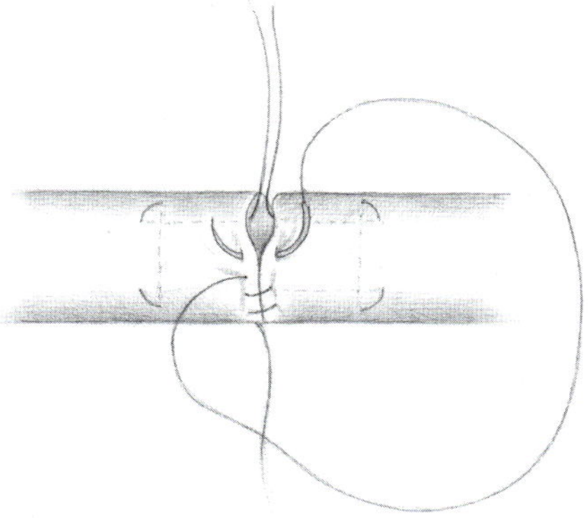

❹ Kirchmayer-Kessler-Naht II

Nach Vervollständigung der Achtertouren wird die Rupturstelle durch zirkuläre Feinadaptation mit atraumatischem Faden der Stärke 6 × 0 (PGS) vereint. Hierbei darf die Sehne nicht mehr berührt werden, sie sollte am lang gelassenen Faden der Zentralnaht geführt und mit feinsten Instrumenten unter ständiger Spülung mit Ringer-Lösung behandelt werden. Die Sehnenscheiden sind vorsichtig mit zarten resorbierbaren Nähten (6 × 0 PGS) zu rekonstruieren.

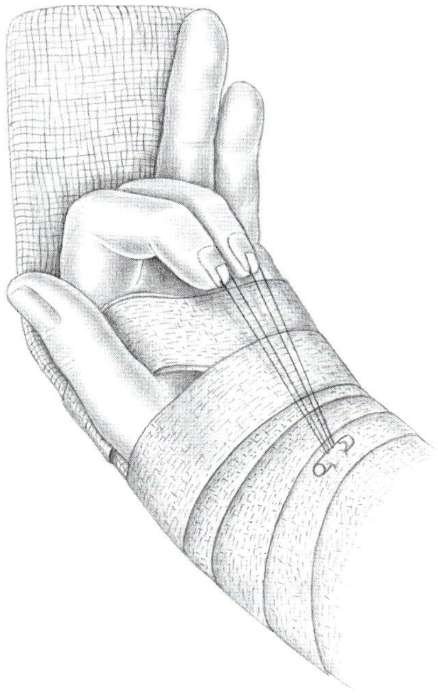

❺ Dynamische Schiene nach Kleinert

Zur Erzielung eines guten funktionellen Ergebnisses muss bereits früh funktionell eine Mobilisation auf einer dynamischen Schiene erfolgen. Hierzu werden die betroffenen Finger mit einem am Fingernagel befestigten Gummiband in leichter Beugestellung gehalten. Durch aktive Streckung ist es möglich, die Beugesehnen aktiv ohne Belastung zu strecken und eine passive Beugung durch Gummibandzug zu erzielen.

137. Strecksehnennaht

1 Indikation

Absolut: Bei Diagnosestellung.
Kontra: Bei ausgedehnter Gewebezerstörung und Verschmutzung frühsekundäre Versorgung.
Alternativverfahren: Hauptsächlich bei subkutanen distalen Rupturen: Schiene nach Stack; passagere Kirschner-Draht-Arthrodese des Endgelenks in Streckstellung.

2 Operationsvorbereitung

Präoperative Diagnostik: Durchtrennung über Mittelglied und Endgelenk: Endglied in Beugestellung und nicht mehr aktiv streckbar (bei Druckschmerz Verdacht auf knöchernen Ausriss).
Durchtrennung über Mittelgelenk: Knopflochdeformität (entwickelt sich oft erst nach einigen Tagen!) oder komplette Streckunfähigkeit.
Durchtrennung über Grundgelenk: Ausfall der Streckfähigkeit im Grundgelenk bei erhaltener Streckfähigkeit im Mittel- und Endgelenk.
Durchtrennung über dem Handrücken: oft nur partieller Streckverlust im Grundgelenk.

3 Spezielle Risiken, Aufklärung

- Wundheilungsstörungen.
- Erneute Ruptur.
- Bewegungseinschränkungen durch Verwachsungen.

4 Anästhesie

Oberst-Leitungsanästhesie,

Plexusanästhesie.

5 Lagerung

Rücken, Armtisch, ggf. Blutleere.

6 Zugang

Schräge, bogenförmige oder gewinkelte Inzisionen unter Einbeziehung von Verletzungswunden.

7 Operationsschritte

1. Distaler Strecksehnenausriss.
2. Spickdrahtarthrodese.
3. Distale Strecksehnenruptur mit ligamentärem Ausriss.
4. Transossäre Ausziehnaht.

8 Relevante Anatomie, Gefahren, Tricks

- In distalen Fingerbereichen bei subkutanen Rupturen auch konservative Behandlung.
- Sehnennaht mit feinen U-Nähten, ggf. unterstützt durch temporäre Kirschner-Draht-Arthrodese des End- oder Mittelgelenks für 4–6 Wochen.

9 Maßnahmen bei speziellen Komplikationen

Bei veralteten Ausrissen offene Naht und temporäre Endgelenkarthrodese (KD).

10 Nachsorge

Medizinische Nachbehandlung: Gegebenenfalls postoperative Ruhigstellung für 4–5 Wochen auf volarer Unterarm-Gipsschiene in leichter Dorsalflexion des Handgelenks und leichter Beugung der Fingergrund- und Mittelgelenke.
Mobilisation: Nach Beendigung der Arthrodese bzw. Ruhigstellung.
Krankengymnastik: Gegebenenfalls für einige Wochen sinnvoll.
Arbeitsunfähigkeit: 2–6 Wochen, abhängig von Beruf und betroffener Hand.

7 Operationstechnik

❶ Distaler Strecksehnenausriss.
❷ Spickdrahtarthrodese.
❸ Distale Strecksehnenruptur mit ligamentärem Ausriss.
❹ Transossäre Ausziehnaht nach Lengemann.

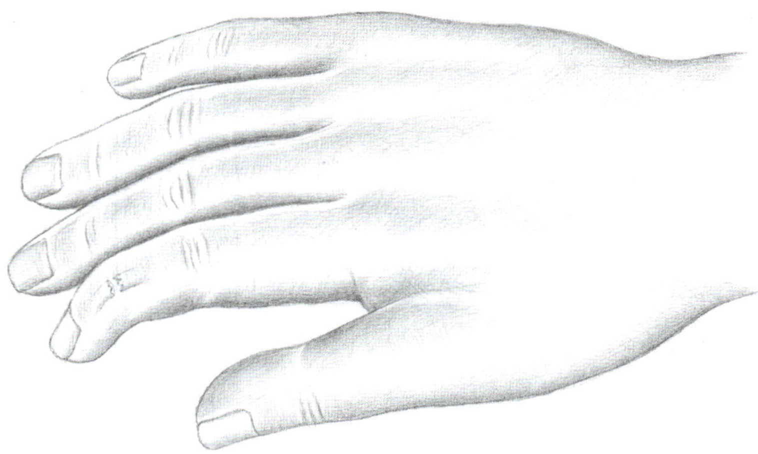

❶ Distaler Strecksehnenausriss

Der Ausriss der Strecksehne am Endglied ist die häufigste Form der Strecksehnenverletzung. Er tritt überwiegend infolge eines Bagatelltraumas oder bei degenerativer Vorschädigung auf. Die Therapie kann unterschiedlich sein, so bei frischen Verletzungen ohne knöchernen Ausriss (Röntgen!) in Stack-Schiene mit Überstreckung für 6 Wochen, bei frischen Verletzungen mit knöchernem Ausriss Reposition und Fixation durch transossäre Drahtnaht, bei veralteter Strecksehnenruptur temporäre Arthrodese mit Kirschner-Draht für 6 Wochen mit oder ohne Adaptation der Sehnenstümpfe.

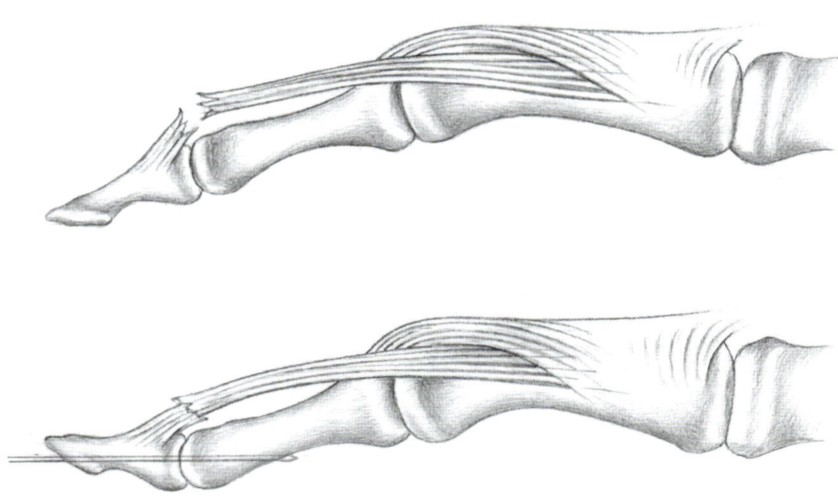

❷ Spickdrahtarthrodese

Bei veralteten Strecksehnenausrissen empfiehlt sich die Freilegung der Sehne über einen kleinen Schnitt, die Adaptation mit Einzelknopfnähten (4 × 0 PDS) und die transossäre Kirschner-Drahtung zur temporären Arthrodese des Endglieds für ca. 6 Wochen. Diese sollte in maximaler Überstreckung erfolgen, um keinerlei Spannung auf die Sehne kommen zu lassen. Frische Verletzungen ohne knöchernen Ausriss sollten in einer Stack-Schiene ruhig gestellt werden.

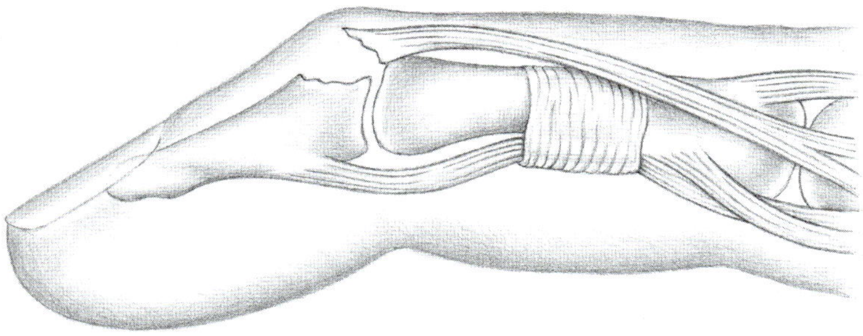

❸ Distale Strecksehnenruptur mit ligamentärem Ausriss

Liegt im Röntgenbild beim klinisch eindeutigen Strecksehnenriss im Endglied ein ligamentärer Ausriss vor, so empfiehlt sich zur Refixation die transossäre Ausziehnaht.

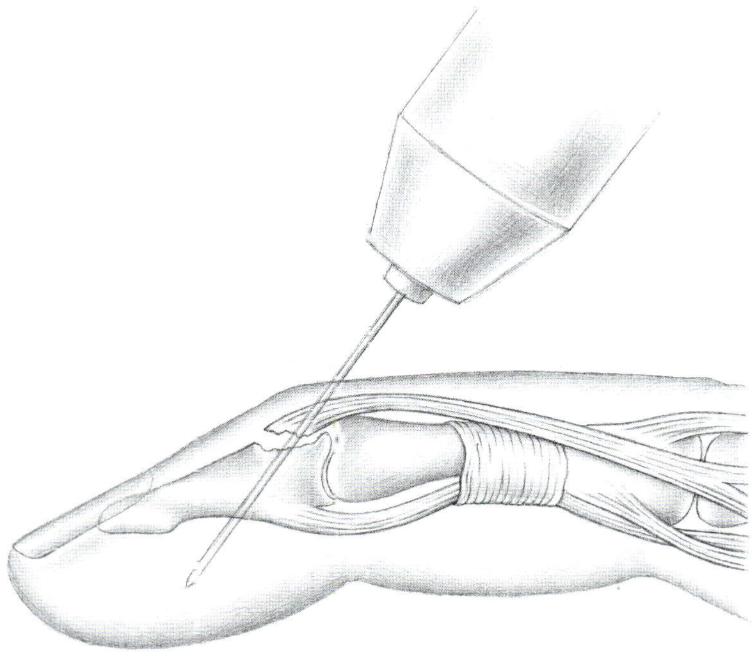

a

❹ Transossäre Ausziehnaht nach Lengemann

Die transossäre Ausziehnaht beginnt mit der Anlage eines transossären Bohrkanals, über den eine Ausziehnaht nach volar geführt wird (**a**). Im Bohrkanal kann die Naht bis an die Fingerkuppe geführt und hier mit einer Unterlegscheibe und einer Plombe fixiert werden (**b**). Nach 6 Wochen wird die Naht entfernt unter Durchtrennung der Sehnennaht unterhalb der Unterlegscheibe. Diese transossäre Ausziehnaht nach Lengemann lässt sich leicht in Oberst-Leitungsanästhesie anlegen.

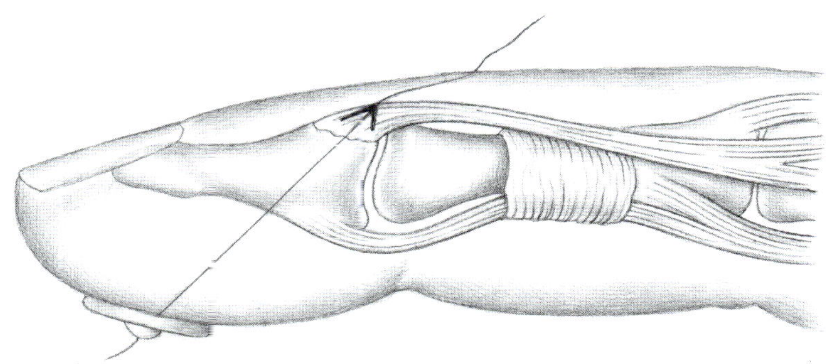

b

138. Karpaltunnel-Spaltung

1 Indikation

Elektiv: Bei Diagnosestellung.

2 Operationsvorbereitung

Präoperative Diagnostik: Ausschluss anderer Ursachen motorischer und sensorischer Ausfälle im Handbereich (z. B. HWS-Veränderungen, weiter proximal gelegene Logensyndrome), ggf. Elektromyographie.

3 Spezielle Risiken, Aufklärung

- Rückbildung motorischer/sensorischer Ausfälle eventuell langsam oder inkomplett.
- Nervenverletzung (speziell motorischer oder sensorischer Ast des N. medianus zum Thenarbereich).
- Gefäßverletzung.

4 Anästhesie

Plexusanästhesie, Intubationsnarkose.

5 Lagerung

Rücken, Arm auf seitlichen Tisch ausgelagert; „Bleihand"; Blutsperre.

6 Zugang

Inzision beginnt distal im proximalen Anteil der Thenarfalte, kreuzt die Verbindungslinie Os pisiforme-Skaphoid etwas ulnarwärts der Mitte und kreuzt die Beugefalten in einem leicht nach radial konvexen Bogen.

7 Operationsschritte

❶ Hautschnitt und N.-medianus-Verlauf.
❷ Freilegung Lig. carpi volare.
❸ Spaltung Lig. carpi volare.

8 Relevante Anatomie, Gefahren, Tricks

- Der Karpaltunnel wird auf 3 Seiten aus den Handwurzelknochen und dem Retinaculum flexorum gebildet und enthält die Beugesehnen mit Sehnenscheiden und den N. medianus.
- Das Retinaculum beginnt proximal gut abgrenzbar (Einstrahlung des M. palmaris longus, muss ggf. abgetrennt werden) und geht distal ohne eigentliche Grenze in die Palmarfaszie über.
- Der N. medianus gibt am distalen Unterarm einen sensiblen Palmarast ab, der oberflächlich des Retinakulums das Handgelenk kreuzt.
- Im distalen Karpaltunnel zieht ein motorischer Ast des N. medianus nach radial zur Thenarmuskulatur.
- Retinakulum-Spaltung zu weit nach distal gefährdet den arteriellen Palmarbogen.
- Spaltung nach proximal so weit, dass ein kleiner Finger entlang Nerv und Sehnen eingeführt werden kann.

9 Maßnahmen bei speziellen Komplikationen

- Intraoperativ erkannte Verletzung des motorischen Astes: mikrochirurgische Naht.
- So genanntes Rezidiv: wahrscheinlich unzureichende Spaltung des Retinakulums; Revision!

10 Nachsorge

Medizinische Nachbehandlung: Leichte Hochlagerung und ggf. Kühlung für 1 – 3 Tage. Hautnähte nach 7 Tagen entfernen. Bewegungsausmaß abhängig von Beschwerden zügig steigern.
Krankengymnastik: Nur bei erheblichen motorischen Ausfällen erforderlich.
Arbeitsunfähigkeit: 2 Wochen.

7 Operationstechnik

❶ Hautschnitt und N.-medianus-Verlauf.
❷ Freilegung des Lig. carpi volare.
❸ Spaltung des Lig. carpi volare.

❶ Hautschnitt und N.-medianus-Verlauf

Der Hautschnitt beim Karpaltunnel-Syndrom orientiert sich am Verlauf des N. medianus und an den Beugefalten der Handwurzel. Er kreuzt die Beugefalten schräg, setzt sich am Unterarm medial fort und folgt an der Basis des Daumenballens der Beugefalte. Die Alternative ist der geradlinige Hautschnitt, der die Beugefalte rechtwinklig kreuzt. Er sollte wegen der schlechteren funktionellen und kosmetischen Ergebnisse zugunsten eines S-förmigen Schnitts vermieden werden. Wichtig ist, dass der Hautschnitt oberflächlich verläuft und vor allem den subkutan verlaufenden sensiblen Ast des R. palmaris des N. medianus sicher schont. Deshalb sollte der Schnitt eher ulnar des N. medianus liegen.

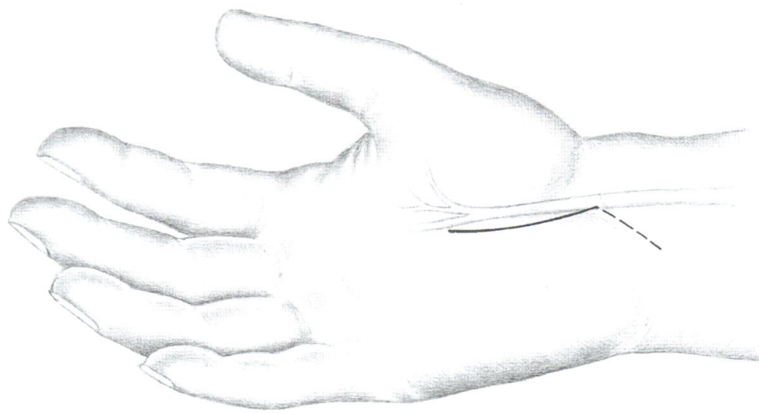

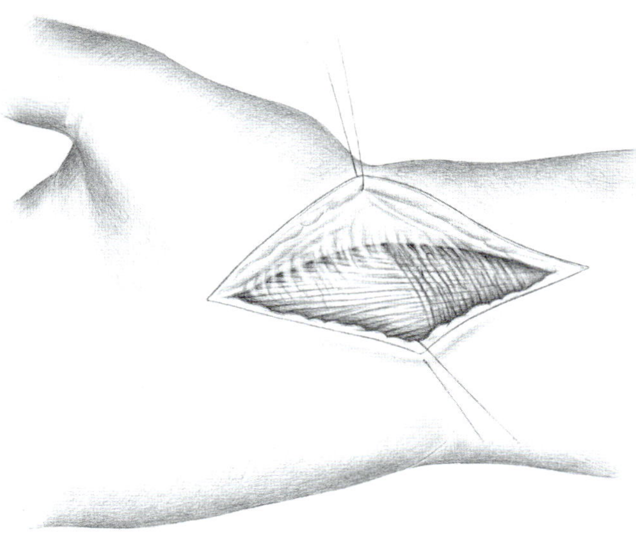

❷ Freilegung des Lig. carpi volare

Nach Spaltung der Haut werden die Hautränder mit Haltefäden gefasst und die Subkutis schrittweise durchtrennt. In der Tiefe erscheint jetzt das Lig. carpi volare mit dem Retinaculum flexorum. Es ist in voller Länge bis in die Hohlhand hinein freizulegen und allseits zu identifizieren.

❸ Spaltung des Lig. carpi volare

Nach vollständiger Freilegung des Lig. carpi volare mit dem Retinaculum flexorum wird dieses unter Sicht mit einer stumpfen Schere auf dem Medianus vollständig durchtrennt. Hierbei ist eine Verletzung des zum Daumenballen ziehenden motorischen Astes unbedingt zu vermeiden, da ansonsten eine Atrophie der Daumenballenmuskulatur resultieren würde. Dies lässt sich am einfachsten dadurch vermeiden, dass man möglichst weit ulnarseitig das Retinakulum spaltet und in jedem Fall den motorischen Ast darstellt. Ist das Retinakulum vollständig durchtrennt, lässt sich der N. medianus mobilisieren. Er zeigt in der Regel eine Auftreibung mit fibrotischen Auflagerungen. Einengendes Bindegewebe ist allseits zu entfernen. Nach Eröffnung der Blutleere erfolgt Blutstillung. Einlage einer 8er Redon-Drainage, Naht der Subkutis und der Haut, steriler Verband und Ruhigstellung des Handgelenks in leichter Dorsalextension über ca. 10 Tage.

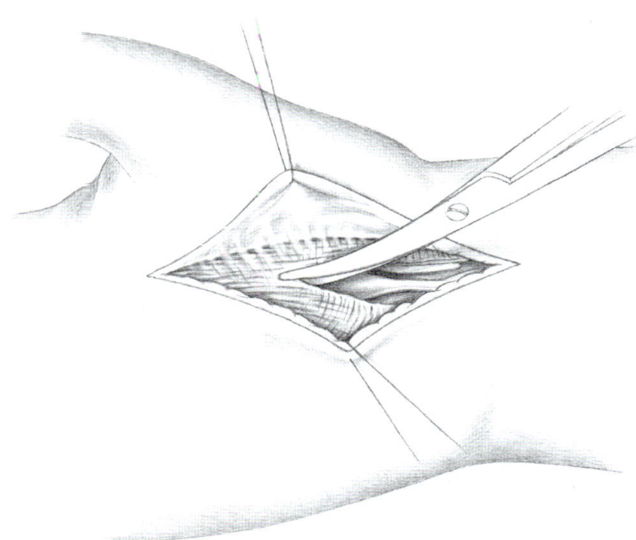

139. Beckenfixateur

1 Indikation

Notfallversorgung bei instabilen Beckenfrakturen, alternativ Beckenzwinge oder interne Fixation während Laparotomie (z. B. Symphyse), abhängig vom Frakturtyp.

2 Operationsvorbereitung

Präoperative Diagnostik: Beckenübersicht, wenn möglich CT.
Patientenvorbereitung: Lagerung für Bildwandler, Rückenlage, Blasenkatheter.

3 Spezielle Risiken, Aufklärung

- Gefäß-/Nervenverletzung.
- Definitive Versorgung mit interner Fixation.

4 Anästhesie

Intubationsnarkose.

5 Lagerung

Rückenlage, Bildwandler.

6 Zugang

Hautschnitt 2 cm distal und medial der Spina iliaca anterior superior.

7 Operationsschritte

1. Lagerung.
2. Markierung der Femoralgefäße.
3. Hautschnitt.
4. Palpation der Spina iliaca anterior inferior.
5. Einführen der Bohrhülse und Festlegung der Bohrrichtung unter Bildwandlerkontrolle.
6. Durchführen der Bohrung etwa 4 – 5 cm tief.
7. Einführen der Schanz-Schrauben über die äußere Bohrhülse.
8. Reposition.
9. Definitive Montage des Fixateurs.

8 Relevante Anatomie, Gefahren, Tricks

- Bohrrichtung in Rückenlage des Patienten etwa 20° nach kranial sowie 30° nach innen geneigt.
- Keine Insertion der Schrauben im Bereich der Spina iliaca anterior superior, um den N. cutaneus femoris lateralis nicht zu verletzen.

9 Maßnahmen bei speziellen Komplikationen

Keine speziellen Maßnahmen.

10 Nachsorge

Definitive Versorgung im Intervall, abhängig vom Verletzungsmuster.

7 Operationstechnik

❶ Platzierung der Schanz-Schrauben.
❷ Montage des Fixateur externe am Beckenring.

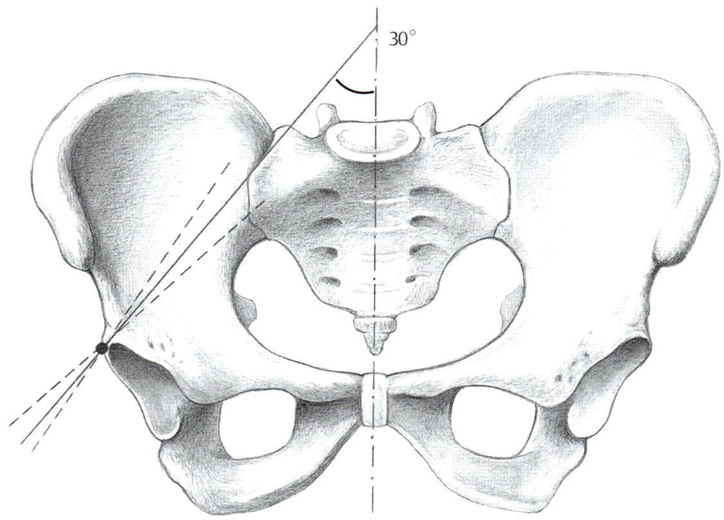

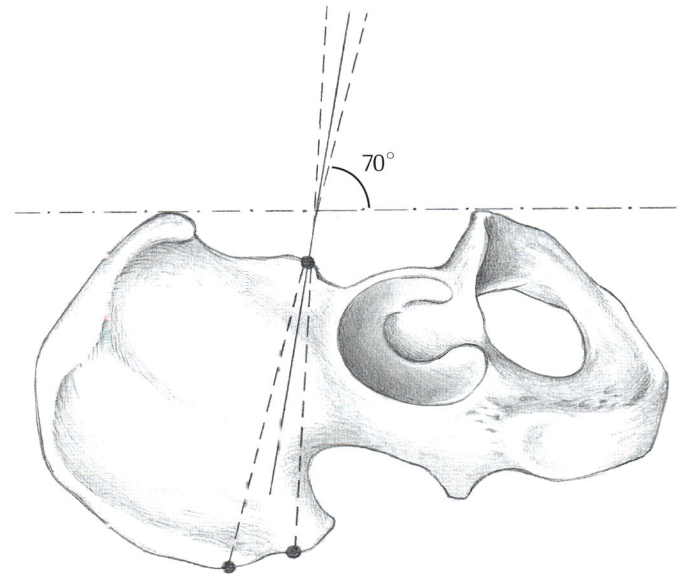

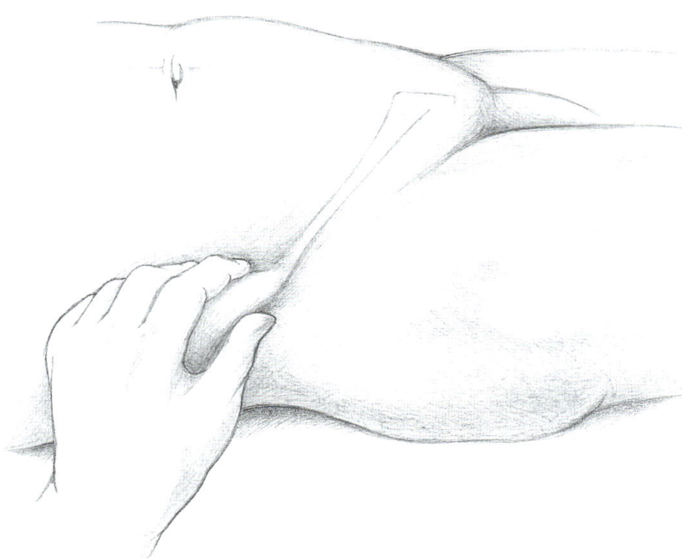

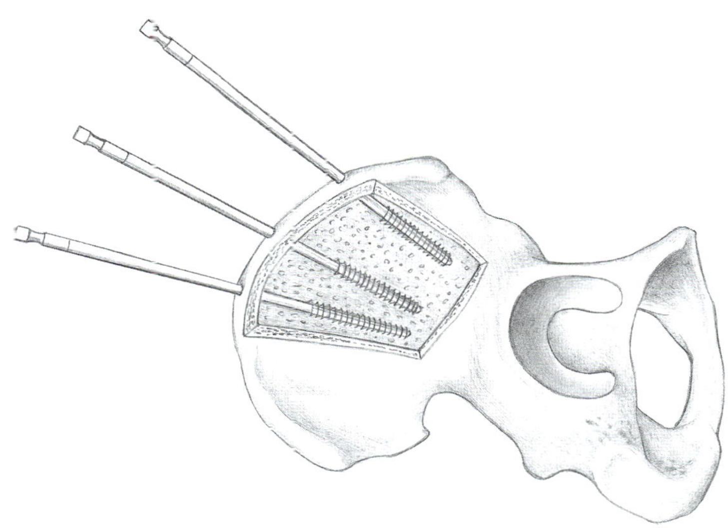

❶ Platzierung der Schanz-Schrauben

Orientierung der Bohrer bzw. Schanz-Schrauben bei der supraazetabulären Fixation. Die Bohrrichtung ist in Rückenlage des Patienten etwa 20° nach kranial sowie 30° nach innen geneigt. Nach Platzierung der Schrauben erfolgt die Einrichtung der Fraktur mit Hilfe von Zug und Rotation des Beins sowie Benutzung der Schanz-Schrauben als „Joystick". Die Reposition wird durch die Verbindungsstäbe gesichert.

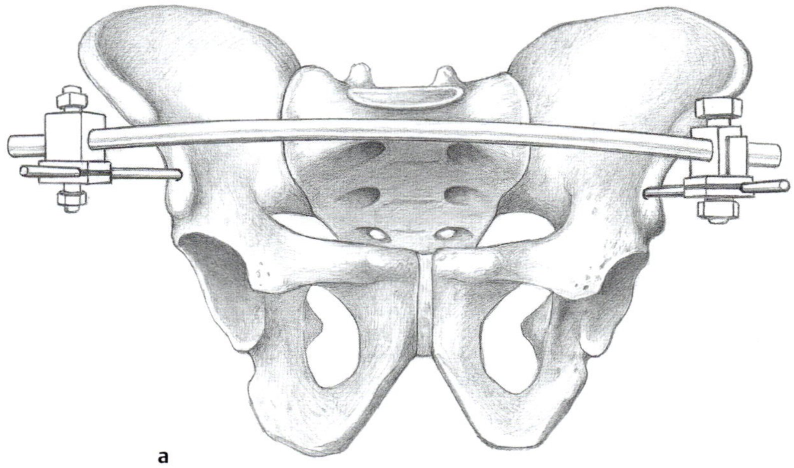

a

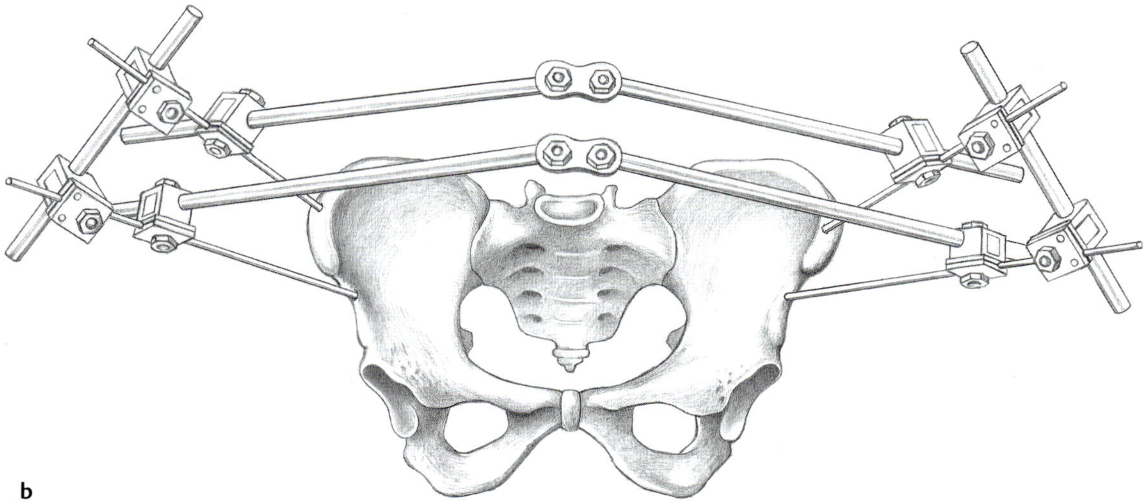

b

❷ Montage des Fixateur externe am Beckenring

Einfache supraazetabuläre Konstruktion mit jeweils einer Schanz-Schraube zusammen mit einer Verbindung durch Karbonstange. In der Regel als Primärversorgung ausreichend (**a**).
Doppelpinkonstruktion mit leichter Erhöhung der Stabilität (**b**).

140. Dynamische Hüftschraube (DHS)

1 Indikation

Relativ: Laterale Schenkelhalsfraktur, pertrochantere Femurfraktur.
Kontra: Erhebliche Osteoporose.
Alternativverfahren: Winkelplatten- oder Zugschrauben-Osteosynthese, Hüftkopfersatz.

2 Operationsvorbereitung

Patientenvorbereitung: Operation innerhalb der ersten 24 Stunden! Reposition unter Bildwandlerkontrolle auf Extensionstisch.

3 Spezielle Risiken, Aufklärung

- Infektion.
- Gefäß-/Nervenverletzung.
- Hüftkopfnekrose.
- Entnahme von Beckenkammspongiosa.
- Materialentfernung.

4 Anästhesie

Spinal- oder Periduralanästhesie, Allgemeinnarkose.

5 Lagerung

Rücken, Extensionstisch, Bildwandler.

6 Zugang

Lateral von der Trochanterspitze in Richtung auf den lateralen Kondylus ca. 10 – 15 cm.

7 Operationsschritte

1. Lagerung.
2. Reposition.
3. Hautschnitt.
4. Faszienspaltung.
5. Femurfreilegung.
6. Platzierung Zieldraht.
7. Einsetzen des DHS-Zielgeräts.
8. Aufbohren des Schenkelhalses.
9. Bohren und Gewindeschneiden im Querschnitt.
10. Einbringen der DHS-Schraube.
11. Einführen der DHS-Platte.
12. Drainagen und Wundverschluss.

8 Relevante Anatomie, Gefahren, Tricks

- Fascia lata im Verlauf des Hautschnitts inzidieren.
- Bei schlechter medialer Abstützung (pertrochantere Fraktur) ggf. primäre Spongiosaplastik.
- Im Rahmen der Materialentfernung ggf. Schraubenkanal mit Spongiosa auffüllen.

9 Maßnahmen bei speziellen Komplikationen

Erfolgloser geschlossener Repositionsversuch erfordert die offene Reposition.

10 Nachsorge

Medizinische Nachbehandlung: Redon ex nach 2 Tagen. Vollbelastung in Abhängigkeit von Schmerzen frühzeitig möglich.
Mobilisation: Sofort.
Krankengymnastik: Oft notwendig.
Arbeitsunfähigkeit: 4 – 6 Wochen.

7 Operationstechnik

1. Lagerung.
2. Reposition.
3. Hautschnitt.
4. Faszienspaltung.
5. Femurfreilegung.
6. Platzierung Zieldraht.
7. Einsetzen des DHS-Zielgeräts.
8. Aufbohren des Schenkelhalses.
9. Bohren und Gewindeschneiden im Querschnitt.
10. Einbringen der DHS-Schraube.
11. Einführen der DHS-Platte.
12. Drainagen und Wundverschluss.

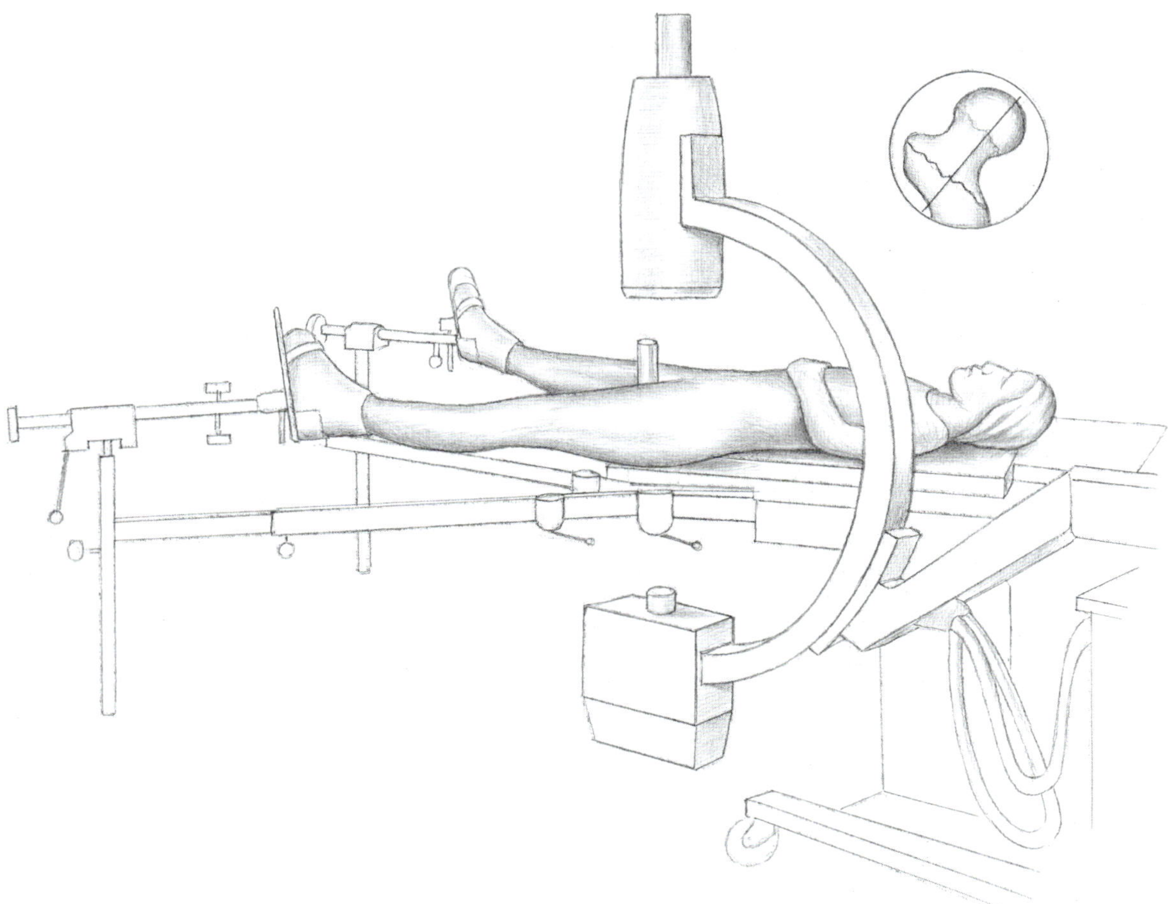

1 Lagerung

Die wichtigste Phase der Verschraubung einer pertrochantären Fraktur ist die sachgerechte Reposition der Fraktur in beiden Ebenen. Dazu bedarf es eines voll beweglichen Bildwandlers sowie eines entsprechenden Extensionstisches. Der Patient ist über dem Zentraldorn gelagert, die Beine sind mit entsprechenden Vorrichtungen in den Extensionsschuhen fixiert. Beide Arme sind frei beweglich anzubringen, so dass unter permanenter Bildwandlerkontrolle in beiden Ebenen die Reposition unter Zug und Druck erfolgen kann.

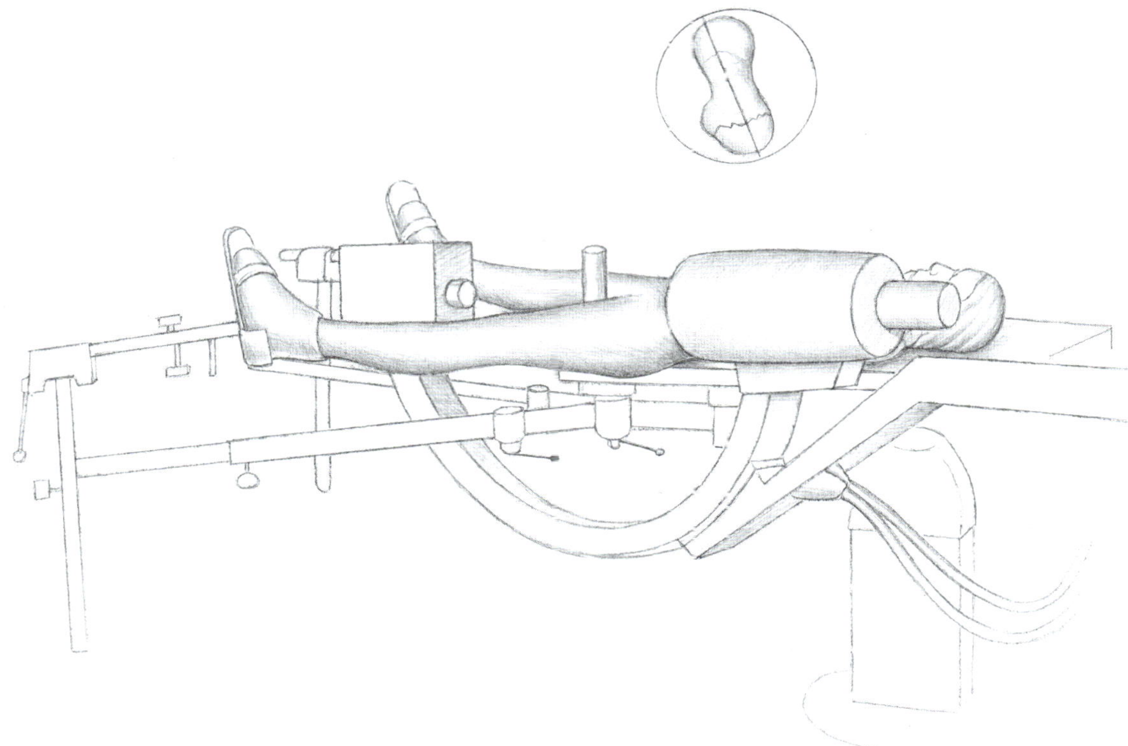

❷ Reposition

Wichtig ist die Überprüfung der Reposition auch im axialen Strahlengang. Häufig sind hier Achsenknickungen vorhanden, die erst durch entsprechende Korrektur beseitigt werden können. Man sollte sich für die Reposition sehr viel Zeit nehmen, da sich hier der Erfolg der Operation entscheidet. Gelingt sie nicht, ist die offene Reposition erforderlich.

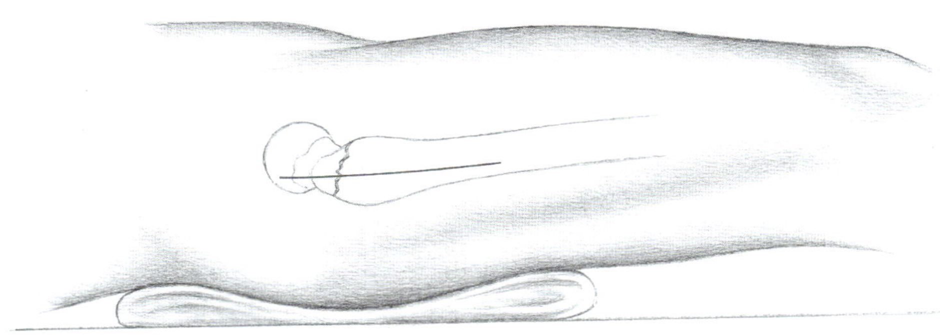

❸ Hautschnitt

Der Hautschnitt verläuft über dem Trochanter major mit leicht dorsaler Krümmung, entsprechend dem Verlauf des Schenkelhalses.

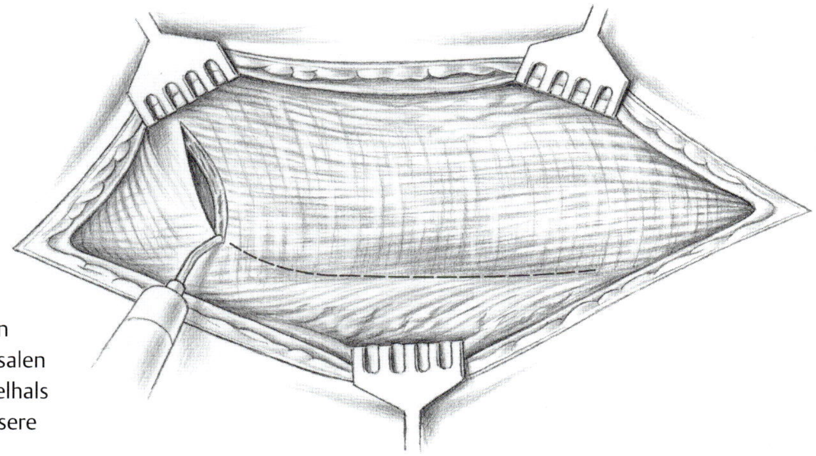

❹ Faszienspaltung

Die Spaltung der Faszie erfolgt in der üblichen Technik bis über den Trochanter major. Die darunter gelegene Muskulatur sollte im dorsalen Ansatz abgelöst werden („Briefkastenzugang"). Über dem Schenkelhals kann die Muskulatur nach ventral eingekerbt werden, um eine bessere Übersicht zu erzielen.

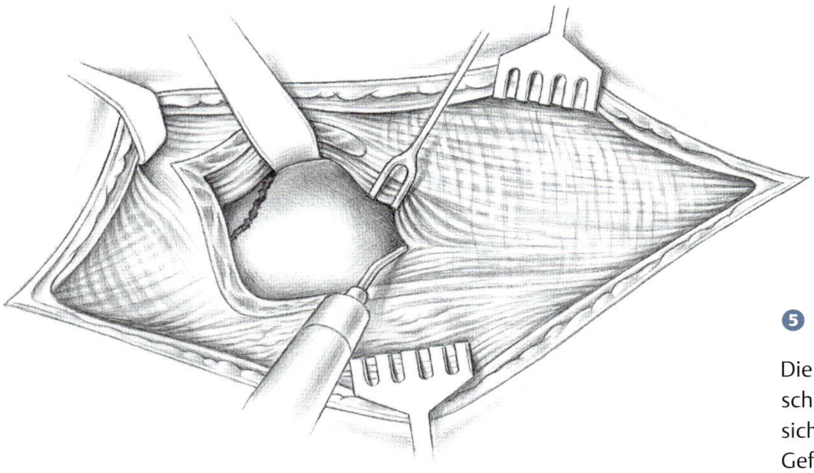

❺ Femurfreilegung

Die Freilegung des Femurs im Trochanterbereich und im distalen Abschnitt erfolgt durch scharfe Ablösung der Muskulatur. Hierdurch lässt sich der Femur in seiner lateralen Zirkumferenz vollständig freilegen, Gefäße sind entsprechend zu versorgen.

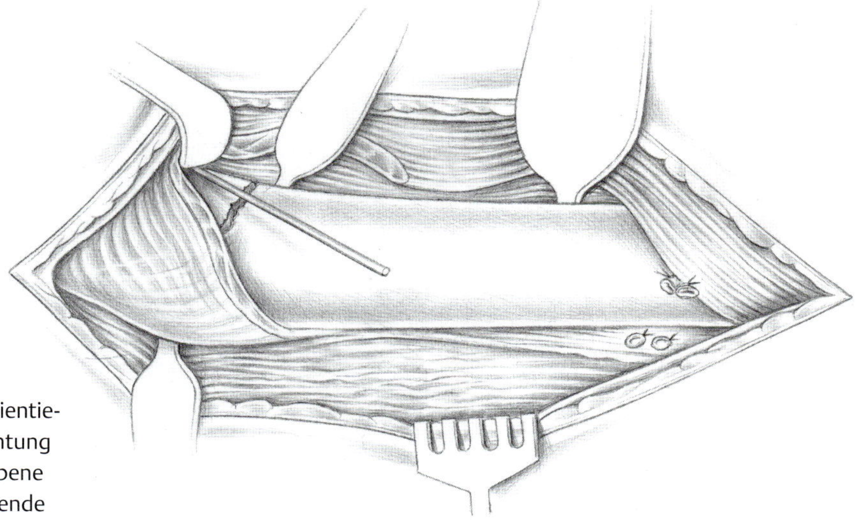

❻ Platzierung Zieldraht

Sind der Femur und die Trochanteren freigelegt, so wird zur Orientierung ein Zieldraht ventral und parallel zum Schenkelhals in Richtung auf den Schenkelkopf eingelegt. Dieser Draht gibt die vorgegebene Antetorsion wieder und dient als Orientierung für die nachfolgende Bohrung.

❼ Einsetzen des DHS-Zielgeräts

Distal des Trochanter major wird das Zielgerät angesetzt. Der Führungskanal sollte in Projektion auf den Schenkelhals gelegt sein. Der vorher platzierte Zieldraht ermöglicht die Orientierung über den Antetorsionswinkel. Unter Bildwandlerkontrolle wird jetzt der Kirschner-Draht bis in den Femurkopf vorgebohrt, ohne die Kortikalis zu durchdringen. Die Eintrittsstelle für die 135°-Platte liegt ca. 2 – 3 cm distal des Tuberculum innominatum am Unterrand des Trochanter major. Der Führungsdraht sollte in der Kopfkortikalis fixiert sein und in beiden Richtungen in der Mitte des Schenkelhalses liegen. Nach Entfernung des Zielgeräts wird die Länge des Drahtes außerhalb des Schenkelhalses gemessen und hieraus die erforderliche Schraubenlänge bestimmt.

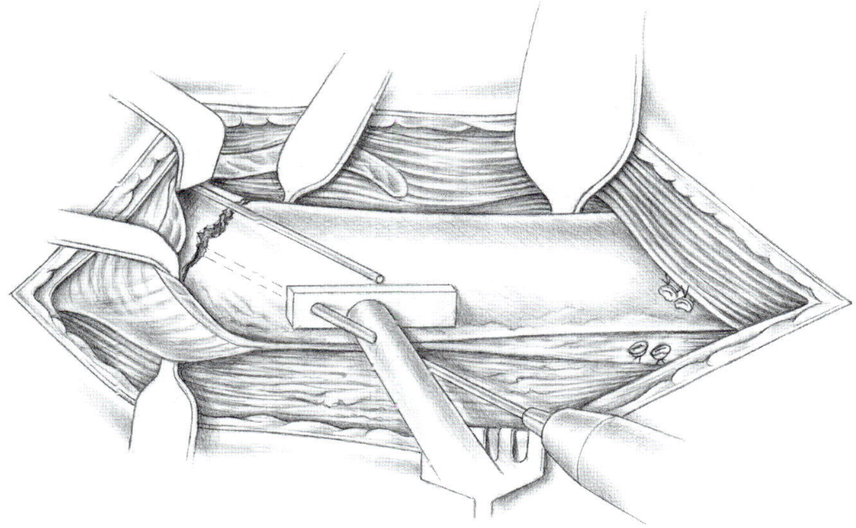

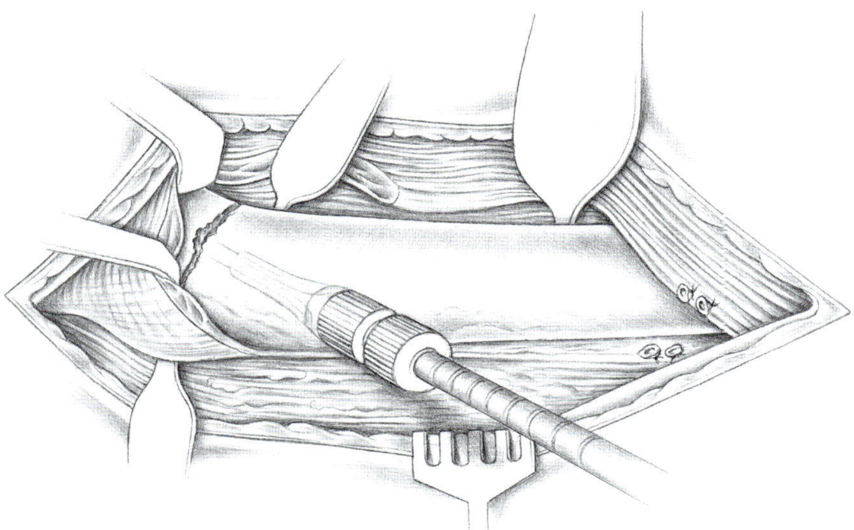

❽ Aufbohren des Schenkelhalses

Das Aufbohren des Schenkelhalses geschieht mit dem vorgegebenen Spezialbohrer. Hierbei muss die Eindringtiefe des Bohrers um 10 mm geringer eingestellt werden als die gemessene Länge des Führungsdrahts. Der Bohrer sollte bis zum Anschlag in die Femurkortikalis eingebohrt werden.

❾ Bohren und Gewindeschneiden im Querschnitt

Das Aufbohren des Schenkelhalses erfolgt mit einem Bohrer, der 3 verschiedene Lumina hat, die von medial nach lateral zunehmen. Diese Lumina sollen medial die Schraube, intermediär den Plattenzylinder, ganz lateral die Platte und den Zylinder aufnehmen. Das Gewindeschneiden ist vor allem bei harter Spongiosa erforderlich. Hierbei wird der Gewindeschneider über den liegenden Führungsdraht eingebohrt, wobei in das an der Außenseite gelegene größere Bohrloch eine Zentrierhülse eingesetzt wird. Die Eindringtiefe des Gewindeschneiders kann man an einer Skala am Fenster der Zentrierhülse ablesen.

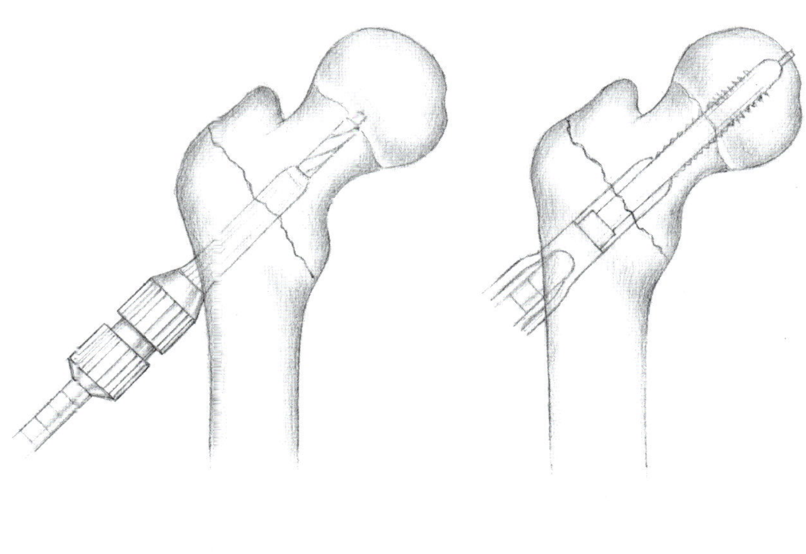

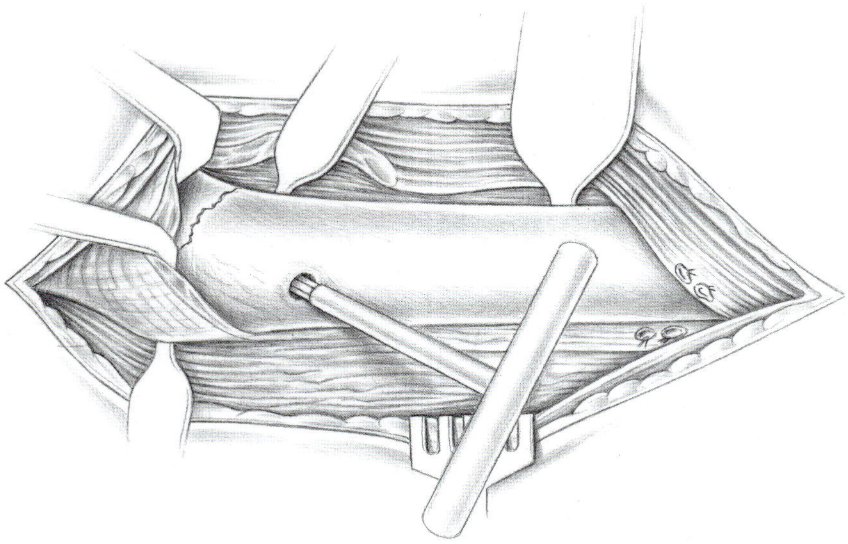

⑩ Einbringen der DHS-Schraube

Ist das Gewinde ausreichend geschnitten, kann die DHS-Schraube entsprechend der ausgemessenen Länge in den Schenkelhals eingedreht werden. Dies sollte vorsichtig erfolgen, um eine Verletzung der Kortikalis und ein Sprengen des Knochens zu vermeiden. Die Überprüfung erfolgt unter Bildwandlerkontrolle. Die Schraubenlänge wird 10 mm kürzer gewählt als die zuvor gemessene Länge des im Schenkelhals liegenden Führungsdrahtes.

⑪ Einführen der DHS-Platte

Über die liegende Schraube wird der Hohlzylinder der DHS-Platte eingeführt, wobei gelegentlich rotierende Bewegungen erforderlich sind, um den Zylinder vorschieben zu können. Ist die Platte vollständig eingebracht, kann sie mit ca. 4 Schrauben am Femurschaft fixiert werden. Die 4 Schrauben sollten so gewählt werden, dass sie auch die Gegenkortikalis sicher fassen. Dies ist unter Bildwandlerkontrolle zu überprüfen.

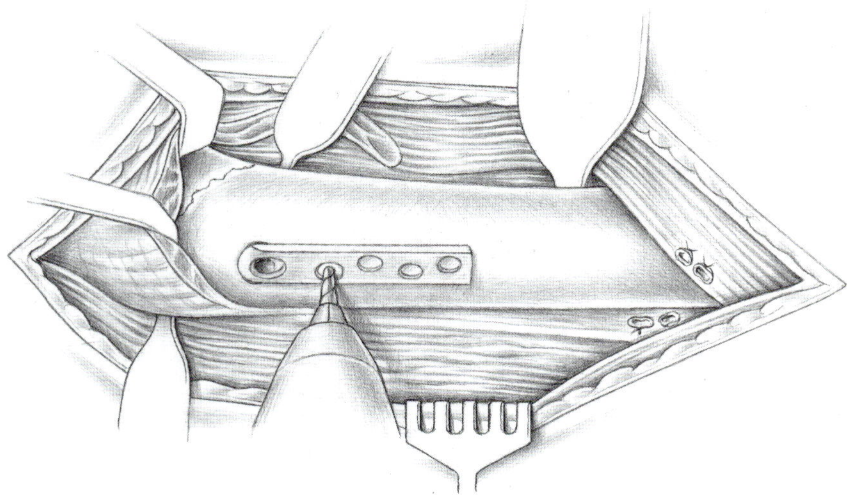

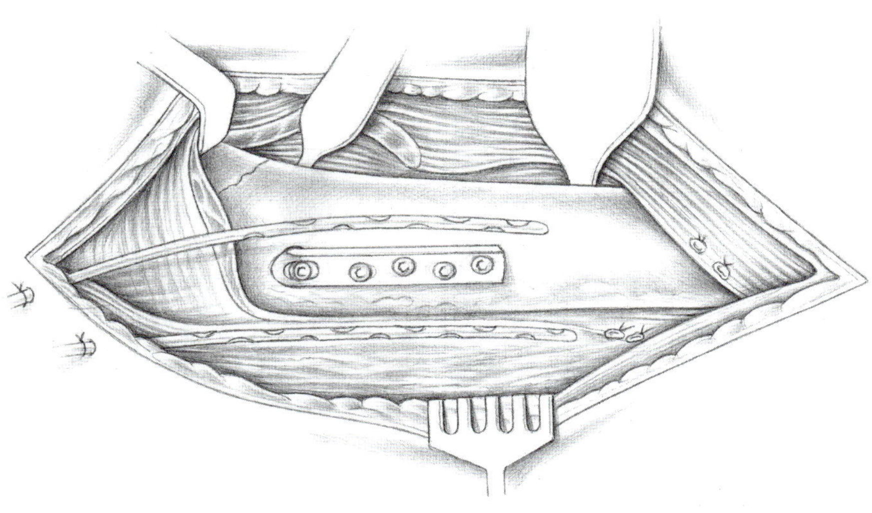

⑫ Drainagen und Wundverschluss

Ist die Platte gut positioniert, kann durch eine Kompressionsschraube in der DHS-Schraube die Fraktur weiter unter Kompression gesetzt werden. Allerdings ist darauf zu achten, dass es nicht zum Ausreißen des DHS-Schraubengewindes durch diese Kompressionsschraube bei porösen Knochen kommt. Drainagen, Adaptation der Muskulatur, Fasziennähte und Hautnähte beenden den Eingriff.

141. Proximaler Femurnagel

1 Indikation

Relativ: Per- und subtrochantere Frakturen.
Kontra: Ausgeprägte Koxarthrose. Offene Wachstumsfugen.

2 Operationsvorbereitung

Präoperative Diagnostik: Röntgenaufnahme des Beckens und des betroffenen Hüftgelenks in zwei Ebenen. Bestimmung der Weite des Markraums. Operation innerhalb der ersten 24 Stunden! Reposition unter Bildwandlerkontrolle auf Extensionstisch.

3 Spezielle Risiken, Aufklärung

- Infektion.
- Gefäß-/Nervenverletzung.
- Implantatausbruch.
- Schraubenwanderung.
- Femurschaftfraktur an der Implantatspitze.
- Pseudarthrose.
- Bluttransfusion.
- Rotationsfehlstellung.
- Beinverkürzung, eventuell offene Reposition notwendig.

4 Anästhesie

Spinal-/Periduralanästhesie oder Intubationsnarkose.

5 Lagerung

Rückenlagerung auf Extensionstisch, Reposition unter Bildwandlerkontrolle.

6 Zugang

Über 4 cm lange Inzision auf Höhe der Spina iliaca anterior superior, 4 Querfinger über der Trochanterspitze.

7 Operationsschritte

1. Lagerung.
2. Reposition.
3. Zugang.
4. Einbringen des Führungsspießes an der Trochanterspitze in den Markraum.
5. Erweiterung der Eintrittsstelle mit dem kanülierten Pfriem oder 17-mm-Bohrer.
6. Einführen des Nagels.
7. Platzierung der Zieldrähte.
8. Einbringen der Schenkelhalsschraube.
9. Einbringen der Antirotationsschraube.
10. Einbringen der Verriegelungsschraube.
11. Wundverschluss.

8 Relevante Anatomie, Gefahren, Tricks

- Insbesondere bei alten Patienten kein Einschlagen des Nagels mit dem Hammer.
- Bei engem Markraum ggf. Aufbohren auf 12 mm.
- Führungsdraht für Schenkelhalsschraube muss knapp oberhalb des Adams-Bogens liegen.

9 Maßnahmen bei speziellen Komplikationen

Bei komplexen oder geschlossen nicht korrekt zu reponierenden Frakturen kann über eine Schnitterweiterung das Kopf-Hals-Fragment halboffen mit einer Repositionszange in Position gebracht werden.

10 Nachsorge

Medizinische Nachbehandlung: Vollbelastung ab dem 1. postoperativen Tag möglich. Wenn Drainage, nach 48 Stunden entfernen.
Krankengymnastik: AU 4 – 6 Wochen.

7 Operationstechnik

❶ Lagerung und Reposition.
❷ Zugang.
❸ Einbringen des Führungsdrahtes.
❹ Eröffnen des Femurs.
❺ Insertion des Nagels.
❻ Einbringen der Hüftgleitschraube und der Schenkelhalsschraube.
❼ Lagekontrolle in axialer Ebene.
❽ Längenmessung der Schenkelhalsschraube.
❾ Kompression auf den Frakturspalt.
❿ Distale Verriegelung.
⓫ Wahl der Verriegelung.

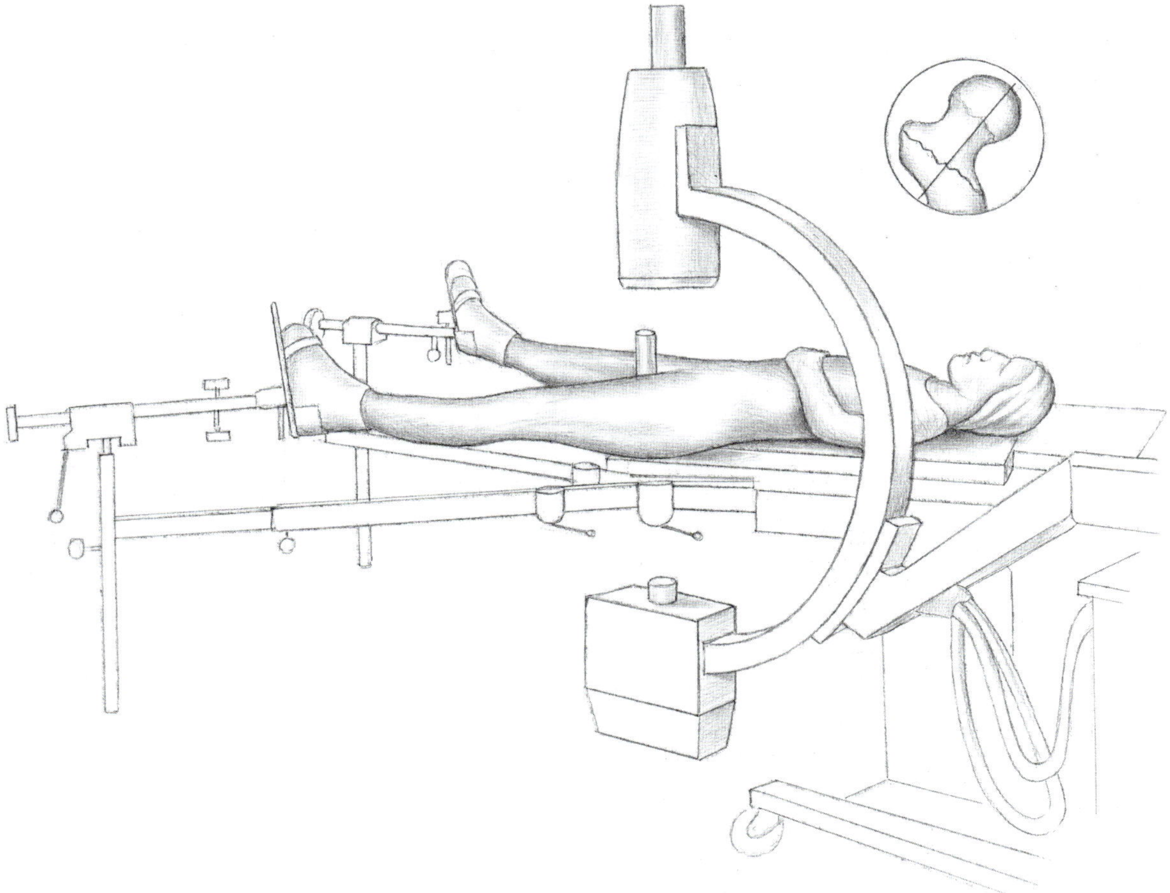

❶ Lagerung und Reposition

Siehe DHS, Kapitel 140, S. 556.

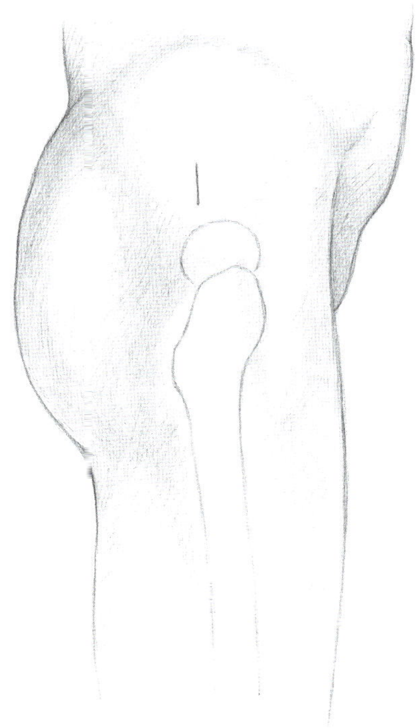

❷ Zugang

Der Hautschnitt erfolgt in einer Länge von ca. 4 cm, 4 Querfinger oberhalb der Trochanterspitze.

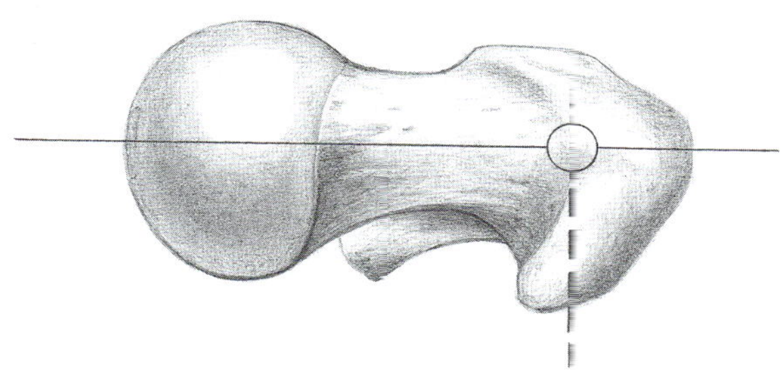

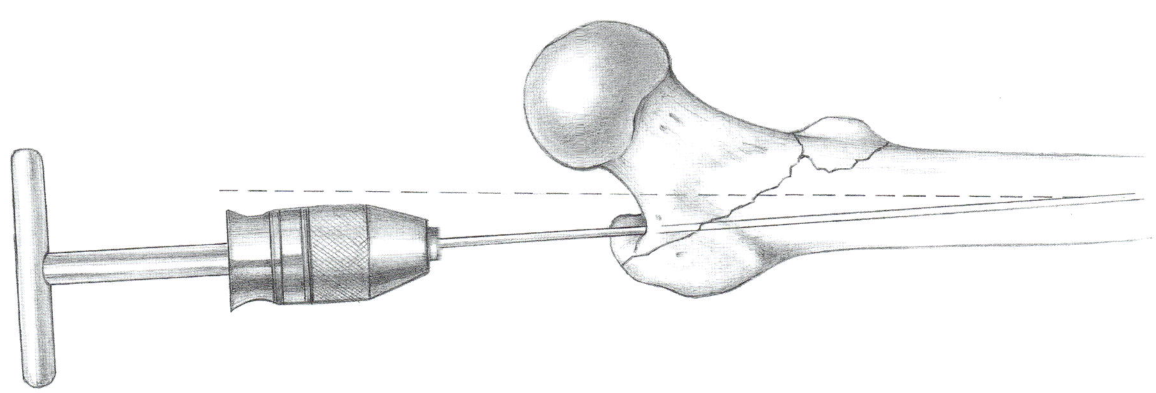

❸ Einbringen des Führungsdrahtes

Der optimale Insertionspunkt liegt in a.-p. Projektion auf der Trochanterspitze und im axialen Strahlengang leicht ventral der Schaftachse zum Ausgleich der Antekurvation. Ein im T-Griff eingespannter Führungsspieß wird unter digitaler Kontrolle aufgesetzt und in den Markraum etwa 15 cm weit eingeschoben.

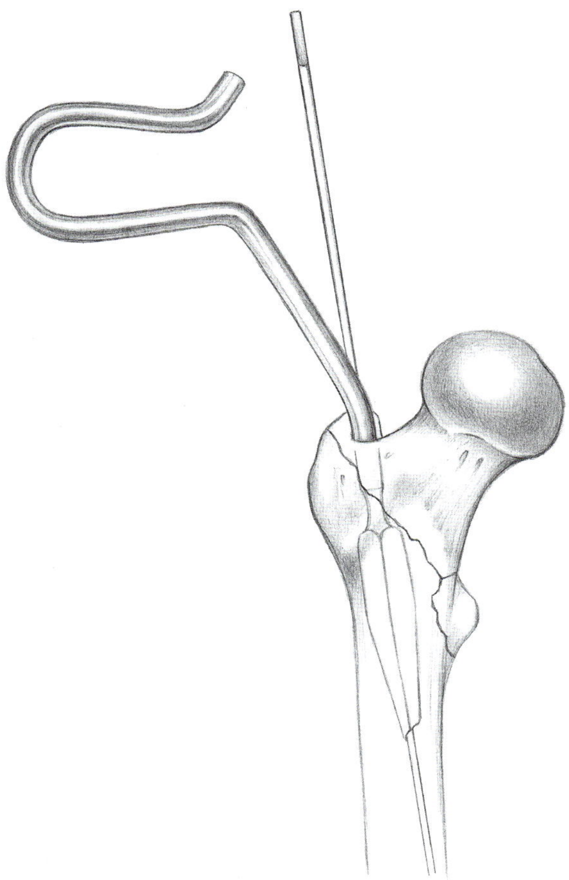

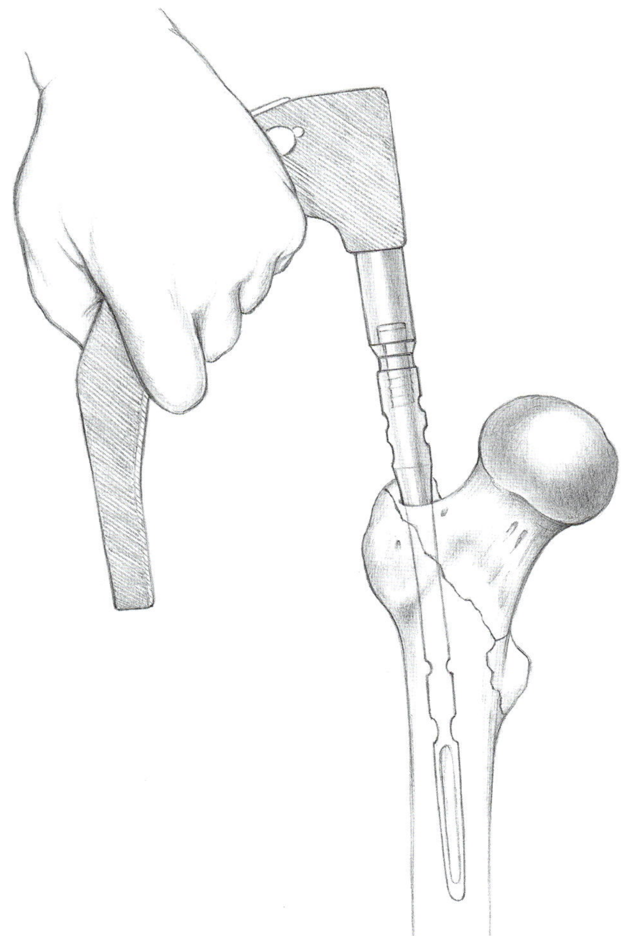

❹ Eröffnen des Femurs

Bei älteren Patienten kann die Eröffnung des Markraums mit dem kanülierten Pfriem erfolgen, ansonsten mit dem 17-mm-Bohrer mit Weichteilschutz. Der korrekte Nageldurchmesser lässt sich mit einer Schablone am Röntgenbild an der engsten Stelle des Femurschaftes ausmessen

❺ Insertion des Nagels

Entfernung des Eröffnungsinstrumentariums. Der am Zielbügel montierte Nagel wird manuell vorsichtig möglichst tief in das Femur eingebracht. Leicht drehende Handbewegungen unterstützen das Einbringen. Eventuell kann die Insertion durch leichte Schläge mit dem Kunststoffhammer auf die Schutzplatte des Zielbügels unterstützt werden. Insbesondere bei alten Patienten sollte ein kräftiges Einschlagen mit dem Hammer auf jeden Fall vermieden werden. Kann der Nagel nicht eingeführt werden, muss der nächstkleinere Nageldurchmesser gewählt werden. Bei sehr kleinen Markkanälen sollte auf 10–12 mm aufgebohrt werden.

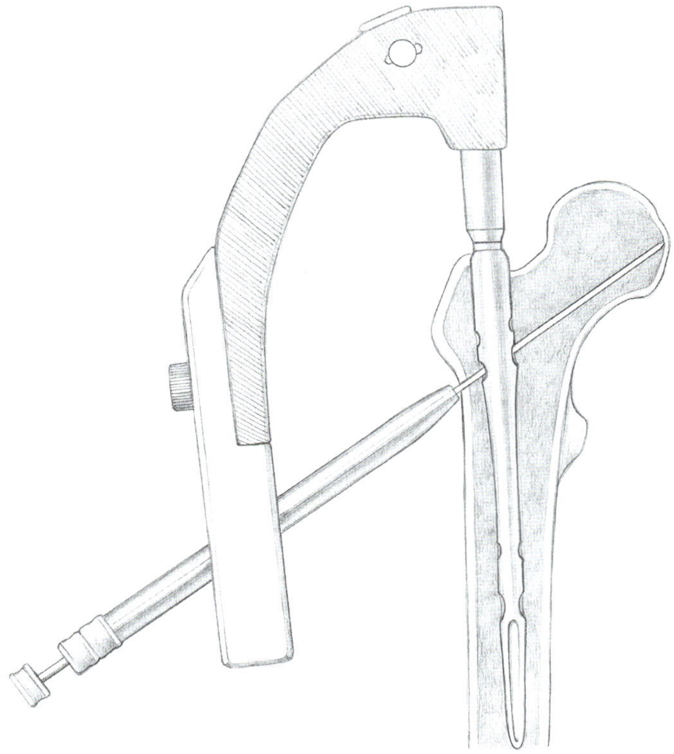

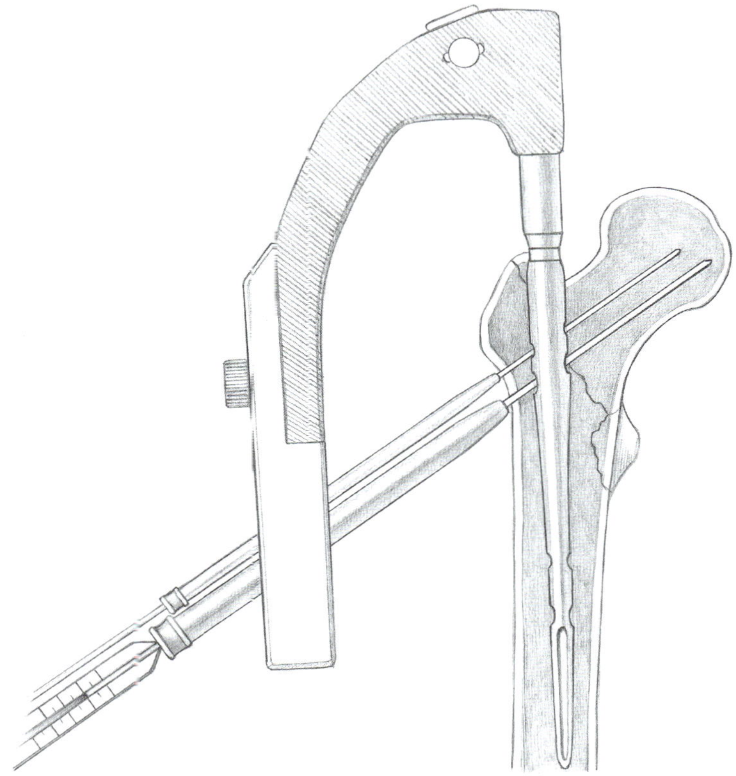

6 Einbringen der Hüftgleitschraube und der Schenkelhalsschraube

Das Einbringen der Schenkelhals- und Antirotationsschraube erfolgt durch die farbig markierten Bohrbüchsensysteme, bestehend aus Gewebeschutzhülse, Bohrbüchse und Trokar.
Nach einer Stichinzision wird das rote Bohrbüchsensystem – für die ebenfalls rot markierte Schenkelhalsschraube – durch den Zielbügelaufsatz bis zum Knochen eingesetzt. Die Kortikalis wird angekörnt und der Trokar entfernt. Zuerst wird der Führungsdraht für die Schenkelhalsschraube so platziert, dass er in der a.-p. Ebene knapp oberhalb des Adams-Bogens zu liegen kommt, was auch die endgültige Höhenlokalisation des Nagels im Schaft bedingt. Danach wird in gleicher Weise der Führungsdraht für die blau markierte Antirotationsschraube eingebracht.

8 Längenmessung der Schenkelhalsschraube

Die Länge der Schenkelhalsschraube wird mit der Messlehre bestimmt. Die Schraubenspitze sollte etwa 6 – 8 mm vor dem Gelenkspalt zu liegen kommen. Die Antirotationsschraube wird 15 – 20 mm kürzer als die Schenkelhalsschraube gewählt. Mit dem kanülierten 6,5-mm-Bohrer wird zuerst das Loch für die Antirotationsschraube gebohrt. Gewindeschneiden ist nur bei sehr hartem Knochen notwendig. Nach Platzieren der Schraube wird der Führungsdraht entfernt. Mit dem auf die gemessene Länge eingestellten 11-mm-Bohrer wird das Loch für die Schenkelhalsschraube gebohrt und die Schraube eingebracht.

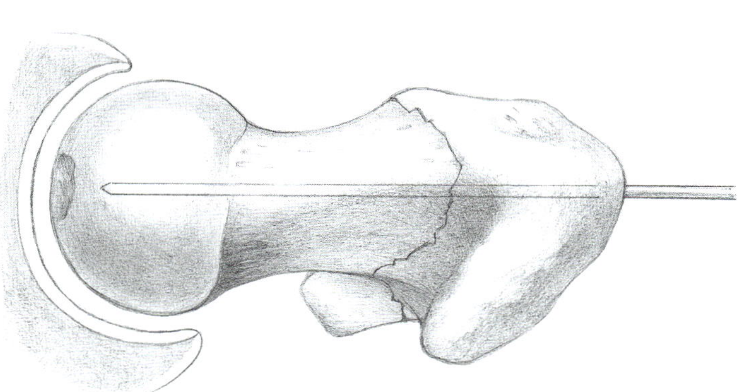

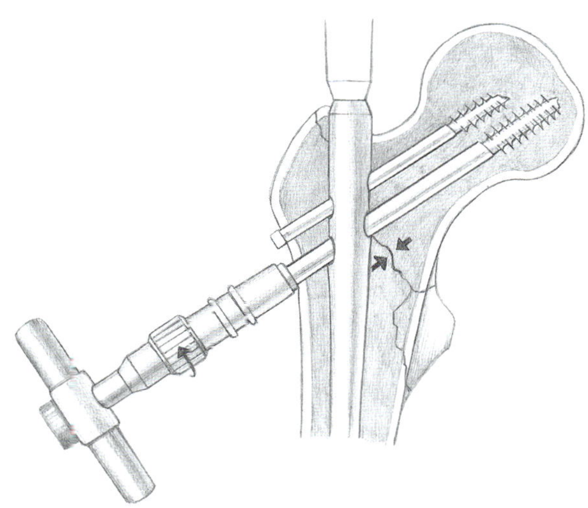

7 Lagekontrolle in axialer Ebene

In der axialen Ebene müssen die Führungsdrähte parallel zur Schenkelhalsachse und möglichst zentral zu liegen kommen. Hierzu kann ein Anheben des Schaftes durch den Assistenten während des Einbringens notwendig sein.

9 Kompression auf den Frakturspalt

Bei guter Knochenqualität kann über eine Rändelmutter Kompression auf den Frakturspalt ausgeübt werden. Zuvor muss der Zug der Extensionsvorrichtung aufgehoben werden. Bei osteoporotischem Knochen ist eine Kompression zu vermeiden.

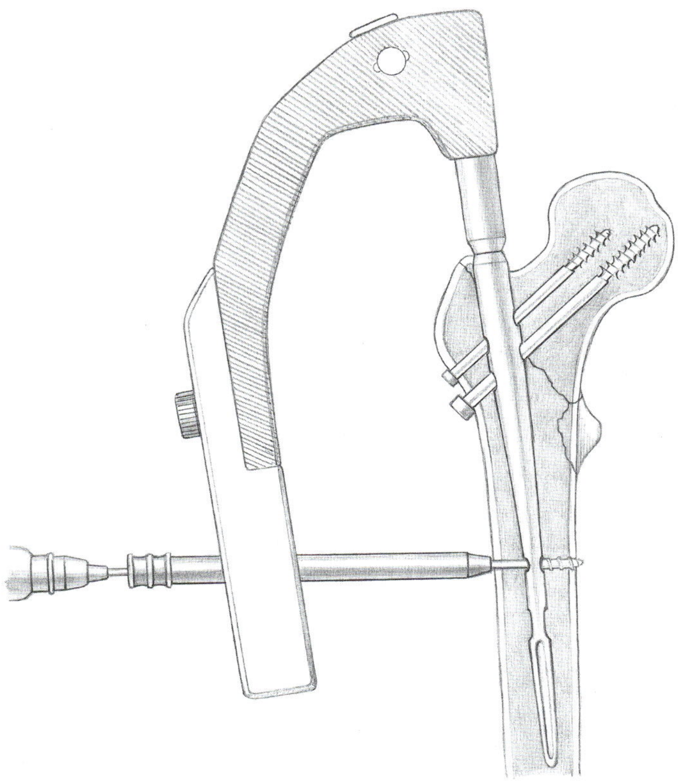

⑩ Distale Verriegelung

Die distale Verriegelung erfolgt in der Regel mit einem einzigen Verriegelungsbolzen. Für eine statische Verriegelung nur das kraniale Verriegelungsloch, für eine dynamische Verriegelung nur das kaudale benützen. Subtrochantere Frakturen können doppelt verriegelt werden. Eine sekundäre Dynamisierung ist dann durch späteres Entfernen des statischen Bolzens möglich.

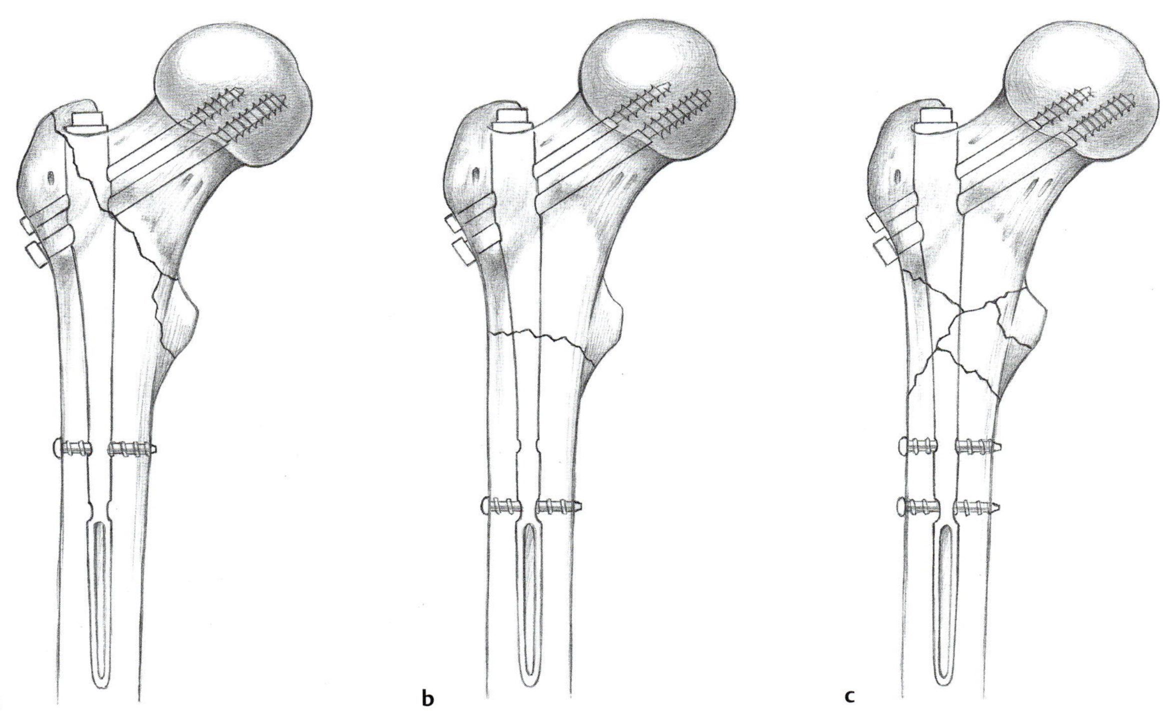

a b c

⑪ Wahl der Verriegelung

Pertrochantere Frakturen sollten mit nur einem Bolzen statisch verriegelt werden, um ein Verklemmen der Schenkelhalsschraube beim sekundären Teleskopieren zu vermeiden (**a**). Subtrochantäre Frakturen mit medialer Abstützung sollten primär dynamisch (**b**), Frakturen mit Trümmerzone doppelt verriegelt werden (**c**), wobei dann durch späteres Entfernen des statischen Bolzens sekundär dynamisiert werden kann.

142. Hüftkopfendoprothese

1 Indikation

Relativ: Duokopfendoprothese bei medialer Schenkelhalsfraktur (insbesondere ältere Patienten > 65 Jahre).
Alternativverfahren: Schraubenosteosynthese, Totalendoprothese.

2 Operationsvorbereitung

Präoperative Diagnostik: Bei Frakturen röntgenologischer Ausschluss einer Azetabulumbeteiligung.

3 Spezielle Risiken, Aufklärung

- Infektion.
- Gefäß-/Nervenverletzung (Vasa femoralia, N. ischiadicus).
- Knochenzementreaktionen.
- Femurschaftfraktur.
- Hüftluxation.
- Materialentfernung.

4 Anästhesie

Spinal- oder Periduralanästhesie, Allgemeinnarkose.

5 Lagerung

Rücken oder Seite.

6 Zugang

Von dorsal der Spina anterior superior über Trochanter major ca. 15 cm nach distal (anterolateraler Zugang bei Rückenlagerung).

7 Operationsschritte

1. Hautschnitt.
2. Spaltung Fascia lata.
3. Gelenkkapselspaltung.
4. Frakturfreilegung.
5. Femurkopfresektion.
6. Femurkopfextraktion.
7. Spongiosaentfernung.
8. Aufraspelung des Schaftlagers.
9. Protheseneinsetzung.
10. Reposition.

8 Relevante Anatomie, Gefahren, Tricks

Planungsziel: Gleichstand von Trochanterspitze und Zentrum des Hüftkopfes bzw. seitengleiche Beinlänge.

9 Maßnahmen bei speziellen Komplikationen

Bei Dysplasie oder erheblichen arthrotischen Veränderungen des Azetabulums sollte eine Totalendoprothese bevorzugt werden.

10 Nachsorge

Medizinische Nachbehandlung: Redon ex 2. Tag. Vollbelastung bei zementierten Prothesen in Abhängigkeit von Schmerzen frühzeitig möglich. Gegebenenfalls Anschlussheilbehandlung planen.
Mobilisation: Sofort, zunächst ggf. im Gehwagen oder an Gehstützen.
Krankengymnastik: Gehübungen.
Arbeitsunfähigkeit: 6 Wochen, abhängig von Gesamtsituation.

7 Operationstechnik

1. Hautschnitt.
2. Spaltung Fascia lata.
3. Gelenkkapselspaltung.
4. Frakturfreilegung.
5. Femurkopfresektion.
6. Femurkopfextraktion.
7. Spongiosaentfernung.
8. Aufraspelung des Schaftlagers.
9. Protheseneinsetzung.
10. Reposition.

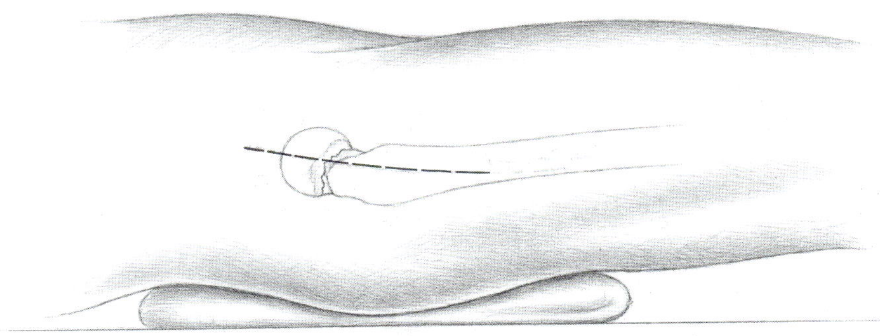

1 Hautschnitt

Der Hautschnitt zieht von der Ventralfläche des Darmbeinkammes (1 QF dorsal der Spina iliaca superior) an der Lateralseite des Oberschenkels über dem Trochanter major nach distal. Dieser Hautschnitt nach Watson-Jones ist der übliche Hautschnitt bei Totalendoprothesen. Eine Alternative ist der untere Zugang, der zur Spina iliaca posterior zieht. Für den partiellen und totalen Hüftgelenkersatz ist der Zugang nach Watson-Jones in der Regel völlig ausreichend.

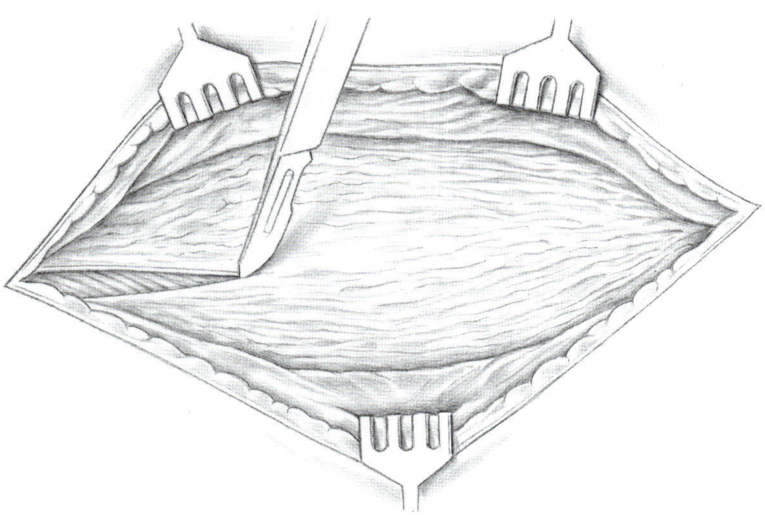

2 Spaltung Fascia lata

In der Tiefe des Hautschnitts liegt die Fascia lata, die längs gespalten wird. In der Tiefe erscheint die Muskulatur des M. tensor fasciae latae und der vordere Anteil des M. glutaeus medius. Der M. tensor fasciae latae wird sorgfältig geschont. Zur Darstellung des Hüftgelenks wird der M. tensor fasciae latae nach medial vorne, der M. glutaeus medius nach lateral hinten abgedrängt. Die kreuzenden Gefäße werden ligiert. Gelegentlich ist die Inzision der ventralen Anteile des M. glutaeus medius erforderlich.

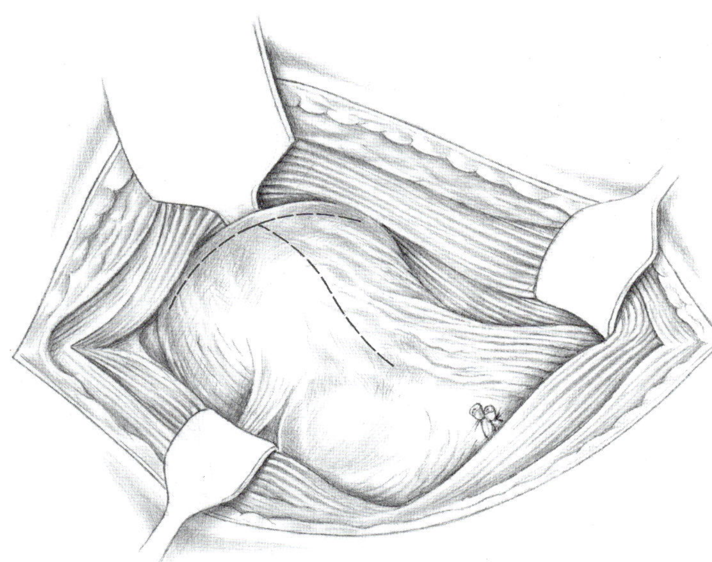

3 Gelenkkapselspaltung

Nach Zurückdrängen der Muskulatur des M. tensor fascia latae und des M. glutaeus medius mit Hohmann-Hebeln liegt die Gelenkkapsel frei. Sie wird T-förmig bis auf den Hüftkopf inzidiert und reseziert.

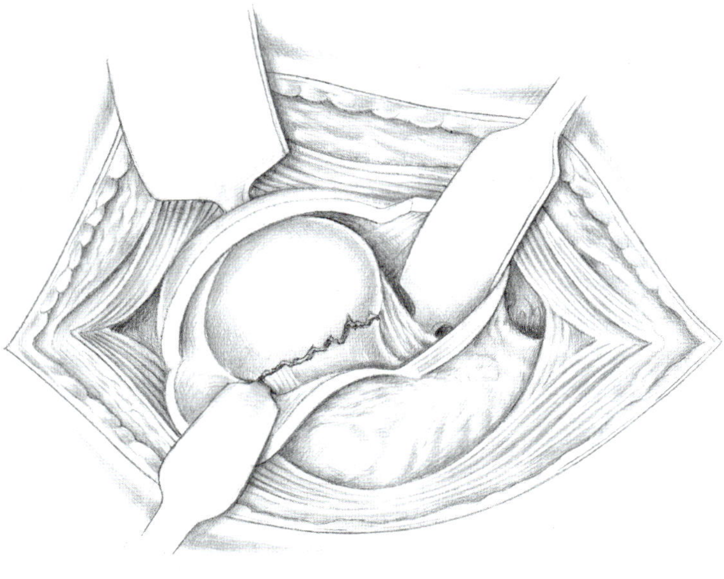

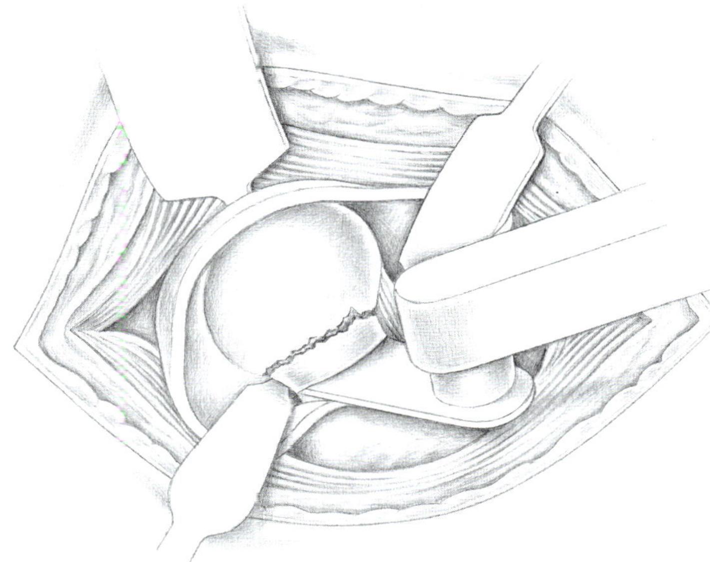

❹ Frakturfreilegung

Nach Einsetzen von 2 Hohmann-Hebeln hinter den Schenkelhals lässt sich der Frakturbereich darstellen und der Hüftkopf so weit wie möglich luxieren. Zur Erleichterung der Luxation wird der Oberschenkel durch den Assistenten flektiert, adduziert und innenrotiert. Jetzt werden die Hohmann-Hebel sicher unter dem Schenkelhals platziert, um die entsprechende Resektion des Schenkelhalses mit der oszillierenden Säge vornehmen zu können.

❺ Femurkopfresektion

Nach Freilegung des Femurkopfes erfolgt unter Beachtung der Resektionsebenen die Abtrennung des Femurkopfes mit der oszillierenden Säge. Die dorsalen Strukturen der Gelenkkapsel sind durch die eingesetzten Hohmann-Hebel vor der Säge zu schützen.

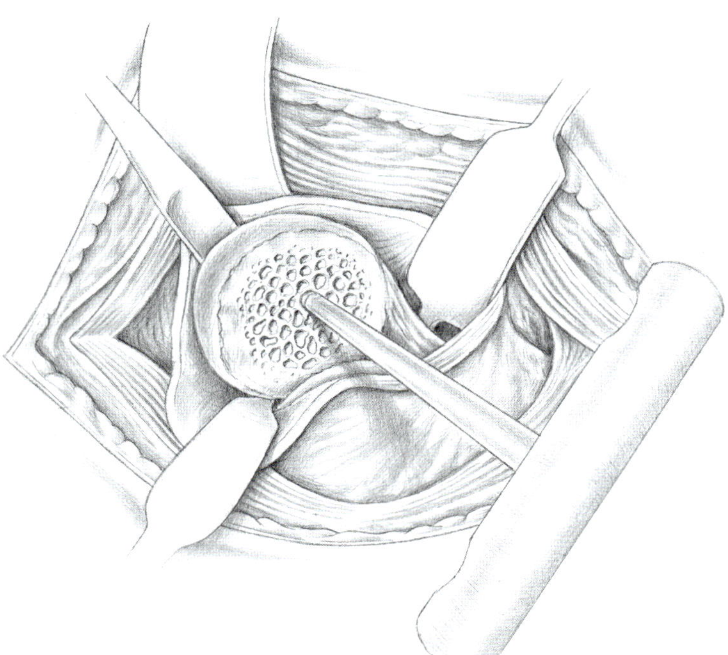

❻ Femurkopfextraktion

Ist der Schenkelhals vollständig durchtrennt, lässt sich der Kopf nach kranial luxieren. Jetzt wird in die Resektionsfläche des Kopfes der Korkenzieherextraktor eingebohrt und der Kopf unter Durchtrennung des Lig. centrale luxiert. Kapselreste werden entfernt, und die Pfanne wird entweder zur Aufnahme einer Pfannenprothese vorbereitet (hier nicht dargestellt) oder bei der Duokopfprothese mit einem feuchten Streifen gesichert.

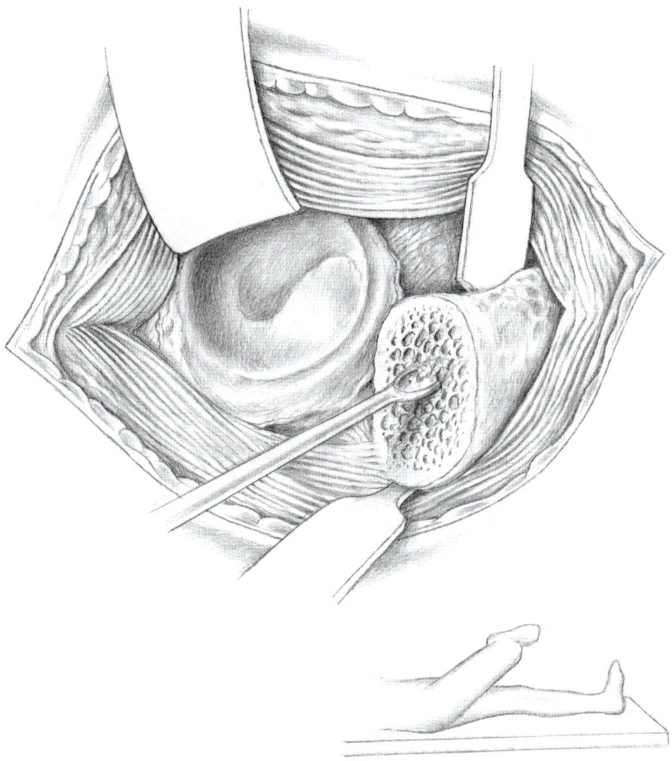

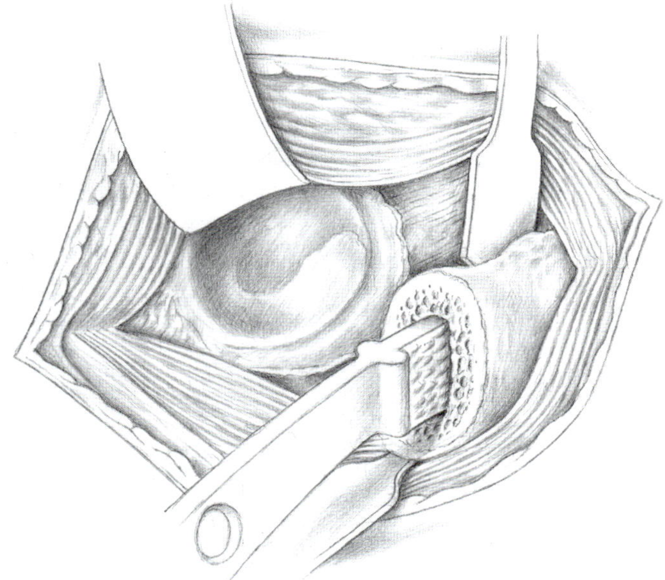

❼ Spongiosaentfernung

Der Oberschenkel wird zur Vorbereitung des Femurschafts flektiert, adduziert und außenrotiert. Sehr häufig muss hierbei die Insertion des M. glutaeus minor an der Vorderseite des Trochanters eingekerbt werden. An den Trochanteren werden jeweils Hohmann-Hebel eingesetzt. Jetzt wird die Spongiosa mit dem Hohlmeißel oder dem scharfen Löffel aus dem Femurschaft entsprechend dem Querschnitt der Schaftprothese entfernt.

❽ Aufraspelung des Schaftlagers

In der von scharfem Löffel und Hohlmeißel vorgezeigten Richtung wird der Schaft nun mit einem Raspatorium weiter aufgeraspelt. Dies sollte so weit erfolgen, dass die Probepfanne locker in den Schaft eingepasst werden kann, d.h. der Schaft für die Aufnahme der endgültigen Endoprothese weit genug aufgefräst ist.

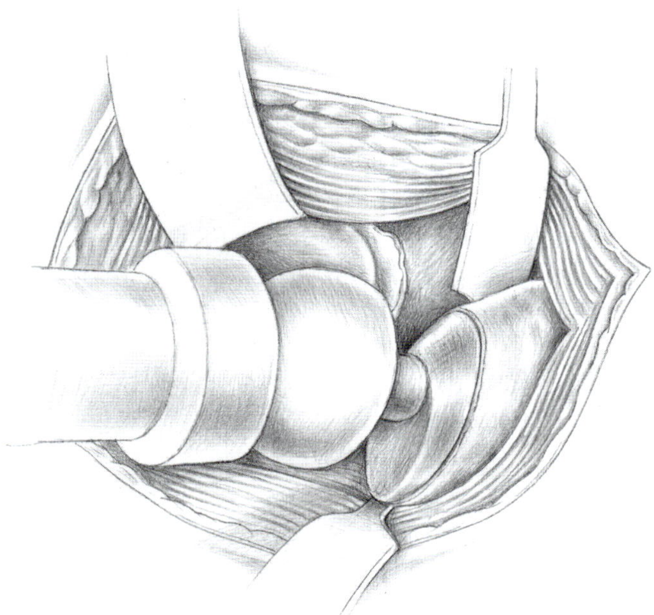

❾ Protheseneinsetzung

Ist der Schaft ausreichend vorbereitet, kann die Duokopfendoprothese mit oder ohne Pallakos-Knochenzement eingefügt werden. Bei der Zementierung ist die Platzierung einer Redon-Drainage in den Schaft erforderlich, um ein Entweichen der Luft zu ermöglichen. Überstehender Knochenzement muss vor dem Abbinden mit dem scharfen Löffel entfernt werden. In jedem Fall sind die richtige Schenkelhalslänge und die Achsenstellung der Endoprothese sicherzustellen. Während des Aushärtungsprozesses sollte mechanische Ruhe herrschen, die Reposition darf erst hiernach erfolgen.

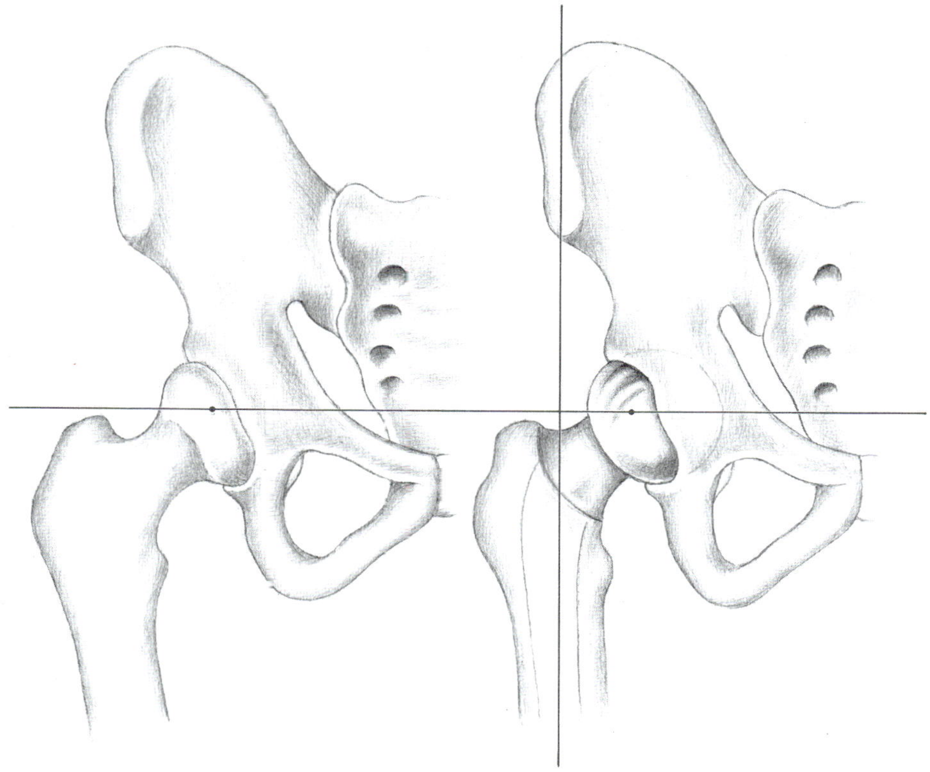

⑩ Reposition

Nach Abschluss des Härtungsprozesses kann die Prothese in die Pfanne reponiert werden. Dies sollte bei richtiger Bemessung der Prothesenhalslänge eine Reposition mit einem gewissen Widerstand sein, da ansonsten eine Luxationstendenz bestehen könnte. Der Prothesenhals ist so zu bemessen, dass weder eine Beinverkürzung noch eine lockere Gelenkführung oder ein Trochanterhochstand resultiert. Kapselnähte, tiefe Drainagen, schichtweiser Hautverschluss und subkutane Drainage beenden den Eingriff.

143. Femurschaftfraktur-Plattenosteosynthese

1 Indikation

Elektiv: Schaftfraktur: speziell 1-/2-gradig offene Frakturen und beim polytraumatisierten Patienten.
Kontra: Dreigradig offene Fraktur, schwerer Weichteilschaden.
Alternativverfahren: Marknagel, Fixateur externe, Extension.

2 Operationsvorbereitung

Präoperative Diagnostik: Die Fraktur setzt ein erhebliches Trauma voraus: klinischer und radiologischer Ausschluss von Begleitverletzungen!

Cave: Blutverlust.

Patientenvorbereitung: Gegebenenfalls Blutsubstitution.

3 Spezielle Risiken, Aufklärung

- Infektion.
- Gefäß-/Nervenverletzung.
- Materialentfernung.
- Gegebenenfalls Spongiosaentnahme.

4 Anästhesie

Allgemeinnarkose, seltener Spinal- oder Periduralanästhesie.

5 Lagerung

Rücken.

6 Zugang

Lateral gerade.

7 Operationsschritte

1. Hautschnitt.
2. Muskelablösung.
3. Freilegung der Fraktur.
4. Säuberung des Frakturspaltes.
5. Zugschraube.
6. Anpassung DC-Platte.
7. Besetzen mit Schrauben.
8. Drainage, Wundverschluss.

8 Relevante Anatomie, Gefahren, Tricks

- Knochen durch Abheben des M. vastus lateralis freilegen.
- Fragmente, insbesondere bei Trümmerfrakturen, nur sparsam freilegen, ggf. „Überbrückungsosteosynthese".
- Bei ungenügender medialer Fragmentabstützung autologe Spongiosatransplantation.

9 Maßnahmen bei speziellen Komplikationen

In Notfallsituationen beim Polytraumatisierten primär nur Anlage eines Fixateur externe.

10 Nachsorge

Medizinische Nachbehandlung: Redons ex am 2. Tag. Teilbelastung ab 8. Woche, Vollbelastung ab 12. Woche. Materialentfernung nach 1 – 1,5 Jahren.
Mobilisation: Sofort.
Krankengymnastik: Stets frühfunktionelle Übungsbehandlung.
Arbeitsunfähigkeit: 12 – 16 Wochen.

7 Operationstechnik

❶ Hautschnitt.
❷ Muskelablösung.
❸ Freilegung der Fraktur.
❹ Säuberung des Frakturspaltes.
❺ Zugschraube.
❻ Anpassung DC-Platte.
❼ Besetzen mit Schrauben.
❽ Drainage, Wundverschluss.

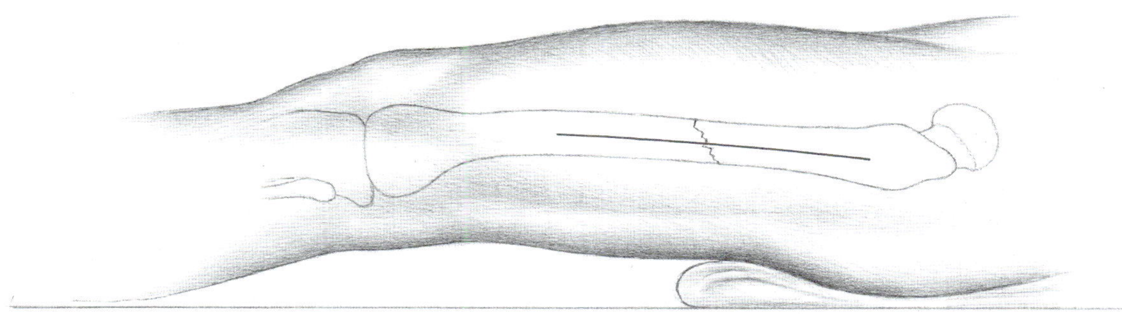

❶ Hautschnitt

Der Hautschnitt erfolgt als Längsschnitt entlang der Linie des Trochanter major-Epicondylus lateralis. Das Subkutangewebe wird bis auf den Tractus ileotibialis gespalten.

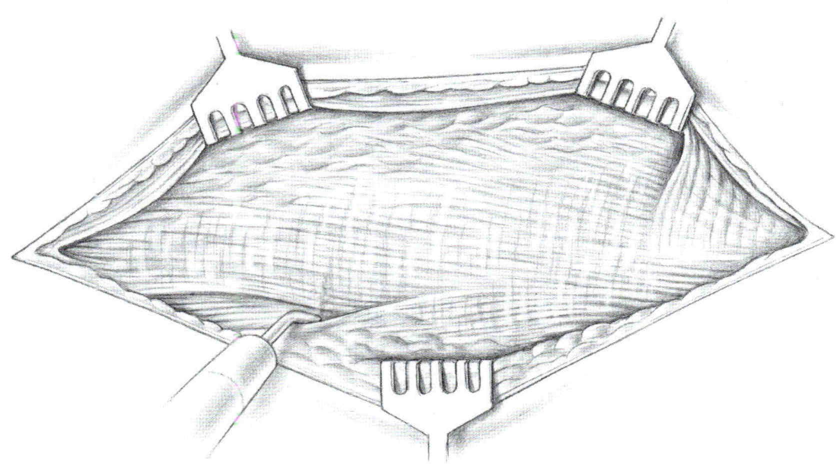

❷ Muskelablösung

Nach Freilegung der Muskulatur des M. vastus lateralis wird dieser am dorsalen Rand abgelöst und nach ventral geschlagen. Die Durchtrennung kann mit dem Messer oder der Diathermie erfolgen. Gelegentlich ist der Ansatz des Muskels so weit dorsal, dass eine transmuskuläre Spaltung erforderlich wird.

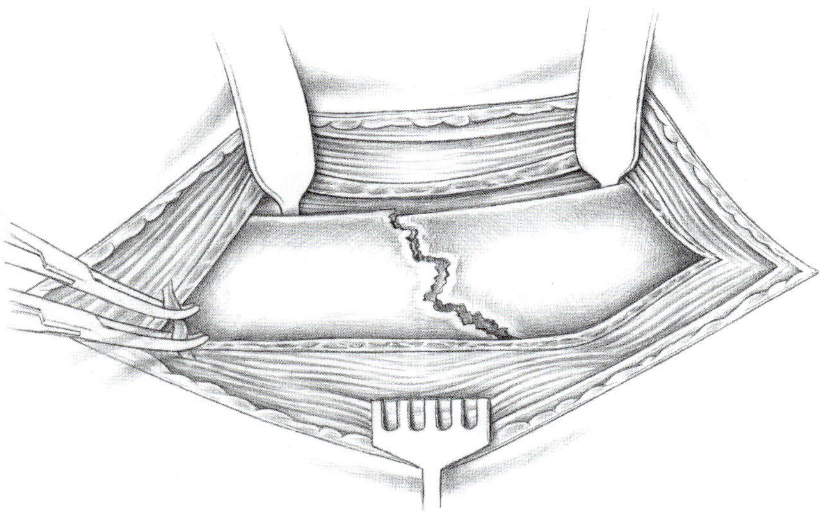

❸ Freilegung der Fraktur

Der nach oben geklappte Muskel wird mit 2 Hohmann-Haken, die sich hinter dem Femur fixieren, nach kranial gehalten. Jetzt liegt die Fraktur frei. Kleinere Gefäße werden zwischen Overholt-Klemmen durchtrennt.

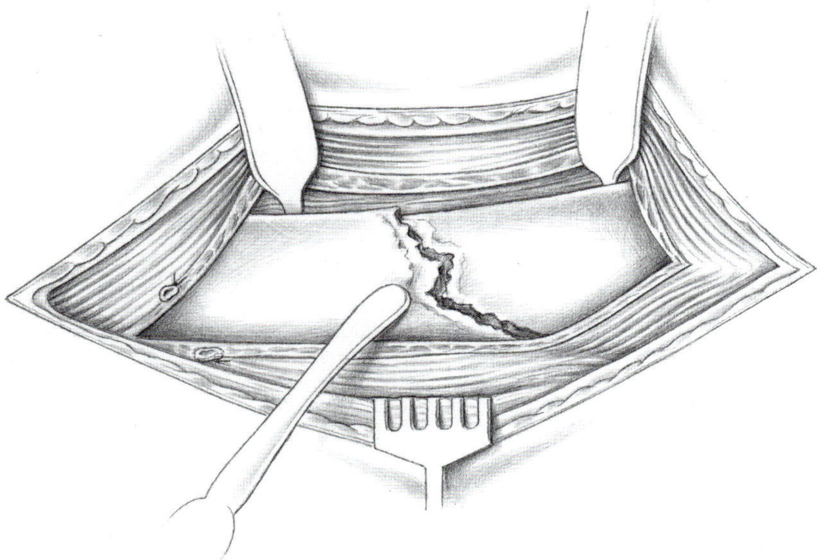

❹ Säuberung des Frakturspaltes

Der nächste Schritt ist die Säuberung des Frakturspaltes und die Vorbereitung der Reposition. Ist die Fraktur ineinander verkeilt, so bedarf es keiner weiteren Reposition. Häufig sind aber die Frakturenden durch den starken Muskelzug der Oberschenkelmuskulatur disloziert und nur mit erheblichem Kraftaufwand zu reponieren. In diesen Fällen ist es gelegentlich erforderlich, einen Distraktor zu verwenden, um die Frakturenden achsengerecht einstellen zu können.

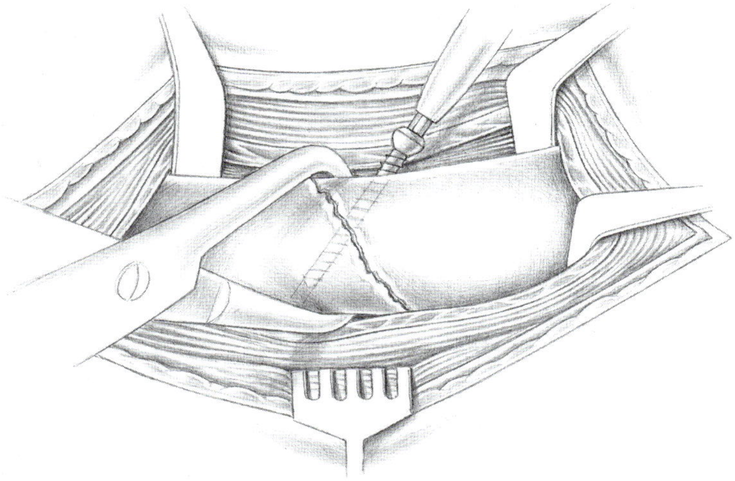

❺ Zugschraube

Nach gelungener Reposition erfolgt die Retention durch Haltezangen mit oder ohne angepasster DC-Platte. Zur Sicherung des Repositionsergebnisses erfolgt die interfragmentäre Fixation mit einer Zugschraube, die den Frakturspalt senkrecht kreuzen sollte.

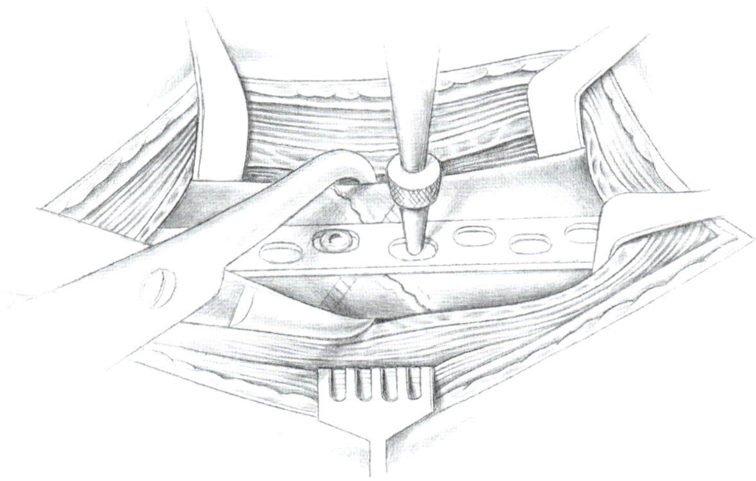

❻ Anpassung DC-Platte

Ist die Fraktur durch die Zugschraube retiniert (ggf. mehrere Zugschrauben), kann von lateral eine breite Neutralisations- oder Abstützplatte angebracht werden.

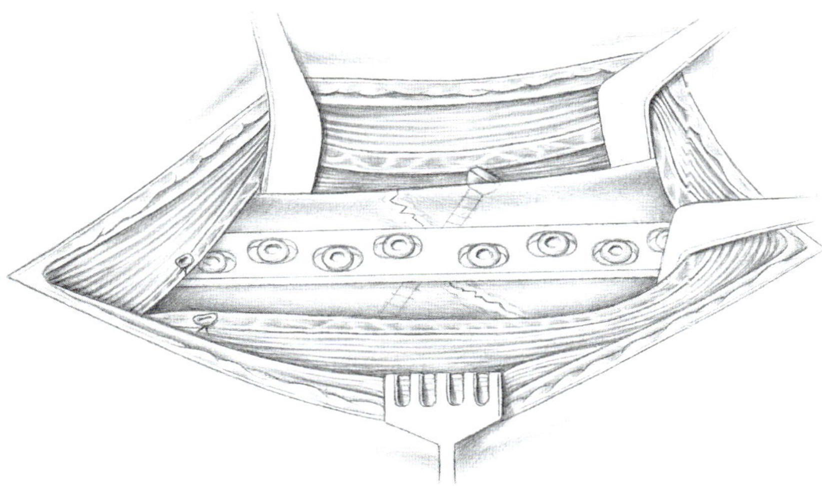

❼ Besetzen mit Schrauben

Es empfiehlt sich die Verwendung von DC-Platten, die bei exzentrischem Besetzen der Schrauben die Frakturenden weiter unter Kompression bringen. Hierzu werden zuerst die frakturnahen Schrauben asymmetrisch eingebracht und später die anderen entsprechend fixiert. Insgesamt genügt es am Femur, wenn in beiden Hauptfragmenten mindestens jeweils 7 Kortikales gefasst werden. Die frakturfernsten Schrauben können sich auf eine Kortikalis begrenzen.

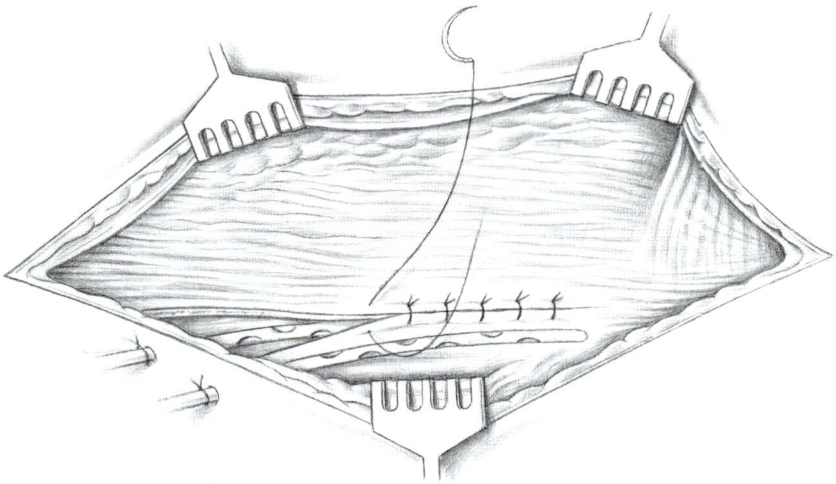

❽ Drainage, Wundverschluss

Nach Einlage einer subfaszialen Drainage wird der Tractus ileotibialis mit Einzelknopfnähten wieder verschlossen. Subkutane Redon-Drainage, Subkutannähte, Hautklammern beenden den Eingriff.

144. Patellafraktur-Zuggurtung

1 Indikation

Absolut: Jede dislozierte Patellaquerfraktur.
Kontra: Kontaminierte bzw. infizierte Wundverhältnisse. Nicht dislozierte (meist Längs-) Frakturen. Ausgedehnte Trümmerfrakturen.
Alternativverfahren: Schraubenosteosynthese.

2 Operationsvorbereitung

Patientenvorbereitung: Bei konservativer Therapie ggf. Gelenkerguss abpunktieren.

3 Spezielle Risiken, Aufklärung

- Infektion.
- Pseudarthrose.
- Nachblutung.
- Arthrose.
- Materialentfernung.

4 Anästhesie

Intubationsnarkose, Peridural- oder Spinalanästhesie.

5 Lagerung

Rücken.

6 Zugang

Querinzision. Lateral parapatellar.

7 Operationsschritte

1. Hautschnitt.
2. Säuberung des Bruchspalts.
3. Reposition und Retention.
4. Kirschner-Drahtung.
5. Zuggurtung.
6. Varianten.

8 Relevante Anatomie, Gefahren, Tricks

- Unbedingt Kongruenz der patellaren Gelenkfläche herstellen.
- Devitale Reste entfernen.
- Frakturfläche eher nachresezieren als inkongruent belassen.
- Vor der Reposition Gelenkhämatom ausspülen und Gelenkflächen auf Impressionen und Frakturen überprüfen.
- Kirschner-Drähte ventral der Mitte einbringen.

9 Maßnahmen bei speziellen Komplikationen

- Bei Trümmerfrakturen ggf. mehrere Zuggurtungen und Schraubenosteosynthesen.
- Gelenkempyem: Anlage einer Saug-Spül-Drainage.

10 Nachsorge

Medizinische Nachbehandlung: Gelenkdrainage ex 1.–2. Tag. Materialentfernung nach 1 Jahr.
Mobilisation: Nach Entfernung der Drainage, zunächst unter Entlastung.
Krankengymnastik: Nach Drainagenentfernung sofortige Übungsbehandlung, ggf. für die ersten Tage auf einer Bewegungsschiene.
Arbeitsunfähigkeit: Circa 6 Wochen.

7 Operationstechnik

1. Hautschnitt.
2. Säuberung des Bruchspalts.
3. Reposition und Retention.
4. Kirschner-Drahtung.
5. Zuggurtung.
6. Varianten.

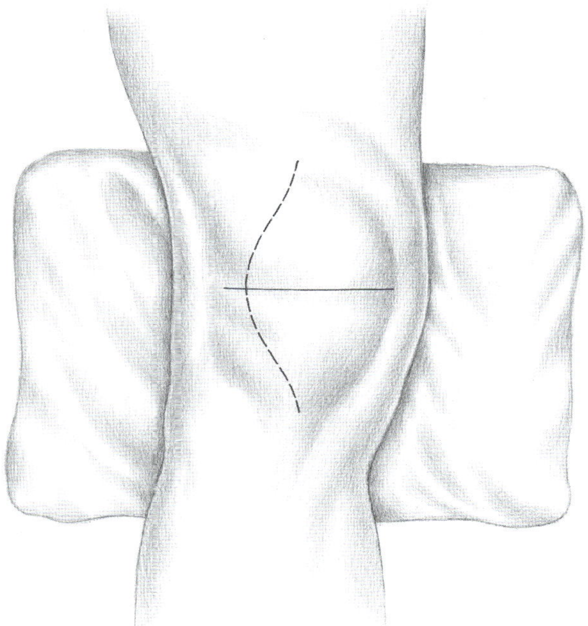

1 Hautschnitt

Der klassische Zugang ist der laterale parapatellare Zugang. Gleich gut sind die Ergebnisse bei Querinzision. Nach Abpräparation des medialen Haut-Subkutis-Lappens von der Vorderfläche der Patella gelangt man auf den klaffenden Frakturspalt. Das jetzt freiliegende Kniegelenk wird gespült, Teile des Streckapparates, Blutkoagel sowie kleine Knochen- und Knorpelfragmente werden mit einer Pinzette entfernt bzw. aus dem Gelenk ausgespült. Die Periostbedeckung der Fragmentenden wird auf einer Strecke von etwa 2 mm abgelöst, so dass eine sichere Adaptation der ventralen Kortikalis ermöglicht wird.

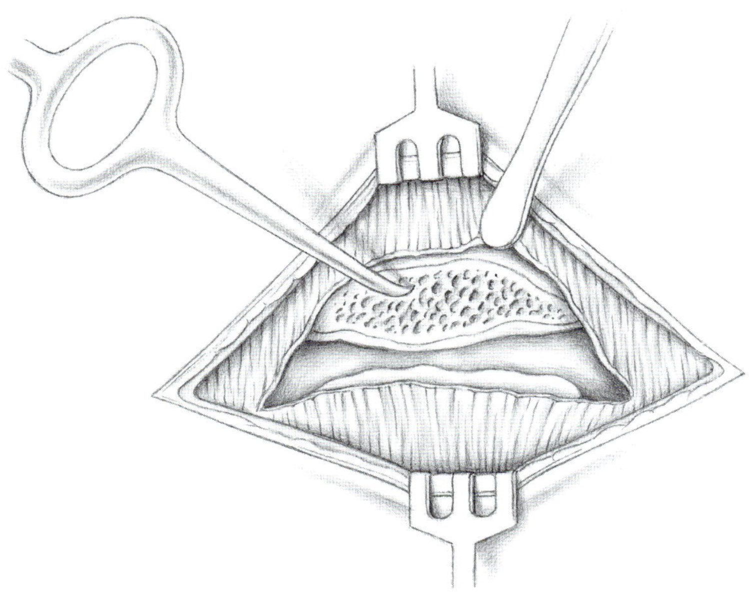

2 Säuberung des Bruchspalts

Nach Freilegen des Gelenkspalts wird das proximale Ende mit dem Einzinker hochgezogen, die Gelenkfläche wird weiter gesäubert und das Gelenk inspiziert. Durch Ausspülen des Gelenks werden restliche Fragmente und Koagel entfernt. Sorgfältige Säuberung des gesamten Gelenks.

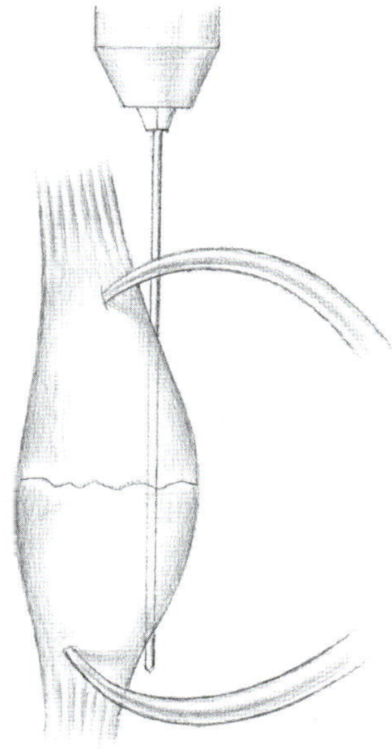

3 Reposition und Retention

Nach Reposition der Fragmente wird die Patella mit einer Repositionszange gefasst und die Fragmente fest aufeinander gepresst.
Die Zange sollte möglichst dorsal sitzen, um eine feste Umklammerung der Patella zu erreichen.

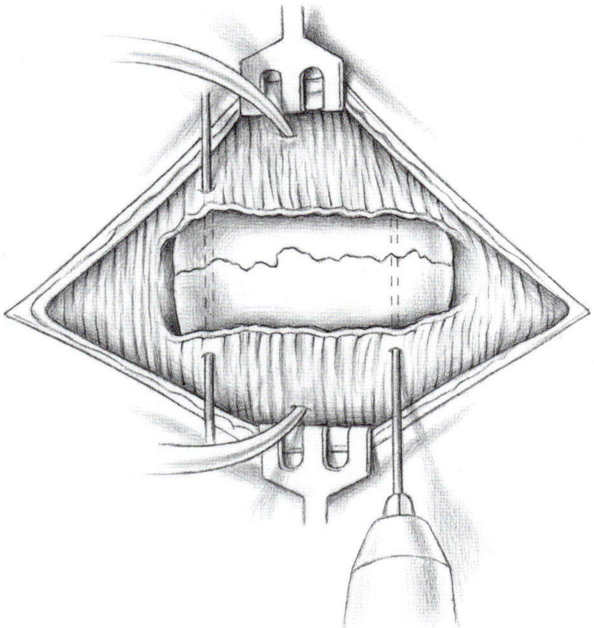

❹ Kirschner-Drahtung

Anschließend werden axiale Kirschner-Drähte in einem Abstand von ca. 2 – 3 cm mit einer Dicke von 1,8 – 2,0 mm durch die Patella gebohrt. Die Drähte sollten eher im ventralen Anteil als im dorsalen liegen und ca. 5 mm unterhalb der Kortikalis. Sind die Drähte achsengerecht eingebracht, prüft man mit einem Finger hinter der Patellarfläche die Reposition und zugleich die richtige Lage der Drähte intraossär.

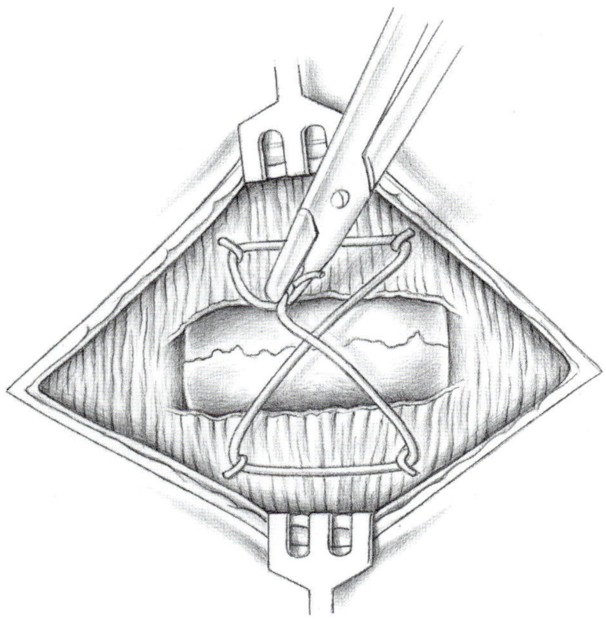

❺ Zuggurtung

Durch Umbiegung der Kirschner-Drähte an ihrem kranialen und kaudalen Pol lässt sich das Lager für die Zuggurtung erzeugen. Zur Zuggurtung wird ein 1,2 – 1,4 mm starker Draht x-förmig um die Drähte geschlungen und mit einem Zwirbel unter Spannung versetzt. Hierbei ist darauf zu achten, dass die Patella nicht dorsal auseinanderklafft, was durch richtige Lage der Kirschner-Drähte erreicht wird. Die proximalen und distalen Enden der Bohrdrähte werden mit dem Hammer und einem Bolzen versenkt. Die distalen Enden sollten möglichst gering gebogen werden, um eine spätere Entfernung nach kranial zu erleichtern. Nach Abschluss der Präparation der Gelenkfläche zur Kontrolle einer stufen- und spaltfreien Reposition wird eine intraartikuläre Redon-Drainage eingelegt, die Gelenkkapsel verschlossen und die Retinakula mit resorbierbaren Fäden adaptiert.

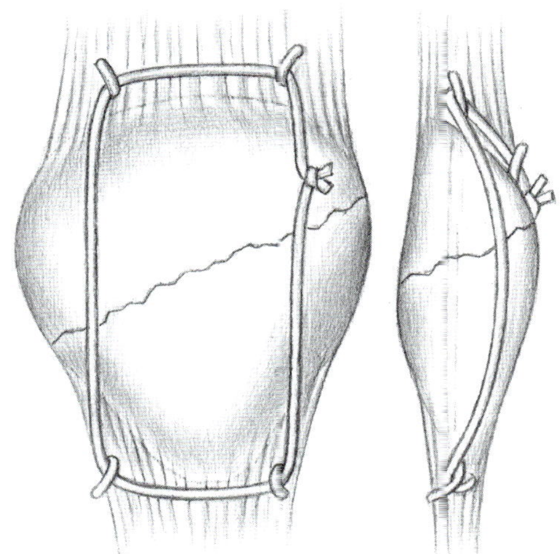

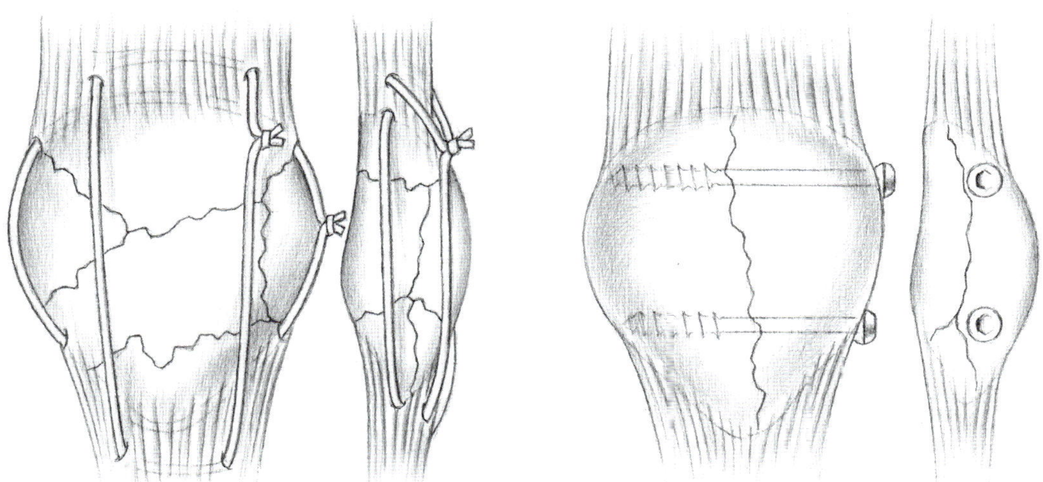

❻ Varianten

Trümmerfrakturen und Schrägfrakturen erfordern Varianten des Vorgehens, die in zirkulären Cerclagen, queren Schrauben und Mehrfachcerclagen oder weit voneinander entfernten Kirschner-Drähten bestehen können.

145. Unterschenkel-Marknagelung

1 Indikation

Relativ: Schaftfrakturen im mittleren Drittel.
Kontra: 2-/3-gradig offene Frakturen, Kindesalter (offene Wachstumsfugen), akute und chronische Osteomyelitis, Tibiafraktur mit Gelenkbeteiligung.
Alternativverfahren: Konservative Behandlung, Extension, Fixateur externe, Plattenosteosynthese, ungebohrter/verriegelter Nagel.

2 Operationsvorbereitung

Patientenvorbereitung: Gegebenenfalls perioperative Antibiotikaprophylaxe.

3 Spezielle Risiken, Aufklärung

- Infekt (bis 7%).
- Verzögerte Heilung/Pseudarthrose (< 5%).
- Achsfehlstellung.
- Nervenverletzung (N. peronaeus).
- Kompartmentsyndrom.
- Materialentfernung.

4 Anästhesie

Spinal-, Peridural- oder Allgemeinanästhesie.

5 Lagerung

Rücken, spezieller Tisch, Bildwandler.

6 Zugang

Median über Lig. patellae (ca. 5 cm).

7 Operationsschritte

1. Lagerung.
2. Hautschnitt.
3. Markraumeröffnung.
4. Einbringung des Führungsstabs.
5. Markraumaufbohrung.
6. Einschlagen des Marknagels.
7. Hautnaht und Drainage.

8 Relevante Anatomie, Gefahren, Tricks

- Bei der Spaltung des Lig. patellae besonders proximal nicht zu tief in die dort liegenden Venengeflechte schneiden.

Cave: Gelenkeröffnung mit dem Pfriem!

- Führungsstab im distalen Fragment vor allem im a.-p. Bild streng in der Mitte halten.
- Spitze des Bohrdorns/Führungsstabs bis unmittelbar oberhalb der Gelenkfläche des Sprunggelenks führen.

9 Maßnahmen bei speziellen Komplikationen

Markraumphlegmone: Nagelentfernung, äußere Stabilisierung der Fraktur, Saug-Spül-Drainage.

10 Nachsorge

Medizinische Nachbehandlung: Drainage ex 2. Tag. Engmaschige klinische Kontrolle (**cave**: Kompartment!). Teilbelastung ab 5. Tag, Vollbelastung ab 10. Tag.
Mobilisation: Sofort, zunächst unter Entlastung.
Krankengymnastik: Frühfunktionelle Behandlung des Knie- und Sprunggelenks.
Arbeitsunfähigkeit: 6 – 10 Wochen.

7 Operationstechnik

1. Lagerung.
2. Hautschnitt.
3. Markraumeröffnung.
4. Einbringung des Führungsstabs.
5. Markraumaufbohrung.
6. Einschlagen des Marknagels.
7. Hautnaht und Drainage.

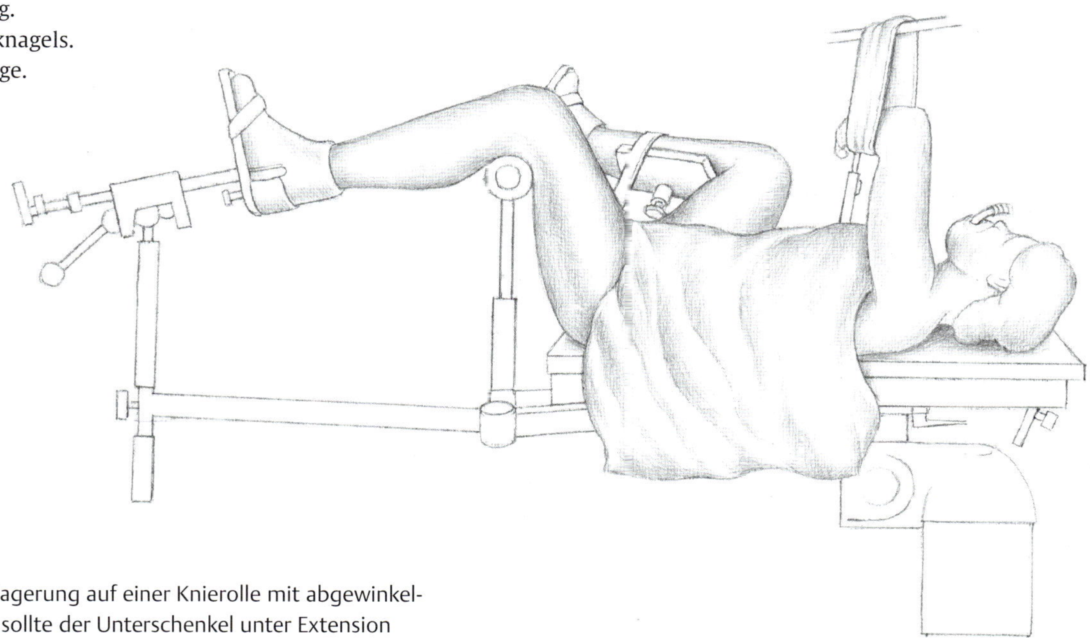

1 Lagerung

Der Patient wird in Rückenlagerung auf einer Knierolle mit abgewinkeltem Knie gelagert. Hierbei sollte der Unterschenkel unter Extension gebracht werden, um eine Reposition und Retention der Fragmente zu erzielen.

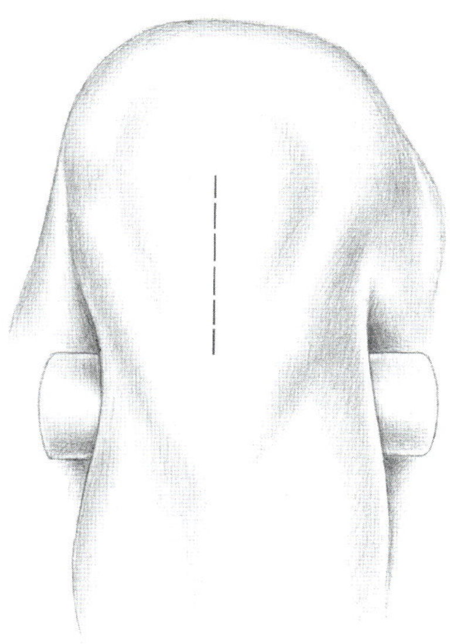

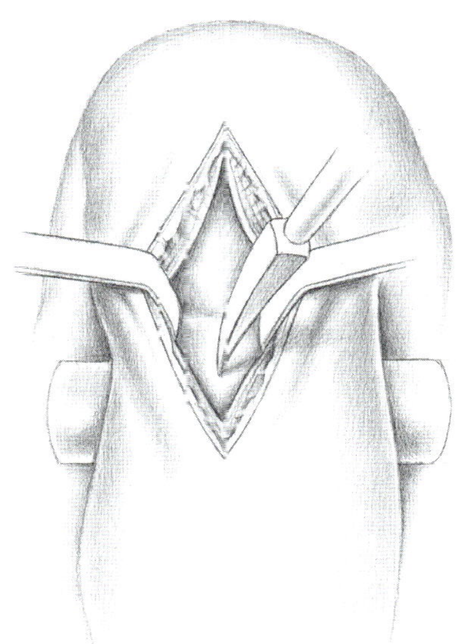

2 Hautschnitt

Der Hautschnitt liegt distal der Unterkante der Patella, senkrecht über dem Lig. patellae, das mit einer stumpfen Schere in Faserrichtung gespalten wird.

3 Markraumeröffnung

Nach Spaltung des Lig. patellae werden die Bandanteile mit 2 stumpfen Haken auseinander gehalten und der Markraum in der Tuberositas patellae mit einem Pfriem eröffnet. Die Einstichstelle sollte in der Verlängerung der Markhöhle liegen, d.h. etwas medial der Tuberositas tibiae, möglichst weit proximal, ohne allerdings die Vorderkante des Tibiaplateaus zu verletzen. Der Pfriem ist zuerst rechtwinklig zur Perforation der Kortikalis und dann schräg einzudrehen. Hierbei ist stets die Richtung der Schaftachse zugleich die Richtung des Pfriems.

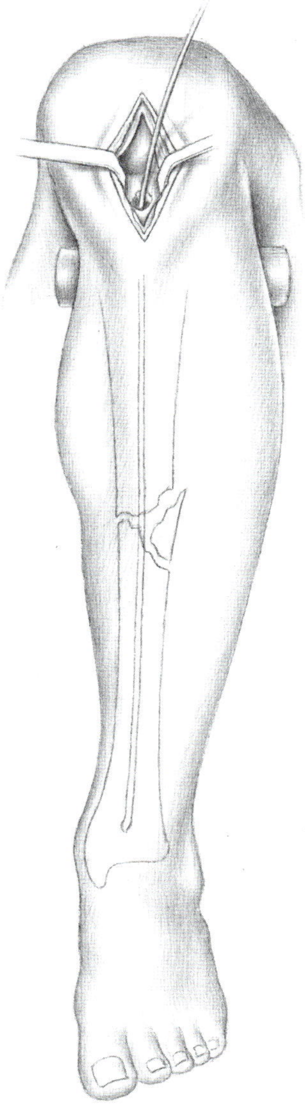

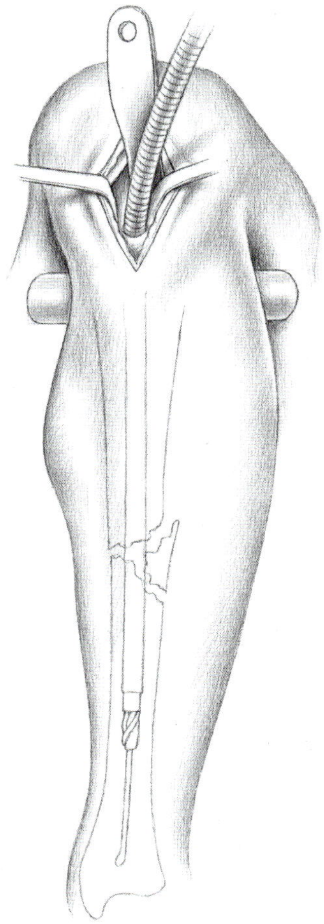

❹ Einbringung des Führungsstabs

Ein 3-mm-Führungsstab mit einer versetzten Olive und gebogener Spitze wird unter Bildwandlerkontrolle über den Frakturbereich hinweg nach distal vorgeschoben, so dass die Spitze zentral in der distalen Tibiaepiphyse leicht oberhalb der Gelenkfläche liegt. Auf diesem Führungsstab werden die Bohrköpfe mit flexibler Welle eingebracht, wobei zuerst die Wellen mit den fest angebrachten Bohrköpfen, später die mit austauschbaren Bohrköpfen auf einer 8-mm- bzw. 10-mm-Bohrwelle verwendet werden.

❺ Markraumaufbohrung

Das Auffräsen sollte so weit erfolgen, wie es von Seiten der Fraktur nötig ist. Die Tendenz zu maximalen Bohrlumina wird heute von unaufgebohrten Marknagelungen abgelöst.

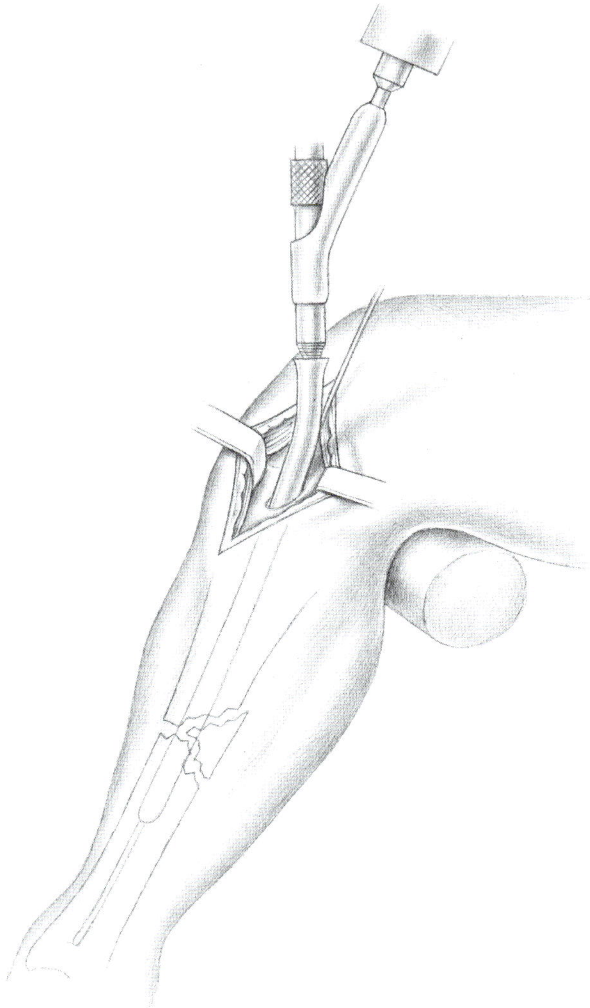

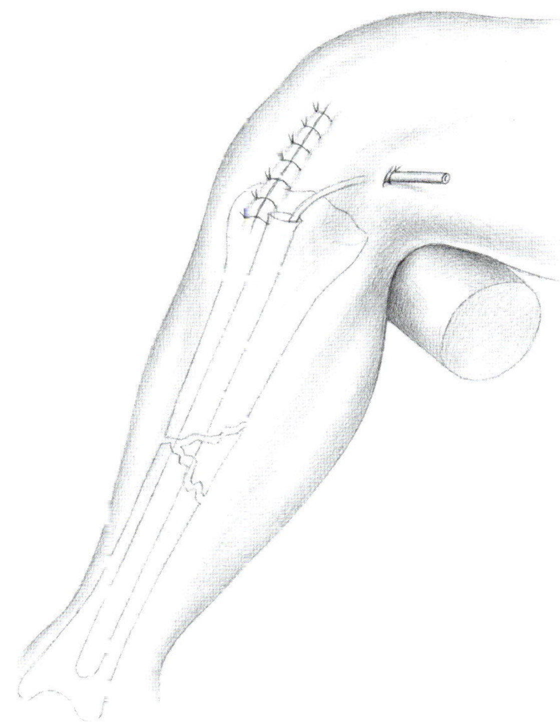

❻ Einschlagen des Marknagels

Nach vollständiger Aufbohrung des Markraums wird der Nagel mit einem Einschlaggerät passgerecht eingefügt. Hierbei sollte die entsprechende Länge vorher abgemessen sein und die Dicke dem Bohrkanal entsprechen. Das Einschlagen muss mit dosierten Hammerschlägen erfolgen, wobei durch den Einschlagbügel die Rotation des Nagels kontrolliert wird. In jedem Fall ist zu vermeiden, dass eine weitere Fraktur durch das Einschlagen des Nagels in falsche Richtung oder bei falscher Lumenweite des Bohrkanals entsteht. Besteht eine Instabilität im Frakturbereich, ist ggf. eine Verriegelung (hier nicht dargestellt) vorzunehmen.

❼ Hautnaht und Drainage

Der Markkanal sollte durch eine Redon-Drainage drainiert werden. Das Lig. patellae und die Haut werden mit Einzelknopfnähten verschlossen. Kommt es zur postoperativen Nachblutung, sollte zumindest intermittierend der Sog der Redon-Drainage abgestellt werden.

146. Unterschenkel-Fixateur-externe

1 Indikation

Relativ: Frakturen mit erheblichem Weichteilschaden, zweit- und drittgradig offene Frakturen, Trümmerfrakturen, Fraktur- und Pseudarthroseninfekte, bei erheblicher Gelenkbeteiligung (ggf. als gelenküberbrückender Fixateur).
Alternativverfahren: Interne Osteosynthese.

2 Operationsvorbereitung

Präoperative Diagnostik: Periphere Motorik, Sensibilität und Durchblutung.

3 Spezielle Risiken, Aufklärung

- Lockerung/Notwendigkeit der Stellungskorrektur.
- Pin-Infekt (5 – 10 %).
- Späterer Verfahrenswechsel.

4 Anästhesie

Lokal-, Regional- oder Allgemeinanästhesie.

5 Lagerung

Rücken, ggf. Bildwandler.

6 Zugang

Ventral bei Monofixateur.

7 Operationsschritte

1. Frakturverlauf.
2. Platzierung der Schanz-Schrauben.
3. Bohrrichtung.
4. Montage Fixateur externe.

8 Relevante Anatomie, Gefahren, Tricks

- Beginn der Montage mit frakturfernen Schrauben.

Cave: Rotationsfehler!

- Schanz-Schrauben in der Gegenkortikalis verankern.
- Es sollte (bei großen Röhrenknochen) beidseits der Fraktur je 4-mal die Kortikalis sicher gefasst sein, d. h. mindestens 2 Schrauben je Hauptfragment (Oberschenkel: mindestens 3!).
- Stabilitätserhöhung durch Verspannung der Schanz-Schrauben gegeneinander und Montage zweier Rohre in Längsrichtung.
- Bei Mehretagenfrakturen auch Gelenk überbrückende Montage möglich.
- Kombination mit Minimalosteosynthesen im Frakturbereich möglich.

9 Maßnahmen bei speziellen Komplikationen

Pin-Infekt: Entfernung der Schanz-Schraube, Kürettieren des Lochs, Neuplatzierung der Schraube.

10 Nachsorge

Medizinische Nachbehandlung: Täglich Kontrolle der Pin-Eintrittsstellen und der Achsenstellung, ggf. Röntgenkontrollen.
Mobilisation: Sofort unter Entlastung der betroffenen Extremität.
Arbeitsunfähigkeit: Abhängig von Gesamtsituation.

7 Operationstechnik

❶ Frakturverlauf.
❷ Platzierung der Schanz-Schrauben.
❸ Bohrrichtung.
❹ Montage Fixateur externe.

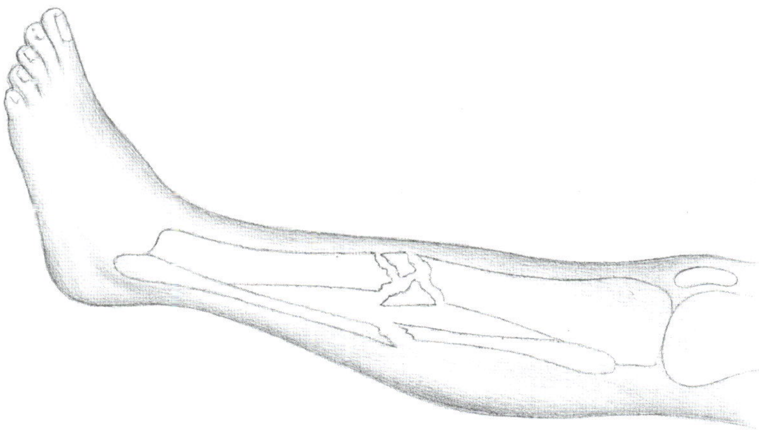

❶ Frakturverlauf

Ausgedehnte Weichteilschäden, Trümmer- oder Defektfrakturen, infizierte Pseudarthrosen und Ähnliches mehr berechtigen die Anlage eines Fixateur externe. Ziel der Operation ist es, in jedes (Haupt-) Fragment mindestens 2 Schanz-Schrauben oder Steinmann-Nägel einzubringen. Für den Rahmenfixateur dienen Steinmann-Nägel zur Fixation. Beim hier dargestellten einseitigen Fixateur wird die Ruhigstellung mit jeweils 2 Schanz-Schrauben erreicht.

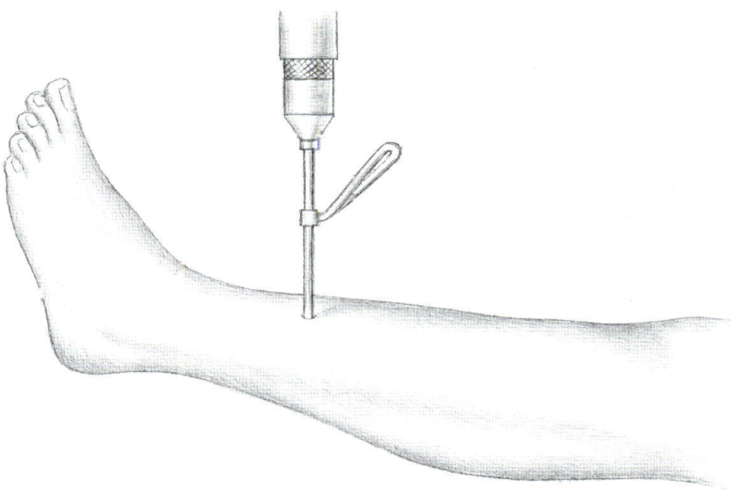

❷ Platzierung der Schanz-Schrauben

Die Schanz-Schrauben werden unter Bildwandlerkontrolle platziert. Über einen kleinen Hautschnitt und eine Führungshülse wird mit Bohrern unterschiedlicher Stärke (3,2 mm, 3,6 mm, 4,5 mm) vorgebohrt. Es hat sich bewährt, die Schanz-Schrauben in einem Winkel von ca. 15° gegeneinander zu kippen, um eine bessere Stabilität zu erreichen.

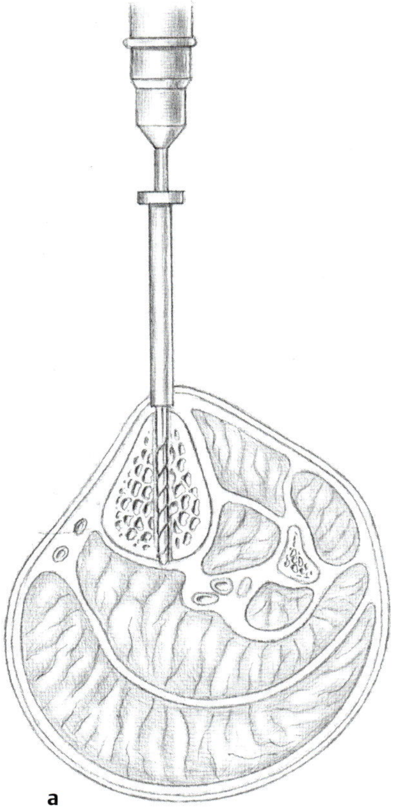

a

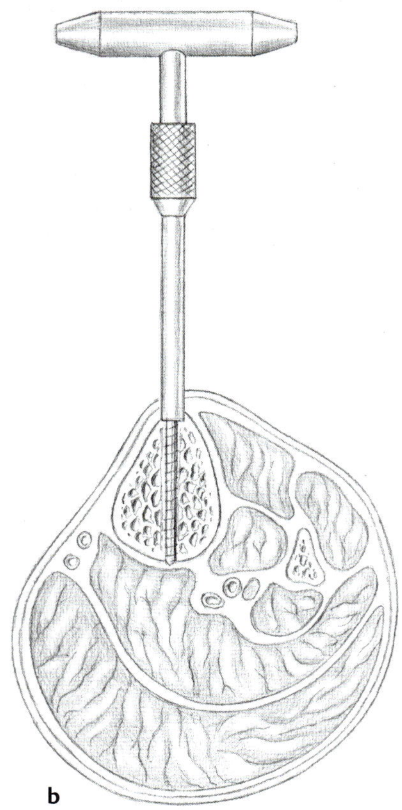

b

❸ Bohrrichtung

Die Richtung der Bohrung beginnt an der Vorderkante der Tibia und durchtritt gerade die hintere Kortikalis (**a**). Nach Vorbohren erfolgt das manuelle Eindrehen der Schanz-Schrauben in typischer Technik (**b**). Die Weichteile sollten nur einseitig durchbohrt sein.

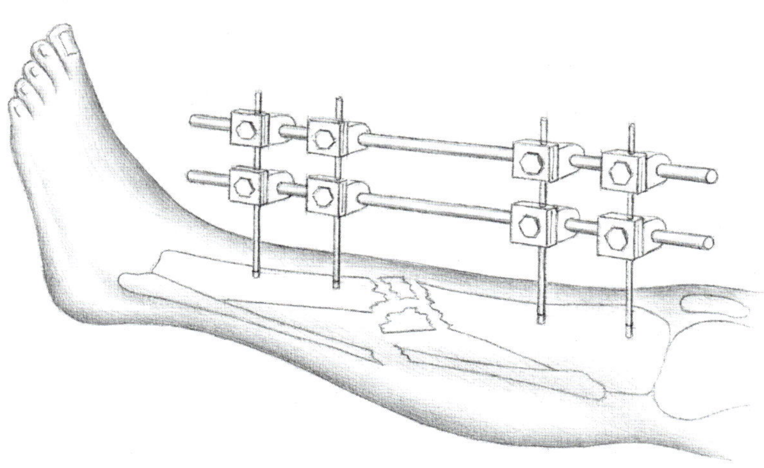

❹ Montage Fixateur externe

Ist die letzte Schanz-Schraube platziert, kann die Montage des Fixateurs beginnen. Auf eine achsengerechte Stellung der Tibia in beiden Ebenen ist hierbei zu achten. Eine Distraktion ist ebenso zu vermeiden wie eine Kompression bei ausgedehnter Trümmerzone.

147. Innenknöchel-Osteosynthese

1 Indikation

Absolut: Dislozierte Innenknöchelfrakturen (isolierte Innenknöchelfraktur selten, meist mit Außenknöchelfraktur kombiniert).
Kontra: Infekt, schwere Osteoporose.
Alternativverfahren: Konservative Behandlung bei nicht dislozierter Fraktur.

2 Operationsvorbereitung

Präoperative Diagnostik: Ausschluss einer Außenknöchel- oder Fibulabeteiligung. Oberschenkelblutsperre. Operation innerhalb von 8 Stunden nach Trauma oder ab 5. Tag.

3 Spezielle Risiken, Aufklärung

- Verletzung des N. peronaeus superficialis (ca. 1 %).
- Metallallergie.
- Infektion.
- Nachblutung.
- Materialentfernung.

4 Anästhesie

Intubationsnarkose oder Spinal- bzw. Periduralanästhesie.

5 Lagerung

Rückenlagerung, Außenrotation des Fußes. Blutsperre.

6 Zugang

Axialer Hautschnitt über dem Innenknöchel.

7 Operationsschritte

1. Hautschnitt.
2. Säuberung Frakturspalt.
3. Reposition und Schraubenosteosynthese I.
4. Reposition und Zuggurtungsosteosynthese I.
5. Zuggurtungsosteosynthese II.

8 Relevante Anatomie, Gefahren, Tricks

Cave: V. saphena magna, N. saphenus und A. tibialis posterior schonen.

Malleolarschraube mit Gewinde nur im proximalen Fragment unter Bildwandlerkontrolle.

9 Maßnahmen bei speziellen Komplikationen

- Hämatome frühzeitig entleeren.
- Bei Frühinfekt sofortige Revision und Débridement.
- Keine Hautnaht unter Spannung.

10 Nachsorge

Medizinische Nachbehandlung: Hochlagerung, Weichteilkühlung, Redon ex 2. Tag. Materialentfernung ab 6. Monat.
Mobilisation: Extensionsübungen ab dem 1. postoperativen Tag. Teilbelastung bis 20 kp ca. nach 1 Woche, Vollbelastung ab 6. postoperativer Woche.
Krankengymnastik: Sofort nach Drainagenentfernung frühfunktionelle Behandlung.
Arbeitsunfähigkeit: 6 Wochen.

7 Operationstechnik

❶ Hautschnitt.
❷ Säuberung Frakturspalt.
❸ Reposition und Schraubenosteosynthese I.
❹ Reposition und Zuggurtungsosteosynthese I.
❺ Zuggurtungsosteosynthese II.

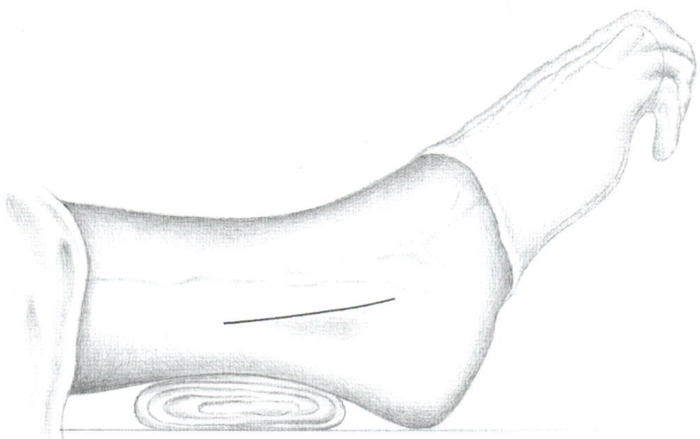

❶ Hautschnitt

Axialer Hautschnitt über dem Innenknöchel mit Durchtrennung von Haut und Subkutis bis auf das Periost. Schonung der V. saphena magna, des N. saphenus, der A. tibialis posterior und der dorsal gelegenen Beugesehnen.

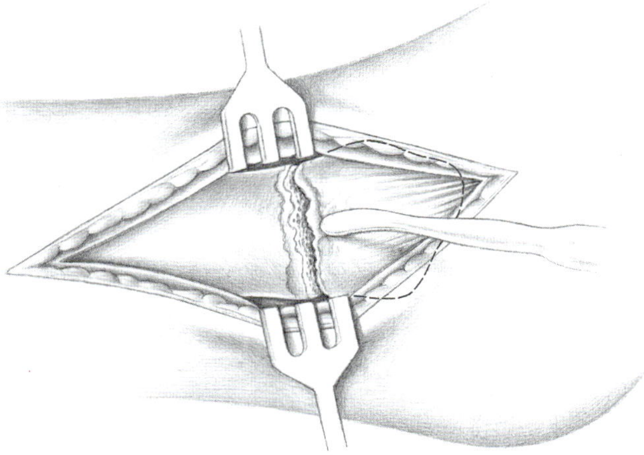

❷ Säuberung Frakturspalt

Nach Freilegen der Fraktur Darstellung des Frakturspalts und sparsames Abschieben des z. T. eingeschlagenen Periostes. Fragmentreste und Muskelinterponate müssen entfernt werden. Hierbei kann das distale Fragment mit dem Einzinker nach kaudal gezogen werden, um den Frakturspalt voll einzusehen. Der Frakturspalt muss so weit freigelegt werden, dass die stufenfreie Reposition des Fragments sicher überprüft werden kann. Danach erfolgt die Reposition des distalen Fragments und die Retention mit einem Kugelspieß.

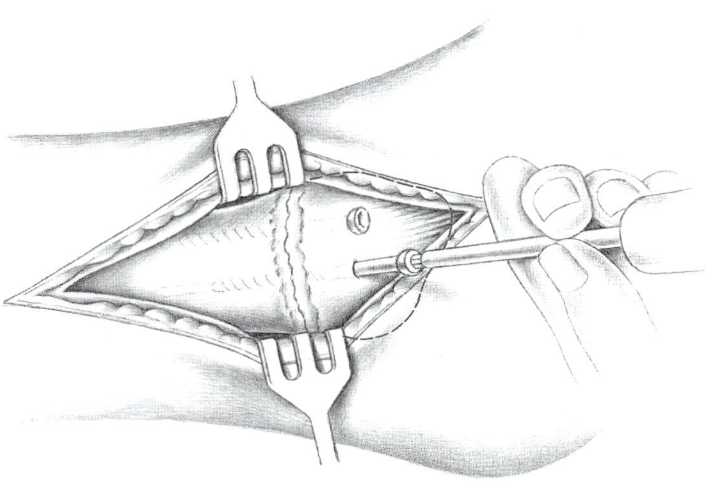

❸ Reposition und Schraubenosteosynthese I

Das Repositionsergebnis kann durch Malleolarschrauben oder eine Zuggurtung fixiert werden. Es erfolgt die präliminare Fixierung mit einem Kirschner-Draht und anschließend die Vorbohrung mit einem 2,5-mm-Bohrer parallel zum Kirschner-Draht. Anschließend werden 2 Kleinfragment-Spongiosaschrauben mit kurzem Gewinde und Unterlegscheibe als Zugschrauben eingebracht. Es ist darauf zu achten, dass das Gewinde sicher proximal des Frakturspalts gelegen ist, um eine Kompression zu erreichen. Stellungskontrolle von Schrauben und Fraktur mit dem Bildwandler. Redon-Drainage, Subkutannaht, Hautnaht und ggf. Unterschenkel-Gipsschiene beenden den Eingriff.

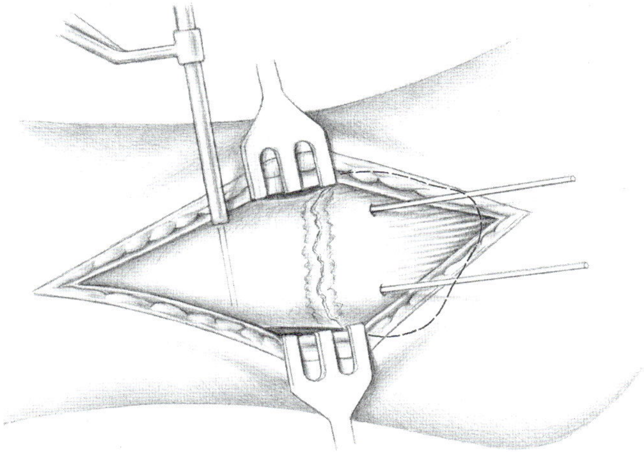

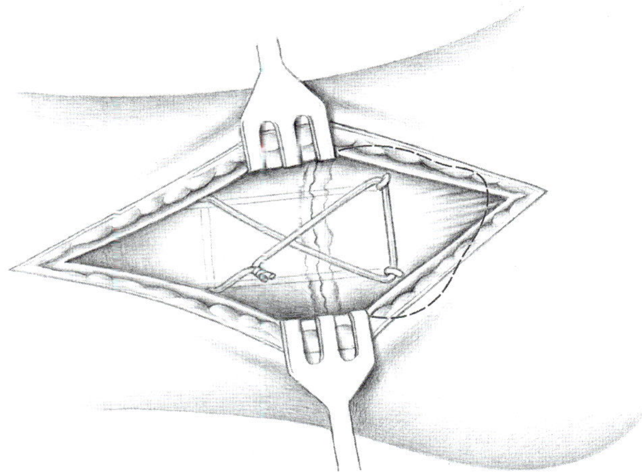

❹ Reposition und Zuggurtungsosteosynthese I

Nach Reposition der Fraktur werden 2 axiale Kirschner-Drähte über den Frakturspalt von distal nach proximal eingebracht. Als Gegenlager für die Zuggurtungsosteosynthese dient ein quer zur Unterschenkelachse gelegter Bohrkanal (2,5 mm). Gegebenenfalls kann auch eine Schraube als Gegenlager der Zuggurtung dienen. Bei der Bohrung ist darauf zu achten, dass der Bohrkanal nicht zu oberflächlich liegt, da ansonsten ein Ausriss des Zuggurtungsdrahtes möglich ist.

❺ Zuggurtungsosteosynthese II

Nach Durchführen des Drahtes durch den Tibiabohrkanal wird er achterförmig um die Kirschner-Drähte gelegt und an der Außenseite verzwirbelt. Die Kirschner-Drähte werden umgebogen, abgekniffen und in den Weichteilen versenkt. Blutstillung, subkutane Redon-Drainage, Subkutannähte und Hautverschluss beenden den Eingriff. Postoperativ Ruhigstellung auf einer Unterschenkel-Gipsschiene.

148. Außenknöchel-Osteosynthese

1 Indikation

Absolut: Jede dislozierte Außenknöchelfraktur.
Kontra: Schwerer Weichteilschaden, extreme Osteoporose.
Alternativverfahren: Konservative Behandlung bei nicht dislozierten Weber A/B-Frakturen.

2 Operationsvorbereitung

Patientenvorbereitung: Operation innerhalb von 8 Stunden nach Trauma oder ab 5. Tag.

3 Spezielle Risiken, Aufklärung

- Verletzung des N. peronaeus superficialis.
- Infektion.
- Nachblutung.
- Materialentfernung.

4 Anästhesie

Intubationsnarkose oder Spinal- bzw. Periduralanästhesie.

5 Lagerung

Rückenlagerung mit Innenrotation des Beins. Blutsperre. Vorfuß in Handschuh.

6 Zugang

Axialer Hautschnitt über dem Außenknöchel. Vorfuß in Handschuh.

7 Operationsschritte

1. Klassifikation der Knöchelfrakturen nach Weber.
2. Hautschnitt und Freilegung der Fraktur.
3. Reposition und Retention durch Zugschraube.
4. Anpassung der Drittelrohrplatte.
5. Stellschraube.
6. Naht der Syndesmose.
7. Zuggurtung.

8 Relevante Anatomie, Gefahren, Tricks

- Beachtung des N. peronaeus superficialis.
- Entscheidend ist die exakte Wiederherstellung der Fibulalänge mit Vermeidung von Rotationsfehlern.

Cave: Übersehen einer Maisonneuve-Fraktur („hoher" Weber C). Stets Syndesmose darstellen und ggf. nähen.

- Tibiakantenabsprengung versorgen, wenn zu mehr als $^1/_4$ gelenkbildend.
- Vermeidung von Kapsel-Band-Interponaten.

Cave: Schraubenlage im fibotalaren Gelenk.

- Kein Wundverschluss unter Spannung.

9 Maßnahmen bei speziellen Komplikationen

Bei Hämatomen, Frühinfekt oder Ödem mit Blasenbildung Wunde sofort eröffnen.

10 Nachsorge

Medizinische Nachbehandlung: Hochlagerung, Redon ex 2. Tag. Dorsale Gipsschiene bis zur Hautnahtentfernung. Nach Naht von Syndesmose oder Innenband 6 Wochen Gips. Stellschraube nach 6 Wochen entfernen. Metallentfernung ab 6. postoperativen Monat.
Mobilisation: Sofort. Nach Abschwellen Teilbelastung bis 10 kg. Vollbelastung 6 – 8 Wochen postoperativ.
Krankengymnastik: Frühfunktionelle Übungsbehandlung nach Redonentfernung (nicht nach Syndesmosen- oder Innenbandnaht.
Arbeitsunfähigkeit: 7 – 10 Wochen.

7 Operationstechnik

1. Klassifikation der Knöchelfrakturen nach Weber.
2. Hautschnitt und Freilegung der Fraktur.
3. Reposition und Retention durch Zugschraube.
4. Anpassung der Drittelrohrplatte.
5. Stellschraube.
6. Naht der Syndesmose.
7. Zuggurtung.

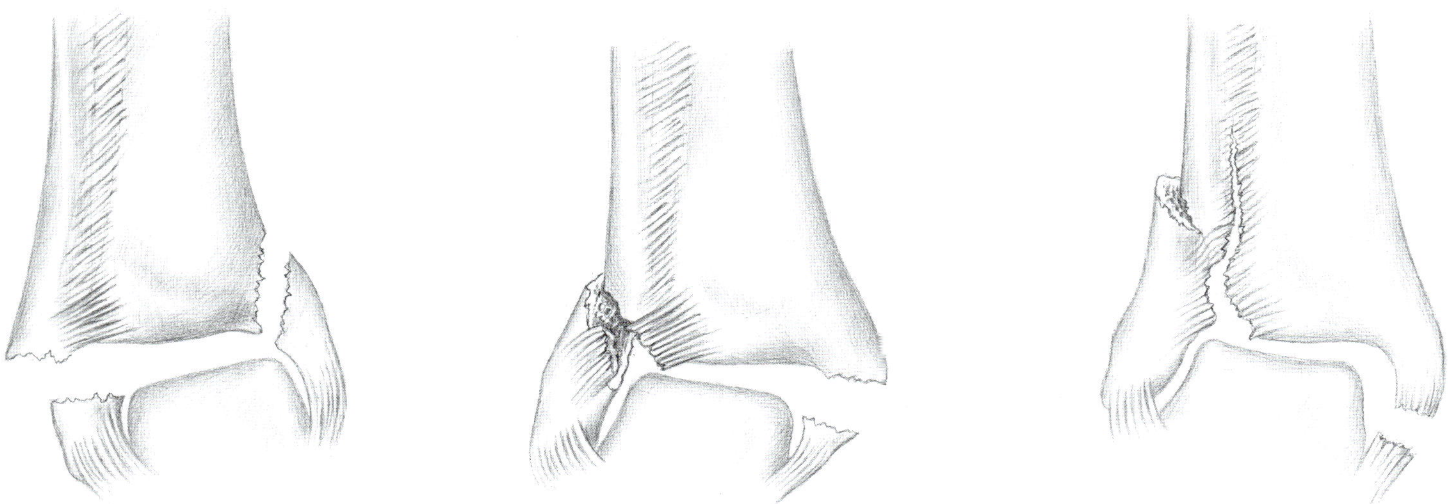

1 Klassifikation der Knöchelfrakturen nach Weber

Bei der Weber-A-Fraktur ist die Fibula in Höhe des Gelenkspalts oder distal davon frakturiert. Diese Verletzung kann mit einer Abscherfraktur des Innenknöchels kombiniert sein. Die Syndesmose ist immer intakt. Bei der Weber-B-Fraktur verläuft die Frakturlinie am Außenknöchel in Höhe der Syndesmose. Zusätzlich kann eine Abrissfraktur des Innenknöchels bzw. eine Ruptur des Lig. deltoideum bestehen. In 50% der Fälle liegt eine Zerreißung der vorderen Syndesmose vor. Bei der Weber-C-Fraktur liegt die Frakturlinie oberhalb der Syndesmose. Die Syndesmose ist immer zerrissen. Auch die Membrana interossea ist bis zur Höhe der Fibulafraktur rupturiert. Zusätzlich besteht immer eine Abrissfraktur des Innenknöchels oder eine äquivalente Zerreißung des Lig. deltoideum. Häufig besteht Luxationsneigung. Eine Sonderform ist die Maisonneuve-Fraktur mit einer hohen, schrägen Fibulafraktur und begleitender Innenknöchelfraktur.

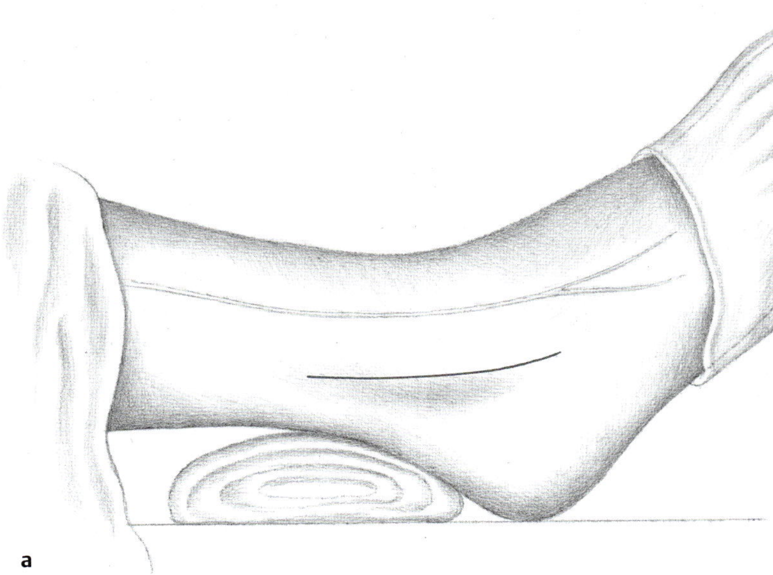

a

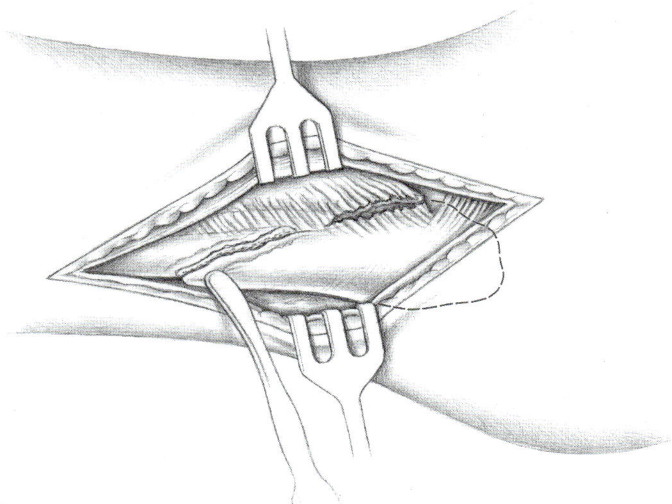

b

❷ Hautschnitt und Freilegung der Fraktur

Der gerade Hautschnitt wird bis auf den Knochen unter Durchtrennung der Subkutis und der Faszie fortgesetzt (**a**). In der Tiefe gelangt man auf das Hämatom im Frakturbereich, das abgesaugt wird. Das Periost wird mit dem Raspatorium vorsichtig angehoben und auf einer Strecke von jeweils 2 mm der Frakturspalt vom Periost befreit (**b**). Eingeschlagene Periostanteile, Koagel oder auch Knochenbröckel werden entfernt. Der Frakturspalt wird gespült. Gewebereste und Interponate werden entfernt.

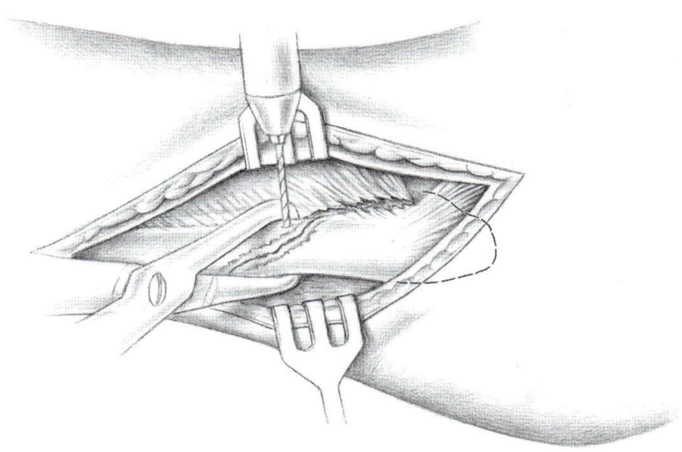

❸ Reposition und Retention durch Zugschraube

Nach vollständiger Reinigung des Frakturspalts wird die Fraktur stufenlos reponiert und mit einer Repositionszange präliminar fixiert. Bei verzögerter Frakturversorgung ist es häufig notwendig, durch kontinuierlichen Zug eine Reposition der verkürzten Weichteile zu erzielen. Das Repositionsergebnis wird durch eine Zugschraube gesichert, die den Frakturverlauf kreuzt. Hierzu wird ein Gleitloch mit einem 3,5-mm-Bohrer gebohrt und über eine Steckrohrbuchse ein Gewindeloch von 2,5 mm angelegt. Nach Ausmessen und Gewindeschneiden wird eine Kleinfragment-Kortikalisschraube eingebracht. Unter fortwährender Beobachtung des Frakturspalts wird die Schraube angezogen.

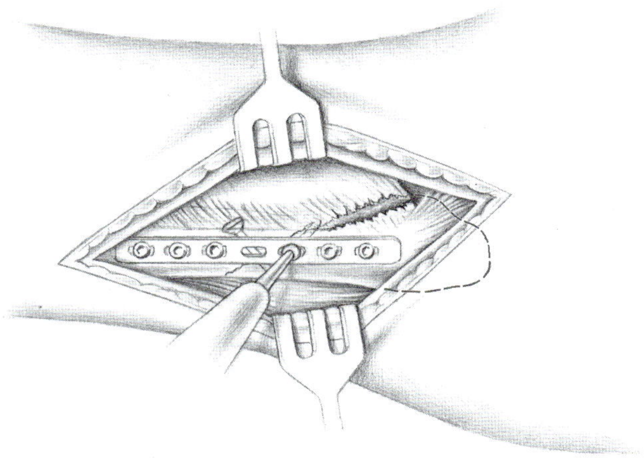

❹ Anpassung der Drittelrohrplatte

Zur definitiven Frakturversorgung wird eine 5- bis 6-Loch-Drittelrohrplatte dem Knochen anmodelliert. Hierbei sollten mindestens 3 Schrauben für das Hauptfragment verwendet werden. Bei starker Osteoporose sind Spongiosaschrauben zu bevorzugen.

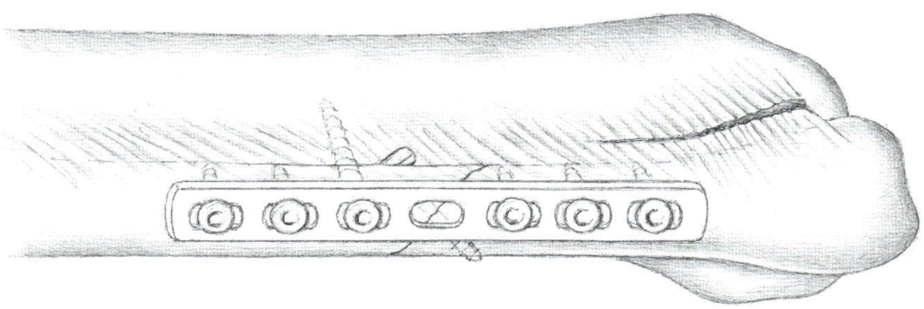

❺ Stellschraube

Ist durch Hakenzug nach lateral die Malleolengabel aufzuklappen, so ist eine fibulo-tibiale Stellschraube zur Wiederherstellung der Malleolengabelstabilität erforderlich. Diese Stellschraube wird ca. 1 – 2 cm oberhalb der Syndesmose durch die Platte gebohrt, wobei die Bohrrichtung mit ca. 30° nach ventral liegen sollte. Die Stellschraube sollte beide Kortikales der Fibula und die laterale Kortikalis der Tibia fassen. Verwendung findet eine kortikale Schraube entsprechend der Länge. Sie muss nach 6 Wochen entfernt werden.

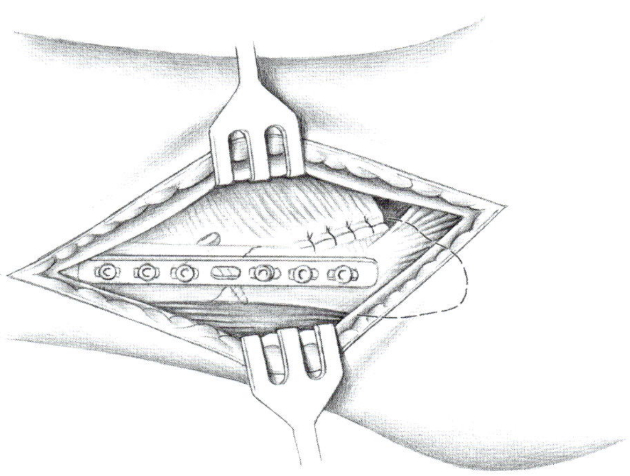

❻ Naht der Syndesmose

Der nächste Schritt ist die Naht der Syndesmose mit einem PGS-Faden (3 × 0). Bei knöchernem Ausriss wird die Syndesmose mit einer Zackenkranzscheibe auf der Ausrissseite oder durch transossäre Nähte fixiert. Redon-Drainage, Subkutannaht, Hautnähte und eine Unterschenkel-Gipsschiene beenden den Eingriff.

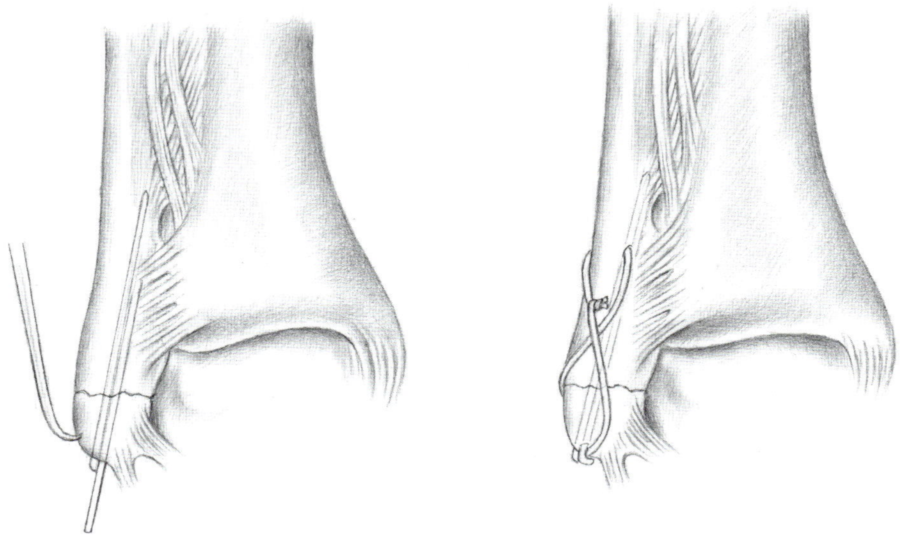

❼ Zuggurtung

Distale Außenknöchelfrakturen mit kleinem distalen Fragment können durch eine Zuggurtungsosteosynthese versorgt werden. Hierzu werden 2 parallele Kirschner-Drähte axial unter Mitfassen der proximalen medialen Tibiakortikalis eingebracht, die an der Knöchelspitze umgebogen werden. Durch einen transossären Bohrkanal in Projektion auf die Syndesmose wird ein 1,4-mm-Draht eingeführt und in typischer Weise achterförmig um die Drähte gelegt. Durch Verzwirbelung des Drahtes werden die Fragmente unter Kompression gebracht. Das Verfahren sollte nur bei fester Kortikalis Anwendung finden, da es sonst nicht ausreichende Stabilität gewährleistet.

149. Fibulare Bandnaht und Periostlappenplastik

1 Indikation

Absolut: Offene Verletzungen.
Relativ: Bei Diagnosestellung: speziell bei jungen, sportlich aktiven Patienten.
Kontra: Erheblicher Weichteilschaden.
Alternativverfahren: Rein konservative Behandlung mit speziellen Orthesen. Schraubenosteosynthese bei knöchernem Ausriss.

2 Operationsvorbereitung

Präoperative Diagnostik: Klinik, gehaltene Röntgenaufnahme (Aufklappbarkeit/vordere Schublade: Vergleich mit der Gegenseite).

3 Spezielle Risiken, Aufklärung

- Nervenverletzung.
- Gelenkinfekt.
- Thrombose.
- Erneute Ruptur.
- Chronische Instabilität (bis 20%).

4 Anästhesie

Lokal- oder Periduralanästhesie, selten Intubationsnarkose.

5 Lagerung

Rücken, ggf. Blutsperre. Vorfuß in Handschuh.

6 Zugang

Bogenförmig knapp hinter dem Außenknöchel.

7 Operationsschritte

1. Hautschnitt.
2. Freilegung der Bandruptur.
3. Gelenkinspektion.
4. Bandnaht.

8 Relevante Anatomie, Gefahren, Tricks

- N. peronaeus superficialis schonen.
- Gründliches Ausspülen des intraartikulären Hämatoms, Inspektion der Gelenkflächen.
- Inspektion aller 3 Außenbandanteile und ggf. der Syndesmose!

9 Maßnahmen bei speziellen Komplikationen

Gelenkinfekt: Saug-Spül-Drainage.

10 Nachsorge

Medizinische Nachbehandlung: Redon ex 2. Tag. Unterschenkel-Liegegips bis zur Entfernung der Fäden, dann Unterschenkel-Gehgips für 3 – 4 Wochen. Alternativ äußere Stabilisierung mit speziellen Schienen/Schuhen für 4 – 6 Wochen.
Mobilisation: Sofort, zunächst unter Entlastung.
Krankengymnastik: Gegebenenfalls nach Gipsentfernung sinnvoll.
Arbeitsunfähigkeit: 2 – 8 Wochen, abhängig vom Beruf.

7 Operationstechnik

1. Hautschnitt.
2. Freilegung der Bandruptur.
3. Gelenkinspektion.
4. Bandnaht.

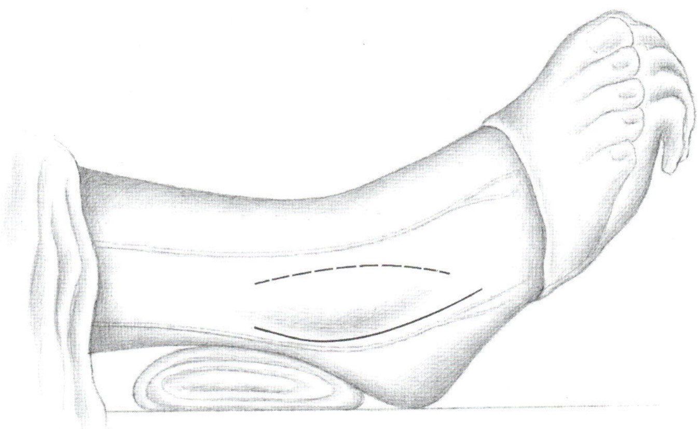

1 Hautschnitt

Der übliche Zugang ist ein Längsschnitt über der Hinterkante der Fibula, der etwa 5 mm kaudal der Außenknöchelspitze nach vorne umbiegt und dann nach ca. 3 cm nach ventral zieht. Alternativ kann ein ventraler Schnitt Verwendung finden, der an der Vorderkante des Außenknöchels beginnt und von dort nach distal und dorsal zieht. Dieser Zugang ist gefährdet durch die Verletzungsmöglichkeit des N. peronaeus superficialis in seinen Ästen, des N. cutaneus dorsalis intermedius und des N. cutaneus dorsalis medialis. Auch der N. malleolaris kann hierbei verletzt werden. Deshalb sollte gerade der Ungeübte den dorsalen Hautschnitt bevorzugen. Dieser Schnitt ist auch ggf. zur Durchführung einer Außenbandplastik nach kranial verlängerbar.

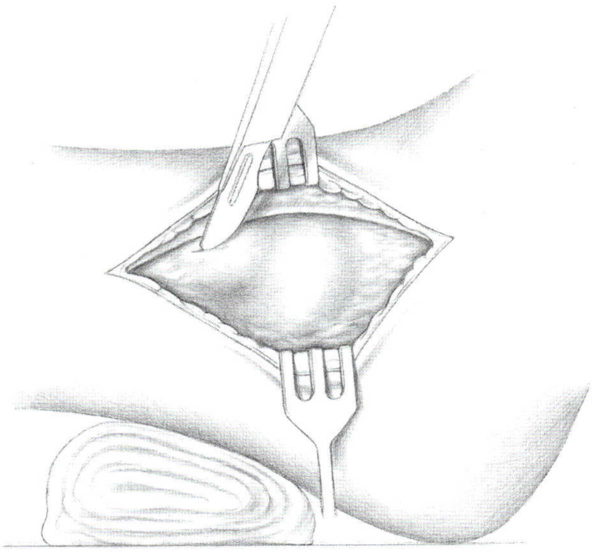

2 Freilegung der Bandruptur

Nach Eröffnung der Subkutis und der Subkutanfaszie wird der Außenbandapparat dargestellt. Das Lig. fibulotalare anterius ist fast regelhaft zerrissen, das Lig. fibulocalcaneare mit seinem zweiteiligen Aufbau ist meist nur im vorderen Anteil zerrissen, während das dorsal gelegene Lig. fibulotalare posterius nur sehr selten beteiligt ist.

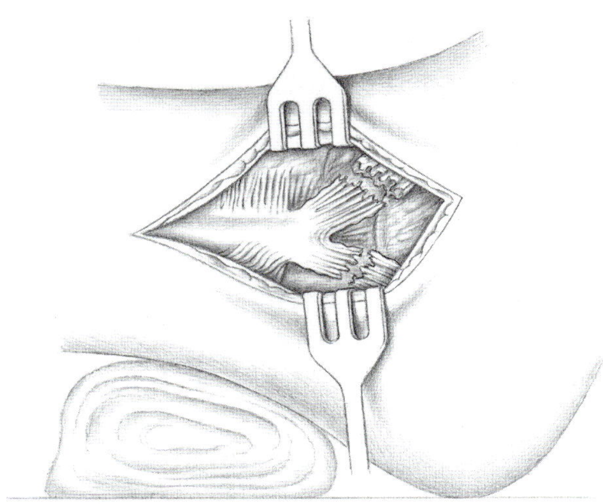

3 Gelenkinspektion

Nach Säuberung der Bandreste, Befreiung eingeschlagener Anteile und Ausspülung des Hämatoms wird das Gelenk inspiziert. Hierbei ist es wichtig, Knorpelabsprengungen (flake fractures) und Interponate zu bergen bzw. zu refixieren. Die Gelenkinspektion ist ein integraler Bestandteil der Bandnaht.

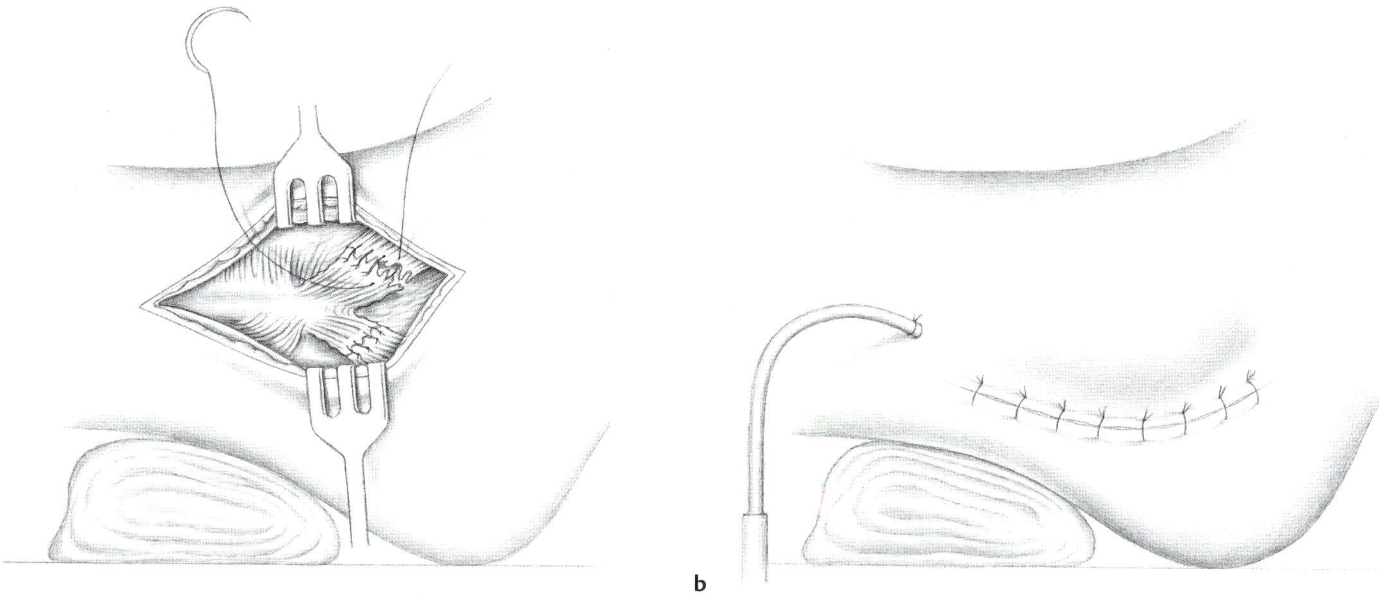

a b

❹ Bandnaht

Zur Rekonstruktion des Bandapparates werden die Rupturenden der Bänder mit Einzelknopfnähten (3 × 0 PGS) in Funktionsstellung adaptiert (**a**). Hierbei sollte man sich über die Festigkeit dieser Nahtvereinigung keine Illusionen machen, sie dient vor allem der Adaptation der Rupturenden und nicht der belastungsstabilen Fixation. Liegt ein ossärer Ausriss des Bandes vor, so muss dieser mit transossären Nähten oder Schrauben refixiert werden. Sind die Bandanteile nicht nahtfähig, so muss die Inzision nach proximal verlängert werden und eine Bandplastik mit einem Perioststreifen (Kuhner) oder mit einer Sehnenplastik nach Watson-Jones durchgeführt werden (siehe entsprechende Fachliteratur). Redon-Drainage, Subkutannähte, Hautnähte beenden den Eingriff (**b**). Postoperativ sollte eine Ruhigstellung in einer Kunststoffschiene oder in einem Spezialschuh zur Begrenzung der Eversionsbewegungen für 5 Wochen erfolgen.

150. Achillessehnennaht

1 Indikation

Elektiv: Bei Diagnosestellung.
Alternativverfahren: Rein funktionelle Behandlung.

2 Operationsvorbereitung

Präoperative Diagnose: Zehenstand auf betroffener Seite unmöglich. Sonographie: bei vollständiger Adaptation der Sehnenstümpfe in Plantarflexion ist die primär funktionelle Behandlung besonders erfolgreich.

3 Spezielle Risiken, Aufklärung

- Erneute Ruptur (2–5%).
- Wundinfekt (< 5%).
- Verletzung N. suralis (1%).
- Tiefe Venenthrombose (1%).
- Eingeschränktes Bewegungsausmaß.

4 Anästhesie

Intubationsnarkose.

5 Lagerung

Bauch, Blutsperre, Rolle unter Sprunggelenk erzeugt Spitzfußstellung.

6 Zugang

Dorsal an medialer Kante der Achillessehne.

7 Operationsschritte

1. Lagerung und Hautschnitt.
2. Spaltung Subkutanfaszie.
3. Freilegung der Ruptur.
4. Direkte Naht.
5. Schnürsenkelnaht.
6. Fibrinklebung.
7. Plantarsehnendurchflechtung.

8 Relevante Anatomie, Gefahren, Tricks

- Spitzfußgipsschale (110°) bereits präoperativ anfertigen!
- Paratendineum sorgfältig rekonstruieren.
- Stets Entnahme einer Sehnenbiopsie (u. U. versicherungsrechtliche Konsequenzen!).

9 Maßnahmen bei speziellen Komplikationen

Insbesondere bei erheblicher Sehnenzerstörung bewährt sich eine Deckung der Rupturregion durch die proximale Umkipp-Plastik aus der Trizepssehne.

10 Nachsorge

Medizinische Nachbehandlung: Redon ex nach 2 Tagen. 2 Wochen Unterschenkel-Spitzfußgips. 2 Wochen Unterschenkel-Gehgips in 90°, anschließend ggf. Absatzerhöhung beidseits 1–2 cm für 4 Wochen.
Mobilisation: Sofort, betroffenes Bein 4 Wochen entlasten, Sportverbot für 4 Monate.
Krankengymnastik: Unbedingt erforderlich.
Arbeitsunfähigkeit: 4–8 Wochen, abhängig vom Beruf.

7 Operationstechnik

1. Lagerung und Hautschnitt.
2. Spaltung Subkutanfaszie.
3. Freilegung der Ruptur.
4. Direkte Naht.
5. Schnürsenkelnaht.
6. Fibrinklebung.
7. Plantarsehnendurchflechtung.

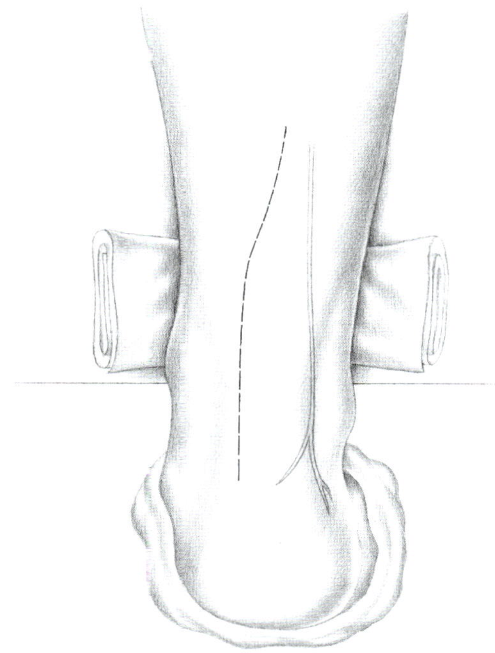

1 Lagerung und Hautschnitt

In Bauchlagerung mit Absenkung der unverletzten Extremität und pneumatischer Blutsperre am Oberschenkel wird der Fuß über die Tischkante gelagert, wobei der distale Unterschenkel auf einer Tuchrolle liegt. Der Hautschnitt ist an der Medialseite der Sehne, beginnt an der Ferse, zieht nach proximal-medial der gut tastbaren Sehne oder in die Mittellinie der Wadenmuskulatur. Hier müssen die V. saphena parva und N. suralis lateral der Achillessehne sorgfältig geschont werden.

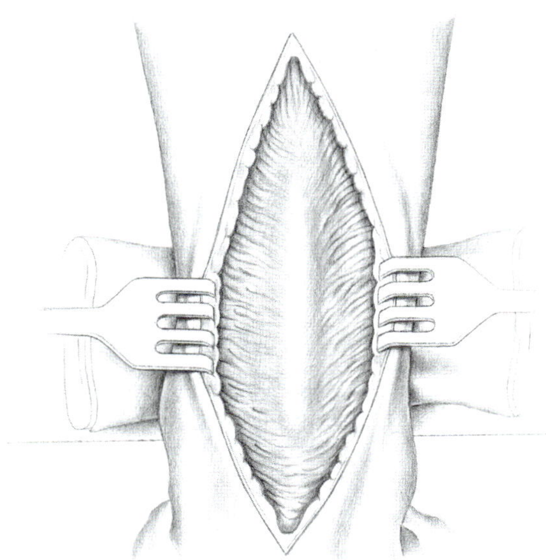

2 Spaltung Subkutanfaszie

Nach Spaltung der Haut werden die Subkutis und die Lamina superficialis der Unterschenkelfaszie gespalten. In der Tiefe liegt jetzt die rupturierte Sehne mit dem Peritendineum. Durch Einsatz von scharfen Haken lässt sich der Situs gut darstellen.

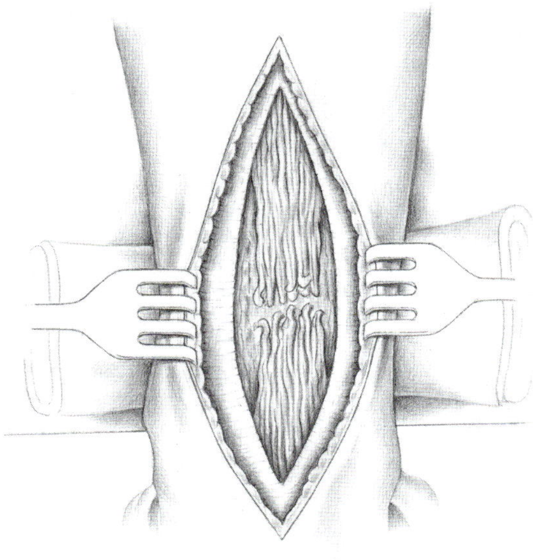

❸ Freilegung der Ruptur

Durch Spaltung des Peritendineums und Ausräumung des stets vorhandenen Hämatoms lässt sich die Sehne kranial- und kaudalwärts darstellen. Hierbei sind die beiden Sehnenstümpfe aufzusuchen und hinsichtlich fester Nahtlager zu beurteilen. Stark aufgefasertes nekrotisches Sehnengewebe an den Stumpfenden wird reseziert und zur histologischen Untersuchung eingesandt. Durch Volarflexion des Fußes lassen sich die Sehnenanteile einander annähern. Medial der Achillessehne lässt sich die Plantarissehne in der Regel identifizieren. Sie ist fast immer intakt. Nach Beurteilung der Sehnenstümpfe und der Größe der Ruptur fällt die Entscheidung zur Therapie. In der Regel wird es wegen der Auffaserung der Sehnenstümpfe nicht gelingen, eine direkte Adaptation der Sehne mit kurzen Nähten zu erzielen. Fast immer ist zur Herstellung einer Stabilität eine weitgreifende Schnürnaht oder plastische Durchflechtung zusätzlich erforderlich.

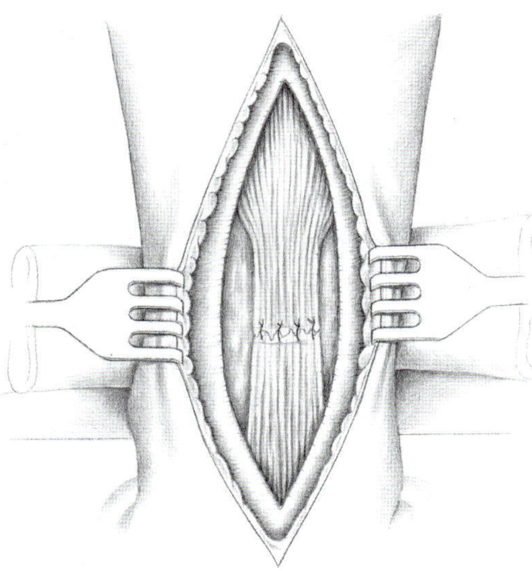

❹ Direkte Naht

Nach Resektion der nekrotischen und ausgefaserten Sehnenstümpfe werden die Rupturenden mit zarten (3×0 PGS) Einzelknopfnähten stufenfrei adaptiert. Diese Naht gewährleistet keine ausreichende Stabilität. Sie dient nur der kongruenten Adaptation.

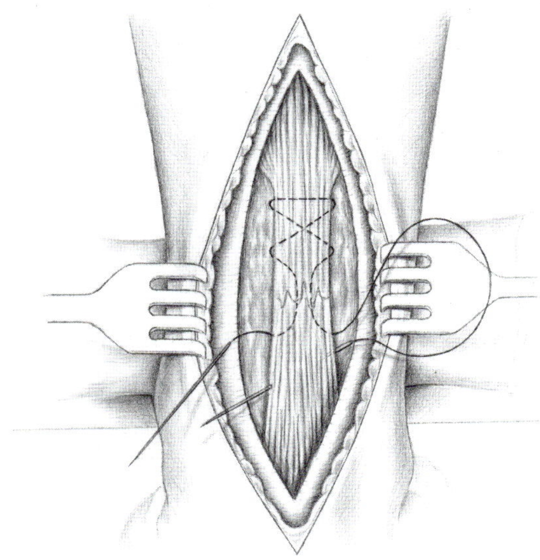

❺ Schnürsenkelnaht

Zur Wiederherstellung einer ausreichenden Stabilität ist eine Durchflechtungsnaht der Sehne mit einer Schnürsenkelnaht indiziert. Hierzu wird mit einem doppelt armierten Faden mit geraden Nadeln (PDS oder Polypropylen 0er) die Sehne schnürsenkelartig von kranial nach kaudal geflochten mit einem Abschlussknoten im distalen Sehnenstumpf. Diese Naht sollte so weit angezogen werden, dass die adaptierenden Einzelknopfnähte spannungsfrei liegen. Redon-Drainage, Naht des Peritendineums und der Subkutis sowie Hautklammern beenden den Eingriff. Postoperativ erfolgt eine Ruhigstellung für 2 Wochen in einem Unterschenkelgips in leichter Spitzfußstellung (10–20°).

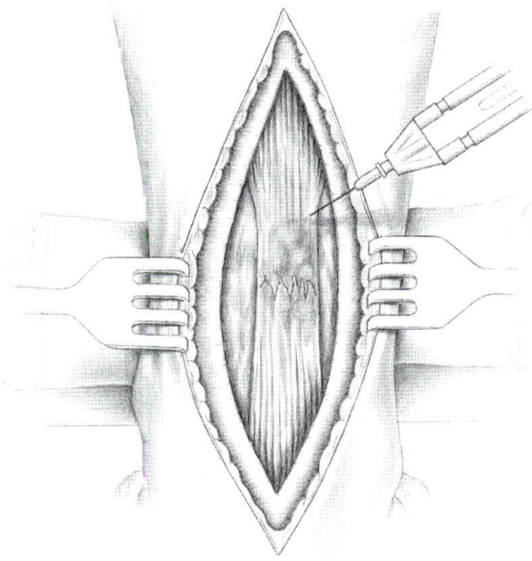

❻ Fibrinklebung

Bei stark ausgefaserten Sehnen ist es gelegentlich sinnvoller, keine direkte Naht, sondern eine Verklebung durch Fibrinkleber anzustreben. Hierzu werden zur Erzielung einer möglichst großen zu verklebenden Oberfläche der proximale und distale Sehnenstumpf mit einem scharfen Haken ausgekämmt und dann die ausgefaserten Enden ineinander verklebt. Die Verbindung erfolgt durch Applikation von Fibrinkleber in die Konnektionsbereiche. Verschluss des Peritendineums, der Subkutanfaszie und der Haut beenden den Eingriff.

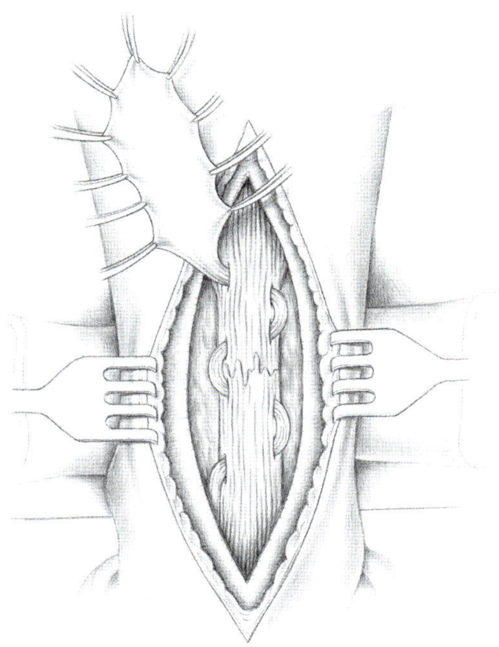

❼ Plantarsehnendurchflechtung

Die Achillessehnennaht mit Plantarisplastik ist die Möglichkeit, durch autologes Material auf alloplastische Durchflechtungsfäden zu verzichten. Die medial der Achillessehne gelegene Plantarissehne lässt sich leicht identifizieren und mit einem Sehnenstripper so weit wie möglich nach kranial absetzen. Gelegentlich ist es erforderlich, die Sehne über eine zweite Inzision auf der Medialseite der Wade aufzusuchen und unter Sicht zu durchtrennen. Häufig gelingt es, mit Hilfe des Sehnenstrippers auf eine Zusatzinzision zu verzichten. Nach distal inseriert die Sehne am Tuber calcanei als festes Nahtlager. Ist ein ausreichend langes Sehnenstück geborgen, kann sie mit einer Reverdin-Nadel schnürsenkelartig durch beide Achillessehnenenden gezogen und hier mit Einzelknopfnähten (3 × 0 PGS) fixiert werden. Zur Deckung der nicht selten unregelmäßigen Oberfläche der Rupturstelle empfiehlt es sich, den distalen Anteil der Plantarissehne aufzufasern und als Schutzschicht über die Sehne mit Einzelknopfnähten zur Erzeugung einer glatten Oberfläche umzuwandeln. Der Verschluss des Peritendineums, der Subkutis und der Haut beenden den Eingriff.

Ergänzende Literatur

Allgöwer, M. et al. (1981): Chirurgische Gastroenterologie. Bd. I-II. Springer, Berlin.

Baumgartl, F., K. Kremer, H. W. Schreiber (1969): Spezielle Chirurgie für die Praxis. Thieme, Stuttgart.

Breitner, B. (1987): Chirurgische Operationslehre. Bd. VIII. Urban & Schwarzenberg, München.

Calne, R., S. G. Pollard (1992): Operative Surgery. Gower Medical Publishing, London.

Cameron, J. L. (1990): Atlas of Surgery. BC Decker Inc., Toronto.

Chassin's: Operative Strategy in General Surgery. Springer, Berlin.

Dudley, H., D. C. Carter, R. C. G. Russel (1986): Atlas of General Surgery. Butterworths, London.

Fielding, L. P., S. M. Goldberg (1993): Surgery of the Colon, Rectum and Anus. Butterworths Heinemann Ltd., London.

Gliedman, M. L. (1990): Atlas of Surgical Techniques. McGraw-Hill Inc., New York.

Götz, F., A. Pier, E. Schippers, V. Schumpelick (1993): Color Atlas of Laparoscopic Surgery. Thieme, Stuttgart.

Gschnitzer, F., E. Kern, L. Schweiberer (1989): Breitner Chirurgische Operationslehre. Urban & Schwarzenberg, München.

Hierholzer, G., B. Allgöwer, Th. Rüedi (1985): Fixateur-externe-osteosynthese. Springer, Berlin.

Hierholzer, G., B. Allgöwer, Th. Rüedi, J. Schatzker (1985): Manual on the AO/ASIF Tubular External Fixator. Springer, Berlin.

Kremer, K., W. Lierse, W. Platzer, H. W. Schreiber, S. Weller (1987): Chirurgische Operationslehre. Thieme, Stuttgart.

Kremer, K., V. Schumpelick, G. Hierholzer (1992): Chirurgische Operationen. Thieme, Stuttgart.

MacFadyen, B. V. (2004): Laparoscopic Surgery of the Abdomen. Springer, New York, Berlin, Heidelberg.

Müller, M. E., M. Allgöwer, R. Schneider, H. Willenegger (1995): Manual der Osteosynthese. Springer, Berlin.

Müller-Wiefel, H. (1979): Eingriffe an den Arterien. In: Breitner, B.: Operationslehre. Urban & Schwarzenberg, München.

Pichlmaier, H., F. W. Schildberg (1987): Thoraxchirurgie. Springer, Berlin.

Rehner, M., H. J. Oestern (1997): Chirurgische Facharztweiterbildung. Operationsatlas. Thieme, Stuttgart.

Rob, Ch. (1976): Operative Surgery. Butterworths, London.

Schumpelick, V., N. Bleese, U. Mommsen (2004): Chirurgie, 6. Aufl. Thieme, Stuttgart.

Schumpelick, V. (2000): Hernien, 4. Aufl. Thieme, Stuttgart.

Siewert, Rothmund, Schumpelick (2005): Praxis der Viszeralchirurgie. Springer, Berlin.

Winkeltau, G. J., V. Schumpelick (1996): Viszeralchirurgie. Enke, Stuttgart.

Zollinger, R. M., R. M. Zollinger jr. (1975): Atlas of Surgical Operations. MacMillan, New York.

Register

O

P

S

T

U

V

W

Z